普通高等教育“十四五”规划教材——应用化学系列

应用分析化学

主　编　康新平
副主编　马　浩　谭丽泉

中国石化出版社

内 容 提 要

本书是根据应用型大学工科专业人才培养方案要求编写的，书中将分析化学理论知识与实验内容融合在一起。全书共分为八个模块，包括分析化学基础知识、酸碱滴定法、配位滴定法、氧化还原滴定法、重量分析法和沉淀滴定法、吸光光度法、仪器分析法和创新实验。模块一至模块七都包括基础知识、典型例题、实验内容、思考题和习题及拓展阅读等内容，其中应用案例、国家标准、选做实验以及思政教育内容以二维码的形式插入书中，读者可扫码获取；实验则按照“注重应用、逐级提高”的方式开展，分为基础实验、拓展实验和创新实验三个层次。模块八为创新实验。

本书注重应用性和实用性，强调石油化工特色，特别适合于应用型工科院校或少学时分析化学教学使用。

图书在版编目(CIP)数据

应用分析化学 / 康新平主编 ; 马浩，谭丽泉副主编
. — 北京 : 中国石化出版社，2020.3(2025.6 重印)
ISBN 978-7-5114-5648-9

Ⅰ.①应… Ⅱ.①康… ②马… ③谭… Ⅲ.①分析化学-高等学校-教材 Ⅳ.①O65

中国版本图书馆 CIP 数据核字(2022)第 025453 号

中国石化出版社出版发行

地址：北京市东城区安定门外大街 58 号
邮编：100011　电话：(010)57512500
发行部电话：(010)57512575
http://www.sinopec-press.com
E-mail:press@sinopec.com
北京科信印刷有限公司印刷
全国各地新华书店经销

*

787 毫米×1092 毫米 16 开本 19 印张 452 千字
2022 年 3 月第 1 版　2025 年 6 月第 2 次印刷
定价：58.00 元

序

任何一所高等学校和任何一个专业，均有办学目标和人才培养目标。这些目标既包括增强素质、学用知识、启迪智慧、引发思考、激发兴趣等在人才培养过程中的综合要求，也包括自主学习、有效学习、文献查阅和综述、思考和分析、实践和创新、人文素养、团队协作、沟通和表达、价值内化认同等在人才培养目标中知识、能力、素质的全面要求。

人才培养目标如何实现？毫无疑问，主要落实在课程或课程体系上。可以说人才培养方案中没有一门课程的设置是多余的。任何一门课程，均应对人才培养目标的实现有一定的支撑。课程能否实现对人才培养质量或人才培养目标的有效支撑，主要决定于课程讲什么内容和怎么讲这些内容。

采用什么样的教材资源，对教师讲什么和怎么讲、甚至学生怎么学均有很大的影响。教材是课程资源的核心部分，教材不但应体现科学适需的知识体系，还应体现先进的教学理念和教学思想。多年的教学实践和教育科学研究表明，应用型高校特别是地方应用型高校在教材建设方面应着力加强应用导向型课程建设。应用导向型课程建设要求把课程的内容体系和结构框架定位到应用体系上来，把教学内容和教学设计引导到应用体系上来，把支撑人才培养目标的知识、能力、素质要求贯通到应用体系上来。总之，应用导向型课程能够促进教师有效教学和学生有效学习，能够更好实现对人才培养目标的有效支撑。

针对高等教育人才培养过程特别是课程建设方面存在的一些问题，广东石油化工学院按照“整体规划、分步立项、重点建设、有序推进”原则，推动应用导向型课程建设。应用导向型课程建设基本思路是：突出应用导向，融合同一门课程现有的实验体系和理论体系，以实验体系组织课程内容，教学则围绕实验应用形式组织开展。对难以覆盖的重要内容则以拓展阅读材料部分编写入教材。“普通高等教育‘十四五’规划教材——应用化学系列”分为《应用无机化学》《应用有机化学》《应用分析化学》《应用物理化学》四门课程应用型教材，是学校多年来“实践双体系人才培养模式改革和目标问题导向式教学理念”所总结的初步成果。

相信该套丛书的出版能对现有理工类少学时、应用型院校的基础化学课程体系教学改革和对学生综合素质的提高有一定的促进作用。

广东石油化工学院副校长 [签名]

前　言

近年来，随着教育部“卓越工程师教育培养计划”的推出，地方普通本科高校向应用型大学转型发展，以及高等学校工程教育专业认证的兴起等，我国高等教育改革进一步深化，中国教育进入由高速发展向高质量发展转变的新发展阶段，高等教育也进入高质量发展阶段，其中专业、课程、教材是高等教育高质量教育体系的新基建。根据应用型高校建设要求，为满足应用型人才培养的需要，我们编写了《应用分析化学》。

本教材以激发学生创新思维、分析和解决实践技术问题、培养学生实验技能为出发点，将分析化学理论和分析化学实验融于一体，突出了分析化学是以实验为基础的学科特征，有利于学生对知识的理解和实践应用能力的培养。本书的重点体现在“应用”上，将分析化学的理论知识与实践应用紧密结合起来，突出分析化学理论知识在工业生产和分析化学实验中的重要性，尤其是创新设计实验涉及与生活或工业生产息息相关的一般化学试样、食品试样、生物试样、药物试样、化工产品、环境试样、石油试样等的测试，有利于激发学生的求知欲，通过创新设计实验的学习，培养学生的创新意识和创新能力。从而达到分析化学理论、分析化学实验技能、实践应用和创新能力一体化培养的目的。

本书的教学内容按照模块化编写，全书分为八个模块：模块一分析化学基础知识、模块二酸碱滴定法、模块三配位滴定法、模块四氧化还原滴定法、模块五重量分析法和沉淀滴定法、模块六吸光光度法、模块七仪器分析方法、模块八创新设计实验。除了模块八，其他每个模块都包括基础知识、典型例题、实验内容、思考题和习题及拓展阅读五个部分。拓展阅读(包含二维码链接)是知识拓展部分，有利于拓宽学生的视野，供同学们自学及教师根据课时选择讲授。

本教材突出重点内容，理论与实验紧密结合，特别适合少学时应用型院校教学使用。本书适用于本校化学工程与工艺、环境工程、高分子材料与工程、给水排水工程、油气储运工程、应用化学、生物工程、生物技术、食品科学与工程等本科专业。同时可供相关院校及类似专业选用。本书可作为少教学时数分析化学课程和分析化学实验课程的教材，也可作为相关专业的教学参考书。

本书由广东石油化工学院康新平主编，参加编写的有广东石油化工学院康新平、马浩、揭永文、王超贤、谭丽泉、林培喜、海金平、岳超超、赵志凤等同志。全书由康新平统稿和定稿。

将分析化学理论和分析化学实验融于一体而编写应用分析化学教材，是广东石油化工学院“深入推进理工类基础课程改革”一项教学质量工程改革项目，得到学校的大力支持和资助；本书在编写过程中参考了一些学校的分析化学教材和正式出版的书刊中的有关内容，将其列于参考文献中，在此向有关作者及出版社一并表示感谢。

由于编者水平有限，本书难免存在疏漏和不足之处，恳请读者批评指正。

目　录

模块一　分析化学基础知识

模块二　酸碱滴定法

模块三　配位滴定法

模块四 氧化还原滴定法

模块五 重量分析法和沉淀滴定法

模块六　吸光光度法

模块七　仪器分析方法

模块八　创新实验

附 录

参考文献

模块一 分析化学基础知识

分析化学：是研究物质的组成、含量、结构和形态等化学信息的分析方法及理论的一门科学，同时也是一门理论和实验相结合的学科。具有实验性强、综合性强、应用范围广的特点。在学习分析化学过程中，要重点掌握"量"的概念，并根据"量"的内涵以及结合相应的分析化学方法来解决实际生产、生活中所遇到涉及"量"的化学难题。

定性分析：鉴定物质由哪些元素、原子团、官能团或化合物所组成。

定量分析：测定物质中有关组合的含量。

结构分析：研究物质的分子结构或晶体结构。

化学分析：以物质的化学反应为基础的分析方法称为化学分析法，它是分析化学的基础，又称为经典分析法。

仪器分析：以物质的物理性质和物理化学性质为基础的分析方法称为物理分析和物理化学分析法。这类方法通常需要特殊的仪器，一般又称为仪器分析法。

滴定分析法：是主要的化学分析法，是定量分析法的一种，包括酸碱滴定法、配位滴定法、氧化还原滴定法及沉淀滴定法等，本模块主要讨论滴定分析法的共性问题，以及在分析过程中涉及的数据处理问题。

第一部分 基础知识

1-1 分析化学简介

1. 分析化学的任务和教学目的

分析化学与人类活动关系极其密切，涉及社会生活各个方面。例如，在工业生产中的原料分析、生产流程控制、新技术研究到新产品的试制和产品质量的检验都必须依赖分析化学提供的分析结果，因此分析化学是工业生产的"眼睛"，是不可或缺的手段。

21 世纪社会和科技的飞速发展，给分析化学提出了许多新的课题和更高的要求。人类社会的五大危机：资源、能源、人口、粮食、环境；四大理论：天体、地球、生命、人类；21 世纪科技热：可控热核反应、信息高速公路、纳米材料和技术；生命科学方面的人类基因；生物技术征服癌症、心血管疾病、艾滋病、纳米材料与技术、智能材料以及环境问题等都给分析化学提出了各种各样的难题。分析化学的任务从单纯提供数据上升到解决实际问题，现代分析化学实际上已发展成为一门多科性的综合学科——分析科学，在人类认识自然、征服自然和改造自然的活动中继续发挥重要作用。

分析化学发展的方向是向高灵敏度(达到原子级、分子级水平)、高选择性(复杂体系)、快速启动、简便、经济、分析仪器自动数字化和计算机化并向智能化、信息化纵深发展。各类分析方法的联用是分析化学发展的另一热点，特别是分离与检测方法的联用。

现代分析化学发展总目标：①高灵敏度或低检测限；②更好的选择性和更少的基体干扰；③高准确度或高精密度；④高分析速度；⑤高自动化程度；⑥更完善的多元素(分析物)同时检测能力；⑦更完善的形态分析；⑧更小的样品用量要求，并且实现微损或无损分析；⑨原位、活体内实时分析；⑩更广的应用范围，如遥测、极端或特殊环境中的分析；⑪高分辨成像等。总之，就是消耗少量的材料，尽可能缩短分析测定的时间，用低的风险和经费开支而获得更多、更有效的化学信息。

本书对定性分析作简单介绍，主要讨论的是分析化学三大分支之一的定量分析化学，简单介绍常用的仪器分析方法。通过学习，要求学生掌握定量分析的基本原理，树立准确的"量"的概念。在学习该课程时，必须同时重视实验课程的学习，加强基本操作的训练，认真地培养严谨求实的科学态度，提高分析问题、解决问题的能力。

2. 分析化学的分类

分析化学可以按其分析任务、分析对象、测定原理、操作方法和具体要求的不同进行分类。

按分析任务分类，分析化学可分为定性分析、定量分析和结构分析。

按分析物的物质属性分类，分析化学可分为无机分析和有机分析。

按照分析方法的原理分类，分析化学可分为化学分析和仪器分析。

按照试样用量及操作规模的不同，分析化学可分为常量、半微量、微量和超微量分析。大致情况如表1-1所示。

表1-1 各种分析方法的试样用量

分析方法	试样质量/mg	试液体积/mL
常量	> 100	> 10
半微量	10~100	1~10
微量	0.1~10	0.01~1
超微量	< 0.1	<0.01

在无机定性分析中，多采用半微量分析方法；在化学定量分析中，一般采用常量分析方法。进行微量分析和超微量分析时，多采用仪器分析法。

3. 分析化学的产生与发展

分析化学有悠久的历史，古代烧制陶器和炼金术中都已蕴含了简易的分析化学手段。16世纪就已出现了第一个使用天平的试金实验室。至17世纪，英国化学家波义耳(R. Boyle)首次提出了"分析化学"这一概念。随后，分析化学作为化学研究的开路先锋，对元素的发现，质量守恒定律，定比、倍比定律等化学基本定律的确立都曾作出重要贡献。至19世纪中叶，德国富雷新尼乌斯(C. R. Fresenius)陆续发表了定性、定量分析两本专著，标志着分析化学作为一门化学的分析学科已初步形成。

20 世纪以来，由于现代科学技术的发展，分析化学已经历了和正经历着三次巨大变革。

20 世纪初的第一次变革，以《分析化学科学基础》的发表为标志，以物理化学为理论基础，从而使分析化学成为以经典化学分析为主的一门科学。

二战前后的第二次变革，由于物理学、电子学的发展，形成以仪器分析为主的现代分析化学。

第三次变革是从 20 世纪 70 年代末至今，以计算机应用信息时代的来临为主要标志，要求能提供物质组成、含量、结构、分布、形态等更多、更全面的信息。现代分析化学的发展趋势，主要以提高分析的灵敏度、准确度、选择性、自动化或智能化为目标，不断向微型化(纳米芯片、生物芯片及芯片实验室)、仿生化(电子传感器)和信息化方向发展。生物样品分析与生命科学研究、微全分析系统(μTAS)、色谱-光谱联用技术、现代核磁共振光谱(NMR)、现代质谱(MS)和化学计量学等是当今分析化学发展的前沿领域。

毛细管电泳(CE)是根据带电粒子在电场中迁移速率不同而分离的分析方法。该法具有分离效率高、分离速度快和样品量小等特点，已成为生命科学研究最重要的手段，特别适用于氨基酸、多肽、DNA 和蛋白质等生物分子的分离分析。

微全分析系统：微全分析系统是 20 世纪 90 年代初由瑞士的 Manz 和 Widmer 提出，以微机电加工技术(MEMS)为基础，目的是通过化学分析设备的微型化和集成化，将分析实验的功能转移到便携的分析设备中，集成到方寸大小的芯片上，从而实现分析实验的“个人化”“家用化”。因此又被俗称为芯片实验室(LOC)。其中微流控芯片(microfluidic chip)是 μTAS 当前最活跃的领域，以毛细管电泳为微型化首要目标的微流控芯片在 DNA 测序方面已显现出强大的威力。现今，微流控芯片商品化仪器也已问世。

联用技术：联用技术是将两种分析技术联用，取长补短。常见的有色谱-光谱(质谱)联用，利用色谱分离的高效能和光谱(质谱)识别的可靠性解决复杂样品的分析问题。例如，GC-MS、CE-MS、HPLC-MS、GC-FTIR-MS 等。

现代核磁共振光谱：现代核磁共振光谱研究磁性原子核的磁化性质及其在外磁块中的运动规律，从而测定有机化合物的结构。而随着超导磁体、电子计算机、脉冲傅里叶变换等设备和技术的相继采用，当今世界超导核磁共振波谱仪的频率已高达 800MHz，还可以从事多核、多种二维核磁共振技术的测定。

现代质谱：现代质谱由于基质辅助激光解吸离子化(MALDI)技术和电喷雾离子化(ESI)技术的应用，使得现代质谱可用于测定大分子生物分子。同时质谱法的自身联用(MS/MS)使其应用范围更加广泛。

化学计量学：化学计量学应用数学和统计学方法，用最佳的方式获得关于物质系统的有关信息。目前它的研究内容包括分析信息理论、分析试验设计、分析仪器讯号的变换与解析、化学数据库与专家系统等。

综上所述，现代分析化学已经突破了纯化学领域，它吸收了当代科学技术的最新成就，发展到分析科学的新阶段，成为当代最富活力的学科之一。在不断发展变化的大千世界中，分析化学仍将进一步发挥着重要作用。

1-2 滴定分析法概述

滴定分析法是由滴定管将一种已知准确浓度的试剂溶液，滴加到被测物质的溶液中，直到所加试剂与被测物质按一定化学反应方程式所确定的化学计量关系完全反应为止，然后根据试剂溶液的浓度和滴定时所消耗的体积计算出被测物质的含量。

标准溶液，又称滴定剂，通常指已知准确浓度的试剂溶液。

滴定是指把滴定剂由滴定管滴加到被测物质溶液中的过程。

化学计量点是指在滴定过程中加入的滴定剂与被测物质恰好定量反应完全的这一点。

滴定终点是指使滴定进行到指示剂的颜色发生突变而停止滴定的那一点。

滴定误差，又称终点误差，是指滴定终点与化学计量点不一定恰好符合，而引起的误差。

基准物质是指能直接配制标准溶液或用于确定(标定)某一溶液准确浓度的化学试剂。

滴定度是指 1mL 标准溶液相当于被测物质的质量，用符号 $T_{被测物/滴定剂}$ 表示，常用单位为 $g \cdot mL^{-1}$。

误差是分析结果与真实值之间的差值。

系统误差是由某种固定的原因所引起的误差，它对分析结果的影响比较固定，使测定结果系统偏高或系统偏低，当重复测定时重复出现。系统误差的大小和正负至少在理论上是可以测定的，因此又称可测误差。

随机误差也称偶然误差，它是由某些无法控制和无法避免的偶然因素造成的。

准确度是指实际测定结果与真实值的接近程度。

精密度是几次平行测定结果之间相互接近的程度，它反映了测定结果再现性的好坏，其大小决定于随机误差的大小。

有效数字就是指在分析工作中实际上能测定到的数字，它只有最后一位数字是不确定的，而其余各位数字都是确定的。

1. 滴定分析法的应用

滴定分析法主要用于测定含量在1%以上的常量组分。滴定分析法的准确度较高，测定的相对误差一般不超过±0.2%，能满足常量分析的要求。由于滴定分析法使用的设备简单，操作简便、快速，因此在实际工作中具有很大应用价值。

2. 滴定分析法的分类

根据滴定反应的类型不同，滴定分析法可分为酸碱滴定法、沉淀滴定法、氧化还原滴定法和配位滴定法四种类型。

酸碱滴定法：以酸碱中和反应为基础的滴定分析法，称为酸碱滴定法，也称中和滴定法。

沉淀滴定法：以沉淀反应为基础的滴定分析法称为沉淀滴定法，如银量法，其反应可表示为

$$Ag^{+}+X^{-} = AgX \downarrow$$

氧化还原滴定法：以氧化还原反应为基础的滴定分析法称为氧化还原滴定法，根据使用的标准溶液的不同，氧化还原滴定法分为高锰酸钾法、重铬酸钾法和碘量法等。

配位滴定法：以配位反应为基础的滴定分析法称为配位滴定法，如用 EDTA 作滴定剂时，它与金属离子的配合反应可表示为

$$M^{z+} + Y^{4-} = [MY]^{z-4}$$

3. 滴定分析法对化学反应的要求

化学反应很多，但并不是所有的化学反应都适合滴定分析法。用于滴定分析法的化学反

应，必须具备以下几个条件：

① 反应必须按一定的反应方程式进行，即被测物质与滴定剂之间必须具有确定的化学计量关系，这是定量计算的基础。

② 反应必须定量地进行，反应的完全程度要达到99.9%以上。

③ 化学反应速率要快，对于反应速率较慢的反应，要有简便方法(如加热或加入催化剂等)加快反应速率。

④ 有简单可行的方法确定滴定终点。

4. 滴定方式

在滴定分析中，常用的滴定方式有直接滴定法、返滴定法、置换滴定法和间接滴定法四种类型。

直接滴定法：用滴定剂直接滴定被测物质溶液的滴定方式称为直接滴定法。凡是滴定剂与被测物质之间的反应能满足滴定分析法对化学反应的要求，都可以采用直接滴定法进行滴定。直接滴定法是滴定分析中最常用和最基本的滴定方式。

返滴定法：先在被测物质溶液中准确加入过量的一种标准溶液，待被测物质与这种标准溶液反应完成后，再用另一种标准溶液滴定过量的这种标准溶液，这种滴定方式称为返滴定法。返滴定法适用于反应速率较慢、反应物是固体或没有合适指示剂确定终点等情况下的测定。例如，固体试样中$CaCO_3$质量分数的测定，先把固体试样溶解在过量的HCl标准溶液中，再用NaOH标准溶液滴定过量的HCl，从而计算得出$CaCO_3$的质量分数。

置换滴定法：被测物质与滴定剂不能按化学计量关系定量进行反应时，就不能采用直接滴定法。在这种情况下，可先加入其他适当试剂与被测物质反应，使被测物质定量地置换为另一种物质，再用滴定剂滴定置换出的这种物质，从而求得被测物质的含量，这种滴定方式称为置换滴定法。例如，$Na_2S_2O_3$标准溶液不能用于直接滴定$K_2Cr_2O_7$及其他强氧化剂，因为这些强氧化剂在酸性溶液中能将$Na_2S_2O_3$氧化为$Na_2S_4O_6$和Na_2SO_4的混合物，没有确定的化学计量关系。通常采用在$K_2Cr_2O_7$酸性溶液中先加入过量的KI溶液，定量反应后生成I_2，再用$Na_2S_2O_3$标准溶液滴定与$K_2Cr_2O_7$反应生成的I_2，就可求得试样中$K_2Cr_2O_7$的质量分数。

间接滴定法：被测物质不能直接与滴定剂发生化学反应时，有时可以通过其他反应，以间接方式测定被测物质的含量，这种滴定方式称为间接滴定法。例如，Ca^{2+}没有还原性，不能用$KMnO_4$标准溶液直接滴定Ca^{2+}，但可使Ca^{2+}先与$Na_2C_2O_4$反应，定量地生成CaC_2O_4沉淀，将沉淀过滤洗净后，溶于H_2SO_4溶液中生成$H_2C_2O_4$，再用$KMnO_4$标准溶液滴定生成的$H_2C_2O_4$，可以间接求出试样中Ca^{2+}的质量分数。

1-3　基准物质和标准溶液

化学试剂按纯度可以分为化学纯(CP)、分析纯(AR)、优级纯(GR)，相应的标志颜色分别为蓝色、红色、绿色。

1. 基准物质

基准物质必须具备以下条件：

① 试剂的组成应与化学式完全相符，若试剂含有结晶水，其结晶水的含量也应该与化学式完全相符。

② 试剂的纯度要足够高，所含杂质的质量分数要小于0.1%。

③ 试剂在一般情况下应该相当稳定，不分解，不吸潮，不吸收空气中的 CO_2，不失去结晶水等。

④ 试剂最好有较大的摩尔质量，这样可以减小称量的相对误差。

分析化学中常用的基准物质及其应用范围如表 1-2 所示。

表 1-2　滴定分析常用基准物质

标定对象	基准物质名称	化学式	干燥后组成	干燥条件
酸	碳酸氢钠	$NaHCO_3$	Na_2CO_3	270~300℃
	十水合碳酸钠	$Na_2CO_3 \cdot 10H_2O$	Na_2CO_3	270~300℃
	无水碳酸钠	Na_2CO_3	Na_2CO_3	270~300℃
	碳酸氢钾	$KHCO_3$	K_2CO_3	270~300℃
	硼砂	$Na_2B_4O_7 \cdot 10H_2O$	$Na_2B_4O_7 \cdot 10H_2O$	放在装有 NaCl 和蔗糖饱和溶液的干燥器中
碱或 $KMnO_4$	二水合草酸	$H_2C_2O_4 \cdot 2H_2O$	$H_2C_2O_4 \cdot 2H_2O$	室温下空气干燥
碱	邻苯二甲酸氢钾	$KHC_8H_4O_4$	$KHC_8H_4O_4$	105~110℃
还原剂	重铬酸钾	$K_2Cr_2O_7$	$K_2Cr_2O_7$	120℃
	溴酸钾	$KBrO_3$	$KBrO_3$	180℃
	碘酸钾	KIO_3	KIO_3	180℃
	铜	Cu	Cu	室温下干燥器中保存
氧化剂	三氧化二砷	As_2O_3	As_2O_3	硫酸干燥器中保存
	草酸钠	$Na_2C_2O_4$	$Na_2C_2O_4$	105℃
EDTA（乙二胺四乙酸）	碳酸钙	$CaCO_3$	$CaCO_3$	110℃
	锌	Zn	Zn	室温下干燥器中保存
	氧化锌	ZnO	ZnO	800℃
$AgNO_3$	氯化钠	NaCl	NaCl	500~550℃
	氯化钾	KCl	KCl	500~550℃
氯化物	硝酸银	$AgNO_3$	$AgNO_3$	硫酸干燥器中保存

2. 标准溶液

在滴定分析中，标准溶液常用作滴定剂，它是滴定分析进行定量计算的依据之一。标准溶液的配制方法有直接配制法和间接配制法两种方法：

直接配制法：在分析天平上准确称取一定质量的基准物质，溶解于适量水后定量转移到容量瓶中，定容后摇匀，根据称取基准物质的质量和容量瓶的体积，计算出所配制溶液的准确浓度。这种配制标准溶液的方法称为直接配制法。

间接配制法：很多化学试剂不是基准物质，不能采用直接配制法配制成准确浓度的溶液。在这种情况下，先将这些试剂配制成接近所需浓度的溶液，然后再用基准物质或另一种已知准确浓度的标准溶液，通过滴定确定其准确浓度。这种配制标准溶液的方法称为间接配制法，也称为标定法。

利用基准物质测定溶液的准确浓度的过程称为标定。而利用已知准确浓度的标准溶液测定另一种溶液准确浓度的过程称为比较。显然，比较不如标定准确，因为在标定标准溶液的浓度时所产生的误差，将会影响到另一种溶液的准确浓度。

为了提高标定或比较的准确度，应注意以下几点：

① 标定或比较时应平行测定 3 次，测定结果的相对偏差不超过±0.2%。

② 为了减小测定的相对误差，称取基准物质的质量不应太少，滴定时消耗标准溶液的体积也不应太少。

③ 标定后的标准溶液应妥善保存，每次使用前都应将其摇匀。对于性质不太稳定的物质的溶液，久置后在使用前还需重新标定其浓度。

3. 浓度的表示方式

物质的量溶度：指单位体积试液中所含待测组分的物质的量，常用单位 $mol \cdot L^{-1}$。

质量摩尔浓度：指单位质量溶剂中所含待测组分的物质的量，常用单位为 $mol \cdot kg^{-1}$。

质量分数：指单位质量试液中所含待测组分的质量，量纲为 1。

体积分数：指单位体积试液中所含待测组分的体积，量纲为 1。

摩尔分数：指单位物质的量试液中所含待测组分的物质的量，量纲为 1。

质量浓度：指单位体系试液中所含待测组分的质量，以 $g \cdot L^{-1}$、$mg \cdot L^{-1}$、$\mu g \cdot L^{-1}$ 或 $\mu g \cdot mL^{-1}$、$ng \cdot mL^{-1}$、$pg \cdot mL^{-1}$ 等表示。

1-4 滴定分析法的计算

1. 滴定分析法的常用计算公式

若滴定剂 A 与被测物质 B 发生下列反应：

$$aA + bB = yY + zZ$$

滴定反应到达化学计量点时：

$$\frac{\Delta n_A}{-a} = \frac{\Delta n_B}{-b} \tag{1-1}$$

式(1-1)表明，在化学计量点时，发生反应的滴定剂 A 的物质的量除以 A 的化学计量数等于发生反应的被测物质 B 的物质的量除以 B 的化学计量数。在分析化学计算中，常将上式简写为

$$\frac{n_A}{a} = \frac{n_B}{b} \tag{1-2}$$

式中 n_A——参加反应的滴定剂 A 的物质的量；

n_B——参加反应的被测物质 B 的物质的量。

利用式(1-2)，可以进行分析结果的计算。

在化学计量点时，发生反应的被测物质 B 的物质的量为

$$n_B = \frac{b}{a} n_A = \frac{b}{a} c_A V_A \tag{1-3}$$

式中 c_A——滴定剂 A 的准确浓度；

V_A——滴定时所消耗滴定剂 A 的体积。

如果要计算被测物质 B 溶液的浓度，由式(1-3)可得

$$c_B = \frac{\frac{b}{a} c_A V_A}{V_B} \tag{1-4}$$

式中　V_B——移取的被测物质 B 溶液的体积。

如果要计算试样中被测物质 B 的质量分数，由式(1-3)可得

$$w_B=\frac{m_B}{m_{试样}}=\frac{n_B M_B}{m_{试样}}=\frac{\frac{b}{a}c_A V_A M_B}{m_{试样}} \tag{1-5}$$

式中　m_B——参加反应的被测物质 B 的质量；

$m_{试样}$——滴定时称取的试样的质量；

M_B——被测物质 B 的摩尔质量。

2. 滴定度

在工厂和实验室的例行分析中，为了简化计算，常用滴定度表示标准溶液的浓度。如 $T_{Fe/K_2Cr_2O_7}=0.005260g\cdot mL^{-1}$，表示 1mL $K_2Cr_2O_7$ 标准溶液相当于 0.005260g Fe，也就是说 1mL $K_2Cr_2O_7$标准溶液恰好能与 0.005260g Fe^{2+} 反应。如果在滴定中消耗该 $K_2Cr_2O_7$标准溶液 20.65mL，则被滴定溶液中铁的质量为

$$m(Fe)=0.005260g\cdot mL^{-1}\times 20.65mL=0.1086g$$

使用滴定度的优点是，只要将滴定时所消耗标准溶液的体积乘以滴定度，就可以直接得到被测物质的质量，这在批量分析中是非常方便的。

下面推导滴定度 T 与标准溶液的浓度 c 之间的关系。对于滴定反应：

$$aA + bB=yY + zZ$$

式中，A 为滴定剂，B 为被测物质。如果滴定时消耗滴定剂 A 的体积为 V_A(单位为 mL)、m_B(单位为 g)和 M_B分别为被测物质 B 的质量和摩尔质量，当反应达到化学计量点时：

$$\frac{1}{b}\cdot\frac{m_B\times 1000mL\cdot L^{-1}}{M_B}=\frac{1}{a}c_A V_A \tag{1-6}$$

由上式可得

$$\frac{m_B}{V_A}=\frac{\frac{b}{a}c_A M_B}{1000mL\cdot L^{-1}} \tag{1-7}$$

由滴定度的定义，可知

$$T_{B/A}=m_B/V_A \tag{1-8}$$

因此，滴定剂 A 对被测物质 B 的滴定度与滴定剂 A 的浓度之间关系为

$$T_{B/A}=\frac{\frac{b}{a}c_A M_B}{1000mL\cdot L^{-1}} \tag{1-9}$$

1-5　系统误差与随机误差

根据误差的来源和性质，可以将误差分为系统误差和随机误差。

1. 系统误差

系统误差按其性质和产生的原因，又可分为方法误差、仪器误差、试剂误差和操作误差。

方法误差：方法误差是由于分析方法本身不够完善而引起的。例如，在滴定分析中，反

应进行不完全、干扰离子的影响、指示剂选择不当而造成滴定终点与化学计量点不符合及副反应的发生等都属于方法误差，它可系统地导致测定结果偏高或偏低。

仪器误差：仪器误差是由于测定时所用仪器不够精确所引起的误差。例如，滴定管和吸量管的刻度不准、分析天平两臂不等长、砝码磨损等。

试剂误差：试剂误差是由于测定时所用试剂或蒸馏水不纯所引起的误差。例如，试剂和蒸馏水中含有被测物质或干扰杂质等。

操作误差：操作误差是由于分析操作人员所掌握的分析操作，与正确的分析操作有差别所引起的。例如，滴定管读数偏高或偏低，辨别滴定终点时颜色偏深或偏浅等。

2. 随机误差

随机误差是由一些不确定的偶然因素造成的，其大小和正负都是不固定的，因此无法测定，也不可能加以校正。例如，测定过程中环境温度、湿度和气压的微小波动及仪器性能的微小变化等，这些偶然因素都会使分析结果在一定范围内波动，引起随机误差。所以，随机误差又称不可测误差。

除了上面讨论的系统误差和随机误差外，在分析过程中还会遇到由于过失或差错造成的所谓“过失误差”。其实这是一种错误，不同于上面所讨论的两类误差，是由于操作者责任心不强、粗心大意或违反操作规则等原因造成的，如读错刻度、加错试剂、试液溅失、记录和计算错误等。这种由于过失而造成的错误是可以避免的，因此不在误差的讨论范围之内。

1-6　误差的表示方法

1. 准确度与误差

分析结果与真实值之间的差别越小，分析结果的准确度就越高。准确度的高低用误差来衡量，误差越小，准确度就越高；反之，误差越大，准确度越低。误差又可分为绝对误差和相对误差。

绝对误差 E 定义为测定值(x)与真实值(x_T)之差：

$$E \overset{\text{def}}{=\!=} x - x_T \tag{1-10}$$

相对误差 E_r 定义为绝对误差在真实值中所占的百分率。

$$E_r \overset{\text{def}}{=\!=} \frac{E}{x_T} \times 100\% = \frac{x - x_T}{x_T} \times 100\% \tag{1-11}$$

相对误差能反映出误差在真实值中所占的比例，这对于比较在各种情况下测定结果的准确度更为方便。因此，通常用相对误差表示分析结果的准确度。

绝对误差和相对误差都有正值和负值，正值表示测定值比真实值偏高，负值表示测定值比真实值偏低。

2. 精密度与偏差

在实际工作中真实值往往是不知道的，在这种情况下通常用精密度来判断分析结果的可靠性。精密度可以用偏差、平均偏差或相对平均偏差来衡量，其中比较常用的是平均偏差和相对平均偏差。

偏差(d)定义为个别测定值(x_i)与测定的平均值($\bar{x}$)之差：

$$d \overset{\text{def}}{=\!=} x_i - \bar{x} \tag{1-12}$$

偏差越大，精密度就越低，测定结果的再现性就越差。

平均偏差($\bar{d}$)定义为偏差绝对值的平均值：

$$\bar{d} \stackrel{\text{def}}{=} \frac{|d_1| + |d_2| + \cdots + |d_N|}{N} = \frac{\sum |d_i|}{N} \tag{1-13}$$

式中　N——测定次数。

相对平均偏差($\bar{d}_r$)定义为平均偏差在测定平均值中所占的百分率：

$$\bar{d}_r \stackrel{\text{def}}{=} \frac{\bar{d}}{\bar{x}} \times 100\% \tag{1-14}$$

利用平均偏差或相对平均偏差表示精密度比较简单，但有不足之处。因为在一系列的测定结果中，小偏差占多数，而大偏差占少数，按总的测定次数求算平均偏差所得的结果会偏小，大偏差得不到应有的反映。例如，下列两组测定结果：

$x_1-\bar{x}$	+0.11	−0.72	+0.24	+0.51	−0.14	0.00	+0.30	−0.21

$N_1 = 8$　　$\bar{d}_1 = 0.28$

$x_2-\bar{x}$	+0.18	+0.26	−0.25	−0.37	+0.32	−0.28	+0.31	0.27

$N_2 = 8$　　$\bar{d}_2 = 0.28$

虽然两组测定结果的平均偏差相同，但实际上第一组的数值中出现三个大偏差(−0.72、0.51、0.00)，测定结果的精密度较差。

在分析化学中，将一定条件下无限多次测定数据的全体称为总体，而随机从总体中抽出的一组测定数据称为样本，样本中所含测定数据的数目称为样本容量。如果样本容量为 N，平行测定数据为 x_1、x_2、…、x_N，则此样本的平均值($\bar{x}$)为

$$\bar{x} = \frac{\sum x_i}{N} \tag{1-15}$$

当样本容量无限增多时，所得的平均值就是总体平均值：

$$\lim_{N\to\infty} \bar{x} = \mu \tag{1-16}$$

在消除了系统误差后，总体平均值 μ 即为真值。

当样本容量趋于无限时，总体标准偏差 σ 表示各次测定值 x_i 对总体平均值的偏离程度。总体标准偏差表达式：

$$\sigma = \sqrt{\frac{\sum (x_i - \mu)^2}{N}} \tag{1-17}$$

在一般的分析工作中，由于只进行有限次测定(N<20 次)，总体平均值是不知道的，只能用样本的标准偏差 s 来衡量测定结果的精密度。样本的标准偏差表达式为

$$s \stackrel{\text{def}}{=} \sqrt{\frac{\sum d_i^2}{N-1}} = \sqrt{\frac{\sum (x_i - \bar{x})^2}{N-1}} \tag{1-18}$$

当样本容量 N 相当多时，样本平均值趋近于总体平均值，样本标准偏差也趋近于总体标准偏差。

有时，也用样本的相对标准偏差 s_r(文献中也有用 RSD 来表示)来衡量测定结果的精密度。样本的相对标准偏差也称变异系数(coefficient of variation，CV)，其表达式为

$$s_r \xlongequal{\text{def}} \frac{s}{\bar{x}} \times 100\% \tag{1-19}$$

另外还有极差和允差等概念。

极差：平行测定中，最大值与最小值的差值称为极差。

相对极差：绝对极差/数值平均值=相对极差。

3. 准确度与精密度的关系

准确度是指测定值与真实值的符合程度，用误差的大小来衡量。而误差的大小与系统误差和随机误差有关，反映了测定结果的正确性。精密度是指一系列平行测定值之间相互符合的程度，用偏差的大小来度量。偏差的大小与随机误差有关，而与系统误差无关，因此偏差的大小不能反映出测定值与真实值的相符合程度，只能反映测定结果的重现性。因此，精密度是保证准确度的前提条件，没有好的精密度就不可能有好的准确度。准确度与精密度的关系可利用图 1-1 进行说明。

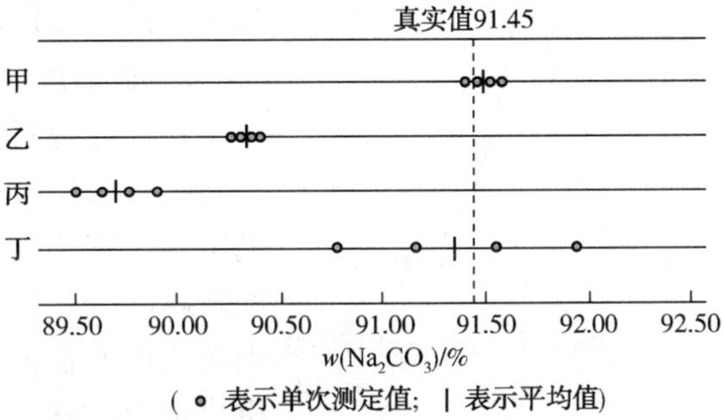

图 1-1　准确度与精密度的关系示意图

图 1-1 表示甲、乙、丙、丁四人测定同一试样中 Na_2CO_3 的质量分数时所得的结果。由图 1-1 可见，甲的测定结果的精密度和准确度都很高，结果可靠；乙的测定结果的精密度很高，但平均值与真实值相差较大，准确度较低，说明测定中存在较大的系统误差；丙的测定结果的精密度和准确度都很差，结果当然不可靠；丁的测定结果的精密度很差，但平均值却很接近真实值，但这并不能说明丁的测定结果可靠。丁的测定结果的平均值接近于真实值，是由于较大的正、负误差恰好相互抵消的结果，不能说明测定的准确度高，如果丁少做或多做一次测定，平均值就会与真实值相差很大，丁的测定结果的平均值接近于真实值是偶然巧合，并不真正可靠。

综上所述，高精密度是获得高准确度的必要条件，准确度高一定要求精密度高。但是，精密度高不一定能保证准确度也高，精密度高只反映了随机误差小，并不能保证消除了系统误差。若精密度低，说明测定结果不可靠，当然其准确度也就不可能高。

1-7　实验数据的统计处理

在分析工作中，最后处理实验数据时要用统计方法进行处理。首先对于一些偏差比较大的可疑数据按书中介绍的 $4\bar{d}$ 法、Grubbs 法或 Q 检验法进行检验，决定其取舍；然后计算出数据的平均值、各数据对平均值的偏差、平均偏差和标准偏差等；最后按照要求的置信度求出平均值的置信区间。

1. 随机误差的正态分布

随机误差是由一些偶然因素引起的，它的大小和方向难以预测。从表面上看，随机误差的出现似乎很不规律，但如果进行多次测定，则可发现随机误差的分布也是有一定规律的，符合正态分布规律。

① 绝对值相等的正误差和负误差出现的概率相同，因而大量等精度测量中各个误差的代数和有趋于零的趋势。

② 绝对值小的误差出现的概率大，绝对值大的误差出现的概率小，而绝对值很大的误差出现的概率非常小。

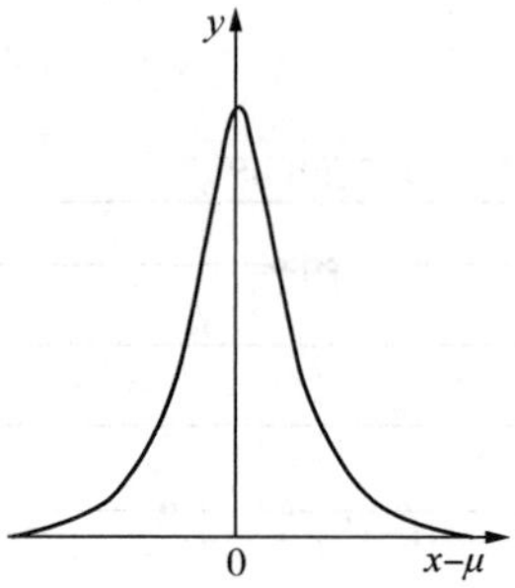

图 1-2　随机误差的正态分布曲线

随机误差的正态分布规律可以用图 1-2 所示的正态分布曲线表示。图中的横坐标轴 $x-\mu$ 代表随机误差的大小，纵坐标 y 轴代表随机误差发生的概率。

2. 置信度与平均值的置信区间

在实际分析工作中，通常总是把测定数据的平均值作为分析结果报出，但测得少量数据的平均值总是带有一定的不确定性，它不能明确地说明测定结果的可靠性。在要求准确度较高的分析工作中，在报出分析结果时，应该同时指出结果真实值所在的范围以及真实值落在这一范围的概率。在分析化学上，真实值所在的范围就称为置信区间，真实值落在置信区间的概率称为置信度，常用符号 P 表示。

图 1-2 中曲线各点的横坐标是 $x-\mu$，其中 x 为单次测定值，μ 为总体平均值，在消除系统误差的条件下 μ 就是真实值，因此 $x-\mu$ 即为误差。曲线上各点的纵坐标表示误差出现的频率，曲线与横坐标从 $-\infty$ ～ $+\infty$ 之间所包围的面积表示具有各种大小误差的测定值出现概率的总和，设为 100%。由数学统计计算可知，真实值落在 $\mu+\sigma$、$\mu\pm2\sigma$ 和 $\mu\pm3\sigma$ 的概率分别为 68. 5%、95. 5% 和 99. 7%。

对于有限次数的测定，总体平均值 μ 与样本平均值 $\bar{x}$ 之间有如下关系：

$$\mu=\bar{x}\pm\frac{ts}{\sqrt{N}} \tag{1-20}$$

式中　s——标准偏差；

N——测定次数；

t——在选定的某一置信度下的概率系数，可根据测定次数从表 1-3 中查得。

从表 1-3 中可以看出，当测量次数 N 增大时，概率系数 t 减小；当测定次数为 20 次以上到测定次数为 ∞ 时，t 相差不大，这表明当 $N>20$ 时，再增加测定次数对提高测定结果的准确度已经没有什么意义，因此只有在一定的测定次数内，分析数据的可靠性才随平行测定次数的增多而增大。

式(1-20)表示在一定置信度下以测定结果的平均值为中心，包括总体平均值 μ 的范围，又称为平均值的置信区间。

表 1-3　不同测定次数及不同置信度下的概率系数 t

N	50%	90%	95%	99%	99. 5%
2	1. 000	6. 314	12. 706	63. 657	127. 32
3	0. 816	2. 920	4. 303	9. 925	14. 089
4	0. 765	2. 353	3. 182	5. 842	7. 453
5	0. 741	2. 132	2. 776	4. 604	5. 589

续表

N	50%	90%	95%	99%	99.5%
6	0.727	2.015	2.571	4.032	4.773
7	0.718	1.943	2.447	3.707	4.317
8	0.711	1.895	2.365	3.500	4.029
9	0.706	1.860	2.306	3.355	3.832
10	0.703	1.833	2.262	3.250	3.690
11	0.700	1.812	2.228	3.169	3.581
21	0.687	1.725	2.086	2.845	3.153
∞	0.674	1.645	1.960	2.576	2.807

3. 可疑测定值的取舍

在一组平行测定的数据中，往往会出现个别偏差比较大的数据，这一数据称为可疑值或离群值。如果这一数据是由实验过失造成的，则应该将该数据舍弃，否则就不能随便将它舍弃，而必须用统计方法来判断是否取舍。常用的取舍方法有 $4\bar{d}$ 法，格鲁布斯(Grubbs)法和 Q 检验法等。

(1) $4\bar{d}$ 法

根据正态分布规律，偏差超过 3σ 的测定值出现的概率小于 0.3%，因此当测定次数不多时，这一测量值通常可以舍去。对于少量实验数据，可粗略地用 $4\bar{d}$ 代替 3σ，即偏差大于 $4\bar{d}$ 的个别测量值可以舍去。

用 $4\bar{d}$ 法判断可疑值取舍虽然存在比较大的误差，但这种方法比较简单，不必查表，至今仍为人们所采用。当 $4\bar{d}$ 法与其他检验方法判断的结果发生矛盾时，应该以其他检验法为准。

采用 $4\bar{d}$ 法判断可疑值取舍时，首先计算出除可疑值外的其余数据的平均值 $\bar{x}$ 和平均偏差 $\bar{d}$，然后将可疑值与平均值进行比较，如果可疑值与平均值之差的绝对值大于 $4\bar{d}$，则舍去可疑值；否则应予以保留。

(2) 格鲁布斯(Grubbs)法

首先将测量值按由小到大的顺序排列为：x_1、x_2、…、x_n，并求出平均值 $\bar{x}$ 和标准偏差 s，再根据统计量 G 进行判断。若 x_1 为可疑值，则

$$G_{计算}=\frac{\bar{x}-x_1}{s} \tag{1-21}$$

若 x_n 为可疑值，则

$$G_{计算}=\frac{x_n-\bar{x}}{s} \tag{1-22}$$

将计算所得 G 值与表 1-4 中查得的 $G_{P,N}$(对应于某一置信度)相比较。若 $G_{计算}>G_{表}$，则应舍去可疑值，否则保留。

表 1-4　$G_{(P,N)}$值表

N	置信度		
	95%	97.5%	99%
3	1.15	1.15	1.15
4	1.46	1.48	1.49
5	1.67	1.71	1.75
6	1.82	1.89	1.94
7	1.94	2.02	2.1
8	2.03	2.13	2.22
9	2.11	2.21	2.32
10	2.18	2.29	2.41
11	2.23	2.36	2.48
12	2.29	2.41	2.55
13	2.33	2.46	2.61
14	2.37	2.51	2.66
15	2.41	2.55	2.71
20	2.56	2.71	2.88

(3) Q 检验法

当测定次数不超过 10 次时，通常利用 Q 检验法判断可疑值的取舍。先将 N 个测定值由小到大依次排列：

$$x_1、x_2、x_3、\cdots、x_n$$

如果 x_1为可疑值，则舍弃商为

$$Q=\frac{x_2-x_1}{x_n-x_1} \tag{1-23}$$

如果 x_n为可疑值，则舍弃商为

$$Q=\frac{x_n-x_{n-1}}{x_n-x_1} \tag{1-24}$$

由式(1-23)和式(1-24)可以看出，舍弃商 Q 越大，说明 x_1或 x_n离群越远，当远至一定程度时应将其舍去，因此把 Q 称为舍弃商。

利用 Q 检验法判断可疑值的取舍时，先根据测定次数和要求的置信度由表 1-5 查得 $Q_{P,N}$，再将计算得到的舍弃商 Q 与 $Q_{P,N}$进行比较。如果 $Q>Q_{P,N}$，则可疑值应该舍去；如果 $Q<Q_{P,N}$，则可疑值应该予以保留。

表 1-5　不同置信度下舍弃可疑数据 $Q_{P,N}$

置信度	3	4	5	6	7	8	9	10
90%	0.94	0.76	0.64	0.56	0.51	0.47	0.44	0.41
95%	0.98	0.85	0.73	0.64	0.59	0.54	0.51	0.48
99%	0.99	0.93	0.82	0.74	0.68	0.63	0.60	0.57

4. 分析结果的数据处理与报告

在实际分析工作中，测定结果的数据处理是非常重要的。在实验和科学研究中，必须对试样进行多次平行测定($N \geq 3$)，然后进行统计处理并写出分析报告。

例如，测定某矿石试样中铁的质量分数，得到如下数据：

79.58%、79.45%、79.47%、79.50%、79.62%、79.38%、79.90%

根据数据统计方法进行如下处理：

用Q检验法检验可疑值，并且判断有无可疑值舍弃。先将测定数据按由小到大的顺序依次排列：

79.38%、79.45%、79.47%、79.50%、79.58%、79.62%、79.90%

在上述数据中79.90%可能是可疑值，利用式(1-24)计算出舍弃商：

$$Q=\frac{x_7-x_6}{x_7-x_1}=\frac{79.90\%-79.62\%}{79.90\%-79.38\%}=\frac{0.28}{0.52}=0.54$$

当测定次数 $N=7$、置信度 $P=90\%$ 时，由表1-5查得 $Q_{90\%,7}=0.51$。由于 $Q>Q_{90\%,7}$，因此79.90%应该舍去。

根据所有保留值求出平均值：

$$\bar{x}=\frac{79.38\%+79.45\%+79.47\%+79.50\%+79.58\%+79.62\%}{6}=79.50\%$$

求出平均偏差：

$$\bar{d}=\frac{0.08\%+0.05\%+0.03\%+0.12\%+0.12\%}{6}=0.07\%$$

求出标准偏差：

$$s=\sqrt{\frac{(0.08\%)^2+(0.05\%)^2+(0.03\%)^2+(0.12\%)^2+(0.12\%)^2}{6-1}}=0.09\%$$

求出置信度为90%、$N=6$ 时平均值的置信区间。当 $P=90\%$、$N=6$ 时，由表1-3查得 $t=2.015$，平均值的置信区间为

$$\mu=\bar{x}\pm\frac{ts}{\sqrt{N}}=79.50\pm\frac{2.015\times0.09}{\sqrt{6}}=(79.50\pm0.07)\%$$

5. 显著性检验

在实际分析工作中，经常会遇到所测结果的平均值与标准值进行比较问题，或者不同分析人员和实验室采用相同或不同分析方法对同一试样进行分析时，分析结果平均值之间的比较问题等。由于误差的存在，测量数据之间的差异是普遍存在的。随机误差和系统误差均可以引起这类差异，在判断这类差异来源时，可以用统计学中的“假设检验”法进行分析。如果分析结果之间存在“显著性差异”，就认为它们之间存在着明显的系统误差；否则，就认为没有系统误差，是由随机误差引起的正常差异。在分析化学中常用的显著性检验(significance test)方法是 t 检验法和 F 检验法。

(1) t 检验法

① 平均值与标准值的比较：t 检验法用于检验样本平均值与标准值或两组测定数据的平均值之间是否存在显著性差异，从而对分析方法的准确度作出评价。

当检验一种分析方法的准确度时，采用这种分析方法对某标准试样进行多次平行测定，

再将样本平均值 $\bar{x}$ 与标准值 μ(可视为真值)进行比较。由置信区间的定义可知，经过 N 次测定后，如果以样本平均值 $\bar{x}$ 为中心的某区间已经按指定的置信度将标准值 μ 包含在内，那么测定数据之间就不存在显著性差异，测定数据之间的差异仅仅是由随机误差引起。根据式(1-20)得

$$t=\frac{|\bar{x}-\mu|}{s}\sqrt{N} \tag{1-25}$$

通过式(1-25)计算出 t 值，再根据置信度和自由度由表 1-3 查出相应的 $t>t_{p,f}$ 值(f 为自由度，$f=N-1$)，并与 t 值进行比较。如果 $t>t_{p,f}$，则认为平均值 $\bar{x}$ 与标准值 μ 之间存在显著性差异，说明该分析方法存在系统误差；如果 $t<t_{p,f}$，则可认为平均值 $\bar{x}$ 与标准值 μ 之间不存在显著性差异，该类非显著性差异由随机误差引起。在分析化学中，通常以 95%的置信度为检验标准。

② 两组平均值的比较：t 检验法同样适用于不同分析人员、不同实验室或同一分析人员采用不同方法分析同一试样，所得两组数据之间是否存在显著性差异。

假设两组分析数据的测定次数、标准偏差及平均值分别为 n_1、s_1、$\bar{x}_1$ 和 n_2、s_2、$\bar{x}_2$。由于两个平均值都是实验值，需要先检验两组数据的精密度有无显著性差异(F 检验法)，即 s_1 和 s_2 之间有无显著性差异。如无显著性差异，则可认为 $s_1\approx s_2$，即可用 t 检验法检验两组平均值有无显著性差异。用 t 检验法检验两组平均值有无显著性差异时，首先要计算合并标准偏差：

$$s=\sqrt{\frac{\text{偏差平方和}}{\text{总自由度}}}=\sqrt{\frac{\sum(x_{1i}-\bar{x}_1)^2+\sum(x_{2i}-\bar{x}_2)^2}{(n_1-1)+(n_2-2)}} \tag{1-26}$$

或

$$s=\sqrt{\frac{s_1^2(n_1-1)+s_2^2(n_2-1)}{(n_1-1)+(n_2-2)}} \tag{1-27}$$

然后计算出 t 值：

$$t=\frac{|\bar{x}_1-\bar{x}_2|}{s}\sqrt{\frac{n_1n_2}{n_1+n_2}} \tag{1-28}$$

在指定置信度下，通过表 1-3 查出 $t_{p,f}$ 值(总自由度 $f=n_1+n_2-2$)，再与计算的 t 值比较：若 $t<t_{p,f}$，说明两组数据的平均值不存在显著性差异，两个平均值可认为属于同一总体，即 $\mu_1=\mu_2$；若 $t>t_{p,f}$，时，则存在显著性差异，说明两组平均值之间存在着系统误差，不属于同一总体。

(2) F 检验法

F 检验法是比较两组数据精密度之间是否存在显著性差异的方法，是通过两组数据的方差 s^2 进行比较，统计量 F 定义为两组数据的方差的比值，分子为大的方差，分母为小的方差，计算公式如下：

$$F=\frac{s_{\text{大}}^2}{s_{\text{小}}^2} \tag{1-29}$$

在指定的置信度(95%)及自由度下，通过表 1-6 查出相应 F 值，然而与上述公式计算 F 值进行比较。若计算 F 值大于表值，则说明两组数据的精密度之间存在着显著性差异，否则不存在显著性差异。

表中列出的 F 值是单边值，引用时应加以注意。

表 1-6　置信度 95%时的 F 值(单边)

$f_小$ \ $f_大$	2	3	4	5	6	7	8	9	10	∞
2	19.00	19.16	19.25	19.3	19.33	19.36	19.37	19.38	19.39	19.50
3	9.55	9.28	9.12	9.01	8.94	8.88	8.84	8.81	8.78	8.53
4	6.94	6.59	6.39	6.26	6.16	6.09	6.04	6.00	5.96	5.63
5	5.79	5.41	5.19	5.05	4.95	4.88	4.82	4.78	4.74	4.36
6	5.14	4.76	4.53	4.39	4.28	4.21	4.51	4.1	4.06	3.67
7	4.74	4.35	4.12	3.97	3.87	3.79	3.73	3.68	3.63	3.23
8	4.46	4.07	3.84	3.69	3.58	3.5	3.44	3.39	3.34	2.93
9	4.26	3.86	3.63	3.48	3.37	3.29	3.23	3.18	3.13	2.71
10	4.10	3.71	3.48	3.33	3.22	3.14	3.07	3.02	2.97	2.54
∞	3.00	3.60	2.37	3.21	2.10	2.01	1.94	1.88	1.83	1.00

注：$f_大$是大方差数据的自由度；$f_小$是小方差的自由度。

表 1-6 所列 F 值是单边值，可直接用于单侧检验，如检验一组数据的精密度是否大于、等于或者小于、等于另一组数据的精密度时，此时的置信度为 95%(显著性水平为 0.05)。而在进行双侧检验时，当判断两组数据的精密度是否存在显著性差异，如一组数据的精密度可能大于、等于、小于另一组数据的精密度时，显著性水平为单侧检验时的 2 倍(0.10)，此时的置信度为 90%($P=1-0.10=0.90$)。

1-8　标准曲线的回归分析

标准曲线法，又称校正曲线法、工作曲线法，是实际分析过程中获取未知溶液浓度的常用方法。例如，在吸光光度法分析过程中，标准溶液的吸光度 A 与溶液浓度 c 呈线性关系。由于所用分析仪器本身的精密度和测量条件的微小变化，会导致同一溶液在相同条件下重复测量结果可能不完全相同。因此，不同浓度的测量结果往往会偏离以直线方程为基础所建立的直线。此时可以用数理统计的方法找到一条最接近于各测量点的直线，即标准曲线。该标准曲线对所有测量点而言误差最小。目前，获得该标准曲线的常用方法是对数据点进行一元线性回归分析。

1. 一元线性回归方程及回归直线

回归直线方程如下所示：

$$y=a+bx$$

式中　a——直线的截距；

　　　b——直线的斜率。

取 n 个实验点(x_1, y_1)、(x_2, y_2)、…、(x_n, y_n)，则每个实验点与回归直线的误差用式(1-30)来描述：

$$Q_i=[y_i-(a+bx_i)]^2 \tag{1-30}$$

回归直线与所有实验点的误差平方和为

$$Q=\sum_{i=1}^{n} Q_i=\sum_{i=1}^{n}[y_i-(a+bx_i)]^2 \tag{1-31}$$

当 Q 取极小值时，回归方程和回归直线最接近实验点的真实分布状态。在分析校正时，为了使 Q 值达到极小值，则可取不同的 x_i 值测量 y_i，并用最小二乘法估计 a 与 b 值。用数学上求极值的方法，即有 $\frac{\partial Q}{\partial a}=0$ 和 $\frac{\partial Q}{\partial b}=0$，可推出 a 和 b 的计算式：

$$a=\frac{\sum_{i=1}^{n} y_i-b\sum_{i=1}^{n} x_i}{n}=\bar{y}-b\bar{x} \tag{1-32}$$

$$b=\frac{\sum_{i=1}^{n}(x_i-\bar{x})(y_i-\bar{y})}{\sqrt{\sum_{i=1}^{n}(x_i-\bar{x})^2}} \tag{1-33}$$

当直线的截距 a 和斜率 b 确定之后，一元线性回归方程及回归直线就确定了。

2. 相关系数

在实际分析过程中，所获得的测量点并不完全在直线上，这时获得的回归直接是否有意义，可用相关系数 r 进行判断。相关系数的定义式为

$$r=b\sqrt{\frac{\sum_{i=1}^{n}(x_i-\bar{x})^2}{\sum_{i=1}^{n}(y_i-\bar{y})^2}}=\frac{\sum_{i=1}^{n}(x_i-\bar{x})(y_i-\bar{y})}{\sqrt{\sum_{i=1}^{n}(x_i-\bar{x})^2\sum_{i=1}^{n}(y_i-\bar{y})^2}} \tag{1-34}$$

相关系数的物理意义如下：

① 当两个变量之间存在完全的线性关系，所有的 y_i 值都在回归线上时，$r=1$。

② 当两个变量 y 和 x 之间完全不存在线性关系时，$r=0$。

③ 当 r 值在 0~1 之间时，表示两变量 y 与 x 之间存在一定的关联性。r 值愈接近 1，线性关系愈好。然而，以相关系数判断线性关系的好坏时，尚需考虑测量的次数和置信度的影响。表 1-7 列出了不同置信度和自由度时的相关系数。若计算出的相关系数大于表上相应的数值，则表示两变量间是显著相关的，所求回归直线有意义；反之，则无意义。

表 1-7　检验相关系数的临界值表

$f=n-2$	置信度			
	90%	95%	99%	99.9%
1	0.98769	0.099692	0.999877	0.9999988
2	0.90000	0.95000	0.99000	0.99900
3	0.8054	0.8783	0.95873	0.99116
4	0.7293	0.8114	0.91720	0.97406
5	0.6694	0.7545	0.8745	0.95074
6	0.6215	0.7067	0.8343	0.92493
7	0.5822	0.6664	0.7977	0.8982
8	0.5494	0.6319	0.7646	0.8721
9	0.5214	0.6021	0.7348	0.8471
10	0.4973	0.5760	0.7079	0.8233

1-9 提高分析结果准确度的方法

为了得到准确的分析结果，必须设法减小分析过程中的误差。

1. 选择适当的分析方法

各种分析方法的准确度和灵敏度是不相同的，因此必须根据被测组分的质量分数来选择合适的分析方法。

滴定分析法的准确度较高，但灵敏度较低，适用于常量组分的测定。而吸光光度法等仪器分析方法灵敏度较高，但准确度较低，适用于微量组分的测定。例如，对 $w(\text{Fe})=30.00\%$的标准样品进行测定，如果采用滴定分析法，测定的相对误差约为±0.1%，测得 $w(\text{Fe})$的范围是 29.97%～30.03%，这个测定结果是相当准确的。但如果采用吸光光度法，测定的相对误差约为±2%，则测得 $w(\text{Fe})$的范围是 29.4%～30.6%，误差显然大得多。又如，测定 $w(\text{Fe})=0.200\%$的标准样品，因滴定分析法的灵敏度较低，根本无法测定出如此小的铁的质量分数。而采用灵敏度较高的吸光光度法，若测定的相对误差仍为±2%，测得 $w(\text{Fe})$的范围为 0.196%～0.204%，测定的绝对误差为±0.004%。由于试样中铁的质量分数很小，同样±2%的相对误差所引起的绝对误差并不大，这样的误差是允许的。

2. 减小测定误差

为了保证分析结果的准确度，必须尽量减小测定误差。在用分析天平称量时，应设法减小称量误差。通常分析天平的称量误差为±0.0001g，用减量法称量时，最大称量误差为±0.0002g，为了把称量的相对误差控制在±0.1%以内，试样质量必须在 0.2g 以上。在滴定分析中，滴定管读数常有±0.01mL 的误差，完成一次滴定需要读数两次，这样可能产生的最大误差为±0.02mL，为使测定的相对误差不超过±0.1%，滴定时消耗滴定剂的体积必须在 20mL 以上。

不同的分析方法要求有不同的准确度，测定时应根据具体要求控制测定误差。例如，吸光光度法允许有较大的相对误差，因此对于各测定步骤的准确度不必要求像滴定分析法那样高，若称取 0.5g 试样，称量的绝对误差小于 $0.5\times2\%=0.01\text{g}$ 即可满足要求，没有必要称准至±0.0001g。

3. 减小系统误差

产生系统误差的原因是多方面的，应根据具体情况，采用不同的方法来检验和消除系统误差。

对照试验：常用已知分析结果的标准试样，与被测试样一起进行对照试验，或用公认可靠的分析方法与所采用的分析方法进行对照试验。标准试样的分析结果比较可靠，进行对照试验时，应该尽量选择与试样组成接近的标准试样。

空白试验：在不加试样的情况下，按照试样分析同样的操作步骤和条件进行试验，所得到的结果称为空白值。从试样的分析结果中扣除空白值，就可得到比较可靠的分析结果。

仪器校准：根据分析方法所要求的允许误差，对测定所用仪器(如砝码、滴定管、移液管、容量瓶等)进行校准，来消除由于仪器不准确带来的误差。

方法校正：某些分析方法造成的系统误差，有时可用适当的方法进行校正。例如，在重量分析中使被测组分完全沉淀是不可能的，可以用其他方法(如吸光光度法)测定仍溶于滤液中的少量被测组分，再把所得测定结果加到重量分析结果中，以提高分析结果的准确度。

4. 减小随机误差

在消除系统误差的前提下，平行测定的次数越多，测定值的平均值就越接近于真实值。因此，增加平行测定的次数，可以减小随机误差。必须注意的是，过多增加平行测定的次数，收益并不大，却消耗了更多的试剂和时间。在一般化学分析中，平行测定4~6次已经足够；学生的验证性教学实验，平行测定2次或3次就可以了。

1-10 有效数字

1. 有效数字

有效数字是测定结果大小及精度的真实记录，因此测定结果必须用有效数字来表示。例如，万分之一分析天平能称准至±0.0001g，而托盘天平只能称准至±0.1g，用分析天平和托盘天平分别称量1g试样，则应分别记为1.0000g和1.0g。数据1.0000g除了最后一位的“0”不确定外，其余4个数字都是确定的；而数据1.0中小数点后第一位数字“0”已不确定，因此不能在其后面再加“0”。可见，按有效数字的定义，既不能把分析天平称量的质量1.0000记为1.0g，也不能把托盘天平称量的质量1.0g记为1.0000g。又如，从滴定管读出某溶液消耗的体积为23.42mL，这最后一位数“2”是读数时根据滴定管的刻度估计出来的，“2”是不确定的，可能有±0.01mL的误差，溶液的实际体积应为(23.42±0.01)mL范围内的某一数字。所以，有效数字体现出实际的测定精度及其所使用的测定工具。

在确定有效数字的位数时，数字“0”是否为有效数字，取决于它所处的位置。在数字前面的“0”只起定位作用，不是有效数字；而数字中间和数字后的“0”是有效数字。例如，0.0221、10.1和1.10都有3位有效数字。

整数末尾的“0”，其意义往往是不明确的。例如，1100的最后两位的“0”究竟是只起定位作用，还是同时也反映了测定精度，这是无法确定的。因此，它的有效数字可能是4位，也可能是3位或2位。为了避免混乱，在记录时应根据测定精度将结果写成1.100×10^3(4位有效数字)、1.10×10^3(3位有效数字)或1.1×10^3(2位有效数字)。

在分析化学中常遇到pH、$pK_a^{\ominus}$、$pK_b^{\ominus}$、等对数值，它们有效数字的位数只取决于小数点后数字的位数，而与整数部分无关，整数部分只起定位作用，不是有效数字。如pH=11.00只有2位有效数字，因为它实际反映的是$c(H^+)=1.0\times10^{-11}mol\cdot L^{-1}$，pH中的整数部分的11只表示$c(H^+)$的乘幂是10的负11次方，只起定位作用。

在计算过程中，还会遇到一些非测定值(如倍数、分数等)，它们的有效数字位数可以认为是无限多位的。

2. 有效数字修约方法

在处理实验数据时，涉及各测定值有效数字的位数可能不同，因此需要确定各测定值有效数字的位数。测定值的有效数字位数确定之后，就要将它后面多余的数字舍弃，舍弃多余数字的过程称为数字修约。数字修约时所采用的方法称为数字修约方法，数字修约通常采用“四舍六入五成双”的方法。该方法规定：当被修约的数小于或等于4时，则舍去；大于或等于6时，则进位；等于5且后面没有数字或有数字“0”时，如5前面是偶数则舍去，如是奇数则进位；等于5且后面有不为“0”的数字时，该数字总比5大，以进位为宜。例如，将 3. 16、1. 349、1. 35、2. 45、1. 851 修约为 2 位有效数字时，结果分别为 3. 2、1. 3、1. 4、2. 4、1. 9。

需要注意的是，在数字修约时只允许一次修约到所需位数，不能分次连续修约。例如，将 3. 149 修约为 2 位有效数字时，不能先修约为 3. 15，再修约为 3. 2；而应一次修约为 3. 1。

3. 有效数字的运算规则

(1) 有效数字的加减法

几个数相加或相减时，它们的和或差的有效数字的保留，应以小数点后位数最少(即绝对误差最大)的数为依据，只保留 1 位可疑数字。例如，把 0. 0211、26. 52、2. 07528 相加，由于每个数的最后 1 位都是不确定的，其中 26. 52 的小数点后第二位小数已不准确，因此三数之和的第二位小数已不确定，在运算之前应以 26. 52 为根据，将其他两数也修约到第二位小数，然后再相加。

$$0.0211+26.52+2.07528=0.02+26.52+2.08=28.62$$

(2) 有效数字的乘除法

几个数相乘或相除时，它们的积或商的有效数字，应以有效数字位数最少(即相对误差最大)的数为依据。例如：

$$0.0211\times26.52\times2.07528=0.0211\times26.5+2.08=1.16$$

0. 0211、26. 52 和 2. 07528 三个数的相对误差分别为

$$\frac{\pm0.0001}{0.0211}\times100\%=\pm0.5\%$$

$$\frac{\pm0.01}{26.52}\times100\%=\pm0.04\%$$

$$\frac{\pm0.00001}{2.07528}\times100\%=\pm0.0005\%$$

可见，三个数中 0. 0211 的有效数字位数最少，是 3 位有效数字，它的相对误差最大，其准确度最差，因此计算结果也应取 3 位有效数字

在运算过程中，若某一个数的首位是 8 或 9 时，则有效数字的位数可多算一位。例如，9. 12 有 3 位有效数字，但已接近 10. 00，故可看作是 4 位有效数字。

使用计算器处理数据时，不必对每一步计算结果都进行修约，但要注意对最后结果的有效数字的位数进行合理取舍。

第二部分　典型例题

【例 1-1】 有 0. 1035mol · L^{-1}的 NaOH 标准溶液 500mL，欲使其浓度恰好为 0. 1000mol · L^{-1}，其中应加入多少体积的水？

解：根据稀释前后 NaOH 的物质的量守恒

$0.1035\text{mol}\cdot L^{-1}\times500\text{mL}=(500\text{mL}+V)\times0.1000\text{mol}\cdot L^{-1}$

$V=17.5\text{mL}$

【例 1-2】 欲配制浓度为 0. 2100mol · L^{-1}的 $H_2C_2O_4\cdot2H_2O$ 标准溶液 250mL，应称取 $H_2C_2O_4\cdot2H_2O$ 多少克？已知 $H_2C_2O_4\cdot2H_2O$ 的摩尔质量为 126. 07g · mol^{-1}。

解：$m(H_2C_2O_4 \cdot 2H_2O)=c(H_2C_2O_4 \cdot 2H_2O)\times V(H_2C_2O_4 \cdot 2H_2O)\times M(H_2C_2O_4 \cdot 2H_2O)$

$$=0.2100\times 250\times 10^{-3}\times 126.07=0.619\text{g}$$

【例 1-3】 计算 $0.1000\text{mol}\cdot\text{L}^{-1}$ HCl 溶液对 NaOH 的滴定度。

解：滴定反应为

$$HCl + NaOH \xlongequal{\quad} NaCl + H_2O$$

据式(1-9)，$0.1000\text{mol}\cdot\text{L}^{-1}$HCl 标准溶液对 NaOH 滴定度为

$$T_{NaOH/HCl}=\frac{c(HCl)M(NaOH)}{1000\text{mL}\cdot\text{L}^{-1}}$$

$$=\frac{0.1000\text{mol}\cdot\text{L}^{-1}\times 40.01\text{g}\cdot\text{mol}^{-1}}{1000\text{mL}\cdot\text{L}^{-1}}=0.004001\text{g}\cdot\text{mL}^{-1}$$

【例 1-4】 称取 0.4710g 硼砂($Na_2B_4O_7\cdot 10H_2O$)，用 HCl 溶液滴定至终点，消耗 25.20mL HCl 溶液。求此 HCl 溶液的浓度。

解：滴定反应为

$$Na_2B_4O_7 + 2HCl + 5H_2O \xlongequal{\quad} 4H_3BO_3 + 2NaCl$$

计量关系为

$$n(HCl)=2n(Na_2B_4O_7\cdot 10H_2O)$$

HCl 溶液的浓度为

$$c(HCl)=\frac{n(HCl)}{V(HCl)}=\frac{2n(Na_2B_4O_7\cdot 10H_2O)}{V(HCl)}=\frac{2\times m(Na_2B_4O_7\cdot 10H_2O)/M(Na_2B_4O_7\cdot 10H_2O)}{V(HCl)}$$

$$=\frac{2\times 0.4710\text{g}/381.36\text{g}\cdot\text{mol}^{-1}}{25.20\times 10^{-3}\text{L}}=0.09801(\text{mol}\cdot\text{L}^{-1})$$

【例 1-5】 称取 0.5000g 铁矿石试样，溶解后，将 Fe^{3+} 全部还原成 Fe^{2+}，用 $0.01500\text{mol}\cdot\text{L}^{-1}$ $K_2Cr_2O_7$标准溶液滴定至终点，用去 33.45mL。计算该铁矿石试样中铁的质量分数。

解：滴定反应为

$$6Fe^{2+} + Cr_2O_7^{2-} + 14H^+ \xlongequal{\quad} 6Fe^{3+} + 2Cr^{3+} + 7H_2O$$

计量关系为

$$n(Fe)=n(Fe^{2+})=6n(K_2Cr_2O_7)$$

该铁矿石试样中铁的质量分数为

$$w(Fe)=\frac{m(Fe)}{m_{(试样)}}=\frac{n(Fe)M(Fe)}{m_{(试样)}}=\frac{6c(K_2Cr_2O_7)\cdot V(K_2Cr_2O_7)\cdot M(Fe)}{m_{(试样)}}$$

$$=\frac{6\times 0.01500\text{mol}\cdot\text{L}^{-1}\times 33.45\times 10^{-3}\times 55.85\text{g}\cdot\text{mol}^{-1}}{0.5000\text{g}}=0.3363$$

【例 1-6】 用邻苯二甲酸氢钾($KHC_8H_4O_4$)作基准物质标定 $0.1\text{mol}\cdot\text{L}^{-1}$ NaOH 溶液的准确浓度时，为了把标定时用去的 NaOH 溶液的体积控制在 25mL 左右，应称取基准物质多少克？如果改用二水合草酸($H_2C_2O_4\cdot 2H_2O$)作基准物质，应称取基准物质多少克？

解：用邻苯二甲酸氢钾作基准物质时，滴定反应为

$$KHC_8H_4O_4 + NaOH \xlongequal{\quad} KNaC_8H_4O_4 + H_2O$$

计量关系为

$$n(KHC_6H_4O_4)=n(NaOH)$$

称取基准物质邻苯二甲酸氢钾的质量为

$$m(KHC_8H_4O_4)=n(KHC_8H_4O_4)M(KHC_8H_4O_4)=c(NaOH)V(NaOH)M(KHC_8H_4O_4)$$

$$=0.1mol\cdot L^{-1}\times25\times10^{-3}L\times204g\cdot mol^{-1}=0.5g$$

如果以二水合草酸作基准物质，滴定反应为

$$H_2C_2O_4+2NaOH═══Na_2C_2O_4+2H_2O$$

计量关系为 $$n(H_2C_2O_4)=\frac{1}{2}n(NaOH)$$

称取基准物质二水合草酸的质量为

$$m(H_2C_2O_4\cdot2H_2O)=n(H_2C_2O_4\cdot2H_2O)M(H_2C_2O_4\cdot2H_2O)$$

$$=\frac{1}{2}c(NaOH)V(NaOH)M(H_2C_2O_4\cdot2H_2O)$$

$$=\frac{1}{2}\times0.1mol\cdot L^{-1}\times25\times10^{-3}L\times126g\cdot mol^{-1}=0.16g$$

采用摩尔质量较大的邻苯二甲酸氢钾作基准物质标定 NaOH 的准确浓度，可以减小称量的相对误差。

【例 1-7】 测定某铁矿石试样中 Fe_2O_3 的质量分数，5 次平行测定的结果分别为 62.48%、62.37%、62.47%、62.43%、62.40%。计算测定结果的平均值、平均偏差、相对平均偏差、标准偏差和相对标准偏差。

解： 测定结果的平均值：

$$\bar{x}=\frac{\sum x_i}{N}=\frac{62.48\%+62.37\%+62.47\%+62.43\%+62.40\%}{5}=62.43\%$$

测定结果的平均偏差为

$$\bar{d}=\frac{\sum|x_i-\bar{x}|}{N}=\frac{0.05\%+0.06\%+0.04\%+0+0.03\%}{5}=0.04\%$$

测定结果的相对平均偏差为

$$\bar{d}_r=\frac{\bar{d}}{\bar{x}}\times100\%=\frac{0.04\%}{62.43\%}\times100\%=0.06\%$$

测定结果的标准偏差为

$$s=\sqrt{\frac{\sum(x_i-\bar{x})^2}{N-1}}=\sqrt{\frac{(0.05\%)^2+(-0.06\%)^2+(0.04\%)^2+(0)^2+(-0.03\%)^2}{5-1}}=0.05\%$$

测定结果的相对标准偏差为

$$s_r=\frac{s}{\bar{x}}\times100\%=\frac{0.05\%}{62.43\%}\times100\%=0.08\%$$

由于在计算样本标准偏差时把单次测定值的偏差平方后再求和，不仅能避免单次测定偏差相加时正负抵消，更重要的是大偏差能显著地反映出来。因此，标准偏差能更好地反映出一组平行测定数据的精密度。

【例 1-8】 用碘量法测定某铜合金中铜的质量分数如下

第一组测定结果：10.3%、9.8%、9.6%、10.2%、10.1%、10.4%、10.0%、9.7%。

第二组测定结果：10.0%、10.1%、9.3%、10.2%、9.9%、9.8%、10.5%，9.9%。

比较两组数据的精密度，分别以平均偏差和标准偏差表示。

解： 第一组测定结果的平均偏差和标准偏差分别为

$$\bar{x}_1=\frac{10.3\%+9.8\%+9.6\%+10.2\%+10.1\%+10.4\%\times10.0\%+9.7\%}{8}=10.0\%$$

$$\bar{d}_1=\frac{0.3\%+0.2\%+0.4\%+0.2\%+0.1\%+0.4\%+0.0+0.3\%}{8}=0.24\%$$

$$s_1=\sqrt{\frac{0.09+0.04+0.16+0.04+0.01+0.16+0.00+0.09}{8-1}}\%=0.29\%$$

第二组测定结果的平均偏差和标准偏差分别为

$$\bar{x}_2=\frac{10.0\%+10.1\%+9.3\%+10.2\%+9.9\%+9.8\%+10.5\%+9.9\%}{8}=10.0\%$$

$$\bar{d}_2=\frac{0.0+0.1\%+0.7\%+0.2\%+0.1\%+0.2\%+0.5\%+0.1\%}{8}=0.24\%$$

$$s_2=\sqrt{\frac{0.00+0.01+0.49+0.04+0.01+0.04+0.25+0.01}{8-1}}\%=0.35\%$$

第一组测定结果的平均偏差是0.24%，第二组测定结果的平均偏差也是0.24%，两组测定结果的平均偏差相同，两组测定结果的精密度似乎没有差别。但从两组的测定数据来看，第二组的测定数据较为分散，其中有两个偏差较大的数(9.3%、10.5%)，用平均偏差反映不出这两组测定结果精密度的高低。但如果比较两组测定结果的标准偏差，可以看出是 $s_1<s_2$，第一组测定结果的精密度比较高。可见，标准偏差比平均偏差更能反映出测定结果的精密度。

【例 1-9】 分析铁矿石中铁的质量分数，测定结果的平均值 $\bar{x}=35.21\%$，标准偏差 $s=0.06\%$。计算：

① 若测定次数 $N=4$，置信度分别为95%时和99%时平均值的置信区间；

② 若测定次数 $N=6$，置信度为95%时平均值的置信区间。

解： ①$N=4$，置信度为95%时，由表1-3查得 $t_{95\%}=3.18$。平均值的置信区间为

$$\mu=\bar{x}-\pm\frac{ts}{\sqrt{N}}=35.21\%\pm\frac{3.18\times0.06\%}{\sqrt{4}}=(35.21\pm0.10)\%$$

置信度为99%时，由表1-3查得 $t_{99\%}=5.84$。平均值的置信区间为

$$\mu=\bar{x}\pm\frac{ts}{\sqrt{N}}=35.21\%\pm\frac{4.84\times0.06\%}{\sqrt{4}}=(35.21\pm0.18)\%$$

② $N=6$，置信度为95%时，由表1-3查得 $t_{95\%}=2.57$。平均值的置信区间为

$$\mu=\bar{x}\pm\frac{ts}{\sqrt{N}}=35.21\%\pm\frac{2.57\times0.06\%}{\sqrt{6}}=(35.21\pm0.06)\%$$

由计算结果可以看出，在相同测定次数下，随着置信度由95%提高到99%，平均值的置信区间从(35.21±1.10)%扩大到(35.21±0.018)%。同时，在一定置信度下，增加平行测定次数可使置信区间缩小，说明测量的平均值越接近总体平均值。

【例 1-10】 测定某一合金试样中锰的质量分数时，6次测定的结果分别为1.52%、1.83%、1.62%、1.47%、1.55%、1.50%。试问1.83%这个数据是否应保留？

解： 除可疑值1.83%外，求得其余数据的平均值 $\bar{x}$ 和平均偏差 $\bar{d}$ 分别为

$$\bar{x}=\frac{1.52\%+1.62\%+1.47\%+1.55\%+1.50\%}{5}=1.53\%$$

$$\bar{d}=\frac{0+0.09\%+0.06\%+0.03\%+0.03\%}{5}=0.042\%$$

可疑值与平均值之差为

$$1.83\%-1.53\%=0.30\%>4\bar{d}=0.042\%\times4=0.17\%$$

因此 1.83%这个数据应该舍去。

【例 1-11】 测定某药物中 Co 的含量得到结果为 1.25、1.27、1.31、1.40，用 Grubbs 法检验法判断 1.40 是否保留。

解： $\bar{x}=1.31$；$s=0.066$

$$G_{计算}=\frac{1.40-1.31}{0.066}=1.36$$

查表 1-4，置信度选 95%，$n=4$，$G_{表}=1.46$。

$G_{计算}<G_{表}$，故 1.40 应保留。

【例 1-12】 测定某一试样中氯的质量分数，4 次分析测定结果分别为 30.34%、30.16%、30.40%和 30.38%，用 Q 检验法判断 30.16%是否舍弃(置信度为 90%)。

解： 将测定值由小到大排列：30.16%、30.34%、30.38%、30.40%，其中 30.16%为可疑值。据式(1-23)，舍弃商为

$$Q=\frac{x_2-x_1}{x_4-x_1}=\frac{30.34\%-30.16\%}{30.40\%-30.16\%}=\frac{0.18}{0.24}=0.75$$

查表 1-5，在置信度为 90%、$N=4$ 时，$Q_{90\%,4}=0.76$。

由于 $Q_{90\%,4}>Q$，因此数据 30.16%不能舍弃。

【例 1-13】 某人测定标样中 CaO 的质量分数，6 次测定结果分别为 20.60%、20.50%、20.70%、20.60%、20.80%和 21.00%。已知标样中 CaO 的质量分数的标准值为 20.10%。问该测定是否存在系统误差(置信度为 95%)？

解： 自由度 $f=N-1=6-1=5$。测定结果的平均值、标准偏差和 t 值分别为

$$\bar{x}=\frac{20.60\%+20.50\%+20.70\%+20.60\%+20.80\%+21.00\%}{6}=20.70\%$$

$$s=\sqrt{\frac{(-0.10\%)^2+(-0.20\%)^2+(0)^2+(-0.10\%)^2+(0.10\%)^2+(0.30\%)^2}{6-1}}=0.18\%$$

$$t=\frac{|\bar{x}-\mu|}{s}\sqrt{N}=\frac{20.70\%-20.10\%}{0.18\%}\sqrt{6}=8.16$$

当 $P=95\%$、$f=5$ 时，由表 1-3 查得 $t_{95\%}=2.571$。

由于 $t>t_{p,f}$，表明测定平均值 $\bar{x}$ 与标准值 μ 之间存在着显著性差异，说明测定存在系统误差。

【例 1-14】 有两种不同的方法测定合金中钼的质量分数，所得结果如下：

方法 1	方法 2
$\bar{x}_1=1.24\%$	$\bar{x}_2=1.33\%$
$s_1=0.021\%$	$s_2=0.017\%$
$n_1=3$	$n_1=4$

两种方法之间是否有显著性差异(置信度 90%)？

解：

$$F=\frac{s_{大}^2}{s_{小}^2}=\frac{(0.021\%)^2}{(0.017\%)^2}=1.53$$

查表 1-6，$f_{大}=2$，$f_{小}=3$，$F_{表}=9.55$，$F<F_{表}$，说明两组数据的精密度没有显著性差异，故求得合并标准偏差为

$$s=\sqrt{\frac{s_1^2(n_1-1)+s_2^2(n_2-1)}{(n_1-1)+(n_2-2)}}=0.019\%$$

$$t=\frac{|\bar{x}_1-\bar{x}_2|}{s}\sqrt{\frac{n_1n_2}{n_1+n_2}}=\frac{|1.24\%-1.33\%|}{0.019\%}\sqrt{\frac{3\times4}{3+4}}=6.20$$

查表 1-3，当 $P=90\%$，$f=n_1+n_2-2=5$ 时，$t_{p,f}=2.015$。$t>t_{p,f}$，故两种方法之间存在显著性差异。

【例 1-15】 用吸光光度法测定合金钢中 Mn 的含量，吸光度与 Mn 的含量间有表 1-8 关系。

表 1-8 含量关系

x(Mn 含量)/μg	0	0.02	0.04	0.06	0.08	0.10	0.12	未知样
y(吸光度)	0.032	0.135	0.187	0.268	0.359	0.435	0.511	0.242

试列出标准曲线的回归方程，计算未知样中 Mn 的含量，并判断该曲线的线性关系(置信度 99%)

解：先按式(1-32)和式(1-33)计算回归系数 a，b 值，$n=7$。

$$\bar{x}=0.06\bar{y}=0.275$$

按式(1-33)即可计算出 $b=3.95$。

$$a=\bar{y}-b\bar{x}=0.275-3.95\times0.06=0.038$$

该标准曲线回归方程为

$$y=0.038+3.95x$$

未知样的吸光度为 0.242，即可计算出未知样中 Mn 的含量为 0.052μg。

按式(1-34)代入计算：

$$r=b\sqrt{\frac{\sum_{i=1}^{n}(x_i-\bar{x})^2}{\sum_{i=1}^{n}(y_i-\bar{y})^2}}=3.95\sqrt{\frac{0.0112}{0.175}}=0.9993$$

查表 1-7，$r_{99\%,5}=0.8745<r_{计算}$，故该标准曲线具有很好的线性关系。

第三部分　实验内容

实验一　分析天平的使用

1. 必备知识

① 预习分析化学实验基本知识(参见拓展阅读 1.1 分析化学实验课程的教学目的、1.2

分析化学实验课程对学生的要求、1.3 分析化学实验的学习方法、1.4 分析化学实验安全规则、1.5 分析化学实验室意外事故处理、1.6 分析化学实验室废物处理、1.7 化学试剂的规格、1.8 化学试剂的存放、1.9 化学试剂的取用、1.10 常用分析化学实验仪器)。

② 预习分析天平工作的基本原理。

③ 预习称量方法原理(参见拓展阅读 1.11 分析天平的使用方法、1.12 分析化学实验数据记录、1.13 分析化学实验结果表达的注意事项)。

2. 实验目的

① 熟练掌握分析天平的使用。

② 掌握试样的称取方法。

3. 实验原理

直接法称量：将盛样器皿(可以是称量纸)放在秤盘上，待屏幕数字稳定后(可以不记录器皿的质量)，按一下“TARE”键，此时数据显示为“0.0000g”，除皮工作完成。然后往盛样器皿中添加样品，当所加试样与指定的质量相差不到 10mg 时，极其小心地将盛有试样的药勺伸向盛样器皿中心上方约 2~3cm 处，勺柄端顶在掌心，拇指、中指握勺柄，以食指轻弹勺柄将试样慢慢抖入盛样器皿，直至屏幕数字显示与指定质量相等，称量完成。

差减法称量：不需要固定某一质量，只需确定称量的范围。其过程与直接法相似，先称(称量瓶+试样)质量，按一下“TARE”键除皮，此时数据显示为“0.0000g”，然后取出称量瓶向盛样器皿中敲出一定样品，再将称量瓶放在天平上称量，屏幕显示的质量(负值)就是取出样品的质量。当显示的质量(负值)达到要求，即可记录称量结果。若所需试样不止一份，则再按一下“TARE”键重新使屏幕显示为零，重复上述操作可称得第二份试样。

称量完毕，若不久还要继续使用天平，则按一下开关(I/O 键)，天平处于待命状态，屏幕数字消失，左下角出现“0”。再称量时按一下(I/O 键)即可使用。若不再用天平，则应按下(I/O 键)并拔下电源，盖上防尘罩。

4. 仪器及药品

仪器：电子分析天平。

药品：粉状固体试样。

5. 实验步骤

(1) 直接法称量(固定质量称量)

① 称量小烧杯、笔、硬币等的质量；

② 准确称取 0.5000g 给定固体试样 (称准到小数后第 4 位)。

(2) 减量法称量

要求：用减量法准确称取两份 0.50~0.60g 给定的固体粉末试样(称准到小数后第 4 位)。

6. 数据记录

① 小烧杯质量=

② 笔质量=

③ 硬币质量=

④ 固体试样质量=

7. 注意事项

① 读数时分析天平小数点后保留 4 位小数。

② 不要将试样撒落在桌面。

③ 若从称量瓶中倒出的药品太多，不能再倒回称量瓶中，应重新称量。天平称量操作应耐心细致，严格按照减量法称量步骤，不可急于求成。

实验二 玻璃仪器的校准

1. 必备知识

① 预习分析天平工作的基本原理。

② 预习滴定管的使用方法。

③ 预习容量瓶的使用(滴定管等玻璃仪器的使用方法见拓展阅读 1.14)。

2. 实验目的

① 了解滴定管，移液管和容量瓶的校准意义。

② 掌握滴定管，移液管和容量瓶的校准方法。

3. 实验原理

滴定管、移液管和容量瓶是滴定分析法所用的主要量器。由于各种原因，容量器皿的容积与其所标出的体积并非完全相符合。因此，在准确度要求较高的分析工作中，必须对容量器皿进行校准。由于玻璃器皿具有热胀冷缩的特性，在不同的温度下容量器皿的体积也有所不同。因此，校准玻璃容量器皿时，必须规定一个共同的温度值，这一规定温度值为标准温度。国际上规定玻璃容量器皿的标准温度为 20℃。既在校准时都将玻璃容量器皿的容积校准到 20℃时的实际容积。容量器皿的校准常采用两种校准方法，即相对校准法和绝对校准法。

当两种容器体积之间有一定的比例关系时，常采用相对校准法。例如，25mL 移液管量取液体的体积应等于 250mL 容量瓶量取体积的 10%。绝对校准法是测定容量器皿的实际容积。常用的校准方法为衡量法，又叫称量法。即用天平称得容量器皿容纳或放出纯水的质量，然后根据水的密度，计算出该容量器皿在标准温度 20℃时的实际体积。由质量换算成容积时，需考虑三方面的影响：①水的密度随温度的变化；②温度对玻璃器皿容积胀缩的影响；③在空气中称量时空气浮力的影响。为了方便计算，将上述三种因素综合考虑，得到一个总校准值。经总校准后的纯水密度列于表 1-9。

表 1-9 不同温度下纯水的密度

温度/℃	10	11	12	13	14	15	16
密度/g·mL^{-1}	0.9984	0.9983	0.9982	0.9981	0.9980	0.9979	0.9978
温度/℃	17	18	19	20	21	22	23
密度/g·mL^{-1}	0.9976	0.9975	0.9973	0.9972	0.9970	0.9968	0.9966
温度/℃	24	25	26	27	28	29	30
密度/g·mL^{-1}	0.9964	0.9961	0.9959	0.9956	0.9954	0.9951	0.9948

4. 仪器及药品

仪器：电子分析天平、25mL 滴定管、25mL 移液管、100mL 容量瓶。

药品：水。

5. 实验步骤

（1）25mL 滴定管的校准(绝对校正法)

用铬酸洗液(滴定管不洁的情况下)洗净 1 支 25mL 滴定管，用洁布擦干外壁，倒挂于滴定台上 5min 以上，洗净的滴定管注入纯水至液面距最高标线以上约 5mm 处，垂直挂在滴定台上，等待 30s 后调节液面至 0. 00mL。取一个洗净晾干的 50mL 具塞锥形瓶，在电子天平上称准至 0. 0001g。打开滴定管旋塞向锥形瓶中放水，当液面降至被校分度线以上约 0. 5mL 时，等待 15s。然后在 10s 内将液面调节至被校分度线，随即使锥形瓶内壁接触管尖，以除去挂在管尖下的液滴，立即盖上瓶塞进行称量。测量水温后即可计算被校分度线的实际容量，并求出校正值。按表 1-10 所列容量间隔进行分段校准，每次都从滴定管 0. 00mL 标线开始，每支滴定管重复校准一次，数据记录于表 1-10。

计算校准值 ΔV，做滴定管 ΔV-V 的校准曲线。

校准值：

$$\Delta V = V_{20} - V$$

式中 V_{20}——20℃时实际容量，mL；

V——滴定管读数值，mL。

（2）25mL 移液管和 250mL 容量瓶之间的相对校准

用 25mL 移液管吸取去离子水注入洁净并干燥的 250mL 容量瓶中(操作时切勿让水碰到容量瓶的磨口)。重复 10 次，然后观察溶液弯月面下缘是否与刻度线相切，若不相切，另做新标记，经相互校准后的容量瓶与移液管均做上相同记号，可配套使用。

6. 数据记录与处理

将实验数据填入表 1-10。

表 1-10 滴定管校准记录格式

校准分段/mL	称量记录/g				水的质量/g			实际体积/mL	校正值/mL
	第一次		第二次						
	瓶	瓶+水	瓶	瓶+水	1	2	平均		$\Delta V = V_{20} - V$
0. 00~0. 00									
0. 00~5. 00									
0. 00~10. 00									
0. 00~15. 00									
0. 00~20. 00									
0. 00~25. 00									

7. 注意事项

① 滴定管读数时小数点后保留两位小数。

② 不要将试样撒落在桌面。

第四部分　思考题和习题

思考题

思考题 1-1　什么叫滴定分析？滴定分析的主要方法有哪些？

思考题 1-2　什么叫基准物质？基准物质应具备哪些条件？

思考题 1-3　什么叫标准溶液，如何配制标准溶液？

思考题 1-4　用于滴定分析的化学反应必须满足哪些条件？

思考题 1-5　滴定分析法的特点是什么？

思考题 1-6　什么叫化学计量点？什么叫滴定终点？

思考题 1-7　基准物质 $H_2C_2O_4 \cdot 2H_2O$ 因保存不当而部分风化，用它标定 NaOH 溶液的浓度时，标定结果是偏低还是偏高？用此 NaOH 溶液测定某一元酸的摩尔质量时，测定结果是偏高还是偏低？

思考题 1-8　什么叫滴定度？滴定度与溶液的浓度如何换算？

思考题 1-9　在滴定分析中，测定常量组分时标准溶液的浓度范围一般是多少？标准溶液的浓度过大或过小各有什么不妥？

思考题 1-10　用酸碱滴定法测定试样中 Na_2CO_3 的含量，如果 Na_2CO_3 中混有少量 K_2CO_3，将对测定结果有何影响？

思考题 1-11　指出下列情况中各会引起什么误差？如果是系统误差，应如何消除？

① 砝码被腐蚀；

② 用 NaOH 标准溶液滴定 HAc 溶液，以酚酞为指示剂，确定终点颜色时稍有出入；

③ 称量时试样吸收了少量水分；

④ 试剂里含有微量的被测组分；

⑤ 天平的零点稍有变动；

⑥ 读取滴定管读数时，最后一位数字估测不准。

思考题 1-12　误差和偏差有何区别？

思考题 1-13　误差既然可以用绝对误差来表示，为什么还要引入相关误差的概念？

思考题 1-14　总体和样本有何区别？

思考题 1-15　全氟磺酸树脂(Nafion-H)是典型的绿色固体酸催化剂，其酸性基团为磺酸基($—SO_3H$)，具有较强的酸催化活性。酸量(质子个数)是该类固体酸催化剂质量评价的一个重要指标，滴定分析法是测定酸量的重要方式之一，试根据四种滴定方式的特点去分析采用何种滴定方式可以准确测定 Nafion-H 的酸量？

思考题 1-16　查阅相关资料，阐述分析化学在石油化工领域中的应用。

思考题 1-17　查阅相应资料，论述化学分析与仪器分析的优缺点。

思考题 1-18　结合自己的学习经验，思考如何学好分析化学这门课程。

习 题

习题 1-1　滴定 20.00mL 0.1054mol · L^{-1} H_2SO_4溶液，需 0.2000mol · L^{-1} NaOH 溶液多少毫升？

答案：21.08mL

习题 1-2　标定 KOH 溶液的浓度时，称取 0.3000g 二水合草酸($H_2C_2O_4 \cdot 2H_2O$)，消耗 24.50mL KOH 溶液。计算该 KOH 溶液的准确浓度。

答案：0.1943mol · L^{-1}

习题 1-3　称取 0.1300g Na_2CO_3基准物质，溶解后在 H_2SO_4溶液中用 $KMnO_4$溶液滴定，用去 21.00mL。计算该 $KMnO_4$溶液的浓度。

答案：0.01848mol · L^{-1}

习题 1-4　用同一 $KMnO_4$标准溶液在 H_2SO_4介质中分别滴定相同体积的 $FeSO_4$溶液和 $H_2C_2O_4$溶液，消耗 $KMnO_4$溶液的体积相等。试计算 $FeSO_4$溶液与 $H_2C_2O_4$溶液的浓度之比。

答案：2∶1

习题 1-5　计算 0.01135mol · L^{-1} HCl 溶液对 CaO 的滴定度。

答案：3.183×10^{-4}g · mL^{-1}

习题 1-6　已知某 $KMnO_4$标准溶液对 $Na_2C_2O_4$的滴定度 $T_{Na_2C_2O_4/KMnO_4}$ = 0.006405g · mL^{-1}，计算此 $KMnO_4$标准溶液的浓度和对铁的滴定度 $T_{Fe/KMnO_4}$。

答案：5.339×10^{-3}g · mL^{-1}

习题 1-7　在 500.0mL 0.1103mol · L^{-1} HCl 溶液中加入多少毫升 0.5012mol · L^{-1} HCl 溶液，才能使得到的 HCl 溶液对 $CaCO_3$的滴定度 $T_{CaCO_3/HCl}$ = 0.009986g · mL^{-1}？

答案：164.4mol · L^{-1}

习题 1-8　称取 0.4396g $BaCO_3$试样溶解于 25.00mL 0.2506mol · L^{-1} HCl 溶液中，反应后剩余的 HCl 用 10.52mL NaOH 溶液返滴定至终点。已知 $T_{NaOH/H_2C_2O_4}$ = 0.09017g · mL^{-1}，试计算该试样中 $BaCO_3$的质量分数。

答案：93.31%

习题 1-9　国家标准规定，化学试剂 $FeSO_4 \cdot 7H_2O$ 的质量分数 w = 99.50%～100.5%为一级，w = 99.00%～100.5% 为二级，w = 98.00%～101.0%为三级。称取 $FeSO_4 \cdot 7H_2O$ 试样 1.012g，在酸性介质中用 0.02034mol · L^{-1} $KMnO_4$溶液滴定，至滴定终点时消耗 35.70mL。计算此试样中 $FeSO_4 \cdot 7H_2O$ 的质量分数，并判断此产品符合哪一级化学试剂标准。

答案：w = 99.74%，符合一级化学试剂标准

习题 1-10　有 AgCl 和纯 AgBr 组成的混合物 0.8132g，在 Cl_2气流中加热，使 AgBr 转化为 AgCl，则原试样的质量减小了 0.1450g。计算原混合物中氯的质量分数。

答案：6.11%

习题 1-11　某实验分析人员对一试样平行测定 5 次，求得各次测定值与测定平均值的偏差分别为+0.04、−0.02、+0.01、−0.01、+0.06。请问该实验分析人员的计算结果是否准确？

答案：不准确

习题 1-12 对某一试样进行测定，A 的测定结果的平均值为 6.96%，标准偏差为 0.03%；B 的测定结果的平均值为 7.10%，标准偏差为 0.05%。已知其真实值为 7.02%，试比较 A 和 B 的测定结果的好坏。

答案：A 比 B 好

习题 1-13 如果分析天平的称量误差为±0.0002g，拟分别称取 0.1000g 和 1.0000g 试样，称量的相对误差分别为多少？计算结果说明了什么问题？

答案：$E_{r1}=\pm0.2\%$；$E_{r2}=\pm0.02\%$

习题 1-14 滴定管的读数误差为±0.02mL，如果滴定中用去标准溶液分别为 2.00mL 和 20.00mL，读数的相对误差各是多少？从相对误差的大小说明什么问题？

答案：$E_{r1}=\pm1\%$；$E_{r2}=\pm0.1\%$

习题 1-15 甲同学测定 w(Fe)为 80.40%(真实值)的铁样品中铁的质量分数，测定的结果为 80.45%；乙同学测定 w(Fe)为 2.01%(真实值)的铁样品中铁的质量分数，测定的结果为 2.067%。计算甲、乙两同学测定的绝对误差和相对误差，并比较测定的准确度。

答案：甲同学 $E=0.05\%$，$E_r=0.06\%$；乙同学 $E=0.06\%$，$E_r=2.8\%$

习题 1-16 甲、乙两人各自测得一组测定值，测定结果的绝对偏差分别如下：

+0.3%、+0.2%、-0.4%、+0.2%、-0.1%、+0.4%、0.0、0.3%、+0.2%、-0.3%

0.0、+0.1%、-0.7%、+0.2%、+0.1%、0.0、+0.9%、0.0、+0.3%、+0.1%

计算甲、乙两人测定的平均偏差和标准偏差，并比较测定的精密度。

答案：甲同学 $\bar{d}=0.24\%$，$s=0.28\%$；乙同学 $\bar{d}=0.24\%$，$s=0.40\%$

习题 1-17 测定某铁矿中磷的质量分数，5 次测定的结果分别为 0.057%、0.056%、0.057%、0.058%和 0.055%。试计算测定结果的平均值和标准偏差。

答案：$\bar{x}=0.057\%$；$s=0.0012\%$

习题 1-18 测定试样中蛋白质的质量分数，5 次测定结果分别为 35.10%、34.86%、34.92%、35.36%和 35.11%。计算测定结果的平均值、平均偏差、相对平均偏差和标准偏差。

答案：$\bar{x}=35.07\%$；$\bar{d}=0.14\%$；$\overline{dr}=0.40\%$；$s=0.19\%$

习题 1-19 9 次测定某试样中蛋白质的质量分数，测定结果的平均值 $\bar{x}=0.3500$，标准偏差 $s=0.0018$。

① 以样本平均值表示总体平均值 μ 的置信区间($P=95\%$)；

② 测定值出现在 0.3480~0.3520 的概率为多少？

答案：①$\mu=0.3486$~0.3514；②99%

习题 1-20 测定某试样中氯的质量分数时，5 次平行测定的结果分别为 0.3018、0.3034、0.3038、0.3042 和 0.3036。试利用 Q 检验法判断 0.3018 能否舍弃($P=90\%$)。

答案：应舍去

习题 1-21 用某种分析方法对质量浓度为 100.0mg·L^{-1}的一标样进行 10 次平行测定，测定结果分别为 99.2mg·L^{-1}、99.4mg·L^{-1}、99.7mg·L^{-1}、100.0mg·L^{-1}、100.3mg·L^{-1}、99.4mg·L^{-1}、99.4mg·L^{-1}、99.6mg·L^{-1}、99.9mg·L^{-1}和 100.1mg·L^{-1}。试利用 t 检测法判断该分析方法的准确度。

答案：该分析方法存在系统误差

习题 1-22 根据有效数字的运算规则，计算下列结果：

① $8.563 \div 2.1 - 1.025 =$

② $1.0 \times 10^{-3} \times 2.635 + 0.053 =$

③ $pK_a^{\ominus} = 10.00$，$K_a^{\ominus} =$

④ $c(H^+) = 1.00 \times 10^{-5} mol \cdot L^{-1}$，pH =

⑤ $0.525 \times 3.124 \div 2.0 \times 25.28 =$

答案：① 3.1；② 0.056；③$1.0 \times 10^{-10}$；④5.000；⑤20

第五部分　拓展阅读

1.1　分析化学实验课程的教学目的

在分析化学的学习中，分析化学实验课程占有十分重要的地位，它是基础化学实验平台的重要组成部分，也是高等院校化工类专业的主要实践基础课程。分析化学实验作为一门独立设置的课程，旨在充分发挥分析化学实验教学在素质教育和创新能力培养中的独特地位，使学生在实践中学习、巩固、深化和提高分析化学的基础知识、基本理论，掌握基本操作技能技术、培养学生的实践能力和创新思维能力。通过实验，我们要达到以下四个方面的目的：

① 通过实验，掌握物质变化的感性知识，掌握重要化合物的制备、分离和分析检验的方法，加深对分析化学基本原理和基本知识的理解，培养用实验方法获取新知识、巩固旧知识的能力。

② 通过实验，使学生能熟练地掌握分析化学实验操作的基本技能和基本方法，能正确使用分析化学实验中各种常见、常规的仪器，培养学生独立工作和独立思考的能力(如在综合性和设计性实验中，培养学生独立准备和进行实验的能力)；培养学生细致观察和及时记录实验现象以及归纳、综合、正确处理实验数据、用文字表达实验结果的能力；培养学生具有一定的分析实验结果的能力和一定的组织实验、科学研究和创新的能力。

③ 通过实验，培养学生实事求是的科学态度；准确、细致、整洁等良好的实验室工作习惯以及科学的思维方法；培养学生敬业、一丝不苟和团队协作的工作精神。在分析化学实验中，要特别注意培养同学们“量”的概念(有效数字的概念)，正确处理和表达分析数据。

④ 通过实验，使学生能够了解实验室工作的相关知识，如实验室化学试剂及仪器的管理、实验室可能发生的一般事故及其预防处理、实验室三废的处理方法等，培养学生的环保意识。

1.2　分析化学实验课程对学生的要求

实验课是育人成才、培养学生创新能力的重要教学环节，为提高教学质量，取得良好的实验教学效果，同时培养学生爱护公物，节约资源，养成良好的道德修养，实验课要求学生必须做到：

实验前应认真预习、掌握需要的仪器和试剂，进入实验室要清点仪器，如发现有破损或缺少，应立即报告老师，按规定手续向实验技术员补领。实验时仪器如有损坏，按学校仪器赔偿制度进行处理；未经教师同意，不得拿用别的位置上的仪器。

进入实验室，学生一定要认真执行实验室各项安全规定及各项规章制度，实验课不得迟到或未经允许而早退。

实验时应保持实验室和桌面清洁整齐，爱护国家财产，小心使用仪器和实验设备，注意节约用水、电。

实验时保持肃静，集中思想，认真操作，仔细观察现象，如实记录结果，积极思考问题。

使用药品应注意以下几点：

① 药品应按规定量取用，如果书中未规定用量，应注意节约，尽量少用。试剂的选用应遵循“就低不就高”的原则，即能用二级试剂的不选用一级试剂，这样，既能满足分析准确度的要求，又可以大大降低实验成本。

② 取用固体药品时，注意勿使其撒落在实验台上。

③ 药品自瓶中取出后，不应倒回原瓶中，以免带入杂质而影响瓶中药品纯度或引起瓶中药品变质。

④ 试剂瓶用过后，应立即盖上塞子，并放回原处，以免和其他试剂瓶上的塞子搞错，混入杂质。

⑤ 各种废弃的试剂和药品，应倒入指定的回收瓶中，做进一步的处理。

⑥ 使用精密仪器时必须严格按照操作规程进行操作，细心谨慎，如发现仪器有故障，应立即停止使用，及时报告指导教师。

⑦ 实验后，应将仪器洗刷干净，放回规定的位置，整理好桌面。

⑧ 值日生打扫整个实验室，最后负责检查水龙头和电源开关是否关好，拉闸断电，关好门窗，经教师同意后才能离开实验室。

⑨ 实验完成后要注意分析讨论实验结果好坏的原因，及时总结经验教训，不断提高实验工作能力。要认真书写实验报告，实验报告的字迹要工整，图表要清晰，按时交老师批阅。

1.3 分析化学实验的学习方法

要很好地完成分析化学实验的学习任务，达到上述预期实验教学目的，学生除了有正确的学习态度外，还要掌握正确的学习方法。学习分析实验课一般有以下三个基本环节：

预习：分析化学实验课程是有一门具有一定危险性的课程，实验前必须充分预习，对实验环节和实验步骤做到心中有数。为了使实验能够安全，并获得良好的效果，实验前必须进行预习，通过学习相关理论知识和阅读实验内容教材，明确实验的目的与要求，理解实验原理，弄清操作步骤和注意事项，设计好数据记录格式，写出简明扼要的预习报告(对综合性和设计性实验写出设计方案)，并于实验前对时间做好统一安排，然后才能进入实验室有条不紊地进行各项操作。

实验：在教师指导下独立地进行实验是实验课的主要教学环节，也是训练学生正确掌握实验技术，实现化学实验目的的重要手段。在进行实验时，原则上应根据实验教材上所提示的方法、步骤和试剂进行操作，设计性实验或者对一般实验提出新的实验方案，应该与指导教师讨论、修改和确定方案后方可进行实验，预防出现危险。并要求做到以下几点：

① 认真操作，细心观察，如实而详细地记录实验现象和数据；

② 如果发现实验现象和理论不相符，应首先尊重实验事实，并认真分析和检查其原因，通过必要手段重做实验，有疑问时力争自己解决问题，也可以相互轻声讨论或询问教师；

③ 实验过程中应保持肃静，严格遵守实验室工作规则；实验结束后，洗净仪器，整理药品及实验台。

实验报告：做完课堂实验只是完成实验的一半，余下更为重要的是分析实验现象，整理实验数据，将直接的感性认识提高到理性思维阶段。实验报告的内容应包括：

① 实验目的：了解本次实验需要掌握的内容，达到的预期目的，如掌握哪些仪器的使用、实验原理等。

② 实验原理：本次实验的基本原理，一股用简明扼要的语言、路线图或反应方程式表示。

③ 实验步骤：尽量采用简单的语言、路线图、符号等形式清晰明了地表示。

④ 实验现象、数据记录：实验现象要仔细观察、全面正确表达，数据记录要完整，在定量分析实验中，尤其要注意数据的有效数字。

⑤ 解释、结论或数据处理：根据实验现象作出简明扼要解释，并写出主要化学反应方程式或离子式，分题目作出小结或最后结论。若有数据计算，务必将所依据的公式和主要数据表达清楚，并注意数据的有效数字(包括结果的有效数字)。

⑥ 讨论：报告中可以针对本实验中遇到的疑难问题，对实验过程中发现的异常现象，或数据处理时出现的异常结果展开讨论，敢于提出自己的见解，分析实验误差的原因，也可对实验方法、教学方法、实验内容等提出自己的意见或建议。

1.4　分析化学实验安全规则

化学实验室中很多试剂易燃、易爆，具有腐蚀性或毒性，存在着不安全因素。所以在进行分析化学实验时，必须高度重视安全问题，绝不可麻痹大意。初次进行分析化学实验的学生，应接受必要的安全知识教育，且每次实验前都要仔细阅读实验室中的安全注意事项。并且在实验过程中，严格遵守相关的安全守则，确保人身和实验室的安全。如果出现意外，也要冷静、正确处理，把事故消灭在萌芽状态，最大限度降低事故对人身的伤害和国家财产的损失，具体出现事故按分析化学实验室安全指示进行处理。

1.5　分析化学实验室意外事故处理

学生进入实验室，一定要按照有关安全操作章程，确保人身和实验室的安全，如果出现意外，也要冷静、正确处理，把事故消灭在萌芽状态，最大限度降低事故对人身的伤害和国家财产的损失，具体出现事故按下面办法进行处理：

(1) 火警

一旦发生火警，应沉着镇定地采取正确措施，控制事故的扩大。首先，应立即切断相关的电源，移走易燃物品。然后，根据燃烧物的性质和火势采用适当的方法进行扑救。由有机物引起的火灾通常不用水进行扑救；小火可用湿布或石棉布盖熄。火势较大时，使用沙土、灭火器等将火熄灭。灭火器的正确选择如表 1-11 所示。

表 1-11　常用灭火器种类及其适用范围

类型	药液成分	适用范围
酸碱式	H_2SO_4、$NaHCO_3$	非油类及电器失火的一般火灾
泡沫式	$Al_2(SO_4)_3$、$NaHCO_3$	油类失火
二氧化碳	液体 CO_2	电气失火
四气化碳	液体 CCl_4	电气失火
干粉灭火	粉末主要成分为 Na_2CO_3 等盐类物质，加入适量润滑剂、防潮剂	油类、可燃气体、电器设备、文件记录和遇水燃烧等物品的初起火灾

(2) 外伤

外伤是指由刀具、玻璃片或其他锋利的器具对人所造成的外部损伤。当有外伤的时候，先用清洁物品止血，取出伤口异物，涂红药水或贴止血贴，再根据伤情或送医院救治。

(3) 灼伤

皮肤接触了高温、低温或腐蚀性物质后，均可能被灼伤。为了避免灼伤，在接触这些物质时，最好戴橡皮手套和防护眼镜。发生灼伤时应按下述要求处理：

热水烫伤：一般在患处涂上红花油，然后擦烫伤膏。

碱灼伤：立即用大量水冲洗，再用 1%~2% 的乙酸或硼酸溶液冲洗，最后再用水冲洗，严重时涂上烫伤膏。

酸灼伤：立即用大量水冲洗，再用 1% 碳酸氢钠溶液清洗，最后涂上烫伤膏。

溴灼伤：立即用大量水冲洗，再用酒精擦洗或用 2% 硫代硫酸钠溶液洗至灼伤处呈白色，然后涂上甘油或鱼肝油软膏加以按摩。

钠灼伤：可见的小块用镊子移去，其余与碱灼伤处理相同。

以上物质一旦溅入眼睛中，应立即用大量水冲洗，并及时送医院治疗。

(4) 有害物质入口

吸入刺激性或有毒有害气体(煤气、硫化氢、氨气、氯气等)时，应该立即到室外呼吸新鲜空气，同时查看找有害气源，加于处理；当毒物误入口内时，可取 5~10mL 稀硫酸铜溶液，加入一杯温水中，内服后用食指伸入咽喉，促使呕吐，然后立即送医院治疗。

1.6　分析化学实验室废物处理

随着我国国民经济的高速发展以及人们生活水平的不断提高，人们对环境保护的意识不断增强，他们更加关心周边环境对健康的影响。分析化学实验中产生的废气、废液、废渣，污染了实验室和周边的环境，危害了师生的身体。为了改善环境，减少污染，避免对身体的危害。对实验室产生的“三废”必须进行处理，具体处理办法如下：

(1) 废气处理

① 对一些污染严重的传统实验项目，应采用无污染实验替代，或选择微型实验，而减

少有害气体的排放。

② 对实验中产生的少量有害尾气，以相应试剂润湿的棉花、活性炭或相应的试液吸收。

③ 对有毒气体应改进实验装置、采用闭路、循环操作等避免毒气排放。

(2) 废液处理

废液的处理与其性质有关，不同的废液处理方法不同。如废硫酸液可先用废碱液或碱液中和，调到 pH=6~8，然后从下水道排出。含酚、氰、汞、铬、砷的废液经以下处理后才能排放，具体办法如下：

酚：高浓度的酚可用己酸丁酯萃取，重蒸馏回收。低浓度的酚废液可加入次氯酸钠或漂白粉使酚氧化为二氧化碳和水。

氰化物：含有氰化物的废液不得直接倒入实验室水池内，应加入氢氧化钠使呈碱性后再倒入硫酸亚铁溶液中(按质量计算：1 份硫酸亚铁对 1 份氢氧化钠)，生成无毒的亚铁氢化钠再排入下水管道。

汞：若不小心将金属汞散落在实验室内，必须立即用吸管、毛笔或硝酸汞溶液浸过的薄铜片将所有的汞滴拣起，收集于适当的瓶中，用水覆盖起来。散落过汞的地面应撒入硫黄粉，将洒落区覆盖一段时间，使其生成硫化汞，再设法扫净，也可喷洒 20% 的三氯化铁溶液，让其自行干燥后再清扫干净。含汞盐的废液，可先调节 pH=8~10，加入过量硫化钠，使其生成硫化汞沉淀，再加入硫酸亚铁作为沉淀剂，清液可以排放，残渣可以用焙烧法回收汞，或再制成汞盐。

铬：铬酸洗液如失效变绿，可浓缩冷却后加高锰酸钾粉末氧化，用砂心漏斗滤去二氧化锰后再用。失效的废洗液可用废铁屑还原残留的六价格，再用废碱液或石灰中和使其生成低毒的氢氧化铬沉淀。

镉：用石灰将废液调到 pH=8~10，使废液中铅、镉生成氢氧化物沉淀，加入硫酸亚铁，作为共沉淀剂。

混合废水的处理：实验室的混合废液可用铁粉法处理，此法操作简单，没有相互干扰，效果良好，处理方法是用酸调节废水至 pH=3~4，加入铁粉，搅拌 0.5h，用碱再调至 pH=9 左右，继续搅拌 10min，再加入高分子混凝剂，进行混凝后沉淀，清液可排放，沉淀物以废渣处理。如果实验室规模较大，有条件的学校可考虑建立完备的处理系统，如物理–化学–生化处理，最后达到合格排放。

(3) 废渣处理

对有毒的废渣应及时处理，一般的固体，可集中定期处理，有价值的可进行回收处理，少量无价值的可进行焚烧法处理或深埋。

以上处理办法，可设计为学生实验项目，让学生自己动手，提高学生的环保意识，以达到以废治废的目的。

1.7 化学试剂的规格

根据国家标准，化学试剂按其纯度和杂质含量的高低分为四种等级，具体的分类及用途见表 1–12。

表 1-12 我国常见化学试剂等级的划分

国家标准	优级纯 GR	分析纯 AR	化学纯 CP	实验试剂 LR
试剂级别	一等品	二等品	三等品	四等品
标签颜色	绿色	红色	蓝色	黄色
用途	精密分析和科学研究	重要分析和一般性研究工作	工厂、学校一般性的分析工作	一般化学实验，不能用于分析工作

化学试剂除上述几个等级外，还有基准试剂、光谱纯试剂及超纯试剂等。基准试剂相当或高于优级纯试剂，主要用作滴定分析的基准物质，用以确定未知溶液的准确浓度或直接配制成标准溶液，其主成分含量一般在99.95%~100.0%之间。光谱纯试剂主要用于光谱分析中作标准物质，其杂质用光谱分析法测不出或杂质低于某一限度，纯度在99.99%以上。超纯试剂又称高纯试剂，是用一些特殊设备如石英、铂器皿生产的，属于专用试剂，在特殊分析中使用。

1.8 化学试剂的存放

化学试剂种类繁多，性质各异，在储存时常因保管不当而变质，造成不必要的浪费。有些试剂容易吸湿而潮解或水解；有的容易跟空气里的氧气、二氧化碳或扩散在其中的其他气体发生反应；还有一些试剂受光照和环境温度的影响会变质。因此，我们必须根据试剂的不同性质，分别采取相应的措施妥善保存，同时，在存放时，既要注意药品安全，又要方便化学试剂的查找和存放。

1.9 化学试剂的取用

实验室中一般只储存固体试剂和液体试剂，气体试剂都是在使用时临时制备或临时购买。在取用和使用任何化学试剂时，首先要做到“三不”，即不用手拿、不直接闻气味、不尝味道。此外还应注意试剂瓶塞或瓶盖打开后要倒放于桌上，取用试剂后立即还原塞紧。否则会污染试剂，使之变质而不能使用，甚至可能引起意外事故。另外，本着节约的原则，试剂的选用应遵循级别“就低不就高”的原则，即能采用二级试剂的不选用一级试剂，这样，既能满足分析准确度的要求，又可以大大降低分析成本(不同纯度级别的试剂，价格相差很大)。这一原则，无论是在厂矿企业的分析化验，还是在学校的教学实验，都是应该遵循的原则。

1.10 常用分析化学实验仪器

(1) 用于加热的仪器

烧杯是用于大量物质溶解和配制溶液或进行化学反应的容器，也常用于承接分液或过滤后的液体。实验时盛放液体的量不能超过烧杯容积的1/2，以防搅拌时溅出。

坩埚是进行固体物质高温加热、灼烧的仪器。实验时要放在泥三角上用火焰直接加热。

锥形瓶是用于中和滴定的实验容器，也常用来代替烧杯组装成气体发生装置。

(2) 用于计量的仪器

量筒是用于粗略量取一定体积液体的仪器。使用量筒来量取液体时，首先要选用与所量取液体体积接近的量筒。如果取15mL的稀酸，应选用20mL的量筒，但不能用50mL或100mL的量筒，否则造成误差过大。其次量筒的读数方法，应将量筒平放，使视面与液体的凹液面最低处保持水平。量筒不能加热，不能量取温度高的液体，也不能作为化学反应和配制溶液的仪器。

滴定管分酸式滴定管和碱式滴定管(目前出现了酸碱不分的滴定管，其活栓采用聚四氟乙烯制成)。实验时，酸式滴定管可盛放酸或氧化性的溶液。因其阀门的活栓是经磨砂处理的，易受碱的腐蚀，所以酸式滴定管不能盛碱溶液。而碱式滴定管下端阀门是用橡胶管和玻璃珠组成的，易受氧化剂的腐蚀。

容量瓶是用来配制一定物质的量浓度溶液的仪器。使用时应根据所配溶液的体积选定相应规格的容量瓶。由于容量瓶是精确计量一定体积溶液的仪器，并且是在常温时标定的，因此使用时不能加热也不能注入过热的溶液。

分析天平是用来准确称量物质质量的仪器，它的精确度是0.0001g。

温度计是用来量温度的仪器。使用温度计，先要结合所测量温度高低，选择相应的温度计。因温度计下端水银球部位玻璃壁极薄，易破裂，则不能代替玻璃棒进行搅拌，使用时也不能接触仪器壁。测量液体温度时，温度计的水银球部位应浸在液体内。

(3) 用于分离的仪器

干燥器是用于保持试剂干燥的仪器。干燥器内隔板下放干燥剂(如无水$CaCl_2$或硅胶等)。

干燥管是用于干燥气体的仪器。使用时要将固体颗粒状干燥剂(如碱石灰、无水$CaCl_2$)等放满球形容器内。气体流向应是大口进小口出。

洗气瓶可用于干燥气体(用浓H_2SO_4作干燥剂时)也可用于气体除杂。瓶内放的是浓硫酸或其他试剂的溶液。气体流向应是长进短出。也可用于暂时储气，或用排液体法测量生成气体的体积。

漏斗分为普通漏斗、长颈漏斗和分液漏斗。

普通漏斗主要用于制作过滤器(内衬滤纸)，进行不溶性固体和液体的分离。有时也将普通漏斗倒置于水面，用以吸收易溶于水的气体以防倒吸。

长颈漏斗主要用于组装简易气体发生装置。使用时应将其下端插入液面以下。

分液漏斗是用于分离互不相溶的液体的仪器。使用时，下层液体从漏斗下端并沿烧杯壁流出，上层液体要从漏斗口倒出。与容量瓶一样，分液漏斗在分液操作前，也要在常温下检验是否漏水。分液漏斗也是组装气体发生装置的重要仪器之一。

(4) 药品储存仪器

集气瓶是用来进行物质与气体反应的容器，如氢气和氯气混合强光照射爆炸，铁丝、木炭、硫在氧气中燃烧等实验。在进行燃烧实验时，有时需要在瓶底放少量水或砂，以防瓶底受热不均而破裂。

广口瓶和细口瓶 广口瓶是存放固体试剂的仪器，细口瓶是存放液体试剂的仪器，如果药品呈酸性或氧化性时，要用玻璃盖；如果药品呈碱性时，要用橡胶塞。对见光易变质的要用棕色瓶。

滴瓶是用来存放少量液体试剂的仪器。它与细口瓶的用途相同。只是滴瓶口配有胶头滴管，在实验操作上，需要加几滴溶液，使用滴瓶更为方便。

(5) 其他仪器

胶头滴管是用于滴加液体试剂的专用仪器。使用时不得将液体流进胶头，以防液体药品与胶头作用而污染。向试管里滴加液体药品时，要求滴管垂直悬空，不能伸入试管里，也不能将尖嘴贴靠管壁。

研钵是用于粉碎块状固体物质的仪器。对易燃、易爆的药品，不能使用研钵。

此外，还有水槽、玻璃导管、玻璃棒、橡胶管、洗瓶等仪器和用品，这里就不逐一叙述了。

图1-3　电子分析天平

1.11　分析天平的使用方法

电子天平是定量分析中不可缺少的精密称量工具(图1-3)。电子天平的型号和规格有很多，按其精度可分为普通天平(0.1~1g/2~10kg)、精密天平(1mg/110~1000g)、分析天平(0.1mg/120~220g)、半微量天平(0.01 mg / 20~80g)、微量天平(0.001mg/0.5~2g)。电子天平一般具有多种功能，如自动故障检测、零位跟踪、防震、数据输出、单位转换等。常用的操作键有：开关(I/O)、清除键(CF)、校准/调整键(CAL)、除皮/调零键(TARE)。

(1) 分析天平使用方法

水平调节：观察水平仪看是否水平，如不水平，调节前面两个水平支脚使其达到水平状态。

开机、预热：接通电源，屏幕右上角应显现“0”，预热30min后天平才能正常使用。

调零：按下开关(I/O键)，屏幕出现“0.0000g”，若非此值，按一下“TARE”键，天平进行自动调零，直到“0.0000g”稳定显示。

称量：天平经调零后，将被称物品轻轻放在称盘中央位置上，此时屏幕计数在不断变化(数字没有单位)，当数字稳定并出现单位“g”后，即可记录称量结果。取出被称物，屏幕恢复到“0.0000g”，此时可进行下一个物品的称量。

使用电子天平的除皮功能(“TARE”键)，可使称量过程更快捷。

称量完毕，若不久还要继续使用天平，则按一下开关(I/O键)，天平处于待命状态，屏幕数字消失，左下角出现“0”。再称量时按一下(I/O键)即可使用。若不再用天平，则应按下(I/O键)并拔下电源，盖上防尘罩。

(2) 分析天平使用注意事项

① 如果天平长期没有使用，或者天平位置发生变动时，应对天平进行校准。其校准程序是：

调水平→"I/O"键 { 屏幕显示"0.0000g"→ ; 不显示"0.0000g"→ "TARE"键→ 显示"0.0000g"→ } →"CAT"键

10s→"CAT"消失 { 屏幕显示"0.0000g"→ ; 不显示"0.0000g"→ "TARE"键→ 显示"0.0000g"→ } →完成

② 经校准的天平不得发生位移，要求在取放物品、开关门时动作要轻缓，称量时应关

闭天平门。

③ 不能直接将药品放在秤盘上称量！对易潮解、易氧化或易与二氧化碳发生反应的样品，应贮存在称量瓶中密封，并用差减法进行称量。

④ 在添加(直接法)或抖出(差减法)样品时，应谨慎小心，切勿将样品洒落在盛样器皿之外的地方。

⑤ 电子天平有除皮功能，可免除繁杂的质量计算过程。

1.12 分析化学实验数据记录

实验中直接观察得到的数据为原始数据。原始数据应该直接记录在实验记录本上，不允许随意更改和删减。记录数据的有效数字位数与所用仪器的最小读数相一致。实验结束后，要将实验数据报给指导老师核对后方可离开实验室。

1.13 分析化学实验结果表达的注意事项

分析化学实验结果表达要注意以下事项：

① 分析化学实验结果应以多次测定的平均值表示，同时还应给出测定结果的置信区间或者标准偏差。如果测定次数较少，可以给出测定结果的相对平均偏差。

② 对样品中某一组分含量的报告，要以原始样品中该组分的含量报出，不能只给出测试溶液中该组分的含量。如果测试之前样品稀释过，则最后结果应折算为未稀释前原样品中的含量。

③ 实验结果数据的有效数字的位数要与实验中测量数据的有效数字相适应。

1.14 滴定管等玻璃仪器的使用方法

(1) 滴定管的使用

滴定管是滴定操作中用来准确测量流出的操作溶液体积的量器，如图 1-4 所示(量出式仪器)。

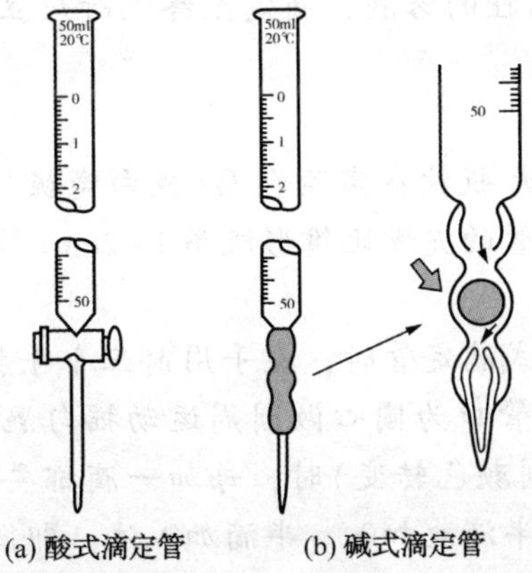

图 1-4 酸、碱滴定管

① 类型：

按容积分(mL)：50、25、10、5、2、1。

按形状分：酸式滴定管(装酸性和氧化性溶液)、碱式滴定管(装碱性溶液)。

按颜色分：无色、棕色(装见光易分解的溶液)。

② 使用方法：

a. 准备

检漏：酸式滴定管的检漏主要检查旋塞是否配套，旋塞是否已涂油脂，有无漏液等；碱式滴定管的检漏主要检查乳胶管和玻璃球是否完好。

洗涤：根据沾污程度选用不同的清洗剂。程序为：清洗剂(5~10mL)浸泡→自来水冲洗→蒸馏水润洗(2~3 次，每次 5~10mL)→待装溶液润洗(2~3 次，每次 3~5mL)。注意不要漏洗旋塞(或玻璃球塞)以下的部位。

b. 装液与排气

装液：将待装液摇匀，用左手前三指持滴定管上部无刻度处，右手拿细口瓶直接将待装液注入滴定管，直至液面到“0”刻度以上(不得借助烧杯或漏斗来移!)。

排气：检查滴定管的出口管是否充满溶液。酸式滴定管的排气方法是：准备好烧杯承接流出液，左手迅速打开旋塞使溶液把气泡冲出；碱式滴定管的排气方法是：左手的拇指和食指拿住玻璃球部位并使胶管向上弯曲，在往上倾斜的出口管(尖嘴)下用烧杯准备承接溶液，然后左手的拇指和食指在玻璃球球心(或稍偏上)的部位往一旁轻轻捏乳胶管使溶液把气泡排出(不能在玻璃球心偏下部位挤捏，否则松开手后会从管口吸入气体，造成体积误差)。

c. 滴定管读数注意事项

- 初读数应在刻度“0”附近，终读数的最大值一般要比滴定管容积小 0.5~1mL，以免超过滴定管的最大容积。
- 装入或放出溶液后，必须等 1~2min 后再读数。每次读数前应检查管内壁是否挂水珠，管尖是否有气泡。
- 读数时应垂直放置滴定管，对无色或浅色溶液，应读取弯月面下缘最低点(视线与弯月面相切的平面平齐)；对深色溶液，可读取液面最高面(壁缘线)。若滴定管的刻度是乳白板蓝线衬背的，则当取蓝线上下两尖端相对点的位置读数。不管采用何种方法，初读数和终读数要用同一标准。
- 初读数前应清除管尖悬挂的溶液，滴定至终点时应立即关闭，在两个读数之间不能出现漏液现象。

d. 滴定管的操作

定管的位置：把干净的锥形瓶放在实验台面(或白瓷板)上，用滴定架安装滴定管，使滴定管刻度面向实验者，滴定管的尖嘴比锥形瓶高 1~2cm。操作时锥形瓶底离瓷板 2~3cm，滴定管尖嘴伸入瓶口约 1 cm。

操作：左滴右摇。使用酸式滴定管时，左手用前三个手指控制旋塞，让溶液逐滴滴下，右手握住锥形瓶瓶颈，以滴定管口为圆心做圆周运动摇匀混合液。滴定速度开始时可稍快些，接近终点(局部出现指示剂颜色转变)时，每加一滴都要充分摇动，并注意液滴落点周围颜色的变化，最后采用半滴半滴地加入。半滴加入法：即微微旋动旋塞，使溶液悬挂在出水管嘴上，形成半滴，用锥形瓶内壁将其沾落，再用少量蒸馏水将液滴洗入溶液中。

滴定结束，应将滴定管的溶液弃去，随即洗净滴定管，倒挂在滴定管架台上。

(2) 吸管

吸管是用来准确移取一定体积液体的量器，如图 1-5 所示(量出式容器)。

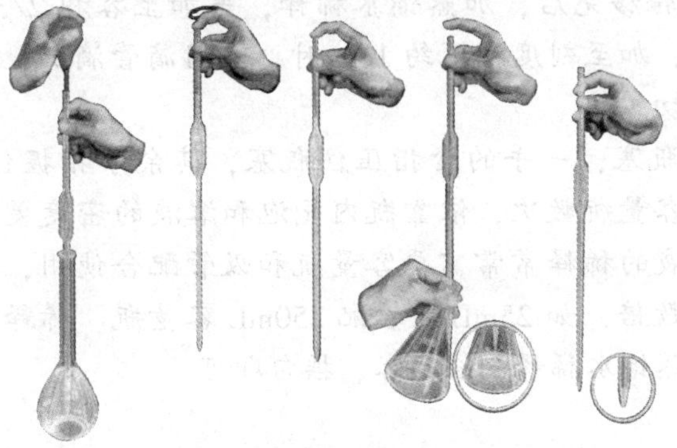

1　2　3　4　5

图 1-5　吸管的使用

① 类型

无分度吸管：移液管。状为中腰膨大，上下端细长，上端刻有环形标线。

当管内液面与标线相切，则放出的溶液体积就等于管上标示的容积。

分度吸管：吸量管。以准确量取所需要的刻度范围内某一体积的溶液。

② 洗涤。洗涤程序为：吸入清洗剂(1/3 容积)浸泡(如果需要)→自来水冲洗→蒸馏水润洗(2~3 次，每次 5~10mL)→待装溶液润洗(2~3 次，每次 3~5mL)。

③移取：右手拇指和中指拿住吸管上端，让食指能方便地按压管口，把吸管的尖嘴插入溶液中(在移液过程中保持尖嘴在液面之下 1~2 cm 深度)，用吸耳球把溶液吸至稍高于刻度处，迅速用食指按住管口，取出吸管，使尖嘴靠着储瓶口，用拇指和中指轻轻转动吸管，并减轻食指的压力，让溶液慢慢流出，至溶液弯月面下缘与刻度相切（平视刻度）时，立即按紧食指。然后将准备接受溶液的容器倾斜成 45°，将吸管出口移入容器内并使之垂直，管尖靠着容器内壁，放开食指让溶液自由流出。流完后(残存液液面不再下降)再等 15s，取出吸管，移取完毕。除非吸管上标有“吹”字，否则切勿把残留在管尖的溶液吹出。

吸管用毕应洗净，放在吸管架上。

(3)容量瓶

主要用来把精密称量的物质准确地配成一定容积的溶液(图 1-6)，或将准确容积的浓溶液稀释成准确容积的稀溶液(定容，属于量入式仪器)。

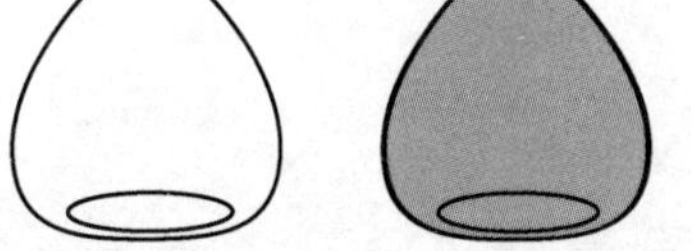

图 1-6　容量瓶

① 仪器洗涤。

洗涤程序为：清洗剂(1/3 容积)振荡→自来水冲洗→蒸馏水润洗(2~3 次，每次 5~10mL)。

② 配制溶液(以固体为例)：

溶解：将准确称量后的固体放入烧杯中，用少量蒸馏水(或适当的溶剂)使之溶解。

转移：将溶解后的溶液定量地转移到容量瓶中。转移操作是：用玻棒下端轻轻靠住瓶颈内壁，使溶液顺玻棒沿瓶壁流下，溶液流完后，将烧杯轻轻顺玻棒上提，使附在玻棒、烧杯嘴之间的溶液滴回到烧杯中，再用少量蒸馏水淋洗玻棒、烧杯数次，每次都将洗涤液转移到容量瓶中。

定容：将溶液全部转移完后，加蒸馏水稀释，当加至容积2/3处时，旋摇容量瓶使溶液均匀，加至刻度线下约1cm时，可用滴管滴加，直至溶液的弯月面与刻度线相切。

摇匀：定容后塞紧瓶塞，一手的食指压住瓶塞，其余手指握住瓶颈，另一手托住瓶底，颠倒容量瓶数次，依靠瓶内气泡和溶液的密度差将溶液混合均匀。浓的标准溶液的稀释常常需要容量瓶和吸管配合使用，容量瓶与吸管的容积之比为整数倍，如25mL吸管配250mL容量瓶。稀释时用吸管移取浓溶液，然后加蒸馏水稀释，经定容、摇匀即可。

R1 化学试剂标准滴定溶液的制备

模块二 酸碱滴定法

酸碱滴定法：是以酸碱反应为基础的滴定分析方法。酸碱滴定法起源较早，但是由于天然指示剂的限制，早期没有得到广泛应用。这种状况直到19世纪末、20世纪初人工合成指示剂大量出现才得以改变。现在一般酸碱以及能与酸碱直接或间接发生质子转移反应的物质，几乎都可以用酸碱滴定法测定，加上酸碱滴定法简单、方便，因此酸碱滴定法是广泛应用的测定方法之一。

酸碱滴定法所涉及的反应是酸碱反应，因此首先必须对酸碱平衡的基础理论进行讨论，然后学习酸碱滴定法的有关理论和应用。

第一部分 基础知识

2-1 酸碱电离理论

1887年阿伦尼乌斯提出了酸碱电离理论。酸碱电离理论认为：凡在水溶液中电离出的阳离子全部是H^+的化合物是酸；凡在水溶液中电离出的阴离子全是OH^-的化合物是碱。酸碱反应的实质就是H^+与OH^-结合生成H_2O的过程。

电离理论只适用于水溶液，不适合非水溶液，而且不能解释有的物质(如NH_3等)不含OH^-，但却具有碱性的事实(酸碱电离理论所定义的酸碱存在什么局限见拓展阅读2.1)。

2-2 酸碱质子理论

(1) 酸和碱的定义

1923年布朗斯特(BrÖnsted)和劳莱(Lowry)分别提出了酸碱质子理论。酸碱质子理论认为：凡是给出质子(H^+)的物质都是酸，凡是接受质子(H^+)的物质都是碱。例如，HCl、NH_4^+和$[Fe(H_2O)_6]^{3+}$都能给出质子，它们都是酸；而Cl^-、NH_3和$[Fe(OH)(H_2O)_5]^{2+}$都能接受质子，它们都是碱。可见酸和碱可以是中性分子，也可是阳离子、阴离子。

在酸碱质子理论中，酸给出一个质子后生成相应的碱，碱接受一个质子后生成相应的酸。酸与碱之间的转化关系可表示如下：

$$\text{酸} \rightleftharpoons \text{质子} + \text{碱}$$

$$[Al(H_2O)_6]^{3+} \rightleftharpoons H^+ + [Al(OH)(H_2O)_5]^{2+}$$

$$H_3O^+ \rightleftharpoons H^+ + H_2O$$

$$H_2O \rightleftharpoons H^+ + OH^-$$

$$NH_4^+ \rightleftharpoons H^+ + NH_3$$

$$HCl \rightleftharpoons H^+ + Cl^-$$

$$HAc \rightleftharpoons H^+ + Ac^-$$

$$H_3PO_4 \rightleftharpoons H^+ + H_2PO_4^-$$

$$H_2PO_4^- \rightleftharpoons H^+ + HPO_4^{2-}$$

$$HPO_4^{2-} \rightleftharpoons H^+ + PO_4^{3-}$$

酸与碱这种相互依存、相互转化的关系称为酸碱的共轭关系。酸失去一个质子后生成的碱称为该酸的共轭碱，如 Ac^- 是 HAc 的共轭碱；而碱结合一个质子后生成的酸称为该碱的共轭酸，如 HAc 是 Ac^- 的共轭酸。酸与它的共轭碱或碱与它的共轭酸构成一个共轭酸碱对。把相差一个质子的对应酸碱，叫作共轭酸碱对。

有些分子或离子既可以给出质子，又可以接受质子，这类分子或离子称为两性物质。例如，H_2O、$H_2PO_4^-$ 和 HPO_4^{2-} 既可以给出质子，也可以接受质子，因此它们都是酸碱两性物质。

酸碱质子理论没有“盐”的概念，如 NaCl 电离生成 Cl^- 和 Na^+，Cl^- 可以接受一个质子生成 HCl，所以 Cl^- 是碱，但 Na^+ 既不能接受质子，也不能给出质子，所以 Na^+ 是非酸非碱。

（2）酸碱反应的实质

根据酸碱质子理论，由酸 A_1 转化为其共轭碱 B_1 时要给出质子，而质子又不能单独存在，必须有另外一种碱 B_2 来接受质子，碱 B_2 接受质子后转化为它的共轭酸 A_2：

$$A_1 + B_2 \rightleftharpoons B_1 + A_2 \quad (H^+: A_1 \rightarrow B_2)$$

可见，酸碱反应的实质是共轭酸碱对之间的质子传递反应。

酸和碱在水溶液中的解离反应，其实质上是酸和碱与水分子之间的质子转移反应。例如，HAc 在水溶液中的解离反应：

$$\underset{\text{酸1}}{HAc} + \underset{\text{碱2}}{H_2O} \rightleftharpoons \underset{\text{碱1}}{Ac^-} + \underset{\text{酸2}}{H_3O^+} \quad (H^+: HAc \rightarrow H_2O)$$

当 HAc 给出一个 H^+ 后生成其共轭碱 Ac^-；而 H_2O 接受一个 H^+ 后，生成其共轭酸 H_3O^+。

所谓盐的水解，实质上也是质子的转移过程。例如，Ac^- 的水解过程：

$$\underset{\text{酸1}}{H_2O} + \underset{\text{碱2}}{Ac^-} \rightleftharpoons \underset{\text{碱1}}{HO^-} + \underset{\text{酸2}}{HAc} \quad (H^+: H_2O \rightarrow Ac^-)$$

酸碱反应的方向和限度取决于参加化学反应的酸和碱的相对强弱。酸越强，给出质子的能力就越强；碱越强，接受质子的能力就越强。因此，酸碱反应的方向是较强的酸与较强的碱作用，生成较弱的碱和较弱的酸：

较强酸+较强碱——→较弱碱+较弱酸

酸碱质子理论扩大了酸和碱的范围，解决了非水溶液和气体间的酸碱反应。例如，下列反应都是质子理论范畴内的酸碱反应：

$$NH_4^+ + NH_2^- \xrightleftharpoons{\text{液氨中}} 2NH_3$$

$$HCl(g) + NH_3(g) \rightleftharpoons NH_4Cl(s)$$

酸碱质子理论也有一定的局限性，它把酸碱反应只限于质子的给予或接受，不能解释没有质子传递的酸碱反应。这对于许多不含活泼 H 的有机化合物的酸碱性就不能给出合理的解释。又如，氧化钙与三氧化硫的反应属于酸碱反应：

$$CaO + SO_3 \rightleftharpoons CaSO_4$$

其中，SO_3具有酸的性质，但与 CaO 反应时并不发生质子的传递。

2-3 酸碱电子理论

1923 年，美国化学家路易斯（Lewis）在化学键电子理论的基础上，提出了酸碱电子理论。酸碱电子理论认为：凡是能接受电子对的物质就是酸；凡是能给出电子对的物质就是碱。酸是电子对的接受体，而碱是电子对的给予体，酸碱反应的实质是碱提供电子对，与酸形成配位键而生成配合物。酸碱反应可以表示如下：

$$\text{酸} + \text{碱} \Longrightarrow \text{配合物}$$

$$H^+ + :OH^- \Longrightarrow H \leftarrow OH$$

$$H^+ + :NH_3 \Longrightarrow [H \leftarrow NH_3]^+$$

$$BF_3 + :F^- \Longrightarrow [F \leftarrow BF_3]^-$$

$$Ag^+ + 2:NH_3 \Longrightarrow [NH_3 \rightarrow Ag \leftarrow NH_3]^+$$

由上述酸碱反应可知，路易斯酸必须能接受电子对，而路易斯碱又不能失去电子对，因此路易斯酸必须具有空的低能级价轨道以便与路易斯碱形成配位共价键。路易斯酸主要包括含有空价轨道的金属阳离子（如 Fe^{2+}、Zn^{2+}、Al^{3+}等）、含有缺电子原子的化合物（如 BF_3、$AlCl_3$等）和含有价层可扩展原子的化合物（如 $SnCl_4$中的 Sn 有可利用的 5d 轨道）。路易斯碱主要包括阴离子（如 F^-、Cl^-、OH^-、CN^-等）、含有孤对电子的分子（如 CO、NH_3、H_2O 等）和含有碳碳双键或碳碳三键的分子（如乙烯、乙炔等）。

路易斯酸碱理论使用的范围非常广泛，不受某元素、某溶剂或某种离子的限制，它是目前应用最为广泛的酸碱理论。但由于酸碱电子理论对酸碱认识过于笼统，因而不易掌握酸和碱的特征。酸碱电子理论的最大缺点，是不能定量比较酸和碱的相对强弱和进行定量计算。

2-4 强电解质溶液理论

电解质有强电解质和弱电解质之分。在水中完全解离的电解质称为强电解质，在水中部分解离的称为弱电解质。根据近代物质结构理论，强电解质在水中是完全解离的，其解离度应该是 100%。但是根据电导实验所测得强电解质在水中的解离度都小于 100%，见表 2-1。

表 2-1　强电解质水溶液的解离度(298K，0.1mol·L^{-1})

电解质	KCl	$ZnSO_4$	HCl	HNO_3	H_2SO_4	NaOH	$Ba(OH)_2$
解离度 α /%	86	40	92	92	61	91	81

为了解释强电解质在水溶液中完全解离，而实验数据表现不完全解离的矛盾，1923 年德拜(Debye)和休克尔(Hükel)提出了离子相互作用理论。

(1) 离子相互作用理论

德拜和休克尔认为强电解质在水溶液中是完全解离的，因而溶液中离子浓度很大。由于不同电荷离子之间的相互吸引和相同电荷离子之间的相互排斥作用，使得离子在溶液中倾向于有规则地分布。每个离子周围都被异号电荷离子所包围，形成“离子氛”。如图 2-1 所示。

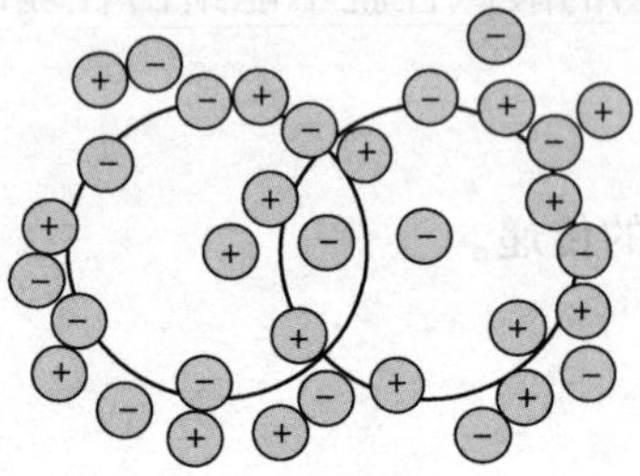

图 2-1　“离子氛”示意图

阳离子周围有较多阴离子，阴离子周围有较多阳离子。这样离子在溶液中移动不完全自由，而是相互影响着。如果将电流通过电解质溶液，阳离子向阴极移动，而它的“离子氛”向阳极移动。因此离子的迁移速度变慢，溶液的导电性就比理论值小，产生一种解离不完全的假象。溶液中离子浓度愈大，这种现象愈明显。

由此可以看出，强电解质的解离度与弱电解质解离度意义不同，强电解质的解离度仅反映溶液中离子的相互牵制作用的强弱，通常称为表观解离度；弱电解质解离度则表示弱电解质解离的百分数。

(2) 活度和活度系数

由于强电解质溶液中离子之间的相互牵制作用，使得离子的有效浓度(表现浓度)比理论浓度(配制浓度)小。离子的有效浓度称为活度，用 α 表示，活度等于活度系数乘以理论浓度，单位为 1。

$$\alpha = \gamma \cdot c \tag{2-1}$$

式中　c——离子的理论浓度；

γ——活度系数，反映了离子之间相互牵制作用的大小。

离子浓度越大，电荷越高，离子之间相互牵制的作用越强，γ 越小($\gamma<1$)，活度与浓度之间差别越大。反之，当浓度极稀时，离子之间平均距离增大，相互牵制的作用极小，γ 趋近于 1，活度越接近浓度。在近似计算中，通常把中性分子、液态和固态纯物质、纯水以及弱电解质的活度系数均视为 1。

2-5　水的质子自递常数

水分子是一种两性物质，它既可给出质子起酸的作用，又可接受质子起碱的作用。于是在水分子间也可发生质子交换。

$$H_2O + H_2O \rightleftharpoons H_3O^+ + OH^-$$

水的这种酸碱反应称为水的质子自递反应，其平衡常数称为水的质子自递常数，用 K_w 表示。水合质子 H_3O^+ 也常常简写作 H^+，其中$[H^+]$表示 H^+ 的平衡浓度。因此水的质子自递常数常简写为

$$K_w^{\ominus} = [H^+][OH^-]$$

$K_w^{\ominus}$称为水的质子自递常数，其数值与温度有关。25℃时 $K_w^{\ominus}=1.00\times10^{-14}$。在25℃的纯水中：

$$[H^+]=[OH^-]=1.00\times10^{-7}$$

$$pH=-\lg[H^+]=-\lg1.00\times10^{-7}=7.00$$

可见，通常所说纯水的 pH 为 7 是指 25℃时的水而言。

2-6 酸碱解离平衡常数

酸和碱的强度，与酸和碱本身的性质以及溶剂的性质有关。在水溶液中，酸的强度取决于酸将质子传递给水分子的能力；而碱的强度则取决于碱从水分子中夺取质子的能力。通常用酸和碱在水溶液中的标准解离平衡常数来衡量酸和碱的强弱。

(1) 一元弱酸的解离平衡

只能给出一个质子的弱酸称为一元弱酸。在一元弱酸 HA 的水溶液中，存在 HA 与 H_2O 之间的质子转移反应：

$$HA + H_2O \rightleftharpoons A^- + H_3O^+$$

一元弱酸 HA 的质子转移反应的标准平衡常数 $K_a^{\ominus}(HA)$ 表达式为

$$K_a^{\ominus}(HA)=\frac{[A^-]\cdot[H^+]}{[HA]}$$

一元弱酸的标准解离常数越大，一元弱酸溶液中 H^+ 的平衡浓度就越大，一元弱酸的酸性就越强。例如：

$$HSO_4^- + H_2O \rightleftharpoons H_3O^+ + SO_4^- \quad K_a^{\ominus}(HSO_4^-)=1.0\times10^{-2}$$

$$HAc + H_2O \rightleftharpoons H_3O^+ + Ac^- \quad K_a^{\ominus}(HAc)=1.8\times10^{-5}$$

$$NH_4^+ + H_2O \rightleftharpoons H_3O^+ + NH_3 \quad K_a^{\ominus}(NH_4^+)=5.6\times10^{-10}$$

三种一元弱酸的标准解离常数的大小为 $K_a^{\ominus}(HSO_4^-) > K_a^{\ominus}(HAc) > K_a^{\ominus}(NH_4^+)$，因此三种一元弱酸的酸性强弱为 $HSO_4^- > HAc > NH_4^+$。

(2) 一元弱碱的解离平衡

只能接受一个质子的弱碱称为一元弱碱。在一元弱碱 A^- 的水溶液中，存在一元弱碱 A^- 与 H_2O 之间的质子转移反应：

$$A^- + H_2O \rightleftharpoons HA + OH^-$$

一元弱碱 A^- 的质子转移反应的标准平衡常数 $K_b^{\ominus}(A^-)$ 表达式为

$$K_b^{\ominus}(A^-)=\frac{[HA]\cdot[OH^-]}{[A^-]}$$

一元弱碱的标准解离平衡常数越大，一元弱碱溶液中 OH^- 的平衡浓度就越大，一元弱碱的碱性就越强。例如：

$$SO_4^- + H_2O \rightleftharpoons OH^- + HSO_4^- \quad K_b^{\ominus}(SO_4^-)=1.0\times10^{-12}$$

$$Ac^- + H_2O \rightleftharpoons HAc + OH^- \quad K_b^{\ominus}(Ac^-)=5.6\times10^{-10}$$

$$NH_3 + H_2O \rightleftharpoons NH_4^+ + OH^- \quad K_b^{\ominus}(NH_3)=1.8\times10^{-5}$$

三种一元弱碱的标准解离平衡常数的大小为 $K_b^{\ominus}(NH_3) > K_b^{\ominus}(Ac^-) > K_b^{\ominus}(SO_4^{2-})$，因此三种一元弱碱的碱性强弱为 $NH_3 > Ac^- > SO_4^{2-}$。

(3) 多元弱酸的解离平衡

能给出两个或两个以上质子的弱酸称为多元弱酸。多元弱酸 H_nA 在水溶液中的解离是分步进行的，如三元弱酸 H_3A 在水溶液中的解离是分成三步进行的，每一步解离都有各自的解离平衡和相应的标准解离常数。

H_3A 的第一步解离和一级标准解离常数 $K_{a1}^{\ominus}(H_3A)$：

$$H_3A + H_2O \rightleftharpoons H_2A^- + H_3O^+$$

$$K_{a1}^{\ominus}(H_3A) = \frac{[H_2A^-] \cdot [H^+]}{[H_3A]}$$

H_3A 的第二步解离和二级标准解离常数 $K_{a2}^{\ominus}(H_3A)$：

$$H_2A^- + H_2O \rightleftharpoons HA^{2-} + H_3O^+$$

$$K_{a2}^{\ominus}(H_3A) = \frac{[HA^{2-}] \cdot [H^+]}{[H_2A^-]}$$

H_3A 的第三步解离和三级标准解离常数 $K_{a3}^{\ominus}(H_3A)$：

$$HA^{2-} + H_2O \rightleftharpoons A^{3-} + H_3O^+$$

$$K_{a3}^{\ominus}(H_3A) = \frac{[A^{3-}] \cdot [H^+]}{[HA^{2-}]}$$

三元弱酸的第二步解离和第三步解离比第一步解离弱得多，溶液中的 H^+ 主要来自 H_3A 的第一步解离。因此，多元弱酸的相对强弱就取决于其一级标准解离平衡常数的大小。多元弱酸的一级标准解离平衡常数 $K_{a1}^{\ominus}(H_nA)$ 越大，溶液中 H^+ 的平衡浓度就越大，多元弱酸的酸性就越强。

(4) 多元弱碱的解离平衡

能接受两个或两个以上质子的弱碱称为多元弱碱。多元弱碱 A^{n-} 在水溶液中的质子转移反应也是分步进行的，如二元弱碱 A^{2-} 的质子转移反应是分成两步进行的。

A^{2-} 的第一步质子转移反应和一级标准解离平衡常数 $K_{b1}^{\ominus}(A^{2-})$：

$$A^{2-} + H_2O \rightleftharpoons HA^- + OH^-$$

$$K_{b1}^{\ominus}(A^{2-}) = \frac{[HA^-] \cdot [OH^-]}{[A^{2-}]}$$

A^{2-} 的第二步质子转移反应和二级标准解离常数 $K_{b2}^{\ominus}(A^{2-})$：

$$HA^- + H_2O \rightleftharpoons H_2A + OH^-$$

$$K_{b2}^{\ominus}(A^{2-}) = \frac{[H_2A] \cdot [OH^-]}{[HA^-]}$$

在多元弱碱中，通常 $K_{b1}^{\ominus}(A^{2-}) >> K_{b2}^{\ominus}(A^{2-})$，溶液中的 OH^- 主要来自 A^{2-} 的第一步质子转移反应。因此，多元碱的相对强弱就取决于它的一级标准解离常数的相对大小。多元弱碱的一级标准解离平衡常数越大，溶液中 OH^- 的平衡浓度就越大，多元弱碱的碱性就越强。

2-7 弱酸的标准解离平衡常数与其共轭碱的标准解离平衡常数的关系

在水溶液中，共轭酸碱对中弱酸的标准解离平衡常数与其共轭碱的标准解离平衡常数之间存在一定的定量关系。

对于一元弱酸，共轭酸碱对的 $K_a^{\ominus}$ 和 $K_b^{\ominus}$ 有下列关系：

$$K_a^{\ominus}\cdot K_b^{\ominus}=[H^+][OH^-]=K_w^{\ominus} \tag{2-2}$$

对于多元弱酸，共轭酸碱对也有相应的关系，但要注意 $K_a^{\ominus}$ 和 $K_b^{\ominus}$ 的相对应关系。如二元酸：

$$H_2A+H_2O \xrightleftharpoons{K_{a1}^{\ominus}(H_2A)} HA^-+H_3O^+$$

$$HA^-+H_2O \xrightleftharpoons{K_{a2}^{\ominus}(H_2A)} A^{2-}+H_3O^+$$

$$A^{2-}+H_2O \xrightleftharpoons{K_{b1}^{\ominus}(A^{2-})} HA^-+OH^-$$

$$HA^-+H_2O \xrightleftharpoons{K_{b2}^{\ominus}(A^{2-})} H_2A+OH^-$$

$$H_2A \xrightleftharpoons[K_{b2}^{\ominus}(A^{2-})]{K_{a1}^{\ominus}(H_2A)} HA^- \xrightleftharpoons[K_{b1}^{\ominus}(A^{2-})]{K_{a2}^{\ominus}(H_2A)} A^{2-}$$

$$K_{a1}^{\ominus}(H_2A)\cdot K_{b2}^{\ominus}(A^{2-})=K_{a2}^{\ominus}(H_2A)\cdot K_{b1}^{\ominus}(A^{2-})=[H^+][OH^-]=K_w^{\ominus} \tag{2-3}$$

如三元酸：

$$H_3A \xrightleftharpoons[K_{b3}^{\ominus}(A^{3-})]{K_{a1}^{\ominus}(H_3A)} H_2A^- \xrightleftharpoons[K_{b2}^{\ominus}(A^{3-})]{K_{a2}^{\ominus}(H_3A)} HA^{2-} \xrightleftharpoons[K_{b1}^{\ominus}(A^{3-})]{K_{a3}^{\ominus}(H_3A)} A^{3-}$$

$$K_{a1}^{\ominus}(H_3A)\cdot K_{b3}^{\ominus}(A^{3-})=K_{a2}^{\ominus}(H_3A)\cdot K_{b2}^{\ominus}(A^{3-})=K_{a3}^{\ominus}(H_3A)\cdot K_{b1}^{\ominus}(A^{3-})=[H^+][OH^-]=K_w^{\ominus} \tag{2-4}$$

若知道共轭酸碱对中弱酸的标准解离常数或弱碱的标准解离常数，利用 $K_a^{\ominus}$ 和 $K_b^{\ominus}$ 的关系式，可以求出它的共轭碱的标准解离常数或共轭酸的标准解离常数。

2-8 不同 pH 溶液中酸碱存在形式的分布分数和分布曲线

平衡浓度：当酸碱对处于平衡状态时，溶液中存在着 H^+ 和不同形式的酸碱，这时它们的浓度称为平衡浓度。

分析浓度或总浓度：各种存在形式平衡浓度之和称为总浓度或分析浓度。

分布分数：某一形式的平衡浓度占总浓度的分数，即为该存在形式的分布分数，以 δ 表示。

分布曲线：当溶液的 pH 发生变化时，平衡随之移动，以致酸碱存在形式的分布分数也跟着变化。以分布分数 δ 为纵坐标，溶液的 pH 为横坐标作图，所得的曲线为分布分数 δ 与溶液 pH 间的关系曲线，称为分布曲线。

(1) 一元弱酸的分布分数和分布曲线

一元弱酸 HA 在水溶液中以 HA 和 A^- 两种酸碱组分存在：

$$HA+H_2O \rightleftharpoons H_3O^++A^-$$

设 HA、A^- 的分布分数分别为 δ_1、δ_0：

$$\delta_1=\frac{[HA]}{c(HA)}=\frac{[HA]}{[HA]+[A^-]}=\frac{1}{1+\frac{[A^-]}{[HA]}}=\frac{1}{1+\frac{K_a^{\ominus}(HA)}{[H^+]}}=\frac{[H^+]}{[H^+]+K_a^{\ominus}(HA)} \tag{2-5}$$

同理：

$$\delta_0=\frac{[A^-]}{c(HA)}=\frac{K_a^{\ominus}(HA)}{[H^+]+K_a^{\ominus}(HA)} \tag{2-6}$$

显然，溶液中酸、碱组分的分布分数之和应该等于1，即

$$\delta_1+\delta_0=1$$

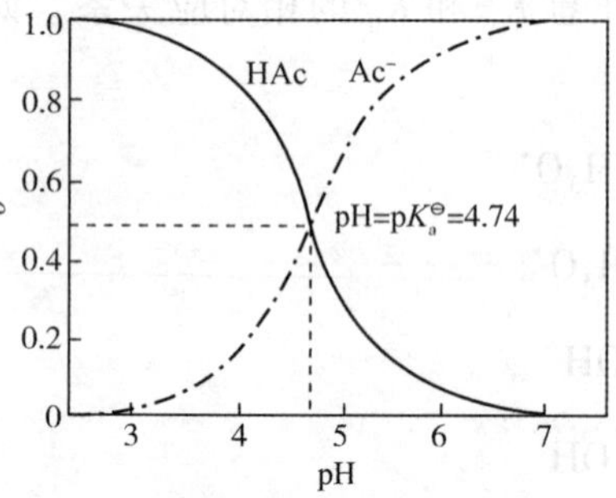

图2-2　HAc溶液的δ_B-pH曲线

按照一元弱酸溶液中酸、碱组分的分布分数公式可以计算出不同pH时的HAc和Ac^-的分布分数，以pH为横坐标，以分布分数δ_1和δ_0为纵坐标作图，可得到HAc溶液的HAc和Ac^-的分布曲线，如图2-2所示。

由图2-2可见，δ_1随溶液pH的增大而减小，而δ_0则随溶液pH的增大而增大。

当$pH=pK_a^\ominus(HA)$时，$\delta_1=\delta_0=0.5$，此时溶液中HAc和Ac^-两种形式各占50%。

当$pH \ll pK_a^\ominus(HA)$时，$\delta_1 \gg \delta_0$，此时溶液中主要的成分为HAc。

当$pH \gg pK_a^\ominus(HA)$时，$\delta_1 \ll \delta_0$，此时溶液中主要的成分为Ac^-。

（2）二元弱酸的分布分数和分布曲线

二元弱酸H_2A在水溶液中以H_2A、HA^-和A^{2-}三种酸碱组分存在。设H_2A、HA^-、A^{2-}的分布分数分别为δ_2、δ_1、δ_0，依照一元弱酸分布系数的推导方法，可得下列各分布分数的计算公式：

$$\delta_2=\frac{[H_2A]}{c(H_2A)}=\frac{[H^+]^2}{[H^+]^2+K_{a1}^\ominus(H_2A)\cdot[H^+]+K_{a1}^\ominus(H_2A)\cdot K_{a2}^\ominus(H_2A)} \tag{2-7}$$

$$\delta_1=\frac{[HA^-]}{c(H_2A)}=\frac{K_{a1}^\ominus(H_2A)\cdot[H^+]}{[H^+]^2+K_{a1}^\ominus(H_2A)\cdot[H^+]+K_{a1}^\ominus(H_2A)\cdot K_{a2}^\ominus(H_2A)} \tag{2-8}$$

$$\delta_0=\frac{[A^{2-}]}{c(H_2A)}=\frac{K_{a1}^\ominus(H_2A)\cdot K_{a2}^\ominus(H_2A)}{[H^+]^2+K_{a1}^\ominus(H_2A)\cdot[H^+]+K_{a1}^\ominus(H_2A)\cdot K_{a2}^\ominus(H_2A)} \tag{2-9}$$

显然，三种组分的分布系数之和应该等于1，即

$$\delta_2+\delta_1+\delta_0=1$$

二元中强酸$H_2C_2O_4$溶液的δ_B-pH曲线如图2-3所示。

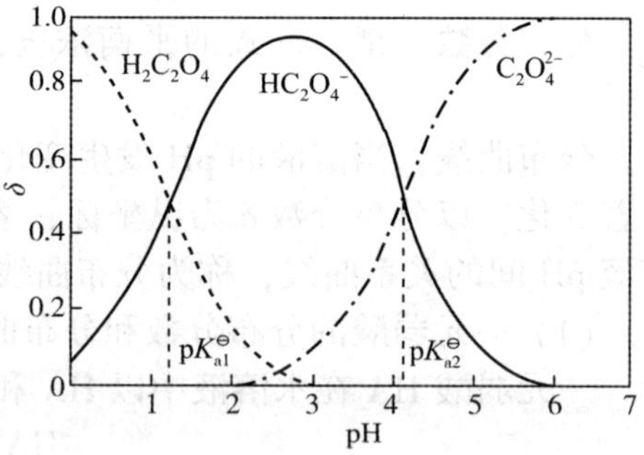

图2-3　$H_2C_2O_4$溶液的δ_B-pH曲线

在$pH=pK_{a1}^\ominus(H_2A)$和$pH=pK_{a2}^\ominus(H_2A)$处，分布曲线有两个相交点。

当$pH \ll pK_{a1}^\ominus(H_2A)$时，$\delta_2 \gg \delta_1$，此时溶液中主要的成分是$H_2C_2O_4$。

当$pK_{a1}^\ominus(H_2A)<pH<pK_{a2}^\ominus(H_2A)$时，溶液中$H_2C_2O_4$、$HC_2O_4^-$和$C_2O_4^{2-}$三种组分在溶液中共存，其中$HC_2O_4^-$占绝对优势，$H_2C_2O_4$和$C_2O_4^{2-}$的浓度很低。

当$pH \gg pK_{a2}^\ominus(H_2A)$时，$\delta_1 \ll \delta_0$，即溶液中$C_2O_4^{2-}$为主要的存在形式。

（3）三元弱酸的分布分数和分布曲线

三元弱酸H_3A在水溶液中以H_3A、H_2A^-、HA^{2-}、A^{3-}四种酸碱组分存在，设它们的分布分数分别为δ_3、δ_2、δ_1、δ_0，依照一元弱酸分布系数的推导方法，可得下列各分布分数的计

算公式：

$$\delta_3=\frac{[\mathrm{H_3A}]}{c(\mathrm{H_3A})}=\frac{[\mathrm{H^+}]^3}{[\mathrm{H^+}]^3+K_{a1}^{\ominus}(\mathrm{H_3A})\cdot[\mathrm{H^+}]^2+K_{a1}^{\ominus}(\mathrm{H_3A})\cdot K_{a2}^{\ominus}(\mathrm{H_3A})\cdot[\mathrm{H^+}]+K_{a1}^{\ominus}(\mathrm{H_3A})\cdot K_{a2}^{\ominus}(\mathrm{H_3A})\cdot K_{a3}^{\ominus}(\mathrm{H_3A})} \tag{2-10}$$

$$\delta_2=\frac{[\mathrm{H_2A^-}]}{c(\mathrm{H_3A})}=\frac{K_{a1}^{\ominus}(\mathrm{H_3A})\cdot[\mathrm{H^+}]^2}{[\mathrm{H^+}]^3+K_{a1}^{\ominus}(\mathrm{H_3A})\cdot[\mathrm{H^+}]^2+K_{a1}^{\ominus}(\mathrm{H_3A})\cdot K_{a2}^{\ominus}(\mathrm{H_3A})\cdot[\mathrm{H^+}]+K_{a1}^{\ominus}(\mathrm{H_3A})\cdot K_{a2}^{\ominus}(\mathrm{H_3A})\cdot K_{a3}^{\ominus}(\mathrm{H_3A})} \tag{2-11}$$

$$\delta_1=\frac{[\mathrm{HA^{2-}}]}{c(\mathrm{H_3A})}=\frac{K_{a1}^{\ominus}(\mathrm{H_3A})\cdot K_{a2}^{\ominus}(\mathrm{H_3A})\cdot[\mathrm{H^+}]}{[\mathrm{H^+}]^3+K_{a1}^{\ominus}(\mathrm{H_3A})\cdot[\mathrm{H^+}]^2+K_{a1}^{\ominus}(\mathrm{H_3A})\cdot K_{a2}^{\ominus}(\mathrm{H_3A})\cdot[\mathrm{H^+}]+K_{a1}^{\ominus}(\mathrm{H_3A})\cdot K_{a2}^{\ominus}(\mathrm{H_3A})\cdot K_{a3}^{\ominus}(\mathrm{H_3A})} \tag{2-12}$$

$$\delta_0=\frac{[\mathrm{A^{3-}}]}{c(\mathrm{H_3A})}=\frac{K_{a1}^{\ominus}(\mathrm{H_3A})\cdot K_{a2}^{\ominus}(\mathrm{H_3A})\cdot K_{a3}^{\ominus}(\mathrm{H_3A})}{[\mathrm{H^+}]^3+K_{a1}^{\ominus}(\mathrm{H_3A})\cdot[\mathrm{H^+}]^2+K_{a1}^{\ominus}(\mathrm{H_3A})\cdot K_{a2}^{\ominus}(\mathrm{H_3A})\cdot[\mathrm{H^+}]+K_{a1}^{\ominus}(\mathrm{H_3A})\cdot K_{a2}^{\ominus}(\mathrm{H_3A})\cdot K_{a3}^{\ominus}(\mathrm{H_3A})} \tag{2-13}$$

显然，四种组分的分布系数之和应该等于1，即

$$\delta_3+\delta_2+\delta_1+\delta_0=1$$

三元酸 H_3PO_4溶液中各种酸、碱组分的分布曲线如图 2-4 所示。

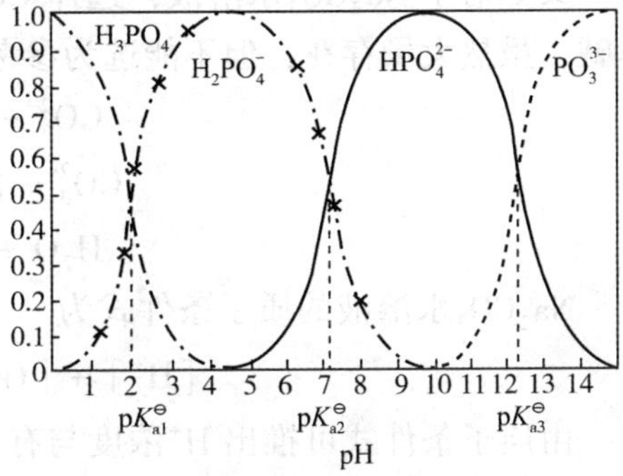

图 2-4　H_3PO_4溶液的 δ_B-pH 曲线

在 pH＝$pK_{a1}^{\ominus}$(H_3A)、pH＝$pK_{a2}^{\ominus}$(H_3A)和 pH＝$pK_{a3}^{\ominus}$(H_3A)处，曲线有三个相交点。

当 pH≪ $pK_{a1}^{\ominus}$(H_3A)时，$\delta_2 \gg \delta_1$，即溶液中H_3PO_4为主要的存在形式。

当 $pK_{a1}^{\ominus}$(H_3A) <pH< $pK_{a2}^{\ominus}$(H_3A)时，溶液中H_3PO_4、$H_2PO_4^-$和 HPO_4^{2-}三种组分在溶液中共存，其中 $H_2PO_4^-$占绝对优势，H_3PO_4和 HPO_4^{2-}的浓度很低。

当 $pK_{a2}^{\ominus}$(H_3A) <pH< $pK_{a3}^{\ominus}$(H_3A)时，溶液中 $H_2PO_4^-$、HPO_4^{2-}、PO_4^{3-}三种组分在溶液中共存，其中 HPO_4^{2-}占绝对优势，$H_2PO_4^-$和 PO_4^{3-}的浓度很低。

当 pH≫$pK_{a3}^{\ominus}$(H_3A)时，$\delta_1 \ll \delta_0$，即溶液中 PO_4^{3-}为主要的存在形式。

从上述讨论可以看出，无论是一元弱酸还是多元弱酸，各组分的分布分数 δ 只与溶液中的[H^+]及酸的解离常数 $K_a^{\ominus}$有关，而与酸的分析浓度无关。

分布分数能定量说明溶液中的各种酸碱组分的分布情况。通过分布分数，可求得溶液中酸碱组分的平衡浓度。

2-9　质子条件式

在处理酸碱平衡的有关计算时，常常采用一种简便的关系式，即质子平衡方程式，也叫质子条件式。在下面的酸碱溶液 pH 计算公式推导时，主要利用这一关系式。

质子条件式：根据酸碱质子理论，酸碱反应的本质是质子的传递，当反应达到平衡时，酸失去的质子和碱得到的质子的物质的量必然相等，其数学表达式称为质子条件式，其准确

反映整个平衡体系中质子转移的严格数量关系式。

列出质子条件式的步骤是：

① 选择参考水平：溶液中大量存在并且参加质子转移的物质作为参考水平。

② 判断质子得失的物质：通过写出相应的酸碱反应，找出溶液中哪些物质得到了质子，哪些物质失去了质子。

③ 列出质子条件式：根据总得失质子的物质的量(单位 mol)相等的原则，将所有得到质子产物的浓度写在等号一边，所有失去质子产物的浓度写在等号的另一边，浓度用[ ]表示，列出的等式，即为质子条件式。

例如：一元弱酸 HA 的水溶液，选择 HA 和 H_2O 作为参考水平。在此水溶液中存在下列两个反应：

HA 的解离反应：　　$HA + H_2O \rightleftharpoons H_3O^+ + A^-$

水的质子自递反应：　　$H_2O + H_2O \rightleftharpoons H_3O^+ + OH^-$

HA 水溶液的质子条件式：　　$[H^+] = [A^-] + [OH^-]$

又如对于 Na_2CO_3 水溶液，选择 CO_3^{2-} 和 H_2O 作为参考水平(Na^+ 不能得失质子，是非酸非碱，虽然大量存在，但不能选为参考水平)。在此水溶液中存在下列三个反应：

$$CO_3^{2-} + H_2O \rightleftharpoons HCO_3^- + OH^-$$

$$CO_3^{2-} + 2H_2O \rightleftharpoons H_2CO_3 + OH^-$$

$$H_2O + H_2O \rightleftharpoons H_3O^+ + OH^-$$

Na_2CO_3 水溶液的质子条件式为

$$[H^+] + [HCO_3^-] + 2[H_2CO_3] = [OH^-]$$

由质子条件式可推出 H^+ 浓度与有关组分浓度的关系式，即可求算溶液中的$[H^+]$。

2-10　酸碱溶液的 pH 计算

计算溶液 pH 的方法是：首先找出溶液的质子条件式，然后在允许的计算误差范围内，进行合理简化处理，进而求得溶液的 pH 相关公式。

由于计算时使用的弱酸或弱碱的标准解离常数和水的离子积常数都存在一定的相对误差，因此计算 H^+ 浓度或 OH^- 浓度时通常允许有不超过±5%的相对误差。

当两个数相加或相减时，如果其中的较大数大于较小数的 20 倍以上，若将较小数忽略不计，计算结果的相对误差不会超过 ±5%。这种忽略较小数的近似处理方法称为 20 倍近似规则。本书在推导酸溶液的 H^+ 浓度或碱溶液的 OH^- 浓度的计算公式时，为简便起见均使用 20 倍近似规则进行简化处理。

(1) 一元弱酸(碱)溶液 pH 浓度的计算

在一元弱酸 HA 溶液中，存在下列质子转移反应：

$$HA + H_2O \rightleftharpoons H_3O^+ + A^-$$

$$H_2O + H_2O \rightleftharpoons OH^- + H_3O^+$$

质子条件式为

$$[H^+] = [A^-] + [OH^-]$$

上列两个质子转移反应式说明一元弱酸 HA 溶液中的 $[H^+]$ 来自两个部分，即来自弱酸 HA 的解离（相当于式中的 $[A^-]$ 项）和 H_2O 的解离（相当于式中的 $[OH^-]$ 项）。

为了求算 $[H^+]$，以 $[A^-]=K_a^{\ominus}(HA)[HA]/[H^+]$ 和 $[OH^-]=K_w^{\ominus}/[H^+]$ 代入质子条件式，并整理可得

$$[H^+]=\sqrt{K_a^{\ominus}(HA)\cdot[HA]+K_w^{\ominus}} \tag{2-14}$$

式中 $[HA]$——HA 的平衡浓度。

根据分布系数公式 $[HA]=c(HA)\cdot\delta_1$，代入上式，则将推导出一元三次方程

$$[H^+]^3+K_a^{\ominus}(HA)\cdot[H^+]^2-[c(HA)\cdot K_a^{\ominus}(HA)+K_w^{\ominus}][H^+]-K_a^{\ominus}(HA)\cdot K_w^{\ominus}=0$$

显然，解上述方程的计算相当麻烦，一般采用 20 倍近似规则进行处理，进行简化后计算。

① 当计算允许有 5%的误差时，如果弱酸的浓度较大，而 HA 电离较小，即：$c(HA)/K_a^{\ominus}(HA)>400$，可近似认为 $[HA]$ 等于总浓度 $c(HA)$，则可得近似式(2-15)：

$$[H^+]=\sqrt{c(HA)\cdot K_a^{\ominus}(HA)+K_w^{\ominus}} \tag{2-15}$$

② 若弱酸的 $K_a^{\ominus}(HA)$ 也不是太小即 $c(HA)\cdot K_a^{\ominus}(HA)>20K_w^{\ominus}$，忽略 $K_w^{\ominus}$ 项，即忽略由水解离所得的 $[H^+]$，可得近似式(2-16)：

$$[H^+]=\sqrt{K_a^{\ominus}(HA)\cdot[HA]}=\sqrt{K_a^{\ominus}(HA)\{c(HA)-[H^+]\}}$$

$$[H^+]=\frac{1}{2}\left(-K_a^{\ominus}(HA)+\sqrt{K_a^{\ominus 2}(HA)+4c(HA)\cdot K_a^{\ominus}(HA)}\right) \tag{2-16}$$

③ 如果同时满足 $c(HA)/K_a^{\ominus}(HA)>400$ 和 $c(HA)\cdot K_a^{\ominus}(HA)>20K_w^{\ominus}$ 两个条件，式(2-14)可进一步简化为常用的最简式：

$$[H^+]=\sqrt{c(HA)\cdot K_a^{\ominus}(HA)} \tag{2-17}$$

一元弱碱溶液 pH 计算公式与一元弱酸 pH 计算公式类似，只需将计算式及使用条件中 $[H^+]$ 换成 $[OH^-]$，$K_a^{\ominus}$ 换成 $K_b^{\ominus}$ 即可。

一元弱碱溶液 OH^- 浓度的计算见拓展阅读 2.2。

一元弱酸 HA 在溶液中的解离程度用解离度 α 表示。一元弱酸的解离度定义为已解离的一元弱酸的浓度与一元弱酸的起始浓度之比：

$$\alpha(HA)=\frac{c(HA)-[HA]}{c(HA)}\times 100\% \tag{2-18}$$

当 $c(HA)\cdot K_a^{\ominus}(HA)>20K_w^{\ominus}$ 时，可不考虑水的解离，上式改写为

$$\alpha(HA)=\frac{[H^+]}{c(HA)}\times 100\% \tag{2-19}$$

又当 $c(HA)/K_a^{\ominus}(HA)>400$ 时，一元弱酸溶液的 H^+ 平衡浓度可用最简公式计算。由上式可得

$$\alpha(HA)=\frac{\sqrt{c(HA)\cdot K_a^{\ominus}(HA)}}{c(HA)}\times 100\%=\sqrt{\frac{K_a^{\ominus}(HA)}{c(HA)}}\times 100\% \tag{2-20}$$

式(2-20)表明了一元弱酸的解离度与标准解离常数和起始浓度之间的关系，称为稀释定律。

由稀释定律可知，一元弱酸 HA 的解离度在一定浓度范围内与 HA 浓度的平方根成反比，HA 的浓度越小，HA 的解离度就越大。

(2) 多元弱酸(碱)溶液 pH 浓度的计算

多元弱酸溶液是一个复杂的酸碱平衡系统。以二元弱酸 H_2A 为例，它在水溶液中存在下列质子转移反应：

$$H_2A + H_2O \rightleftharpoons HA^- + H_3O^+$$

$$HA^- + H_2O \rightleftharpoons A^{2-} + H_3O^+$$

$$H_2O + H_2O \rightleftharpoons OH^- + H_3O^+$$

碱得到质子后的产物为 H_3O^+，酸失去质子后的产物为 HA^-、A^{2-}和 OH^-。当质子转移反应达到平衡时，碱得到的质子数等于酸失去的质子数，其质子条件式为

$$[H^+]=[HA^-]+2[A^{2-}]+[OH^-]$$

将平衡关系代入上式展开后，得到计算二元弱酸溶液 H^+平衡浓度的精确公式，这是一个含有 H^+浓度的一元四次方程，求解非常麻烦。为了避免求解高次方程，可利用 20 倍近似规则进行简化处理。

当 $c(H_2A) \cdot K_{a1}^{\ominus}(H_2A)>20K_w^{\ominus}$ 时，说明 H_2A 的解离是溶液中绝大部分 H^+的来源，从而可以忽略水的解离，上式简化为

$$[H^+]=[HA^-]+2[A^{2-}]$$

能否忽略 H_2A 的第二级解离，要比较$[HA^-]$与 $2[A^{2-}]$两项的大小而定。

$$\frac{2[A^{2-}]}{[HA^-]}=\frac{2\delta_{A^{2-}}}{\delta_{HA^-}}=\frac{2K_{a2}^{\ominus}(H_2A)}{[H^+]}$$

当$\sqrt{c(H_2A) \cdot K_{a1}^{\ominus}(H_2A)}>40K_{a2}^{\ominus}(H_2A)$ 时，说明第二级解离出来的$[H^+]$相比较第一级解离出来的$[H^+]$少很多，此时只需考虑二元弱酸的第一级解离即可，二元弱酸可按一元弱酸来处理。同理，三元酸或更多元酸如果满足此条件，也按一元弱酸来处理就行。

① 当 $c(H_2A)/K_{a1}^{\ominus}(H_2A)>400$，$\sqrt{c(H_2A) \cdot K_{a1}^{\ominus}(H_2A)}>40K_{a2}^{\ominus}(H_2A)$，则得可近似式：

$$[H^+]=\sqrt{c(H_2A) \cdot K_{a1}^{\ominus}(H_2A)+K_w^{\ominus}} \tag{2-21}$$

② 当 $c(H_2A)K_{a1}^{\ominus}(H_2A)>20K_w^{\ominus}$，$\sqrt{c(H_2A) \cdot K_{a1}^{\ominus}(H_2A)}>40K_{a2}^{\ominus}(H_2A)$ 时，可得近似式：

$$[H^+]=\frac{1}{2}\left(-K_{a1}^{\ominus}(H_2A)+\sqrt{K_{a1}^{\ominus 2}(H_2A)+4c(H_2A) \cdot K_a^{\ominus}(H_2A)}\right) \tag{2-22}$$

③ 当 $c(H_2A)/K_{a1}^{\ominus}(H_2A)>400$，$c(H_2A)K_{a1}^{\ominus}(H_2A)>20K_w^{\ominus}$，$\sqrt{c(H_2A) \cdot K_{a1}^{\ominus}(H_2A)}>40K_{a2}^{\ominus}(H_2A)$时，可得最简式：

$$[H^+]=\sqrt{c(H_2A) \cdot K_{a1}^{\ominus}(H_2A)} \tag{2-23}$$

多元弱碱溶液 pH 计算公式与多元弱酸 pH 计算公式类似，只需将计算式及使用条件中$[H^+]$换成$[OH^-]$，$K_a^{\ominus}$换成$K_b^{\ominus}$即可(*多元弱碱溶液 OH^-浓度的计算见拓展阅读 2.3*)。

(3) 两性物质溶液的 pH 的计算

按酸碱质子理论，两性物质是既能给出质子又能结合质子的物质，多元弱酸的酸式盐和弱酸弱碱盐等都是两性物质，如 $NaHCO_3$、K_2HPO_4、NaH_2PO_4、NH_4Ac、$(NH_4)_2CO_3$及邻苯二甲酸氢钾等。两性物质溶液中的酸碱平衡十分复杂，可根据具体情况合理地进行近似处理。

以二元弱酸的酸式盐 NaHA 为例，推导两性物质溶液中$[H^+]$的计算公式。溶液中存在下列质子转移反应：

$$HA^- + H_2O \rightleftharpoons A^{2-} + H_3O^+$$

$$HA^- + H_2O \rightleftharpoons OH^- + H_2A$$

$$H_2O + H_2O \rightleftharpoons OH^- + H_3O^+$$

质子条件式为

$$[H^+] + [H_2A] = [A^{2-}] + [OH^-]$$

由 H_2A 的一级解离反应、二级解离反应和 H_2O 的解离反应得

$$[H^+] + \frac{[H^+][HA^-]}{K_{a1}^{\ominus}(H_2A)} = \frac{K_{a2}^{\ominus}(H_2A) \cdot [HA^-]}{[H^+]} + \frac{K_w^{\ominus}}{[H^+]}$$

由上式得
$$[H^+] = \sqrt{\frac{K_{a1}^{\ominus}(H_2A)\{K_{a2}^{\ominus}(H_2A) \cdot [HA^-] + K_w^{\ominus}\}}{K_{a1}^{\ominus}(H_2A) + [HA^-]}} \qquad (2-24)$$

式(2-24)为精确计算式，但由于式中各平衡浓度无法获得，实际上无法计算。

① 如果两性物质 HA^-的 $K_{a2}^{\ominus}(H_2A)$和 $K_{b2}^{\ominus}(A^{2-})$都很小，则 HA^-给出质子或得到质子的能力都很小，可近似认为 $c \approx [HA^-]$，由式(2-24)可得近似式(2-25)：

$$[H^+] = \sqrt{\frac{K_{a1}^{\ominus}(H_2A)[c(HA^-)K_{a2}^{\ominus}(H_2A) + K_w^{\ominus}]}{K_{a1}^{\ominus}(H_2A) + c(HA^-)}} \qquad (2-25)$$

② 如果 $c(HA^-) \cdot K_{a2}^{\ominus}(H_2A) > 20K_w^{\ominus}$时，$HA^-$提供的$[H^+]$比水提供的$[H^+]$大得多，可略去 $K_w^{\ominus}$项，则式(2-25)可简化为近似式(2-26)：

$$[H^+] = \sqrt{\frac{c(HA^-) \cdot K_{a1}^{\ominus}(H_2A) \cdot K_{a2}^{\ominus}(H_2A)}{K_{a1}^{\ominus}(H_2A) + c(HA^-)}} \qquad (2-26)$$

③ 如果$c(HA^-) > 20K_{a1}^{\ominus}(H_2A)$时，则式(2-26)分母中 $K_{a1}^{\ominus}$的可略去，可简化为近似式(2-27)：

$$[H^+] = \sqrt{\frac{K_{a1}^{\ominus}(H_2A)[c(HA^-) \cdot K_{a2}^{\ominus}(H_2A) + K_w^{\ominus}]}{c(HA^-)}} \qquad (2-27)$$

④ 如果 $c(HA^-) \cdot K_{a2}^{\ominus}(H_2A) > 20K_w^{\ominus}$，且 $c(HA^-) > 20K_{a1}^{\ominus}(H_2A)$，则式(2-26)可简化为最简式：

$$[H^+] = \sqrt{K_{a1}^{\ominus}(H_2A) \cdot K_{a2}^{\ominus}(H_2A)} \qquad (2-28)$$

对于除二元弱酸酸式盐以外的其他两性物质，式(2-28)中的 $K_{a2}^{\ominus}(H_2A)$为两性物质中弱酸 HA^-的标准解离平衡常数，而 $K_{a1}^{\ominus}(H_2A)$为两性物质中弱碱 HA^-的共轭酸 H_2A 的标准解离平衡常数。

例如：对于 Na_2HPO_4溶液，计算 H^+浓度的最简公式为

$$[H^+] = \sqrt{K_{a2}^{\ominus}(H_3PO_4) \cdot K_{a3}^{\ominus}(H_3PO_3)} \qquad (2-29)$$

又如：NH_4Ac 溶液，计算 H^+浓度的最简公式为

$$[H^+] = \sqrt{K_a^{\ominus}(HAc) \cdot K_a^{\ominus}(NH_4^+)} \qquad (2-30)$$

2-11 同离子效应和盐效应

弱酸、弱碱的解离平衡与其他化学平衡一样，也是一种相对的动态平衡。如果在弱酸、弱碱溶液中加入易溶强电解质，就会使弱酸、弱碱的解离平衡发生移动，直至在新的条件下

又建立起新的解离平衡。

(1) 同离子效应

在弱酸溶液中，加入与这种弱酸含有相同离子的易溶强电解质，会使弱酸的解离平衡向生成弱酸的方向移动。例如，HAc 在溶液中存在下述解离平衡：

$$HAc + H_2O \rightleftharpoons Ac^- + H_3O^+$$

在溶液中加入 NaAc 晶体或 HCl 溶液后，Ac^-浓度或 H^+浓度增大，使 HAc 的解离平衡逆向移动，HAc 的解离度降低。

同理，在弱碱溶液中，加入与弱碱含有相同离子的易溶强电解质，可使弱碱的解离平衡向生成弱碱的方向移动，弱碱的解离度降低。

这种在弱酸、弱碱溶液中加入与弱酸、弱碱具有相同离子的易溶强电解质，使弱酸、弱碱的解离度降低的现象称为同离子效应。

(2) 盐效应

在弱酸溶液中，加入与弱酸不含相同离子的易溶强电解质，会使弱酸的解离平衡向弱酸解离的方向移动。例如，在 1.0L 0.10mol · L^{-1} HAc 溶液中加入 0.10mol NaCl 晶体，可使 HAc 的解离度由原来的 1.3%增大到 1.7%。这是由于在 HAc 溶液中加入 NaCl 晶体后，溶液中离子的总浓度增大了，阳离子与阴离子之间的静电作用增强了，在 H^+的周围有更多的阴离子(主要是 Cl^-)，而在 Ac^-的周围有更多的阳离子(主要是 Na^+)，H^+和 Ac^-都受到较强的静电吸引作用，使它们的移动速率减慢，Ac^-与 H^+生成 HAc 的速率减慢，使 HAc 的解离速率暂时大于 HAc 的生成速率，解离平衡正向移动，当建立起新的解离平衡时，HAc 的解离度略有增大。

同理，在弱碱溶液中加入不含相同离子的易溶强电解质，也会使弱碱的解离平衡正向移动，弱碱的解离度也略有增大。

这种在弱酸、弱碱溶液中加入不含相同离子的易溶强电解质，使弱酸、弱碱的解离度略有增大的现象称为盐效应。

由于盐效应对弱酸、弱碱的解离度的影响较小，为了简化计算，因此通常在计算中忽略盐效应。

2-12 缓冲溶液

(1) 缓冲溶液的组成

化学上把能抵抗外加少量强酸或强碱，而维持 pH 基本不发生变化的溶液称为缓冲溶液。缓冲溶液所具有的抵抗外加少量强酸或强碱的作用称为缓冲作用。

按酸碱质子理论，缓冲溶液是由弱酸和它的共轭碱所组成，通常把组成缓冲溶液的共轭酸碱对称为缓冲对，缓冲溶液是由较高浓度的缓冲对组成的混合溶液(血液中缓冲体系见拓展阅读 2.4)。

(2) 缓冲作用机理

现以 HAc-NaAc 缓冲溶液为例，说明缓冲溶液的缓冲作用机理。HAc-NaAc 混合溶液中存在下述解离平衡：

$$HAc + H_2O \rightleftharpoons Ac^- + H_3O^+$$

当向该溶液中加入少量强酸时，强酸解离出的 H^+与 Ac^-结合生成 HAc 和 H_2O，使解离平衡逆向移动，溶液中 H^+浓度不会显著增大，因此溶液 pH 基本不变。共轭碱 Ac^-在缓冲溶液中起到抵抗少量强酸的作用，称为缓冲溶液的抗酸成分。

当向该溶液中加入少量强碱时，强碱解离产生的 OH^-与 H^+结合生成 H_2O，使 HAc 的解离平衡正向移动，以弥补 H^+的减少，溶液中的 H^+浓度也不会显著减小，溶液 pH 也基本不变。共轭酸 HAc 在缓冲溶液中起到抵抗少量强碱的作用，称为缓冲溶液的抗碱成分。

综上所述，缓冲溶液之所以具有缓冲作用，是因为溶液中同时存在浓度较大的共轭酸碱对，它们能抵抗外加的少量强酸或强碱，从而保持溶液的 pH 基本不变。当然，如果加入大量强酸或强碱时，缓冲溶液中的抗酸成分或抗碱成分将耗尽，缓冲溶液就丧失了缓冲能力。

(3) 缓冲溶液 pH 的计算

以一元弱酸和它的共轭碱组成的缓冲溶液为例，推导缓冲溶液的 H^+浓度计算公式和 pH 计算公式。在一元弱酸 HA 与它的共轭碱 A^-组成的缓冲溶液中，存在下列质子转移反应：

$$HA + H_2O \rightleftharpoons H_3O^+ + A^-$$

$$H_2O + H_2O \rightleftharpoons H_3O^+ + OH^-$$

从上述两个质子转移反应可以看出，$HA-A^-$缓冲溶液中的 H^+来自 HA 和 H_2O 的部分解离，由 H_2O 解离产生的 H^+可忽略不计。缓冲溶液中 HA 和 A^-的平衡浓度分别为

$$[HA] = c(HA) - [H^+] \qquad [2-31(a)]$$

$$[A^-] = c(A^-) + [H^+] \qquad [2-31(b)]$$

在 $HA-A^-$缓冲溶液中，H^+平衡浓度为

$$[H^+] = \frac{K_a^{\ominus}(HA)[HA]}{[A^-]}$$

将式[2-31(a)]和式[2-31(b)]代入上式得

$$[H^+] = K_a^{\ominus}(HA)\frac{c(HA) - [H^+]}{c(A^-) + [H^+]} \qquad (2-32)$$

式(2-32)是计算 $HA-A^-$缓冲溶液中 H^+平衡浓度的精确公式。将上式展开后得到$[H^+]$的一元三次方程，数学计算十分复杂。为了便于求解，通常采用近似方法进行处理。

由于 $HA-A^-$缓冲溶液中 $c(HA)$和 $c(A^-)$都比较大，且 HA 为弱酸，A^-抵制了 HA 的解离，所以$[HA] \approx c(HA)$，$[A^-] \approx c(A^-)$，则式(2-32)可简化为

$$[H^+] = K_a^{\ominus}(HA)\frac{c(HA)}{c(A^-)} \qquad (2-33)$$

式(2-33)是计算 $HA-A^-$缓冲溶液中 H^+平衡浓度的最简公式。

将式(2-33)取常用负对数得

$$pH = pK_a^{\ominus}(HA) + \lg\frac{c(A^-)}{c(HA)} \qquad (2-34)$$

式(2-34)也是计算 $HA-A^-$缓冲溶液 pH 的最简公式。

将式(2-34)推广到其他缓冲溶液，得到如下通式：

$$pH = pK_a^{\ominus}(HA) + \lg\frac{c_b}{c_a} \qquad (2-35)$$

上式又可改写为

$$pH = pK_a^{\ominus}(HA) + \lg\frac{n_b}{n_a} \qquad (2-36)$$

式中 $K_a^{\ominus}(HA)$——缓冲对中弱酸的标准解离平衡常数；

n_a——缓冲溶液中弱酸的物质的量；

n_b——缓冲溶液中弱酸的共轭碱的物质的量。

(4) 缓冲容量

通常用缓冲容量定量表示缓冲溶液的缓冲能力。缓冲容量用符号 β 表示，其定义为

$$\beta \overset{\text{def}}{=\!=} \frac{\Delta n_b}{V \cdot \Delta pH} = -\frac{\Delta n_a}{V \cdot \Delta pH}$$

式中 V——缓冲溶液的体积；

Δn_b——在缓冲溶液中加入强碱的物质的量；

Δn_a——在缓冲溶液中加入强酸的物质的量；

ΔpH——缓冲溶液 pH 的改变。

缓冲容量的 SI 单位为 $mol \cdot m^{-3}$，其常用单位为 $mol \cdot L^{-1}$ 或 $mmol \cdot L^{-1}$。

缓冲容量在数值上等于使单位体积($V=1L$)的缓冲溶液的 pH 增大 1 或减小 1 时，所需加入强碱或强酸的物质的量。由于在缓冲溶液中加入强酸时 pH 减小，$\Delta pH<0$，故在 $\frac{\Delta n_a}{\Delta pH}$ 前加一负号使 β 为正值。显然，缓冲溶液的缓冲容量越大，缓冲溶液的缓冲能力就越强。

$HA-A^-$ 缓冲溶液的缓冲容量与共轭酸碱对的总浓度 $[c(HA)+c(A^-)]$ 和缓冲比 $c(A^-)/c(HA)$ 有关。同一共轭酸碱对组成的缓冲溶液，当缓冲比相同时，总浓度越大，缓冲溶液的缓冲容量就越大；而当总浓度相同时，缓冲比越接近 1，缓冲溶液的缓冲容量就越大。

(5) 缓冲范围

当缓冲溶液的总浓度一定时，弱酸的浓度与它的共轭碱浓度相差越大，缓冲溶液的缓冲能力就越小，甚至可能失去缓冲作用。当弱酸的浓度与它的共轭碱的浓度相差 10 倍以上，即缓冲比小于 0.1 或大于 10 时，缓冲溶液的缓冲容量很小，可以认为没有缓冲能力。因此，只有当缓冲比在 0.1~10 范围内，缓冲溶液才能发挥缓冲作用。通常把缓冲溶液能发挥缓冲作用(缓冲比为 0.1~10)的 pH 范围称为缓冲范围。由式(2-35)，可推导出 $HA-A^-$ 缓冲溶液的缓冲范围为

$$pH = pK_a^{\ominus}(HA) \pm 1 \tag{2-37}$$

利用式(2-37)，可计算出任意缓冲溶液的缓冲范围。例如，HAc 的 $pK_a^{\ominus}=4.74$，则 HAc-NaAc 缓冲溶液的缓冲范围为 3.74~5.74。

(6) 缓冲溶液的选择与配制

缓冲溶液的配制可按下列原则和步骤进行：

① 选择合适的缓冲对，使所配制的缓冲溶液的 pH 在所选择的缓冲对的缓冲范围内，且尽量接近弱酸的 $pK_a^{\ominus}$，使缓冲溶液具有较大的缓冲容量。例如，配制 pH 为 5.0 的缓冲溶液，缓冲对中弱酸的 $pK_a^{\ominus}$ 应在 4.0~6.0 范围内。因此可选择 $HAc-Ac^-$ 缓冲对(HAc 的 $pK_a^{\ominus}=4.74$)。

② 缓冲溶液的总浓度要适当，总浓度太低，缓冲容量较小。一般总浓度控制在 0.05~0.2$mol \cdot L^{-1}$ 之间。

③ 所选择的缓冲对不能与反应物或生成物发生作用。

④ 选定缓冲对后根据式(2-35)计算出所需共轭酸、碱的量。为方便计算和配制，常使用相同浓度的共轭酸、碱溶液。

⑤ 根据计算结果将共轭酸、碱溶液混合，就可配成一定体积所需 pH 的缓冲溶液。若要求精确配制时，可用 pH 计或精密试纸对所配制缓冲溶液的 pH 进行校正。

2-13　酸碱指示剂

（1）指示剂的变色原理

酸碱指示剂：是一类特殊的物质，在不同 pH 下能够呈现不同的颜色，因此利用其颜色的突然变化来指示酸碱滴定终点。

酸碱指示剂的变色原理：酸碱指示剂通常是有机弱酸或有机弱碱，它的酸式型体与其碱式型体由于结构相异而呈现不同的颜色。当溶液的 pH 改变时，指示剂失去质子由酸式转变为碱式，或得到质子由碱式转变为酸式，由于结构的改变从而发生颜色的变化。

双色指示剂：指示剂的酸碱式两种型体都有颜色，称为双色指示剂。

例如，甲基橙是一种有机弱碱，酸式型体呈红色，碱色型体呈黄色，属于双色指示剂。它在溶液中存在下列解离平衡和颜色变化：

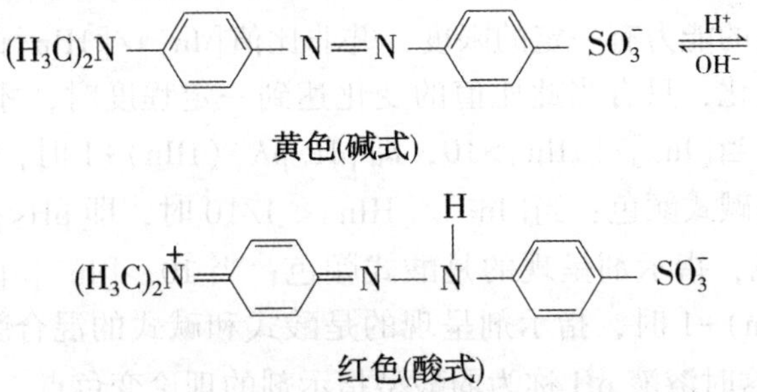

当溶液 pH 减小时，上述解离平衡正向移动，溶液由黄色转变为红色；当溶液 pH 增大时，上述解离平衡逆向移动，溶液由红色转变为黄色。

单色指示剂：指示剂的酸碱式两种型体中只有一种型体有颜色，称为单色指示剂。

例如，酚酞为无色的二元弱酸，碱色型体为具有醌式结构的红色离子，属于单色指示剂。它的变化过程如下：

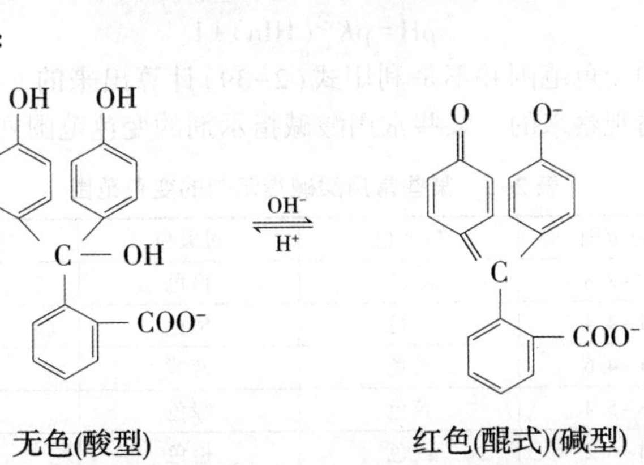

这个转变是可逆过程，当溶液 pH 减小时，解离平衡逆向移动，酚酞主要以无色分子的酸式存在，因此酚酞在酸性溶液中是无色的；当溶液 pH 增大时，解离平衡正向移动，pH 增大到一定数值时酚酞主要以红色的碱式存在，因此碱性溶液中酚酞呈红色。

(2) 指示剂的变色范围

现以弱酸型指示剂 HIn 为例，讨论酸碱指示剂的变色范围。HIn 在溶液中存在如下解离平衡：

$$HIn + H_2O \rightleftharpoons H_3O^+ + In^-$$

HIn 解离反应的标准平衡常数表达式为：

$$K_a^{\ominus}(HIn)=\frac{[H^+]\cdot[In^-]}{[HIn]}$$

式中 $K_a^{\ominus}(HIn)$——弱酸型指示剂的标准解离常数；

[HIn]，[In^-]——指示剂的酸式平衡浓度和碱式平衡浓度。

将上式取常用负对数：

$$pH=pK_a^{\ominus}(HIn)+\lg\frac{[In^-]}{[HIn]} \tag{2-38}$$

酸碱指示剂在溶液中所呈现的颜色，决定于指示剂的碱式平衡浓度与酸式平衡浓度的比值[In^-]/[HIn]，而此比值决定于 $K_a^{\ominus}(HIn)$ 和溶液 pH。对于给定的酸碱指示剂，由于 $K_a^{\ominus}(HIn)$ 为一定值，因此比值[In^-]/[HIn]的变化取决于溶液 pH 的 变化。

由于人眼辨别颜色的能力有一定的限度，并非比值[In^-]/[HIn]的任何微小变化都能使人观察到溶液颜色的变化，只有当此比值的变化达到一定程度时，才能观察到 溶液颜色的明显变化。一般来说，当[In^-]/[HIn]>10，即 $pH>pK_a^{\ominus}(HIn)+1$ 时，碱式颜色足以遮盖酸式颜色，指示剂呈现的是碱式颜色；当[In^-]/[HIn]< 1/10 时，即 $pH<pK_a^{\ominus}(HIn)-1$ 时，酸式颜色足以遮盖碱式颜色，指示剂呈现的是酸式颜色；当 10 >[In^-]/[HIn]> 1/10，即 $pH=pK_a^{\ominus}(HIn)-1\sim pK_a^{\ominus}(HIn)+1$ 时，指示剂呈现的是酸式和碱式的混合颜色。当[In^-]=[HIn]时，$pH=pK_a^{\ominus}(HIn)$，这时溶液 pH 称为弱酸型指示剂的理论变色点。

由以上讨论可知，只有当溶液 pH 在 $pK_a^{\ominus}(HIn)-1\sim pK_a^{\ominus}(HIn)+1$ 的范围内变化时，才可以观察到指示剂由酸式(或碱式)色经混合色变化到碱式(或酸式)色这一颜色变化过程，通常把指示剂颜色发生变化的 pH 范围称为指示剂的变化范围。因此弱酸型指示剂 HIn 的变色范围为

$$pH=pK_a^{\ominus}(HIn)\pm 1 \tag{2-39}$$

实际上，指示剂的变色范围并不是利用式(2-39)计算出来的，而是通过实验测定得到的，即是根据人的眼睛观察来的。某些常用酸碱指示剂的变色范围列于表 2-2 中。

表 2-2　某些常用酸碱指示剂的变色范围

指示剂	变色范围	酸式色	过渡色	碱式色	$pK_a^{\ominus}(HIn)$
百里酚蓝	1.2~2.8	红色	橙色	黄色	1.7
甲基橙	3.1~4.4	红色	橙色	黄色	3.7
溴酚蓝	3.1~4.6	黄色	蓝紫	紫色	4.1
溴甲酚绿	3.8~5.4	黄色	绿色	蓝色	4.9
甲基红	4.4~6.2	红色	橙色	黄色	5.0
中性红	6.8~8.0	红色	橙色	黄色	7.4
溴百里酚蓝	6.0~7.6	黄色	绿色	蓝色	7.3
酚酞	8.0~9.6	无色	粉色	红色	9.1
百里酚酞	9.4~10.6	无色	淡蓝	蓝色	10.0

(3) 混合指示剂

混合指示剂：由两种或两种以上的指示剂或由某种指示剂与一种惰性染料混合而成，利用不同颜色之间的互补作用，使指示剂的变色范围变窄，颜色变化敏锐。

例如，由溴甲酚绿($pK_{HIn}^{\ominus}=4.9$)和甲基红($pK_{HIn}^{\ominus}=5.0$)组成混合指示剂时，通过颜色叠加，酸色变化由酒红色(红稍带黄)变为绿色，过渡颜色为浅灰色，理论变色点为 pH = 5.1 时，颜色变化范围窄，变色十分敏锐。

例如，中性红与染料亚甲基蓝(惰性染料)混合配成的混合指示剂，在 pH = 7.0 时呈紫蓝色，碱色为绿色，变色范围只有 0.2 个 pH 单位左右，比单独的中性红的变色范围要窄得多，颜色变化更敏锐。

2-14　一元强酸(碱)的滴定曲线

在酸碱滴定过程中，随着滴定剂的加入，溶液的 pH 不断发生变化，若以滴定剂的加入量(体积或滴定的百分率)为横坐标，对应的溶液 pH 为纵坐标，绘制关系曲线，该曲线称为酸碱滴定曲线。

强碱滴定强酸的基本反应为

$$OH^- + H^+ \!=\!=\!= H_2O$$

现以 0.1000mol·L^{-1} NaOH 溶液滴定 20mL 0.1000mol·L^{-1} HCl 溶液为例，讨论滴定过程中溶液 pH 的变化情况。滴定过程中，溶液 pH 分为以下四个阶段分别进行计算。

① 滴定前。滴定开始前，溶液 [H^+] 浓度取决于 HCl 溶液的初始浓度。此时溶液的[H^+]浓度和 pH 分别为

$$[H^+] = c(HCl) = 0.1000\text{mol} \cdot L^{-1}$$

$$pH = -\lg 0.1000 = 1.00$$

② 滴定开始至化学计量点前 HCl 过量，溶液的[H^+]浓度取决于剩余 HCl 的浓度。这一滴定过程溶液[H^+]浓度的计算公式为

$$[H^+] = \frac{c(HCl)V(HCl) - c(NaOH)V(NaOH)}{V(HCl) + V(NaOH)}$$

当加入 19.98mL NaOH 溶液(滴定相对误差为−0.1%)时，溶液[H^+]浓度和 pH 分别为

$$[H^+] = \frac{0.1000\text{mol} \cdot L^{-1} \times 20.00\text{mL} - 0.1000\text{mol} \cdot L^{-1} \times 19.98\text{mL}}{20.00\text{mL} + 19.98\text{mL}}$$

$$= 5.00 \times 10^{-5}\text{mol} \cdot L^{-1}$$

$$pH = -\lg 5.00 \times 10^{-5} = 4.30$$

③ 化学计量点时。加入 20.00mL NaOH 溶液时，NaOH 与 HCl 恰好完全反应，此时溶液呈中性，[H^+]来自水的解离。此时溶液[H^+]浓度和 pH 分别为

$$[H^+] = c(OH^-) = 1.0 \times 10^{-7}\text{mol} \cdot L^{-1} \qquad pH = -\lg 1.0 \times 10^{-7} = 7.0$$

④ 化学计量点后。NaOH 过量，溶液的[OH^-]决定于过量的 NaOH 的浓度。这一滴定过程溶液[OH^-]的计算公式为

$$[OH^-] = \frac{c(NaOH)V(NaOH) - c(HCl)V(HCl)}{V(NaOH) + V(HCl)}$$

当加入 20.02mL NaOH 溶液(相对误差为+0.1%)时，溶液 OH^-浓度和 pH 分别为

$$[OH^-]=\frac{0.1000mol\cdot L^{-1}\times 20.02mL-0.1000mol\cdot L^{-1}\times 20.00mL}{20.02mL+20.00mL}$$

$$=5.00\times 10^{-5}mol\cdot L^{-1}$$

$$pH=14.00+\lg 5.00\times 10^{-5}=9.70$$

按照上述计算方法，逐一计算出滴定过程的不同阶段溶液 pH，并把所得计算结果列于表 2-3 中。

表 2-3　0.1000mol · L^{-1} NaOH 溶液滴定 20.00mL 0.1000mol · L^{-1} HCl 溶液的 pH

$V(NaOH)_{加入}$/mL	$V(HCl)_{剩余}$/mL	$V(NaOH)_{过量}$/mL	pH
0.00	20.00		1.00
18.00	2.00		2.28
19.80	0.20		3.30
19.98	0.02		4.30
20.00	0.00	0.00	7.00
20.02		0.02	9.70
20.20		0.20	10.70
22.00		2.00	11.70
40.00		20.00	12.50

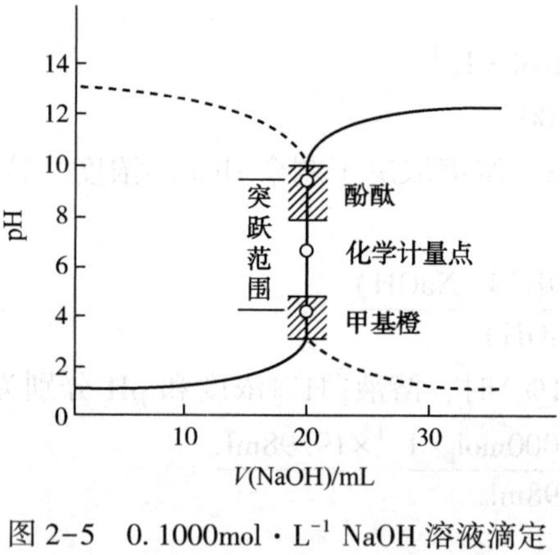

图 2-5　0.1000mol · L^{-1} NaOH 溶液滴定 0.1000mol · L^{-1} HCl 溶液的滴定曲线

如果以加入的 NaOH 标准溶液的体积 V(NaOH)为横坐标，以被滴定溶液 pH 为纵坐标作图，可得到如图 2-5 所示的滴定曲线 。

由图 2-5 可以看出，在滴定过程的不同阶段，溶液 pH 的变化程度是不同的。在滴定刚开始时，溶液中存在大量 H^+，加入的 NaOH 对溶液 pH 的影响不大，因此曲线比较平坦。随着滴定的进行，溶液 pH 的变化比滴定开始时稍有增大。从滴定开始到加入 19.98mL NaOH 溶液，溶液 pH 的增大比较缓慢，仅增大了 3.30。但从加入 19.98mL NaOH 溶液到加入 20.02mL NaOH 溶液（滴定相对误差为 -0.1% ~ +0.1% ），只滴加了 0.04mL（约 1 滴）NaOH 溶液，溶液 pH 却从 4.30 急剧增大到 9.70，pH 增大了 5.40，溶液由酸性急剧变化到碱性。此后，继续滴加 NaOH 溶液，随着溶液中 OH^-浓度增大，过量的 NaOH 所引起的溶液 pH 的增大减缓，滴定曲线又趋于平坦 。

酸碱滴定的突跃范围：在分析化学中，把化学计量点附近相对误差在-0.1% ~ +0.1% 范围内溶液 pH 的急剧变化称为酸碱滴定的突跃范围。在本例中，滴定突跃范围为 4.30~9.70。

酸碱指示剂选择的原则：酸碱滴定的突跃范围是选择指示剂的依据，凡在滴定突跃范围

内能发生颜色变化的指示剂，即指示剂的变色范围全部或部分落在滴定突跃范围之内，都可以在滴定中使用。在本例中，滴定突跃范围为4.30~9.70，甲基红、甲基橙和酚酞均可选用。虽然使用这些指示剂确定的滴定终点并非是化学计量点，但足可以保证由此引起的相对误差不超过±0.1%。

强酸滴定强碱或强碱滴定强酸的滴定突跃范围，与强酸、强碱溶液的浓度有关(图2-6)。浓度越小，强酸滴定突跃范围就越小。如果强酸、强碱溶液的浓度相同，当它们的浓度减小到为原浓度的1/10时，则滴定突跃范围就缩小2个pH单位；当它们的浓度增大到为原浓度的10倍时，则滴定突跃范围增加2个pH单位。例如，用0.1000mol·L^{-1} NaOH溶液滴定0.1000mol·L^{-1}HCl溶液，滴定突跃范围为5.30~8.70；而用1.000mol·L^{-1} NaOH溶液滴定1.000mol·L^{-1} HCl溶液，则滴定突跃范围为3.30~10.70。

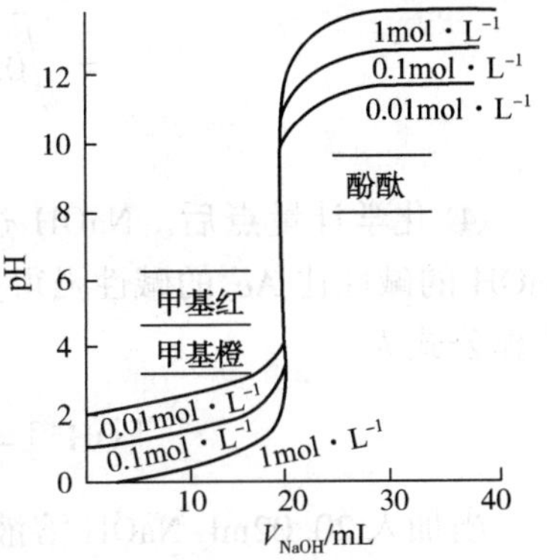

图2-6　不同浓度NaOH溶液滴定不同浓度的HCl溶液的滴定曲线

强酸滴定强碱：如果改用0.1000mol·L^{-1} HCl溶液滴定20.00mL 0.1000mol·L^{-1} NaOH溶液，其滴定曲线与NaOH溶液滴定HCl溶液的曲线互相对称(如图2-5虚线)，但溶液pH的变化方向相反，如突跃范围为9.70~4.30，酚酞和甲基红均可选用 。但如果选择甲基橙，从黄色滴定到橙色（pH约4.0），将有±0.2%的滴定误差 。

2-15　一元弱酸(碱)的滴定

强碱滴定一元弱酸HA的基本反应为

$$OH^- + HA \rightleftharpoons A^- + H_2O$$

现以0.1000mol·L^{-1} NaOH溶液滴定20.00mL 0.1000mol·L^{-1} HAc溶液为例，讨论滴定过程中溶液pH的变化情况。与强碱滴定强酸相似，滴定过程中溶液pH也可分为以下四个阶段进行计算。

① 滴定前。溶液的[H$^+$]主要来自一元弱酸HAc的解离，溶液[H$^+$]浓度和pH分别为

$$[H^+] = \sqrt{c(HAc)\cdot K_a^{\ominus}(HAc)}$$
$$= \sqrt{0.1000\times1.8\times10^{-5}} = 1.3\times10^{-3}(mol\cdot L^{-1})$$
$$pH = -lg1.3\times10^{-3} = 2.87$$

② 滴定开始至化学计量点前。滴加的NaOH与HAc反应生成NaAc，同时溶液中还有剩余的HAc。HAc与NaAc组成了缓冲系统，溶液pH可用下式计算：

$$pH = pK_a^{\ominus}(HAc) + lg\frac{c(NaOH)V(NaOH)}{c(HAc)V(HAc) - c(NaOH)V(NaOH)}$$

当加入19.98mL NaOH溶液时，溶液pH为

$$pH = 4.74 + lg\frac{0.1000mol\cdot L^{-1}\times19.98mL}{0.1000mol\cdot L^{-1}\times(20.00-19.98mL)} = 7.74$$

③ 化学计量点时。滴加20.00mL NaOH溶液时，HAc完全与NaOH反应生成NaAc，由

于溶液的体积增大了1倍，因此 NaAc 的浓度为0.05000mol·L^{-1}。由于 Ac^- 为一元弱碱，溶液中[OH^-]主要取决于 Ac^- 的解离，溶液[OH^-]和 pH 分别为

$$[OH^-]=\sqrt{c(Ac^-)\cdot K_b^{\ominus}(Ac^-)}=\sqrt{c(Ac^-)\cdot\frac{K_w^{\ominus}}{K_a^{\ominus}(HAc)}}$$

$$=\sqrt{0.05000\times1.0\times\frac{10^{-14}}{1.8}\times10^{-5}}=5.3\times10^{-6}(mol\cdot L^{-1})$$

$$pH=14.00-\lg5.3\times10^{-6}=8.72$$

④ 化学计量点后。NaOH 过量，溶液中含有滴定生成的 NaAc 和过量的 NaOH。由于 NaOH 的碱性比 Ac^- 的碱性强得多，因此溶液中[OH^-]取决于过量的 NaOH。溶液[OH^-]的计算公式为：

$$[OH^-]=\frac{c(NaOH)V(NaOH)-c(HAc)V(HAc)}{V(NaOH)+V(HAc)}$$

当加入 20.02mL NaOH 溶液时，溶液[OH^-]和 pH 分别为

$$[OH^-]=\frac{0.1000mol\cdot L^{-1}\times20.02mL-0.1000mol\cdot L^{-1}\times20.00mL}{20.00mL+20.00mL}$$

$$=5.00\times10^{-5}mol\cdot L^{-1}$$

$$pH=14.00+\lg5.00\times10^{-5}=9.70$$

按照上述计算方法，逐一计算出滴定过程不同阶段的溶液 pH，把计算结果列于表2-4中。

表2-4　用0.1000mol·L^{-1} NaOH 溶液滴定20.00mL 0.1000mol·L^{-1} HAc 溶液的 pH

$V(NaOH)_{加入}$/mL	$V(HAc)_{剩余}$/mL	$V(NaOH)_{过量}$/mL	pH
0.00	20.00		2.87
18.00	2.00		5.69
19.98	0.20		7.74
20.00	0.00	0.00	8.72
20.02		0.02	9.70
20.20		0.20	10.70
40.00		20.00	12.50

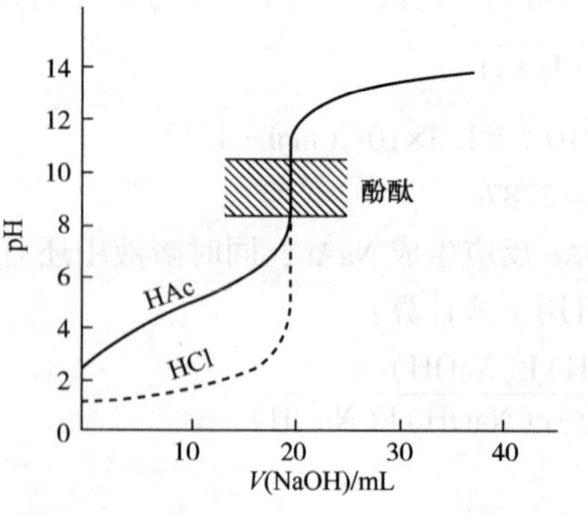

图2-7　0.1000mol·L^{-1} NaOH 溶液滴定 20.00mL 0.1000mol·L^{-1} HAc 溶液的滴定曲线

如果以加入的 NaOH 标准溶液的体积为横坐标，以被滴定溶液 pH 为纵坐标作图，可得到如图2-7所示的滴定曲线 。

与 NaOH 溶液滴定 HCl 溶液的滴定曲线相比较，NaOH 溶液滴定 HAc 溶液的滴定曲线具有以下特点：

① 滴定曲线的起点高。由于 HAc 是一元弱酸，它的解离度较小，溶液[H^+]小于一元弱酸的起始浓度，滴定曲线起点的 pH 为2.87，比 NaOH 溶液滴定 HCl 溶液的滴定曲线的起点的 pH 大1.87 。

② 滴定曲线的形状不同。开始滴定时溶液 pH 增大较快，随后 pH 增大稍慢，接近化学计量点时

pH 增大又加快。这是因为反应生成的 NaAc 与剩余的 HAc 组成缓冲系统，滴定刚开始时，由于缓冲比远离 1，溶液的缓冲容量小，因此溶液 pH 增大较快；随着滴定的进行，缓冲比逐渐接近 1，溶液的缓冲能力逐渐增强，滴定曲线越来越平坦，直至 HAc 被滴定到 50% 时，缓冲比等于 1，此时溶液的缓冲能力最强，滴定曲线最平坦；此后缓冲比又逐渐增大，溶液的缓冲容量逐渐减小，曲线逐渐变得陡峭。在化学计量点附近溶液 pH 发生突变，产生滴定突跃。化学计量点后，NaOH 溶液过量，此时为 NaOH 和 NaAc 的混合溶液，过量的 NaOH 抑制了碱性较弱的 Ac^-的解离，溶液 pH 主要由过量的 NaOH 决定，滴定曲线的变化情况与 NaOH 溶液滴定 HCl 溶液时相同 。

③ 化学计量点时溶液为碱性。滴定至化学计量点时，HAc 与 NaOH 恰好反应完全，生成 NaAc。由于 Ac^-是一元弱碱，所以溶液呈弱碱性。

④ 滴定突跃范围小。0.1000mol · L^{-1} NaOH 溶液滴定 0.1000mol · L^{-1} HAc 溶液的滴定突跃范围为 7.74~9.70，比相同浓度的 NaOH 溶液滴定 HCl 溶液小得多，而且滴定突跃处在碱性范围内，可以选择酚酞作指示剂，但不能选择甲基橙或甲基红作指示剂。

强碱滴定一元弱酸的滴定突跃范围，既与弱酸、强碱的浓度有关，还取决于一元弱酸的标准解离平衡常数$K_a^{\ominus}$。当弱酸、强碱的浓度均较大，且弱酸的标准解离平衡常数$K_a^{\ominus}$较大时，滴定突跃范围就较大；而当弱酸、强碱的浓度越小及弱酸的标准解离常数越小时，滴定突跃范围就越小 。

当用酸碱指示剂确定滴定终点时，由于人眼对指示剂颜色的判别至少有 $\Delta pH = \pm 0.2$ 的出入，即使指示剂恰好在化学计量点改变颜色，为了将终点误差控制在±0.1% 内，至少要求滴定突跃范围不得小于 0.4。计算和实验表明，为满足这一要求，需要 $c_{sp} \cdot K_a^{\ominus} \geqslant 10^{-8}$（$c_{sp}$是按化学计量点的体积计算时被滴定物质的浓度）。故以此作为用指示剂确定终点时，强碱直接准确滴定一元弱酸的可行性判据。

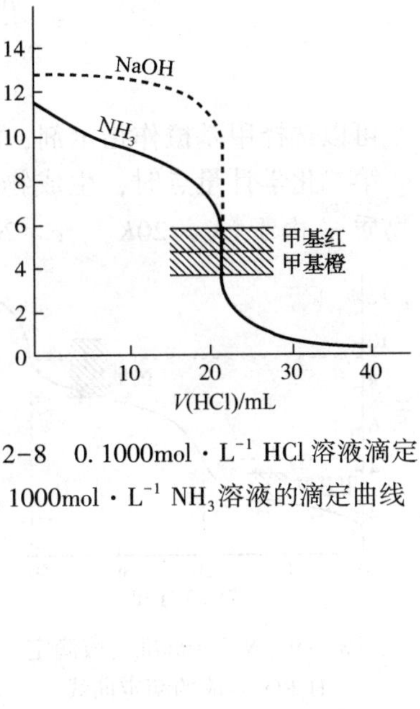

图 2-8　0.1000mol · L^{-1} HCl 溶液滴定 0.1000mol · L^{-1} NH_3溶液的滴定曲线

强酸滴定一元弱碱的滴定曲线，与强碱滴定一元弱酸的滴定曲线类似，但溶液 pH 的变化则相反。用 0.1000mol · L^{-1} HCl 溶液滴定 20.00mL 0.1000mol · L^{-1} NH_3溶液的滴定曲线如图 2-8 所示，化学计量点时溶液 pH 为 5.28，可选用甲基红作指示剂。

与强碱滴定一元弱酸相似，对于一元弱碱，当 $c_{sp} \cdot K_b^{\ominus} \geqslant 10^{-8}$时，可以利用酸碱指示剂确定滴定终点，用强酸溶液直接准确进行滴定。

2-16　多元酸的滴定

多元酸大多数为弱酸，在水溶液中分步解离，每一个多元酸分子可以解离出两个或两个以上的 H^+。在多元酸滴定中要解决的问题是，每一步解离出的 H^+是否都能被准确滴定，能形成几个比较明显的 pH 突跃范围，能否分步进行滴定，如何选择指示剂确定终点等。

$$H_2A \xrightarrow{OH^-} HA^- \xrightarrow{OH^-} A^{2-}$$

多元酸在相应于生成两性物质的化学计量点（如二元酸的第一化学计量点，或三元酸的第一和第二化学计量点)附近，滴定突跃较小，甚至不出现滴定突跃，因而对多元酸测定的准确度要求就适当降低，一般允许±1%的终点误差，在滴定突跃≥0.4pH 的情况下，要进行分步滴定必须满足下列条件：

$$\begin{cases} c_{sp1} \cdot K_{a1}^{\ominus} \geq 10^{-9} \\ \dfrac{K_{a1}^{\ominus}}{K_{a2}^{\ominus}} \geq 10^{4} \end{cases}$$

准确计算 NaOH 溶液滴定多元酸的滴定曲线比较复杂。在实际工作中，通常只计算出化学计量点时的溶液 pH，然后选择在化学计量点附近发生颜色变化的酸碱指示剂确定滴定终点 。

现以 0.1000mol · L^{-1} NaOH 溶液滴定 0.1000mol · L^{-1} H_3PO_4 溶液为例进行讨论。$K_{a1}^{\ominus}(H_3PO_4)=6.7\times10^{-3}$，$K_{a2}^{\ominus}(H_3PO_4)=6.2\times10^{-8}$，$K_{a3}^{\ominus}(H_3PO_4)=4.5\times10^{-8}$，由于 $c_{sp1} \cdot K_{a1}^{\ominus}>10^{-9}$，$c_{sp2} \cdot K_{a2}^{\ominus}=2.1\times10^{-9}>10^{-9}$，$c_{sp3} \cdot K_{a3}^{\ominus}<10^{-9}$，且 $K_{a1}^{\ominus}(H_3PO_4)/K_{a2}^{\ominus}(H_3PO_4)=1.1\times10^{5.5}>10^{4}$，$K_{a2}^{\ominus}(H_3PO_4)/K_{a3}^{\ominus}(H_3PO_4)=1.4\times10^{5}>10^{4}$，因此 H_3PO_4的一级解离出的 H^+和二级解离出的 H^+均可被分步滴定，而三级解离出的 H^+不能直接准确滴定。

在第一化学计量点时，H_3PO_4 被滴定生成 NaH_2PO_4，其浓度为 0.05000mol · L^{-1}。$H_2PO_4^-$ 是一种两性物质，由于 $cK_{a1}^{\ominus}>20K_w^{\ominus}$，$c<20K_{a1}^{\ominus}$，此时溶液中 H^+浓度和 pH 分别为

$$[H^+]=\sqrt{\frac{c(H_2PO_4^-) \cdot K_{a1}^{\ominus}(H_3PO_4) \cdot K_{a2}^{\ominus}(H_3PO_4)}{c(H_2PO_4^-)+K_{a1}^{\ominus}(H_3PO_4)}}$$

$$=\sqrt{\frac{0.050\times6.7\times10^{-3}\times6.2\times10^{-8}}{0.050+6.7\times10^{-3}}}=1.9\times10^{-5}(mol \cdot L^{-1})$$

$$pH=-\lg1.9\times10^{-5}=4.72$$

可以选择甲基橙作指示剂，滴定至溶液呈黄色(pH=4.4)为终点 。

第二化学计量点时，生成物是 Na_2HPO_4，其浓度是 0.033mol · L^{-1}，HPO_4^{2-} 也是一种两性物质 ，由于 $cK_{a3}<20K_w^{\ominus}$，$c\gg20K_{a2}^{\ominus}$，溶液中[H^+]和 pH 分别为

$$[H^+]=\sqrt{\frac{K_{a2}^{\ominus}(H_2PO_4^-)[c(HPO_4^{2-}) \cdot K_{a3}^{\ominus}(H_3PO_4)+K_w^{\ominus}]}{c(HPO_4^{2-})}}$$

$$=\sqrt{\frac{6.2\times10^{-8}\times(0.033\times4.5\times10^{-13}+1.0\times10^{-14})}{0.033}}$$

$$=2.2\times10^{-10}(mol \cdot L^{-1})$$

$$pH=-\lg2.2\times10^{-10}=9.66$$

可选择酚酞或百里酚酞作指示剂 。

用酸度计记录用 NaOH 溶液滴定 H_3PO_4溶液过程中的溶液 pH ，绘制出滴定曲线如图 2-9 所示。

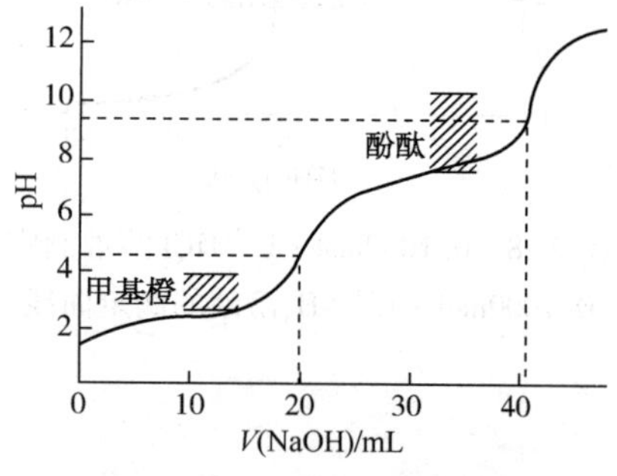

图 2-9　NaOH 标准溶液滴定 H_3PO_4溶液的滴定曲线

2-17　多元碱的滴定

多元碱一般是指多元酸与强碱所生成的盐，如Na_2CO_3、$Na_2B_4O_7$(可看作由 H_3BO_3和 NaH_2BO_3按 1∶1 组成)等。

多元碱的滴定与多元酸类似，一般允许±1%的终点误差，在滴定突跃≥0.4pH 的情况下，要进行分步滴定必须满足下列条件：

$$\begin{cases} c_{sp1} \cdot K_{b1}^{\ominus} \geqslant 10^{-9} \\ \dfrac{K_{b1}^{\ominus}}{K_{b2}^{\ominus}} \geqslant 10^{4} \end{cases}$$

例如，CO_3^{2-}是二元弱碱，它的标准解离常数分别为

$$K_{b1}^{\ominus}(CO_3^{2-}) = \frac{K_w^{\ominus}}{K_{a2}^{\ominus}(H_2CO_3)} = \frac{1.0\times10^{-14}}{4.7\times10^{-11}} = 2.2\times10^{-4}$$

$$K_{b2}^{\ominus}(CO_3^{2-}) = \frac{K_w^{\ominus}}{K_{a1}^{\ominus}(H_2CO_3)} = \frac{1.0\times10^{-14}}{4.2\times10^{-7}} = 2.4\times10^{-8}$$

用 0.1000mol · L^{-1} HCl 溶液滴定 0.1000mol · L^{-1} Na_2CO_3溶液时，由于 $c_{sp1} \cdot K_{b1}^{\ominus}(CO_3^{2-}) > 10^{-8}$，$c_{sp2} \cdot K_{b2}^{\ominus}(CO_3^{2-}) = 0.8\times10^{-9} \approx 10^{-9}$，$K_{b1}^{\ominus}(CO_3^{2-})/K_{b2}^{\ominus}(CO_3^{2-}) \approx 10^{4}$，第一化学计量点和第二化学计量点时溶液 pH 的突跃不太明显，因而滴定的准确度不高。

在第一计量点时，滴定生成的 HCO_3^-为两性物质，溶液中 H^+浓度和 pH 分别为

$$[H^+] = \sqrt{K_{a1}^{\ominus}(H_2CO_3) \cdot K_{a2}^{\ominus}(H_2CO_3)}$$
$$= \sqrt{4.2\times4.7\times10^{-11}} = 4.4\times10^{-9}(mol \cdot L^{-1})$$
$$pH = -lg4.4\times10^{-9} = 8.36$$

可以选择酚酞作指示剂。由于溶液 pH 突跃不太明显，为了确定第一化学计量点，通常采用 $NaHCO_3$作参比溶液，或使用酚红-百里酚蓝剂(变色范围为 8.2~8.4)。

由于 $K_{b2}^{\ominus}(CO_3^{2-})$不够大，故用 HCl 标准溶液滴定 Na_2CO_3溶液的第二化学计量点也不够理想。第二化学计量点的生成物 $H_2CO_3(CO_2+H_2O)$溶液是 CO_2的饱和溶液，H_2CO_3的浓度约为 0.040mol · L^{-1}，溶液$[H^+]$浓度和 pH 分别为

$$[H^+] = \sqrt{c(H_2CO_3) \cdot K_{a1}^{\ominus}(H_2CO_3)}$$
$$= \sqrt{0.040\times4.2\times10^{-7}} = 1.3\times10^{-4}(mol \cdot L^{-1})$$
$$pH = -lg1.3\times10^{-4} = 3.89$$

可以选择甲基橙作指示剂。由于在室温下易形成 CO_2的过饱和溶液，生成的 H_2CO_3缓慢地转变为 CO_2，使溶液 pH 稍有减小，致使终点提前。为此，在滴定接近终点时，应加速搅动溶液，加快 H_2CO_3的分解。或加热除去过量的 CO_2，冷却后再进行滴定。HCl 标准溶液滴定 Na_2CO_3溶液的滴定曲线如图 2-10 所示。

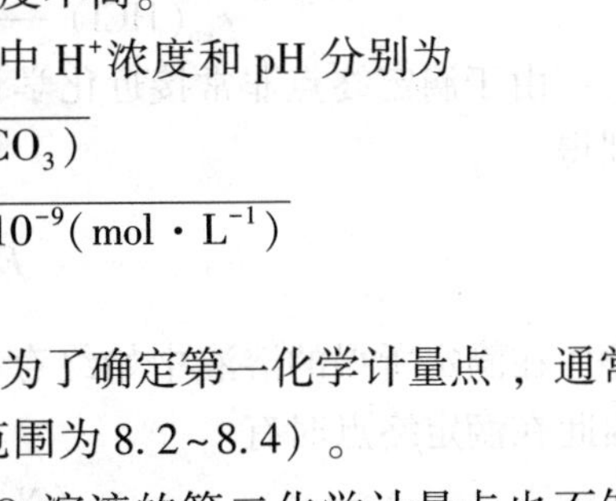

图 2-10 HCl 标准溶液滴定 Na_2CO_3溶液的滴定曲线

2-18 酸碱滴定的终点误差

酸碱滴定的终点误差是由于酸碱指示剂不在化学计量点（用 sp 表示）变色，而使滴定终点(用 ep 表示)与化学计量点不相符合所引起的相对误差，也称滴定误差，用符号 E_t表示。

(1) 一元强碱(酸)滴定一元强酸(碱)

以 NaOH 溶液滴定 HC1 溶液为例，如果使用浓度为 c(NaOH)的 NaOH 溶液滴定体积为

$V(\mathrm{HCl})$、浓度为 $c(\mathrm{HCl})$ 的 HCl 溶液，当滴定到达终点时消耗 NaOH 溶液的体积为 $V(\mathrm{NaOH})$ 。则滴定的终点误差为终点时过量或不足的 NaOH 的物质的量与恰好完全反应时加入的 NaOH 的物质的量(等于 HCl 的物质的量)之比：

$$E_t=\frac{c(\mathrm{NaOH})V(\mathrm{NaOH})-c(\mathrm{HCl})V(\mathrm{HCl})}{c(\mathrm{HCl})V(\mathrm{HCl})}\times 100\% \qquad (2-40)$$

在滴定终点时，溶液的体积 $V_{ep}=V(\mathrm{NaOH})+V(\mathrm{HCl})$，则有

$$c(\mathrm{NaOH})V(\mathrm{NaOH})=c_{ep}(\mathrm{Na^+})V_{ep}$$

$$c(\mathrm{HCl})V(\mathrm{HCl})=c_{ep}(\mathrm{Cl^-})V_{ep}$$

$$c(\mathrm{HCl})V(\mathrm{HCl})=c_{sp}(\mathrm{Cl^-})V_{sp}$$

式中 $c_{ep}(\mathrm{Na^+})$，$c_{ep}(\mathrm{Cl^-})$——滴定终点时溶液中 Na^+ 和 Cl^- 的浓度；

V_{sp}——化学计量点时溶液的体积；

$c_{ep}(\mathrm{HCl})$——按化学计量点时溶液的体积计算出的 HCl 的浓度。

由于滴定终点非常接近化学计量点，因此 $V_{ep}\approx V_{sp}$。把以上三式代入式(2-40)中，整理得

$$E_t=\frac{c_{ep}(\mathrm{Na^+})-c_{ep}(\mathrm{Cl^-})}{c_{sp}(\mathrm{HCl})}\times 100\% \qquad (2-41)$$

在滴定所得的溶液中始终存在 Cl^-、Na^+、H^+ 和 OH^- 四种离子，由于溶液是电中性的，因此在滴定终点时有

$$c_{ep}(\mathrm{Na^+})-c_{ep}(\mathrm{Cl^-})=c_{ep}(\mathrm{OH^-})-c_{ep}(\mathrm{H^+}) \qquad (2-42)$$

将上式代入式(2-41)中，得

$$E_t=\frac{c_{ep}(\mathrm{OH^-})-c_{ep}(\mathrm{H^+})}{c_{sp}(\mathrm{HCl})}\times 100\% \qquad (2-43)$$

如果用 $c_{a,sp}$ 代替式(2-43)中的 $c_{sp}(\mathrm{HCl})$，就得到一元强碱溶液滴定一元强酸溶液时终点误差的计算公式：

$$E_t=\frac{c_{ep}(\mathrm{OH^-})-c_{ep}(\mathrm{H^+})}{c_{a,sp}}\times 100\% \qquad (2-44)$$

式中 $c_{a,sp}$——按化学计量点时溶液体积计算出的一元强酸溶液的浓度。

由式(2-44)可以看出，如果 $c_{ep}(\mathrm{OH^-})>c_{ep}(\mathrm{H^+})$，则滴定终点时一元强碱过量，$E_t>0$，测定结果偏高；如果 $c_{ep}(\mathrm{OH^-})<c_{ep}(\mathrm{H^+})$，则滴定终点时一元强碱用量不足，$E_t<0$，测定结果偏低。

按上述类似的方法，也可以推导出一元强酸溶液滴定一元强碱溶液时终点误差的计算公式：

$$E_t=\frac{c_{ep}(\mathrm{H^+})-c_{ep}(\mathrm{OH^-})}{c_{b,sp}}\times 100\% \qquad (2-45)$$

式中 $c_{b,sp}$——按化学计量点时溶液体积计算出的一元强碱溶液的浓度。

(2) 一元强碱(酸)滴定一元弱酸(碱)

根据式(2-40)，用 NaOH 溶液滴定一元弱酸 HA 溶液时，终点误差为

$$E_t=\frac{c(\mathrm{NaOH})V(\mathrm{NaOH})-c(\mathrm{HA})V(\mathrm{HA})}{c(\mathrm{HA})V(\mathrm{HA})}\times 100\% \qquad (2-46)$$

在滴定终点有：

$$c(NaOH)V(NaOH)=c_{ep}(Na^+)V_{ep}$$

$$c(HA)V(HA)=[c_{ep}(HA)+c_{ep}(A^-)]V_{ep}$$

$$c(HA)V(HA)=c_{sp}(HA)V_{sp}(HA)$$

把以上三式代入(2-46)中，得

$$E_t=\frac{c_{ep}(Na^+)-c_{ep}(A^-)-c_{ep}(HA)}{c_{sp}(HA)}\times 100\% \qquad (2-47)$$

由于溶液是呈电中性的，因此有

$$c_{ep}(Na^+)-c_{ep}(A^-)=c_{ep}(OH^-)-c_{ep}(H^+)$$

将上式代入式(2-47)，得

$$E_t=\left[\frac{c_{ep}(OH^-)-c_{ep}(H^+)}{c_{sp}(HA)}-\frac{c_{ep}(HA)}{c_{sp}(HA)}\right]\times 100\% \qquad (2-48)$$

在式(2-48)中

$$\frac{c_{ep}(HA)}{c_{sp}(HA)}\approx\frac{c_{ep}(HA)}{c_{ep}(HA)+c_{ep}(A^-)}=\delta_{ep}(HA)$$

把上式代回式(2-48)，得到

$$E_t=\left[\frac{c_{ep}(OH^-)-c_{ep}(H^+)}{c_{sp}(HA)}-\delta_{ep}(HA)\right]\times 100\% \qquad (2-49)$$

式中 $c_{sp}(HA)$——按化学计量点时溶液的体积计算出的一元弱酸 HA 的浓度；

$\delta_{ep}(HA)$——终点时 HA 的分布分数。

式(2-49)是一元强碱溶液滴定一元弱酸溶液的终点误差计算公式。由于一元强碱滴定一元弱酸的滴定突跃在碱性范围内，在通常情况下 $c_{ep}(OH^-)\gg c_{ep}(H^+)$，因此式(2-49)还可以根据具体情况进行简化。

按上述类似的方法，也可以推导出一元强酸溶液滴定一元弱碱 A-溶液的终点误差计算公式：

$$E_t=\left[\frac{c_{ep}(H^+)-c_{ep}(OH^-)}{c_{sp}(A^-)}-\delta_{ep}(A^-)\right]\times 100\% \qquad (2-50)$$

式中 $c_{sp}(A^-)$——按化学计量点时溶液体积计算出的一元弱碱 A^-的浓度；

$\delta_{ep}(A^-)$——终点时 A^-的分布分数。

由于一元强酸滴定一元弱碱的滴定突跃在酸性范围内，在通常情况下 $c_{ep}(H^+)\gg c_{ep}(OH^-)$，因此式(2-50)可根据具体情况进行简化。

2-19 酸标准溶液

在酸碱滴定中，酸标准溶液通常用 HCl 溶液配制，常用的浓度为 $0.1mol\cdot L^{-1}$。HCl 液由于具有挥发性，不能用直接法配制标准溶液，只能采用间接法配制，然后再用基准物质进行标定。标定 HCl 溶液的常用的基准物质有无水碳酸钠和硼砂。

(1) 无水碳酸钠

无水碳酸钠容易制得纯品，且价格便宜，但有较强的吸湿性，在使用前必须在 220~300℃电炉内烘烤 1h，然后置于干燥器内备用。用 Na_2CO_3标定 HCl 溶液时，选择甲基红为指示剂，当滴定接近终点时应将溶液煮沸，以消除 CO_2 的影响。Na_2CO_3 标定 HCl 溶液的反应方程式为

$$Na_2CO_3 + 2HCl \xlongequal{} NaCl + CO_2 + H_2O$$

（2）硼砂（$Na_2B_4O_7 \cdot 10H_2O$）

硼砂容易制备纯品，当空气中相对湿度小于 39% 时易风化失去部分结晶水，常把它保存在相对湿度为 60% 的恒湿器中。硼砂标定 HCl 溶液的反应方程式为

$$Na_2B_4O_7 + 2HCl + 5H_2O \xlongequal{} 4H_3BO_3 + 2NaCl$$

化学计量点的 pH 为 5.1，可选择甲基红为指示剂确定滴定终点。

2-20 碱标准溶液

碱标准溶液通常用 NaOH 配制，常用的浓度为 $0.1mol \cdot L^{-1}$。由于 NaOH 易吸收空气中的水蒸气和 CO_2，而且还含有少量的硫酸盐、硅酸盐和氯化物等杂质，只能利用间接法配制标准溶液，然后用基准物质进行标定。

含有 Na_2CO_3 的标准碱溶液在用甲基橙作指示剂滴定强酸时，不会因 Na_2CO_3 的存在而引入误差；如用来滴定弱酸，用酚酞作指示剂，滴到酚酞出现浅红色时，Na_2CO_3 仅交换 1 个质子，即作用到生成 $NaHCO_3$，于是就会引起一定的误差。因此应配制和使用不含 CO_3^{2-} 的标准碱溶液。

可用不同方法配制不含 CO_3^{2-} 的标准碱溶液。最常用的方法是取一份纯净 NaOH，加入一份水，搅拌，使之溶解，配成 50% 的浓溶液。在这种浓溶液中 Na_2CO_3 的溶解度很小，待 Na_2CO_3 沉降后，吸取上层澄清液，稀释至所需浓度。

由于 NaOH 固体一般只在其表面形成一薄层 Na_2CO_3，因此亦可称取较多的 NaOH 固体于烧杯中，以蒸馏水洗涤 2~3 次，每次用水少许，以洗去表面的 Na_2CO_3，倾去洗涤液，留下固体 NaOH，配成所需浓度的碱溶液。为了配制不含 CO_3^{2-} 的碱溶液，所用蒸馏水亦应不含 CO_2。

标定 NaOH 溶液的基准物质有邻苯二甲酸氢钾和二水合草酸等，其中邻苯二甲酸氢钾容易制得纯品，性质稳定，易于保存，且摩尔质量较大，是标定 NaOH 溶液的常用基准物质。用邻苯二甲酸氢钾标定 NaOH 溶液时所发生的化学反应为：

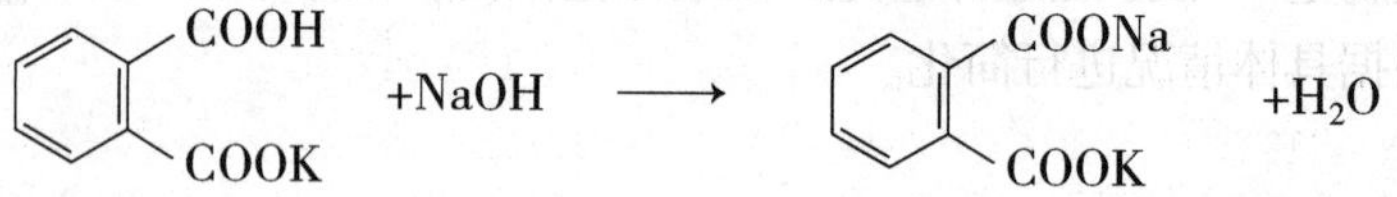

由于邻苯二甲酸的 $pK_a^{\ominus} = 5.54$，因此采用酚酞作指示剂，终点时颜色变化非常敏锐。

2-21 酸碱滴定法应用

强酸、强碱、$c_{sp} \cdot K_a^{\ominus} \geq 10^{-8}$ 的弱酸和 $c_{sp} \cdot K_b^{\ominus} \geq 10^{-8}$ 的弱碱，都可以用强碱或强酸标准溶液直接进行滴定，从而测定出它们的含量。因此，酸碱滴定法在生产和科学实验中广泛应用。

（1）混合碱组成及其含量的测定

混合碱是 Na_2CO_3 与 NaOH 或 Na_2CO_3 与 $NaHCO_3$ 的混合物，可采用“双指示剂法”测定各组分的含量。“双指示剂法”是指选用两种不同指示剂分别指示第一、第二化学计量点的到达。

准确称取一定质量的混合碱试样，加水溶解后，加入酚酞指示剂，用 HCl 标准溶液滴定至溶液呈微红色。此时试液中所含 NaOH 完全被中和，Na_2CO_3 也被滴定成 $NaHCO_3$，设此时滴定消耗的 HCl 标准溶液的体积为 V_1mL，反应如下

$$NaOH + HCl = NaCl + H_2O$$

$$Na_2CO_3 + HCl = NaCl + NaHCO_3$$

再加入甲基橙指示剂，继续用 HCl 标准溶液滴定至溶液由黄色变为橙色即为终点。此时 $NaHCO_3$ 被中和成 H_2CO_3，设此时消耗 HCl 标准溶液的体积为 V_2mL。反应为

$$NaHCO_3 + HCl = NaCl + H_2O + CO_2\uparrow$$

根据 V_1 和 V_2 的大小，可以判断出混合碱的组成及计算混合碱各成分的含量。

① 当 $V_1>V_2$ 时，试样为 NaOH 和 Na_2CO_3 的混合物，它们的质量分数分别按以下两式计算：

$$\omega(NaOH)=\frac{c(HCl)\cdot[V_1(HCl)-V_2(HCl)]\cdot M(NaOH)}{m_{试样}}\times100\%$$

$$\omega(Na_2CO_3)=\frac{\frac{1}{2}\times[c(HCl)\cdot 2V_2(HCl)]\cdot M(Na_2CO_3)}{m_{试样}}\times100\%$$

② 当 $V_1<V_2$ 时，试样为 Na_2CO_3 和 $NaHCO_3$ 的混合物。它们的质量分数分别按以下两式计算：

$$\omega(NaHCO_3)=\frac{c(HCl)\cdot[V_2(HCl)-V_1(HCl)]\cdot M(NaHCO_3)}{m_{试样}}\times100\%$$

$$\omega(Na_2CO_3)=\frac{\frac{1}{2}\times[c(HCl)\cdot 2V_1(HCl)]\cdot M(Na_2CO_3)}{m_{试样}}\times100\%$$

③ 当 $V_1=V_2$ 时，试样为 Na_2CO_3；$V_1=0$，$V_2>0$ 时，试样为 $NaHCO_3$；$V_1>0$，$V_2=0$ 时，试样为 NaOH。这些都是单一组分，按滴定计算即可。

（2）硼酸的测定

由于硼酸的 $pK_a^{\ominus}=9.24$，酸的解离常数值太小，所以硼酸不能用碱直接滴定。硼酸能与多元醇，如乙二醇、丙三醇、甘露醇等反应生成酸性较强的配合酸，使弱酸得到强化。如下式表示：

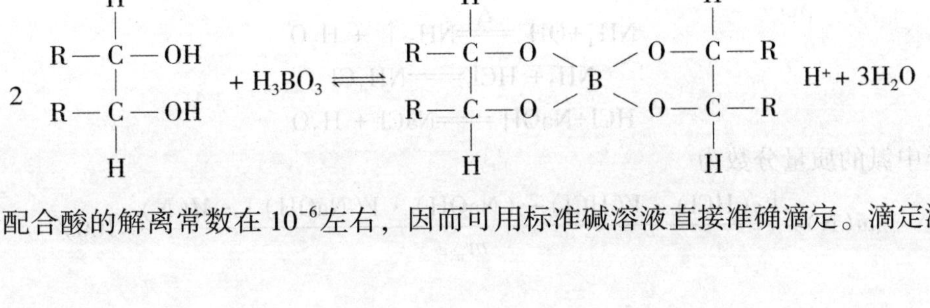

由于配合酸的解离常数在 10^{-6} 左右，因而可用标准碱溶液直接准确滴定。滴定溶液的化

学计量点的 pH 值约为 9，滴定时可选择酚酞作为指示剂。

（3）铵盐的测定

常见的铵盐如硫酸铵、氯化铵、硝酸铵等，由于 NH_4^+ 的 $pK_a^{\ominus}=9.26$，酸的解离常数值太小，因而不能用标准碱溶液直接滴定铵盐，但可采用蒸馏法和甲醛法来测定铵盐的量。

蒸馏法：准确称取一定量的铵盐试样置于蒸馏瓶中，加入过量的 NaOH 溶液后，加热煮沸蒸馏出的 NH_3，用过量的 H_2SO_4 或 HCl 标准溶液吸收蒸馏出来的 NH_3，用 NaOH 标准溶液回滴剩余过量的酸，采用甲基红和亚甲基蓝的混合指示剂确定终点。测定过程的反应式如下：

$$NH_4^+ + OH^- \xlongequal{\triangle} NH_3\uparrow + H_2O$$

$$NH_3 + HCl \xlongequal{} NH_4Cl$$

$$HCl(剩余) + NaOH \xlongequal{} NaCl + H_2O$$

试样中氮的质量分数为

$$\omega(N)=\frac{[c(HCl)\cdot V(HCl)-c(NaOH)\cdot V(NaOH)]\cdot M(N)}{m_{试样}}\times 100\%$$

蒸馏出来的 NH_3 也可用硼酸溶液吸收，吸收生成的 $H_2BO_3^-$ 是较强的碱，可用 H_2SO_4 或 HCl 标准溶液来滴定，用甲基红和溴甲酚绿混合指示剂确定终点。测定过程的反应式如下：

$$NH_3 + H_3BO_3 \xlongequal{} NH_4^+ + H_2BO_3^-$$

$$H^+ + H_2BO_3^- \xlongequal{} H_3BO_3$$

甲醛法：甲醛与 NH_4^+ 作用。反应式如下：

$$6HCHO + 4NH_4^+ \xlongequal{} (CH_2)_6N_4H^+ + 3H^+ + 6H_2O$$

由上式可看出，4 个 NH_4^+ 反应生成 4 个较强的 H^+，因此 NH_4^+ 与 NaOH 的化学计量关系为 1∶1，可用酚酞作指示剂，直接用 NaOH 标准溶液直接滴定。

（4）克氏定氮法测定氮或蛋白质含量

凯氏定氮法是测定有机化合物中氮的质量分数的重要方法。对于含氮的有机物（如面粉、谷物、肥料、生物碱、牛奶、肉类中的蛋白质）、土壤、饲料以及合成药等，常采用凯氏定氮法测定出氨基氮或蛋白质的质量分数（凯氏定氮法与“三聚氰胺事件”见拓展阅读 2.5）。测定时将试样与浓硫酸共煮，进行消化分解，并加入硫酸钾固体提高沸点，通常还加入硫酸铜作催化剂，使有机化合物中的氮定量转化为 NH_4^+：

$$有机化合物 = \xrightarrow[CuSO_4,\ \triangle]{H_2SO_4+K_2SO_4} CO_2\uparrow + H_2O + NH_4^+$$

然后在得到的消化液中加入浓氢氧化钠至溶液呈强碱性并加热，生成的 NH_3 随水蒸气蒸馏出来，将其吸收在过量的 HCl 标准溶液中，然后再用 NaOH 标准溶液滴定过量的 HCl，用甲基橙作指示剂确定滴定终点。有关反应式为

$$NH_4^+ + OH^- \xlongequal{\triangle} NH_3\uparrow + H_2O$$

$$NH_3 + HCl \xlongequal{} NH_4Cl$$

$$HCl + NaOH \xlongequal{} NaCl + H_2O$$

试样中氮的质量分数为

$$\omega(N)=\frac{[c(HCl)\cdot V(HCl)-c(NaOH)\cdot V(NaOH)]\cdot M(N)}{m_{试样}}\times 100\%$$

不同的蛋白质中氮的质量分数基本相同，$\omega(\mathrm{N})=16\%$，因此将试样中氮的质量分数乘以6.25(1/16%)即为试样中蛋白质的质量分数：

$$\omega_{蛋白质}=\omega(\mathrm{N})\times 6.25$$

(5) 氟硅酸钾法测定SiO_2的含量

测定硅酸盐试样中的SiO_2时，常用重量法测定。重量法测定SiO_2，准确度较高，但操作烦琐、太费时，因此生产实际中多采用氟硅酸钾滴定法。

硅酸盐试样先用KOH或NaOH熔融，转化为可溶性的硅酸盐如K_2SiO_3，然后在酸性溶液中和过量的KCl、KF存在下，形成难溶的氟硅酸钾沉淀。反应如下：

$$2K^+ + SiO_3^{2-} + 6F^- + 6H^+ = K_2SiF_6\downarrow + 3H_2O$$

先将生成的K_2SiF_6沉淀过滤，用KCl乙醇溶液洗涤，再用NaOH中和未洗净的游离酸，然后加入沸水使K_2SiF_6水解生成HF：

$$K_2SiF_6 + 3H_2O = 2KF + H_2SiO_3 + 4HF$$

生成的HF($pK_a^{\ominus}=3.46$)用标准碱溶液直接滴定，通过计算得到试样中SiO_2的含量。

(6) 酸酐和醇类的测定

酸酐与水缓慢水解，反应生成酸：

$$(RCO)_2O + H_2O = 2RCOOH$$

实际测定方法中，先在试样中加入过量NaOH标准溶液，加热回流，促使酸酐水解完全，剩余过量的碱用标准酸溶液滴定，用酚酞或百里酚蓝指示终点。

利用酸酐与醇的反应，又可将上述测定酸酐的方法扩展到测定醇类。

(7) 石油产品中酸值、酸度的测定

酸值是以中和1g油品所需氢氧化钾的毫克数表示(mgKOH/g)，多用于轻质油的测定。

酸度是以中和100mL油品所需氢氧化钾的毫克数表示(mgKOH/mL)，多用于润滑油等的测定。

根据酸值(度)的大小，可以概略地判断油品对金属的腐蚀性质，以及油品在使用过程中的变质情况。

测定原理：利用沸腾的乙醇抽提出试油中的有机酸，再用已知浓度的氢氧化钾-乙醇溶液进行滴定，通过碱性蓝指示剂(2%碱性蓝乙醇溶液)颜色的改变来确定其终点，由滴定用去氢氧化钾-乙醇溶液的体积计算出试油的酸值。

第二部分　典型例题

【例2-1】 计算NH_3的共轭酸的离解常数$K_a^{\ominus}$。

解：NH_3的共轭酸为NH_4^+，它的解离反应为

$$NH_4^+ + H_2O \rightleftharpoons NH_3 + H_3O^+$$

$$K_a^{\ominus}=\frac{K_w^{\ominus}}{K_b^{\ominus}}=\frac{1.00\times10^{-14}}{1.8\times10^{-5}}=5.6\times10^{-10}$$

【例2-2】 计算25℃时，在pH为5.00的$0.1\mathrm{mol\cdot L^{-1}}$ HAc溶液中HAc和Ac^-的分布分数及其平衡浓度。

解：25℃时，$K_a^{\ominus}(\mathrm{HAc})=1.8\times10^{-5}$。HAc和$Ac^-$的分布分数分别为

$$\delta(HAc)=\frac{[H^+]}{K_a^\ominus(HAc)+[H^+]}=\frac{1.0\times10^{-5}}{1.8\times10^{-5}+1.0\times10^{-5}}=0.36$$

$$\delta(Ac^-)=1-\delta(HAc)=1-0.36=0.64$$

HAc 和 Ac^-的平衡浓度分别为

$$[HAc]=c(HAc)\cdot\delta(HAc)=0.10mol\cdot L^{-1}\times0.36=0.036(mol\cdot L^{-1})$$

$$[Ac^-]=c(HAc)\cdot\delta(Ac^-)=0.10mol\cdot L^{-1}\times0.64=0.064(mol\cdot L^{-1})$$

【例 2-3】 计算 25℃时 0.10mol·L^{-1} HAc 溶液的 pH 和 HAc 的解离度。

解：25℃时，$K_a^\ominus(HAc)=1.8\times10^{-5}$。由于 $c(HAc)\cdot K_a^\ominus(HAc)=0.10\times1.8\times10^{-5}=1.8\times10^{-6}>20K_w^\ominus$；且$\frac{c(HAc)}{K_a^\ominus(HAc)}=\frac{0.10}{1.8\times10^{-5}}=5.6\times10^3>400$，因此可用最简单的公式进行计算。根据式(2-17)，溶液中 H^+平衡浓度为

$$[H^+]=\sqrt{c(HAc)\cdot K_a^\ominus(HAc)}=\sqrt{0.10\times1.8\times10^{-5}}=1.3\times10^{-3}(mol\cdot L^{-1})$$

溶液的 pH 为 $pH=-\lg[H^+]=-\lg1.3\times10^{-3}=2.89$

HAc 的解离度为

$$a(HAc)=\sqrt{\frac{K_a^\ominus(HAc)}{c(HAc)}}\times100\%$$

$$=\sqrt{\frac{1.8\times10^{-5}}{0.10}}\times100\%=1.3\%$$

【例 2-4】 计算 0.010mol·L^{-1} NH_3溶液的 pH，已知 25℃时 $K_b^\ominus(NH_3)=1.8\times10^{-5}$。

解：由于 $c(NH_3)\cdot K_b^\ominus(NH_3)=1.8\times10^{-7}>20K_w^\ominus$，且 $c(NH_3)/K_b^\ominus(NH_3)=5.6\times10^2>400$，因此可利用最简公式计算。$NH_3$溶液中 OH^-平衡浓度为

$$[OH^-]=\sqrt{c(NH_3)\cdot K_a^\ominus(NH_3)}$$

$$=\sqrt{0.010\times1.8\times10^{-5}}=4.2\times10^{-4}(mol\cdot L^{-1})$$

溶液的 pH 为

$$pH=pK_w^\ominus-pOH=14.00+\lg4.2\times10^{-4}=10.62$$

【例 2-5】 计算 25℃时 0.010mol·L^{-1} H_3PO_4溶液的 pH。已知 25℃时 $K_{a1}^\ominus(H_3PO_4)=6.7\times10^{-3}$，$K_{a2}^\ominus(H_3PO_4)=6.2\times10^{-8}$，$K_{a3}^\ominus(H_3PO_4)=4.5\times10^{-13}$。

解：由于 $c(H_3PO_4)K_{a1}^\ominus(H_3PO_4)\gg20K_w^\ominus$，$\sqrt{c(H_3PO_4)\cdot K_{a1}^\ominus(H_3PO_4)}>40K_{a2}^\ominus(H_3PO_4)$，且可忽略 H_2O 的解离、H_3PO_4的二级解离和三级解离，按一元弱酸处理。但由于 $c(H_3PO_4)/K_{a1}^\ominus(H_3PO_4)=13<400$，需要利用近似公式计算。

溶液中 H^+平衡浓度为

$$[H^+]=\frac{-6.7\times10^{-3}+\sqrt{(6.7\times10^{-3})^2+4\times0.10\times6.7\times10^{-3}}}{2}$$

$$=2.3\times10^{-2}(mol\cdot L^{-1})$$

溶液的 pH 为

$$pH=-\lg[H^+]=-\lg2.3\times10^{-2}=1.64$$

【例 2-6】 已知 25℃时，$K_{a1}^\ominus(H_2C_2O_4)=5.4\times10^{-2}$，$K_{a2}^\ominus(H_2C_2O_4)=5.4\times10^{-5}$。试计算 25℃时 0.10mol·$L^{-1}$ $Na_2C_2O_4$溶液的 pH。

解：$C_2O_4^{2-}$的一级标准解离常数和二级标准解离常数分别为

$$K_{b1}^{\ominus}(C_2O_4^{2-})=\frac{K_w^{\ominus}}{K_{a2}^{\ominus}(H_2C_2O_4)}=\frac{1.0\times10^{-14}}{5.4\times10^{-5}}=1.9\times10^{-10}$$

$$K_{b2}^{\ominus}(C_2O_4^{2-})=\frac{K_w^{\ominus}}{K_{a1}^{\ominus}(H_2C_2O_4)}=\frac{1.0\times10^{-14}}{5.4\times10^{-4}}=1.9\times10^{-13}$$

由于$c(C_2O_4^{2-})\cdot K_{b1}^{\ominus}(C_2O_4^{2-})>20K_w^{\ominus}$，且$\sqrt{c(C_2O_4^{2-})\cdot K_{b1}^{\ominus}(C_2O_4^{2-})}>40K_{b2}^{\ominus}(C_2O_4^{2-})$，此外还满足$c(C_2O_4^{2-})/K_{b1}^{\ominus}(C_2O_4^{2-})>400$，因此可用最简公式进行计算。

溶液中OH^-平衡浓度为

$$[OH^-]=\sqrt{c(C_2O_4^{2-})\cdot K_{b1}^{\ominus}(C_2O_4^{2-})}=\sqrt{0.10\times1.9\times10^{-10}}=4.4\times10^{-6}(mol\cdot L^{-1})$$

溶液的 pH 为 $pH=pK_w^{\ominus}-p[OH^-]=14.00+\lg4.4\times10^{-6}=8.64$

【例 2-7】 已知 25℃ 时 $K_{a1}^{\ominus}(H_2CO_3)=4.2\times10^{-7}$，$K_{a2}^{\ominus}(H_2CO_3)=4.7\times10^{-11}$。计算 $0.10mol\cdot L^{-1}$ $NaHCO_3$溶液的 pH。

解：由于$c(HCO_3^-)>20K_{a1}^{\ominus}(H_2CO_3)$，且$c(HCO_3^-)\cdot K_{a2}^{\ominus}(H_2CO_3)>20K_w^{\ominus}$，因此可用最简公式计算。根 $NaHCO_3$溶液中 H^+平衡浓度为

$$[H^+]=\sqrt{K_{a1}^{\ominus}(H_2CO_3)\cdot K_{a2}^{\ominus}(H_2CO_3)}=\sqrt{4.2\times10^{-7}\times4.7\times10^{-11}}=4.4\times10^{-9}(mol\cdot L^{-1})$$

$NaHCO_3$溶液的 pH 为 $pH=-\lg[H^+]=-\lg 4.4\times10^{-9}=8.36$

【例 2-8】 已知 25℃时 $K_a^{\ominus}(HCN)=5.8\times10^{-10}$，$K_a^{\ominus}(NH_4^+)=5.6\times10^{-10}$。计算 $0.10mol\cdot L^{-1}$ NH_4CN 溶液的 pH。

解：由于$c(NH_4^+)\cdot K_a^{\ominus}(NH_4^+)>20K_w$，且$c(CN^-)>20K_a^{\ominus}(HCN)$，因此可利用最简公式计算。$NH_4CN$ 溶液中 H^+平衡浓度为

$$[H^+]=\sqrt{K_a^{\ominus}(HCN)\cdot K_a^{\ominus}(NH_4^+)}=\sqrt{5.8\times10^{-10}\times5.6\times10^{-10}}=5.7\times10^{-10}(mol\cdot L^{-1})$$

溶液的 pH 为 $pH=-\lg5.7\times10^{-10}=9.24$

【例 2-9】 在 $0.10mol\cdot L^{-1}$ HAc 溶液中，加入 NaAc 晶体，使 NaAc 的浓度为 $0.10mol\cdot L^{-1}$，计算溶液中 H^+浓度和 HAc 的解离度。并与 $0.10mol\cdot L^{-1}$ HAc 溶液中 H^+浓度和 HAc 的解离度进行比较。

解：在 HAc-NaAc 混合溶液中，HAc 和 Ac^-的浓度都较大，远大于 H^+溶液或 OH^-的浓度。可近似认为$[HAc]\approx c(HAc)$，$[Ac^-]\approx c(Ac^-)$。

溶液中 H^+平衡浓度为

$$[H^+]=K_a^{\ominus}(HAc)\times\frac{c(HAc)}{c(Ac^-)}=1.8\times10^{-5}\times\frac{0.10}{0.10}=1.8\times10^{-5}(mol\cdot L^{-1})$$

HAc 的解离度为 $$\alpha(HAc)=\frac{[H^+]}{c(HAc)}\times100\%$$

$$=\frac{1.8\times10^{-5}}{0.10}\times100\%=0.018\%$$

由【例 2-3】可知，在没有同离子效应时，$0.10mol\cdot L^{-1}$ HAc 溶液中 H^+浓度为 $1.3\times10^{-3}mol\cdot L^{-1}$，HAc 的解离度为 1.3%。而在 $0.10mol\cdot L^{-1}$ HAc 和 $0.10mol\cdot L^{-1}$ NaAc 混合溶液中，H^+浓度为 $1.8\times10^{-5}mol\cdot L^{-1}$，HAc 的解离度为 0.018%，仅为 $0.10mol\cdot L^{-1}$ HAc 溶液中的 1/72。

【例 2-10】 25℃ 时，$K_a^{\ominus}(HAc)=1.8\times10^{-5}$，1.0L HAc-NaAc 缓冲溶液中含有

0.10mol · L^{-1} HAc 和 0.20mol NaAc。计算此缓冲溶液的 pH。

解：HAc-NaAc 缓冲溶液的 pH 为

$$pH = pK_a^{\ominus}(HAc) + \lg\frac{n(Ac^-)}{n(HAc)}$$

$$= -\lg 1.8\times10^{-5} + \lg\frac{0.20mol}{0.10mol} = 5.05$$

【例 2-11】 计算用 0.1000mol · L^{-1} NaOH 溶液滴定 0.1000mol · L^{-1} HCl 溶液至 pH = 4.0（甲基橙指示终点）和 pH = 9.0（酚酞指示终点）时的终点误差。

解：$c_{sp}(HCl) = \frac{0.1000mol\cdot L^{-1}}{2} = 0.050mol\cdot L^{-1}$。当滴定终点的 pH 为 4.0 时，$c_{ep}(H^+) = 1.0\times10^{-4}mol\cdot L^{-1}$，$c_{ep}(OH^-) = 1.0\times10^{-10}mol\cdot L^{-1}$。根据式（2-44），终点误差为

$$E_t = \frac{1.0\times10^{-10} - 1.0\times10^{-4}}{0.050}\times100\% = -0.2\%$$

当滴定终点的 pH 为 9.0 时，$c_{ep}(H^+) = 1.0\times10^{-9}mol\cdot L^{-1}$，$c_{ep}(OH^-) = 1.0\times10^{-5}mol\cdot L^{-1}$。根据式（2-44），终点误差为

$$E_t = \frac{1.0\times10^{-5} - 1.0\times10^{-9}}{0.050}\times100\% = +0.2\%$$

【例 2-12】 计算用 0.1000mol · L^{-1} NaOH 溶液滴定 0.1000mol · L^{-1} HAc 溶液，滴定终点时 pH 为 9.23，试计算滴定的终点误差。

解：滴定终点时 pH 为 9.23，$c_{ep}(H_3O^+) = 5.9\times10^{-10}mol\cdot L^{-1}$，$c_{ep}(OH^-) = 1.7\times10^{-5}mol\cdot L^{-1}$，$c_{sp}(HAc) = 0.05mol\cdot L^{-1}$。终点时 HAc 的分布分数为

$$\delta(HAc) = \frac{[H^+]}{[H^+] + K_a^{\ominus}(HAc)} \approx \frac{[H^+]}{K_a^{\ominus}(HAc)} = \frac{5.9\times10^{-10}}{1.8\times10^{-5}} = 3.3\times10^{-5}$$

由于 $c_{ep}(OH^-) > 20c_{ep}(H^+)$，根据式（2-49），滴定的终点误差为

$$E_t = \left[\frac{c_{ep}(OH^-)}{c_{sp}(HAc)} - \delta_{ep}(HAc)\right]\times100\%$$

$$= \left(\frac{1.7\times10^{-5}}{0.050} - 3.5\times10^{-5}\right)\times100\% = +0.03\%$$

【例 2-13】 称取混合碱试样 0.1965g，用 0.1000mol · L^{-1} HCl 标准溶液滴定至酚酞变色，消耗 24.08mL HCl 溶液；继续滴定至甲基橙变色，又消耗 12.04mL HCl 标准溶液。计算该试样中求试样中 NaOH 和 Na_2CO_3的质量分数。

解：试样 NaOH 和 Na_2CO_3的质量分数分别为

$$w_{NaOH} = \frac{0.1000\times(24.08-12.04)\times10^{-3}\times40.00}{0.1965}\times100\% = 24.51\%$$

$$w_{Na_2CO_3} = \frac{0.1000\times12.04\times10^{-3}\times106.0}{0.1965}\times100\% = 64.95\%$$

【例 2-14】 称取 2.449g 面粉，消化后用 NaOH 处理，将蒸馏出的 NH_3 用 100.0mL 0.01086mol · L^{-1} HCl 标准溶液吸收，用 0.01228mol · L^{-1} NaOH 标准溶液滴定过量的 HCl，消耗 15.30mL。已知面粉中氮的质量分数乘以 5.70 即为粗蛋白的质量分数，计算该面粉中粗蛋白的质量分数。

解：该面粉中氮的质量分数为

$$\omega(\mathrm{N})=\frac{m(\mathrm{N})}{m_{试样}}=\frac{n(\mathrm{N})M(\mathrm{N})}{m_{试样}}=\frac{[c(\mathrm{HCl})V(\mathrm{HCl})-c(\mathrm{NaOH})V(\mathrm{NaOH})]\cdot M(\mathrm{N})}{m_{试样}}\times100\%$$

$$=\frac{(0.01086\mathrm{mol\cdot L^{-1}}\times0.1000\mathrm{L}-0.01228\mathrm{mol\cdot L^{-1}}\times0.01530\mathrm{L})\times14\mathrm{g\cdot mol^{-1}}}{2.449\mathrm{g}}\times100\%$$

$$=0.5138\%$$

该面粉中粗蛋白的质量分数为

$$w_{粗蛋白}=w(\mathrm{N})\times5.70=0.5138\times5.70=2.93\%$$

第三部分　实验内容

实验三　酸碱标准溶液的配制和标定

1. 必备知识

① 掌握酸碱滴定法的原理、方法和计算，滴定操作，滴定终点的判断。

② 滴定操作的要点是什么？

③ 如何判断滴定的终点？

④ 制 500mL 0.1$\mathrm{mol\cdot L^{-1}}$ HCl 溶液，如何计算市售浓 HCl 的毫升数？

⑤ 用量筒还是用移液管量取浓 HCl？为什么？

⑥ 标定氢氧化钠和盐酸溶液有哪些基准物质？

⑦ 标定过程中，滴定管体积应消耗多少毫升合适？基准物质的质量范围如何计算？

⑧ 标定氢氧化钠和盐酸溶液的原理如何？选用何种指示剂？为什么？

⑨ 氢氧化钠和盐酸溶液浓度如何计算？

⑩ 基准物质应满足哪些条件？

2. 实验目的

① 进一步熟练配制标准溶液的方法。

② 掌握酸碱标准溶液的标定方法。

③ 进一步熟练滴定操作和滴定终点的判断。

3. 实验原理

(1) 氢氧化钠溶液的配制

氢氧化钠容易吸收空气中的二氧化碳而使配得的溶液中含有少量碳酸钠，经过标定的含碳酸盐标准碱溶液用来测定酸含量时，若使用与标定时相同的指示剂，则对测定结果无影响；若标定与测定不是用相同的指示剂，则将发生一定的误差。因此，应配制不含碳酸盐的标准碱溶液。

配制不含碳酸钠的标准氢氧化钠溶液的方法很多，最常见的是用氢氧化钠饱和水溶液(120∶100)配制。碳酸钠在饱和氢氧化钠溶液中不溶解，待碳酸钠沉淀后，量取上层澄清液，再稀释至所需浓度，即得到不含碳酸钠的氢氧化钠溶液。

饱和氢氧化钠溶液含量约为 54%(w/w)，相对密度约为 1.56。用来配制氢氧化钠溶液的水应加热煮沸，放冷，除去其中的二氧化碳。

（2）HCl 溶液的配制

商品 HCl 的量浓度为 12mol · L^{-1}，根据配制前后 HCl 的量不变计算 HCl 的体积，用量筒量取计算量进行配制。

（3）0.1mol/L 氢氧化钠溶液的标定

标定碱标准溶液的基准物质很多，如草酸（$H_2C_2O_4 \cdot 2H_2O$）、苯甲酸（C_6H_5COOH）、氨基磺酸（NH_2SO_3H）、邻苯二甲酸氢钾（$HOOCC_6H_4COOK$）等，目前常用的是邻苯二甲酸氢钾，其滴定反应（以邻苯二甲酸氢钾为例）如下：

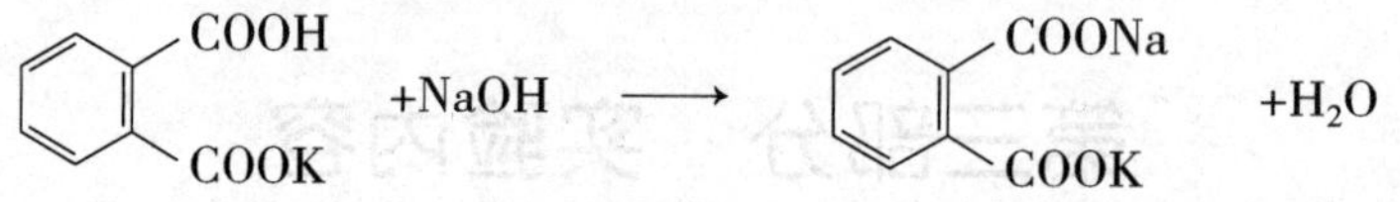

计量点时由于弱酸盐的水解，溶液呈微碱性，应采用酚酞为指示剂。

（4）HCl 标准溶液浓度的标定

标定盐酸标准溶液的基准物有无水碳酸钠、硼砂等，其滴定反应（以无水碳酸钠作基准物为例）如下：

$$2HCl+Na_2CO_3 = 2NaCl+CO_2+H_2O$$

计量点时由于溶液呈弱酸性，应采用甲基橙为指示剂。

4. 仪器及药品

（1）仪器：分析电子天平、称量瓶、滴定管、容量瓶、锥形瓶、烧杯等。

（2）试剂：氢氧化钠（AR 或 CP）、浓盐酸（市售）、邻苯二甲酸氢钾（基准试剂，于 105～110℃干燥至恒重）、无水碳酸钠、酚酞指示液（1%乙醇溶液）、甲基橙指示剂。

5. 实验步骤

（1）0.1mol · L^{-1}NaOH 和 HCl 溶液的配制

用洁净的 10mL 量筒量取浓 HCl（12mol · L^{-1}）______mL（计算量）于 500mL 玻璃试剂瓶中（试剂瓶中最好提前加入约 100mL 蒸馏水，预防浓 HCl 蒸发），加水稀释至 500mL，混均匀，贴上标签。

在台秤上称取 NaOH 固体________g（比计算值略大），配制成饱和溶液，取出清液于塑料试剂瓶中，用蒸馏水稀释至 500mL，混均匀，贴上标签。

（2）0.1mol · L^{-1} 氢氧化钠溶液的标定

减量法准确称取邻苯二甲酸氢钾在 105～110℃干燥至恒重的基准邻苯二甲酸氢钾（其质量按消耗 20～25mLHCl 溶液计，请自行计算）________g 于 250mL 锥形瓶中，加约 50mL 水溶解后，加酚酞指示液 2 滴，用 0.1mol · L^{-1} 的氢氧化钠溶液滴定至溶液呈淡粉红色保持 30s 不褪即为终点。记录所耗用的氢氧化钠溶液的体积，作 3 次平行测定。

（3）0.1mol/LHCl 标准溶液浓度的标定

在电子分析天平上，准确称取已烘干的无水碳酸钠（其质量按消耗 20～25mLHCl 溶液计，请自己计算）________g，置于 250mL 锥形瓶中，加水约 30mL，温热，摇动使之溶解，以甲基橙为指示剂，以 0.1mol · L^{-1} HCl 标准溶液滴定至溶液由黄色转变为橙色，即为终点。记下 HCl 标准溶液的耗用量，重复测定 3 次，并计算出 HCl 标准溶液的浓度。

6. 数据记录与处理

氢氧化钠溶液的标定记录于表 2-5。

表 2-5　氢氧化钠溶液的标定的数据记录

项目	1	2	3
m_{HKP}/g			
$v_{NaOH初读数}$/mL			
$v_{NaOH终读数}$/mL			
v_{NaOH}/mL			
c_{NaOH}/mol · L^{-1}			
c_{NaOH}(平均)/mol · L^{-1}			
平均偏差			
相对平均偏差/%			

HCl 溶液的标定记录于表 2-6。

表 2-6　HCl 溶液的标定数据记录

项目	1	2	3
$m_{Na_2CO_3}$/g			
$V_{HCl初读数}$/mL			
$V_{HCl终读数}$/mL			
V_{HCl}/mL			
c_{HCl}/mol · L^{-1}			
c_{HCl}(平均)/mol · L^{-1}			
平均偏差			
相对平均偏差/%			

计算公式：

$$c_{NaOH} = \frac{m_{KHC_8O_4H_4} \times 1000}{M_{KHC_8O_4H_4} \times V_{NaOH}}$$

$$c_{HCl} = \frac{2m_{Na_2CO_3} \times 1000}{M_{Na_2CO_3} \times V_{HCl}}$$

7. 注意事项

① 平行测定 3 次，每次滴定前都要把酸、碱滴定管装至零刻度附近。

② 称取 NaOH 时要迅速。

③ 平行测定 3 次，要求相对平均偏差不大于 0.2%。

④ 实验结束后，清洗仪器，碱式滴定管要装满水放在滴定管架上，酸式滴定管要打开旋钮倒挂在滴定管。

实验四　混合碱含量的测定(双指示剂法)

1. 必备知识

① 掌握双指示剂法测定混合碱的原理、方法和计算，滴定操作，滴定终点的判断。

② 什么情况下使用双指示剂法？如何判断滴定的终点？

③ 说明如何根据不同的实验结果判断混合碱的成分。

④ 用双指示剂法测定混合碱组成的方法原理是什么？

⑤ 采用双指示剂法测定混合碱，试判断下列五种情况下，混合碱的组成？

R2 酸碱滴定法相关标准

① $V_1=0$，$V_2>0$　②$V_1>0$，$V_2=0$　③$V_1>V_2$

④ $V_1<V_2$　⑤$V_1=V_2$

2. 实验目的

① 进一步熟练滴定操作和滴定终点的判断。

② 掌握混合碱分析的测定原理、方法和计算。

3. 实验原理

混合碱是 Na_2CO_3 与 NaOH 或 Na_2CO_3 与 $NaHCO_3$ 的混合物，可采用“双指示剂法”测定各组分的含量。“双指示剂法”是指选用两种不同指示剂分别指示第一、第二化学计量点的到达。

在混合碱的试液中加入酚酞指示剂，用 HCl 标准溶液滴定至溶液呈微红色。此时试液中所含 NaOH 完全被中和，Na_2CO_3 也被滴定成 $NaHCO_3$，反应如下：

$$NaOH + HCl = NaCl + H_2O$$

$$Na_2CO_3 + HCl = NaCl + NaHCO_3$$

设滴定消耗的 HCl 标准溶液的体积为 V_1mL，再加入甲基橙指示剂，继续用 HCl 标准溶液滴定至溶液由黄色变为橙色即为终点。此时 $NaHCO_3$ 被中和成 H_2CO_3，反应为

$$NaHCO_3 + HCl = NaCl + H_2O + CO_2 \uparrow$$

设此时消耗 HCl 标准溶液的体积为 V_2mL。根据 V_1 和 V_2 可以判断出混合碱的组成及计算混合碱各成分的含量。

当 $V_1>V_2$ 时，试样为 NaOH 和 Na_2CO_3 的混合物；当 $V_1<V_2$ 时，试样为 Na_2CO_3 和 $NaHCO_3$ 的混合物。

4. 仪器及药品

仪器：酸式滴定管、250mL 锥形瓶、分析天平；

药品：$0.1mol \cdot L^{-1}$ HCl 标准溶液、甲基橙 1g/L 水溶液、酚酞 2g/L 乙醇溶液、混合碱样。

5. 实验步骤

准确称取混合碱样________g（根据提供样品而定），溶解、定容 250mL，用移液管准确移取 25.00mL 混合碱液于 250mL 锥形瓶中，加 2~3 滴酚酞指示剂，以 $0.1000mol \cdot L^{-1}$ HCl 标准溶液滴定至红色变为微红色，为第一终点，记下 HCl 标准溶液体积 V_1，再加入 2 滴甲基橙，继续用 HCl 标准溶液滴定至溶液由黄色恰变橙色，为第二终点，记下 HCl 标准溶液体积 V_2。平行测定三次，根据 V_1、V_2 的大小判断混合物的组成，计算各组分的含量。

6. 数据记录与数据处理

将实验结果记录于表 2-7。

表 2-7　混合碱含量测定数据记录

HCl 的浓度______mol · L^{-1}

记录项目 \ 序次		Ⅰ	Ⅱ	Ⅲ
混合碱 m_s(质量，g)				
酚酞	V_{1HCl}的初读数 /mL			
	V_{1HCl}的终读数/mL			
	V_{1HCl}/mL			
甲基橙	V_{2HCl}的初读数 /mL			
	V_{2HCl}的终读数 /mL			
	V_{2HCl}/mL			
$(V_2-V_1)_{HCl}$/mL				

计算公式：

当 $V_1>V_2$：$w_{NaOH}=\dfrac{(V_1-V_2)c_{HCl}M_{NaOH}}{m_s\times\dfrac{25.00}{250.0}}\times100$

$$w_{Na_2CO_3}=\frac{V_2c_{HCl}M_{Na_2CO_3}}{m_s\times\dfrac{25.00}{250.0}}\times100$$

当 $V_1<V_2$：$w_{Na_2CO_3}=\dfrac{V_1c_{HCl}M_{Na_2CO_3}}{m_s\times\dfrac{25.00}{250.0}}\times100$

$$w_{NaHCO_3}=\frac{(V_2-V_1)c_{HCl}M_{NaHCO_3}}{m_s\times\dfrac{25.00}{250.0}}\times100$$

S1　食用醋中总酸度的测定　　S2　铵盐中氮含量的测定(甲醛法)

第四部分　思考题和习题

思考题

思考题 2-1　简述酸碱质子理论的基本要点。

思考题 2-2　写出下列酸的共轭碱：$H_2PO_4^-$、NH_4^+、HPO_4^{2-}、HCO_3^-、H_2O、苯酚。

思考题 2-3　写出下列碱的共轭酸：$H_2PO_4^-$、$HC_2O_4^-$、HPO_4^{2-}、HCO_3^-、H_2O，C_2H_5OH。

思考题 2-4　按酸碱质子理论，下列分子或离子在水溶液中，哪些只是酸？哪些只是碱？哪些是酸碱两性物质？

HS^-、SO_3^{2-}、HPO_4^{2-}、NH_4^+、HAc 、OH^-、H_2O 、NO_3^-、HCl

思考题 2-5　什么叫同离子效应和盐效应？它们对弱酸或弱碱的解离平衡有何影响？

思考题 2-6　影响一元弱酸的解离度和标准平衡常数的因素有哪些？

思考题 2-7　试证明稀释公式 $\alpha = \sqrt{K_a(HAc)/c(HAc)}$。稀释公式能否说明一元弱酸溶液越稀，解离出的 H^+浓度越大？

思考题 2-8　相同浓度 HCl 溶液和 HAc 溶液的 pH 是否相同？pH 相同的 HCl 溶液和 HAc 溶液的浓度是否相同？

思考题 2-9　什么叫缓冲溶液？决定缓冲溶液 pH 的主要因素有哪些？

思考题 2-10　什么叫缓冲范围？如何确定缓冲溶液的缓冲范围？

思考题 2-11　为什么一般采用强酸和强碱来配制酸碱标准溶液？为什么酸碱标准溶液的浓度不宜太浓或太稀？

思考题 2-12　判断下列情况对测定结果的影响：

① 标定 NaOH 溶液的邻 苯二甲酸氢钾中混有少量邻苯二甲酸；

② 用部分风化的硼砂标定盐酸溶液的浓度；

③ 用含有少量中性杂质的 $H_2C_2O_4 \cdot 2H_2O$ 标定 NaOH 溶液的浓度 。

思考题 2-13　试述酸碱指示剂的变色原理和酸碱指示剂的变色范围 。

思考题 2-14　什么是酸碱滴定的突跃范围？影响强酸(碱)和一元弱酸(碱)滴定突跃范围的因素有哪些？

思考题 2-15　选择酸碱滴定指示剂的依据是什么？化学计量点时溶液 pH 与选择指示剂有何关系？

思考题 2-16　下列酸或碱能否用强碱或强酸溶液直接进行滴定？

① $0.10mol \cdot L^{-1}$ HF 溶液　　②$0.10mol \cdot L^{-1}$ HCN 溶液

③ $0.10mol \cdot L^{-1}$ NH_4Cl 溶液　　④$0.10mol \cdot L^{-1}$ NaAc 溶液

思考题 2-17　下列多元酸、碱能否分步滴定？若能滴定，应选用何种指示剂？为什么？

① $0.10mol \cdot L^{-1}H_2C_2O_4$溶液　　②$0.10mol \cdot L^{-1}$ H_2SO_3溶液

③ $0.40mol \cdot L^{-1}$ 乙二胺溶液　　④$0.40mol \cdot L^{-1}$ Na_3PO_4溶液

思考题 2-18　什么叫多元酸的分步滴定？分步滴定的条件是什么？

思考题 2-19　NaOH 标准溶液如吸收了空气中的 CO_2，当以其测定某 HCl 的浓度，分别用甲基橙或酚酞指示终点时，对标定 HCl 溶液的浓度有何影响？

思考题 2-20　有人试图用酸碱滴定法来测定 NaAc 的含量，先向 NaAc 溶液中加入一定量过量的 HCl 标准溶液，然后用 NaOH 标准溶液返滴定过量的 HCl。上述实验设计是否合理？试述其理由。

思考题 2-21　有五种碱液，碱液中含有 NaOH、Na_2CO_3和 $NaHCO_3$三种组分中的一种或两种 组分 。现用 HCl 标准溶液分别滴定五种碱液，以酚酞作指示剂时消耗 HCl 溶液的体积为 V_1；再加入甲基橙作指示剂，继 续用 HCl 标准溶液滴定，又消耗 HCl 溶液的体积为 V_2。当出现下列情况时，判断这五份碱液的组成：

① $V_1>V_2$，$V_2>0$　②$V_2>V_1$，$V_1>0$　③$V_1=V_2$

④ $V_1=0$，$V_2>0$　⑤$V_1>0$，$V_2=0$

习　题

习题 2-1　麻黄素($C_{10}H_{15}ON$)是一种弱碱，常用作鼻喷剂，以减轻充血症状。已知 25℃时麻黄素的标准解离常数 $K_b^{\ominus}(C_{10}H_{15}ON)=1.4\times10^{-4}$：

① 写出麻黄素的解离反应方程式；

② 计算 25℃时麻黄素的共轭酸的标准解离常数。

答案：①$C_{10}H_{15}ON+H_2O \rightleftharpoons C_{10}H_{15}ONH^++OH^-$；②$7.1\times10^{-11}$

习题 2-2　已知 25℃时 $K_a^{\ominus}(HAc)=1.8\times10^{-5}$，计算 25℃时 0.10mol·L^{-1} NaAc 溶液的 pH。

答案：8.88

习题 2-3　25℃时，$K_b^{\ominus}(NH_3)=1.8\times10^{-5}$，计算 25℃时 0.10mol·L^{-1} NH_4Cl 溶液的 pH。

答案：5.12

习题 2-4　25℃时，$K_{a1}^{\ominus}(H_2SO_3)=1.7\times10^{-2}$，$K_{a1}^{\ominus}(H_2SO_3)=6.0\times10^{-8}$。计算 25℃时 0.010mol·L^{-1} H_2SO_3溶液的 pH。

答案：1.47

习题 2-5　25℃时，$K_{a1}^{\ominus}(H_3PO_4)=6.7\times10^{-3}$，$K_{a2}^{\ominus}(H_3PO_4)=6.8\times10^{-8}$，$K_{a3}^{\ominus}(H_3PO_4)=4.5\times10^{-13}$。计算 25℃时 0.10mol·L^{-1} Na_3PO_4溶液的 pH。

答案：12.57

习题 2-6　25℃时，$K_{a1}^{\ominus}(H_2C_2O_4)=5.4\times10^{-2}$，$K_{a2}^{\ominus}(H_2C_2O_4)=5.4\times10^{-5}$。计算 25℃时 0.10mol·L^{-1} $NaHC_2O_4$溶液的 pH。

答案：2.85

习题 2-7　现取样分析我国西南地区某次酸雨中 NH_4^+、Cl^-、Na^+、NO_3^-和 SO_4^{2-} 的浓度分别为 2.0×10^{-5}mol·L^{-1}、6.0×10^{-6}mol·L^{-1}、3.2×10^{-6}mol·L^{-1}、2.3×10^{-5}mol·L^{-1}和 2.8×10^{-5}mol·L^{-1}，试计算该酸雨的 pH。

答案：4.21

习题 2-8　25℃时，$K_{a1}^{\ominus}(H_2CO_3)=4.5\times10^{-7}$，$K_{a2}^{\ominus}(H_2CO_3)=4.7\times10^{-11}$，$CO_2$饱和溶液的浓度为 1.5×10^{-5}mol·L^{-1}，且假定溶于水中的 CO_2均生成了 H_2CO_3。试计算该溶液的 pH。

答案：5.62

习题 2-9　0.016mol·L^{-1}对甲苯胺溶液的 pH 为 8.6，计算对甲苯胺的标准解离常数 K_b。

答案：1.0×10^{-9}

习题 2-10　25℃时，$K_a^{\ominus}(HAc)=1.8\times10^{-5}$。计算 pH=4.0 时，HAc-NaAc 混合溶液中 HAc 和 Ac^-的分布分数。

答案：$\delta(HAc)=0.85$；$\delta(Ac^-)=0.15$

习题 2-11　25℃时，$K_{a1}^{\ominus}(H_2C_2O_4)=5.4\times10^{-2}$，$K_{a2}^{\ominus}(H_2C_2O_4)=5.4\times10^{-5}$。计算 25℃下 pH 为 5.0 时 0.10mol·L^{-1} $H_2C_2O_4$溶液中 $C_2O_4^{2-}$的分布分数和 $C_2O_4^{2-}$的浓度。

答案：$\delta(C_2O_4^{2-})=0.84$；$[C_2O_4^{2-}]=8.4\times10^{-2}mol\cdot L^{-1}$

习题 2-12 25℃时，$K_b^{\ominus}(NH_3)=1.8\times10^{-5}$，在 100mL 0.10mol · L^{-1} NH_3溶液中加入 1.07g NH_4Cl 固体，计算该混合溶液的 pH。

答案：8.95

习题 2-13 25℃时，在 100mL 0.10mol · L^{-1} HAc 溶液中加入 50mL 0.10mol · L^{-1} NaOH 溶液，计算此混合溶液的 pH。

答案：4.74

习题 2-14 某弱酸型指示剂 HIn 在 pH=4.5 的溶液中呈现蓝色，在 pH=6.5 的溶液中呈现黄色。求该指示剂的理论变色点。

答案：5.5

习题 2-15 某弱碱型指示剂 In^-的标准解离常数 $K_b^{\ominus}(In^-)=2.0\times10^{-8}$，求该指示剂的变色范围。

答案：5.30~7.30

习题 2-16 计算用 0.01000mol · L^{-1} HCl 溶液滴定 20.00mL 0.01000mol · L^{-1} NaOH 溶液时的滴定突跃范围 。

答案：8.70~5.30

习题 2-17 用移液管量取 10.00mL 食醋（密度为 1.055g/m^3）试样，用 0.3024mol · L^{-1} NaOH 标准溶液滴定，用去 20.17mL。试计算食醋试样中醋酸的质量分数 。

答案：0.03644

习题 2-18 某含 α-氨基丙酸（丙氨酸）和惰性物质的试样，用凯氏定氮法测定氮，称取 2.215g 试样，消化后，蒸馏出 NH_3，并吸收在 50.00mL 0.1468mol · L^{-1} H_2SO_4溶液中，再用 0.09212mol · L^{-1} NaOH 溶液回滴过量的 H_2SO_4，消耗 11.37mL。计算试样中丙氨酸的质量分数。

答案：54.84%

习题 2-19 称取 1.788g 草酸试样，用水溶解后转入 250mL 容量瓶中，加水稀释至刻度。吸取 25.00mL 此试液，用 0.1093mol · L^{-1} NaOH 标准溶液滴定，消耗 25.84mL 。计算此草酸试样中 $H_2C_2O_4\cdot 2H_2O$ 的质量分数。

答案：99.59%

习题 2-20 在样品消化器中，将 0.9500g 干肉片试样与浓 H_2SO_4共煮，在 $CuSO_4$催化下进行消化分解，使肉片中所含氮 全部转化为 NH_4HSO_4。消化分解后向消化器中再加入过量浓 NaOH 溶液煮沸，蒸出的 NH_3用 50.00mL HCl 标准溶液（1mL 相当于 0.03500g $Na_2B_2O_7\cdot 10H_2O$）吸收，过 量 HCl 用 NaOH 标准溶液（1mL 相当于 0.02220g 邻苯二甲酸氢钾）返滴定，消耗体积为 30.00mL。

① 计算吸收 NH_3所用 HCl 标准溶液的浓度；

② 计算返滴定所用 NaOH 标准溶液的浓度；

③ 若肉片中所含蛋白质中氮的质量分数为 16.00%，试计算此肉片样品中蛋白质的质量分数；

④ 若返滴定时加入 30.00mL NaOH 标准溶液恰好到达化学计量点，试确定返滴定的 pH 突跃范围；

⑤ 几种指示剂的变色范围如表 2-6 所示。

表 2-6　变色范围

指示剂	甲基黄	甲基红	溴百里酚蓝	酚酞
变色范围	2.9~4.0	4.4~6.2	6.2~7.6	8.0~9.6

试从上表中为返滴定选择出合适的指示剂。

答案：①0.1835mol·L^{-1}；②0.1087mol·L^{-1}；③54.50%；④4.39~5.99；⑤甲基红

习题 2-21　某试样含 Na_2CO_3、$NaHCO_3$及其他惰性物质。称取 0.3010g 试样，以酚酞为指示剂滴定时，用去 0.1060mol·L^{-1} HCl 溶液 20.10mL。继续以甲基橙为指示剂滴定，共用去 40.70mL HCl 溶液。计算试样中 Na_2CO_3和 $NaHCO_3$的质量分数。

答案：$\omega(Na_2CO_3)=0.7503$；$\omega(NaHCO_3)=0.222$

习题 2-22　称取 1.200g 混合碱（Na_2CO_3和 NaOH 或 Na_2CO_3和 $NaHCO_3$的混合物）的试样，溶于水后用 0.5000mol·L^{-1} HCl 溶液滴定至酚酞褪色，消耗 30.00mL。再滴入甲基橙，继续滴加 HCl 溶液至呈现橙色，又用去 5.00mL。试样中含有何种组分？其质量分数各为多少？

答案：$\omega(Na_2CO_3)=0.2208$；$\omega(NaOH)=0.4167$

习题 2-23　称取 0.3720g 含 NaOH 和 Na_2CO_3的试样，以酚酞为指示剂，消耗 0.1500mol·L^{-1} HCl 标准溶液 40.00mL，还需要多少毫升 HCl 溶液到达甲基橙变色点？计算试样中 NaOH 和 Na_2CO_3的质量分数。

答案：$\omega(Na_2CO_3)=56.99\%$；$\omega(NaOH)=43.01\%$

习题 2-24　称取 0.5490g 乙酰水杨酸（阿司匹林）试样，溶于 50.00mL 0.1660mol·L^{-1} NaOH 溶液中，煮沸，发生下列水解反应：

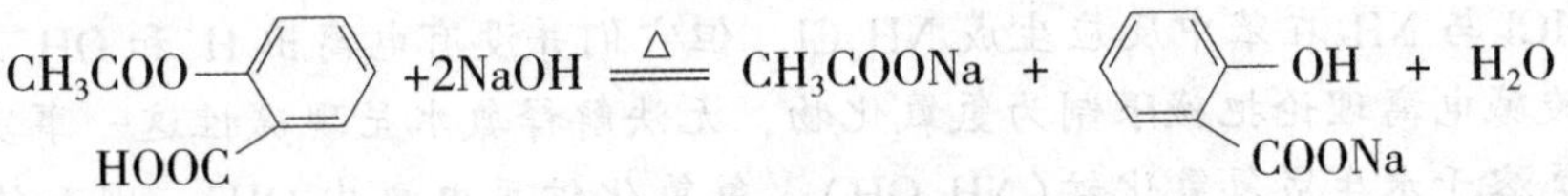

过量的 NaOH 用 0.2000mol·L^{-1} HCl 溶液滴定，用去 27.14mL。计算该试样中乙酰水杨酸的质量分数。

答案：47.13%

习题 2-25　某 Na_3PO_4试样，其中含 Na_2HPO_4。称取 0.9974g 试样，以酚酞为指示剂，用 0.2648mol·L^{-1} HCl 溶液滴定至终点，用去 16.97mL。再加入甲基橙指示剂，继续用 0.2648mol·L^{-1} HCl 溶液滴定至终点，又用去 23.36mL。试样中 Na_3PO_4和 Na_2HPO_4的质量分数。

答案：$\omega(Na_3PO_4)=73.84\%$；$\omega(Na_2HPO_4)=24.09\%$

习题 2-26　一瓶纯 KOH 试剂吸收了 CO_2和水，称取 1.186g 该混匀试样，溶于水后配制成 500.0mL 溶液，吸取 50.00mL 试液，加 25.00mL 0.08717mol·L^{-1} HCl 标准溶液处理，煮沸驱除 CO_2，过量的酸用 0.02365mol·L^{-1} NaOH 溶液滴定至酚酞终点时消耗 10.09mL。另取 50.00mL 试液，加入过量的 $BaCl_2$溶液，滤去沉淀，滤液用上述 HCl 溶液滴定至酚酞终点消耗 20.38mL。计算试样中 KOH、K_2CO_3和 H_2O 的质量分数。

答案：$\omega(KOH)=84.05\%$；$\omega(K_2CO_3)=9.56\%$；$\omega(H_2O)=6.39\%$

习题 2-27 称取 7.500g 含氮有机化合物试样，将有机化合物中的氮元素全部转化为 NH_3，并通入 100.0mL 0.1750mol·L^{-1} HCl 标准溶液中吸收，待完全吸收后，用 0.1080mol·L^{-1} NaOH 标准溶液返滴过量的 HCl，消耗 11.37mL NaOH 标准溶液。计算该有机试样中氮的质量分数。

答案：$\omega(N)=3.04\%$

习题 2-28 用 0.1000mol·L^{-1} NaOH 溶液滴定 0.100mol·L^{-1} HCl 溶液，以甲基红作指示剂，终点的 pH 为 5.5，计算滴定的终点误差。

答案：-0.006%

习题 2-29 用 0.1000mol·L^{-1} NaOH 溶液滴定 0.1000mol·L^{-1} HAc 溶液至 pH 为 8.00，计算滴定的终点误差。

答案：-0.05%

习题 2-30 用 0.1000mol·L^{-1} HCl 溶液滴定 0.1000mol·L^{-1} NH_3溶液至 pH 为 4.00，计算滴定的终点误差。

答案：0.2%

第五部分　拓展阅读

2.1　酸碱电离理论认识酸碱存在什么问题?

酸碱电离理论对化学科学的发展起了积极的作用，其优点是能简便地说明酸、碱在水溶液中的反应，且能定量比较酸、碱在水溶液中的相对强弱，也能定量计算酸、碱水溶液中 H^+和 OH^-浓度。然而酸碱电离理论把酸和碱仅限于水溶液中，无法说明非水溶剂中的酸碱性。例如，HCl 与 NH_3在苯中反应生成 NH_4Cl，但它们并没有电离出 H^+和 OH^-。

另外，酸碱电离理论把碱限制为氢氧化物，无法解释氨水呈现碱性这一事实。曾使人们错误地认为氨溶于水生成氢氧化铵(NH_4OH)，氢氧化铵再电离出 OH^-，因而使溶液呈现碱性。在酸碱电离理论中，酸和碱是两种绝对不同的物质，这也忽视了酸和碱在对立中的相互联系和统一。

2.2　一元弱碱溶液 OH^-浓度的计算

在一元弱碱 A^-的水溶液中，存在下述质子转移反应：

$$A^- + H_2O \rightleftharpoons HA + OH^-$$

$$H_2O + H_2O \rightleftharpoons OH^- + H_3O^+$$

溶液中 OH^-来自 A^-和 H_2O 的部分解离，则有

$$[OH^-]=[HA]+[H^+]$$

与推导一元弱酸溶液 H^+浓度的计算公式类似，可以推导出一元弱碱溶液 OH^-浓度的计算公式。

当 $c(A^-)\cdot K_b^\ominus(A^-)>20K_w^\ominus$时，可忽略水的解离，一元弱碱溶液中 OH^-平衡浓度的计算公式为

$$[OH^-]=\frac{-K_b^{\ominus}(A^-)+\sqrt{[K_b^{\ominus}(A^-)]^2+4c(A^-)\cdot K_b^{\ominus}(A^-)}}{2}$$

该式是计算一元弱碱溶液 OH^- 平衡浓度的近似公式。

若再满足 $c(A^-)/K_b^{\ominus}(A^-)>400$ 时，一元弱碱溶液 OH^- 浓度的计算公式为

$$[OH^-]=\sqrt{c(A^-)\cdot K_b^{\ominus}(A^-)}$$

该式是计算一元弱碱溶液 OH^- 平衡浓度的最简公式。

2.3 多元弱碱溶液 OH^- 浓度的计算

多元弱碱 A^{n-} 溶液 OH^- 浓度的计算，可参照多元弱酸溶液 H^+ 平衡浓度的计算。当 $c(A^{n-})\cdot K_{b1}^{\ominus}(A^{n-})>20K_w^{\ominus}$ 时，可忽略水的解离；当 $\sqrt{c(A^{n-})\cdot K_{b1}^{\ominus}(A^{n-})}>40K_{b2}^{\ominus}(A^{n-})$ 时，可忽略多元弱碱的二级解离和三级解离，而按一元弱碱处理。多元弱碱溶液中 OH^- 平衡浓度的近似计算公式为

$$[OH^-]=\frac{-K_{b1}^{\ominus}(A^{n-})+\sqrt{[K_{b1}^{\ominus}(A^{n-})]^2+4c(A^{n-})K_{b1}^{\ominus}(A^{n-})}}{2}$$

在满足上述两个条件的情况下，若还能满足 $X(A^{n-})/K_{b1}^{\ominus}(A^{n-})>400$，上式可进一步简化为

$$[OH^-]=\sqrt{c(A^{n-})\cdot K_{b1}^{\ominus}(A^{n-})}$$

该式是计算多元弱碱溶液中 OH^- 平衡浓度的最简公式。

2.4 血液中缓冲体系

正常人血液的酸碱度即 pH 值始终保持在一定的水平，其变动范围很小。血液酸碱度的相对恒定是机体进行正常生理活动的基本条件之一。血液酸碱度恒定在 pH=7.35~7.45 之间。血液中的一些弱酸和弱酸的盐构成一对缓冲系统，称缓冲对，也称缓冲体系，有缓冲酸或碱的能力。

血浆的缓冲物质包括 $NaHCO_3/H_2CO_3$、蛋白质钠盐/蛋白质和 Na_2HPO_4/NaH_2PO_4 三个主要的缓冲对，其中以 $NaHCO_3/H_2CO_3$ 最为重要。此外，红细胞内还有血红蛋白钾盐/血红蛋白、氧合血红蛋白钾盐/氧合血红蛋白、K_2HPO_4/KH_2PO_4、$KHCO_3/H_2CO_3$ 等缓冲对参与维持血浆 pH 值的恒定。

2.5 凯氏定氮法与“三聚氰胺事件”

从凯氏定氮原理可以知道：凯氏定氮法是将含氮有机物转变为无机铵盐来进行检测，以得到含氮量的测定值乘以一定系数得出蛋白质含量。而含氮有机物不仅仅是蛋白质，还有三聚氰胺等。食品中蛋白质含量的现行国家标准和国际通行测定方法是经典凯氏定氮法，这就为造假者提供了可乘之机。蛋白质中的含氮量不超 30%，三聚氰胺的最大的特点是含氮量很高(66%)，溶于水后无色无味，也就是说在一杯清水中加入三聚氰胺，然后用凯氏定氮法检测，结果显示是含有蛋白质的。由于“凯氏定氮法”只能测出含氮量，并不能鉴定材料中有无违规化学物质，所以，添加三聚氰胺的奶粉理论上可以测出较高的蛋白质含量。不良商家为了提高奶粉的蛋白成分，加入大量三聚氰胺，在 2008 年被曝光，事件导致有 54446 名婴儿住院治疗，其中 4 人死亡，很多患儿都有肾结石，这就是“三聚氰胺事件”。

模块三 配位滴定法

配位滴定法是以配位反应为基础的滴定分析方法。配位反应广泛用于分析化学的各种分离与测定中，比如显色反应、萃取反应、沉淀反应及掩蔽反应等。在配位滴定中，应用最为广泛的滴定剂是EDTA，利用它可以直接或间接滴定几十种金属离子，例如测定不同水源的硬度、测定硅酸盐矿物中钙镁铝铁等不同离子。

配位滴定所涉及的平衡关系比较复杂，为了定量处理各种因素对配位平衡的影响，引入副反应系数概念，并导出条件稳定常数。

第一部分 基础知识

配位反应具有极大的普遍性，金属离子在溶液中大多是以不同形式的配离子存在。

配位反应：由中心原子(或离子)与配体(阴离子或分子)以配位键的形式结合成复杂离子(配合物)的过程。

$$\underset{\text{中心离子}}{Cu^{2+}} + \underset{\text{配体}}{4NH_3} = \underset{\text{配合物}}{[Cu(NH_3)_4]^{2+}}$$

能够发生配位反应的前提有两条：

① 中心原子(离子)：必须能提供接受电子对的空轨道，如金属离子(最多可接受6对，d^2sp^3 杂化，sp^3d^2 杂化)。

② 配体：至少能提供一对孤对电子的阴离子或中性分子，如卤素离子、NH_3、SCN^-、CN^-、乙二胺等，又称络合剂。

按配体所含配位原子的数目可分为单齿配体($:F^-$， $:NH_3$) 和多齿配体 ($H_2N-CH_2-CH_2-NH_2$) 。前者形成单齿(非螯合)配合物，后者形成螯合物。

配合物：金属离子与配体通过配位共价键形成的化合物或称为配位化合物，也称络合物，如 $Ag(NH_3)_2Cl$、$K_4[Fe(CN)_6]$。

配位键：一个原子提供一对电子与中心离子共用形成的化学键。

配位原子：配体中直接与中心离子配位的原子。

配位数：与中心离子配位的配位原子的数目。

用于配位滴定的配位反应具备的条件：

① 配合物(complex)的稳定常数足够大；

② 配位比(coordination)固定；

③ 反应速度快；

④ 有适当的方法指示终点。

3-1　无机配位剂和简单配合物

配位剂分为无机配位剂和有机配位剂。

无机配位剂一般只有 1 个可键合的配位原子，如 F^-、NH^3、SCN^-、CN^-、Cl^-，与中心离子配位形成简单配合物，如 AlF_6^{3-}、$Cu(NH_3)_4^{2+}$ 等。简单配合物如同多元弱酸一样，存在逐级解离平衡关系，即分级配位现象。简单配合物逐级稳定常数一般比较接近，溶液中常有多种配位形式共存，限制其在滴定分析中的应用，仅用作掩蔽剂、显色剂和指示剂。

如简单配合物中的 $Cu(NH_3)_4^{2+}$

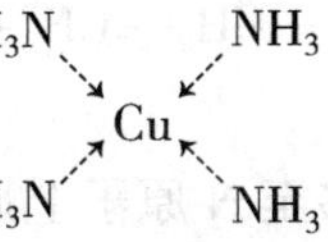

$\lg K_1=4.1$，$\lg K_2=3.5$，$\lg K_3=2.9$，$\lg K_4=2.1$

由于无机配位剂形成的配合物稳定性小且存在逐级配位现象，一般不能用来作定量滴定分析，能用于滴定分析的只有两类：氰量法和汞量法。氰量法基于无机配体 CN^- 和 Ag^+ 形成稳定配合物 $Ag(CN)_2^-$，或者 CN^- 和 Ni^{2+} 形成 $Ni(CN)_4^{2-}$ 的滴定分析方法；汞量法基于中心离子 Hg^{2+} 和 Cl^- 形成稳定配合物 $HgCl_2$，或者 Hg^{2+} 和 SCN^- 形成 $Hg(SCN)_2$ 的滴定分析方法。

如用 $AgNO_3$ 为滴定剂，滴定 CN^- 的反应

$$Ag^+ + 2CN^- \rightleftharpoons Ag(CN)_2^-$$

化学计量点后过量的 Ag^+ 与 $Ag(CN)_2^-$ 形成 $Ag[Ag(CN)_2]$ 沉淀指示终点到达。

3-2　有机配位剂和螯合物

有机配位剂分子中常含有 2 个以上配位原子，与金属离子配位后形成低配位比的具有环状结构的螯合物，常被称作螯合剂，它比同种配位原子形成简单配合物稳定得多。例如：

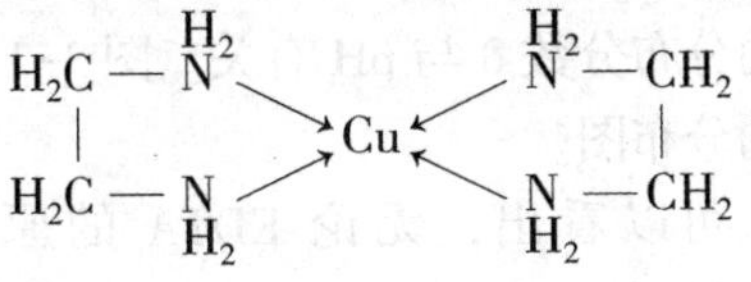

$\lg K_1=10.6$，$\lg K_2=9.0$

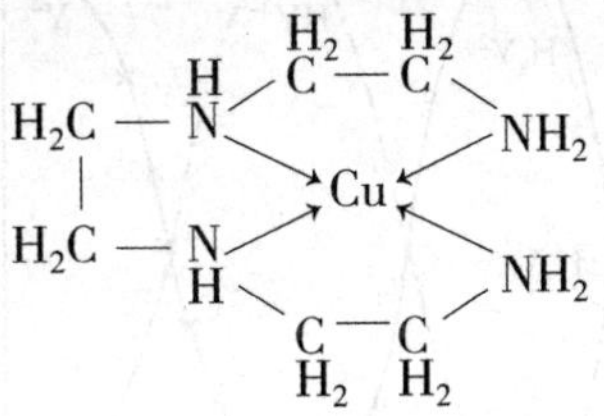

$\lg K=20.6$

由于有机配位剂形成的螯合物稳定性高；逐级配位现象少，通过控制反应条件，还能得到所需要的配合物，因此应用较广；还有的配体对金属有一定的选择性，所以有机配位剂广泛用作滴定剂和掩蔽剂等。

其中，广泛用作配位滴定剂的是含有—$N(CH_2COOH)_2$ 基团的有机化合物，称为氨羧配位剂。其分子中含有氨氮和羧氧配位原子。

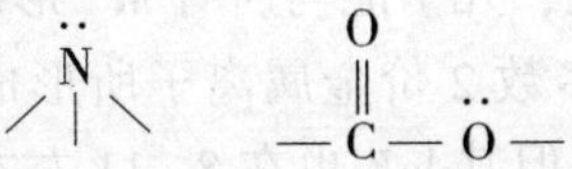

前者易与 Co、Ni、Zn、Cu、Hg 等金属离子配位，后者几乎能与所有高价金属离子配位，氨羧配位剂兼有两者的配位能力，几乎能与所有金属离子配位。

3-3 乙二胺四乙酸(EDTA)

目前研究过的氨羧配位剂有几十种，重要的有：乙二胺四乙酸(EDTA)、氨三乙酸(NTA)、乙二胺四丙酸(EDTP)等。其中应用最广泛的有机配位剂是乙二胺四乙酸简称 EDTA，其结构式为

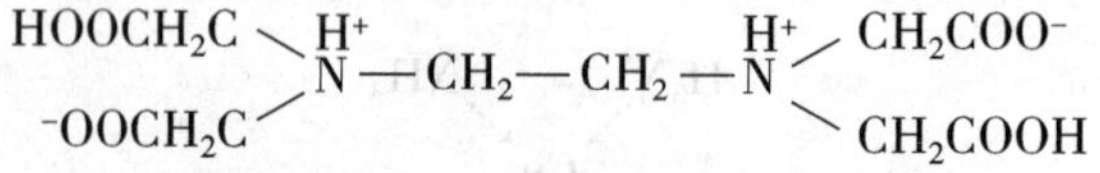

在水溶液中，2 个羧基上的 H 转移至 N 原子上形成双偶极离子，写为 H_4Y。

EDTA 在水中溶解度小(22℃时 100mL 水溶解 0.02g)，且难溶于酸和有机溶剂，易溶于 NaOH 或与 NH_3 形成盐。通常使用其二钠盐，表示为 $Na_2H_2Y \cdot 2H_2O$，也简写为 EDTA 或称 EDTA 二钠盐，22℃在 100mL 水中可溶解 11.1g，约 $0.3mol \cdot L^{-1}$，pH 值约为 4.5。分析中一般配成 $0.01 \sim 0.02mol \cdot L^{-1}$的溶液。

当溶液的酸度很高时，H_4Y 的两个羧根可再接受 H^+，形成 H_6Y^{2+}，故相当于六元酸，有六级离解平衡：

$$H_6Y^{2+} \rightleftharpoons H^+ + H_5Y^+ \qquad K_{a_1} = 1.3\times10^{-1} = 10^{-0.9}$$

$$H_5Y^+ \rightleftharpoons H^+ + H_4Y \qquad K_{a_2} = 2.5\times10^{-2} = 10^{-1.6}$$

$$H_4Y \rightleftharpoons H^+ + H_3Y^- \qquad K_{a3} = 1.0\times10^{-2} = 10^{-2.0}$$

$$H_3Y^- \rightleftharpoons H^+ + H_2Y^{2-} \qquad K_{a4} = 2.14\times10^{-3} = 10^{-2.67}$$

$$H_2Y^{2-} \rightleftharpoons H^+ + HY^{3-} \qquad K_{a5} = 6.92\times10^{-7} = 10^{-6.16}$$

$$HY^{3-} \rightleftharpoons H^+ + Y^{4-} \qquad K_{a6} = 5.50\times10^{-11} = 10^{-10.26}$$

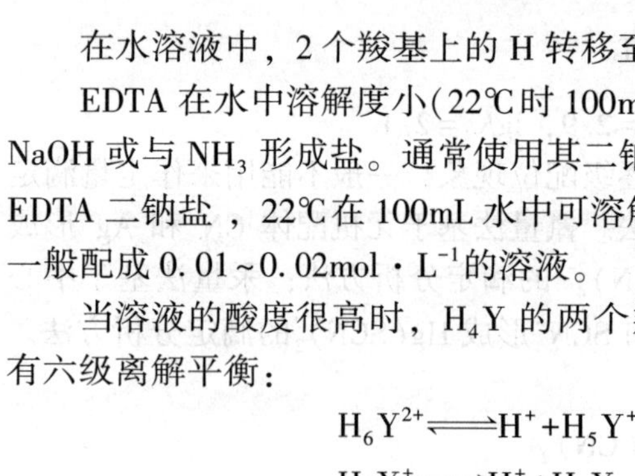

图 3-1 EDTA 各种存在形式的分布图

在水溶液中 EDTA 总是以 H_6Y^{2+}、H_5Y^+、H_4Y、H_3Y^-、H_2Y^{2-}、HY^{3-}、Y^{4-}等 7 种型体存在，各种型体的分布分数 δ 与 pH 有关。图 3-1 是 EDTA 在溶液中的分布图。

可以看出，无论 EDTA 的原始存在形式是 H_4Y 还是 Na_2H_2Y，EDTA 在溶液中的主要存在取决于溶液 pH 值。在 pH<0.9 的强酸性溶液中，主要以 H_6Y^{2+} 存在；在 pH 为 2.67～6.16 的溶液中，主要以 H_2Y^{2-}存在；在 pH 为 6.16～10.26 的溶液中，主要以 HY^{3-}存在；在 pH>10.26 的碱性溶液中，主要以 Y^{4-}存在。

EDTA 配合物具有如下特点：

① EDTA 具有广泛的配位性能，几乎能与所有 M^{n+}形成配合物。绝大多数 EDTA 配合物相当稳定，3、4 价金属离子及大多数 2 价金属离子所形成的配合物的 lg$K$ 均大于 15，通常碱土金属形成配合物的倾向较小，但其 lg$K$ 也在 8～11 左右，也可用 EDTA 滴定。

EDTA 广泛配位的性能给配位滴定的广泛应用提供了可能(优于酸碱滴定法、沉淀法)，但同时导致实际滴定中组分之间相互干扰，配位作用的普遍性与实际测定中要求的选择性成为配位滴定中的主要矛盾，因此设法提高选择性就成为配位滴定一个重要的问题。

② EDTA 分子中有 6 个配位原子，与金属配位大多形成 1∶1 配合物，例如：

$$Zn^{2+}+H_2Y^{2-}=\!=\!=ZnY^{2-}+2H^+$$

个别离子如 Mo(V)与 EDTA 形成 2∶1 配合物。由于 EDTA 与金属离子配位时形成多个五元环，故这些螯合物的稳定性高(图 3-2)。

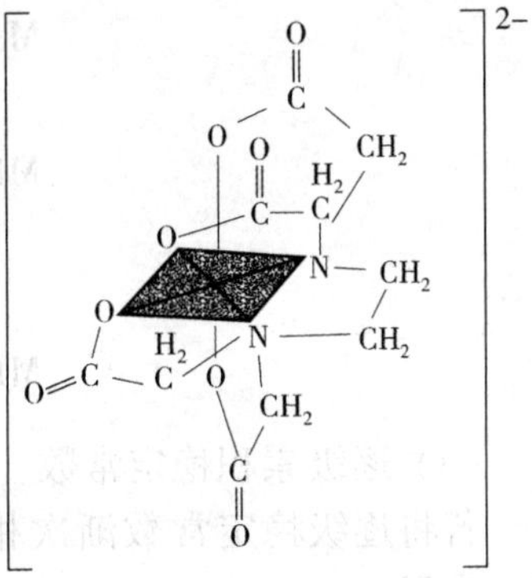

图 3-2 EDTA-M 螯合物的立体结构

③ 螯合物大多带电荷，水溶性高；配位反应速度大多较快，这些都给配位滴定提供了有利条件。

④ 反应中有 H^+ 释放出来，因此注意控制溶液的 pH。

⑤ EDTA 与无色金属离子生成无色配合物，有利于用指示剂确定滴定终点；EDTA 与有色金属离子所形成的 EDTA 配合物的颜色更深(表 3-1)。

表 3-1 有色 EDTA-M 螯合物

螯合物	颜色	螯合物	颜色
CrY^-	深紫	MnY^{2-}	紫红
$Cr(OH)Y^{2-}$	蓝(pH>10)	CoY	紫红
$Fe(OH)Y_2$	褐色(pH<6)	NiY^{2-}	蓝绿
FeY^-	黄	CuY^{2-}	蓝

因此滴定这些金属离子时，要控制浓度不能过大，否则将影响指示剂确定终点。

3-4 配合物的稳定常数

(1) 金属离子与 EDTA 配合物的稳定常数(形成常数)

金属离子与 EDTA 反应大多形成 1∶1 配合物(为简化计，以下书写是均省去电荷)。

$$M+Y \rightleftharpoons MY$$

反应达到平衡时，其平衡常数表示为

$$K_{稳}=\frac{[MY]}{[M][Y]}$$

这个平衡常数常称为稳定常数或形成常数(stability constant , formation constant)，$K_{稳}$ 也常用 K 来表示。$K_{稳}$ 越大，配合物越稳定($K_{稳}$ 不因浓度、酸度及其他配位剂或干扰离子的存在等外界条件而改变)；其倒数为配合物的不稳定常数(或称离解常数)$K_{不稳}$。

(2) 逐级稳定常数

M 还能与其他单齿配位剂 L 形成 ML_n 型配合物，ML_n 型配合物是逐级形成的，其逐级形成反应与相应的逐级稳定常数(stepwise stability constant)表示为

$$M+L \rightleftharpoons ML \qquad K_{稳_1}=\frac{[ML]}{[M][L]}$$

$$ML+L \rightleftharpoons ML_2 \qquad K_{稳2}=\frac{[ML_2]}{[ML][L]}$$

$$\vdots \qquad\qquad \vdots$$

$$ML_{(n-1)}+L \rightleftharpoons ML_n \qquad K_{稳_n}=\frac{[ML_n]}{[ML_{n-1}][L]}$$

(3) 逐级累积稳定常数

若将逐级稳定常数渐次相乘，就得到逐级累积稳定常数(cumulative stability constant)，用β_i表示：

第一级累积稳定常数 $\beta_1=K_{稳1}=\dfrac{[ML]}{[M][L]}$ $\qquad M+L \rightleftharpoons ML$

第二级累积稳定常数 $\beta_2=K_{稳1}\cdot K_{稳2}=\dfrac{[ML_2]}{[M][L]^2}$ $\qquad M+2L \rightleftharpoons ML_2$

$\vdots \qquad \vdots$

第 n 级累积稳定常数 $\beta_n=K_{稳1}\cdot K_{稳2}\cdots K_{稳n}=\dfrac{[ML_n]}{[M][L]^n}$ $\qquad M+nL \rightleftharpoons ML_n$

最后一组累积稳定常数β_n又称为总稳定常数 K：$K=\beta_n$。

例如，铜氨配合物的各级累积常数 $\lg\beta_1 \sim \lg\beta_4$ 分别为 4.15、7.6、10.5 和 12.6。

根据配合物的各级累积稳定常数，可计算各级配合物的平衡浓度，即

$$[ML]=\beta_1[M][L]$$

$$[ML_2]=\beta_2[M][L]^2$$

$$\vdots$$

$$[ML_n]=\beta_n[M][L]^n$$

各级累积稳定常数将各级配合物的浓度($[ML]$、$[ML_2]$、…、$[ML_n]$)直接与游离金属，游离配位剂的浓度($[M]$、$[L]$)联系起来。在配位平衡处理中，常涉及各级配合物的浓度，以上关系式很重要(各级配合物的分布分数见拓展阅读 3.1)。

3-5 配位反应的副反应系数

在配位滴定中所涉及的化学平衡比较复杂，除了被测金属离子 M 与滴定剂 Y 之间的主反应外，由于某些干扰离子或分子的存在(如溶液中的 H^+、OH^-，其他共存离子、缓冲剂、掩蔽剂等)，常伴随有一系列副反应发生：

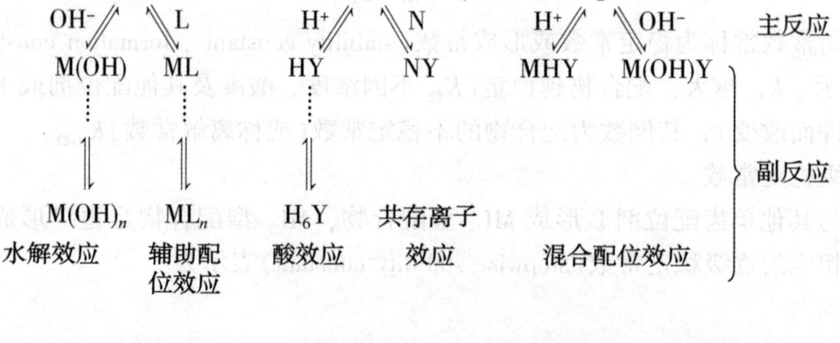

这些副反应都将影响主反应的进行程度，M、Y 及 MY 的各种副反应进行的程度，可由其相应的副反应系数(side-reaction coefficient)(α)表示。

副反应系数(side-reaction coefficient)是指未参加主反应的待测金属离子 M 或滴定剂 Y 的总浓度与金属离子或滴定剂的平衡浓度的比值。定义式如下：

$$\alpha_{A(B)}=\frac{[A']}{[A]} \tag{3-1}$$

式中　$\alpha_{A(B)}$——组分 A(金属离子 M 或滴定剂 Y)的副反应系数；

B——副反应组分；

$[A']$——未参加主反应的组分 A 的总浓度，也叫表观浓度；

$[A]$——组分 A 的平衡浓度。

副反应系数反映副反应组分对滴定反应的干扰程度。副反应系数 $\alpha_{A(B)}$ 越大，副反应的干扰越严重，表明干扰组分 B 通过副反应结合越多的、本应该参加主反应的组分 A 。如果不存在副反应，其副反应系数为 1。下面讨论配位滴定中几种重要的副反应系数。

(1) Y 的副反应系数

Y 有两类副反应，分别是与 H^+ 和干扰金属离子发生的。

① Y 的酸效应和酸效应系数$[\alpha_{Y(H)}]$：

$$\begin{array}{ccc} M + & Y & \rightleftharpoons MY \\ & \Big\Downarrow H^+ & \\ & HY、H_2Y、H_3Y\cdots\cdots & \end{array}$$

在配位滴定中，当金属离子 M 与滴定剂 Y 发生配位反应时，溶液中 H^+ 浓度较大时，H^+ 会与 Y 结合形成共轭酸，使[Y]降低，主反应将受到影响，这种由于 H^+ 存在使滴定剂 Y 参加主反应能力降低的现象称为酸效应。H^+ 引起副反应时的副反应系数称为酸效应系数，用 $\alpha_{Y(H)}$ 表示。

$$\alpha_{Y(H)}=\frac{[Y']}{[Y]} \tag{3-2}$$

Y 的酸效应系数 $\alpha_{Y(H)}$ 表示未与金属 M 配位的 EDTA 的总浓度 $[Y']$ 是平衡浓度 $[Y]$ 的倍数。显然，溶液的酸度会影响 Y 与 M 离子配位能力，酸度愈大，Y 的浓度愈小，愈不利于 MY 的形成。$\alpha_{Y(H)}$ 越大，酸效应越严重。若 Y 没有酸效应，$\alpha=1$。$\alpha_{Y(H)}$ 即六元酸 H_6Y 中 Y 的分布分数的倒数。

已知：$[Y']=[H_6Y]+[H_5Y]+[H_4Y]+[H_3Y]+[H_2Y]+[HY]+[Y]$

所以：
$$\alpha_{Y(H)}=\frac{[Y']}{[Y]}=\frac{[Y]+[HY]+\cdots+[H_6Y]}{[Y]}$$

类同于酸分布系数的推导：

$$\alpha_{Y(H)}=1+\frac{[H^+]}{K_{a6}}+\frac{[H^+]^2}{K_{a6}K_{a5}}+\cdots+\frac{[H^+]^6}{K_{a6}K_{a5}\cdots K_{a1}} \tag{3-3}$$

上式表明，$\alpha_{Y(H)}$ 仅是$[H^+]$的函数，酸度越高，$\alpha_{Y(H)}$ 越大，酸效应越严重。一般情况下，$\alpha_{Y(H)}>1$，当 $pH \geqslant 12$ 时，$\alpha_{Y(H)} \approx 1$。

因此：已知 $[H^+]$，根据上式可以计算出 $\alpha_{Y(H)}$。由于 $\alpha_{Y(H)}$ 值的变化范围很大，常取其对数使用。在配位滴定中 $\alpha_{Y(H)}$ 值很重要，为了方便应用，常将不同 pH 时的 $\lg\alpha_{Y(H)}$ 值计算

出来列成表或绘成 $\lg\alpha_{Y(H)}$-pH 图备用，如图 3-3 所示。

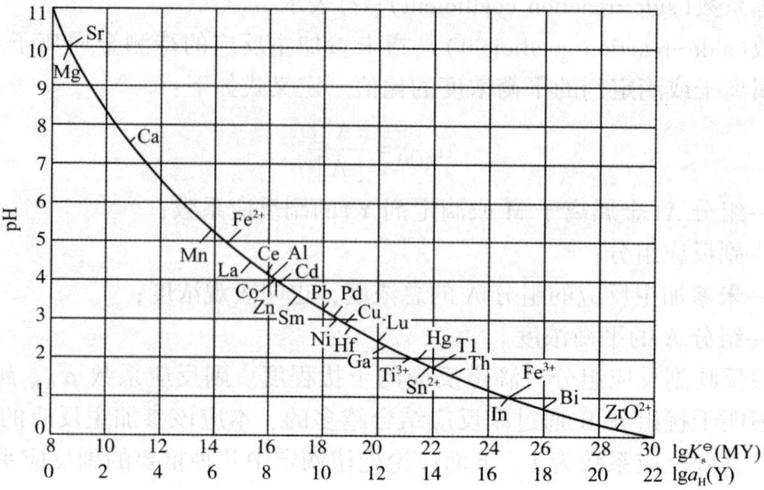

图 3-3　EDTA 的酸效应曲线

该图表示酸度对 $\alpha_{Y(H)}$ 值的影响很大。pH=1 时 $\alpha_{Y(H)}=10^{18}$，此时 EDTA 与 H^+ 副反应很严重，溶液中游离的 EDTA 仅为未与 M 配位 EDTA 总浓度的 10^{-18}，$\alpha_{Y(H)}$ 随酸度的降低而减小。

② 共存离子效应系数 $\alpha_{Y(N)}$：当待测金属离子 M 与滴定剂 Y 发生配位反应时，若溶液中共存离子 N 也可能与 Y 发生配位反应，从而降低 Y 的平衡浓度。共存离子 N 引起滴定剂 Y 参加主反应能力降低的副反应称为共存离子效应，其副反应系数称为共存离子效应系数，用符号 $\alpha_{Y(N)}$ 表示。

$$\alpha_{Y(N)}=\frac{[Y']}{[Y]}=\frac{[NY]+[Y]}{[Y]}$$
$$=1+K_{NY}[N] \tag{3-4}$$

由上式可以看出，共存离子 N 的平衡浓度［N］越大、稳定常数 K_{NY} 越大，则 $\alpha_{Y(N)}$ 越大，共存离子 N 对主反应的影响就越大。

若溶液中共存 n 种离子 N_1、N_2、$\cdots N_n$，则

$$\alpha_{Y(N)}=\frac{[Y']}{[Y]}=\frac{[Y]+[N_1Y]+\cdots+[N_nY]}{[Y]}$$
$$=1+K_{N_1Y}[N_1]+\cdots+K_{N_nY}[N_n]$$
$$=1+\alpha_{Y(N_1)}+\cdots+\alpha_{Y(N_n)}-n$$
$$=\alpha_{Y(N_1)}+\cdots+\alpha_{Y(N_n)}-(n-1) \tag{3-5}$$

③ Y 的总副反应系数 α_Y：在滴定过程中，如果滴定剂 Y 同时存在酸效应和共存离子效应，Y 的总副反应系数为

$$\alpha_Y=\frac{[Y']}{[Y]}=\frac{[Y]+[HY]+\cdots+[H_6Y]+[NY]}{[Y]}$$
$$=\frac{[Y]+[HY]+\cdots+[H_6Y]+[Y]+[NY]-[Y]}{[Y]}$$
$$=\alpha_{Y(H)}+\alpha_{Y(N)}-1 \tag{3-6}$$

(2) M 的副反应系数

① 配位效应及配位效应系数：在配位滴定中，当待测金属离子与滴定剂 EDTA 发生配位反应时，如果溶液中有其他配位剂 L 存在时，则待测金属离子也能与配位剂 L 发生配位反应。这种由于其他配位剂 L 与待测金属离子 M 发生配位反应而使金属离子参加主反应的能力降低的现象，称为金属离子的配位效应。金属离子的配位效应对主反应的影响程度的大小用金属离子的配位效应系数 $\alpha_{M(L)}$ 来衡量。

$$
\begin{array}{c}
Y \ + \ M \rightleftharpoons MY \\
\Big\Updownarrow L \\
ML、ML_2……
\end{array}
$$

$\alpha_{M(L)}$ 表示没有参加主反应的金属离子总浓度[M′]是游离金属离子浓度[M]的倍数。

$$
\begin{aligned}
\alpha_{M(L)} = \frac{[M']}{[M]} &= \frac{[M]+[ML]+\cdots+[ML_n]}{[M]} \\
&= \frac{[M]+\beta_1[M][L]+\cdots+\beta_n[M][L]^n}{[M]} \\
&= 1+\beta_1[L]+\cdots+\beta_n[L]^n
\end{aligned}
\tag{3-7}
$$

上式表明，$\alpha_{M(L)}$ 仅是溶液中游离的其他配位剂 L 浓度的函数，[L]值越大，$\alpha_{M(L)}$ 越大，表示金属离子与 L 配位越完全，副反应越严重，若 M 没有副反应 $\alpha_{M(L)}=1$。

② 水解效应系数：在高 pH 下滴定金属离子时，金属离子 M 还可能发生水解，M 与 OH^- 形成金属羟基配合物(L 就代表 OH^-)，使待测金属离子 M 参加主反应的能力降低，这种现象称为金属离子的水解效应。待测金属离子 M 的水解效应对主反应的影响程度的大小用水解效应系数 $\alpha_{M(OH)}$ 来衡量：

$$
\alpha_{M(OH)} = 1+\beta_1[OH^-]+\cdots+\beta_n[OH^-]^n \tag{3-8}
$$

式中　β_1、β_2、…、β_n——待测金属离子的羟基配位个体的逐级累积稳定常数。

由上式可以看出，溶液 pH 越大，待测金属离子 M 的水解效应系数就越大。

③ M 的总副反应系数 α_M：

如果待测金属离子 M 与其他配位剂 L 和 OH^- 均发生副反应，则待测金属离子 M 的总副反应系数为

$$
\alpha_M = \alpha_{M(L)}+\alpha_{M(OH)}-1 \tag{3-9}
$$

若溶液中共存 n 个干扰配体 L_1、L_2、…、L_n，同时与 M 发生副反应，考虑所有干扰配体的副反应，则

$$
\alpha_M = \alpha_{M(L_1)}+\alpha_{M(L_2)}+\cdots+\alpha_{M(L_n)}-(n-1) \tag{3-10}
$$

一般来说，共存多种配位剂时，只有一种或少数几种配位剂的影响是主要的，由此来决定总的副反应系数。

L 可能是滴定所需缓冲剂或为防止金属离子水解所加的辅助配位剂，L 也可能是为消除干扰而加的掩蔽剂。

(3) MY 的副反应系数

在酸度较高的情况下，MY 与 H^+ 发生副反应，形成酸式配合物 MHY

$$
MY+H \rightleftharpoons MHY
$$

$$K_{MHY}^{H}=\frac{[MHY]}{[MY][H]}$$

副反应系数 $$\alpha_{MY(H)}=\frac{[MY']}{[MY]}=\frac{[MY]+[MHY]}{[MY]}$$

$$=1+K_{MHY}^{H}[H^+] \quad (3-11)$$

在酸度较低(碱度较高)时，会有碱式配合物 MOHY 生成，副反应系数

$$\alpha_{MOHY}=1+K_{MOHY}^{OH}[OH^-] \quad (3-12)$$

上述副反应对主反应有利，但 MHY、MOHY 大多不太稳定，一般计算中可忽略不计。

3-6 配合物的条件稳定常数

在滴定过程中，当溶液中无副反应发生时，当反应

$$M+Y \rightleftharpoons MY$$

达平衡时，用稳定常数 K_{MY} 衡量此配位反应进行的程度：

$$K_{MY}=\frac{[MY]}{[M][Y]}$$

当溶液中有副反应发生时，溶液的组成发生变化。

设未参加主反应的 M 的总浓度为[M′]，Y 的总浓度为[Y′]，生成的 MY、MHY 和 MOHY 的总浓度为[(MY)′]。

当达到平衡时应有： $$K'_{MY}=\frac{[(MY)']}{[M'][Y']} \quad (3-13)$$

由副反应系数定义知：

$$[M']=\alpha_M\cdot[M]$$

$$[Y']=\alpha_Y\cdot[Y]$$

$$[(MY)']=\alpha_{MY}\cdot[MY]$$

把这些关系式代入式(3-13)中，可得条件稳定常数 K'_{MY} 与稳定常数 K_{MY} 的关系式：

$$K'_{MY}=\frac{\alpha_{MY}[MY]}{\alpha_M[M]\cdot\alpha_Y[Y]}=\frac{\alpha_{MY}}{\alpha_M\cdot\alpha_Y}\cdot K_{MY} \quad (3-14)$$

上式取对数得 $$\lg K'_{MY}=\lg K_{MY}-\lg\alpha_M-\lg\alpha_Y+\lg\alpha_{MY} \quad (3-15)$$

讨论：①在一定条件下(如溶液 pH 和试剂浓度一定时)，α_M、α_Y 和 α_{MY} 均为定值，因此 K'_{MY} 也是个常数。为了强调 K'_{MY} 随条件而变，称之为条件稳定常数，也有教材称之为表现稳定常数。它是判断配合物 MY 稳定性的重要的数据之一。

② K'_{MY} 是用副反应系数校正后的实际稳定常数，说明了配合物在一定条件下的实际稳定程度；也说明了在发生副反应情况下配位反应实际进行程度。

③ 判断某配位反应是否进行彻底，要用 K'_{MY} 判断而不是 K_{MY} 判断。

④ 多数情况下(溶液酸碱性不太强)，MY 不形成酸式碱式配合物，上式可简化为

$$\lg K'_{MY}=\lg K_{MY}-\lg\alpha_M-\lg\alpha_Y \quad (3-16)$$

在大多数情况下，影响配位平衡的主要因素为“酸效应”和“配位效应”，上式可写成：

$$\lg K'_{MY}=\lg K_{MY}-\lg\alpha_{M(L)}-\lg\alpha_{Y(H)} \quad (3-17)$$

当溶液中无其他配位剂存在时：

$$\alpha_{M(L)}=1 \qquad \lg K'_{MY}=\lg K_{MY}-\lg\alpha_{Y(H)} \quad (3-18)$$

当溶液中无其他配位剂存在，且 pH>12 时：

$$\alpha_{Y(H)}=1 \quad \lg K'_{MY} = \lg K_{MY} \tag{3-19}$$

一般情况下：

$$K'_{MY}<K_{MY}$$

3-7 金属离子指示剂

配位滴定指示终点的方法很多，其中最简便、使用最广泛的是使用金属指示剂指示终点。金属指示剂以指示溶液中金属离子浓度的变化确定终点。

在配位滴定中，通常利用一种能与金属离子生成有色配合物的显色剂来指示滴定过程中金属离子浓度的变化，这种显色剂称为金属离子指示剂(简称金属指示剂，metal ion indicator)。

(1) 金属离子指示剂的作用原理

金属指示剂是一些有机染料，能与待测金属离子形成与游离金属指示剂颜色不同的有色配合物，因而能指示出滴定过程中待测金属离子浓度的变化情况。

滴定前　　$M + In \rightleftharpoons MIn$

　　　　　　　A 色　　B 色　　(A 色与 B 色不同)

溶液颜色是金属离子 M 与 MIn 叠加色。

化学计量点时　　$MIn+Y \rightleftharpoons MY+In$　　$K'_{MY}>K'_{MIn}$

　　　　　　　B 色　　A 色

溶液的颜色是 MY 与 In 的叠加色。

示例：以 EDTA 滴定 Mg^{2+}，用铬黑 T(EBT)作指示剂时：

滴定开始前　　$Mg^{2+} + EBT \rightleftharpoons Mg\text{-}EBT$　(红)

滴定过程中　　$Mg^{2+} + EDTA \rightleftharpoons Mg\text{-}EDTA$

计量点时　　$EDTA + Mg\text{-}EBT \rightleftharpoons Mg\text{-}EDTA + EBT$

　　　　　　　　红色　　　　　　　蓝色

溶液由红色变为蓝色表示到达滴定终点。

根据酸效应曲线，滴定 Mg^{2+} 适宜的 pH 值为 10(9.6~10)，但指示剂也有自身适宜的 pH 范围，如铬黑 T：

$$H_2In^- \xrightleftharpoons{pK_{a2}^{6.3}} HIn^{2-} \xrightleftharpoons{pK_{a3}^{11.6}} In^{3-}$$

紫红色　　蓝色　　橙色

pH<6　　pH8~11　　pH>12

由于铬黑 T 与金属离子形成的配合物颜色都是红色，为了使滴定终点的颜色变化明显，因此指示剂铬黑 T 适宜的 pH 范围应为 pH = 8~11。在此 pH 范围内，金属离子的游离态与配位态的颜色有明显的区别，也恰好与滴定 Mg^{2+} 的酸度 pH = 10 符合。

(2) 金属(离子)指示剂必须具备的条件

在滴定分析中，作为金属指示剂必须具备以下条件：

① 在滴定的 pH 范围内，待测金属离子 M 与金属指示剂形成的有色配合物 MIn 与游离金属指示剂 In 的颜色有明显的区别。

② 金属指示剂多是有机弱酸，颜色随 pH 而改变，因此必须控制合适的 pH 范围。

③ 指示剂与金属离子的反应必须灵敏、迅速，具有良好的可逆性。

④ MIn 的稳定性要适当，一般地说，MIn 的稳定性应比 MY 低，否则 $MIn+Y =\!=\!= MY+In$ 不能进行，即使过了化学计量点也不变色，失去了指示剂的作用。但如果 MIn 稳定性太低，终点会提前出现，且使变色不敏锐。

⑤ MIn 易溶于水，否则生成沉淀或胶体，终点变色不敏锐——指示剂被僵化。

(3) 金属指示剂的选择

选择指示剂原则：要求金属指示剂在配位滴定突跃范围内发生颜色变化，且使指示剂变色点的 pM_{ep} 与化学计量点的 pM_{sp} 尽量一致，以减小终点误差。

设待测金属离子 M 与金属指示剂形成有色配合物 MIn

$$M+In \rightleftharpoons MIn$$

$$K_{MIn}=\frac{[MIn]}{[M][In]}$$

$$\lg K_{MIn}=pM+\lg\frac{[MIn]}{[In]}$$

在指示剂的理论变色点时　　$[MIn]=[In]$

此时　　$$\lg K_{MIn}=pM_{ep} \tag{3-20}$$

即：指示剂变色点时的 pM_{ep} 等于有色配合物 $\lg K_{MIn}$ 的值。

金属指示剂 In 一般都是有机弱酸，实际工作中考虑金属指示剂的酸效应影响：

$$\lg K'_{MIn}=pM+\lg\frac{[MIn]}{[In']}$$

则在指示剂的理论变色点时　　$[MIn]=[In']$

此时　　$$\lg K'_{MIn}=pM_{ep} \tag{3-21}$$

即：指示剂变色点时的 pM_{ep} 等于有色配合物 $\lg K'_{MIn}$ 的值。

$$pH\uparrow \longrightarrow \lg K'_{MIn}\uparrow \longrightarrow pM\uparrow$$

K'_{MIn} 随溶液 pH 的变化而变化，指示剂变色点的 pM_{ep} 也随 pH 的变化而变化。因此，金属指示剂不可能像酸碱指示剂那样，有一个确定的变色点，而是随着溶液 pH 不同而不同。

理论选择：因此配位滴定在选择金属指示剂时，需要考虑体系 pH，使 pM_{ep} 与 pM_{sp} 尽可能一致，至少应在化学计量点附近的 pM 突跃范围内。

实际选择：尽管选择指示剂可通过指示剂的有关常数进行理论计算，但金属指示剂的常数很不齐全，有时无法计算。因此在实际工作中常采用实验方法选择金属指示剂，选择依据是先试验终点颜色变化是否敏锐，然后检查测定结果准确度是否符合要求。

(4) 金属离子指示剂在使用中存在的问题

金属指示剂的条件与选择都比较苛刻，因为，在实际工作中，金属指示剂易发生封闭与僵化现象。

① 指示剂的封闭现象：到化学计量点时，MIn 配合物不变色，这种现象称为指示剂的封闭现象。产生指示剂封闭的原因如下：

a. 对于被测金属离子，由于 $K'_{MIn}>K'_{MY}$，终点时 EDTA 不能夺取 MIn 中的金属离子，故不能释放出游离指示剂，溶液颜色无变化，不能指示终点；

b. 溶液中共存离子 N 与指示剂形成配合物 NIn 的稳定性高于 Y 与被测金属离子形成配合物 MY 的稳定性，终点时 Y 不能夺取 NIn 中的金属离子，故溶液颜色无变化，不能指示终点。

解决的办法是加入掩蔽剂，使干扰离子生成更稳定的配合物，从而不再与指示剂作用。若干扰离子的量太大，则需预先分离除去。

例如：pH 为 10 以铬黑 T 为指示剂，用 EDTA 滴定 Ca^{2+}、Mg^{2+} 总量时，Al^{3+}、Fe^{3+}、Cu^{2+}、Co^{2+}、Ni^{2+} 等会封闭铬黑 T，致使终点无法确定；往往由于试剂或蒸馏水的质量差，含有微量的上述离子，也使指示剂失效。Al^{3+}、Fe^{3+} 对铬黑 T 的封闭，可加三乙醇胺掩蔽，Cu^{2+}、Co^{2+}、Ni^{2+} 可用 KCN 掩蔽。

② 指示剂的僵化现象：由于 In 或 MIn 的溶解度太小，使 Y 与 MIn 的交换缓慢，终点拉长，称为指示剂的僵化现象。

产生的原因是由于金属离子与指示剂生成了难溶于水的有色络合物。消除方法是加入适当有机溶剂或加热，增大其溶解度，使指示剂变化敏锐。

例如：用 PAN 作指示剂，常在加入酒精或加热时滴定。以磺基水杨酸为指示剂，滴定时先将溶液加热到 50~70℃，然后滴定。

③ 指示剂的氧化变质现象：金属指示剂大多含双键，易被日光、氧化剂、空气中的氧化还原性物质破坏，在水溶液中不稳定，日久变质。

消除方法：加入盐酸羟胺、抗坏血酸等还原剂或配成固体混合物增加稳定性。例如，EBT 和钙指示剂与 NaCl 或 KCl 配成固体混合物使用(常用金属离子指示剂见拓展阅读 3.2)。

3-8 配位滴定的滴定曲线

在配位滴定中，用 EDTA 滴定待测金属离子 M 时，随着滴定剂的加入，溶液中待测金属离子浓度逐渐减小，在化学计量点附近，pM(-lg[M])发生突变。配位滴定与酸碱滴定相似，但由于 Y 可能有酸效应和共存离子效应，M 可能有配位效应和水解效应，因此配位滴定比酸碱滴定更复杂。

酸碱滴定中 K_a 与 K_b 不变，配位滴定中 K'_{MY} 随滴定体系不同而变化，为使滴定过程中 K'_{MY} 基本保持不变，常用 pH 缓冲溶液控制酸度(金属离子缓冲溶液见拓展阅读 3.3)。

配位滴定过程中，体系 pM 随滴定剂加入体积的变化曲线，称作配位滴定曲线，即 V-pM 曲线。如果 M、Y 有副反应，[M]用[M′]替代，滴定曲线的横坐标 pM 改为 pM′，对滴定剂的体积作图，即得 V-pM′曲线。

(1) 滴定曲线的绘制

用 Y 滴定金属离子 M，绘制其滴定曲线需要计算不同滴定剂加入量(滴定前、化学计量点前、化学计量点、化学计量点后)时的金属离子浓度。下面讨论滴定过程中金属离子浓度的变化规律。

例如：用 Y 滴定等浓度的金属离子 M，滴定反应如下：

$$M+Y \longrightarrow MY$$

条件稳定常数为 $$K'_{MY}=\frac{[MY]}{[M][Y']}$$ (此时只考虑了 Y 的副反应系数)

① 滴定前：金属离子浓度等于其分析浓度。

$$[M]=c_M$$

② 化学计量点前：金属离子浓度等于其剩余浓度。

$$[M]=\frac{V_M-V_Y}{V_M+V_Y}\cdot c_M$$

③ 化学计量点：金属离子浓度等于配位平衡浓度，用条件稳定常数计算。

$$[M]_{sp}=\sqrt{\frac{[MY]}{K'_{MY}}}=\sqrt{\frac{c_M/2}{K'_{MY}}} \tag{3-22}$$

$$pM_{sp}=\frac{1}{2}(\lg K'_{MY}+pc_M^{sp}) \tag{3-23}$$

式中 c_M^{sp}——化学计量点时的浓度。

④ 化学计量点后：滴定剂过量，配位平衡向右移动，仍用条件稳定常数计算，滴定剂用过量后的浓度。

$$[M]=\frac{[MY]}{[Y']\cdot K'_{MY}}$$

如果 M 有副反应，则用[M′]替代[M]即可(可自行推导相应的公式)。

(2) 滴定突跃的计算

sp 前 $$E_t=-0.1\%$$

$$[M]_{ep}=[M]_{剩余}=\frac{0.1\% c_M}{2}=c_M\times 10^{-3.30}$$

$$pM_{ep}=pc_M+3.30 \tag{3-24}$$

化学计量点前，pM_{ep}与待滴定物浓度有关。

sp 后 $$E_t=+0.1\%$$

$$pM_{ep}=\lg K'_{MY}+\lg\frac{[Y]_{过量}}{[MY]}=\lg K'_{MY}+\lg\frac{0.1}{100}=\lg K'_{MY}-3.00 \tag{3-25}$$

化学计量点后，pM_{ep}与条件稳定常数有关。

$$\begin{aligned}滴定突跃&=(\lg K'_{MY}-3.00)-(pc_M+3.30)\\&=\lg K'_{MY}-pc_M-6.30\end{aligned} \tag{3-26}$$

因此，滴定突跃的大小与条件稳定常数和初始浓度有关。

讨论：① 在氨性溶液中，用 EDTA 滴定 Zn^{2+} 的曲线怎样(不同 pH 下)？

② 在没有辅助配位效应下，用 EDTA 滴定 Ca^{2+} 的曲线怎样(没有水解效应)？

③ 在没有辅助配位效应下，用 EDTA 滴定 Fe^{2+} 的曲线又怎样(有水解效应)？

滴定曲线绘制实例见拓展阅读 3.4。

④ 用式(3-26)讨论条件稳定常数和初始浓度是如何影响滴定突跃大小的？

影响滴定突跃的因素讨论见拓展阅读 3.5。

3-9 配位滴定的终点误差

参照酸碱误差公式，不难得到配位滴定的误差公式：

$$E_t=\frac{[Y']_{ep}-[M']_{ep}}{c_M^{ep}}\times 100\% \tag{3-27}$$

化学计量点后溶液中 Y 来源于 MY 的电离(=[M′])和过量的滴定剂，因此[Y′]ep－[M′]ep等于过量的滴定剂浓度。由于[Y′]ep、[M′]ep 通常不直观易得，有必要对上式进行整

理。设滴定终点(ep)与化学计量点(sp)的pM′值之差为ΔpM′，pY′值之差为ΔpY′

即 $$\Delta pM' = pM'_{ep} - pM'_{sp}$$

$$[M']_{ep} = [M']_{sp} \cdot 10^{-\Delta pM'} \quad [3-27(a)]$$

同理得 $$\Delta pY' = pY'_{ep} - pY'_{sp}$$

$$[Y']_{ep} = [Y']_{sp} \cdot 10^{-\Delta pY'} \quad [3-27(b)]$$

式[3-27(a)]、式[3-27(b)]代入式(3-27)可得式[3-27(c)]

$$E_t = \frac{[Y']_{sp} \cdot 10^{-\Delta pY'} - [M']_{sp} \cdot 10^{-\Delta pM'}}{c_M^{ep}} \times 100\% \quad [3-27(c)]$$

因为化学计量点时 K'_{MY} 与终点时的 K'_{MY} 非常接近，近似认为 $K'MY(sp) \approx K'MY(ep)$，且 $[MY]_{sp} \approx [MY]_{ep}$

则 $$\frac{[MY]_{sp}}{[M']_{sp}[Y']_{sp}} = \frac{[MY]_{ep}}{[M']_{ep}[Y']_{ep}}$$

$$\frac{[M']_{ep}}{[M']_{sp}} = \frac{[Y']_{sp}}{[Y']_{ep}}$$

取负对数得 $$pM'_{ep} - pM'_{sp} = pY'_{sp} - pY'_{ep}$$

即 $$\Delta pM' = -\Delta pY'$$

化学计量点时 $$[M']_{sp} = [Y']_{sp} = \sqrt{\frac{c_M^{sp}}{K'_{MY}}} \quad [3-27(d)]$$

在计量点附近可认为 $$c_M^{sp} \approx c_M^{ep} \quad [3-27(e)]$$

式[3-27(d)]、式[3-27(e)]代入式[3-27(c)]，则式[3-27(c)]可改写为

$$E_t = \frac{10^{\Delta pM'} - 10^{-\Delta pM'}}{\sqrt{K'_{MY} c_M^{sp}}} \times 100\% \quad (3-28)$$

上式称为林邦终点误差公式。由式(3-28)可知，配位滴定终点误差与 $K'_{MY} c_M^{sp}$ 有关，$K'_{MY} c_M^{sp}$ 越大，终点误差越小；配位滴定终点误差还与ΔpM′有关，ΔpM′越小，滴定终点与计量点越接近，终点误差越小。

3-10　直接准确滴定金属离子判别式

要判断某金属离子能否用EDTA准确滴定，也取决于允许误差和检测终点的准确度。一般配位滴定目测终点有±(0.2−0.5)ΔpM的不确定性，即ΔpM至少有±0.2，若允许 $E_t \leq \pm 0.1\%$，则由林邦误差公式得

$$c_M^{sp} K'_{MY} \geq \left(\frac{10^{0.2} - 10^{-0.2}}{0.001}\right)^2$$

即 $$c_M^{sp} K'_{MY} \geq 10^6 \quad (3-29)$$

$$\lg(c_M^{sp} K'_{MY}) \geq 6 \quad (3-30)$$

上式作为终点误差为±0.1%时，判断单一金属离子配位滴定能否准确滴定的判别条件。

在配位滴定中，c_M(原始浓度)约为0.02000mol/L，终点时 c_M^{ep} 应为0.01000 mol/L，此时：

$$\lg K'_{MY} \geq 8 \quad (3-31)$$

讨论：①若允许误差增大到0.3%，即$E_t \leq \pm 0.3\%$，则$\lg(cK'_{MY}) \geq 5$。

② 若允许误差增大到1%，即$E_t \leq \pm 1.0\%$，则$\lg(cK'_{MY}) \geq 4$。

③ 若应用仪器来检测终点，可使ΔpM的不确定性减小，使终点误差相应减小，$\lg(cK'_{MY})$值的要求也随之而改变。

3-11 分步滴定金属离子判别式

若多种金属离子共存于同一溶液，由于EDTA与很多金属离子生成稳定配合物，因此需要判断能否进行分别滴定。

如果M、N两种金属离子，$K_{MY}>K_{NY}$，在化学计量点的分析浓度分别为c_M^{sp}、c_N^{sp}，要准确滴定M而不受N干扰的条件是(误差为0.3%；$\Delta pM'=0.2$)：

$$\lg(K_{MY}c_M^{sp})-\lg(K_{NY}c_N^{sp}) \geq 5 \quad (3-32)$$

或

$$\Delta\lg(Kc) \geq 5 \quad (3-33)$$

上式即M、N共存时配位滴定的分别滴定金属离子判别式。

公式推导思路：根据所给条件，由林邦误差公式求出金属离子M准确滴定的条件为$\lg(c_M^{sp}K'_{MY}) \geq 5$，把金属离子N与Y的反应看成是主反应$M+Y \rightleftharpoons MY$的副反应，将相应的关系代入准确滴定的条件中整理即得(分别滴定金属离子判别式的推导见拓展阅读3.6)。

3-12 单一金属离子配位滴定的适宜酸度范围

(1) 配位滴定中为什么要控制酸度？

由于在配位滴定过程中会发生$M+H_nY \rightleftharpoons MY+nH$反应，随着滴定的进行，溶液的酸度增大，$K'_{MY}$变小，可能使得不能满足$\lg(K'_{MY}c_M^{sp}) \geq 6$条件；同时指示剂的变色点也随pH改变；金属离子与$OH^-$会发生副反应，甚至生成沉淀而影响配位滴定。因此在配位滴定中通常加入酸碱缓冲溶液控制溶液的pH值(配位滴定中缓冲溶液的应用见拓展阅读3.7)。

由林邦误差公式可知，当c_M、ΔpM一定时，E_t与$\lg K'_{MY}$有关。如果允许误差E_t也一定，则要求$\lg K'_{MY}$至少有一定的数值，否则会超过允许误差，超出准确滴定的要求。溶液的酸度影响$\lg K'_{MY}$的值，下面讨论c_M、ΔpM、E_t一定时，滴定单一金属离子M的适宜pH范围。

(2) 为什么要控制最高酸度？

酸度太高，Y的酸效应太大，条件稳定常数较小，pM'突跃小，终点误差大，因此，要控制酸度的上限值。

(3) 最高酸度为多少？

假设配位反应中除EDTA的酸效应和M的水解效应外，没有其他副反应。则$\lg K'_{MY}$主要受$\alpha_{Y(H)}$影响，K'_{MY}的最小值：

$$(\lg K'_{MY})_{min}=\lg K_{MY}-\lg\alpha_{Y(H)}$$

则

$$[\lg\alpha_{Y(H)}]_{max}=\lg K_{MY}-\lg K'_{MY} \quad (3-34)$$

由单一金属离子准确滴定条件：

$$\lg(K'_{MY}c_M^{sp}) \geq 6$$

当$c_M=0.01mol \cdot L^{-1}$时，$\lg K'_{MY} \geq 8$，

$$\lg K'_{MY}=\lg K_{MY}-\lg\alpha_{Y(H)} \geq 8$$

由于 pH↓，$\lg\alpha_{Y(H)}$↑，因此溶液的酸度应有一高限，超过它便不能保证 $\lg K_{MY}$ 具有一定的数值，从而引起较大的误差，这一最高允许的酸度称为“最高酸度”或是最低 pH 值。

当 $c_M^{sp}=0.01\text{mol}\cdot L^{-1}$ 时，某滴定在一定条件（$\Delta pM=0.2$，$E_t=0.1\%$）下所允许的最高酸度可由下式求得

$$\lg\alpha_{Y(H)}=\lg K_{MY}-8 \tag{3-35}$$

由式（3-35）计算出 $\lg\alpha_{Y(H)}$，再查出对应的 pH，此 pH 即为用 EDTA 标准溶液滴定某金属离子的最低 pH 值。

利用上述方法，可以计算出在一定条件下滴定各种金属离子时的最低 pH 值，图示于图 3-3，该曲线称为“酸效应曲线”或林邦曲线。林邦曲线对解决实际问题有一定的指导意义：

① 由曲线可迅速查出各离子被滴定的最低 pH 值，若小于该值滴定就不能进行。如滴定 Ca^{2+}，pH 须大于 8；滴定 Mn^{2+}，pH 必须大于 5.2 。

② 由曲线可以看出，利用控制酸度的方法有可能在同一溶液中连续滴定几种离子。例如当一溶液中同时含有 Bi^{3+}、Zn^{2+} 及 Mg^{2+} 时，可用 EDTA 在 pH＝1.0 左右先滴定 Bi^{3+}，然后在 pH＝5 左右滴定 Zn^{2+}，最后在 pH＝10 左右滴定 Mg^{2+}。

③ 由曲线可看出，在某 pH 范围内滴定某种离子时，哪些离子有干扰。例如，在 pH＝8 左右滴定 Ca^{2+}、Mg^{2+} 不会有干扰，但 Mn^{2+} 有干扰。

（4）为什么要控制最低酸度？

在没有辅助配位剂存在时，大多金属离子，在酸度过低的情况下由于水解效应析出沉淀，不利于滴定，因此，配位滴定过程中需控制一个 M 被准确滴定的最低酸度。

最低酸度为多少？最低酸度是防止生成 $M(OH)_n$ 沉淀，可由溶度积求得。如果 $M(OH)_n$ 的溶度积为 K_{sp}，为了防止滴定时形成 $M(OH)_n$ 沉淀，必须使

$$[OH]^n[M]\leqslant K_{sp}[M(OH)_n]$$

$$[OH]\leqslant\sqrt[n]{\frac{K_{sp[M(OH)_n]}}{[M]}} \tag{3-36}$$

根据上式可求出最低酸度。

3-13 混合离子分步滴定的酸度控制

问题的提出：若溶液中含有金属离子 M 和 N，均能与 EDTA 形成配合物，且 $K_{MY}>K_{NY}$。用 EDTA 滴定时，首先被滴定是 M；若 K_{MY} 与 K_{NY} 相差足够大，则 M 被定量滴定后才滴定 N，即 N 存在下能够准确滴定 M，这是分步滴定的问题。至于 N 能否继续滴定，这是单一金属离子的滴定问题（参见 3-12）。这里要讨论的问题是：酸度达到多大时，K_{MY} 与 K_{NY} 相差足够大，M 才能够被 EDTA 准确滴定（N 不干扰）？

若将 N 的影响与 H^+ 的影响同样作为对 EDTA 的副反应来处理，求得在 N 存在下的 K'_{MY} 值，就能解决能否准确滴定 M 的问题。

$$\begin{array}{ccccc} M & + & Y & & \rightleftharpoons MY \\ & & H\swarrow\ \searrow N & & \\ & & HY\quad NY & & \\ & & \vdots & & \end{array}$$

设：

$\alpha_{Y(H)}$随酸度降低而减少，而$\alpha_{Y(N)}$为

$$\alpha_{Y(N)}=\frac{[Y]+[NY]}{[Y]}=1+[N]K_{NY}$$

可见$\alpha_{Y(N)}$仅决定于[N]与K_{NY}，只要酸度不太低N不水解，$\alpha_{Y(N)}$为定值。

$$\alpha_{Y}=\alpha_{Y(H)}+\alpha_{Y(N)}-1$$

① 若在较高酸度下滴定，$\alpha_{Y(H)}\gg\alpha_{Y(N)}$，$\alpha_{Y}\approx\alpha_{Y(H)}$，则

$$K'_{MY}=K_{MY}/\alpha_{Y(H)}$$

此时可忽略N离子对滴定过程的影响，与单独滴定M的情况相同，酸度的选择与单一离子滴定相同，K'_{MY}值随酸度减少而增大。

② 若在较低酸度下滴定，$\alpha_{Y(N)}\gg\alpha_{Y(H)}$，$\alpha_{Y}\approx\alpha_{Y(N)}\approx c(N)\cdot K_{NY}$，则

$$K'_{MY}=K_{MY}/\alpha_{Y(N)}=\frac{K_{MY}}{1+c(N)\cdot K_{NY}}\approx\frac{K_{MY}}{c(N)\cdot K_{NY}}$$

此时忽略EDTA的酸效应，只要M、N不水解，也不发生其他副反应，K'_{MY}不随酸度变化并保持最大值，在这种情况下滴定突跃更为明显，有利于滴定。因此它可以作为N存在时滴定M的最高酸度。为了方便计算粗略地以$\alpha_{Y}\approx\alpha_{Y(N)}$时所对应的酸度作为最高酸度[此条件下的最大值$\alpha_{Y(H)}$只能为$\alpha_{Y(N)}$]。最低酸度与单一离子滴定相同，是M离子的水解酸度，即防止生成$M(OH)_n$沉淀的pH值。

3-14 提高配位滴定选择性的途径

掩蔽法：向样品溶液中加入一种试剂(即掩蔽剂)仅与干扰离子N反应，溶液中[N]降低，N对M的干扰作用减少以至消除，这种方法叫作掩蔽法。

按照所用反应类型的不同，可分为配位掩蔽法、沉淀掩蔽法和氧化还原掩蔽法，其中以配位掩蔽法用得最多。

前面已讨论了准确滴定金属离子和分别滴定金属离子的条件。滴定金属离子M时，当有共存离子N存在时，要求$\lg(K_{MY}c_{M}^{sp})-\lg(K_{NY}c_{N}^{sp})\geq5$。

如果$\lg(K_{MY}c_{M}^{sp})-\lg(K_{NY}c_{N}^{sp})<5$时，滴定金属离子M时，共存离子N必然干扰。要消除N的干扰，必须降低$\lg(K_{NY}c_{N}^{sp})$，设法使其满足分别滴定判别式。

降低$\lg(K_{NY}c_{N}^{sp})$的途径有三种方法：

① 降低共存离子N的游离浓度，可采用配位掩蔽法或沉淀掩蔽法。

② 通过改变N离子的价态，降低K_{NY}值或使N不与EDTA配位，达到选择滴定M的目的。这种方法称为氧化还原掩蔽法。

③ 选择其他配位剂，使$\Delta\lg(K\cdot c)\geq5$。

(1) 配位掩蔽法

使用配位剂(L)时，溶液中的平衡关系

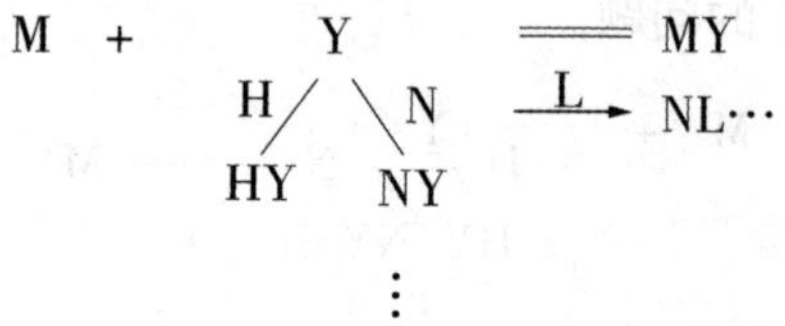

N与L的反应，可看作N与EDTA反应的副反应。若掩蔽效果好，[N]降得很低，以致$\alpha_{Y(N)} \ll \alpha_{Y(H)}$，此时$\alpha_Y \approx \alpha_{Y(H)}$，则有

$$\lg K'_{MY} = \lg K_{MY} - \lg\alpha_{Y(H)}$$

此时N已不构成干扰，$\lg K'_{MY}$仅与酸度有关，其滴定与滴定单一金属离子M时相同。

若加入掩蔽剂后，$\alpha_{Y(N)} \gg \alpha_{Y(H)}$，这时$\alpha_Y \approx \alpha_{Y(N)}$。

而
$$\alpha_{Y(N)} = 1 + K_{NY}[N] = 1 + K_{NY}\frac{c_N^{sp}}{\alpha_{N(L)}}$$

故
$$\lg K'_{MY} = \lg K_{MY} - \lg\alpha_{Y(N)} = \Delta\lg K + pc_N^{sp} + \lg\alpha_{N(L)}$$

可见当$\alpha_{Y(N)} > \alpha_{Y(H)}$时，掩蔽剂的作用使$\lg K'_{MY}$增大了$\lg\alpha_{N(L)}$个单位。$\lg\alpha_{N(L)}$越大，掩蔽效率越高，故又称掩蔽指数。有了$\lg K'_{MY}$，就可以计算$E_t$，判断能否准确滴定。具体做法如下：

① 先加配位掩蔽剂L，再用EDTA滴定金属离子M。如：溶液中Al^{3+}、Zn^{2+}共存，欲用EDTA滴定Zn^{2+}、Al^{3+}有干扰。先在酸性液中加入过量的F^-，再调至pH=5～6，使Al^{3+}生成稳定的配合物AlF_6^{3-}后，再用EDTA准确滴定Zn^{2+}，Al^{3+}不再干扰。

② 先加配位掩蔽剂L使共存离子N生成配合物NL后，用EDTA准确滴定金属离子M，再用另一试剂X破坏NL，使N从NL中释放出来，然后用EDTA准确滴定N。X称为解蔽剂。

③ 先用EDTA直接滴定或返滴定测出金属离子M、N的总量，再加配位掩蔽剂L与NY中的N配位：

$$NY + L \rightleftharpoons NL + Y$$

释放出EDTA，再以金属离子标准溶液滴定EDTA，测得N的量。

配位滴定中常用的配位掩蔽剂如氰化钾、氟化铵、邻二氮杂菲、三乙醇胺、二巯丙醇、硫脲、铜试剂、酒石酸等(表3-2)。

表3-2 常用的金属离子掩蔽剂

名称	pH值范围	被掩蔽离子	备注
KCN	>8	Co^{2+}、Ni^{2+}、Cu^{2+}、Zn^{2+}、Hg^{2+}、Cd^{2+}、Ag^+、Tl^+及铂系元素	
NH_4F	4～6	Al^{3+}、Ti^{IV}、Sn^{IV}、Zn^{2+}、W^{VI}等	NH_4F比NaF好，加入后溶液的pH变化不大
	10	Al^{3+}、Mg^{2+}、Ca^{2+}、Sr^{2+}、Ba^{2+}及稀土元素	
邻二氮菲	5～6	Co^{2+}、Ni^{2+}、Cu^{2+}、Zn^{2+}、Hg^{2+}、Cd^{2+}、Mn^{2+}	
三乙醇胺（TEA）	10	Al^{3+}、Ti^{IV}、Sn^{IV}、Fe^{3+}	与KCN并用，可提高掩蔽效果
	11～12	Al^{3+}、Fe^{3+}、少量Mn^{2+}	
二巯丙醇	10	Zn^{2+}、Hg^{2+}、Cd^{2+}、Bi^{3+}、Pb^{2+}、Ag^+、As、Sn^{IV}、少量Cu^{2+}、Co^{2+}、Ni^{2+}、Fe^{3+}	
硫脲	弱酸性	Cu^{2+}、Hg^{2+}、Tl^+	
铜试剂（DDTC）	10	能与Cu^{2+}、Hg^{2+}、Pb^{2+}、Cd^{2+}、Bi^{3+}生成沉淀，其中Cu-DDTC为褐色，Bi-DDTC为黄色	

续表

名称	pH 值范围	被掩蔽离子	备注
酒石酸	1.5~2	Sb^{3+}、$Sn^{Ⅳ}$	在抗坏血酸存在下
	5.5	Al^{3+}、Fe^{3+}、$Sn^{Ⅳ}$、Ca^{2+}	
	6~7.5	Mg^{2+}、Cu^{2+}、Fe^{3+}、Al^{3+}、Mo^{4+}	
	10	Al^{3+}、Fe^{3+}、$Sn^{Ⅳ}$	

(2) 沉淀掩蔽法

在溶液中加入一种能与干扰离子生成沉淀的沉淀剂，在不分离沉淀的情况下直接进行配位滴定，这种消除干扰的方法称为沉淀掩蔽法。如 Ca^{2+}、Mg^{2+} 共存，欲以 EDTA 滴定 Ca^{2+} 时，Mg^{2+} 有干扰，可调节 pH=12 左右，使 Mg^{2+} 形成 $Mg(OH)_2\downarrow$，以排除干扰，此时 OH^- 就是 Mg^{2+} 的沉淀掩蔽剂。

沉淀掩蔽法的不足之处：

① 掩蔽效率不高(因为某些沉淀反应不完全)。

② 易有共沉淀现象[Ca^{2+} 也随 $Mg(OH)_2$ 沉淀而沉淀]，影响滴定的准确度。

③ 沉淀吸附金属离子指示剂时，会影响终点的观察。

④ 某些沉淀颜色很深，影响终点观察。

因此，沉淀掩蔽法没有得到广泛应用。沉淀掩蔽法应用示例见表 3-3。

表 3-3　沉淀掩蔽法示例

掩蔽剂	被掩蔽离子	被滴定离子	pH	指示剂
NH_4F	Ba^{2+}、Sr^{2+}、Ca^{2+}、Mg^{2+}、稀土	Zn^{2+}、Cd^{2+}、Mn^{2+}	10	铬黑 T
NH_4F	Ba^{2+}、Sr^{2+}、Ca^{2+}、Mg^{2+}、稀土	Cu^{2+}、Co^{2+}、Ni^{2+}	10	紫脲酸铵
K_2CrO_4	Ba^{2+}	Sr^{2+}	10	MgY+铬黑 T
Na_2S 或铜试剂	Hg^{2+}、Pb^{2+}、Bi^{3+}、Cu^{2+}、Cd^{2+}	Ca^{2+}、Mg^{2+}	10	铬黑 T

(3) 氧化还原掩蔽法

加入一种氧化剂或者还原剂，使之与干扰离子发生氧化还原反应改变干扰离子价态以消除干扰，称为氧化还原掩蔽法。例如锆铁中锆的测定，由于锆和铁(Ⅲ)的 EDTA 配合物的 $\Delta\lg K$ 不够大，$ZrOY^{2-}$ 的 $\lg K=29.9$，FeY^- 的 $\lg K=25.1$，Fe^{3+} 对 Zr 的测定有干扰。若加入维生素 C，或盐酸羟氨将 Fe^{3+} 还原为 Fe^{2+}。Fe^{2+} 与 EDTA 生成的配合物 FeY^{2-} $\lg K=14.3$，Fe^{2+} 不会干扰 Zr 的测定。滴定 Th^{4+}、Bi^{3+}、In^{3+}、Hg^{2+} 也可用同样方法消除 Fe^{3+} 的干扰。

(4) 应用其他配位滴定剂

除 EDTA 外，其他氨羧配位剂也能与金属离子生成稳定的配合物，其稳定性与 EDTA 配合物的稳定性有时差别较大，故选用这些氨羧配位剂作滴定剂，有可能提高某些金属离子的选择性。

由表 3-4 中数据可知，EDTA 与 Ca^{2+}、Mg^{2+} 形成的配合物稳定性相差不大，EGTA(乙二醇二乙醚二胺四乙酸)与 Ca^{2+}、Mg^{2+} 形成的配合物稳定性相差较大，因此可以在 Ca^{2+}、Mg^{2+} 共存时，用 EGTA 直接滴定 Ca^{2+}。

表 3-4　Ca^{2+}、Mg^{2+}与 EDTA、EGTA 的稳定常数

项目	Mg^{2+}	Ca^{2+}	ΔlgK
lgK_{M-EGTA}	5.21	10.97	5.76
lgK_{M-EDTA}	8.7	10.69	1.99

由表 3-5 中数据可知，EDTP(乙二胺四丙酸)与 Cu^{2+} 的配合物比较稳定，在 Zn^{2+}、Cd^{2+}、Mn^{2+}及 Mg^{2+}存在下可用 EDTP 直接滴定 Cu^{2+}。

表 3-5　一些金属离子与 EDTA、EDTP 的稳定常数

项目	Cu^{2+}	Zn^{2+}	Cd^{2+}	Mn^{2+}	Mg^{2+}
lgK_{M-EDTP}	15.4	7.8	6.0	4.7	1.8
lgK_{M-EDTA}	18.80	16.50	16.46	16.87	8.7

CyDTA 滴定 Al^{3+}的速率较快，且可在室温下进行滴定，故可作测定 Al^{3+}的滴定剂。

(5) 解蔽法

将一些离子掩蔽，对某种离子进行滴定后，再使用另一种试剂(解蔽剂)破坏掩蔽所产生配合物，使被掩蔽的离子重新释放出来，继续滴定。这种作用称为解蔽(dimasking)，所用试剂称为解蔽剂。

例如，Cu^{2+}、Zn^{2+}、Pb^{2+}三种离子共存，要测定 Zn^{2+} 和 Pb^{2+}，可用氨水中和溶液，加 KCN 掩蔽，在 pH=10 时，用铬黑 T 作指示剂，用 EDTA 滴定 。然后在滴定后的溶液中加入甲醛或者三氯乙醛作解蔽剂，破坏$[Zn(CN)_4]^{2-}$配离子，释放出来的 Zn^{2+}再用 EDTA 继续滴定。

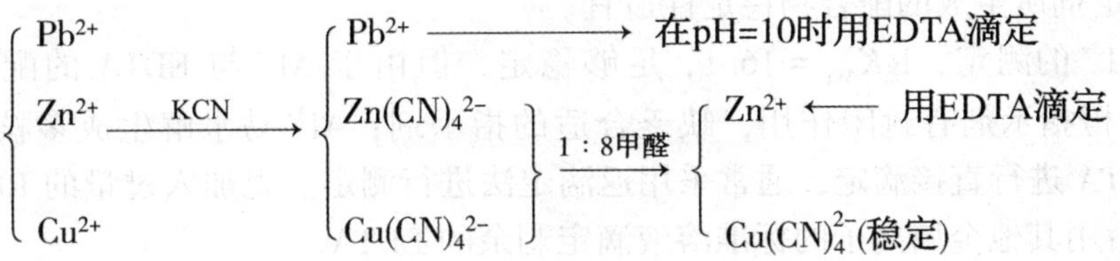

3-15　配位滴定方式

配位滴定方式有四种：直接滴定法、返滴定法、置换滴定法和间接滴定法。周期表中大多数元素都能用配位滴定法测定，采用不同的滴定方式，其选择性也不一样。改变滴定方式在某些情况下还能提高配位滴定的选择性。

(1) 直接滴定法

直接滴定法是配位滴定中的基本方法。直接滴定法是将试样处理成溶液后，调节至所需要的 pH，加入必要的其他试剂和金属指示剂，直接用 EDTA 标准溶液进行滴定。直接滴定法必须满足以下条件：

① 满足待测金属离子准确滴定的条件，即满足 $lg(K'_{MY}c_M)\geq 6$ 的条件；

② 配位反应的速度应快；

③ 有变色敏锐的金属指示剂，并且没有封闭现象；

④ 在滴定条件下，被测定金属离子不水解、不生成沉淀。

直接滴定法具有简单、快速和引入误差较小等优点，只要是条件允许，应尽可能采用这种滴定方式。例如水硬度的测定：

$$\lg K_{CaY}=10.7,\ \lg K_{Ca-EBT}=5.4$$
$$\lg K_{MgY}=8.7,\ \lg K_{Mg-EBT}=7.0$$

在 pH=10.0 的氨性缓冲溶液中，EBT 为指示剂，测 Ca^{2+}、Mg^{2+} 总量；滴定终点：溶液由红色变蓝色。

pH>12，$Mg(OH)_2\downarrow$，用钙指示剂，测 Ca^{2+} 量，滴定终点：溶液由红色变蓝色。

直接滴定法应用实例——水硬度的测定见拓展阅读 3.8；直接滴定法应用实例——葡萄糖酸钙含量测定见拓展阅读 3.9。

（2）返滴定法

当待测金属离子不能用直接滴定法进行滴定时，可考虑采用返滴定法进行滴定。

返滴定法是先在含待测金属离子 M^{z+} 的试液中加入已知过量的 EDTA 标准溶液，使待测金属离子 M^{z+} 全部生成配位个体 $[MY]^{z-4}$，然后用另一种金属离子 N^{z+} 的标准溶液滴定过量的 EDTA，根据两种标准溶液的浓度和用量求得待测金属离子 M^{z+} 的含量。

作为返滴定使用的金属离子标准溶液，要求金属离子与 EDTA 生成的配位化合物具有足够的稳定性，但又不能比待测金属离子与 EDTA 生成的配位化合物稳定，否则返滴定用的金属离子会把待测金属离子从它的配位化合物中置换出来，造成测定结果偏低。返滴定法适用以下几种情况：

① 无变色敏锐的指示剂（如 Ba^{2+}、Sr^{2+}）；

② 待测离子与 EDTA 配位的速度慢；或封闭指示剂（如 Al^{3+}、Cr^{3+} 等）；

③ 待测离子发生水解等副反应，影响测定；

④ 返滴定剂所生成的配合物稳定性适宜。

例如：Al^{3+} 的测定，$\lg K_{AlY}=16.1$，足够稳定，但由于 Al^{3+} 与 EDTA 的配位反应缓慢；Al^{3+} 对二甲酚橙指示剂有封闭作用，缺乏合适的指示剂；Al^{3+} 易水解生成多核羟基化合物。故不能用 EDTA 进行直接滴定，通常采用返滴定法进行测定。先加入过量的 EDTA 与 Al^{3+} 反应完全，然后用其他金属离子的标准溶液滴定剩余的 EDTA。

注意：返滴定需要两种标准溶液，即 EDTA 标准溶液和返滴定用的金属离子标准溶液。

返滴定法应用实例——明矾含量的测定见拓展阅读 3.10。

（3）置换滴定法

当待测金属离子不能用直接滴定法测定时，除了采用返滴定法外，还可以采用置换滴定法。置换滴定法是利用置换反应定量生成金属离子或 EDTA，然后再用 EDTA 标准溶液或金属离子标准溶液滴定置换出的金属离子或 EDTA，即可求得被测金属离子的含量。

置换滴定法的优点：选择性好、步骤简单、结果准确。

① 置换出金属离子。如果待测金属离子 M^{z+} 与 EDTA 反应不完全或生成的配位化合物不稳定，则可先用待测金属离子 M^{z+} 置换出另一配位个体 $[NLn]^{z-n}$ 中的金属离子 N^{z+}，然后用 EDTA 标准溶液滴定金属离子 N^{z+}，就可求得 M^{z+} 的含量。

$$M^{z+}+[ML_n]^{z-n}\rightleftharpoons[ML_n]^{z-n}+N^{z+}$$
$$N^{z+}+Y^{4-}\rightleftharpoons[NY]^{z-4}$$

例如，Ag^{+} 与 EDTA 生成的配位化合物不稳定，不能用 EDTA 直接滴定，但可将 Ag^{+} 加到 $[Ni(CN)_4]^{2-}$ 溶液中，发生下列反应：

$$2Ag^{+}+[Ni(CN)_4]^{2-}=\!=\!=2[Ag(CN)_2]^{-}+Ni^{2+}$$

在 pH=10 的 NH_3-NH_4Cl 缓冲溶液中，用紫脲酸铵做指示剂，用 EDTA 滴定置换出来的 Ni^{2+}，从而求得 Ag^{+}的含量。

② 置换出 EDTA。先将待测金属离子 M^{z+}和干扰离子与 EDTA 反应完全，然后加入对待测金属离子选择性高的配位剂 L 生成配位个体$[ML_n]^{z+}$，并释放出 EDTA。当反应完全后，再用另一金属离子 N^{z+}的标准溶液滴定释放出的 EDTA，即可求得被测金属离子 M^{z+}的含量。

$$[MY]^{z+}+nL\rightleftharpoons[ML_n]^{z+}+Y^{4-}$$

$$Y^{4-}N^{z+}\rightleftharpoons[NY]^{z-4}$$

例如，测定锡合金中锡的质量分数时，先在试液中加入过量的 EDTA 标准溶液，使 Sn^{4+}和可能共存的 Pb^{2+}、Cd^{2+}和 Zn^{2+}等离子与 EDTA 配位完全，在用 Zn^{2+}标准溶液滴定过量的 EDTA。然后加入 NH_4F 溶液，使 F^{-}与 SnY 中的 Sn^{4+}发生配位反应，释放出 EDTA，再用 Zn^{2+}标准溶液滴定 EDTA，即可求得试样中锡的含量。

③ 置换出指示剂，改善指示剂的性能。利用置换滴定法的原理，可以改善指示剂指示滴定终点的敏锐性，解决配位滴定中没有满意指示剂的问题。例如，铬黑 T 与 Mg^{2+}显色很灵敏，但与 Ca^{2+}显色灵敏度较差，为此，在 pH=10 的溶液中，用 EDTA 滴定 Ca^{2+}时，常于溶液中先加入少量的 Mg^{2+}。

例如：EDTA 滴定 Ca^{2+}，EBT+MgY 作指示剂。滴定前，加入 EBT + MgY 指示剂，溶液中 Ca^{2+}夺取 EBT + MgY 中的 Y 形成 CaY，置换出 Mg^{2+}，与游离的 EBT 络合形成红色 Mg-EBT络合物，终点时过量的 Y 夺取 Mg-EBT 中的 Mg^{2+}，置换出游离 EBT，溶液呈蓝色。

(4) 间接滴定法

有些金属离子和阴离子不能与 EDTA 配位或生成的配合物不稳定，不能用 EDTA 标准溶液直接滴定，这时可采用间接滴定法。

间接滴定法是先加入过量的能与 EDTA 形成稳定配合物的金属离子溶液作沉淀剂沉淀被测离子，再用 EDTA 标准溶液滴定过量的沉淀剂，或将沉淀分离、溶解后再用 EDTA 标准溶液滴定其中的金属离子，从而求得待测离子的含量。

适用于待测离子不与 EDTA 生成配合物或形成的配合物不稳定情况。

例如：测定 PO_4^{3-}，可先在试液中加一定量过量的 $Bi(NO_3)_3$标准溶液，使之生成 $BiPO_4$ 沉淀，再用 EDTA 滴定剩余的 Bi^{3+}，就可求得 $PO_4{}^{3-}$的含量。

又如：测定 Na^{+}时，可加醋酸铀酰锌作沉淀剂，使 Na^{+}生成 $NaZn(UO_2)_3(Ac)_9\cdot xH_2O$ 沉淀，将沉淀分离、洗净、溶解后，用 EDTA 滴定溶解产生的 Zn^{2+}，就可求得 Na^{+}的含量。

间接滴定法操作繁杂，引入误差的机会也比较多，因此不是一种很好的滴定方式。

3-16 EDTA 标准溶液的配制与标定

(1) EDTA 标准溶液的配制

EDTA 标准溶液常用乙二铵四乙酸二钠盐 $Na_2H_2Y\cdot 2H_2O$ 配制，通常用间接法配制，先配制成近似浓度的 EDTA 溶液后，再用基准物质标定。溶液储存在聚乙烯瓶内，浓度可长期稳定不变。

（2）EDTA 标准溶液的标定

近似浓度的 EDTA 溶液放置 7~14 天后，可用 Zn、ZnO、$CaCO_3$等作为基准物质进行标定，最好是用含被测定离子的物质进行标定，以减小系统误差。

3-17 配位滴定结果的计算

由于 EDTA 通常与各种金属离子以 1 : 1 络合，因此结果计算比较简单。

被测物的质量分数计算公式如下：

$$w=\frac{c_{EDTA}V_{EDTA}M_s}{m_s\times 1000}\times 100\% \tag{3-37}$$

式中 c_{EDTA}——EDTA 标准溶液的浓度，mol/L；

V_{EDTA}——滴定时 EDTA 消耗的体积，mL；

M_s——被测物的摩尔质量，g/mL；

m_s——试样的质量，g。

第二部分 典型例题

【例 3-1】 计算 25℃时，在 pH=7.0 时 EDTA 的酸效应系数。

解：pH=7.0 时，$[H^+]=1.0\times10^{-7}$。

据式(3-3)，EDTA 的酸效应系数为

$$\alpha_{Y(H)}=1+\frac{1.0\times10^{-7}}{5.5\times10^{-11}}+\frac{(1.0\times10^{-7})^2}{5.5\times10^{-11}\times6.9\times10^{-7}}+\frac{(1.0\times10^{-7})^3}{5.5\times10^{-11}\times6.9\times10^{-7}\times2.1\times10^{-3}}+$$

$$\frac{(1.0\times10^{-7})^4}{5.5\times10^{-11}\times6.9\times10^{-7}\times2.1\times10^{-3}\times1.0\times10^{-2}}+$$

$$\frac{(1.0\times10^{-7})^5}{5.5\times10^{-11}\times6.9\times10^{-7}\times2.1\times10^{-3}\times1.0\times10^{-2}\times2.5\times10^{-2}}+$$

$$\frac{(1.0\times10^{-7})^6}{5.5\times10^{-11}\times6.9\times10^{-7}\times2.1\times10^{-3}\times1.0\times10^{-2}\times2.5\times10^{-2}\times0.13}$$

$$=1+1818+264=10^{3.22}$$

【例 3-2】 25℃时，在 pH=6.0 的溶液中，含有浓度均为 $0.010mol\cdot L^{-1}$的 EDTA、Zn^{2+}和 Ca^{2+}，计算 $\alpha_{Y(Ca)}$和 α_Y。

解：25℃时，$K^{\ominus}_{s(CaY)}=10^{10.69}$；pH=6.0 时，$\alpha_{Y(H)}=10^{4.65}$。

EDTA 的共存离子效应系数为

$$\alpha_{Y(Ca)}=1+[Ca^{2+}]\cdot K^{\ominus}_{s(CaY)}=1+0.010\times10^{10.69}=10^{8.69}$$

EDTA 的总副反应系数为

$$\alpha_Y=\alpha_{Y(H)}+\alpha_{Y(Ca)}-1=10^{4.65}+10^{8.69}-1=10^{8.69}$$

【例 3-3】 在 $0.010mol\cdot L^{-1}$锌氨配位个体溶液中，当 pH=10.0、游离氨的浓度为 $0.10mol\cdot L^{-1}$时，计算 Zn^{2+}的总副反应系数 α_{Zn}。

解：pH=10.0 时，$\alpha_{Zn(OH)}=10^{2.4}$；$[Zn(NH_3)_4]^{2+}$的累积稳定常数 $\lg\beta_1^{\ominus}$、$\lg\beta_2^{\ominus}$、$\lg\beta_3^{\ominus}$和 $\lg\beta_4^{\ominus}$分别为 2.37、4.81、7.31 和 9.46。

$$\alpha_{M(L)}=1+\beta_1[L]+\beta_2[L]^2+\cdots+\beta_n[L]^n$$

Zn^{2+}的配位效应系数为

$$\begin{aligned}\alpha_{Zn(NH_3)}&=1+\beta_1^{\ominus}[NH_3]+\beta_2^{\ominus}[NH_3]^2+\beta_3^{\ominus}[NH_3]^3+\beta_4^{\ominus}[NH_3]^4\\&=1+10^{2.37}\times0.10+10^{4.81}\times(0.10)^2+10^{7.31}\times(0.10)^3+10^{9.46}\times(0.10)^4\\&=1+10^{1.37}+10^{2.81}+10^{4.31}+10^{5.46}\\&=10^{5.49}\end{aligned}$$

由于最后一项数值最大，可知Zn^{2+}在溶液中的主要型体是$[Zn(NH_3)_4]^{2+}$。

Zn^{2+}的总副反应系数为

$$\alpha_{Zn}=\alpha_{Zn(NH_3)}+\alpha_{Zn(OH)}-1=10^{5.49}+10^{2.4}-1=10^{5.49}$$

计算结果表明，在上述条件下可忽略Zn^{2+}的水解效应，只考虑Zn^{2+}与NH_3的配位效应。

【例 3-4】 在NH_3-NH_4Cl缓冲溶液中($pH=9.0$)，用EDTA滴定Zn^{2+}，若$[NH_3]=0.10mol\cdot L^{-1}$，并避免生成$Zn(OH)_2$沉淀，计算此条件下的$\lg K'_{ZnY}$。

解： $\lg K'_{ZnY}=\lg K_{ZnY}-\lg\alpha_{Zn(NH_3)}-\lg\alpha_{Y(H)}$

利用上题计算结果： $\alpha_{Zn(NH_3)}=10^{5.49}=3.1\times10^5$

可得 $\lg\alpha_{Zn(NH_3)}=5.49$

$pH=9.0$时，$\lg\alpha_{Y(H)}=1.28$

查表可得 $\lg K_{ZnY}=16.50$

所以 $\lg K'_{ZnY}=\lg K_{ZnY}-\lg\alpha_{Zn(NH_3)}-\lg\alpha_{Y(H)}=16.50-5.49-1.28=9.73$

【例 3-5】 计算$pH=2.0$和$pH=5.0$时，Zn^{2+}的条件稳定常数$\lg K'_{ZnY}$。

解： 查表可得 $\lg K_{ZnY}=16.5$

查表可得$pH=2.0$时 $\lg\alpha_{Y(H)}=13.51$

$pH=5.0$时 $\lg\alpha_{Y(H)}=6.45$

由公式 $\lg K'_{MY}=\lg K_{MY}-\lg\alpha_{Y(H)}$

得 $pH=2.0$时，$\lg K^{\ominus}_{ZnY}=16.5-13.5=3.0$

$pH=5.0$时，$\lg K'_{ZnY}=16.5-6.45=10.05$

$pH=5.0$时，生成的配合物较稳定，可滴定。

$pH=2.0$时，条件稳定常数降低至3.0，不能滴定。

【例 3-6】 以$0.01mol\cdot L^{-1}$ EDTA滴定20mL $0.01mol\cdot L^{-1}$ Ca^{2+}为例，$pH=12$，计算滴定过程中Ca^{2+}浓度变化。

解： 滴定前，溶液$Ca^{2+}[Ca^{2+}]=0.01mol\cdot L^{-1}$。

开始滴定至计量点前(−0.1%)，溶液中的Ca包括CaY和剩余Ca^{2+}。

$$pM_{ep}=pc_M+3.3=-\lg0.01+3.3=5.3$$

计量点时，Ca全部生成CaY。

$$pM_{sp}=\frac{1}{2}(\lg K'_{MY}+pc_M^{sp})=6.5$$

计量点后(+0.1%)，溶液中有CaY和过量的Y。

$$pM_{ep}=\lg K'_{MY}-3=10.69-3=7.69$$

【例 3-7】 假设Mg^{2+}和EDTA的浓度皆为$0.01mol\cdot L^{-1}$，在$pH=6.0$时条件稳定常数K'_{MY}为多少？说明此pH值条件下能否用EDTA标液准确滴定Mg^{2+}？若不能滴定，求其允许的最低酸度？

解： $$\lg K'_{MgY}=\lg K_{MgY}-\lg\alpha_{Y(H)}$$

查表可得 $$\lg K_{MgY}=8.69$$

查附表 16 可得，pH=6.0 时 $$\lg\alpha_{Y(H)}=4.63$$

$$\lg K'_{MgY}=8.69-4.63<6$$

所以无法准确滴定 Mg^{2+}。

应满足： $$\lg\alpha_{Y(H)}\leqslant \lg C+\lg K_{MgY}-6=0.69$$

查表可得 $$pH_{小}=9.7$$

【例 3-8】 在 pH 为 10.0 时，以 $0.01000mol\cdot L^{-1}$ EDTA 标准溶液滴定 $0.01000mol\cdot L^{-1}$ $MgCl_2$溶液，用铬黑 T(EBT) 作指示剂，计算终点误差。已知 pH=10.0 时，$\lg\alpha_H(Y)=0.45$，$\lg K'_s(MgEBT)=5.44$，$\lg K_s^{\ominus}(MgY)=8.70$。

解： 配位个体$[MgY]^{2-}$条件稳定常数的常用对数为

$$\lg K'_s(MgY)=\lg K_s^{\ominus}(MgY)-\lg\alpha_H(Y)$$
$$=8.70-0.45=8.25$$

化学计量点时 Mg^{2+}的总浓度为

$$c_{eq}^{sp}(Mg')=\sqrt{\frac{c_{sp}(Mg)}{K'_s(MgY)}}=\sqrt{\frac{0.01000/2}{10^{8.25}}}=5.30\times10^{-6}(mol\cdot L^{-1})$$

滴定终点时 Mg^{2+}总浓度的负常用对数：

$$pMg'_{ep}=\lg K_s(MgEBT)=5.44$$

滴定终点时 Mg^{2+}浓度的负常用对数与化学计量点时 Mg^{2+}浓度的负常用对数之差为

$$\Delta pMg=pMg'_{ep}-pMg'_{sp}=5.44+\lg 5.30\times10^{-6}=0.16$$

滴定终点误差为

$$E_t=\frac{10^{\Delta pMg}-10^{-\Delta pMg}}{\sqrt{c_{sp}(M)\cdot K'_s(MgY)}}\times100\%$$
$$=\frac{10^{0.16}-10^{-0.16}}{\sqrt{0.005000\times10^{8.25}}}\times100\%=+0.08\%$$

【例 3-9】 试通过计算判断在 pH=5.0 和 pH=10.0 的溶液中，能否用 $0.02000mol\cdot L^{-1}$ EDTA 标准溶液准确滴定 $0.020mol\cdot L^{-1}$ $CaCl_2$溶液。已知 $\lg K_s^{\ominus}(CaY)=10.7$；pH=5.0 时，$\lg\alpha_{Y(H)}=6.45$；pH=10.0 时，$\lg\alpha_{Y(H)}=0.45$，$\lg\alpha_{Ca(OH)}=0$

解： ①pH=5.0时，Ca^{2+}不发生副反应，EDTA 的总副反应系数等于它的酸效应系数，则有

$$\lg K'_s(MY)=\lg K_s^{\ominus}(MY)-\lg\alpha_M-\lg\alpha_Y$$
$$\lg K'_s(CaY)=\lg K_s^{\ominus}(CaY)-\lg\alpha_{Y(H)}$$
$$=10.7-6.45=4.25$$
$$\lg[c_{sp}(Ca)\cdot K'_s(CaY)]=\lg(0.010\times10^{4.25})$$
$$=2.25<6$$

因此在 pH=5.0 时，不能用 $0.02000mol\cdot L^{-1}$ EDTA 标准溶液准确滴定 $0.020mol\cdot L^{-1}$ $CaCl_2$溶液。

② 在 pH = 10.0 时：

$$\lg K'_s(\mathrm{CaY}) = \lg K^{\ominus}_s(\mathrm{CaY}) - \lg\alpha_{\mathrm{Ca(OH)}} - \lg\alpha_{\mathrm{Y(H)}} = 10.7 - 0 - 0.45 = 10.25$$

$$\lg[c_{sp}(\mathrm{Ca}) \cdot K'_s(\mathrm{CaY})] = \lg(0.010 \times 10^{10.25}) = 8.25 > 6$$

因此在 pH = 10.0 时，可用 0.02000mol · L^{-1} EDTA 标准溶液准确滴定 0.020mol · L^{-1} $CaCl_2$溶液。

【例 3-10】 溶液中 Mg^{2+}的浓度为 2.0×10^{-2}mol · L^{-1}。试问：①在 pH = 5.0 时，能否用 EDTA 标准溶液准确滴定 Mg^{2+}？②在 pH = 10.0 时，情况又如何？③如果继续升高溶液的 pH 值时，情况又如何？

解：①当 pH = 5.0 时，$\lg\alpha_{\mathrm{Y(H)}} = 6.45$；查表可知 $\lg K_{\mathrm{MgY}} = 8.7$。

$$\lg K'_{\mathrm{MgY}} = \lg K_{\mathrm{MgY}} - \lg\alpha_{\mathrm{Y(H)}}$$

$$\lg K'_{\mathrm{MgY}} = 8.7 - 6.45 = 2.25$$

$$\lg c \cdot K'_{\mathrm{MgY}} < 6$$

所以在 pH = 5.0 时，不能用 EDTA 滴定 Mg^{2+}

② 当 pH = 10.0 时，$\lg\alpha_{\mathrm{Y(H)}} = 0.45$

$$\lg K'_{\mathrm{MgY}} = 8.7 - 0.45 = 8.25$$

$$\lg c \cdot K'_{\mathrm{MgY}} > 6$$

所以在 pH = 10.0 时，能用 EDTA 滴定 Mg^{2+}

③ 如果 pH 值继续升高，将会随着 溶液中 OH^-浓度的增高而使 Mg^{2+}发生水解。

当 pH = 11.0 时：

$$[\mathrm{H^+}] = 1.0 \times 10^{-11} \quad [\mathrm{OH^-}] = 1.0 \times 10^{-3}$$

查附录一可知，$Mg(OH)_2$的 $K_{sp} = 1.8 \times 10^{-11}$

所以 $K_{sp} = [\mathrm{Mg^{2+}}][\mathrm{OH^-}]^2$

$$[\mathrm{Mg^{2+}}] = \frac{K_{sp}}{(1.0 \times 10^{-3})^2} = \frac{1.8 \times 10^{-11}}{1.0 \times 10^{-6}} = 1.8 \times 10^{-5}\mathrm{mol \cdot L^{-1}}$$

可见，当 pH = 11.00 时，溶液中游离的 Mg^{2+}已很少了，说明在此条件下，$Mg(OH)_2$已沉淀很完全了。

【例 3-11】 为什么以 EDTA 滴定 Mg^{2+}时，通常在 pH = 10.0 而不是在 pH = 5.0 的溶液中进行；但滴定 Zn^{2+}时，则可以在 pH = 5.0 的溶液中进行？

解：已知 $\lg K_{\mathrm{MgY}} = 8.69$，$\lg K_{\mathrm{ZnY}} = 16.50$

$$\mathrm{pH} = 5 \text{ 时}，\lg\alpha_{\mathrm{Y(H)}} = 6.45$$

$$\mathrm{pH} = 10 \text{ 时}，\lg\alpha_{\mathrm{Y(H)}} = 0.45$$

根据 $\lg K'_{\mathrm{MY}} = \lg K_{\mathrm{MY}} - \lg\alpha_{\mathrm{Y(H)}}$

滴定 Mg^{2+}：

$$\mathrm{pH} = 5.0 \Rightarrow \lg K'_{\mathrm{MgY}} = 8.69 - 6.45 = 2.24 < 8 \text{ 无法准确滴定}$$

$$\mathrm{pH} = 10.0 \Rightarrow \lg K'_{\mathrm{MgY}} = 8.69 - 0.45 = 8.24 > 8 \text{ 可以准确滴定}$$

滴定 Zn^{2+}：

$$\mathrm{pH} = 5.0 \Rightarrow \lg K'_{\mathrm{ZnY}} = 16.50 - 6.45 = 10.05 > 8 \text{ 可以准确滴定}$$

【例 3-12】 用 0.02000mol · L^{-1}EDTA 标准溶液滴定 0.020mol · L^{-1} Pb^{2+}溶液，若要求 $\Delta pPb' = 0.2$，$TE = 0.1\%$，计算滴定 Pb^{2+}的最低 pH。已知 $\lg K_s^{\ominus}(PbY) = 18.04$。

解：$\Delta pM = 0.2$，$TE = 0.1\%$，判别式 $\lg(c_m^{sp}K'_{MY}) \geqslant 6$ 适用

$$\lg C + \lg K'_{MY} \geqslant 6$$

$$\lg K'_{PbY} \geqslant 6 - \lg\frac{0.02}{2} = 8$$

EDTA 的酸效应系数的常用对数为

$$\lg\alpha_{Y(H)} = \lg K_{PbY} - \lg K'_{PbY} = 18.04 - 8 = 10.04$$

当 $\lg\alpha_H(Y) = 10.04$ 时 $pH \approx 3.2$，所以滴定 Pb^{2+}的最低 pH(最高酸度)为 3.2。

【例 3-13】 用 2×10^{-2}mol · L^{-1}的 EDTA 标准溶液滴定 2×10^{-2}mol · L^{-1}的 Fe^{3+}溶液，要求 $\Delta pM' = \pm0.2$，TE = 0.1%，计算滴定 Fe^{3+}适宜酸度范围？

解：$\Delta pM = 0.2$，$TE = 0.1\% \Rightarrow$判别式 $\lg(c_m^{sp}K'_{MY}) \geqslant 6$ 适用

由 $$\lg(c_{FeY}^{sp} \cdot K'_{FeY}) \geqslant 6,\ c_{FeY}^{sp} = \frac{0.02}{2} = 0.01(mol \cdot L^{-1})$$

$$\Rightarrow \lg K'_{FeY} \geqslant 8$$

查表可得 $\lg K_{FeY} = 25.1$

$$\lg\alpha_{Y(H)} = \lg K_{FeY} - \lg K'_{FeY} = 25.1 - 8 = 17.1$$

查表可得 最高酸度 pH = 1.2

$$[OH^-] = \sqrt[3]{\frac{K_{sp}}{[Fe^{3+}]}} = \sqrt[3]{\frac{K_{sp}}{c_{Fe^{3+}}}} = \sqrt[3]{\frac{10^{-37.4}}{2\times10^{-2}}} = 10^{-11.9}$$

$$pH = 14.0 - pOH = 14.0 - 11.9 = 2.1$$

滴定 Fe^{3+}适宜 pH 范围为 1.2~2.1。

【例 3-14】 在 Fe^{3+}和 Al^{3+}共存时，假设其浓度均为 0.01mol · L^{-1}，能否通过控制溶液的酸度，实现共存离子 Fe^{3+}和 Al^{3+}的分步测定？

解：查表可得 $\lg K_{FeY} = 25.1$，$\lg K_{AlY} = 16.3$

在相同 pH，当 $c_M = c_N$时

$$\Delta\lg K_{MY} = 25.1 - 16.3 = 8.8 \geqslant 5 \quad 可分步测定$$

查林旁曲线可知： 滴定 Fe^{3+}最低 pH = 1.2

滴定 Al^{3+}最低 pH = 4.0

所以可以通过控制溶液的酸度，实现共存离子 Fe^{3+}和 Al^{3+}的分步测定(或称连续测定)。

【例 3-15】 当溶液中 Bi^{3+}、Pb^{2+}浓度皆为 0.010mol · L^{-1}时，能不能用 EDTA 标准溶液准确滴定 Bi^{3+}溶液？

解：查表可知，$\lg K_{BiY} = 27.94$，$\lg K_{PbY} = 18.04$

则 $$\Delta\lg K = \lg K_{BiY} - \lg K_{PbY} = 27.94 - 18.04 = 9.9 > 5$$

故 滴定 Bi^{3+}时而 Pb^{2+}不干扰

由酸效应曲线查得滴定 Bi^{3+}的最低 pH 约为 0.7。

滴定时 pH 也不能太大。

在 $pH \approx 2$ 时，Bi^{3+}将开始水解析出沉淀。

因此滴定 Bi^{3+}的适宜 pH 范围为 0.7~2。

【例 3-16】 EDTA 滴定剂 20.00mL 可以和 0.01000mol·L^{-1} $CaCO_3$标准溶液 25.00mL 完全配合。在 pH=10.0 条件下，用铬黑 T 作指示剂，滴定硬水试液 75.00mL 消耗 30.00mL 相同浓度的 EDTA 溶液，试求水样的总硬度。

解：

$$水的总硬度=\frac{c_{EDTA}\cdot V_{EDTA}\cdot M_{CaCO_3}}{V_s}\times 1000$$

$$=\frac{\frac{30.00}{20.00}\times 25.00\times 0.01000\times 100.09}{75.00}\times 1000$$

$$=500.0(mgCaCO_3\cdot L^{-1})$$

第三部分 实验内容

实验五 EDTA 标准溶液的配制和标定

1. 必备知识

预习内容：

① 配位滴定的基本原理。

② 配位滴定中控制溶液酸度的重要性及缓冲溶液的选择。

③ 金属指示剂作用的条件。

④ 配位滴定法常用滴定剂 EDTA 标准溶液的配制方法，及其标定的原理和方法。

R3 配位滴定法相关标准

回答以下问题：

① 用 $CaCO_3$作基准物，以钙指示剂指示终点标定 EDTA 浓度时，溶液的酸度应控制在何 pH 范围？若溶液为强酸性，应如何调节？

② 用 $CaCO_3$作基准物标定 EDTA 浓度时，为什么要加入少量的镁溶液？

2. 实验目的

① 掌握 EDTA 标准溶液的配制和标定的原理和方法。

② 了解金属指示剂变色原理及使用注意事项。

3. 实验原理

乙二胺四乙酸(简称 EDTA，常用 H_4Y 表示)难溶于水，常温下其溶解度为 0.2g·L^{-1}，在分析中不能适用于配制标准溶液，通常使用其二钠盐配制标准溶液。乙二胺四乙酸二钠盐的溶解度为 120g·L^{-1}，可配成 0.3mol·L^{-1}以上的溶液，其水溶液 pH=4.8，通常采用间接法配制标准溶液。

标定 EDTA 标准溶液常用的基准物有 Zn、ZnO、$CaCO_3$等。通常选用与被测组分相同的物质作基准物，这样滴定条件较一致，可减少系统误差。

EDTA 溶液若用于测定石灰石或白云石中 CaO、MgO 的含量，则宜用 $CaCO_3$为基准物。首先可加 HCl 溶液溶解 $CaCO_3$，其反应如下：

$$CaCO_3+2HCl \longrightarrow CaCl_2+H_2O+CO_2\uparrow$$

然后把溶液转移到容量瓶中并稀释，制成钙标准溶液。吸取一定量钙标准溶液，调节酸度至 pH≥12，用钙指示剂作指示剂以 EDTA 滴定至溶液从酒红色变为纯蓝色，即为终点，其变色原理如下：钙指示剂(常以 H_3Ind 表示)在溶液中按下式电离：

$$H_3Ind \rightleftharpoons 2H^+ + HInd^{2-}$$

在 pH≥12 溶液中，$HInd^{2-}$ 与 Ca^{2+} 形成比较稳定的配离子，反应如下：

$$HInd^{2-}(\text{纯蓝色}) + Ca^{2+} \longrightarrow CaInd^-(\text{紫红色}) + H^+$$

$$CaInd^- + H_2Y^{2-} \longrightarrow CaY^{2-} + HInd^{2-}(\text{纯蓝色}) + H^+$$

以 ZnO 为基准物质标定其浓度。滴定条件：pH＝10，以铬黑 T 为指示剂，终点由紫红色变为纯蓝色。滴定过程中的反应为

滴定前： $Zn^{2+}+HIn^{2-} \longrightarrow ZnHIn^- + H^+$

终点时： $ZnHIn^- + H_2Y^{2-} \longrightarrow ZnY^{2-} + HIn^{2-} + H^+$

紫红色　　　　纯蓝色

4. 仪器及药品

仪器：分析电子天平、100mL 烧杯、锥形瓶、滴定管、量筒、表面皿等。

药品：乙二胺四乙酸二钠盐；$CaCO_3$ 基准物质(于 110℃烘箱中干燥 2h，稍冷置于干燥器中冷却至室温)；盐酸(1∶1)；镁溶液(溶解 1g $MgSO_4 \cdot 7H_2O$ 于水中，稀释至 200mL)；NaOH 溶液(10% 溶液)；钙指示剂(固体指示剂)；二甲酚橙指示剂(0.2%水溶液)；ZnO 基准试剂；铬黑 T 指示剂(铬黑 T 0.1g 与研细的 NaCl 10g 混匀)；氨-氯化铵缓冲溶液(pH＝10)(取 20g NH_4Cl 溶于少量水中，加入 100mL 浓氨水，用水稀释至 1000mL)。

5. 实验步骤

(1) 0.02mol·L^{-1} EDTA 溶液的配制

取 3.8gEDTA-$Na_2 \cdot 2H_2O$ 于烧杯中，加 100mL 蒸馏水温热使溶解，稀释至 500mL，摇匀，储存于聚乙烯瓶中，贴上标签。

(2) ZnO 为基准物标定 EDTA 液

准确称取在 800℃灼烧至恒重的基准 ZnO 约 0.35~0.4g，润湿后加稀(1∶1)HCl 3mL 使之溶解，转移、定容 250mL。

准确移取 25.00mL Zn 标准液于 250mL 锥形瓶中，加水约 20mL，2 滴二甲酚橙指示剂，然后滴加 20%六次甲基四胺至溶液呈稳定的紫红色，再多加 3mL，用 EDTA 溶液滴定至溶液由红紫色变成亮黄色，即为终点。氨试液至溶液呈微黄色，做 3 次平行测定。

(3) 用碳酸钙基准物标定 EDTA 溶液

置碳酸钙基准物于称量瓶中，在 120℃干燥 2h，冷却后，准确称取 0.5~0.6g 碳酸钙于 250mL 烧杯中，盖上表面皿，加水润湿，再从杯嘴边逐滴加入数毫升 1∶1 盐酸，完全溶解后，淋洗表面皿入杯中，转移至 250mL 容量瓶中，稀释至刻度。

用移液管移取 25.00mL 标准钙溶液于 250mL 锥形瓶中，加入约 25mL 水，2mL 镁溶液，10mL 10% NaOH 溶液及约 10mg(米粒大小)钙指示剂，摇匀后，用 EDTA 溶液滴定至溶液从酒红色变为纯蓝色，即为终点，记录消耗的 EDTA 体积。做 3 次平行测定。

6. 数据记录与处理

将实验数据记录于表 3-6。

表 3-6　EDTA 标准溶液标定数据记录

试样编号	1	2	3
$CaCO_3$基准试剂质量 m_{CaCO_3}/g			
容量瓶体积 V/mL			
c_{CaCO_3}/mol · L^{-1}			
$V_{EDTA初终读数}$/mL			
$V_{EDTA终读数}$/mL			
V_{EDTA}/mL			

计算公式：

$$c_{EDTA}=\frac{m_{CaCO_3}\times\frac{25.00}{250.0}}{M_{CaCO_3}\times V_{EDTA}\times10^{-3}}(\text{mol}\cdot\text{L}^{-1})$$

式中　m_{CaCO_3}——$CaCO_3$基准试剂质量，g；

V_{EDTA}——EDTA 消耗的体积，mL；

M_{CaCO_3}——$CaCO_3$基准试剂的摩尔质量。

7. 注意事项

① 滴定时 pH 值要控制在 10～11，因为 EDTA 与金属离子的配位能力在碱性条件下最大，但是 pH 值过大，对指示剂有影响。

② 指示剂存放时间长时受空气氧化作用会逐渐失效，故必须存放在干燥器中。

实验六　水的硬度测定

1. 必备知识

预习配位滴定法常用滴定剂 EDTA 标准溶液测定水硬度的原理和方法。

回答以下问题：

① 什么叫水的硬度？硬度有哪几种表示方法？

② 为什么测定水的硬度时要用 0.01 mol · L^{-1}的 EDTA 溶液？

③ 水硬度测定有何意义？

④ 配位滴定法测定水硬度的原理和方法？

⑤ 水硬度如何计算？

⑥ 用 EDTA 法怎样测定水的总硬？用什么指示剂？产生什么反应？

⑦ 用 EDTA 法测定水的硬度时，哪些离子的存在有干扰？如何消除？

⑧ 为什么滴定 Ca^{2+}、Mg^{2+} 总量时要控制溶液 pH = 10？滴定 Ca^{2+}时要控制 pH = 12？

2. 实验目的

① 了解水的硬度测定意义和常用硬度表示方法。

② 掌握 EDTA 法测定水的硬度的原理和方法。

③ 掌握铬黑 T 和钙指示剂的应用，了解金属指示剂的特点。

④ 掌握水硬度的计算方法。

3. 实验原理

含有钙镁盐类的水叫硬水(硬度小于5.6度的一般可称软水)。

硬度是指水中的钙盐和镁盐的含量，它是锅炉水等水样非常重要的指标，对硬度的良好控制能确保锅炉安全运行，提高锅炉效率，延长锅炉使用年限，节约能源等。水的硬度包括永久硬度和暂时硬度。在水中以碳酸氢盐存在的钙、镁盐，加热后被分解，析出沉淀而除去。这类盐形成的硬度成为暂时硬度。

$$Ca(HCO_3)_2 \longrightarrow CaCO_3 + H_2O + CO_2 \uparrow$$

而钙、镁的硫酸盐或氯化物等所形成的硬度称为永久硬度。

暂时硬度和永久硬度的总和称为“总硬”。由 Mg^{2+} 形成的硬度称为“镁硬”，由 Ca^{2+} 形成的硬度称为“钙硬”。

常水用作锅炉用水，经常要进行硬度分析，测定水的总硬度就是测定水中钙、镁的总量。

在 pH=10 的缓冲溶液中，以铬黑 T 为指示剂，用三乙醇胺掩蔽水中的 Fe^{3+}、Al^{3+}、Cu^{2+}、Pb^{2+}、Zn^{2+} 等共存离子，用 0.01mol · L^{-1} 的 EDTA 标准溶液直接滴定水中的 Ca^{2+}、Mg^{2+} 的总量。

滴定前：

$$Ca^{2+} + HIn^{2-} \longrightarrow CaIn^{-} + H^{+}$$

$$Mg^{2+} + HIn^{2-} \longrightarrow MgIn^{-} + H^{+}$$

终点时：

$$MgIn^{-} + H_2Y^{2-} \longrightarrow MgY^{2-} + HIn^{2-} + H^{+}$$

水的硬度表示方法有多种，目前常用两种表示方法：

① 将测得的 Ca^{2+}、Mg^{2+} 以每升溶液中含 CaO 的毫克数表示硬度，1mgCaO · L^{-1}。

$$总硬度 = \frac{c_{EDTA} \times V_{EDTA} \times M_{CaO}}{V_{水样}} \times 1000(mgCaO \cdot L^{-1})$$

② 将测得的 Ca^{2+}、Mg^{2+} 折算为 CaO 的质量。以每升水中含 10mgCaO 为 1 °(德国度)表示硬度。即另一种表示方法是以度(°)计，1 硬度单位表示十万份水中含一份 CaO，1° = 10ppmCaO，其硬度表示为

$$\frac{c_{EDTA} \times V_{EDTA} \times \frac{M_{CaO}}{1000}}{V_{水样}} \times 10^6 \times \frac{1}{10} = \frac{c_{EDTA} \times V_{EDTA} \times M_{CaO}}{V_{水样}} \times 10^2 = 度(°)$$

式中 c_{EDTA}——EDTA 标准溶液的浓度，mol · L^{-1}；

V_{EDTA}——滴定时用去的 EDTA 标准溶液的体积，mL，若为滴定总硬时所用去的，则所得硬度为总硬；若为滴定钙硬时用去的体积，则所得硬度为钙硬；

$V_{水样}$——水样的体积，mL。

水中钙镁离子含量，可用 EDTA 法测定总硬度，测定时控制溶液的酸度为 pH≈10，铬黑 T 为指示剂，以 EDTA 标准溶液滴定水中 Ca^{2+}、Mg^{2+}，由 EDTA 浓度和用量，可计算出水的总硬度。钙硬是在溶液 pH≥12 时，以钙指示剂作为指示剂，用 EDTA 标准溶液滴定水中 Ca^{2+}，由 EDTA 浓度和用量，可算出水钙硬，由总硬度减去钙硬即为镁硬。

4. 仪器及药品

仪器：100mL 烧杯、锥形瓶、滴定管、量筒等。

药品：NaOH(10%)；HCl(1 : 1)；三乙醇胺(1 : 2)；氨性缓冲溶液(pH ≈ 10，溶解

67g NH_4Cl 于少量水中，加入 570mL 浓氨水，用水稀释至 1L)；钙指示剂(称 0.5g 钙指示剂与 100g NaCl 研细混匀置于小广口瓶中，保存于干燥器中备用)；铬黑 T 指示剂(0.5%，称 0.5g 铬黑 T，加入 20mL 三乙醇胺，用水稀释至 100mL)；EDTA 标准溶液(0.01mol · L^{-1})。

5. 实验步骤

(1) 总硬的测定

用移液管吸取水样 100.0mL 于 250mL 三角瓶中，加入 5mL NH_3-NH_4Cl 缓冲溶液，摇匀。再加入少许铬黑 T 固体指示剂，边加边摇，至溶液呈酒红色，以 0.01mol · L^{-1} EDTA 标准溶液滴定至溶液由紫红色变为纯蓝色，即为终点，记下消耗 EDTA 的体积 V_1。做 3 次平行测定。

(2) 钙硬的测定

量取澄清的水样 100mL，放入 250mL 锥形瓶内，加 4mL 10% NaOH 溶液，摇匀，再加入少许钙指示剂，边加边摇匀至溶液呈淡红色。用 0.01mol · L^{-1}EDTA 标准溶液滴定至纯蓝色，即为终点，记下消耗的 EDTA 体积 V_2。

(3) 镁硬的测定

总硬-钙硬=镁硬

6. 数据记录与处理

将实验数据记录于表 3-7。

表 3-7　水硬度数据记录　　c_{EDTA}=________mol · L^{-1}

试样编号	1	2	3
水样/mL	100.0	100.0	100.0
$V_{EDTA初读数}$/mL			
$V_{EDTA终读数}$/mL			
V_{EDTA}/mL			
硬度(CaO)/mg · L^{-1}			
平均值/mg · L^{-1}			
极差			
平均值的相对极差 /%			

计算公式：

$$硬度(mgCaO \cdot L^{-1})=\frac{c_{EDTA} \cdot V_{EDTA} \cdot M_{CaCO_3} \times \frac{25.00}{250.0}}{V_s} \times 1000$$

式中　c_{EDTA}——EDTA 标准溶液的浓度，mol · L^{-1}；

V_{EDTA}——EDTA 消耗的体积，mL；

$V_{水样}$——实验水样的体积，mL；

M_{CaO}——CaO 的摩尔质量。

7. 注意事项

① 若水样不清，则必须过滤，过滤所用的器皿和滤纸必须是干燥的，最初的滤液须弃去。

② 若水中含有铜、锌、锰、铁、铝等离子，则会影响测定结果，可加入 1% Na_2S 溶液

1mL 使 Cu^{2+}、Zn^{2+}等成硫化物沉淀，过滤。锰的干扰可加入盐酸羟胺消除。

③ 在氨性液中，$Ca(HCO_3)_2$ 含量较高时，可能慢慢析出 $CaCO_3$沉淀，使滴定终点拖长，变色不敏锐，所以滴定前最好将溶液酸化，煮沸除去 CO_2，注意 HCl 不可多加，否则影响滴定时溶液的 pH 值。

S3 铋、铅混合溶液 Bi^{3+}、Pb^{2+}含量的连续滴定

S4 铝盐中铝含量的测定

S5 石灰石或白云石中钙和镁的测定

第四部分 思考题和习题

思考题

思考题 3-1 金属离子的无机配合物和有机配合物主要区别是什么？

思考题 3-2 EDTA 为什么为六元酸，与金属离子配合形式是什么？

思考题 3-3 为什么可以用 EDTA 定量滴定水中金属离子含量？

思考题 3-4 影响 EDTA 金属配合物稳定性的因素是什么？

思考题 3-5 配合物稳定常数、条件稳定常数、副反应系数之间有什么关系？

思考题 3-6 配位滴定过程中被滴定金属离子如何变化？

思考题 3-7 金属指示剂与酸碱指示剂的区别？

思考题 3-8 什么是金属指示剂的封闭和僵化？如何避免？

思考题 3-9 如何应用酸效应曲线来确定滴定金属离子的 pH 值？

思考题 3-10 单一金属离子准确滴定和混合离子选择滴定有什么不同？

思考题 3-11 两种金属离子 M 和 N 共存时，什么条件下才可用控制酸度的方法进行分别滴定？

思考题 3-12 如何分别测定水中总硬度和分硬度，如何控制条件？

思考题 3-13 用返滴定法测定铝离子含量时，首先在 pH = 3 左右加入过量的 EDTA 并加热，使铝离子配位，试说明选择此 pH 的理由。

习 题

习题 3-1 计算 pH = 5 时 EDTA 的酸效应系数 $\alpha_{Y(H)}$。若此时 EDTA 各种存在形式的总浓度为 0.0200mol · L^{-1}，则 [Y^{4-}] 为多少？

答案：106.45；7.1×10^{-9}mol · L^{-1}

习题 3-2 计算 pH=3.00 时，EDTA 的酸效应系数 $\alpha_{Y(H)}$ 和 $\lg\alpha_{Y(H)}$。

答案：4.02×10^{10}，10.60

习题 3-3 计算在 pH 为 11.0，氨的平衡浓度为 0.10mol · L^{-1} 时，Zn^{2+} 的总副反应系数 α_{Zn}。

答案：105.7

习题 3-4 浓度均为 1.0×10^{-2}mol · L^{-1} 某 Pb^{2+} 和 Mg^{2+} 混合溶液，在溶液 pH=5.0 的条件下，用 EDTA 标准溶液滴定 Pb^{2+}，计算 EDTA 的总副反应系数 α_Y。

答案：106.89

习题 3-5 在 pH=5.0 时，锌和 EDTA 配合物的条件稳定常数是多少？假设 Zn^{2+} 和 EDTA 的浓度皆为 10^{-2}mol · L^{-1}（不考虑羟基配位等副反应）。当 pH=5.0 时，能否用 EDTA 标准溶液滴定 Zn^{2+}？

答案：$K_{ZnY^-}=10^{10.05}$；能

习题 3-6 试求以 EDTA 滴定浓度各为 0.01mol · L^{-1} 的 Fe^{3+} 和 Fe^{2+} 溶液时所允许的最小 pH。

答案：①Fe^{3+}：pH≈1.2；②Fe^{2+}：pH≈5.1

习题 3-7 计算用 0.0200mol · L^{-1} EDTA 标准溶液滴定同浓度的 Cu^{2+} 溶液时的适宜酸度范围。

答案：2.8~5.0

习题 3-8 用 0.0200mol · L^{-1} EDTA 标准溶液滴定 0.020mol · L^{-1} Zn^{2+} 溶液，如果要求 $\Delta pZn^{2+}=0.2$，$E_t=\pm0.1\%$，计算滴定 Zn^{2+} 的最低 pH。

答案：4.0

习题 3-9 某一混合溶液中 Pb^{2+} 和 Bi^{3+} 的浓度均为 1.0×10^{-2}mol · L^{-1}，在 pH=1.0 的条件下用 EDTA 标准溶液滴定 Bi^{3+}，计算 $[BiY]^-$ 的条件稳定常数。已知 $\lg K_s(PbY)=18.04$，$\lg K_s(BiY)=27.94$。

答案：8.5×10^9

习题 3-10 称取 0.2005g 纯 $CaCO_3$ 溶解后，用容量瓶配成 100mL 溶液。吸取 25mL，在 pH>12 时，用钙指示剂指示终点，用 EDTA 标准溶液滴定，用去 23.90mL。试计算：

① EDTA 溶液的浓度；

② 每毫升 EDTA 溶液相当于多少克 ZnO 和 Fe_2O_3（$CaCO_3$ 的摩尔质量为 100.1；ZnO 的摩尔质量为 81.04；Fe_2O_3 的摩尔质量为 159.7）。

答案：①0.02095mol · L^{-1}；②0.001698g · mL^{-1}，0.001673g · mL^{-1}

习题 3-11 用配位滴定法测定氯化锌（$ZnCl_2$）的含量。称取 0.2450g 试样，溶于水后，稀释至 250mL，吸取 25.00mL，在 pH=5~6 时，用二甲酚橙作指示剂，用 0.01014mol · L^{-1} EDTA 标准溶液滴定，用去 18.61mL。试计算试样中含 $ZnCl_2$ 的质量分数（$ZnCl_2$ 的摩尔质量为 136.3）。

答案：93.70%

习题 3-12 用 EDTA 滴定法测定奶粉中钙含量时，将 1.500g 奶粉试样经灰化处理后，制备成试液，然后用 EDTA 标准溶液滴定，消耗 13.10mL EDTA 标准溶液。计算奶粉中钙的质量分数。

答案：0.31%

习题 3-13 用 0.01050mol · L^{-1} EDTA 标准溶液滴定水中钙和镁的含量，取 100.0mL 水样，以铬黑 T 为指示剂，在 pH=10 时滴定，消耗 EDTA30.30mL。另取一份 100.0mL 水样，加 NaOH 使呈强碱性，使 Mg^{2+} 成 $Mg(OH)_2$ 沉淀，用钙指示剂指示终点，继续用 EDTA 滴定，消耗 18.20mL。计算：

① 水的总硬度(以 $CaCO_3$ mg · L^{-1} 表示)；

② 水中钙和镁的含量(以 $CaCO_3$ mg · L^{-1} 和 $MgCO_3$ mg · L^{-1} 表示，$CaCO_3$ 的摩尔质量为 100.1；$MgCO_3$ 的摩尔质量为 84.32)。

答案：①318.5mg · L^{-1}；②191.3mg · L^{-1}，107.1mg · L^{-1}

习题 3-14 称取含锌、铝的试样 0.1120g，溶解后调至 pH 为 3.5，加入 50.00mL 0.02450mol · L^{-1} EDTA 溶液，加热煮沸，冷却后，加醋酸缓冲溶液，此时 pH 为 5.5，以二甲酚橙为指示剂，用 0.02000mol · L^{-1} 标准锌溶液滴定至红色，用去 4.08mL。加足量 NH_4F，煮沸，在用上述锌标准溶液滴定，用去 21.70mL。计算试样中锌、铝的质量分数(铝的原子量为 26.98；锌的原子量为 65.39)。

答案：①铝：10.45%；②锌：41.42%

第五部分 拓展阅读

3.1 各级配合物的分布分数

若溶液中金属离子 M 的总浓度为 c_M，配位剂 L 的总浓度为 c_L，M 与 L 发生逐级配位反应，生成 ML、ML_2、ML_3、…、ML_n。

根据物料平衡，金属离子 M 的总浓度(分析浓度)：

$$\begin{aligned} c_M &= [M]+[ML]+\cdots+[ML_n] \\ &= [M]+\beta_1[M][L]+\cdots+\beta_n[M][L]^n \\ &= [M](1+\beta_1[L]+\cdots+\beta_n[L]^n) \\ &= [M](1+\sum_{i=1}^{n}\beta_i[L]^i) \end{aligned}$$

根据[ML]…[ML_n]的表达式(参见第一部分基础知识)，各级配合物的分布分数分别为

$$\delta_M=\frac{[M]}{c_M}=\frac{[M]}{[M](1+\beta_1[L]+\cdots+\beta_n[L]^n)}=\frac{[M]}{[M](1+\sum_{i=1}^{n}\beta_i[L]^i)}=\frac{1}{1+\sum_{i=1}^{n}\beta_i[L]^i}$$

$$\delta_{ML}=\frac{[ML]}{c_M}=\frac{\beta_1[M][L]}{c_M}=\frac{\beta_1[L]}{1+\sum_{i=1}^{n}\beta_i[L]^i}$$

…

$$\delta_{ML_n}=\frac{[ML_n]}{c_M}=\frac{\beta_n[M][L]^n}{c_M}=\frac{\beta_n[L]^n}{1+\sum_{i=1}^{n}\beta_i[L]^i} \tag{3-38}$$

由式(3-38)可见，各级配合物的分布分数 δ，仅是游离配位剂(L)浓度的函数，与 M 的

浓度无关。

3.2 常用金属离子指示剂

配位滴定中常用的金属离子指示剂列于表3-8中。

表3-8 常用金属指示剂

金属指示剂	适用pH范围	In颜色	MIn颜色	直接滴定的离子
钙指示剂(NN)	12~13	蓝色	红色	pH=12~13，Ca^{2+}
铬黑T	8~10	蓝色	红色	pH=10，Mg^{2+}、Zn^{2+}、Cd^{2+}、Pb^{2+}、Mn^{2+}
二甲酚橙(XO)	<6	亮黄色	红色	pH=1~3.5，Bi^{3+}、Th^{4+} pH=5~6，Tl^{3+}、Zn^{2+}、Cd^{2+}、Pb^{2+}、Hg^{2+}
酸性铬蓝K	8~13	蓝色	红色	pH=10，Mg^{2+}、Zn^{2+}、Mn^{2+} pH=13，Ca^{2+}
磺基水杨酸	1.5~2.5	无色	紫红色	pH=1.5~2.5，Fe^{3+}
1-(2-吡啶偶氮)-2-萘酚	2~12	黄色	紫红色	pH=2~3，Bi^{3+}、Th^{4+} pH=4~5，Cu^{2+}、Ni^{2+}、Zn^{2+}、Cd^{2+}、Pb^{2+}、Mn^{2+}、Fe^{2+}

(1) 铬黑T(EBT)

铬黑T是常用金属指示剂，是三元有机弱酸，属于*O*,*O′*-二羟基偶氮类染料，全名称为：1-(1-羟基-2-萘偶氮)-6-硝基-2-萘酚-4磺酸钠。

分子中的羟基—OH具有弱酸性，在水溶液中：

$$H_2In^- \xrightleftharpoons{pK_{a2}=6.3} HIn^{2-} \xrightleftharpoons{pK_{a3}=11.6} In^{3-}$$

红色　　　　蓝色　　　　橙色

pH< 6.3　　　pH8~11　　　pH>11.6

游离态呈现颜色与pH有关，常用pH范围为6.3~11.6，此时呈现蓝色，与金属离子配位后呈红色。

因大部分的M-EDTA为红色，此指示剂适宜的pH范围应为pH=8~11。

注意事项：

① 固体稳定，常与NaCl、KNO_3等中性盐制成固体混合粉末(1∶100)，用药匙取0.1g量使用。

② 水溶液不稳定，易聚合：

$$n\ H_2In^- = (H_2In^-)_n$$　　　棕色(pH<6.5时严重)

聚合后，不能与金属离子显色。

消除方法：加入三乙醇胺减慢聚合速度。

③ 碱性溶液中易被氧化褪色。

消除方法：加入盐酸羟胺等还原剂。

④ 滴定Ca^{2+}时，终点误差较大。这是由于K_{CaIn}较小(pH=10时，$K_{Ca-EBT'}=3.7$)，CaIn配合物不够稳定，滴定EDTA时易提前置换指示剂，终点时颜色变化不敏锐。

消除方法：测Ca^{2+}时用钙指示剂，或测Ca^{2+}时，滴定前向溶液中加入少量铬黑T-Mg溶液，溶液呈铬黑 T 配合物颜色；终点时 EDTA 置换出铬黑 T-Mg 中的指示剂，呈现出游离态颜色（$K'_{CaY}>K'_{MgY}$；$K'_{Mg\text{-}EBT}>K'_{Ca\text{-}EBT}$）。

⑤ 测 Ca^{2+} 和 Mg^{2+} 时可用铬黑 T 做指示剂，因为溶液中有 Mg^{2+} 时，铬黑 T-Mg 稳定性好，$\Delta\lg K>2$，显色敏锐。

表 3-9 列出了指示剂铬黑 T 的酸效应系数 $\lg\alpha_{In(H)}$ 和变色点的 pM_{ep}。

表 3-9　指示剂铬黑 T 的 $\lg\alpha_{In(H)}$ 和变色点的 pM_{ep}

pH	$\lg K_s$(MIn)	6.0	7.0	8.0	9.0	10.0	11.0	12.0
$\lg\alpha_{In(H)}$		6.0	4.6	3.6	2.6	1.6	0.7	0.7
pCa_{ep}(至红)	5.4			1.8	2.8	3.8	4.7	5.3
pMg_{ep}(至红)	7.0	1.0	2.4	3.4	4.4	5.4	6.3	6.9
pMn_{ep}(至红)	9.6	3.6	5.0	6.2	7.8	9.7	11.5	
pZn_{ep}(至红)	12.9	6.9	8.3	9.3	10.5	12.2	13.9	

（2）钙指示剂(NN)

钙指示剂(NN)全名称为 2-羟基-1(2-羟基-4 磺酸-1 萘偶氮)-3-萘甲酸，在水溶液中：

$$H_2In^{2-} \xrightleftharpoons{pK_{a3}=9.26} HIn^{3-} \xrightleftharpoons{pK_{a4}=13.6} In^{4-}$$

酒红色　　　　蓝色　　　　酒红色

pH<9.3　　　　pH9~13　　　　pH>13.6

钙指示剂使用 pH 范围：pH=8~13。

注意事项：类同 EBT，①液体不稳定，使用固体；②氧化变质；③终点不敏锐。

（3）二甲酚橙(XO)

二甲酚橙(XO)是三苯甲基烷类，一般用其四钠盐，紫色结晶，易溶于水，水溶液可稳定几周(0.5%二甲酚橙稳定 2~3 周)。

适宜范围：pH<6.3(酸性)

M-XO　　　　XO

红紫色　　　　黄色(pH>6.3 时呈红色)

应用：Bi^{3+}、Th^{4+}、Pb^{2+}、Zn^{2+}、Cd^{2+}、Hg^{2+}、Zr^{2+} 等测定。表 3-10 列出了指示剂二甲酚橙的酸效应系数 $\lg\alpha_{In(H)}$ 和变色点的 pM_{ep}。

表 3-10　指示剂二甲酚橙的 $\lg\alpha_{In(H)}$ 和变色点的 pM_{ep}

pH	0	1.0	2.0	3.0	4.0	5.0	5.5	6.0	7.0
$\lg\alpha_{In(H)}$	35.0	30.0	25.1	20.7	17.3	15.7	14.2	12.8	11.3
pBi_{ep}(至红)		4.0	5.4	6.8					
pCd_{ep}(至红)						4.0	4.5	5.0	5.5
pHg_{ep}(至红)							7.4	8.2	9.0
pLa_{ep}(至红)						4.0	4.5	5.0	5.6
pPb_{ep}(至红)				4.2	4.8	6.2	7.0	7.6	8.2
pTh_{ep}(至红)		3.6	4.9	6.3					

续表

pH	0	1.0	2.0	3.0	4.0	5.0	5.5	6.0	7.0
pZn_{ep}(至红)						4.1	1.8	5.7	6.5
pZr_{ep}(至红)	7.5								

3.3 金属离子缓冲溶液

一对共轭酸碱对可以组成酸碱缓冲溶液，同样的，配位化合物和其配体也可以组成金属离子缓冲溶液。金属离子缓冲溶液的作用原理和计算公式类似酸碱缓冲溶液。

配位反应 $$M+Y \rightleftharpoons MY$$

$$K_{MY}=\frac{[MY]}{[M][Y]}$$

金属离子缓冲溶液的计算公式即：

$$pM=\lg K_{MY}+\lg\frac{[Y]}{[MY]} \tag{3-39}$$

可以通过控制[Y]/[MY]比值，得到 pM 值稳定的溶液。

如考虑 EDTA 的副反应，则以相应的条件稳定常数表示：

$$pM=\lg K'{}_{MY}+\lg\frac{[Y']}{[MY]} \tag{3-40}$$

金属离子缓冲溶液为什么具有控制 pM 的作用？

如配位反应 $$M+Y \rightleftharpoons MY$$

在金属离子缓冲溶液中，若加入少量金属离子 M，则溶液中大量存在配体 Y 将与之配位，使得平衡右移，从而抑制 pM 降低(M 增大)；若加入少量能与 M 作用的其他配体时，溶液中大量存在的配合物 MY 又能离解出 M，使得平衡左移，以阻止 pM 增多(M 减少)。

3.4 滴定曲线绘制实例

(1) M 与 L 不发生配位反应

在 NH_3- NH_4Cl 缓冲溶液中(pH = 10.0)，以 0.01000mol · L^{-1} EDTA 标准溶液滴定 20.00mL 0.01000mol · L^{-1} $CaCl_2$溶液，讨论滴定过程中 pCa′的变化情况。

首先计算求出 K'_{CaY}(存在 Y 的酸效应)

查教材附表可得：pH=10.0 时，$\lg\alpha_{Y(H)}=0.45$；$\lg K_{CaY}=10.69$

由于 NH_3与 Ca^{2+}不发生配位反应，故 $\lg\alpha_{Ca(NH_3)}=0$，即 $\alpha_{Ca(L)}=1$

所以 $\lg K'_{CaY}=10.69-0.45-0=10.24$

$K'_{CaY}=10^{10.24}=1.7\times10^{10}$

① 滴定前：

$[Ca^{2+}]=0.01000mol\cdot L^{-1}$　　　　pCa=−lg0.01000=2.00

② 滴定开始至化学计量点前($\lg K'_{CaY}>10$，CaY 的离解可忽略)：

加入 19.98mL EDTA 标准溶液时(误差−0.1%)：

$$[Ca^{2+}]=\frac{20.00-19.98}{20.00+19.98}\times 0.01000\approx 5.0\times 10^{-6}(mol\cdot L^{-1})$$

pCa = 5.3

③ 化学计量点时：K'_{CaY}大，Ca^{2+}几乎与 EDTA 完全配位：

$$[CaY]=\frac{20.00}{20.00+20.00}\times 0.01000=5.0\times 10^{-3}(mol\cdot L^{-1})$$

$$K'_{CaY}=\frac{[CaY]}{[Ca][Y]}=1.7\times 10^{10}=\frac{0.005000}{x\cdot x}\qquad [Ca^{2+}]=5.4\times 10^{-7}mol/L$$

pCa = 6.3

④ 化学计量点后：加入 20.02mL EDTA 标准溶液时(误差+0.1%)：

$$c_Y=\frac{20.02-20.00}{20.00+20.02}\times 0.01000\approx 5.0\times 10^{-6}(mol\cdot L^{-1})$$

$$K'_{CaY}=\frac{[CaY]}{[Ca][Y]}=1.7\times 10^{10}=\frac{0.005000}{x\cdot 5.0\times 10^{-6}}\qquad [Ca^{2+}]=5.9\times 10^{-7}(mol/L)$$

pCa = 7.2

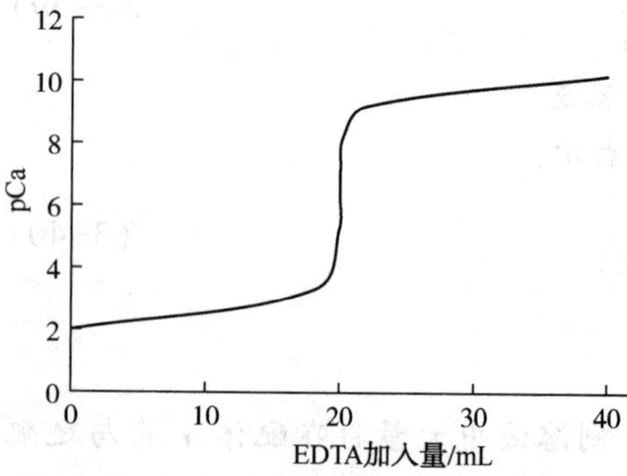

图 3-4 在不同 pH 值时用 0.01000mol · L^{-1} EDTA 滴定 20.00mL 0.01000mol · L^{-1} Ca 的滴定曲线

按上述各步同样的方法逐一进行计算，可求出滴定剂加入不同体积时的$[Ca^{2+}]$值，作 pCa-V_{EDTA}曲线即滴定曲线，如图 3-4 所示。

(2) M 与 L 发生配位反应

在 0.1mol · L^{-1} NH_3 - 0.176 mol/L NH_4Cl 缓冲溶液中(pH = 9.0)，以 0.02000mol · L^{-1} EDTA 标准溶液滴定 20.00mL 0.02000mol · L^{-1} Zn^{2+}溶液，讨论过程中 pZn 的变化情况

首先计算 K'_{ZnY}(Y 有酸效应，M 有辅助配位效应)：

由式(3-16)得 $\lg K'_{ZnY}=\lg K_{ZnY}-\lg\alpha_{Zn(NH_3)}-\lg\alpha_{Y(H)}$

$$\alpha_{Zn(NH_3)}=1+\beta_1[NH_3]+\beta_2[NH_3]^2+\beta_3[NH_3]^3+\beta_4[NH_3]^4$$

已知： $[NH_3]=0.10(mol\cdot L^{-1})$

$$\alpha_{Zn(NH_3)}=1+186\times 0.10+4.1\times 10^2\times 0.10^2+1.0\times 10^7\times 0.10^3+1.2\times 10^9\times 0.10^4$$
$$=1.3\times 10^5$$

$$\lg\alpha_{Zn(NH_3)}=5.11$$

查附表可得，pH = 9.0 时 $\lg\alpha_{Y(H)}=1.29$

所以 $\lg K'_{ZnY}=16.50-5.11-1.29=10.10$

$$K'_{ZnY}=1.3\times 10^{-10}$$

然后绘制滴定曲线。

① 滴定前，$c'_{Zn}=0.02000mol\cdot L^{-1}$。

$$pZn'=-\log c'_{Zn}=-\lg 0.02000=1.70$$

② 滴定开始至化学计量点前：

加入 19.98mL EDTA 标液时(误差-0.1%)：

$$c_{Zn^{2+}}=\frac{0.02}{20.00+19.98}\times 0.02000\approx 1.0\times 10^{-5}(\text{mol}\cdot\text{L}^{-1})$$

$$\text{pZn}'=-\lg 1.0\times 10^{-5}=5.00$$

③ 化学计量点时，$Zn^{2+}+Y \rightleftharpoons ZnY$：

$$K'_{ZnY}=\frac{[ZnY]}{c'_{Zn}c'_{Y}}=\frac{[ZnY]}{(c'_{Zn})^2}=\frac{0.01000}{(c'_{Zn})^2}=1.3\times 10^{10}$$

$$c'_{Zn}=\sqrt{\frac{0.01000}{1.3\times 10^{5}}}=8.8\times 10^{-7}(\text{mol}\cdot\text{L}^{-1})$$

$$\text{pZn}'=-\lg 8.8\times 10^{-7}=6.06$$

④ 化学计量点后，加入20.02mL EDTA 标液时(误差+0.1%)：

$$c'_{Y}=\frac{20.02-20.00}{20.00+20.02}\times 0.02000\approx 1.0\times 10^{-5}(\text{mol}\cdot\text{L}^{-1})$$

$$[ZnY]=0.01000(\text{mol}\cdot\text{L}^{-1})$$

$$K'_{ZnY}=\frac{[ZnY]}{c'_{Zn}c'_{Y}}=\frac{0.01000}{c'_{Zn}\times 1.0\times 10^{-5}}=1.3\times 10^{10}$$

$$c'_{Zn}=7.7\times 10^{-8}(\text{mol}\cdot\text{L}^{-1})$$

$$\text{pZn}'=-\log 7.7\times 10^{-8}=7.11$$

按上述各步同样的方法，可求出不同滴定剂加入体积时的 C'_{Zn} 值，作 $\text{pZn}'-V_{EDTA}$ 曲线即滴定曲线。

3.5 影响滴定突跃的因素讨论

由滴定突跃($=\lg K'_{MY}-\text{p}c_M-6.30$)的计算公式，可知影响滴定突跃大小的因素有条件稳定常数 K'_{MY} 和初始浓度 c_M。

(1) $\lg K'_{MY}$ 的影响

在浓度一定的条件下，K'_{MY} 越大，突跃也越大。K'_{MY} 增大10倍，$\lg K'_{MY}$ 增加1，滴定突跃增加一个单位。

设M的初始浓度为 $0.01000\text{mol}\cdot\text{L}^{-1}$，用 $0.01000\text{mol}\cdot\text{L}^{-1}$ EDTA 滴定，当 $\lg K'_{MY}$ 不同时，滴定曲线如图3-5所示。

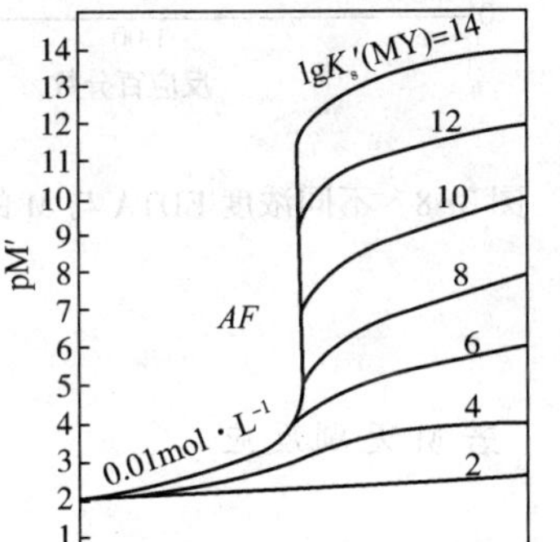

图3-5　不同 $\lg K'_{MY}$ 时的滴定曲线

滴定体系的酸度、缓冲溶液及其他辅助配位剂对 K'_{MY} 有影响。

① pH越小，$\alpha_{Y(H)}$ 值越大，K'_{MY} 值越小，使 pM′突跃范围越小，如图3-6所示，EDTA 滴定 Ca^{2+} 的滴定曲线，仅考虑 EDTA 的酸效应对滴定突跃的影响，计量点前 pH 无影响，计量点后由 EDTA 酸效应决定，pH 增大，$\lg\alpha_{Y(H)}$ 减小，$\lg K'_{MY}$ 增大，则突跃范围增大。

② 其他配位剂如缓冲剂或辅助配位剂与金属离子配位时，当其浓度增大时，$\alpha_{M(L)}$ 值增大，K'_{MY} 值减小，pM′突跃范围减小，如图3-7所示，在 $NH_3-NH_4^+$ 缓冲溶液中滴定 Ni^{2+} 的滴定曲线，计量点前 pH 增大，$[NH_3]$ 增大，$[Ni^{2+}]$ 减小，突跃起点抬高；计量点后 pH 增大，

酸效应减小，则突跃增大。

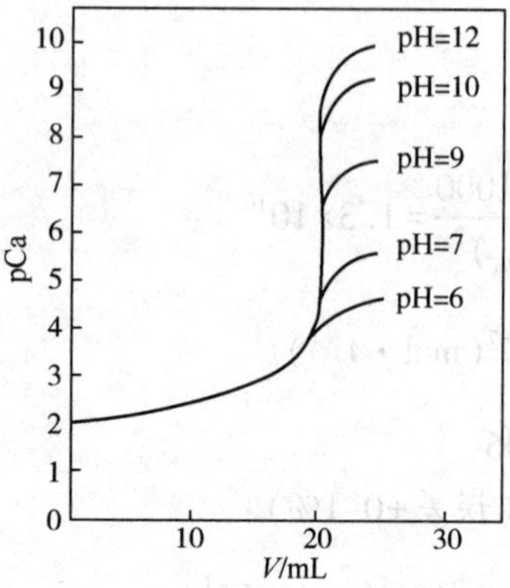

图 3-6　不同 pH 下 Y 滴定 Ca^{2+} 的滴定曲线

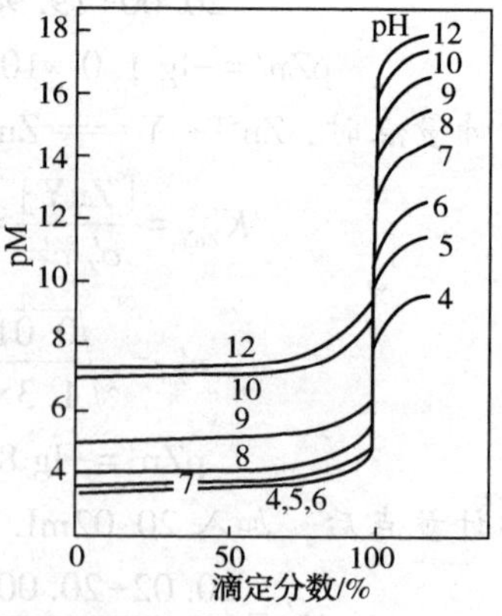

图 3-7　EDTA 滴定 Ni^{2+} 的滴定曲线（NH_3）

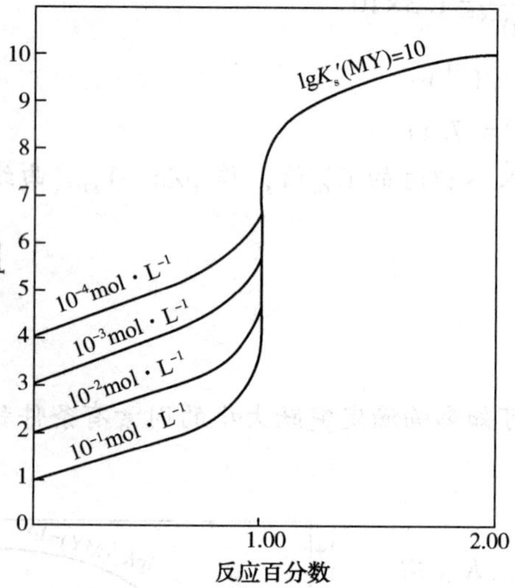

图 3-8　不同浓度 EDTA 与 M 的滴定曲线

（2）c_M 的影响

在 K'_{MY} 一定的条件下，c_M 越大，滴定突跃范围也越大。c_M 增大 10 倍，滴定突跃增加一个单位。

当 $\lg K'_{MY}=10$，c_M 不同，用等浓度的 EDTA 分别滴定的滴定曲线如图 3-8 所示。

3.6　分别滴定金属离子判别式的推导

设溶液中有 M、N 两种金属离子，并且 $K_{MY}>K_{NY}$，M、N 在化学计量点的分析浓度分别为 c_M^{sp} 和 c_N^{sp}，要准确滴定 M 离子而不受 N 离子干扰。

由于是混合离子的选择滴定，允许误差可大一些，所以 $\Delta pM'=0.2$，$E_t=0.3\%$。由林邦误差公式可得

$$\lg(K'_{MY}c_M^{sp})\geqslant 5$$

若 M 无副反应　　$\lg(K'_{MY}c_M^{sp})=\lg(K_{MY}c_M^{sp})-\lg\alpha_Y$

$$=\lg(K_{MY}c_M^{sp})-\lg[\alpha_{Y(H)}+\alpha_{Y(N)}]$$

由上式可见，M、N 共存，准确地选择性滴定 M，N 不干扰的关键决定于 $\lg[\alpha_{Y(H)}+\alpha_{Y(N)}]$ 的大小。

当 $\alpha_{Y(H)}\ll\alpha_{Y(N)}$ 时　　$\alpha_Y\approx\alpha_{Y(N)}=1+K_{NY}c_N^{sp}\approx K_{NY}c_N^{sp}$

代入得　　$\lg(K'_{MY}c_M^{sp})=\lg(K_{MY}c_M^{sp})-\lg(K_{NY}c_N^{sp})\geqslant 5$　　(3-32)

或　　$\Delta\lg(Kc)\geqslant 5$　　(3-33)

上式即 M、N 共存时配位滴定的分别滴定条件，它表示滴定体系满足此条件时，只要有合适的指示剂，满足 $\lg(K'_{MY}c_M^{sp})\geqslant 6$，可以准确滴定 M 离子，N 不干扰，且终点误差 $E_t\leqslant 0.3\%$。

滴定体系中如果有其他副反应，则分别滴定的条件为：$\Delta\lg(K'c)\geqslant5$。

3.7 配位滴定中缓冲溶液的应用

在配位滴定过程中，随着配位化合物的生成，会不断释放出 H^+，如用 EDTA 滴定 Pb^{2+} 时，

$$Pb^{2+}+H_2Y^{2-}=\!=\!=PbY^{2-}+2H^+$$

溶液的酸度增高会使 K'_{MY} 降低，影响反应的完全程度，同时指示剂的 K'_{MIn} 也随之减小，使得指示剂的灵敏度降低。因此，配位滴定中经常加入 pH 缓冲溶液控制溶液的酸度。

3.8 直接滴定法应用实例——水硬度的测定

水的总硬度是指水中钙和镁离子的总含量，是形成锅垢和影响产品质量的主要因素。水硬度是水质的一个重要监测指标，通过监测可以知道其是否可以用于工业生产及日常生活，如硬度高的水可使肥皂沉淀，使洗涤剂的效用大大降低；纺织工业上硬度过大的水使纺织物粗糙且难以染色；烧锅炉易堵塞管道，引起锅炉爆炸事故；高硬度的水，难喝、有苦涩味，饮用后甚至影响胃肠功能等；喂牲畜可引起孕畜流产等。因此，水的总硬度即水中钙、镁总量的测定，为确定用水质量和进行水的处理提供依据。

工业用水和生活饮用水对硬度的要求：GB 5749—2006《生活饮用水卫生标准》规定，以 $CaCO_3$ 计的饮水总硬度必须不超过 $450mg\cdot L^{-1}$。水的总硬度低，水不会结垢(烧开后)，有利于人的身体健康。总硬度低的水一般称软水，软水对皮肤刺激性小。

测定水的总硬度的方法有化学分析法、原子吸收法、色谱分析法等。这里简介常用的化学分析法。

(1) 水硬度的基本概念

水的硬度最初是指钙离子和镁离子沉淀肥皂的能力。水的总硬度指水中钙、镁离子的总浓度。

硬度包括两类：一类是碳酸盐硬度，又叫暂时硬度，指通过加热能以碳酸盐形式沉淀下来的钙、镁离子；另一类是非碳酸盐硬度，又称永久硬度，指加热后不能沉淀下来的那部分钙、镁离子。

总硬度是指碳酸盐硬度和非碳酸盐硬度之和；钙硬度是指水中 Ca 的含量；镁硬度是指水中 Mg 的含量。

硬度的表示方法尚未统一，不同国家的表示方法如下：

① 德国度(°dH)：1 L 水中含有相当于 10 mg 的 CaO，其硬度即为 1 个德国度(1°dH)。这是我国目前最普遍使用的一种水的硬度表示方法。

② 美国度($mg\cdot L^{-1}$)：1L 水中含有相当于 1mg 的 $CaCO_3$，其硬度即为 1 个美国度。

③ 法国度(°fH)：1L 水中含有相当于 10mg 的 $CaCO_3$，其硬度即为 1 个法国度(1°fH)。

④ 英国度(°eH)：1L 水中含有相当于 14.28mg 的 $CaCO_3$，其硬度即为 1 个英国度(1°eH)。

⑤ $mmol\cdot L^{-1}$：1L 水中含有相当于 100mg 的 $CaCO_3$，称其为 $1mmol\cdot L^{-1}$ 的硬度。

水的硬度通用单位为 $mmol\cdot L^{-1}$，也可用德国度(°dH)表示。其换算关系为 $1mmol\cdot L^{-1}=$

5.6 德国度(°dH)。

我国目前使用较多的硬度表示方法有两种：一种是将所测得的钙、镁折算成 CaO 的质量，即每升水中含有 CaO 的毫克数表示，单位为 $mg \cdot L^{-1}$；另一种以度计，1 硬度单位表示 10 万份水中含 1 份 CaO(即每升水中含 10mg CaO)，1 度=10$mg \cdot L^{-1}$(以 CaO 计)，即 1 度=10ppm CaO。这种硬度的表示方法称作德国度。

(2) 钙镁总量的测定方法

在 1 份水样中加入 pH=10.0 的氨性缓冲溶液和少许铬黑 T 指示剂，溶液呈红色；用 EDTA 标准溶液滴定时，EDTA 先与游离的 Ca^{2+}配位，再与 Mg^{2+}配位；达到化学计量点时，EDTA 从 $MgIn^{-}$中夺取 Mg^{2+}，从而使指示剂游离出来，溶液的颜色由红色变为纯蓝色，即为终点。所消耗的 EDTA 的体积为 V_1(EDTA)。注意：

① 当水样中 Mg^{2+}极少时，由于 $CaIn^{-}$比 $MgIn^{-}$的显色灵敏度要差很多，往往得不到敏锐的终点。

② 为了提高终点变色的敏锐性，一是可在 EDTA 标准溶液中加入适量的 Mg^{2+}(在 EDTA 标定前加入，这样就不影响 EDTA 与被测离子之间的滴定定量关系)；二是可在缓冲溶液中加入一定量的 Mg-EDTA 盐。

钙镁总硬度的计算公式：

$$总硬度(mmol \cdot L^{-1}) = \frac{c_{EDTA} \cdot V_{1EDTA}}{V_{水样}} \times 1000 \tag{3-41}$$

或

$$c_{CaO} = \frac{c_{EDTA} V_{1EDTA} M_{CaO}}{V_s} \times 1000 (mg \cdot L^{-1}) \tag{3-42}$$

(3) 水中钙含量的测定

另取一份水样，用 NaOH 调至 pH=12.0，此时 Mg^{2+}生成 $Mg(OH)_2$沉淀，不干扰 Ca^{2+}的测定。加入少量钙指示剂，溶液呈红色；用 EDTA 标准溶液滴定至溶液由红色变为蓝色即为终点，所消耗的 EDTA 的体积为 V_2(EDTA)。

则 Ca^{2+}的质量浓度($mg \cdot L^{-1}$)可用下式计算：

$$\rho_{CaO} = \frac{c_{EDTA} V_{2EDTA} M_{CaO}}{V_s} \times 1000 \tag{3-43}$$

镁硬度计算：Mg^{2+}($mmol \cdot L^{-1}$)= 总硬度 - 钙硬度

3.9 直接滴定法应用实例——葡萄糖酸钙含量测定

葡萄糖酸钙，分子式为 $Ca(C_6H_{11}O_7)_2$，别名糖酸钙，为白色结晶性或颗粒性粉末，无臭，无味，易溶于沸水(20g/100mL)，略溶于冷水(3g/100mL，20℃)，不溶于乙醇、氯仿或乙醚等有机溶剂。水溶液显中性(pH 约 6~7)。钙是体内含量最大的无机物，为维持人体肌肉，骨骼系统和毛细血管通透性正常功能所必需，钙离子是许多酶促反应的重要激活剂，对许多生理过程是必需的。葡萄糖酸钙作为药物，可用于预防和治疗缺钙症等，常见的药物有葡萄糖酸钙片、葡萄糖酸钙口服溶液、葡萄糖酸钙注射液等；作为食品添加剂，用作食品的钙强化剂与营养剂、缓冲剂、固化剂等，例如，向豆浆中投入葡萄糖酸钙粉末，豆浆会变成半液半固态的豆花，也叫热豆腐。

葡萄糖酸钙的含量可用下列方法测定：

准确称取葡萄糖酸钙样品 m_s g，加水大约 20mL，微热溶解，放冷后加 NH_3-NH_4Cl 缓冲溶液(pH=10)调溶液的 pH 至碱性，滴加 EBT 指示剂，用 EDTA 标准溶液滴定至溶液由红色变为蓝色即为终点，所消耗的 EDTA 的体积为 V(EDTA)。

则葡萄糖酸钙的含量用下式计算：

$$\text{葡萄糖酸钙}\% = \frac{c_{EDTA}V_{EDTA}\times M_{\text{葡萄糖酸钙}}}{S_{\text{样}}\times 1000}\times 100\% = \frac{cV\times 448.4}{S\times 1000}\times 100\%$$

3.10 返滴定法应用实例——明矾含量的测定

明矾，即十二水合硫酸铝钾，又称白矾。有抗菌、收敛作用等，可用做中药，还可用于食品添加剂，如食用膨胀剂，像炸麻团、油条里都可能含有。明矾在水中电离出铝离子和钾离子。明矾中含有的铝对人体有害，不宜吃太多含大量明矾的食物，会对身体尤其是大脑造成危害。长期饮用明矾净化的水，可能会引起老年性痴呆症；炸制油条也尽可能不用明矾，或者是尽可能少吃油条。

明矾的含量可用下列方法测定：

准确称取明矾样品 Sg，准确加入 EDTA 标准溶液 V_1mL，加水 25mL 稀释，于沸水浴加热 10min，冷至室温，加 pH 约为 6 的 HAc-NaAc 缓冲溶液，滴加 XO 指示剂 2 滴，用 $ZnSO_4$ 标准溶液滴定至溶液由黄色恰变为橙色即为终点，所消耗的 $ZnSO_4$ 的体积为 V_2mL。

明矾含量用下式计算：

$$\text{明矾}\% = \frac{(c_{EDTA}V_{EDTA}-c_{ZnSO_4}V_{ZnSO_4})\times M_{\text{明矾}}}{S_{\text{样}}\times 1000}\times 100\%$$

$$= \frac{(c_1V_1-c_2V_2)\times 474.1}{S}\times 100\%$$

模块四 氧化还原滴定法

氧化还原滴定法是以氧化还原反应为基础的滴定分析法，能够直接或间接地测定许多无机物和有机物，应用很广泛。

由于氧化还原反应的机理比较复杂，因此在氧化还原滴定中，除了从平衡的观点判断反应的可行性外，还应考虑反应机理、反应速度、反应条件及滴定条件的控制等问题。用于氧化还原滴定的反应必须满足以下条件：①滴定反应必须按一定的化学反应式定量反应，且反应完全，无副反应；②反应速度必须足够快；③必须有适当的方法确定化学计量点。

根据滴定时所用的滴定剂的不同，氧化还原滴定法又可以分为高锰酸钾法、重铬酸钾法、碘量法等。

第一部分 基础知识

4-1 可逆电对与不可逆电对

可逆电对：在反应中能够迅速建立氧化还原平衡的电对，称为可逆电对。例如，Ce^{4+}/Ce^{3+}、Fe^{3+}/Fe^{2+}。向可逆电对体系中加入强氧化剂，其还原态会迅速减小，氧化态则会迅速增多；加入强还原剂，情况恰好相反，平衡也是迅速建立。

不可逆电对：在反应中不能够迅速建立氧化还原平衡的电对，称为不可逆电对。例如，$Cr_2O_7^{2-}/Cr^{3+}$、MnO_4^-/Mn^{2+}。以$Cr_2O_7^{2-}/Cr^{3+}$为例，还原剂能够迅速将$Cr_2O_7^{2-}$还原为 Cr^{3+}，但强氧化剂却很难将 Cr^{3+} 氧化为$Cr_2O_7^{2-}$。

对于可逆电对，其电极电势与组分浓度的关系比较符合能斯特方程式，对于不可逆电对，能斯特方程式的误差较大。对于后者，可以采用条件电极电势来降低误差。事实上，对于可逆电对，通过条件电极电势能够进一步提高能斯特方程式的准确度。

4-2 条件电极电势及外界条件对电极电势的影响

氧化还原反应是由两个氧化还原半反应组成的。氧化还原半反应为

$$\underset{\text{氧化态}}{\mathrm{Ox}}+ne^- \rightleftharpoons \underset{\text{还原态}}{\mathrm{Red}}$$

在 298K 时，对于可逆氧化还原电对，电对的电极电势可用能斯特方程式计算：

$$\varphi_{\mathrm{Ox/Red}}=\varphi^{\ominus}_{\mathrm{Ox/Red}}+\frac{0.059}{n}\lg\frac{a_{\mathrm{Ox}}}{a_{\mathrm{Red}}}(25℃) \tag{4-1}$$

式中　a_{Ox}，a_{Red}——氧化态物质和还原态物质的活度。

$$a_{Ox}=\gamma_{Ox}[Ox]，\alpha_{Ox}=\frac{c_{Ox}}{[Ox]}，故\ a_{Ox}=\gamma_{Ox}\frac{c_{Ox}}{\alpha_{Ox}}$$

同理
$$a_{Red}=\gamma_{Red}\frac{c_{Red}}{\alpha_{Red}}$$

则
$$\varphi_{Ox/Red}=\varphi^{\ominus}_{Ox/Red}+\frac{0.059}{n}\lg\frac{\gamma_{Ox}c_{Ox}/\alpha_{Ox}}{\gamma_{Red}c_{Red}/\alpha_{Red}}$$

$$\varphi_{Ox/Red}=\varphi^{\ominus}_{Ox/Red}+\frac{0.059}{n}\lg\frac{\gamma_{Ox}\alpha_{Red}}{\gamma_{Red}\alpha_{Red}}+\frac{0.059}{n}\lg\frac{c_{Ox}}{c_{Red}} \tag{4-2}$$

当 $c_{Ox}=c_{Red}=1mol\cdot L^{-1}$时，电对的电极电势为

$$\varphi^{\ominus\prime}_{Ox/Red}=\varphi^{\ominus}_{Ox/Red}+\frac{0.059}{n}\lg\frac{\gamma_{Ox}\alpha_{Red}}{\gamma_{Red}\alpha_{Ox}} \tag{4-3}$$

$\varphi^{\ominus\prime}_{Ox/Red}$称为条件电极电势：它是在一定条件下氧化态和还原态的分析浓度均为 $1mol\cdot L^{-1}$ 时电对的电极电势。它的大小除受温度的影响外，还要受到离子间的相互作用(溶液离子强度)和副反应(如酸效应和配位反应、沉淀反应等)的影响，条件不变时为一常数(条件电极电势公式推导过程见拓展阅读 4.1)。

使用条件电极电势计算电对的电极电势，更符合实际情况，能斯特方程式可写成如下一般通式：

$$\varphi_{Ox/Red}=\varphi^{\ominus\prime}_{Ox/Red}+\frac{0.059}{n}\lg\frac{c_{Ox}}{c_{Red}} \tag{4-4}$$

由于目前条件电极电势数据较少，对于没有条件电极位的氧化还原电对，仍采用电对的标准电极电势进行计算。

(1) 离子强度的影响

在稀溶液中，离子浓度比较低，阳离子与阴离子之间的相互作用比较小，活度系数趋于1，这时可用浓度代替活度，离子强度对电对的电极电势无影响；当溶液中离子浓度比较大时，阳离子与阴离子之间的相互作用比较大，活度系数远小于1，离子强度对电极的电极电势影响较大，不能用浓度代替活度，否则会引起较大的误差。但活度系数往往难于计算，同时离子强度的影响比各种副反应的影响要小很多，因此，一般都忽略离子强度的影响。

(2) 沉淀反应的影响

在发生氧化还原反应的电对中加入一种沉淀剂时，如果氧化态物质生成沉淀时，使氧化态物质的浓度降低而使电对的电极电势降低；如果还原态物质生成沉淀时，会使还原态物质的浓度降低而使电对的电极电势升高。例如，对于反应：

$$2Cu^{2+}+4I^{-}=\!=\!=2CuI\downarrow+I_2$$

$$\varphi^{\ominus}_{Cu^{2+}/Cu^{+}}=0.16V \qquad \varphi^{\ominus}_{I_2/2I^{-}}=0.54V$$

由于 I^- 与 Cu^+ 生成了 CuI 沉淀，大大降低了 Cu^+ 的浓度而 Cu^{2+}/Cu^+ 电对的电极电势增大并高于 I_2/I^- 电极的电极电势，使上述反应正向进行并很完全。

(3) 配位反应的影响

在发生氧化还原反应的电对中加入一种配位剂，如果氧化态物质生成配合物时，会使氧化态物质的浓度降低而使电对的电极电势降低；如果还原态物质生成配合物时，会使还原态

物质的浓度降低而使电对的电极电势升高。例如，在 Fe^{3+}/Fe^{2+} 电对的溶液中，若加入 NaF，由于 Fe^{3+} 与 F^- 形成配合物而降低 Fe^{3+} 浓度，从而使电对的电极电势降低；若加入邻菲罗啉，由于 Fe^{2+} 与邻菲罗啉形成配合物而降低 Fe^{2+} 浓度而使电对的电极位升高。

（4）酸度的影响

若有 H^+ 或 OH^- 参加氧化还原半反应，则酸度变化直接影响电对的电极电势。另外，一些电对的氧化态或还原态是弱酸或弱碱，溶液的酸度因影响其存在的形式，而影响相应电位的大小。

4-3　氧化还原反应条件平衡常数

氧化还原反应平衡常数 K 的大小可以用来衡量反应进行的程度，条件平衡常数由于考虑了溶液中各种外界条件的影响，更接近实际反应程度，条件平衡常数用 K' 来表示。

对于氧化还原反应：

$$n_2\,Ox_1+n_1\,Red_2 \rightleftharpoons n_2\,Red_1+n_1\,Ox_2$$

氧化剂和还原剂两个电对的电极电势分别为 φ_1 和 φ_2；氧化剂和还原剂两个电对的电极电势分别为 $\varphi_1^{\ominus\prime}$ 和 $\varphi_2^{\ominus\prime}$ 则

$$\varphi_1=\varphi_1^{\ominus\prime}+\frac{0.059}{n_1}\lg\frac{c_{Ox_1}}{c_{Red_1}}$$

$$\varphi_2=\varphi_2^{\ominus\prime}+\frac{0.059}{n_2}\lg\frac{c_{Ox_2}}{c_{Red_2}}$$

当反应到达平衡时，则 $\varphi_1=\varphi_2$。

$$\varphi_1^{\ominus\prime}+\frac{0.059}{n_1}\lg\frac{c_{Ox_1}}{c_{Red_1}}+\varphi_2^{\ominus\prime}+\frac{0.059}{n_2}\lg\frac{c_{Ox_2}}{c_{Red_2}}$$

整理，得到 $\lg K'=\lg\left[\left(\frac{c_{Red_1}}{c_{Ox_1}}\right)^{n_2}\left(\frac{c_{Ox_2}}{c_{Red_2}}\right)^{n_1}\right]=\frac{(\varphi_1^{\ominus\prime}-\varphi_2^{\ominus\prime})n_1n_2}{0.059}=\frac{(\varphi_1^{\ominus\prime}-\varphi_2^{\ominus\prime})n}{0.059}$　　(4-5)

式中　n——n_1、n_2 的最小公倍数。

氧化还原反应的条件平衡常数 K' 值越大，说明反应进行得越完全，反应完成的程度越高。由式(4-5)可以看出，条件平衡常数的大小由 $\varphi_1^{\ominus\prime}$ 和 $\varphi_2^{\ominus\prime}$ 之差大小决定，$\Delta\varphi^{\ominus\prime}$ 越大，条件平衡常数也就越大。

4-4　准确进行氧化还原滴定的判别

若将氧化还原反应应用于滴定分析，一般要求其反应完全程度在化学计量点时至少达 99.9%以上，即

$$\left(\frac{c_{Red_1}}{c_{Ox_1}}\right)_2^n\geqslant 10^{3n_2},\quad\left(\frac{c_{Ox_2}}{c_{Red_2}}\right)^{n_1}\geqslant 10^{3n_1}$$

$$\lg K'=\lg\left(\frac{c_{Red_1}}{c_{Ox_1}}\right)^{n_2}\left(\frac{c_{Ox_2}}{c_{Red_2}}\right)^{n_1}\geqslant \lg 10^{3(n_1+n_2)}$$

$$\lg K'=\frac{(\varphi_1^{\ominus\prime}-\varphi_2^{\ominus\prime})n_1n_2}{0.059}\geqslant 3(n_1+n_2)$$

$$\Delta\varphi^{\ominus}=(\varphi_1^{\ominus\prime}-\varphi_2^{\ominus\prime})\geqslant\frac{3\times0.059(n_1+n_2)}{n_1n_2} \tag{4-6}$$

因此，准确进行氧化还原滴定的条件是：

若 $n_1=n_2=1$ 时，$\Delta\varphi^{\ominus\prime}\geqslant0.35V$；

若 $n_1=n_2=2$ 时，$\Delta\varphi^{\ominus\prime}\geqslant0.18V$；

若 $n_1=2$，$n_2=1$ 时，$\Delta\varphi^{\ominus\prime}\geqslant0.27V$；

……

由上述计算表明，如果仅考虑反应的完全程度，通常认为两个电对的条件电位之差必须大于0.4V，就能满足滴定分析的要求，这样的反应就能用于滴定分析。

4-5 影响氧化还原反应速率的因素

在氧化还原反应中，平衡常数的大小只能表示反应进行的程度，并不能说明反应的速率。因此在氧化还原滴定中，仅仅从平衡的观点来考虑反应的可能性是不行的，还要从速率的角度来考虑反应实际进行的程度。

氧化还原反应的速率主要是由它本身的性质所决定，同时还受到外部因素的影响。

(1) 氧化剂与还原剂的性质

不同的氧化剂和还原剂，反应速率有很大的不同，这与其本身的电子层结构和反应历程等因素有关。

氧化还原反应中的实质是电子的转移，而电子转移的速度受到多方面因素的影响，如溶剂分子和各种配体的阻碍、物质之间的静电斥力，以及由于价态的改变而引起的电子层结构、化学键性质和物质组成变化的阻碍，从而使反应速度减缓。

氧化还原反应往往是分步进行的，经历一系列的中间步骤，反应速度取决于在这一系列反应中反应最慢的一步，从而影响了整个反应的速率。

(2) 反应物的浓度

根据质量守恒作用定律，反应速率与反应物浓度的乘积成正比。因此，一般来说，增加反应物浓度是可以加速反应速率的。在滴定过程中，由于反应物浓度不断降低，反应速率也逐渐减慢，临近计量点时，反应速率更慢，因此在氧化还原滴定中，应注意控制滴定终点时的滴定速率，减小滴定误差。

(3) 温度

对大多数氧化还原反应来说，升高温度可加快反应的速率。通常每升高溶液温度10℃，反应的速率约增大2~3倍。例如，在酸性溶液中 MnO^- 与 $C_2O_4^{2-}$ 的反应，常温下反应速率缓慢，通常将溶液加热至75~85℃，大大加快反应速率。但温度过高，会引起部分 $H_2C_2O_4$ 分解。

(4) 催化剂

氧化还原反应中经常利用催化剂来改变反应速率。催化剂可分为两种：加快反应速率的正催化剂，和减慢反应速率的负催化剂。

例如 MnO_4^- 与 $C_2O_4^{2-}$ 之间的反应，Mn^{2+} 就是催化剂：

$$2MnO_4^-+5C_2O_4^{2-}+16H^+ = 2Mn^{2+}+10CO_2\uparrow+8H_2O$$

如果没有催化剂 Mn^{2+}，即使加热到75~85℃，反应进行得仍较缓慢。若预先加入少量

Mn^{2+}，然后再进行滴定，反应就能很快进行。若不预先加入少量 Mn^{2+}，开始滴定时，MnO_4^- 褪色很慢，但褪色逐渐越来越快，为什么？这是因为刚开始没有 Mn^{2+} 作为催化剂，反应速率就比较缓慢，但随着产物 Mn^{2+} 的生成并不断增多，反应速率逐渐加快，因而 MnO_4^- 褪色就逐渐越来越快。这里的催化剂 Mn^{2+} 既是反应产物，又是反应的催化剂，称为自身催化剂(氧化还原反应催化机理简介见拓展阅读 4.2)。

(5) 诱导作用

有的氧化还原反应不发生或反应速率较慢，但在另一反应进行时促进这一反应的发生。一种氧化还原反应的发生而诱发和促进另一种氧化还原反应进行的现象，称为诱导作用。例如：

$$① \ MnO_4^- + 5Fe^{2+} + 8H^+ \longequal Mn^{2+} + 5Fe^{3+} + 4H_2O \text{(诱导反应)}$$

$$② \ MnO_4^- + 10Cl^- + 16H^+ \longequal Mn^{2+} + 5Cl_2 + 8H_2O \text{(受诱反应)}$$

反应式①的反应诱发和促进了反应式②的进行，也就是 $KMnO_4$ 与 Fe^{2+} 的反应加速了 $KMnO_4$ 氧化 Cl^- 的反应。其中，MnO_4^- 称为作用体，Fe^{2+} 称为诱导体，Cl^- 称为受诱体。诱导作用在氧化还原滴定中往往是有害的，必须设法防止。

4-6 对称电对与不对称电对

如果半反应中氧化态和还原态的系数相同，且没有其他反应和生成物，那么该电对就是对称电对，否则就是不对称电对。例如 Ce^{4+}/Ce^{3+}、Fe^{4+}/Fe^{3+} 是对称电对，$Cr_2O_7^{2-}/Cr^{3+}$、MnO_4^-/Mn^{2+} 是不对称电对。对于 MnO_4^-/Mn^{2+} 半反应中氧化态和还原态的系数虽然相同，但是有 H+参与反应，所以也属于不对称电对。

4-7 氧化还原滴定曲线

在氧化还原滴定中，随着滴定剂的不断加入，被滴定电对中的氧化态物质和还原态物质的浓度逐渐发生变化，电对的电极电势也随之发生相应变化。如果滴定剂的用量作横坐标，电对的电极电势作纵坐标作曲线，所得曲线称为氧化还原滴定曲线。氧化还原滴定曲线可以通过实验测得，也可以利用能斯特方程进行计算而绘制出来。

例如，在 $1mol \cdot L^{-1}$ H_2SO_4 溶液中，用 $0.1000mol \cdot L^{-1}$ $Ce(SO_4)_2$ 溶液滴定 $0.1000mol \cdot L^{-1}$ $FeSO_4$ 溶液，滴定反应为

$$Ce^{4+} + Fe^{2+} \longequal Ce^{3+} + Fe^{3+}$$

$$\varphi^{\ominus\prime}_{Ce^{4+}/Ce^{3+}} = 1.44V \quad \varphi^{\ominus\prime}_{Fe^{3+}/Fe^{2+}} = 0.68V$$

在滴定过程中，溶液中始终存在两个电对，每加入一定量的滴定剂，反应达到一个新的平衡，此时两个电对的电极电势相等，在不同滴定阶段时可选用便于计算的电对，利用能斯特方程式计算体系的电极电势值，然后绘制滴定曲线。

(1) 滴定开始前

此时溶液的组成仅为 $0.1000mol \cdot L^{-1}$ Fe^{2+} 溶液，没有组成电对，所以不能计算电极电势值。

(2) 滴定开始到化学计量点前

加入的滴定剂 Ce^{4+} 几乎全部被 Fe^{2+} 还原为 Ce^{3+}，Ce^{4+} 的浓度很小，且不易求得，此时可利用电对 Fe^{3+}/Fe^{2+} 来计算电极电势值。例如，当加入 19.98mL $Ce(SO_4)_2$ 溶液时，电极电势为

$$\varphi_{Fe^{3+}/Fe^{2+}} = \varphi^{\ominus\prime}_{Fe^{3+}/Fe^{2+}} + 0.059\lg\frac{c_{Fe^{3+}}}{c_{Fe^{2+}}}$$

$$= 0.68V + 0.059V \times \lg\frac{0.1000\times 19.98}{0.1000\times 0.02}$$

$$= 0.86V$$

(3) 化学计量点时

由 Ce^{4+} 和 Fe^{2+} 均已定量反应完全，它们未反应的浓度都很小且不易求得，因此单独利用 Ce^{4+}/Ce^{3+} 电对或 Fe^{3+}/Fe^{2+} 电对都无法计算电极电势，而需要将两个电对的能斯特方程式联立才能求得系统的电极电势。

对于一般的可逆、对称氧化还原反应：

$$n_2\,Ox_1 + n_1\,Red_2 = n_2\,Red_1 + n_1\,Ox_2$$

通过推导，可求得一般氧化还原滴定化学计量点时的电位 φ_{sp} 与氧化剂和还原剂两个电对的电极电势分别为 $\varphi^{\ominus\prime}_1$、$\varphi^{\ominus\prime}_2$ 的关系通式为

$$\varphi_{sp} = \frac{n_1\varphi^{\ominus\prime}_1 + n_2\varphi^{\ominus\prime}_2}{n_1 + n_2} \tag{4-7}$$

本例计量点时电位则为

$$\varphi_{sp} = \frac{\varphi^{\ominus\prime}_{Ce^{4+}/Ce^{3+}} + \varphi^{\ominus\prime}_{Fe^{3+}/Fe^{2+}}}{1+1}$$

即 $$\varphi_{sp} = \frac{1.44V + 0.68V}{1+1} = 1.06(V)$$

(4) 计量点后

滴定剂 Ce^{4+} 过量，溶液中的 Fe^{2+} 几乎全部被氧化生成 Fe^{3+}，Fe^{2+} 浓度极低且不易求得，此时可以利用电对 Ce^{4+}/Ce^{3+} 来计算电极电势。例如，加入 20.02mL 0.1000 mol · L^{-1} $Ce(SO_4)_2$ 溶液时，系统的电极电势为

$$\varphi_{Ce^{4+}/Ce^{3+}} = \varphi^{\ominus\prime}_{Ce^{4+}/Ce^{3+}} + 0.059\lg\frac{c_{Ce^{4+}}}{c_{Ce^{3+}}}$$

$$= 1.44V + 0.059V \times \lg\frac{0.1000\times(20.02-20.00)}{0.1000\times 20.00}$$

$$= 1.26(V)$$

按上述方法可以分别计算出加入不同体积滴定剂 Ce^{4+} 时系统的电极电势，将部分计算数据列于表 4-1 中，并绘制曲线，如图 4-1 所示。

表 4-1　以 0.1000mol · L^{-1} $Ce(SO_4)_2$ 溶液滴定 0.1000mol · L^{-1} $FeSO_4$ 溶液时电极电势的变化(25℃)

消耗 $Ce(SO_4)_2$ 体积/mL	滴定分数/%	电极电势 φ/ V
0.00	0.0000	—
1.00	5	0.60

续表

消耗 $Ce(SO_4)_2$ 体积/mL	滴定分数/%	电极电势 φ/ V
10.00	50	0.68
12.00	60	0.69
19.80	99	0.80
19.98	99.90	0.86
20.00	100	1.06 突跃范围
22.02	100.10	1.26
30.00	150	1.42
40.00	200	1.44

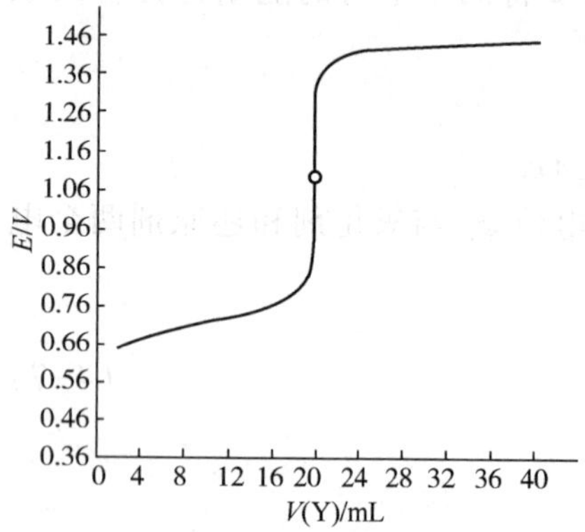

图 4-1　0.1000mol · L^{-1} $Ce(SO_4)_2$溶液滴定 0.1000mol · L^{-1} $FeSO_4$溶液的滴定曲线

对于两个可逆的、对称的氧化还原电对，当被测物质被滴定一半时(滴定分数为 50%)系统的电极电势就是被测物质所在电对的条件电极电势；当过量的滴定剂与参与反应的滴定剂相等(滴定分数为 200%)时，系统的电极电势就是滴定剂所在电对的条件电极电势。

化学计量点前后电极电势的突跃范围由加入 19.98mL Ce^{4+}溶液和 20.02mL Ce^{4+}溶液时两点的电极电势所决定，因此该滴定的电极电势突跃范围为 0.86~1.26V。由于在上述滴定中化学计量点的电极电势为 1.06V，恰好处于滴定突跃范围的中间，使化学计量点前后的曲线是基本对称的。

如果滴定剂和被测物均为对称电对，氧化还原滴定的电极电势突跃范围的大小与两个电对的条件电极电势的大小有关，与组分浓度无关。两个电极电势相差越大，滴定的电极电势的突跃范围就越大；两个电极电势相差越小，滴定的电极电势的突跃范围就越小。氧化还原突跃范围还会因滴定时介质的不同，突跃范围的位置和大小也不同。对于有不对称电对参加的氧化还原滴定反应，其滴定突跃还与浓度有关，情况就会变得比较复杂。

4-8　氧化还原滴定中的指示剂

1. 自身指示剂

在氧化还原滴定中，有些滴定剂或被滴物质本身具有颜色，如果其生成物无色或颜色很浅，则滴定时不需另外加入指示剂，它们本身的颜色变化就能指示滴定终点，这种物质称为自身指示剂。

例如，在高锰酸钾滴定法中，$KMnO_4$就是自身指示剂，MnO_4^-本身为紫红色，在酸性介质中滴定无色或浅色的还原剂溶液时，被还原为几乎无色 Mn^{2+}，在化学计量点后，稍过量的 MnO_4^-就可使溶液呈粉红色(此时 MnO_4^-的浓度约为 2×10^{-6}mol · L^{-1})，从而指示滴定终点。

2. 专属指示剂

有些物质本身不具有氧化性和还原性，但却能与氧化还原滴定中的氧化剂或还原剂结合产生特殊颜色，由于结合前后颜色不一样而指示滴定终点，这类物质称为专属指示剂。

例如，淀粉就是碘量法的专属指示剂。可溶性淀粉溶液本身无色，它能与游离碘生成深蓝色配合物，利用蓝色的出现或消失来指示滴定终点。当 I_2 全部被还原为 I^- 时，蓝色消失；当 I^- 被氧化生成 I_2 时，蓝色出现。I_2 与淀粉的显色非常灵敏，溶液中只有少量的 I_2（约 $5\times10^{-6}mol\cdot L^{-1}$）就可与淀粉作用呈现出明显的蓝色。又如，无色的 KSCN 溶液可作为的 Fe^{3+} 专属指示剂。

3. 氧化还原指示剂

氧化还原指示剂是一类具有氧化性或还原性的有机化合物，它的氧化态物质和还原态物质具有不同颜色。在氧化还原滴定中，在化学计量点附近，指示剂由氧化态物质转变为还原态物质或由还原型物质转变为氧化态物质，从而引起溶液的颜色变化，从而指示滴定终点的到达。

如果用 In_{Ox} 代表指示剂的氧化态物质，用 In_{Red} 代表还原态物质，则指示剂所在电对的氧化还原半反应为

$$In_{Ox} + ne^- \rightleftharpoons In_{Red}$$

$$\varphi = \varphi_{In}^{\ominus} + \frac{0.059}{n}\lg\frac{[In_{Ox}]}{[In_{Red}]}$$

在滴定过程中，当溶液中滴定剂和待测物质所在电对的电极电势发生变化时，指示剂的氧化态与还原态的浓度比 $[In_{Ox}]/[In_{Red}]$ 也随之发生变化，因此溶液的颜色也会发生变化而指示滴定终点到达。

从理论上讲，当浓度比 $[In_{Ox}]/[In_{Red}]\geqslant 10$ 时，溶液才能呈现氧化态的颜色；当浓度比 $[In_{Ox}]/[In_{Red}]\leqslant 1/10$ 时，溶液才能呈现还原态的颜色；而只有当浓度比 $[In_{Ox}]/[In_{Red}]$ 在 0.1~10 之间发生变化时，才能观察到溶液颜色的变化。因此，氧化还原指示剂发生颜色变化的电极电势范围为

$$\varphi_{In}^{\ominus} \pm \frac{0.059}{n}\mathrm{V} \tag{4-8}$$

在实际工作中，采用指示剂的条件电极电势更接近真实情况，此时指示剂变色的电位范围为

$$\varphi_{In}^{\ominus\prime} \pm \frac{0.059}{n}\mathrm{V} \tag{4-9}$$

由于指示剂的变色范围很小，为了简便起见，一般直接采用指示剂的条件电极电势 $\varphi_{In}^{\ominus\prime}$ 来估量指示剂变色的电位范围就行。表 4-2 列出了一些常用的氧化还原指示剂。

表 4-2 常用氧化还原指示剂的条件电极电势及颜色变化

指示剂	$\varphi_{In}^{\ominus\prime}$/V $[H^+]=1mol\cdot L^{-1}$	颜色变化	
		氧化型	还原型
次甲基蓝	0.36	蓝	无色
二苯胺	0.76	紫	无色
二苯胺磺酸钠	0.84	红紫	无色
邻苯胺基苯甲酸	0.89	红紫	无色
邻二氮杂菲-亚铁	1.06	浅蓝	红
硝基邻二氮杂菲-亚铁	1.25	浅蓝	紫红

在选择氧化还原指示剂时，应使指示剂的条件电极电势处于氧化还原滴定的电极电势突跃范围之内，并尽量使其与反应化学计量点时的电极电势接近，以减少滴定终点误差。

例如，二苯胺磺酸钠是一种常用的氧化还原指示剂，它的氧化态呈紫红色，还原态是无色的，电对的氧化还原半反应如下：

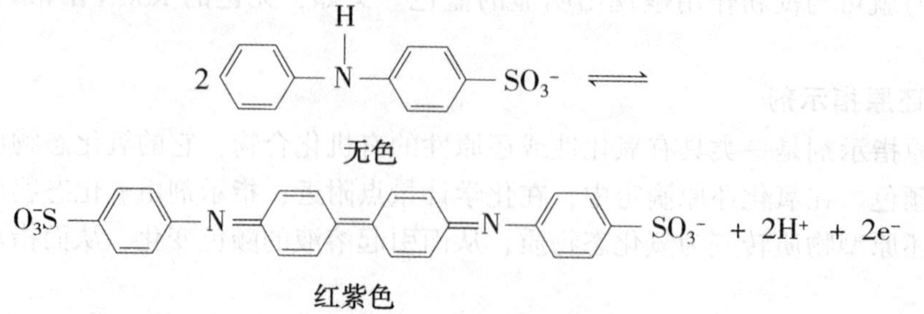

在用 $Cr_2O_7^{2-}$ 标准溶液滴定 Fe^{2+}，以二苯胺磺酸钠为指示剂，当滴定到化学计量点后，稍微过量的 $K_2Cr_2O_7$ 就能把二苯胺磺酸钠由无色的还原态氧化为红紫色的氧化态，从而指示出滴定终点。

4-9　氧化还原滴定中的预处理

在氧化还原滴定中，常需进行一些预处理，使待测组分处于所期望的某一价态，然后才能滴定。例如，钛铁矿中的铁是以 Fe(Ⅲ)和 Fe(Ⅱ)两种价态存在的，若欲采用重铬酸钾法测定全铁含量，就必须在分解试样的同时将全部 Fe(Ⅲ)还原为 Fe(Ⅱ)，然后才能用 $K_2Cr_2O_7$ 滴定，这就需要做预先还原处理。这种滴定前使欲测组分转变为一定价态的步骤称为预氧化或预还原。通常将欲测组分氧化为高价状态后，用还原剂滴定；或者将欲测组分还原为低价状态后，用氧化剂滴定。

预处理时所用的氧化剂或还原剂必须符合以下条件：

① 能将欲测组分定量地氧化或还原，且反应速率快。

② 应具较好的选择性。例如，若用金属锌为预还原剂，由于 $\varphi^{\ominus}_{Zn^{2+}/Zn}$ 值较低(−0.76V)还原性强，能把电位比它高的金属离子都还原，这样金属锌的选择性就比较差；若用电极电势较高 $SnCl_2$($\varphi^{\ominus}_{Sn^{4+}/Sn^{2+}}$ = +0.14V)为预还原剂，则还原的金属离子比较少而选择性较高。

③ 过量加入的氧化剂或还原剂，容易通过加热分解、过滤或化学反应除去，防止对滴定分析的干扰。例如，过量的 $(NH_4)_2S_2O_8$、H_2O_2 可借加热煮沸，分解而除去；过量的 $NaBiO_3$ 不溶于水，可借过滤除去；过量的 $SnCl_2$ 可加入 $HgCl_2$ 可除去，其反应为

$$SnCl_2+2HgCl_2 = SnCl_4+Hg_2Cl_2\downarrow$$

某些具有氧化还原性质或配位化合性质有机物对测定会造成干扰，必须预先除去。除去有机物常用的方法为干法灰化和湿法灰化等。所谓干法灰化是在高温下使有机物燃烧而除去。湿法灰化是采用强氧化性的酸如 HNO_3、H_2SO_4 或 $HClO_4$ 等，使有机物氧化分解除去(常用预氧化还原剂见拓展阅读 4.3)。

4-10 高锰酸钾法

1. 概述

高锰酸钾法是以 $KMnO_4$ 标准溶液为滴定剂的氧化还原滴定法。高锰酸钾是一种重要和常用的强氧化剂，其氧化能力和还原产物取决于溶液的酸度。

在强酸性溶液中，MnO_4^- 被还原为近无色的 Mn^{2+}，表现为强氧化剂：

$$MnO_4^- + 8H^+ + 5e^- \rightleftharpoons Mn^{2+} + 4H_2O \qquad \varphi^\ominus = 1.51V$$

在中性或弱酸性溶液中，MnO_4^- 被还原为褐色的 MnO_2，氧化性减弱：

$$MnO_4^- + 2H_2O + 3e^- \rightleftharpoons MnO_2 + 4OH^- \qquad \varphi^\ominus = 0.59$$

在强碱性溶液（$[OH^-] > 2mol \cdot L^{-1}$）中，$MnO_4^-$ 被还原为绿色的 MnO_4^{2-}，氧化性减弱：

$$MnO_4^- + e^- \rightleftharpoons MnO_4^{2-} \qquad \varphi^\ominus = 0.56V$$

该方法主要在强酸性条件下使用，所用强酸通常是硫酸，不能使用硝酸或盐酸。这是由于硝酸也是一种强氧化剂，它也能氧化被滴定的还原性物质，使测定结果偏低；而盐酸中的 Cl^- 具有弱还原性，也能被 MnO_4^- 氧化，使测定结果偏高。$KMnO_4$ 在碱性条件下氧化有机物的反应速度往往比在酸性条件下反应更快，所以该法在测定有机物时常在碱性介质中进行。

高锰酸钾法的优点是 $KMnO_4$ 的氧化能力强，应用广泛，可直接或间接测定多种无机化合物和有机化合物，并在酸性条件滴定可利用高锰酸钾自身作为指示剂，不需要另加指示剂。高锰酸钾法的缺点是 $KMnO_4$ 标准溶液不够稳定，且能与很多还原性的物质发生反应，滴定的选择性比较差。

2. 高锰酸标准溶液的配制

高锰酸钾试剂常含少量 MnO_2 及其他杂质如硫酸盐、氯化物及硝酸盐等，且还易与蒸馏水中含有的微量还原性物质如有机物、尘埃、氨等作用，高锰酸钾还会自行分解，特别是见光时分解得更快，因此不能用直接法配制 $KMnO_4$ 标准溶液。$KMnO_4$ 分解如下：

$$4KMnO_4 + 2H_2O = 4MnO_2 \downarrow + 4KOH + 3O_2 \uparrow$$

配制 $KMnO_4$ 溶液时，可称取稍多于理论量的 $KMnO_4$ 固体，配制成接近所需浓度的溶液，将溶液加热至沸，并保持微沸约 1h，冷却后储存于棕色瓶中，于暗处放置 2~3 天，完全氧化溶液中可能存在的还原性物质和 $KMnO_4$ 自行分解完成，用微孔玻璃漏斗过滤除去 MnO_2 沉淀，再用基准物质进行标定。

3. 高锰酸钾标准溶液的标定

标定 $KMnO_4$ 溶液的基准物有 $Na_2C_2O_4$、$H_2C_2O_4 \cdot 2H_2O$、$(NH_4)_2FeSO_4 \cdot 6H_2O$、纯 Fe 丝及 As_2O_3 等，其中最常用的是草酸钠。标定反应为

$$2MnO_4^- + 5C_2O_4^{2-} + 16H^+ = 2Mn^{2+} + 10CO_2 \uparrow + 8H_2O$$

为了标定反应能定量、迅速地进行，滴定时应注意几个方面问题

① 温度。在室温下反应速率较慢，常将溶液加热到 75~85℃加快反应速率；但要注意温度也不宜过高，否则引起一部分 $C_2O_4^{2-}$ 发生分解，使标定结果偏高。

$$H_2C_2O_4 = CO_2 \uparrow + CO \uparrow + H_2O$$

② 酸度。为了能使标定正常进行，溶液应加入硫酸并保持足够的酸度，一般开始滴定

时，溶液的酸度约为0.5~1.0mol·L^{-1}。酸度较低时，容易生成MnO_2沉淀；而酸度过高时，又会促使$H_2C_2O_4$发生分解。

③ 滴定速度。滴定开始时反应速率较慢，此时滴定速率不宜过快，否则加入的$KMnO_4$来不及与$C_2O_4^{2-}$反应，就会在热的酸性溶液中发生分解。随着溶液中起催化作用的Mn^{2+}增多，由于的Mn^{2+}催化作用使反应速率加快，滴定速度就可以加快。

④ 滴定终点。当滴定至溶液出现粉红色，且30s不褪色时，即为滴定终点。滴定完成后，滴定溶液的粉红色可能会消失，这是由于空气中的还原性气体及尘埃等杂质落入溶液中能使$KMnO_4$缓慢分解所致。

4. 应用示例

(1) 过氧化氢的测定

市场上销售的商品双氧水中，过氧化氢的质量浓度为25~35g·L^{-1}。H_2O_2溶液的准确质量浓度可用$KMnO_4$标准溶液进行滴定，用$KMnO_4$标准溶液在H_2SO_4介质中直接滴定H_2O_2，滴定反应为

$$5H_2O_2 + 2MnO_4^- + 6H^+ = 2Mn^{2+} + 5O_2\uparrow + 8H_2O$$

开始时反应速率较慢，待Mn^{2+}生成后，由于Mn^{2+}的催化作用，反应速率加快。当滴定至溶液呈现粉红色，且30s不褪色时，即为滴定终点

(2) 钙的测定

由于$KMnO_4$不能与Ca^{2+}发生氧化还原反应，因此用$KMnO_4$法测定Ca^{2+}的质量分数时采用间接滴定法。先将含钙样品处理成溶液，然后利用Ca^{2+}与$C_2O_4^{2-}$生成微溶性CaC_2O_4沉淀。过滤，洗净后再将CaC_2O_4沉淀溶于稀H_2SO_4中，用$KMnO_4$标准溶液进行滴定，从而间接测定Ca^{2+}的含量。其反应如下：

$$Ca^{2+} + C_2O_4^{2-} = CaC_2O_4\downarrow \text{（白）}$$

$$CaC_2O_4 + 2H^+ = Ca^{2+} + H_2C_2O_4$$

$$5H_2C_2O_4 + 2MnO_4^- + 6H^+ = 2Mn^{2+} + 10CO_2\uparrow + 8H_2O$$

(3) 铁的测定

试样溶解后(通常使用盐酸作溶剂)，生成的Fe^{3+}(实际上是$FeCl_4^-$、$FeCl_6^{3-}$等离子)，应先用还原剂如$SnCl_2$还原为Fe^{2+}(多余的还原剂$SnCl_2$要除去)，然后用$KMnO_4$标准溶液滴定。

$$5Fe^{2+} + MnO_4^- + 8H^+ = Mn^{2+} + 5Fe^{3+} + 4H_2O$$

本法要采用硫酸锰、硫酸及磷酸的混合液作介质，主要作用是：

① 可防止Cl^-存在下所发生的诱导反应；

② 消除生成物Fe^{3+}黄色对滴定终点颜色观察的干扰，加入磷酸中的PO_4^{3-}与Fe^{3+}生成无色的$Fe(PO_4)_2^{3-}$配合物，从而消除对滴定终点粉红色的干扰，使终点容易观察。

(4) 有机物的测定

某些有机物在强碱性溶液中，可通过$KMnO_4$能定量地氧化而测定，可用于测定葡萄糖、酒石酸、柠檬酸、甲醛等的含量。

例如，$KMnO_4$与甲酸的反应为

$$HCOO^- + 2MnO_4^- + 3OH^- = CO_3^{2-} + 2MnO_4^{2-} + 2H_2O$$

(5) 水样中化学需氧量(COD)的测定

COD是量度水体受还原性物质污染程度的综合性指标。它是指单位体积的水中还原性

物质被氧化时所消耗的强氧化剂的质量，并换算成单位体积的池水样所消耗氧的质量浓度(以 $mg \cdot L^{-1}$计)来表示。

测定水中的化学耗氧量的主要方法有酸性高锰酸钾法和重铬酸钾法。酸性高锰酸钾法适用于污染较小的地表水、饮用水和生活用水中的化学耗氧量的测定，而重铬酸钾法适用于工业污水中的化学耗氧量的测定。

测定时，在水样中先加入 H_2SO_4及过量的 $KMnO_4$溶液，在沸水浴中加热至使其中的还原物质完全氧化，然后用过量的 $Na_2C_2O_4$溶液还原剩余的 $KMnO_4$，再用 $KMnO_4$标准溶液返滴定剩余的 $Na_2C_2O_4$，根据两次 $KMnO_4$标准溶液消耗的量，就可以计算出水体中的 COD。反应式为

$$4MnO_4^- + 5C + 12H^+ \xlongequal{} 4Mn^{2+} + 5CO_2 \uparrow + 6H_2O$$

$$2MnO_4^- + 5C_2O_4^{2-} + 16H^+ \xlongequal{} 2Mn^{2+} + 10CO_2 \uparrow + 8H_2O$$

4-11 重铬酸钾法

1. 概述

重铬酸钾法是以 $K_2Cr_2O_7$为滴定剂的氧化还原滴定法。重铬酸钾具有较强的氧化性，它在酸性介质中可以被还原剂还原为 Cr^{3+}，电对的半反应为

$$Cr_2O_7^{2-} + 14H^+ + 6e^- \xlongequal{} 2Cr^{3+} + 7H_2O \qquad \varphi^{\ominus} = 1.33V$$

由于$K_2Cr_2O_7$的电极电势比$KMnO_4$稍低，所以$K_2Cr_2O_7$的氧化能力比$KMnO_4$稍弱，$K_2Cr_2O_7$法的应用范围比$KMnO_4$法要窄些，但仍能测定许多无机物和有机物。由于Cr^{3+}易发生水解，因此滴定要在酸性溶液中进行。

$K_2Cr_2O_7$法具有以下优点：

① $K_2Cr_2O_7$纯度高且稳定，可以利用直接配制法配制标准溶液。

② $K_2Cr_2O_7$溶液非常稳定，在密闭容器中，久置后浓度并不发生明显的变化。

③ $K_2Cr_2O_7$的氧化性比 $KMnO_4$弱，滴定的选择性比较高。

④ 在 HCl 浓度低于 $3mol \cdot L^{-1}$时，$Cr_2O_7^{2-}$不能氧化 Cl^-，可用盐酸作反应介质。

由于 $K_2Cr_2O_7$本身显橙色，其还原产物 Cr^{3+}呈绿色，不能用作自身指示剂，因此必须用氧化还原指示剂确定滴定终点，常用的氧化还原指示剂有二苯胺磺酸钠、邻苯氨基苯甲酸、邻二氮菲合铁(Ⅱ)等。

2. 应用示例

(1) 铁的测定

重铬酸钾法测定铁是测定矿石中全铁量的标准方法。重铬酸钾法测定铁是利用下列反应：

$$6Fe^{2+} + Cr_2O_7^{2-} + 14H^+ \xlongequal{} 6Fe^{3+} + 2Cr^{3+} + 7H_2O$$

试样(铁矿石等)一般先用浓 HCl 加热分解，再用 $SnCl_2$ 作还原剂将 Fe(Ⅲ)还原为 Fe(Ⅱ)，过量的 $SnCl_2$用 $HgCl_2$氧化除去，然后在 1~$2mol \cdot L^{-1}$ HCl-H_3PO_4混合酸介质中，以二苯胺磺酸钠作指示剂，溶液由绿色(Cr^{3+}的颜色)变为紫色或紫蓝色即为滴定终点。

$$SnCl_2 + 2HgCl_2 \xlongequal{} SnCl_4 + 2Hg_2Cl_2 \downarrow$$

溶液中加入 H_3PO_4作为介质的作用有：一是使 Fe^{3+}生成无色 $Fe(PO_4)_2^{3-}$配合物，消除

Fe^{3+}的黄色对终点观察的影响；二是降低了 Fe^{3+}/Fe^{2+}电对的电极电势，防止氧化指示剂终点提前出现而造成误差。

上述方法简便准确，曾在生产中广泛使用，但该法在预还原中使用了含汞试剂，造成环境污染。为了保护环境，现提倡采用无汞测铁法，如采用 $SnCl_2+TiCl_3$还原。

（2）水样中化学需氧量的测定

在酸性介质中以 $K_2Cr_2O_7$为氧化剂，测定水样中化学耗氧量的方法记作 COD_{Cr}，此法适合于工业废水 COD 的测定。

用重铬酸钾法可以测定水中的化学耗氧量时，在水样中加入硫酸呈强酸性，在 Ag_2SO_4的催化下，加入一定过量的 $K_2Cr_2O_7$标准溶液，加热回流 2h，使水样中的有机化合物充分被氧化。

$$2Cr_2O_7^{2-}+3C+16H^+ \xlongequal{} 4Cr^{3+}+3CO_2\uparrow+8H_2O$$

将溶液冷却后加水稀释，以邻二氮菲合铁(Ⅱ)为指示剂，用 Fe^{2+}标准溶液滴定剩余的 $K_2Cr_2O_7$：

$$6Fe^{2+}+Cr_2O_7^{2-}+14H^+ \xlongequal{} 6Fe^{3+}+2Cr^{3+}+H_2O$$

当溶液由蓝绿色变为红色即为滴定终点。

该方法在银盐催化剂存在下，直链烃有 85%~95%被氧化，芳烃不起作用，因此所得结果不够严格。

4-12 碘量法

1. 概述

碘量法是利用 I_2的氧化性和 I^-的还原性进行氧化还原滴定分析方法。

固体 I_2在水中溶解度很小（$0.00133mol\cdot L^{-1}$），且易挥发，通常将 I_2溶解在 KI 溶液中，此时 I_2以 I_3^-形式存在。电对的氧化还原半反应为

$$I_3^-+2e^- \rightleftharpoons 3I^- \qquad \varphi^{\ominus\prime}_{I_3^-/3I^-}=0.534V$$

以 I_2标准溶液作为氧化剂直接滴定一些具有强还原性物质的方法，称为直接碘量法，又称碘滴定法。

直接碘量法的半反应为

$$I_2+2e \xlongequal{} 2I^-$$

由于 I_2的氧化能力较弱，能被 I_2氧化的物质有限，所以直接碘量法的应用不广，只能与测定一些较强的还原物质如 SO_2、S^{2-}、SO_3^{2-}、Sn(Ⅱ)、Sb(Ⅲ)、As_2O_3等。例如：

$$I_2+SO_2+2H_2O \xlongequal{} 2I^-+SO_4^{2-}+4H^+$$

直接碘量法可在中性或弱酸性条件下进行，不能在碱性或强酸性条件使用，因为在强碱性条件时 I_2会发生歧化反应，在强酸性条件下易被空气中的氧氧化。反应式如下：

$$3I_2+6OH^- \xlongequal{} IO_3^-+5I^-+3H_2O$$

$$4I^-+O_2+4H^+ \xlongequal{} 2I_2+2H_2O$$

以 I^-作为还原剂与被测的氧化性物质发生反应，定量生成 I_2，然后通过硫代硫酸钠标准溶液滴定 I_2，以此间接测定氧化性物质含量的方法，称为间接碘量法，又称滴定碘法。例如：

$$2MnO_4^- + 10I^- + 16H^+ = 2Mn^{2+} + 5I_2 + 8H_2O$$

析出的 I_2 可用还原剂 $Na_2S_2O_3$ 标准溶液滴定：

$$I_2 + 2S_2O_3^{2-} = S_4O_6^{2-} + 2I^-$$

凡能与 KI 作用定量地析出 I_2 的氧化性物质及能与过量 I_2 在碱性介质中作用的有机物质，都可用间接碘量法测定。因此，间接碘量法应用非常广泛，如 MnO_4^-、$Cr_2O_7^{2-}$、Cu^{2+}、IO_3^-、BrO_3^-、H_2O_2 等。

间接碘量法与直接碘量法一样，可在中性或弱酸性条件下进行，不能在碱性或强酸性条件使用，因为在强碱性条件时 I_2 会发生歧化反应和 $S_2O_3^{2-}$ 部分将会被氧化成 SO_4^{2-}，在强酸性条件下 I^- 易被空气中的氧氧化、$S_2O_3^{2-}$ 易分解。反应式如下：

$$S_2O_3^{2-} + 4I_2 + 10OH^- = 2SO_4^{2-} + 8I^- + 5H_2O$$

$$S_2O_3^{2-} + 2H^+ = H_2SO_3 + S\downarrow$$

碘量法采用淀粉溶液作指示剂，根据蓝色的出现或消失来指示终点。在直接碘量法中，淀粉指示剂可以在滴定开始时就加入，滴定刚过化学计量点时，稍过量的 I_2 与淀粉形成蓝色吸附加合物，使溶液呈蓝色指示终点。在间接碘量法中，淀粉溶液必须在滴定接近化学计量点时加入，否则在化学计量点后仍有少量 I_2 会与淀粉结合，使滴定产生误差。

碘量法的主要误差来源：一是 I_2 具有挥发性，容易挥发损失；二是 I^- 在酸性溶液易被空气中氧所氧化，若直接接受阳光照射，氧化速度加快。

为防止 I_2 挥发，加入过量的 KI 使之与 I_2 形成溶解度较大的 I_3^- 络离子，使反应在室温和碘量瓶中进行，并避免剧烈摇动。为防止 I^- 被空气中的氧氧化，反应避光进行，酸度不能过高，间接碘量法中析出 I_2 的反应完成后，立即用 $Na_2S_2O_3$ 滴定，滴定速度也应适当加快。

2. 硫代硫酸钠标准溶液的配制及标定

硫代硫酸钠（$Na_2S_2O_3\cdot5H_2O$）易风化，且一般都含有少量的杂质，如 S、Na_2SO_3、Na_2SO_4、Na_2CO_3 及 NaCl 等，而且水中的细菌、CO_2 和 O_2 能分解或氧化 $Na_2S_2O_3$，因此，$Na_2S_2O_3$ 标准溶液必须用间接配制法进行配制。

$Na_2S_2O_3$ 溶液浓度不稳定，易分解，原因如下：

① 与溶解于溶液中的 CO_2 的作用。硫代硫酸钠在中性或碱性溶液中较稳定，当 $pH<4.6$ 时极不稳定，溶液中含有 CO_2 时会促进 $Na_2S_2O_3$ 分解：

$$Na_2S_2O_3 + H_2O + CO_2 = NaHCO_3 + NaHSO_3 + S\downarrow$$

在 $pH=9\sim10$ 间，$Na_2S_2O_3$ 溶液最为稳定，在 $Na_2S_2O_3$ 溶液中加入少量 Na_2CO_3（使其在溶液中的浓度为 0.02%）可防止 $Na_2S_2O_3$ 的分解。

② 空气中 O_2 的作用。空气中 O_2 会氧化 $Na_2S_2O_3$，反应如下：

$$2Na_2S_2O_3 + O_2 = 2Na_2SO_4 + 2S\downarrow$$

③ 微生物作用。这是使 $Na_2S_2O_3$ 分解的主要原因。

$$Na_2S_2O_3 \xrightarrow{\text{细菌}} Na_2SO_3 + S\downarrow$$

用新煮沸并冷却了的蒸馏水配制 $Na_2S_2O_3$ 溶液，减少溶解在水中的 CO_2、O_2 和杀死水中微生物；同时加入少量的 Na_2CO_3（约 0.02%）作稳定剂，使溶液呈微碱性抑制细菌的生长；配好的溶液储存于棕色试剂瓶中，放置暗处，避免日光促进 $Na_2S_2O_3$ 的分解；放置 7~14 天，待溶液稳定后，用 I_2 标准溶液或其他基准物质进行标定。

标定 $Na_2S_2O_3$ 溶液的基准物有 $K_2Cr_2O_7$、KIO_3、$KBrO_3$、$K_3[Fe(CN)_6]$、纯碘和纯铜等，

常用标定的基准物质是 $K_2Cr_2O_7$。反应式如下：

$$Cr_2O_7^{2-} + 6I^- + 14H^+ \text{═══} 2Cr^{2+} + 3I_2 + 7H_2O$$

析出的 I_2 用 $Na_2S_2O_3$ 标准溶液滴定：

$$I_2 + 2S_2O_3^{2-} \text{═══} S_4O_6^{2-} + +2I^-$$

标定时应注意以下几点：

① 酸度。酸度一般以 0. 8～1mol·L^{-1} 为宜。在 $K_2Cr_2O_7$ 与 KI 反应时，溶液的酸度太小，反应速率较慢；但酸度又不能太大，否则 I^- 容易被空气中的 O_2 氧化。

② 放置时间。将溶液放在暗处放一段时间(5～10min)，让 $K_2Cr_2O_7$ 与 KI 反应完全。

③ 淀粉加入时间。这是间接碘量法，淀粉应在接近终点时加入，即先以 $Na_2S_2O_3$ 溶液滴定至溶液呈浅黄绿色，再加入淀粉溶液使溶液呈蓝色，然后用 $Na_2S_2O_3$ 溶液继续滴定至溶液蓝色恰好消失即为终点。

3. 碘标准溶液的配制和标定

用升华法制得纯碘可直接配制 I_2 标准溶液，但由于 I_2 的挥发性和腐蚀性，不宜在分析天平上称量，因此 I_2 标准溶液通常用间接法配制。

碘难溶于水，常将 I_2 溶于 KI 溶液，配制 I_2 溶液。碘溶液的浓度，可用 $Na_2S_2O_3$ 标准溶液标定，也可用基准物质 As_2O_3(砒霜，剧毒！)进行标定。As_2O_3 难溶于水，易溶于碱性溶液中，生成亚砷酸盐：

$$As_2O_3 + 6OH^- \text{═══} 2AsO_3^{3-} + H_2O$$

亚砷酸盐与碘发生下列氧化还原反应

$$AsO_3^{3-} + I_2 + H_2O \text{═══} AsO_4^{3-} + 2I^- + 2H^+$$

在中性或微碱性溶液中(加入 $NaHCO_3$ 调节溶液的 pH≈8)，反应能定量进行。

4. 应用示例

(1) 硫化钠总还原能力的测定

测定溶液中的 S^{2-} 或 H_2S 时，先将溶液调至弱酸性，以淀粉为指示剂，用 I_2 标准溶液直接滴定 H_2S：

$$H_2S + I_2 \text{═══} S\downarrow + 2I^- + 2H^+$$

测定钢铁中的 S 含量时，先将样品高温熔融，通空气氧化，形成 SO_2，以水吸收，得到 H_2SO_3 溶液，再以淀粉为指示剂，用 I_2 标准溶液滴定 H_2SO_3。

$$SO_2 + H_2O \text{═══} H_2SO_3$$

$$I_2 + H_2SO_3 + H_2O \text{═══} 2I^- + SO_4^{2-} + 4H^+$$

这是用直接碘量法测定硫化物。硫化钠中常含有 Na_2SO_3 及 $Na_2S_2O_3$ 等还原性物质，它们也与碘反应，因此测定结果实际上是硫化钠的总还原能力。

(2) 硫酸铜中铜的测定

在弱酸性溶液中 Cu^{2+} 与过量 KI 作用生成 CuI 沉淀，同时析出确定量的 I_2，反应如下：

$$2Cu^{2+} + 4I^- \text{═══} 2CuI\downarrow + I_2$$

析出的 I_2 以淀粉为指示剂，用 $Na_2S_2O_3$ 标准溶液滴定，蓝色恰好褪去为终点，就可计算出铜的含量。

$$I_2 + 2SO_3^{2-} \text{═══} S_4O_6^{2-} + +2I^-$$

必须加入过量的 KI，因为 I^- 既是还原剂，又是沉淀剂，还是配位剂。由于 CuI 沉淀强烈

地吸附 I_2，使测定结果偏低。为此临近终点时加入 KSCN 可使 CuI($K_{sp}=5.06\times10^{-12}$)转化为溶解度更小的 CuSCN($K_{sp}=4.8\times10^{-15}$)：

$$CuI + SCN^- = CuSCN\downarrow + I^-$$

由于 CuSCN 沉淀几乎不吸附 I_2，同时 CuI 沉淀吸附的 I_2 被释放出来，因而消除了吸附误差。

为防止铜盐水解，反应必须在 H_2SO_4(HCl 干扰)酸性溶液中进行(一般控制 pH 在 3~4 之间)。

(3) 漂白粉中有效氯的测定

漂白粉的主要成分是 $Ca(ClO)_2$，它与酸作用放出氯，具有氧化、漂白和杀菌作用，故称“有效氯”。漂白粉的质量以有效氯来衡量，用 Cl 的质量分数表示。

测定漂白粉中的有效氯时，使试样溶于稀 H_2SO_4 溶液析出有效氯，加过量的 KI，有效氯与 I^- 反应生成等量的 I_2，以淀粉为指示剂，立即用 $Na_2S_2O_3$ 标准溶液滴定生成的 I_2，利用 $Na_2S_2O_3$ 标准溶液的浓度和消耗的体积计算漂白粉的有效氯。反应式为

$$2ClO^- + 4H^+ = Cl_2 + 2H_2O$$

$$Cl_2 + 2I^- = I_2 + 2Cl^-$$

$$I_2 + 2SO_3^{2-} = S_4O_6^{2-} + 2I^-$$

(4) 维生素 C 的测定

抗坏血酸(维生素 C)是预防和治疗坏血病及促进身体健康、抵抗疾病传染的药物，在蔬菜、水果中也常含大量的维生素 C。维生素 C 分子中含有烯醇基，具有较强的还原性，能被 I_2 定量地氧化成脱氢抗坏血酸。滴定反应为

$$C_6H_8O_6 + I_2 = C_6H_6O_6 + 2HI$$

在碱性条件下，抗坏血酸极易被空气中的氧气氧化，I_2 也会发生歧化反应，因此滴定在 HAc 酸性溶液中进行。

(5) 葡萄糖的含量的测定

I_2 在 NaOH 碱性试液中发生歧化反应：

$$I_2 + 2OH^- = IO^- + I^- + H_2O$$

葡萄糖分子中含有醛基，具有很强的还原性，它在碱性介质中能定量地被 NaIO 氧化：

$$CH_2OH(CHOH)_4CHO + IO^- + OH^- = CH_2OH(CHOH)_4COO^- + I^- + H_2O$$

过量的 IO^- 歧化为 IO_3^- 和 I^-：

$$3IO^- = IO_3^- + 2I^-$$

向溶液加盐酸溶液酸化，此时 IO_3^- 与 I^- 析出 I_2：

$$IO_3^- + 5I^- + 6H^+ = 3I_2 + 3H_2O$$

最后以 $Na_2S_2O_3$ 标准溶液滴定析出的 I_2：

$$I_2 + 2SO_3^{2-} = S_4O_6^{2-} + +2I^-$$

根据 I_2 标准溶液和 $Na_2S_2O_3$ 标准溶液的浓度和体积，可计算出葡萄糖的含量。

(6) 费休法测定微量的水分

1935 年，卡尔·费休(Karl Fisher)提出了用碘量法测定微量水分的方法，长期以来被广泛应用于无机物和有机物中水分的测定。

费休法的基本原理是利用 I_2 氧化 SO_2 时，需要定量的水参加反应：

$$I_2+SO_2+2H_2O = 2HI + H_2SO_4$$

加入碱性物质吡啶中和生成的酸，可使上述反应定量进行，总反应如下：

$$3C_5H_5N+H_2O+I_2+SO_2 \longrightarrow 2C_5H_5N\cdot HI+C_5H_5N\cdot SO_3\text{(硫酸吡啶)}$$

生成的产物 $C_5H_5N\cdot SO_3$ 很不稳定，能与水发生副反应干扰测定：

$$C_5H_5N\cdot SO_3+H_2O \longrightarrow C_5H_5N\cdot HOSO_2OH\text{(硫酸氢吡啶)}$$

可在体系中加入甲醇避免发生副反应：

$$C_5H_5N\cdot SO_3+CH_3OH\text{(无水)} \longrightarrow C_5H_5NHOSO_2OCH_3\text{(甲基硫酸氢吡啶)}$$

费休试剂：指含 I_2、SO_2、C_5H_5N 及 CH_3OH 的混合液，用作滴定时的标准溶液，试剂呈红棕色，与 H_2O 反应后变为浅黄色，稍过量的标准溶液使溶液变为棕色时即到达滴定的终点。费休法是非水滴定法，所有容器都要干燥。

氧化还原滴定法除了高锰酸法、重铬酸钾法和碘量法外，还有其他一些氧化还原滴定法，如硫酸铈法、溴酸钾法、亚砷酸钠-亚硝酸钠法等(硫酸铈法见拓展阅读 4.4；溴酸钾法见拓展阅读 4.5；亚砷酸钠-亚硝酸钠法见拓展阅读 4.6)。

第二部分　典型例题

计算氧化还原滴定结果的关键是求得待测组分与滴定剂之间的计量关系，而此关系是以一系列有关的反应式为基础的，确定这些化学计量数(或物质的量之比)后，就可根据滴定剂消耗的量计算出被测物的含量。

【例 4-1】 计算 298K 下，在 $1mol\cdot L^{-1}$ HCl 溶液中 $c(Ce^{4+})=1.00\times10^{-2}mol\cdot L^{-1}$，$c(Ce^{3+})=1.00\times10^{-3}mol\cdot L^{-1}$ 时，电对 Ce^{4+}/Ce^{3+} 的电极电势。

解：在 $1mol\cdot L^{-1}$ HCl 溶液中，$\varphi^{\ominus\prime}_{Ce^{4+}/Ce^{3+}}=1.28$ V。在所给条件下，电对 (Ce^{4+}/Ce^{3+}) 的电极电势为

$$\varphi_{Ce^{4+}/Ce^{3+}}=\varphi^{\ominus\prime}_{Ce^{4+}/Ce^{3+}}+0.059\lg\frac{c_{Ce^{4+}}}{c_{Ce^{3+}}}$$

$$=1.28V+0.059V\times\lg\frac{1.00\times10^{-2}}{1.00-10^{-3}}=1.34(V)$$

【例 4-2】 在 $1mol\cdot L^{-1}$ HCl 溶液中用 Fe^{3+} 溶液滴定 Sn^{2+} 时，计算：①此氧化还原反应的平衡常数；②化学计量点时的电位。($\varphi^{\ominus\prime}_{Fe^{3+}/Fe^{2+}}=0.68V$，$\varphi^{\ominus\prime}_{Sn^{4+}/Sn^{2+}}=0.14$ V)。

解：

$$2Fe^{3+}+Sn^{2+} = 2Fe^{2+}+Sn^{4+}$$

① $\lg K'=\dfrac{\Delta\varphi^{\ominus\prime}\times2}{0.059}=\dfrac{(0.680.14)\times2}{0.059}=18.3$

$K'=2.0\times10^{18}$

② 化学计量点时电位：$\varphi_{sp}=\dfrac{0.68+2\times0.14}{1+2}=0.32(V)$

【例 4-3】 精密量取过氧化氢(H_2O_2)(相对密度为 1.010)溶液 1.00mL，置储有 20mL 水的锥形瓶中，加稀硫酸 20mL，用高锰酸钾滴定液滴定至终点，用去 17.56mL，求过氧化氢溶液中 H_2O_2 的质量分数。已知 1mL $KMnO_4$ 溶液相当于 0.006023g 铁。

解：

$$MnO_4^-+5Fe^{2+}+8H^+ = Mn^{2+}+5Fe^{3+}+4H_2O$$

$$MnO_4^-\sim5Fe^{2+}$$

$$n_{MnO_4^-}=\frac{1}{5}n_{Fe^{2+}}$$

$$c_{KMnO_4}=\frac{0.006023}{5\times55.85\times1.000\times10^{-3}}=0.02157\ (mol\cdot L^{-1})$$

$$5H_2O_2+2MnO_4^-+6H^+ = 2Mn^{2+}+5O_2+8H_2O$$

$$5H_2O_2\sim2MnO_4^-$$

$$n_{H_2O_2}=\frac{5}{2}n_{MnO_4^-}$$

$$w_{H_2O_2}=\frac{5\times0.02157\times17.56\times10^{-3}\times34.01}{2\times1.00\times1.010}\times100\%=3.19\%$$

【例 4-4】 漂白粉中的“有效氯”常用碘量法测定。现称取漂白粉 0.3000g，经处理后需用 $T_{CuSO_4\cdot5H_2O/Na_2S_2O_3}=0.02500g/mL$ 的 $Na_2S_2O_3$ 标准溶液 24.55mL 滴定至终点，求漂白粉中“有效氯”的质量分数。

解：

$$2Cu^{2+}+4I^- = 2CuI\downarrow+I_2$$

$$I_2+2S_2O_3^{2-} = S_4O_6^{2-}+2I^-$$

$$2Cu^{2+}\sim I_2\sim 2S_2O_3^{2-}$$

$$n_{Na_2S_2O_3}=n_{CuSO_4\cdot5H_2O}$$

$$c_{Na_2S_2O_3}=\frac{1000T_{CuSO_4\cdot5H_2O/Na_2S_2O_3}}{M_{CuSO_4\cdot5H_2O}}=\frac{1000\times0.02500}{249.7}=0.1001(mol\cdot L^{-1})$$

$$Ca(OCl)_2+4H^+ = Cl_2+2H_2O+Ca^{2+}$$

$$Cl_2+2I^- = I_2+2Cl^-$$

$$I_2+2S_2O_3^{2-} = S_4O_6^{2-}+2I^-$$

$$2Cl\sim Cl_2\sim I_2\sim 2S_2O_3^{2-}$$

$$n_{Cl}=nNa_2S_2O_3$$

$$w_{Cl}=\frac{c_{Na_2S_2O_3}V_{Na_2S_2O_3}M_{Cl}}{m_{样}\times1000}=\frac{0.1001\times24.55\times35.45}{0.3000\times1000}=29.04\%$$

【例 4-5】 测定胆矾中的铜含量，常用碘量法：

① 称取 0.4903g 基准物 $K_2Cr_2O_7$，加水溶解配成 100.0mL 溶液，移取其 25.00mL，加入 H_2SO_4 和过量的 KI，用 $Na_2S_2O_3$ 滴定析出的 I_2，消耗 $Na_2S_2O_3$ 标液 24.97mL。计算 $Na_2S_2O_3$ 溶液的浓度。

② 称取胆矾 0.5200g，溶解后加入 H_2SO_4 和过量的 KI，用上述 $Na_2S_2O_3$ 溶液滴定析出的 I_2，消耗 $Na_2S_2O_3$ 标液 25.40mL。计算胆矾中 Cu 的质量分数。

解： ①$Cr_2O_7^{2-}+6I^-+14H^+ = 2Cr^{2+}+3I_2+7H_2O$

$$I_2+2S_2O_3^{2-} = S_4O_6^{2-}+2I^-$$

$$K_2Cr_2O_7\sim3I_2\sim6\ Na_2S_2O_3$$

$$n_{Na_2S_2O_3}=6n_{K_2Cr_2O_7}$$

$$c_{Na_2S_2O_3}=\frac{6m_{K_2Cr_2O_7}\times1000}{M_{K_2Cr_2O_7}V_{Na_2S_2O_3}}=\frac{6\times0.4903\times\frac{25.00}{100.0}\times1000}{294.2\times24.97}=0.1001\ (mol\cdot L^{-1})$$

② $2Cu^{2+} + 4I^- = 2CuI \downarrow + I_2$

$$I_2 + 2S_2O_3^{2-} = S_4O_6^{2-} + 2I^-$$

$$2Cu \sim I_2 \sim 2Na_2S_2O_3$$

$$n_{Cu} = n_{Na_2S_2O_3} = c_{Na_2S_2O_3}V_{Na_2S_2O_3}$$

$$w_{Cu} = \frac{n_{Cu} \cdot M_{Cu}}{m_{样} \times 1000} = \frac{c_{Na_2S_2O_3}V_{Na_2S_2O_3}M_{Cu}}{m_{样} \times 1000} = \frac{0.1001 \times 25.40 \times 63.55}{0.5200 \times 1000} = 31.07\%$$

第三部分　实验内容

实验七　高锰酸钾标准溶液的配制与标定

1. 必备知识

预习高锰酸钾法滴定的原理和特点，掌握以下问题：

① 什么叫自身指示剂？高锰酸钾法如何确定滴定终点？

② 高锰酸钾法一般在什么介质条件下进行？为什么？

③ 高锰酸钾法有哪些优缺点？

④ 高锰酸钾标准溶液应如何配制？

⑤ 高锰酸钾标准溶液一般使用什么基准物标定？标定的原理是什么？标定时应注意哪些条件？如何计算高锰酸钾标准溶液的浓度？

R4 氧化还原滴定法相关标准

2. 实验目的

① 掌握高锰酸钾法的原理及优缺点、自身指示剂指示原理。

② 熟悉高锰酸钾标准溶液的配制方法和保存条件。

③ 掌握用 $Na_2C_2O_4$ 作基准物标定高锰酸钾标准溶液浓度的原理、方法及滴定条件。

3. 实验原理

市售的 $KMnO_4$ 常含有少量杂质，如硝酸盐、硫酸盐或氯化物等。$KMnO_4$ 的氧化能力强，易和水中的有机物、空气中的尘埃及氨等还原性物质作用，并能自行分解，见光则分解得更快。因此采用间接法配制 $KMnO_4$ 标准溶液。

配制好的 $KMnO_4$ 溶液储存于棕色瓶中，于暗处放置数天，使溶液中可能存在的还原性物质完全氧化，然后过滤除去析出的 MnO_2 沉淀，再进行标定。

标定 $KMnO_4$ 的基准物质有很多，如 $H_2C_2O_4 \cdot 2H_2O$、$Na_2C_2O_4$、纯金属铁丝、As_2O_3 和 $(NH_4)_2Fe(SO_4)_2 \cdot 6H_2O$ 等。其中常用的基准物是 $Na_2C_2O_4$，因为 $Na_2C_2O_4$ 容易提纯，不含结晶水，性质稳定。标定 $KMnO_4$ 溶液在热的强酸性介质中，其反应如下：

$$2MnO_4^- + 5C_2O_4^{2-} + 16H^+ = 2Mn^{2+} + 10CO_2 \uparrow + 8H_2O$$

此滴定反应，开始时反应速度较慢，滴入第一滴 $KMnO_4$ 溶液后，褪色较慢，待 Mn^{2+} 生成后，由于 Mn^{2+} 的催化作用，加快了反应速度。滴定到终点溶液呈现微红色（高锰酸钾自身作指示剂）。根据 $Na_2C_2O_4$ 的质量和所消耗 $KMnO_4$ 溶液的体积，可以计算出 $KMnO_4$ 溶液的准确浓度。

4. 仪器及药品

仪器：25mL 棕色滴定管、250mL 锥形瓶、微孔玻璃漏斗、分析天平、烧杯等。

药品：$Na_2C_2O_4$(基准物质，在 105~110℃ 烘干 2h，冷却后使用)；1mol · L^{-1} H_2SO_4；$KMnO_4$(分析纯)。

5. 实验步骤

(1) 0.02 mol · L^{-1} $KMnO_4$标准溶液的配制

称取 $KMnO_4$ 1.6~1.9g，溶于 500mL 新煮沸并放冷的蒸馏水中，混匀，置于棕色玻璃瓶中，于暗处放置 7~10 天(急用时可加热煮沸 1h)，使还原性物质全部被氧化，用玻璃垂熔漏斗过滤，滤去 MnO_2沉淀。为防止 $KMnO_4$见光分解，应将 $KMnO_4$置于棕色瓶，并于暗处避光保存，密塞。

(2) 0.02 mol · L^{-1} $KMnO_4$标准溶液的标定

准确称取于 105℃ 干燥至恒重的 $Na_2C_2O_4$基准试剂 0.18~0.2g，置于锥形瓶中，加新蒸馏水 10mL、1 mol · L^{-1} H_2SO_4 30mL，搅拌使溶解，加热至 75~85℃(锥形瓶口开始冒蒸汽时，不能加热至沸腾，否则可能引起部分 $H_2C_2O_4$分解)，趁热用待标定的 $KMnO_4$标准溶液滴定。开始反应速度慢，开始滴定时也要慢，第 1 滴颜色消失后，再加第 2 滴，待溶液中产生 Mn^{2+}催化剂，反应速度加快，可以加快滴定速度，但仍要逐滴加入，不能滴成流水状，至溶液呈淡粉红色，并保持 30s 不褪即为滴定终点。平行测定 3 次。

6. 数据记录与处理

将实验数据记录于表 4-3。

表 4-3　$KMnO_4$标准溶液标定数据

序次 记录项目	Ⅰ	Ⅱ	Ⅲ
$m(Na_2C_2O_4)$/g			
$V(KMnO_4)$初读数/mL			
$V(KMnO_4)$终读数/mL			
$V(KMnO_4)$ /mL			
$c(KMnO_4)$/mol · L^{-1}			
$c(KMnO_4)$的平均值/mol · L^{-1}			
偏差/mol · L^{-1}			
相对平均偏差/%			

计算公式：

$$c(KMnO_4)=\frac{2m_{Na_2C_2O_4}\times 1000}{5M_{Na_2C_2O_4}V_{KMnO_4}}$$

7. 注意事项

① 蒸馏水中常含有少量的还原性物质，使 $KMnO_4$还原为细粉状的 $MnO_2 \cdot nH_2O$ 能加速 $KMnO_4$的分解，故常将 $KMnO_4$溶液煮沸一段时间，冷却后，滤去 $MnO_2 \cdot nH_2O$ 沉淀。

② 在室温下，$KMnO_4$与 $C_2O_4^{2-}$之间反应速度缓慢，须将溶液加热至 75~85℃，但温度不能太高，否则引起 $H_2C_2O_4$分解，反应为

$$H_2C_2O_4 \longrightarrow CO_2\uparrow + CO\uparrow + H_2O$$

③ $KMnO_4$色深，液面弯月不易看出，读数时应以液面的最高线为准(即读液面的边缘)，并注意初读数与终读数要一致。

④ 滴定速度不能过快，否则部分 $KMnO_4$在热溶液中按下式分解：

$$4KMnO_4+2H_2SO_4 = 4MnO_2+2K_2SO_4+2H_2O+3O_2\uparrow$$

⑤ $KMnO_4$滴定终点不太稳定，这是由于空气中含有还原体及尘埃等杂质，能使 $KMnO_4$慢慢分解，而使微红色消失，所以半分钟不褪色可认为已到达终点。

实验八　过氧化氢含量的测定

1. 必备知识

预习氧化还原滴定法中的直接滴定法的原理和应用，以及高锰酸钾法的测定原理和应用，掌握以下问题：

① 高锰酸钾法如何测定过氧化氢含量?

② 用高锰酸钾法测定 H_2O_2时，能否用 HNO_3或 HCl 来控制酸度?

③ 用高锰酸钾法测定 H_2O_2时，为何不能通过加热来加速反应?

④ H_2O_2不稳定，在其工业品中一般加入某些有机物如乙酰苯胺等作稳定剂，这时过氧化氢还宜采用高锰酸钾法吗？为什么？如果不适合，可以采用何种方法?

2. 实验目的

① 掌握用 $KMnO_4$法直接滴定 H_2O_2的基本原理和方法。

② 进一步掌握吸量管移取试液的操作和滴定操作。

3. 实验原理

商品双氧水中的过氧化氢含量，可用 $KMnO_4$标准溶液直接滴定，其反应为

$$5H_2O_2+ 2MnO_4^-+ 6H^+ = 2Mn^{2+}+ 5O_2+ 8H_2O$$

此滴定在室温时可在硫酸介质中顺利进行，但开始时反应进行较慢，反应产生的 Mn^{2+}可起催化作用，使以后的反应加速。$KMnO_4$ 为自身指示剂，终点颜色为微红色(30s 内不褪色)。

H_2O_2不稳定，在其工业品中一般加入某些有机物如乙酰苯胺等作稳定剂。这些有机物大多能与 MnO_4^-作用而干扰 H_2O_2的测定。此时过氧化氢宜采用碘量法或硫酸铈法测定。

4. 仪器及药品

仪器：25mL 棕色滴定管、1mL 吸量管、250mL 容量瓶、25mL 移液管、250mL 锥形瓶等。

药品过氧化氧(约 30%)、3mol · L^{-1} H_2SO_4、0. 02000 mol · L^{-1} $KMnO_4$标准溶液。

5. 实验步骤

用吸量管移取 1. 00mL 过氧化氧(约 30%)试样，放入 250mL 容量瓶中，用水稀释至刻度，摇匀。用移液管吸取上述试液 25. 00mL，置于 250mL 锥形瓶中，加 15mL 1mol · L^{-1} H_2SO_4，用 $KMnO_4$标准滴定溶液滴定至溶液呈浅粉色，保持 30 s 不褪为终点。平行做 3 次，计算试样中过氧化氢含量(g · mL^{-1})。

6. 数据记录及处理

将实验数据记录于表 4-4。

表 4-4　$KMnO_4$法测定 H_2O_2含量的数据

$c(KMnO_4)$ = ______ $mol \cdot L^{-1}$

记录项目 \ 序次	Ⅰ	Ⅱ	Ⅲ
V_S/mL(过氧化氢试样)			
$V(KMnO_4)$初读数 /mL			
$V(KMnO_4)$终读数 /mL			
$V(KMnO_4)$/mL			
$w_{H_2O_2}/g \cdot mL^{-1}$			
平均值 $w_{H_2O_2}/g \cdot mL^{-1}$			
标准偏差 S			
相对标准偏差 S_r/%			

计算公式：

$$w_{H_2O_2}=\frac{\frac{5}{2}c(KMnO_4)\cdot V(KMnO_4)\times10^{-3}\cdot M(H_2O_2)}{V_s\times\frac{25.00}{250.0}}$$

7. 注意事项

① 只能用 H_2SO_4 来控制酸度，不能用 HNO_3 或 HCl 控制酸度。因 HNO_3 具有氧化性，Cl^-会与 MnO_4^-反应。

② 不能通过加热来加速反应，因 H_2O_2 易分解。

③ Mn^{2+}对滴定反应具有催化作用。滴定开始时反应缓慢，随着 Mn^{2+}的生成而加速。

实验九　硫代硫酸钠标准溶液的配制和标定

1. 必备知识

预习碘量法的测定原理和应用，以及碘量法使用的标准溶液 $Na_2S_2O_3$的配置和标定原理及方法，掌握以下问题：

① 如何配制 $Na_2S_2O_3$溶液？为什么？

② 写出 $K_2Cr_2O_7$标定 $Na_2S_2O_3$的反应方程式和计算公式。

③ 以 $K_2Cr_2O_7$标定 $Na_2S_2O_3$溶液的浓度时为何要加入 KI？为何要在暗处放置 5min？

④ 滴定前为何要稀释？淀粉指示剂为何要在接近终点时加入？

2. 实验目的

① 掌握 $Na_2S_2O_3$溶液的配制方法和保存条件。

② 掌握标定 $Na_2S_2O_3$溶液浓度的原理和方法。

③ 掌握间接碘量法测定的条件。

3. 实验原理

结晶 $Na_2S_2O_3 \cdot 5H_2O$ 一般都含有少量的杂质，如 S、Na_2SO_3、Na_2SO_4、Na_2CO_3及 NaCl

等，同时还容易风化和潮解，因此，不能用直接法配制标准溶液，只能是配制成近似浓度的溶液，然后再标定。

Na_2SO_3溶液易受空气中的CO_2、O_2和水中微生物等的作用而分解，其分解原因是：

① 与溶解于溶液中的CO_2的作用。硫代硫酸钠在中性或碱性溶液中较稳定，当 pH<4.6 时极不稳定，溶液中含有CO_2时会促进$Na_2S_2O_3$分解：

$$Na_2S_2O_3 + H_2O + CO_2 \longrightarrow NaHCO_3 + NaHSO_3 + S\downarrow$$

此分解作用一般都在制成溶液后的最初 10 天内进行，分解后 1 分子的$Na_2S_2O_3$变成了 1 分子的$NaHSO_3$，1 分子$Na_2S_2O_3$只能和 1 个碘原子作用，而 1 分子的$NaHSO_3$却能和 2 个碘原子作用，因而使溶液浓度(对碘的作用)有所增加，以后由于空气的氧化作用浓度又慢慢减小。在 pH＝9～10 间$Na_2S_2O_3$溶液最为稳定，在$Na_2S_2O_3$溶液中加入少量Na_2CO_3(使其在溶液中的浓度为 0.02%)可防止$Na_2S_2O_3$的分解。

② 空气氧化作用。由于空气中。O_2的氧化作用，使$Na_2S_2O_3$的浓度降低。

$$2Na_2S_2O_3 + O_2 \longrightarrow 2Na_2SO_4 + 2S\downarrow$$

③ 微生物作用。这是使$Na_2S_2O_3$分解的主要原因。

$$Na_2S_2O_3 \longrightarrow Na_2SO_3 + S$$

为避免微生物的分解作用，可加入少量HgI_2(10mg/L)。

为减少溶解在水中的CO_2和杀死水中微生物，应用新煮沸冷却后的蒸馏水配置溶液，并加入少量Na_2CO_3的，以防止$Na_2S_2O_3$分解。

日光能促进$Na_2S_2O_3$溶液的分解，所以$Na_2S_2O_3$溶液应储存于棕色试剂瓶中，放置于暗处。经 7～14 天，后再进行标定，长期使用的溶液应定期标定。

标定$Na_2S_2O_3$溶液的方法，经常选用KIO_3，$KBrO_3$或$K_2Cr_2O_7$等氧化剂作为基准物，定量地将I^-氧化为I_2，再按碘量法用$Na_2S_2O_3$溶液滴定：

$$IO_3^- + 5I^- + 6H^+ \xlongequal{} 3I_2 + 3H_2O$$

$$BrO_3^- + 6I^- + 6H^+ \xlongequal{} 3I_2 + 3H_2O + Br^-$$

$$Cr_2O_7^{2-} + 6I^- + 14H^+ \xlongequal{} 2Cr^{3+} + 3I_2 + 7H_2O$$

析出I_2再用$Na_2S_2O_3$标准溶液滴定：

$$I_2 + 2Na_2S_2O_3 \xlongequal{} Na_2S_4O_6 + 2NaI$$

使用KIO_3和$KBrO_3$作为基准物时不会污染环境。

4. 仪器及药品

仪器：25mL 滴定管、250mL 碘量瓶等。

药品：分析纯$Na_2S_2O_3$、Na_2CO_3；基准物$K_2Cr_2O_7$、KIO_3；20% KI 溶液；0.5 mol·L^{-1} H_2SO_4溶液；6 mol·L^{-1} HCl、硫酸溶液(20%)；0.5% 淀粉溶液：0.5g 淀粉加少量水搅匀，把得到的浆状倒入 100mL 正在沸腾的蒸馏水中，继续煮沸至透明。

5. 实验步骤

(1) 0.1mol·L^{-1} $Na_2S_2O_3$溶液的配制

称取 12.5g $Na_2S_2O_3 \cdot 5H_2O$ 置于 400mL 烧杯中，加入 200mL 新煮沸的冷却蒸馏水，待完全溶解后，加入 0.1g Na_2CO_3，然后用新煮沸且冷却的蒸馏水稀释至 500mL，保存于棕色瓶中，在暗处放置 7～14 天后标定。

(2)0.1mol·L^{-1} $Na_2S_2O_3$溶液的标定

基准试剂 KIO_3标定：准确称取 KIO_3基准试剂 0.8~1.0g，于 100mL 烧杯，加少量蒸馏水溶解，定量转入 250L 容量瓶，用蒸馏水稀释至刻度，摇匀。用 25mL 移液管吸取上述 KIO_3标准溶液于 250mL 锥形瓶中，加 5mL 20% KI，5mL 0.5mol·L^{-1} H_2SO_4，以水稀释至 100mL，立即用待标定的 $Na_2S_2O_3$溶液滴定至淡黄色，加入 5mL 0.5% 淀粉溶液，继续用 $Na_2S_2O_3$溶液滴定至蓝色恰好消失，即为终点。根据消耗的 $Na_2S_2O_3$溶液毫升数及 KIO_3克数，计算 $Na_2S_2O_3$溶液的准确浓度。

基准试剂 $K_2Cr_2O_7$标定：称取 0.15~0.18g 于(120±2)℃ 干燥至恒重的工作基准试剂重铬酸钾，置于 250mL 碘量瓶中，溶于 25mL 蒸馏水，加入 5mL 20%碘化钾及 5mL 6mol·L^{-1} HCl，摇匀，于暗处放置 5min，加 100mL 蒸馏水，用配制好的硫代硫酸钠标准溶液滴定，近终点时(溶液变为浅黄色)加 5mL 0.5% 淀粉溶液，继续滴定至溶液由蓝色变为亮绿色即为终点。根据称取的 $K_2Cr_2O_7$的质量和滴定中消耗 $Na_2S_2O_3$溶液的体积，计算 $Na_2S_2O_3$溶液准确浓度。平行测定 3 次。

6. 数据记录及处理

将实验数据记录于表 4-5。

表 4-5　$Na_2S_2O_3$标准溶液标定数据记录

记录项目 \ 序次	Ⅰ	Ⅱ	Ⅲ
$m(K_2Cr_2O_7)$或 $m(KIO_3)$质量/g			
$V(Na_2S_2O_3)$初读数/mL			
$V(Na_2S_2O_3)$终读数/mL			
$V(Na_2S_2O_3)$/mL			
$c(Na_2S_2O_3)$/mol·L^{-1}			
$c(Na_2S_2O_3)$(平均)/mol·L^{-1}			
标准偏差 S			
相对标准偏差 S_r/%			

计算公式：

$$c_{Na_2S_2O_3}=\frac{6m_{Na_2S_2O_3}}{M_{Na_2S_2O_3}\times V_{Na_2S_2O_3}\times 10^{-3}}$$

7. 注意事项

① 配制 $Na_2S_2O_3$溶液所用的水必须经过煮沸后放冷，以除去水中溶解的二氧化碳和氧，在配制后应存棕色瓶并在避光处存放 2 周以上，待浓度稳定，再经过滤后标定。

② $K_2Cr_2O_7$与 KI 反应不是立刻完成的，在稀溶液中反应更慢，应放 5~10min 反应即可完成。

③ 碘化钾的强酸性溶液，在静置过程中遇光也会释出微量的碘，因此在标定中的放置过程应置于暗处，但不宜过久，并用空白试验予以校正。

④ 淀粉指示液应在滴定近终点时加入，如果过早地加入，淀粉会吸附较多的 I_2，使滴定结果产生误差。

⑤ 因生成的 Cr^{3+}浓度较大时为暗绿色，妨碍终点观察，故应稀释后再滴定。开始滴定

时溶液中碘浓度较大，不要摇动太厉害，以免 I_2 挥发。

实验十　硫酸铜中铜含量的测定

1. 必备知识

预习间接碘量法测定原理和方法，回答下列问题：

① 间接碘量法如何测定硫酸铜中铜含量？

② 从标准电极电势的大小看，$\varphi^{\ominus}(I_2/2I^-) > \varphi^{\ominus}(Cu^{2+}/Cu^+)$，应该 I_2 氧化 Cu^+，但是 Cu^{2+} 却能将 I^- 氧化为 I_2。为什么？

③ 硫酸铜易溶于水，为什么溶解时要加硫酸？为什么不能加盐酸？

④ 用碘量法测定铜含量时，为什么要加入 KSCN 溶液？如果在酸化后立即加入 KSCN 溶液，会产生什么影响？

⑤ 测定反应为什么一定要在弱酸性溶液中进行？

2. 实验目的

① 掌握用碘量法测定铜的原理、方法、滴定条件、干扰及消除。

② 进一步了解氧化还原滴定法的特点。

3. 实验原理

在弱酸性溶液中 Cu^{2+} 与过量 KI 作用生成 CuI 沉淀，同时析出确定量的 I_2，反应如下：

$$2Cu^{2+}+4I^- \longrightarrow 2CuI\downarrow + I_2$$

析出的 I_2 以淀粉为指示剂，用 $Na_2S_2O_3$ 标准溶液滴定：

$$I_2 + 2\,SO_3^{2-} \xlongequal{\quad} S_4O_6^{2-} + +2I^-$$

上述反应是可逆的，为了促使反应能趋于完全，实际上必须加入过量的 KI，同时由于 CuI 沉淀强烈地吸附 I_2，使测定结果偏低。如果加入 KSCN 可使 CuI($K_{sp}=5.06\times10^{-12}$)转化为溶解度更小的 CuSCN($K_{sp}=4.8\times10^{-15}$)。

$$CuI+SCN^- \xlongequal{\quad} CuSCN\downarrow + I^-$$

这样不但可以释放出被吸附的 I_2，而且反应时再生出来的 I^- 与未反应的 Cu^{2+} 发生作用。在这种情况下，可以使用较少的 KI 而使反应进行得更完全。但 KSCN 只能在接近终点时加入，否则 SCN^- 可能直接还原 Cu^{2+} 而使结果偏低：

$$6Cu^{2+}+7SCN^-+4H_2O \xlongequal{\quad} 6CuSCN\downarrow+SO_4^{2-}+HCN+7H^+$$

为防止铜盐水解，反应必须在酸性溶液中进行，酸度过低，Cu^{2+} 氧化 I^- 不完全，结果偏低而且反应速度慢、终点拖长；酸度过高，则 I^- 被空气氧化为 I_2，使 Cu^{2+} 的测定结果偏高。

大量 Cl^- 能与 Cu^{2+} 络合，I^- 不能从 Cu^{2+} 的氯配合物中将 Cu^{2+} 定量地还原，因此，最好用 H_2SO_4 而不用 HCl。

矿石或合金中的铜也可用碘量法测定。但必须设法防止其他能氧化 I^- 的物质(如 NO_3^-、Fe^{3+} 等)的干扰。防止的方法是加入掩蔽剂以掩蔽干扰离子(例如使 Fe^{3+} 生成 FeF_6^{3-} 而被掩蔽)或在测定前将它们分离除去。若有 As(V)、Sb(V) 存在，应将 pH 调至 4，以免它们氧化 I^-。

4. 仪器及药品

仪器：25mL 滴定管、250mL 碘量瓶等。

药品：10% KI、0.1000mol·L^{-1} $Na_2S_2O_3$标准溶液、10% KSCN；1mol·L^{-1} H_2SO_4、0.5%的淀粉溶液。

5. 实验步骤

准确称取硫酸铜试样（每份质量相当于20~25mL 0.1000mol·L^{-1} $Na_2S_2O_3$溶液）于250mL碘量瓶中，加1mol·L^{-1} H_2SO_4溶液5mL和水100mL使之溶解，加入10% KI溶液10mL，立即用$Na_2S_2O_3$标准溶液滴定至呈浅黄色，然后加入0.5%淀粉溶液2mL，继续滴定到呈浅蓝色。再加5mL 10% KSCN（可否用NH_4SCN代替？）溶液，摇匀后溶液蓝色转深，再继续滴定到蓝色恰好消失即为终点，此时溶液为米色CuSCN悬浮液。由实验结果计算硫酸铜的含铜量，平行做3次。

6. 数据记录及处理

将实验数据记录于表4-6。

表4-6　硫酸铜中铜含量的测定数据　　$c_{Na_2S_2O_3}$=________mol·L^{-1}

序次 / 记录项目	Ⅰ	Ⅱ	Ⅲ
$m(CuSO_4\cdot5H_2O)$/g			
$V(Na_2S_2O_3)$初读数/mL			
$V(Na_2S_2O_3)$终读数/mL			
$V(Na_2S_2O_3)$/mL			
$CuSO_4\cdot5H_2O$中铜含量w_{Cu}/%			
$CuSO_4\cdot5H_2O$中铜平均含量w_{Cu}/%			
标准偏差S			
相对标准偏差S_r/%			
$CuSO_4\cdot5H_2O$中铜含量的理论值			
相对误差			

计算公式：

$$w_{Cu}=\frac{c(Na_2S_2O_3)V(Na_2S_2O_3)\times10^{-3}\cdot M(Cu)}{m_s}\times100\%$$

7. 注意事项

① Cu^{2+}与I^-的反应是可逆性的，为了使反应趋于完全，必须加入过量的KI。

② 由于CuI沉淀强烈地吸附I_3^-，会使测定结果偏低。故应加入KSCN，使CuI转化为溶解度更小的CuSCN。但值得注意的是KSCN只能在接近终点时加入，否则较多的I_2会明显地为KSCN所还原而使结果偏低：

$$SCN^- + 4I_2 + 4H_2O = SO_4^{2-} + 7I^- + ICN + 8H^+$$

③ 为防止铜盐水解，反应必须在酸性溶液中进行。酸度过低，铜盐水解而使Cu^{2+}氧化I^-进行不完全，造成结果偏低，而且反应速度慢，终点拖长；酸度过高，则I^-被空气氧化为I_2的反应被Cu^{2+}催化，使结果偏高。

④ 大量Cl^-能与Cu^{2+}配合，I^-不易从Cu(Ⅱ)离子的氯配合物中将Cu^{2+}定量的还原，因此最好使用硫酸而不用盐酸（少量盐酸不干扰）。

S6 补钙制剂中钙含量的测定

S7 维生素 C 片中维生素 C 含量的测定(碘量法)

第四部分　思考题和习题

思考题

思考题 4-1　什么叫电对的条件电极电势？外界条件对条件电极电势有何影响？

思考题 4-2　虽然 $\varphi^{\ominus}(I_2/2I^-)>\varphi^{\ominus}(Cu^{2+}/Cu^+)$，从电位的大小看，应该 I_2 氧化 Cu^+，但是 Cu^+ 却能将 I^- 氧化为 I_2。为什么？

思考题 4-3　是否标准平衡常数大的氧化还原反应就能用于氧化还原滴定？

思考题 4-4　影响氧化还原反应速率的主要因素有哪些？

思考题 4-5　用 $Na_2C_2O_4$ 作为基准物质标定 $KMnO_4$ 溶液时，为什么第一滴 $KMnO_4$ 加入后溶液的红色褪去很慢，而随着 $KMnO_4$ 不断加入后红色褪去越来越快？

思考题 4-6　氧化还原滴定中的指示剂分为几类？各类指示剂如何指示滴定终点？

思考题 4-7　重铬酸钾法与高锰酸法相比较，具有哪些优点？

思考题 4-8　以 $K_2Cr_2O_7$ 标定 $Na_2S_2O_3$ 溶液浓度时，是使用间接碘量法。① 为什么不能用 $K_2Cr_2O_7$ 溶液直接滴定 $Na_2S_2O_3$ 溶液？②指示剂淀粉为什么要在接近终点时才能加入？

思考题 4-9　碘量法的主要误差来源有哪些？应采取哪些措施来消除这些误差？

思考题 4-10　为什么碘量法不适宜在高酸度或高碱度介质中进行？

习　题

习题 4-1　计算在 $3mol \cdot L^{-1}$ HCl 溶液中，当 $Cr_2O_7^{2-}$ 和 Cr^{3+} 的分析浓度分别为 $0.10mol \cdot L^{-1}$ 和 $0.020mol \cdot L^{-1}$ 时电对 $Cr_2O_7^{2-}/Cr^{3+}$ 的条件电极电势。

答案：1.10V

习题 4-2　在 $1mol \cdot L^{-1}$ HCl 溶液中，用 Sn^{2+} 滴定 Fe^{3+}。计算：①此氧化还原反应的平衡常数；②滴定至化学计量点时电位。

答案：2.0×10^{18}，$\varphi_{eq}=0.33V$

习题 4-3　某一氧化还原指示剂，当 $c(In^+)/c(ln)=8$ 时，呈现的是氧化型 In^+ 的颜色；而当 $c(In^+)/c(ln)=1/5$ 时，则呈现还原型 In 的颜色。试确定该氧化还原指示剂的变色范围。

答案：$\varphi^{\ominus}_{In^+/In}=-0.41\sim+0.53V$

习题 4-4 一定质量的 $KHC_2O_4\cdot H_2C_2O_4\cdot 2H_2O$ 晶体与 20.00mL 0.2000mol·L^{-1} NaOH 溶液完全反应，它又能被 40.00mL $KMnO_4$溶液在 H_2SO_4溶液中完全氧化，试计算 $KMnO_4$溶液的浓度。

答案：0.02667mol·L^{-1}

习题 4-5 准确量取 25.00mL 过氧化氢试液，置于 250mL 容量瓶中，加水稀释至刻度，混匀。再准确量取 25.00mL 稀释液，加 H_2SO_4溶液酸化后，用 0.02732mol·L^{-1} $KMnO_4$溶液滴定，用去 35.86mL。计算试液中过氧化氢的质量浓度。

答案：33.33g·L^{-1}

习题 4-6 准确称取 0.1936g 基准物质 $K_2Cr_2O_7$固体，溶于水，加硫酸酸化，再加入过量的 Kl 溶液，充分反应后，用 $Na_2S_2O_3$溶液滴定，消耗 33.61mL。计算 $Na_2S_2O_3$溶液的准确浓度。

答案：0.1175mol·L^{-1}

习题 4-7 准确称取 0.1988g 维生素 C($C_6H_8O_6$)试样，加新煮沸过的 100mL 冷蒸馏水和 10mL 稀醋酸，以淀粉为指示剂，用 0.05000mol·L^{-1} I_2标准溶液滴定至终点，用去 20.24mL。计算试样中维生素 C 的质量分数。

答案：89.64%

习题 4-8 漂白粉是氯化钙和次氯酸钙的混合物，其组成可表示为 CaCl(ClO)，其中次氯酸根离子具有漂白作用。漂白粉与稀 H_2SO_4溶液作用时发生下列反应：

$$CaCl(ClO)+H_2SO_4 = CaSO_4+Cl_2\uparrow+H_2O$$

通常把生成的 Cl_2称为"有效氯"。当漂白粉与 KI 和稀 H_2SO_4作用时，发生的反应为：

$$CaCl(ClO)+2KI+H_2SO_4 = CaSO_4+I_2+2KCl+H_2O$$

生成的 I_2的物质的量等于漂白粉中"有效氯"的物质的量。准确称取 0.2100g 漂白粉试样，加水及过量 KI 溶液溶解后，再加 1mol·L^{-1} H_2SO_4溶液酸化。生成的 I_2立即用 0.1109mol·L^{-1} $Na_2S_2O_3$标准溶液滴定，消耗 25.58mL。计算此漂白粉试样中"有效氯"和 CaCl(ClO)的质量分数。

答案：47.89%；85.78%

习题 4-9 测定血液中 Ca^{2+}的浓度时，常将 Ca^{2+}沉淀为 CaC_2O_4，然后将沉淀溶解于 H_2SO_4溶液中，用 $KMnO_4$标准溶液进行滴定。现将 10.00mL 血液稀释到 100.0mL，移取 10.00mL 稀释液，按上述方处理后，用 0.01000mol·L^{-1} $KMnO_4$溶液滴定，用去 23.00mL。计算此血液中 Ca^{2+}的质量浓度。

答案：2.305 g·L^{-1}

习题 4-10 称取 1.000g 软锰矿试样，溶于浓 HC 溶液中，产生的 Cl_2通入浓 KI 溶液后，加水将此溶液稀释至 250.0mL。然后移取 25.00mL 稀释液，用 0.1010mol·L^{-1} $Na_2S_2O_3$标准溶液滴定，用去了 20.24mL。试计算该软锰矿试样中 MnO_2的质量分数。

答案：88.96%

习题 4-11 称取 0.4897g 铬铁矿试样，用 Na_2O_2熔融后，使试样中的 Cr^{3+}氧化为 $Cr_2O_7^{2-}$，然后加入 3mL 3mol·L^{-1} H_2SO_4溶液和 50.00mL 0.1202mol·L^{-1} $FeSO_4$溶液处理。待反应完全后，过量的 FeSO 用滴定度 $T_{Fe/K_2Cr_2O_7}=0.006023g\cdot mL^{-1}$的 $K_2Cr_2O_7$标准溶液滴定，

消耗 20. 05mL $K_2Cr_2O_7$标准溶液。试计算该铬铁矿试样中 Cr_2O_3的质量分数。

答案：19. 91%

习题 4-12 化学耗氧量(COD)是指水中的还原性物质被氧化时所消耗的氧化剂的质量浓度，并换算成 O_2 的质量浓度。现取 100. 0mL 废水样，加 H_2SO_4 溶液和 25. 00mL 0. 01667mol · L^{-1} $K_2Cr_2O_7$溶液，以 Ag_2SO_4为催化剂，煮沸一定时间将废水样中的还原性物质完全氧化后，再以邻二氮菲合铁(Ⅱ)为指示剂，用 0. 1000mol · L^{-1} $FeSO_4$标准溶液滴定过量的 $K_2Cr_2O_7$，用去了 15. 00mL $FeSO_4$标准溶液。计算该废水样的化学耗氧量。

答案：80. 06mg · L^{-1}

习题 4-13 称取某亚铁盐试样 0. 4000g，溶解酸化后用 $c(K_2Cr_2O_7)=0.02000mol \cdot L^{-1}$的重铬酸钾标准溶液滴定，消耗标准溶液 20. 00mL。求试样中 $FeSO_4$的质量分数，并将其换算成 Fe 的质量分数。

答案：91. 14%；33. 51%

习题 4-14 今有 $Na_2S_2O_3$标准溶液(20. 00mL 溶液相当于 0. 08340g $KBrO_3$)求：①$Na_2S_2O_3$的物质的量浓度；②$Na_2S_2O_3$溶液对 Cu 的滴定度为多少($M_{KBrO_3}=167.0$，$M_{Cu}=63.35$)？

答案：0. 1498mol · L^{-1}；0. 009490g · mL^{-1}

习题 4-15 测定胆矾中的铜含量，常用碘量法，步骤如下：

① 配制 0. 1mol · $L^{-1}$$Na_2S_2O_3$溶液 1L。计算需称取固体 $Na_2S_2O_3 \cdot 5H_2O$ 多少克?

② 标定 $Na_2S_2O_3$溶液。称取 0. 4903g 基准物 $K_2Cr_2O_7$，加水溶解配成 100. 00mL 溶液，移取其 25. 00mL，加入 H_2SO_4和过量的 KI，用 $Na_2S_2O_3$滴定析出的 I_2，消耗 $Na_2S_2O_3$标液 24. 97mL。计算 $Na_2S_2O_3$溶液的浓度。

③ 测定胆矾 Cu 含量。称取胆矾 0. 5200g，溶解后加入 H_2SO_4和过量的 KI，用上述 $Na_2S_2O_3$溶液滴定析出的 I_2，消耗 $Na_2S_2O_3$标液 25. 40mL。计算胆矾中 Cu 的质量分数(提示：$2Cu^{2+}+4I^- = 2CuI\downarrow + I_2$)。

答案：①25g；②0. 1001mol · L^{-1}；③31. 07%

第五部分 拓展阅读

4. 1 条件电极电势公式推导过程

在能斯特方程中，氧化态物质和还原态物质在理论上应该使用的是活度，若用浓度代替活度将会引起电对的电极电势误差，因此需引入活度系数 γ 进行修正；若溶液中氧化态或还原态离子发生副反应，如与 H^+或 OH^-结合、生成配位个体或沉淀时，会改变氧化态或还原态的活度，从而影响电对的电极电势，还需引入副反应系数 α 进行修正。

$$a_{Ox}=\gamma_{Ox}[Ox],\quad \alpha_{Ox}=\frac{c_{Ox}}{[Ox]},$$

则

$$a_{Ox}=\gamma_{Ox}\frac{c_{Ox}}{\alpha_{Ox}}$$

同理

$$a_{Red}=\gamma_{Red}\frac{c_{Red}}{\alpha_{Red}}$$

把上面两式代入能斯特方程可得

$$\varphi_{Ox/Red}=\varphi^{\ominus}_{Ox/Red}+\frac{0.059}{n}\lg\frac{\gamma_{Ox}\alpha_{Red}}{\gamma_{Red}\alpha_{Ox}}+\frac{0.059}{n}\lg\frac{c_{Ox}}{c_{Red}} \qquad (4-10)$$

当 $c_{Ox}=c_{Red}=1mol\cdot L^{-1}$时，式(4-11)为

$$\varphi_{Ox/Red}=\varphi^{\ominus}_{Ox/Red}+\frac{0.059}{n}\lg\frac{\gamma_{Ox}\alpha_{Red}}{\gamma_{Red}\alpha_{Ox}} \qquad (4-11)$$

式(4-12)中，在一定条件下，离子的活度系数 γ 及副反应系数 α 为一固定值，因而式(4-12) $\varphi_{Ox/Red}$数值就应为一常数，令以 $\varphi^{\ominus\prime}_{Ox/Red}$表示。

$$\varphi^{\ominus\prime}_{Ox/Red}=\varphi^{\ominus}_{Ox/Red}+\frac{0.059}{n}\lg\frac{\gamma_{Ox}\alpha_{Red}}{\gamma_{Red}\alpha_{Ox}} \qquad (4-12)$$

$\varphi^{\ominus\prime}_{Ox/Red}$称为条件电极电势，它是在某一特定条件下氧化态和还原态的总浓度均为 $1mol\cdot L^{-1}$时的实际电极电势，它在条件不变时为一常数。同时，使用条件电极电势后，求得的结果更符合实际情况。

4.2 氧化还原反应催化机理简介

催化机理非常复杂，下面通过一个例子说明催化过程。如 MnO_4^-与$C_2O_4^{2-}$之间的反应，Mn^{2+}的存在能催化反应迅速进行。其反应机理可能是，在$C_2O_4^{2-}$存在下 Mn^{2+}被 MnO_4^-氧化而生成 Mn(Ⅲ)：

$$MnO_4^-+4Mn^{2+}+5n\,C_2O_4^{2-}+8H^+\longrightarrow 5Mn\,(C_2O)_n^{(3-2n)}+4H_2O$$

上述反应是分步进行的，反应过程是可简单表示如下：

$$Mn(\text{Ⅶ})\xrightarrow{Mn(\text{Ⅱ})}Mn(\text{Ⅵ})+Mn(\text{Ⅲ})$$

$$\xrightarrow{Mn(\text{Ⅱ})}Mn(\text{Ⅳ})+Mn(\text{Ⅲ})$$

$$\xrightarrow{Mn(\text{Ⅱ})}Mn(\text{Ⅲ})$$

$$Mn(\text{Ⅲ})\xrightarrow{n\,C_2O_4^{2-}}Mn\,(C_2O)_n^{(3-2n)}\longrightarrow Mn(\text{Ⅱ})+CO_2\uparrow$$

在此，Mn^{2+}虽然参加了反应的中间步骤，加速了反应，但在最后又重新产生出来，所以它只起了催化剂的作用。

4.3 常用预氧化还原剂

常用的预氧化还原剂见表4-7。

表4-7 常用的预氧化还原剂

类型		反应条件	主要应用	除去方法
氧化剂	$(NH_4)_2S_2O_8$	酸性	$Mn^{2+}\longrightarrow MnO_4^-$	煮沸分解
	$NaBiO_3$	酸性	$Cr^{3+}\longrightarrow Cr_2O_7^{2-}$	过滤
	H_2O_2	碱性	$Cr^{3+}\longrightarrow CrO_4^{2-}$	煮沸分解
	PbO_2	pH=2~6焦磷酸盐缓冲溶液	Mn(Ⅱ)⟶Mn(Ⅲ)	过滤
	Cl_2、Br_2	酸性或中性	$I^-\longrightarrow IO_3^-$	煮沸或通空气

续表

类型		反应条件	主要应用	除去方法
还原剂	SO_2	中性或弱酸性	$Fe^{3+} \longrightarrow Fe^{2+}$	煮沸或通 CO_2
	$SnCl_2$	酸性加热	$Fe^{3+} \longrightarrow Fe^{2+}$ As(Ⅴ)⟶As(Ⅲ)	加 $HgCl_2$ 氧化
	$TiCl_3$	酸性	$Fe^{3+} \longrightarrow Fe^{2+}$	水稀释，Cu^{2+} 催化空气氧化
	Zn、Al	酸性	Sn(Ⅳ)⟶Sn(Ⅱ)	过滤或加酸溶解
	盐酸肼、硫酸肼或肼	酸性	As(Ⅴ)⟶As(Ⅲ)	浓 H_2SO_4，加热
	金属汞齐	酸性	Ti(Ⅳ)⟶Ti(Ⅲ)	

4.4 硫酸铈法

硫酸铈法是使用 $Ce(SO_4)_2$ 作氧化剂的滴定分析方法。$Ce(SO_4)_2$ 电极电势较高，所以是一种强氧化剂，其氧化还原半反应为

$$Ce^{4+} + e^- \rightleftharpoons Ce^{3+} \qquad \varphi^{\ominus} = 1.61V$$

在酸度较低的溶液中，Ce^{4+} 易水解，因此硫酸铈法在酸度较高的介质中进行。

4.5 溴酸钾法

溴酸钾法是用 $KBrO_3$ 作氧化剂的滴定分析方法。$KBrO_3$ 在酸性溶液中电极电势较高，所以是一种强氧化剂，其半电池反应式为

$$BrO_3^- + 12H^+ + 10e^- \rightleftharpoons Br_2 + 6H_2O \qquad \varphi^{\ominus}_{BrO_3^-/Br_2} = +1.44V$$

由于 $KBrO_3$ 本身和还原剂的反应速率很慢，实际上应用并不是 $KBrO_3$ 标准溶液直接氧化还原性物质，而是先加入过量 KBr，酸化溶液，BrO_3^- 氧化 Br^- 而析出游离溴：

$$BrO_3^- + 5Br^- + 6H^+ = 3Br_2 + 3H_2O$$

利用生成的 Br_2 氧化还原性物质，从而测定待测物含量。

$$Br_2 + 2e^- \rightleftharpoons 2Br^- \qquad \varphi^{\ominus}_{Br_2/2Br^-} = +1.08V$$

4.6 亚砷酸钠-亚硝酸钠法

亚砷酸钠-亚硝酸钠法是使用 $Na_3AsO_3-NaNO_2$ 混合溶液作还原剂的滴定分析方法。例如，可应用于矿石、普通钢和低合金钢中锰的测定。以磷酸分解试样，加入 $AgNO_3$ 作催化剂，用过硫酸铵作氧化剂将 Mn(Ⅱ)氧化为 Mn(Ⅶ)，然后用 $Na_3AsO_3-NaNO_2$ 标准溶液滴定 Mn(Ⅶ)，从而可求得锰在试样中的含量。滴定反应如下：

$$2MnO_4^- + 5AsO_3^{3-} + 6H^+ = 2Mn^{2+} + 5AsO_4^{3-} + 3H_2O$$

$$2MnO_4^- + 5NO_2^- + 6H^+ = 2Mn^{2+} + 5NO_3^- + 3H_2O$$

模块五　重量分析法和沉淀滴定法

在诸多化学反应中，有一类是能生成沉淀的，如恰当利用这类沉淀反应可以定量测定试样中某些组分，重量分析法和沉淀滴定法就是以此为基础建立的分析方法。本模块将介绍重量分析法及沉淀滴定法的相关基本概念、基本理论。

第一部分　基础知识

5-1　重量分析法

重量分析法是用适当的方法先将被测组分从试样中分离出来，然后经过准确称量来确定待测组分含量的一种分析方法。因此，重量分析的过程包括了两个关键过程：分离和称量。

5-2　重量分析法分类

重量分析法依据被测组分分离方法通常分为：气化法、萃取法和沉淀法等。

挥发重量法见拓展阅读 5.1。

气化重量法：通过加热或其他方法使试样中被测组分气化逸出，然后根据气体逸出前后试样减轻的质量或吸收剂吸收挥发物质后所增加的质量来计算待测组分的含量的方法。

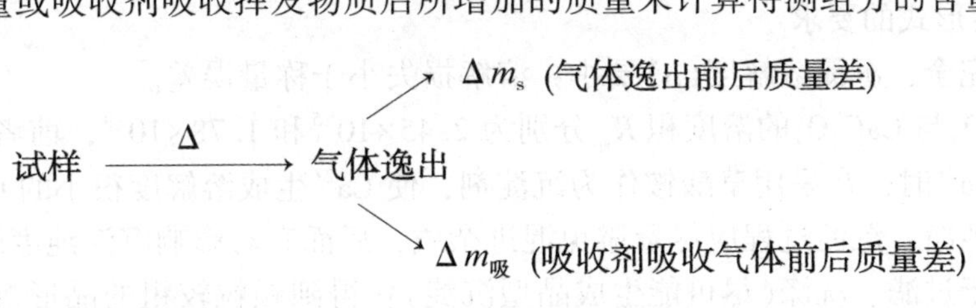

萃取重量法：利用待测组分在互不相溶的两溶剂体系中溶解度的不同，把待测组分从原来的待测体系中定量地转入到萃取溶剂体系中，然后再把溶剂蒸干、称量干燥物的方法。

沉淀重量法：使待测组分生成难溶化合物沉淀下来，然后称量沉淀的质量，根据沉淀的质量算出待测组分的含量的方法。例如，测定试样中SO_4^{2-}含量时，在溶解的试样中加入过量$BaCl_2$溶液，使SO_4^{2-}生成难溶的 $BaSO_4$沉淀，经过滤、洗涤、干燥后，称量 $BaSO_4$的质量，进而计算试样中SO_4^{2-}的含量。

5-3 重量分析方法特点

重量分析法中的全部数据都是直接由分析天平称量得来的，不需要像滴定分析法那样还要经过与基准物质或标准溶液进行比较，也不需要用容量器皿测定的体积数据，因而没有这些方面的误差。因此，对于高含量组分的测定，重量分析法具有准确度较高的优点，测定的相对误差一般不大于 0.1%。

优点：准确度高——适用常量分析。它是分析方法中最直接的测定方法，直接称量得分析结果，不需标准试样或基准物质进行比较，因而避免了这方面的误差。

不足之处：操作烦琐、费时，不适于生产中的控制分析，且难以测定微量成分。

重量分析法以沉淀分离应用比较多，现主要讨论沉淀重量法。在沉淀重量法分析待测组分含量的各个步骤中，最重要的一步是进行沉淀反应，其中沉淀剂的选择与用量，沉淀反应的条件，如何减少沉淀中杂质等都会影响分析结果的准确度。

5-4 沉淀形式和称量形式

（1）沉淀形式

在重量分析中，通过加入适当的沉淀剂使被测组分以适当形式沉淀析出，称为沉淀形式。例如测定试样中SO_4^{2-}时，以 $BaCl_2$为沉淀剂，生成沉淀 $BaSO_4$，称为沉淀形式。

（2）称量形式

经过滤、洗涤、干燥、灼烧成的最终称量物质，称为称量形式。上例中，称量 $BaSO_4$的质量，进而计算试样中SO_4^{2-}的含量，$BaSO_4$又是称量形式。

沉淀形式和称量形式可以相同，也可以不相同。

5-5 重量分析对沉淀的要求

重量分析对沉淀形式和称量形式有一定的要求，分别介绍：

（1）对沉淀形式的要求

① 沉淀要完全，沉淀溶解度(S)要小：溶解损失小于称量误差。

例如，$CaSO_4$与 CaC_2O_4的溶度积 K_{sp}分别为 2.45×10^{-5}和 1.78×10^{-9}，前者的溶解度比较大，因此测定 Ca^{2+}时，常采用草酸铵作为沉淀剂，使 Ca^{2+}生成溶解度很小的 CaC_2O_4。

② 沉淀要纯净：沉淀过程应尽量避免混进杂质，后面有对影响沉淀纯度因素的介绍。

③ 沉淀易于过滤、洗涤(尽可能生成晶型沉淀)：得到颗粒较粗的晶形沉淀。例如颗粒较粗 $MgNH_4PO_4\cdot6H_2O$，在过滤时不会塞住滤纸的小孔，过滤速度快，而且其总表面积较小，吸附杂质的机会较少，沉淀较为纯净，洗涤也容易。

非晶形沉淀，例如 $Al(OH)_3$，体积庞大疏松，表面积很大，吸附杂质的机会较多，洗涤较为困难，相应过滤速度慢，且费时。因此使用重量法测定 Al^{3+}时，常采用有机沉淀剂，如 8-羟基喹啉。

（2）对称量形式的要求

① 组成固定：符合一定化学式。组成必须与化学式完全符合，这是对称量形式最重要

的要求。显然，如果组成与化学式不完全符合，则无从计算分析结果。例如，磷钼酸铵虽然是一种溶解度很小的晶形沉淀，但是由于它的组成不定，不能利用它作为测定PO_4^{3-}的称量形式，通常采取磷钼酸喹啉作为测定PO_4^{3-}的称量形式。

② 有足够的化学稳定性。试样不易吸收空气中的水分和二氧化碳，而且在干燥、灼烧时也不易分解，否则就不适于作为称量形式。

③ 摩尔质量尽可能大——操作损失引起被测组分损失小。在利用沉淀反应进行重量分析时，被测组分沉淀越完全，分析结果误差则可能越小。但绝对不溶的物质是不存在的。因此，如何减少沉淀的溶解损失，降低溶解度是沉淀分析中的重要问题（沉淀形式的摩尔质量为什么要大见拓展阅读 5.2）。

（3）对沉淀剂的要求

对沉淀剂的要求主要考虑沉淀剂的选择性。

① 要求沉淀剂只能和待测组分生产沉淀，不与其他共存组分发生反应，具有较好的选择性。

② 选用易挥发或易焙烧除去的沉淀剂。一些铵盐和有机沉淀剂是上好的选择项，且称量形式摩尔质量也较大，因此有机沉淀剂在沉淀分离分析中应用越来越广泛。

③ 有机沉淀剂一般比无机沉淀剂好，原因是有机沉淀剂的选择性好，沉淀组成固定，易于分离和洗涤，分析速度快，称量形式的摩尔质量大，误差小。

5-6 沉淀的溶解度(S)

对 MA 型沉淀：

$$MA_{(S)} \rightleftharpoons MA_{(水)}(M^+A^-) \rightleftharpoons M^+ + A^-$$

↓　　　　　　　　↓

分子状态或离子对化合物　　MA 的溶解部分

MA 的溶解度：$S=[MA_{(水)}]+[M^+]=[MA_{(水)}]+[A^-]=S^0+[M^+]=S^0+[A^-]$

式中　S^0——分子溶解度或固有溶解度。

沉淀物的固有溶解度S^0都比较小，所以在计算时一般可忽略S^0的影响（S^0一般在10^{-6}~10^{-9} $mol \cdot L^{-1}$之间），

所以
$$S=[M^+]=[A^-]$$

根据 MA 在水中的溶解平衡，可推导出难溶化合物的活度积K_{ap}：

$$K_{ap}=a_{M^+} \cdot a_{A^-}=\gamma_{M^+}[M^+] \cdot \gamma_{A^-}[A^-] \tag{5-1}$$

则
$$[M^+] \cdot [A^-]=\frac{K_{ap}}{\gamma_{M^+} \cdot \gamma_{A^-}}=K_{sp} \tag{5-2}$$

式中　K_{ap}——活度积常数，在一定温度下为一常数；

K_{sp}——溶度积常数，随溶液中离子强度的变化而改变，在一定温度、一定溶液中为一常数。

因一般溶液的浓度都比较稀，所以

$$K_{ap} \approx K_{sp}$$

$$S=[M^+][A^-]=\sqrt{K_{ap}} \tag{5-3}$$

如果溶液中的电解质浓度较大(例如下面将讨论的盐效应)，就必须要考虑活度对沉淀的影响。

5-7 影响沉淀溶解度的因素

利用沉淀反应进行重量分析时，沉淀反应是否进行完全，可以根据反应达到平衡后，溶液中未被沉淀的待测组分的量来衡量。显然，难溶化合物的溶解度小，沉淀有可能完全；否则，沉淀就不完全。在重量分析中，为了满足定量分析的要求，必须考虑影响沉淀溶解度的各种因素，以便于选择和控制沉淀的条件。

(1) 同离子效应

在沉淀溶解平衡中，向难溶沉淀物的溶液中加入含相同离子的强电解质，导致难溶物的化学平衡向生成难溶物方向移动，导致难溶物增多、溶解度会降低，这种现象叫作同离子效应。如在进行沉淀时，加入过量沉淀剂以增大构晶离子的浓度，从而减小沉淀溶解度，使其沉淀更加完全。

由同离子效应可知：沉淀剂浓度增加，溶解度降低。但过量要适当，否则又会产生大的盐效应和配位效应使溶解度变大。

(2) 盐效应

在难溶电解质的饱和溶液中，加入其他强电解质，会使难溶电解质的溶解度比同温度时在纯水中的溶解度增大，这种现象称为盐效应。应该指出，如果沉淀本身的溶解度很小，一般来讲，盐效应的影响很小，可以不予考虑。只有当沉淀的溶解度比较大，而且溶液的离子强度很高时，才考虑盐效应的影响。

当电解质的浓度增大到一定程度时，离子强度增大而使得离子活度系数明显较小。但在一定温度条件下，K_{ap}是一个常数，由式(5-1)可知，因此[M^+][A^-]必然要增大，致使沉淀的溶解度增大。

显然，盐效应与同离子效应是相互对立的两因素：当沉淀剂过量时，开始同离子效应占主导地位；过量太多时，盐效应增强。

(3) 酸效应

与配位滴定中的酸效应相同，溶液的酸度对沉淀溶解度的影响，称为酸效应。溶液中H^+浓度的大小对弱酸、多元酸或难溶酸解离平衡的影响是产生酸效应的主要原因。若沉淀是强酸盐，如$BaSO_4$、AgCl等，其溶解度受酸度影响不大，因此此类物质酸效应可以忽略不计；若沉淀是弱酸或多元酸盐或难溶酸(所硅酸、钨酸)以及许多与有机沉淀剂形成的沉淀，则酸效应就很显著。例如：多元弱酸盐$CaCO_3$、CaC_2O_4，[H^+] 增大 $\rightarrow$S 增大

氢氧化物$Fe(OH)_3$、$Al(OH)_3$，[H^+] 增大$\rightarrow$S 增大

(4) 配位效应

当溶液中存在有能与沉淀的构晶离子形成配合物的配位剂时，则沉淀的溶解度增大甚至完全溶解的现象。

例如，用Cl^-沉淀Ag^+时，

$$Ag^+ + Cl^- \rightleftharpoons AgCl\downarrow$$

若溶液中有氨水，则NH_3能与Ag^+配位，形成$[Ag(NH_3)_2]^+$配离子，因而AgCl在0.01mol·L^{-1}氨水中的溶解度比在纯水中溶解度大40倍。如果氨水的浓度足够大，则不能

生产 AgCl 沉淀。又如 Ag^+溶液中加入 Cl^-，最初生产 AgCl 沉淀，但若继续加入过量的 Cl^-，则 Cl^-又能与 AgCl 配位形成 $AgCl_2^-$和 $AgCl_3^{2-}$等配离子，而使 AgCl 沉淀逐渐溶解。

$$AgCl\downarrow + Cl^- \rightleftharpoons AgCl_2^-$$

$$AgCl\downarrow + 2Cl^- \rightleftharpoons AgCl_3^{2-}$$

AgCl 在 0.01mol · L^{-1} HCl 溶液中的溶解度比在纯水中的溶解度小，这时同离子效应是主要的；若［Cl^-］增加到 0.5mol · L^{-1}，则 AgCl 溶解度超过纯水中的溶解度，此时配位效应的影响已超过同离子效应；若［Cl^-］更大，则由于配位效应起主要作用，AgCl 沉淀就可能不出现。因此，用 Cl^-沉淀 Ag^+时，必须严格控制 Cl^-浓度。

应该指出，配位效应使沉淀溶解度增大程度与沉淀溶度积和形成配合物稳定常数的相对大小有关。形成的配合物越稳定，配位效应越显著，沉淀的溶解度越大。

在进行沉淀反应时，对无配位反应的强酸盐沉淀，应主要考虑同离子效应和盐效应；对弱酸盐或难溶酸盐，多数情况应主要考虑酸效应；在有配位反应，尤其在能形成较稳定的配合物，而沉淀的溶解度又不太小时，则主要考虑配位效应。

（5）其他因素

除了上述因素外，温度、其他溶剂的存在以及沉淀本身颗粒的大小和结构，也都对沉淀溶解度有影响。

① 温度(T)的影响：溶解一般都是吸热过程，绝大多数沉淀的溶解度随温度升高而增大。

② 溶剂的影响：大部分无机物沉淀是离子型晶体，在有机溶剂中的溶解度比在纯水中要小。例如，在 $CaSO_4$溶液中加入适量乙醇，则 $CaSO_4$的溶解度就大大降低。

③ 沉淀的颗粒大小和结构的影响：同一种沉淀，在相同质量时，颗粒越小，其总表面积越大，溶解度越大。因为小晶体比大晶体有更多的角、边和表面，处于这些位置的离子受到晶体内离子的吸引力小，而且受到外部溶剂分子的作用，容易进入溶液中，所以小颗粒沉淀的溶解度比大颗粒的大。在沉淀形成后，常将沉淀和母液一起放置一段时间进行陈化，使小晶体逐渐转变为大晶体，有利于沉淀的过滤与洗涤。陈化还可使沉淀结构发生转变，由初生成时的结构转变为另一种更稳定的结构，溶解度就大为减小。例如，初生成的 CoS 是 α 型，$K_{sp,CoS(\alpha)} = 4\times10^{-21}$，放置后转变为 β 型，$K_{sp,CoS(\beta)} = 2\times10^{-25}$。

5-8　影响沉淀纯度的因素

（1）共沉淀

在重量分析中，要求获得纯净的沉淀。是否纯净，直接影响测量结果的准确度。影响沉淀纯度的因素主要包括共沉淀和后沉淀。共沉淀(coprecipitation)是指一种沉淀从溶液中析出时，引起某些共存的可溶性物质一起沉淀的现象。共沉淀是重量分析法误差的主要来源之一，主要原因有：表面吸附、包藏和吸留、混晶等。

① 表面吸附：沉淀表面上离子电荷的作用力不完全平衡引起对杂质的吸附现象。

吸附规律：

a. 首先吸附构晶离子或与构晶离子半径大小相近、电荷相同的离子；

b. 其次是能与构晶离子生成溶解度小的化合物的离子易被吸附；

c. 离子的电荷越高，浓度越大，越易被吸附；

d. 表面积 A 越大，吸附量越多。

② 包藏和吸留：包藏是由于沉淀长大迅速，吸附在沉淀表面的杂质离子来不及离开沉淀表面而被沉积下来的离子所覆盖，以至杂质被包藏在沉淀内部的现象。吸留指在溶液形成沉淀的过程中，特别是沉淀剂加入过快时，沉淀迅速成长，使得吸附在沉淀表面的杂质离子来不及离开，而被机械的嵌入沉淀中的现象。

③ 生成混晶：杂质离子与构晶离子半径相近，晶体结构相近，则易生成混晶，如 $BaSO_4-BaC_2O_4$、$BaSO_4-PbSO_4$等。

(2) 后沉淀

后沉淀是由于沉淀速度的差异，而在已形成的沉淀上形成其他不溶物质杂质，大多数发生在特定组分形成的稳定的过饱和溶液中。

例如，在镁存在下沉淀草酸钙时，Mg^{2+}由于已形成稳定的草酸盐过饱和溶液而不会立即析出。如果把草酸钙沉淀立即过滤，则只吸附少量镁杂质；若把含有镁离子的母液与草酸钙沉淀静置一段时间，则草酸镁杂质的含量由于后沉淀现象存在将会增加。

后沉淀所引入的杂质量比共沉淀要多，且随着沉淀静置时间的延长而增多。因此，为防止后沉淀现象的发生，沉淀的陈化时间不宜过长。

如何消除或减少共沉淀和后沉淀？同学们可以根据造成共沉淀和后沉淀的原因，寻找答案(制得纯净沉淀的措施见拓展阅读 5.3)。

5-9　沉淀的类型

沉淀可分为晶形沉淀和非晶形沉淀两大类型。硫酸钡是典型的晶形沉淀，$Fe_2O_3 \cdot nH_2O$是典型的非晶形沉淀。晶形沉淀内部排列较规则，结构紧密，颗粒较大，易于沉降和过滤；非晶形沉淀颗粒很小，没有明显的晶格，排列杂乱，结构疏松，体积庞大，易吸附杂质，难以过滤，也难以洗干净。细分与例举如下：

类型
- 晶形↓
  - 粗晶形↓　$MgNH_4PO_4$
  - 细晶形↓　$BaSO_4$
- 非晶形↓
  - 凝乳状↓　AgCl
  - 无定形↓　$Fe(OH)_3 \cdot XH_2O$

5-10　沉淀的形成

沉淀的形成过程一般要经过晶核形成和晶核长大两个过程。

将沉淀剂加入试液中，当形成沉淀的离子浓度的乘积超过该条件下沉淀的溶度积时，离子通过相互碰撞聚集成微小的晶核，溶液中的构晶离子向晶核表面扩散，并沉积在晶核上，晶核就逐渐长大成沉淀微粒。这两个过程表示如下：

生成晶核：

$$\text{构晶离子(或分子)} \xrightarrow{\text{缔合或聚集}} \text{晶核}$$

晶核长大：

$$\text{晶核} \xrightarrow{\text{长大}} \text{沉淀颗粒}$$

聚集速率：在沉淀形成过程中，由离子形成晶核，再进一步聚集形成沉淀微粒的速度称为聚集速率。

定向速率：在聚集的同时，构晶离子在一定晶格中定向排列的速度称为定向速率。

5-11 决定沉淀类型的因素

沉淀的类型决定于沉淀物质的本性和沉淀的条件。

(1) 冯·韦曼公式

同一种沉淀在不同条件下生成不同类型沉淀。

$$V=K\frac{Q-S}{S} \tag{5-4}$$

式中 V——初始沉淀速度；

Q——加入沉淀剂的瞬间构晶离子的浓度；

$Q-S$——沉淀的过饱和度；

$(Q-S)/S$——沉淀的相对过饱和度；

K——比例常数，它与沉淀剂的性质、介质、温度等因素有关。

冯·韦曼指出：

$(Q-S)/S$ 增大⟶V 增大⟶晶核数目增大⟶沉淀颗粒降低

$(Q-S)/S$ 降低⟶V 降低⟶晶核数目降低⟶沉淀颗粒增大

由此可知：要获得大的沉淀颗粒，应在适当稀的溶液中进行或设法增大沉淀的溶解度 S。

(2) 哈伯论点

如果聚集速率大，而定向速率小，即离子很快地聚集生成沉淀微粒，却来不及进行晶格排列，则得到非晶形沉淀。反之，如果定向速率大，而聚集速率小，即离子较缓慢地聚集成沉淀，有足够时间进行晶格排列，则得到晶形沉淀。即：

当 $V_{聚集}>V_{定向}$⟶无定形↓

当 $V_{聚集}<V_{定向}$⟶晶形↓

其中，影响 $V_{定向}$ 的因素主要是物质的性质：

极性强⟶$V_{定向}$ 较大⟶晶形↓　　如 $BaSO_4$、CaC_2O_4

极性弱⟶$V_{定向}$ 较小⟶凝乳状↓　　如 AgCl

氢氧化物⟶$V_{定向}$ 更小⟶胶状↓　　如 $Fe(OH)_3 \cdot xH_2O$ 等

影响 $V_{聚集}$ 的因素主要是沉淀的条件。

由 $V_{聚集}=K\frac{Q-S}{S}$ 的公式可知，K 是比例常数，当相对过饱和度 $(Q-S)/S$ 降低时，$V_{聚集}$ 降低，易得到晶形沉淀。表示如下：

$(Q-S)/S$↓⟶$V_{聚集}$↓⟶晶形↓

5-12 沉淀条件的选择

(1) 晶形沉淀的条件

聚集速率和定向速率这两个速率的相对大小直接影响沉淀的类型。为了得到纯净而易于分离和洗涤的晶形沉淀，要求有较小的聚集速率，这就应选择适当的沉淀条件。

从 $V_{聚集}=K\dfrac{Q-S}{S}$可知，欲得到晶形沉淀应满足以下条件：

① 在适当稀的溶液中进行，降低$(Q-S)/S$，易得到粗晶形，易洗涤、易过滤、吸附杂质量小(但不宜过稀，否则被沉淀离子的损失量大)。

② 在不断搅拌下进行，慢慢加入沉淀剂溶液。防止局部过浓，以免生成大量晶核。

③ 在热溶液中进行。溶液温度升高，溶解度 S 增大，相对过饱和度$(Q-S)/S$降低，减少杂质吸附量，冷却后过滤。

④ 陈化。让沉淀和母液在一起放置一段时间。其作用使小晶粒溶解，大晶粒长大；亚稳→稳定状态；杂质进入溶液。

(2) 非晶形沉淀的沉淀条件

此类沉淀一般含水较多，颗粒微小，质地疏松，体积庞大，易形成胶体溶液，吸附杂质量多，难以过滤和洗涤，选择条件应从：获得紧密沉淀和防止胶体生成方面考虑。

①在比较浓的溶液中进行(加入沉淀剂速度应快)：

溶液浓度增加→离子含水量少→颗粒易凝聚→结构紧密→易过滤、洗涤。

② 在热溶液中进行：促进颗粒凝聚，防止胶体生成。

③ 加入适当电解质(可挥发性铵盐等)：中和胶体微粒电荷，破坏胶体。

④ 沉淀后立即用热水稀释，减少对杂质的吸附。

⑤ 不必陈化，趁热过滤。

沉淀放置后，易失去水分而聚集紧密，杂质吸附难洗去。

沉淀重量法中涉及沉淀、过滤、洗涤、干燥、焙烧和称量等诸多操作环节，其中对测定准确度影响最为关键的是使被测组分生成纯净、颗粒粗大、易于分离和洗涤的沉淀。重量分析中使用较多的是采用晶形沉淀形式的测定方法，学习的着重点应该放在如何创造生成晶形沉淀的反应条件上。

均匀沉淀法见拓展阅读 5.4。

5-13　重量分析结果计算

重量分析法根据称量形式的质量来计算待测组分的含量。在沉淀法计算中，常用到的待测组分的摩尔质量与称量形式的摩尔质量之比值，其为常数，通常称为换算因数(F)。若待测组分与称量形式不同，必须进行换算。

$$F=\frac{a\times 被测组分的摩尔质量}{b\times 称量形式的摩尔质量} \tag{5-5}$$

式中　a，b——使分子和分母中所含主体元素的原子个数相等而需要乘以的系数。

$$w_{待测组分}=\frac{m_{待测组分}}{m_{试样}}\times 100\%=\frac{m_{称量}\times F}{m_{试样}}\times 100\% \tag{5-6}$$

利用上式及换算因子 F 可以简单、快速的计算待测组分在试样中的质量分数 ω。

5-14　沉淀滴定法

沉淀滴定法是以沉淀反应为基础的一种滴定分析方法。虽然能形成沉淀的反应很多，但是并不是所有的沉淀反应都能用于滴定分析。用于沉淀滴定法的沉淀反应必须符合下列几个条件：

① 生成的沉淀的组成恒定，而且溶解度很小，沉淀时不易发生共沉淀现象。

② 沉淀反应能定量进行，而且反应速率要快。

③ 有比较简单的方法确定滴定终点。

很多沉淀反应不能完全满足上述条件，因此不能用于滴定分析。目前，应用最多的是生成难溶银盐的沉淀反应：

$$Ag^{+}+X^{-} \rightleftharpoons AgX \downarrow$$

$$Ag^{+}+SCN^{-} \rightleftharpoons AgSCN \downarrow$$

这类以生成难溶性银盐沉淀的反应为基础的沉淀滴定法称为银量法，它常用于测定 Cl^-、Br^-、I^-、SCN^-、CN^-、Ag^+ 等离子，以及经过处理能定量产生这些离子的有机化合物的含量。

银量法可分为直接滴定法和返滴定法。直接滴定法是用 $AgNO_3$ 标准溶液直接滴定被测定的物质。返滴定法是先在待测试液中加入过量的 $AgNO_3$ 标准溶液，再用 KSCN 标准溶液返滴剩余的 $AgNO_3$。

银量法按确定终点所用的指示剂的不同，又分为莫尔法、佛尔哈德法和法扬司法。

5-15 莫尔法

以 K_2CrO_4 为指示剂的银量法称为莫尔法。莫尔法主要是用 $AgNO_3$ 标准溶液滴定 Cl^-。

当用 $AgNO_3$ 标准溶液滴定含有指示剂 CrO_4^{2-} 的 Cl^- 试液时，由于 AgCl 的溶解度比 Ag_2CrO_4 的溶解度小，在化学计量点前，滴加的 Ag^+ 与 Cl^- 生成白色的 AgCl 沉淀：

$$Ag^{+}+Cl^{-} \rightleftharpoons AgCl \downarrow$$

当 Cl^- 定量沉淀后，稍过量的 Ag^+ 与 CrO_4^{2-} 生成砖红色的 Ag_2CrO_4 沉淀，指示滴定到达终点：

$$2Ag^{+}+CrO_4^{2-} \rightleftharpoons Ag_2CrO_4 \downarrow$$

莫尔法只能在中性或弱碱性溶液中进行，最适宜的 pH 范围是 6.5~10.5。

在酸性溶液中，由于发生下列反应：

$$2H^{+}+2CrO_4^{2-} \rightleftharpoons 2HCrO_4^{-} \rightleftharpoons Cr_2O_7^{2-}+H_2O$$

使 CrO_4^{2-} 浓度降低，必须加入过量较多的 $AgNO_3$ 标准溶液，才能生成砖红色 Ag_2CrO_4 沉淀，使滴定产生较大误差。

在强碱性溶液中，滴加的 Ag^+ 与 OH^- 生成 Ag_2O 沉淀；而在氨溶液中，Ag^+ 与 NH_3 形成配离子 $[Ag(NH_3)_2]^+$，直接影响滴定。

莫尔法的选择性较差，凡是能与 Ag^+ 生成沉淀的阴离子（如 PO_4^{3-}、AsO_4^{3-}、SO_3^{2-}、S^{2-}、CO_3^{2-}、$C_2O_4^{2-}$ 等）和凡是能与 CrO_4^{2-} 生成沉淀的阳离子（如 Ba^{2+}、Pb^{2+} 等）均干扰测定。在中性和弱碱性溶液中发生水解的高价金属离子（如 Fe^{3+}、Al^{3+}、Bi^{3+}、Sb^{3+}、Sn^{4+} 等）和有色的金属离子（如 Cu^{2+}、Co^{2+}、Ni^{2+} 等）也干扰测定，它们都必须除去。

滴定过程中生成的难溶银盐对阴离子有强烈的吸附作用，会导致 Ag_2CrO_4 沉淀过早出现，所以滴定时要剧烈摇动溶液。由于 AgI 沉淀和 AgSCN 沉淀强烈吸附 I^- 和 SCN^-，使终点过早出现，且终点变得不明显，所以莫尔法不适用于测定 I^- 和 SCN^-。

5-16 佛尔哈德法

以铁铵矾 [$NH_4Fe(SO_4)_2 \cdot 12H_2O$] 为指示剂的银量法称为佛尔哈德法。

佛尔哈德法在硝酸介质中进行，一般硝酸溶液的浓度要大于 0.3mol·L^{-1}，如果浓度过低，Fe^{3+}将水解生成深色的 [$FeOH$]$^{2+}$等配位个体，甚至析出 $Fe(OH)_3$沉淀。佛尔哈德法又分为直接滴定法和返滴定法两种滴定方式。

（1）直接滴定法

在酸性条件下，以铁铵矾为指示剂，用 NH_4SCN 或 KSCN 标准溶液直接滴定溶液中的 Ag^+，生成白色 AgSCN 沉淀：

$$Ag^+ + SCN^- \rightleftharpoons AgSCN\downarrow$$

当 Ag^+定量沉淀后，稍过量的 SCN^-与铁铵矾指示剂中的 Fe^{3+}生成血红色的配位个体，指示终点到达：

$$Fe^{3+} + SCN^- \rightleftharpoons [Fe(NCS)]^{2+}$$

（2）返滴定法

测定卤素离子时，先向试液中加入过量的 $AgNO_3$标准溶液，定量生成 AgX 沉淀。然后用 NH_4SCN 标准溶液滴定剩余的 $AgNO_3$：

$$Ag^+ + X^- \rightleftharpoons AgX\downarrow$$
$$Ag^+ + SCN^- \rightleftharpoons AgSCN\downarrow$$

在化学计量点时，Ag^+沉淀完全，稍过量的 SCN^-与 Fe^{3+}生成血红色配位个体：

$$Fe^{3+} + SCN^- \rightleftharpoons [Fe(NCS)]^{2+}$$

由于 AgSCN 沉淀的溶解度比 AgCl 沉淀的溶解度小，因此用返滴定法测定 Cl^-时，为防止 AgCl 沉淀转化为 AgSCN 沉淀，待 Cl^-沉淀完全后，采取以下措施予以避免。返滴定前将 AgCl 沉淀过滤除去，并用稀 HNO_3溶液洗涤沉淀，洗涤液并入滤液中，然后用 NH_4SCN 标准溶液滴定滤液；或加入少量硝基苯，用力振摇后，在 AgCl 沉淀表面形成薄膜，防止 AgCl 沉淀与 SCN^-接触。测定 I^-时，应先加 $AgNO_3$标准溶液，待 I^-沉淀完全后再加铁铵矾指示剂。否则，Fe^{3+}将与 I^-发生下列氧化还原反应而影响分析结果。

$$2Fe^{3+} + 2I^- \rightleftharpoons 2Fe^{2+} + I_2$$

佛尔哈德法比莫尔法的干扰少，这是因为在酸性条件下，高价金属离子不发生水解，同时许多弱酸根离子由于结合质子生成弱酸也不干扰滴定。但试样中能与 SCN^-发生反应的物质（如强氧化剂、铜盐、汞盐等）干扰测定，必须把它们除去。

5-17 法扬司法

用吸附指示剂指示终点的银量法称为法扬司法。

常用的吸附指示剂多为有机弱酸，它们在溶液中部分解离产生阴离子，易被带正电荷的胶状沉淀所吸附，吸附后阴离子的结构变形，发生颜色改变，从而指示滴定终点。例如，用 $AgNO_3$标准溶液滴定 Cl^-时，可用荧光黄（用 HIn 表示）作指示剂确定滴定终点。荧光黄是一种有机弱酸，在溶液中存在如下解离平衡：

$$HIn+H_2O \rightleftharpoons In^-(\text{黄绿色})+H_3O^+$$

在化学计量点前，Cl^-过量，AgCl 沉淀吸附 Cl^-而带负电荷，In^-不被吸附，溶液呈黄绿色。在化学计量点后，稍过量的 Ag^+被 AgCl 沉淀吸附形成带正电荷的 $AgCl \cdot Ag^+$，它将强烈地吸附 In^-。In^-被吸附后结构发生变化而呈粉红色，从而指示滴定终点。显色过程可表示如下：

$$AgCl \cdot Ag^+ + In^-(\text{黄绿色}) \rightleftharpoons AgCl \cdot Ag^+ \cdot In^-(\text{粉红色})$$

应用吸附指示剂指示终点时，为了使终点变色明显，滴定中要注意以下几点：

① 由于颜色的变化发生在沉淀表面，为使终点变色明显，应尽量使沉淀的比表面大一些，为此常加入糊精、淀粉等作保护剂，阻止卤化银凝聚，使其保持胶体状态。

② 为了使指示剂以阴离子形式存在，溶液的酸度要适当。例如，荧光黄指示剂的 $pK_a^{\ominus}=7.0$，只能在 $pH=7 \sim 10$ 的溶液中使用。

③ 滴定中应当避免强光照射。由于卤化银沉淀对光敏感，强光照射时易分解析出金属银使沉淀变为黑色，影响终点观察。

④ 胶状沉淀对指示剂的吸附能力应略小于对被滴定离子的吸附能力，否则指示剂将在化学计量点前变色。但胶状沉淀对指示剂的吸附能力也不能太小，否则将使终点出现延迟。卤化银胶状沉淀对卤离子和几种吸附指示剂的吸附能力由大到小的排列顺序如下：

I^->二甲基二碘荧光黄> Br^->曙红> Cl^->荧光黄或二氯荧光黄

因此，滴定 Cl^-时不能选曙红，而应选择荧光黄或二氯荧光黄作指示剂。

必须指出，如果用 NaCl 标准溶液滴定 Ag^+ 时，就应选用阳离子型吸附指示剂(如甲基紫)，即要求被吸附指示剂离子的电荷与滴定剂离子的电荷相反。

第二部分　典型例题

【例 5-1】 试以测定 SO_4^{2-} 说明沉淀形式与称量形式的关系。

$$SO_4^{2-}\text{溶液} \xrightarrow{Ba^{2+}} BaSO_4\downarrow \xrightarrow{\text{过滤 洗涤}}$$
$$\xrightarrow{\text{灼烧}} BaSO_4\downarrow \xrightarrow{\text{称量 计算}} w_{SO_4^{2-}}$$

需要指出的是：由于干燥或焙烧过程中可能发生化学变化，使沉淀形式转变为另一种物质。因此，沉淀形式与称量形式可能不同。

【例 5-2】 试以测定 Mg^{2+}说明沉淀形式与称量形式的关系。

$$Mg^{2+}\text{溶液} \xrightarrow{NH_3-HPO_4{}^{2-}} MgNH_4PO_4\downarrow \xrightarrow{\text{过滤 洗涤}}$$
$$\xrightarrow{\text{灼烧}} Mg_2P_2O_7\downarrow \xrightarrow{\text{称量 计算}} w_{Mg}$$

该题中沉淀形式与称量形式不同。

【例 5-3】 试通过计算，比较 $BaSO_4$ 沉淀在纯水中与 0.01mol/L H_2SO_4 溶液中 $BaSO_4$ 沉淀损失质量的区别。

$$Ba^{2+} + SO_4{}^{2-} \rightleftharpoons BaSO_4\downarrow \qquad K_{sp}=8.7\times10^{-11}$$

25℃时，$BaSO_4\downarrow$在纯水中的溶解度为

$$S_{BaSO_4}=9.3\times10^{-6}mol \cdot L^{-1}=0.0022g \cdot L^{-1}$$

如加入过量 H_2SO_4 并使溶液中 SO_4^{2-} 总浓度为 0.01mol·L⁻¹，此时

$$S=[Ba^{2+}]=\frac{K_{sp}}{[SO_4^{2-}]}=\frac{8.7\times10^{-11}}{0.01}=8.7\times10^{-9}(mol\cdot L^{-1})$$

设沉淀时溶液的总体积为 200mL，则 $BaSO_4$ 的损失量各为

纯水中：

$$9.3\times10^{-6}\times233.4\times\frac{200}{1000}=0.43\times10^{-3}g=0.43mg>0.2mg$$

0.01mol/L SO_4^{2-} 中：

$$8.7\times10^{-6}\times233.4\times\frac{200}{1000}=0.41\times10^{-6}g=0.41\times10^{-3}mg<0.2mg$$

【例 5-4】 被测组分 Fe，称量形式 Fe_2O_3，试写出换算因子 F。

解：

$$F=\frac{2M_{Fe}}{M_{Fe_2O_3}}$$

【例 5-5】 称取过磷酸钙肥料试样 0.4891g，经处理后得到 0.1136g $Mg_2P_2O_7$，试计算试样中 P_2O_5 和 P 的质量分数。

解： P_2O_5 的换算因数 $F=\frac{P_2O_5}{Mg_2P_2O_7}=141.94/222.55=0.6378$

$$w_{P_2O_5}=0.1136\times0.6378/0.4891\times100\%=14.82\%$$

P 的换算因数 $F=\frac{2P}{Mg_2P_2O_7}=2\times30.97/222.55=0.2783$

$$w_P=0.1136\times0.2783/0.4891\times100\%=6.464\%$$

【例 5-6】 解释下列现象。

① $BaSO_4$ 沉淀要用水洗涤，而 AgCl 沉淀要用稀 HNO_3 洗涤；

② $BaSO_4$ 沉淀要陈化，而 AgCl 或 $Fe_2O_3\cdot nH_2O$ 沉淀不要陈化；

③ AgCl 和 $BaSO_4$ 的 K_{sp} 值差不多，但可以控制条件得到 $BaSO_4$ 晶体沉淀，而 AgCl 只能得到无定形沉淀；

④ ZnS 在 HgS 沉淀表面上而不在 $BaSO_4$ 沉淀表面上后沉淀。

解： ①$BaSO_4$ 沉淀要水洗涤的目的是洗去吸附在沉淀表面的杂质离子。AgCl 沉淀为无定形沉淀，不能用纯水洗涤，这是因为无定形沉淀易发生胶溶，所以洗涤液不能用纯水，而应加入适量的电解质。用稀 HNO_3 还可防止 Ag^+ 水解，且 HNO_3 加热易于除去。

② $BaSO_4$ 沉淀为晶形沉淀，陈化可获得完整、粗大而纯净的晶形沉淀。而 AgCl 或 $Fe_2O_3\cdot nH_2O$ 沉淀为非晶形沉淀。对于此类沉淀，陈化不仅不能改善沉淀的形状，反而使沉淀更趋黏结，杂质难以洗净。

③ 各种沉淀都有一个能大批自发产生晶核的相对过饱和极限值，称为临界(过饱和)值。控制相对过饱和度在临界值以下，沉淀就以异相成核为主，能得到大颗粒晶形沉淀。$BaSO_4$ 和 AgCl 的临界值分别为 1000 和 5.5，所以前者控制条件，比较容易保持过饱和度不超过临界值，得到晶形沉淀。而后者临界值太小，控制条件仍无法使过饱和度小于临界值，故只能得到无定形沉淀。

④ 由于 HgS 表面的 S^{2-} 浓度比溶液中大得多，对 ZnS 来说，此处的相对过饱和度显著增大，因而导致沉淀析出。而 $BaSO_4$ 沉淀表面无与 S^{2-} 或 Zn^{2+} 相同的离子，故不会出现后沉淀。

【例 5-7】 计算表 5-1 中质量换算因数

表 5-1 已知条件

测定物	称量物
①FeO	Fe_2O_3
②KCl(-> K_2PtCl_6 -> Pt)	Pt
③Al_2O_3	$Al(C_9H_6ON)_3$
④P_2O_5	$(NH_4)_3PO_4 \cdot 12MoO_3$

解：① $F=\frac{2FeO}{Fe_2O_3}=\frac{2\times71.85}{159.7}=0.8998$；

② $F=\frac{2KCl}{Pt}=\frac{2\times74.55}{195.1}=0.7642$；

③ $F=\frac{Al_2O_3}{2Al(C_9H_6ON)_3}=\frac{102.0}{2\times459}=0.1111$；

④ $F=\frac{P_2O_5}{2(NH_4)_3PO_4\cdot12MoO_3}=\frac{141.9}{2\times1876.34}=0.03781$。

【例 5-8】 称取某可溶性盐 0.3232g，用硫酸钡重量法测定其中的含硫量，得 $BaSO_4$沉淀 0.2982g，计算试样中含 SO_3的质量分数。

解：$$w_{SO_3}=\frac{0.2982\times\frac{SO_3}{BaSO_4}}{0.3232}\times100\%=\frac{0.2982\times80.06}{0.3232\times233.4}\times100\%=31.65\%$$

【例 5-9】 用重量法测定莫尔盐 $(NH_4)_2SO_4\cdot FeSO_4\cdot 6H_2O$ 的纯度，若天平称量误差为 0.2mg，为了使灼烧后的 Fe_2O_3的称量误差不大于千分之一，应最小称取样品多少克？

解：为使称量误差小于 0.1%，$FeSO_4$ 至少应为 0.2g。

$$m_{样}=\frac{2M_{[(NH_4)_2SO_4\cdot FeSO_4\cdot 6H_2O]}}{M_{(Fe_2O_3)}}\times0.2=\frac{2\times392.13}{159.7}\times0.2=0.9821\approx1(g)$$

【例 5-10】 称取含磷矿石 0.4530g，溶解后从 $MgNH_4PO_4$形成沉淀，灼烧后得到 $Mg_2P_2O_7$ 0.2825g，计算试样中 P 以及 P_2O_5的质量分数。

解：P 的质量分数：

$$w_P=\frac{m_{Mg_2P_2O_7}\times\frac{2P}{Mg_2P_2O_7}}{m_s}\times100\%=\frac{0.2825\times\frac{2\times30.97}{222.6}}{0.4530}\times100\%=17.35\%$$

P_2O_5的质量分数：

$$w_{P_2O_5}=\frac{m_{Mg_2P_2O_7}\cdot\frac{P_2O_5}{Mg_2P_2O_7}}{m_s}\times100\%=\frac{0.2825\times\frac{141.9}{222.6}}{0.4530}\times100\%=39.75\%$$

【例 5-11】 称取风干(空气干燥)的石膏试样 1.2030g，经烘干后得吸附水分 0.0208g，再经灼烧又得结晶水 0.2424g，计算分析试样换算成干燥物质时的 $CaSO_4\cdot2H_2O$ 的质量分数。

解：$$w_{CaSO_4\cdot2H_2O}=\frac{m_{CaSO_4}\times\frac{CaSO_4\cdot2H_2O}{CaSO_4}}{m_s}\times100\%=\frac{(1.2030-0.2424-0.0208)\times\frac{(136.14+36.03)}{136.14}}{1.2030}$$

$=98.8\%$

【例 5-12】 有 0.5000g 纯 KIO_x，将它还原为 I^- 后，用 0.1000mol · L^{-1} $AgNO_3$ 溶液滴定，用去 23.36mL，求该化合物的分子式。

解：根据滴定反应列出等式 $\frac{0.5000}{M_{(KIO_x)}}=0.1000\times23.36\times10^{-3}$

$$\frac{0.5000}{166+16x}=2.336\times10^{-3}$$

因此有 $x=3$

因此该化合物的分子式为 KIO_3。

【例 5-13】 测定硅酸盐中 SiO_2 含量，称取 0.4817g 试样，获得 0.2630g 不纯的 SiO_2(主要有 Fe_2O_3、Al_2O_3)。将不纯的 SiO_2 用 H_2SO_4-HF 处理，使 SiO_2 转化为 SiF_4 除去，残渣经灼烧后重为 0.0013g，计算试样中纯 SiO_2 含量。若不经 H_2SO_4-HF 处理，杂质造成的误差有多大?

解：

$$w_{SiO_2}=\frac{0.2630-0.0013}{0.4817}\times100\%=54.33\%$$

$$E_{SiO_2}=\frac{0.0013}{0.4817}\times100\%=0.26\%$$

$$E_r=\frac{0.26}{54.33}\times100\%=0.48\%$$

第三部分 实验内容

实验十一 可溶性氯化物中氯含量的测定(莫尔法)

1. 必备知识

① 预习常用于可溶性氯化物中氯含量的测定方法——莫尔法。

② 学习硝酸银标准溶液的配制和标定方法。

预习后回答以下问题：

① 莫尔法测定氯化物中氯含量时，为什么溶液的 pH 需控制在 6.5~10.5?

② 莫尔法在测定条件下，指示剂主要是 CrO_4^{2-} 还是 $Cr_2O_7^{2-}$ 形式存在?为什么?

R5 沉淀滴定法相关标准

2. 任务目的

① 掌握用莫尔法测定氯化物中氯含量的方法及原理。

② 掌握铬酸钾指示剂的正确使用。

③ 掌握沉淀滴定法的操作。

④ 掌握硝酸银标准溶液的配制和标定方法。

3. 实验原理

$AgNO_3$标准滴定溶液可以用经过预处理的基准试剂 $AgNO_3$ 直接配制。但非基准试剂 $AgNO_3$中常含有杂质，如金属银、氧化银、游离硝酸、亚硝酸盐等，因此常用间接法配制。先配成近似浓度的溶液后，用基准物质 NaCl 标定。

可溶性氯化物中氯含量的测定常用莫尔法，该法在中性或弱碱性溶液中以 K_2CrO_4为指示剂，$AgNO_3$标准溶液进行滴定。AgCl 的溶解度小于 Ag_2CrO_4的溶解度，因此溶液中先析出 AgCl 沉淀，当氯离子定量转化为 AgCl 沉淀后，过量的 $AgNO_3$溶液就与溶液中的 CrO_4^{2-}反应生成砖红色的 Ag_2CrO_4沉淀，指示终点到达。反应如下：

$$\text{滴定反应}\ Ag^+ + Cl^- \rightleftharpoons AgCl\downarrow \text{白色}(K_{sp}^{\ominus}=1.8\times10^{-10})$$

$$\text{指示反应}\ 2Ag^+ + CrO_4^{2-} \rightleftharpoons Ag_2CrO_4\downarrow \text{砖红色}(K_{sp}^{\ominus}=1.1\times10^{-12})$$

4. 仪器及药品

仪器：棕色试剂瓶、容量瓶（250mL）、锥形瓶、移液管、滴定管、胶头滴管、玻璃棒。

药品：$AgNO_3$、NaCl、K_2CrO_4、氯化物试样、蒸馏水。

5. 实验步骤

（1）配制 0.01mol·L^{-1} $AgNO_3$ 溶液

称取 8.5g $AgNO_3$溶于 500mL 不含 Cl^-的蒸馏水中，储存于带玻璃塞的棕色试剂瓶中，摇匀，置于暗处，待标定。

（2）0.01mol/L $AgNO_3$溶液浓度的标定

准确称取基准试剂 NaCl 0.12~0.15g，放于锥形瓶中，加 50mL 不含 Cl^-的蒸馏水溶解，加 K_2CrO_4指示液 1mL，在充分摇动下，用配好的 $AgNO_3$溶液滴定至溶液呈微红色即为终点。记录消耗 $AgNO_3$标准溶液体积。

（3）试样的分析

准确称量 0.1~0.2g 氯化物试样于烧杯中，用纯水溶解后定量转移入 250mL 容量瓶中，用纯水稀至刻度、摇匀。吸取试液 25.00mL 溶液于锥形瓶中，加水 25mL 稀释，加入 1mL 5%的 K_2CrO_4，在不断摇动下用 $AgNO_3$标准溶液滴定溶液转变为砖红色即为终点。平行测定 3 次。

$$w_{Cl}=\frac{m_{Cl}}{m_{试样}}\times100\%=\frac{c_{AgNO_3}V_{AgNO_3}M_{Cl}\times\dfrac{250.0}{25.00}}{m_{试样}}\times100\%$$

式中 c_{AgNO_3}——$AgNO_3$标准溶液的浓度，mol/L；

V_{AgNO_3}——$AgNO_3$消耗的体积，L；

M_{Cl}——Cl 原子的摩尔质量；

$m_{试样}$——试样的取样量，g。

6. 数据记录和处理

将实验数据记录于表 5-2。

表 5-2　氯含量测定

项目 \ 实验次数		1	2	3
称取试样质量/g				
$AgNO_3$标液浓度/mol·L^{-1}				
移取试样体积/mL		25.00		
5% K_2CrO_4的体积/mL		1.0		
$AgNO_3$标液体积读数 V_1/mL				
$AgNO_3$标液体积读数 V_2/mL				
$AgNO_3$标液体积 V_2-V_1/mL				
试样中氯含量/%	测量值			
	平均值			

7. 注意事项

① 必须控制好溶液酸度和指示剂用量！

② 沉淀滴定，滴定过程中振摇锥形瓶力度稍大，以减少沉淀的吸附，防止终点提前，注意不能将液体摇出瓶外！

③ 滴定速度宜慢，否则形成过饱和溶液！

S8 生理盐水中氯化钠含量的测定

S9 二水合氯化钡中钡含量的测定

S10 水中硫酸盐的测定

第四部分　思考题和习题

思考题

思考题 5-1　重量分析对沉淀的要求是什么？

思考题 5-2　重量法通常分为哪几类？测定步骤分别是怎样的？

思考题 5-3　影响沉淀溶解度的因素有哪些？

思考题 5-4　比较晶形沉淀和非晶形沉淀的沉淀条件有何异同点？

思考题 5-5　重量分析法中，为什么 $BaSO_4$沉淀需陈化，而 $Fe(OH)_3$沉淀不能陈化？

思考题 5-6　均匀沉淀法有何优点？

思考题 5-7　什么叫沉淀滴定法？

思考题 5-8　试简要讨论重量分析法的优缺点。

思考题 5-9 为了使沉淀定量完全，必须加入过量沉淀剂，为什么又不能过量太多？

思考题 5-10 佛尔哈德测定 Cl^-时，为什么必须采用返滴定方式？

思考题 5-11 沉淀滴定法所用的沉淀反应必须具备那些条件？

思考题 5-12 佛尔哈德法中消除 AgCl 沉淀转化影响的方法有哪些？

思考题 5-13 沉淀发生吸附现象的根本原因是什么？

思考题 5-14 写出莫尔法、佛尔哈德法和法扬斯法测定 Cl^-的主要反应，并指出各种方法选用的指示剂和酸度条件。

思考题 5-15 以 $AgNO_3$滴定 Cl^-为例，简单说明沉淀滴定法中用法扬斯法确定计量点的原理(以荧光黄作指示剂)。

习　题

习题 5-1 重量分析法测定 Ba^{2+}时，所得沉淀 $BaSO_4$应用(　　)洗涤比较合适。

A. 用清水洗涤　　B. 稀硫酸溶液　　C. 氯化钡稀溶液　　D. $BaSO_4$饱和溶液

答案：B

习题 5-2 重量分析对称量形式的要求是(　　)。

A. 颗粒要粗大　　B. 相对分子质量要小

C. 表面积要大　　D. 组成要与化学式完全符合

答案：D

习题 5-3 用重量法测定铁的含量时，其称量形式为 Fe_2O_3，那么其换算因数为(　　)。

A. Fe/Fe_2O_3　　B. $Fe/2Fe_2O_3$　　C. $2Fe/Fe_2O_3$　　D. $Fe_2O_3/2Fe$

答案：C

习题 5-4 说明用下述方法进行测定是否会引入误差，如有误差则指出偏高还是偏低？

① 吸取 $NaCl+H_2SO_4$试液后，马上以摩尔法测 Cl^-；

② 用佛尔哈德法测定 I^-时，先加入铁铵矾指示剂，再加入过量 $AgNO_3$后才进行测定。

答案：①偏高；②偏低

习题 5-5 灼烧过的 $BaSO_4$沉淀为 0.5013g，其中有少量 BaS，用 H_2SO_4润湿，过量的 H_2SO_4蒸发除去，再灼烧，称得沉淀的质量为 0.5021g，求 $BaSO_4$中 BaS 的质量分数。

答案：0.56%

习题 5-6 将 0.4532g 铁矿石试样溶解后，把 Fe^{3+}沉淀为 $Fe(OH)_3$，然后灼烧为 Fe_2O_3，称得 Fe_2O_3为 0.1501g，求试样中 Fe 和 Fe_3O_4的质量分数[$M(Fe)=55.845$，$M(Fe_2O_3)=159.69$，$M(Fe_3O_4)=231.53$]。

答案：23.17%；32.01%

习题 5-7 称取 NaCl 基准试剂 0.1373g，溶解后加入 $AgNO_3$标准溶液滴定至终点，消耗 22.50mL。已知 20.00mL $AgNO_3$标准溶液与 21.00mL NH_4SCN 标准溶液能完全作用，计算 $AgNO_3$和 NH_4SCN 标准溶液的浓度各为多少？将 $AgNO_3$标准溶液 30.00mL 加入含有氯化物试样 0.2255g 的溶液中，然后用 3.16mL NH_4SCN 标准溶液滴定过量的 $AgNO_3$。计算试样中氯的质量分数[$M(NaCl)=58.44$，$M(Cl)=35.45$]。

答案：44.21

习题 5-8　将固体 AgCl，AgBr 放入 50mL 水中，搅拌至平衡状态，求溶液中 Ag^+ 的浓度。

答案：$1.34\times10^{-5}mol\cdot L^{-1}$

习题 5-9　称取 0.1173g NaCl 基准物质，溶解后加入 30mL $AgNO_3$ 标准溶液，过量 Ag^+ 需用 3.20mL NH_4SCN 标准溶液滴定至终点。已知 20mL $AgNO_3$ 标准溶液与 21.00mL NH_4SCN 标准溶液完全作用。计算 $AgNO_3$ 和 NH_4SCN 标准溶液的浓度。

答案：$0.07447mol\cdot L^{-1}$；$0.07093mol\cdot L^{-1}$

习题 5-10　取 NaCl 溶液 20.00mL，加入 K_2CrO_4 指示剂，用 0.1023mol/L $AgNO_3$ 标准溶液滴定，用去 27.00mL，计算此 NaCl 溶液的质量浓度。

答案：0.81%

习题 5-11　称取银合金试样 0.3000g，溶解后加入铁铵矾指示剂，用 0.1000mol/L NH_4SCN 标准溶液滴定，用去 23.80mL。计算试样中银的质量分数。

答案：85.52%

第五部分　拓展阅读

5.1　挥发重量法

根据被测组分与试样中其他组分分离的不同途径，重量分析法可分为沉淀法、气化法及萃取法等常见的方法。挥发重量法(或挥发法)是利用被测组分的挥发性或可转化为挥发性物质的性质，进行含量测定的方法，也是一种常见的重量分析法。挥发重量法还可以分为直接法或间接法。

挥发重量法是常用于医药卫生领域，主要用于干燥失重、灰分等的测定。

(1) 干燥失重

《中国药典》(2015 年版)某些药物的纯度检查项目中要求检查干燥失重，即利用挥发法测定药物干燥至恒重后减少的质量，这里药物减少的质量包括吸湿水、结晶水和在干燥条件下能挥发的物质的质量。

由于试样的耐热性和水分的难易挥发程度不同，常用的干燥方法也不同，常用的方法如下：

① 常压下加热干燥。采用电热干燥箱在 105~110℃ 下加热干燥，这适用于性质稳定、受热不易挥发、氧化或分解变质的试样。某些吸湿性强或水分不易挥发的试样，可适当提高温度、延长时间。而某些含结晶水的化合物熔点较低，在加热干燥时未达到干燥温度即成熔融状态，不利于水分的挥发。可先将这种试样置于熔融温度以下或用干燥剂除去大部分结晶水再提高干燥温度。

② 减压加热干燥。采用真空干燥箱，在较低温度(一般为 60~80℃)干燥至恒重，这适用于高温易变质、熔点低或水分难挥发的试样。减压加热干燥可缩短干燥时间，避免样品长

时间受热而分解变质，比常压下的加热干燥效率更高。干燥剂是一些与水有强结合力，相对蒸气压低的脱水化合物。

③ 干燥剂干燥。干燥剂干燥适用于易升华、受热不稳定、易变质的试样。干燥剂在密闭容器内，吸收空气中水分，使空气的相对湿度降低，从而使试样中水分挥发，并保持干燥器内较低的相对湿度，使试样继续失水，直至达到平衡。该法平衡时间长，很难达到完全干燥的目的，该法较少用。

(2) 中药灰分的测定

灰分是药物在高温和有氧条件下灰化氧化后，残留的不挥发性物质所占试样的质量分数。中药灰分的测定也采用挥发法，这时待测定的是不挥发性无机物和外来杂质，而不是挥发性物质。灰分的测定是药典中控制中草药材质量的检验项目之一。

5.2 沉淀形式的摩尔质量为什么要大

在沉淀重量分析法中，对称量形式的要求摩尔质量尽可能大——操作引起被测组分损失小。

其中，摩尔质量要尽可能大，这样可以增大称量形式的质量，减少称量误差，提高分析结果的准确度。例如，沉淀重量法测定 Al^{3+}，可以用氨水为沉淀剂，沉淀形式为 $Al(OH)_3$，称量形式 Al_2O_3。也可以用 8-羟基喹啉为沉淀剂，沉淀形式和称量形式都为 8-羟基喹啉铝。按照两种称量形式计算，0.1000g 铝可以获得 0.1888g Al_2O_3 或 1.7040g 8-羟基喹啉铝 $(C_9H_6NO)_3Al$。分析天平的称量误差一般为±0.2mg。由于上述两种称量形式的摩尔质量不同，用相同分析天平称量引起的相对误差分别为

$$Al_2O_3:\ \pm 0.0002/0.1888\times 100\% = \pm 0.1\%$$

$$(C_9H_6NO)_3Al:\ \pm 0.0002/1.7040\times 100\% = \pm 0.01\%$$

显然，用 8-羟基喹啉铝为沉淀剂测定铝准确度要高。

5.3 制得纯净沉淀的措施

制得沉淀纯净是保证分析结果准确性的重要条件之一。如何获得符合重量分析要求的沉淀，在工作中可以采取下列措施：

① 选择适当的分析步骤。如在分析试液中，被测组分含量较少，而杂质含量较多时，应首先沉淀含量少的被测组分。因为，如果先分离杂质，则由于大量沉淀的生成就会使少量被测组分随之共沉淀，从而引起分析结果不准确。

② 降低易被吸附杂质离子的浓度。方法有分离除去或掩蔽等。

③ 必要时可以进行再沉淀，以获取纯净的沉淀。再沉淀可以有效减小吸留或包埋的共沉淀及后沉淀现象。

④ 选择适当的洗涤液洗涤沉淀。

⑤ 选择适宜的沉淀条件。

⑥ 选用有机沉淀剂。

⑦ 针对晶形、非晶形沉淀类型，选用适当的沉淀条件。

5.4 均匀沉淀法

为了改进沉淀结构，已研发了另一种途径的沉淀方法——均相沉淀法。通过化学反应使沉淀剂在溶液中均匀、缓慢产生，从而使沉淀在溶液中均匀、缓慢生成的方法。这样可获得颗粒较粗、结构紧密、纯净而易于过滤的沉淀。

测 Ca^{2+} 时，若在中性或碱性溶液中直接加入草酸铵，可得到细小晶形草酸钙沉淀：

$$Ca^{2+}+(NH_4)_2C_2O_4 \xrightarrow{\text{中性或弱碱性}} CaC_2O_4\downarrow \text{(细晶形)}$$

若采用均相沉淀法，在酸性溶液中加入草酸铵，然后加入尿素、加热煮沸，可得到粗大晶形草酸钙沉淀。

$$Ca^{2+} \xrightarrow{H^+} \xrightarrow{C_2O_4^{2-}} Ca^{2+}\text{、}H_2C_2O_4\text{、}HC_2O_4^- \xrightarrow{CO(NH_2)_2\text{、加热}} CaC_2O_4\downarrow \text{(粗晶形)}$$

模块六 吸光光度法

吸光光度法是基于物质对光的选择性吸收而建立的分析方法，包括比色法、可见分光光度法、紫外分光光度法和红外光谱法等。本模块重点讨论可见吸光光度法。

许多物质的溶液是有色的，溶液越浓，颜色越深。通过比较溶液颜色的深浅来测定物质的浓度，称为比色分析法。靠目视来进行比色分析，称为目视比色法。采用分光光度计来进行比色分析，称为吸光光度法。

吸光光度法属于仪器分析法，它所测定的是物质对光的吸收程度，与化学分析方法相比较，它主要具有以下特点：

① 测定的灵敏度高。吸光光度法灵敏度较高，常用于质量分数为 $10^{-3}\%\sim1\%$ 微量组分的测定，采用新技术如催化分光光度法，甚至可测定质量分数低至 $10^{-5}\%\sim10^{-4}\%$ 的痕量组分。

② 测定的准确度较高。吸光光度法测定的相对误差约为 2%～5%，若使用精密仪器，相对误差可降至 1%～2%，完全可满足微量组分测定对精度的要求。

③ 吸光光度法仪器设备简单，操作简便，选择性好。由于新的显色剂和掩蔽剂的不断发现，提高了选择性，一般不需要分离干扰物质就能进行测定。

④ 应用广泛。几乎所有的无机离子和许多具有共轭双键的有机物质都可以直接或间接用吸光光度法进行测定，还可用于化学平衡等的研究。

第一部分 基础知识

6-1 光相关基本术语

光：光是一种电磁波，具有波粒二象性。不同波长的光具有不同的能量，光的波长越短，光的能量越大；光的波长越长，光的能量越小。

当光束照射到物质上时，入射光 I_0 与物质发生吸收 I_a、透射 I_t、反射 I_r、散射等，如图 6-1 所示，若被照射物质是均匀溶液时，则光的散射可以忽略不计。

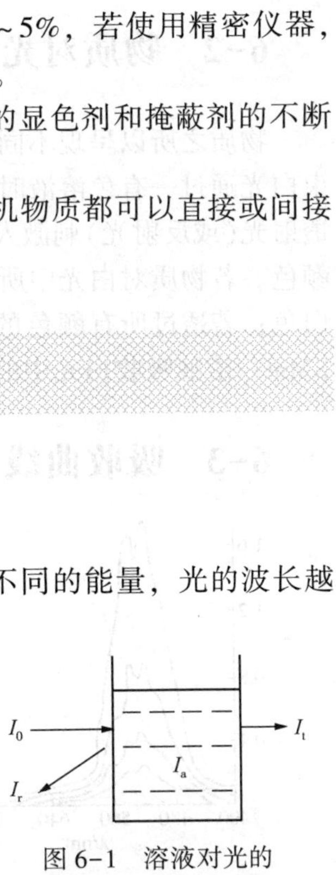

图 6-1 溶液对光的作用示意图

可见光：人的眼睛能感受到的光称为可见光，可见光区波长大约在 400～760nm 范围内。

单色光：通常将具有某一波长的光称为单色光，不同波长的可见单色光呈现不同的颜色。

复合光：由不同波长的单色光组合得到的光称为复合光。白光是一种复合光，它是由红、橙、黄、绿、青、蓝、紫等单色光按一定的比例混合而成的。

互补色光：若两种单色光按一定比例混合可得到白光，则这两种光称为互补色光。

当一束白光，如日光或白炽灯光等，通过某一有色溶液时，一些波长的光被溶液吸收，另一些波长的光则透过。由吸收光和透射光组成白光的两种光称为补色光，两种颜色互为补色(表 6-1)。

表 6-1　物质颜色与吸收光颜色的关系

物质颜色(透过光颜色)	吸收光颜色	吸收光波长/nm
黄绿	紫	400~450
黄	蓝	450~480
橙	绿蓝	480~490
红	蓝绿	490~500
紫红	绿	500~560
紫	黄绿	560~580
蓝	黄	580~600
绿蓝	橙	600~650
蓝绿	红	650~760

6-2　物质对光的选择性吸收

物质之所以呈现不同的颜色，是由于物质对不同波长的单色光选择吸收而产生的。当一束白光通过一有色溶液时，某种波长的单色光被溶液吸收，而其他波长的单色光透过溶液，透射光(或反射光)刺激人眼而使人感觉到溶液的颜色，因此溶液呈现的颜色就是透射光的颜色。若物质对白光中所有颜色的光全部吸收，它就呈现黑色；若反射所有颜色的光则呈现白色；若透过所有颜色的光，则为无色。如硫酸铜溶液因吸收白光中的黄光而呈现蓝色，$KMnO_4$ 溶液吸收白光中的黄绿光而呈现紫红色。

6-3　吸收曲线

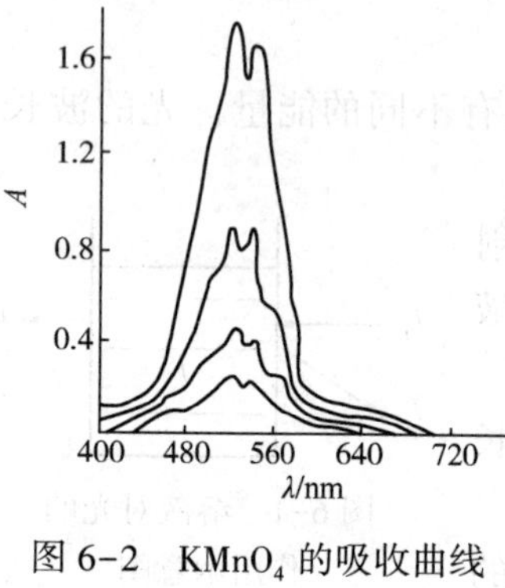

图 6-2　$KMnO_4$ 的吸收曲线

吸收曲线：如果将不同波长的单色光通过某一固定浓度和厚度的溶液，分别测定溶液对各种波长的光吸收程度(即吸光度 A)，然后以入射光的波长 λ 为横坐标，相应的吸光度 A 为纵坐标作图，可得到一条吸光度随波长变化的曲线，称为吸收曲线或吸收光谱。图 6-2 为 $KMnO_4$ 的吸收曲线，它描述了 $KMnO_4$ 对不同波长光的吸收能力。

最大吸收波长：吸收曲线中最大吸收峰对应的波长称最大吸收波长，用 λ_{max} 表示。由图 6-2 可知，$KMnO_4$ 在 525nm 处有一最大吸收峰，说明该化合物对黄绿色光吸收最多，对波长

400nm 附近的紫色光和波长 700nm 附近的红色光几乎不吸收，完全透过，所以溶液呈紫红色。不同物质其吸收曲线的形状和最大吸收波长各不相同，据此可用作物质的定性分析。不同浓度的同一物质，最大吸收波长不变，在吸收峰及附近的吸光度随浓度而增大，据此可对物质定量分析。在 λ_{max} 处测定吸光度，则灵敏度最高。因此，吸收曲线是吸光光度法选择测定波长的重要依据。

6-4 吸光度 A 和透光度 T

当一束平行单色光通过均匀非散射的液体介质时，光的一部分被吸收，一部分透过溶液，还有一部分被器皿表面反射。设入射光强度为 I_0，吸收光强度为 I_a，透射光强度为 I_t，反射光强度为 I_r，则

$$I_0 = I_a + I_t + I_r \tag{6-1}$$

在吸光度分析中，通常将被测溶液和参比溶液分别置于同样材料和厚度的吸收池中测量吸光度，反射光强度基本相同，其影响可相互抵消，式(6-1)简化为

$$I_0 = I_a + I_t \tag{6-2}$$

透光度 T：透射光的强度(I_t)与入射光的强度(I_0)之比称为透光度 T。其定义式为

$$T = \frac{I_t}{I_0} \tag{6-3}$$

吸光度 A：物质对光的吸收程度称为吸光度 A。溶液的透光度越大，表示它对光的吸收越小，反之，透光度越小，表示它对光的吸收越大。其定义式为

$$A = \lg \frac{I_0}{I_t} \tag{6-4}$$

吸光度 A 与透光度 T 的关系：

$$A = -\lg T \tag{6-5}$$

吸光度和透光度都是表示物质对光的吸收程度的一种量度，都是量纲为 1 的量，透光度通常以百分数表示，所以也称透光率。

6-5 光的吸收基本定律

朗伯定律：1760 年，朗伯(Lambert)通过实验总结出溶液的吸光度与溶液的厚度之间的关系，一束平行单色光通过有色溶液后，光的吸收程度与溶液液层的厚度成正比。此关系称为朗伯定律，可表示为

$$A = k_1 \cdot b \tag{6-6}$$

式中 k_1——比例常数；

b——液层厚度。

比尔定律：1852 年，比尔(Beer)通过实验总结出溶液的吸光度与溶液浓度之间的关系，一束平行单色光通过有色溶液后，光的吸收程度与溶液的浓度成正比。此关系称为比尔定律，可表示为

$$A = k_2 \cdot c \tag{6-7}$$

式中 k_2——比例常数；

c——溶液浓度。

朗伯-比尔定律：当一束平行单色光通过单一均匀的、非散射的吸光物质溶液时，吸光度与溶液浓度及液层厚度的乘积成正比。

$$A=kbc \tag{6-8}$$

式中 k——比例常数，与吸光物质的本性、入射光的波长、溶剂及温度等因素有关。

吸收系数：如果 b 以 cm 为单位，c 以 $g \cdot L^{-1}$ 为单位，比例常数 k 用 a 表示，称为吸收系数，单位为 $L \cdot g^{-1} \cdot cm^{-1}$。式(6-8)可表示为

$$A=abc \tag{6-9}$$

摩尔吸收系数：如果 b 以 cm 为单位，c 以 $mol \cdot L^{-1}$ 为单位，比例常数 k 则用符号 ε 表示，称为摩尔吸收系数，单位为 $L \cdot mol^{-1} \cdot cm^{-1}$。式(6-8)可表示为

$$A=\varepsilon bc \tag{6-10}$$

式(6-9)和式(6-10)都是朗伯-比尔(Lambert-Beer)定律的数学表达式，是由朗伯定律和比尔定律合并起来得到。此定律不仅适用于溶液，也适用于其他均匀非散射的气体或固体，是吸光光度法定量分析的依据。

摩尔吸收系数 ε 是吸光物质在特定波长和溶剂的情况下的一个特征常数，是物质吸光能力的量度，它在数值上等于在 1cm 厚度的 $1mol \cdot L^{-1}$ 吸光物质溶液的吸光度。在溶剂和温度不变的条件，只与物质本身的性质和入射光波长有关。它可作为定性鉴定的参数，也可用于估量定量方法的灵敏度：ε 值越大，测定方法的灵敏度越高。一般来说，ε 值小于 $10^4 L \cdot mol^{-1} \cdot cm^{-1}$，测定灵敏度偏低；$\varepsilon$ 值在 $(10^4 \sim 5\times10^4) L \cdot mol^{-1} \cdot cm^{-1}$，测定灵敏度中；$\varepsilon$ 值在 $(5\times10^4 \sim 10^5) L \cdot mol^{-1} \cdot cm^{-1}$，测定灵敏度高；$\varepsilon$ 值大于 $10^5 L \cdot mol^{-1} \cdot cm^{-1}$，测定灵敏度超高。

ε 与 a 的关系：

$$\varepsilon=Ma \tag{6-11}$$

式中 M——物质的摩尔质量。

6-6 吸光度的加和性

如果溶液中含有多种吸光物质时，且各种吸光物质之间没有相互作用，则溶液的总吸光度等于各吸光物质的吸光度之和，即吸光度具有加和性。由此可得

$$A_{总}=A_1+A_2+\cdots+A_n=\varepsilon_1 bc_1+\varepsilon_2 bc_2+\cdots+\varepsilon_n bc_n \tag{6-12}$$

式(6-12)中，下角标指吸收物质 1，2，…，n。

6-7 标准曲线

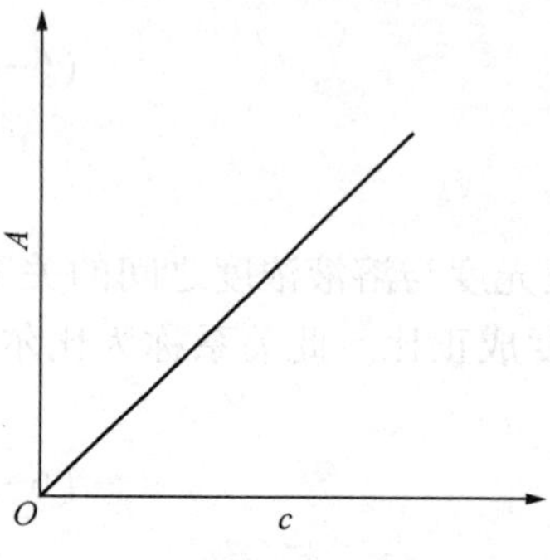

图 6-3 光度分析标准曲线

标准曲线：当入射光的波长和强度一定的单色光通过液层厚度一定的有色溶液时，吸光度与有色溶液的浓度成正比。若以吸光度 A 为纵坐标，以系列标准溶液的浓度 c_B 为横坐标作图，应得到一条通过原点的直线，此直线称为光度分析标准曲线或称光度分析工作曲线，如图 6-3 所示。

在相同条件下测得试液的吸光度 A_x，即可由工作曲线查得试液的浓度 c_x，这就是定量分析经常用到的工作曲线法。

6-8 偏离朗伯-比尔定律及原因

偏离朗伯-比尔定律：在实际测定中，尤其是当溶液浓度较高时，经常会出现标准曲线偏离直线的现象，曲线向上或向下发生弯曲，如图 6-4 虚线所示，这称现象称为偏离朗伯-比尔定律。若待测试液浓度刚好落在标准曲线弯曲部分，测定结果将会产生较大的误差。

偏离朗伯-比尔定律的原因：偏离朗伯-比尔定律的主要原因包括非单色光、非平行入射光、介质不均匀、溶液浓度过高和化学反应等引起的，并不是由定律本身不严格所引起的。

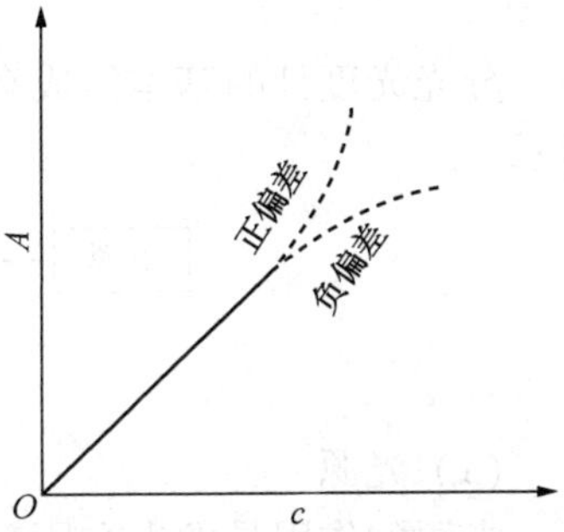

图 6-4 标准曲线的偏离

引起偏离朗伯-比尔定律的原因，可分为物理因素和化学因素两大类。

（1）物理因素引起的偏离

① 非单色光引起的偏离。目前仪器实际所提供的入射光并不是真正的单色光，而是由波长范围较窄的不同波长组成的复合光。物质对不同波长光的摩尔吸收系数是不同的，吸光度 A 与浓度 c 不成正比，因而造成了对朗伯-比尔定律的偏离（非单色光引起偏离朗伯-比尔定律的原因推导过程见拓展阅读 6.1）。

在吸光光度分析中，选择合适的入射光波长和采用性能良好的单色器来获得波长范围较窄的入射光，可以减小因非单色光对朗伯比尔定律产生的偏离。

② 非平行入射光引起的偏离。朗伯-比尔定律要求采用平行光束垂直入射。如果入射光束为非平行光，就不能保证光束全部垂直通过吸收池，可能导致光束通过吸收池的实际平均光程大于吸收池的厚度，使实际测得的吸光度大于理论值，从而导致与朗伯-比尔定律产生正偏离。

③ 介质不均匀引起的偏离。朗伯-比尔定律要求吸光物质的溶液是均匀非散射的。如果溶液中生成溶胶或产生浑浊，当入射光通过该溶液时，除一部分被吸光物质吸收外，还有一部分被溶胶粒子和粗分散相粒子散射而损失，使透光率减小，实际测定的吸光度偏高，从而对朗伯-比尔定律产生正偏离。

（2）化学因素引起的偏离

① 溶液浓度过高引起的偏离。朗伯-比尔定律没有考虑吸光粒子彼此间无相互作用，因此仅适用于稀溶液。当吸光物质的浓度较高时（$c_B > 0.01 mol \cdot L^{-1}$），吸光粒子的数目较多，吸光粒子之间的平均距离较小，粒子之间的相互作用较强，改变了吸光粒子对光的吸收能力，使溶液的吸光度与溶液浓度之间的线性关系发生了偏离。

② 化学反应引起的偏离。朗伯-比尔定律中的浓度是指吸光物质的平衡浓度，而在实际分析工作中常用吸光物质的分析浓度来代替。只有当吸光物质的平衡浓度等于它的分析浓度或与分析浓度成正比时，A 与 c 的关系才服从朗伯-比尔定律。

被测吸光物质在溶液中常发生缔合、解离、互变异构、逐级配合等反应，形成新的化合物而改变吸光物质的平衡浓度与分析浓度之间的正比关系，从而导致偏离朗伯-比尔定律。

例如，重铬酸钾在水溶液中存在如下平衡：

$$Cr_2O_7^{2-}+H_2O \rightleftharpoons 2CrO_4^{2-}+2H^+$$

在大多数波长处 $Cr_2O_7^{2-}$ 与 CrO_4^{2-} 的摩尔吸光系数不相同。当铬的总浓度相同时，溶液的吸光度就决定于[$Cr_2O_7^{2-}$]与[CrO_4^{2-}]的比值，而此比值随溶液的稀释或溶液 pH 发生显著的变化，导致吸光度与浓度之间的关系不符合朗伯比尔定律。

6-9 分光光度计

分光光度计的基本组成有：光源、单色器、吸收池、检测系统和读数指示器，如图 6-5 所示。

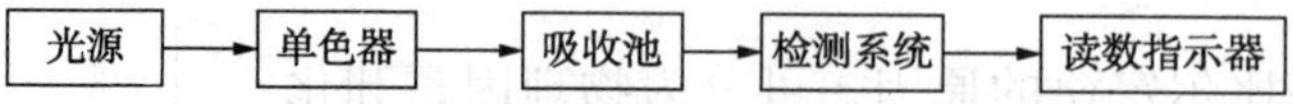

图 6-5 分光光度计组成方框图

（1）光源

光源的作用是发出在所需范围内的连续光谱，并具有足够的强度，且在一定时间内保持稳定。

在可见光区测定时，常用钨灯或碘钨灯作光源，它发出波长为 320~2500nm 范围内的连续光谱。在近紫外区常采用氢灯或氘灯，它们发射 180~3750nm 的连续光谱。

为了使光源的发射光强度稳定，一般采用稳压电源来严格控制灯电源电压。

（2）单色器

单色器是将光源发出的连续光谱分解为单色光的装置，它由棱镜或光栅等色散元件及狭缝和透镜等组成。

棱镜：由于不同波长的光具有不同的折射率，棱镜能将光源发出的复合光分解按波长顺序排列的单色光。由于玻璃对紫外光有强烈的吸收，故玻璃棱镜应在波长 360~3200nm 使用，主要用于可见分光光度计中。石英棱镜可用的波长范围为 200~4000nm，适用于紫外-可见分光光度计中。

光栅：光栅是根据光的衍射和干涉原理来达到色散目的。光栅的分辨率比棱镜高，适用波长范围宽，而且色散均匀，一般用在较高档的仪器中。

由色散元件分出的所需波长的光，通过出射狭缝再照射到吸收池上。由于狭缝的宽度可以调至几个纳米，因此光的纯度很高。

（3）吸收池

吸收池又称比色皿，是用光学玻璃或石英制成的无色透明的长方体容器，用于盛放参比溶液或待测溶液。通常随仪器配有液层厚度为 0.5cm、1cm、2cm、3cm 等不同规格的比色皿，可供测定时选择使用。在可见光区测定时使用光学玻璃吸收池，在紫外光区应采用石英吸收池。

使用时应注意吸收池的位置，应使透光面垂直于光束的方向。还要注意保持吸收池的光洁，指纹、油污或池壁上的沉积物等都会影响其透射特性。

（4）检测系统

检测系统主要部件是检测器。利用光电效应将透射光强度转换为电流进行测定的光电转换部件称为检测器。检测器在测定波长范围内，对光应有快速、灵敏的响应，产生的光电流应与照射在检测器上的光强度呈正比关系。可见分光光度计常用的检测器有光电池、光电管和光电倍增管等(分光光度计常用的检测器简介见拓展阅读 6.2)。

(5) 读数指示器

读数指示器的作用是把光电流放大的信号以适当方式显示或记录下来。通常使用检流计、数字显示或显示屏，测定时可直接读出吸光度 A。常用的分光光度计有 721 型和 751 型分光光度计。

721 型分光光度计：721 型分光光度计是实验常用的一种简易分光光度计，适用的波长范围为 360~880nm，可用于可见光区范围内的定量分析。721 型分光光度计的光学系统如图 6-6 所示。

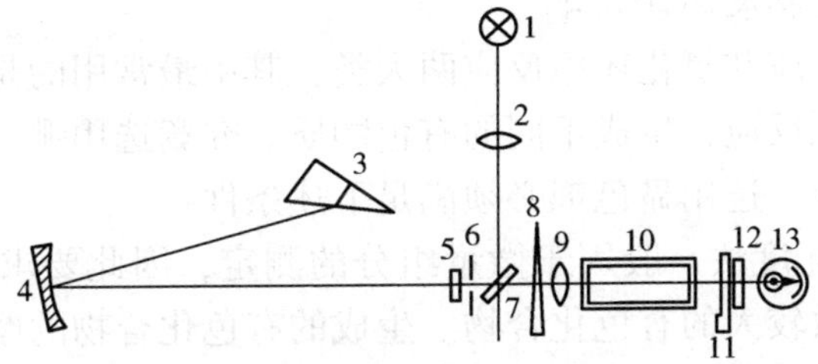

图 6-6　721 型分光光度计的光学系统简图

1—光源；2—聚光透镜；3—色散棱镜；4—准滤光镜；5—保护玻璃；6—狭缝；7—反射镜；8—光栅；9—聚光透镜；10—吸收池；11—光门；12—保护玻璃；13—光电管

751 型分光光度计：751 型分光光度计是一种手动式紫外-可见分光光度计。它的适用波长范围为 200~1000nm，可用于紫外区、可见光区和近红外光区的分析。751-G 型分光光度计的光学系统如图 6-7 所示。

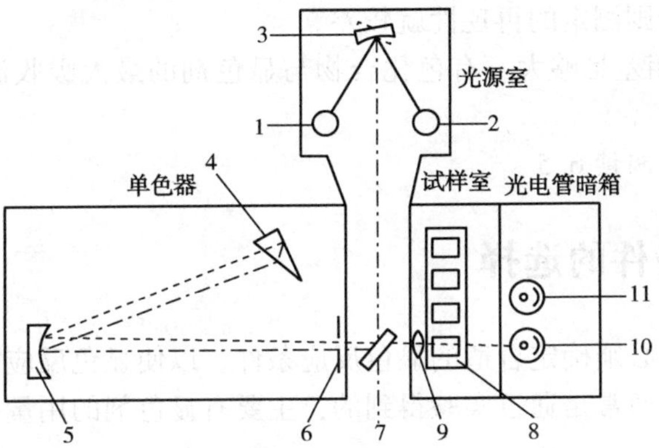

图 6-7　751-G 型分光光度计的光学系统简图

1—钨灯；2—氢灯；3—凹面反射镜；4—石英棱镜；5—准直镜；6—狭缝；7—平面镜；8—吸收池；9—透镜；10—蓝敏光电管；11—红敏光电管

分光光度计的类型见拓展阅读 6.3。

6-10　显色剂和显色反应

可见光区的吸光光度法只适用于测定有色溶液，对于本身无颜色或颜色较浅的待测组分，通常需要选择适当的试剂与被测组分反应，生成有色或颜色更深的化合物，然后再进行测定其吸光度。

显色反应和显色剂：将被测组分转变成有色化合物的化学反应称为显色反应，能与被测组分反应使之生成有色化合物的试剂称为显色剂。常见的显色剂有无机显色剂和有机显色剂。

无机显色剂：无机显色剂与金属离子生成的化合物稳定性不好，灵敏度和选择性低，因此应用较少。

有机显色剂：大多数有机显色剂与金属离子生成的配合物稳定，显色反应具有较高的选择性和灵敏度，因而吸光光度分析中的显色剂大多数为有机显色剂。

常见的有机显色剂见拓展阅读 6.4。

显色反应分为配位反应和氧化还原反应两大类，其中最常用的是配位反应。同一种被测组分常可与若干种显色剂反应，生成不同的有色物质。究竟选用哪一种显色剂比较合适，可根据测定的要求加以选择。选用显色剂必须满足下述条件：

① 灵敏度高。吸光光度法一般用于微量组分的测定，因此要求选择的显色剂应能与待测组分生成摩尔吸收系数较大的有色化合物。生成的有色化合物的摩尔吸收系统越大，对入射光的吸收程度越大，测定时的灵敏度就越高。

② 选择性好。选用的显色剂最好只与待测组分发生显色反应，而与溶液中共存的其他离子干扰离子不显色，或者显色剂与被测组分所生成的有色化合物的颜色和显色剂与干扰离子所生成的有色化合物的颜色有明显不同。

③ 生成的有色化合物的稳定性高。显色剂与被测组分生成的有色化合物要有足够的稳定性，不受外界条件的影响而发生变化，保证在吸光度测定过程中基本上不变。

④ 生成的有色化合物的组成确定。显色剂与被测组分生成的有色化合物的组成要恒定，符合一定的化学式，否则测定的再现性就较差。

⑤ 最大吸收波长相差足够大。有色化合物与显色剂的最大吸收波长的差别足够大，一般要相差 60nm 以上。

三元配合物见拓展阅读 6.5。

6-11 显色条件的选择

确定显色剂后，还必须确定合适的显色反应条件，以使显色反应能满足吸光度法测定的要求。显色反应的条件通常是通过实验得到的，主要有显色剂的用量、溶液的酸度、显色温度和显色时间等。

（1）显色剂用量

显色剂与待测组分的显色反应是可逆反应，为了保证反应尽可能进行完全，一般需要加入过量的显色剂，以便形成有色化合物。但显色剂的用量也不能太大，否则对有些显色反应来说可能会引起有色化合物组成的改变，使溶液颜色发生变化，反而对测定不利。显色剂的适宜用量常通过实验确定，其方法是取 7~10 个相同浓度的被测组分的溶液，并固定其他条件，然后分别在溶液中加入不同量的显色剂，逐一测定出它们的吸光度，绘制出吸光度 A 与显色剂浓度 c_B 的关系曲线，如图 6-8 所示。

图 6-8 中曲线表明，当显色剂浓度 c_B 在 $0 \sim a$ 范围内逐渐增加时，吸光度随之而增大，

说明显色剂的用量不足，被测物质还没有完全转变成有色化合物。当 c_B 增大到 a 时，吸光度不再增大，在 $a \sim b$ 范围内曲线出现平直的现象，此时吸光度基本保持不变，说明在此浓度范围内显色剂的用量已经足够。为保证被测组分能完全转变成有色化合物，而又不造成浪费和影响测定，显色剂用量的选择原则是适当过量，即可在 $a \sim b$ 之间确定显色剂合适的用量(显色剂用量的选择见拓展阅读 6.6)。

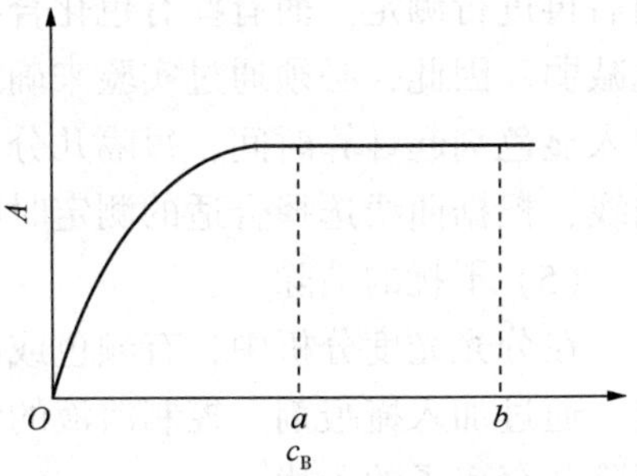

图 6-8　吸光度与显色剂用量的关系

(2) 酸度

溶液的酸度对显色反应的影响是多方面的，主要表现在以下三个方面：

① 对被测组分存在状态的影响。大多数被测金属离子易水解，当溶液 pH 增大时，它们除了以简单金属离子形式存在之外，还可能生成各种类型的氢氧基配合物，甚至生成氢氧化物沉淀，影响显色反应的进行，使显色反应不能进行完全。

② 对显色剂的平衡浓度和颜色的影响。大多数显色剂是有机弱酸或有机弱碱，当溶液 pH 发生变化时，将影响显色剂的平衡浓度，并影响显色反应的完全程度。另外，有一些显色剂本身就是酸碱指示剂，它们在不同 pH 的溶液中具有不同的结构，而产生不同的颜色，所以对显色反应也有影响。例如，二甲酚橙在 pH<6 时呈黄色，pH>6 时呈红色，而二甲酚橙与金属离子形成的配合物为红色，因此测定只能在 pH<6 的溶液中进行。

③ 对有色化合物组成的影响。在不同 pH 的溶液中，显色剂与待测离子形成的有色化合物的组成往往不同，因此它的颜色也不同。例如，Fe^{3+} 与磺基水杨酸的显色反应，当溶液 pH 为 1.8~2.5 时，生成配位比为 1∶1 的紫红色配离子；当溶液 pH 为 4~9 时，生成 1∶2 的棕褐色配离子；而当溶液 pH 为 8~11.5 时，则生成 1∶3 的黄色配离子。因此，必须控制合适的 pH，才能获得好的分析结果。

综上所述，控制溶液的酸度对显色反应十分重要。不同的显色反应的适宜 pH 也是通过实验确定的。具体方法是固定溶液中被测组分和显色剂的浓度，改变溶液 pH，测定不同 pH 时溶液的吸光度，以 pH 为横坐标，以吸光度为纵坐标，作出 pH 与吸光度的关系曲线(图 6-9)，从曲线上找出适宜的 pH 范围。

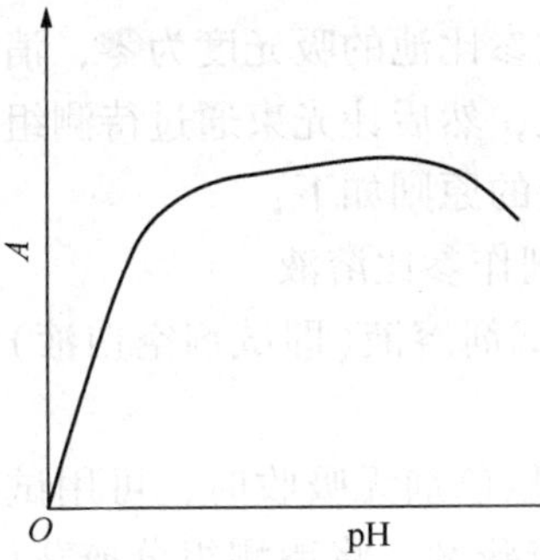

图 6-9　吸光度与溶液 pH 的关系

在实际工作中，通常采用缓冲溶液控制溶液 pH。

(3) 显色温度

显色反应一般在室温下进行，但有些显色反应需要加热到一定温度才能完成，而有些有色化合物当温度较高时又容易发生分解。为此，对不同的显色反应，也必须通过实验确定各自的最佳温度范围。

(4) 显色时间

显色反应的速率有快有慢，对于瞬间就能完成的显色反应，溶液的颜色很快就能达到稳定状态，因此当被测溶液中加入显色剂后，很快就能进行定量测定。有些显色反应的反应速率比较慢，需要经过一段时间后才能生成稳定的有色化合物，这样的反应就需要放置一段时间后再进行测定。而有些有色化合物在放置时，受到空气的氧化或发生光化学反应又会使颜色减弱。因此，必须通过实验来确定合适的测定时间。实验的方法是配制一份待测溶液，从加入显色剂起计算时间，每隔几分钟测定一次吸光度，绘制溶液的吸光度与反应时间的关系曲线，根据曲线选择合适的测定时间。

(5) 干扰的消除

在分光光度分析中，有颜色或能与显色剂反应生成有色化合物的共存离子，将会干扰测定。通过加入掩蔽剂、控制溶液的酸度、分离干扰离子或选择合适的测定波长或参比溶液来消除共存离子的干扰。

因此，要建立一种新的光度分析方法，必须对上述几种条件进行优化。

6-12 吸光度测量条件的选择

为了提高光度法的灵敏度和准确度，除了要选择和控制的显色条件外，还要求选择和控制合适的吸光度测量条件。测量条件要注意如下几点：

(1) 入射光波长的选择

根据溶液的光吸收曲线，选择溶液具有最大吸收时的波长 λ_{max} 作为入射波长。在 λ_{max} 处摩尔吸收系数值最大，使测定具有较高的灵敏度；同时，在 λ_{max} 处的一个较小范围内，吸光度变化较小，不会偏离对朗伯-比尔定律，也使测定具有较高的准确度。

如果干扰物质在最大吸收波长 λ_{max} 处也有强烈的吸收，可选用不是最大吸收的波长，但应尽可能选择吸光度随波长改变而变化不大的区域内的波长。

(2) 参比溶液的选择

在吸光光度分析中，由于吸收池壁对入射光的反射、散射及溶剂、试剂对入射光的吸收，会造成透射光强度的减弱。在液层厚度一定时，为了使光强度的减弱仅与溶液中待测组分的浓度有关，必须用参比溶液对上述影响进行校正。校正方法：采用光学性质相同、厚度相同的吸收池分别盛参比溶液和待测组分溶液，调节仪器使透过参比池的吸光度为零，消除吸收池本身对入射光的反射、散射及溶剂、试剂对入射光的吸收，然后让光束通过待测组分溶液的试样池，测得待测组分溶液的实际吸光度。选择参比溶液的原则如下：

① 如果只有待测组分与显色剂的生成物有吸收，可用纯溶剂作参比溶液。

② 如果显色剂或其他试剂略有吸收，可用不含待测组分的试剂溶液(即试剂空白液)作参比溶液。

③ 如试样中的其他组分有吸收，但不与显色剂反应，则当显色剂无吸收时，可用试样溶液作参比溶液；当显色剂略有吸收时，可在试液中加入适当掩蔽剂，将待测组分掩蔽后，再加显色剂，以此溶液作为参比溶液。

总之，选择参比溶液的目的，是使测定的试液的吸光度能真正反映出被测组分的浓度。

(3) 吸光度读数范围的选择

在吸光光度分析中，分光光度计的读数误差也是测定误差的主要来源之一。对于同一台仪器，透光率读数的绝对误差 ΔT 基本上为一定值。

由于透光率 T 与试液浓度 c_B 之间为对数关系，因而在不同的透光率的读数范围内，这一恒定误差 ΔT 所引起的浓度 c_B 的测定相对误差是不同的。

$$\frac{\Delta c_B}{c_B}=\frac{0.4343}{T\lg T}\Delta T \tag{6-13}$$

式中 $\Delta c_B/c_B$——测定浓度的相对误差；

ΔT——透光率的绝对误差；

T——溶液的透光率。

由式(6-13)表明，当透光率 T 不同时，由恒定 ΔT 所引起的测定浓度的相对误差 $\Delta c_B/c_B$ 也是不相同的。

假定 ΔT 为±1%，代入式(6-13)，可以算出不同透光率时的测定浓度的相对误差，如表 6-2 所示。

表 6-2　不同透光率时浓度测定的相对误差 $\Delta c_B/c_B$($\Delta T=0.01$)

T/%	95	90	80	70	60	50	36.8	30	20	10	5	2
($\Delta c/c$)/%	20.6	10.7	5.6	4.0	3.3	2.9	2.7	2.8	3.2	4.3	6.5	13.0

如果以 T 为横坐标，以($\Delta c_B/c_B$)为纵坐标作图，得图 6-10 所示的曲线。

由图 6-10 可以看出，当 $T=0.368$($A=0.434$)时，浓度测定的相对误差最小；当溶液的透光率很大或很小时，浓度测定的相对误差都比较大。在实际工作中，常通过改变吸收池厚度或待测溶液的浓度，将试液的吸光度控制在 0.2~0.7($T=20\%\sim65\%$)的范围内，以减小浓度测定的相对误差。

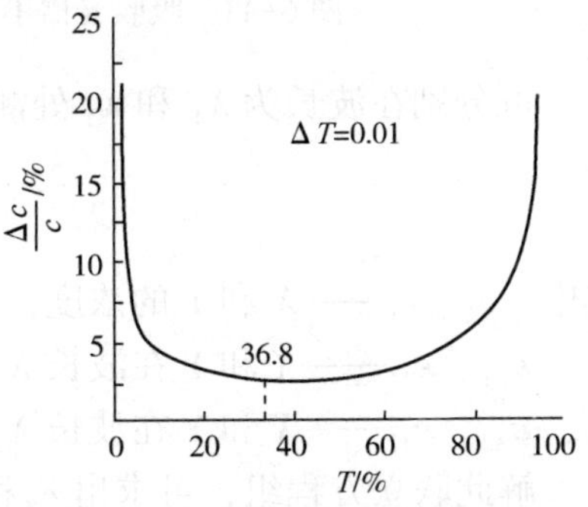

图 6-10　测定误差与透光率的关系

6-13　吸光光度法的应用

吸光光度法不仅能测定微量组分，也能测定常量组分和多组分，广泛地应用于不同领域的科学研究。

(1) 单组分分析

标准曲线法：试样中某种微量组分的测定，通常采用标准曲线法。先配制一系列不同浓度的被测组分的标准溶液，在选定的波长和最佳操作条件下分别测定溶液的吸光度，以吸光度为纵坐标，以浓度为横坐标作图，得到标准曲线。再在相同的操作条件下，测定试样溶液的吸光度，然后从标准曲线上查得试样溶液的浓度。

比较法：同条件下分别测定未知液与标准溶液的吸光度 A_x 和 $A_{标}$，根据朗伯-比尔定律，应由下式计算未知液的浓度 c_x：

$$A_x=\varepsilon bc_x$$

$$A_{标}=\varepsilon bc_{标}$$

$$A_x/A_{标}=c_x/c_{标} \tag{6-14}$$

$$c_x=\frac{A_x}{A_{标}}\times c_{标}$$

(2) 多组分分析

对于含有多种被测组分的试液，如果吸光物质之间没有相互作用，且服从朗伯-比尔定律，此时溶液的吸光度等于各组分的吸光度之和。

假定溶液中同时存在 X 和 Y 两组分，其吸收光谱一般有如下两种情况：

吸收光谱不重叠：如图 6-11 所示，在某一波长 λ_1 处 X 有吸收，而 Y 不吸收；在另一波长 λ_2 处，Y 有吸收，而 X 不吸收，则可分别在波长 λ_1 和 λ_2 处，测定组分 X 和 Y 的吸光度，而相互不产生干扰。这与单组分测定方法相同。

吸收光谱重叠：在吸收光谱中找出两个波长 λ_1 和 λ_2，在 λ_1 和 λ_2 下，X 和 Y 的吸光度相差较大，如图 6-12 所示。

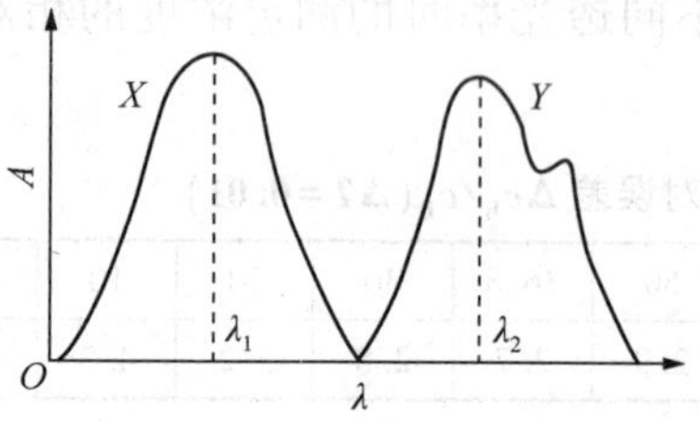

图 6-11　吸收光谱不重叠

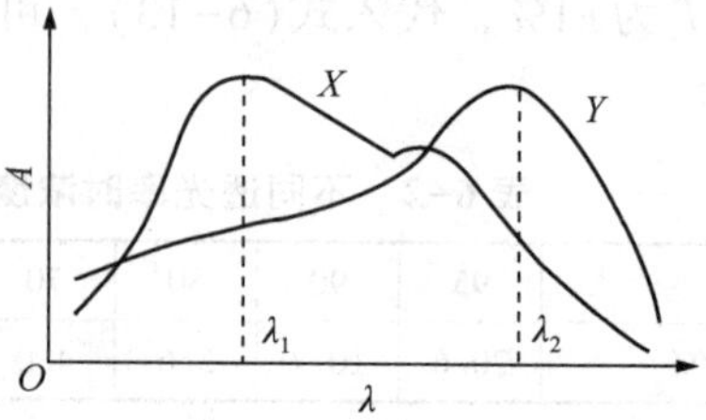

图 6-12　吸收光谱重叠

可分别在波长为 λ_1 和 λ_2 处测定试液的吸光度 A_1 和 A_2，由吸光度的加和性得联立方程：

$$\begin{cases} A_1=\varepsilon_{X1}bc_X+\varepsilon_{Y1}bc_Y \\ A_2=\varepsilon_{X2}bc_X+\varepsilon_{Y2}bc_Y \end{cases}$$

式中　c_X、c_Y——X 和 Y 的浓度；

ε_{X1}、ε_{Y1}——X 和 Y 在波长 λ_1 时的摩尔吸收系数；

ε_{X2}、ε_{Y2}——X 和 Y 在波长 λ_2 时的摩尔吸收系数。

解此联立方程组，可求出 c_X 和 c_Y(差示分光光度法见拓展阅读 6.7)。

第二部分　经典例题

【例 6-1】　用邻菲罗啉法测定铁，已知溶液中铁(Ⅱ)质量浓度为 1.0×10^{-3}g·L^{-1}。用 2cm 吸收池，在波长 508nm 处测得上述显色溶液的吸光度为 0.38。计算铁(Ⅱ)-邻菲罗啉配离子的吸收系数 a 及摩尔吸收系数 ε。

解：已知铁的相对原子质量为 55.85。根据朗伯-比尔定律得

$$a=A/(bc)=[0.38/(2\times1.0\times10^{-3})]=190(\text{L}\cdot\text{g}^{-1}\cdot\text{cm}^{-1})$$

$$\varepsilon=Ma=55.85\times190=1.1\times10^{4}(\text{L}\cdot\text{mol}^{-1}\cdot\text{cm}^{-1})$$

【例 6-2】　用分光光度法测定水中微量铁，取 5.0μg/mL 的铁标准液 5.0mL，显色后稀释至 50mL，测得吸光度 $A_s=0.410$。另取水样 10.0mL，显色后也稀释至 50mL，测得吸光度 $A_x=0.320$，求水样中的铁含量(mg·L^{-1})。

解：$C_x=\dfrac{C_s}{A_s}A_x$

$$C_s=5.0\times5.0/50=0.50(\text{mg}\cdot\text{L}^{-1})$$

$$C_x=0.50/0.410\times0.320=0.39(\text{mg}\cdot\text{L}^{-1})$$

$$C_{水样}=0.39\times50/10.0=1.95(\text{mg}\cdot\text{L}^{-1})$$

【例 6-3】 用磺基水杨酸法测定微量铁。一系列标准溶液显色后，分别测得吸光度如下：

标准铁溶液的浓度 $\mu g \cdot mL^{-1}$	0.0	2.0	4.0	6.0	8.0	10.0
吸光度	0.0	0.105	0.200	0.310	0.408	0.520

根据上述数据，绘制标准曲线，得线性回归方程为 $Y=0.0517X-0.0013$。某试液 10.00mL，稀释至 50mL，在相同条件下测得吸光度 0.530，通过线性回归方程求试液铁含量（单位为 $\mu g \cdot mL^{-1}$）。

解：回归线性方程为 $Y=0.0517X-0.0013$，试液吸光度为 0.350 代入 Y，计算出 X，即是试液所对应的标准铁标准溶液的浓度 c_x。

$$c_x=(0.350+0.0013)/0.0517=6.79(\mu g \cdot mL^{-1})$$

试液中铁的含量：

$$6.79\times\frac{50}{10.00}=33.95(\mu g \cdot mL^{-1})$$

第三部分　实验内容

实验十二　分光光度法测定水中微量的铁

1. 必备知识

预习分光光度法定量测定的原理和方法。回答以下问题：

① 什么是光吸收基本定律？

② 什么是显色剂、显色反应？如何选择显色反应的条件？

③ 如何选择光度测定条件？

④ 什么叫吸收曲线、标准曲线？它们分别有什么作用？

⑤ 分光光度法如何测定铁含量？如何选择合适的条件进行测定？

⑥ 如何使用可见光分光光度计进行光度测定？

⑦ 本实验中加入的邻二氮菲、盐酸羟胺、醋酸-醋酸钠溶液的作用是什么？加入的顺序为什么不能改变？

2. 实验目的

① 掌握光度法测定铁的原理。

② 学会分光光度计的正确使用。

③ 掌握吸收曲线、工作曲线的绘制及使用。

R6　铁含量测定相关标准

3. 实验原理

邻二氮菲（o-ph）是测定微量铁的较好显色试剂，在 pH＝2～9 的溶液中，试剂与 Fe^{2+} 生成稳定的红色配合物，其 $\lg K_{形}=21.3$，摩尔吸光系数 $\varepsilon=1.1\times10^4$，其反应式如下：

$$Fe^{2+}+3(o\text{-}ph)=\!=\!=Fe(o\text{-}ph)_3^{2+}$$

红色配合物的最大吸收峰在 510nm 波长处。本方法的选择性很高，相当于含铁量 40 倍

的 Sn^{2+}、Al^{3+}、Ca^{2+}、Mg^{2+}、Zn^{2+}、SiO_3^{2-}，20 倍 Cr^{3+}、Mn^{2+}、V(V)、PO_4^{3-}，5 倍 Co^{2+}、Cu^{2+} 等均不干扰测定。

4. 仪器及药品

仪器：50mL 容量瓶，1mL、2mL、5mL、10mL 吸量管，可见分光光度计(含 1cm 吸收池)。

药品：100.0mg·L^{-1}铁标准溶液(准确称取 0.8634g 的 $NH_4Fe(SO_4)_2 \cdot 12H_2O$，置于烧杯中，加入 20mL 1∶1 HCl 和少量水，溶解后，定量地转移至 1000mL 容量瓶中，以水稀释之刻度，摇匀)；25.00mg·L^{-1}铁标准溶液(准确移取 25.00mL 100.0mg·L^{-1}铁标准溶液于 100.0mL 于容量瓶中，定容 100.0mL)；邻二氮菲(0.15%，新配制的水溶液)；盐酸羟胺(10%水溶液，临用时配制)；pH=4.5 的醋酸-醋酸钠溶液(将 30mL 冰醋酸和 30g 无水醋酸钠溶于 100mL 水中，用水稀释至 500mL)；0.1mol/L 氢氧化钠。

5. 实验步骤

(1) 吸收曲线的绘制

在分光光度计上，用以 1cm 吸收池，以空白试剂为参比液，在 440~560nm 之间每隔 10nm 测定一次标准液 3 号的吸光度。绘制吸光度 A-波长 λ 吸收曲线。

(2) 标准曲线的制作

在 6 只 50mL 容量瓶中，用吸量管分别准确加入 25.00mg·L^{-1}铁标准溶液 0.00mL、1.00mL、2.00mL、3.00mL、4.00mL、5.00mL。分别加入 1.00mL10% 盐酸羟胺溶液(含 0.1mg·mL^{-1})，5.00mL pH=4.5 的醋酸-醋酸钠溶液和 2.00mL0.15%邻二氮菲溶液，以水稀释至刻度，摇匀。在选定波长下，用 1cm 比色皿，以空白试剂为参比液，测定各溶液的吸光度，以铁浓度(或铁质量)为横坐标，溶液相应的吸光度为纵坐标，绘制标准曲线。

(3) 试样的测定

准确移取 10.00mL 试样，与标准曲线一样配制，相同条件下测定其吸光度 A，从标准曲线上查得铁浓度(或铁质量)，再换算成原始浓度。

6. 数据记录与处理

(1) 吸收曲线数据

将实验数据记录于表 6-3。

表 6-3 吸收曲线数据

波长/nm	460	470	480	490	495	500	505	510	515
吸光度									
波长/nm	520	530	540	550	560				
吸光度									

(2) 标准曲线溶液的配制及测量

将实验数据记录于表 6-4。

表 6-4 标准曲线溶液的配制及测量

铁标准溶液浓度：25.00mg·L^{-1}

波长/nm	1	2	3	4	5	6	未知 1	未知 2
$V_{铁标准溶液}$/mL	0.00	1.00	2.00	3.00	4.00	5.00	10.00	10.00

续表

波长/nm	1	2	3	4	5	6	未知 1	未知 2
$c_{铁}$/mg · L^{-1}或 $m_{铁/g}$								
10%盐酸羟胺/mL	1.00	1.00	1.00	1.00	1.00	1.00	1.00	1.00
0.15%邻二氮菲/mL	2.00	2.00	2.00	2.00	2.00	2.00	2.00	2.00
醋酸-醋酸钠/mL	5.00	5.00	5.00	5.00	5.00	5.00	5.00	5.00
吸光度 *A*								

7. 注意事项

① 拿取比色皿时，只能用手指接触两侧的毛玻璃，避免接触光学面。同时注意轻拿轻放，防止外力对比色皿的影响，产生应力后破损。

② 当发现比色皿里面被污染后，应用无水乙醇清洗，及时擦拭干净。

③ 盛装溶液时，高度为比色皿的 2/3~3/4 处即可，光学面如有残液可先用滤纸轻轻吸附，然后再用镜头纸或丝绸擦拭。

④ 可见分光光度计的使用，装置如图 6-13 所示。

图 6-13　可见分光光度计

预热：把分光光度计电源线连接好，接通电源后，按动开机开关，然后让仪器预热至少 30min，为使仪器内部达到热平衡，确保测试结果有效。注意：由于仪器检测器(光电管)有一定的使用寿命，应当尽量减少对光电管的光照，所以在预热的过程中应打开样品室盖，切断光路。

调节波长：通过旋转波长调节手轮可以改变仪器的波长显示值(顺时针方向旋转波长调节手轮波长显示值增大，逆时针方向旋转则显示值减少)。调节波长时，视线一定要与视窗垂直。

放置参比样品和待测样品：选择测试用的比色皿；把盛好参比样品和待测样品的比色皿放到四槽位样品架内；用样品架拉杆来改变四槽位样品架的位置。当拉杆到位时有定位感，到位时请前后轻轻推拉一下以确保定位正确。

置参比溶液的透光率为 100%和吸光度为 0：按 MODE 键调节到 T 模式，将用作参比的样品置入样品室光路中，关闭掀盖后按“100%T”键使透光率为 100%。

按 MODE 键调节到 A 模式，按“0A”键使参比液的吸光度为 0。

待测样品溶液吸光度测定：将待测样品溶液置入样品室光路中，直接

S11　分光光度法测定水中磷含量

读取吸光度 A。

关机：实验完毕，切断电源，将比色皿取出洗净，并将比色皿座架及暗箱用软纸擦净。

第四部分　思考题和习题

思　考　题

思考题 6-1　与化学分析法相比，吸光光度法的主要特点是什么？

思考题 6-2　什么是复合光、单色光、可见光和互补色光？白光与复合光有何区别？

思考题 6-3　朗伯比尔定律成立的条件是什么？写出其数字表达式。

思考题 6-4　什么是摩尔吸收系数？什么是吸收系数？它们之间的关系如何？

思考题 6-5　摩尔吸收系数在吸光光度分析中有什么意义？如何求出摩尔吸收系数？摩尔吸收系数受哪些因素的影响？

思考题 6-6　什么叫透光率和吸光度？两者的关系如何？

思考题 6-7　在吸光光度法中，引起偏离朗伯比尔定律的主要因素有哪些？如何消除这些因素的影响？

思考题 6-8　什么是吸收曲线？什么是标准曲线？它们有何实际意义？

思考题 6-9　吸光光度法测定对显色反应有何要求？从哪些方面来考虑显色反应的条件？

思考题 6-10　为了提高吸光光度法测定结果的准确度，应该从哪些方面选择或控制测定条件？

思考题 6-11　物质对光为什么会发生选择性吸收？举例说明。

思考题 6-12　分光光度计的基本组成部件有哪些？各个基本组成部件起的作用是什么？

思考题 6-13　在吸光光度分析中，通常将吸光度控制在什么范围，测定的误差才较小？可以采取哪些措施来控制吸光度的范围？

习　　题

习题 6-1　某有色溶液在 1cm 吸收池测定 A_1 为 0.400，将此溶液稀释到原浓度的 1/2 后，转移到 3cm 吸收池中，计算在相同波长下的 A_2 和 T_2。

答案：0.600；25.1%

习题 6-2　已知某化合物的相对分子质量为 251，将此化合物用乙醇作溶剂配成浓度为 0.150mol · L^{-1}的溶液，在波长 480mm 处用 2.0cm 吸收池测得透光率为 39.8%，求该化合物在上述条件下的摩尔吸收系数 ε 和吸收系数 a。

答案：1.33×10^{3}L · mol^{-1} · cm^{-1}；5.3L · g^{-1} · cm^{-1}

习题 6-3　若将某波长的单色光通过液层厚度为 1.0cm 的溶液，则透过光强度为入射光强度的 1/4。当该溶液液层厚度为 2.0cm 时，透光率和吸光度的变化如何？

答案：2 倍；1/4

习题 6-4　某钢样中镍的质量分数为 0.12%，用丁二酮肟显色，$\varepsilon=1.3\times10^{4}$L · mol^{-1} · cm^{-1}，若钢样溶解显色后，其溶液体积为 100.0mL。在 $\lambda=470$mm 处用 1cm 的吸收池测定，希望测

定误差最小，应该称取试样多少克？

答案：0.16g

习题 6-5 已知 $KMnO_4$ 溶液在 525mm 波长处的摩尔吸收系数 $\varepsilon=2.3\times10^3L\cdot mol^{-1}\cdot cm^{-1}$，采用 2cm 的吸收池欲使透光率的读数范围控制在 15%～70%。问题：$KMnO_4$ 溶液的质量浓度应控制在什么范围？若透光率超出了上述范围应采取何种措施？

答案：$2.8\times10^{-2}\sim5.4\times10^{-3}g\cdot L^{-1}$

习题 6-6 有一浓度为 $2.0\times10^{-4}mol\cdot L^{-1}$ 的某有色溶液，当 $b_1=3cm$ 时测得 $A_1=0.120$。将其加等体积水稀释后改用 $b_2=5cm$ 的吸收池测定，测得 $A_2=0.200$（λ 相同）。问此时是否服从朗伯比尔定律？

答案：$\varepsilon_1\neq\varepsilon_2$，不服从朗伯比尔定律

习题 6-7 某一分光光度计的透光率读数误差为 0.005，当测定的透光率分别为 9.5% 和 95% 时，计算浓度测定的相对误差为多少？

答案：±2.2%；±10%

习题 6-8 用磺基水杨酸法测定微量铁。一系列标准溶液显色后，分别测得下列吸光度如下：

标准铁系列的浓度 $\mu g\cdot mL^{-1}$	0.0	2.0	4.0	6.0	8.0	10.0
吸光度	0.0	0.165	0.320	0.480	0.630	0.790

根据上述数据，绘制标准曲线，得线性回归方程为 $y=0.0786x+0.0043$。某试液 5.00mL，稀释至 50mL。与绘制标准曲线相同条件下显色和测定吸光度。测得 $A=0.400$，通过线性回归方程求试液铁含量（单位为 $\mu g\cdot mL^{-1}$）。

答案：$50.3\mu g\cdot mL^{-1}$

习题 6-9 浓度为 $25.5\mu g/50mL$ 的 Cu^{2+} 溶液，用双环己酮草酰二腙比色测定。在波长 600nm 处，用 1cm 的比色皿测得吸光度 $A=0.150$，求摩尔吸光系数和吸收系数[$M(Cu)=63.5$]。

答案：$1.87\times104L\cdot mol^{-1}\cdot cm^{-1}$；$294.5L\cdot g^{-1}\cdot cm^{-1}$

习题 6-10 在光度分析法中，蒸馏水调零后，用 $3.00\mu g\cdot mL^{-1}$ 的锌标准溶液测得吸光度为 0.357，测得样品的吸光度为 0.284。①计算样品中锌的浓度为多少？②若此试液由 0.1088g 固体样品消化定容成 50.00mL 而得，求该样品中锌的含量（$g\cdot kg^{-1}$）。

答案：①$2.39\mu g\cdot mL^{-1}$；②$1.098g\cdot kg^{-1}$

习题 6-11 有两种不同浓度的有色溶液，当液层厚度相同时，对于某一波长的光，透光率 T 分别为：①65.0%；②41.8%，求它们的吸光度 A。若已知溶液①的浓度为 $6.51\times10^{-4}mol\cdot L^{-1}$，求溶液②的浓度。

答案：0.187，0.379；$1.32\times10^{-3}mol\cdot L^{-1}$

习题 6-12 用分光光度法测定水中微量铁，取 $3.0\mu g\cdot mL^{-1}$ 的铁标准液 10.0mL，显色后稀释至 50mL，测得吸光度 $A_s=0.460$。另取水样 25.0mL，显色后也稀释至 50mL，测得吸光度 $A_x=0.410$，求水样中的铁含量（$mg\cdot L^{-1}$）。

答案：$1.06mol\cdot L^{-1}$

习题 6-13 将 1.000g 钢样用 HNO_3 溶解，钢中的锰用 KIO_4 氧化成高锰酸钾，并稀释到 100.0mL，用 1.00cm 比色皿在波长 525nm 测得此溶液的吸光度为 0.700。一标准 $KMnO_4$ 溶

液的浓度为 $1.52\times10^{-4}mol \cdot L^{-1}$，在同样的条件下测得的吸光度为 0.350，求钢样中锰的质量分数[$M(Mn)=54.94g \cdot mol^{-1}$]。

答案：0.167%

第五部分　拓展阅读

6.1　非单色光引起偏离朗伯-比尔定律的原因推导过程

假设入射光是由波长为 λ_1 和 λ_2 的两种单色光组成，其强度分别为 $I_{0,1}$ 和 $I_{0,2}$，当通过浓度为 c，厚度为 b 的吸光物质溶液后，透射光的强度分别为 I_1 和 I_2。显然，朗伯-比尔定律对这两种单色光均适用。对波长为 λ_1 的单色光：

$$A_1=\lg\frac{I_{0,1}}{I_1},\quad I_1=I_{0,1}\times10^{-\varepsilon_1 bc}$$

对波长为 λ_2 的单色光：

$$A_2=\lg\frac{I_{0,2}}{I_2},\quad I_2=I_{0,2}\times10^{-\varepsilon_2 bc}$$

实际测定时，并不能分别测得 A_1 和 A_2，而只能测得它们的总吸光度 $A_{总}$。由于总入射光强度为 $I_{0,1}+I_{0,2}$，总的透射光强度为 (I_1+I_2)，则

$$A_{总}=\lg\frac{I_{0,1}+I_{0,2}}{I_1+I_2}=\lg\frac{I_{0,1}+I_{0,2}}{I_{0,1}\times10^{-\varepsilon_1 bc}+I_{0,2}\times10^{-\varepsilon_2 bc}}$$

若 $\varepsilon_1=\varepsilon_2=\varepsilon$ 时

$$A_{总}=\lg\frac{I_{0,1}+I_{0,2}}{(I_{0,1}+I_{0,2})\times10^{-\varepsilon bc}}=\varepsilon bc$$

此时，吸光度 A 与浓度 c 成正比，符合朗伯-比尔定律。

如果 $\varepsilon_1\neq\varepsilon_2$，$A$ 与 c 则不成正比而偏离朗伯-比尔定律。ε_1 与 ε_2 相差越大，偏离越显著。

6.2　分光光度计常用的检测器简介

可见分光光度计常用的检测器有光电池、光电管、光电倍增管和光电二极管阵列。

(1) 光电池

常用的光电池是硒光电池，当光照射在光电池上时，半导体硒表面就有电子逸出，被收集于金属薄膜上带负电，成为光电池的负极。由于硒的半导体性质，电子只能单向移动，使铁片成为正极。通过与电阻很小的外电路连接，能产生 10~100μA 的光电流，可直接用检流计测定，电流的大小与照射光强度成正比。光电池受强光照射或长时间连续使用时，会出现“疲劳现象”，在照射光强度不变时，产生的光电流会逐渐下降。这时，应停止使用，置于暗处使其恢复原有灵敏度，严重时应更换新的硒光电池。

（2）光电管

光电管是由一个阳极和光敏阴极组成的真空（或充有少量惰性气体）二极管，阴极表面镀有碱金属或碱金属氧化物等光敏材料，当它被具有足够能量的光照射时，能够发射电子。当两极之间有电位差时，发射出的电子就流向阳极而产生电流，电流的大小取决于入射光的强度。在相同强度的光的照射下，光电管所产生的电流约为光电池的 1/4，但由于它有很高的内阻，产生的电流很容易放大。光电管具有灵敏度高、光敏范围广、不易疲劳等特点

（3）光电倍增管

当照射在光电管上的光的强度很弱时，所产生的电流很小，不易检测，此时可使用光电倍增管。光电倍增管中有一个光敏阴极和若干个倍增光敏阴极。当光照射光敏阴极时，发射出电子，由于外电场的加速作用，这些电子高速轰击相邻的第一阴极，该阴极经电子轰击后又产生次级电子，其数目比入射的电子多，这些电子再次被加速轰击第二阴极，从而发射出更多的电子。如此继续下去，通常使用 9~12 个这种阴极，可使电流放大几百万倍以上。最后倍增了的电子射向阳极形成电流，光电流通过负载电阻可变成电压信号，经放大后将信号输入读数指示器。

（4）光电二极管阵列

光电二极管阵列是 20 世纪 80 年代出现的一种光学多通道检测器，目前更多用来替代单个检测器，作为分光光度计和高效液相色谱仪检测器。在晶体硅上紧密排列一系列光电二极管构成光电二极管阵列，每一个二极管相当于一个单色器的出口狭缝，二极管越多分辨率越高。光电二极管检测器具有灵敏度高、噪音低、线性范围宽等特点，比光电倍增管更耐用。

6.3 分光光度计的类型

单波长单光束分光光度计：单波长单光束分光光度计最常见，其结构如图 6-14 所示，特点是结构简单，但容易受到光源强度波动的影响而带来误差。

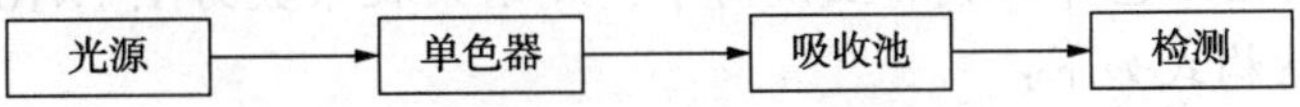

图 6-14　单波长单光束分光光度计方框图

最常见的国产 722 型可见分光光度计就是一种单光束单波长分光光度计，采用光电管检测器，工作波长范围为 330~800nm。

单波长双光束分光光度计：单波长双光束分光光度计能自动比较透过参比池和试样池的光束强度，此比值即为试样的透光度，并把它作为波长的函数记录下来。这样，通过自动扫描就能迅速地将试样的吸收光谱记录下来。如图 6-15 为单波长双光束分光光度计方框图。

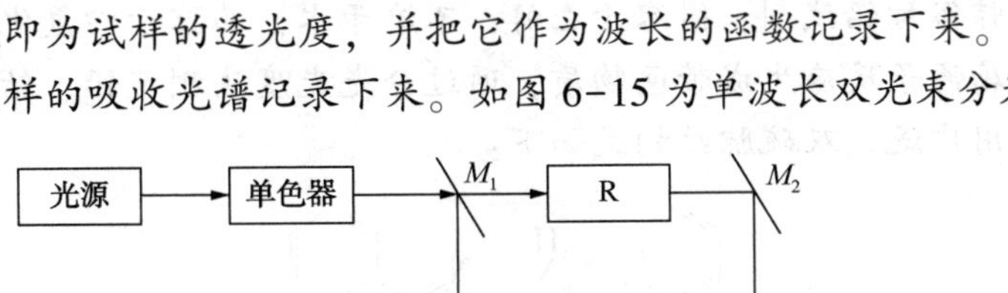

图 6-15　单波长双光束分光光度计方框图

使用双波长单光束的优点除了能自动扫描吸收光谱外，还可自动消除电源电压波动的影响，减小放大器增益的漂移。但其结构较单波长单光束分光光度计复杂。

双波长双光束分光光度计：图6-16为双波长双光束的分光光度计示意图。从光源发出的光经两个不同单色器，得到不同波长的两束单色光，通过切光器，以一定的时间间隔使两束单色光照射到盛有试液的吸收池上，检测器显示试液在两波长处的透光度差ΔT或吸光度差ΔA。

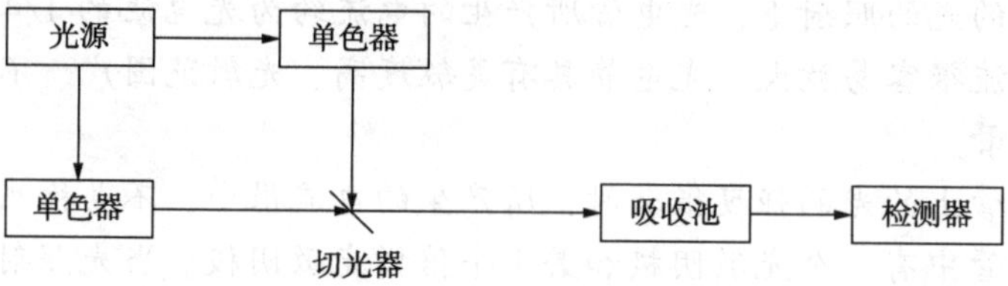

图6-16　双波长分光光度计方框图

用双波长双光束分光光度计进行定量分析的理论依据是：ΔA与吸光物质浓度c成正比。双波长分光光度计比单波长分光光度计，误差小，准确度高，原因仅使用一个吸收池，并且用试液本身作参比液，消除了单波长光度法试样吸收池与参比池不一致引起的误差。

6.4　常见的有机显色剂

许多有机显色剂在一定条件下能与金属离子生成稳定有色的螯合物。金属螯合物颜色鲜明、摩尔吸收系数大，测定的灵敏度高；稳定性好；大多数有机螯合剂在一定条件下只与少数金属离子配位，选择性好，因而它广泛应用于吸光光度分析中。

有机显色剂的种类非常多，下面仅介绍几种常用的显色剂：

邻二氮菲：邻二氮菲，即“1,10-邻二氮杂菲”，也称邻菲罗啉、邻菲啰啉、邻菲咯啉。它是一个双齿杂环化合物配体，具有很强的螯合作用，会与大多数金属离子形成很稳定的配合物。邻二氮菲最常见的应用是分光光度法测定铁。邻二氮菲在pH为2~9时，会与亚铁离子(Fe^{2+})形成稳定的橙红色邻二氮菲亚铁离子，摩尔吸收系数为1.1×10^4，灵敏高较高，选择性好。邻二氮菲结构式如下：

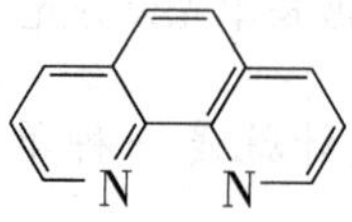

邻二氮菲

双硫腙：双硫腙俗称铅试剂，微溶于乙醇，不溶于水，易溶于四氯化碳和氯仿。双硫腙为螯合剂，能与金属离子反应生成带色物质，通过分光光度法测定铅、钴、铜、汞、锌和银等，灵敏度高，应用广泛。双硫腙结构式如下：

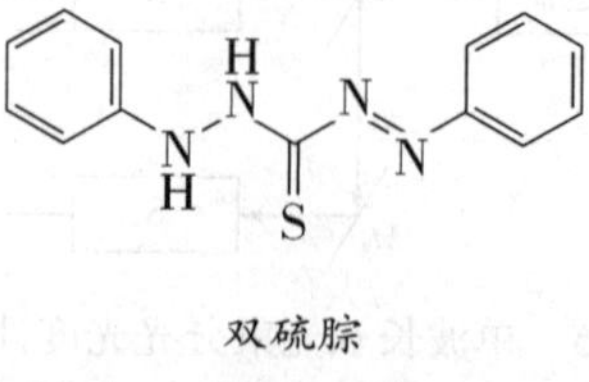

双硫腙

偶氮胂Ⅲ：偶氮胂Ⅲ，暗红色粉末，溶于碱溶液，微溶于水(如是钠盐则可溶于水)，不溶于乙醇、乙醚和丙酮；在水溶液中呈玫瑰红色，在硫酸中为绿色，在碱性溶液中为蓝色。偶氮胂Ⅲ在一定条件下，可与许多金属离子形成稳定的螯合物，可用于铀、钍、锆等元素以及稀土元素总量的测定，灵敏度高，选择性好。结构式如下：

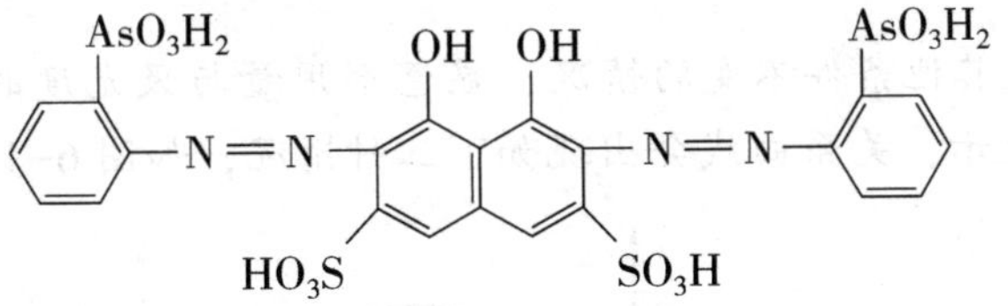

偶氮胂Ⅲ

铬天青S：红棕色粉末，溶于水为棕黄色溶液，微溶于乙醇呈红棕色。铬天青S可用于光度法测定铝、铍、铈、钴、铬、铜、铁、镓、铪、铟、镧、锰、钼、镍、钯、铑、钪、钍、钛、钒、钇、锌、锆等金属离子和氟化物，并与某些阳离子表面活性剂形成三元配合物，摩尔吸收系数大，灵敏度高，因此广泛应用于吸光光度法测定。铬天青S结构式如下：

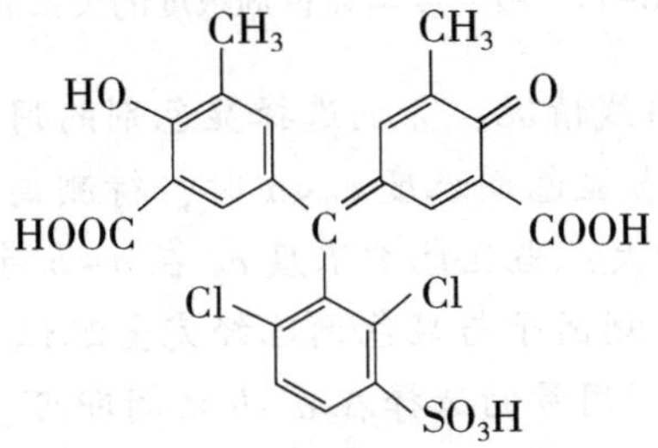

铬天青S

6.5　三元配合物

一种金属离子同时与两种不同配位体形成三个组分的配合物称为三元配合物。三元配合物是配合物化学中的一个新的领域，由于三元配合物较二元配合物具有较高的选择性、灵敏度和稳定性，因而近十多年来，受到国内外分析工作者普遍重视，并得到了迅速的发展，现在分光光度分析中得到了广泛的应用。光度分析中常用的三元配合物有如下两种：

(1) 金属离子-电负性配位体-有机碱形成的三元配合物

该类型的三元配合物亦可叫离子对配合物。例如，在金属离子和有机试剂的二元体系中，引入长碳链的季铵盐，通常是阳离子界面活性剂，形成三元配合物。这种三元配合物在用于分光光度法中具有显著的优点：①可以提高灵敏度50%至5倍以上；②配合物最大吸收峰发生红移，通常移动数十毫微米至一百多毫微米，亦有发生紫移的；③改善了实验条件，使方法易于掌握，并且稳定性也有所提高。

(2) 金属离子-两个不同的电负性配位体形成的三元配合物

该类型的三元配合物亦可叫混合配位体配合物。在pH=2的酸性溶液中，钛可与过氧化氢、EDTA或二甲酚橙形成稳定的三元配合物；铌与过氧化氢、氮三乙酸或EDTA形成稳定的三元配合物，都可以提高光度分析中的灵敏度。

6.6 显色剂用量的选择

待测组分的浓度及其他条件不变的情况，显色剂用量与吸光度的关系可用吸光度(A)-浓度(c_R)关系曲线来表示，关系曲线会出现如下三种情况，如图 6-17 所示。

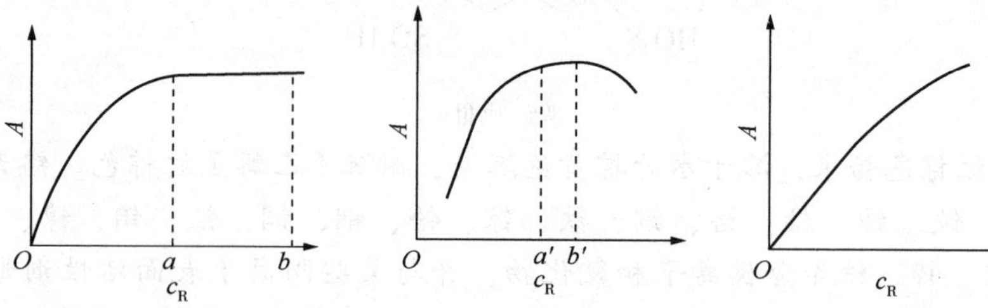

图 6-17 吸光度与显色剂浓度的关系曲线

根据图 6-17 中三种不同曲线情况，分别选择显色剂的用量范围。

由图 6-17(a)曲线表明，当显色剂浓度 $c_R<a$ 时，待测离子与显色剂没有完全配位，随着 c_R 的增大，吸光度 A 不断增大；当显色剂浓度 c_R 在 $a \sim b$ 范围内时，吸光度达到最大且稳定；当显色剂浓度 $c_R>a$ 时，待测离子与显色剂已经完全配位，随着 c_R 的增大，吸光度 A 不再改变；在此种情况下，显色剂用量的选择在 $a \sim b$ 之间即可。

由图 6-17(b)曲线表明，当 c_R 在 $a \sim b$ 这一较窄的范围内，吸光度值才较稳定，其余吸光度都下降，在此种情况下，显色剂用量必须严格控制 c_R 在 $a \sim b$ 这一较窄的范围内。

由图 6-17(c)曲线表明，随着显色剂浓度的不断增大，吸光度也不断增大，吸光度值没有一个最大值。在此种情况下，显色剂用量必须严格控制显色剂用量在某一点上。

6.7 差示分光光度法

吸光光度法主要用于微量组分的含量，当待测组分的浓度过高时，会产生较大的误差。用已知浓度的标准溶液作参比，调节其吸光度为零(透光率 100%)，然后测量待测溶液的吸光度，以提高分光光度法精密度、准确度和灵敏度的方法，称为差示分光光度法。

设用作参比的标准溶液浓度为 c_s，待测溶液浓度为 c_x，且 $c_x>c_s$，根据朗伯-比耳定律得到

$$A_x=\varepsilon c_x b$$

$$A_s=\varepsilon c_s b$$

两式相减 $$A=A_x-A_s=\varepsilon b(c_x-c_s)=\varepsilon b\Delta c$$

这时测得的吸光度实际是这两种溶液吸光度的差值(相对吸光度)。从上式可知，所测得的吸光度差值 A 与这两种溶液的浓度差 Δc 成正比。

以测得的吸光度 A 对 Δc 作工作曲线，根据待测液测得的吸光度 A 找出相应的 Δc 值，从 $c_x=c_s+\Delta c$，便可求出待测溶液的浓度。差示分光光度法适用于高浓度组分的测定，减小测量误差，提高测定的准确度，扩大测定的适用范围。

模块七 仪器分析方法

仪器分析方法众多，其原理方法、仪器结构、操作技术和应用范围等差别很大，多数形成相对较为独立的分支。基于所用的物理性质和化学性质，仪器分析法一般可分为电化学分析法、光学分析法、色谱分析法和毛细管电泳法及其他仪器分析法。

电化学分析法是利用物质的电学和电化学性质测定物质组分含量的分析方法，大体可分为四类：电位法、伏安法、电导法和电重量法。

光学分析法是基于分析物质与电磁辐射相互作用产生的辐射(即光)信号变化的分析方法，一般包括吸光光度法、紫外吸收光谱分析法(见拓展阅读 7.1)、红外吸收光谱分析法(见拓展阅读 7.2)、原子吸收光谱分析法、原子发射光谱分析法(见拓展阅读 7.5)和荧光分析法等。

色谱法是一类用以分离、分析多组分混合物有效的物理及物理化学分析方法，主要有气相色谱法、液相色谱法等，其中毛细管气相色谱法(见拓展阅读 7.6)和高效液相色谱法已经得到广泛应用。

还有一些其他仪器分析方法，如质谱法(见拓展阅读 7.4)、核磁共振波谱法(见拓展阅读 7.3)等。

仪器分析法的优点是操作简便、快速，适合生产过程中的控制分析，尤其适用低含量组分测定。这里重点介绍电位分析法、原子吸收光谱分析法、气相色谱法和高效液相色谱法。

第一部分 基础知识

7-1 电位分析法

通常是由指示电极、参比电极和待测溶液构成原电池，以测定电池两极间电位差(电动势)变化来进行定量分析的电化学分析法称为电位分析法。它包括直接电位测定法和电位滴定法。

直接电位测定法：也叫电位测定法，是根据原电池的电动势与被测离子活度间的函数关系，直接测定待测离子活度(或浓度)的方法。例如用电位法测定溶液的 pH，以及用各类离子选择性电极测定溶液中相应离子的浓度等。

电位滴定法：是借助测量滴定过程中电池电动势的“突变”来确定滴定终点，再根据化学反应计量关系进行定量的方法，可用于酸碱、氧化还原等各类滴定反应终点的确定。

直接电位法的理论依据是能斯特(Nernst)方程式，它表示了电极电位 φ 与溶液中对应离子活度之间存在的定量关系。例如对于氧化还原半反应为

$$Ox+ne^- \rightleftharpoons Red$$

其电位可用能斯特方程式(Nernst Equation)表示：

$$\varphi_{Ox/Red}=\varphi^{\ominus}_{Ox/Red}+\frac{0.059}{z}\lg\frac{a_{Ox}}{a_{Red}} \quad 25℃ \tag{7-1}$$

根据以上公式，测定了电极电位 φ，就可确定待测离子的活度，控制一定条件可以测定离子的浓度。

1. 参比电极

参比电极：即在恒定温度下电极电位不随被测离子活度(或浓度)而变化，具有恒定电位值的电极。

标准氢电极是国际上为测量其他电极的电极电位值而规定的基准参比电极。但实际上由于制造标准氢电极的过程较麻烦，而且又易与有害成分作用而失去灵敏性，故常规工作中很少使用。在实际测量中，常用的参比电极有甘汞电极和 Ag-AgCl 电极。

(1) 甘汞电极(calomel electrode)

甘汞电极由汞、Hg_2Cl_2 和已知浓度的 KCl 溶液组成的电极。构造如图 7-1 所示。

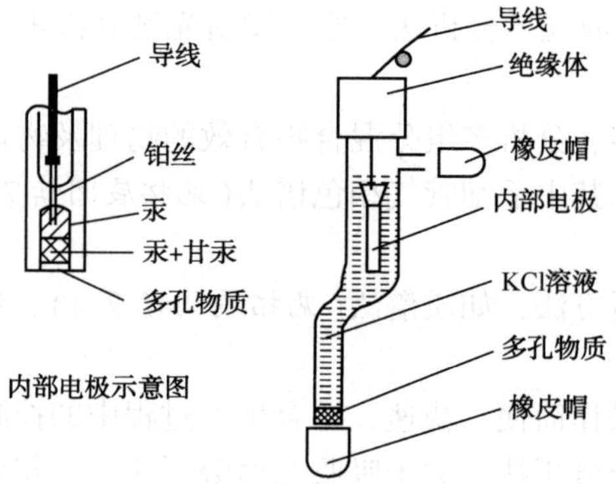

图 7-1　甘汞电极

甘汞电极由两个玻璃套管组成，内玻璃管的上端封接一根铂丝，铂丝插入纯汞中，下置一层甘汞(Hg_2Cl_2)和汞的糊状混合物，下端用一层多孔性物质塞紧，外玻璃管中装入 KCl 溶液，电极下端与待测溶液接触部分是熔结陶瓷芯或玻璃砂芯等多孔性物质。甘汞电极的半电池组成为

$$Hg,\ Hg_2Cl_2(s) \mid KCl(x\,mol \cdot L^{-1})$$

电极反应为

$$Hg_2Cl_2(s)+2e^- \rightleftharpoons 2Hg(l)+2Cl^-$$

电极电位(25℃)为

$$\varphi=\varphi^{\ominus}_{Hg_2Cl_2/Hg}+\frac{0.059}{2}\lg\frac{1}{a^2_{Cl^-}}=\varphi^{\ominus}_{Hg_2Cl_2/Hg}-0.059\lg a_{Cl^-} \tag{7-2}$$

可见，当温度一定时，甘汞电极的电极电位与 Cl^- 的活度或浓度有关。当 Cl^- 浓度不同时，可得到具有不同电极电位的参比电极。在 25℃时，当 KCl 溶液的浓度分别为 0.1mol · L^{-1}、1.0mol · L^{-1} 及饱和时，甘汞电极的电极电位分别为+0.3365V、+0.2828V、+0.2438V。KCl

溶液浓度为 1.0mol·L^{-1}时，称为标准甘汞电极；KCl 溶液为饱和溶液时，称为饱和甘汞电极(简称 SCE)。

(2) Ag-AgCl 电极

银丝表面镀上一薄层 AgCl，浸在一定浓度的 KCl 溶液中即构成 Ag-AgCl 电极。

半电池组成为　　　　Ag，AgCl(S) | KCl($x$mol·L^{-1})

电极反应为　　　　$AgCl+e^- \rightleftharpoons Ag+Cl^-$

电极电位(25℃)为

$$\varphi=\varphi^{\ominus}_{AgCl/Ag}-0.059\lg a_{Cl^-} \tag{7-3}$$

在 25℃时，当 KCl 溶液的浓度分别为 0.1mol·L^{-1}、1.0mol·L^{-1}及饱和时，Ag-AgCl 电极的电极电位分别为+0.2880V、+0.2223V、+0.2000V。

2. 指示电极

指示电极：即电极电位随待测溶液离子活度(或浓度)的变化而变化，能指示待测离子活度(或浓度)的电极。

(1) 金属-金属离子电极

金属-金属离子电极是由其纯金属片或棒插入含有该金属离子的溶液中而组成，称为第一类电极。其电极电位随溶液中金属离子活度变化而变化，因此可用该类电极测定溶液中相同金属离子的活度或浓度。

例如，将 $Ag-Ag^+$电极，其电极反应为

$$Ag^++e^- \rightleftharpoons Ag$$

在 25℃时，电极的电极电位为

$$\varphi_{Ag^+/Ag}=\varphi^{\ominus}_{Ag^+/Ag}+0.059\lg a_{Ag^+} \tag{7-4}$$

由上式可见，电极电位仅与 Ag^+活度有关，故该电极可用来测定银离子活度或电位滴定中的银离子滴定的指示电极。

(2) 金属-金属难溶盐电极

金属-金属难溶盐电极是由金属表面覆盖其难溶盐并插入难溶盐的阴离子的溶液中而形成的电极，也称第二类电极。如甘汞电极、Ag-AgCl 电极等电极，由于其电极电位随溶液中难溶盐的阴离子活度变化而变化，因此此类电极能用于测定溶液中阴离子的活度或浓度。

金属-金属难溶盐电极常用作参比电极，这是由于其电位恒定和重现性好，但目前已逐渐被离子选择性电极所代替。

(3) 汞电极

汞电极是由金属汞浸入浓度约 1×10^{-6}mol·L^{-1}的 Hg^{2+}-EDTA 配合物及被测金属离子 M^{n+}的溶液形成的电极，属于第三类电极。

电极反应：

$$HgY^{2-}+2e^- \rightleftharpoons Hg+Y^{4-}$$

电极电位：

$$\varphi=\varphi^{\ominus}+\frac{0.0592}{2}\lg\frac{K_{f,CaY}}{K_{f,HgY}}+\frac{0.0592}{2}\lg\frac{a_{HgY}}{a_{CaY}}+\frac{0.0592}{2}\lg a_{Ca^{2+}}$$

$$=\varphi^{\ominus'}+\frac{0.0592}{2}\lg a_{Ca^{2+}}$$

式中，比值 a_{HgY}/a_{CaY} 可视为常数，因此得到：

$$\varphi = \varphi^{\ominus\prime} + \frac{0.0592}{2}\lg a_{Ca^{2+}} \tag{7-5}$$

由上式可以看出，在一定条件下，汞电极电位仅与被测金属离子浓度有关，因此可用于以 EDTA 滴定金属离子的指示电极，目前发现已有约 30 种金属离子可用汞电极进行电位滴定。

（4）惰性金属电极

惰性金属电极由惰性材料如铂、金、或石墨等，插入同一元素两种不同氧化态的离子溶液中形成的电极，亦称为零类电极或氧化还原电极。这类电极本身不参加电极反应，仅仅是作为溶液中氧化还原性物质得失电子的场所，用于测定溶液中电对的氧化态和还态离子活度的比值。如 Pt/Fe^{3+}，Fe^{2+}电极等。

（5）离子选择性电极

离子选择性电极(ISE)又称膜电极，电极主要部分是对待测离子有选择性响应的敏感膜，该膜可以是固体或液体，对不同待测离子有响应的膜电极，其膜的组成成分各不相同。金属基电极基于给出或得到电子产生电极电位，而离子选择性电极的电极电位是膜表面离子交换和扩散的结果。

敏感膜的电位包括液接电位(又称扩散电位)和膜与电解质溶液形成的内外界面的道南电位。在两种组成不同或浓度不同的溶液接触界面上，由于溶液中正负离子扩散通过界面的迁移率不相等，将产生接界电位差，此电位差称为液接电位。一种选择性渗透膜，当它与溶液接触时，能选择地让一种或某几种离子渗透、扩散，造成膜内外界面电荷分布不均匀，产生双电位层结构，形成电位差，这种电位称为道南电位。

离子选择性电极种类繁多，根据 IUPAC 建议离子选择性电极的分类如下：

离子选择性电极分为原电极和敏化电极两大类。原电极又包括晶体(膜)电极(均相膜电极、非均相膜电极)和非晶体(膜)电极[刚性基质电极、活动载体电极(液膜电极)]；敏化电极包括气敏电极(又称探头；探测器；传感器)、酶(底物)电极和其他电极，如细菌电极、生物电极等。常见的电极有晶体(膜)电极、刚性基质电极、活动载体电极(液膜电极)、敏化电极和离子敏场效应晶体管，下面重点介绍 pH 玻璃电极和氟电极。

① 玻璃电极。玻璃电极的敏感膜是由玻璃材料制成的，属非晶体膜刚性基质离子选择性电极。常见的玻璃电极结构如图 7-2 所示。

在玻璃管的一端是特殊玻璃制成的球形薄膜，膜厚度为 0.03~0.1mm，这是电极的关键部分。管内装有一定 pH 的内参比溶液，通常为 $0.1mol \cdot L^{-1}$ HCl，在溶液中插入一支 Ag-AgCl 内参比电极，即构成玻璃电极。

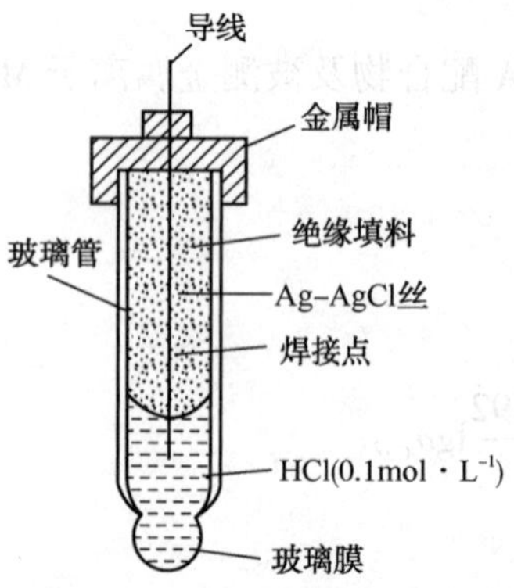

图 7-2　pH 玻璃电极

玻璃电极之所以能指示 H^+浓度的大小，是因为 H^+在膜上进行交换和扩散的结果。玻璃电极在使用前必须在水中浸泡一定时间，由于玻璃膜的结构中存在着体积较小且活动能力很强的 Na^+，当电极放入水中时，玻璃膜外表面的 Na^+与水中的 H^+发生交换：

$$Na^+G^- + H^+ \rightleftharpoons G^-H^+ + Na^+$$

因为平衡常数很大，因此，玻璃膜内外表层中的 Na^+的位置几乎全部被 H^+所占据，从而形成所谓的“水化层”。

玻璃电极使用前在水溶液中浸泡，生成三层结构，即中间的干玻璃层和两边的水化硅胶层：

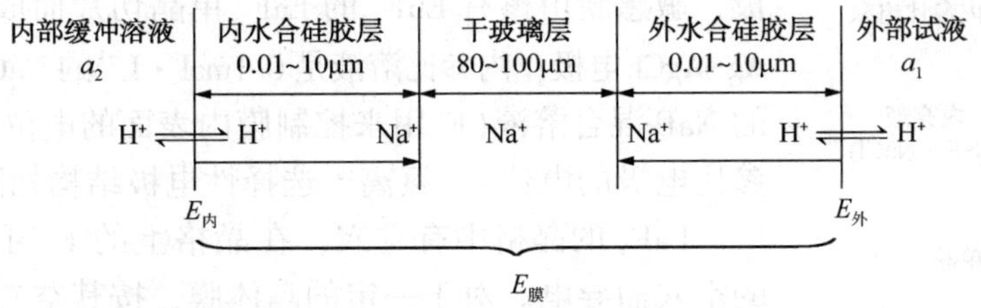

若外(内)溶液与外(内)水化层溶液的 H^+不同，则

$$\equiv SiO^- \ H^+ (表面) + H_2O(溶液) \rightleftharpoons \equiv SiO^- (表面) + H_3O^+$$

H_3O^+在水化层表面与溶液的界面上进行扩散，于是破坏了界面附近原来正负电荷分布的均匀性，在两相界面形成了双电层结构，从而产生了相界电位。

由此可见，玻璃电极两侧相界电位的产生不是由于电子得失，而是由离子(H^+)在溶液和硅胶层界面间进行迁移(扩散和交换)的结果。

在25℃时，玻璃电极放入待测溶液，平衡后，膜外侧水合硅胶层-试液的相界电位和膜内侧水合硅胶层-内部溶液的相界电位可用下式表示：

$$\varphi_外 = k_1 + 0.059\text{V}\ \lg(a_1/a'_1)$$

$$\varphi_内 = k_2 + 0.059\text{V}\ \lg(a_2/a'_2)$$

式中　a_1，a_2——外部试液和电极内参比溶液的 H^+活度；

a'_1，a'_2——玻璃膜外、内水合硅胶层表面的 H^+活度；

k_1，k_2——由玻璃膜外、内表面性质决定的常数。

玻璃膜内、外表面的性质基本相同，则 $k_1 = k_2$，$a'_1 = a'_2$

$$\varphi_膜 = \varphi_外 - \varphi_内 = 0.059V\lg(a_1/a_2)$$

由于内参比溶液中的 H^+活度(a_2)是固定的，则

$$\varphi_膜 = K + 0.059V\lg a_1 = K - 0.059\text{pH}_试 \tag{7-6}$$

此式说明在一定温度下玻璃电极的膜电位与溶液的 pH 呈线性关系。

当玻璃膜内外溶液 H^+浓度或 pH 值相等时，从前述公式可知，$\varphi_膜=0$，但实际上 $\varphi_膜$不为0，这说明玻璃膜内外表面性质是有差异的，如表面的几何形状不同、结构上的微小差异、水化作用的不同等。由此引起的电位差称为不对称电位。其对 pH 测定的影响可通过充分浸泡电极和用标准 pH 缓冲溶液校正的方法加以消除。

玻璃电极具有内参比电极，如 Ag-AgCl 电极，因此整个玻璃电极的电位为

$$\varphi_玻 = \varphi_{AgCl/Ag} + \varphi_膜 = \varphi_{AgCl/Ag} + K - 0.059\text{VpH} = K' - 0.059V\text{pH} \tag{7-7}$$

由于琉璃电极对 H^+有高度选择性的指示电极，使用范围广，不受氧化剂还原剂、有色、浑浊或胶态溶液的影响；响应快(达到平衡快)、不沾污试液。玻璃电极的缺点是膜太薄，易破损，且不能用于含 F^-的溶液；电极阻抗高，须配用高阻抗的测量仪表。

当用 pH 玻璃电极测定 pH<1 的强酸性溶液或高盐度溶液时，电极电位与 pH 之间不呈线性关系，所测定的值比实际的偏高，这种误差称为“酸差”。

当测定较强碱性溶液 pH>9 值时，玻璃膜除对 H^+响应，也同时对其他离子如 Na^+响应，因此 pH 测定结果偏低，这种误差称为“碱差”。当用 Li 玻璃代替 Na 玻璃吹制玻璃膜时，pH

测定范围可在 1~14 之间。

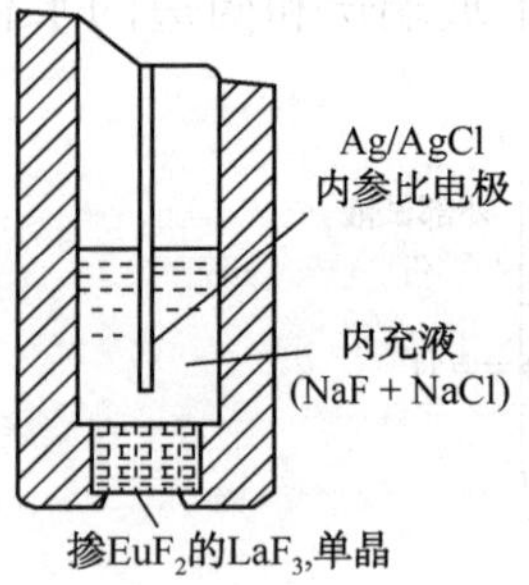

图 7-3 氟离子选择性电极

② 氟离子选择性电极。氟离子选择性电极属于晶体膜电极，敏感膜由掺有 EuF_2 的 LaF_3 单晶切片而成。内参比电极是 Ag-AgCl 电极；内参比溶液是 0.1mol·L^{-1}的 NaCl 和 0.10mol·L^{-1}的 NaF 混合溶液(F^-用来控制膜内表面的电位，Cl^-用以固定内参比电极的电位)。氟离子选择性电极结构如图 7-3 所示。

LaF_3 的晶格中有空穴，在晶格上的 F^-可以移入晶格邻近的空穴而导电。对于一定的晶体膜，按其空穴的大小、形状和电荷分布，只能容纳一定的离子，而其他离子则不能进入，即这样限制了除待测离子外其他离子的移动而使膜电极具有较高的离子选择性。当氟离子选择性电极插入到 F^-溶液中时，如果溶液中 F^-活度较高，则溶液中 F^-可以扩散进入单晶的空穴；反之，单晶表面的 F^-也可以进入溶液。由此产生的膜电位与溶液中 F^-活度的关系遵守能斯特方程式，25℃时：

$$\varphi_{膜}=K-0.059V\lg a_{F^-}=K+0.059V\mathrm{pF} \tag{7-8}$$

氟离子选择性电极的选择性较高，为 F^-量 1000 倍的 Cl^-、Br^-、I^-、SO_4^{2-}、NO_3^- 等存在无明显干扰，但测试溶液的 pH 控制在 5~7。当 pH<5 时，H^+与 F^-反应生成弱酸 HF 或 HF_2^-，降低 F^-活度，使测定结果偏低。pH>7 时，LaF_3 薄膜中的 F^-与溶液中 OH^-发生反应，在晶体表面形成 $La(OH)_3$ 沉淀而释放出 F^-，使测定结果偏高。

溶液中存在的离子，如 Ca^{2+}、Mg^{2+}、Al^{3+}、Fe^{3+}、Th^{4+}、Zr^{4+}等可与 F^-生成稳定的配合物或难溶化合物造成干扰，使测定结果偏低，可通过加络合掩蔽剂(如柠檬酸钠、EDTA、钛铁试剂、磺基水杨酸等)消除其干扰。

③ 离子选择性电极的膜电位及其选择性的估量。虽然离子选择性电极种类众多，但它们在电位分析时都是基于其膜电位与待测离子活度之间有定量关系进行的。

对阴离子有响应的电极，其膜电位应为

$$\varphi_{膜}=K-\frac{2.303RT}{z\mathrm{F}}\lg a_{阴离子} \tag{7-9}$$

对阳离子有响应的电极，其膜电位应为

$$\varphi_{膜}=K+\frac{2.303RT}{z\mathrm{F}}\lg a_{阳离子} \tag{7-10}$$

式中 K 值与薄膜及内部溶液有关，不同电极的 K 值不相同，由式(7-9)和式(7-10)说明离子选择性电极在其工作范围内，选择性离子电极的膜电位与待测离子活度的对数值呈线性关系，这是应用离子选择性电极测定离子活度的基础。

实际上，离子选择性电极不仅对待测离子产生电位有响应，有时还与待测离子共存的其他离子也能有一定程度的响应，从而影响电极的膜电位。例如，测 pH 的玻璃电极，除对 H^+有响应外，对 Na^+也会产生部分响应。考虑钠离子影响的 pH 玻璃电极的膜电位方程式为

$$\varphi_{膜}=K+0.059V\lg(a_{H^+}+a_{Na^+}K_{H^+,Na^+}) \tag{7-11}$$

对一般离子选择性电极，考虑了干扰离子的影响后，膜电位的一般式为

$$\varphi_{膜}=K\pm\frac{0.059V}{z_i}\lg(a_i+K_{ij}a_j^{z_i/z_j}) \tag{7-12}$$

式中 i——待测离子；

j——共存离子；

K_{ij}——离子选择性系数，其值越小，表示 ISE 测定 i 离子抗 j 离子的干扰能力越强，电极的选择性越高。

K_{ij}值并非一真实常数，其值与 i 及 j 离子的活度和实验条件及测定方法有关，因此不能直接利用 K_{ij}文献值作干扰校正，但用它可以估算杂质离子对待测离子的干扰程度，对拟定分析方法时有重要参考价值。

利用 K_{ij}可以估算某种干扰离子在测定中所造成的误差，从而判断某种干扰离子存在下测定方法的可行性。

$$相对误差\% = K_{ij} \times \frac{a_j^{z_i/z_j}}{a_i} \times 100\% \qquad (7-13)$$

7-2 电位测定法

电位测定法也称作直接电位测定法，使用较多的是 pH 的电位测定和用离子选择电极测定离子活度。

1. pH 的电位测定

测定溶液的 pH 常用 pH 玻璃电极为指示电极、饱和甘汞电极为参比电极，与待测溶液组成工作电池，通过测定电池电动势来测定溶液的 pH。如图 7-4 所示。

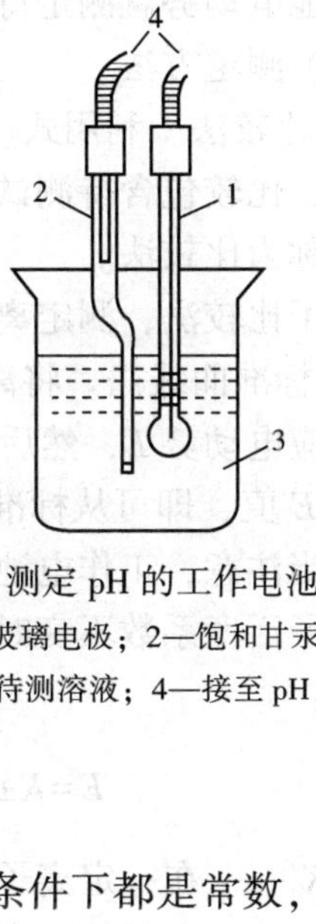

图 7-4 测定 pH 的工作电池示意图

1—pH 玻璃电极；2—饱和甘汞电极；3—待测溶液；4—接至 pH 计

实际上，现在的商品 pH 计更多使用的是复合 pH 玻璃电极，它是将 pH 玻璃电极和外参比电极集为一体，使用起来更方便、快捷。

当用玻璃电极作指示电极，饱和甘汞电极为参比电极时，组成一原电池：

Ag，AgCl | 0.1mol·L^{-1}HCl | 玻璃膜 | H^+($x$mol·L^{-1}) ‖ KCl(饱和) | Hg_2Cl_2，Hg

上述原电池的电动势为

$$\begin{aligned} E &= (\varphi_{甘汞} - \varphi_{玻璃}) + \varphi_L \\ &= \varphi_{甘汞} - \varphi_{Ag/AgCl} - K + 0.059V \cdot pH_{试} + \varphi_L \end{aligned} \qquad (7-14)$$

式(7-14)中，φ_L是液接电位，$\varphi_{甘汞}$、$\varphi_{Ag/AgCl}$、K、和 φ_L在一定条件下都是常数，可将它们合并为一个常数 K'，于是上式可表示为

$$E = K' + 0.059V \cdot pH_{试} \qquad (7-15)$$

K'在一定条件为一常数，电池电动势与溶液的 pH 成正比，这就是电位法测定 pH 的依据。

已知标准缓冲液 s 和待测液 x 的电动势：

$$E_s = K + 2.303\frac{RT}{F}pH_s$$

$$E_x = K + 2.303\frac{RT}{F}pH_x$$

式中，二式相减并整理，得 pH 实用定义

$$pH_x = pH_s + \frac{E_x - E_s}{2.303RT/F} \quad (7-16)$$

上式中，pH_s为已确定的数值，通过测量 E_x和 E_s的值就可以得出 pH_x。实际测定溶液 pH 时，先用标准缓冲溶液定位，然后可直接在 pH 计上读出 pH_x。

2. 离子活度(浓度)的测定

(1) 测定基本原理

与用 pH 指示电极测定溶液的 pH 类似，用离子选择性电极测定离子活度时把离子选择性电极与参比电极浸入待测溶液组成原电池，并测量其电动势。对于各种离子选择性电极，电池电动势为

$$E = K' \pm \frac{2.303RT}{zF} \lg a \quad (7-17)$$

上式中，当离子选择性电极作正极时，阳离子 K'后取正值，阴离子 K'后面一项取负值；当离子选择性电极作负极时，K'后面一项数值正好相反。K'的数值与薄膜、内参比电极溶液及内外参比电极的电极电位等有关。

式(7-17)说明，在一定条件下，电池的电动势与待测离子的活度的对数值呈线性关系，测量电池电动势就测定待测离子的活(浓)度。这就是测定离子活度(或浓度)的依据。

(2) 测定方法

① 比较法。利用式(7-17)，与测定 pH 的办法一样，可利用已知离子活度的标准溶液为基准，比较包含待测试液和包含标准溶液的两个工作电池的电动势来确定待测试液的离子活度，称为比较法。

除了比较法，测定离子活(浓度)度更常用的方法是标准曲线法和标准加入法。

② 标准曲线法。将离子选择性电极与参比电极插入一系列活(浓)度已确知的标准溶液，测出相应电动势 E，然后以 E 对相应的 $\lg a_i$值绘制标准曲线。在同样条件下测出对应于待测溶液的 E 值，即可从标准曲线上查出待测溶液的离子活(浓)度。

应当注意，工作电池的电动势在一定条件下与待测离子的活度的对数值呈线性关系，只有当离子活度系数不变时，工作电池的电动势在一定条件下与待测离子的浓度的对数值呈线性关系：

$$E = K \pm \frac{2.303RT}{zF} \lg(\gamma_i c_i) = K' \pm \frac{2.303RT}{zF} \lg c_i (\gamma_i \text{ 固定不变}) \quad (7-18)$$

式中 K'——在一定离子强度下新的常数；

γ_i——离子的活度系数。

为了利用标准曲线法来测定离子的浓度，一是把离子强度较大的溶液加到标准溶液和待测试液中，使溶液的离子强度固定，从而使离子活度系数不变；二是对试液和标准溶液的测定尽可能在相同条件下进行，使 K'值保持基本一致。

例如，测定 F^-时，常用“离子强度调节剂”(TISAB)来保持溶液离子强度固定，这时TISAB的组成为：$1mol \cdot L^{-1}$的 NaCl，使溶液保持较大稳定的离子强度；$0.25mol \cdot L^{-1}$ HAc 和 $0.75mol \cdot L^{-1}$ NaAc，使溶液 pH 在 5 左右；$0.001mol \cdot L^{-1}$的柠檬酸钠，掩蔽 Fe^{3+}、Al^{3+}等干扰离子。

本法所得的标准曲线不及吸光光度法的标准曲线稳定，原因是本法 K'值易受温度、搅拌速度、盐桥液接电位等更多的因素影响。

③ 标准加入法。标准曲线法要求标准溶液与待测试液具有接近的组成，否则将会因被测离子的副反应(如试液中的配位剂引起的副反应)不同引起误差，采用标准加入法，可在一定程度上避免这一误差。

若某未知溶液待测离子浓度为 c_x，其体积为 V_0，测得电动势为 E_1，它们符合如下关系：

$$E_1 = K' + \frac{2.303RT}{zF}\lg(x_1\gamma_1 c_x) \tag{7-19}$$

式中 x_1——游离的(即未配位)离子的摩尔分数。

然后，加入小体积 V_s(约为试样体积 1/100)的待测离子标准溶液(浓度 c_s 约为 c_x 的 100 倍)，然后再测电动势 E_2，得

$$E_2 = K' + \frac{2.303RT}{zF}\lg(x_2\gamma_2 c_x + x_2\gamma_2\Delta c) \tag{7-20}$$

其中，Δc 是加入标准溶液后试样浓度的增加值为

$$\Delta c = \frac{c_s V_s}{V_0 + V_s}$$

因加入待少量测物标准溶液，离子强度基本不变($\gamma_1 \approx \gamma_2$)，常数 K' 亦保持不变，假定 $x_1 \approx x_2$，故两式相减并作整理求得 c_x。

$$\Delta E = E_2 - E_1 = \frac{2.303RT}{zF}\lg\left(1 + \frac{\Delta c}{c_x}\right)$$

令 $S = \dfrac{2.303RT}{zF}$，则

$$c_x = \Delta c(10^{\frac{\Delta E}{s}} - 1)^{-1} \tag{7-21}$$

本法优点是仅需一种标准溶液，操作简单快速，适用于组成比较复杂和存在大量过量配位剂存在的体系。为获得正确的浓度结果，要保证试液离子强度无显著变化。

(3) 影响测定准确度的因素

温度：由式(7-17)可知，温度不但影响直线斜率(2.303RT/zF)，也影响直线的截距，K'项所包括的电位都与温度有关，因此在整个测定过程应保持温度恒定。

电动势测量：电动势测量的准确度直接影响测定的准确度，电动势测量误差与相对误差的关系可根据 Nernst 公式导出，$E = K + RT/zF \cdot \ln c$。

微分得

$$\Delta E = RT/z\mathrm{F} \cdot \Delta c/c$$

25℃时

$$\Delta E = 0.02568/z \cdot \Delta c/c$$

$$相对偏差\% = \Delta c/c \times 100\% = (z\Delta E/0.02568) \times 100\% \approx 4\% z\Delta E$$

如果测量偏差为 1mV，对一价离子，相对误差达 4%；二价离子达 8%；三价离子达 12%，因此离子选择性电极宜于测定低价离子，对于高价离子，将其转变为电荷数较低的络离子后测定较为有利。

干扰离子：由于干扰离子能直接与电极发生作用，或者由于干扰离子能与待测离子发生反应生成一种在电极上不发生响应的物质，从而发生干扰。干扰离子的存在，不仅给测定带来误差，而且能使电极响应时间增加。

为了消除干扰离子的作用，可以加入掩蔽剂掩蔽，在必要时才预先分离干扰离子。

溶液的 pH：H^+ 或 OH^- 能影响某些测定，必要时应使用缓冲液以维持一个恒定的 pH 范围。

被测离子的浓度：使用离子选择性电极可测的线性范围一般为 $10^{-1} \sim 10^{-6}$ mol·L^{-1}，检测下限主要由构成膜的活性体系本身的性质决定，还与电极的种类、电极的质量、共存离子的干扰和溶液的 pH 等有关，干扰离子浓度越低，可能测定的离子浓度下限越低。

响应时间：指电极浸入试液后达到稳定电位所需的时间；与下列因素有关。待测离子到达表面的速率，搅拌溶液可加速响应时间；待测溶液浓度，测量的活度愈小，响应时间愈长；膜厚度、表面光洁度，薄膜越薄，表面光洁度越好，响应越快；介质离子强度，在含有大量非干扰离子的场合响应比较快；共存离子，共存离子可能会延长响应时间。

迟滞效应：对同一活度值的离子试液，测定前接触的试液成分不同，测出的电位值可能不同，此现象称为迟滞效应，亦称为电极存储效应，这也是直接电位法误差的重要来源之一。

3. 离子选择性电极的应用

利用离子选择性电极进行直接电位法测定的优点是简便、快速。对有颜色、混浊液和黏稠液等可直接测量，由于离子选择性电极对被测离子具有较高的选择性，可以不分离干扰离子直接测量；电极响应快，在多数情况下响应时间是很快的；测定时所需试液量很少，如果使用特制的电极，所需试液量更少，甚至少到几微升。离子选择性电极技术发展很快，国内外现已有 30 多种商品化的离子选择性电极，能够直接或间接测定 50 多种离子，应用于各个领域。

离子选择性电极的应用是很有发展前途的，但用于痕量物质的分析，以及膜电极的有关理论、电极制造、消除干扰以提高电极的选择性能等方面，还需要做进一步研究和不断完善。

7-3 电位滴定法

电位滴定法是借助指示电极电位的变化以确定滴定终点的滴定分析方法。当滴定反应平衡常数较小，滴定突跃不明显，或试液有色、浑浊，此时用指示剂指示终点有困难，可以采用电位滴定法。电位滴定法是依据电位变化为基础的，与直接电位法相比较准确度和精密度较高。

1. 电位滴定法的原理

电位滴定法所用的测量仪器包括有滴定管、滴定池、指示电极、参比电极、电磁搅拌器和测量电动势的仪器等，如图 7-5 所示。测量电动势可用电位计，也可以用直流毫伏计。

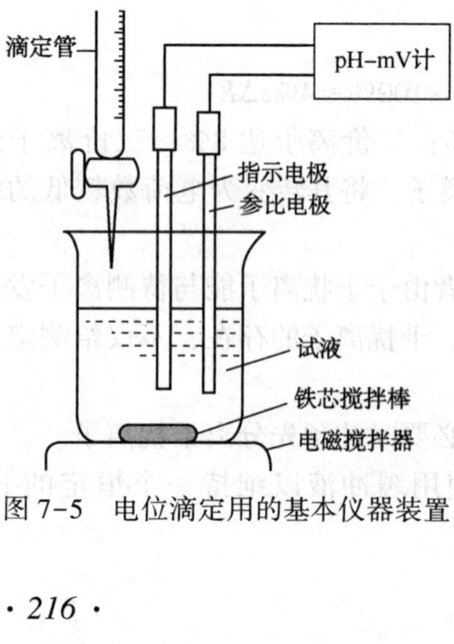

图 7-5 电位滴定用的基本仪器装置

在进行电位滴定时，在待测液中插入一支指示电极和一支参比电极组成一工作电池。随着滴定剂的加入，待测离子的浓度不断变化，指示电极的电位也发生相应的变化，在化学计量点附近电位发生突变，所以，测量电池电动势，就能确定滴定终点。

实际操作时，可每加一次滴定剂，就测一次电位，直到超过化学计量点为止。这样就可以得到一系列滴定剂用量(V)和相应电动势(E)的数据，利用这些数据进行作图，就可以确定滴定终点时所消耗的滴定剂用量。

2. 电位滴定终点的确定

$E-V$ 曲线法：以加入的滴定剂体积(V)为横坐标，电动势(E)为纵坐标作图，曲线上的转折点对应的体积即为滴定终点时所需的体积。作两条与滴定曲线相切 45°倾斜的直线，它们的等分线与曲线的交点即是拐点。$E-V$ 曲线法简单，但准确性稍差。

$(\Delta E/\Delta V)-V$ 曲线法(一级微商法)：$\Delta E/\Delta V$ 为由电动势 E 改变量与所对应的加入滴定剂体积增量 ΔV 的比值。作$(\Delta E/\Delta V)-V$ 图，可得一呈现尖峰状极大的曲线，尖峰所对应的 V 即为滴定终点(图 7-6)。

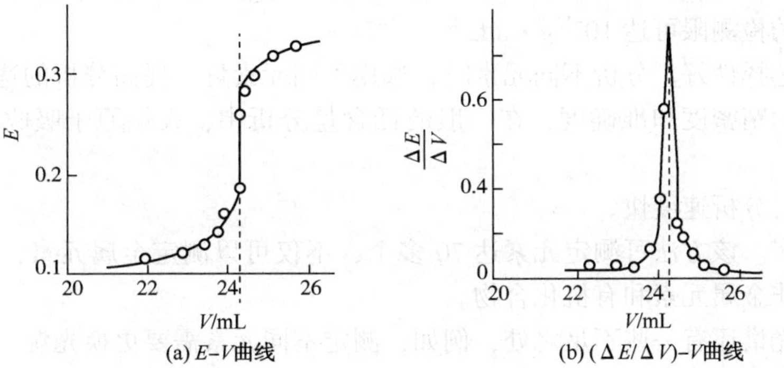

图 7-6　$E-V$ 曲线和 $\Delta E/\Delta V-V$ 曲线

$(\Delta^2E/\Delta V^{2-})-V$ 曲线法(即二级微商法)：$\Delta^2E/\Delta V^2$ 为一级徽商 $\Delta E/\Delta V$ 改变量与所对应的加入滴定剂体积增量 ΔV 的比值。以 $\Delta^2E/\Delta V^2$ 对二次体积的平均值 V 作图，曲线与 V 轴交点，即 $\Delta^2E/\Delta V^2=0$ 所对应的体积 V 即为滴定终点时标准溶液的消耗量(图 7-7)。

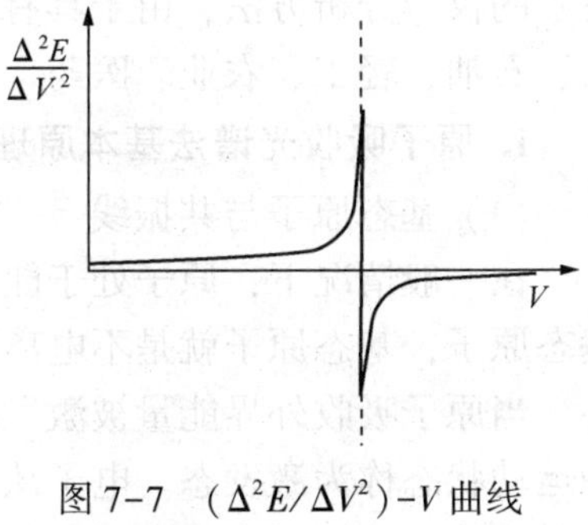

图 7-7　$(\Delta^2E/\Delta V^2)-V$ 曲线

3. 电位滴定法的应用

酸碱滴定：可以进行某些极弱酸(碱)的滴定。指示剂法滴定弱酸碱时，准确滴定的要求必需 ck_a(或 ck_b)$\geqslant 10^{-8}$，而电位法只需 ck_a(或 ck_b)$\geqslant 10^{-10}$就能滴定；滴定中常用的指示电极为 pH 玻璃电极，参比电极为甘汞电极。

氧化还原滴定：指示剂法准确滴定的要求是滴定反应中，氧化剂和还原剂的标准电位之差必须 $\Delta\varphi^{\ominus}\geqslant 0.36\text{V}(n=1)$，而电位法只需$\geqslant 0.2\text{V}$，应用范围广；电位法采用的指示电极一般采用铂或金电极，参比电极为甘汞电极或钨电极。

配位滴定：指示剂法准确滴定的要求是，滴定反应生成络合物的稳定常数必须是 $\lg K'_{ML}C\geqslant 6$，而电位法可用于稳定常数更小的络合物；电位法所用的指示电极一般有两种，一种是 Pt 电极或某种离子选择电极，另一种却是 Hg 电极(实际上就是第三类电极)，参比电极用甘汞电极。

沉淀滴定：电位法应用比指示剂法广泛，尤其是某些在指示剂滴定法中难找到指示剂或难以选择滴定的体系，电位法往往可以进行；电位法所用的指示电极主要是离子选择电极，也可用银电极或汞电极，参比电极为甘汞电极或玻璃电极。

7-4 原子吸收光谱法简介

原子吸收光谱法(Atomic absorption spectrophotometry，AAS)，也称原子吸收分光光度法，它是基于被测元素处于气态的基态原子对特征谱线(通常是待测元素特征谱线)的吸收作用来测定元素含量的一种分析方法。

原子吸收光谱法的特点如下：

灵敏度高。对于火焰原子吸收法来说，大多数元素的其检出限可达 $10^{-9}g \cdot mL^{-1}$；无火焰原子吸收法的检测限可达 $10^{-12}g \cdot mL^{-1}$。

干扰少，选择性好。分析不同元素时，选用不同元素灯，提高分析的选择性。

具有较高的精密度和准确度，在一般的低含量分析中，火焰原子吸收法的相对误差约为1%。

操作简便，分析速度快。

应用范围广。该方法可测定元素达70多个，不仅可以测定金属元素，也可以用间接原子吸收法测定非金属元素和有机化合物。

原子吸收光谱还有一些不足之处，例如，测定不同元素需要更换光源；多元素同时测定有困难；对非金属及难熔元素的测定尚有困难。

原子吸收光谱法是20世纪70年代后迅速发展起来的进行微量金属元素分析的一种极其灵敏的仪器分析方法，由于具有灵敏、准确、快速、简便等特点，因而广泛应用于冶金、地质、石油、轻工、农业、医药、卫生、食品和环境等方面。

1. 原子吸收光谱法基本原理

(1) 基态原子与共振线

在一般情况下，原子处于能量最低状态(最稳定态)，称为基态。处于基态的原子称为基态原子，基态原子就是不电离、不激发的自由原子。

当原子吸收外界能量被激发时，其最外层电子可能跃迁到较高的不同能级上，原子的这种运动状态称为激发态。电子从基态跃迁至能量最低的激发态(称第一激发态)所产生的吸收谱线称为共振吸收线(也简称为共振线)。当电子从第一激发态跃回基态时，则发射出同样频率的谱线，称为共振发射线(也简称共振线)。

各种元素的原子结构和外层电子排布不同，不同元素的原子从基态激发至第一激发态时，吸收的能量不同，因而各种元素的共振吸收线不同而各有其特征性，所以这种共振吸收线是元素的特征谱线。对大多数元素来说，共振吸收线是元素的最灵敏线，在原子吸收分析中，就是利用处于基态的待测原子蒸气对从光源辐射的特征谱线的吸收来进行分析的。

(2) 原子吸收光谱线

若将频率不同强度为 I_0 的光通过原子蒸气(图7-8)，有一部分光被吸收，其透过光的强度 I_υ 与原子蒸气宽度 L 符合郎伯定律，即

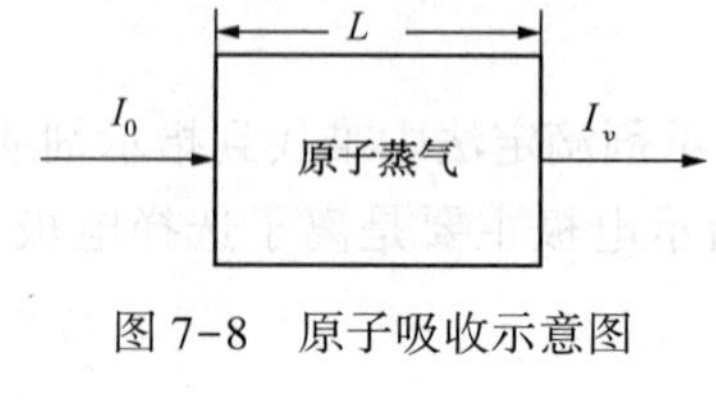

图7-8 原子吸收示意图

$$I_\upsilon = I_0 e^{-K_\upsilon L} \tag{7-22}$$

式中 K_υ——基态原子对频率为 υ 的光的吸收系数。

由图7-9可以看到，透射光强度 I_υ 随着入射光的频率 υ 而变化，这是由于物质的基态原子对不同频率入射光的吸收具有选择性，不同频率的光，原子对光的吸收也不同，在频

率 v_0 处透过的光最少，即吸收最大，原子蒸气在特征频率 v_0 处有吸收线。该吸收线并不是绝对的单色几何线，而是具有一定的宽度，通常称之为吸收谱线轮廓，可用吸收系数 K_v 随频率 v 变化的关系作图得到，如图 7-10 所示。

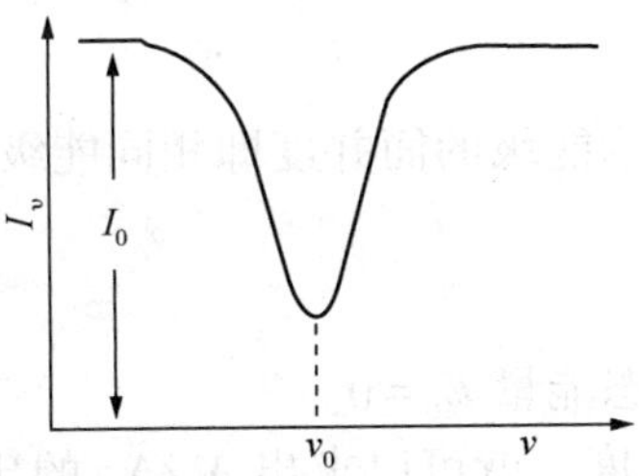

图 7-9　I_v 与 v 的关系

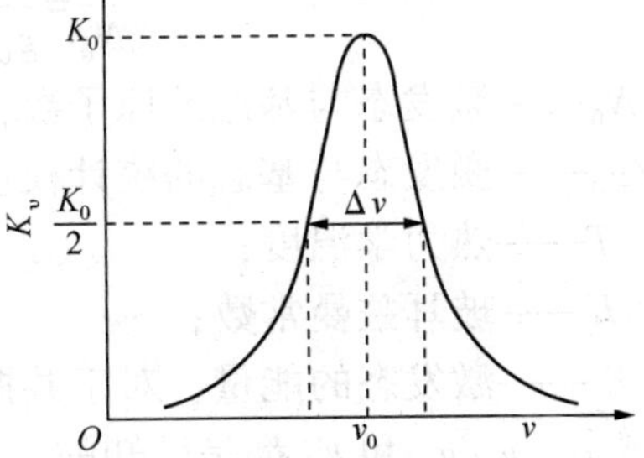

图 7-10　原子吸收线轮廓与半宽度

可用吸收线的半宽度来标征吸收线的轮廓，通常以吸收系数 K_v 等于极大值的一半($K_0/2$)处吸收线轮廓上两点间的距离(即两点间的频率差)来表征吸收线的宽度，称为吸收线的半宽度，Δv 表示。最大吸收系数 K_v所对应的频率为中心频率 v_0，中心频率处对应的最大吸收系数称为最大峰值吸收系数 K_0。

原子吸收谱线的宽度除了与原子本身性质有关外，还与温度、压力、原子蒸气的浓度等因素有关。

引起谱线变宽的主要因素有：

自然宽度：在无外界影响下，谱线仍有一定宽度，这种宽度称为自然宽度，以 Δv_N 表示。在大多数情况下 Δv_N 相当于约 10^{-5}nm 的数量级。

多普勒变宽：因是由于原子在空间做无规则热运动所导致的，故又称为热变宽。当火焰中基态原子向光源方向运动时，由于多普勒效应而使光源辐射的波长增大，基态原子将吸收较长的波长；反之亦然。因此，原子的无规则运动就使该吸收谱线变宽。

$$\Delta v_D = 7.16\times10^{-7} v_0 \sqrt{\frac{T}{M}} \tag{7-23}$$

多普勒变宽与元素的原子质量、温度和谱线的频率有关。待测元素的原子质量 M 越小，温度越高，则 Δv_D越大。

压力变宽：由于吸光原子与蒸气中原子或分子相互碰撞而引起的能级稍微变化，使发射或吸收光量子频率改变而导致的谱线变宽。根据与之碰撞的粒子不同，可分为两类：一类是因和其他粒子(如待测元素的原子与火焰气体粒子)碰撞而产生的变宽称为劳伦兹变宽，以 Δv_L表示；另一类是因和同种原子碰撞而产生的变宽称为共振变宽或赫鲁兹马克变宽。共振变宽只有在被测元素浓度较高时才有影响。在通常的条件下，压力变宽起重要作用的主要是劳伦兹变宽。

自吸变宽：光源空心阴极灯发射的共振线被灯内同种基态原子所吸收产生自吸现象，从而使谱线变宽。灯电流越大，自吸展宽越严重。

通常在原子吸收的条件下，吸收谱线轮廓主要受多普勒和劳伦兹变宽的影响。采用火焰原子化装置时，劳伦兹变宽是主要的；采用非火焰原子化装置时，多普勒变宽是主要的。无论是哪一种因素，谱线变宽对原子吸收分析是不利的，将导致原子吸收分析灵敏度下降。

(3) 基态原子与待测元素原子总数关系

将试液在高温下挥发并解离成原子蒸气即原子化过程中，会有部分原子被激发，基态原子与激发态原子的比值符合玻耳兹曼(Boltzmann)方程，表示如下：

$$\frac{N_j}{N_0}=\frac{g_j}{g_0}e^{-\frac{E_j}{KT}}=\frac{g_j}{g_0}e^{-\frac{h\nu}{KT}} \tag{7-24}$$

式中 N_j 与 N_0——激发态与基态的原子数；

g_j/g_0——激发态与基态的统计权重，它表示能级的简并度即相同能级的数目；

T——热力学温度；

K——玻耳兹曼常数；

E_j——激发态的能量，对于共振线，基态能量 $E_0=0$。

原子光谱中，g_j/g_0 和 E_j 都是已知的，在一定温度，就可以求出 N_j/N_0 的比值，即激发态原子数占基态原子的分数。对于一定波长的谱线，在测定温度下(低于 3000K)，对大多数元素来说，$N_j/N_0<1\%$，即火焰中的激发态原子数远小于基态原子数，也就是说火焰中基态原子数占绝对多数，激发原子数可以忽略不计，因此可用基态原子数 N_0 代表待测元素的原子总数。

(4) 原子吸收光谱法定量基础

在原子吸收光谱中，无论是光源辐射的发射线还是吸收线都有一定的宽度，亦即吸收定律($A=K_0L$)中用于 K_0 不是常数，而应是一定频率范围内的积分值，或称其为积分吸收：

$$\int_{-\infty}^{+\infty}K_\nu d\upsilon=\frac{\pi e^2}{mc}N_0f \tag{7-25}$$

式中 c——光束；

e——电子电荷；

m——电子质量；

N_0——单位体积原子蒸气中吸收辐射的基态原子数；

f——振子强度，为受到激发的每个原子的平均电子数，与吸收概率成正比。

此式说明，在一定条件下，“积分吸收”只与基态原子数成正比而与频率及产生吸收线的轮廓无关。只要测得积分吸收值，即可求出基态原子数或浓度。因此原子吸收光谱法是一种不需要标准比较的绝对分析方法。但是，由于原子吸收线的半宽度很小，要测量这样一条半宽度很小的吸收线的积分吸收值，就需要分辨率高达 50 万的单色器，这在目前的技术情况下难以做到。1955 年瓦尔西(Walsh)提出用测定峰值吸收系数 K_0 来代替积分吸收系数 K_υ，并采用锐线光源测量谱线峰值吸收的办法解决了这一问题。

所谓锐线光源就是能发射出谱线半宽度很窄的发射线的光源。为了测量峰值吸收系数 K_0 值，必须使光源发射线的半宽度应小于吸收线半宽度，同时通过原子蒸气的发射线中心频率恰好与吸收线的中心频率相重合。使用一个与待测元素同种元素制成的锐线光源刚好满足上述两个条件，这样积分吸收与峰值吸收非常接近，此时可以用 K_0 代替 K_υ，即得

$$I_\upsilon=I_0e^{-K_0L}$$

$$A=\lg\frac{I_0}{I_\nu}=0.434K_0L \tag{7-26}$$

式中 A——吸光度；

I_0——入射光强度；

I_v——透过光强度；

K_0——峰值吸收系数；

L——原子蒸气宽度。

在通常原子吸收光谱测定条件下，吸收线形状只取决于多普勒变宽，此时 K_0 与多普勒变宽半宽度 $\Delta\upsilon_D$ 的关系为

$$K_0=\frac{2\sqrt{\pi\ln2}}{\Delta\upsilon_D}\cdot\frac{e^2}{mc}N_0 f$$

$$A=0.434\times\frac{2\sqrt{\pi\ln2}}{\Delta\upsilon_D}\cdot\frac{e^2}{mc}N_0 fL$$

在测定条件不变时，多普勒半宽度是常数，对一定的待测元素，振子强度 f 也是常数，因此可令

$$0.434\times\frac{2\sqrt{\pi\ln2}}{\Delta\upsilon_D}\cdot\frac{e^2}{mc}f=k$$

$$A=kN_0L \tag{7-27}$$

该式表明，在一定条件下，当使用很窄的锐线光源作原子吸收测量时，测得的吸光度与原子蒸气中待测元素的基态原子数呈线性关系。

实际分析要求测定的是试样中待测元素的浓度，而此浓度在一定原子化条件下与待测元素的吸收辐射的原子总数成正比，在火焰宽度 L 不变的情况下，可表示为

$$A=k'c \tag{7-28}$$

上式表明，在一定实验条件下，吸光度与浓度呈正比的关系，通过测定吸光度就可以求出待测元素的含量，这就是原子吸收分光光度分析的定量基础。

2. 原子吸收光谱仪

原子吸收光谱仪主要由光源、原子化系统、分光系统和检测系统四个部分组成。如图 7-11 所示。

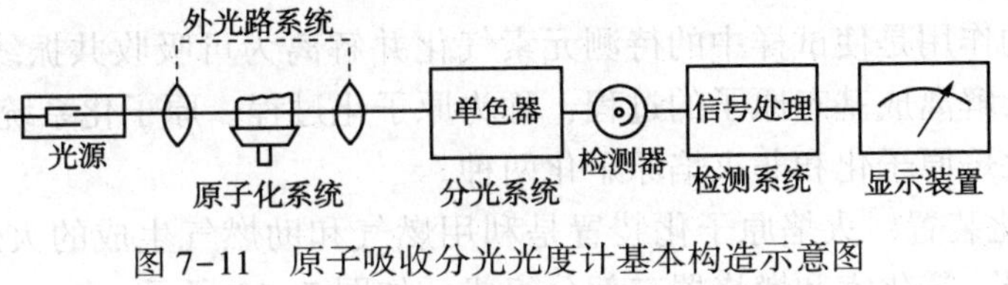

图 7-11　原子吸收分光光度计基本构造示意图

由光源发射出的待测元素的特征谱线，试样中的待测元素被原子化系统转变成基态原子，特征谱线被火焰中待测元素的基态原子吸收后，进入单色器进行分光后，由检测器转化为电信号，最后经放大在读数系统读出吸光度。

(1) 光源

光源的作用是发射待测元素的特征谱线，以供试样吸收。为了获得较高的灵敏度和准确度，所使用的光源必须满足以下要求：

① 能发射待测元素的共振线，即发射线中心频率恰好与吸收线的中心频率相重合。

② 发射共振线必须是锐线，它的半宽度要比吸收线的半宽度窄得多，这样测出的是峰值吸收系数。

③ 发射光强度要足够大，稳定性要好，背景小，寿命长。

蒸气放电灯、无极放电灯、空心阴极灯等都可以作锐线光源，其中空心阴极灯应用最广泛。

空心阴极灯是一种气体放电管，它包括一个钨棒(末端焊有钛丝或钽片)阳极，一个待测元素金属制成衬套的空心圆柱形阴极构成。两电极密封于一个带有石英窗的玻璃管中，管内充入低压惰性气体(氖或氩)，结构如图 7-12 所示。

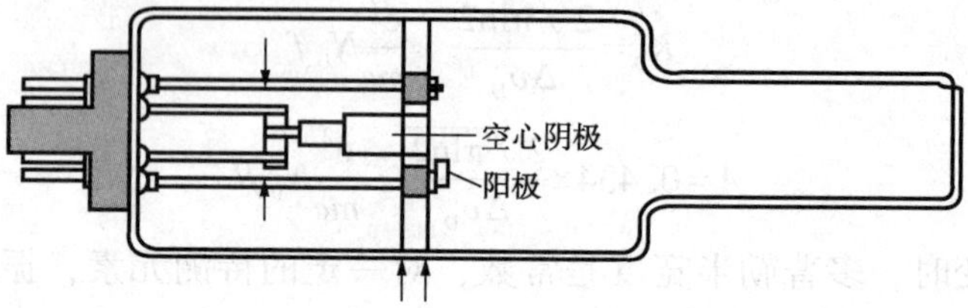

图 7-12　空心阴极灯

空心阴极灯的工作原理：当给两极间施加 300~500V 电压时，电子从阴极高速飞出射向阳极，并与惰性气体发生碰撞使其电离；在电场作用下，带正电荷的离子高速撞击阴极内壁，使金属原子发生溅射，并与管内其他高速运动的其他粒子发生碰撞而被激发，返回基态时发射出待测元素的特征谱线(共振线)，并从石英窗口射出进入原子化器中的待测元素原子蒸气中进行吸收。

空心阴极灯发射强度与灯电流有关，灯工作电流增大，发射强度增大，但灯工作电流过大，会导致灯本身发生自蚀现象而缩短寿命，还会造成灯放电不正常，使发射光强度不稳定。灯电流过低，又会使灯发射光强度减弱，导致稳定性和信噪比下降，因此使用空心阴极灯时选择适当的灯电流非常重要。

空心阴极灯的优点是只有一个操作参数(即灯电流)，且发射的谱线稳定性好，强度大而宽度窄，容易更换；但不足的是由于不同元素的特征谱线是不一样的，所以测定不同的元素需要更换相应的待测元素的空心阴极灯，使用起来显得不太方便。

(2) 原子化系统

原子化系统的作用是使试样中的待测元素气化并解离为可吸收共振线的基态原子蒸气。待测元素由化合物解离成基态原子的过程，称为原子化过程。原子化系统是原子吸收光谱仪的核心，目前有火焰原子化和非火焰原子化两种。

① 火焰原子化装置。火焰原子化装置是利用燃气和助燃气生成的火焰使待测元素原子化，主要由雾化器、雾化室和燃烧器三部分组成，如图 7-13 所示。

雾化器：雾化器的作用是将试样溶液雾化。要求雾化器喷雾稳定、雾滴细小、均匀及雾化效率高。

在雾化器喷嘴口处，由于助燃气(空气、氧气或氧化亚氮)和燃气(乙炔、丙烷、氢气等)高速通过，形成负压区，从而将试液沿毛细管吸入，并被高速气流分散成气溶胶(即雾滴)，喷出的雾滴再碰撞在撞击球上，进一步雾化成细雾。

雾化室：雾化室的作用是使雾滴进一步雾化，同时与燃气、助燃气均匀混合，其中较细的雾滴进入燃烧器，较大的雾滴凝结在壁上并沿室壁流入废液管排出，

该类雾化器因雾化效率低(进入火焰的溶液量与排出的废液量的比值小)，一般为 10%，大量试液没进火焰而被排出，进而影响火焰原子化装置灵敏度的提高和检出限的降低。

燃烧器：燃烧器的作用是形成高温火焰，使进入火焰的试样待测元素转变为基态原子。

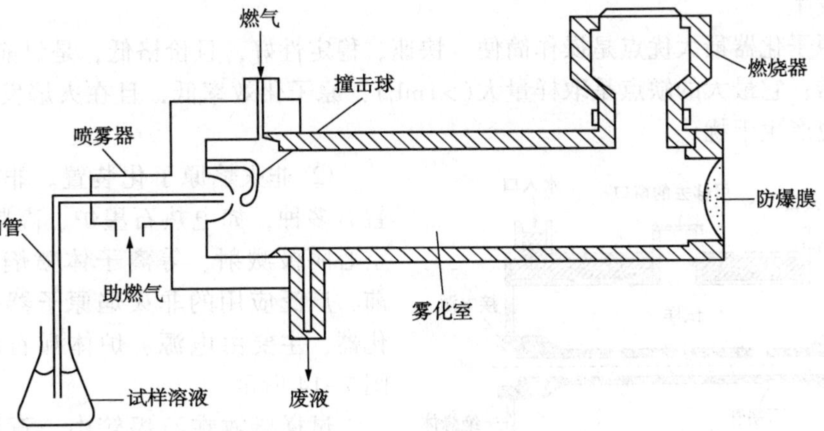

图 7-13　火焰原子化器装置示意图

燃烧器质量主要由燃烧狭缝的性质和质量决定。

火焰：火焰的作用是提供一定的能量，促使试样雾滴蒸发、干燥并经过热解离或还原作用，使待测物质分解成基态自由原子。原子吸收所使用的火焰，只要其温度能使待测元素离解成自由的基态原子就可以了。如超过所需温度，则激发态原子增加，电离度增大，基态原子减少，这对原子吸收是很不利的。因此在确保待测元素充分解离为基态原子的前提下，低温火焰比高温火焰具有较高的灵敏度。一般易挥发或电离电位较低的元素(如 Pb、Cd、Zn、Sn、碱金属及碱土金属等)，应使用低温且燃烧较慢的火焰；与氧易生成耐高温氧化物而难解离的元素(如 Al、V、Mo、Ti 及 W 等)，应使用高温火焰。

由燃气和助燃气的比例不同决定火焰的状态，火焰有三种状态：

化学计量火焰：是指燃气和助燃气之比等于燃烧反应的化学计量关系的火焰，又称中性火焰。这类火焰燃烧完全，温度高、稳定、干扰少、背景低，适合于许多元素的测定。

富燃火焰：是指燃气和助燃气之比大于燃烧反应的化学计量关系的火焰，这类火焰燃烧不完全，有丰富的半分解产物，温度低于化学计量火焰，具有还原性质，所以也称还原火焰，适合于易形成难离解氧化物的元素的测定如 Cr、Mo、W、Al、稀土等。其缺点是火焰发射和火焰吸收的背景都较强，干扰较多。

贫燃火焰：是指燃气和助燃气之比小于燃烧反应的化学计量关系的火焰，在这类火焰中，大量冷的助燃气带走了火焰中的热量，所以温度比较低，有较强的氧化性，所以也称氧化性火焰，适合测定易解离、易电离的元素，如碱金属等。

常用的火焰有空气-乙炔、氧化亚氮-乙炔、空气-氢气等多种。

空气-乙炔火焰：这是用途最广的一种火焰，最高温度约 2300℃，这种火焰稳定、温度较高、噪声小，重现性好，可应用于测定 30 多种元素，但测定易形成难解离氧化物的元素时灵敏度较低，不适宜使用。这种火焰在短波长范围内对紫外光吸收较强，信噪比变坏，应通过调节乙炔和空气的流量比，可方便获得不同氧化还原特性的火焰，以适应不同元素的测定。

氧化亚氮-乙炔火焰：由于火焰的最高温度达 3000℃，不但温度高，干扰少，而且还具有很强的还原性，可使许多难解离元素的氧化物分解并原子化，如 Al、B、Be、Ti、V、W、Si 等，并且可消除在火焰中可能存在的化学干扰，可测定 70 多种元素。这种火焰使用时应特别注意安全，因为氧化亚氮-乙炔火焰容易发生爆炸，在操作中应严格遵守操作规程，防止事故的发生。

火焰原子化器最大优点是操作简便、快速、稳定性好，且价格低，是目前应用最为广泛的原子化器；它最大的缺点是取样量大(>1mL)，原子化效率低，且在火焰发生的过程中伴有化学反应产生干扰。

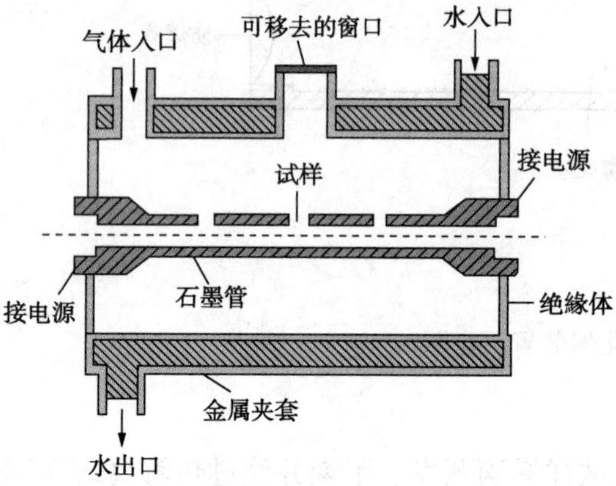

图 7-14　管式石墨炉

② 非火焰原子化装置。非火焰原子化装置有多种，如电热石墨炉、高频感应加热炉、空心阴极溅射、等离子体喷焰、激光等。目前，广泛应用的非火焰原子器是石墨炉原子化器，主要由电源、炉体和石墨管组成，如图 7-14 所示。

试样盛放在石墨管中，石墨管作为电阻发热体。电源提供原子化能量，通电后可使管内温度达到 2000~3000℃高温，使试样蒸发、原子化；管内通入以惰性气体氩气或氮气，防止石墨炉发生氧化变质；电极周围通水保持炉体表面温度不超过 60℃，保护炉体。

石墨炉原子化过程一般需要经四步程序升温完成：

干燥阶段：在低温(105℃)下蒸发掉样品中溶剂；

灰化阶段：在较高温度(350~1200℃)下除去低沸点无机物及有机物，减少基体干扰；

原子化阶段：使待测元素转变为基态原子，以供吸收测定(2400~3000℃)；

净化阶段：升至更高的温度，除去石墨管中的残留分析物，以减少和避免记忆效应。

其最大的优点就是原子化效率高(>90%)、取样量少(几微升或几毫克)、灵敏度高；这弥补了火焰原子化器的不足。最大的缺点就是重现性差，且设备价格昂贵，维护费用高。

(3) 分光系统

原子吸收光谱仪的分光系统主要由色散元件(光栅或棱镜)、反射镜、狭缝等组成，它的主要作用是将待测元素的共振线与邻近谱线分开。为了防止非检测谱线进入检测系统，单色器通常放在原子化器后的光路中。单色器的色散元件可用棱镜或衍射光栅，其性能由线色散率、分辨率和集光本领决定。

原子吸收光谱分析时，既要求将共振线与邻近谱线分开，又要求共振线有一定的出射光强度，就需要选用适当的光栅色散率与狭缝宽度，用通带 W 来表示。所谓通带是指通过单色器出射狭缝的光束波长间的范围，当光栅倒线色散率一定时，通带可通过选择狭缝宽度来确定，关系式如下：

$$W=D \cdot S \tag{7-29}$$

式中　W——单色器通带，nm；

D——光栅倒线色散率，$nm \cdot mm^{-1}$；

S——狭缝宽度，mm。

单色器的分辨率一定时，单色器的分辨率和集光本领则取决于狭缝宽度。调宽狭缝宽度，出射光强度增加，单色器分辨率降低，产生误差；调窄狭缝宽度，单色器分辨率提高，但出射光强度降低，谱线变宽和噪声增加，所以应根据测定的需要调节合适的狭缝宽度。例如，碱金属、碱土金属元素的谱线简单，共振线没有邻近线干扰及连续背景干扰小，狭缝宽度宜较大，使集光本领增强，提高信噪比，降低检出限。过渡元素、稀土等元素的谱线复杂或有连续背景，狭缝宽度宜小，这样可减小谱线的干扰，得到线性好的工作曲线。

（4）检测系统

检测系统主要由检测器、放大器和计算机等组成。原子吸收光谱仪的检测器一般是光电倍增管，其作用是将单色器分出的光信号进行光电转换，再通过放大器将光电倍增管输出的电压信号放大，便可在计算机上显示出来。

3. 定量分析方法

（1）标准曲线法

标准曲线法是最常用的方法，适用于共存组分间互不干扰的试样，即适用于组成简单、干扰较少的试样。

配制一组浓度合适的标准溶液系列，由低浓度到高浓度，依次喷入火焰，分别测定其吸光度值。以浓度 c 为横坐标，吸光度 A 为纵坐标作图，绘制 $A-c$ 标准曲线。在相同条件下，吸入待测试样溶液，测定其的吸光度，由 $A-c$ 标准曲线求出试样中被测元素的含量。

（2）标准加入法

当待测试样组成不确定，试样基体组成复杂，基体成分对测定又有明显干扰，此时可采用标准加入法。

在容量瓶 A 及 B 中分别加入等体积的试样；在 B 瓶中再加入一定量的标准溶液；将二瓶溶液稀释至某一体积；测出二份溶液的吸光度，设纯试样溶液的浓度为 c_x，吸光度为 A_x；加了标准液的浓度增加为 c_0，吸光度为 A_0，则可得

$$A_x = kc_x$$

$$A_0 = k(c_0 + c_x)$$

整理以上两式得

$$c_x = \frac{A_x}{A_0 - A_x} c_0 \tag{7-30}$$

实际测定时，常采用作图法（或直线外推法）。取几份相同量（如 4 份或 5 份）试样溶液，分别按比例加入不同量待测元素的标准溶液，并稀释至相同体积，再分别测定吸光度 A。以加入待测元素的标准溶液浓度 c 为横坐标，相应的吸光度 A 为纵坐标作图可得一直线 $A-c$ 曲线，此直线的延长线在横坐标轴上交点到原点的距离相应的量即为原始试样中待测元素的浓度，如图 7-15 所示。

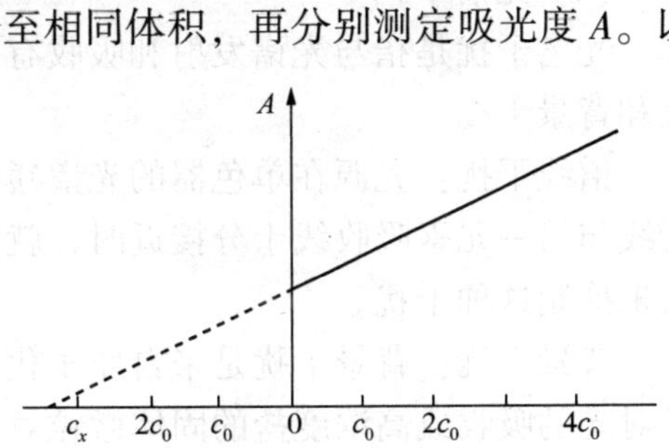

图 7-15　标准加入法

使用标准加入法时应注意：此法可消除基体效应带来的影响，但不能消除分子吸收、背景吸收带来的影响。

4. 原子吸收光谱法中的干扰及其抑制

（1）物理干扰

物理干扰指试样在转移、蒸发过程中任何物理因素变化引起的干扰效应，即主要来源于雾化、去溶剂及伴随固体转化为蒸气过程中的物理化学现象的干扰。这类干扰是非选择性的，即对试样中各元素的影响基本上是相似的。物理干扰可用配制与待测试样组成尽量一致

的标准溶液的办法来消除，也可以采用标准加入法或稀释法来减小和消除物理干扰。

（2）电离干扰

电离干扰是指被测元素原子在原子化过程中发生电离，使参与吸收的基态原子数减少而造成吸光度下降的现象。火焰温度越高，电离电位越低，元素越容易电离，干扰也越严重，使测定结果偏低。

碱金属和碱土金属由于电离电位较低，容易发生电离干扰，消除方法一是适当降低火焰温度，二是加入较大量比待测元素更容易电离的物质，在火焰中强烈电离而产生大量自由电子，减小待测元素的电离，例如，测定 K^+、Na^+时，加入足量的铯盐，便可消除电离干扰。

（3）化学干扰

化学干扰是指待测元素与其他组分之间发生化学反应所引起的干扰，这种干扰主要是影响待测元素的原子化效率。这类干扰具有选择性，试样中各种元素的影响各不相同，并与火焰温度、火焰状态和部位、其他组分、雾滴大小等因素有关。化学干扰是原子吸收光谱分析中主要的干扰来源，产生的原因是多方面的，典型的化学干扰是待测元素与共存元素之间形成更稳定的化合物，使基态原子数目减少，常用的消除方法如下：

加入释放剂：加入一种过量的金属元素，与干扰组分形成更稳定或更难挥发的化合物，从而使待测元素释放出来。例如，磷酸盐干扰钙的测定，当加入锶或镧之后，锶或镧与磷酸根形成更稳定的化合物而将钙释放出来。可有效消除磷酸根对测定钙的干扰。

加入保护剂：加入某种试剂，它与待测元素形成更稳定的化合物，将待测元素保护起来，防止待测元素与干扰物质作用。例如，加入 EDAT 使之与钙形成 EDAT-Ca 配合物，从而将“钙”保护起来，避免钙与磷酸根作用，消除磷酸根对测定钙的干扰。

加入基体改进剂：加入某种试剂，它与基体形成易挥发的化合物，在原子化前除去，避免与待测元素共挥发产生干扰。例如，在石墨炉测定中，氯化钠基体对镉测定有干扰，此时可加入硝酸铵，使氯化钠转变成易挥发的氯化铵和硝酸钠，可在灰化阶段除去。

另外还可以采用提高火焰温度、化学预分离等方法来消除化学干扰。

（4）光谱干扰

光谱干扰是指与光谱发射和吸收有关的干扰，主要来自光源和原子化装置，包括光谱干扰和背景干扰。

谱线干扰：光源在单色器的光谱通带内存在有非待测元素的谱线，或试样中待测元素分析线与另一元素吸收线十分接近时，就会产生谱线干扰。可采用减小狭缝或另选分析线的方法来抑制这种干扰。

背景干扰：背景干扰是来自原子化器（火焰或无火焰）的一种光谱干扰，它是由气态分子对光的吸收或高浓度盐的固体微粒对光产生散射引起的干扰。在现代原子吸收光谱仪中可采用氘灯背景校正和塞曼效应背景校正的方法来消除背景干扰。

5. 灵敏度、特征浓度和检出限

（1）灵敏度

在原子吸收光谱分析中，灵敏度定义为校正曲线的斜率，用 s 表示，其表达式为

$$s=\frac{\mathrm{d}A}{\mathrm{d}c} \qquad (7-31)$$

或

$$s=\frac{dA}{dm} \tag{7-32}$$

它表示待测元素的浓度 c 或质量 m 改变一个微小量时吸光度 A 的变化量。S 越大，则灵敏度越高。

（2）特征浓度

在火焰原子吸收法中用特征浓度来表示元素的灵敏度。所谓特征浓度是指能产生 1%的吸收或能产生 0.0044 吸光度值时溶液中待测元素的质量浓度（$\mu g \cdot mL^{-1}/1\%$）。

特征浓度 c_0 计算公式为：

$$c_0=\frac{0.0044c}{A} \tag{7-33}$$

在石墨炉原子吸收法常用特征质量来表示特征灵敏度，所谓特征质量是指能产生 1%的吸收或能产生 0.0044 吸光度值时待测元素的质量（$\mu g/1\%$）。

特征质量计算公式为

$$c_0=\frac{0.0044m}{A} \tag{7-34}$$

显然，特征浓度或特征质量越小，表示分析的灵敏度越高。

（3）检出限

检出限是指产生一个能够确证在试样中存在某元素的分析信号所需的最小浓度或最小质量，通常是指空白溶液吸光度信号标准偏差的 3 倍所对应的待测元素浓度或质量，用 $\mu g \cdot mL^{-1}$或 $\mu g \cdot g^{-1}$表示。

$$D_c=\frac{c}{A}\cdot 3\sigma \tag{7-35}$$

或

$$D_c=\frac{m}{A}\cdot 3\sigma \tag{7-36}$$

式中 c，m——待测液的质量浓度和质量；

A——多次待测试液吸光度的平均值；

σ——噪声的标准偏差，是对空白溶液或接近空白的标准溶液进行至少 10 次连续测定，由所得的吸光度值求算其标准偏差而得。

检测限越低，对元素的检测能力越强。

6. 测定条件选择

① 分析线。通常选择待测元素的共振线作为分析线，可以使测定达到很高的灵敏度。但当共振线受其他元素干扰时，需根据实际情况选择其他谱线作为合适的分析线。

例如：Hg 185nm 比 Hg 254nm 灵敏 50 倍。但前者处于真空紫外区，大气和火焰均对其产生吸收，故选 Hg 254nm 作分析线。

此外当待测原子浓度较高时，为避免过度稀释和向试样中引入杂质，可选取次灵敏线！

② 狭缝宽度。在可去除邻近干扰谱线的前提下，尽可能使狭缝宽度大些，这样可以增大光强，提高信噪比，改善稳定性。在实验中，也要考虑被测元素谱线复杂程度，碱金属、碱土金属谱线简单，可选择较大的狭缝宽度；过渡元素与稀土元素等谱线比较复杂，要选择较小的狭缝宽度。

③ 空心阴极灯电流。空心阴极灯在使用前必须预热 30min，使用时应在保证光强稳定的

前提下，尽量选择较低的工作电流，以延长灯的寿命。

④ 火焰原子化条件。在实际工作中，待测元素原子化效率的高低直接影响测定结果的准确度和灵敏度。所以，选择合适的原子化温度就成了关键，因为温度过高会使待测元素在原子化过程中发生电离，而温度过低又会使待测元素不能完全原子化。对于火焰型原子化器须根据待测元素的性质选择合适的火焰类型，如在火焰中易生成难解离或难挥发化合物的元素，须选用高温火焰(氧化亚氮-乙炔，3200K)；易解离或易挥发的碱金属等，须选用低温火焰(空气-丙烷，2200K)；一般元素，可选用空气-乙炔火焰(2400K)。对于石墨炉原子化器，它一般都有自动控温装置，通常温度控制在1500~3000K之间，且应在保证待测元素完全原子化的前提下，尽可能缩短原子化的时间(5~10s)。

⑤ 观测高度。观测高度又称燃烧器高度。燃烧器高度应使来自空心阴极灯的光束通过自由原子浓度最大的火焰区，这样灵敏度最高，测量稳定性好。若不需要高灵敏度时，如测定高浓度试样溶液，可通过调节燃烧器的高度来降低灵敏度。

7-5　色谱法简介

1. 色谱法概述

色谱法，又名色层法、层析法，是一种用以分离、分析多组分混合物质的极有效的物理及物理化学分析方法。因其具有高分离效率、高检测性能、分析快速等特点而成为现代仪器分析方法。

这种利用两相分配原理而使混合物中各组分分离的技术，称为色谱分离技术或色谱法。其中一相是在管内保持固定、起分离作用的填充物(固体或液体)称为固定相；另一相是携带混合物流经固定相的流体称为流动相。当流动相携带的混合物流经固定相时，其与固定相发生相互作用。由于混合物中各组分在性质和结构上的差异，与固定相之间产生的作用力的大小、强弱不同，使得不同组分被固定相保留的时间不同，从而使各组分按先后不同的次序由固定相中流出达到彼此分离。

2. 色谱法分类

按两相状态和流动相的物态分类，气体为流动相的色谱称为气相色谱法(GC)，液体为流动相的色谱称为液相色谱法；再按固定相的物态，又可分为气-固色谱法(固定相为固体)、气-液色谱法(固定相为液体)、液-固色谱法和液-液色谱法等。

按分离机理分类　利用组分在吸附剂(固定相)上吸附能力强弱的不同而得以分离的方法，称为吸附色谱法。利用组分在固定液(固定相)中溶解度不同而达到分离的方法称为分配色谱法。利用组分在离子交换剂(固定相)上亲和力大小的不同而达到分离的方法，称为离子交换色谱法。利用大小不同的分子在多孔固定相中的选择渗透而达到分离的方法，称为凝胶色谱法或排阻色谱法。

按固定相使用形式分类　固定相装于柱内的色谱法，称为柱色谱。固定相呈平板状的色谱，称为平板色谱，它又可分为薄层色谱(将吸附粉末制成薄层作固定相)和纸色谱(滤纸为固定相)。

3. 色谱流出曲线及有关术语

色谱流出曲线：以组分的浓度变化引起的电信号作为纵坐标，流出时间作横坐标，这种曲线称为色谱流出曲线，如图 7-16 所示。

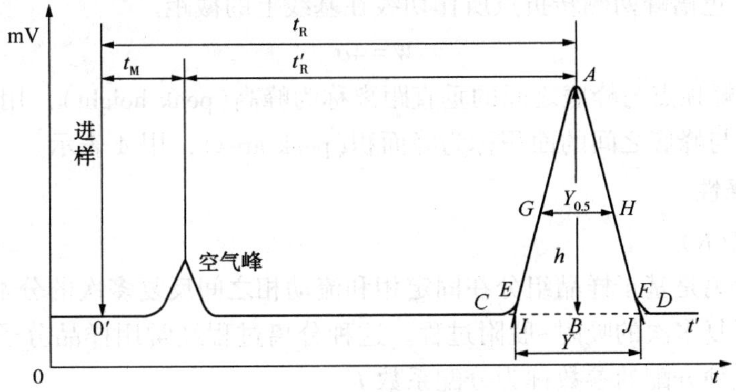

图 7-16　色谱流出曲线

基线：在操作条件下，仅有纯流动相进入检测器时的流出曲线称为基线，稳定的基线是一条直线。

基线漂移：基线随时间定向的缓慢变化的现象称为基线漂移。

基线噪声：由各种因素引起的基线起伏的现象称为基线噪声。

保留值：试样中各组分在色谱柱内滞留时间或将组分带出色谱柱所需的体积。通常用时间或相应的载气体积来表示。

保留时间 t_R：从进样开始到组分出现浓度极大点时所需时间，即组分通过色谱柱所需要的时间，用 t_R 表示。

死时间 t_M：不与固定相作用的物质(如空气、甲烷等)从进样到出现峰极大值时的时间，用 t_M表示。

调整保留时间 t'_R：扣除死时间后的保留时间，用 t'_R表示。

$$t'_R = t_R - t_M \tag{7-37}$$

保留体积 V_R：从进样至被测组分出现最大浓度时流动相通过的体积，用 V_R 表示($q_{V,0}$为色谱柱出口载气体积流量)。

$$V_R = t_R q_{V,0} \tag{7-38}$$

死体积 V_M：不被固定相滞留的组分，从进样至出现浓度最大值时流动相通过的体积称为死体积，用 V_M表示。

$$V_M = t_M q_{V,0} \tag{7-39}$$

调整保留体积 V'_R：除死体后的保留体积，用表示 V'_R。

$$V'_R = V_R - V_M \quad 或\ V'_R = t'_R q_{V,0} \tag{7-40}$$

相对保留值 r_{21}：在相同的操作条件下，组分 2 与组分 1 的调整保留值之比，用 r_{21}表示。

$$r_{21} = \frac{t'_{R(2)}}{t'_{R(1)}} = \frac{V'_{R(2)}}{V'_{R(1)}} \tag{7-41}$$

在气相色谱中，$r_{2,1}$只与柱温和固定相性质有关，而与柱内径、柱长 L、填充情况及流动相流速无关。它表示固定相对这两种组分的选择性，相对保留值也称为选择性因子。但要注意的是在液相色谱中，相对保留值还受流动相种类及配比影响。

峰的区域宽度：标准偏差 σ：即 0. 607 峰高处色谱宽度的一半。

半峰宽度 $W_{h/2}$：峰高一半处的宽度。

$$W_{h/2}=2.355\sigma$$

峰底宽度 W：色谱峰两侧转折点所作切线在基线上的截距。

$$W=4\sigma$$

峰高 h：色谱峰顶点与峰底之间的垂直距离称为峰高(peak height)，用 h 表示。

峰面积 A：峰与峰底之间的面积称为峰面积(peak area)，用 A 表示。

4. 色谱柱选择性

(1) 分配系数(K)

分配色谱的分离是基于样品组分在固定相和流动相之间反复多次的分配过程，而吸附色谱的分离是基于反复多次的吸附-脱附过程。这种分离过程经常用样品分子在两相间的分配来描述，而描述这种分配的参数称为分配系数 K。

分配系数是指在一定温度和压力下，组分在固定相和流动相之间分配达平衡时的浓度之比值，即

$$K=\frac{C_s}{C_M} \tag{7-42}$$

式中 C_s——组分在固定相中的浓度；

C_M——组分在流动相中的浓度。

分配系数是由组分和固定相的热力学性质决定的，它是每一个溶质的特征值，它仅与两个变量有关：固定相和温度，与两相体积、柱管的特性以及所使用的仪器无关。

一定温度下，各物质在两相之间的分配系数不同。色谱法是利用不同物质在流动相和固定相两相间分配系数的不同，当两相做相对运动时，试样中各组分就在两相中经过反复多次的分配，从而使原来分配系数仅有微小差别的各组分彼此分离。

(2) 分配比

分配比亦称为容量因子或容量比，以 k 表示，它是指在一定温度、压力下在两相间达到分配平衡时，组分在两相中的质量比。

$$k=\frac{m_s}{m_M} \tag{7-43}$$

式中 m_s——组分分配在固定相中的质量；

m_M——组分分配在流动相中的质量。

k 值除了与温度、压力有关外，还和组分的性质、固定相和流动相的性质及相比 β 值有关。分配比更能表征分配达到平衡时的分离情况：组分的分离最终决定组分在两相中的质量。

$$k=\frac{t_R-t_M}{t_M}=\frac{t'_R}{t_M} \tag{7-44}$$

k 值可直接从色谱图上求得。

(3) 分配比与分配系数的关系

$$K=\frac{C_s}{C_x}=\frac{m_s/V_s}{m_M/V_M}=k\frac{V_M}{V_s}=k\cdot\beta \tag{7-45}$$

式中 V_M——色谱柱中流动相体积，即柱内固定相颗粒间的空隙体积；

V_s——色谱柱中固定相体积；

β——V_M与V_s之比，称为相比，它反映了各种色谱柱型及其结构的重要特性。

5. 色谱法基本理论

(1) 塔板理论

1952年，Martin(马丁)等人提出的塔板理论，将一根色谱柱当作一个由许多塔板组成的精馏塔，用塔板概念来描述组分在柱中的分配行为。塔板是从精馏中借用的，是一种半经验理论，但它成功地解释了色谱流出曲线呈正态分布。这个半经验的理论把色谱柱比作一个分馏塔，柱内有若干想象的塔板，在每个塔板高度间隔内，被分离组分在气液两相间达成分配平衡。经过若干次的分配平衡后，分配系数小即挥发度大的组分首先由柱内逸出，由于色谱柱的塔板数很多，致使分配系数仅有微小差异的组分也能得到分离。

根据塔板理论可以导出计算塔板数n的公式，用以评价一根柱子的柱效。由于色谱柱并无真正的塔板，故塔板数又称理论塔板数：

$$n=5.54\left(\frac{t_R}{W_{h/2}}\right)^2=16\left(\frac{t_R}{W}\right)^2 \tag{7-46}$$

式中，t_R、$W_{h/2}$、W均以同一单位(时间或长度单位)表示。可见理论塔板数由组分保留值和峰宽决定。

若柱长为L，则每块理论塔板高度H为

$$H=\frac{L}{n} \tag{7-47}$$

显然，在一定柱长的色谱柱内，理论塔板数n越多、理论塔板高度H越小、色谱峰越窄，则柱效越高。

但上述两式包含死时间t_M，它与组分在柱内的分配无关，因此不能真正反映色谱柱的柱效。通常以有效塔板数$n_{有效}$和有效塔板高度$H_{有效}$表示：

$$n_{有效}=5.54\left(\frac{t'_R}{W_{1/2}}\right)^2=16\left(\frac{t'_R}{W}\right)^2 \tag{7-48}$$

$$H_{有效}=\frac{L}{n_{有效}} \tag{7-49}$$

色谱柱的理论塔板数越大，表示组分在色谱柱中达到分配平衡的次数就越多，柱效越高，所得色谱峰越窄，对分离越有利。但还不能预言并确定各组分是否有被分离的可能，因为分离的可能性决定于试样混合物在固定相中分配系数的差别，而不是决定于分配次数的多少。因此$n_{有效}$不能看作是实现分离的依据，而只能把它看作是在一定条件下柱分离能力发挥的程度标志。

不同物质在同一色谱柱上分配系数不同，所以同一色谱柱对不同的物质的柱效是不同。因此，在用塔板数或塔板高度表示柱效能时，必须标明具体物质的柱效。

(2) 速率理论(Rate theory)——影响柱效能的因素

1956年，荷兰化学工程师van Deemter(范·弟姆特)提出了色谱过程动力学速率理论：吸收了塔板理论中的板高H概念，考虑了组分在两相间的扩散和传质过程，从而给出了van Deemter方程：

$$H=A+\frac{B}{u}+C\cdot u \tag{7-50}$$

式中　u——流动相线速度；

A——涡流扩散系数；

B——分子扩散系数；

C——传质阻力系数(包括液相和固相传质阻力系数)。

该式从动力学角度很好地解释了影响板高度(柱效)的各种因素，任何减少方程右边三项数值的方法，都可降低 H，从而提高柱效。

① 涡流扩散项 A(Multipath term A)。在填充色谱柱中，当组分随流动相向柱出口迁移时，流动相由于受到固定相颗粒障碍，不断改变流动方向，使组分分子在前进中形成紊乱的类似涡流的流动，故称涡流扩散，如图 7-17 所示。

由于填充物颗粒大小的不同及填充物的不均匀性，使组分在色谱柱中路径长短不一，因而同时进色谱柱的相同组分到达柱口时间并不一致，引起了色谱峰的变宽。色谱峰变宽的程度由下式决定：

$$A=2\lambda d_p \tag{7-51}$$

上式表明，A 与填充物平均直径 d_p 的大小和填充不规则因子 λ 有关，与流动相的性质、线速度和组分性质无关。为了减少涡流扩散，提高柱效，使用细而均匀的颗粒，并且填充均匀是十分必要的。对于空心毛细管，不存在涡流扩散。因此 $A=0$。

② 分子扩散项 B/u(也称纵向扩散项，longitudinal diffusion term)。纵向分子扩散是由浓度梯度造成的。组分从柱入口加入，其浓度分布的构型呈“塞子”状。它随着流动相向前推进，由于存在浓度梯度，“塞子”必然自发向前和向后扩散，造成谱带展宽，如图 7-18 所示。

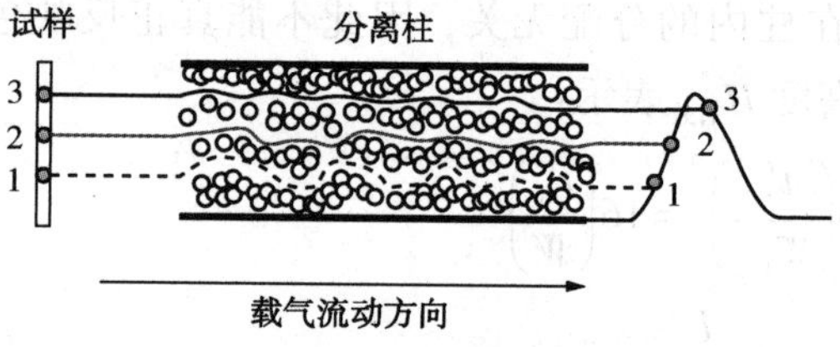

图 7-17　涡流扩散示意图

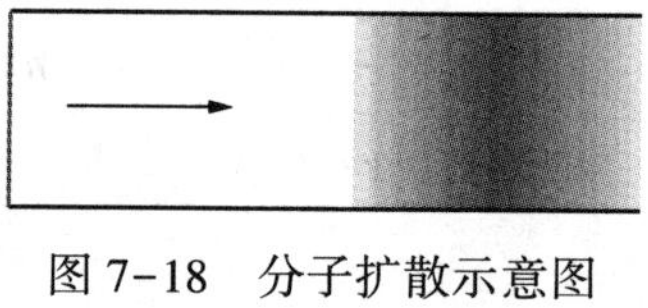
图 7-18　分子扩散示意图

分子扩散项系数为

$$B=2\gamma D_g \tag{7-52}$$

γ 是填充柱内流动相扩散路径弯曲的因素，也称弯曲因子，它反映了固定相颗粒的几何形状对自由分子扩散的阻碍情况。D_g 为组分在流动相中扩散系数($cm^3\cdot s^{-1}$)，分子扩散项与组分在流动相中扩散系数 D_g 成正比。

D_g 与流动相及组分性质有关：

a. 相对分子质量大的组分 D_g 小，D_g 反比于流动相相对分子质量的平方根，所以采用相对分子质量较大的流动相，可使 B 项降低；

b. D_g 随柱温增高而增加，但反比于柱压。

另外纵向扩散与组分在色谱柱内停留时间有关，流动相流速小，组分停留时间长，纵向扩散就大。因此为降低纵向扩散影响，要加大流动相速度。对于液相色谱，组分在流动相中纵向扩散可以忽略。

③ 传质阻力项 $C \cdot u$(resistence to mass-transfer term)。传质阻力项中 C 包括气相传质阻力系数 C_g和液相传质阻力系数 C_l，即 $C \cdot u=(C_g+C_l) \cdot u$。

气相传质阻力 $C_g \cdot u$：指试样组分从气相移动到固定相表面进行浓度分配时所受到的阻力。

$$C_g=\frac{0.01k^2}{(1+k)^2} \cdot \frac{d_p^2}{D_g} \tag{7-53}$$

式中 k——容量因子；

d_p——填充颗粒直径；

D_g——组分在载气流中的扩散系数。

由上式看出，气相传质阻力与填充物粒度 d_p 的平方成正比，与组分在载气流中的扩散系数 D_g 成反比。因此，采用粒度小的填充物和相对分子质量小的气体(如氢气)做载气，可使 C_g 减小，提高柱效。

液相传质阻力 $C_l \cdot u$：指组分从固定相的气液界面移动到液相内部进行质量交换到达分配平衡，又返回气液界面的过程中所受到的阻力。

$$C_l=\frac{2}{3} \cdot \frac{k}{(1+k)^2} \cdot \frac{d_f^2}{D_l} \tag{7-54}$$

式中 k——容量因子；

d_f——固定相的液膜厚度；

D_l——组分在液相的扩散系数。

由上式看出，固定相的液膜厚度 d_f 越薄，组分在液相的扩散系数 D_l 越大，则液相传质阻力就越小。$C \cdot u$ 项表明，在一定条件下，传质阻力项随载气流速 u 的增大而增大。

由上述讨论可知，组分在柱内运行的多路径，浓度梯度造成的分子扩散和组分在气、液两相质量的传递阻力，是造成色谱峰展宽从而引起柱效能下降的原因。

速率理论指出了影响柱效能的因素，为色谱操作条件的选择和高效色谱柱的制备提供了理论指导。在选择色谱分离操作条件时，必须考虑填充均匀程度、担体粒度、载气种类、载气流速、柱温、固定相液膜厚度等对柱效、峰扩展的影响，这样才能提高柱效能。

(3) 色谱柱总分离效能指标

色谱柱对某样品分离效果，可以从以下两个方面进行评价：

a. 柱效率，即理论塔板数或有效塔板数，是评价柱效率的一项指标；

b. 柱的选择性，即相对保留值，是衡量色谱柱选择性的指标。

然而，这两项指标并未说明各组分的真实分离效果。色谱的分离效果，可直观表现在色谱峰的峰间距与峰宽上，相邻两个色谱峰的距离大、峰宽较窄时，两个组分才能得到良好的分离效果。

分离度 R 是既能反映柱效率又能反映选择性的指标，称总分离效能指标。分离度又叫分辨率，它定义为相邻两组分色谱峰保留值之差与两组分色谱峰底宽总和之半的比值，即

$$R=\frac{t_{R_2}-t_{R_1}}{\frac{1}{2}(W_1+W_2)}=\frac{2(t_{R_2}-t_{R_1})}{W_1+W_2} \tag{7-55}$$

若两峰等高，峰形对称且满足正态分布，可以从理论上证明，若 $R=1$，两峰分离程度达98%；$R=1.5$，分离程度可达99.7%。因此一般采用 $R=1.5$ 作为相邻两峰完全分离的标志。

当两组分的色谱峰分离较差，峰底宽度难于测量时，可用半峰宽度代替峰底宽度，并用下式来表示分离度：

$$R'=\frac{[t_{R(2)}-t_{R(1)}]}{\frac{1}{2}[Y_{h/2(1)}+Y_{h/2(2)}]} \tag{7-56}$$

注意：R'与 R 的物理意义一致，但是数值不同。

设相邻两峰的峰宽近似，即令 $W_1=W_2=W$，可推导分离度 R、柱效能 $n_{有效}$和相对保留值 r_{21}之间的关系式：

$$R=\sqrt{\frac{n_{有效}}{16}}\left(\frac{r_{21}-1}{r_{21}}\right)^2 \tag{7-57}$$

$$n_{有效}=16R^2\left(\frac{r_{21}}{r_{21}-1}\right)^2 \tag{7-58}$$

$$L=16R^2\left(\frac{r_{21}}{r_{21}-1}\right)^2\cdot H_{有效} \tag{7-59}$$

由上述公式可以看出，增加色谱柱长度、减小塔板高度以增大柱效能 n，或改变固定液的种类和柱温以增大 r_{21}，都可以提高分离度 R，达到改善分离的目的。

6. 色谱定性分析方法

色谱定性分析就是要确定试样的组成，即确定各色谱峰所代表什么物质。色谱的定性能力总的来说是比较弱的，其应用仅限于当未知物通过其他方面的考虑(如来源，其他定性方法的结果等)之后，已被确定可能为某几个化合物或属于某种类型时，做最后的确证；其可靠性不足以鉴定完全未知的物质。但由于近年来，人们将色谱分析和光谱分析等方法相结合，如色谱与质谱(见拓展阅读 7.4)、红外光谱(见拓展阅读 7.2)、核磁共振波谱(见拓展阅读 7.3)等联用技术，既利用了色谱的高效分离能力，又利用了质谱、光谱的高鉴别能力，加上电子计算机对数据的快速处理及检索能力，为复杂未知试样的定性的发展和应用打开了广阔的应用前景。

(1) 利用保留值的定性分析方法

每种物质在一定的色谱条件(固定相、操作条件)下均有确定的保留值(t_R、V_R)或相对保留值(r_{21})，因此保留值可作为一种定性指标。如待测组分的保留值与在相同条件下测得的纯物质的保留值相同，则可初步认为它们是同一物质。

由于保留时间或保留体积受柱长、固定液含量、载气流速等操作条件的影响较大，重现性较差，因此采用相对保留值 r_{21}作为定性指标更为可靠，因为它仅与柱温有关，而不受其他操作条件的影响。

当相邻两组分的保留值接近，且操作条件不易控制稳定时，可以把试样和标准物混合后测定，峰增高而半峰宽并不相应增加，则表示两者很可能是同一物质，否则不是同一种物质。

由于不同组分在同一根色谱柱上可能具有相同的保留值，因此上述定性结果有时并不可知。为了防止这种情况发生，可用双柱法或多柱法进行定性更可靠，即采用两根或多根性质不同的色谱柱进行分离，观察未知物和标准试样的保留值是否始终重合来确定未知物。

在缺乏纯标准物质的情况下，气相色谱中也可以利用文献中发表的保留指数或相对保留值数据进行定性鉴定，但必须注意测定保留指数或相对保留值所用的固定液和温度等条件必须与文献中的一致。

（2）与其他方法结合的定性分析法

对于较复杂的混合物可采用色谱与质谱、红外光谱等仪器联用的方法，即试样经色谱分离为单组分，再利用质谱、核磁共振波谱及红外光谱等仪器进行定性鉴定，就可以收到很好的效果。联用的方法有两种，一种是将色谱分离得到的定性收集起来后再利用其他仪器进行定性分析，称为离线联用模式；另一种是在线联用模式，即通过一个接口把色谱分离的组分不经收集，直接送入其他仪器进行定性。在线联用更为高效，目前商品化的在线联用仪器已有气相色谱-质谱联用、液相色谱-质谱联用、气相色谱-傅里叶变换红外光谱(见拓展阅读7.7)联用等，其中气相色谱和质谱的联用，是目前解决复杂未知物定性问题的最有效工具之一，

此外，色谱还可以与化学方法或利用检测器的选择性和灵敏度不同进行定性鉴定，也可提供有用的试样结构一些基本信息。

7. 色谱定量分析方法

定量分析的任务是求出混合样品中各组分的百分含量。色谱定量的依据是，当操作条件一致时，被测组分的质量(或浓度)与检测器给出的响应信号成正比。即

$$m_i = f_i' \cdot A_i \tag{7-60}$$

式中 m_i——被测组分 i 的质量；

A_i——被测组分 i 的峰面积；

f_i'——被测组分 i 的定量校正因子。

（1）峰面积的测量

峰面积的测量直接关系到定量分析的准确度。当采用积分仪和色谱工作站时，色谱峰面积由仪器自动给出。当采用使用记录仪记录色谱图时，对称峰的峰面积一般可用下面公式进行计算

$$A = 1.065h \cdot W_{1/2} \tag{7-61}$$

式中 A——峰面积；

h——峰高；

$W_{1/2}$——半峰宽。

在计算几种组分的相对含量时，式中常数“1.065”可略去。

在严格控制色谱条件和进样量在一定范围时，半峰宽基本不变，此时对于狭窄的峰，可以直接应用峰高进行定量测定。

（2）定量校正因子

色谱定量分析的依据是被测组分的量与其峰面积成正比。但是峰面积的大小不仅取决于组分的质量，而且还与它的性质有关。即当两个质量相同的不同组分在相同条件下使用同一检测器进行测定时，所得的峰面积却不相同。因此，混合物中某一组分的质量分数并不等于该组分的峰面积在各组分峰面积总和中所占的百分率。这样，就不能直接利用峰面积计算物质的含量。为了使峰面积能真实反映出物质的质量，就要对峰面积进行校正，即在定量计算时引入校正因子。

$$f_i' = m_i / A_i \tag{7-62}$$

式中，f_i'值与组分 i 质量绝对值成正比，所以称为绝对校正因子。在定量分析时要精确

求出f_i'值是比较困难的。一方面由于精确测量绝对进样量困难；另一方面峰面积与色谱条件有关，要保持测定f_i'值时的色谱条件相同，既不可能又不方便。另外即便能够得到准确的f_i'值，也由于没有统一的标准而无法直接应用。为此提出相对校正因子的概念来解决色谱定量分析中的计算问题。

定量分析中常用相对校正因子表示：即用一个物质作标准，用相对校正因子将所有待测物的峰面积校正成相对于这个标准物质的峰面积，使各组分的峰面积与其质量的关系有一个统一的标准进行折算。

采用的标准物因检测器不同而不同：TCD——苯；FID——正庚烷。

$$f_i=\frac{f_i'}{f_s'}=\frac{m_i/A_i}{m_s/A_s}=\frac{A_s m_i}{A_i m_s}=\frac{1}{S_i} \tag{7-63}$$

式中 A_i，A_s——组分和标准物质的峰面积；

m_i，m_s——组分和标准物质的量；

S_i——相对响应值。

当m_i、m_s用质量单位时，所得相对校正因子称为相对质量校正因子，用f_m表示。当m_i、m_s用摩尔为单位时，所得相对校正因子称为相对摩尔校正因子，用f_n表示。应用时常将“相对”二字略去，校正因子或相对响应值可从文献查到，也可自行测定。

质量校正因子的测定方法：准确称取一定质量的被测物的纯物质和作为标准物质的纯物质混合，在实验条件下进行进样分析，分别测量它们的相应的峰面积，然后通过式(7-63)就可计算计算校正因子。

（3）几种常用定量方法

① 归一化法。当试样中所有组分都能流出色谱柱，并在色谱图上显示色谱峰时，可用此法进行定量计算。

把所有出峰组分的含量之和按100%计的定量方法称为归一化法。其计算公式如下：

$$\omega_i=\frac{m_i}{m}\times100\%=\frac{m_i}{m_1+m_2+\cdots+m_i+\cdots+m_n}\times100\%$$

$$=\frac{A_i f_i}{A_1 f_1+A_2 f_2+\cdots+A_i f_i+\cdots+A_n f_n}\times100\% \tag{7-64}$$

式中 ω_i——第i种组分的质量分数；

m_i——第i种组分的质量；

A_i——第i种组分的峰面积；

f_i——第i种组分质量校正因子；如换成摩尔校正因子，则得出摩尔分数或体积分数(气体)。

归一化法简便、准确，当操作条件如进样量、流量等变化时，对结果影响较小。但试样中的组分不能全部出峰或没有峰面积时，则不能用此法进行计算。

② 内标法。当样品各组分不能全部从色谱柱流出，或有些组分在检测器上无信号，或只需对样品中某几个出现色谱峰的组分进行定量时可采用内标法。

所谓内标法，是将一定已知质量的纯物质作为内标物，加入准确称量的试样中，根据被测物和内标物的质量及其在色谱图上相应的峰面积比，可求出被测某组分的含量。内标物应是试样中不存在的纯物质，加入的量应接近待测组分的量，其色谱也应位于待测组分色谱峰附近或几个待测组分色谱峰的中间。

$$m_i=f_iA_i \quad m_s=f_sA_s \quad \frac{m_i}{m_s}=\frac{f_i\,A_i}{f_s\,A_s} \quad m_i=\frac{A_i\,f_i}{A_s\,f_s}\cdot m_s$$

$$\omega_i=\frac{m_i}{m}\times100\%=\frac{A_i\,f_i m_s}{A_s\,f_s m}\times100\% \tag{7-65}$$

内标法的优点是定量较准确，进样量和操作条件不要求严格控制，试样中含有不出峰的组分时也能应用，但每次分析都要准确称取试样和内标物的质量，比较费事，因而不宜于作快速控制分析。

③ 外标法。外标法实际上就是常用的标准曲线法。用待测组分的纯物质加稀释剂配成不同含量标准溶液，取固定量标准溶液进样分析，从所得色谱图上测出响应信号(峰面积或峰高等)，然后绘制响应信号(纵坐标)对百分含量(横坐标)的标准曲线。再取和制作标准曲线时同样量的试样，测得该试样的响应信号，由标准曲线即可查出其百分含量。

此法的优点操作简单，计算方便，无须使用校正因子，但结果准确度取决于进样量的重现性和操作条件的稳定性。

7-6　气相色谱法概述

1. 气相色谱法的特点和应用

气相色谱法是以气体为流动相的色谱分析法，它具有高效、快速、灵敏、应用范围广等特点。

分离效率高：能分离、分析很复杂的混合物，或性质极相似的物质。

灵敏度高：利用高灵敏度的检测器，可以检测出 $10^{-11}\sim10^{-13}$g 的物质。

分析快速：一般在几分钟至几十分钟时间内，可完成一个组成较复杂或很复杂试样的分析。

应用范围广：在柱温条件下能气化的有机试样或无机试样都可以进行分析。

气相色谱适用分离、分析的试样应该是可挥发、热稳定的，沸点在500℃以下，相对分子质量在400以下的物质。在目前已知的化合物中，大约有15%~20%可用气相色谱法直接分析，但该方法不适合分析难挥发和热不稳定的物质或高分子物质。因此，在石油、化学、化工、生化、医药、农业、环境保护等领域生产及科研部门中，气相色谱已成为不可缺少的有力的分析手段。

2. 气相色谱仪

一般气相色谱仪的主要部件和分析流程如图7-19所示。

气相色谱的流动相称为载气，它是一类不与被测物和固定相发生作用，专用来载送试样通过固定相的惰性气体。常用的载气有氢气、氮气、氦气、氩气等。

载气由自高压瓶1供给，经减压阀2减压后，进入载气净化干燥管3以除去载气中的水分等杂质。由稳流阀4控制载气的压力和流量。流量计5测定载气的流速。压力表6指示载气的压力。试样由进样器7注入(如为液体试样，经汽化室瞬间加热汽化为气体)，并由不断流动的载气携带进入色谱柱8，各组分在此被分离，然后随载气依次进入检测器9后放空。检测器信号由记录系统10记录，并得到色谱图(定性定量依据)。

一般的气相色谱仪由五个部分组成：载气系统(包括气源、气体净化、气体流量控制等)；进样系统(包括进样器和汽化室)；分离系统(包括色谱柱、柱箱、温度控制器等)；检

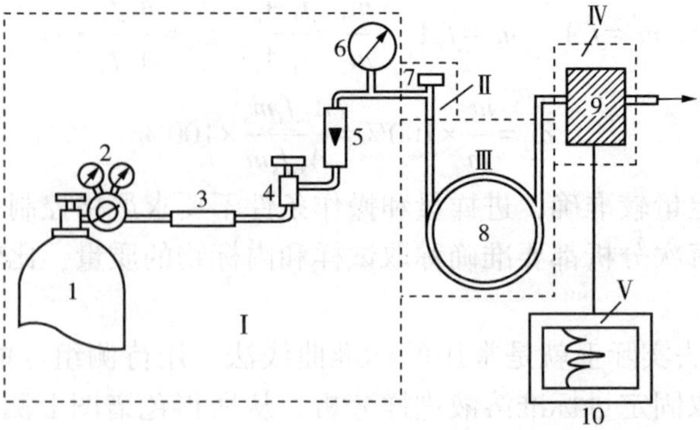

图 7-19　气相色谱流程图

1—载气高压钢瓶；2—减压阀；3—净化干燥管；4—针形阀；5—流量计；6—压力表；
7—进校器和汽化器；8—色谱柱；9—检测器；10—放大器；11—记录仪；
Ⅰ—载气系统；Ⅱ—进样系统；Ⅲ—分离系统；Ⅳ—检测器；Ⅴ—记录系统

测器(包括检测器、放大器、检测器电源和控温装置)；记录系统(包括记录仪或积分仪、色谱工作站)。

在这些部件中，色谱柱和检测器是色谱分析仪的关键部件。混合物能否被分离取决于色谱柱，分离后的组分能否灵敏地被准确检测出来取决于检测器。

3. 气相色谱固定相

(1) 气相色谱柱

气相色谱分离是在色谱柱中完成的，因此色谱柱是色谱仪的核心部件。气相色谱柱分为两类：一类柱内径较大，内径为2~6mm，长为0.5~10m，柱内填充固定相颗粒，称为填充柱；另一类柱内径为0.1~0.53μm，长为10~60m，其固定相涂覆在柱的内壁上，称为毛细管柱。

气相色谱柱中固定相是影响组分分配系数的主要因素，因此对分离结果起着决定性的作用。

(2) 气-固色谱固定相

气-固色谱一般用表面具有活性的吸附剂作固定相。常用的有非极性活性炭、极性氧化铝、氢键型的硅胶，后来发展了分子筛、高分子多孔微球、石墨化炭黑、碳多孔小球等，它们对各种气体的吸附能力强弱不同，可以根据分析对象选择合适的吸附剂。固体吸附剂优点是吸附容量大、热稳定性好、无流失现象，主要应用于分离永久气体(H_2、O_2、N_2、CH_4等)及一些低沸点物质的分离，特别是对烃类异构体的分离具有很好的选择性和较高的分离效率。其缺点是进样量稍大，色谱峰不对称，有拖尾现象，重现性差。

高分子多孔微球是一种应用日益广泛的气-固色谱固定相，特别适用于有机中痕量水分的测定。

(3) 气-液色谱固定相

气-液色谱固定相由担体和固定液构成，其中固定液起主要的分离作用，固定液涂渍在担体上，填充于柱中形成色谱柱。气-液色谱发展非常迅速，固定液种类繁多，因此气相色谱分析法中大多数都是属于气-液色谱法。

担体：担体是一种化学惰性、多孔性的固体微粒，它的作用是能提供较大的惰性表面，用以承载固定液，使固定液以液膜状态均匀分布在其表面。对担体要求如下：a. 多孔性，即表面积较大，使固定液与试样接触面较大；b. 表面化学惰性好，其表面没有吸附性或吸附性很弱，与被分离组分不发生化学反应；c. 热稳定性好，有一定的机械强度，不易破碎；d. 粒度均匀、细小，有利于提高柱效。常用的有 60~80 目、80~100 目等。

气-液色谱中常用担体分为硅藻土型和非硅藻土型，前者应用较早，也是应用最广泛的，其又分为白色和红色担体，都是由天然硅藻土煅烧而成，所不同的是白色担体在煅烧前于硅藻土原料中加入少量助熔剂，如碳酸钠等。

红色担体因含少量氧化铁颗粒而呈红色，其表面孔穴密集，孔径小，表面积较大，表面吸附性较强，机械强度较好，适用分离非极性或弱极性的化合物。但其表面有吸附中心，涂极性固定液时分布不均匀，因而对极性试样分离效果较差。

白色担体是天然硅藻土在煅烧时加入少量碳酸钠之类的助熔剂，使氧化铁转化为白色的铁硅酸钠。白色载体的比表面积小，孔径大，质地疏松，机械强度差，催化活性小，适用于涂渍低含量固定液，分离极性化合物。

由于担体表面往往有吸附中心，又有催化活性，会使固定液涂布不均匀，分离极性组分时吸附这些组分，由于与活性中心相互作用，会造成色谱峰拖尾。因此分析极性试样时，担体应需加以钝化，改进担体孔隙结构，屏蔽活性中心。常用的预处理方法有：酸洗(除去碱性基团)、碱洗(除去酸性基团)、硅烷化(消除氢键结合力)、釉化(表面玻璃化、堵微孔)等。

非硅藻土型担体有氟担体、玻璃微球担体和高分子多孔微球等。对于氟担体，适用于强极性、腐蚀性气体的分析；玻璃微球担体适用于高沸点物质的分析；高分子多孔微球既可用于气-固色谱中作吸附剂，又可用于气-液色谱中作担体。

固定液及其选择：

对固定液的要求：a. 在操作温度下为液体，对试样各组分有适当的溶解能力；b. 具有选择性好，对所分离沸点相近的混合物各组分具有良好的分离能力；c. 沸点高、挥发性小，热稳定性好、蒸气压低，以免流失；d. 化学稳定性好，不与被分离物质发生的化学反应。

固定液的极性：固定液的极性大小可以用相对极性或麦氏常数来表示。

用相对极性表示固定液极性时，规定非极性固定液角鲨烷的极性为 0，强极性固定液 β，β'-氧二丙腈的极性为 100，以它们作为标准，其他各种固定液的相对极性在 0~100 之间，每 20 为一级，又可将其分为五级：P 在 0~+1 间的为非极性固定液；P 在+1~+2 间的为弱极性固定液；P 在+3 的为中等极性固定液；P 在+4~+5 间的为强极性固定液。

极性的强弱代表了物质分子间相互作用的大小，而物质分子之间的相互作用是相当复杂的，仅用相对极性这个单一的数据来评价固定液是不够的，后来又提出了麦氏常数来说明固定液的极性。采用五种探测物，即苯、丁醇、2-戊酮、硝基丙烷、吡啶作为标准，测得其他各种固定液的特征常数(麦氏常数)，每种固定液的麦氏常数有五个，代表各种作用力。用五个数值的总和来说明一种固定液的极性。麦氏常数愈大，表示分子间的作用力愈大，固定液的极性愈强。用五个麦氏常数表示固定液极性的强弱，比用单一的相对极性数值表示更为全面和合理。

固定液的选择原则：依据各种固定液的相对极性或麦氏常数和试样的性质，就可以按照“相似相溶”的原则选择合适的固定液。

① 分离非极性物质，一般选非极性固定液。各试样中各组分按沸点次序流出色谱柱，

沸点低的先出峰，沸点高的后出峰。例如，用角鲨烷作固定液分离甲烷(沸点-161.5℃)、乙烷(沸点-88.6℃)、丙烷(沸点-47℃)时，沸点较低的甲烷先出峰，沸点较高的丙烷则最后出峰。

② 分离极性物质，选用极性固定液，试样中各组分按极性次序流出色谱柱，极性小的先出峰，极性大的后出峰。例如，用极性固定液聚乙二醇-600 分离乙醛、丙烯醛混合物，由于乙醛的极性较丙烷醛小，所以乙醛先出峰。

③ 分离非极性组分和极性组分的(或易被极化的)混合物，一般选极性固定液，这时非极性组分先出峰，极性(或易被极化的)组分后出峰。

④ 对于能形成氢键的组分，如醇、胺和水等的分离，一般选极性或氢键型的固定液。这时，试样中各组分根据与固定液形成氢键能力的大小先后流出色谱柱，不易形成氢键的先出，最易形成氢键的最后流出。

⑤ 对于复杂的难分离的组分，常采用特殊的固定液或两种甚至两种以上的固定液，配成混合固定液。如苯系物的分离，苯系物是指苯、甲苯、乙苯、二甲苯(包括对、间、邻异构体)及至异丙苯、三甲苯等，使用有机皂土固定液不能将各组分完全分离，若使用有机皂土配入适当量的邻苯二甲酸二壬酯的混合固定液，即可将各组分分开。

固定液用量应以能均匀覆盖担体表面形成薄的液膜为宜，采用低的固定液配比(固定液与担体的质量比)，柱分离效能高，分析速度快，但允许的进校量少。各种担体表面积大小不同，固定液配比也不同，一般在 5%~25%之间。

4. 气相色谱检测器

检测器的作用是将经色谱柱分离后的各组分按其特性及含量转换为相应的电信号。

检测器按响应特性可分为浓度型检测器和质量型检测器两类。

浓度型检测器：测量的是载气中某组分瞬间浓度的变化，即检测器的响应值和组分的瞬间浓度成正比。如热导池检测器(TCD)和电子捕获检测器(ECD)。

质量型检测器：测量的是载气中某组分质量比率的变化，即检测器的响应值和单位时间进入检测器的组分质量成正比。如氢火焰离子化检测器(FID)和火焰光度检测器(FPD)。

(1) 热导检测器(TCD)

热导池检测器(thermal conductivity detector，TCD)结构简单，价格便宜，性能稳定，对可挥发的所有物质均有响应，是应用最广泛、最成熟的一种检测器。

① TCD 结构：热导池由池体和热敏元件构成，可分成双臂热导池和四臂热导池。池体多用不锈钢制成，其中有两个或四个大小相同、形状完全对称的孔道，孔内各固定一根长短、粗细和电阻值都一样的金属丝作热敏元件。热敏元件一般选用电阻率高、电阻温度系数大的钨丝、铂丝或铼钨丝做成。热导池结构如图 7-20 所示。

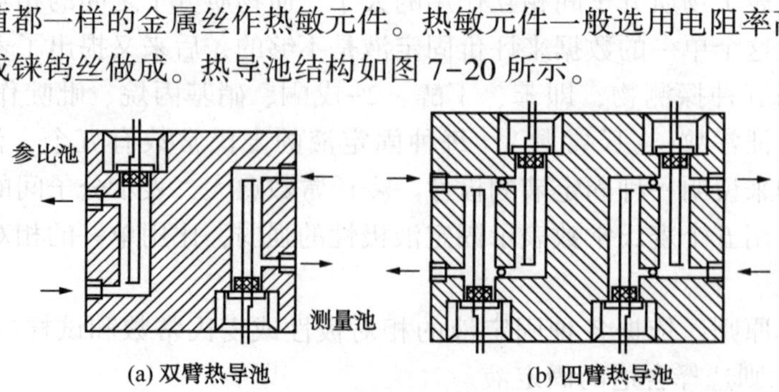

图 7-20 热导池结构示意图

双臂热导池中，一臂是参比池，另一臂是测量池；四臂热导池中，两臂是参比池，另两臂是测量池，通常将参比臂和样品臂组成 Wheatstone 电桥，如图 7-21 所示。

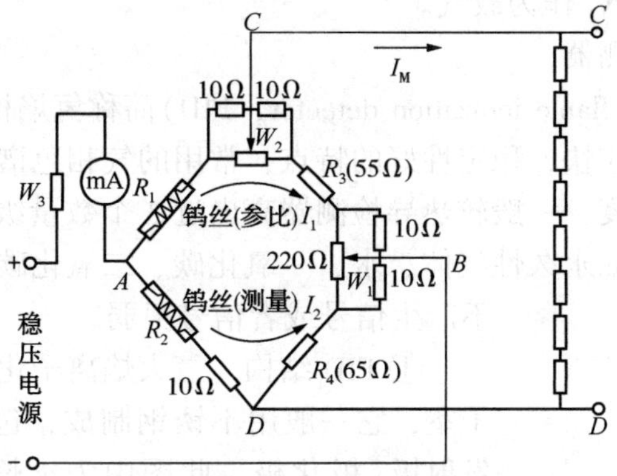

图 7-21　热导池检测器中的电桥线路

热导池体两端有气体入口和出口，参比池仅通过载气气流，从色谱柱流出的组分由载气携带进入测量池。

② TCD 检测原理：由于不同气态物质所具有的热传导系数不同，当它们到达处于恒温下的热敏元件(如 Pt、Au、W、半导体)时，其电阻将发生变化，将引起的电阻变化通过某种方式转化为可以记录的电压信号，从而实现其检测功能。为此，将热导池组成惠斯顿电桥进行测定。

在只有载气通过时，四个臂的温度都保持不变，电阻值也不变。此时，调节电路电阻使电桥平衡，*AB* 两端无电压信号输出；当有样品随载气进入两个样品臂时，此时热导系数发生变化，或者说，测量臂的温度发生变化，其电阻亦发生变化，电桥失去平衡，*AB* 两端有电压信号输出。当载气和样品的混合气体与纯载气的热导系数相差越大，则输出信号越强。热导池检测器的响应信号与进入热导池载气中的组分浓度成正比，因此热导池检测器是典型的浓度型检测器。

在惠斯顿电桥中，R_1 和 R_2 分别是为参比池和测量池的钨丝电阻，分别连于电桥中作为两臂，且 $R_1=R_2$。没试样时，仅有流量相同的载气流经参比池和测量池，电桥平衡：

$$(R_1+\Delta R_1)\cdot R_4=(R_2+\Delta R_2)\cdot R_3$$

此时无电压信号输出，记录系统记录一条直线，即基线。

加入样品时，电桥不平衡：

$$(R_1+\Delta R_1)\cdot R_4\neq(R_2+\Delta R_2)\cdot R_3$$

此时有电压信号输出，在热导池检测器的线性范围内，产生信号与浓度成正比关系。

③ TCD 操作条件选择：

桥电流：桥电流增加，热敏元件温度增加，元件与池体间的温差增大，气体热传导增加，灵敏度增加。但桥电流过大，噪声增大，基线不稳，热敏元件寿命下降，甚至烧坏热丝。电流通常选择在 100～200mA 之间(N_2 作载气，100～150mA；H_2 作载气，150～200mA)。

池体温度：池体温度低，与热敏元件间温差大，灵敏度提高。但温度过低，可使试样凝结于检测器中。通常池体温度应高于柱温。

载气种类：载气与试样的热导系数相差越大，则灵敏度越高。通常选择热导系数大的 H_2 和 He 作载气。用 N_2 作载气，灵敏度较低，热导系数较大的试样(如甲烷)可能出现倒峰，因此，一般很少使用 N_2 作为载气。

(2) 氢火焰离子化检测器

氢火焰离子化检测器(flame ionization detector，FID)简称氢焰检测器。它具有结构简单，灵敏度高，死体积小，响应快，稳定性好的特点，常用的气相色谱检测器之一。它对大多数有机化合物有很高的灵敏度，一般较热导检测器高出近 3 个数量级，能够检出 10^{-12}g · mL^{-1} 的有机物，对某些物质，如永久性气体、水、一氧化碳、二氧化碳、氮的氧化物、硫化氢等不产生信号或者信号很弱。

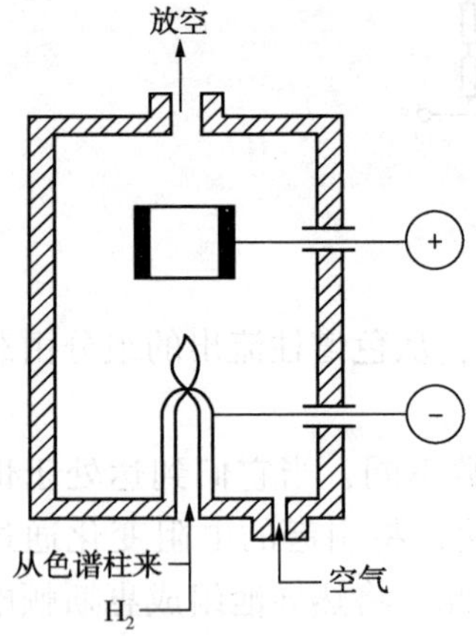

图 7-22　氢火焰电离检测器离子室示意图

① FID 结构。氢火焰离子化检测器主要部件是一个离子室，它一般用不锈钢制成，包括气体入口，火焰喷嘴，发射极(极化极，此图中为火焰顶端)和收集极及外罩。正极(收集极)与负极(发射极)之间加有 150~300V 的电压。如图 7-22 所示。

② FID 检测原理。来自色谱柱的有机物与 H_2-Air 混合并燃烧，产生电子和离子碎片，在电场作用下形成离子流，这些带电粒子在火焰和收集极间的电场作用下(几百伏)形成电流，经放大后测量电流信号，由记录系统记录下与单位时间内进入检测器的组分质量成比例的色谱流出曲线。根据离子流产生的电信号强度，检测被色谱柱分离的组分。

例如，有机物 C_nH_m 电离过程如下

$$C_nH_m \longrightarrow CH\cdot \text{（自由基）}$$

$$CH\cdot + O^* \longrightarrow 2CHO^+ + e^-$$

$$CHO^+ + H_2O \longrightarrow H_3O^+ + CO$$

$$CHO^+、H_3O^+ \longrightarrow \text{往负极}$$

$$e^- \longrightarrow \text{往正极}$$

化学电离产生了正离子(CHO^+、H_3O^+)和电子(e^-)，在外加直流电场作用下，定向向两极移动而产生微电流，经放大后，形成色谱图。

③ FID 操作条件的选择：

载气流量：通常以 N_2 为载气，其流量主要考虑其分离效能。对一定的色谱柱和试样，要找到最佳的载气流量，使色谱柱的分离效果最好。

氢气流量：氢气流量的选择主要考虑检测器的灵敏度。H_2 流速过低，不仅火焰温度低，组分分子离子化数目少，检测器灵敏度低，而且容易熄火。氢气流速过大，基线不稳。

当用 N_2 载气时，N_2 与 H_2 流量比值有一最佳值。在此最佳比值下，检测器灵敏度高，稳定性好。一般 N_2 : H_2 = (1 : 1) ~ (1 : 1.5)之间。

空气流量：空气是助燃气，并为生成 CHO^+ 提供 O_2。当空气流量较小时，流速越大，灵敏度越大，到一定值时，空气流速对灵敏度影响不大。一般地选择 H_2 : Air = 1 : 10。

检测器温度：氢焰检测器的温度的不是主要影响因素，为了防止水蒸气在检测器中冷凝成水，检测器的温度一般应大于 120℃。

（3）电子俘获检测器

电子俘获检测器(ECD)是一种高选择、高灵敏度的浓度型检测器。它只对具有电负性的物质，如含有卤素、硫、磷、氮、氧的物质有响应，且电负性越强，检测器灵敏度越高。

电子俘获检测器结构如图 7-23 所示。在检测器池体内有一圆筒状 β 放射源(^{63}Ni 或^{3}H)作为负极，筒体上端为阳极，下端为阴极。在此两极间施加一直流或脉冲电压。

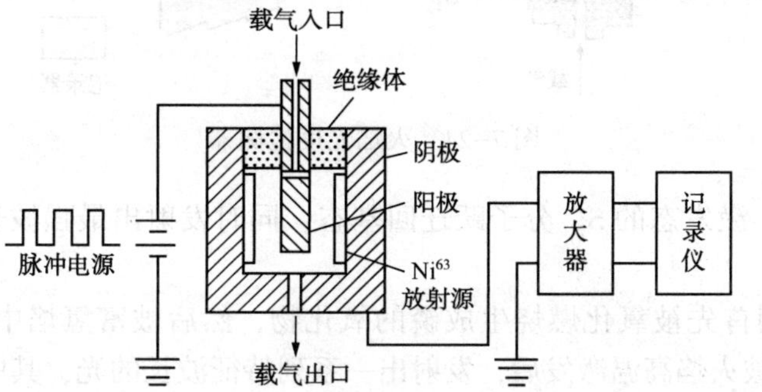

图 7-23　电子俘获检测器示意图

当载气 N_2(高纯载气)进入检测器时，在放射源发射 β 射线作用下发生电离：

$$N_2 \xrightarrow{\beta\text{射线}} N_2^+ + e^-$$

生成的正离子和慢速低能量电子，在恒定电场作用下分别向两电极运动，形成恒定的电流，即基流。

当具有电负性组分 AB 随载气进入检测器时，俘获了检测器中的慢速电子而产生带负电荷的分子离子并放出能量：

$$AB + e^- \longrightarrow AB^- + E$$

由于负离子的质量比电子大几个数量级，故在电场作用下的运动速度比电子慢很多，因此，它更容易与 N_2^+ 发生复合：

$$AB^- + N_2^+ \longrightarrow N_2 + AB$$

由于被测组分捕获电子，其结果使基流降低，产生负信号呈倒峰，组分浓度越高，倒峰越大。因此电子俘获检测器是浓度型检测器。

电子捕获检测器是一个具有高灵敏度和高选择性的检测器，它经常用来分析痕量的具有电负性元素的组分，如食品、农副产品的农药残留量，大气、水中的痕量污染物等。

（4）火焰光度检测器

火焰光度检测器(flame photometric detectoe，FPD)是对含磷、硫的化合物有高选择性和高灵敏度的一种色谱检测器。

这种检测器主要由火焰喷嘴、滤光片、光电倍增管三部分组成，如图 7-24 所示。

当含硫的有机物在富氢-空气焰中燃烧时，发生如下反应：

$$RS + \text{空气} + O_2 \longrightarrow SO_2 + CO_2$$

$$2SO_2 + 4H_2 \longrightarrow 2S + 4H_2O$$

生成的 S 在适当温度下生成激发态的 S_2^* 分子：

$$S + S \longrightarrow S_2^*$$

$$S_2^* \longrightarrow S_2 + h\nu$$

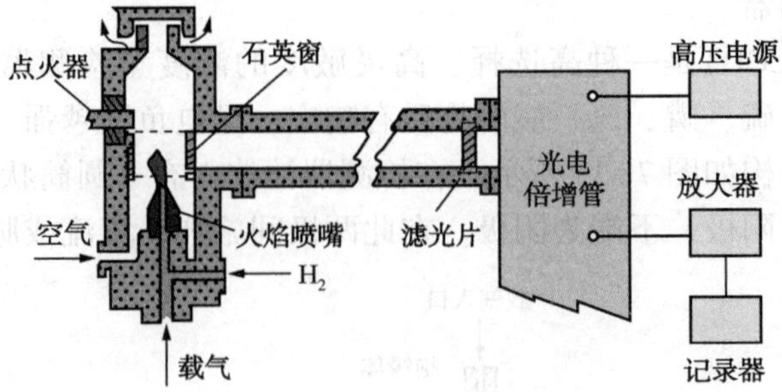

图 7-24　火焰光度检测器

在适当温度下，激发态的 S_2^* 分子跃迁回基态，同时发射出最强波长为 390nm 特征分子光谱。

有机磷化合物则首先被氧化燃烧生成磷的氧化物，然后被富氢焰中的 H 还原成 HPO 碎片。这个 HPO 碎片被火焰高温激发后，发射出一系列特征波长的光，其中最强波长是 528nm。

这些发射光通过相应的滤光片照射到光电倍增管上，将光转变为电流，经放大后在记录系统上记录下硫或磷化合物的色谱图。

火焰光度检测器主要用于硫、磷的测定，如石油产品中硫化物、食品中农药残留物、大气及水的污染等的分析。

5. 气相色谱操作条件的选择

(1) 载气种类及流速选择

由范弟姆特方程式：

$$H=A+\frac{B}{u}+Cu$$

可知，分子扩散项与载气流速成反比，传质阻力项与载气流速成正比，肯定会有一最佳的载气流速，此时柱效最高。

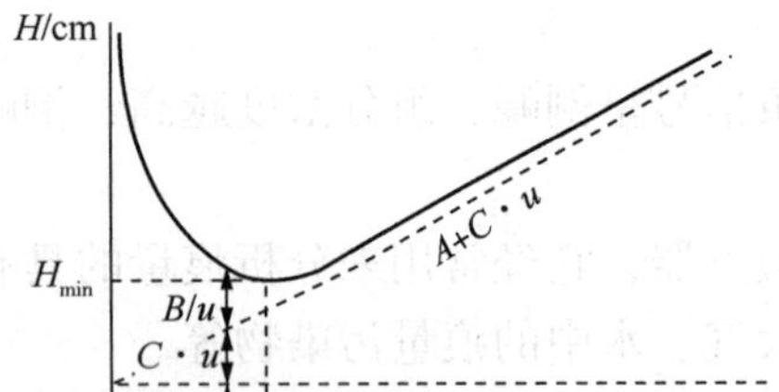

图 7-25　塔板高度与载气线速的关系

在填充柱色谱中，对一定的色谱柱和试样，在不同载气流速下测得塔板高度 H 对载气流速 u 作图，得 $H-u$ 曲线图，如图 7-25 所示。

在曲线的最低点 H 最小，即柱效能最高，与该点对应的载气流速为最佳流速。

当载气流速较小时，分子扩散项(B/u)就成为色谱峰扩张的主要因素，此时应采用相对分子质量较大的载气(如 N_2、Ar)，有利减小分子扩散。

当载气流速较大时，传质阻力项(Cu)就成为控制柱效的主要因素，宜选用相对分子质量较小的载气(如 H_2、He)，以减小气相传质阻力，提高柱效。

(2) 柱温的选择

柱温是一个重要的色谱操作参数，它直接影响分离效能和分析速度。柱温不能高于固定液的最高使用温度，否则会造成固定液大量挥发流失，不但影响柱的寿命，而且固定液随载气进入检测器，将污染检测器。某些固定液有最低操作温度，一般地说，操作温度至少必须高于固定液的熔点，以使其有效地发挥作用。

降低柱温可使色谱柱的选择性增大，但升高柱温可以缩短分析时间，并且可以改善气相和液相的传质速率，有利于提高效能。所以，这两方面的情况均需考虑。

在实际工作中，一般根据试样的沸点选择柱温、固定液用量及载体的种类。对于宽沸程混合物，一般采用程序升温法进行。

程序升温：即柱温是按预定的加热速度，随时间呈线性或非线性地增加。一般程序升温是呈线性的，即单位时间内温度上升的速度是恒定的。开始温度较低，低沸点组分得到很好的分离；随着柱温的升高，高沸点组分也获得满意的峰形。

（3）柱长和内径的选择

由于分离度正比于柱长的平方根，所以增加柱长可以提高柱效率，但柱长增加会使各组分的保留时间增加，延长分析时间，分析速度下降。因此，在满足一定分离度的前提下，一般选择较短的色谱柱。常用的柱长为 1~3m。色谱柱的内径要合适，内径增加反而会使柱效能下降，常用的填充柱内径为 3~4mm。

（4）进样量和进样时间

进样量应控制在峰面积或峰高与进样量呈线性关系范围内。液体试样一般进样量为 0.1~5μL，气体试样进样量为 0.1~10mL。进样量太少，会使含量少的组分因检测器灵敏度不够而无法检出；进样量太多，会使色谱峰重叠或峰形变差而分离不好。

进样时间必须很快，控制在 1s 内完成。若进样太慢，色谱峰严重扩展，变形。

（5）汽化温度的选择

适当提高气化室温度对分离和定量有利，一般较柱温高 30~70℃。

7-7　高效液相色谱法简介

1. 高效液相色谱法的特点与应用

液相色谱法是指流动相为液体的色谱技术。高效液相色谱是 20 世纪 70 年代迅速发展起来的一种新颖、快速的分离技术，这种分析方法具有如下特点：

① 高压：高效液相色谱以液体作为流动相，受到的阻力较大，为了能迅速通过色谱柱，须对流到相施加高压。色谱柱柱前压力一般可达$(100\sim350)\times10^5$Pa。

② 高速：高效液相色谱所需的分析时间较经典的柱色谱少得多，一般少于 60min。

③ 高效：高效液相色谱分析的柱效可达 30000 塔板/m 以上，要比气相色谱的柱效约 1000 塔板/m 要高得多，这是由于近年来出现了许多新型固定相，使分离效率大大提高。

④ 高灵敏度：高效液相色谱已采用了高灵敏度的检测器，大大提高了分析的灵敏度，最小检测限可达 10^{-9}g，甚至 10^{-12}g。

气相色谱仅能分析在操作温度下且能气化而不分解的物质。对高沸点化合物、非挥发性物质、热不稳定化合物、离子型化合物及高聚物的分离、分析较为困难，致使其应用受到一定程度的限制，据统计只有大约 20%的有机物能用气相色谱分析；而高效液相色谱则不受样品挥发度和热稳定性的限制，它非常适合分子量较大、难气化、不易挥发或对热敏感的物质、离子型化合物及高聚物的分离分析，大约占有机物的 80%~85%，所以说高效液相色谱的应用范围更广泛。

2. 影响色谱峰扩展及色谱分离的因素

气相色谱法在基本概念和理论基础，如分配系数、分配比、分离度、塔板理论、速率理论等，高效液相色谱也同样适用。但由于在液相色谱中以液体代替气相色谱中的气体作为流动相，而液体和气体的性质不相同，这些差异对色谱分离过程会产生明显的影响。

涡流扩散项：与气相色谱法说法一样。

分子扩散项：由于分子在液体中的扩散系数 D_m 比在气体中小 4~5 个数量级，因此在高效液相色谱中，当流动相的线速度 $u>0.5\text{cm}\cdot\text{s}^{-1}$ 时，由分子扩散所引起纵向扩散项对色谱峰扩展可忽略，而在气相色谱中该项不能忽略，而是重要的一项。

传质阻力项：试样分子在液相流动相的传质阻力包括固定相传质阻力和流动相传质阻力，传质阻力是使色谱峰扩展的主要原因。

固定相传质阻力：试样分子从流动相进入固定相内进行质量交换的传质过程引起的阻力，并造成色谱峰扩展，这取决于固定相厚度、流速和组分分子在固定相中的扩散系数等因素。对于液-液分配和键合相色谱，使用薄的固定液层或键合相层；对于吸附、离子交换色谱，使用微小的固定相颗粒，都可使固定相传质阻力降低。当然，使用具有扩散系数大的液相固定液和减小流动相流速，也可以减小固定相传质阻力。

流动相传质阻力：又包括流动的流动相中的传质阻力和滞留的流动相中的传质阻力。流动的流动相中的传质阻力与流速、固定相的填充状况和柱的形态、直径、填料结构等因素有关，当填充粒度小，试样在流到相中扩散系数大，减小流动相流速，可以减小该项阻力。滞留的流动相中的传质阻力与固定相微孔的大小、深浅等因素有关，固定相的粒度越小，传质效率越高，柱效也就越高。

总之，在高效液相色谱分离过程中，分子扩展项可以忽略不计，影响柱效的主要因素是传质阻力项。因此，采用粒度细小、填充均匀的固定相，可以减小塔板高度，提高柱效率，其中减小粒度是提高柱效率的最有效途径，目前一般使用颗粒度小于 5μm 的微粒型固定相。通过采用湿法匀浆装柱技术，可以使填料填充均匀，提高柱效能。

对于高效液相色谱法，除了上述影响色谱扩展的因素外，还有其他一些因素影响，如柱外展宽(柱外效应)。所谓柱外展宽是指色谱柱外各种因素引起的峰扩展，分为柱前和柱后两种因素。柱前峰展宽主要由进样引起，由于进样器的死体积以及进样时的液流扰动引起色谱峰不对称和展宽。柱后展宽主要由接管、检测器流通池体积所引起，为此，连接管的体积、检测器的死体积应尽可能小。

3. 高效液相色谱仪

高效液相色谱仪一般包括储液器、高压泵、梯度洗脱装置、进样器、色谱柱、检测器、数据记录及处理装置等部件，如图 7-26 所示。

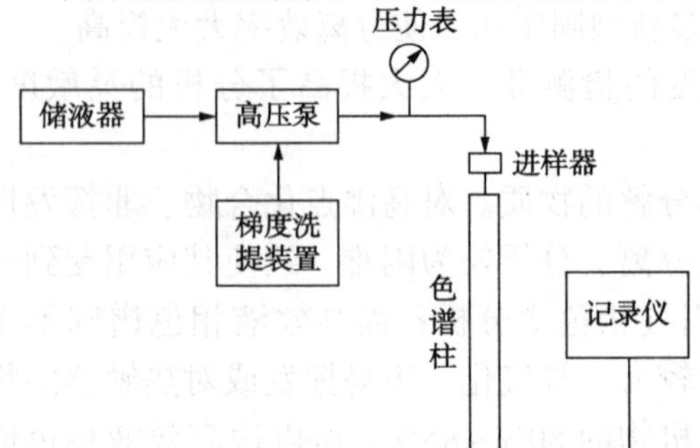

图 7-26　高效液相色谱仪结构示意图

储液器储存的流动相由高压泵送至色谱柱入口，试液由进样器注入流动相系统，随流动相进入色谱柱进行分离。分离后的各个组分进入检测器，转变成相应的电信号，供给数据记录和处理装置。

(1) 高压泵

由于高效液相色谱分析中色谱柱很细、填充粒度很小，阻力很大，为达到快速、高效的分离，必须有很高的柱前压，所以高效液相色谱分析的流动相是用高压泵来输送。一般对高压泵要求输出压力达到 400×10^4 ~ 500×10^5Pa，流量要稳定；压力平稳无脉动，流速在一定范围内可调。

高效液相色谱仪中一般采用往复泵，其结构如图 7-27 所示。

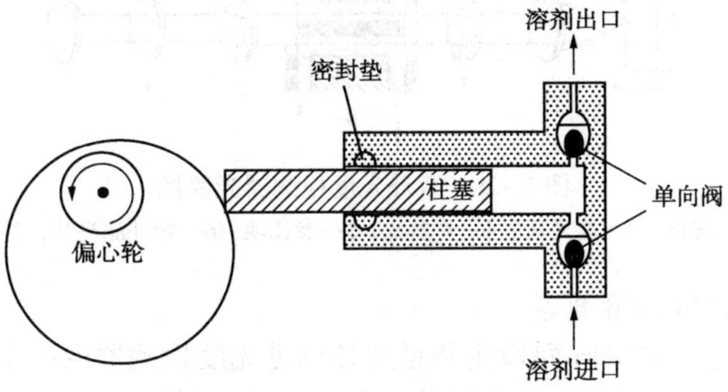

图 7-27　往复式柱塞泵示意图

当柱塞推入缸体时，流动相出口的单向阀打开，流动相进口的单向阀关闭，此时向流动相出口输出流体。反之，当柱塞从缸体向外拉时，流动相入口的单向阀打开，出口的单向阀关闭，一定量的流动相就由储液器吸入缸体中。柱塞每分钟大约需要往复运动 100 次，可连续供给流动相并维持稳定的输出流量。

(2) 梯度洗脱

梯度洗脱又称梯度洗提、梯度淋洗。在高效液相色谱分析中，梯度洗脱的作用与气相色谱分析中的程序升温相似，给分析带来很大的便利。所谓梯度洗脱，就是流动相中含有两种或更多不同极性的溶剂，在分离过程按一定的程序连续改变流动相中溶剂的配比和极性，从而改变流动相的浓度、离子强度及 pH，借以改变被分离组分的容量因子和选择性因子，以提高分离效果，缩短分离时间，提高分辨能力，减低检出限和提高定量分析的精度。

(3) 色谱柱

目前高效液相色谱分析中常用的标准柱型内径为 3.9mm 或 4.6mm，长为 10~30cm 的直形不锈钢柱，填料的颗粒度为 3~5μm，理论塔板可达每米 $10^4 \sim 10^5$。高效液相色谱柱发展的一个重要趋势是减小填料粒度和使用更短的柱，这样可提高柱效，加快分析速度。

目前，高效液相色谱的固定相须用湿法(也称匀浆法)装柱，即用一合适的溶剂或混合溶剂作为分散介质，使填料微粒在介质中高度分散并形成匀浆，然后用高压将匀浆压入管柱中，以制成填充紧密、均匀的高效柱。

(4) 检测器

高效液相色谱要求检测器具有灵敏度高、重现性好、响应快、检测限低、线性范围宽、适用范围广、对流动相和温度波动不敏感、死体积小等特点。目前，应用广泛的是紫外光度检测器(UVD)，其次是荧光检测器(FD)和电导检测器(ECD)，示差折光检测器(RID)因受温度影响较大，灵敏度不够高，除还用于糖类的检测外，已不多用。新型化学发光检测器是有发展前途的检测器。

① 紫外光度检测器。紫外光度检测器是高效液相色谱法广泛使用的检测器，它的作用原理是基于被分析试样组分对特定波长紫外光的选择性吸收，组分浓度与吸光度关系遵守比尔定律。紫外光度检测器光路图如图 7-28 所示。

紫外检测器具有很高灵敏度，最小检测质量浓度限可达 $10^{-9}g \cdot mL^{-1}$；对温度和流速不敏感，可用于梯度洗脱；结构也较简单。其缺点是不适用于对紫外光完全不吸收的试样，也

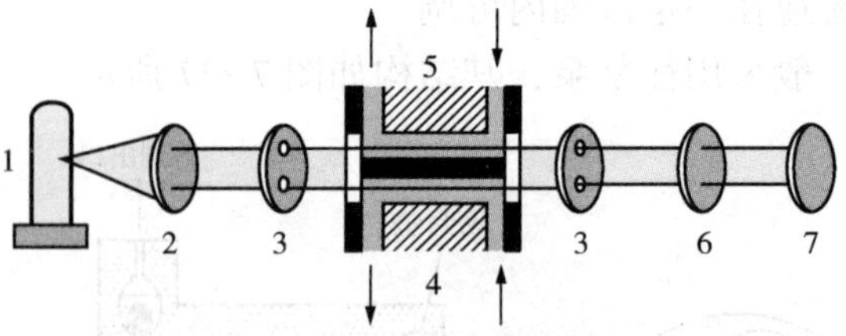

图 7-28　紫外光度检测器光路图

1—低压汞灯；2—透镜；3—遮光板；4—测量池；5—参比池；6—紫外滤光片；7—双紫外光敏电阻

不能使用能够吸收紫外线的溶剂等。

近年来出现的光电二极管阵列检测器是紫外可见光度检测器的一个重要进展，经计算处理后可得到三维色谱-光谱图，利用色谱保留值规律及光谱特征吸收曲线综合进行定性分析。

② 荧光检测器。荧光检测器是一种灵敏高和选择好的检测器，它是利用某些物质在受到紫外线激发后能发射荧光的性质而制成的检测器。当入射光强度、试样池长度不变时，稀溶液的荧光强度与溶液浓度成正比。典型的直角形滤光片荧光检测器光路图如图 7-29 所示。

荧光检测器比紫外光度检测器的灵敏度要高 2~3 个数量级，选择性好，但线性范围较差。利用可调节的激光作光源，可使检测灵敏度和准确度提高。

荧光检测器特别适用具有对称共轭结构的有机芳环分子，如多环芳烃、黄曲霉素、维生素 B、卟啉类化合物及许多生化物质，因为这些物质受紫外光激发后，能辐射出比紫外光波长较长的荧光。对某些不发射荧光的物质亦可通过化学衍生转变成能发出荧光的物质后，也可用荧光检测器进行检测。

③ 示差折光检测器。示差折光检测器是借连续测定流通池中溶液折射率的方法来测定试样浓度的检测器。溶有试样的流动相和纯流动相之间折射率之差，与被测组分在试液中的浓度有关，因此可以根据折射率的改变，测定被测组分含量。

偏转式示差折光检测器光路如图 7-30 所示。偏转式示差折光检测器是利用测量折射角偏转值的大小来测定试样的浓度。

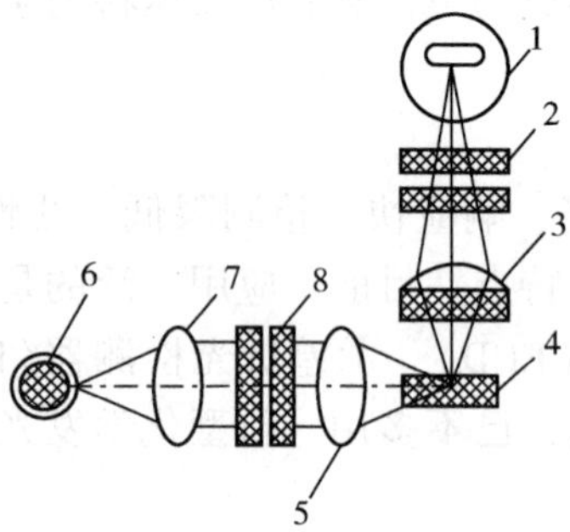

图 7-29　荧光检测器示意图

1—光电倍增管；2—发射滤光片；3—透镜；

4—样品流通池；5—透镜；6—光源；7—透镜；

8—激发滤光片

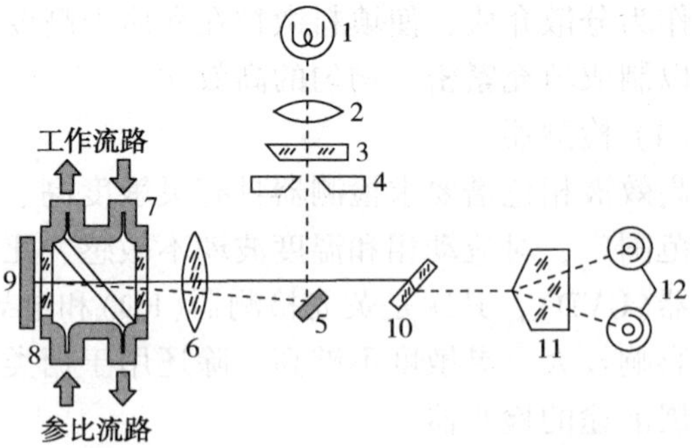

图 7-30　偏转式差示折光检测器光路图

1—钨丝灯光源；2—透镜；3—红外隔热滤光片；

4—遮光板；5—反射镜；6—透镜；7—工作池；

8—参比池；9—平面反射镜；10—平面细调透镜；

11—棱镜；12—光电管

几乎每种物质都有各自不同的折射率，因此都可用差示折光检测器来检测，如同气相色谱法中的热导池一样，它是一种通用型的浓度检测器。但该检测器灵敏度较低，对温度变化很敏感，不能用于梯度洗脱。

④ 电导检测器。电导检测器属于电化学检测器，是离子色谱法中使用最广泛的检测器。电导检测器的作用原理是根据物质在某些介质中电离后产生的电导变化来测定电离物质含量。

电导检测器的结构示意图如图 7-31 所示。电导池内的检测探头是由一对平行的铂电极组成，将两电极构成电桥的一个测量臂，即可测定流动相的电导值及其变化。

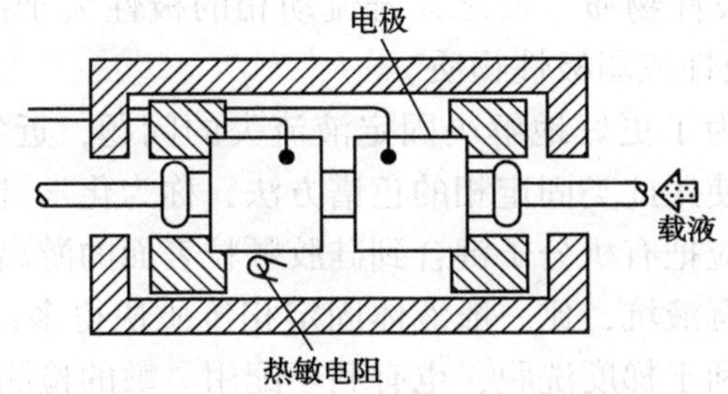

图 7-31　电导检测器结构示意图

电导检测器的响应受温度的影响较大，因此要求严格控制温度。一般在电导池内放置热敏电阻进行监测。

⑤ 化学发光检测器。化学发光检测器是近年发展起来的高选择性及高灵敏度的新型检测器。该监测器设备简单，自身发光，不需光源，价格便宜，而且可以自制，是一种有发展前途的检测器。化学发光反应常用酶为催化剂，将酶标记在待测物、抗原或者抗体上，可进行药物代谢分析及免疫发光分析。

4. 高效液相色谱法的主要类型

（1）液-固吸附色谱法

分离原理：液-固吸附色谱法采用吸附剂为固定相，溶剂为流动相。它是根据各物质吸附能力强弱的不同来进行分离。其作用机制是溶质分子 X 与溶剂分子 S 对吸附剂活性表面竞争吸附，可用下式表示：

$$X_m + nS_a = X_a + nS_m$$

$$K = [X_a][S_m]^n / [X_m][S_a]^n$$

式中　K——吸附平衡系数，K 值大的组分，吸附剂对它的吸附力强，保留值就大。

固定相：液-固吸附色谱的固定相常见的有硅胶、氧化铝、分子筛、聚酰胺等，其中细颗粒（5～10μm）的硅胶微粒固定相，由于吸附容量较大，类型多，应用最广泛。在吸附色谱中，随着溶质极性的增大，保留时间延长。

流动相：由于液-固吸附色谱中的固定相种类不多，因此流动相成为了影响分离的主要因素。常用的流动相按其极性减弱的顺序排列为：水、甲醇、乙醇、丙酮、二氧六环、四氢呋喃、乙酸乙酯、乙醚、二氯甲烷、氯仿、苯、四氯化碳、环己烷、正己烷。为了获得合适极性，常采用二元或多元组合溶剂系统作为流动相。

应用：溶质保留值的大小与空间效应、吸附剂表面结构有关，液-固吸附色谱法常用于分离含有不同官能团的化合物及异构体，这是因为液-固色谱法对结构异构和几何异构体有良好的选择性。该方法的缺点是由于非线性等温吸附，常引起峰的拖尾现象。

（2）液-液分配色谱法和化学键合相色谱法

液-液分配色谱法：液-液分配色谱的固定相是由担体与其表面涂覆的一层固定液组成，试样组分溶于流动相后，在色谱柱内经过两相界面进入固定液中，在固定相和流动相之间进行溶解和分配，通过多次分配平衡后，由于试样组分在固定相和流动相之间的相对溶解度不同而使各组分得到分离。

在液-液分配色谱中，为了避免固定液被流动相溶解而流失，固定液和流动相不能互溶。即对于亲水性固定相，常采用疏水性的流动相，此时流动相的极性弱于固定液，称为正相液-液色谱，用于分离极性物质。反之，若流动相的极性大于固定液的极性，称为反相液-液色谱，用于分离非极性或弱极性物质。

化学键合相色谱法：为了更好地解决固定液流失的问题，近年来发展了一种新型固定相，即化学键合固定相，使用此类固定相的色谱方法，称为化学键合相色谱法。所谓化学键合固定相就是通过化学反应把有机分子键合到硅胶颗粒表面的游离羟基上，这样色谱柱的稳定性好，寿命长；表面没有液坑，比一般液体固定相传质快得多；可以键合不同的官能团，能灵活地改变选择性；有利于梯度洗脱，也有利于配用灵敏的检测器和馏分的收集。

化学键合固定相的分离机制目前还不是十分明确，现一般认为既不是全部吸附过程，亦不是典型的液-液分配过程，而是双重机制兼而有之，只是按键合量的多少而各有侧重。

化学键合相色谱法已成为目前应用最广的分离模式，尤其是其中的反相键合相色谱法，已占高效液相色谱应用的70%左右。这是由于操作系统简单，色谱分离过程稳定，分离技术灵活多变等原因造成的。

固定相：化学键合固定相大多采用3~5μm的全多孔型担体，它是由硅胶微粒堆聚而成的全多孔型担体。由于颗粒小，传质距离短，因此柱效高，柱容量也不小。在硅胶表面通过化学反应以化学键结合各种分子，形成类似刷子一样的分子层。根据在硅胶表面的化学反应不同，键合固定相可分为：硅氧碳键型（≡Si—O—C）；硅氧硅碳键型（≡Si—O—Si—C）；硅碳键型（≡Si—C）；硅氮碳键型（≡Si—N—C）四种类型。

例如，在硅胶表面硅烷化反应制得硅氧硅碳键型键合相反应为

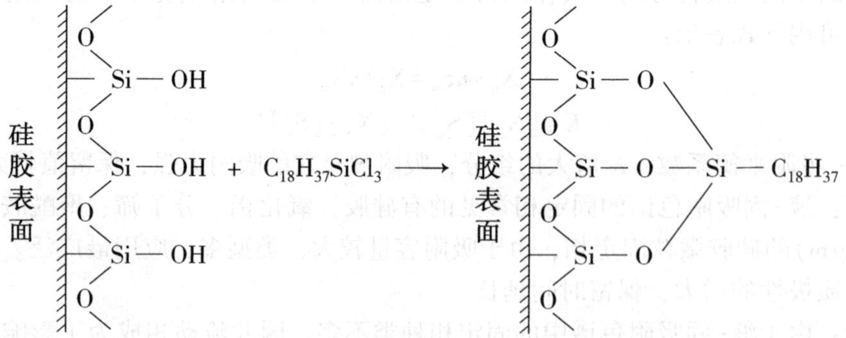

流动相：在气相色谱中，载气的性质相差不大，要提高柱效选择性，主要是改变固定相的性质。高效液相色谱中则不同，当固定相选定时，流动相的种类、配比能显著地影响组分的保留、选择性以及分离效果，因此流动相的选择非常重要。

高效液相色谱的流动相一般需要色谱纯试剂；采用黏度小的流动相，增加试样组分的扩散系数，提高柱效，有利于分离；所使用的流动相应与检测器相匹配，即溶剂不能被相应的

检测器检测出来；流动相对试样的溶解度适宜；流动相不与固定相产生作用，以免引起柱效损失或保留特性变化。在选择溶剂时，溶剂的极性显然仍是重要依据。为了获得合适的溶剂强度，常采用二元或多元组合的溶剂系统作为流动相。

几种常用的溶剂按其极性增强顺序排列如下：正己烷、环己烷、四氯化碳、苯、甲苯、氯仿、乙醚、乙酸乙酯、正丁醇、正丙醇、1,2-二氯乙烷、丙酮、吡啶、乙醇、水、乙酸。

在正相色谱中，最常采用的低极性溶剂为正己烷或正庚烷，为了获得合适的选择性和洗脱强度，在其中加入弱极性的溶剂如二氯甲烷、氯仿、甲基叔丁基醚、异丙醇等。在反相色谱中，通常以极性最强而洗脱能力最弱的水为流动相的主体，加入不同配比的有机溶剂作极性调节剂，常用的有机溶剂是甲醇、乙腈、四氢呋喃等。

采用反相色谱法分离强极性化合物或弱解离化合物(弱酸、弱碱)时，需要在流动相中添加少量的酸、碱或一定 pH 的缓冲盐，以抑制这些化合在分离过程中电离行为，避免出现不对称的色谱峰，增大保留值。

对强有机酸、碱分析时，可采用反相离子对色谱法。离子对色谱法是将一种或多种与溶质电荷相反的离子(称为对离子或反离子)加到流动相中，使其与溶质离子结合形成疏水型离子对化合物，离子对的保留行为与中性化合物类似，从而使溶质离子得到分离。用于阴离子分离的对离子如氢氧化四丁基铵、氢氧化十六烷基三甲铵等；用于阳离子分离的对离子有如十二烷基磺酸钠、己烷磺酸钠等。离子对色谱法通常采用化学键合固定相，根据离子对的分配系数的差异实现分离，因此也是一种化学键合相色谱法。

应用：化学键合相色谱法具有稳定性好，柱寿命长，分离效能高等优点，因此已成为高效液相色谱中应用最广的分离模式。化学键合相色谱法适用的试样极性范围也很广，从强极性到非极性的试样均可分析。采用合适的分离模式，可用于中性小分子、有机离子甚至部分大分子的分离，如肽、低聚核苷酸等，在药物、农药、生化、环境等领域均有应用。

(3) 离子交换色谱法和离子色谱法

离子交换色谱法：离子交换色谱是基于离子交换树脂上可解离的离子与流动相中具有相同电荷的溶质离子进行可逆交换，并根据这些离子对交换剂具有不同的亲和力而将它们分离。

离子交换色谱法采用离子交换树脂作为固定相，以含有酸、碱、盐的水溶液作为流动相。离子交换树脂通常采用苯乙烯-二乙烯苯共聚物微球为单体，在苯环上键合阳离子交换基团(如磺酸基)或阴离子交换基团(如季氨基)，在离子交换树脂固定相上发生如下交换反应：

$$\text{阳离子交换：}M^{+}+(Na^{+-}O_3S\text{-树脂})\rightleftharpoons Na^{+}+(M^{+-}O_3S\text{-树脂})$$

$$\text{阴离子交换：}X^{-}+(Cl^{-+}NR_4\text{-树脂})\rightleftharpoons Cl^{-}+(X^{-+}NR_4\text{-树脂})$$

离子交换树脂上可电离的离子与流动相中具有相同电荷的溶质离子进行可逆交换。不同离子与离子交换树脂的亲和力不同，在与流动相离子的交换反复多次达到平衡后得以分离，与离子交换树脂上交换中心作用力强离子保留时间长，反之则短。

传统的离子交换树脂法广泛用于无机及有机离子的分离、纯化等，如去离子水的制备、蛋白质的分离等，但该法目前已很少用于离子试样的分析，已被离子色谱法所代替。

离子色谱法：离子色谱法是 20 世纪 70 年代中期发展起来的一项新的液相色谱法，为了克服离子交换色谱中流动相对电导检测器的干扰，在分析柱和检测器之间增加了一个抑制柱，并以电导检测器为检测器，与常规的高效液相色谱不一样，进行离子色谱分析时需使用专门的离子色谱仪。该法是利用离子交换树脂为固定相，电解质溶液为流动相，基于离子交换的原理对组分进行分离。简单流程如图 7-32 所示。

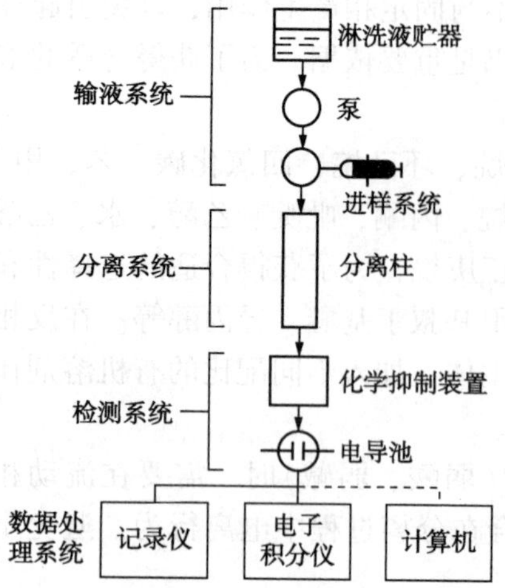

图 7-32 双柱形离子色谱仪流程示意图

例如，阴离子 Br^- 的分析过程(双柱抑制型)。

分离柱上发生的阴离子交换反应：

$$R-OH^- + Na^+Br^-(\text{待测}) \longrightarrow R-Br^- + Na^+OH^-(\text{交换})$$

$$R-Br^- + Na^+OH^-(\text{洗脱剂}) \longrightarrow R-OH^- + Na^+Br^-(\text{洗脱})$$

试样通过阴离子交换树脂分离后，随流动相中的 OH^- 一起进入电导检测器，由于 OH^- 的浓度要比试样阴离子 Br^- 浓度要大得多，与流动相的电导值相比，试样进入流动相而引起电导的改变非常小，使测定的灵敏极低。

抑制柱上则发生下列交换反应：

$$R-H^+ + Na^+OH^-(\text{流动相}) \longrightarrow R-Na^+ + H_2O$$

$$R-H^+ + Na^+Br^-(\text{流动相}) \longrightarrow R-Na^+ + H^+Br^-$$

从抑制柱出来的流动相中，OH^- 已转化为电导值很小的水，消除了本底电导的影响；待测阴离子转化为具有更大淌度的酸，大大提高检测灵敏度。

上述方法被称为双柱抑制型离子色谱法，目前多采用电化学连续抑制装置或纤维管连续抑制装置。当采用低电导、低浓度的有机弱酸或弱酸盐做流动相时，分离柱直接连接电导检测器而不用抑制柱，称为单柱离子色谱或无抑制离子色谱。

固定相：离子色谱中，应用最广泛的固定相是在高交联度苯乙烯-二乙烯苯共聚物上连接可解离的官能团制得的离子交换树脂，也称离子交换剂。按离子交换官能团酸碱性的强弱，离子交换树脂也可分为强酸性与弱酸性阳离子交换树脂和强碱性与弱碱性的阴离子交换树脂。由于强酸性和强碱性离子交换树脂比较稳定，适用的 pH 范围比较宽，因此在高效液相离子色谱中应用较多。.

离子色谱法的固定相通常分为两种类型，一类是以薄壳玻珠为担体，表面涂以约 1%离子交换树脂；另一类是离子交换键合固定相，用化学反应将离子交换基团键合在惰性担体表面；后一类又可分为键合薄壳型(担体是薄壳玻璃珠)和键合微粒硅胶型(担体是微粒硅胶)两种。键合微粒硅胶型是近年出现的新型离子交换树脂，交换容量大，柱效高。

流动相：离子色谱分析主要在水中进行。双柱抑制型离子色谱的流动相离子对离子交换树脂的亲和力应和试样离子的亲和力相近或稍大，且发生抑制反应生成电导率很小的物质。分离阴离子时，常用的流动相为 $B_4O_7^-$、OH^-、HCO_3^-、CO_3^{2-} 等，其中 HCO_3^-/CO_3^{2-} 混合离子是最常用的阴离子淋洗液。单柱离子色谱分离阴离子常用低浓度的苯甲酸盐、邻苯二甲酸盐、柠檬酸盐等；阳离子分析使用的淋洗液有 HCl、HNO_3、$HClO_4$、乙二胺等。

应用：离子色谱法是目前唯一快速、灵敏和准确的水溶液中阴离子分析的方法，因而得到广泛重视和迅速发展。离子色谱法主要用来分离分析离子或可解离的化合物，它不仅应用于无机离子的分析，还可以分析有机离子，已成功地分析了糖类、氨基酸、核酸、蛋白质等。

(4) 空间排阻色谱法

分离原理：空间排阻色谱法是以凝胶为固定相，因此也称为凝胶色谱法。所谓凝胶是一种含有大量液体(一般是水)柔软而富于弹性的物质，是经过交联而有立体网状结构的多聚体，具有数纳米到数百纳米大小的孔径。空间排阻色谱的分离原理是利用凝胶中孔径大小的不同，当试样随流动相进入色谱柱，在凝胶间隙及孔径旁流过时，组分中最大的分子不能进入胶孔而受到排阻，先出峰；组分中最小的分子可以进入所有胶体微孔中，最后出峰。介于最大和最小分子之间的分子的洗脱次序将取决于相对分子质量的大小，相对分子质量大的先洗脱，相对分子质量小的后洗脱，最后使大小不同的分子分别被分离、洗脱。

固定相：常用的空间排阻色谱固定相分为软质、半硬质和硬质凝胶三种。软质凝胶有葡萄糖凝胶、琼脂糖凝胶等，适用于水作流动相，只能用于常压排阻色谱法，不适合高压液相色谱。半硬质凝胶如苯乙烯-二乙烯基苯交联共聚凝胶、小孔聚苯乙烯凝胶是应用较多的半硬质凝胶，也称有机凝胶，适用于非极性有机溶剂，不能用丙酮、乙醇类极性溶剂，能耐较高压力，可作为高效液相色谱的固定相。硬质凝胶是高效液相色谱的常用固定相，如多孔硅胶、多孔玻璃珠等。其中多孔硅胶是用得较多的无机凝胶，它的特点是化学稳定、热稳定性好，机械强度高。

流动相：空间排阻色谱所用的溶剂必须与凝胶本身非常相似，这样才能润湿凝胶并防止吸附作用。流动相的黏度要低，有利于大分子的扩散，减小传质阻力，提高分辨率。另外，流动相需与检测器匹配，不能被检测器检测出来。一般情况下，对合成高分子有机化合物的分离通常用四氢呋喃、甲苯、*N*,*N*-二甲基甲酰胺等作流动相；生物大分子的分离主要用水、缓冲盐溶液、乙醇及丙酮作流动相。

应用：空间排阻色谱适用于分离相对分子质量大的化合物(约为 2000 以上)，只要这些试样在流动相中是可溶的，都可用空间排阻色谱法进行分离；空间排阻色谱法的分离效率并不高，它只能分离相对分子质量差别在 10%以上的分子。但是排阻法不能用来分离大小相似、相对分子质量接近的分子，如异构体。

空间排阻色谱法还可以用来快速测定合成聚合物或天然大分子如多糖、蛋白质的相对分子质量及其分布。

5. 高效液相色谱法分离类型的选择

应用高效液相色谱法对试样进行分离、分析时，分离方法的选择，应考虑各种因素，首先必须尽可能多地了解样品的有关性质，其次必须熟悉各种色谱方法的主要特点及其应用范围。选择色谱分离方法的主要根据是样品相对分子质量的大小，在水中和有机溶剂中的溶解度，极性和稳定程度以及化学结构等物理、化学性质。

相对分子质量较低，挥发性较高的试样，可以选择气相色谱法。相对分子质量在 200~2000 的试样，可以选择标准的液相色谱法，相对分子质量高于 2000，则需采用空间排阻色谱法。对于未知相对分子质量的试样，可预先采用空间排阻色谱法进行快速测定，根据分析结果判定试样中是否具有相对分子质量大的聚合物、生物大分子等化合物，以及测出这些大分子的相对分子质量的分布情况。

了解试样在各种溶剂中的溶解情况，有助于选择分离类型。可用戊烷、三氯甲烷、甲醇和水作为溶剂测试一下试样的溶解性能。试样若溶于戊烷，可选用液-固吸附色谱；若溶于三氯甲烷，则多用正相色谱和吸附色谱；若溶于甲醇，则可用反相色谱；若溶于水，可采用反相色谱。若试样为弱酸、弱碱化合物，可以采用反相键合相色谱，若是强酸、强碱化合物，宜采用离子对色谱法或离子色谱法。分离异构体可用吸附色谱，分离同系物可用分配色谱等。

对分离类型进行选择依据可参考图 7-33。

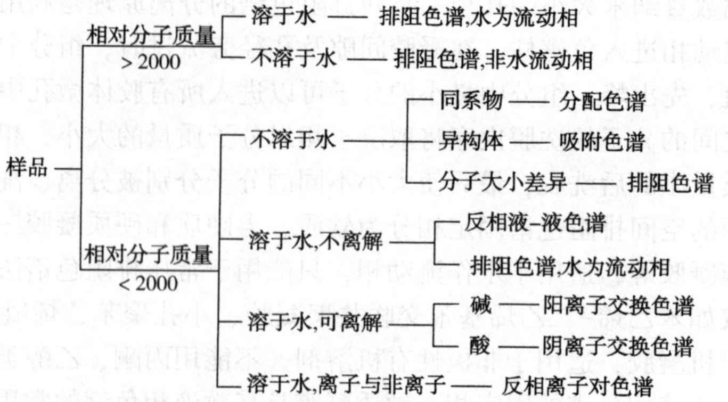

图 7-33 液相色谱分离类型选择参考

第二部分 典型例题

【例 7-1】 当下述电池中的溶液是 pH 等于 4.00 的缓冲溶液时，在 298K 时用毫伏计测得下列电池的电动势为 0.209V：

玻璃电极 | H+($a=x$) ‖ 饱和甘汞电极

当缓冲溶液由三种未知溶液代替时，毫伏计读数如下：①0.312V；②0.088V；③-0.017V。试计算每种未知溶液的 pH。

$$pH_{Test}=pH_{Std}+\frac{E-E_{Std}}{2.303RT/F}$$

解：

① pH=4.00+(0.312-0.209)/0.059=5.75

同理：②pH=1.95

③pH=0.17

【例 7-2】 将钙离子选择电极和饱和甘汞电极插入 100.00mL 水样中，用直接电位法测定水样中的 Ca^{2+}。25℃时，测得钙离子电极电位为-0.0619V(对 SCE)，加入 0.0731mol · L^{-1}的 $Ca(NO_3)_2$ 标准溶液 1.00mL，搅拌平衡后，测得钙离子电极电位为-0.0483V(对 SCE)。试计算原水样中 Ca^{2+}的浓度?

解：由标准加入法计算公式

$$S=0.059/2=0.0295$$

$$\Delta c=(V_s c_s)/Vo=1.00\times 0.0731/100=7.31\times 10^{-4}\text{mol}\cdot\text{L}^{-1}$$

$$\Delta E=-0.0483-(-0.0619)=0.0619-0.0483=0.0136\text{V}$$

$$c_x=\Delta c(10^{\Delta E/s}-1)^{-1}=7.31\times 10^{-4}(10^{0.461}-1)^{-1}$$

$$=7.31\times 10^{-4}\times 0.529=3.87\times 10^{-4}\text{mol}\cdot\text{L}^{-1}$$

试样中 Ca^{2+}的浓度为 3.87×10^{-4}mol · L^{-1}。

【例 7-3】 国产 231 型玻璃电极是适于测量高 pH 值的锂玻璃电极。若 $K_{H^+,Na}=1\times 10^{-15}$,

若要求测定误差小于3%，溶液中允许的 Na^+ 浓度是 H^+ 浓度的多少倍？若 Na^+ 浓度为 $1.0mol \cdot L^{-1}$ 时，测量 pH=13 的溶液，所引起的相对误差是多少？

解：①相对误差 $=K_{H^+,Na^+} \cdot \frac{a_{Na^+}}{a_{H^+}} \times 100\% = 1\times10^{-15} \cdot \frac{a_{Na^+}}{a_{H^+}} \times 100\% = 3\%$

$$\frac{a_{Na^+}}{a_{H^+}} = \frac{3}{100} \times 1\times1^{15} = 3\times10^{13}$$

② 相对误差 $=K_{H^+,Na^+} \cdot \frac{a_{Na^+}}{a_{H^+}} \times 100\% = 1\times10^{-15} \cdot \frac{1.0}{1\times10^{-13}} \times 100\% = 1\%$

【例 7-4】 在原子吸收分析法中，蒸馏水调零后，用 $3.00\mu g/mL$ 的锌标准溶液测得吸光度为 0.357。测得样品的吸光度为 0.284。①计算样品中锌的浓度；②若此试液由 0.1088g 固体样品消化定容成 50.00mL 而得，求该样品中锌的含量($mg \cdot kg^{-1}$)。

解：①$\because A=KC \quad \therefore 0.357=3.00K \quad 0.284=KC \quad C=2.39\mu g \cdot mL^{-1}$

② 该样品中锌的含量为 $50\times2.39\times10^{-3}/0.1088=1.098mg \cdot g^{-1}=1098mg \cdot kg^{-1}$

【例 7-5】 已知光栅单色器的倒线色散率为 $2nm \cdot mm^{-1}$，欲测 Co 240.73nm 的吸收值，为防止 Co 240.63nm 干扰，应选择狭缝宽度为多少？

解：已知分开 Co 240.73nm 和 Co 240.63nm 的条件是：

$W=DS$

$$S=\frac{W}{D}=\frac{0.1}{2}=0.05mm$$

【例 7-6】 原子吸收分光光度法测定镁，对 $2.0\mu g \cdot mL^{-1}$ 的镁溶液，测得吸光度为 0.301，对空白溶液进行 11 次测量，其标准偏差为 1.0×10^{-3}，计算镁的特征浓度为($\mu g \cdot mL^{-1}/1\%$)和检出限($\mu g \cdot mL^{-1}$)。

解：

$$S_c=\frac{0.0044C_x}{A}=\frac{0.0044\times2.0}{0.301}=0.029\mu g \cdot mL \cdot 1\%$$

$$D_c=\frac{\rho}{A} \cdot 3\sigma=\frac{2}{0.301}\times3\times0.001=0.020\mu g \cdot mL^{-1}$$

【例 7-7】 在 1 米长的填充柱上，某镇静药物 A 及其异构体 B 的保留时间分别为 5.80min 和 6.60min；峰底宽度分别为 0.78min 和 0.82min；空气通过色谱柱需 1.10min。计算：①组分 B 的分配比；②A 及 B 的分离度；③计算 B 的理论塔板数。

解：①$k(B)=[t_R(B)-t_M]/t(M)=(6.60-1.10)/1.10=5.00$

② $R=2\times[t_R(B)-t_R(A)]/[Y(A)+Y(B)]=2\times(6.60-5.80)/(0.78+0.82)=1.00$

③ $n(B)=16.[t_R(B)/Y(B)]^2=16\times(6.60/0.82)^2=1036$

【例 7-8】 用色谱法测定甲、乙两组分的含量。称取 2.17g 甲与 5.69g 乙配成溶液，测得 $A_{甲}=3.83cm^2$，$A_{乙}=5.96cm^2$；①以乙组分为标准，计算甲、乙的相对校正因子；②某试样仅含甲、乙两组分，测得其 $A_{甲}=6.43cm^2$，$A_{乙}=2.46cm^2$。计算该试样中甲、乙的质量分数。

解：① $M_i=f_i\times A_i$，$f_{乙}=m_{乙}/A_{乙}=5.69/5.96=0.95$

$f_{甲}=m_{甲}/A_{甲}=2.17/3.83=0.57$，$f_{甲}/_{乙}=0.57/0.95=0.6$

② $W_{甲}=0.6\times6.43/(0.6\times6.43+1.0\times2.46)=0.61$，$W_{乙}=0.39$

【例 7-9】 用一根色谱柱分离 A 和 B 两组分，A 与 B 的保留时间分别为 320s 和 350s，死时间 25s，若两峰峰宽相等，计算：①求调整时间 $t'_{R(A)}$ 及 $t'_{R(A)}$；②组分 A、B 的相对保留值 $r_{B,A}$；③若要使两峰完全分离，柱长至少为多少(假设有效塔板高度为 0.11cm)？

解：

① $t'_{R(A)}=320-25=295S \quad t'_{R(B)}=350-25=325S$

② $\alpha=r_{BA}=\dfrac{t'_{R,B}}{t'_{R,A}}=\dfrac{350-25}{320-25}=1.10$

③ $L=16R^2\left(\dfrac{a}{a-1}\right)^2\cdot H_{有效}=16\times1.5^2\left(\dfrac{1.10}{1.10-1}\right)^2\times0.11=479\text{cm}$

【例 7-10】 在某色谱条件下，分析只含有二氯乙烷、二溴乙烷及四乙基铅三组分的样品，结果如表 7-1 所示，试用归一化法求各组分的质量分数。

表 7-1 分析结果

组　　分	二氯乙烷	二溴乙烷	四乙基铅
相对校正因子 f	1.00	1.65	1.75
峰面积/mV · min	150	101	282

解：

$$\omega_i=\frac{A_i f_i}{\sum_i^n A_i f_i}\times100\%$$

$$w_{二氯乙烷}=\frac{150\times1.00}{150\times1.00+101\times1.65+282\times1.75}\times100\%=18.52\%$$

$$w_{二溴乙烷}=\frac{101\times1.65}{150\times1.00+101\times1.65+282\times1.75}\times100\%=20.57\%$$

$$w_{四乙基铅}=\frac{282\times1.75}{150\times1.00+101\times1.65+282\times1.75}\times100\%=60.91\%$$

第三部分　实验内容

实验十三　离子选择性电极法测定水中氟含量

1. 必备知识

预习并掌握下列问题：

① 氟离子选择性电极的构造、原理、适用 pH 是什么？如何使用？

② 酸度计如何使用？注意什么问题？

③ 什么是电位法的标准曲线？如何操作？

④ 什么是电位法的标准加入法？如何操作和计算？

⑤ 为了测定离子的浓度，如何保持溶液的离子强度恒定？

⑥ 什么是 TISAB？由什么成分组成？各成分有什么作用？

⑦ 本实验过程中要注意哪些事项？

2. 实验目的

① 掌握用标准曲线法和标准加入法测定水中氟离子含量的原理和方法。

② 了解使用总离子强度调节缓冲溶液的构成和作用。

③ 掌握酸度计的使用方法。

3. 实验原理

饮用水中氟含量的高低对人体健康有一定影响，氟的含量太低易得龋齿，过高则会发生氟中毒现象，适宜含量为0.5mg·L^{-1}左右。因此，监测饮用水中氟离子含量至关重要。氟离子选择性电极法已被确定为测定饮用水中氟含量的标准方法。

离子选择性电极是一种电化学传感器，它可将溶液中特定离子的活度转换成相应的电位信号。氟离子选择性电极的敏感膜为LaF_3单晶膜(掺有微量EuF_2，利于导电)，电极管内装有0.1mol·L^{-1} NaCl-NaF组成的内参比溶液，以Ag-AgCl作内参比电极。当氟离子选择电极(作指示电极)与饱和甘汞电极(参比电极)插入被测溶液中组成工作电池时，电池的电动势在一定条件下与F^-活度的对数值呈线性关系：

$$E=K-S\lg a_{F^-}$$

式中 K——在一定条件下为常数；

S——电极线性响应斜率(25℃时为0.059V)。

当溶液的总离子强度不变时，离子的活度系数为一定值，工作电池电动势与F^-浓度的对数呈线性关系：

$$E=K'-S\lg C_{F^-}$$

为了测定F^-的浓度，常在标准溶液与试样溶液中同时加入相等的足够量的惰性电解质以固定各溶液的总离子强度。

试液的pH对氟电极的电位响应有影响。在酸性溶液中H^+与部分F^-形成HF或HF^{2-}等在氟电极上不响应的形式，从而降低了F^-的浓度。在碱性溶液中，OH^-在氟电极上与F^-产生竞争响应，此外OH^-也能与CaF_3晶体膜产生如下反应：

$$CaF_3+3OH^- \longrightarrow La(OH)_3+3F^-$$

由此产生的干扰电位响应使测定结果偏高。因此测定需要在pH=5~6的溶液中进行，常用缓冲溶液HAc-NaAc来调节。

氟电极的优点是对F^-响应的线性范围宽(1~10^{-6}mol·L^{-1})，响应快，选择性好。但能与F^-生成稳定配合物的阳离子如Al^{3+}、Fe^{3+}等以及能与La^{3+}形成配合物的阴离子会干扰测定，通常可用柠檬酸钠、EDTA、磺基水杨酸或磷酸盐等加以掩蔽。

使用氟电极测定溶液中氟离子浓度时，通常是将控制溶液酸度、离子强度的试剂和掩蔽剂结合起来考虑，即使用总离子强度调节缓冲溶液(TISAB)来控制最佳测定条件。本实验TISAB的组成为NaCl、HAc-NaAc和柠檬酸钠。

在本实验中，分别选用了标准曲线法和标准加入法进行定量测定。当待测试样组成已知或较简单时，宜选用标准曲线法，尤其在样品数目较多的例行分析中更能显示出优越性。若对试样组成不甚了解，或样品组成较复杂，配制组成相近的标准系列溶液就有困难。此时为得到较高准确度就应采用标准加入法。同时，该法只需一种标准溶液，操作简便快速。

4. 仪器及药品

仪器：pHS-3B型酸度计、氟离子选择性电极、饱和甘汞电极、电磁搅拌器。

药品：100μg·mL^{-1}氟标准溶液(准确称取于120℃干燥2h并冷却的分析纯NaF 0.221g于烧杯中，加入少量水使之溶解并定量地转移至1000mL容量瓶中，稀释定容，摇匀。储存于塑料瓶中)；10.0μg·mL^{-1}氟标准溶液(将上述储备液定量稀释10倍)；总离子强度调节缓冲溶液[TISAB，于1000mL烧杯中加入500mL去离子水，57mL冰乙酸，58g NaCl及12g柠檬酸钠($Na_3C_6H_5O_6\cdot 2H_2O$)，搅拌至溶解，将烧杯置于冷水浴中，缓缓滴加6mol·L^{-1} NaOH溶液，直至溶液的pH为5.0~5.5(用酸度计测定)，冷却至室温，转入1000mL容量瓶中，用去离子水稀释定容并摇匀]。

5. 实验步骤

(1) 氟电极的准备

氟电极使用前应在蒸馏水中浸泡数小时或过夜，或在10^{-3}mol·L^{-1}NaF溶液中浸泡1~2h。将仪器连接好，氟电极接仪器负极接线柱，甘汞电极接仪器正极接线柱，取蒸馏水50~60mL置于烧杯中，放入搅拌磁子，插入氟电极和饱和甘汞电极。开启机器搅拌2~3min，进行清洗，最好洗到计数小于220mV(必要时换水多次清洗)。电极晶片勿与坚硬物碰擦，晶片上如沾有油污，用脱脂棉依次以酒精、丙酮轻拭，再用蒸馏水洗净。

(2) 标准曲线法

氟标准溶液系列的配制：准确移取10.0μg·mL^{-1}氟标准溶液1.00mL、4.00mL、7.00mL、10.00mL、13.00mL分别放入5个100mL容量瓶中，各加入TISAB 10mL，用去离子水稀释定容，摇匀，即得到浓度分别为0.10μg·mL^{-1}、0.40μg·mL^{-1}、0.70μg·mL^{-1}、1.00μg·mL^{-1}、1.30μg·mL^{-1}氟离子的标准溶液。

标准曲线的绘制：将上述配好的标准溶液分别倒入50mL小塑料杯中，将准备好的氟离子选择性电极①和饱和甘汞电极②浸入溶液中③，在电磁搅拌下，读取平衡电位值④。测量的顺序由稀到浓，在转换溶液时，用水冲洗电极，再用滤纸吸去附着溶液。

在普通坐标纸上作$E-\lg c_{F^-}$图，即得标准曲线。

试样中氟含量的测定：吸取含氟量小于10.0μg·mL^{-1}的水样50.00mL于100mL容量瓶中，加入10mLTISAB，用去离子水稀释定容，摇匀。将氟离子选择性电极和饱和甘汞电极置于盛有去离子水的小塑料杯中，用磁子搅拌溶液以清洗电极，直至所测电位与起始的空白电位值接近时，拿出电极。用滤纸吸干电极表面的水，再插入盛有未知水样的塑料杯中，在电磁搅拌下读取平衡电位值E_1，根据E_1从工作曲线上查得氟含量并计算出水样的含氟量(μg·mL^{-1})。

(3) 标准加入法

① 准确吸取50.00mL水样于100mL容量瓶中，再准确加入1.00mL100μg·mL^{-1}氟标准

---

① 氟离子选择性电极使用前需用去离子水浸泡活化过夜，或在10^{-3}mol·L^{-1} NaF溶液中浸泡1~2h，再用去离子水洗至空白电位值为300mV左右，方可使用。电极的单晶膜切勿与坚硬物碰擦，晶片上如沾有油污，用脱脂棉依次以酒精、丙酮轻拭，再用去离子水洗净。电极使用后，应清洗至空白电位值，然后浸泡在水中。长久不用时，风干后保存。电极内装有电解质溶液，为防止晶片内附着气泡而使电路不通，在电极使用前，让晶片朝下，轻击电极杆，以排除晶片上可能附着的气泡。

② 饱和甘汞电极在使用前应拔去加KCl溶液小口处的橡皮塞，以保持足够的液压差，使KCl溶液只能向外渗出，同时检查内部电极是否已浸于KCl溶液中，否则应补加。电极下端的橡皮套也应取下。饱和甘汞电极使用后，应再将两个橡皮套分别套好，装入电极盒内，防止盐桥液流出。

③ 安装电极时，两只电极不要彼此接触，电极下端离杯底应有一定的距离，以防止转动的搅拌子碰击电极下端。

④ 在稀溶液中，氟电极响应值达到平衡的时间较长，需等待电位值稳定后再读数。

溶液，10mL TISAB，并用去离子水稀释定容，摇匀。

② 将氟离子选择性电极和饱和甘汞电极插入盛有上述溶液的小塑料杯中，在电磁搅拌下测其平衡电位值 E_2，再根据 E_1 和 E_2 计算出原水样中的氟含量。

6. 数据记录及处理

（1）标准曲线法

① 标准曲线的制作。将实验数据记录于表 7-2。

表 7-2 实 验 数 据

标准溶液 F^-/μg·mL^{-1}					
电势值 E/mV					

在普通坐标纸上，以 $\lg c_{F^-}$ 为横坐标，电位 E 为纵坐标，绘制标准曲线。

② 未知液分析。未知试液的电位 E_1 = ________mV，从标准曲线上查出试液氟含量为________μg·mL^{-1}，计算出原水样的氟含量为________μg·mL^{-1}。

计算公式：

$$水样中氟含量(\mu g\cdot mL^{-1})=\frac{c\times 100.0}{50.0}$$

式中 c——从标准曲线查得试样氟的浓度，μg·mL^{-1}。

（2）标准加入法

未知试液的电位 E_1 = ________mV，加入标准氟溶液未知试液的电位 E_2 = ________mV，根据公式计算出试液氟含量为________μg·mL^{-1}，换算成原水样的氟含量为________μg·mL^{-1}。

计算公式：

$$c_x=\frac{c_s V_s}{V_0}(10^{\frac{E_2-E_1}{S}}-1)^{-1}$$

式中 c_x——根据公式计算出试液氟含量，μg·mL^{-1}；

E_1——未知试液的电势值，mV；

E_2——加入标准氟溶液未知液的电势值，mV；

c_s——加入标准氟溶液的浓度，μg·mL^{-1}；

V_s——加入标准氟溶液的体积，mL；

V_0——未知溶液的总体积，mL；

S——电极线性响应斜率 2.303RT/F，25℃时为 0.059V，即 59mV。

7. 思考题

① TISAB 溶液包含哪些组分？各组分的作用怎样？

② 测量 F^- 标准系列溶液的电动势时，为什么测定的顺序要从低含量到高含量？

③ 测定 F^- 浓度时为什么要控制在 pH≈5，pH 过高或过低有什么影响？

实验十四 原子吸收法测定铜废液中铜的含量

1. 必备知识

预习并掌握下列问题：

① 原子吸收光谱法基本原理是什么？
② 原子吸收光谱仪基本组成？各部分作用是什么？
③ 原子吸收光谱仪如何进行操作？有哪些注意事项？
④ 原子吸收光谱分析试样如何进行预处理？
⑤ 火焰原子化的火焰有哪些？有什么特点？
⑥ 原子吸收光谱法如何进样？进样操作关键是什么？
⑦ 原子吸收定量方法有哪些？如何进行计算？

2. 实验目的

① 了解原子吸收光谱仪的基本结构，熟悉原子吸收光谱仪的操作。
② 初步掌握使用标准曲线法测定微量元素的实验方法。

3. 实验原理

原子吸收光谱法是根据物质产生的原子蒸气对特定波长光的吸收作用来进行定量分析的。每一种元素的原子不仅可以发射一系列特征谱线，也可以吸收与发射线波长相同的特征谱线。当光源发射的某一特征波长的光通过原子蒸气时，原子中的外层电子将选择性地吸收其同种元素所发射的特征谱线，使入射光减弱。若使用锐线光源，待测组分浓度很低，在一定实验条件下，基态原子蒸气对共振线的吸收符合朗伯-比尔定律公式：

$$A=\varepsilon cL$$

如果控制 L 为定值，那么朗伯-比尔定律可变为

$$A=Kc$$

式中　c——溶液的浓度；
　A——溶液的吸光度。

因此可由测得试样的吸光度求得其浓度。

原子吸收分光光度分析具有快速、灵敏、准确、选择性好、干扰少和操作简便等优点，目前已得到广泛应用，可对70余种金属元素进行分析。火焰原子吸收分光光度分析的测定误差一般为1%~2%，其不足之处是测定不同元素时，需要更换相应的元素空心阴极灯，给试样中多元素的同时测定带来不便。

本实验通过标准曲线法测定铜废液中铜的含量：配制一组合适的标准溶液，由低浓度到高浓度，依次喷入火焰，分别测定其吸光度 A，以测得的吸光度 A 为纵坐标，待测元素的含量或浓度 c 为横坐标，绘制 A-c 曲线，该曲线称为标准曲线。在相同条件下，喷入待测试样溶液，根据测得其吸光度，由标准曲线求出试样中待测元素的含量。该法简便、快速，但仅适用于组成简单、干扰较少的试样。

4. 仪器及药品

仪器：AA-6300岛津光学双光束原子吸收分光光度计、乙炔钢瓶、铜空心阴极灯、容量瓶(50mL×6)、2mL吸量管。

药品：Cu标准试液($100\mu g\cdot mL^{-1}$)、1%硝酸、铜废液。

5. 实验步骤

(1) 溶液的配制

准确移取0.00mL、0.25mL、0.50mL、1.00mL、2.00mL浓度为 $100.0\mu g\cdot mL^{-1}$ 的铜标准溶液于50mL容量瓶中，然后用1%稀硝酸稀释至刻度，使其浓度分别为 $0.00\mu g\cdot mL^{-1}$、

$0.50\mu g \cdot mL^{-1}$、$1.00\mu g \cdot mL^{-1}$、$2.00\mu g \cdot mL^{-1}$、$4.00\mu g \cdot mL^{-1}$。

(2) 样品的配制

分别移取约10mL的铜废液于两个50mL容量瓶中，然后用1%稀硝酸稀释至刻度。

(3) 铜废液Cu含量的测定

由稀到浓逐个测定系列标准溶液的吸光度，最后测定铜废液的吸光度。即可得到标准曲线和铜废液中铜的含量(电脑会自动完成作图和求铜的含量工作)。

6. 数据记录和处理

将实验数据记录于表7-3。

表7-3 实验数据

试样编号	1	2
吸光度 A		
测定结果/$\mu g \cdot mL^{-1}$		
平均值/$\mu g \cdot mL^{-1}$		
原铜废液中铜的含量/$\mu g \cdot mL^{-1}$		

7. 思考题

① 论述标准曲线法的特点及适用范围?

② 火焰原子吸收光谱法有哪些特点?

实验十五 醇系物的气相色谱分析

1. 必备知识

预习并掌握下列问题:

① 气相色谱基本分离原理是什么?

② 气相色谱仪基本组成?各部分作用是什么?

③ 气相色谱仪如何进行操作?有哪些注意事项?

④ 气相色谱如何对组分进行定性分析?

⑤ 醇系物分离的条件有哪些?如何操作?

⑥ 如何进样?进样操作关键是什么?

⑦ 色谱定量方法有哪些?如何进行计算?

2. 实验目的

① 了解气相色谱仪的结构和使用方法。

② 掌握气相色谱分析的基本操作，熟悉气相色谱的定性方法。

③ 学习用峰面积的归一化法进行醇系物的定量分析。

3. 实验原理

由各种醇组成的混合物是工业生产中常见的混合物之一，利用气相色谱法分析各组分含量是简单、快捷且灵敏度较高的一种分析方法。以GDX-1-3作固定相，用热导池检测器，在适当条件下，可以对醇系物进行完全分离和定量分析。

本实验中利用纯物质进行定性分析，未知试样混合物由甲醇、乙醇及正丙醇组成。由于每种物质均可出峰，且每种物质的色谱峰都是狭窄，都能准确测量其峰面积，所以用峰面积归一化法进行定量分析。

用热导池为检测器，以氢气作载气时，因氢气热导率高，灵敏度高，进样量少；而以氮气作载气时，其热导率较小，灵敏度较低，进样量大，因而分析周期也增长。

4. 仪器及药品

仪器：GC-9800 气相色谱仪、氢气钢瓶、微量进样器、分析天平、试剂瓶、色谱柱。

药品：无水甲醇、乙醇、正丙醇(均为分析纯)，试样(按甲醇：乙醇：正丙醇=2：2：3)。

5. 实验步骤

① 操作条件：

色谱柱：长 2m、内径为 4mm 的不锈钢柱；固定相 GDX-103。

载气：氮气，流速：20mL · min^{-1}。

检测器：热导池；桥电流：130mA；温度：150℃。

柱温：125℃。

汽化室温度：150℃。

② 混合样的配制　首先用天平准确称量出试剂瓶的质量，然后再逐一准确称出加入混合物中每种物质的质量，盖好塞子后摇匀备用(按甲醇：乙醇：正丙醇=2：2：3)。计算每种组分的质量分数作为标准值。

③ 进样　用微量注射器①吸取纯试剂无水甲醇 0.5μL，注入已经达到平衡状态的气相色谱仪中②，测定无水甲醇的保留时间 t_R。用同样方法，可以得到乙醇、正丙醇的保留时间。当仪器再次达到平衡状态时，取混合物 1μL 进样，当色谱峰全部出完后，比较混合物与纯物质的保留时间，确定混合试样中各组分的归属。

④ 色谱图处理　根据步骤③中所得的混合物的色谱图，首先将杂质峰除去③，然后对其进行积分，这样即可得到各组分的面积，用面积归一化法进行定量分析。

6. 数据记录及处理

(1) 数据记录

将实验数据记录于表 7-4。

表 7-4　实验数据

样品	保留时间 t_R	相对校正因子 f_i	峰面积 A_i	ω_i(测量值)	ω_i(标准值)	相对误差/%
甲醇						
乙醇						
正丙醇						

① 微量注射器应用待测物质清洗三次后再使用；推动住射杆(一根很细的金属丝，极易弯曲变形)时注意防止其弯曲变形影响使用。

② 进样时应快速，尽量缩短时间，但同时应防止针头变形和推进杆弯曲。

③ 由于试剂含有微量杂质而引起很小杂质峰，在本实验中忽略不计。

(2) 数据处理

① 用面积归一化法进行定量分析，计算各组分的质量分数：

$$\omega_i = \frac{A_i f_i}{\sum_{i}^{n} A_i f_i} \times 100\%$$

式中 A_i——色谱峰面积；

f_i——相对质量校正因子，值见表 7-5。

表 7-5　各纯物质的相对质量校正因子(热导池检测器，氢气作载气)

组　分	甲醇	乙醇	正丙醇
f_i	0.58	0.64	0.72

② 将分析结果与原称样计算值相比较，计算测定的相对误差。

$$相对误差\% = \frac{测量值-标准值}{标准值} \times 100$$

7. 思考题

① 如何进行纯物质色谱的定性分析？

② 如何利用归一化法计算混合醇中各组分的含量？

S12　稠环芳烃的高效液相色谱法分析

第四部分　思考题和习题

思　考　题

思考题 7-1　如何估量离子选择性电极的选择性？

思考题 7-2　直接电位法测定离子活度的方法有哪些？哪些因素影响测定的准确度？

思考题 7-3　测定 F^- 浓度时，在溶液中加入 TISAB 的作用是什么？

思考题 7-4　电位滴定法的基本原理是什么？有哪些确定终点的方法？

思考题 7-5　测定 F^- 浓度时为什么要控制在 pH≈5，过高或过低有什么影响？

思考题 7-6　何谓锐线光源？在原子吸收分光光度分析中为什么要用锐线光源？

思考题 7-7　原子吸收分析中，若采用火焰原子化方法，是否火焰温度越高，测定灵敏度就越高？为什么？

思考题 7-8　何谓原子吸收光谱法？它具有什么特点？

思考题 7-9　原子吸收光谱仪主要由哪几部分组成？每部分的作用是什么？

思考题 7-10　为什么原子吸收光谱法常采用峰值吸收而不采用积分吸收？

思考题 7-11　欲使两种组分分离完全，必须符合什么要求？这些要求各与何种因素有关？

思考题 7-12　色谱柱的理论塔板数很大，能否说明两种难分离组分一定能分离？为什么？

思考题 7-13　什么是程序升温？什么情况下应采用程序升温？它有什么优点？

思考题 7-14　“用纯物质对照进行定性鉴定时，未知物与纯物质的保留时间相同，则未知物就是该纯物质”。这个结论是否可靠？应如何处理这一问题？

思考题 7-15 什么是梯度洗提？它能起什么作用？

思考题 7-16 什么是化学键合固定相？有什么优点？

思考题 7-17 什么是正相色谱和反相色谱？

习 题

习题 7-1 当下列电池中的溶液是 pH = 4.00 的缓冲溶液时，在 25℃ 测得电池的电动势为 0.209V：玻璃电极 | $H^+(\alpha=X)$ ‖ SCE，当缓冲溶液由未知溶液代替时，测得电池电动势如下：①0.312V；②0.088V；③-0.017V。试计算每种溶液的 pH。

答案：①5.75；②1.95；③0.17

习题 7-2 设溶液中 pBr = 3，pCl = 1，如用溴电极测定 Br^- 活度，将产生多大误差？已知电极的 $K_{Br^-,Cl^-}=6\times10^{-3}$。

答案：60%

习题 7-3 某种钠敏感电极的选择系数 K_{Na^+,H^+} 约为 30(说明 H^+ 存在将严重干扰 Na^+ 的测定)。如用这种电极测定 pNa = 3 的 Na^+ 溶液，并要求测定误差小于 3%，则试液的 pH 必须大于几？

答案：pH>6

习题 7-4 以 SCE 作正极，氟离子选择性电极作负极，放入 $1.00\times10^{-3}mol\cdot L^{-1}$ 的氟离子溶液中，测得 $E=-0.159V$。换用含氟离子试液，测得 $E=-0.212V$。计算试液中氟离子浓度。

答案：$1.26\times10^{-4}mol\cdot L^{-1}$

习题 7-5 有一氟离子选择性电极，$K_{F^-,OH^-}=0.10$，当 $[F^-]=1.0\times10^{-2}mol\cdot L^{-1}$ 时，能允许的 $[OH^-]$ 为多大(设允许测定误差为 5%)？

答案：$5.0\times10^{-3}mol\cdot L^{-1}$

习题 7-6 在 25℃ 时用标准加入法测定 Cu^{2+} 浓度，于 100mL 铜盐溶液中添加 $0.1mol\cdot L^{-1}$ $Cu(NO_3)_2$ 溶液 1mL，电动势增加 4mV。求原溶液的总铜离子浓度。

答案：$2.7\times10^{-3}mol\cdot L^{-1}$

习题 7-7 用钙离子选择性电极和 SCE 置于 100mL Ca^{2+} 试液中，测得电位为 0.415V。加入 2mL 浓度为 $0.218mol\cdot L^{-1}$ 的 Ca^{2+} 标准溶液后，测得电位为 0.430V。计算 Ca^{2+} 的浓度。

答案：$1.96\times10^{-3}mol\cdot L^{-1}$

习题 7-8 用原子吸收法测锑，用铅作内标，取 5.00mL 未知锑溶液，加入 2.00mL $4.13\mu g\cdot mL^{-1}$ 的铅溶液并稀释至 10.0mL，测得 $A_{Sb}/A_{Pb}=0.808$。另取相同浓度的锑和铅溶液，$A_{Sb}/A_{Pb}=1.31$，计算未知液中锑的质量浓度。

答案：$1.02\mu g\cdot mL^{-1}$

习题 7-9 平行称取两份 0.500g 金矿试样，经适当溶解后，向其中的一份试样加入 1mL 浓度为 $5.00\mu g\cdot mL^{-1}$ 的金标准溶液，然后向每份试样都加入 5.00mL 氢溴酸溶液，并加入 5mL 甲基异丁酮，由于金与溴离子形成络合物而被萃取到有机相中。用原子吸收法分别测得吸光度为 0.37 和 0.22。求试样中金的含量($\mu g\cdot g^{-1}$)。

答案：$14.7\mu g\cdot g^{-1}$

习题 7-10 用波长为 213.8nm，质量浓度为 $0.010mg\cdot mL^{-1}$ 的锌标准溶液和空白溶液交替连续测定 10 次，用记录仪记录的格数如表 7-6 所示，计算该原子吸收分光光度计测定锌元素的检出限。

表 7-6　锌元素检出限

序　号	1	2	3	4	5
记录仪格数	13.5	13.0	14.8	14.8	14.5
序号	6	7	8	9	10
记录仪格数	14.0	14.0	14.8	14.0	14.2

答案：$0.0013\mu g \cdot mL^{-1}$

习题 7-11　某原子吸收光谱仪倒线色谱率为 $1nm \cdot mm^{-1}$，狭缝宽度分别为 0.1mm、0.2mm 和 1.0mm，问对应的通带分别是多少？

答案：0.1nm；0.2nm；1nm

习题 7-12　色谱图上有两个色谱峰，它们的保留时间和峰底宽度分别为 $t_{R1}=3min\ 20s$，$t_{R2}=3min\ 50s$，$W_1=16S$，$W_2=19S$。已知 $t_M=20s$。求这两个色谱峰的相对保留值 r_{21} 和分离度 R。

答案：1.17；1.71

习题 7-13　分析某试样时，两种组分的相对保留值 $r_{21}=1.16$，柱的有效塔板高度 $H=1mm$，需要多长的色谱性才能将两组分完全分离(即 $R=1.5$)？

答案：1.9m

习题 7-14　有一试样含有甲酸，乙酸、丙酸及不少水、苯等物质。称取试样 1.055g，以环已酮作内标，称取 0.1907g 环已酮加到试样中，混合均匀后，吸取此试液 3μL 进样，得到色谱图，从色谱图上测量出各组分峰面积。已知 S' 值见表 7-7。

表 7-7　S' 值

项　目	甲酸	乙酸	环已酮	丙酸
峰面积/mV · min	14.8	72.6	133	42.4
响应值 S'	0.261	0.562	1.00	0.938

求甲酸，乙酸、丙酸的质量分数各为多少？

答案：7.7%；17.56%；6.16%

习题 7-15　根据下列实验结果求试样中各组分的质量分数，试样中只含下列四组分：

	乙苯	对二甲苯	间二甲苯	邻二甲苯
色谱峰面积/mV · min	120	75	140	105
相对质量校正因子	0.97	1.00	0.96	0.98

答案：25%；17%；31%；24%

第五部分　拓展阅读

7.1　紫外吸收光谱法

紫外吸收光谱法与可见分光光度法的原理是一样，其仪器组成及原理也类似。不同点是紫外吸收光谱仪采用氢灯或氘灯作紫外光源，光学材料必须是石英的，检测器应对紫外光有灵敏的响应。

(1) 有机化合物的电子跃迁类型

有机化合物的紫外吸收光谱是由于分子中的价电子(σ 电子、π 电子)、未成键孤对电子(称为 n 电子)跃迁产生的。由于电子间能级跃迁的同时总是伴随着振动和转动能级间的跃迁，因此紫外可见光谱呈现宽谱带。常见的电子跃迁类型为 $\sigma \to \sigma^*$、$n \to \sigma^*$、$\pi \to \pi^*$、$n \to \pi^*$ 跃迁，能量高低的顺序为 $\sigma \to \sigma^* > n \to \sigma^* \approx \pi \to \pi^* > n \to \pi^*$。

$\sigma \to \sigma^*$ 跃迁：σ 键电子最不易激发，需能量较高，一般在远紫外区，远紫外区又称为真空紫外区。饱和烃的 C—C 键和 C—H 键属于这种跃迁，如甲烷的 $\lambda_{max} = 125nm$。

$n \to \sigma^*$ 跃迁：含 O、N、S、Cl 等杂原子的饱和烃中 n 电子，n 电子较 σ 键电子易激发，这种跃迁能量比 $\sigma \to \sigma^*$ 的稍低，吸收峰向长波长方向移动。

$\pi \to \pi^*$ 跃迁：双键、三键上的 π 价电子跃迁到 π^* 上形成的跃迁，电子易激发，吸收峰波长增加，吸收峰大都小于 200nm，$\kappa_{max} \approx 10^4 L \cdot mol^{-1} \cdot cm^{-1}$，属于强吸收。如乙烯 λ_{max} 为 165nm，$\kappa_{max} = 15530 L \cdot mol^{-1} \cdot cm^{-1}$。

共轭烯、炔烃的共轭双键中 $\pi \to \pi^*$ 跃迁所产生的吸收带称为 K 吸收带，比非共轭烯、炔烃的 $\pi \to \pi^*$ 波长长，如丁二烯 λ_{max} 为 217nm。共轭体系越大，吸收带波长越长，据此可判断共轭体系的存在情况，这是紫外吸收光谱的重要作用。

苯环上 $\pi \to \pi^*$ 跃迁产生三个吸收带：E_1(λ_{max} 为 180nm 左右，$\kappa_{max} \approx 10^4 L \cdot mol^{-1} \cdot cm^{-1}$)、$E_2$($\lambda_{max}$ 为 200nm 左右，$\kappa_{max} \approx 10^4$)吸收带和 B 吸收带(精细结构吸收带-五指峰)：弱吸收(λ_{max} 为 278nm 左右，$\kappa_{max} \approx 10 \sim 10^3 L \cdot mol^{-1} \cdot cm^{-1}$)。B 吸收带用于芳香化合物的鉴定。

$n \to \pi^*$ 跃迁：含有杂原子的不饱和基团，如 C═O 等，杂原子上有 n 电子，同时又有 π^* 轨道，形成 $n \to \pi^*$ 跃迁。这种跃迁属于禁阻跃迁，吸收较弱，在结构分析时作为佐证。

(2) 影响紫外吸收光谱的因素

物质的紫外吸收光谱受到溶液性质、溶液 pH、空间效应等诸多因素的影响。

① 溶剂溶液的极性不同，吸收波长会发生改变。当溶剂极性增大时，由 $\pi \to \pi^*$ 跃迁产生的吸收峰最大吸收波长增大，由 $n \to \pi^*$ 跃迁产生的吸收峰最大波长减小。

溶剂极性的变化还会使化合物紫外吸收光谱的形状发生改变。如苯酚的 B 吸收带的精细结构，在非极性溶剂庚烷中清晰可见，而在极性溶剂乙醇中则完全消失。

在记录吸收光谱时应注明所用的溶剂；在将未知物的吸收光谱与已知化合物吸收光谱做比较时，须使用相同溶剂。

② pH 对于带有酸性或碱性基团的被测物质，在不同 pH 的溶液中，分子的解离形式可能发生改变，其吸收光谱的形状、λ_{max} 和吸收强度可能不一样，因此，在测定这些化合物的吸收光谱时，必须注意溶液的 pH。

③ 空间效应若分子中存在空间阻碍，影响较大共轭体系的生成，跃迁能量升高，则吸收波长 λ_{max} 较短，吸收强度减小；反之，则 λ_{max} 较大，吸收强度增大。

(3) 紫外吸收光谱法的应用

紫外吸收光谱法与可见光吸收光谱法一样，可用于物质的定量分析，也用于物质的定性分析、结构分析和测定物质的物理化学常数等。

① 定性分析。用于化合物的鉴定。利用紫外光谱可以推导有机化合物的分子骨架中是

否含有共轭结构体系，利用紫外光谱可以用来检验一些具有大的共轭体系或发色官能团的化合物，可以作为其他鉴定方法的补充。

a. 比较未知物和标准物通常是在相同的测定条件下，比较未知物与已知标准物的紫外光谱图，若两者的谱图相同，则可认为待测试样与已知化合物具有相同的生色团。

b. 比较 λ_{max} 与 ε 的一致性。紫外光谱主要是由分子内的发色基团所产生的，与分子其他部分的关系不太大，具有相同发色基团的不同分子结构，在较大分子中吸收光谱形状变化不大，但 ε 差别较大。如果待测物和标准物的吸收波长相同，吸光系数与相同，则可认为两者是同一物质。

c. 同分异构体和顺反异构的确定

对于异构体的确定，可以通过经验规则计算出 λ_{max} 值，与实测值比较，即可证实化合物是哪种异构体。例如：乙酰乙酸乙酯存在酮-烯醇互变异构体，酮式没有共轭双键，它在204nm 处仅有弱吸收；而烯醇式有共轭双键，因此在245nm 处有强的 K 吸收带，故根据他们的紫外吸收光谱可判断其存在与否。

② 纯度检查。如果有机化合物在紫外可见光区没有明显的吸收峰，而杂质在紫外区有较强的吸收，则可利用紫外光谱检验化合物的纯度。比如，检定甲醇或乙醇中的杂质苯，可利用苯在256nm 处的 B 吸收带，而甲醇或乙醇在此波长处几乎没有吸收检定。

如果一化合物，在可见区或紫外区有较强的吸收带，有时可用摩尔吸收系数来检查其纯度。例如，菲的氯仿溶液在296nm 处有强吸收($\lg\varepsilon=4.10$)，用某法精制的菲，熔点100℃，沸点340℃，似乎已很纯，但用紫外吸收光谱检查，测得的值比标准低10%，实际含量只有90%，其余很可能是蒽等杂质。

③ 定量分析。紫外吸光光度法的定量测定步骤与可见光吸光光度法相同，都是基于朗伯-比尔定律进行定量分析。

7.2 红外光谱

红外光谱又称分子振动光谱或振动光谱。当采用频率连续变化的光源照射样品分子时，分子能选择性吸收特定波长的红外线，引起分子中振动能级和转动能级的跃迁，产生红外吸收光谱(infrared absorption spectrum，IR)。红外光波长范围为0.76~1000μm，通常又分为三个区域：近红外区，波长范围为0.76~2.5μm；中红外区，波长范围为2.5~250μm；远红外区，波长范围为25~1000μm。有机化合物大部分基团的振动频率出现在中红外区，所以红外光谱通常所指的是中红外光谱。红外光谱具有试样用量少、分析速度快、不破坏试样，特征性强、适用范围宽、操作简便等优点，广泛用于有机化合物的结构分析。

红外区的光谱除用波长 λ(单位为μm)表征外，更常用波数 σ(单位为 cm^{-1})表征。波数是波长的倒数，表示每厘米光波中波的数目。波数与波长的关系是

$$\sigma/cm^{-1}=\frac{1}{\lambda/cm}=\frac{10^4}{\lambda/\mu m} \tag{7-66}$$

以透射率($T\%$)为纵坐标，频率(常以波数表示，σ/cm^{-1})为横坐标，作图得到透射率-频率曲线，即红外光谱。当某一波长的红外光被分子吸收时，透过试样的光强度减弱，在红外光谱上得到一个倒峰，如图7-34所示。

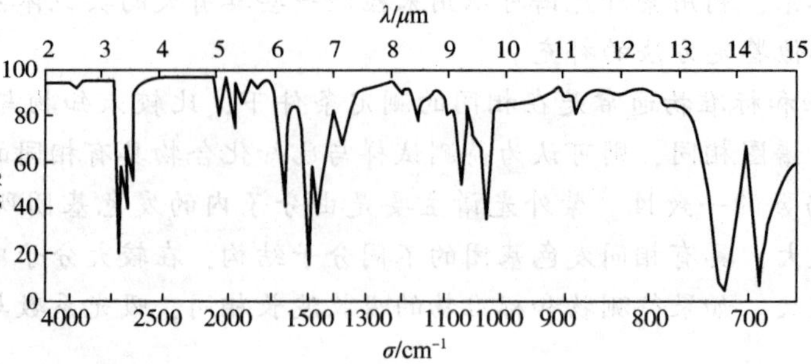

图 7-34　甲苯的红外光谱

(1) 基本原理

① 分子振动。分子内部的运动包括有价电子相对于原子核的运动、原子核在其平衡位置附近的振动和分子本身绕其重心的转动。三种运动产生的跃迁所需的能量不同，需要不同波长的电磁波使它们跃迁，所以三种跃迁吸收不同的波长的光，吸收光谱(带)出现在不同的光学区。电子能级跃迁所需要的能量大，其吸收光波长在可见-紫外光区；振动能级跃迁所需要的能量小，其吸收光波长在中红外光区，一般讨论就是中红外区，简称红外光区；转动能级跃迁所需的能量更小，其吸收光波长在远红外光区。

不同基团有不同的振动频率，由经典力学可导出双原子分子的分子振动方程式：

$$\sigma=\frac{1}{2\pi c}\sqrt{\frac{k}{\mu}} \qquad (7\text{-}67)$$

式中　σ——基团振动频率，cm^{-1}；

c——光速，$c=2.998\times10^{10}cm\cdot s^{-1}$；

k——连接原子化学键的力常数，$N\cdot cm^{-1}$；

μ——基团中原子的折合质量，g，若组成基团的两个原子质量分别为 m_1 和 m_2，则 $\mu=m_1\cdot m_2/(m_1+m_2)$。

由式(7-67)可知，影响基团振动频率的直接因素是化学键的强度和基团的折合质量。化学键的力常数 k 越大，折合相对原子质量 μ 越小，则化学键的振动频率越高，吸收峰将出现在高波数区；反之，则出现在低数区，例如 C—C、C ═C、 C≡C 三种碳碳键的质量相同，键力常数的顺序是三键>双键>单键，因此在红外光谱中， C≡C 的吸收峰出现约在 $2200cm^{-1}$，C ═C 约在 $1680cm^{-1}$，C—C 约在 $1200cm^{-1}$附近。对于相同化学键的基团，波数与相对原子相对质量平方根成反比。例如 C—C、C—O、C—N 键的力常数相近，但相对折合质量不同，其大小顺序为 C—C<C—N<C—O，因而这三种键的基频振动峰分别出现在 $1430cm^{-1}$、$1330cm^{-1}$、$1280cm^{-1}$附近。此外，基团振动频率还与分子的其他结构因素及化学环境有关。

② 红外光谱产生的条件。分子吸收红外光必须满足如下两个条件：一是红外光的能量应恰好能满足振动能级跃迁所需要的能量，即当红外光的频率与分子中某基团的振动频率相同时，红外光的能量才能被吸收；二是红外光与物质之间有耦合作用，即分子必须有偶极矩的变化，光的能量通过分子偶极的变化传递给分子，分子的振幅加大，即振动能量增大，由原来的振动基态跃迁到振动激发态。像 N_2、O_2、Cl_2 等对称分子，由于两原子核外电子云的密度相同，正、负电荷中心重合，偶极距等于 0，故振动时没有偶极矩的变化，不吸收红外

辐射，不能产生红外吸收光谱，是红外非活性的。

检测红外光被吸收的情况就可以获得该化合物的红外光谱。分子中有若干个基团，同一个基团又有若干不同频率的振动方式，因此红外光谱图的不同频率位置会出现多外吸收峰，根据吸收峰的位置可以推测基团的类型。

③ 红外光谱区的分类。红外光谱区的吸收基本上与化合物中的基团一一对应，特征性强，能用于确定化合物中是否存在某些官能团，因此该区域又统称基团特征频率区。为了便于研究，将红外光谱区划分为四个区域：4000～2500cm^{-1}是含氢基团伸缩振动区；2500～2000cm^{-1}是三键和累积双键伸缩振动区；2000～1500cm^{-1}是双键伸缩振动区，在双键区1700cm^{-1}左右出现强吸收峰，说明被测物中含有羰基；1500～400cm^{-1}是X-Y(X和Y可以是O、N、C、S等原子)伸缩振动及X-H变形振动区，吸收峰主要来自各种单键伸缩振动和含氢基团的振动，数量多而特征性差，但对分子整体结构十分敏感，犹如人的指纹，因而又称为指纹区，一般用于与标准红外光谱图比较，以确认被测物质分子的结构。

(2) 红外光谱仪

红外光谱仪分为色散型红外光谱仪和傅里叶变换红外光谱仪。色散型红外光谱仪是利用单色器作为色散元件；傅立叶变换红外光谱仪是利用光的干涉作用进行测定，没有色散元件，是新一代红外光谱仪，与色散型红外光谱仪相比，具有扫描速度快、灵敏度高、分辨率和波数精度高、光谱范围宽等优点，因此发展迅速，目前已取代色散型红外光谱仪。

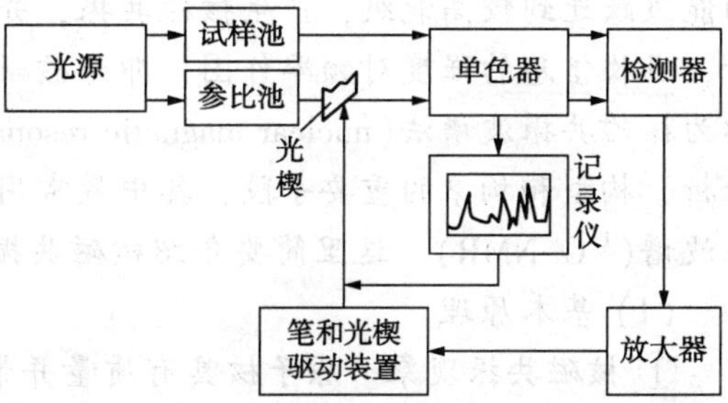

图 7-35　双光束红外分光光度计原理图

① 色散型红外光谱仪。色散型红外光谱仪的构造和工作原理如图 7-35 所示。

该种类型红外光谱仪由光源、吸收池、单色器、检测器、记录装置等部分组成。光源：能连续地发出一定强度的红外辐射，常用的IR光源有能斯特灯和硅碳棒两种。吸收池：红外吸收池的窗口材料常由NaCl和KBr等盐的晶体制成，称为盐窗。单色器：把通过试样池和参比池而进入入射狭缝的复合光散射成单色光，再投射到检测器上进行测量，色散元件为棱镜或光栅。检测器：它的作用是接收红外辐射并使之转换成电信号，常用的有真空热电偶、高莱池和电阻测辐射热计。记录装置：在记录纸上直接绘出纵坐标为T、横坐标为波数σ的红外光谱图。

② 傅里叶变换红外光谱仪的结构与工作原理。傅里叶变换红外光谱仪的结构与工作原理与色散型红外光谱仪完全不同，它没有单色器。由光源发出的光经过干涉仪转变成干涉光，干涉光包含了光源发出的所有波长光的信息。当它通过试样池时，某一些波长的光被试样吸收，而携带了试样的信息，检测器检测到的是试样的干涉图，经过计算进行傅叶里变换后得到通常的红外光谱。

(3) 红外光谱法的应用

红外光谱对有机化合物的定性分析有鲜明的特征性，组成分子的原子、化学键性质、基团的连接次序和空间位置有不同都会在光谱图上显示出来，因此，红外光谱适用于定性鉴定和结构分析。

定性鉴定的方法主要是谱图比较，如果两个化合物不仅基团特征频率区，而且指纹区的吸收位置、形状、相对强度都一致，一般可以判断这两个化合物结构相同。这种比较可以在待测物和纯物质的谱图之间进行，也可以在待测物谱图与红外标准谱图之间进行。现代红外光谱仪备有标准谱图和计算机检索软件，进行标准谱图的检索非常方便。

在结构分析中，红外光谱的主要作用是利用基团特征频率区的吸收峰确定官能团。由于红外每个基团在分子中都处于特定环境，它周围的原子或其他基团可通过诱导或共轭等电子效应、空间效应及氢键作用等影响它的化学键强度，从而使该基团频率即吸收峰位置发生位移。利用谱峰位移可以推测基团连接次序和空间位置等分子结构信息。对于较为复杂的有机物，单凭红外光谱解析很难完成未知物的结构分析任务，一般还需要应用质谱、核磁共振波谱等其他光谱数据。

红外光谱也能用于定量分析，与可见-紫外吸收分光光度法一样，其依据也是朗伯-比尔定律，但灵敏度偏低，红外光谱定量分析应用远不如定性分析和结构分析鉴定重要。

7.3 核磁共振波谱

在外磁场作用下，磁矩不为零的原子核发生自旋能级的自裂(塞曼分裂)，当用波长为0.1~100m的无线电波照射磁场中的原子核时，自旋核会吸收特定频率的电磁辐射，从较低的能级跃迁到较高能级，产生核磁共振，并在某些特定的磁场强度处产生强弱不同的吸收信号，吸收信息的强度对频率作图，即为核磁共振波谱，建立在此原理基础上的一类分析方法称为核磁共振波谱法(nuclear magnetic resonance spectrum, NMR)，它是一种测定有机物结构分析、构型和构象的重要手段，其中最常用的是氢核磁共振波谱(^{1}H NMR)和碳-13核磁共振波谱(^{13}C-NMR)。这里简要介绍核磁共振原理和^{1}H NMR应用。

(1) 基本原理

① 核磁共振现象。原子核具有质量并带有电荷，同时具有自旋现象，其自旋量子数用I表示。当自旋量子数$I\neq 0$(当质量数、电荷数都为偶数的原子核$I=0$)的原子核具有自旋现象，称为自旋核，如$^{1}H_{1}$、$^{13}C_{6}$等。自旋核会产生自旋角动量，大小用p表示。由于原子核带正电荷，自旋时还产生核磁矩，大小用μ表示。当自旋核在外磁场B_0作用下，自旋能级发生塞曼分裂。氢原子核(常称质子，用$^{1}H_{1}$表示)$I=1/2$，则分裂成2个磁能级，一个取向是其磁矩方向与外磁场方向一致，磁量子数$m=+1/2$，为低能级；另一个取向是其磁矩与外磁场方向相反，磁量子数$m=-1/2$，为高能级。两能级之差的能量为

$$\Delta E=\frac{h}{2\pi}\gamma B_0 \tag{7-68}$$

式中 B_0——外磁场的磁感强度；

γ——氢原子核的旋磁比，$\gamma=\mu/p$；

h——普朗克常量。

如果在垂直于B_0的方向施加频率为射频区域的电磁波(即无线电波)作用于$^{1}H_{1}$，且其能量正好等于能级差ΔE，$^{1}H_{1}$就能吸收电磁波的能量，从低能级($m=+1/2$)跃迁到高能级($m=-1/2$)，这就是核磁共振现象。此时外加电磁波的频率ν为

$$h\nu=\Delta E=\frac{h}{2\pi}\gamma B_0$$
$$\nu=\frac{1}{2\pi}\gamma B_0 \tag{7-69}$$

② 化学位移。如果有机化合物的所有质子的共振频率都相同，则核磁共振波谱图上只有一个峰，它对有机化合物的结构鉴定将毫无用途。实验表明，由于$^{1}H_{1}$所处的周围环境不同，受核外电子屏蔽的程度不同，有机化合物中的各个氢发生核磁共振时，其所吸收的核磁共振频率(或磁场强度)约有百万分之几的差异。

核外电子云的屏蔽作用大小可用屏蔽常数σ表示，此时外加电磁波的频率ν修正为

$$\nu=\frac{1}{2\pi}\gamma B_0(1-\sigma) \tag{7-70}$$

不同结构中的$^{1}H_{1}$核，核外电子云密度不同，屏蔽常数不同。其谱线(共振吸收峰)的位置稍有不同。在同一射频场中，同一化合物中各种不同环境的$^{1}H_{1}$核或不同化合物中的$^{1}H_{1}$核的共振频率并不在同一位置，而是随核所处的化学环境不同，在不同的位置出现吸收峰，这种在共振时由于$^{1}H_{1}$所处化学环境不同引起谱线位置移动的现象，称为化学位移。分子中不同官能团的$^{1}H_{1}$核的化学位移与其结构有关，因而可利用这种关系研究分子的结构。

化学位移的数值很小，要精确测量其绝对值较困难，且不同兆赫的仪器测出的数值存在差别，故采用相对化学位移(也简称化学位移)表示。由于化学位移与磁场强度成正比，当以某物质(一般采用四甲基硅烷，TMS)的吸收峰为标准时，谱图中各吸收峰与标准物吸收峰之间的相对距离用下式表示：

$$\delta=\frac{\nu_{试}-\nu_{标}}{\nu_{标}}\times10^6 \tag{7-71}$$

式中　δ——化学位移；

$\nu_{试}$——试样的共振频率；

$\nu_{标}$——标准物的共振频率。

影响$^{1}H_{1}$化学位移的主要因素是相邻基团的电负性、非球形对称电子云产生的磁各向异性效应、氢键及溶剂效应等。

③ 自旋耦合和自旋裂分。自旋核相当于一个小磁铁，能产生一个微波磁场ΔB。处于外磁场B_0作用下的$^{1}H_{1}$有两种不同自旋状态(取向)，当$m=+1/2$取向时，产生的ΔB与B_0方向相同；当$m=-1/2$取向时，产生的ΔB与B_0方向相反。因此相邻核受到的实际磁场又发生微波变化，共振频率进一步修正为

$$\nu_1=\frac{\gamma}{2\pi}[B_0(1-\sigma)+\Delta B],\ \nu_2=\frac{\gamma}{2\pi}[B_0(1-\sigma)-\Delta B] \tag{7-72}$$

上式说明，当$^{1}H_{A}$邻近没有其他^{1}H存在时，它的共振频率为ν，若邻近有一个其他核$^{1}H_{B}$时，它的共振频率将改变为ν_1和ν_2，也就是说谱图上原来位置的吸收峰消失，在其左右各产生一个峰。这种磁核之间的相互作用称为自旋-自旋耦合，吸收峰产生的裂分的现象称为自旋裂分。裂分峰之间的裂距表示磁核之间的相互作用程度，称作耦合常数，用J表示，单位是Hz，是一个重要结构参数。

(2) 核磁共振波谱仪

核磁共振波谱仪的型号和种类很多。常用的核磁共振波谱仪有60MHz(相对于磁感应强度$B_0=1.4092T$)、100MHz(相对于磁感应强度$B_0=2.3500T$)、300MHz(相对于磁感应强度$B_0=7.0500T$)、700MHz(相对于磁感应强度$B_0=16.4420T$)等。根据高频电磁波的来源不

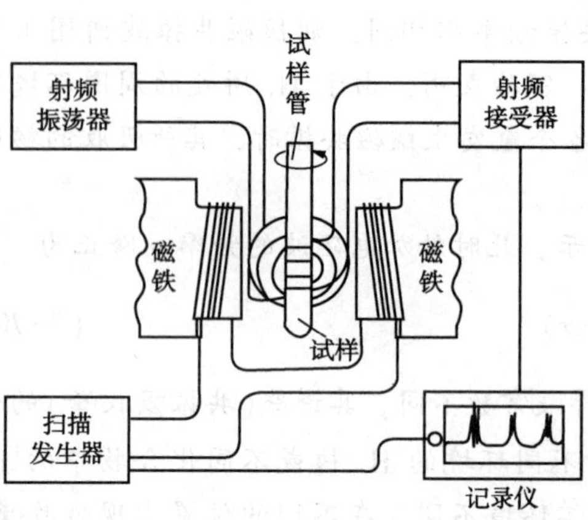

图 7-36　核磁共振波谱仪结构示意图

同，又分为连续波和脉冲波傅里叶变换两种仪器。随着超导、计算机等现代技术的发展，目前实际使用的仪器大部分为超导傅里叶变换核磁共振波谱仪，最好的仪器高频电磁波的频率高达1000MHz。连续波核磁共振波谱仪的结构示意图如图 7-36 所示。

核磁共振波谱仪主要由磁铁、扫描发生器、射频振荡器、试样管、射频接收器和记录仪六个基本单元组成。其中，磁铁，提供外磁场 B_0，磁核在 B_0 作用下分裂为 $2I+1$ 个磁能级；射频振荡器和射频线圈，线圈垂直于外磁场，发射一定频率的电磁辐射信号，60MHz 或 100MHz；扫描发生器和扫场线圈，逐渐改变磁感应强度使处于不同化学环境的 ^{1}H 依次发生共振；接收线圈和射频信号接收器(检测器)，用来检测由被测试样吸收后的射频信号；样品管，测定时，试样和标准物须用氘代试剂或四氯化碳等不含氢原子的溶剂溶解后放入样品管中，外径5mm 的玻璃管，测量过程中旋转，磁场作用均匀。

(3) 核磁共振波谱法的应用

通过化学位移、质子峰的裂分数目、耦合常数以及积分高度等 NMR 参数，鉴定有机化合物结构和构象，还可以应用于定量分析、相对分子质量的测定以及化学动力学的研究等(图 7-37)。核磁共振氢谱能提供三个方面信息：

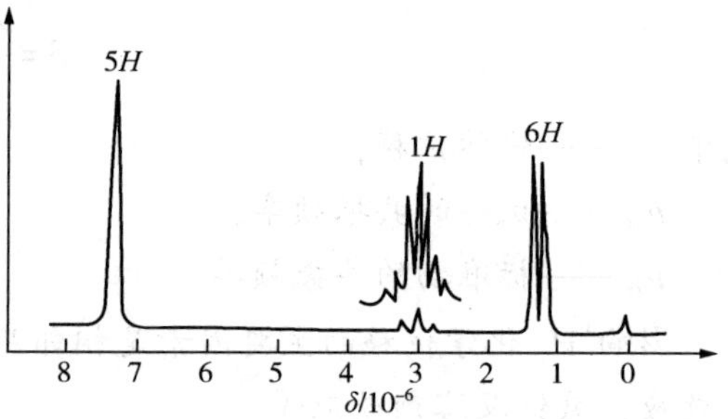

图 7-37　异丙苯的核磁共振氢谱

化学位移(即吸收峰的位置)：根据化学位移鉴别质子的类型，确定基团的类型及所处化学环境的信息。

自旋裂分和耦合常数：根据耦合裂分峰的数目及耦合常数 J 可以确定基团与基团的连接次序及空间位置信息。

积分曲线高度比：根据积分高度比可以确定各基团的质子比，从而推断分子结构。

7.4　质谱法

质谱法(mass spectrometry，MS)通常采用高能电子撞击气态分子，将分解出的阳离子加速导入分离器中，按质荷比(m/z)的大小顺序收集，并以质谱图记录下来，根据质谱峰位置进行定性和结构解析，或根据强度进行定量分析。以有机化合物为研究对象的质谱法称为有机质谱法，也称分子质谱法，它能提供有机物的相对分子质量、分子式、所含结构单元及连接次序等信息，是有机结构分析的重要工具之一。

(1) 基本原理

质荷比(m/z)即离子质量 m(以相对原子量单位计)与其所带电荷 z 之比，例如甲基正离子(CH_3^+)的质荷比为 15，常规质谱研究正离子。

质谱图：以离子相对强度(丰度)为纵坐标，离子质荷比为横坐标，按离子质荷比排列成的谱图就是质谱图，例如丁酮的质谱图如图 7-38 所示。

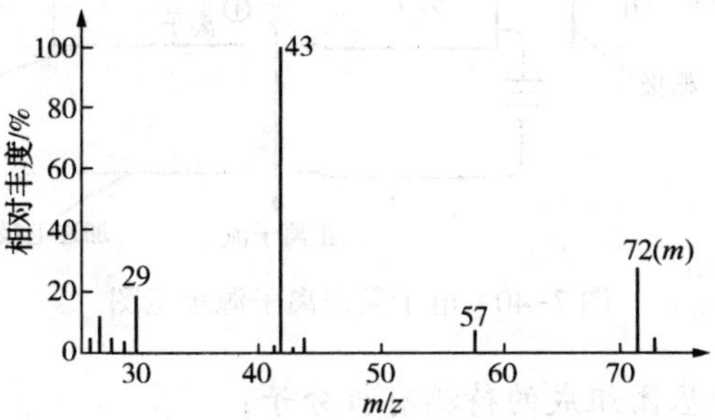

图 7-38　丁酮的质谱图

质谱法基本原理：利用高速电子撞击气态试样分子，使试样生成各种碎片离子，带正电荷的碎片离子在磁场及静电场的作用下，按质荷比 m/z 的大小顺序分离，依次到达检测器，记录成按质荷比顺序排列的质谱图，根据质谱峰的位置可进行定性分析和结构分析，根据质谱峰的强度可进行定量分析。

(2) 质谱仪

用于检测有机化合物质谱的仪器称为质谱仪，如图 7-39 所示。

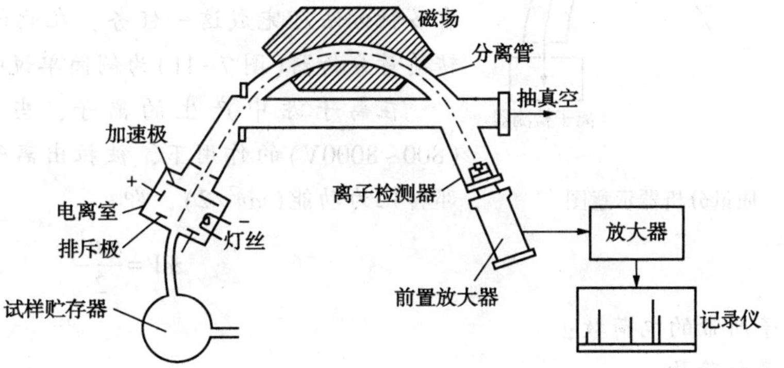

图 7-39　单聚焦质谱仪结构示意图

质谱仪由离子源、质量分析器、离子检测器、进样系统和真空系统五个部分组成，另外还配有控制系统和数据处理系统。试样由进样系统导入离子源，在离子源中被电离和碎裂成各种离子，离子进入质量分析器，按质荷比大小被分离后依次到达检测器，检测到的信号经数据处理成为质谱图或以质谱数据表的形式输出。

① 进样系统。进样系统的作用是将试样转化为气态，然后送进电离室。

② 离子源(电离室)。试样在离子源中电离。离子源是质谱仪的核心部件之一。电子轰击离子源(EI)是通用的常规离子源。它利用灯丝加热时产生的热电子与气相中的有机分子相互作用(轰击)，使分子失去价电子电离成为带正电荷的分子离子。如果分子离子的热力学能较大，就可能发生化学键的断裂，生成更多的碎片离子(图 7-40)。

例如：　　$ABCD+e^- \longrightarrow ABCD^+ +2e^-$

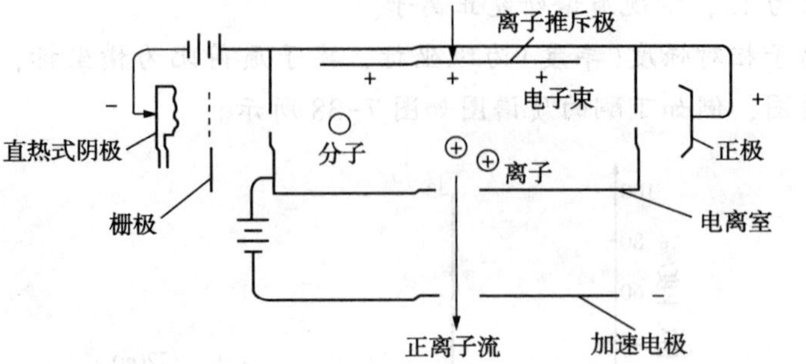

图 7-40　电子轰击离子源示意图

式中　ABCD——由若干个基团组成的待测有机分子；

　　$ABCD^+$——分子离子或母体离子。

不仅可能失去一个电子形成分子离子，而且有可能进一步发生键的断裂，形成大量的各种低质量数的碎片正离子和中性自由基，这些碎片离子可用于有机化合物的结构鉴定。

除了 EI 外，在质谱发展过程中还出现了多种其他类型的离子源，以适应不同性质的有机物分析。目前应用最广泛的是电喷雾离子源(ESI)。

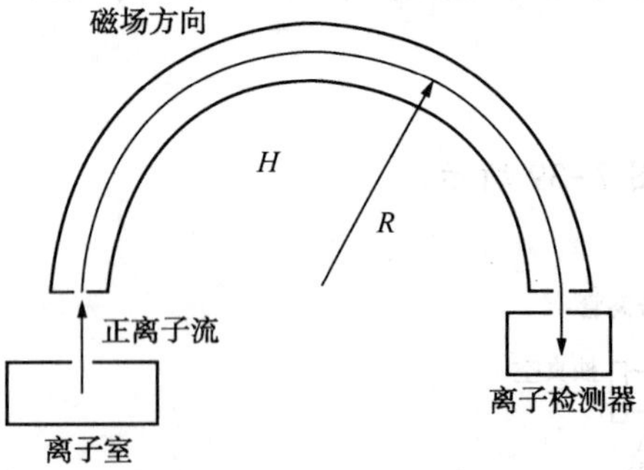

图 7-41　质量分析器示意图

③ 质量分析器。又称为离子分离器，是质谱仪另一个核心部件，它的作用是将离子室电离得到的离子按照质荷比的大小进行分离并送入检测器中心。有多种方法可完成这一任务，在此仅以单聚焦磁偏转质量分析器(图 7-41)为例简单说明。

在离子源中产生的离子，当加速电极电压(800~8000V)的作用下，被拉出离子源时，势能全部转化为动能($mv^2/2$)，即

$$zeV=\frac{mv^2}{2} \tag{7-73}$$

式中　z——离子所带的电荷数；

　　e——电子电荷量；

　　V——加速电极的电压；

　　m——离子质量；

　　v——离子运动的线速度。

当具有一定动能的离子进入垂直于离子速度方向的均匀磁场时，受到磁场力(B_{zev})作用下，将改变运动方向做圆周运动。此时磁场力(向心力)与离心力相等，即

$$B_{zev}=\frac{mv^2}{R} \tag{7-74}$$

式中　B——磁感应强度；

　　R——离子圆周运动的半径。

将式(7-72)代入式(7-73)得

$$m/z=\frac{B^2R^2e}{2V} \tag{7-75}$$

这就是磁偏转质谱仪的基本方程。由方程可知，若保持 V 和 R 不变，依次改变磁场强度 B(扫描磁场)，可以使不同质荷比离子依次通过磁场到达检测器。

④ 离子检测器。经过质量分析器后的离子，到达检测系统进行检测，检测到的信号经数据处理成为质谱图或以质谱数据表的形式输出。

(3) 质谱离子的类型及提供的结构信息

有机分子经电子轰击电离后，将产生多种离子，其中最重要的是分子离子、同位素离子和碎片离子，它们的质荷比及相对强度可提供有机物丰富的结构信息。

① 分子离子。分子失去一个价电子后生成的正离子称为分子离子，通常用 $M^{+\cdot}$ 表示。右上角“+”表示分子离子带一个电量的正电荷，“$\cdot$”表示它有一个未成对的电子，是一个游离基。分子离子必须是质谱图中质荷比最大的离子(除同位素离子外)，但质荷比最大的离子不一定是分子离子。分子离子的重要性：其一，它的质荷比就等于化合物的相对分子质量，因此通过确定质谱图上的分子离子可测定化合物的相对分子质量；其二，它的相对强度表明分子的稳定性程度，由此可推测化合物的类型；其三，谱图中所有碎片离子都是由分子离子直接或间接碎裂而产生的。

② 同位素离子。由于同位素的存在，质谱图中就会出现不同质量数的同位素形成的峰，称为同位素离子峰。同位素离子峰的丰度比，与同位素在自然界的丰度比是相当的，利用同位素离子峰可以判断化合物中是否含有某种元素。通过测定质谱图上同位素离子峰与分子离子峰的丰度比，可以推断化合物的分子式。

③ 碎片离子。当轰击电子的能量超过分子电离所需的能量时，原子之间的化学键会断裂，形成质量较低碎片，其中带正电荷的碎片叫作碎片离子，带有正电荷的碎片进入离子检测器，在质谱图上出现许多碎片离子峰。每一个有机分子都有独特的、可以重复的碎裂方式，不同的分子得到不同质荷比和相对强度的碎片离子，通过详细研究质谱破碎规律，完成解析谱图，就可根据碎片离子的质荷比和相对强度推测有机物的结构。

综上所述，质谱可提供有机物相对分子质量、分子式、分子所含基团及连接次序等信息。

7.5 原子发射光谱法

(1) 基本原理和特点

原子发射光谱分析(AES)是根据待测元素原子所发射的特征光谱来测定物质元素组成的分析方法。

当基态原子受到能量(如热能、电能等)作用时，原子由于与高速运动的气态粒子和电子相互碰撞而获得了能量，使原子中外层电子从基态跃迁到更高能级的激发态上，处于激发态的原子是十分不稳定的，在极短的时间内便跃迁至基态或其他较低的能级上。当原子从较高能级跃迁到基态或其他较低能级的过程中，将释放出多余的能量，这种能量以一定波长的电磁波形式辐射出去。由于各原子内部结构不同，发射出的谱线带有特征性，故称为特征光谱。对这些谱线用仪器进行色散分光，按波长顺序记录，得到一定强度分布的谱线，即光谱图，再根据光谱图上各元素特征光谱的波长和强度便可对元素进行定性和定量分析。

用原子发射光谱法作定性分析时，可靠、灵敏、快速、简便，在周期表上约70多种元素，可以用该法较容易鉴定。用原子发射光谱法做定量分析时，分析前不必把待测元素从基体分离出来，也可以同时分析多种元素。以火焰、电弧和火花为光源时，线性范围约2个数量级；但若采用电感耦合等离子体(ICP)光源，则线性范围可扩大至6~7个数量级，可有效分析试样中高、中、低含量的组分。

(2) 原子发射光谱仪

原子发射光谱仪主要是由光源、分光系统(光谱仪)及检测系统三部分组成。光源为试样蒸发、原子化、激发提供能源，光源的特性在很大程度上影响光谱分析的精密度、准确度和检出限，因此光源属于光谱仪的关键部件。

① 激发光源。激发光源的主要作用是提供试样蒸发、解离、原子化和激发所需的能量。为了获得较高灵敏度和准确度，激发光源应满足如下条件：能够提供足够的能量；光谱背景小，稳定性好；结构简单，易于维护。

常用的激发光源有直流电弧、交流电弧、火花放电及电感耦合等离子体(ICP)等，其中电感耦合等离子体是目前最常用、性能最好的光源。

② 分光系统。分光系统的作用是将光源发射的电磁波分解为按一定次序排列的光谱。

根据分光元件不同，可分为棱镜分光和光栅分光。光栅单色器的分辨率要比棱镜单色器大得多，且色散率基本上与波长无关，已成为目前发展应用的主流，其是利用光的衍射现象进行分光。

③ 检测器。现代光谱仪都采用光电检测系统法，也称光电直读光谱仪，通过使用光电转化器将光直接转化为电信号进行储存和利用。光谱仪常用的光电转换元件是光电倍增管和电感耦合器件(CCD)。光电直读光谱仪可分为三类：单道扫描式光谱仪、多道直读光谱仪和全谱直读光谱仪。

单道扫描式只有一个通道，一次只能测定一个波长。采用平面光栅作单色器，通过光栅的转动，将不同波长的光谱投射到出射狭缝上，由光电倍增管检测该波长谱线的强度，也称顺序扫描式光谱仪。

多道直读光谱仪不同波长位置后安装若个(多达70个)固定出射狭缝和相应的光电倍增管，可同时检测多种元素，它不需要更换光源。这类仪器分析速度快，准确度高，线性范围宽。

全谱直读光谱仪使用中阶梯光栅与棱镜形成交叉色散，再用具有空间分辨能力的CCD检测器检测。该仪器采用两套成像光学系统，一套检测紫外区，一套检测可见光，从而可获得所有元素165~800nm范围的谱线进行分析，因此称为全谱直读光谱仪。这类仪器兼有多元素同时测定和任意选择分析谱线的优点，且波长稳定性好。

(3) 原子发射光谱应用

① 定性分析。由于各种元素原子结构的不同，在光源激发作用下，可以产生按一定波长次序排列的谱线，即特征谱线，其波长由每种元素的原子性质决定。通过查找有无特征谱线的出现来确定该元素是否存在，称为光谱定性分析。

指定元素分析：如果需检测的是指定的某种元素，将待测元素的标准试样与未知试样相同条件下同时检测，并观察二者特征谱线重叠情况。一般地，如果待测元素与标准试样有

2~3 条特征谱线重合，那么就可认为未知试样中存在该种元素。

未知元素全分析：将待测试样在全波长范围内进行扫描，得到被测试样的发射光谱图，然后与标准谱图进行观察比较。若待测元素与标准谱图中某元素有 2~3 条特征谱线重合，便可确定该元素存在。如果试样光谱图中没有找到某元素的特征谱线，可能是该元素含量低于方法的检出限，因此只能说未检出该元素而不能说该元素不存在。

② 定量分析。原子发射光谱定量分析是根据被测元素的谱线强度来确定元素浓度的，二者的关系可用罗马金-赛伯经验公式表示：

$$I=ac^{b} \tag{7-76}$$

$$\lg I=b\cdot\lg c+\lg a \tag{7-77}$$

这是光谱定量分析依据的基本公式。

式中 I——谱线强度；

c——被测元素浓度；

a——常数，与试样的蒸发、激发过程和试样组成有关的参数；

b——自吸系数，它的数值与谱线的自吸收有关。

当使用 ICP 光源时，无自吸时，$b=1$，$I=ac$，此时谱线强度与待测元素的浓度呈线性关系，可采用标准曲线法或标准加入法进行定量分析。

7.6 毛细管气相色谱法

毛细管气相色谱法是采用高分离效能的毛细管柱分离复杂组分的一种气相色谱法。这种色谱柱是用内壁涂渍一层极薄而均匀固定液膜的毛细管代替填充柱，中心是空的，故称开管柱，习惯称毛细管柱。

毛细管柱具有相比大、参透性好、分析速度快、总柱效高等优点，解决了组分在填充柱中由于受到大小不均匀载体颗粒的阻碍而造成色谱峰的扩展，柱效低下的问题。

毛细管气相色谱分析具有分离高效能、分析速度快的特点，因此适合于组成复杂试样的分析。

毛细管柱色谱仪与填充柱色谱仪不同之处：柱前增加了分流装置；柱后增加了尾吹气，如图 7-42 所示。

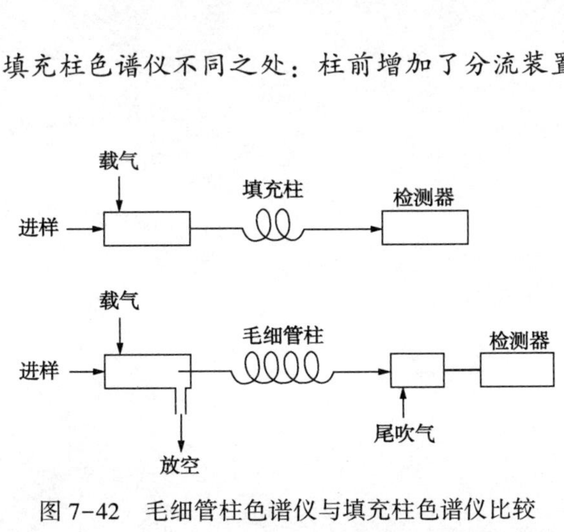

图 7-42　毛细管柱色谱仪与填充柱色谱仪比较

由于毛细管柱内径很少，固定液用量很少，柱容量很小，液体试样允许进样也很少，否则会造成超载，因此一般需要采用分流技术，即是将液体试样注入进样器使其气化，并与载气均匀混合，然后让少量试样进入色谱柱，大量试样放空。

为了减少组分在柱后的扩散，在毛细管柱出口到检测器流路中增加一股叫尾吹气的辅助气路，以增加柱出口到检测器的载气流速，减少这段的死体积的影响，从而提高检测器的灵敏度。

R7　X 射线衍射法

R8　傅里叶变换红外光谱仪法

R9　拉曼光谱法

模块八 创新实验

实验十六　饼干中碳酸钠和碳酸氢钠含量的测定

1. 实验目的

① 了解饼干样品的处理方法。

② 掌握正确的滴定操作、滴定终点的判断方法。

③ 掌握 HCl 标准溶液滴定混合碱的含量原理和方法。

2. 研究背景

饼干中通常要添加碳酸氢钠(小苏打)，这就和加盐是一样的。即便不直接用碳酸氢钠，各种泡打粉、膨松剂、饼干品质改良剂之类很多复合产品中都会添加碳酸氢钠。实际上，没有它就几乎不可能有饼干疏松多孔的结构。苏打饼干所含的钠盐就更高了，因为它就是要加入“苏打”，即碳酸钠。同样质量的碳酸钠，比碳酸氢钠的钠含量更高。膳食中摄入钠过多会增加肾脏负担，升高血压，促进尿钙流失，增加经前期综合征的不适，还增加胃癌危险。因此，准确测定饼干中碳酸钠和碳酸氢钠的含量，对饮食健康、医疗保健都具有十分重要的意义。

3. 实验原理

饼干中含有 Na_2CO_3 与 $NaHCO_3$ 的混合物，准确称取一定量的饼干制成溶液，可采用“双指示剂法”测定各组分的含量。

在试液中加入酚酞指示剂，用 HCl 标准溶液滴定至溶液呈微红色。此时试液中所含 Na_2CO_3 也被滴定成 $NaHCO_3$，反应如下：

$$Na_2CO_3+HCl \xlongequal{} NaCl+NaHCO_3$$

设滴定消耗的 HCl 标准溶液的体积为 V_1mL，再加入甲基橙指示剂，继续用 HCl 标准溶液滴定至溶液由黄色变为橙色即为终点。此时 $NaHCO_3$ 被中和成 H_2CO_3，反应为

$$NaHCO_3+HCl \xlongequal{} NaCl+H_2O+CO_2\uparrow$$

设此时消耗 HCl 标准溶液的体积为 V_2mL。根据 V_1 和 V_2 可以计算饼干中碳酸钠和碳酸氢钠的含量。

4. 实验要求

① 查阅资料，了解测定饼干中碳酸钠和碳酸氢钠的意义。

② 查阅资料，了解双指示剂的使用方法。

③ 查阅资料，了解样品预处理的方法及注意事项。

④ 查阅资料，了解“碳酸钠和碳酸氢钠含量测定”的原理、方法、基本步骤。

⑤ 拟定一种饼干中碳酸钠和碳酸氢钠含量测定的实验方案，包括：

- 所用仪器及药品；
- 实验方法、步骤及注意事项；
- 数据处理及计算方法。

⑥ 实验前每小组完成一篇 2000 字左右的文献综述，实验后每小组完成一篇 4000 字左右的研究论文。

实验十七 葡萄糖酸锌的制备和含量测定

1. 实验目的

① 学习和掌握合成简单药物的基本方法。

② 掌握葡萄糖酸锌的合成。

③ 掌握配位滴定分析法。

④ 了解锌的生物意义。

2. 研究背景

锌是人体必需的微量元素之一，它具有多种生物作用，可参与核酸和蛋白质的合成，能增强人体免疫力，促进儿童生长发育。人体缺锌会造成生长停滞、自发性味觉减退和创伤愈合不良等严重问题，从而引发多种疾病。

葡萄糖酸锌是近年来开发的一种补锌剂，具有见效快、吸收率高、副作用小、使用方便等优点。以往常用硫酸锌作添加剂，但它对人体的肠胃道有一定的刺激作用，而且吸收率也比较低。葡萄糖酸锌则有吸收率高、副作用少、使用方便等特点，是 20 世纪 80 年代中期发展起来的一种补锌添加剂，特别是作为儿童食品、糖果的添加剂，应用日趋广泛。

3. 实验原理

葡萄糖酸锌为白色或接近白色的结晶性粉末，无臭略有不适味，溶于水，易溶于沸水，15℃时饱和溶液的质量分数为 25%，不溶于无水乙醇、氯仿和乙醚。

葡萄糖酸锌是以葡萄糖酸钙和硫酸锌(或硝酸锌)等为原料直接合成。其反应为

$$Ca(C_6H_{11}O_7)_2+ZnSO_4 = Zn(C_6H_{11}O_7)_2+CaSO_4$$

这类方法的缺点是产率低、产品纯度差。

在 pH≈10 的溶液中，铬黑 T(EBT)与 Zn^{2+}形成比较稳定的酒红色螯合物(Zn-EBT)，而 EDTA 与 Zn^{2+} 能形成更为稳定的无色螯合物。因此滴定至终点时，铬黑 T 便被 EDTA 从 Zn-EBT中置换出来，游离的铬黑 T 在 pH 值在 8~11 之间的溶液中呈纯蓝色。

$$\underset{\text{酒红色}}{\text{Zn-EBT}}+\text{EDTA} = \text{Zn-EDTA}+\underset{\text{纯蓝色}}{\text{EBT}}$$

葡萄糖酸锌溶液中游离的锌离子也可与 EDTA 形成稳定的配合物，因此 EDTA 滴定法能确定葡萄糖酸锌的含量。

4. 实验要求

① 查阅资料，了解葡萄糖酸锌剂的作用。

② 查阅资料，了解葡萄糖酸锌的制备原理及方法。

③ 查阅资料，了解葡萄糖酸锌含量测定的原理、方法、基本步骤。

④ 拟定一种葡萄糖酸锌制备和含量测定的实验方案，包括：

- 所用仪器及药品；
- 实验方法、步骤及注意事项；
- 数据处理及计算方法。

⑤ 实验前每小组完成一篇2000字左右的文献综述，实验后每小组完成一篇4000字左右的研究论文。

实验十八　水中化学需氧量的测定(重铬酸钾法)

1. 实验目的

① 明确水体化学需氧量的含义以及意义。

② 掌握回流操作和重铬酸钾法测定化学需氧量的原理和方法。

2. 研究背景

工业革命以来，人类社会的生产力得到极大的提升，物质财富得到极大的丰盈。空气污染、资源枯竭、生态破坏、物种灭绝等问题引起了人们对于全球经济和人类社会发展陷入困境的反思。保护水域生态环境刻不容缓。从根本上说，保护水域生态环境不仅仅是作为一个单纯的环境问题提出来的，更是关乎经济发展方式和人类生活方式的彻底变革。

化学需氧量(Chemical Oxygen Demand，COD)是衡量水体受污染严重程度的一个重要指标，在水体质量监测以及水域生态环境保护方面起着十分重要的作用。化学需氧量的测定是水域生态环境质量管理的一个重要参考指标，有利于促进水域生态环境实现全过程质量管理。质量管理过程中先后经过了质量检验阶段、统计质量管理阶段以及全面质量管理阶段等三个发展历程。美国管理学家 A. V. 费根鲍姆在20世纪60年代提出了“全面质量管理”阶段。这一时期的产品质量管理注重产品的耐用性、安全性、经济性、可靠性、维修性等基本特质。具体到水域生态环境而言，化学需氧量的测定在水域质量管理的安全性、经济性以及可靠性等方面提供了重要支撑。

3. 基本原理

化学需氧量是以化学方法测量水样中需要被氧化的还原性物质的量。水样在一定条件下，以氧化1L水样中还原性物质所消耗的氧化剂的量为指标，折算成每升水样全部被氧化后，需要的氧的毫克数，以 $mg \cdot L^{-1}$ 表示。它反映了水中受还原性物质污染的程度。该指标也作为有机物相对含量的综合指标之一。测定的主要方法有：重铬酸钾标准法、分光光度法、微波消解光度法、极谱法、库仑法、电化学探头法、静电流法等。重铬酸钾法是常用的方法。

在酸性介质中，以重铬酸钾标准溶液标定硫酸亚铁铵标准溶液，加入亚铁灵[邻二氮菲合铁(Ⅱ)]指示液为指示剂，溶液的颜色由黄色经蓝绿色至红褐色即为终点。反应为

$$6Fe^{2+}+Cr_2O_7^{2-}+14H^+ \!=\!=\!= 6Fe^{3+}+2Cr^{3+}+7H_2O$$

在酸性介质中以 $K_2Cr_2O_7$ 为氧化剂，测定水样中化学耗氧量的方法记作 COD_{Cr}，此法适合于工业废水COD的测定。

用重铬酸钾法可以测定水中的化学耗氧量时，在水样中加入硫酸呈强酸性，在 Ag_2SO_4

的催化下，加入一定过量的 $K_2Cr_2O_7$ 标准溶液，加热回流 2h，使水样中的有机化合物充分被氧化。

$$2Cr_2O_7^{2-}+3C+16H^+ \!=\!=\!= 4Cr^{3+}+3CO_2\uparrow+8H_2O$$

将溶液冷却后加水稀释，以邻二氮菲合铁(Ⅱ)为指示剂，用 Fe^{2+} 标准溶液滴定剩余的 $K_2Cr_2O_7$：

$$6Fe^{2+}+Cr_2O_7^{2-}+14H^+ \!=\!=\!= 6Fe^{3+}+2Cr^{3+}+H_2O$$

当溶液由蓝绿色变为红色即为滴定终点。

本方法在银盐催化剂存在下，直链烃有 85%~95%被氧化，芳烃不起作用，因此所得结果不够严格。

4. 实验要求

① 查阅资料，了解测定 COD 的意义。

② 查阅资料，了解重铬酸钾法测定水中化学需氧量的原理、方法、基本步骤。

③ 查阅资料，了解化学需氧量的表示和计算方法。

R10 化学耗氧量测定相关标准

④ 拟定一种重铬酸钾法测定水中化学需氧量的实验方案，包括：

- 所用仪器及药品；
- 实验方法、步骤及注意事项；
- 数据处理及计算方法。

⑤ 实验前每小组完成一篇 2000 字左右的文献综述，实验后每小组完成一篇 4000 字左右的研究论文。

实验十九　重量法测水中石油类物质

1. 实验目的

① 掌握重量分析法测定水中石油类物质的基本原理；

② 熟悉水油分离的方法——萃取；

③ 了解水中石油类物质测试的预处理。

2. 研究背景

油类(含石油类)通过不同途径进入水体环境形成含油污水。含油污水是一种量大、面广且危害严重的污水。全世界每年有(500~1000)×10^4t 石油通过各种途径进入水体。按其来源可分为：自然来源(约占 8%)和人类活动来源(约 92%)。自然来源主要有海底、大陆架渗漏、含油沉积岩缺损等。人类活动来源主要有油轮事故和海上石油开采的泄漏与井喷事故，港口和船舶的作业含油污水排放、石油工业的废水及餐饮业、食品加工业、洗车业排放的含油废水等。

石油类污染物在进入水体后，会在水面上形成厚度不一的油膜。据测定，每滴石油在水面上能形成 0.25m^2 的油膜，每吨石油能覆盖 5×$10^6$$m^2$ 的水面。油膜使水面与大气隔绝，使水中溶解氧减少，从而影响水体的自净作用，致使水底质变黑发臭。油膜、油滴还可贴在水体中的微粒上或水生生物上，不断扩散和下沉，会向水体表面和深处扩展，污染范围愈扩愈大，破坏水体正常生态环境。另外，水面浮油还可萃取分散于水体中的氯烃，如狄氏剂、毒

杀芬等农药和聚氯联苯等，并把这些毒物浓集到水体表层毒害水生生物。

石油一般可以通过呼吸、皮肤接触、食用含污染物的食物等途径进入人体，能影响人体多种器官的正常功能，引发多种疾病。经常受到石油类污染的孩子患急性白血病的风险要高出平均水平4倍，患急性非淋巴细胞白血病的概率是普通孩子的7倍。石油类污染物污染的附近区域，儿童皮肤碱抗力明显减弱、白细胞下降、贫血率上升、肺功能受到影响，一般人的肝肿概率显著高于对照区居民，恶性肿瘤尤其是消化系统恶性肿瘤标化死亡率明显高于对照区。石油的浓度是考察其毒性的关键因子，不同组分的石油其毒性效果也不一样，随着石油浓度的升高和暴露时间的延长，其毒性增强。

水中石油类物质检测方法很多，重量法是其中之一。重量法是测油时常用的分析方法，它不受油品种限制，但操作复杂，灵敏度低，只适于测定10mg/L以上的含油样品，以硫酸等酸化水样，用石油醚萃取油，蒸出石油醚后，称其重量。

3. 基本原理

采用重量分析法分析水中石油类物质，通常以盐酸、硫酸等酸化水样。用石油醚萃取油类物质，蒸除石油醚后，称其重量。

通常用总量分析，其水中总石油类物质的含量可以用以下公式进行计算：

$$油(mg/L)=(m_1-m_2)\times10^6/V$$

式中 m_1——烧杯加油的总质量，g；

m_2——烧杯的质量，g；

V——水样的体积，mL。

4. 实验要求

① 查阅资料，了解重量分析法的原理。

② 查阅资料，了解水中石油类物质的分析检验通用方法。

③ 查阅资料，了解“重量法测水中石油类物质”实验原理及基本步骤。

④ 拟定一种重量法测水中石油类物质的研究的实验方案，包括：

- 所用仪器及药品；
- 重量法测水中石油类物质的方案(实验方法及步骤)；
- 重量法测水中石油类物质的含量计算。

⑤ 实验前每小组完成一篇2000字左右的文献综述，实验后每小组完成一篇4000字左右的研究论文。

实验二十　分光光度法测定菠菜中草酸的含量

1. 实验目的

① 掌握菠菜样品的处理方法。

② 掌握分光光度法测定草酸含量的原理、方法。

③ 了解食品采样方法，综合分析菠菜中草酸的含量分布情况。

2. 研究背景

研究发现许多种植物富含草酸，尤以菠菜、苋菜、甜菜、马齿苋、芋头、甘薯和大黄等植物中含量较高。人吃了菠菜等富含草酸食物后，草酸一般在胃和小肠上部吸收，在碱性小肠液中大部分与游离的钙离子结合成为不溶性的钙盐，生物利用率只有 2%～10%。对正常健康的人来说，极少量的草酸被吸收后一般无多大影响，只要多饮水以冲淡浓度，可防尿路结石的发生。但已患有尿路结石的人，对草酸的利用率却高于正常人。尤其是患有慢性消化道疾病，做过大段小肠切除的人，草酸的吸收率明显增加。此外，小儿和老年人吃菠菜也要适量，因菠菜中的草酸容易和食物中的钙发生化学反应，生成草酸钙，人体无法吸收利用而使钙缺乏，小儿缺钙易得佝偻病，老年人则易患骨质疏松症。因此，准确测定菠菜等富含草酸食物的草酸的含量，对饮食健康、医疗保健都具有十分重要的意义。

3. 实验原理

草酸是一种二元羧酸，是植物体内普遍存在的一种组分，在菠菜、苋菜、生菜等许多蔬菜作物体内都有较高的含量。从环境毒理学和食品营养学角度看，草酸在蔬菜作物可食部位的大量累积会影响到人类的身体健康。本实验采用灵敏度较高的比色法测菠菜中草酸含量。采用分光光度计法测定，Fe^{3+} 在 pH 值为 1.8～2.5 的 KCl－HCl 缓冲液中与磺基水杨酸(SSAL)和草酸均生成配合物，Fe^{3+} 和草酸的配合物能使 Fe^{3+} 与磺基水杨酸的紫色配合物颜色变浅，在 510nm 波长处测定 Fe^{3+} 的磺基水杨酸配合物的吸光度，随着草酸量的增加而降低，据此可计算出样品中草酸根的含量。

4. 实验要求

① 查阅资料，了解测定菠菜中草酸的意义。

② 查阅资料，了解使用分光光度计建立物质的标准曲线的方法。

③ 查阅资料，了解样品预处理的方法及注意事项。

④ 查阅资料，了解“分光光度法测定菠菜中草酸的含量”的原理、方法、基本步骤。

⑤ 拟定分光光度法测定一种食品(菠菜)中草酸的含量的实验方案，包括：

- 所用仪器及药品；
- 实验方法、步骤及注意事项；
- 数据处理及计算方法。

⑥ 实验前每小组完成一篇 2000 字左右的文献综述，实验后每小组完成一篇 4000 字左右的研究论文。

扫描二维码可获得以下实验：

S13　食品中总酸的测定

S14　凯氏定氮法测定食品中蛋白质的含量

S15　食品中钙含量的测定(配位滴定法)

S16　胃舒平药片中 Al_2O_3 和 MgO 含量的测定

S17　水泥中 SiO_2、Al_2O_3、Fe_2O_3、CaO 和 MgO 含量的测定

S18　2,6-二氯靛酚滴定法测定食品中还原型抗坏血酸

S19　葡萄糖注射液中葡萄糖含量的测定(碘量法)

S20　漂白粉中有效氯和总钙量的测定

S21　镍基催化剂用于石油炼化工业尾气脱硫的研究

S22　分光光度法测定食品中亚硝酸盐的含量

S23　茶叶中茶多酚提取和含量测定

S24　分光光度法测定 5A 型分子筛吸附甲醛的研究

S13-24　相关实验

附　录

附录一　微溶化合物的溶度积常数

化合物	溶度积（温度 t/℃）	化合物	溶度积（温度 t/℃）
铁		锰	
草酸亚铁	2.1×10^{-7}(25)	氢氧化锰	4×10^{-14}(18)
硫化亚铁	3.7×10^{-19}(18)	硫化锰	1.4×10^{-15}(18)
铅		汞	
碳酸铅	7.4×10^{-14}(25)	氢氧化汞	3.0×10^{-26}(18~25)
铬酸铅	1.77×10^{-14}(18)	硫化汞（红）	4.0×10^{-53}(18~25)
氟化铅	3.3×10^{-8}(25)	硫化汞（黑）	1.6×10^{-52}(18~25)
碘酸铅	3.69×10^{-13}(25)	氯化亚汞	1.43×10^{-18}(25)
碘化铅	9.8×10^{-9}(25)	碘化亚汞	5.2×10^{-29}(25)
草酸铅	2.74×10^{-11}(18)	溴化亚汞	6.4×10^{-23}(25)
硫酸铅	2.53×10^{-8}(25)	镍	
硫化铅	3.4×10^{-28}(18)	α-硫化镍	3.2×10^{-19}(18~25)
锂		β-硫化镍	1.0×10^{-24}(18~25)
碳酸锂	8.15×10^{-4}(25)	γ-硫化镍	2.0×10^{-26}(18-25)
镁		铝	
磷酸镁铵	2.5×10^{-13}(25)	铝酸 H_3AlO_3	4×10^{-13}(15)
碳酸镁	6.82×10^{-6}(25)		1.1×10^{-15}(18)
氟化镁	5.16×10^{-11}(25)		3.7×10^{-15}(25)
氢氧化镁	1.8×10^{-11}(25)	氢氧化铝	1.9×10^{-33}(18~20)
二水合草酸镁	4.83×10^{-6}(25)		
钡		钙	
碳酸钡	2.58×10^{-9}(25)	碳酸钙	3.36×10^{-9}(25)
铬酸钡	1.17×10^{-10}(25)	氟化钙	3.45×10^{-11}(25)
氟化钡	1.84×10^{-7}(25)	碘酸钙	7.10×10^{-7}(25)
碘酸钡 $Ba(IO_3)_2\cdot2H_2O$	1.67×10^{-9}(25)	草酸钙	2.32×10^{-9}(25)

续表

化合物	溶度积(温度 t/℃)	化合物	溶度积(温度 t/℃)
碘酸钡	4.01×10^{-9}(25)	草酸钙($CaC_2O_4 \cdot H_2O$)	2.57×10^{-9}(25)
镉		硫酸钙	4.93×10^{-5}(25)
草酸镉	1.42×10^{-8}(25)	钴	
氢氧化镉	7.2×10^{-15}(25)	α-硫化钴(CoS)	4.0×10^{-21}(18~25)
硫化镉	3.6×10^{-29}(18)	β-硫化钴(CoS)	2.0×10^{-21}(18~25)
铜		银	
一水合碳酸铜	6.94×10^{-8}(25)	硫化银	1.6×10^{-49}(18)
草酸铜	4.43×10^{-10}(25)	溴化银	5.38×10^{-5}(25)
硫化铜	8.5×10^{-45}(18)	硫氰酸银	0.49×10^{-12}(18)
溴化亚铜	6.27×10^{-9}(25)	硫氰酸银	1.03×10^{-12}(25)
氯化亚铜	1.72×10^{-7}(25)	溴化银	5.35×10^{-13}(25)
碘化亚铜	1.27×10^{-12}(25)	碳酸银	8.46×10^{-12}(25)
硫化亚铜	2×10^{-47}(25)	氯化银	1.77×10^{-10}(25)
硫氰酸亚铜	1.77×10^{-13}(25)	铬酸银	1.2×10^{-12}(14.8)
亚铁氰化铜	1.3×10^{-16}(18~25)		1.12×10^{-12}(25)
铁		重铬酸银	2×10^{-7}(25)
氢氧化铁	4×10^{-38}(25)	氢氧化银	1.52×10^{-8}(20)
氢氧化亚铁	8×10^{-16}(25)	碘酸银	3.17×10^{-8}(25)
锶		碘化银	0.32×10^{-16}(13)
碳酸锶	5.60×10^{-10}(25)	碘化银	8.52×10^{-17}(25)
氟化锶	4.33×10^{-9}(25)	锌	
草酸锶	5.61×10^{-8}(18)	氢氧化锌	3×10^{-17}(25)
硫酸锶	3.44×10^{-7}(25)	草酸锌 $ZnC_2O_4 \cdot 2H_2O$	1.38×10^{-9}(25)
铬酸锶	2.2×10^{-5}(18~25)	硫化锌	1.2×10^{-23}(18)

附录二　弱酸弱碱在水中的离解常数

弱酸	分子式	K_a	pK_a
砷酸	H_3AsO_4	$6.3\times10^{-3}(K_{a1})$ $1.0\times10^{-7}(K_{a2})$ $3.2\times10^{-12}(K_{a3})$	2.20 7.00 11.50
亚砷酸	$HAsO_2$	6.0×10^{-10}	9.22
硼酸	H_3BO_3	5.8×10^{-10}	9.24
焦硼酸	$H_2B_4O_7$	$1.0\times10^{-4}(K_{a1})$ $1.0\times10^{-9}(K_{a2})$	4 9

续表

弱酸	分子式	K_a	pK_a
碳酸	$H_2CO_3(CO_2+H_2O)$	$4.2\times10^{-7}(K_{a1})$ $5.6\times10^{-11}(K_{a2})$	6.38 10.25
氢氰酸	HCN	6.2×10^{-10}	9.21
铬酸	H_2CrO_4	$1.8\times10^{-1}(K_{a1})$ $3.2\times10^{-7}(K_{a2})$	0.74 6.50
氢氟酸	HF	6.6×10^{-4}	3.18
亚硝酸	HNO_2	5.1×10^{-4}	3.29
过氧化氢	H_2O_2	1.8×10^{-12}	11.75
磷酸	H_3PO_4	$7.6\times10^{-3}(>K_{a1})$ $6.3\times10^{-3}(K_{a2})$ $4.4\times10^{-13}(K_{a3})$	2.12 7.2 12.36
焦磷酸	$H_4P_2O_7$	$3.0\times10^{-2}(K_{a1})$ $4.4\times10^{-3}(K_{a2})$ $2.5\times10^{-7}(K_{a3})$ $5.6\times10^{-10}(K_{a4})$	1.52 2.36 6.60 9.25
亚磷酸	H_3PO_3	$5.0\times10^{-2}(K_{a1})$ $2.5\times10^{-7}(K_{a2})$	1.30 6.60
氢硫酸	H_2S	$1.3\times10^{-7}(K_{a1})$ $7.1\times10^{-15}(K_{a2})$	6.88 14.15
硫酸氢根	HSO_4^-	$1.0\times10^{-2}(K_{a1})$	1.99
亚硫酸	$H_3SO_3(SO_2+H_2O)$	$1.3\times10^{-2}(K_{a1})$ $6.3\times10^{-8}(K_{a2})$	1.90 7.20
偏硅酸	H_2SiO_3	$1.7\times10^{-10}(K_{a1})$ $1.6\times10^{-12}(K_{a2})$	9.77 11.8
甲酸	HCOOH	1.8×10^{-4}	3.74
乙酸	CH_3COOH	1.8×10^{-5}	4.74
一氯乙酸	$CH_2ClCOOH$	1.4×10^{-3}	2.86
二氯乙酸	$CHCl_2COOH$	5.0×10^{-2}	1.30
三氯乙酸	CCl_3COOH	0.23	0.64
氨基乙酸盐	$+NH_3CH_2COOH^-$ $+NH_3CH_2COO^-$	$4.5\times10^{-3}(K_{a1})$ $2.5\times10^{-10}(K_{a2})$	2.35 9.60
抗坏血酸	$C_6H_8O_6$	$5.0\times10^{-5}(K_{a1})$ $1.5\times10^{-10}(K_{a2})$	4.30 9.82
乳酸	$CH_3CHOHCOOH$	1.4×10^{-4}	3.86
苯甲酸	C_6H_5COOH	6.2×10^{-5}	4.21

弱酸	分子式	K_a	pK_a
草酸	$H_2C_2O_4$	$5.9\times10^{-2}(K_{a1})$ $6.4\times10^{-5}(K_{a2})$	1.22 4.19
d-酒石酸	CH(OH)COOH CH(OH)COOH	$9.1\times10^{-4}(K_{a1})$ $4.3\times10^{-5}(K_{a2})$	3.04 4.37
邻-苯二甲酸	$C_8H_6O_4$	$1.1\times10^{-3}(K_{a1})$ $3.9\times10^{-6}(K_{a2})$	2.95 5.41
柠檬酸	CH_2COOH CH(OH)COOH CH_2COOH	$7.4\times10^{-4}(K_{a1})$ $1.7\times10^{-5}(K_{a2})$ $4.0\times10^{-7}(K_{a3})$	3.13 4.76 6.40
苯酚	C_6H_5OH	1.1×10^{-10}	9.95
乙二胺四乙酸	H_6-$EDTA^{2+}$ H_5-$EDTA^{+}$ H_4-EDTA H_3-$EDTA^{-}$ H_2-$EDTA^{2-}$ H-$EDTA^{3-}$	$0.1(K_{a1})$ $3\times10^{-2}(K_{a2})$ $1\times10^{-2}(K_{a3})$ $2.1\times10^{-3}(K_{a4})$ $6.9\times10^{-7}(K_{a5})$ $5.5\times10^{-11}(K_{a6})$	0.9 1.6 2.0 2.67 6.17 10.26
氨水	NH_3	1.8×10^{-5}	4.74
联氨	H_2NNH_2	$3.0\times10^{-6}(K_{b1})$ $1.7\times10^{-5}(K_{b2})$	5.52 14.12
羟胺	NH_2OH	9.1×10^{-6}	8.04
甲胺	CH_3NH_2	4.2×10^{-4}	3.38
乙胺	$C_2H_5NH_2$	5.6×10^{-4}	3.25
二甲胺	$(CH_3)_2NH$	1.2×10^{-4}	3.93
二乙胺	$(C_2H_5)_2NH$	1.3×10^{-3}	2.89
乙醇胺	$HOCH_2CH_2NH_2$	3.2×10^{-5}	4.50
三乙醇胺	$(HOCH_2CH_2)_3N$	5.8×10^{-7}	6.24
六次甲基四胺	$(CH_2)_6N_4$	1.4×10^{-9}	8.85
乙二胺	$H_2NHC_2CH_2NH_2$	$8.5\times10^{-5}(K_{b1})$ $7.1\times10^{-8}(K_{b2})$	4.07 7.15
吡啶	C_5H_5N	1.7×10^{-5}	8.77

注：条件为 25℃，$I=0$。

扫描二维码可获得以下资料：

1. 元素相对原子质量(A_r)表
2. 常见化合物的相对分子质量
3. 不同温度下水的饱和蒸气压

R11　相关资料

4. 实验室常用酸、碱溶液的浓度
5. 常见缓冲溶液
6. 缓冲溶液的配制
7. 酸碱指示剂的配制
8. 氧化还原指示剂的配制
9. 金属离子指示剂的配制
10. 吸附指示剂的配制
11. 容量分析基准物质的干燥温度和时间
12. 配位化合物的稳定常数
13. 金属离子与氨羧络合剂配合物稳定常数的对数($\lg K_{MY}$)
14. EDTA 的 $\lg\alpha_{Y(H)}$ 值
15. 一些金属离子的 $\lg\alpha_{M(OH)}$ 值
16. 标准电极电势(25℃)
17. 一些氧化还原电对的条件电极电势

参考文献

[1] 徐春祥．无机化学[M]．北京：高等教育出版社，2004.
[2] 傅献彩．大学化学[M]．上册．北京：高等教育出版社，1999.
[3] 谢吉民．基础化学[M]．北京：科学出版社，2004.
[4] 徐春祥．基础化学[M]．北京：人民卫生出版社，2007.
[5] 唐和清．工科基础化学[M]．第二版．北京：化学工业出版社，2009.
[6] 程玉明，方家乐．油品分析[M]．北京：中国石化出版社，1993.
[7] 华东理工大学分析化学教研组，成都科技大学分析化学教研组．分析化学[M]．第四版．北京：高等教育出版社，1995.
[8] 武汉大学．分析化学[M]．第四版．北京：高等教育出版社，2001.
[9] 林培喜，朱玲．无机及分析化学[M]．哈尔滨：哈尔滨工程大学出版社，2010.
[10] 沈泽智，范洪琼．无机及分析化学[M]．重庆：重庆大学出版社，2015.
[11] 李发美，胡育筑．分析化学[M]．北京：中国医药科技出版社，2006.
[12] 张正奇．分析化学[M]．北京：科学出版社，2006.
[13] 孙毓庆，胡育筑．分析化学[M]．第二版．北京：科学出版社，2006.
[14] 李克安．分析化学[M]．北京：北京大学出版社，2005.
[15] 李龙泉，朱玉瑞，金谷，等．定量化学分析[M]．第二版．合肥：中国科学技术大学出版社，2005.
[16] 费业泰．误差理论与数据处理[M]．第五版．北京：机械工业出版社，2005.
[17] 吴性良，宋万森，马林．分析化学原理[M]．北京：化学工业出版社，2004.
[18] Analytical Chemistry. 6th ed. Christian GD. New York John Wiley and Sons Inc，2003.
[19] 汪尔康．分析化学新进展[M]．北京：科学出版社，2003.
[20] 刘密新．仪器分析[M]．第二版．北京：清华大学出版社，2002.
[21] Kellner R，et al. Analytical Chemistry. Weinheim(Germany) Wiley-VCH Verlag gmbH，1998.
[22] 邹学贤．分析化学[M]．北京：人民卫生出版社，2000.
[23] 陈华序，郑沛霖．分析化学简明教程[M]．北京：冶金工业出版社，1989.
[24] 李发美．分析化学实验指导[M]．北京：人民工业出版社，2004.
[25] 四川大学，浙江大学．分析化学实验[M]．第三版．北京：高等教育出版社，2003.
[26] 邓玲灵．现代分析化学实验[M]．长沙：中南大学出版社，2002.

★ 辅导员和班主任入职与培训·成长与发展参考用书

学工宝典

一名老辅导员的“实话实说”

杨庆实◎著

中国石化出版社

内容提要

本书紧扣“立德树人”根本任务，遵循新时代高校思想政治工作规律、教书育人规律、学生成长规律，坚持问题导向、目标导向、效果导向，因事而化、因时而进、因势而新，结合自身从事辅导员20余年的工作经历，积极探索新时期高校学生工作新方法、新思路、新措施，创新性推行高校院系学团工作“九个三”、班主任“八四”工作法、家访“八步曲”、辅导员开展科研“六步”法、辅导员养成并坚持的三十六个职业微习惯等实践工作机制；创造性地提出高校思想政治工作须做到“十个坚持”、新入职辅导员“十要”、辅导员必备“十大意识”、新任基层团委书记快速成长二十个秘诀，以及辅导员职业“三级六段”发展阶梯模型、辅导员核心素养提升“破圈模型”等理论体系。

本书可作为全国高校专职辅导员、班主任、全国高校思政教师、思想政治教育工作者、学生工作者的学习和参考资料。

图书在版编目（CIP）数据

学工宝典：一名老辅导员的“实话实说”/杨庆实著. —北京：中国石化出版社，2023.9（2024.5 重印）

ISBN 978-7-5114-7248-9

Ⅰ.①学… Ⅱ.①杨… Ⅲ.①高等学校－辅导员－工作－研究 Ⅳ.① G645.1

中国国家版本馆 CIP 数据核字（2023）第 171749 号

中国石化出版社出版发行

地址：北京市东城区安定门外大街 58 号

邮编：100011　电话：(010) 57512500

发行部电话：(010) 57512575

http：//www.sinopec-press.com

E-mail：press@sinopec.com

北京科信印刷有限公司印刷

全国各地新华书店经销

*

787 毫米 ×1092 毫米 16 开本 25.75 印张 662 千字

2023 年 9 月第 1 版　2024 年 5 月第 3 次印刷

定价：68.00 元

十二位全国高校辅导员年度人物及“最美高校辅导员”推荐语

辅导员是大学生的人生指导者和引路人。杨庆实老师坚持围绕学生、关照学生、服务学生，坚守20余年做好学生教育工作，带着问题意识、创新意识，积极探究新时期大学生思想政治教育方法和经验。该书作为杨庆实老师多年工作实践与思考研究的梳理和总结，必定助力辅导员为自己职业生涯储能充电。

——曲建武（大连海事大学），时代楷模、万人计划教学名师、最美奋斗者、全国道德模范、全国教学名师、全国师德标兵、全国优秀教师、第六届全国高校辅导员年度人物（特别荣誉奖）

新辅导员最需要锻造的能力是什么？一个是能够提前做出规划和准备的“预判”能力，这需要做好充分的准备，掌握逻辑推演的本领，杨庆实老师的“实话实说”里，就蕴含着如何从经验到规律的“密钥”；另一个是具备“点对点”“实打实”解决问题的方法，这种能力不是“生而知之”的，更多的是通过学习前辈的经验和总结，在“学而知之”中实现的，杨庆实老师的“实话实说”里，就包含着大量可以借鉴转换的“干货”，给年轻辅导员的成长带来了一座丰富的素材宝库。通读此书，看到的是从辛苦到成果，体会到的是从经验到科学，领悟到的是一路走来的坚持！

——李萌（陕西科技大学），教育部思想政治工作中青年骨干、全国网络教育名师、第七届全国高校辅导员年度人物高校辅导员岗位平凡但责任重大，工作繁忙但使命光荣。杨庆实老师在20余年辅导员工作中既做青年学生的知心朋友，又做青年学生的人生导师，不断创新工作方法和工作载体，积累了一线思想政治教育的宝贵经验。该书全方位呈现了辅导员日常点滴工作，提炼了思想政治工作规律，彰显了辅导员的教育情怀和使命担当。这是一线辅导员工作的经验总结，也是辅导员成长发展的缩影，将启发我们继续努力、共同完成党和国家赋予辅导员的时代使命，推进辅导员事业高质量发展！

——任雅才（北京师范大学），第八届全国高校辅导员年度人物、全国2019年（首批）“最美高校辅导员”

庆实老师大学毕业后留校工作，虽然岗位多次变动，但20余年始终坚定理想信念、坚守职责使命、坚持开拓创新，始终坚持在学生工作岗位上。他记录了10000余条工作日志、550余期近250万字会议纪要，进行90余项工作创新，连续四年跋涉4.6万公里开展实地家访。他在辅导员这个岗位上，深耕细作、精益求精，努力把自己打造成“一专多能”的专家型辅导员。作为亲身实践与理论探索的结晶，这本书是辅导员、班主任入职学习培训、素质能力提升的“实战指导”和实务提升的最佳选择。

——范蕊（山东大学），第九届全国高校辅导员年度人物、全国2019年（首批）“最美高校辅导员”

这本书记录了庆实老师20余年学生工作的点滴感悟和从业体验。他从辅导员的立场、视角、经验出发，系统归纳当前大学生在成长过程中所遇到的普遍性成长困惑，按理论与实践相结合的思路，提出了相关问题的基本处理技巧与方法，将工作经验理论化、理论运用实际化。这本书既探索理论的高度，又尝试实践的广度，对于工作年限较短的高校辅导员和班主任来讲，无疑为思考与学习提供了借鉴，其真实的、带有普遍性的工作经历以及问题处理技巧，为学生工作的顺利开展提供了理论与实践范式。

——李青山（沈阳工业大学），第十届全国高校辅导员年度人物、全国2020年“最美高校辅导员”

庆实老师的书，透着一种岁月的沉淀感和坚持的力量感。无论是那些躬身在学生一线的经验总结，还是流淌在细碎生活里的酸甜苦辣，都让我们透过文字看到一位“老”辅导员的执着坚守和育人情怀，所以这“实话实说”我们不妨用心聆听、用爱感受，一定会有更多收获。

——祝鑫（华中农业大学），全国教育系统先进工作者、教育部“高校网络教育名师”培育支持计划入选者、第十届全国高校辅导员年度人物、全国2020年“最美高校辅导员”

高校辅导员坚守立德树人一线，践行为党育人、为国育才的初心使命。一路走来既需要极高的政治站位，又需要以学生为中心的深厚育人情怀，既向下扎根，又向上生长，在青年拔节孕穗期，扎扎实实为大学生扣好人生第一粒扣子。庆实老师用 20 余年的学生工作经历，用生动的实践，默默无闻、不求回报的奉献诠释着这一切。本书不仅有丰富的实践经验，更有深刻的理论总结与升华，充分展现了一名新时期优秀学工人的风采与担当。

——范俊峰（山东科技大学），第十二届全国高校辅导员年度人物、全国 2022 年“最美高校辅导员”

“因为热爱所以坚守、因为真爱所以奋斗、因为挚爱所以执着。”庆实老师以爱坚守辅导员岗位 20 余载，坚持关注、关心、关爱学生，创新开展各项活动，积累了丰富的学工经验。《学工宝典》是实践之树盛开的理论之花，饱含着庆实老师的辛劳、智慧、热情和奉献。为新时期辅导员工作难题提供解惑思路，值得深读、细读、精读。

——赵东方（吉林师范大学），第十二届全国高校辅导员年度人物这是一本有爱之书，一份老辅导员对学生的爱、对事业的爱、对同人的爱；

这是一本智慧之书，从主动学习到实践探索、从九大职责到育人体系、从广泛调研到工作创新，是宝典，见真功；

这是一本梦想之书，始于青年的逐梦、勤于师生的筑梦、共圆伟大的理想；

这是一本传承之书，书写一名老辅导员对新辅导员的心声，一份学工人的传承；

这是一本书，更是一个故事，一名老辅导员20余载的育人故事，一名老辅导员20余载的坚守故事，一名老辅导员20余载的创新故事！

——陶陶（山西财经大学），第十二届全国高校辅导员年度人物

本书是资深的基层思想政治教育工作者，结合20余年工作的思考、研究与实践，面对不同阶段学生群体，与时俱进，多干实事、多谋实招、多求实效，是对大学生思想政治教育工作的传承与发展，更是为党育人、为国育才初心使命的坚守，彰显了始终坚持党的领导，落实立德树人根本任务。工作研究时间跨度虽然较大，但深刻用理论研究、实践探索把握并坚持了“守正创新”，指导有效性较高、学习参考性较强。

——齐勋（长春中医药大学），全国2021年“最美高校辅导员”

本书聚焦高校辅导员工作日常，着眼大学生化育难题破解，用自己经历的“小故事”讲出了大道理，以实举措诠释了真热爱，淋漓尽致地展现了一名新时代优秀思政人、学工人的职业坚守、岗位情怀和工作担当，必将对广大辅导员同人育人思路打开、工作经验借鉴和取长补短成长有所助益。

——刘国权（哈尔滨师范大学），全国 2021 年“最美高校辅导员”

这本书提供了丰富的学生工作案例分析和实用的方法技巧，帮助辅导员、班主任解决实际工作中的诸多问题。无论是面对学生的情绪困扰，还是处理学生的各类困难，这本书都像“百宝箱”一样，提供了具体的解决方案和操作建议，让辅导员班主任能够更加自信、高效地开展工作。同时，这本书还特别关注新时期辅导员的自我成长和职业发展，杨庆实老师用他 20 余年的工作经验，告诉大家如何成为一名快速成长的优秀辅导员，无论是新入职的辅导员还是有经验的辅导员，都能从中获得宝贵的启示和帮助。希望所有想爱、热爱这份事业的人，都能在这本书中找到自己未来的影子。

——连选（中南大学），第十三届全国高校辅导员年度人物

自 序
PREFACE

坚持做最优秀的自己

很庆幸，2000年大学毕业后留校工作。更庆幸的是，从2001年到2021年，20余年，先后从事学生宿舍管理、困难学生资助、学生教育管理、学院学团工作，一直在大学生思想政治教育领域一线实践与探索。无论哪个岗位，面对新时期高校大学生思想政治教育新特点、新问题及新趋势，始终牢记辅导员担负的重要使命，始终坚定做好学生工作的信念，尽快适应并投入新角色、新岗位，持之以恒做好每项工作、每件事情，日复一日、年复一年；注重提升自身职业素养和能力水平，注重运用科学、高效的工作方式和方法技巧，及时处理、解决遇到的各种难题和困难，注重克服、化解倦怠心理和工作压力及不良情绪，从不敢马虎、不敢放弃，更不敢止步、不敢懈怠，始终坚持以爱之心育人、始终保持工作激情热情、始终做到知责履责尽责，不断实现自我价值认同和人生超越。

20余年来，坚持“立德树人”根本任务。身处思想政治教育最前沿、学生日常管理事务第一线，时刻以“立德树人”作为一切工作的中心环节，在各个工作岗位、工作环节中，始终立足学生发展，围绕学生健康成长，不断强化思想政治引领与行为引导，坚持深爱每位学生、走近每位学生、守护每位学生，努力做到心系学生、关爱学生、服务学生；始终以引路人的角色助力学生成长成才，坚决筑牢新时代学校、学院学生工作根基，持续提升高校思想政治工作育人功能和质量，切实发挥一线辅导员在大学生思想政治教育中的重要作用，努力成为坚持“五育并举”、构筑“三全育人”工作新格局的重要力量。

20余年来，坚持重视学习并加强学习。积极应对文化多元化发展、信息迅速传播、社会思潮冲击等各种挑战，不放弃一切可以学习的时间和机会，主动学习、积极学习、认真学习。坚持把理论知识学习、基础知识学习、专业知识学习放在首位，坚持集中学与分散学、组织学与个人学、线上学与线下学、校内学与校外学等多种学习形式相结合，坚持科学制订并认真完成学习目标和学习计划。对于新精神、新制度、新要求，坚持学早一步、学深一步、学透一步，不断巩固、丰富自身理论功底和知识体系，自觉、主动克服发展瓶颈和“本领恐慌”，始终保持高思想水平、高政治站位和高道德品质，积极做到内化于心、外化于行，切实肩负起时代赋予的职责使命和岗位担当，从而不断提高自身职业能力，进而不断明确自身职业定位、不断提高个人职业素养。

20余年来，坚持工作实践与探索。紧紧围绕辅导员九大工作职责及“十大育人”体系，深度结合岗位要求、工作实际和学生需求，从学生管理、教育、服务及能力培养等多方面积极开展工作实践与探索。坚持把学生思想政治引领作为首要任务、重点工作抓实抓好，始终以理想信念教育作为学生思想政治教育的核心内容，努力将思想政治教育贯穿各项工作的全过程、全方位，切实用习近平新时代中国特色社会主义思想构筑新时期青年学生强大的精神支柱；注重强化基层党团组织和班级建设，持续加大学生党员、学生组织、入党积极分子等学生队伍培训培养力度，不断提升新时期学生党团组织和班级的综合活力及其工作能力和服务质量，从而促进学团工作规范化、科学化、标准化和系统化发展；协力抓好心理健康教育、学生宿舍管理、困难学生帮扶、创新创业就业、学风考风考纪等日常事务管理，教育引导并积极组织广大学生自主参与文体活动、志愿服务、社会锻炼、疫情防控等“第二课堂”及校外实践活动，最大化激发青年学生在全员、全方位、全过程、全环境的育人功效；奋力提升自身用网、管网综合素养，结合个人学科背景及日常培训学习，逐步增强新媒体技术和手段能力，始终保持以较高的用网技术、较强的管网能力，大力开展并占领网络思想政治教育阵地，努力搭建线上线下教育平台互补互助、信息资源整合共享的青年学生思想政治教育新局面。

20余年来，坚持广泛调查座谈。针对辅导员工作的特殊性、服务对象的多样性和日常事务的复杂性，用真爱陪伴学生、用真心守护学生、用真情付出学生，立足不同年级个性化发展、不同学生群体差异化培养及各类学生多元化需求现状，充分利用基层调查座谈这一发现问题、解决问题的根本途径和最佳方法。坚持做到常进学生教室门、常访学生宿舍区、常看学生朋友圈，努力将调查座谈融入个人学习、工作和思考全过程，逐步养成并坚持“一线规则”习惯，不断夯实自身做好辅导员工作的“基本功”。利用工作日间隙之余、晚上或周末等，定期组织不同类别、不同群体学生面对面开展专项或主题调查座谈，不定期主动深入学生教室、自习室，以及学生宿舍、餐厅，“一对一”“点对点”沟通座谈，倾听学生内心所想所急所盼，全面及时掌握青年学生思想行为、成长背景等真实情况；利用一切时机，坚持对所带班级每位学生家庭实地走访“全覆盖”，与学生家长细谈交流，积极征求学生家长对学生发展和学校教育管理意见建议，准确尽早发现学生在学业、成长、发展过程中的问题和需求，积极认真查找大学生思想政治教育工作问题症结，为精准解决学生实际困难、根本问题，并合理调整、优化完善工作方案提供第一手资料，真正把调查座谈成果转化为推进工作、改善方法的实际成效。

20余年来，坚持理论和实践研究。受工作环境、学术氛围，特别是全国优秀思政工作者的感染和熏陶，从内心深处早早树立并培养科研意识。彻底摒弃辅导员“科研无用论”的错误认识和思想，努力提升自身写作和理论研究能力，结合个人所学专业背景、学术特长及服务学生思想行为特征、形势变化等工作实际，努力撰写学术论文、网络文章；根据个人职称和学历实际，着眼于工作中的真问题、实问题和小问题研究，自下而上，积极申报各级各类项目课题。主动把自己的实践问题、实际工作经验提炼、吸收到理论研究工作中，并慢慢提升到理性自觉，再将总结的经验、规律及理论创新运用到具体工作实践中，努力做到从实证研究推进到理论研究，由碎片化研究融合到整体性研究，由个性化研究提升到总体性研究；在工作中实践，在实践中思考，在思考中研究，在研究中探索，实现实际工作与理论研究相互结合、相互提升、相互促进，从而提高自身理论水平和工作业务能力。在研究中做到始终遵循学术规范、始终坚守学术诚信、始终严守学术道德，确保不断推进个人在辅导员岗位专业化职业化稳步发展。

20余年来，坚持工作创新。立足新时期大学生思想政治教育工作现实问题和真实需求，特别是新形势下学生工作新情况、新问题、新特点，在高质量做好基础工作、基本任务的同时，始终以“积极进取的亮剑精神”注重并加大工作创新，以最大精力、最佳状态、最实举措达到最优效果，坚持高点定位、坚持以上率下、坚持追赶超越，确保每年至少推进一项创新工作，在工作中坚持寻求创新，在创新中坚持积累经验，先后创建全省高校首个学生公寓“党建工作站”、培育创建学校首个全国党建工作样板支部，在全省高校率先推出家庭困难学生量化认定指标体系，在全校最早实施班级学生学业规划及发展目标成长手册、组建首个以辅导员个人名字命名的辅导员工作室、自主创建全校首个辅导员工作室团队、率先实行学生党员日常行为量化考核办法等创新项目或创新措施、创新制度90余项，不断推动学生工作实践创新、制度创新、方法创新、理论创新、平台创新、载体创新、品牌创新以及其他方面的创新，做到多出精品、多出特色、多出经验。多项工作创新在全省乃至全国实现多个"率先"，其中部分创新做法措施被省内外多所高校复制、借鉴、推广。通过积极探索学生工作新办法、新点子和新路子，始终保持独特的工作特色和优势，切实开创各项工作新局面。

20余年来，坚持处处争做第一。在自觉加强思想淬炼、主动提升过硬本领，做到知信行合一的过程中，练就并保持争创"第一"的信念、勇气、能力和担当。在具体工作中不断提高对大学生思想政治教育工作重要性的认识，做到真干、实干、能干；面对工作、发展、提升等各方面压力、困难和挑战，不断增强辅导员职业的使命感和责任感，做到能吃苦、能战斗、能奉献。在每个岗位上，始终坚持多学习、勤思考、善借鉴、会发现、能探索、敢创新，努力把每项工作、每件事情做到最好、最极致，把每个方案、每份材料写得最优、最精致，力争任何工作、任何事情，做到凡事有交代、件件有着落、事事有回音；在每个岗位上，注重扩大、改变自身工作格局，积极拓宽个人工作视野和眼界，充分利用并整合一切可用资源，主动倾听并采纳师生意见和建议，以自信、专注、认真的态度，以昂扬、拼搏、奋进的锐气，以及不攀比、不懈怠、不抱怨的志气，做好做大做优每项工作。以始终保持争创第一的信念和梦想，在各个岗位担当中不断历练、在职责尽责中不断成长，实现工作业务和个人提升"双突破"和"双超越"，所负责的多项工作均走在全省、全校学生工作前列，基本做到人无我有、人有我优、人优我精、人精我特，形成事事争第一、时时创唯一的工作氛围和格局。

20余年来，坚持时时高度自律。针对新时期辅导员岗位的特殊性以及大学生思想政治工作的重要性，牢固树立并不断培养自律意识，主动从自身做起，高标准严格要求自己，从个人内心上首先接受并认可自律的意义和价值，清醒明确自己需要做什么、能够做什么、做成什么样，在工作上知道事情如何做、做到什么程度，不降低自我要求和标准；在生活上知道如何对待、如何处置，主动远离诱惑，不追求舒适环境；在社会交往上知道什么人能够交往、交往到什么程度；对任何事、任何人，做到自己不该做的事情坚决不做，不随波逐流，并能够坚持不懈、持之以恒；处处守时、事事诚信，答应学生的事情一定按期按质兑现、完成，努力让自律成为一种习惯。特别作为一名大学毕业留校、母校培养的党员干部，始终身怀感恩母校、回报母校之情，时刻以《中国共产党纪律处分条例》、廉洁自律准则、问责条例，教育部禁令、高校教师职业道德规范和职业行为准则，以及上级下发的师德师风等文件制度规范个人言行举止，做到常学常思常省、自查自检自纠；无论身处任何岗位，始终把廉洁从政、党性修养放在首位，把政治纪律和政治规矩牢牢放在心底，树立并筑牢红线意识，以身作则、身体力行。通过个人主动规范自己、约束自己、警示自己，努力成为更好的自己；在自律中不断收获更多的进步和成长，同时也带动、影响并引领身边每位学生健康成长。

身为新时期高校思想政治教育工作者，作为从一名辅导员岗位成长起来的高校党员干部，面对新阶段、新职责、新任务、新要求，未来无论压力再大、困难再多，仍将继续坚守教育初心、继续深耕思政育人，继续对工作保持热情、对生活充满激情、对学生深怀温情、对同事体现友情、对家人常怀感情之心，继续保持自律上进、推陈出新、身体力行，以更大的决心和信心、更多的精力和毅力，高质量、高标准做好思想政治工作，力争做到学高与身正的统一、德育与智育的统一、个人与社会的统一，永葆新时代高校教师职业操守，以更佳状态、更多精力、更高标准、更严要求走好新时代“赶考之路”，全面履行为党育人、为国育才的使命，引导一代又一代的青年学生把握人生正确方向，促进健康成长。

杨庆实

2023年4月

于聊城大学翰逸楼

目录
CONTENTS

上篇　实践篇

下篇 理论篇

上篇

实践篇

辅导员平凡忙碌充实的一天

金秋十月。今日星期五，本周的最后一个工作日，对一名高校专职辅导员来说，又开始了平凡而又普通的一天！

充实的早晨：起床、晨练、查早、早餐

6点10分，随着手机闹钟响起，准时起床、洗漱。其实，这个点起床是不算早的，我所在家属楼的前、后楼，有不少住户5点就起床了，有的给上中学的孩子做饭，有的外出跑步晨练。我的孩子还在上小学，上学时间晚一些，所以我一般6点半左右起床，简单准备个早饭，如果妻子执意做点更可口的早餐，我便可以再多睡一二十分钟，到7点起床也不迟。如果计划到学校看看学生晨读、早操情况，就要比平时早起半个小时左右，以便从家到学校来回有足够的时间。今天早晨在厨房的三分钟我先后完成生豆子的清洗（昨晚已泡好）、装机、加水、启动豆浆机等一系列操作，这样，等忙完其他事情，这边的豆浆也做好了，大大提高了效率。

6点35分出门，从家到学校徒步也就是几分钟的路程。十月下旬正值金秋时节，室外温度十几度，秋高气爽，室外走走，沐浴在早晨的阳光中，即便只有十分钟，也绝对能保持一上午甚至一整天的充沛精力好好投入工作。

6点45分左右，到西校区女生晨读的紫藤长廊检查，除一小部分同学在低头玩手机、无所事事外，大部分都在认真晨读，其中朗读英语者居多。自学校发出早操和晨读倡议，并为各学院规范活动区域后，各学院先后组织大一、大二学生开始了早操、晨读活动，得到广大同学的积极响应。通过早操、早读，既能够督促学生早起，防止睡懒觉，又能够培养学生良好的锻炼习惯，同时，也能使学生吃到早餐、做到按时上课。

7点左右回家时，妻子和女儿刚好洗漱完毕。关于早饭的问题，我和妻子都达成了

默契，早起的负责准备早餐，另一个人便可以多睡会，为了让彼此能多睡会，我们两人经常主动争着早起，女儿的学校离家特别近，只有几分钟的距离，她7点前起床时间就绝对充足。

7点28分，妻子按时离家上班，由于她单位距离较远，一般会在7点半之前出门。我和女儿7点35分一起出门，我的学校办公室和女儿小学内门特别近，所以我可以从女儿学校外门进去，穿过学校，很快就能到学院教学楼，这样既能送她到校，又节省了我上班的时间。

高效的上午：汇报、材料、检查、解困

7点45分到学院门口，部分学生已陆续走进教学楼准备上课。自我调入学院以来，每天一般在上课前至少提前5~10分钟到教学楼门口，早则7点40分左右就能到学院，这样既能够检查学生迟到情况，同时也能检查并制止部分学生携带早餐进入教学楼，因为部分学生往往晚起、携带早餐进入教室用餐会影响上课且导致教室垃圾量大大增多。对于分布在其他教学楼上课的学生，如果有计划去抽查学生考勤的话，更要做好提前到达的准备。

8点左右，学生会值班人员按时将7号教学楼进行封闭，我随之进入教学楼各教室进行课堂检查。为了做好课堂考勤，经向学院总支汇报并经研究决定，对学院所在的主教学楼进行封闭管理，即上午、下午开始上课后对教学楼进行半小时的封闭管理，既督促学生按时进入课堂上课，又方便考勤人员进行考勤管理。该措施实施三年来取得了良好效果。

8点开始，从教学楼一楼到四楼的合堂教室，以及每层的部分小教室检查课堂整体情况，主要包括学生到课情况、上课准备情况，以及课堂秩序、纪律等情况。很多时候，主要从教室门口进行观察检查，既起到督促效果，又不影响任课教师上课。这样的日常检查，如果没有其他安排，一般控制在半小时左右。

课堂检查后，8点20分左右回到办公室，第一件事情就是打开计算机，登录个人QQ，以及学校邮箱、办公平台，主要查看学校以及学生工作、校团委等有关职能部门下发的文件、通知及工作安排等，以便及时做好当天的工作部署并贯彻落实好。对于需要个人落实的，及时在个人工作台历当天栏目里及周计划列表上进行登记，以便及时提醒自己处理，而对于需要其他专职辅导员落实的，当即通知到人，确保各项工作落实到位。

接近9点，和就业工作专职辅导员一起向学院总支汇报有关组织对报考2018年硕士研究生的大四学生进行专业辅导事宜。由于距离研究生初试还不到两个月，根据学院总支安排，以及学生需要，由学院聘请责任心强、教学水平高，并具有辅导经验的专业教师、大学外语部门英语专业教师为其专门辅导，以提高考研学生学习的针对性、实效性。商议研究后，确定了邀请辅导的教师及授课时间安排，并由专职辅导员负责通知组织实施。对于学生各类评优评奖、学风建设，以及组织发展、创业培训等有关学生学习、生活、成长的重要事项，历来都坚持先向学院总支汇报研究并同意后，再组织实施。通过汇报上会、集体讨论，既能让学院领导熟知学生工作重要事件的进展状况，得到其支持与指导，又防止了工作中出现偏差或失误，确保各项学生工作顺利贯彻落实。

9点15分再次回到办公室，根据学校组织部门单独通知安排，开始撰写学院有关申报基层党组织工作创新奖申报材料（全校仅能上报两个基层党组织参加全省评选，且后期全部获奖）。作为学院总支成员，同时还兼任总支组织委员，自然要配合学院总支书记做好党建工作。对于我来说，每天上午8点半到11点是我精力最充沛、大脑最清晰的时段，因此，大部分的书面材料撰写都基本利用这个时间进行，既有质量又有效率。在撰写过程中，除中间被三个电话、两个学生找我打断思路外，接近10点半，材料的初稿基本完成。由于长期养成的习惯，从完成初稿到修改，中间最好间隔一点时间，否则很难检查出内容的漏洞。

周四一般是学校组织实施宿舍卫生检查的时间，根据昨天学校检查结果的通报，学院整体排名成绩位于中上游，但仍有个别宿舍卫生不是很好，以至于拖了整个学院的后腿。根据惯例，除了对成绩不好的宿舍成员及时进行谈话外，还需要对其宿舍进行实地检查整改。为此，10点40分，和宿舍管理工作专职辅导员一起到宿舍进行抽查，着重检查宿舍的内务卫生、安全秩序等。一直查到11点20分，部分学生开始陆续返回宿舍用餐，在接近半小时的时间内，抽查了覆盖大一到大三的23间宿舍，对卫生较差的宿舍当即安排学生进行清除整理。做好宿舍日常管理，最好的办法就是多进、多查、多通报，为此，除了晚上、周末不定期抽查外，每周五个工作日内至少两次要深入宿舍进行实地检查。为了让学生摸不透规律，从周一到周五、上午到下午，从宿舍楼一楼到六楼、大一宿舍到大四宿舍，不定期、不定点，要么逐层检查，要么按年级班级抽查，每次检查区域都略有不同，切实督促全体学生做好宿舍卫生及安全的日常整理与保持。

在回办公室的路上，手机响起，一位大一女同学打来电话说有事情当面反映。回到办公室，她正在办公室门口等我，原来这位同学来自南方一个偏远县城，因性格有点内向、睡眠较浅等多种原因，在宿舍导致和上铺同学关系不和，因此想申请调换宿舍，其实，昨天下午宿舍专职辅导员已通过学生会宿管部门了解此事缘由，本计划利用课余时间找这位同学进一步了解情况，以便及时妥善处理，没想到，她倒先行一步。一边与该生进一步详细了解，另一边宿舍专职辅导员同时喊来该生上铺同学及宿舍长进行沟通，经全面掌握整个事由经过，并分别进行深入思想交流，最后很快达成一致意见。该生与上铺同学相互承认了自身的不足，并承诺相互接受对方、彼此帮助。等几个同学离开办公室，刚过12点，女儿放学后早已到学院等我。由于妻子单位距离家太远，中午无法回来，为了留出一定时间午休，我和女儿一般都在学校教工餐厅进行就餐。

用过午餐回到家时，差10分钟到13点。由于多年养成了习惯，中午我一般要进行半小时的午睡，哪怕10分钟也好，否则一下午都会无精打采。而女儿则会做会儿作业，以便晚上提早完成。其实，小学的作业，平时还是偏多的，虽然多年来上级一直呼吁改革并提高素质教育，给中小学生减轻负担，但现实中从城市到农村的中小学生仍承担着较大的课业负担。

繁忙的下午：周会、研讨、安装、日志

下午1点半按时起床，女儿也做好了去上学的准备。无论春夏，还是秋冬，无论上午，还是下午，我上班、女儿上学都是同一个时间点，我们便可一起离家。由于女儿学校上课前半小时才开校门，我们通常提前半小时上班、上学，既方便女儿提前到校学习，也方便我提前到校上班。

下午1点40分左右，路经学院7号教学楼后，步行直接到南校区的10号教学楼检查学生上课情况。由于学院行政管理人员都分布在7号教学楼，为此本楼学生学习自觉性较好于其他教学楼。为了促进全院良好学风的养成，根据学院总支安排，每天由学院辅导员轮流对其他教学楼学生的上课情况进行督查检查。自实施以来，其他教学楼学生的上课考勤情况、学习状态大大改善。

从下午2点学生上课开始，对各个专业教室逐一检查，重点查看课堂到课人员、学生上课准备情况及课堂纪律和秩序，对个别迟到学生进行了简短的集体谈话。也许是学习习惯的缘故，成绩优秀、表现良好的学生一般很少迟到、缺勤，而迟到的往往都是自控力较差、学习兴趣淡薄的一小部分学生。

下午2点半前，准时回到办公室。由于后天，即周日需要到坐落在江西南昌的江西师范大学参加“全国高校辅导员发展研究中心2017年学术论坛”，出发前召开一个全体辅导员碰头会。自2013年7月调入学院至今，我们这个由四位专职辅导员组成的学生工作团队，每周至少组织召开一次周例会，定期对过去一周的工作进行回顾、小结，并对下周的计划进行讨论。其他三位助手先后就共青团、学生党建、宿舍管理、困难资助、心理教育、就业创业等各自负责专项工作进行了简要发言，最后，我就有关工作的注意事项及重点再次进行了强调。会上，除了落实各项工作计划及进展外，强调最多的就是学生安全，可以说会议无论大小、长短，都不能缺少学生安全，从人身到财务、从饮食到交通、从校内到校外、从课余到假日，哪项安全强调不到位，说不定哪方面工作就容易出问题，真是“安全无小事，细节是大事”。不知不觉一小时过去了，讨论完短期工作，又开始交流学期计划、年度目标，每次周例会，都有聊不完的话题，只要思想在交流中碰撞，定能激发工作灵感。学院辅导员周例会实施多年来，无论对完成工作计划、目标任务，还是履行辅导员各自岗位职责，都发挥了较大的监督、促进作用。

接近下午4点，学生会主席团、学生党员干部，以及学生公寓“党建工作站”站务委员会主要成员已在学院会议室报到、集合，根据学院学生党建工作实际，以及学生工作月例会安排，需要组织召开有关学生公寓“党建工作站”工作推进会。学院学生公寓“党建工作站”于2013年10月底揭牌成立，在全校乃至全省高校尚属首创，主要通过学生党员参与学生宿舍日常管理与服务，切实做到贴近同学生活细节，贴近同学需求，实现学生自我管理、自我服务、自我教育，同时也进一步丰富了学生党建工作活动载体，把大学生党建工作推进到学生公寓，从而最大化发挥学生党员的先锋模范作用。我与学生党建工作专职辅导员、宿舍管理工作专职辅导员及学生二十余人参加了研讨会。会上，大家畅所欲言，先后就第五届学生公寓“党建工作站”站务委员会换届、人选确定，第五届（2017—2018学年）学生党员“八个一”实践活动实施方案，新一期“美·益角基金”工作小组成员，以及当学年选拔优秀学生党员担任低年级班主任助理等近十项工作进行了热烈的讨论，并最终明确了各项工作的第一责任人。最后一个环节，重点就下一步如何利用专业优势学习好、宣传好、贯彻好习近平新时代中国特色社会主义思想和党的十九大精神进行了安排，要求全体学生党员一定要把学习宣传贯彻党的十九大精神作为在校和毕业后一个长期的、首要的政治学习任务切实做好、抓好。为了提高学生工作的实效性，学院历年坚持以人为本，只要涉及学生的工作，尽可能让更多的学生主动、积极参与其中，并广泛调研、充分听取学生的真实想法及其意见、建议，只有这样才能确保各项规章制度顺利实施。

研讨会结束时已接近17点，正好也到了和家具公司约定安装学生宿舍创作室创作台的时间，于是开车从学院尽快赶到东校区学生宿舍楼，家具公司员工正在往宿舍楼搬运创作台板料。为了提高学生专业技能，拓展其创作空间，经向学院领导汇报并批准，我主动与学校学生宿舍管理部门积极沟通，申请争取了宿舍楼空间资源，将原放置二手家具的宿舍楼东区三层活动室进行整合、腾空后，用来创建学生创作室，专供有专业特长的学生利用课余时间，特别是晚上熄灯后静心创作使用。从国庆节期间组织学生腾空活动室，到自行购买涂料、组织学生粉刷墙壁，再到设计、定做室内壁橱、创作台等，在短短半个多月的时间里，我从办公室到东校区活动室来回十余次，终于等到安装创作台了，创作室很快便可投入使用了。对于学艺术的学生来说，要想提高专业水平，不下苦功绝对是不行的。在宿舍楼内设立专业创作室后，无论学生回宿舍早晚、书画创作难易，都不会受宿舍楼关门、熄灯的影响了。据调查，在宿舍楼内为学生创建单独的专业创作室，在全省高校尚属首创。活动室面积有五十多平方米，创作台都是根据学生需求定制的，其长宽、高矮、台面都适合书法及国画创作，当然仅仅这一个创作室是无法满足学生需求的，下学期将会逐步推进，再增添两到三个类似的创作室，以方便油画、设计等其他专业的学生使用。首个创作室虽仅设计七张创作台，但从布线到打眼（固定创作台底座用，以便学生挪动）、从安装到固定，足足用了一个多小时，我带领两名学生全程配合安装人员施工，以确保创作台安装牢固、摆放整齐。

安装完毕，并安排学生彻底清除创作室内施工垃圾后，送安装人员走出宿舍楼，天已漆黑，学生从宿舍楼门进进出出，又到了周末休息时间，对于大多数努力学习的学生来说，周末应该放松一下。

回到学院，隔壁的办公室同事还未下班，我在计算机上打开“我的工作日志”即时记录全天的工作日志，从上午组织大四学生进行专业辅导汇报、撰写上报评优材料、深入宿舍检查、解决申请调整宿舍学生问题，到下午召开辅导员碰头会、学生党建工作推进会、安装宿舍创作台等一一进行了简要记载。其实，从2009年，就开始养成了撰写工作日志的习惯，当时我负责学生资助工作，工作内容包含各类奖助学金、国家助学贷款、勤工助学、专项困难补助等十余项，涉及面广、信息量大、持续性强，通过撰写工作日志，大大提高了工作效率，既能及时整理各类工作信息，方便日后的查询、总结及回顾，又能腾出更多的精力考虑其他重大事情。实施至今，每天下班后都拿出10~20分钟的时间专门记录当天的工作日志。坚持近九年来，我个人工作日志累计已超过3000条，仅2017年的工作日志就写了740余条。

手机响起，妻子再次催我回家吃饭，刚才从东校区回来时，她已打过电话一次，平时下午回家一般都是6~7点，有时会再晚一会，但周五晚上要早点回去，因为女儿要参加一个特长辅导班，晚上7点前必须到课堂。我匆匆关上计算机，身子还未站起，手机又响了，原来是一个女同学想请假回家，上来就问了我两句话，让我既好气又好笑，第一句："老师，你还在办公室吧！"第二句："我需要请假回家，找你签字，请你别走！"真是的，都6点半了，难道老师不下班吗？辅导员不需要休息吗？其实，关于规范请假，从大一入学教育，到每月学生干部月例会，团委都会规范安排，也通过班会进行落实，但就有一部分学生从不看时间、不看地点，早上不到7点，或中午1点左右，乃至晚上10点后，甚至更晚，找辅导员请假或进行其他咨询，在他们心目中，就好像辅导员是铁打的，不知饥饱、不知劳累全天候24小时待机的。我在办公室等着学生来，大约10分钟后，她走进办公室，我首先告诉她："以后请假手续要尽量提前一天办理，除非生病等特殊紧急情况。"当我得知她请假的事由是"天冷，回家拿棉衣"，并且三天前就已买好周五晚上10点半回家的火车票时，我严肃地批评她不应该这么晚才请假，然后叮嘱了她回家路上的安全注意事项，并再三要求一定要按时返校。

办完学生请假手续，一路疾走，赶紧回家，否则妻子第三个电话又要打来了。大概晚上6点50分，我进家门，而妻子带着女儿也正好要出家门，上课快迟到了，等她们走后，我独自在家吃她们为我留的晚饭。通常，周五晚上是我最自由的时间，每周五晚上女儿的特长课历来都是妻子陪同上的，一年下来，我陪同的次数不过两三次。我可以利用一晚上的时间来做我自己的事情，可以在家或到办公室加班写作。但今晚不同，因为出发前，我要给我所带的两个班级召开一个班会，只要我到外地出差，哪怕就短短几天，我也要在出发前跟同学们见见面，安排好班级工作。

多彩的晚上：班会、查晚、陪伴、夜读

匆匆吃过晚饭，距离召开班会的时间还有十几分钟，把碗筷简单收拾后，赶紧返回学校。自2013年调入学院后，我先担任了2013级两个班的班主任，自2017年毕业后，我有幸又带了2017级大一的两个班级，这也算我担任第二届学生的班主任了。晚上7点半，我准时进入学院合堂教室，对于我来说，守时是一种素质、一种修养，对学生更能起到表率作用，为此，除时间冲突等特殊情况外，我参加学校、学院的任何会议、集体活动历来都是准时的。而对于班会，正常情况下每两周召开一次，每月召

开两到三次即可，太多的话，不但会占用同学们太多时间，降低学生参与的积极性，也会影响召开班会的针对性及质量。当然，每次班会都要有主题，如入学教育、安全管理、学业规划、社会实践，以及各类专项主题教育等。

班会足足开了一个多小时，着重就学生安全进行了强调。在开学后两个月内，我个人通过学校保卫部门及日常网络收集整理了本校内及其他高校在校大学生，特别是大一新生入学后发生的多起交通事故、宿舍失盗、财物丢失、求职受骗等实例，对这些实例进行了讲解，并要求全体同学一定要树立正确的消费观，远离并杜绝“校园贷”，最后就学生入学后咨询较多、普遍比较关注的第二学位考试、学生组织、专业分流、奖助学金等问题做了简要解答，并承诺学院适时一定多组织讲座、报告会等，希望大家积极参与，不要错过任何提升自我的机会。为了保证个别家住市区的同学提早回家，不耽误几位同学赶在浴池关门前去洗澡，晚上8点40分班会结束。

距离女儿国学班下课还有一点时间，我开车直奔东校区男生宿舍。宿舍是学生学习、生活、活动最集中的空间，也是安全隐患最多的地方，特别是周末，大部分同学都留守宿舍，又易放松安全防范意识，因此，使用违章电器等安全隐患大大增多。对曾经有多年宿舍管理工作经历的我，心里更清楚这一点。所以，除了正常工作时间定期到宿舍检查外，每周晚上及周末，我都至少一次到男生宿舍进行一次大范围的随机安全检查，重点检查使用热得快、变频插排等违章电器，以及抽烟等。为了让学生掌握不了规律，我每次抽查时间都有所不同，这样才能切实提高安全隐患抽查效果，全院学生宿舍使用违章电器等违章行为也大大减少。从男生宿舍楼一层查到五层，每层隔间随机抽查，近半小时检查二十余间，检查状况整体真不错，没有查到任何使用违章电器的现象，只是仍有个别学生在宿舍抽烟，特别是打游戏者太多。平时学校、学院要求确实太严，周末就让他们随意点吧！抽查完宿舍，我又不经意走进二楼学生会宿管部办公室，宿管部学生干部刚刚开完小会，正准备分组去查房。宿管部作为宿舍管理学生组织，可以说是学生会中最为辛苦的部门之一，每天除了查房就是查房，查安全、查卫生、查秩序、查晚归、查水电，且只能等宿舍楼熄灯关门、大部分同学上床休息后才能结束当天的工作，一个字，“辛苦”；两个字，“确实辛苦”！当然了，辛苦的同时，最重要的是个人得到锻炼！这也是大部分学生积极申请担任学生干部的最主要原因吧，我想。

正与宿管部学生干部交流期间，妻子打来电话了，这个时候，她一定猜到我要么在学院办公室，要么在学生宿舍查房，其他地方我一般不会去的。得知我仍在东校区后，催我赶紧回家，说女儿还有数学作业等我解答。也好，早回家多陪会女儿吧，自女儿上学后，特别是自从她上四年级后，由于作业量进一步增多，而周末又上钢琴、口才特长班，平时陪她的时间还真是太少！但庆幸的是，每年的寒、暑假，女儿基本都是和我在办公室一起度过的，她学习、我写作，相互陪同、相互鞭策！

回到家时接近10点，妻子陪同女儿刚回顾完本周学过的课程。平时女儿一般是10点左右就上床睡觉的，以免耽误第二天早起上学，而周末晚上是可以推迟睡觉的时间，但最晚不能超过11点，否则太影响第二天精神状态。根据全家约定，对于周末时间的分配，周六晚上可以看一到两个小时的电视，而周五晚上是爸爸妈妈陪伴女儿的时间，如聊天、阅读、谈心等。今天晚上妈妈安排的是跟女儿共读由美国当代著名散文家、评论家E.B.怀特撰写的文学经典《夏洛的网》，两人边读边讨论，而理科出身的我，自知文采水平不高，难以插话，便在一旁伴读。此刻对于我，可以说是最清闲的时刻，什么也不用去想，什么也不用去做！

幸福的时光总是过得太快！眼看就11点了，在妈妈的再三催促下，女儿恋恋不舍合上书本，简单洗漱后就上床睡觉了。而妻子因为明天需要外出，也与女儿一同休息了，最后“不怀好意”地反问我：“今晚继续坚持你的夜读？”是啊，除非特别疲劳或其他特殊情况，每周都坚持拿出四到五个晚上到12点再上床休息，而其他二到三个晚上专门抽出时间争取提前到11点休息，以免身体、精力过于透支。也明明知道长期熬夜对身体不好，但多年养成的坏习惯确实不好改正，再者，当天还有自己的事情没有做完，哪能安心入睡呀！今晚的夜读计划就是接着昨晚的进展继续阅读党的十九大报告及新修改的党章，以便日后给学生党支部党员进行讲解。10月18日上午虽然在学院会议室观看了党的十九大开幕式直播，全程聆听了习近平总书记所作的工作报告，但由于整个报告思想博大、内涵丰富，不慢慢静心精读、深学几遍，甚至再多遍也是无法完全理解学透、悟懂、弄通的。为了加强学习效果，学习过程中将重要语句、关键词抄录到“两学一做”学习教育写实簿上，这样既能提高个人理论学习的针对性，不断深化思想认识，又能切实增强自身参与学习教育活动的自觉性、实效性。多年来，对于专项理论学习，除了学校、学院组织安排的集体学习活动外，个人自学一般都坚持在家进行，而不在办公室进行，一是办公室杂事繁多，确实无法安心学习；二是避免了理论学习与日常工作相冲突，关键一点更是深夜阅读，再也没有电话、琐事的任何干扰，最能集中注意力，从而提高学习效率。对于每晚的夜读，除了计划内的理论内容，更多的是通过各级政府单位、职能部门、教育管理服务组织微信公众号，以及全国高校优秀学工同人的个人微信公众号进行浏览学习，如求是网、共产党员、高职党建，团中央学校部、中青网教育、青春山东，高校辅导员、高校辅导员在线、高校辅导员联盟、辅导员参谋，央视新闻、中国高等教育学会、德育圈、学术中国等单位微信公众号，以及仍然在路上、南航徐川、辅导员娘亲、庄经纬、有事找发哥、萌哥有话说、陌上花开、坦课、雷一鸣工作室等近四十个个人微信公众号，微信公众号所包含内容丰富、题材新颖，对于高校专职辅导员、学工人员，乃至从事教育者，都是满满的正能量，每次夜读，都为我的职业成长增添了精神食粮！

人的生物钟还是较为准确的，不知不觉再有10分钟就要到半夜12点，此刻睡意突发，简单整理好学习资料，终于可以上床休息了！

对了，今日个人微信公众号还未推送学习内容。正好新华网刚刚发布了党的十九大报告原文，那今日就推送这个吧，文章编号为“2017—1182”。自2015年起，只要我阅读过的、有用的上级政府重要内容、有关政策解读、大学生励志成才等对个人工作及学生成长有用的东西，我都会编排后在个人微信公众号及时进行推送，以便供我微信圈内的同人好友及学生学习使用。对于这个做法，圈内的很多朋友及学生高度认可，既能学到新东西，又能节省查阅时间及印刷等各种成本。

忙碌而充实的一天，也是收获且快乐的一天！今日的付出，决定明天的收获；今日的努力，决定明天的成果；今日的梦想，决定明天的舞台；今日的魄力，决定明天的魅力！我相信，命运掌握在自己的手里，而不会在别人的嘴里；任何成功的机会都是个人创造的，而不是别人给予的！只要心中无悔，学会放开、放下，明天依旧阳光灿烂！

马上睡！

作者注

昨天周四下午，学院教职工周例会结束后，和一个专业老教师交流时，被问及“新生开学都两个月了，除了学生请请假、查查卫生等日常工作，学团工作应该不太忙了吧！”呵，我倒被问住了，是啊，在专业老师眼里，学期初和学期末是学团工作最忙的时候，而其他时间是不太忙的，甚至就不忙，无非就是在办公室等学生请假签字、对违纪学生处理一下什么的！殊不知，辅导员的哪一天不是繁忙的！为此，作为高校二级学院的一名专职辅导员，对当天平凡的工作进行了以上梳理，希望有机会与更多的专业教师进行交流，以便其了解学团工作的属性，从而达到教学、管理与服务共同育人之目的！

（本文完成日期：2017年10月27日）

一天仅仅开了九个会议

9月19日周二，对于一名专职辅导员，是平凡而又普通的一天。但一整天，除了参加、组织召开了九个会议，其他都无事可做了。

学院学团工作碰头会（上午8点30分）

2017级新生结束军训，昨天已开始正式上课，学校课堂考勤、宿舍检查等日常工作即将正常开始，根据工作需要，作为学院学生工作的负责人，组织三位助手在办公室召开学团工作碰头会，就学院课堂考勤、晚自习、晨读，宿舍卫生、安全、秩序，以及暑假社会实践活动总结等几项工作进行了商讨，最后根据分工，由各位专职辅导员分别组织开展。像这样的碰头会，也就是学院四位辅导员一起参加的周例会、推进会，多年来都是坚持定期召开的，一般每周一次，如无重要工作，最长每两周一次，如遇到特殊情况，可随时组织召开，一天内召开两次会也是很正常的。每次召开碰头会，无论预先安排的内容多少，我们总有聊不完的话题、说不完的任务，因为，学团工作就是这么繁杂，百说不厌！

学校学生文件研讨会（上午9点）

按照通知要求，离开办公室，驾车五分钟时间从西校区到东校区，准时参加由学校学生工作职能部门组织的一个有关学生工作制度修订研讨会，由于上级文件进一步修订完善，学校相应的规章制度也需随之修改。全校二十多个学院，仅组织了七八个学院的一线辅导员代表。讨论过程中，大家都畅所欲言，纷纷发表自身的观点与看法。说句内心话，能参加这样的研讨会，都是很荣幸的，不但能提前了解、掌握上级的有关政策，也能借此加强与学校学生工作职能部门，以及其他学院学生工作者的交流与沟通，对提升学院及自身整体工作都是一个很好的学习机会！

其他学院实地学习会（上午10点50分）

研讨会结束时，已接近十一点。与我相邻座位的是东校区一个理科学院的辅导员代表，离开时得知他要到他学院学生宿舍去检查，由于他学院学生宿舍卫生等各类评比一直领先，我上学期就计划去学习、考察一下，以便进行借鉴，于是我就跟随他一起到了他学院学生宿舍楼，因为平时还真没有单独去学习的机会。到了他学院学生宿舍楼，从一层到二层，再到三层，每层都随机查看了两三个宿舍，基本覆盖了大一到大三的宿舍，还在个别宿舍与同学进行了交流，宿舍内整体卫生、文化氛围确实不错，让人感到清新。特别是宿舍床底统一划定的鞋子界线，使鞋子存放整齐、美观。其实，各个学院学生工作都有很好的做法，都有很多其他学院值得借鉴的经验。过去几年，我带领我的团队多次到全校近一半的学院专门进行学习交流，每次收获都是很大的。所以，如确实无法到其他高校实地交流学习的话，只要有机会，就应该到其他学院多走走、多看看、多学学，以便能够取长补短。

等实地学习完回到办公室，已接近十二点，女儿早已在门口等候吃饭，连办公室的计算机也没时间打开，就匆匆下班了！

学校专项工作督导会（下午2点30分）

根据全校统一安排，学校督导小组成员准时到学院会议室开展“两学一做”学习教育常态化制度化工作检查调研，学院党总支书记及三个基层党支部书记参加会议，先是听取学院关于工作开展的总体汇报，然后就相关工作备案资料进行检查，最后参会人员就做好“两学一做”学习教育常态化制度化工作存在的困难及建议进行了座谈，由于督导组计划还要到其他学院进行检查，三点一刻，座谈会就结束了。自2017年5月学校下发关于推进“两学一做”学习教育常态化制度化工作方案后，学院及时制订详细可行的实施方案，坚持全覆盖、常态化、重创新、求实效，严格按照推进方式和主要措施确保学习教育常态化制度化落实落地。通过学校实地督导，既能对过去工作进行总结，又能发现开展工作中存在的不足，对下一步切实推动“两学一做”学习教育常态化制度化工作起到良好的督促效果。

益角基金专项推进会（下午3点30分）

根据益角基金专职辅导员提议，学院全体辅导员及第三届“美·益角基金”工作小组所有成员在三楼会议室召开益角基金专项推进会，并商议对两位身患白血病的重病患者捐助事宜，一位是本学院老校友的不到十岁的孩子，另一位是其他学院在校就读的来自农村的大三女学生。“美·益角基金”是于2015年6月，由学院分团委倡议发起，学院学生会、学生党支部自发组织、共同创立、自我管理、接受同学监督的一个专门负责资金筹集，对学院特困在校学生实施救助，面向社会开展慈善捐助等活动的爱心救助、非营利性的大学生自主公益性组织，其资金主要来源于在校学生党员每日结余的一角生活费、入党积极分子每周结余的一角生活费、其他学生每月结余的一角生活费，以及其他不定期组织开展的专项募捐活动筹集资金。实施两年多来，已对多名孤寡老人、孤儿及重大疾病患者进行了500~3000元不等的爱心捐助。为了确保基金组织的正常运转及高效管理，每学期都会不定期召开推进会，及时研究商议基金的收集及捐助等工作。通过创建益角基金，进一步拓宽了全院学生党员、入党积极分子、学生干部等发挥模范作用渠道，也切实增强了广大学生的社会责任感，弘扬了团结互助精神。

党性教育专题参观会（下午4点50分）

正值“九一八”事变86周年之际，由东北烈士纪念馆、孔繁森同志纪念馆主办，外国语学院协办的《不屈的抗争——中国东北十四年抗战史专题展》在西校区一号教学楼大厅展开，由于展览就进行三天，待明日下午就结束。经学院学生党支部商议并经党总支同意，决定将周四下午计划开展的学生党员主题党日活动提前到下午举办，并借此参观学习专题展览。按照计划安排，作为研究生党支部负责人，与其他本科生党支部负责人，组织所有在校研究生、本科生党员共二十余人，一起到一号教学楼大厅进行参观学习，整个展览分为民族危亡时刻、创建人民抗日武装、夜幕下的抗日斗争、东北抗战中的中流砥柱、抗日战争的最后胜利五个部分，共四十余张展板，主要讲述了20世纪30年代初，日本帝国主义为了实现其称霸亚洲的野心，发动了震惊世界的“九一八”事变，武装占领我国东北，拉开了侵华战争和第二次世界大战的序幕；日本侵略者对东北大地的野蛮行径，激起东北各族人民的英勇反抗，为保卫家园、捍卫国土，奋起抗争的往事。通过展览，让学院广大学生党员进一步了解了我国的抗战历史，特别是东北抗日联军和辽宁民众自卫军在抗日战争中不屈的抗战，为了国家的利益与日本侵略者进行的不屈抗争，可以说，为每位参观人员奉上了一场爱国主义教育盛宴。参观结束后，研究生、本科生党支部又组织了一个简短的学习交流会，同学们纷纷表示，在今后的学习、生活中，一定要铭记历史，继承英烈遗志，大力弘扬爱国主义精神，勤奋学习，立志成才，报效国家，为实现中华民族伟大复兴贡献出自己的力量。

学生事故处理协调会（晚6点）

就在参观学习刚要结束时，学院一位大二学生家长联系我说，下午6点到学校西校区对过的中医院见面，商议处理该生与学校另一学院学生两人之间发生的交通事故。起因是昨天下午，该生在校园内玩滑板时，由于不慎没有控制好滑板，导致其他学院一个路过的、骑自行车的大三学生因碰撞滑板而摔倒，正好被自个自行车的车把硌到腹部左侧，经检查，虽没有太大的伤害，但仍需住院手术治疗。由于该生班主任的孩子还小，不方便到医院处理，我约好分团委另一个助手一同到医院协调处理。两个学生家长及各方学院辅导员或班主任共四方到齐后，围绕受伤学生的治疗与后期疗养等进行商议，各方说各方的理，也提出各自的处理意见，但就是谁也不主动承担责任。商量来商量去，都过去一个小时了也没有拿出任何处理结果。最后，谁也不发表最终处理意见，那我根据双方的意愿，说出折中的口头处理建议，还不错，双方都很明白事理，再说为了孩子，也都得退让一步，很快达成一致处理意见，并商定尽快签订处理协议。为了感谢老师出面处理，双方学生家长都主动请大家一起吃饭，但几个老师哪有时间去吃饭，一是孩子们都小且作业多，二是老师们也不允许参加学生家长的宴请，再说出面处理解决学生之间的各种事件也都是天经地义的。本来下午6点半，需要到书法学习班接女儿，由于确实没有时间去接，只能联系同事让其帮忙将女儿先送回家。

从医院回到家，接近晚上7点半，女儿正在写作业，妻子也刚把晚饭摆好等我吃饭。多年来，无论加班多晚，妻子和女儿都习惯等我一起吃晚饭。我曾多次答应她们按时下班回家，但每天下午在办公室总有忙不完的事情、干不完的工作，迟迟无法离开办公室。

新生普查调研见面会（晚8点）

为了全面掌握新生状况，特别是学生家庭经济状况，为贫困生等级认定，以及国家助学金评选提供可靠依据，自2015年起，对每年新生逐一进行座谈调研。眼看今年的国家助学金评选通知即将下达，评选前对近三百名新生进行逐一谈话，仅利用上班时间是根本完不成的，也是不现实的，因为与一人谈话至少需要2~5分钟时间，这样算下来，一个二十多人的班级至少占用一小时，而大部分时间学生的课程都安排得满满的，再说，作为辅导员，大部分时间忙于繁杂的事务性工作，也很难抽出整个时间，那最好的时间就是晚自习时间了。学院2017级新生共十三个班级，今晚先组织一个班级，从家吃完饭匆匆赶到办公室，全班同学早已在办公室门外等候，其实，为了不耽误学生太多的时间，我要求他们以三到五人一组，依次到我办公室的。我与学生助手各持准备好的新生信息登记表、新生家庭经济状况综合调研座谈表等开始逐一进行见面座谈，对于原所填信息与学生当面提供信息高度一致的，即简单确认即可，也就是两三分钟时间，而对于原所填信息与学生当面提供信息不一致的，特别是因父母离异导致单亲、家中老人患病等情况的，都需要从更多的方面来了解相关信息。通过座谈调研，基本能够进一步准确了解学生家庭成员职业状况、经济收入、生活来源，以及各类财产资产等信息，特别是能掌握到很多新生所填信息登记表无法显示、对新生来说较为“隐私”的内容。当然，对于所有调研到的学生信息，学院都是一直保密的，绝对不会外传。

宿舍安全秩序检查会（晚9点40分）

座谈结束时，接近晚上九点半，晚自习也刚好结束。本想早点回家，可联系妻子得知，女儿由于下午学习书法，耽误了写作业时间，还在家写作业。既然有妻子陪女儿写作业，我干脆到东校区男生宿舍吧。除了工作时间内到宿舍检查安全卫生外，每周晚上我一般至少一次要到宿舍进行抽查，因为周末、晚上历来是学生使用违章电器、吸烟等高发期。每次检查男生宿舍，少则半个小时，多则一个小时，一般都是每层抽查几个宿舍，基本覆盖到各个年级，重点是高年级。今日还好，没有查到使用热得快等违章电器的现象，但发现多名学生吸烟，学院虽早已明文规定禁止在校园吸烟，特别是不允许在宿舍内吸烟，但对于部分从中学阶段就开始吸烟的艺术生来说，戒烟也是一种很难实现的事情。对于吸烟的同学，除了没收烟外，更多的是对他们说服教育。检查了二十多个宿舍，在个别宿舍和同学多聊了会，不知不觉就过去一小时，妻子也打来电话催促赶快回家，再说，眼看就要到十点四十分，到了宿舍楼锁门的时间了，也感觉确实有点累了。好，回家！

开车从东校区回到家，只有十分钟左右的路程。回到家，将近十一点，女儿已熟睡，妻子也正等我回家，多年来，妻子也习惯了，哪怕再晚，也是等我回到家才能安心休息，有时半夜、凌晨，学生有事，需要到校处理时，她也是等我处理完学生的事情后再放心睡觉。从事辅导员工作，也经常让妻子及女儿牵挂和担心，我从心底对她们有着深深的歉意。

作者注

明明知道熬夜是个很不好的习惯，但由于多年来养成不到十二点不休息的习惯，一直想改就是改正不过来。所以忙完一天，回到家洗漱完毕后，对当天的工作大致梳理时，才发现一整天除了开会，其他事情都没有做。如此多的会议和事情碰在一起虽属巧合，但也正反映了一位普通辅导员工作岗位上的忙碌与充实。为了以后更好地总结，于是打开家中计算机，简要记录了当天所经历的事情，也让那些不了解辅导员工作性质的朋友们真正认识一下辅导员吧！

（本文完成日期：2017年9月19日）

九月份的周末总是有点忙

伴随着老生返校学习、新生入学报到，高校里的九月，作为一年来既热闹又忙碌的开学季，对辅导员来说，更是一年中最为繁忙的时段。而2017年的9月，虽然全月仍是那么多天，却占据了5个周末。在满满的30天里，除了21个工作日外，理应还有9个公休日，但作为专职辅导员的我，一天也没有休息，每天都忙于本职工作！

第一个周末：9月2日、3日

周六是2017级新生入学报到第一天。每年都有一部分新生爱提前一天报到，所以自昨天上午起，学院就在教学楼一楼大厅安排好新生报到接待场地，截至昨天下午6点，学院报到新生已超过招生人数的50%，所以今日的新生接待任务也一定会减少一半。

上午7点半前，赶到学校为学院指定的新生报到接待现场，已有新生早早赶到学校正在办理手续。和毕业生离校相比，新生报到更集中，陪同学生的家长更多，可以说，每年这个时候，校园到处是热闹、喜庆的气氛。校内各广场也停满了送新生的私家车。各学院迎新处从新生证件收缴、表格填写，到餐卡领取、卧具发放等，每一窗口都组织得井井有条，提供的全是流水式、一条龙温馨服务，诸多学院的领导与辅导员也一直在现场与新生及家长交流，并对提出的学业、资助等咨询给予详细的解答。特别是9点后，学校主要领导及相关部门负责人分别看望了各学院正在报到的新生及家长，并进行了亲切交谈，让新生及家长深切体会到了聊大这个大家庭的温暖，更能为到学校求学而感到高兴与欣慰。

为了让新生家长顺心安心，同时更进一步促进家校有效合作，根据学院总支决定，下午2点半，准时参加并主持学院在三楼会议室召开的新生及家长代表见面会，学院全体领导及辅导员、新生代表及学生家长近四十人参加。学院领导分别介绍了学院发展及人才培养理念、学院历史沿革和专业成就建设等，辅导员简要介绍了学生在校学习、生活及安全管理等，并就学生及家长普遍关心的奖助学金、第二学位、宿舍管理等问题进行了交流沟通。可以说，多年来学院利用新生报到时机，每年坚持组织召开新生家长座谈会，既加强了家校近距离沟通，又能促进新生更快熟悉、适应大学生活，为学生成长积极创造了良好氛围。

根据既定计划，晚8点，带领宿舍管理专职辅导员，先后对东、西校区的新生宿舍逐一进行了实地走访，每到一个宿舍，重点查看了新生入住情况，并再三嘱咐其要提高安全意识，防止发生被入室推销人员欺骗及其他容易发生的如盗窃诈骗现象等。查完五十余间宿舍，已接近10点一刻，本打算再抽查下部分老生宿舍，但由于中午没有午睡，身体确实感到有点疲惫，还是早回家休息吧！

周日即新生报到第二天。上午8点半，送女儿去校外学钢琴后正想开车到学校，保卫处负责西校区的一位领导联系我说，校外一男子到保卫处报警，说被学院一位女学生骗取钱物，并告诉了学生姓名及手机号码，还说学校如果不管不问，那他将通过校外人员报复学生。对这样的事情，无论学校，还是任何学院，哪有不管的道理，只要涉及学生的安全，历来都是被重视的，都会在第一时间进行妥善处理，维护学生的人身安全及校园的安全稳定。

到办公室后，在学生信息库中搜索了全院学生的手机号码及姓名，没有一个相同的，又根据同音类似的姓名进一步筛查，还是没有查找到，看来被举报的女学生根本就不是学院的，甚至也不是学校的，心里这才放松了些，对于这类事情，倒不是怕处理，也不难处理，关键是如果涉及校外的人员，往往就会花费更多的时间和精力，将会影响很多其他本职工作。将查询结果赶快反馈给保卫处，保卫处也基本得出结论，这种事情十有八九，又是校外人员冒充在校大学生行骗，对这类人员，必须严惩，切实维护学校与学生的声誉！

处理完毕，学院其他三位辅导员也都早到办公室忙于各自的工作了，说句实话，只要工作忙，周末加班根本都不用通知，到时候自然而然都习惯性地向办公室跑。10点后，四位辅导员聚集一起，商讨新生各班级临时班委组建名单，只要涉及评奖评优、组织发展的学生工作，历来都是集体讨论的，这样做既能发扬民主，充分听取并尊重个人意见，又能充分考虑，确保各项工作公平、公正。

下午3点，按时到办公室，三位新生军训带队教师也已到齐，先就军训要求注意事项统一意见后，分别到学院各合堂教室，与新生见面并召开新生军训动员会，就学校下发的军训工作方案，以及军训的意义、纪律、安全等一一进行了详细安排。刚入学的大一新生，参加军训的情绪蛮高的。“心态决定状态”，通过他们的表情看出，对大学军训还是特积极的！大一新同学，加油！

第二个周末：9月9日、10日

学生补考原则上一直安排在学期开学后第二个周末。根据学校统一安排，今日、明日两天全校补考。上午9点赶到学院合堂教室，对补考学生考场进行了巡查，相对于大规模的期末考试，补考学生人数少，监考任务轻松得多，难度也相对较小。巡查完毕后，回到办公室填写共青团山东省第十四次代表大会代表候选人初步人选考察对象相关材料，并上报学校团委。在办公室闲来无事，忽想到新生军训开始后还没有到训练场进行过检查，随后先到南校区田径场看望正在训练的女生，又开车到东校区国防生训练场看望军训的男生，由于学校领导重视，新生军训历来由承训部队官兵与学校国防生共同承担新生军训任务，这个训练力度、质量是其他高校无法比拟的，每年都为新生上了一堂最好的“必修课”。在军训场与带队教官进行了交流，进一步了解了学生参加军训的状态，不知不觉已过11点半，新生该列队到餐厅吃饭了。看时间还有空余，直接奔向男生宿舍，对于周末时段，大部分学生多宅在宿舍里，再说，午饭时间作为学生在宿舍最集中的时候，也是学生使用违章电器、安全隐患存在最多的时间，且学生也想不到辅导员能利用周末时间检查走访宿舍。整个检查过程很顺利，抽查结果很好，除了部分宿舍仍有吸烟现象外，其他如使用热得快等违章违纪现象为零。眼看着就要检查完，妻子打来电话催赶紧回家吃饭，她知道这个时候我不是在办公室，就是在宿舍！对于我的去向，她向来掌握得很准！

由于多年养成的习惯，中午坚持午睡，特别是周末，能享受一个比较安静的午睡是再舒服不过的啦！下午睡得正香，一名学生干部发来信息，问何时到办公室，以便为上报学校材料审核签字，也许是多年从事学生工作的原因，我的睡眠一直很浅，哪怕深夜一个学生信息，都会把我惊醒。而这个时候学生发来信息，也是对我作息时间掌握比较清楚的，因为他们大部分都清楚，周末大部分时间，我一般都会在办公室，而且，他们也避开了我午休时间。为了不让学生在办公室门外久等，我匆匆起床，几分钟就赶到了学校。

给学生办理完审批手续，还不到下午3点，正好有空余时间，开始着手撰写学术论文，以便参加2017年10月底由江西师范大学全国高校辅导员发展研究中心主办的“红色文化传承与辅导员职业发展”学术论坛，因为论坛实行“以文参会”，全国高校专职辅导员都可以参加，正好也多了一次外出交流学习的机会。再说，这样的机会一般很少的，我也是通过查询教育部依托部分名校创建的全国高校辅导员培训和研修基地网站，以及加入一些高层次辅导员研讨微信群等方式获知的。从办公室一直待到下午6点多，直至妻子和女儿一起到办公室来接我，原来计划要到岳父岳母家吃晚饭。

周日，正好是教师节。上午女儿上钢琴课一般由我负责接送，但9点学院组织全院各班级班委召开上学年综合测评工作专题会，考虑到综合测评涉及全体学生的切身利益，负责综合测评专职辅导员建议我也参加，让我最后进行重点强调，那只得由妻子负责接送女儿上课了。9点准时到达会议地点，除了大四个别班级的班委由于未在校无法参加外，其他人员都已到齐，为了不占用学生上课时间，有关大范围学生的工作会议一般都是安排在下午6点后或周末进行的。负责综合测评的辅导员首先详细介绍了综合测评内容及进展步骤、加减分标准、计分办法，最后我着重就如何做好综合测评纪律、监督进行了强调，以确保学院综合测评工作公平、公正、公开。由于学院领导重视、组织严密、秩序井然，多年来学院综合测评工作违纪率为“零”。

结束会议，刚回到办公室，几个学生干部也出现在办公室门口，其中两个人还各拿着一盆花，原来是来给我送教师节礼物，其实，学院团委早已下发专门通知，严禁学生利用节假日及其他任何借口给老师赠送礼物，昨天也再次下发通知要求学生不允许在“教师节”给辅导员赠送礼品，特别是有价值的物品。最后，虽然学生执意要把礼物留下，但我还是坚持让他们把盆花拿走了，仅把他们自制的贺卡收下了。看着版面设计专业、内容丰富、样式新颖、贺词真切的贺卡，心里又增添了一份干好本职工作的激情，做学生工作虽然平时很辛苦，但看着学生日渐成长、成熟，内心深处更多的是幸福！我小心翼翼地把贺卡收好，这比那些有价值的物品更珍贵！

下午3点，准时到东校区学工楼参加校团委组织召开的2017年团员代表会议，由于前期学校对团委进行了换届，首先根据要求完成了学校共青团第九届委员会委员增补工作。随后，根据上级文件精神，学校召开共青团第九届委员会第六次全体会议，通过差额无记名投票方式，推选学校参加共青团山东省第十四次代表大会代表，经多轮选举，最终我有幸被推荐成为共青团山东省第十四次代表大会代表候选人，待上报团省委审批。待在校团委填完候选人登记表格等信息，走出学工楼，外面天已漆黑。说句实话，就在刚才宣布被选举为省团代会代表候选人时，我既感到有些意外、紧张，又有些压力和兴奋，我虽然从事学生工作十余年，但从事共青团工作阅历还不是很丰富，距离一名优秀共青团干部仍有一定差距。当然了，作为一名高校基层共青团干部代表，能参加并见证全省团代会的机会也是太难得，那一定要好好珍惜这个机会，利用这段时间，集中对团中央、团省委制定下发的有关高校共青团、学联学生会组织改革等文件精神，特别是习近平总书记系列重要讲话精神和中央党的群团工作会议精神仔细学习、深入研究，以便届时能够以高度的历史使命感和饱满的精神状态，履行好省团代会代表职责。

第三个周末：9月16日、17日

根据学校安排，周六学校召开2017级新生军训总结表彰大会。上午9点准时到西校区南田径场参加表彰大会，经过科目汇报、宣读表彰、代表颁奖、先进发言，以及领导讲话等环节，圆满落幕。通过十多天的军训，新生深刻感受到军营氛围，进一步强化了自身国防意识，并增强了爱国热情，切实提高了总体综合素质，只可惜，军训时间有点短暂，否则学生将得到更多锻炼的机会和取得更大的收获。

10点半左右表彰会结束时，才发现手机有三个未接电话，都是文学院一个实习支教带队教师打来的，原来是学院一个女同学和文学院一个女同学在一县市农村小学一起实习支教，因琐事而发生矛盾，再不调解，矛盾将进一步激化，甚至会有更严重的后果，庆幸的是，所在支教服务学校负责人发现并及时联系了带队教师。大体了解情况后，我让实习支教专职辅导员联系这个同学落实下是否在校，如在校马上到办公室当面了解处理。还好，因为周末放假，这位学生上午刚回到学校。我与实习支教专职辅导员一同与该生见面后，进一步深入了解事情的缘由、经过，其实就是因为两人生活习惯不同而引起的住宿摩擦，因互不相让而导致矛盾升级。掌握来龙去脉后，从保障个人安全、注重自身形象、提升能力素质，以及珍惜锻炼机会、搞好同学团结、维护学校声誉等多个方面进行了沟通交流，效果很好，最后，该生认识到自己的错误，主动提出向对方道歉，并当场联系了对方。学生离开后，心里放松了许多，说句实话，担心安全，就最担心在外实习支教学生的安全，由于支教点距离学校较远、特分散，学生人生地不熟，且周末时常往返学校与支教点两地，所以实习支教学生的人身、财物、饮食、住宿、交通、消防、网络等各方面安全隐患比在校学生多得多。每批实习学生离校前，学院都将组织进行一次全面的安全主题教育，学院实习带队教师平时也注重对支教点的检查与沟通，但仍时常发生一些安全问题，真是防不胜防！

下午3点，受学校团委邀请，与其他几个学院团委委员准时到学工楼参加有关学校共青团工作改革实施方案，从学习上级有关文件，到一字一句研讨学校制定的文件，每人各抒己见，一直到6点20分才通完第一遍初稿。在学工楼门口，正赶上学院一位男同学从餐厅打饭回宿舍，不由自主地进入学生宿舍，对一至三楼的部分宿舍进行了抽查后近7点才回到家。

为了进一步深入学习并了解掌握共青团改革精神，周日上午9点至12点在办公室学习上级共青团改革系列文件及领导讲话精神。下午3点至7点，足足四个小时一直在学校团委参加学校共青团改革实施方案修订研讨。通过一天的学习与研讨，进一步深化了自身思想认识与责任担当意识，内心更明确了上级对高校共青团改革的任务要求，为日后更好地开展学院共青团工作具有很强的促进作用。

晚上妻子和女儿外出吃饭，我独自在东校区学生宿舍区北侧的学生餐饮服务点简单吃了点晚饭后，又到宿舍楼专门检查了部分新生宿舍。由于新生明天即将开始正式上课，所以每到一间宿舍，都嘱咐新生一定要做好上课准备，提前到教室熟悉一下学习环境。还好，学院学生会已利用空闲时间，组织新生对学院各教学楼一一进行了实地参观，新生对上课地点及课程都已掌握清楚。像这样的常规工作，学院学生会组织一直完成得很好，在学院学生工作管理、服务同学成长发展、维护同学切身利益等方面发挥了重要作用。

第四个周末：9月23日、24日

作为2017级年级辅导员，为了及时了解大一新生第一周上课情况，但课程安排又太紧张，所以就把大一上课情况座谈会时间安排在周末了。周六上午9点，在学院会议室组织2017级十三个班级班委临时负责人准时召开座谈会，各负责人先分别就班级上课考勤、课堂秩序等情况一一发言。我边听边记，根据调研情况，我在记录本上足足写了二十多页，基本掌握了新生班级课堂总体情况。待全部发言后，结合各自反映的问题及上周与专业教师课堂交流情况，我针对学生课堂迟到、携带零食进入教室、课堂使用手机、专业课早退等存在的问题一一进行了强调，要求临时班委要切实负起责任，从严抓起，认真落实学校、学院各项管理规定，把创建优良的舍风、班风、学风建设真正落到实处，为全班同学美好的大学生活提供一个良好的开端。

10点一刻，座谈会接近尾声，学院专业联盟组织的几个男同学连续发来两个信息，说人员已在东校区宿舍楼集合，就等我到现场了，原来是我答应他们并约定，今日上午把宿舍楼四层学生会占用的活动室腾空，以便提供给专业联盟成员进行创作，这也是学院提高学生专业技能的平台之一。待会议一结束，我直奔东校区男生宿舍楼，先找到宿舍楼管理员，沟通活动室部分家具存放事宜后，着手组织学生对四层活动室原有的桌椅及其他所有物品进行腾空。看着东西不多，但七八个同学来回搬了十余次，等最后清理完室内垃圾、卫生，快到11点半了，有很多学生陆续下楼到餐厅吃饭。由于中午需要参加一个喜宴，没有时间再抽查宿舍，只得匆匆离开。

学校历来是重视辅导员综合素质的，特别是近几年，加强了辅导员培训学习力度，通过让辅导员“走出去”或把专家学者“请进来”，以加强辅导员队伍整体工作能力与水平。这不，利用周末学校组织全校辅导员举办素质拓展报告会，邀请西南大学党委学生工作部周翱副部长作题为“高校大学生突发事件应急处置策略”的专题讲座。下午2点40分准时进入东校区东湖宾馆会场，从3点到5点，整整两个小时，周部长就依法治国背景下高校学生工作的职业风险、大学生突发事件预防与处置、大学生突发事件应急处置策略、大学生突发事件网络舆情应对及大学生突发事件处置体会等方面进行了交流分享。通过聆听讲座，真是更加明确了辅导员在处理学生突发事件中需要发挥的作用，特别是掌握了在处理突发事件时的注意事项及应采取的措施，人人收获颇多。像这样高水平的讲座，多多益善，每位辅导员都有强烈的学习欲望！

周日主要任务是参加2018届学生会主席团及各部部长竞选演讲。学生会作为学院管理中的学生自治组织，是学院联系学生的桥梁和纽带，在自我教育、自我管理、自我服务、自我监督中发挥着重大作用。做好学生会换届选举，特别是实现学生会主席团的最佳人选配置，对学院学生工作起着关键作用。所以学院总支高度重视学生会换届选举工作，要求团委严格高质量做好各项工作。上午9点到11点，学院几个辅导员全程参加了学生会主席团及各部部长竞选演讲，可以说，每位竞选同学都做了充分的准备，大部分同学侃侃而谈，纷纷描述了自己对申请职位的理解、憧憬与设想，并制定了可行、详细的年度规划。而整个竞选演讲组织工作，也是紧张有序、严密认真，充分展现了学院学生的风采，内心真诚希望新一届学生会组织将实现新的跨越。

下午终于有自己的时间了。中午在家睡了将近一个小时后，下午3点到办公室，整理上周开展的省内部分高校统战工作调查问卷，以便统计分析后，撰写学校统战部要求下周上交的山东省统战部统战工作课题结题论文。

正在办公室安心书写时，一名大四女学生到办公室找我，问我是否有时间交流一下，她说上周到我办公室找我好几次，但一直没有勇气走进我办公室。呵呵，我平时虽然很严肃，但是有那么可怕吗？和我接触较多的学生都认为我是很容易亲近的。这个学生我是特熟悉的，来自外省农村，2014年刚报到时，正好我在迎新现场，当时她因无法筹齐学费，经“绿色通道”资助直接办理入学手续。她的父母皆为地道的农村人，特别偏爱弟弟而冷落她，特别是不支持她继续攻读大学，为此，当初入学前她在家和父母大闹一场。这名女学生在校期间学习一直很刻苦，学业成绩、综合测评在班级都在中等以上，每年都得到国家助学金的资助，大二期间还获得一次国家励志奖学金。对这样争强好胜、学习认真的学生，哪个老师都是喜欢的，也更希望对其有更多帮助与指导。待学生坐下进一步详细了解了情况，原来是该生从大二开始计划攻读研究生，并一直做着英语、政治公共课的复习准备，但因为担心父母不支持，所以一直瞒着父母，不承想，在暑假回家期间，拿回家复习的考研资料被父母发现了，父母坚持反对她再攻读硕士研究生，并明说家中不再提供上学费用，为此该生早早返回学校，开学至今一个多月也没有跟父母联系。这样的家庭不少，对于在读子女较多的农村家庭，父母确实承担着很大的经济压力，仅依靠种地、零工收入是很难支付子女各类学习费用的，所以，他们希望让子女尽早工作，以便减轻全家的经济压力，这也是迫不得已的。问清具体情况后，我就国家加大对研究生的资助力度、研究生更能拓宽就业渠道、大学生应有更大奋斗目标等方面一一与她进行了交流，并建议她主动与父母沟通，把攻读研究生的利弊好好与父母交流，如果需要的话，可安排就业专职辅导员与其父母联系劝导。通过谈话交流，该生更加坚定了攻读研究生的决心，并答应尽快与父母联系。看着学生离去的背影，在感慨和心疼学生父母承担着较重经济负担的同时，也为他们有这么一位优秀的女儿感到高兴！

整个下午基本完成计划，把三十余份的调查问卷所有数据进行了统计及分析，只等着手撰写论文了。看着外面天已黑，离开办公室，走出教学楼时，正好遇到即将到教室上晚自习的低年级学生，也顺便对一、二层教室内学生的晚自习情况进行了检查。通过坚持组织低年级学生参加晚自习，既能让学生加强专业技能训练，及时完成课堂作业，又确保了学生安全管理。

第五个周末：9月30日

周六，9月的最后一天，本是公休日，根据学校通知安排，调休到国庆节期间，为此全天正常上班。

上午7点40分，送女儿上学后直接进入7号教学楼的教室对学生上课情况进行检查。由于国庆节外加一个周末，放假共八天，很多同学离校回家，更有一小部分同学为了在家多住一天，往往请假提前离校，甚至不办理请假手续，既影响了课堂秩序，又无法掌握这部分同学的具体去向，存在很大安全隐患，为此，放假前夕，做好学生安全管理，特别是准确统计假期具体去向是重中之重。通过检查，大一、大二低年级学生到课率远远高于大三、大四高年级学生，特别是大一大部分班级到课率100％，而大四部分班级的到课率才刚刚到50％，当然也主要是提前到校外实习、因准备考研去图书馆集中学习而忽视专业课等多种因素造成的，但要求每个班级的工作底线是要准确掌握每位学生的去向，确保人人安全。

在办公室整理了一个小材料后，考虑到学校下发的有关加强国庆节期间教学楼安全管理的通知，直奔学院美术专业所在10号教学楼，从上午10点左右到11点半，花了近一个半小时的时间对A、C区的所有大小教室进行了逐一检查，对部分教室存在着垃圾、卫生、管理等方面的问题当场安排学生进行了处理。其实，多年来，学院逐渐完善了教学场所安全专项检查制度，由于美术专业教学需求，致使学院教学楼分散到四个不同地点，每到节假日，学院都会开展一次大范围的教学楼安全大清查。

下午1点50分刚进入办公室，保卫处一负责校园治安的人员也随后到办公室找我了，原来是今天中午放学时，学院一大二男同学与另一个学院的一名同学，在东校区骑电瓶车相撞发生小矛盾，双方互不相让，致使矛盾越来越大，正好被保卫处巡逻队员发现。最后，保卫处实在无法调解，又担心双方矛盾进一步激化，只好分别交到各相关学院了，对于不涉及校外人员的安全事件，一般也是由学院出面处理的。掌握大体情况后，当场就把该生叫到学院。对于这样的事情，先对学生教育一番再说，本不是多大的事情，怎不会相互忍让、相互包容呢！学生一进办公室，就知道怎么回事了，还未等我进一步详细了解，就主动承认了错误，说只为了尽快回宿舍与舍友一同去吃饭，态度过于急切，并承诺以后绝不再发生类似事情。既然学生已表态，也没有必要再进一步追究，我也与另一个学院的团委书记通了电话。还好，他也刚刚与那个学生进行了谈话，意见基本一致，由双方联系主动相互道歉吧！学生临走前，居然深深鞠了一躬，向我表示深深感谢！每当看到学生如此表现，就觉得工作再累也是值得的！

回到办公室，值班学生把国庆节各班级学生去向情况统计完毕后，交给我进行审核，假期离校的比例还真不小，以回家的为主，其次就是外出旅游、访友，无论怎样安排，务必保持电话畅通，以便时刻确保学院、家长与其保持联系。

下午4点，我所担任班主任的2017级两个班级已集合完毕，班委联系我召开假期安全主题班会。紧紧围绕交通、饮食等各类安全，重点强调了在回家与返校途中注意事项，以及宿舍安全住宿管理。由于几个同学要尽早赶到火车站赶车，顾及同学们回家的急切心情，班会不到一个小时就结束了，想到他们父母也一定盼望自己的孩子早回家，毕竟大部分孩子都是第一次离家住校，很多内容就简要说了说，如果是平时，至少还得再长一段时间，只要开班会，总感觉对学生有聊不完的话题。

晚上参加一个朋友的宴会后回到家时，还不到8点半。天公不作美，突然下起小雨，且雨越下越大，丝毫没有停下来的意思，而现在正是同学们坐车到火车站较集中的时候。妻子陪同女儿写作业，我在家无事可做，便打着一把伞来到办公室，计划把今日上午教育部刚发布的新修订完善的《普通高等学校辅导员队伍建设规定》解读一下。在去办公室的路上，看着同学们在校园匆匆赶路的身影，真希望雨赶快停止，以便学生能够顺利安全回家，即便知道这场雨对净化空气、滋润庄稼都很重要。

对于新发布的《普通高等学校辅导员队伍建设规定》，反复学习了好几遍，学一遍，感触深一点。从2006年教育部颁布施行《普通高等学校辅导员队伍建设规定》，时隔十余年，教育部着眼于回应广大高校辅导员的实际关切，着力解决高校辅导员队伍建设存在的岗位职责、选聘要求、培训规划等重点难点问题，对高校辅导员队伍建设规定进行了修订完善，既是深入贯彻落实习近平总书记重要讲话精神和党中央系列决策部署的重要举措，又是进一步加强高校辅导员队伍建设，提升高校辅导员队伍专业水平和职业能力的重要制度安排，让全国13万余名的高校专职辅导员看到新的希望。

从晚上8点半一直到接近11点，在办公室一直忙于对新《规定》的学习与解读，进展还不错，基本梳理出一个较为成形的框架。眼看着马上到11点，由于学校西门11点准时锁门，只得迅速关机下楼回家。

外面的雨还在持续下，不过小了很多，在学校西门口，除了有十余个等候乘坐出租车的学生外，整条街道基本空无一人，就连两侧的商铺也都下班关门了。

转眼间，9月份即将过去。回想9月份的每一天，真的好忙，难道只有9月份忙吗？对于辅导员来说，绝对不是的，每年的哪个月不是繁忙的！但忙却幸福着、快乐着，这一切也许只有高校辅导员才能感受到！

作者注

今年国庆节放假八天，除了寒、暑假外，是全年较长的小长假。由于考虑到国庆节外出旅游的人太多，到处堵塞，而且女儿要参加聊城市电视台主办的一个小主持人大赛，所以国庆节全家也没有外出的计划。国庆节放假第一天在办公室撰写文章；第二天整个上午陪女儿在聊城市电视台参加培训，总算休息了一天，而晚上9点至10点，独自又对男生宿舍进行了大面积的安全检查；第三天在办公室值班；第四天是中秋节，因回老家未再去办公室；第五、六、七天一直待在办公室；第八天我与妻子陪同女儿参加小主持人决赛，从上午化妆、抽签，到下午两个环节的比赛展示，足足花了一天的时间。在国庆节值班期间，我对九月份繁忙而又充实的工作进行了回忆和反思，感触颇多，身为一名专职辅导员，经过努力，切实解决了学生诸多学习、生活中存在的困难，在帮助学生的同时又教育了学生。每每想到这里，我为能有机会选择并担任高校辅导员而自豪、骄傲。

对于以后的辅导员岗位职业生涯，我会倍加珍惜，而且会干得更好！有付出就会有收获；只要坚持，梦想一定能实现！

（本文完成日期：2017年10月8日）

我的2017，时间都去哪里了

2017年，是党和国家发展进程中极不平凡、极不普通的一年；这一年，中国共产党胜利召开第十九次全国代表大会，把习近平新时代中国特色社会主义思想确立为全党的行动指南，并对新时代中国特色社会主义发展作出了战略部署。作为一名高校专职辅导员，如同过去每年的付出与努力，2017年平凡而又不平凡，普通而又不普通，在忙碌中高标准开展各项工作；在辛苦中高质量完成各项任务；在坚持中完成并出版第一本学术专著；在坚守中奔赴多地开展学生实地家访活动；在坚强中解决工作难题，为个人辅导员职业生涯留下一个又一个美好记忆。

一、2017：365天时间分配“清单”

回顾2017年，全年365天，有293天是在办公室度过的，另有外出参加会议、培训等44天，办公时间、公务出差时间累计337天，占全年天数的近92.33%；以校历安排的工作时间202天计算，实际工作天数是应该工作天数的1.67倍；全年实际休息天数25天，以公休日、寒暑假应有休息天数163天计算，实际休息天数占应有休息天数的15.34%；在应有的163个休息日中，有138天到办公室工作或外出公务出差，占应有休息天数的84.66%。在一年中，因外出参加考试、陪老人看病，累计请假3天。个人具体全年时间分配“清单”见表1。

表1　2017年全年时间个人分配情况　　天

月份	每月天数			办公天数			公务出差天数			休息天数	请假天数
	小计	实有工作日	实有公休日	占工作日	占公休日	小计	占工作日	占公休日	小计		
1	31	15	16	13	10	23	2	2	4	4	0
2	28	12	16	12	13	25	0	0	0	3	0

续表

月份	每月天数			办公天数			公务出差天数			休息天数	请假天数
	小计	实有工作日	实有公休日	占工作日	占公休日	小计	占工作日	占公休日	小计		
3	31	23	8	19	7	26	3	0	3	1	1
4	30	19	11	16	6	22	2	1	3	4	1
5	31	21	10	12	7	19	9	3	12	0	0
6	30	22	8	22	7	29	0	0	0	1	0
7	31	5	26	5	20	25	0	4	4	2	0
8	31	4	27	4	22	26	0	0	0	5	0
9	30	21	9	21	9	30	0	0	0	0	0
10	31	17	14	15	11	26	2	1	3	2	0
11	30	22	8	15	2	17	6	4	10	2	1
12	31	21	10	18	7	25	3	2	5	1	0
合计	365	202	163	172	121	293	27	17	44	25	3

二、2017：每天工作时间“清单”

以5月、6月为例，两个月61天中有43个工作日、18个公休日。其中48天在办公室工作或加班，12天外出到陕西延安、山西太原分别参加中共山东省委高校工委组织的山东高校辅导员高级研修班、中国高等教育学会学生工作研究分会举办的“学习贯彻落实习近平总书记在全国高校思想政治工作会议上的重要讲话精神”专题研讨会。在18个公休日时间中，3天外出参加会议，14天到办公室加班，真正休息天数仅有1天。在两个月内，除了公务出差时间，23个晚上到办公室撰写工作材料或研究文章。根据执行的冬季工作时间，下午6点下班，除了1天因个人原因提前离开办公室外，其中3天比正点下班晚半小时左右，即延长半小时离开办公室，11天延长半小时至一小时离开办公室，12天延长一小时至一个半小时离开办公室，另有7天延长一个半小时后离开办公室。另据不完全统计，由于多年坚持晚上写作的习惯，每周基本留出4~5天晚上进行一定时间的写作，5月、6月份61天中，至少有30天的晚上进行了一小时以上的写作，基本持续到凌晨12点才洗漱休息，每晚写作少则三四百字，多则近千字。个人具体工作时间“清单”见表2。

表2 2017年5月、6月个人日常工作时间情况 天

月份	周一	周二	周三	周四	周五	周六	周日	实有工作日数	实有休息日数	实到办公天数
5	1R ●	2 ○	3 ○	4 ○	5 ○	6□ ●	7□ ●	4	3	7
	8 ○	9 西安	10 延安	11 延安	12 延安	13□ 延安	14□ 延安	5	2	1
	15 延安	16 太原	17 太原	18 太原	19 太原	20□ 太原	21□ ●	5	2	1
	22 ○	23 ○	24 ○	25 ○	26 ○	27 ○	28R ●	6	1	7
	29R ●	30R ●	31 ○					1	2	3
6				1 ○	2 ○	3□ ●	4□ ■	2	2	3
	5 ○	6 ○	7 ○	8 ○	9 ○	10□ ●	11□ ●	5	2	7
	12 ○	13 ○	14 ○	15 ○	16 ○	17□ ●	18□ ●	5	2	7
	19 ○	20 ○	21 ○	22 ○	23 ○	24□ ●	25□ ●	5	2	7
	26 ○	27 ○	28 ○	29 ○	30 ○			5	0	5
合计	—	—	—	—	—	—	—	43	18	48
备注：	1.标“□”日期，为周末公休时间；标“R”日期，为节假日时间。 2.标“○”日期，为工作日时间内，个人实际在办公时间；标“●”日期，为非工作日时间内，个人实际办公时间。 3.标“■”日期，为个人休息时间。									

三、2017：365天工作任务“清单”

（一）62.1万字

从2010年暑假开始着手撰写书稿，后期虽两次调整工作岗位，从负责学校学生资助工作，到西校区宿舍管理，再到学院学团工作，一路坚持、一路耕耘，不敢放弃、不敢停步，历经整整六年时间，2016年9月终于完成初稿。之后联系出版社、修改书稿、签订出版合同、书稿校对等，2017年7月底，个人专著《中国高校学生资助政策体系理论与实践研究》，由中国社会科学出版社印刷出版。全书62.1万字，在全面分析

我国高校构建精准学生资助政策体系的意义和历程的基础上，对国家奖助学金、国家助学贷款、学费补偿和国家助学贷款代偿、师范生免费教育及其他辅助资助政策与措施分别进行了分析研究，指出各项资助制度设计或实施过程中存在的问题或不足，并提出相应的对策和建议；同时，根据我国高校家庭经济困难学生认定工作实践及研究现状，提出构建家庭经济困难学生“互联网+精准认定”新模式的基本框架与主要途径。专著结合国家“十三五”“十四五”规划纲要、习近平谈治国理政新理念新思想新战略，站在深化高等教育改革、促进教育公平的高度，提出诸多具有时代性、可持续性的高校资助政策体系科学发展新见解，得到北京大学副研究员魏建国、大连海事大学博士生导师曲建武教授等专家学者的认可和好评。在专著撰写过程中，为了不耽误本职工作，写作一般不占用工作日上班时间，而是主要利用晚间、周末及寒暑假进行，特别是每年的寒暑假期间，是写作时间最充足、思路最清晰、效率最高的时光，一般都是按上下班时间在办公室进行静心研究。写作过程之辛苦、写作难度之大，是很难想象的。当然，更多的是写作过程以及出版后带来的充实和快乐。

（二）5.13万字

这一年，从3月24日编写年度第一期会议纪要（要点），到12月29日的最后一期纪要，全年编写下发学院学生工作、学生党建工作等各类工作会议纪要31期共5.13万字。年度最后一期会议纪要是自2013年到学院从事学生工作的第100期，也是自2004年起开始编写工作纪要的第289期。近300期的会议纪要字数累计169.98万字，每期纪要全由个人根据工作需要和学院实际情况，对具体任务、措施要求进行详细制定、明确要求。对于每期纪要，会前都下发到相关参会人员手中，以便实施过程中对照参考，切实提高各项工作执行力度。

（三）7560公里

实地家访是全面了解学生家庭经济、成员等综合状况，切实加强家校交流沟通，提高家校协同育人效果的重要途径。作为年级辅导员及班主任，全年利用外出参加学习培训、学术交流及研修等机会，先后赴省内济南、菏泽等地市，以及辽宁、江西、江苏、陕西四省多地市，往返行程7560公里，对11位学生进行实地家访。每到一处，都与学生家长进行深入交流调研，全面掌握学生学习、生活及成长过程和环境，以便对学生后期个体成长与发展开展个性化和有针对性的帮扶与指导，不断发挥专职辅导员、班主任在学生管理服务教育中的主体作用。

（四）882条

从年初第一天1月1日第一条日志“周日，元旦放假第一天，上午按时到办公室值班，整理学院学生工作总结、寒假计划等材料”，到年终最后一天12月31日年度最后一条日志“周日，下午2点半至5点半，×××（男，201×级×班美术学专业本科生，山东省××人，联系电话×××）父母、姥爷，与×××（××学院教师，联系电话×××）在学院团委办公室见面，商议因校内学生被教师开车撞伤后期补偿事宜，并达成协议（补偿××元）”，全年共记录工作日志882条，为2013年7月到学院从事学生工作的第1906条工作日志、自2009年开始记录日志的第3247条工作日志。为及时梳理和总结每天工作，自2009年10月起，开始并坚持对每天工作情况通过日志形式进行纪实；每天日志少则三五条，多则十余条，甚至二十余条。通过多年的坚持，每天下午下班时，记录日志已成为习惯，所记录的工作日志作为工作中的“储存器”，可做日常查询、总结使用，大大提高了个人工作效率和执行力度。

（五）481条

从1月1日第727条信息开始，至当年12月31日发送第1207条最后一条信息，全年个人微信朋友圈481条（不含学校、学院工作动态等未编号微信信息），信息涵盖有关国家政策法规、高校思想政治工作意见规定、辅导员队伍建设、大学生成长成才措施，以及知名专家、学者的重要论述论断等多方面内容，主要信息内容包括从党的十九大报告到中共中央、国务院印发的加强高校思想政治工作意见，从教育部修订的高校辅导员队伍建设规定到发布的高校思想政治工作提升工程实施纲要，从团中央印发的高校共青团改革实施方案到团省委印发的高校共青团和学联学生会组织改革工作推进方案，从上级有关部门到学校实施的加强学生安全管理规定等。所发布、编排微信信息既方便个人查询、参考、学习之用，又能为微信朋友圈内的辅导员班主任等思想政治教育工作同人和朋友，以及青年学生提供学习借鉴、对照落实等。

（六）300人

待2017级新生军训结束后，从9月底到10月底，前后历经一个月时间，利用学生课余时间，对照每位新生入学报到后第一时间填写的家庭成员及经济情况登记综合信息，对300名2017级新生，“一对一”面对面进行了座谈交流、思想沟通；结合访谈情况，对每名学生填写的个人基本信息、家庭收入等近七十项信息进行“再确认”“再更正”；同时，根据新生面谈调研情况，对所有新生家庭经济、心理健康、专业水平等多方面进行初步划分与汇总分类，并及时下发至年级辅导员、学生资助专职辅导员、心理健康教育专职辅导员与班主任，以便有针对性地开展后期教育管理等各项工作。为真正、准确掌握学生家庭经济情况及其思想状况，切实解决学生经济困难帮扶、心理健康教育、管理服务与思想深层次问题，自2015年起，每年坚持在新生入学报到三个月内，对新生家庭状况及思想状况进行座谈调研，从而全面了解学生，不断提高学院思想政治教育工作实效。

（七）271场

全年参加全国、全省，以及学校、学院组织召开的各层次学习培训、学术论坛、研修研讨、专题会议与各类学生干部、辅导员班主任、专项座谈会等会议271场（次），其中省级及以上会议46场（仅含主会场主旨报告、专题讲座等，不含分会场座谈、发言、交流等，下同），学校各类会议、报告63场，学院学生党员、学生干部、学生培训、学生座谈会及学生工作会议等76场，学院党总支会议、党政联席会议及全体教工各类会议等75场，分别占全年参加会议总次数的16.97%、23.25%、28.04%、27.68%。在学校层面，参加学校组织的有关毕业生就业、学生安全、学生管理、共青团等学团工作会议33场，占全年会议次数的12.18%。在学院层面，组织或参加班主任、辅导员、学生工作专题会29场，所带班级班会12场，各党支部各类会议27场，以及学生座谈会、调研会10场，分别占全年会议次数的10.70%、4.43%、9.96%、3.69%。作为学院团委书记、学生党支部书记和学院党总支委员，履行学院党总支副书记职责，分管学生工作和学生党建，认真对待并积极参加学校、学院每次会议，除非因极特殊情况，个人确实无法参加外，每次会议、报告及讲座等，只要通知并要求参加的，个人都准时到会、全程参会、认真听会，确保把上级、学校会议精神和要求落实到位，确保组织的学院各类会议有内容、有效果、有质量。对于参加全国、全省各次学术论坛、培训研讨等会议，做到场场按时到、仔细听、用心记，回校后及时消化、参考借鉴，并用于日常工作中。个人全年参加校内外、各类各层次学习培训、报告讲座等情况见表3。

表3　2017年个人参加各类各层次学习、培训、研讨、报告及讲座等情况

序号	类别	会议次数/次	各项次数所占比例/%	各层次次数所占比例/%
1	全国学习培训、学术论坛、研修研讨	27	9.96	16.97
2	山东省示范培训、专题会议	19	7.01	

续表

序号	类别	会议次数/次	各项次数所占比例/%	各层次次数所占比例/%
3	学校学生工作、共青团会议	33	12.18	23.25
4	学校其他各类会议、报告等	30	11.07	
5	学院党总支会议、党政联席以及理论学习中心组学习会议等	29	10.70	27.68
6	学院教工例会及其他全体教工会议	17	6.27	
7	学院班主任、辅导员、学生工作专题会议等	29	10.70	
8	学院学生干部会议；学生培训、讲座、专题报告等	27	9.96	28.04
9	学院班主任班会	12	4.43	
10	学院师生党员及各党支部党员大会、支委会等	27	9.96	
11	学院学生座谈会、调研会等	10	3.69	
12	学院其他各类会议等	11	4.06	4.06
合计		271	100.00	100.00

（八）211次

全年两个学期工作日共有202天，去除每个学期最后两周期末考试周，实际工作日182天中，对学生课前进行学生出勤随机检查和课堂秩序抽查211次。只要未出差，除极特殊情况无法按时到校外，基本每天上午或下午第一节课前，提前5至10分钟到学院所分布各个教学楼教室检查学生课堂出勤和教室卫生、上课准备及课堂秩序等情况。通过每天检查学生课堂出勤及秩序，切实保证学生课堂出勤率和课堂学生听课效果与质量，对保持良好学风也起到积极作用。

（九）94次

全年共有40个教学周（含各学期末最后考试周），其中进入学生宿舍检查，以及座谈、调研等94次。每周定期组织辅导员至少一次深入宿舍开展安全、秩序、卫生及文化建设、违章物品、夜不归宿等专项检查，并根据自身时间和学生反馈，个人每周利用晚上或周末时间，至少一次自行到宿舍进行随时抽查或大范围走访检查，保证每周深入学生宿舍2至3次，甚至更多，其中多次深更半夜进入宿舍查处学生宿舍违纪现象，从而确保学生宿舍住宿安全、环境卫生、秩序良好的学习与生活环境。

（十）92项

学生管理作为学院主要工作之一，全年上报有关学生工作各类材料92项（不含个人经办的其他工作材料，以及其他辅导员负责的上报相关材料），其中以计划总结、专项检查、统计报表、评选推优、落实汇报、实施方案等材料为主，涉及学生工作、共青团、研究生工作、教务、财务、组织、招生等学校大部分职能部门。对于负责撰写、经手完善的所有工作材料、档案，都严格按照学校、学院要求，做到内容真实、丰富，格式规范、完整，数据准确、全面，方案具体、翔实，报送及时、高效。

（十一）43人次

处理好学生各类突发事件是辅导员工作中的一项重要任务。全年中，具体经办、妥善处理、全面解决学生各类反映问题及应急事件43人次（不含其他辅导员直接经办、处理的学生），涉及宿舍内部矛盾造成的学生冲突、因失恋而导致的学生轻生、学生在校内外发生的交通事故、被网络诈骗学生、个别厌学学生擅自离校失联、违纪学生思想沟通，以及所带班级学生出现的身体突发疾病急需救治、个别抑郁学生心理教育沟通等各类情况，做到随发现随解决、随发生随处理，切实保障学院正常的师生学习环境和教学秩序。

（十二）31节

深入课堂听课，全面了解学生课堂秩序及学习效果是辅导员重要工作之一。全年深入学院第一课堂随堂听课31节（1学时），涉及本科生课堂各个年级、各个专业，以及专业课程和公共课程；原则上只要个人时间允许，争取每周至少一次或者每两周保证至少一次深入课堂听课，听课时间分散到每学期各个时段。通过深入课堂随堂听课，真正掌握学生课堂出勤、学习情况，并能与任课教师及时沟通听课过程中发现的情况和问题，切实加强学院第一课堂学风建设。

（十三）20所

借助个人外出参会机会，充分利用会议前早报到、会间空余时间或会后逗留时间，通过地铁、公交、出租或步行等方式，深入云南昆明、山西太原、辽宁沈阳等参会城市的云南大学、云南师范大学、云南财经大学、山西大学、太原科技大学、中北大学、沈阳工业大学、沈阳航空航天大学，以及省内的济南大学、山东师范大学等20所高校进行参观，重点到校内图书馆、教学楼、宿舍楼、餐厅等实地参观，主动与校内师生进行交流学习，认真了解学生学习、学校管理等工作方法和措施，大大开阔了眼界，更新学生工作观念，为个人创新开展工作提供更多参考和借鉴。

（十四）10篇

经过近三个月的准备，2017年10月中旬，创建属于自己的微信公众号“实话实说”，截至年底，近80天时间内，发布个人原创文章10篇，其中，5篇、近1.5万字的高质量网文在“党建”“高校辅导员联盟”“高校辅导员在线”公众号发布，既提高了自身的网文写作水平，又锻炼个人工作实践能力。

（十五）9次

通过学校选拔推荐，个人以文评选、获奖参会或会议邀请等方式，年内先后到云南昆明、陕西延安、山西太原、辽宁大连与沈阳、江西南昌、山东济南（两次）和曲阜等地市，9次参加全国或全省学习培训、学术研讨专题会议及共青团全省代表大会，聆听主旨报告、专题讲座、专家论坛近50场（不含分会场座谈、发言、交流等），并主动向到会专家、学者及优秀思想政治工作者进行交流、请教，极大拓宽了个人视野，开阔了工作思路，从而提升了辅导员自身综合履职能力。

（十六）6项

自2001年从事学生工作，特别是自2004年初至今，先后从事学生资助、宿舍管理以及学院学团工作期间，注重并加强大学生思想政治教育工作制度建设，制定实施一系列能执行、能落地的细则条例。2017年，制定实施学院学生工作精准管理实施方案、学院学生公寓第五届（2017—2018学年）学生党员“八个一”实践活动实施方案，修订完善学院优秀班主任评选办法、学院学生就业工作考核办法等学院学团工作制度6项，进一步推进学院制度建设，规范了学生日常管理。

（十七）2项

创新工作方式方法，能够促进提高工作水平。自2003年首次创新推出学生宿舍楼楼长、层长管理模式后，每年在工作实践中坚持创新各项工作。特别是自2013年从事学院学团工作后，在高质量完成学校、学院各项工作任务的基础上，加大学生工作创新力度，创新创建全省高校首个学生公寓“党建工作站”，创新实施辅导员监督联系卡、学生工作分工服务卡等。过去一年，创新实施两项工作制度措施，一是实施学院国家奖助学金量化考核办法，切实减少评选工作主观因素；二是利用学校学生宿舍楼内闲置的活动室，创建学院学生专业创作室，选拔优秀学生进驻学习、创作使用，为学生提供更大的学习空间和专门的、安静的创作场所。

（十八）1名

为激发学院学生工作的积极性和创造性，学校每年开展二级学院学生工作考核评比工作。经过学院全体师生努力，特别是辅导员班主任的付出与坚持，经过前期牢固基础、注重创新、抢抓特色三步计划，学院学生工作年度考评成绩，从过去全校二十余个学院中下游水平，提升到学校第六、第三，直至2017年取得全校学生工作考评总成绩排名第一的好成绩，切实做到学院所有工作以学生为中心，落实“立德树人”根本任务，进一步提升学院艺术人才培养质量。

作者注

辅导员工作平凡且琐碎、辛苦且劳累，但更多的是眼前一个个学生进步成长带来的感动和温暖，并助推我在坚持中继续坚持、在努力中继续努力、在担当中继续担当。面对2018，下一个365天中，我将更加努力前行，用实际行动践行初心使命，用真诚关爱诠释师者仁心，为学生的成长和发展搭建更加广阔的平台、提供更多选择的机会，在平凡的辅导员岗位上，不负时代、不负韶华，用心、用情、用爱、用力继续诠释新时代高校辅导员光辉本色。

（本文完成日期：2018年1月15日）

辅导员开展科研工作的“123456789”（老杨科研“六步”法）

在2017年新修订通过的《普通高等学校辅导员队伍建设规定》（教育部令第43号）中，明确提出“开展理论和实践研究，参加相关学科领域学术交流活动，参与校内外思想政治教育课题或项目研究”是高校辅导员主要工作职责之一。为此，作为新时期下的高校辅导员，不断提高个人实践与理论研究能力是从事辅导员职业发展活动的一项基础能力和基本要求。在现实中，对于整天忙于庞杂的日常事务性管理、来回奔波于校内各项会议活动的辅导员来说，只有结合自身专业特点及个人优势，努力构建别具一格的“123456789”科研小体系（也称为科研“六步”法），才能符合教育部提出的辅导员队伍建设专业化职业化的发展方向与培养目标，使个人辅导员“专业化”之素质更高一步、“职业化”之初心更进一步，切实提高个人的科学研究水平，真正担当得起指导大学生健康成长的责任与使命，成为大学生思想政治教育的骨干力量，最终成为大学生成长成才的人生导师和健康生活的知心朋友。

“1”：牢固树立一个坚定的科研思想意识

“思想是行动的先导和动力，指引着行动的方向”。从思想上牢固树立一个坚定的科研意识是搞好教育教学科研工作的前提，大学生思想政治教育也不例外。为此，作为高校教书育人、立德树人，特别是开展大学生思想政治教育的骨干力量，高校辅导员只有不断增强科研意识、提升学术能力，才能在主观上切实提高对科研的主动性与能动性，才能在繁忙的事务中主动、注重思考并积极探索职业发展及学生成长规律。通过树立坚定的科研思想意识，为辅导员全面提升自身科研能力提供内在驱动力，为个体职业角色从“实践型”“经验型”辅导员转向“研究型”“学术型”辅导员或“复合型”辅导员提供关键支撑。

“2”：正确认识实践与科研两者之间的关系

“科研能推动实践，实践又能促进科研”，特别是对于整天处于大学生思想政治教育工作第一线的辅导员来说，与专业教师及其他行政与管理人员相比，更容易投身于大学生思想政治教育工作实践中，并通过切身感受将个人的经验提炼总结、丰富吸收到理论研究中，进而激活思维，最终提升到科研层面上来，同时，只有来源于一线实践的理论研究方能“有血有肉”，从而避免了理论研究的“空、假、虚、大”现象，也能够填补当前有关思想政治教育学科专家学者在大学生思想政治教育研究上的空缺。而通过开展大学生思想政治教育研究，能够真正解决在实践过程中遇到的新情况与新问题，特别是新时期大学生成长成才及教育培养过程中的热点与难点，切实担负起辅导员在大学生思想政治教育工作中的重任。可以说，只注重实践而不开展研究的辅导员绝算不上好辅导员；而不具备科研能力或只重视研究而忽略实践的辅导员，也无法成为新时期优秀辅导员。只有在实践中注重加强研究，并将研究成果积极运用到实践中，才能在提高大学生思想政治教育工作水平的同时也不断成就自己。

“3”：准确掌握三种主要的研究成果形式及其特点

综合高校辅导员工作的实际情况，辅导员开展研究最终成果主要有工作案例（研究报告）、论文（含网络文章，下同）及学术专著三种形式。工作案例主要包括大学生网络思想政治教育、社会实践、社团建设、第二课堂成绩单等方面创新开展的实践工作成功案例，它的研究方式大部分是把学生个体、学生群体或一项具体工作作为研究主体，从而形成典型做法或经验交流成果。作为学校与学生之间的桥梁和纽带，在研究工作案例上，辅导员最具有得天独厚的资源和发言权。论文作为广大科研工作者最普通、最常用、最基本的一种研究成果形式，论文作为广大科研工作者最普通、最常用、最基本的一种研究成果形式，是辅导员开展大学生思想政治工作，特别是有关思想政治教育各相关学术领域的研究文章；辅导员的大部分论文通过思想引领、对策思考、实施途径等探究，解决辅导员在日常工作中出现的新情况、新问题；随着新媒体时代思想政治教育工作的创新与发展，其中的优秀网文逐步成为辅导员发表科研论文的重要形式之一。与论文相比，学术专著作为科学研究成果的重要载体，是对某一学术领域研究的系统总结和升华，尤其高校辅导员撰写的学生教育培养体系、学生管理机制等方面的学术著作，对于传播大学生思想政治教育学术思想与社会思潮、具体指导学生工作实践有极其重要的作用。在辅导员开展研究的三种最终成果形式中，工作案例内容最直接、方式最简洁；论文篇幅更长、内容更系统、理论性更强；而学术专著时效性最长远、研究层次最深入、应用前景最明显。当然，对于理论功底不深厚，大部分时间都忙于具体学生事务管理的大多数辅导员来说，工作案例或科研论文应该作为开展科学研究的首选方式，而达到一定理论研究基础的辅导员，在具有明确的研究方向与较为系统的研究课题时，方可涉足学术专著。

“4”：学会利用工作中的四大碎片时间

对于辅导员来说，处理好各类琐碎的学生事务，工作日八小时是远远不够用的，往往还需要占用午休、周末等其他零散时间，而且下班休息时间还需要组织、参加各类丰富多彩的学生主题实践活动。可以说，“白加黑”“5+2”“24×7”“9+3”成为当前高校辅导员基本的工作状态。为此，辅导员在个人时间被学校各类通知安排所“绑架”、被各种目标任务所“占有”、被各种活动会议所“消耗”、被各种谈话调研所“打磨”的情况下，只有学会高效利用被割裂零散的碎片时间，“化零为整”，才能集中一定的时间与精力开展理论研究。

一是妙用工作日内零散时间，如上午、下午上班之前或下班后。特别对于在工作中从事一项具体任务由于持续时间长、难度大等各种原因以至于不再想继续做下去的时候，就换做另一件事情，如拿出半小时，甚至十几分钟的时间来进行自己的小科研，也是一种调节工作节奏的最佳方式，持续这样，当自然而然形成零散时间充分利用的好习惯时，日常工作中的碎片化时间管理的价值既得到增加，又能促进自己科研的进展，哪怕就一点点。当然，如此片段的时间不适宜深度思考，但可进行文献收集整理、数据分析统计，以及框架的调整与完善等。长此以往，坚持把工作日内的碎片时间累加起来，即便是每天一小时，甚至半小时，也实现了零散时间利用的高效能！

二是巧用日常晚上零星时间。对于辅导员来说，晚上不等到十一点，待学生熄灯休息后，一般是无法安心入睡的。为此，晚饭后到休息前的两到三小时内，可以说是进行科研的较佳时间，即便要陪同家人一同操作家务、批阅孩子作业等，也至少能够抽出一小时的自由支配时间开展自己的研究，如对近期或当天的文章某一段落进行完善、对尚未解决的问题提出建议措施等。对于大部分年龄较小、精力较为旺盛的辅导员来说，每周拿出四五天的时间“加班”到凌晨十二点绝对是不成问题的。这样下来，每天晚上至少两小时，每周累计能够多出十余小时的科研时间。通过巧用日常晚上零星时间，久而久之，不出成果才怪呢！

三是善用双休日及小节假日。周末虽是休息时间，但过度上网、过度补觉等不科学的休息方式反而会导致身心更疲惫、身心更不健康，所以利用双休日及清明节、五一节、国庆节等小节假日，集中开展自己的科研乃是另一种更佳的“休息方式”，无论在自家的书房，还是在办公室，都会避免日常繁杂的学生管理事务影响或学生电话的打扰，让全身心投入更深的思考。对于高校辅导员来说，与其他的政府等事业单位相比，特别与中小学教师相比，双休日及小节假日绝对有更多的时间和精力投入科研中。同时，再看看周围教学科研一线工作者，尤其是科研成果突出者，哪一个不是周末都泡在实验室、工作室里！再者，利用双休日等相对集中的空闲时间，将学生工作实践中的经验、教训及时进行梳理、总结，并上升为理论，岂不是增强了科研立足实践、来源于实践的时效性。

四是活用寒暑假大假期。与其他职业相比，最能体现教师职业待遇优越性的莫过于教师每年有近三个月的寒暑假两个长假日，因为这三个月的时间支配更自由、精力更充沛。为此，对于高校科研工作者来说，每年的寒暑假是专心搞科研的最佳时间，对于辅导员来说更是如此，其科研成果大部分是充分利用寒暑假钻研的，特别是一些优秀、“高产”的辅导员，利用一个大假期能撰写两三篇甚至更多的理论文章。现实中，大部分高校科研人员开展的高质量的科研成果，基本都是得益于寒暑假的“自由时间”。

要决心做成一件事，付出时间是必要条件。通过高效利用日常工作日内、晚上及周末小节假日、寒暑假等碎片时间，为静心、安心开展理论研究提供足够的时间保障。当然，这将会失去和朋友聚会聊天、喝茶交流，以及游玩娱乐的休闲时光。

“5”：及时关注思政学科五类主要研究平台

科研平台是学科开展科学研究的基础条件。辅导员作为开展大学生思想政治教育的骨干力量，更是开展思想政治教育学科研究的主要践行者、实施者。为此要熟悉掌握五类涉及思想政治教育学科的科研平台，方能把握当前国家最新动态与进展，从而保证自身科研项目及内容具有战略性、针对性。

一类是代表最高层次的国家社会科学基金项目平台。主要涉及马克思主义（科学社会主义）、党史（党建）、政治学、管理学及教育学等相关学科类别。其作为开展学术研究的最高级标尺及激烈竞争的最重要战场，自然而然地代表着在思政学科研究领域的最高水平和地位。每年有关思政学科项目的选题、立项、中期阶段性成果等，既有学术探索又有理论创新，特别是在新时期思政育人方面也发挥了重大作用，个个体现出国家水准，皆具有较高的学术思想价值，是辅导员等广大思想政治教育理论研究者最应关注的首要研究平台。

二类是仅次于国家社会科学基金项目的教育部人文社会科学研究项目及各省市社会科学（哲学社会科学）基金设立的有关思想学科研究项目平台。主要涉及马克思主义、教育学及心理学等重点学科，特别是教育部在人文社会科学研究项目设立的高校思想政治工作专项任务项目，无论是思想政治工作专项研究，还是辅导员骨干专项研究，专门作为给全国高校思想政治教育工作者，特别是辅导员开设的学术研究专区，绝对是辅导员开展理论研究的最佳学习参考平台，尤其是每年发布的课题指南都代表着当前国内外思政学科建设与需求的前沿和动态，每一项研究皆具有推动辅导员开展理论研究创新的现实性、前瞻性。

三类是省级教育部门设立的高等学校人文社科（哲学社科）项目及省级宣传、组织、科技等部门设立的有关高校思想政治工作、党建工作研究项目平台。诸多研究项目往往坚持问题导向，致力于解决当前思想学科研究的难点及重大问题，更富有鲜明的时代特征，与一类、二类科研平台项目相比，三类研究项目选题更直观、内容更具体、目标更明确，更是辅导员最值得关注的首选研究平台。另外，因具有项目设立数量较多、申报对象职称要求不高、成功获批难度小等因素，三类科研平台项目也成为辅导员申报思想学科研究课题的重要平台之一。

四类是团中央设立的全国学校共青团科研项目、学校所在地等市厅级单位设立的高校思想政治工作研究项目及学校自身设立的思想政治工作研究项目等平台。与前三类研究平台项目相比，此类研究更着眼于当前思想政治教育工作中的实际问题，问题提出更直观、项目划分更细致、研究方向更具体，辅导员都能找到与自身特长相近、喜好的研究内容与方向，可以说适合不同层次、不同等级的辅导员围绕实际工作开展研究，既能通过工作实践促进理论研究，又能以工作研究推进实际工作。对广大从事理论研究的辅导员来说，最易、最应关注的研究平台非此莫属了。

五类是全国思想政治工作研究会，全国高等教育学会辅导员工作、学生工作等研究分会，教育部依托重点高校创建的国家级高校辅导员培训和研修基地，各省级教育部门借助地方院校创建的省级高校辅导员培训和研修基地等非营利性社会团体、组织设立的研究平台，以及各级教育、思想基金设立的辅导员、学生工作论坛等专题研究平台。由于研究平台分布区域较宽泛、研究内容期限不统一等原因，往往容易被辅导员忽视，但由于研究内容、数量、时间等往往没有更多的条件限制，也是辅导员开展科研的更需关注的研究平台，以及申请相关研究课题的重要选择之一。

当然，要想做到切实关注这五类主要研究平台，既可通过各研究平台创建的专题网站，也可通过关注其相应的微信公众号，以达到及时了解、高效把握思政学科发展日益变化与最新态势，使自身科研工作更具有开拓性。

“6”：合理把握开展科研工作的六个关键步骤

撰写环节是开展科研工作的核心环节。就辅导员开展思政研究而言，撰写研究成果主要包含确定选题、设计框架、收集资料、撰写正文、修改指导、学术规范等六个关键步骤。以绝大多数辅导员科研成果选择的论文形式为例：

第一步骤为确定选题，即确定研究内容的主题或研究方向。只有选好了研究主题这条主线，才能真正走出研究的第一步，起到事半功倍之效果。对于多年专门从事学术研究的科研工作者来说，选定一个恰当的研究主题对后期论文的成功撰写至关重要，为此在论文选题上往往要花费更大的精力。

第二步骤为设计框架，即设计论文的框架结构及研究进展计划等。设计论文框架结构，就好比工程师对大楼施工前要设计规划图纸，只有先前设计好图纸，才能做到心中有图、处变不惊，使之结构逻辑合理、脉络顺畅。对于一个思政问题研究的论文来说，无非包含研究的历史（背景）与现状、新形势下存在的问题或不足，以及开展的主题调研与数据分析、下一步完善建议与措施等几部分。除此之外，制订好进展计划并严格付诸实施，对于确保研究进度及顺利完成也起到至关重要的作用。

第三步骤为收集资料，这是学术研究必不可少的基础环节。“巧妇难为无米之炊”，只有拥有丰富、全面、真实、新颖的第一手资料，才能充分掌握所研究主题的真实进展，通过参考、分析收集资料，以此提高论文撰写的学术质量。当然，除要收集大量的专著、论文、报道、报告等资料作为基础外，还要根据研究内容的需要，有针对性地组织开展广泛的问卷调查、专题访谈等，以提高研究成果的时效性、实践性、前瞻性。

第四步骤为撰写正文，即学术论文的主体部分与核心内容。可以说此步骤是学术研究各个步骤中花费精力最大、占据分量最重的部分，正文内容大都通过阐释背景、归纳问题、分析原因、提出措施及展望等论点与论据展开个人的论证，每项内容都前后衔接、环环相扣，都具有体现学术研究水平与价值的重要作用，除此之外，还需要撰写能够提示论文主要观点和见解的摘要、表达论文主题内容信息的单词与术语，以及所引用其他图书资料的参考文献等。

第五步骤为修改指导。由于日常目标任务繁重、事务性工作较多、科研精力不足等多种原因，绝大多数辅导员，特别是新入职的青年辅导员科研能力还是不足、学术水平仍是不高的，所以对于撰写好的论文初稿即便多次修改后，也要找三类相关人员广泛征求其指导意见建议，一类是多年从事学团工作、经验丰富的一线辅导员，二类是从事思想政治教育教学的专业教师，三类是专门开展马克思主义理论学科研究的专家学者（相同领域最佳）。通过听取他们在实践上的、理论上的深刻思维与独到见解，并结合自身思考对论文进行修改完善，从而提高交流指导效率及科研成果质量。

第六步骤为学术规范。学术规范作为开展科研的一种基本技能，也是提高论文质量的一项标准与保障，任何形式的科研成果，只有进行了学术规范，才能体现并增强其科学性、规范性及学术性。为此，对于修改完善后的论文摘要、关键词、正文、参考文献等全文各个部分，以及有关数据信息、量表统计，材料引证等按照学术规范化的要求（学术标准），以严谨的治学态度进行认真检查、严格调整。当然，对于开展思政研究的报告及专著进行严格的学术规范，也是如此。

除了上述六个关键步骤外，还需确定研究方法、内容检测查重、联系期刊投稿（专著则需要联系出版社）等步骤，具体要视自身具体情况而定。

“7”：注重提升科研质量与研究水平的七个细节

辅导员理论研究水平直接决定科研成果质量，其高低反映辅导员个人的科研素质，也是后期能否发表或出版的唯一标准。以论文为例，要提升思政研究成果质量需注重以下七个细节：

一是在拟定研究选题细节上，一定要聚焦当前（年）的有关思政学科方面的热点问题，并最好结合自身较熟悉、感兴趣、擅长、从事的工作领域，或自己大学学习的学科。这样既能实现不同学科之间的研究交叉或边际效应，又能提高研究内容的现实意义，且易于拓宽加深，易于写深写透，当然选题范围不能过小，否则会失去研究的普遍性价值。可以说，选好最适合自己、最有价值的研究选题就是论文成功的一半。

二是在确定研究题目上，根据选题方向找准需要研究、解决的具体问题，并从中掌握所涉及的关键词，再加上适当的定语或词语来初步敲定研究的题目，然后再根据收集到的文献资料，反复修改完善最终确定一个自身能够驾驭的研究题目，题目不能太大也不能太小，更不能太俗，题目太大既增加了写作难度，又不易说透；题目太小，内容就很难拓展，往往让自己“无话可说”，而题目太俗的话，让人易于感到重复研究、无新意。此外，题目字数也是需要注意的，字数少则使题目太泛、太窄，也显现出个人较低的词语化水平、研究态度不鲜明；而字数多则容易让人感到研究内容杂乱、核心内容不突出。要牢记一句话，最佳的题目就是让其他人第一眼就能看清论文到底写了什么、写到什么程度、有什么新发现。

三是在收集文献资料细节上，实际中需要占用很多的精力和时间，“如果没有这一环节，论文内容很可能完全或在很大程度上重复了别人已经做过的工作，等于白做”，为此要主动提高对收集文献资料重要性的认识，收集文献资料的过程，也是加强学习、加深思考的过程，更是启发研究思路、碰撞并产生新观点、新视角的过程。收集的文献资料一定要考虑学术水准，选择具有较强的逻辑性、权威性，与研究选题完全相关，且具有高层次、高质量，能够反映最前沿研究动态与发展的有关期刊论文与出版专著，还要能进行横向比较又能进行纵向比较，绝对要限制质量不高文献资料及工具书、网络资料的数量与比例。当然收集并使用的文献资料也要合理注重总体数量，太少易造成参考资料不全面、不完整、不广泛，无法为科研提供坚实的支撑，使论文贫乏无力；太多虽具有全局性、更有说服力，但往往引起参考综述杂乱、部分资料与研究内容风马牛不相及，削弱了论文的质量，又占用了辅导员过多的精力和时间。

四是在论证数据信息细节上，所有调研数据信息、统计分析一定要准确、真实、客观，从事思想政治教育研究的辅导员的工作，其实就是做人的工作，开展理论研究自然离不开对学生的研究，为此大多数的科研要通过设计并组织学生广泛开展问卷调查、进行数据分析等，以便能够真正反映研究主题的现实问题及需求，只有满足研究内容需要，尽可能丰富调研内容、拓展调研方式、扩大调研覆盖面、加大调研时限幅度，并确保调研信息绝对真实、准确，数据分析科学、合理，才能在客观事实的基础上得出正确结论，增强研究论点的说服力、针对性。可以说，数据不准确，或缺少数据支撑的论文都很难称为好论文。

五是在设计版面格式细节上，一定要按照学术常规的格式要求对涉及全文的各级标题、各部分的组成结构规范撰写，做到成果格式规范统一，结构清晰明了、脉络分明，同时，在语句、语态使用上，要注重使用恰当的连词、过渡性语句，并多用主动语态等，确保内容前后连贯，并提升论述的逻辑性，只有自己“了如指掌”，才能让其他人看懂、理解。版面格式是给其他人的第一印象，即便选题再好、质量再高，格式一塌糊涂也是无法让人接受的。

六是在开展科研创新细节上，“创新是引领发展的第一动力，也是学术研究的不竭动力”，工作需要创新，科学研究更需要创新，要最大限度地避免从事其他人已经开展过的重复性研究，即做别人没有做过的研究、说别人没有说过的话、选别人没有选过的课题。科研创新最主要的是在选题上要新，只有选题方向有新意，才能在研究内容，特别在提出的研究问题、研究观点，论证的研究结果上实现创新的可能性，使得所研究的专业方向取得一定的进展（对于辅导员来说，能够取得突破性进展是很难的）。除了选题的创新，还要注重学会运用新的研究方法或新的研究视角，对于科研人员来说，在研究思路上能做到独辟蹊径，与众不同，也是很新颖的。当然了，要做到科研创新，还需做到参考文献资料要“新”，要下大力气收集、掌握到最新的发展动态、最新的发展趋势、最新的调研数据、最新的研究线索及他人最新的提法与研究成果，以便从中产生新的思考、激发新的创造。为此，辅导员在工作实践及理论研究中，一定要主动增强自身的创新意识、创新能力，不断扩大个人的创新格局与视野。

七是在研究最终目标细节上，“立德树人是所有课题研究的目标”，毋庸置疑，作为从事大学生思想政治教育工作的辅导员，开展科学研究的立足点更是要把“立德树人”贯穿于科研整个过程，坚持正确的政治方向，紧紧围绕“习近平总书记在全国高校思想政治工作会议上提出的高校应该培养什么样的人、如何培养人以及为谁培养人这个根本问题”，把具体工作实践中遇到的现实问题、重点难点升华到理论进行研究，从中寻求、探索解决问题的具体办法及思路措施，从而推动工作实践并促进思想政治教育工作科学发展。不坚持以人为本，不把“立德树人”作为研究最终目标任务的科研失去了研究本身的意义，也一定不再具有学术价值了。

“8”：科学遵从增强科研能力的八点合理化建议

相比高校教学、科研等其他人员，辅导员整体工作实践能力与服务管理水平可以说是首屈一指的，但科研能力与科研成果总体就逊色很多。辅导员要想在日常事务繁杂、目标任务繁重的环境下，不断提升自身科研能力、增强自身科研素质，还需遵从以下几条建议：

第一个建议是要自己尽快做到科研“入门”。能从科研过程中主动找到乐趣，去除主观上只为评职称或其他方面的科研压力，遇到工作中的新问题、新观点，内心不由自主地萌发一种想去研究的思维、逻辑，并伴有跃跃欲试的感觉，对于已经“入门”科研的任何人来说，越研究越有兴趣。

第二个建议是搞科研要一切从“小”开始、从“零”起步。任何人绝不会一出手就撰写高水准、高质量的科研成果，都是从无到有、从小到大、从弱到强，为此要从开展小研究着手，从研究小问题动手，通过新媒体先从撰写发表网络短文开始，再到普刊，等研究经验丰富、科研水平提高了，再瞄准核心期刊全力“进军”，到时一切自然就顺利得多了。

第三个建议是要坚持问题导向，不断提高个人的发现问题及提出问题的能力。科研意识最重要的是问题意识，重大科研成果、项目中很多的新观点、新理论的提出，无不与问题意识有着密切的关联，再看看学术界、科研界各类学者大家们，以及各高校专家教授们，每个人的问题意识都是特别强的，为此，辅导员只有坚持问题导向，才能增强自身的问题意识，进而产生深入探究问题的内心动力，从而发现问题、提出问题、研究问题、解决问题。

第四个建议是要不断加强相关学科等科研基础理论学习。除了文科出身的辅导员具有较强的理论功底外，绝大部分辅导员的理论功底还是比较欠缺的，特别是缺少对马克思主义理论更深入、更全面的研究，教育部在2014年印发的高校辅导员职业能力标准中，对辅导员职业知识也明确提出了包含马克思主义理论、哲学、政治学等学科基础知识，思想政治教育专业基本理论、基本知识、基本方法等专业知识，以及与大学生思想政治教育相关的法律法规知识等内容的具体要求。为此，只有加强相关学科、相关领域的理论学习、研读，不断储备广泛的理论基础知识，才能在研究过程中有话可说，才能灵活运用相关的理论、观点支持研究中的论据，为自身科研提供充足的理论支撑，避免研究的内容“空洞无物”，既提高了研究成果的专业性与可信度，又增强了自己的科研水平。

第五个建议是正确认识研究课题立项的重要性，并注重提高申报课题的主动性、积极性。对每个刚“入门”的科研者来说，申报课题都是陌生的、全新的，很多课题申报者基本都有申报课题立项失败的经历和烦恼，特别在大部分辅导员眼里，申报研究课题，尤其是申报高层次课题难度之大不可想象，让人望而生畏，其实只要搞清课题研究的基本方法和步骤，并从中不断总结与反思，申报课题难度并没有想象的那么大，课题立项反而会提供一个更专业、更宽广、更系统的研究平台，更能加快促使提高个人的学术研究能力与学术水平。还有一点需要明确的是，课题申报立项与科学研究成果撰写绝对是相辅相成、相互促进的，撰写论文、著作等成果为课题立项及结题提供必要的资料支撑，而研究课题搭建的平台为科研成果的顺利撰写、成功发表提供必需的资源及经费支持。当然了，在开展研究过程中，辅导员一定要厘清研究文章

（网络作品）、学术论文、出版专著及科研课题四个主要研究形式与研究途径的递进关系，根据各自的难度系数和时间跨度开展相关科研工作，这样一切难点、问题就能迎刃而解了。

第六个建议是要制定并实施个人中长期科研发展规划与目标。科研框架结构设计重要，制定个人的中长期科研发展规划与目标更重要，它将作为科研发展的真正动力与加速器，帮助并促使个人按照确定的明确目标去努力前进，当然规划与目标本身一定要符合自身工作实际、切实可行，不能过高，也不能太低，高了无法按时完成，失去奋斗的志气与达到的希望，而太低就不会有规划的价值；在规划时限上，短则一年到两年，长则三年到五年，从完成一篇网络文章到撰写一篇学术论文的时限，以及从创作一本著作到申请一项课题研究的时限都要有具体规划，并根据各个学期、年度及最终规划的目标任务与实施步骤，自我监督、自我加压努力付诸行动，从而获得个人科研发展上的最后收获、成功与喜悦。对于立志长期从事辅导员职业的辅导员，更要制定一个十年甚至更长期的研究规划与目标，以成为所研究方向及所在领域的专家、“代言人”。

第七个建议是要抓住一切可能的机会，多参加高层次的学习报告、专题培训、学术年会、研讨辅导等会议与培训活动。为加强辅导员队伍建设，促进提升辅导员职业化专业化水平，各级各类教育部门及各高校不断加大、规范、提升辅导员队伍学习力度、培训质量，除了要认真参加学校组织的各类学习培训活动外，更要通过向学校积极报名申请、以文入会、投稿评选获奖参会、加入组织会员及其他形式，积极争取参加校外的国家级及省级等高层次学术研讨、学习培训机会，如教育部、团中央及有关部委，各省级教育（工委）、团省委及宣传、组织、人事部门，全国、全省获批成立的有关思想政治（教育）工作或辅导员工作的研究会（分会）、培训和研究基地，重大期刊、出版社，以及其他团体、组织等规范管理、组织召开的各类高质量、高水平学习培训活动。聆听诸多高水准的专家讲座、学者报告及学术专题研讨等，对辅导员个人专业知识的再提高、理论功底的再提升、发展规律的再认识、教育理念的再更新，绝对有一个质的飞跃，对增强自身科研素质更是不可小觑、无法想象。

第八个建议是处理好工作实践与科学研究两者之间的关系，合理、高效支配个人科研时间。既然能正确认识到实践与科研两者之间的关系，就要能处理好两者之间的关系，以确保个人工作实践与自身科研相互协调发展。高校的根本任务是育人，辅导员工作更是要把育人作为一切实践与科研工作的出发点和落脚点，在把精力放在落实学生教育、管理、服务等基础工作的同时，也要把更多的精力合理分配到理论育人研究上来，在工作实践中加强理论研究，在理论研究中注重工作实践，做到工作与科研相互促进、相互融合，同步发展提高，从而使工作与科研形成良性循环，最终促进完成工作任务目标质量、自身科研素质的“双提升”，努力让个人成为既精通学生管理工作，又具有较高学术造诣的研究型学工干部，做“工作实践的研究者”和“理论研究的实践者”。

“9”：牢记开展思政科研工作的九字“方针”

“科研是一生的事业”，科研早已成为高校教师生活中重要的一部分，辅导员更不例外。做科研说到底还是自己的事情，而且科研成果一旦拥有，那就是个人一生拥有。对于新形势下的高校辅导员，面对前所未有的压力和挑战，要实现个人内涵深度发展和外延广度发展，做好科研工作还需牢记以下九字“方针”：

一是要“快”，即尽快落实到实际行动。“一百次心动不如一次行动”，纸上谈兵终是空话，再者，能力再大、精力再多、水平再高，自己不立马行动，就只能看别人成功。要想落实到行动，就要克服、战胜身上那些拖延、懒散、抱怨、犹豫的坏毛病，尽快把科研计划、想法落实到具体计划、实际行动中，造就自身敢于行动、快速行动的科研风气。

二是要“学”，即向周围优秀的榜样学习。学习理论重要，向榜样学习更重要，要向优秀的科研人员，特别是向身边科研突出的科研教师、辅导员多学习、多看齐，学习他们斐然的科研成果、严谨的科研作风，学习他们出色的科研能力、丰富的科研经验，以及研究方法与手段，从而激励着个人在科研过程中保持更好的精神面貌、更高的斗志。

三是要“正”，即始终保持正确的研究内容与方向。作为在校大学生思想政治教育的骨干力量，辅导员肩负着培养中国特色社会主义事业建设者和接班人的重任，在开展科研各个环节、每个过程中，就要始终坚持正确的政治方向，其研究内容与方向就须和国家发展方向相吻合，做党和国家思想政治教育方针政策的研究者、实施者，并通过科研成果的发表或出版，做坚定走中国特色社会主义道路理想信念、习近平新时代中国特色社会主义思想的信仰者、传播者，以此也能增强辅导员在意识形态工作上的能力和水平，借此进一步发挥高校思政队伍意识形态教育的主阵地作用。

四是要“乐”，即要快乐科研，并从中感受快乐。“只要你对科研工作有了浓厚的感情，就会在生活中得到快乐和幸福”，事实上，“穿梭于”繁忙工作与科研两者之间并能够灵活“交织替换”，不仅是一种劳逸结合、自我减压的工作方法，更是一种调节生活节奏的生活方式，所以，要从枯燥的科研中感受快乐并从中享受。同时，科研还可积淀快乐，从每一项科研成果初稿的完成，到成功刊发或出版，再到后期参评获奖，各个阶段背后，都会有成功的喜悦与祝福等着自己。

五是要“实”，即因人而异，从个人实际情况出发。辅导员都有着不同的学科背景，且因职业分工不同，从事不同的学生教育管理工作，掌握着不同的职业知识，为此，辅导员开展的研究内容与方向，绝不能“千篇一律”、大同小异，要尊重实际，根据自身的专业背景、知识结构、能力特长，以及个人的已有研究基础、当前从事的具体工作与未来发展规划目标等，从自己的实际情况出发，唯有如此，才能在科研道路上找到“真正属于自己的一块地”来种、来耕耘。当然，更要根据自己身体的实际条件，身体是革命的本钱，在科研中尤其重要，健康的身体才能主观上增加更多的科研时间与精力，才能保持更佳的精神状态，才能高产出，所以在实践与研究之余，更要合理安排一定的运动锻炼时间，做到劳逸结合，提高工作与科研效率。

六是要“借”，即学会借用外力，特别是科研团队的“合力”来增强个人的“科研力”。组建科研团队是促进科研提升的必由之路，只有通过科研团队，才能集教学、科研、管理三者于一体，促进学科交叉、合作协同、共享发展，单位如此，个人更是如此。为此，辅导员要主动申请加入科研团队并积极承担相关研究课题重大任务，在充分发挥科研团队合力效应，以及相互之间的“传帮带”作用的同时，很大程度上也克服、化解个人在专业知识、研究技能与方法的局限性，能够切实增强整个科研团队集体力量和智慧，最大化地提升团队与个人科研能力与综合实力，多出成果、出好成果。

七是要“诚”，即加强科研诚信自律，始终严守学术道德。任何一位科研者，特别是作为从事大学生政治思想教育，尤其是诚信教育主要引领者的高校辅导员，在开展任何形式的科研活动、科研过程中，无论个人科研能力高低、科研需求大小，都要严格遵守基本学术道德规范，严禁发生各种抄袭、造假、剽窃或其他违背学术活动规范的不良行为。可以说，每年关于学术腐败、论文抄袭等学术打假的揭露不胜枚举，甚至个别曾取得科研巨大成就并轰动一时的学术“大咖”也不例外。而且，更需要牢记的一点是，由于新媒体的发展，“找人代写代发论文”中介平台“发展”更加迅速、更加疯狂，居然堂而皇之地将广告张贴到高校内教学楼、宿舍楼、实验楼及其他角落。无论是职称评定需要，还是评选推优需要，一定要从诸多学术造假案（事件）中及时吸取惨痛教训，坚持自己科研路上的初心、信心和决心，做到不投机取巧、不走歪门邪道，勇（永）做良好学术生态环境的参与者、守护者。

八是要“质”，即要把质量放在首位，而不是数量。做任何事情，不要一味地追求数量而忽视质量，对于科研工作者来说，研究成果质量才最重要。有人说“几十篇普刊不如一篇核心”“读一篇优秀的论文能一生受益无穷”，虽然有点过于夸张，但很恰当地形容了研究成果质量的重要性。为此，辅导员一定要把科研质量放在首位，合理限制研究成果数量，而尽己所能，创作出原创、最优秀、最高水平的论文或著作，并力争在最有实力、最高层次的期刊发表或出版社出版。

九是要“恒”，即在科研道路上做到坚持、坚持、再坚持。“人生最难的品质是——坚持”；不是因为有了希望才坚持，而是因为坚持了才会有希望，特别是科学研究是一件极其枯燥、极其寂寞的事情。为此，要在科研过程中，怀有坐冷板凳的毅力和科研梦想，始终保持一个好心情、一个好状态，尽力克服意想不到的困难和烦恼。几年，甚至十几年如一日地沿着自身相对固定的研究内容与方向，做到坚持、坚持、再坚持，努力、努力、再努力，不久的将来，一路坚持的你一定会有一个意想不到的突破。“骐骥一跃，不能十步；驽马十驾，功在不舍；锲而舍之，朽木不折；锲而不舍，金石可镂”，到那时，你也一定会感谢、欣赏一直拼命努力的自己。

有人形象地将科研比喻成一个人到海里面去游泳，游着游着，猛一回头，就只有自己一个人在游泳，而且已经看不到岸了，只能一个人努力往前游，的确如此，辅导员在开展科研遇到并解决难题的过程中，只有自己能够帮助自己，且只能一个人竭尽全力地独自向前走，但等你体验过跋涉的艰辛后，在科研道路上获得成功的同时，等待你的是欣赏风景的喜悦与回忆曾经的快乐！

任何事情都经不起蹉跎和彷徨，时机过去再好的梦想也会成为泡影！此刻，高校辅导员，仍在科研道路上迷茫、徘徊的你，是不是应该有所反思？

如果你有所感悟，就请你紧紧抓住辅导员职业的主责主业，勇敢解开个人科研密码，加速步入新形势下大学生思想政治教育工作实践与科学研究的正确轨道，使自身的科研素质发展跟上时代发展的步伐！

作者注

过去两年，通过重政治、强学习、优制度、抓队伍、推落实、严学风、保安全、促提升等一系列特色措施，圆满完成学校及学院提出的各项年度学生工作目标任务，学院学生工作管理服务水平与育人水平明显提高，在学校开展的年度学生工作综合考评中，学院学生工作总成绩先后取得全校第三、第一的好成绩。作为学院学生工作的主要负责人，在落实好学院学生工作，组织好、开展好日常学生工作实践的同时，始终强化个人科研意识，以满怀着对在校学生的爱心、对学生工作的热心、对理论研究的痴心的状态主动开展科研工作，并取得一定的科研成绩。在刚过去的两年中，作为主持者成功申报省部级思政专项课题一项、厅局级课题两项；正式发表研究文章三篇（含一篇CSSCI来源期刊文章）；由中国社会科学出版社出版个人专著一部，并获得多项科研奖励。但过去已成历史、成绩已成往事，面对2018，针对贯彻党的十九大精神的开局之年，作为一名普通的高校辅导员，更应该持之以恒、与时俱进，无怨无悔，踏踏实实干好本职工作，特别是要进一步总结科研工作体会与经验，不断提高个人科研水准，最大限度发挥学生思想引导和价值引领的重要作用，并一同助力个人职业理想与事业梦想一步步变为现实。

（本文完成日期：2018年1月3日）

我的第一本专著

7月30日，对全国人民，特别是对从小一直梦想立志参军报国，高三第一学期参加招飞报考，虽体检多次过关，却因最后一个环节自身失误而与飞行员失之交臂，大学毕业至今已有十六年辅导员工作经历的我来说，是一个难忘的日子。因为这一天，为庆祝建军90周年，新中国成立后的中国人民解放军，在位于内蒙古的朱日和训练基地首次举行了以庆祝建军节为主题的“庆祝中国人民解放军建军90周年阅兵仪式”，中共中央总书记、国家主席、中央军委主席习近平检阅部队并发表了重要讲话。虽然无法到达阅兵现场，但无论通过电视、网络，还是通过手机等其他媒介收看了阅兵仪式、听取了习近平总书记的讲话，都会为盛大的野战化实战化场面感到振奋、为“有灵魂、有本事、有血性、有品德”的中国军人感到骄傲，更为党和人民创造的不朽业绩感到自豪。当看到仪式上接受检阅的一辆辆雄赳赳气昂昂的坦克、一架架喷着五彩烟雾的歼击机，以及包着鲜亮外壳的洲际导弹和核导弹等诸多现代化的武器装备，更是增添了每位中华儿女的民族自信心；每一个场景都激励着全体中华儿女把对党、对人民军队的敬意转化为正能量融入日常工作中，并为实现中华民族伟大复兴的中国梦的进程而奋勇向前。作为一名高校一线专职辅导员，更是又一次深刻认识到自身所肩负的神圣职责，在内心深处再一次充满了努力做好大学生思想政治教育工作的爱心、恒心和责任心。

在为建军90周年举行阅兵仪式激动的同时，更让我高兴、难忘的是，我撰写的期盼已久的第一本专著《中国高校学生资助政策体系理论与实践研究》终于由中国社会科学出版社出版发行，也算个人对庆祝建军90周年最好的一个献礼吧！撰写一本书，也许对高校大部分大学生思想政治教育者、教学科研工作者，特别是诸多专家、学者来说，是一件很简单、容易的事情，但对我来说，撰写难度之大、持续时间之长，是一般人很难想象得到的，甚至连我自己也想象不到能坚持到最后。从2010年7月底开始制订创作计划、研究主题，到2017年7月底书稿最终印刷出版，历时整整七年之久。手持著作，该书撰写过程历历在目。

决定撰写一本书，还是源于我从事的辅导员工作岗位，源于我对辅导员职业的坚守；而决定写一本关于家庭经济困难学生资助工作的书，主要源于我从事多年的资助工作经历，特别是对资助工作的热爱和深厚情结，虽然在着手写作不到一年时，离开资助工作岗位，但还是保持着对资助工作的留恋与责任，一直坚持并痴迷于全书的撰写工作，直至完稿出版。

2000年大学毕业后，我有幸留校工作，2001年4月开始从事学生工作，自2004年3月调整到学校学生资助管理部门开始具体从事资助工作。当时，普通高校学生资助工作刚开始引起国家重视，20世纪末，由于国家高校招生、收费制度改革的逐步深入，家庭经济困难学生比例不断提高，自1999年教育部决定对北京等八个城市的中央部属高校进行国家助学贷款试点后，各地方高校也先后加强与所在地金融机构的沟通协作，并开始办理家庭经济困难学生申请国家助学贷款手续工作，根据资助工作的推进，各高校资助工作机构、资助工作队伍，以及有关家庭经济困难学生资助政策也得到不断加强与完善。特别是2007年5月，国务院制定下发《国务院关于建立健全普通本科高校、高等职业学校和中等职业学校家庭经济困难学生资助政策体系的意见》，高校家庭经济困难学生资助工作跨入一个重大的发展阶段。根据上级文件规定，各高校、各级财政及所属教育部门、财政部门纷纷制定相应的配套制度办法及实施方案，在逐步建立起较为完善的家庭经济困难学生资助政策体系的过程中，上级部门对高校资助工作的要求、标准提高，检查力度进一步加大，以确保高校对国家助学政策的执行力度。为此，开始从事资助工作的几年间，主要精力大都花费在具体事务上，且由于学校学生规模较大、家庭经济困难学生比例较高，为了及时完成各项工作的组织实施、各类信息的汇总报送，以及诸多贷款、资助等资金数据的审核，日常晚上及周末加班皆是常事，而暑假正处于生源地助学贷款办理期，更是要忙于处理申请办理贷款学生的各类咨询与手续审核办理，所以一年到头，一直都要忙于具体的资助工作，基本没有时间进行深入思考，除了休闲之余偶尔写上一篇与工作有点关系的短文章外，基本无法进行理论创作，更谈不上理论研究。校内或其他高校大学生思想政治教育工作者，即便是各院系从事资助工作的专职辅导员，对资助工作的理论研究基本也是较少，且大部分的理论研究仅限于对资助政策体系中的某一项或几项进行了研究。随着资助工作实践经验的不断丰富，也曾想尝试进行理论研究，以便通过理论创新推动实践创新，但一直未真正付诸实施。

个人计划开始进行资助工作理论研究还得从学校参与两届“助学政策，助我成才”

征文评选活动说起。在2007年12月至2008年3月期间，由“中国青年报”主办，财政部教科文司、教育部新闻办公室支持的首届“助学政策，助我成才”系列报道暨征文活动中，学校历史文化学院2005级本科班学生刘增来撰写的题目为“国家助学贷款永远不能忘记”征文荣获优秀奖。由于前期学校既未接到上级参赛通知，也未通过媒体查看评选通知，更未组织任何学生参与，直至有一天组委会办公室打学校资助中心办公电话确认刘增来同学的信息时，我才知道活动的组织目的与意义。经与组委会办公室联系并确定第二届“助学政策，助我成才”征文评选活动继续组织实施，学校领导高度重视，在全校各个学院广泛开展宣传发动工作。由于学校领导重视、组织及时、措施得力、效果显著，学校与中国地质大学（北京）等十所学校和四个省级学生资助管理中心被评为第二届“助学政策，助我成才”征文评选活动优秀组织奖，并被邀请参加2009年4月底在陕西师范大学举行的颁奖仪式，我与其他代表参加颁奖会并听取了与会领导的重要讲话，尤其是时任全国学生资助管理中心主任崔邦焱出席颁奖仪式并在讲话中明确指出：“全国高校学生资助政策体系已较为健全，但资助工作仍需加强理论研究……以便通过理论研究促进工作实践。”在2009年11月持续开展的第三届评选活动中，学校专门成立了征文评审工作小组，并抽调有关人员对全校征集的1150余篇稿件进行筛选，最后确定了优秀推荐作品300篇，为了确保上报稿件质量，作为活动的具体负责人，在上报组委会前，我整整用了四个晚上时间对上报的300篇稿件一篇一篇地又进行了一次彻底修改，从语句搭配，到标点符号。最终，张潇阳同学撰写的“一个人的坚持”荣获优秀奖的同时，我有幸被评为优秀“助学”教师，应邀参加2010年5月底在湖北师范学院举行的颁奖典礼，并有幸作为获奖教师代表发言。时任教育部副部长郝平出席颁奖仪式并在发表的重要讲话中要求广大资助工作者在工作中切实增强使命感和责任感，同时希望大家在资助工作实践中进一步加强资助工作理论研究，以便在落实好国家基本教育政策过程中实现理论水平和工作水平双提高……同时，在2009年5月中旬，在山东省教育厅、财政厅组织开展的全省普通高校学生资助绩效考评复查工作中，我被抽调并作为检查小组成员到省内近十所高校进行实地复查时发现，大部分高校在开展资助工作中普遍注重工作实践而忽略理论研究，整体理论研究水平亟待提高。鉴于以上现状，并受各种启发，我决定将高校学生资助政策体系作为主要框架展开理论研究，且大胆地决定尝试以专著的形式组织实施，而并非以论文形式组织开展。

说干就干，但万事开头难。况且是平生第一次写书，真不知道从何处下手，又不好意思向别人请教，担心被人笑话，甚至说闲话，但撰写框架、计划是不可或缺的。

我清晰记得（在我的工作日志中也同步做了记录），2010年7月11日正式放假后，根据惯例，机关各职能部门工作还要延长一周，且手中仍有很多工作需要完成。没有办法，利用7月12日至18日整整一周的晚上时间，对收集到的十余本各类专著的主要框架进行了认真分析和解读，其中有学校教授撰写的学术专著，也有校外科研人员、专家学者撰写的其他专著。根据自身所了解掌握撰写专著的格式要求，开始确定专著的主题内容，并制订专著的主要框架结构，以及实施计划。从2010年7月下旬开始，我在逐步丰富完善主要框架的同时，通过图书馆、网络，以及上级资助管理部门等多种途径收集相关参考资料，本来计划暑假尽早确定基本框架，以便提前动手写作，但暑假期间因家庭经济困难学生家庭走访、参加辅导员培训班等，迟迟未按期完成，等到了8月底新学期一开始，又因整天忙于繁杂的学生资助工作事务，只能利用工作之余实施写作计划，直至2010年12月底，才算基本确定专著的主题、框架设计，并制订完成详细的实施进度计划。从最初的想法到计划的完成，围绕“高校学生资助政策体系理论研究”，主题就拟定了五六个之多，并对每一章节的标题、内容及字数进行了认真细化，而对于整个撰写进度，本打算全书设计18万~22万字，利用2~3年时间完成初稿与修改，再加上联系出版社及定稿，最多不超过4年，即2014年底一定要完成。而对于出版社，当时根本没有过多考虑，更没有什么要求，感觉只要是正规出版社即可，如果是省级出版社最好，更不敢想国家级优秀出版社了。

第一步创作计划完成了，那紧接着就开始第二步。2011年元月中旬寒假一放，我就开始着手写作。由于我妻子在企业工作，距离单位较远，也没有假期，每天早上七点就得开车按时上班；女儿刚满三岁，刚上幼儿园，由母亲精心看护，并负责接送上学，因此家务基本不用我负责（事实上，由于工作性质，多年来，我大部分精力都投入个人工作中，很少考虑家务，也基本不做家务，大部分家务由妻子来做，从结婚初期，她对我工作的不理解、不支持，慢慢变成现在的理解、默许，并完全支持且习惯于我的工作节奏），我有更多的时间完成自己想做的事情。假期中，我每天要到办公室进行写作。另外，家距离单位不到三公里，只有几分钟的车程，更有利于我到办公室工作。自那时起，即便开学后，在周末、法定节假日，除全家集体行动或因特殊安排非得要我参加外，我一般都不由自主地去办公室加班（其实，从我毕业留校后，因工作需要及个人习惯，寒暑假期间大部分时间都在办公室，很少在家休息）；工作日的晚饭后，如果还能抽出一小时的空余时间，也是经常向办公室跑，而晚上确实无法到办公室时，等妻子陪女儿熟睡后，我再悄悄起床，关闭书房门，独自在书房偷偷加班，根据自身状态调整，一般每周内坚持抽出4~5个晚上写作到半夜12点再上床休息，一直持续到书稿最终完成。也是从那时起，我将原来的小背包换成了一个手提布料文件袋，以便携带参考书目等资料，无论上班、下班，还是出发到其他地方，装有参考资料的文件袋及U盘基本上一直陪伴在我身边。记忆中，由于每天上下班都随身携带，写作六年期间使用的手提文件袋因损坏而更换多达七八个。

计划不如变化快，两次工作变动大大延迟了我的写作进程。第一次于2011年9月中旬，专著的第一章还未写完，学校把我调离校学生资助管理中心，去全面负责西校区学苑公寓、紫藤公寓两个学生宿舍区管理，由于更换一个新环境，我用最短的时间、最快的速度对新岗位进行了熟悉，以便更好履行岗位职责。大家都知道，宿舍是学生最主要的学习与生活场所，除了教室、餐厅、图书馆外，学生大部分的时间基本是在宿舍内，且由于西校区宿舍学生住宿较集中、宿舍楼距离较近、外来人员进校较多，在一定程度上增加了宿舍管理难度，特别是宿舍安全一直是学校领导、学生家长较为关注、担心、犯难的问题。为此，我和助手李洪磊老师天天守在办公室，周末盯得更紧，每天就是大范围不定时地检查宿舍安全及其隐患。尤其是紫藤公寓八栋宿舍楼使用多年，生活用水管道腐蚀失修导致管道极易突发破损，而为了不影响学生正常使用，组织维修人员加班加点进行抢修直至深夜、凌晨是经常的事情。到了假期，学校利用空闲，还会对宿舍楼进行整修改造、宿舍家具报废更新。为此，刚到宿舍工作前几个月，基本没有时间进行思考，写作迟迟没有进展。后来，为了保持研究进度，对宿舍各项事务全部熟悉后，开始利用每天晚饭后到办公室值班的空隙，在办公室加班写作，同时为了保持精力，而不至于影响第二天按时上班，晚上在办公室写作基本不敢超过12点，这样在办公室写作的同时也能做好宿舍区值班工作，以便宿舍区一旦发生不安全事件就能够及时赶到处理，同时，待11点学生宿舍熄灯后，宿舍区基本也恢复了安静。虽不能做到天天晚上到办公室，但每周至少四五天晚上坚持到办公室写作，而且晚上在办公室写作期间，及时处理了很多起安全事件，如学生酗酒、宿舍区社会人员机动车与学生自行车发生交通小事故、外来人员不服从宿舍楼管理人员管理、宿舍楼主管道破裂、学生宿舍失盗等各类安全事件。第二次于2013年7月中旬，学校又把我调整到学院工作，全面负责大学生思想政治教育工作，并担任2013级年级辅导员及其中两个班级的班主任。虽然从事学生工作十余年，但还是第一次到学院工作，且学院很多教师需要熟悉，工作环境及方式方法需要适应、调整。与机关学生工作相比，学院学生工作虽然事务要少些，但更繁杂、更具体、更有不确定性，且要处理好学生工作与学院教学科研、管理服务、总体发展的一致性、协调性，为此，大部分时间是忙于处理学生事务、完成各项任务目标，即使晚上还要到教室检查晚自习、到宿舍检查违章电器等，用于写作的时间主要还是周末、大小假期等休息时间。两次工作调整，虽然不再具体从事学生资助工作，缺少了实践平台，并打乱了我的写作计划，但极大丰富我的工作经历，特别是通过不同岗位、不同性质的锻炼，大大提高了我对学生工作综合实践能力，在与不同类别学生群体交流、处理更多的学生工作事务过程中，对我的理论创作激发了很多更深入、更广泛的思考和探索，大大提高了我开展资助工作研究的针对性和实效性。

岗位变动影响了我的整个写作计划，但也给我带来很多的便利。特别是2013年9月，女儿进入学校附小就读一年级后，为了女儿上学方便，我们从原来的开发区住所搬到学校附小附近住所，又由于我所在的学院距离附小较近，这样，从住所到学校附小外门200米、附小门内到我办公室100米，而住所到我办公室至多也就500米，这样，我仅需要送女儿上学，她放学后就完全可以独自回我办公室，给我节省了很多时间。这样，我忙完工作后，就可以有更多的时间进行思考、进行写作。每天下午到了下班时间，她独自回到我办公室学习、写作业，而我也开始进行写作，等她作业完成了，妻子在家把晚饭也做好了。我陪女儿、女儿伴我，一起步行绕道回家，慢慢地成为习惯，也就是从那时起，我每天都利用下午下班后的空闲之余，坚持一小时到两小时的创作。在这短短的时间内，虽至多也就能写作几百字，但总有进展，只要有进展就有希望。每天下午我和女儿离开办公室的时间，再早一般都是六点半，更多的是七点后，甚至七点半后，有时我为了完成一小段落的写作，让晚自习的同学帮助我送女儿回家吃饭，等我回家用餐时，妻子嘴上虽说着怨言，但还是心疼地为我热汤盛饭。晚饭后，等妻子陪女儿看书空隙，我会借口到办公室加班整理材料，或到校园散步，又偷偷跑到办公室进行写作，从家到办公室，最短也就两分钟，最长也就四五分钟，为了加快进展并利用好空余时间，每天我都多跑好几趟。

从事学生工作本身就很忙，多年来，节假日等公休日期间基本也在办公室一直忙于具体工作，自写作以来，更是占用了周末、节假日等绝大部分的业余时间、休闲时间，而这些碎片时间也是写作的主要时间。周末，我每次按时送女儿到校外参加钢琴辅导课后，由于距离较近，也就是不到十分钟的车程，我基本上返回办公室再进行一会写作，等她下课前十分钟，我再去接回；如果赶到妻子带着女儿去岳父母家吃晚饭，我就借口需要加班或有应酬而偷偷到办公室写作；遇到公务接待及确实需要参加、无法脱身的同事、朋友聚餐应酬时，如结束较早，就直接到办公室，遇到妻子催促回家时，还谎称饭局仍未结束，对于一些闲玩、休闲的聚餐、聚会，虽也想参加放松一下，但为了挤出更多的写作时间，多是以种种借口婉言谢绝。写作时间最集中、精力最投入、进度最明显的时光，莫过于每年的寒、暑假，因为一到假期，除了部分留校学习的高年级学生外，大部分学生离校回家，切实减少了很多琐碎的具体事务，基本很少受到其他人的打扰或外来因素的干扰。全家吃过早饭后，妻子按时去上班，我带着女儿则如平日上班时间一样，赶紧向办公室跑。很多时候，整个教学楼除了值班室管理员，就只有我和女儿，全楼安静得出奇，办公室虽处三楼西首，但连楼下行人路过说话的声音都能清晰听到。而校园也是特别寂静，特别是寒假临近春节时，以及春节过后的一段时间里，除了极个别勤工助学的学生外，大部分学生完全离校回家，整个校园空荡无人。为了提高我写作、女儿学习的效率，我和女儿一同规定了学习时间，这样我们一同学习，一同休息。在暑假里，休息之余，我带着女儿到学校桃李桥上散步、观光，或到西校区季羡林湖赏鱼，或到学校羽毛球馆打会羽毛球，或拿着用玻璃瓶自制的钓鱼网到学校东侧的徒骇河边钓鱼……在寒假里，由于天气寒冷，很少外出，最多的是在教学楼内一同玩琉璃球，或从一楼到六楼一起捉迷藏……而在大雪天气过后，到五一广场、操场上拍雪景、打雪仗，完全忘记了写作、学习的疲劳和烦恼。女儿一到节假日，也习惯了到办公室陪我一起写作，只要在家吃完早饭、午休后就情不自禁地催我去办公室，直至现在，一放寒、暑假，女儿自言自语地说，“一放假，回家的时候更晚了”。为了写作，我的假期休息之日屈指可数，如2015年寒假放假共六周42天，除了因走访家庭经济困难学生家庭、春节回老家、走亲戚约朋友，无法到办公室外，有33天都到办公室进行了写作（全天在办公室写作累计基本不低于4个小时；否则不统计在内）；2015年暑假放假同样的六周42天内，我到办公室写作有35天，另有5天随学校有关领导、同事到新疆看望西部计划志愿者，其间虽无法写作，但仍利用路途或晚上时间查阅、学习随身携带的有关创作资料；而在2016年寒假六周、暑假六周内到办公室加班写作分别有34天和36天。无论在哪个岗位，我基本都是最后一个离开办公室，也许更是给值班人员增添麻烦最多的一位，在学校资助管理中心工作期间，由于有保安人员全天二十四小时值班，无论加班写作多晚，都是随喊随开门；在宿舍管理工作时，做到值班、写作两不误，即便晚十一点宿舍楼按时熄灯锁楼门后，也有值班学生随叫随到；而到学院工作后，由于教学楼晚十点即锁门，时间较早，前期我多次喊教学楼管理员起床开门，心里确实过意不去，后期我索性向管理员要了一把教学楼侧门的钥匙，从此我不用再担心打扰教学楼管理员休息，可以自如到在办公室写作到深夜，哪怕写作兴起，持续到凌晨一两点，有的时候，妻子和女儿熟睡，第二天都不知道我是何时回的家。习惯成自然，我的妻子从2002年11月份结婚至今，也慢慢接受、习惯并承担了全部家务和育女的责任，对我的工作在生活上给予全力支持，基本不为家庭琐事分散我的工作精力，工作单位距离家虽然较远，但她每天下班回到家无论多晚，总是做好饭菜等我和女儿从办公室回家。工作中我取得的成绩，特别是我的第一本专著，至少有她一半的功劳。

在完全做好本职工作，履行岗位职责，并不影响写作的同时，我也要完成学校安排的其他工作。学校东校区扩建征地，根据领导安排，2003年4月，我被抽调到学校征地小组工作，由于征用土地手续办理的烦琐性、复杂性，需要与当地十余个职能单位进行沟通协调，并经常性地到省国土、教育、财政等单位报送各类申请审批手续；在学校扩建征用所涉及的多个村庄房屋、土地时，征地小组全体成员全天候地与市拆迁、国土、规划等部门工作人员现场工作或集中办公，特别是在2009—2013年期间，由于上级对征用土地手续审批办理的督查检查，需要尽快完成相关土地手续的办理，更是把大部分时间耗在征地工作上，所以，那段时间，白天忙征地工作，晚上忙资助、宿舍管理等本职工作，等各项任务全部完成后，才有空隙和心思去写作，直至2015年4月，学校征地工作任务全部结束。整整十年的征地工作经历，虽丰富了我的工作经历、社会阅历，特别是人脉资源，但在很大程度上，也严重影响了我的写作进程。

就这样，边工作边写作，边写作边工作。然而，整个写作过程中，也遇到很多不如意、不顺心而无法继续写作，甚至放弃的时候。一是工作繁忙、任务特重的时候，有人把从事大学生思想政治教育工作的辅导员工作特点总结成“六个千万”（即工作对象“千家万户”、工作内容“千头万绪”、工作状态“千辛万苦”、工作方式“千变万化”、工作特色“千红万紫”、工作效果“千恩万谢”），这种总结一点也不为过，我虽从事学生工作多年，由于当时岗位空缺，在从事学生资助工作期间，同时负责过学生教育管理科、大学生事务服务中心等科室的有关具体工作事务，总感觉自身阅历丰富、经验丰富，随着工作年限增加，工作实施上会绰绰有余，但在实际上，仍时常感到工作缠身、任务压身，给人一种无法偷闲的空隙，特别是年终到了各项工作考核评选时，从准备到上报持续两周之余，当时所有的精力基本都投入考核评选工作中；我还记得为了做好2013年4月中旬全省高校学生宿舍检查评估实地检查评估工作，根据分工，我提前历时一个多月，对负责的五十余个有关宿舍管理制度一一进行起草制定或修订完善，由于连续过度加班，身心劳累，近两个月从未考虑写作事宜，待专家组考评结束离校后，有段时间实在不愿考虑继续写作。二是写作过程中，部分内容写作难度大、参考资料难找，尤其是每到各项资助政策的完善建议时，为了内容全面、新颖且符合长远发展实际，每项建议措施我都反复修改，直至自身感到完美；特别是创作到师范生免费教育制度章节时，由于学校归属省属地方院校，未在实施免费教育制度的部属师范院校内，学校对师范生一直未实施免费教育制度，相关制度实施进展情况、招生就业等数据很难查找，但又为了数据的全面、准确，我通过相关院校的网络一一分类查找统计、汇总分析，很多次个别高校的数据实在查找不到，我就直接电话联系学校的招生就业部门，虽多次吃到“闭门羹”，但最终还是收集到各类数据，在这个过程中，由于部分内容写作难度大，难以进展，我很多次食不甘味、寝难安枕，心里只想放弃。三是由于女儿当初还小，经常隔一两个月会因受凉、感染等原因发烧感冒，少则五六天，多则十多天，为了不耽误妻子上班、不影响女儿上学，我悉心照顾女儿吃药、休息，弄得自身多日休息不好、疲惫困倦，哪还有心思考虑写作的事情。我记忆最深刻的是2014年有一段时间，为了前后写作规范、格式一致，每写完一个小章节，我都习惯用“复制”再“粘贴”文件方式进行下一章节的撰写，在完成“学费补偿和国家助学贷款代偿制度”第二节有关存在的问题后，开始撰写第三节有关建议措施时，因为疏忽，竟然复制了第二节的快捷方式，等我全部删除粘贴后的第三节原有内容、回头查看第二节的内容时，才发现历时多日书写、有八千余字的第二节内容已无法找回，当时遗憾、沮丧的心情，真是难以形容，气得我好几天打不起精神。即便这样，每当遇到写作难以进展，甚至放弃的时候，我又想起了我周围很多老师的身影，我多年接触、熟知的李合亮、王玉珠、唐明贵、唐玉琴、李华锋、张兆林，以及其他诸多老师，他们一直在繁忙的工作中积极开展学术研究并取得显著成绩，受他们的鼓舞、启发，我不断调整好心态和状态，并凭着我多年与困难学生、资助工作惺惺相惜的深厚情感，很快又拥有了写作热情，继续进行下一步的创作。可以说，研究的最终成稿，很大程度上更应致谢这些老师们、同事们、朋友们。

撰写一项实践与理论相结合的研究专著，既要参考大量的文献资料、上级制定的制度措施，又要开展大量的工作调研。为了确保参考资料全面、新颖，我利用大量时间通过学校图书馆、网络查阅书籍、论文等，先后借阅有关教育、财政等书籍近五十册，对于部分确实无法借阅的书籍，我通过多种途径联系出版社或经销商购买，仅我自行购买有关贫困生、大学生资助、国家助学贷款、社会救助等主题书籍20余册；对于从20世纪新中国成立初期至今出台的所有与大学生资助有关的百余个文件规定，反复进行学习，对每项措施办法、文件精神吃透，以便分析无误；而参考的专题论文资料厚度达两尺。对于各项资助政策实施的进展状况，为了确保数据准确，并能掌握最新动态，我更是利用多年的人脉资源，除了登录各级政府、资助部门网站查找外，还积极联系全国学生资助管理中心、山东省学生资助管理中心，以及通过参会认识的部分外省从事资助工作的诸多同人、朋友，此外，根据研究需要，先后编制、印发高校资助专职辅导员队伍建设、国家助学贷款实施进展等多种调查问卷近5000份，并通过山东省部分高校学生资助管理部门、部分县市区学生资助教育管理部门、国家助学贷款等金融办理机构，以及在校学生广泛调研座谈，据估计，全书中涉及分析各类数据数千个，虽然也曾找同学帮助汇总、统计一些数据，但定稿前，我都进行一次检查确认、核实无误，基本做到全面准确、真实可靠。

除了工作就是写作，除了写作就是工作。很多时候，深夜加班后，已经做好上床休息的准备，但突发奇想，对写作进程中的章节内容又有了新想法、新观点，为了第二天不忘记，那就赶快起来记到小便条上，或者记录到我的手机上；为了妻子和女儿能多睡会，家中一般由我负责做早餐，我常常边做早餐边考虑当天的工作任务，以及写作中待完成的内容，因为各个章节中每条措施前后都要持续好几天，早餐虽做得较为简单，但更多的是“心不在焉”，发生很多“小插曲”。有次我做鸡蛋面条，面条下锅后，鸡蛋壳未打破就直接放到锅里去了；有次我用豆浆机打豆浆，豆子放到豆浆机后，竟然忘记按启动按钮，半小时才发现，无奈已到上班时间；有次炒菜，忘了锅里放油直接把菜倒进锅里干炒，妻子发现后，由于不知道我的心思，更不知道我的写作，真是哭笑不得，挖苦说：“不干家务事，是不是得了家务痴呆症，或家务恐惧症了！”嗨，她哪里知道我的心思其实不在做饭上！

坚持就有希望，坚持才能成功。2016年“五一”放假期间，随着最后一章节的完成，整个书稿的初稿终于完成，全书近62万字，由于前半部分写作较早，其中的涉及很多实时数据需要更新，以及个别资助措施由于政策变化需要进一步完善，为此，从5月初，特别是利用整个暑假对全书内容进行了认真仔细修改、完善，于2016年9月中旬终于完稿。有幸的是，结合我的研究专题内容，我分别申报了2016年教育部人文社会科学研究专项任务项目（高校思想政治工作），以及全省高校人文社会科学研究计划（思想政治教育专项）课题，最终顺利获批，极大地提高了我的研究激情与创作热情。随着书稿临近完稿，我曾联系一家当地省级出版社，负责编辑人员也提出修改建议，但迟迟未确定出版事宜，让我感到一些沮丧、不安，而这倒成了一件值得庆幸的事，在一位同事的介绍下，2016年9月下旬，我怀着尝试的想法，主动与中国社会科学出版社相关编辑负责人进行了联系，并按要求及时进行了投稿，由于该出版社是以出版人文社会科学学术著作为主的国家级出版社，1993年第一批荣获中共中央宣传部和国家新闻出版署授予的全国优秀出版社称号，为学校规定的十五种人文社会科学出版社名录之一，对著作的质量要求非常高，可是没有想到，责任编辑很快给了回复，并提出一些合理性的完善意见，经进一步修改后并再次审稿，于2016年12月底，出版社与我顺利签订了著作出版合同，等出版合同拿到手以后，我那忐忑不安的心才算落地，出版终于看到希望了，从2017年1月初至5月中旬，根据出版社的安排，分别进行了书稿校对、封面设计等多项工作，在邀请相关领导、专家为书作序时，虽欣然接受，但由于我个人原因，书序交稿时间比计划迟迟晚了两个月，所以导致著作出版时间也向后延迟，在责任编辑的关注与协调下，7月底著作终于出版，并第一时间邮寄给我。

一路走来，一路坚持、一路耕耘，我的第一本专著出版了，回顾十七年的工作经历，如果说所取得的成绩，这本著作也算是工作中取得的，让我较为满意、自豪的成绩之一吧。写作的整个过程，我未敢告诉任何人，就连妻子也不曾提前知道，即使在向别人索要相关资料被问起时，顶多谎称自己在准备一篇论文而已，从不敢说我在撰写一部所谓的专著，因为担心我没有精力或能力完成，或没有毅力完成，怕别人取笑我、挖苦我，直到2016年10月，与出版社基本确定出版意向并向学校办理著作出版资助申请时，我才正式向学院领导进行了汇报，同时也告诉了妻子，他们知道后，除了惊讶就是感叹，惊讶的是我用了如此长的时间创作，竟没有发现；感叹的是，在如此繁忙的学生管理工作中，能充分利用大部分的碎片时间完成一部60余万字的著作，真是难以想象、实属不易。而我也在写作中，虽有烦恼，但更多的是自娱自乐；虽有劳累，但能享受每个章节写完后成功的喜悦，同时，通过理论创作大大促进了自身在学生管理工作的实践创新，使学院家庭经济困难学生资助工作总体水平明显提升。

作为地方高校一名普通的专职辅导员，既不是专职从事教学工作的人员，又不是专职从事理论研究的人员，所以教学水平、研究水平无从谈起，但也要有理论研究的自觉性、主动性，更要有保证研究成果质量的自信心。我的第一本专著，作为一部兼具实践性与理论性的著作，虽不敢说有很高的学术性，但至少具有很强的务实性、指导性。结合自身专著创作过程及研究内容，高校辅导员撰写著作应注意以下几点：

一是选好著作研究内容主题，研究主题是整个著作的主线，与专业教师相比，辅导员开展研究主题内容更宽泛，更具有选择性、实践性，也更具有时代性、前瞻性，只有确定好的主题，才能有利于推动整个研究的开展。

二是设计好著作框架并制订写作计划，与科研论文相比，著作研究的内容更全面、更系统，且具有更大的难度系数和时间跨度，只有设计好创作的框架与实施计划，打好前期阶段的基础，才能做好后期创作阶段各个章节的衔接，切实保证整个研究内容的一致性。

三是做好参考资料的收集及信息整理，参考资料是著作研究的基础，是创作创意不可或缺的原材料，特别是准确、全面翔实的数据等信息资料是开展实践性创作的先决条件，只有做好各类所需参考资料的收集及各类数据等信息的整理，才能使创作有理有据、脉络分明，起到事半功倍的效果。

四是开展问卷调查并做好分析统计，辅导员是做学生的工作，即做人的工作，为此辅导员著作研究也离不开对学生的研究，只有通过设计并组织学生广泛开展问卷调查等，才能真正反映研究主题的现实问题及需求，切实提高著作研究的时效性和针对性。

五是正确认识并处理好工作与创作之间的关系，即实践与理论之间的关系，辅导员大部分精力都忙于繁杂、具体的工作，致使研究精力投入不够、不足，但总忙于工作实践而不进行理论研究，既无法及时把工作实践提升为工作经验，又无法提高自身的理论水平及综合能力，只有在工作实践中加强理论研究，在理论研究中注重工作实践，才能做到两促进、两提升。

六是充分利用碎片时间，工作日八小时，对高校辅导员来说，仅完成日常事务工作就远远不够，更不用说进行研究了，且工作时间内，频繁地接听学生来电、学生来访等，也无法安心思考。所以，加班完成学生日常教育管理工作的同时，也要拿出一定时间进行研究创作，要学会并充分利用工作时间外及加班时间外的，如晚上、周末等碎片时间，尤其是每年固定的寒、暑假期间，静心开展理论写作，只有把别人聚餐、喝茶、游玩、娱乐的时间用在理论研究上，才能为撰写著作的完成提供足够的时间保障。

七也是最重要的一点就是“坚持”两字，理论研究，特别是撰写过程是极其枯燥、极其寂寞的，为此，要在写作中克服意想不到的困难和烦恼，并在写作中善于寻找快乐和满足，从而在写作过程中始终保持一个好心情、一个好状态，只要记住一句话“你若不想做，总会找到借口；你若想做好，总会找到方法”就足够了！同时，我想起近日一个江西高校的辅导员朋友发给我的励志名言，“世界上有一条很长很美的路，叫作梦想，还有一堵很高很硬的墙，叫作现实。翻越那堵墙，叫作坚持，推倒那堵墙，叫作突破”。我身为地方高校一名既普通又平凡的大学生思想政治教育工作者，勇敢面对现实，坚持追逐属于我的梦想，我相信，总有一天，我的明天一定有一个意想不到的突破。

向窗外望去，已是深夜，钟表时针也正好到达最中点。此刻，我的脑子里一片空白，我的第一本专著既已出版，就成为过去！无论下一步何去何从，我的辅导员生涯仍将继续，且会更精彩！那我就将心置于原点，不忘初心，从零开始，继续前行吧！

“老杨，加油！”看着镜子里的自己，傻傻地自言自语道，终于，我可以睡个安稳觉了！

作者注

出版个人专著，在工作之初，即便工作七八年后也是不敢想象的事情。在校内其他辅导员同事中，也是很难、很少人能做到的事情。受其他高校优秀辅导员，特别是校内优秀专业教师的影响，从个人内心慢慢萌发撰写专著的想法。从拟定研究主题到确定章节目录，从设计调查问卷到收集数据信息，从问题提出到完善措施，从提交专著初稿到签订出版合同，等等，所有的环节都投入大量精力，都进行了深入思考，都征求了很多同行和朋友的意见与建议。经过七年的研究，深深感受到个人的工作实践能力、问题分析解决能力和理论研究能力大大提升，并慢慢喜欢上了研究工作，特别是对新时代高校思想政治教育工作的现实思考和实践探索。下一步，作为一线辅导员，我将立足本职工作，继续开展新形势下学生工作管理研究，以实现个人实践能力和研究能力“双提升”“双促进”。

（本文完成日期：2017年8月3日）

致准大学生：树立奋斗价值观，释放青春正能量

——不要在该奋斗的年纪选择安逸

正值五四运动100周年暨新中国成立70周年之际，各大院校又迎来了2019级新同学。作为在21世纪出生的“00后”大学生、“千禧宝宝”，自身普遍具有个性化的价值追求、自主化的学习方式、务实化的人生理想，以及网络化的娱乐生活等独特的气质与特点，特别是与20世纪“80后”“90后”相比，“00后”大学生更具有较强的竞争意识、较高的网络技术运用能力和较理性的处世能力。对于刚刚收到大学录取通知书、即将步入大学校门的准大学生来说，如何度过四年大学生活才是决定一名新时代大学生未来发展、成功的关键，而大学时光正是人生学习道路上的“黄金时段”，是未来职业发展、成功的“加油站”，也是奋斗的最佳时机，绝不是高考后的“休息区”“终点站”。唯有奋斗才能让大学更有价值、更有意义；唯有奋斗才是青春最亮丽的底色！也唯有奋斗的青春才最美丽、最快乐、最难忘！

一、要明确来大学的目的，永葆奋斗动力

在绝大多数同学的记忆里，上小学的目的是上中学，上中学的目的是上大学，并伴随着父母老师一声声、一句句的“好好学习，将来考上大学就有出息啦！”“好好努力，将来考上大学就有出路了！”“好好奋斗，将来考上大学就轻松了！”的期望与嘱托完成了高考，最终又在父母的意愿及劝说下填报了自己并非真正喜欢、完全了解的学校及专业，而很少思考，更难明确自身来大学的真正目的，也很少有人告诉自己“到大学的目的？大学应该如何读？大学后的出路在哪里？……”

浙江大学老校长、当代著名地理学家和气象学家竺可桢先生于1936年在与新生的谈话会上曾对新生提出两个非常经典的问题，其中第一个就是让同学们问问自己：“到

浙大来做什么？”是啊，与小学、中学只是打好基础相比，大学校园生活与学习还是千差万别的。首先，在相处对象上，在小学，同学大都同村或同乡；在中学，同学大都同县或同市；而在大学，同学们都来自全国五湖四海，通过接触认识、交流沟通，彼此了解全国各地的家乡风俗、传统地域文化等，在无形中接受一种丰富的“人文教育”。其次，在学习内容上，主要包括专业教育和通识教育两大方面，其中专业教育开设目的是全面地掌握各自专业领域的基础知识与技术技能，而通识教育开设目的是让大学生获得更多的生活意义和生存价值，培养其具有见识通达、知识广博的高素质，并对未来个人发展产生更大、更深的影响，为此在学好学精专业教育的同时，更要在学习掌握通识教育上下苦功夫、显真本领。最后，最重要的是大学教育的根本目的，从国家目标层面，大学教育是要从道德情操、审美怡情等方面培养全面发展的人才、造就堪当中华民族复兴大任的时代新人，最终目标是培养适应和引领时代需求的人才；从个人目标层面，通过学习专业知识、丰富实践能力、提高科研水平、锻炼体质体能、开发创新潜力等各个方面，最终达成个人品德修养、能力水平和综合素养大提高，以满足自身后期的自我发展和自我需求。为此，难道能说“考上大学就有出息了？考上大学就有出路了？考上大学就轻松了？”绝对不是。人生是一个长期而持续的积累过程，任何阶段都需要奋斗，大学更是最应该倾力奋斗的重要阶段。所以，准大学生们，不应该在该奋斗的阶段选择安逸，更不应该在最佳学习阶段选择轻松！

美国大文豪罗威尔氏曾说：“大学的目的，不在使学生得到面包，而在使所得到的面包味道更好。”明确了来大学的目的，同学们还会没有奋斗的动力？也不会没有不奋斗的道理了吧！

二、要做好“人生规划”，以奋斗铸就人生梦想

“烂漫青春不可蹉跎，人生梦想不可放弃。”好的人生离不开好的规划，成功的人生离不开成功的规划。人生规划如此，大学四年规划也是如此。生活中没有人生规划，就没有奋斗目标，就不知道一辈子要成为什么样的人，往往就会放松自己；大学没有成长规划，同样就没有学习目标，就不知道要向什么方向努力，更不知道未来从事什么工作，从而降低自己的成长要求，最终造成大学美好时光的浪费。有了人生规划，才能拥有人生梦想，才会寻求别样的人生；有了大学生涯规划，就如同有了心中的“护身符”，引导其大学一路坚持前行，而不会走弯路、不会走错道路。

竺可桢先生给新生提出的第二个经典问题便是“将来毕业后要做什么样的人？”也就是说将来要做什么，就得从进大学这一刻开始准备起来，这就要求大学生认真做好大学四年成长规划，乃至毕业后人生长远发展规划，这是影响并决定未来何去何从的关键问题。为此，准大学生跨入大学校门的首要任务就是要量身定制一套符合自身实际、目标清晰、切实可行的高质量的职业生涯规划。在大学职业生涯规划里，首先对自身进行一个全面的再认识、再评估，再精心设计四年中各个学段（学期、学年）的学业等级、实践锻炼、专业竞赛与社会服务项目等短期生涯发展目标，以及未来继续攻读学位、创新创业、基层服务、考公就业、出国深造等中长期职业发展目标，并在实施过程中，根据规划进展、个人需要和社会发展及时作出合理调整。

准大学生通过及时做好大学生涯规划，并在整个职业生涯周期中，围绕着个人职业生涯规划步骤及短期目标，通过自己的持续奋斗来一个个实现，最终以自己的实际行动顺利实现职业生涯的总目标，从而以奋斗成就人生梦想。

三、要把握好人生学习的“黄金时段”，用奋斗书写无悔青春

春天是孩子成长的“黄金时段”；大脑最清醒的时间即每天最适合学习、效率最高的“黄金时段”。而大学四年正是人生学习的“黄金时段”，是一个人性格成型、能力培养的最佳时期，个人精力最旺盛时期，也是人的一生中最宝贵、最高效、最值得怀念的一段重要时光之一，为此，每位准大学生要切实把握好大学四年学习时光，扎实锤炼、培育高尚品格，高效掌握、巩固专业知识，大力培养、锻炼实践能力，注重强化、提升科研水平，稳步增强、提高综合素质至关重要。

如何把握好人生学习最佳的“黄金时段”？准大学生们要充分高效利用好大学四年时间。有人说：大学什么都没有除了时间。的确如此，大学里拥有最多的就是时间，对每位大学生来说最关键的问题就是大学四年，在这1460天、3.5万余小时中如何度过。现实中，在学校无论是两学期制，还是三学期制，全年最多就是40周上课时间，除周末、小节假日及期末复习考试周外，真正上课学习的时间真是屈指可数，剩余的绝大多数时间是由个人自主自由支配。所以，要在大学最佳学习“黄金时段”内，好好把握管理、悉心经营每一刻，每天进步一点点，长时间坚持下来，能没有收获吗，能不进步吗？“$1.01^{365}=37.8$”与“$0.99^{365}=0.03$”的差距，不就是每天学习努力程度少一点与多一点的道理吗？

同学们是否还记得两年前，《人民日报》曾以“你不失业，天理难容”为题痛批

沉睡中的大学生，那些“上课时，不是发呆、睡觉，就是玩手机，课余生活只有吃零食、看剧、沉迷游戏。图书馆里没有自己的身影……不给范围就不会考试；实习要让父母开假证明，评先进要让父母找关系……唯一投入的是游戏，耗时最多的是游戏的学渣们”，最后的结局哪一个不是毕业即失业、待业，心安理得地回家“啃老”，而那些“上课时抢占前三排，让手机主动处于断网状态；学习时远离手机；周末、假期整天泡在图书馆看书……课余时间从不追剧、打游戏；积极参与兴趣社团实践活动，主动放弃评优推荐机会，让与他人……努力学好每一门课程，把精力、时间一心放在学业上的学霸们”，最后的结果哪一个又不是学业有成、如愿以偿，心怀梦想地成功走向社会。吃过的苦最终都换成了幸福与喜悦，当初一同跨入校门、一同起跑、一同食宿，四年后却走向不同的人生旅途。

“所有成功的事业都是时间和汗水熬出来的，你偷过的懒，迟早会变成打脸的巴掌”，每个人读过的书、学到的技能、掌握的知识、增长的本领都不会白费，所以处于大学学习、成长最佳的“黄金时段”的准大学生们奋力拼搏吧，四年光阴将会默默为你储存下力量和源泉，并会在未来某一个时间出现，帮你渡过难关。

四、要坚定奋斗不停歇，争做新时代“五观”好青年

“青年是整个社会力量中最积极、最有生气的力量，国家的希望在青年，民族的未来在青年”，而大学生是青年的重要组成部分，作为中国特色社会主义各项事业的生力军和接班人，更是未来实现社会主义现代化建设，及全面建成社会主义现代化强国的骨干力量，承担着继往开来、迎接挑战、推动中国走向世界强国之林的历史使命。因此，准大学生们不断强化个人在价值追求、人生规划中的主体意识之时，要以坚定奋斗不停歇的毅力、气魄，积极发挥自身的创新能力和创造价值；在大学四年成长成才过程中，稳步牢固培养、树立正确的爱国价值观、生命价值观、学习价值观、劳动价值观、诚信价值观。

（一）牢固坚定爱国价值观，以爱国作为立身之本

爱国主义是中华民族精神的核心，其“本质就是坚持爱国和爱党、爱社会主义高度统一”。一百年前的五四运动就是以北京大学的学生为发起者和主力军的爱国运动，作为刚跨入校门的准大学生，更应该在发扬五四精神、弘扬爱国主义中担当起新时代中国青年的责任使命，追随中国共产党成为爱国主义精神最坚定的弘扬者和实践者。

爱国，就要坚持把热爱祖国作为立身之本、成才之基，坚信没有共产党就没有社会主义现代化强国，处处听从上级、学校、学院安排与教导，时时坚定永远跟党走的信心和决心，以全身心的真情投入和拼搏精神来体现爱国主义情怀；就要注重掌握、深刻认识祖国的悠久历史和深厚文化，从英雄人物和时代楷模身上感受道德风范，不断树立和坚持正确的历史观、民族观和国家观；就要在复杂的社会环境下，更加理性地爱国，做到有理有据、有礼有节，注重提高自身的是非辨别能力，以遵守法律高度的自觉性，对不良诱惑说“不”，做到线上线下不传谣、不信谣，不传播负能量；就要不能仅停留在口号上，而要把个人的行为行动、奋斗目标与国家实现两个一百年“奋斗目标”紧密结合，把个人自身价值、理想抱负与实现现代化建设紧密相连，通过树立远大理想引领爱国之志，勇做一个忠诚的爱国者；就要让个人的理想信念在学习奋斗拼搏中不断升华，珍惜新时代、担负新使命、实现新作为，以实现个人梦不断助推中国梦，把满腔的爱国情、报国志化为强大的学习动力。爱国，就要经常反躬自问，三省吾身：自己的奋斗目标结合国家奋斗目标了吗？自己是否真正拥有爱国主义情怀？自己能否身体力行，以实际行动来报效祖国？

（二）牢固树立生命价值观，以生命历练奋斗之躯

生命是至高无上的！人人都有善待自己和他人生命的义务，所以每个人既要爱护自己的生命，又要爱护、尊重别人的生命！

生命是教育的起点，也是教育的终点，印度伟大诗人泰戈尔说：“教育的目的是应向人类传送生命的气息”；大学教育的真正目的是“育人”，是“以人为本”的教育，它在于用知识启迪智慧，并将智慧融入生命，并最终提升生命的意义。所以，作为即将接受高等教育的新时代准大学生，最应该以提高生命价值、生命意义为首要学习生活目的，处处从生理上、心理上、精神上、行动上展现更加朝气、更具有创造力和生命活力的人生境界与风貌，时时拥有健康积极、精神饱满、正视压力、敢于挑战困难的、坚强的、正确的生命价值观。为此，同学们就要做到积极参加学校组织开展的系统生命主题教育、自主参与系列“5·25”心理健康教育主题活动，从中学会化解学业发展、生活挫折、人际交往、论文设计、就业压力、感情破裂、家庭变故等带来的消极倾向与困惑；就要做到主动与辅导员、班主任进行“面对面”“心与心”的沟通交流，并在其指导下重塑学习、生活上的信心，及时缓解并解决自我成长过程中的心理压力与心理问题，特别是由于缺乏抗打压能力而产生的抑郁焦虑，促使个人健康成长；就要做到消除并远离那些因学业、就业、恋爱、家庭等因素导致心理障碍和行为异常

而自杀的非正常死亡大学生带来的消极影响；就要做到在校园内外时刻加强个人的人身财物、防火防电、防盗防骗、交通饮食，以及网络舆情等安全意识，远离一切危及安全，特别是危及生命的安全隐患；就要注重增强自身体质，积极响应并参与学校开展的以“走下网络、走出宿舍、走向操场”为主题的课外体育锻炼活动，以及学院组织的各项阳光体育运动项目；就要做到不断增强心理健康意识，不断提高自我调适能力，在大学四年中主动思考生命的价值与意义，始终保持良好的学习状态、生活心态、人生态度来积极奋斗，从而避免造成自身生命价值观的异化。树立积极的生命价值观，珍惜生命，要经常反躬自问，三省吾身：自己能够做到正确认识、思考生命的价值和意义吗？自己个体心理状态有没有失衡、行为有没有异常？自己在遭遇挫折或出现心理压力与危机时，有没有与辅导员班主任主动沟通的勇气？

（三）牢固培养学习价值观，以学习作为成才之基

“学习是成长进步的阶梯”，准大学生们要树立“学不可以已”的观念，把学习作为首要任务，切实增强学习的紧迫感、使命感。“不论是成就自己的人生理想，还是担当时代的神圣使命，青年都要珍惜韶华、不负青春，努力学习掌握科学知识，提高内在素质，锤炼过硬本领，……要增强学习紧迫感，如饥似渴、孜孜不倦学习；在学习中增长知识、锤炼品格。”新时代青年大学生要完成新世纪赋予的历史使命，就要牢固培养学习价值观，通过勤奋学习打深打牢成长基石。

培养学习价值观，就要从思想上强化学习重要性的再认识、再提高，在内心深处自觉消除并抵制父母、部分中学教师或大学个别学长学姐所谓的“考上大学就能轻松”“大学不需要努力，学习不重要”“上课不过是换个地方玩手机”“没挂过科的大学是不完整的大学”等的主观臆断及“负能量”信息；就要从精神上积极调动学习的积极性与主动性，增强自身的学习热情和动力，注重整合大学超过一半的自由支配时间，集中精力奔波于教室、实验室、创作室、自习室及图书馆之间，让每日学习成为大学生活中的“精神食粮”；就要从行动上切实消除整天“轻轻松松、昏昏欲睡”的消极状态，消除“敲锣打鼓”、空喊口号的表面文章，而要真正沉下心来专心学知识、俯下身来精心做工作；就要从生活上彻底远离与舍友组队共享“打王者”“吃鸡”时光，远离熬夜打游戏，远离考前开夜车抱佛脚，绝不做挥霍青春的“乌托邦”；就要在方法上摸索出一套适合自身的学习技巧，尽可能提高学习效率，在方式上对标周边模范先进，并学习其学习策略、动机、态度及习惯，逐步培养并传承良好舍风、班风、学风，不断树立个人学习、理想志向；就要在内容上努力学习马克思主义立场、观点和方法，

学习中华上下五千年的历史文化知识，学习贯彻习近平新时代中国特色社会主义思想主题教育深刻内涵，学习专业文化知识及为人处世的道理与技能、方法与才干等。加强学习，就要经常反躬自问，三省吾身：自己每天都能坚持学习吗？自己是否全身心地投入学习中了？自己是否真正掌握了专业知识与所学内容？

（四）牢固培育劳动价值观，以劳动创造生活之美

“一屋不扫，何以扫天下”，从古至今，劳动创造了世界，也孕育了灿烂的历史文化。习近平总书记在全国教育大会上强调，“要在学生中弘扬劳动精神，教育引导学生崇尚劳动、尊重劳动，懂得劳动最光荣、劳动最崇高、劳动最伟大、劳动最美丽的道理，长大后能够辛勤劳动、诚实劳动、创造性劳动”。作为出生在相对衣食无忧的“00后”准大学生，因父母过度宠爱、中学学习过度紧张、享乐主义错误观念影响等多种因素，致使很少有参加劳动、家务的机会与体验，最终导致多数青年学生劳动态度消极，劳动能力欠缺，在学习生活中吃不了苦、受不了累，“两耳不闻窗外事、一心只读圣贤书”，甚至鄙视劳动、轻视劳动。为此，新时代准大学生在成长成才过程中，更要加强对劳动意识、劳动价值的培养，以及劳动能力的提高。

“民生在勤，勤则不匮”，劳动是财富的源泉，也是幸福的源泉，人民大众这样，青年学生更是如此。培育劳动价值观，一要转变劳动观念，端正劳动态度，树立正确的“劳动观”，正确理解劳动价值对培养正确世界观、人生观、价值观的积极影响，深刻认识“习近平总书记通过梁家河七年劳动扣好了自己人生第一粒扣子”的重要影响和重要指向；二要提高劳动能力，在劳动中不断提高自身处理、解决问题的实践能力，高考前努力拼搏才换来今日大学门票，同样为了下一程门票仍需要继续努力，不应该在该奋斗的年纪选择不劳而获，而应该以更大的干劲和信心在劳动中不断发展和提高，不断实现自己的奋斗目标和自身价值，“社会主义是干出来的，新时代也是干出来的，所有的发展和成绩更是干出来的”；三要学会勤俭节约、扎实苦学，在大学四年中要精心培养个人的吃苦耐劳精神，要注重珍惜劳动成果，在衣食住行上提高自身的自立自强能力，彻底消除、改变原来衣来伸手、饭来张口，一切由父母包办的生活方式，要拒绝“外卖”、拒用清洁工，要做到爱劳动、会劳动、真劳动；四要努力参加社会实践活动，根据自己的专业特点、特长及院系实践活动需求，积极参加力所能及的文化科技卫生“三下乡”、文化卫生“四进社区”、农村“阳光”支教等大学生社会实践活动，以及传承红色基因、创青春等大学生主题教育，通过进社区、进农村、进工厂、进小学，亲身体验劳动锻炼与实践，做到知与行的有机统一。热爱劳动，就要经常反躬自

问，三省吾身：自己是否完成当天的宿舍、教室、图书馆、校园卫生劳动值日任务？自己今天都给同学、老师、学校付出了多少？自己在劳动中有什么得失？

（五）牢固践行诚信价值观，以诚信成就发展之需

诚信是中华民族传承数千年的传统美德，是社会主义核心价值观的重要内容，对于全社会及个人发展皆具有重要的价值和意义。孟子有云：车无辕而不行，人无信则不立。诚信对于人而言就像是车子的轮子一样，没有诚信的人是无法在人生的道路上走下去的，“诚信走遍天下，失信寸步难行”。作为新时代青年大学生，诚信不仅是一种品行，更是一种责任；不仅是一种道义，更是一种准则；不仅是一种声誉，更是一种资源。良好的诚信观既与自身的世界观、人生观、价值观一脉相承，又与自身的成功与失败息息相关，因个人或企业不诚信而害人害己，乃至个人身败名裂、企业破产死亡的事例数不胜数。为此，准大学生们在为人处世、一言一行中要积极践行诚信观，像对待生命一样对待自己的诚信。

践行诚信价值观，就要注重提高个人修养和思想觉悟，自觉把诚信意识和诚信行为统一起来，坚持用个人无形资产约束自身行为，坚守“莫因善小而不为，莫因恶小而为之”，坚信“诚信是生命，诚信是财富”；就要以自身道德的力量，严格遵守诚信做人的道德底线，保持着自律心态和平和心态，从容面对学习生活中的困难、压力或不堪，时时做到考试不作弊、论文不抄袭、竞赛作品不剽窃，处处做到说话真诚、还贷信用好，做到个人证件及评优推优材料真实可靠，为自己树立诚信的标杆；就要做到在校园里始终怀着一颗感恩之心面对大学生活，感恩四年中遇到的每位舍友、同学及老师，感恩自己所有一切的经历，让自己变得更加优秀。做诚信大学生，就要经常反躬自问，三省吾身：自己是否做到一个诚信的新时代大学生？自己应从哪些方面做到诚信？自己是否有勇气对不诚信行为说不？

所谓奋斗，就是幸福者的印记，大学不奋斗，何谈人生幸福！梦想不会自动成真，奋斗才是其桥梁；目标不会自动抵达，奔跑才有远方。正如习近平总书记寄语当代大学生，“再过30年，到本世纪中叶实现第二个百年奋斗目标的时候，你们正好是国家的骨干和栋梁”。到那时，你们既是中华民族伟大复兴的奋斗者、建设者、实践者，又是见证者、参与者、分享者。

要过没有遗憾的人生，就大胆去尝试努力；要过没有遗憾的大学，就大胆去奋斗拼搏！

用奋斗书写无悔青春，用奋斗笃行青春价值！

青年同学们，为党为国为人民，为校为家为自己，加油吧！努力吧！奋斗吧！

作者注

作为辅导员，总是想利用一切可利用的机会，通过线上线下和学生多谈心、多交心，以达到服务学生、引导学生、教育学生之目的。特别是每年针对第一次跨入大学校门的大一同学，更是感觉有说不完的话、唠不完的嗑，想讲立志报国、想说安全防骗、想谈大学规划，想聊就业创业，想唠人际关系，想侃爱情与感情……以便准大学生们更快了解大学、适应大学，做大学生活的主人。值2019级新生即将开学之际，学校学生工作部门实施“师说心语”约稿活动，让一线辅导员结合自身学生工作体会与经验，以及新生刚到大学成长发展的规律、容易出现的问题等，给新生说说自己的心里话。为此，根据近期高考后，较多准大学生及其部分家长提出的“大学真的就轻松了！”“高考后大学就应该轻松了！”困惑及疑问，结合近几年习近平总书记在不同场合针对青年学生强调的“新时代是奋斗者的时代”“中华民族伟大复兴在我们的奋斗中梦想成真”，围绕“奋斗”二字，浅谈一些个人拙见，以期望大一新同学在入学之际就能明确大学生活的目的，积极制订大学学习计划，树立正确的价值观，在未来的四年大学生活里，用智慧和力量、努力和奋斗，一步步绘就美丽的梦想，让梦想炫彩飞扬！

（本文完成日期：2019年8月18日）

大一新同学：认同并践行社会主义核心价值观其实很简单

对大学生进行社会主义核心价值观教育是高校思想政治教育工作面临的主要任务和历史使命。对刚入学的大一新同学，引导其认知、认同从而践行社会主义核心价值观，是新生入学教育的重要环节，也是开展大学生社会主义核心价值观教育的重要内容。在大一开设的《思想道德修养与法律基础》《毛泽东思想和中国特色社会主义理论体系概论》等思想政治课程中，虽有涉及社会主义核心价值观内容，但只是作为一段落或一小部分进行讲述，大部分高校尚未单独开展社会主义核心价值观课程，且在一部分师生看来，践行社会主义核心价值观也是可望而不可即的事情，更未真正将外化转化为自觉行动。因此，辅导员作为培养大学生社会主义核心价值观的引领者和代言者，应紧紧围绕社会主义核心价值观到底是什么、提出社会主义核心价值观的原因是什么等基本问题，让大一新学生切实了解掌握社会主义核心价值观的基本内涵、发展历程，以及践行社会主义核心价值观的关键和落脚点，才能引领他们真正认识、自觉认同并积极践行社会主义核心价值观，从而促进大学生社会主义核心价值观信仰的最终形成。

第一，要大一新生了解社会主义核心价值观的概念内涵

要想真正认识社会主义核心价值观，首先要了解社会主义核心价值观的基本定义，以及它的发展历程、价值意义，特别是概念内涵等。

社会主义核心价值观最关键的一词应是“价值”。价值是某一种事物对人的有用性，如金钱的价值、商品的价值等；价值观是我们在处理价值过程中持有的根本观点和方法，如绝大多数人认为奉献的人生是有价值的，而一味索取是无价值的人生等；核心价值观是在社会中居统治地位、起支配作用的核心理念，如民主平等、公平正义

等；那么，社会主义核心价值观就是在社会主义价值体系中居统治地位、起指导作用、从最深层次科学回答“什么是社会主义”或社会主义本质属性这一根本问题、在马克思主义理论体系中占据核心地位的价值理念。

社会主义核心价值体系建设的基础是社会主义意识形态。学生们在中学都学习过，社会主义意识形态是以历史唯物主义为世界观基础，反映无产阶级的根本经济政治利益的、自觉的、系统化的思想观念体系，并随着社会主义革命和建设的发展而不断得到丰富和完善。最早体现社会主义核心价值观的时期是在新民主主义时期，集中体现在提出的“建立一个独立、自由、民主、统一和富强的新中国”的新民主主义纲领上，其中“为人民服务”是该时期社会主义核心价值观的根本内容和精神动力。自1949年新中国成立后，确立的社会主义基本政治制度、经济制度，以及以马克思主义为指导思想的社会主义意识形态，为社会主义核心价值体系建设奠定了政治前提、物质基础和文化条件。从1978年召开的十一届三中全会确立实事求是的思想路线，到2006年初我党提出“八荣八耻”社会主义荣辱观，再到2006年底十六届六中全会首次明确提出“建设社会主义核心价值体系”，直到2011年十七届六中全会强调“社会主义核心价值体系是‘兴国之魂’”，为培育和提出社会主义核心价值观奠定了坚实基础。

2012年，党的十八大明确提出以二十四字为主要内容的社会主义核心价值观，从国家层面的价值目标、社会层面的价值取向，以及个人层面的价值准则“三个倡导”，分别明确了我国建设社会主义现代化国家的目标、我国特色社会主义建设实践的核心价值理念，以及公民必须恪守的基本道德准则。简单地说，就是中华民族未来建设发展实现什么目标，人类社会美好未来呈现什么状态或者价值取向，人们社会道德生活具备什么标准。2013年12月底，在中共中央办公厅印发的《关于培育和践行社会主义核心价值观的意见》中，明确提出社会主义核心价值观是我们党凝聚全党全社会价值共识作出的重要论断，至此，为全国上下加强社会主义核心价值观教育实践提供了重要遵循。

第二，要大一新生掌握社会主义核心价值观与社会主义核心价值体系之间的关系及其区别

培育和践行社会主义核心价值观作为发展中国特色社会主义的本质要求，社会主义核心价值观和社会主义核心价值体系都属于社会意识形态范畴，在本质上和外延上具有一致性的。同时，社会主义核心价值体系是整个社会主义价值体系的定标器，是

社会主义制度的精神“魂魄”，而社会主义核心价值观是社会主义核心价值体系的聚焦点，且作为社会主义核心价值体系逻辑序列中的有机构成部分，社会主义核心价值观渗透到社会主义核心价值体系的各个方面。有的学者通过形象地打比喻来区别两者的不同，把社会主义核心价值体系比喻成几味主要的草药，那么社会主义核心价值观就是这几味草药炼出的汤剂，只有将草药炼成汤剂，人喝下去吸收后，才能治疗世人“价值观”迷失的弊病。这样，同学们都比较容易认识社会主义核心价值观的本质，以及与社会主义核心价值体系的区别。

第三，要大一新生清楚提出社会主义核心价值观的原因及与西方价值观的不同

主要从两个方面分析提出社会主义核心价值观的原因，以及与西方价值观的不同，一方面是丰富和发展马克思主义价值学说的需要，从历史上看，无论封建主义，还是资本主义都总结形成了适应自身制度形成和发展需要的核心价值观，并成为维系社会运转的精神支撑，社会主义作为更高的社会形态，在社会运动进程中同样需要也应当形成自身的核心价值观，况且我国确立的社会主义制度和多年的中国特色社会主义建设的实践，为深化社会主义在价值层面的认识提供了根本前提。另一方面主要是应对西方价值观冲击和挑战的需要，也是两者的不同之处，西方价值观其实是西方普世价值观，是资产阶级以人性对抗神性，以人权反对神权的基础上形成的以个人主义、享乐主义、拜金主义、利己主义为主要内容的资本主义核心价值体系，其表现行为为个人权利至高无上，实施目的主要是推行政治制度，对外价值观输出；而社会主义核心价值观的内涵是爱国主义、集体主义和社会主义，其目的主要是解决我国社会转型过程中出现的思想价值观失衡问题，逐步形成全民族奋发向上的精神力量和团结和睦的精神纽带。

第四，当代大学生到底如何践行社会主义核心价值观

很多同学往往这样考虑，践行社会主义核心价值观是国家的事、社会的事、人民大众的事，与在校大学生关系甚微！事实上，恰恰相反，当代大学生更是践行社会主义核心价值观的主体，是开展社会主义核心价值观教育的最佳实践者、受教育者。习近平总书记在多个场合强调培育和践行社会主义核心价值观重要意义的同时，多次指出要把社会主义核心价值观融入学校教育全过程，特别是针对在校青年大学生，

习近平总书记反复强调，你们的价值取向决定未来整个社会的价值取向，并形象地指出，处在价值观形成和确定时期的大学生，就像穿衣服扣扣子一样，如果第一粒扣子扣错了，剩余的扣子都会扣错。所以，大一新同学要从现在做起、从自己做起，进一步端正学习态度，优化生活作风；主动参加学校及院系组织开展的党团、社团，以及志愿服务等课外活动；积极参加围绕教育公平、“三农”问题、医疗改革等社会热点问题开展的主题、专题调研与社会实践活动，让社会主义核心价值观成为自己的基本遵循，在做人、做事上，要时时、处处、人人，做到知行合一，自觉践行社会主义核心价值观，让社会主义核心价值观内化为精神追求，外化为自觉行动，切实让社会主义核心价值观的种子在心里“生根发芽”，让新时期的大学生真正成为社会主义核心价值观的坚定信仰者、积极传播者、模范践行者。

作者注

自党的十八大提出二十四字社会主义核心价值观，特别是2013年12月底中共中央办公厅下发《关于培育和践行社会主义核心价值观的意见》后，全国上下不断深入推进社会主义核心价值观教育，各大街道、公共场所、商场电子传媒，以及办公区域等到处营造了宣扬社会主义核心价值观氛围。另外，社会主义核心价值观内容作为高考政治课或时事政治中的一部分，是必考内容，只是分值占比的高低。对于新入校的大学生，应该能够准确掌握社会主义核心价值观主要内容及相关知识。但恰恰相反，通过连续四年组织刚入学的大一新生对社会主义核心价值观认知现状调研对比，100%的同学选择“知道社会主义核心价值观”，但仅有45%~60%的同学能准确知道社会主义核心价值观提出的时间。对于了解社会主义核心价值观的内容上，虽有近70%的同学表示较为熟悉识记，但仅有不到25%的同学坦言能够掌握“二十四”概念的内涵。特别是分别有55%、63%的同学认为“培育和践行社会主义核心价值观与自己无关”“践行社会主义核心价值观难度大”……因此，为了让社会主义核心价值观的种子在广大青年学生心中“生根发芽”，就要从大一新生抓起，让社会主义核心价值观的基本内容及实质内涵融化到他们心灵中，使其慢慢养成践行社会主义核心价值观各项要求的良好习惯，进而形成自觉奉行的信念理念，从而在实现中国梦、民族梦的伟大实践中不断创造更多的精彩人生。

（本文完成日期：2017年10月2日）

致大一新同学：请开启“1357”大学模式

金风送爽，丹桂飘香。在喜迎党的十九大即将召开之际，我们又迎来了2017级新同学。在英文中，大一新生词叫“Freshman”，这个词蕴含着新鲜的意思，代表了步入大学后将会出现许多新的体验、新的希望、新的追求，渴望成为更优秀的人。我想，这也是你们作为新生的内心独白。作为进入社会前的一个重要阶段，如何度过大学四年，这是一个老话题，更是一个新话题。面对新形势下，时代赋予高校的神圣历史使命，同学们应该尽快开启“1357”大学模式，即

确定“1”个正确的人生目标

高尔基说：“一个人追求的目标越高，他的才能发展得越快。”大学阶段新目标的确立，实际上是人生目标的确立，即是立志，它直接影响大学阶段以及毕业后的人生道路发展，只有尽快确立了正确的人生目标、立大志，才能为大学期间的学习与生活提供无穷无尽的力量源泉。要确定正确的人生目标，首先，要对自身进行一个全面、客观的了解，从个性特征、性格兴趣、优势特长等各方面进行准确、综合评价；其次，根据所学专业，客观分析当前及未来所属学科建设现状与发展趋向，为大学四年储备业务知识和提高专业技能打好基础；最后，科学合理规划自身的职业生涯，清楚大学自己想学什么、需学什么、如何学到，毕业后该做什么、会做什么、适合做什么，让“大学梦”更清晰、“人生梦”更光明，使大学切实成为实现自己人生目标的“加油站”。通过确定正确的人生目标，自觉把个人的理想追求融入国家和民族的事业中，努力做最好的自己！

实现"3"大转变

角色转变是人生的重要课题。从高中到大学，无论从生活方式、学习方法，到人际交往都会有全新的感受。而大学作为基础教育的延伸，虽说是从一所学校走向另一所学校，同样也是让求学者接受教育，但从教育本质、方式上，与中学截然不同，大学不但给学生传授更专业、与社会需求更贴近的知识，而且更注重培养学生的实践锻炼能力及适应社会综合素质。同时，中学时代教师的"满堂灌"授课方式成为过去，而是让学生拥有更多时间来自由支配、自主学习，完全让自己完成学习任务及各种挑战，为后期独立走向社会做好准备。为此，作为刚步入大学的你们，要尽早实现从中学生到大学生的身份转变、从被动接受到主动学习的方法转变、从依赖他人到自理自律的方式转变，只有这样，才能真正适应大学新环境、融入大学新家庭，争取尽快进入一个主动学习的状态，为了自己的人生目标和理想努力去奋斗、去拼搏。

提高"5"种意识

做事必先做人，做人就要敢于担当。作为未来实现中华民族伟大复兴的中国梦的主力军，十年后、二十年、三十年后，你们将成为全面建成小康社会的中坚力量、社会进步的重要力量。而遵纪守法作为大学生思想道德修养的重要内容，是大学生个人对国家道德责任的"底线"；尊重他人，实际上是尊重自己的最好表现，是人生中做人做事不败的"底线"，越是希望他人尊重自己，就越要先尊重他人，从而达到事半功倍之成效，对大学生更是如此；艰苦朴素作为中华民族的传统美德，是我们党的优良传统，更是在优越的生活环境、富足的物质条件下成长的青年一代坚持继承和发扬的优良作风；团结友爱，作为大学生优良品质和健康心理素质的具体表现，对正处于从学校到社会跨越、过渡重要阶段的你们来说，对形成高尚、正确的"三观"具有极其深远的现实意义；安全防范，在面对校内外复杂多变的安全隐患及环境，既是你们正常生活、学习的基本保障，也是维护学校安全和稳定的最大保证。为此，你们要注重培养并提高遵纪守法、尊重他人、艰苦朴素、团结友爱及安全防范五大意识，切实提高自身修养与综合素质，不断丰富新形势下赋予当代大学生的时代内涵。

争做“7”型人才

英国著名哲学家怀德海曾说：“在中学阶段，学生伏案学习；在大学里，他需要站起来，四面观望”，只有站起来，向社会、向历史、向未来、向生活的各个方面放眼展望，才能把握住恰当的目标，促进自己的全面发展。大学生成长培养，既要遵循“长江后浪推前浪”的历史规律，又要履行“一代更比一代强”的青春责任。特别是在我国独特的历史、独特的文化、独特的国情，决定了我国必须走自己的高等教育发展道路，必须坚持培养好符合中国经济社会发展需求的人才队伍。在全国上下加快优化教育结构、全面启动“双一流”建设、大力培养拔尖创新人才，以及启动实施高校大学生思想政治教育质量提升工程的新形势下，你们只有积极并主动参加第二课堂、创新实践及社会锻炼服务活动，努力造就成爱国型、敬业型、诚信型、感恩型、励志型、自强型、创新型等复合型人才，让自身成为德才兼备、全面发展的中国特色社会主义合格建设者和可靠接班人。

“人的一生只有一次青春。现在，青春是用来奋斗的；将来，青春是用来回忆的。”那为了将来的回忆，现在就去激情奋斗吧，顽强拼搏吧！

同学们，加油！

作者注

再过几天，新生就要到校报到了，学校校报编辑负责人联系我，让我给新生说几句寄语，或欢迎词，或祝福语，或激励语。对于即将入学的准大学生来说，从接到入学通知书到入学报到，祝福的话、激励的话，一定已听得够多的了，而欢迎词应该由领导来说的。那我，作为一个已从事学生工作十六年之久的专职辅导员，就围绕大学阶段个人规划说几句话吧，至少让大一新同学有个宏观的认识。

（本文完成日期：2017年9月5日）

新生班第一次班会

设计系2017级7班、8班的新同学：

大家好！很高兴，根据学院总支研究决定，我担任你们两个班级三十八名同学的班主任。目前，全院五十多个班级，二十余名班主任，而我能作为在座同学们的班主任，无论是你们选择的我，还是我选择的你们，那都是因为一个“缘”字，所以，请同学们，也包括我，都一定要珍惜缘分、珍惜机会，共同打造我们这个拥有三十九位成员的大家庭！

同学们，从你们入学报到的第一天，再到军训，我多次到宿舍、训练场看望大家，但那时的身份是辅导员。今日，我作为班主任，组织大家召开第一个主题班会。有同学会问了，开学已近三周，班主任怎么才和同学们见面？班主任与辅导员有什么区别？关于这两个问题，同学们会在以后慢慢找到答案，但今天要记住两点，第一点是大学班主任与高中班主任的区别在于，无论你需要还是不需要，高中班主任全天都会陪伴大家，还直接给学生授课，而大学班主任一般不给学生授课，也不会全天陪伴大家，只有在你需要的时候才能出现，一周，甚至两周也可能与班主任仅见一次面，主要负责班级的学风建设等。第二点是大学班主任与辅导员的区别在于，班主任作为学生专业学习的组织者、协调者，着重负责学习，一般是一到两三个班级的统领者，而辅导员作为学生思想工作的指导者、实施者，着重负责大学生日常思想政治教育和管理，大都是一个专业多个班级的统帅者。一般情况下，大学班主任要接受辅导员的指导与管理。

作为大学期间，班主任召开的第一次班会，结合我近十七年学生工作经历，班会主题是“审时度势，全面开启人生新征程”，主要从以下十方面提出自己的看法，与大家进行交流，同时，也是对同学们大学期间提出的十个要求与期望吧！

第一个方面：牢记人身安全

安全是人生永恒的主题。而高校安全教育，作为大学生思想政治教育的必修课，更是大学生思想政治教育工作中的一个重中之重。特别是对于即将步入大学的准大学生，以及刚进入大学时代的新生来说，由于缺乏必要的社会经验、安全防范意识和自我保护意识，安全事件频频发生。2014年8月底，一江苏籍女大学生失联半个月后遭抢劫并被杀害；2015年9月，山东某省属高校一名新生入学报到时，被楼顶坠落的天井盖砸中，当场身亡；2016年8月，山东临沂一名家境贫寒的准大学生，在接到骗子的诈骗电话并被骗走近万元学费后，因呼吸心脏骤停离世；2017年9月中旬，广东某985大学一名大一新生，在不断的“加油”声中连喝六杯酒，最终因急性酒精中毒导致死亡，以及因坠楼、酒驾、溺水、打架、产子、火灾、心理障碍等非正常死亡的大学生频频发生。所以，加强同学们的安全防范意识和自我保护能力是我们班会的首条内容。请每位同学在学习、生活中要注重掌握各类安全知识，不断培养、提高自身健全的安全意识和防范各类复杂多变突发事件的能力，切实保障个人健康成长和全面发展，为学校构建平安校园、和谐校园发挥积极作用。在学校及学院开展的入学教育系列活动中，将陆续开展交通、消防、法治、饮食，以及防骗防盗等各类安全主题教育，请大学一定要积极参加，认真领会。在此，我要求两个班的每位同学必须时时、处处、事事、人人确保安全。

第二个方面：尽快适应环境

大学者，研究高深学问者也。大学作为探究高深知识的地方，对同学们来说，既是你们继续学习的平台，又是缓冲走向社会的一个桥梁。大学阶段与中学阶段相比，是两个完全不同的学习与生活环境，中学的最大愿望就是步入向往已久的大学殿堂，而对于愿望已实现并进入大学的你们来说，在新的目标、职业规划未确定前，很容易处于迷茫状态。另外，现实中的大学与中学时代憧憬的大学往往截然不同。因此，要尽快转变角色，尽快适应大学新环境，首先从心理上、言行上完成从高中生到大学生的转变；其次要尽快了解、熟悉校园内的一草一木，譬如，利用课余时间熟悉学院教学楼教室、创作室与管理人员办公室，学校的图书馆、浴池、餐饮中心、学生服务管理中心，以及学生工作、财务、教务、共青团等与自身学习生活密切相关的各职能部门具体位置，以便有急需时，能够快捷地联系，或实地办理；再次要与宿舍舍友、班级同学主动沟通交流，尽快打成一片；最后要尽快了解掌握第一学期学院开设的专业课程要求及公共课组织具体地点及任课教师等。关于适应大学新环境的节奏，快则两到三周，慢则两到三个月，但最长绝不能超过第一学期，否则，那将影响大学阶段成长成才的整个进程。

第三个方面：确立人生目标

人生目标作为人生观的核心问题，左右着人生道路的方向，并从根本上决定着人生态度和人生价值取向。树立为人民服务的人生目标，是党和人民对当代大学生的要求和期望，也是大学生成长、成才的内在要求。大学阶段是树立人生目标的关键时期，只有尽早树立正确的人生目标，才能指引自身主动行走在人生的正道上，通过积极锻炼、实践不断创造人生业绩，逐步成为一名有益于社会、有益于人民的，当之无愧的新时期大学生。根据多年对刚进入大学的新生调研统计表明，有相当高比例的学生不知道或不能、不会确立正确的人生目标，总是认为“大学毕业后，再确立人生目标也不晚”，殊不知大学四年由于人生目标的缺失而大多导致学习生活出现种种迷茫和困惑，不仅无法使自身得到锻炼和充实，也无法实现自己的人生价值。为此，对于刚步入大学的你们来说，在确保人身安全、适应新环境后，首要的任务就是要确立自身的人生目标，如立志成为卓越的教育家、科学家，成为“马云”级的大企业家，或有思想的文学家等，结合同学们学习的专业，立志成为著名的艺术家、书法家更能发挥专业特长。当然，人生目标是一个人的长期目标，不是短时间内就能实现的，既需要一个个短期目标的叠加，又不仅仅是一个个短期目标的简单累加，而更要求人人在这些短期目标实现的过程中达到质变，与现实两者比较，就好比现实是此岸，人生目标是彼岸，中间流淌着湍急的河流，行动、努力则是架在河流上的桥梁。关于正确的人生目标是什么，正确的人生目标如何确立等问题，学校、学院将针对大一新生专门开设职业生涯规划课程以及一系列人生目标主题活动，希望同学们要正确对待，积极参加。总之，通过树立正确的人生目标，将起到事半功倍之作用，也为四年后的就业求职赢得竞争优势。

第四个方面：制定学业规划

学业规划即是大学职业生涯规划，是同学们对自己整个大学四年期间制定的学习生活、实践锻炼、创新创业等各项计划与短期目标，是为人生目标提供专业知识、综合素质等基础保障的，对后期实现人生目标至关重要。学业规划制定的时间越早、目标越高、步骤越具体，大学期间学习生活过得更加丰富多彩、更具有激情与活力。学业规划制定期限短则一学期、一学年，长则大学四年，如某学年学业目标是学习成绩、综合测评成绩位居班级前多少名，至少参加几次高层次专业竞赛并获奖、几次实践活动等，而大学四年学业目标是取得学位证、学历证，参加并通过大学英语四、六级考试，考取硕士研究生，举办一次设计作品个人展等。具体到各个学年来说，大一要与舍友、同学多交流学习，构建自己的人际关系网；主动报名参与一个院级或校级社团组织，提高自身组织与协调能力；充分利用课余时间参加学生组织、社团开展的各类主题实践活动；认真学好专业、综合等各类课程，平均考核分数不低于80分，最大化提高自身专业素养等。大二要重点加强专业知识学习；积极参加社会兼职活动，不断提高社会交往能力；通过大学英语四级考试（虽然学校要求美术类学生可不通过四级考试，仅需通过学校组织的英语三级测试即可，否则将影响按时毕业）；参加两至三次省级及以上高层级专业竞赛活动并力争获奖；在财力、精力允许的情况下，规划并实施一次有意义的旅行等。大三要继续学好各门课程，并根据毕业求职意向，有选择性地加强同类知识的收集与学习；计划报考硕士研究生的，初步确定报考学校及专业，并加强对英语、政治的强化训练学习（美术类学生英语底子本身就不好）；计划创新创业的，在考察发展前景的基础上，制定切实可行的实施方案，并大胆迈开创业第一步，从而拥有一段创新创业亲身经历；准备并举办一次高质量的个人作品展等。大四除了准备毕业设计、论文答辩外，更主要的是准备求职简历并掌握求职技巧；积极参加学校及校外高层次的招聘活动，同时，对大学四年进行一个全面的总结，从成绩到不足，从学习到生活，为走向社会提供参考。当然，人各有志，每位同学人生目标不同，学业规划也一定有所不同，在制定及实施学业规划过程中，要结合自身的个人性格、兴趣爱好及能力，对学业规划及时进行调整与完善。

第五个方面：学会自主学习

俗话说，活到老学到老，何况大家还都是在校的学生呢！学习是学生的天职，学生的根本任务就是学习。如果说学习不是最重要的，那还能找出比学习更重要的事情吗？大学期间的自主学习，学习是核心，自主是关键。关于学习，则是要明确学习的内容及重点，首先要学习英语、计算机、互联网等应用技术知识，只有学好新技术，才能在网络技术环境下灵活运用新媒体，特别是你们从事艺术设计专业的学生而言，更需要掌握高水平的计算机技术，以便熟悉使用各种设计工具软件；其次要学习与专业紧密相关的基础知识，只有专业学习对口，且打好基础，才能在同行专业就业求职中出类拔萃，并受用终身；再次要结合个人兴趣，准备报考并获得学校组织的第二学位，这样大学毕业后无论求职，还是继续攻读硕士研究生，都是又多了一个选择、一条出路；最后就是好好利用最后的学习阶段，广泛阅读，读名著、读经典，因为阅读是最好的学习方式，而经典是先人留给我们伟大的精神遗产、名著是过去时代那些高尚的人物内心思想上的精华，学校校长蔡先金在2017级新生开学典礼致辞中曾与大家约定阅读经典一百部，我想，一百部如果说太多的话，那大学四年完成八十部，或六十部也算可以的，关键是要马上行动。关于自主，主要是体现学习的自觉性、独立性及选择性，可以说，自主学习是大学生与中学生最大的区别，只有注重培养个人自主学习的能力，才能找到适合的学习方法、才能产生志存高远的学习动力、才能拥有持之以恒的学习态度，才能充分利用课堂以外的有限时间。法国教育思想家埃德加富尔在《学会生存》一书中写道，未来的文盲，不再是不识字的人，而是没有学会学习的人。由此可见，自主学习能力的培养是多么关键。

第六个方面：强化时间观念

时间对每个人来说，都是平等的，因为对任何人来讲，每天都是24小时，同时也是不平等的，因为同样的时间，对于虚度生活的人来说是那么漫长、无意义，而对于珍惜生活的人来说却是那么短暂、有意义。现实中，大学四年1460天，如果去除寒暑假、周末，同学们在校学习的时间也就是1000余天，这1000余天的学习质量直接影响甚至决定着就业求职直至职业生涯。校长蔡先金在2017级新生开学典礼致辞中与大家也约定要理解“一万小时定律”，这个由美国作家格拉德威尔在《异类》一书中指出的定律，本意就是要成为某个领域的专家，需要10000小时，按比例计算就是，如果每天工作八个小时，一周工作五天，那么成为一个领域的专家至少需要五年。对于你们来说，在大学四年中，要想成为所学专业上的专家，如何坚持“一万小时定律”就心知肚明了。所以，同学们一定要时时刻刻强化时间观念，学会合理掌控时间，对每天有限的时间进行科学管理，做好自己必须做的事、必须做成的事，而不是把时间都浪费在自己无益的网络游戏等恶习中。通过强化个人时间观念，既提高了学习效果和大学生活质量，又培养了自身的管理能力，进而提升了个人综合竞争力。

在做到强化时间观念的过程中，还需要牢记“坚持”二字，因为坚持是成功的别名，也是成功的秘诀，只有坚持到最后才能胜利，才能在有限的时间内成为你自己都不敢相信的奇迹！当然，坚持，不是嘴上说说而已，而是把简单的事情，重复做；重复的事情，认真做；认真的事情，努力做。要牢记：人生最难的不是选择，而是选择后的那份坚持；坚持与放弃只有一念之差，结果却相差甚远！

第七个方面：远离不良嗜好

提到当代大学生的不良嗜好，大家可能比自己的父母、老师更要清楚，好比熬夜打游戏、抽烟酗酒、攀比消费、不整理宿舍内务、夜不归宿，等等。可以说，在大学每间学生宿舍，大都存在类似不良嗜好的学生，且这种现象愈演愈烈。长此以往，由于养成熬夜打游戏等不良嗜好，导致上课精力不集中、学习没劲头、生活没信心。大家都应记得，今年7月上旬，在《人民日报》、共青团中央等微信公众号分别刊发的《沉睡中的大学生：你不失业，天理难容！》一文中，以“上课时清醒没有发呆的多，发呆没有睡觉的多，睡觉没有玩手机的多；下课时，自修没有吃零食多，吃零食没有看连续剧多，看连续剧没有游戏多”，形象地反映了目前大学生学习生活的真实情况，这不得不引起同学们的警惕。还有，近几年，发生多起在校大学生在宿舍，或网吧因通宵上网玩游戏而导致猝死的事件。所以，作为刚步入大学的你们来说，在你们还没有养成不良嗜好之前，要学会远离、拒绝来自校内校外的诱惑，千万不要以攀比来显示自己心中的成熟，要深刻认识到熬夜打游戏、酗酒的弊远远大于利，对于中学阶段有抽烟习惯的个别同学，一定要学会慢慢控制直至完全改掉。希望同宿舍的同学，时时刻刻要相互提醒、相互帮助、相互监督，千万不可发生“你玩我玩、你熬我熬、你抽我抽”现象，按照校长蔡先金提出的“整理好每一天宿舍”等要求，过好大学生活每一天，与同学彼此之间共同建立起良好的学习生活方式。当然，对于上课时间内在宿舍玩游戏、抽烟酗酒、夜不归宿等现象，学校、学院历来都是严格管理、严肃处理的，希望每位同学一定以学业为重，逐步培养自身优良的学风，让大学生活更加丰富精彩。

第八个方面：培养健康体魄

生命诚可贵，健康价更高。要想成为更好的自己，度过一个平安、美好的大学生活，首先是要有一个健康的体魄。中学阶段，特别是高中阶段，由于紧张的复习节奏、繁重的学业压力及激烈的高考竞争等多种原因，往往都忽略了同学们的身体素质，从咱两个班级中有近三分之一的同学佩戴眼镜足以看出日常缺少体育锻炼。为此，进入大学后，一定要拥有一个健康的体魄，只有身体健康了，生活才能美好，老师及父母才能省心；否则，如果身体垮了，那么你的大学梦就会碎了。怎样才能拥有一个健康的体魄？一是利用业余时间，自主加强体育锻炼，学校东、西校区各建有标准体育场、篮球场、羽毛球场等多个运动场所，为大家提供了较好的运动空间；二是积极参加学校、学院组织的体育活动，自2014年初共青团山东省委在全省高校开展“三走”活动至今，学校每年都组织开展“走下网络、走出宿舍、走向操场”阳光体育运动，以及大学生广播体操大赛，新生校园趣味定向越野赛、大学生拔河比赛等优秀体育文化项目，希望同学们要广泛参与；三是学院从2014年起组织低年级学生开展早操、晨跑、篮球比赛等形式多样的晨练活动，请大家一定要根据自己的身体状况及自身爱好，主动参与到各项活动中；四是如果家庭经济条件允许，每年最好规划并实施一次有意义、有目标的旅行，或登山，或看海；或都市，或田野，通过旅行，才能知道外面的世界多么宽广、祖国的河山多么壮美、中华文明多么悠远，既开阔了个人的视野与格局，也将会获得意想不到的收获与境界的提升。在这里，应该强调一点，锻炼身体不要装样子，对于刻意“苗条”、少食减肥的，绝对有损健康，因为身体是最“功利”的，你对它怎样，它就对你怎样。

同学们也应该还记得蔡先金校长与你们的“每天锻炼1小时”的约定吧，希望你们积极响应“每天锻炼1小时，健康工作50年，幸福生活一辈子”的体育口号，以强健的体魄和坚强的意志，不断促进自己身心和谐健康发展。

第九个方面：严守纪律规矩

无规矩不成方圆。自古以来，规矩就是一种约束，一种准则，就是一种标准，一种尺度，更是一种责任，一种境界。而纪律是保证学校教学科研、人才培养和各项工作顺利进行的重要条件。对于在校的大学生来说，纪律规矩关系到自身高尚品德的形成，只有做到严守纪律规矩，才能切实提高守纪律、讲规矩的自觉性，从而不断增强自身的纪律修养与规矩意识，做守纪律、讲规矩的典范。为此，对于大一的你们，一是要切实增强纪律观念、规矩意识，要从内心深处真正认识到纪律规矩的极端重要性，只有通过内在的要求，才能做到自觉地守纪律、讲规矩；二是要积极参加学校、学院组织的系列入学教育活动，认真学习下发的《学生手册》，学校有关规章制度，以及国家法律法规，做到时时、事事、处处、人人牢固树立法治观念和纪律观念，知道哪些是应该做或可以做的，哪些是不应该做或不可以做的；三是要强化自我监督、相互监督，在座的三十八名同学，来自十三省市的二十三个地市的三十二个县市区，在日常学习生活中要做到团结友爱，相互提醒、相互帮助，避免苗头变恶果、小事铸大错。每年在学校毕业生中，总有部分学生因大学期间发生违纪现象受到处分而无法获得学位证、毕业证，教训深重。总之，守纪律讲规矩是大学生的行为底线，违反了就得按校纪校规接受处分。在大学四年生活中，一定要把各种纪律规矩作为自己的行为准则，严格约束自己，自觉锻炼自己，处处做到自尊、自重、自爱。只有守纪律讲规矩，才能在自由发展的空间里成长成才。

第十个方面：勇担青春责任

从你们年龄来看，全班有三十三位同学为1998年、1999年出生，占两个班级总人数的86.84%，就读大学正好十八周岁，作为十八岁的青少年，可以说像初升的太阳，进入人生中最美好的时期，朝气蓬勃，充满青春活力、充满理想和希望。青年兴则国兴，青年强则国强。国家主席习近平曾多次通过演讲、座谈等方式与青年朋友互动，对当代青年的发展寄予了殷切期盼，如在2013年5月同各界优秀青年代表座谈时指出“现在，青春是用来奋斗的；将来，青春是用来回忆的。青年是社会上最富活力、最具创造性的群体，理应走在创新创造前列”；在2014年5月在北京大学师生座谈会上讲话强调“青年有着大好机遇，关键是要迈稳步子、夯实根基、久久为功”；而在2016年4月与青年代表、劳动模范座谈会时要求广大青年“要以国家富强、人民幸福为己任，胸怀理想、志存高远，投身中国特色社会主义伟大实践，并为之终生奋斗”。同学们一定要牢记党和人民的重托，牢记历史使命，在大学四年及以后的人生道路上自觉把握好自身定位，切实增强时代责任感和使命感：一是要身在福中应知福，不怕吃苦、不怕困难，时刻满怀青春激情，勇担时代赋予的神圣责任；二是要常怀感恩之心，任何时候不贪小便宜、不享受物质利益，要主动无私帮助他人、奉献社会，做到敢干肯干、真干实干，发挥广大同学在学院、学校、社会中应有的作用；三是要充分发挥艺术专业优势，积极参与青年创新创业创优活动、计划、项目，利用专业技能、学科知识，努力运用到实践锻炼、社会服务、民生改善等工作中，让自己在改革创新的时代浪潮中，永做走在时代前列的奋进者、勇立潮头的开拓者，让青春在创新创造创业中飞扬。

同学们，全球瞩目、万众期待的中国共产党第十九次全国代表大会，还有整整三周就要隆重召开了！作为2017年党和国家政治生活中的首要大事，这是在全面建成小康社会决胜阶段、中国特色社会主义发展关键时期召开的一次十分重要的大会，必将开启党和国家事业发展的新局面、新篇章、新征程。那作为刚进入大学的你们，也将开启人生的新起点、新生活、新目标！就让我们一起笑面人生，迎着阳光，一路向前吧！

请谨记：勤奋，成就生活之美！

同学们，散会！

作者注

作为新生班的班主任及第一次班会，为了让同学们有一个合理、全面的大学发展规划，我从十个方面对同学们提出了希望或建议，从学习到生活、从短期到长期、从校内到校外、从个人到集体，从成长到成才，可以说基本涉及大学期间的方方面面，希望同学们借此能够放下心态与迷茫，真正适应并开启属于自己的美好大学生活！

（本文完成日期：2017年9月27日）

致大三新同学：全力跑好大学后半程须做到“十心”

2017级7班、8班全体同学：

从两年前的9月3日报到入学至今，转眼间三十八位同学在学校已经携手度过两个春夏秋冬，并顺利步入大三生活。经过两年的历练和成长，从当时青春洋溢、意气风发同时又懵懂无知、充满好奇的青少年变成今日沉稳、成熟的有志青年。通过大家积极努力，每人都或多或少取得一定的成绩和收获；两个班委也获得多项集体荣誉称号。作为班主任，为大家顺利度过大学生活前半程表示衷心的祝福和祝贺！为三十八位同学积极表现和进步成长感到骄傲和自豪！

如果说大学生活是人生中的最关键、最重要阶段，那么大三、大四应该说是大学四年最关键、最重要阶段，特别是大三既是学习专业知识、提高专业技能的黄金时期，又是参与学生组织、业余活动发展充电的最佳时期。大三努力与否、成功好坏直接影响着大四，进而影响并决定将来，所以，对于进入大三的新同学来说，要像习近平总书记对广大青年要求的“只有把人生理想融入国家和民族的事业中，才能最终成就一番事业。希望你们珍惜韶华、奋发有为，勇做走在时代前面的奋进者、开拓者、奉献者，努力使自己成为祖国建设的有用之才、栋梁之才，为实现中国梦奉献智慧和力量”。那样，内心深处一定要下定决心立志，立鸿鹄志，做新时代的奋斗者，做实现大学梦、青春梦、中国梦的奋斗者，完全以忘我拼搏、奋斗的姿态和毅力，充实、圆满度过大学后半程。要全力跑好大学后半程，须做到“十心”。

一、关于爱国，要永驻于心

孙中山先生曾说：“做人最大的事情，就是要知道怎样去爱国。”爱国主义是中华民族的民族心、民族魂；爱国是每位中国人的立德之源、立功之本。两年后即将毕业的你们，在祖国2035年基本实现社会主义现代化，以及2050年建设成为富强民主文明和谐美丽的社会主义现代化强国的伟大事业、伟大征程中，都是见证者、参与者、受益者，更是建设者、开创者、贡献者。在你们内心深处只有注重并真正播撒爱国种子，做到不只停留在口头上而深深嵌入个人爱国意识和爱国行为上，做到如同自身上的血脉不可隔断，才能早日培育和强化浓厚的爱国情怀；才能矢志不渝听党话跟党走；才能在大是大非面前保持理智，立身自行、以身作则；才能立足当前，勤奋学习，以至于毕业后在各行各业中，坚定信仰、坚守岗位，奋发有为、踏实工作，永怀报国之心、常怀爱国之志、实践强国之行，真正担负起民族振兴、国家富强的重任，确保中国特色社会主义事业的兴旺发达，后继有人。

二、关于安全，要牢记在心

安全是一个永恒的主题。党的十九大报告中55次提到了"安全"，习近平总书记也多次提出并强调牢固树立新的安全观，国家如此、政府如此；学校也是如此，个人更是如此。作为一线学生工作者，十九年来最关注、最担心的便是学生安全，特别是作为班主任，过去两年中，每次组织召开的班会，强化安全管理是必讲内容，也是平时要求大家、嘱咐大家最多、最频繁的注意事项。即便如此，部分学生安全意识仍然淡薄，还时常发生人身财物、交通旅行、用电消防、违禁物品、心理问题、饮食卫生、网络诈骗、意识形态、疫情传染等各类安全事件。保证安全，就要树立"安全大于天"的意识，就要牢记生命的意义和生命的价值、牢记"天上不会掉馅饼"，时时提高安全隐患识别及排查能力，处处增强自我安全防护水平，人人做到学安全、知安全、懂安全、讲安全，确保每位同学不出事、不惹事、不添事。

三、关于生活，要满怀信心

有人把大学四年生活描述成"大一适应大二挑战大三突破大四选择"，也有的描述成"大一呐喊大二彷徨大三疯狂大四绝望"，这俨然是两种不同的大学生活状态和生活观念，最终结果也必然大相径庭。值得庆幸的是，通过两年多的锻炼与成长，班级每位同学都树立了正确的人生观、价值观、世界观，并都顺利度过所谓的"适应期"和"挑战期"。所以面对即将迎来的大三、大四生活，无论身处顺境，还是偶遇困难、压力或挫折，一定不要在该"突破"的时候选择了"疯狂"，而要正确对待大学后两年生活中的每一分每一秒、认真走好大学后半程生活中的每一步每一程。只有对生活满怀信心，才能在失败的陷阱中稳步前行、在哀愁中能够以微笑面对人生，才能迎难而上，奋力追求梦想，从而让自己的大学生活更有意义、更有价值，也将提高自身整个大学生活质量。

四、关于考研，要坚定决心

在班会、日常调研座谈，以及每学期单独谈心谈话时，除了安全，提到最多的第二个字眼就是“考研”了。每位同学在填制各自的《学业规划与成长指导手册》时，也会注意到“是否计划备考（考研）”是每学期必填内容。对于学历，二十年前，本科生还算很金贵；十年前，硕士生也算金光灿灿，博士生更是风光无限；而现在，学历已经从那时的奢侈品成为当前的必需品；别说本科生，就是硕士生、博士生也是越来越多，2019年初某省会城市一家新开业火锅店招聘服务员时，学历要求就是985院校毕业，其目的就是通过招聘高学历、高素质人才以加强公司团队建设和长远发展。在大学毕业生招聘现场听到最多的一句话就是“博士坐下，硕士留下，本科等下，专科让下”，直接道出了当前大学生提升学历层次的必要性与重要性！

作为一名省属二本院校在读大学生，考研就应该如同当年高考因不理想而未进入最满意大学、最高水平大学一样，通过考取硕士研究生，既可以继续在院校或更高层次高校攻读学位，获得一个更好的学习平台，又可以通过考研读研，提升未来就业竞争能力和综合水平，助力自身长远职业之路，从而真正实现人生梦想。特别从近十年高校毕业生规模看，逐年创下毕业生人数新高，势必造成就业形势和就业压力持续加大；面对就业压力、生活所迫、发展需要等诸多因素，每年都有一批批的本科毕业生选择了考研连战或辞职回炉考研，从历年来考研毕业生人数占当年毕业生人数的比例及考研总人数持续大幅度增高就是最好的证明。

通过第四学期末全面摸底调查，全班近70％的同学正在或计划开始备考，虽然无法达到校内其他文理科大部分院系同年级学生报考比例，但在全院内这也基本属于多年中研究生报考比例较高班级之一了。作为班主任，作为你们的知心朋友，或作为与你们父母年龄相当的长辈，无论于公还是于私，希望在座的每位同学都要加入考研队伍，而且要早下决心、坚定决心。人只有选择了，未来才有希望，且只有坚定决心，才会有成功的可能；而一旦放弃目标和选择，就将失去全部机会。学习如此，做人如此，考研更是如此！

五、关于目标，要拥有雄心

对于人生目标，其实同学们从上学那天起都会有各自的奋斗目标，当然，那时的目标可能大多是人人向往的北大梦、清华梦；作为一名艺术生，高考前更多的目标也一定是诸如中央美院等国内知名艺术院校了。而今天，作为一名已度过大学生涯多半程，并应准备敲响毕业钟声的大三学生，确定未来长远的人生目标并为之努力，对个人后期发展至关重要，因为只有树立了人生目标，才能使自身生命更有意义，生活才会更有活力和激情；才会在学习工作中保持积极健康、乐观向上的心态和专心致志、乐此不疲的状态，最终通过个人持之以恒的长期坚持与努力，活出与众不同的别样人生。

关于个人目标，在每学期初，同学们填制、完善的《学业规划与成长指导手册》“人生目标”栏目上，基本都涉及了各自的未来目标，有短期的，主要涉及学业和创业；有中期的，主要涉及就业规划和职业生涯发展；也有长期的，更多涉及未来事业谋划和人生战略。纵观三十八位同学所追求的目标，无论时间长短，还是内容多少，或者格局深浅，一个最大的不足就是缺少远大的理想，其共性就是缺失“雄心”，缺乏远大抱负与雄心大志。而雄心作为成就梦想的第一步，是激发人自身潜能的第一动力，心有多大、理想有多远大，人生舞台就有多大、人生就能走多远，且一个人成就的大小，与其雄心成正比。只有满腔的雄心才能激发一个人的全身信心，使其产生追求成功的激情，从而使自身的潜能得到极大的发挥；而缺乏雄心，就无法调动一个人的积极性，从而使其犹豫彷徨，止步不前，失去成功的机会。为此，同学们要想成就一番事业，就必须早有成大事的雄心壮志，以创造辉煌、满怀激情的斗志和毅力在自己的人生目标上敢想敢闯敢创、能干真干实干，当然前提是每个人的人生目标，要结合自身爱好、兴趣与特长，结合个人家庭状况、成长环境等综合情况，一切要符合个人实际，切实可行，绝不可、不能好高骛远，更重要的是个人的人生目标及对自己笃志的要求必须以国家发展为方向，以国家重大需求为目标，必须同国家实现社会主义现代化及现代化强国相结合。

有雄心才有动力，有动力才能努力，有努力才会成功！通过确立并拥有雄心勃勃、有意义和价值的人生目标，使其成为每位同学满怀活力和激情，以持之以恒的努力与拼搏去学习、去工作、去创新、去发展，并各自取得最终成功的坐标导航。

六、关于行动，要保持恒心

任何计划或规划，如果不付出行动、不做任何努力，那只能算是一个口号、一张毫无意义的空头支票。“坐而言，不如起而行”“只有行动，才能决定价值”“一步实际行动比一打纲领更重要”“一百个目标不如一个实际的行动”等励志哲理及诸多事实和名人都在告诉我们：所有的梦想与理想、构想与设想，只有去行动才能变成现实，只有持之以恒才能取得成功，否则一切都将是空想或幻想。在近期某机构对1977名18周岁至35周岁青年进行的一项调查显示，88.9%的受访青年有过“只有计划而没行动”的经历，成为典型的“计划派”。每学期初，在与同学们交流过程中，部分同学总表露出“时间总是过得太快”“计划早就制订了，但总是被各种事情打乱计划，没办法付诸行动”“如果大学重新开始，绝对会更加努力学习”“规划都做好了，就等着机会去行动”等感慨或遗憾，可现实中大学不可重来、时间不会倒流、机会不能白等，人生更没有假设。

“道虽迩，不行不至；事虽小，不为不成”。为此，同学们制订学习计划或发展规划后最关键一点就是要马上去行动、去执行，争做名副其实的“行动派”。只要有目标、有计划、有恒心，所有的一切从现在行动、从现在努力也不迟。“规划千条万条不做不干就是白条”，无论对于考研考编、实践锻炼，或兼职创业、专业竞赛，还是国际交流、外出旅行，每次的念想、计划确定后就要变成一次实实在在的行动，只要立刻去行动、坚持去执行，总会达到最终点，让自己真正成为行动的“巨人”，而不做行动的“侏儒”。我相信，即便大学前两年虚度，经过大学后两年的历练与坚持，等毕业离校时，也一定会具有较强的行动力，为后期个人职业生涯发展奠定坚实基础，且就业后无论从事何种职业，都会以超强的执行力在各自工作岗位上让一直努力的你与众不同。

七、关于感情，要付出真心

大学期间该不该谈恋爱，一直是个热门话题，也是老师们，特别是同学们的父母最关心、最关注的话题。多年来，上级教育部门一直没有明文规定是否禁止或允许大学生谈恋爱，个别大学及部分高校院系为了更好管理好学生，明确提出不允许在校学生谈恋爱。就我个人观点，以前组织召开班会时，曾也多次明确表示，过去在学校机关部门工作期间，由于缺乏对学生的直接接触和了解，担心谈恋爱会影响学习、虚度大学美好时光，对学生谈恋爱持反对态度，而到学院工作后，经过与同学深入了解与沟通，个人认为根据当前大学生情感发育、身心健康的需要，对同学们谈恋爱还是比较接受并认可的，特别对于那些兴趣相同、志向一致，能够促进对方相互努力学习、激发创新创业思维的同学们，提倡、鼓励你们大胆去谈一场真正的恋爱，每年很多高校的一些“学霸情侣”，在考研路上，为了争取在一起，不抛弃、不放弃，相互鼓励、相互陪伴，一同出入教室、出入餐厅、出入图书馆，最终双双圆梦，考取名牌大学硕士研究生继续追梦，爱情考研双丰收，这不就是传递着一份份满满的“爱的正能量”吗！为此，正处于性生理发育基本成熟青春期的同学们来说，恋爱已成为大学生的必修课之一，每位同学都应树立正确的恋爱观，并正确看待和处理爱情的问题，以及恋爱与学习的关系。只要处理好恋爱和学业关系，并做到两不误、两促进、两发展，同学们的父母哪有不理解、不赞成、不支持之理！

以我个人掌握的班级情况，目前有十多位同学正处于恋爱阶段，还有几位同学坦言道，如果遇到真爱，会考虑主动追求或接受对方，而另有近十位同学则明确表示，大学期间为了顺利完成学业，绝不会考虑谈恋爱问题。对于正在谈恋爱的同学们，无论处于热恋期，还是处于磨合期；无论刚刚开始，还是已很长久；无论是为了寻找真爱，还是为了学习生活上的互助或其他，最需嘱托、最重要的是要相互付出真心，是发自各自内心地想要与对方在一起。只有彼此付出真心，两人之间才能真诚相待，才能做到用心去经营，才能使得彼此接受对方的缺点，才能发现、欣赏对方的美和优点，使之相互间的感情得到长久，从而促进彼此共同成长，双双取得成就。对于没有付出真心的恋爱，如同无源之水，即使两人在一起的时候再迷人、再浪漫、再美好，也是短暂的、经不起时间考验的，最终也会导致感情以失败而告终。同时，还需要注意的、重要的一点就是，恋爱无论达到何种程度、何种阶段，在感情面前，都要始终保持理智、保持一定的距离，不要因为所谓的“爱太深、爱太真”而失去自我、迷失自我，甚至伤害自我、伤害对方，更不能因一时激情、冲动而发生性关系，从而承担不良影响与后果，最终影响学业的正常完成。每年都有热恋的大学生因不同的恋爱观、消费观而分手，甚至反目成仇，导致相互伤害对方，以及因发生性关系而双双辍学，这样的案例及教训每位同学都要牢记在心。此外，也要明白恋爱不是生活的全部，更不是大学生的“主业”，被爱或爱别人的时候时刻不要忘记提升自己、完善自己、取悦自己。当然，谈恋爱的同学未来必须面对的一个“毕业季就是分手季”现实问题，必须提前做好两年后考研、考编、毕业、分手、求职等重重心理压力和承受力。

除恋爱感情外，同学们更要重视的莫过于同班同学及宿舍之间的友情了。就我个人观点而言，大学里舍友感情要比恋爱感情更靠谱、更纯洁、更真诚，通过大学四年同室朝夕相处、日积月累，毕业后会随着时间的持续发展将变得更加深厚、更加怀念、更加久远，所以，作为同学们的知心朋友，我建议并要求每位同学一定要与班级其他同学，与同宿舍其他室友，在学习、生活、工作、交往中，事事要真心、处处要真诚、时时要真情。通过两年多的了解，值得庆幸的是，全班同学从未发生任何宿舍矛盾摩擦等现象，希望各位同学之间的友谊、感情越来越好，一直到毕业，一直坚持到未来！

八、关于规矩，要长存戒心

无规矩不成方圆，规矩是对每个人行为的一种约束。作为在校大学生，更应把守规矩、讲规矩、立规矩放在首位，从舍规到班规、从系规到院规、从校规到法规，都要对各种规矩长存戒心。一是严守法律法规，时刻牢记不可逾越的法律底线，时刻牢固树立不可触碰的法律红线，何时何地何处做到不违法、不犯法，否则轻者被开除学籍，重者恐有牢狱之厄，因为在犯罪面前，是不分“在校学生”还是“社会青年”，更不分“有意”还是“无意”的。二是遵守校纪校规、院纪院规，注重自身养成良好的学习、生活及其他行为习惯，深刻吸取周围其他同学违纪处理案例教训，坚持上好每节课、做好每场考试，做到不缺课、不作弊；坚持独立搞好参赛设计作品、独立写好书面作业、毕业论文，做到不抄袭、不剽窃；坚决抵制“校园贷”等非法网贷活动，做到不参与、不接触；坚决抵制校园欺凌行为，做到不滋事、不酗酒。三是从现在做起，不受其他同学坏习惯的影响，自查并即刻告别自身存在的宿舍打游戏、睡懒觉、经常性熬夜，教室不规律翘课、上课刷手机，以及乱扔垃圾、乱花钱、点外卖等不良习惯，通过自觉对自己负责任、自律给自己立规矩，以及自行监督自己、提醒自己、加压自己等方式，促进自身的成长，也能够确保自身正常、安全、健康、充实的大学生活。

只有这样，也只有做到这样，才能让自己内心重视规矩存在，做到认真遵守；才能始终心怀推崇态度，做到不去触碰，让自己真正成为班级的佼佼者，成为其他同学和老师眼中的优秀者。唯一遗憾的是，全班已有一位同学因期末考试携带小抄而受严重警告处分，我希望是第一人，也是最后一人，同时也希望每位同学必须做到规矩的边界绝不可突破，而让守规矩变成自己的习惯。

九、关于时间，要安排精心

人的一生很短暂，大学四年更是如此！再者，虽说四年1460天，其实按每学期二十周、每周五个工作日计算，同学们在校时间累计也就是800天，最多仅有两年整而已，其中还未去除一些法定节假日。为此，只有把四年时光好好把握、好好安排、好好珍惜，才能让同学们过得更丰富，更有意义、更有价值！一是要精心安排在校时间，争做时间的主人而不做时间的奴隶，精心做好在校的每天、每周、每月及每学期学习时间管理与安排，养成“今日事今日毕”的好习惯，做到学习不盲目、生活不拖沓、工作不拖延、时间不浪费。二是要科学支配上学时间，努力去做时间的朋友，坚决不做时间的敌人，坚持把学习生活、设计创作、健康运动、读书阅读等，这些能够激励提升自身技能、激发增强自身信心、助力完善自身品德，拥有价值和意义的事情或活动，成为个人时间自由支配、占有的朋友；而把那些追剧、刷抖音、看直播、刷微信、玩游戏、斗地主等，损耗个人意志、打磨个人锐气、埋没个人梦想，毫无价值和意义却消耗大量时间、精力的事情或活动，统统远离并扔掉，从而不断给你力量、给你勇气和自信。三是要高效利用剩余时间，学会和时间赛跑，要进一步树立珍惜时间意识，创作一幅作品、组织一场活动、参加一次聚会、外出一次购物、完成一项作业……能用半小时的绝不能耗费一小时，能用一分钟的绝不能浪费两分钟，要在最短的时间完成最高效的事情，通过尝试记录自己的“时间日志”、设计自己的“时间卡”，时刻做到节省时间、做好运用时间。人生没有如果，大学不能重来，时间不可买卖，无论大家如何对待或安排，时间都会转眼即逝，为此，同学们只有成为主宰自己时间的主人、成为自己时间的朋友，不断去坚持、去投入、去积累，成功才会在不远的前方等着你。

十、关于未来，要永葆初心

与其他年级同学相比，2017级同学们更庆幸的是，你们是伴随着党的十九大胜利召开之际走进的大学校门，并在党的十九大精神鼓舞指引下，逐步得到锻炼和成长的。过去两年来，围绕学习贯彻党的十九大精神，除了学校、学院举办的活动外，班级团支部通过组织全体同学举办党的十九大精神专题团课、开展习近平总书记系列重要讲话理论学习专题班会、欣赏建国三部曲红色电影与党史影片，以及承办系列主题实践社会活动，班级整体面貌大大改变，每位同学思想政治觉悟大大提高，在同年级各班级评比中，课堂考勤率、宿舍卫生合格率、期末考试平均分等都位居前列，获得校级优秀团员、优秀团干部人数也是首位，这一切的一切都是同学们积极进取、思想进步、品质优良最好的证明。作为班主任，更欣慰的是，绝大部分同学自大一入学后就积极递交入党申请书，并坚持在日常学习和生活中，以实际行动向党组织靠拢。经过思想汇报、团员推优、党校培训，有近三分之一的同学成为入党积极分子，在大学后两年中，还将会有更多的优秀同学成为入党积极分子，甚至成为光荣的中共党员，到那时让你们通过个人的奋斗不断成就共产党员的“光荣和梦想”。作为新时代的共青团员、入党积极分子和中共党员，就要始终牢记提交入党申请书时的那份初心和追求，铭记真正成为中共党员后的历史使命；就要明白并记牢党提出的“不忘初心、牢记使命”的深远意义，懂得并掌握“坚定信仰，砥砺奋斗”的精神内涵；就要积极并争取向团组织、党组织靠拢，注重努力提升班级整体凝聚力和向心力；就要在宿舍、教室、餐厅、图书馆里处处学先进、赶先进、当先进，在学校以及各自的未来人生道路上立志永葆初心，早日成为新时代的奋斗者和追梦人，成为一个德智体美劳全面发展，对社会、对国家做出一定贡献的当代青年大学生，最终为祖国的繁荣富强，共产主义事业的蓬勃发展而奋斗终生。希望十年后、二十年后的你们，人人成为所在行业、领域的典范和佼佼者。相信你们，那一天绝对会到来；到那时，我在学校等着你们归来！

同学们，不久的将来：

学校毕业的时刻终究要来临；

大学离别的钟声终究会敲响；

同学告别的脚步终究在逼近；

社会现实的压力终究需面对；

……

请都醒醒吧！静静吧！想想吧！看看吧！比比吧！

别在该奋斗的时候，选择安逸；

别在该努力的时候，选择懈怠；

别在该充实的时候，选择平凡；

别在该忙碌的时候，选择休闲；

……

更别在这个应该奋发有为的黄金时代，让处于黄金年龄的你们，因迷茫、彷徨、不安、无为，而虚度大学四年的黄金时期！

加油吧，唯有加油奋进，明天才能丰富多彩！

努力吧，唯有努力生存，人生才能更加辉煌！

创新吧，唯有创新突破，社会才能全面发展！

励志吧，唯有励志成才，国家才能长治久安！

……

无论你们走多远、跑多快、飞多高，你们的班主任——老杨都在学校坚持用真诚陪伴你们、真爱关注你们、真心支持你们、真情力挺你们！

作者注

作为三十八位同学的班主任，在总结、吸取上届四年班主任工作经验、不足及教训的基础上，进一步注重发挥好班主任在学生培养教育的重要地位，以及对学生成长发展的重要作用。在个人认识上，面对一群“00后”学生，在切实增强班主任责任感、使命感、荣誉感的同时，更大的是紧迫感和压力，因为他们与上一届学生相比，思想更活跃、丰富，视野更加开阔、开放；在个人精力上，除了解决、处理好学院分管学生工作、基层党务工作等岗位职责任务外，主观上有意识地把更多的时间投入班级教育、服务及建设上，切实让每位同学都能感受到班主任的存在，以及对他们学业、成长的积极影响；在管理措施上，充分利用个人工作资源、学校资源、社会资源，让每位学生多参观一些、多参与一些、多锻炼一些、多行动一些、多提升一些，切实提高每位同学的专业设计能力、组织策划能力、锻炼创新能力和综合实践能力，从而真正最大限度地发挥班主任的组织者、实施者作用；在组织方式上，除了每学期逐一单独座谈交流、分学习小组开展“餐厅沙龙”、借用一切可利用的机会坚持开展家访等活动外，就是坚持定期召开班会，以提高班主任在班级工作上的针对性、实效性。

主题班会，作为班级教育活动的主要形式和大学生思想政治教育工作的有效载体，对立德树人、提升学生思想品德，以及培养学生综合能力和水平具有重大意义，为此，班会前绞尽脑汁、精心设计，尽可能提高每次班会预期效果和质量。在组织频率上，长则每月至少开一次；短则每两周开一次，遇到特殊情况或其他紧急情况，就随时召开，特别是在每学期初、每学期末，以及法定节假日前、重大活动前也是必须召开的。随着同学们步入大三，标志着大学阶段已走过前半程，而后半程同学们还有更多的东西需要去学习、去参与、去规划、去努力。为此，正值第五学期开学之际，以“全力跑好大学后半程须做到‘十心’”为主题召开了学期初的第一个班会，希望班级中还在迷茫的同学不迷茫；还未确定大学目标的同学尽快确定目标；仅确立目标还未行动的同学尽早赋予行动……以便让班内每位同学珍惜生命，合理安排大学剩余生活，共同度过一个美好的大学时光！

（本文完成日期：2019年9月15日）

毕业班最后一次“班会”

美术学院2013级设计专业6班、7班的同学们：

大家早上好！

今日开大学期间的最后一次“班会”，与以前班会不同的有两点，一是补的班会，二是形式有点特别，不同于以前。说“补”，因为我原本没计划开本次班会，认为你们毕业离校前这段时间里，你们每人总有那么多事情要办，的确不好组织；说“形式特别”，其实就是无法像以前那样在我们的教室里，面对面地进行组织交流了，同时又因为条件有限，咱们也无法通过视频等其他现代方式进行沟通互动，仅能以这个书面形式，通过网络给大家召开了。

说毕业前，不计划组织班会，因为今年“五一”放假期间，我考虑再三，决定通过以座谈会的方式跟大家一一见面更为合适。为了达到组织效果，我计划每次座谈会组织十人左右，地点定在办公室，或会议室，而不是教室，主要是为了掌握下同学们毕业前的各项准备、生活需求、求职进展，以及毕业后的计划打算。从五月下旬组织六班的九名同学召开第一个座谈会，到学校召开毕业典礼那天下午的最后一个座谈会，虽然共组织召开了六次座谈会，其间，还三次到宿舍与部分同学进行当面交流，但因部分同学在外求职、在家准备考编等各种原因，两个班级中仍有二十余同学一直未能参加座谈会、交流会，未能见面。不得已，我只能通过电话一一联系确认离校回家情况，截至目前，两个班的五十一名同学全部座谈、交流、联系完毕，可以说，每位同学都安全离校、顺利到家，部分同学已走上工作岗位。

同学们，我很荣幸能担任你们的班主任，我说过多次，咱是一起走进美术学院的，四年前，我有幸从学校学生工作部门调整到美术学院工作，并有幸担任2013级6班、7班两个班级的班主任，从那刻起，我特兴奋、特激动，因为我终于有自己的亲学生了。我留校后一直在学校学生工作部门工作，在负责学生资助、宿舍管理工作期间，虽然整天也和学生打交道，但毕竟从距离上、身份上、职责上、感情上，都无法感受到班主任与学生的亲切感。每次看到班主任与自己学生深厚的情感，特别是许多老师说起自己所带的学生毕业后多么多么优秀、取得多好多好的成绩时那得意、自豪的神色，我往往会有“羡慕嫉妒恨”的感觉。

在2013年初学校决定加强机关干部联系学生班级制度建设后，根据学校统一安排，我有幸到法学院担任2012级法学专业2班班主任助理，虽然从形式上只是配合、协助班主任和辅导员开展班级管理服务工作，但我十分珍惜这次机会，在班主任的大力支持下，从2013年4月至7月短短的几个月内，利用学校资源，组织全班41名同学先后开展“我的大学生涯规划设计指导暨座谈会”“男女宿舍互访，共创梦想家园”参观交流、“考研经验交流座谈会”“我的中国梦——大学梦”征文比赛、英语学习交流会等多项主题活动，每周至少一次坚持到宿舍与学生见面座谈，每当在学校餐厅、校园遇到后，同学们都主动向我问好，班上大部分同学给我留下很深刻的印象，可以说，到现在，我依然清楚记得很多同学的音容笑貌。所以，在你们入学初期，确定我担任你们两个班的班主任后，我更加珍惜机会，心里曾多次暗暗发誓，一定要尽全力、全能，把你们两个班带得更好，至少要成为学院全年级最好的班级。四年期间，我尽我之全力，在我做好学院学生工作之余，我总是到教室找你们多谈谈、到宿舍多看看、与同学多聊聊，希望你们能够多学会习、多搞点创作、多提高技能，以便毕业后都能找到一个发挥特长、人人喜欢的工作岗位。

回望四年，作为你们两个班的班主任，我原本是有很多计划和想法的，我曾计划让你们每人都详细制订个人的学年学业计划，然后按照这个计划一步一步努力实施；我曾计划让你们每人在大学期间，都能在学院展厅至少进行一次个人设计创作展，以提高每人的专业技能；我曾计划定期组织全班同学开展趣味活动，这样可以加强同学之间交流，以免留在宿舍进行“网战”；我曾计划在你们每人生日那天，组织全班同学为你们祝福；我曾计划每年邀请获得奖学金、获各类荣誉称号受表彰同学的家长到学院，与自己的儿女见证成长与收获；我曾计划在你们毕业离线前，就定在“六一”那天送给同学们一个至少四层的大蛋糕，祝愿你们步步高升，也给同学们增添更多的美好回忆；我还曾想在你们毕业聚会上，我送给每人一句不同的祝福或祝愿，还有很多很多本可以付诸实施的行动计划，但目前看来，一切都成为我心中的遗憾。在此，我向每位同学深表歉意，那就给大家留个念想吧！

大学四年，最值得庆幸的是，两个班更多的是收获、是成长，从大一入学两个班的四十七人，到大二调整专业后四十三人，再到大三专业分流后的五十一人，直至毕业，每位同学都能够安全顺利毕业，虽然其间有个别同学发生一些小事故，但每位同学都是安全的、健康的；在专业上，大家也有更多的收获，通过参赛获得的各类奖励百余件；在学业上，虽然有个别同学也时而挂科，但班级成绩还是远远超过同班级其他班级的；在学生干部聘任上、组织发展上，所占比例也是远远高于其他班级的，所以这一切，都是全班同学一起努力的结果！

同学们，作为班主任，在管理服务中，我印象最深的很多同学的请假，每到周末，每到小假期，总有那么一些同学向我“按时”请假回家，其实，我真不愿意准假，外出安全不说、花费路费不说，关键是把学习的时间都白白浪费了。但这次不同，有个同学幽默地向我“请假”，原因是“毕业”，请假期限为“长期”，我不想“准假”，但又不得不准，且这次请假后，谁也不会再回来了，至少回来，身份已不同，由学生变成了社会人、变成了校友。

遗憾的说了，庆幸的也说了，那作为班会，仍要有主题，要有要求，今天的班会主题就八字：不忘初心，继续前行。说是要求，也可以说是建议，那就送给同学们十七句话。

第一句，要永远心系祖国。听起来好像高大上，其实这是当代大学生最基本的、最关键的。毕业后，同学们要从事各类职业，甚至出国学习、旅游，无论何时何地，都要牢记过去、牢记历史，牢记我们祖国优良的传统美德，更要清楚是祖国给了大家这样的生活、是祖国给了大家这样的便利。所以要尽自己全力维护国家安全、维护国家荣誉、维护国家利益，损害国家安全的事不做、损害国家荣誉的话不说，在任何需要的时候，能用自己的方式为祖国挺起胸膛、担起肩膀。

第二句，要坚定理想信念。这里借用习近平总书记曾寄语广大青年的一句话，也是对同学今后发展最为重要的一句话，因为理想能够指引人生方向，而信念决定事业成败，一个人如果没有理想，那就会导致精神上“缺钙”，所以，同学们应该坚定理想信念，牢固树立中国梦的远大理想，在什么时候都能做到脚踏实地，用自身的实际行动永远跟随在党身后。

第三句，要时时加强学习。学习是成长进步的阶梯，是一个永恒不变的话题。说实话，我工作这么多年，最欠缺的就是肚子里的知识，总感觉看得太少、懂得太少，所以写不出来、说不出来。大家都是艺术类学生，当初报考艺术专业学习，而未到普文普理专业学习，一部分同学就是因为基础知识不好，所以自身理论知识欠缺，要多学习，学习从事职业相关的业务知识、学习与本专业发展前沿知识，更重要的加强政治理论学习，因为政治理论学习不仅是党员的事情，也不仅是领导干部的事情，而是每个中国人的事情，学好政治理论知识，才能保持自身在思想上的与时俱进，才能提高自身的业务能力，才能取得更好的业绩，才能提高自身的综合素质，为后期的个人发展、成功奠定基础。

第四句，学会适应新环境。你们毕业离校走出校门的那一天，你们就已经真正接触社会了，除了适应外，更多的是不适应，这都是情理之中的事情，所以要尽快适应新的环境，在无法继续前行、道路不通的时候，要学会变通和转弯，甚至以低姿态去适应、去应对，做到能屈能伸。要知道“江海能成为最大的水域，因为它比别人都‘低’”。

第五句，要不断提高时间效率。虽然每个人每天所拥有的时间都一样，但利用时间长短和办事效率千差万别。所以在工作中、生活中要学会利用碎片化时间，通过利用好被繁杂事物割裂开的一个个短小空间完成更多的任务和目标，这样，你每天会拥有比其他人更多的时间成为现实，只要持之以恒，那么等待你的就是你个人的进步和变化。

第六句，一定要遵纪守法。在校期间，同学们听得最多的是遵守校纪校规，随着步入社会，作为一个社会自然人，特别是在全面走向依法治国的新时代，同学们一定要自觉做到遵纪守法，要不违纪、不违法，这样才能使自己时时安全、家庭日日平安、社会处处和谐。

第七句，要努力提高创新能力。创新是民族进步的灵魂，是一个国家兴旺发达的不竭源泉，也是中华民族最深沉的民族禀赋，正所谓“苟日新，日日新，又日新”。为此，同学们在各自的职业生涯中，一定要勇于创新、敢于创新，对于一名教师要在教学方法上创新，对于一名管理者要在管理体系上创新，而对于一名设计者要在设计理念上创新，特别是大家作为即将毕业离校的青年学生，可以说是社会上最富活力、最具潜力的创新性创造性群体，更应通过勤奋思考，在自己的岗位上不断创新，从而积累经验。

第八句，在逆境中要学会专注和坚持。看看过去、现在所有成功的人士，都离不开坚持，即便有时艰难得寸步难行，因选择坚持、不放弃，最终走向成功。学校校友、89届物理系毕业生代表秦华在今年的学生毕业典礼上发言时曾说“竞争的时代，没有哪项工作更容易，把一个事儿做精，那就会成功；每个人都可能遇到逆境，但是在逆境中不认输的坚持最是可贵的，逆境中触底反弹的力量是最震撼的”，也就是因为专注和坚持，他一手创建的企业才能成为国内外“互联网+宠物食品”的典范。目前，一部分同学还未走出校门，就被就业求职的压力吓倒，不敢面对、不敢正视，这是很不对的，而更应该做的是，要积极面对、接受逆境的考验和洗礼，那才能给你一个不平凡的人生。

第九句，要做诚信人、做诚信事。就个人而言，诚信是高尚的人格力量；就单位而言，诚信是宝贵的无形资产；就社会而言，诚信是正常秩序的运行基础；就国家而言，诚信是良好的国际形象。在校期间，同学们要诚信考试、诚信做人；而毕业后，更好做诚信人、做诚信事，按时偿还国家助学贷款、真诚交友。你若诚信，就会有人和你交心；你若失信，人人都会对你死心，假如你失了诚信、丢了真心，那你怎还能在社会上占有一席之地呢，甚至寸步难行。

第十句，要把努力养成一种习惯。与现在相比，四年前你们都是从同一个起点同时进入学院学习，四年间，努力的同学已初有收获，或获得教师资格证、获得第二学位，或考取硕士研究生继续攻读学业，或经过培训已具备丰富的设计实战经验，而那些未努力的同学还在等待“好命运”的到来。现在，你们同样站在又一个新的起点上，进入社会，下个四年、十年，再相对比较，那努力与不努力的结果又会完全不同。学校历届优秀校友不就是一个个最能说明的例子吗？所以别总为自己的失败找借口，而要为成功多找方法，并努力求上进。无论到哪里，都要记住一点，习惯努力的人，即使在坏的环境下也能成功，而不努力的人，即便在好的环境下，也永远不会成功。

第十一句，要珍惜同学情谊。天上风云多变幻，唯有情谊地久天长。大学四年的美好时光，为同学们架设了一条沟通交流的桥梁，虽然个别同学之间也许因这样或那样的原因而发生小摩擦、小矛盾，但一生在世，又能多少个像大学同学这样共同走过四年时光！所以每个人应该珍惜同学情谊，在毕业分手后，在工作繁忙之余，和同学打一个电话、发一条短信，或进行一次网络上的倾心交流，这将一定是加深同学感情、释放心情的绝佳方式，同时，也会给你们的生活增添更多的美好追忆。

第十二句，要学会懂得感恩。“投之以桃，报之以李。”“滴水之恩，当涌泉相报。”同学们对这些语句再熟不过了，大家还都知道，感恩不但是我们这个民族的传统美德，也是中华儿女永不过时的行为规范。学会感恩，既是对责任的承担，也是对道义的坚守，为此，每个人一定要学会感恩，懂得感谢父母从小对自己的养育之恩，懂得感谢老师们在学校对自己的培养之恩，懂得感谢同学们在学习中对自己的帮助之恩。只要你内心感恩永存，你也就会在他人困难时不自觉地伸出援助之手，会让你和相识的任何人和谐共处，为你、为他人营造出美好的成长发展环境。

第十三句，要增强身份意识。这句话主要送给学生党员和学生干部的。现在两个班级有四名共产党员，十余名入党积极分子，另有班委、学生会主要干部近二十人。随着个人努力和进步，更多的同学也会加入党组织。作为曾接受过培养锻炼的学生干部，特别是学生干部中的学生党员，要不断增强身份意识，要时刻牢记党的宗旨，在各个岗位上处处发挥党员先锋模范作用。特别是在推进全面从严治党中自觉增强党性修养。要相信，经过学校、学院各级党组织培养，以及学生公寓“党建工作站”五区实践锻炼，在工作、学习和社会生活中绝对能做到平时能看出来、工作中显出来、关键时刻站出来。

第十四句，要把人生过得更有艺术。艺术是人生不可或缺的部分，艺术修养更是一种人生修养。作为一名艺术专业大学生，如果人生缺少艺术性，或过得缺少艺术化，那岂不是人生中最大失误、最大败笔。所以，无论同学们所从事职业与所学专业是否相关，都要学会以艺术家的气魄和胆识，从单纯追求物质生活的羁绊中跳出来，不断开拓自身的艺术视野和精神境界，能用审美精神时时对待人生、用审美情感处处拥抱人生，让美好生活过得更加美好、艺术人生变得更有艺术！在自身人生修养得到充实的同时，其人生境界也得到升华。

第十五句，使用手机要适度。手机给我们带来通信方便的同时，也带了更多的危害，大家都已耳闻目睹。在此，不再多说，只是建议同学们作为手机的终端使用者，不要再沉溺于手机终端给大家提供的无聊游戏，更要摒弃陋习，不做“低头一族”。要记住，手机适度使用是耐用品、消费品，而过度使用将是易损品，甚至是“毒品”。

第十六句，要常回家看看。歌曲《常回家看看》从1999年开始一直唱到现在，唱遍了祖国的大江南北，既唱出了父母的心声，又唱出了儿女们应尽的孝道。作为即将踏入社会、成家立业的成年人，无论自己生活节奏多快、工作压力多大，都要记得多跟父母家人联系，记得常回家看看他们。要知道，尽孝需尽早，岁月不饶人，父母等不起！

第十七句，要注意安全。安全是我每次召开班会必谈的一个重要话题，也是同学们在大学期间听到最多的一个话题。“身体发肤，受之父母”，首先要确保自己身心健康，要多运动、多锻炼，只有身体健康、自身安全，才是生活、学习和工作的资本。同时，在交通、饮食、运动、网络等各方面安全更是同学们需要加强注意的。

同学们，仅仅这十七方面还是远远不够的，除此之外，你们更要牢记学校校长蔡先金教授在2017届学生毕业典礼上讲话中所倡导的“坚守”二字，要做到坚守大道，德行天下；要做到坚守底线，担当奉献；要做到坚守理想，开创未来，从而在广阔的人生舞台上演绎自己的精彩！其他话语，我不再多说，因为我要遵守我的“诺言”，我曾说会议不能太长，特别是班会召开时间更不能长，怕占用你们太多的时间，怕耽误你们更重要的工作、更急需处理的事情。

同学们，一个人的生命无法预知长短，在大家陪伴的四年，占用了我已生之年的十分之一,四年那么短暂，因为不知不觉就已结束，又是那么漫长，总想盼望同学们早日长大。但无论如何，过去四年，因为有缘，和同学相遇、相聚而变得特别美好，我想这一切都是最好的安排。在辅导员这个职业上，我将不忘初心，继续前行；而作为你们两个班的班主任，也会陪大家一起徜徉、一路高飞，有你有我，每个人将不再孤单。只要你决定前行，无论得与失、对与错，总会有收获、有喜悦的。

同学们，在开这个班会之前，其实有不少同学找我一一道别，有的同学临走前到办公室给我告别，还未说两句话就禁不住呜咽了；有的同学虽赶点去火车站，但还坚持在教学楼下等我开会回来见上最后一面；有的同学见面后仅仅握一握手就赶紧离去。而又有几个同学根本不敢来见面，怕无法克制离别情绪，用短信或信件给我告别，有的说“不告别，就算不分离，明天继续见，……”有的说“这次真该走了，真的挥手但不说再见，……”有的说“不知不觉四年时光这么快就结束了……总归有一天要离别，内心有着深深的不舍之情，在聊大美院的学习时光，就是一生的美院情怀，我会常回来的”；有的说“怕见老师不能说出口，就让我用短信和老师表达我的离别吧！”……所有的这一切，岂不是我也想不要发生的，与你们相比，我内心更多的是伤心、是留恋、是牵挂……

离别终究要离别，班会终究要结束。今日离别，对于你们的大多数而言，意味着学生时代的结束，意味着从此永远离开“象牙塔”，走人社会，开始一段全新的旅程。

同学们，不知能否注意到，今日班会日期选择在此刻：7月17日7点17分，是学校决定毕业生6月30日离校后的第17天，也同时送给大家17句话。作为2017届毕业生同学，就是希望以五个“17”，祝愿大家一起齐、一起飞！

无论走到哪里，都不要忘记你们永远都是聊大人！作为聊大人，就要发扬“崇教尚学 敦厚 奋进”的聊大精神，胸怀祖国，坚守理想，脚踏实地，积极进取！

无论走到哪里，都不要忘记你们永远都是聊大美院人！作为美院人，就要遵循“至真 崇善 尚美”的学院院训，在以后的生命进程中能还原生命之真、会追求人性之善、常体验生活之美，以饱满的精神、昂扬的斗志，书写充满激情和奋斗的精彩艺术人生。

无论飞到哪里，我们在聊大美院，都会为你们祝福！为你们祝愿！我的那个尾号为0889的号码，随时恭候同学们的光顾！随时分享你们的幸福生活！

让我们为迎接党的十九大胜利召开倒计时！

让我们为下次毕业周年聚会倒计时！

让我们相互间的下一次偶遇倒计时！

最后，以习近平总书记的一句话结束咱们的班会，“人的一生只有一次青春。现在，青春是用来奋斗的；将来，青春是用来回忆的。”那就为了将来的回忆，现在一起去激情奋斗吧，顽强拼搏吧！

谢谢大家！

散会！

作者注

我所带的2013级视觉传达设计专业的两个班级，是2013年9月7日报到入学的，作为班主任，我与他们一起度过整整四年。自2017年7月1日同学们陆续离校后，我一直计划着手开这个“班会”，但因期末考试等繁杂的事务，迟迟未动手。眼看着距离同学们离校的第十七天马上就要到来，7月15日、16日虽然是周末，又是假期，我依然坚持到办公室，准备班会内容，到了周日晚11点半，我终于完稿。四年的时光历历在目，但把四年的东西用两天写完谈何容易，也许还有比这更需要、更重要说的，那就让同学们慢慢琢磨吧！当7月17日7点17分，我准时在两个班微信群发布后，我的心踏实很多。虽然距离班主任的职责、距离同学们的期待还有很大差距，但我基本做到善始善终了。同学们对我如何评价，那就等以后再说吧！至少，我问心无愧！

（本文完成日期：2017年7月17日）

常态化疫情防控下第一个“XIN”年：连续发出的四封“家书”

对于假期大学生日常行为管理教育与服务，最重要的事情莫过于学生安全，特别是处于常态化疫情防控下第一个寒假，面对过新年、访亲友、易聚集，更要把切实保障全体学生及其家长的生命健康安全放在工作首位，统筹抓好疫情防控工作。针对放假初期，国内多地出现零星散发病例和局部聚集性疫情形势，作为学院分管学生工作第一责任人以及学生疫情防控工作的直接负责人，在组织全体辅导员、班主任做好假期学生日常管理和疫情防控工作的同时，先后撰写并发出四封“家书”，为全体学生及其家长、学生党员、西部计划志愿者送去“XIN”年问候和祝福的同时，更重要的是送去温馨的安全提醒以及成长的希望和寄托。

第一封“家书”：“艺”起回家过“心”年——致全体学生的一封信

2月4日，农历腊月二十三，正值北方传统节日——小年。这一天以《“艺”起回家过“心”年》为主题，为学院全体在校学生送去第一份祝福和问候，并发出未同意不返校、多关注不错过、非必要不外出、过“心”年不聚集、早上报不隐瞒、勤学习不虚度、抓安全不放松等“七不”倡议。严格要求同学们进一步提高“放假不放松”的警惕，认真关注学校学院等平台发布的疫情防控相关信息，做到不懈怠、不信谣、不传谣；及时提醒同学们时刻绷紧安全防范和疫情防控这根弦，做到防火、防电、防盗、防人身伤害、防意外事故、防各类诈骗等；同时，建议同学们利用假期好好“充电”，通过学专业知识、看经典视频、读中外名著来提高自身综合素质，特别是作为艺术类学生，充分发挥专业特长，潜心艺术创作，为将来参赛做好充足准备，做到光阴不虚度。为达到全覆盖，分别通过学生会、学生社团、学生班级，以及班主任发送至每位同学手中，切实确保全体学生知晓并严格遵守。

第二封“家书”：“艺”起在家庆“馨”年——致全体学生家长的一封信

2月11日，农历腊月三十，除夕，正值全国人特别重视的日子，也是全家亲朋好友团聚的日子。这一天以《“艺”起在家庆“馨”年》为主题，为学院全体学生家长送去“家书”。首先向学生家长对学院长期以来的关注与支持，特别是疫情防控期间积极开展家校合作表示衷心的谢意，并真诚发出请进一步提高做好疫情防控工作重要性的认识、请及时关注学校及学院返校开学信息、请监督做好学生假期安全管理、请及时做好学生信息上报、请继续加强并做好家校合作等“五请”倡导。希望广大学生家长及时组织并监督全家成员严格落实当地常态化疫情防控措施，积极支持学生参加当地疫情防控志愿服务工作，同时明确每个学生家庭与学校作为学生成长发展的两个重要“摇篮”，对学生的教育和成长同样发挥着举足轻重的教育作用，希望家长朋友们建言献策，与学校一起共同为学生营造更加安全舒适的学习和成长环境。为确保“家书”效果，通过学生转达给家长的同时，将“家书”逐一通过班主任最初创建的“学生家长沟通群”或“家校合作群”发送至每位学生家长。

第三封“家书”：“艺”起护家迎“欣”年——致全体学生党员的一封信

2月18日，农历正月初七，正值春节后第一个工作日，全国上下将重回工作岗位，再度开启疫情防控常态下的“奋斗模式”。学院学生党支部作为“全国党建工作样板支部”创建单位，为推动学生党建工作顺利开展，以《“艺”起护家迎“欣”年》为主题，向学院学生党员发出第三封“家书”。对全院148名学生党员提出要提高政治站位，切实增强党性修养；要加强理论学习，充分做好会前准备；要增强防控意识，积极参加志愿服务；要严守纪律规矩，树立党员良好形象；要锤炼自身品德，真正练就过硬本领等“五要”建议。希望广大学生党员在“十四五”开局之年，牢记入党誓词，纯洁入党动机，进一步坚定理想信仰、加强党性修养；希望每位学生党员利用假期充足的时间，进一步加强政治理论学习，深入系统地学习党规党章和党的新的方针政策，切实弥补自身理论功底薄弱、不足等问题。针对年后复工复产，各地人员流动加剧，基层疫情防控任务加重、人手紧张、压力加大的关键时刻，提出广大党员同学在做好自身防护、身体力行的情况下，努力配合当地街道社区、村委、住宅小区等一线疫情防控人员积极参与力所能及的疫情防控志愿服务工作，以实际行动擦亮胸前党员党徽，并在全体同学中做到学习上是标兵、生活中是典范、言行上是楷模、工作上是榜样，无愧于做全国党建工作样板支部一分子。最后，以学生党支部名义，通过各党小组一一发放给每位学生党员。

第四封“家书”：“艺”起守“家”度“昕”年——致2020年西部计划志愿者的一封信

2月26日，农历正月十五，元宵节，正值家家户户挂彩灯、放烟火的传统节日，而对于毕业后面对疫情，勇敢逆行而上，毅然选择西部计划志愿行动，各自奔赴新疆、四川、重庆等地基层服务工作的2020年西部计划志愿者，除了其中一位同学因家庭原因能够回家与父母团聚外，学院其他志愿者全部放弃春节回家团圆的机会，决然选择坚守在西部基层志愿服务岗位。当日以《“艺”起守“家”度“昕”年》为主题，为学院全体2020年西部计划志愿者送去第四封“家书”。在过去半年时间里，每位西部计划志愿者在各自的岗位上勇敢面对新的挑战、新的困难，辛勤耕耘，甘于奉献，用汗水和热血留下了很多典型事迹和感人故事，得到所在服务单位领导和同事的高度认可和充分肯定，以实际行动推动了学院志愿服务工作新篇章。在向远方的西部计划志愿者表达最诚挚的谢意的同时，提出牢记时代使命，切实展现时代担当；牢记岗位职责，切实提高服务实效；牢记安全意识，切实增强安全素质；牢记学校嘱托，切实发挥榜样作用；牢记青春梦想，切实奠定坚实基础等“五牢”倡议。希望每位西部计划志愿者牢记“中国崛起、民族复兴”这一时代使命，牢固树立岗位意识、履职意识，通过细化岗位职责、提高服务效果，切实做好单位安排的每项任务、每件事情，坚信“把平凡的事情做好就是不平凡，把简单的事情做好就是不简单”的服务誓言；希望每位西部计划志愿者始终牢记母校“敬业、博学、求实、创新”的校训以及学院“至真、崇善、尚美”的院训，不驰于空想，不骛于虚声，一步一个脚印，以更加出色的成绩贡献西部、回报母校；牢记学校、学院嘱托，用所学知识服务西部、扎根西部，在平凡的岗位上取得更加辉煌的成就；努力把学校弘扬的“赤诚担当，大爱无我”繁森精神带到西部，做到“只争朝夕，不负韶华”，用自己的实际行动践行“奉献、友爱、互助、进步”的志愿精神，让青春在祖国西部绽放光彩，为广大的在校学弟学妹起到榜样引领作用。最后，一一将“家书”发放给每位西部计划志愿者，并于元宵节当晚家家户户团圆的时候，逐一给他们每人打电话问候、鼓励、交谈，详细地了解每位志愿者留守值班、除夕夜安排等情况，以示对同学们的关心、想念与牵挂，并以此期盼他们在新的一年，继续奋力前行，让青春之花继续在祖国最需要的地方绽放光彩！

作者注

作为从事学生工作已20余年的专职辅导员，一年365天，最牵挂的人莫过于自己的学生了，特别是常态化疫情防控下的第一个大假期，心中更是牵挂、担忧放假已离校回家与家人团聚或参加校外社会实践、西部基层志愿服务同学们的安全及生活。除了叮嘱班主任辅导员定期组织召开假期线上主题会议、及时推送安全警示信息外，毅然想到以“家书”之名为同学们一一送去问候和希望，以便让同学们在体验书信情怀过程中，牢记老师嘱托，以更足的干劲和更大的动力去学习、去锻炼、去成长！

（本文完成日期：2021年3月4日）

家访"八步曲"：4年34名学生4.61万公里

"34名学生家庭实地走访……"

"34张学生家庭综合情况调查信息表……"

"34条学生家访考察路线……"

"34份自备家访慰问品……"

"34位与学生家长的悉心座谈与交流……"

"34个学生家长的嘱托与希望……"

"34篇家访工作日志……"

……

作为班主任，四年来利用外出学术交流、研修培训、参观考察等一切时机，往返行程4.61万公里，历经13个省市20余个地区，对全班38名同学中的34名学生家庭进行实地走访，与每位学生家长深入交流座谈，精准掌握每个学生家庭经济状况，准确了解所有学生成长环境，认真征求学生家长对学生学业发展、成长规划，以及对班级、学院教育管理意见建议与所需所盼，基本实现班主任精准家访、家校双向互动、教育因人施策，切实提高、发挥班主任在班级学生管理中的主体地位和重要作用，最大化增强家校育人合力。

一、一次次深刻、难忘、充实、感动的家访

（一）第一个学生家庭走访

一年级第一学期，10月底，周日晚10点，为五年级的女儿周末作业签字后，从家小区门口搭载出租车，到学校所在地聊城火车站，乘坐晚11点的硬卧出发，利用外出参加全国高校辅导员发展研究中心（江西师范大学）召开"红色文化传承与辅导员职业

发展”学术论坛的时机，开始班级第一个学生家庭实地走访。次日上午9点40分到达江西吉安市火车站。从火车站广场转乘50座、票价35元的普通县际客车，路途110余公里后，中午近1点直达吉安市所辖县YX县汽车总站（为保护学生及其家庭隐私，家访所在县及以下详细地址、学生姓名不再体现，下同）。从汽车总站乘坐三轮出租车，到YX县汽车南站，购票乘坐县城路过学生家庭所在乡镇SJ的城乡公交车。由于城乡公交车每半小时一班，按点发车，坐车后迟迟等了20多分钟，直到下午1点半才发车。从YX县城到所去乡镇SJ镇距离18公里，虽路程不远，但所过乡镇、村庄，走走停停，近50分钟才到达乡镇。公交车站牌路旁就是一家小型的购物超市，买了一提鸡蛋和饮料，刚好100元。最后，乘坐一辆摩的，直赴22公里之外的BT村。从学校到学生家，1350多公里的路程，历经6次转车、17个小时，终于到达走访学生B11（学生报到之初，对所带两个班级的每位同学编排一个代码A××、B××，方便查询、公布学习成绩等信息使用）家庭门口。学生祖母接到学生电话后，早已在门外等候。

学生B11，在B班12位女生中（全班19人），通过报到谈话、调查摸底及日常了解，高考文化课成绩高出录取线40余分，学习积极、生活简朴，但性格偏内向、不善于主动与他人沟通交流。父母长期在南方打工，仅春节期间才回趟老家，有一位正初中二年级学习的弟弟，与父母一同生活。家中仅有70多岁的祖母一人。老人身体硬朗、精神矍铄，见到我后，亲热地拉着我的双手，从门外一直走到一楼客厅，热情地向我水杯倒水、搬凳子。由于当地统一规划，家庭为二层楼房，刚翻盖不久，除了家里的积累，又贷款十余万才建成；楼房虽很新，但一层、二层所有家具都很陈旧。

在家，与老人悉心沟通、交流家里成员、土地、经济、身体，以及学生性格、上学与计划等情况，调研情况和学生在入学时填写家庭综合信息基本一致，同时，也了解到家庭贷款、孩子在家表现等其他更多情况。由于父母长期不在家，老人从小一直陪着孩子学习与成长，交流中不时提到孩子小时候的顽皮故事，从中感受到家庭老人、父母对孩子的疼爱和期望。为了赶时间，在家交流就不得已离开，但老人一再挽留，留下用饭、住一晚再走，老人的真诚与热情，言不尽意。离开家门时，老人发自内心感谢老师和学校对孩子的付出与关爱，并一再嘱咐对孩子要求再严一些、发展更好一些。离开后，先后乘坐租用的摩的、城乡公交车，原路返回YX县汽车总站。然后，转乘YX县至江西省萍乡市火车站的客车，短短80公里的路程，从下午6点发车，到了晚上8点才到达目的地。就近选择火车站对过的“七日快捷酒店”入住，待简单收拾下房间后，独自下楼到酒店附近的一家面馆去吃面。全天周转各类交通工具，大部分时间都在路上，身体还真感觉到有点疲惫。待明天早上早起，需要多次转车，赴江西师范大学报到参加会议。

（二）一次完全改变家庭经济认定等级的家访

一年级第二学期，5月中旬周六上午，在江苏扬州参加中国高等教育学会学生工作研究分会年度学术年会闭幕式后，一同参会的另一位同事直接从扬州乘车返回学校，我乘坐下午2点多扬州至蚌埠火车，达到蚌埠后，先后乘坐县际客车、三轮电动出租车到达GZX汽车站，对第五位学生B08进行家访，学生家位于GZX第一中学附近，距离县城汽车站不到三公里的路程，一路较为顺利，下午6点半就赶到B08家门口，比计划早到半小时。由于学生母亲去送货，在学生家门口一家超市买了礼物后，又足足等了近一小时才见到学生母亲。跟随学生母亲进家后，家里只有上初三的弟弟正在学习。家为三间老旧平房，另有一间配房当厨房使用；学生父亲在另一个隔壁县城食品公司从事包装，为了节省路费，每周回家一次；母亲靠一辆电动三轮车为超市送货，全天基本就在车上、路上；学生父母双方还有三位老人健在，无任何正常收入，虽有社区补贴但很微薄，基本仅够日常生活所需。从学生母亲得知，房子已使用多年，正等待政府开发、拆迁置换楼房，但由于原有平房面积太小，置换中型回迁房还需要补交10万多房款。

经过与学生母亲进一步调研，了解到家庭经济基础薄弱，收入来源主要靠父亲打工、母亲送货，基本没有其他经济来源，两个孩子上学学费有一半通过亲戚借取，下一步回迁房款还不知道如何筹集。不知不觉交流到晚上8点，学生父亲为了挣点加班费加班而没有回家。原本计划家访后就尽快离开，看着学生母亲执意留下一起吃饭，要么在家做饭吃、要么到饭店去吃，就改变了计划，与学生母亲、学生弟弟三人一同到家附近的一家菜馆吃饭。真看出学生母亲的待客热情，家庭经济虽很拮据，但一口气点了六个菜。吃饭过程中，趁学生母亲不注意的空隙，我偷偷跑到餐馆服务台，通过微信二维码结算了饭钱。学生母亲发现后，坚决要给我现金，但我怎会接受。饭后，学生母亲拉着我的行李包，要我到家住，我谎称还有同事，并已预订好宾馆房间为由离开了。看着远去的学生母亲及其弟弟，内心感到作为班主任培养好每位学生成长的压力和责任。

分开后，选择距离GZX火车站附近一家宾馆入住，第一时间拿出学生B08入学登记及一对一座谈调研时填写的学生综合情况调查及家庭经济认定审查表，对部分信息与家访掌握不一致的信息进行改正。由于学生B08个人性格偏内向、有意掩盖家庭经济状况等，最初根据学生所提供的父亲包工、母亲开超市，全家无任何经济压力等情况，确定的学生家庭经济认定等级为非贫困生（认定量化分数60分以下）。而通过家访了解后，根据父母职业、家庭住房、经济来源、上学子女、老人身体等现实情况，学生B08家庭经济综合认定等级暂时调整为二档（贫困生，70~84分。另有一档，特困生，85~100分；三档，普困生，60~69分），待返校后经班级认定小组讨论认定后，及时建档并申请相关资助。修改完善后，已过晚上10点，简单收拾、洗漱后，赶快上床休息，以便第二天一早乘火车到下一个目的地江苏徐州市BZS所辖一乡村，利用周日开展下一位学生家访，并确保周日晚上赶回学校，从而不影响周一正常上班。

（三）一次途中被宰客、倒客的家访

二年级第一学期，9月中旬周六上午，学校一行六人在宁夏固原参加第三期全国高校共青团“第二课堂成绩单”制度建设专题培训班闭幕式后，一同乘坐下午2点15分的飞机从宁夏固原直达陕西西安飞机场，其他五位同事由西安乘坐火车直接返回学校。根据计划，我再次开启家访之旅，开始对班级第十八位学生进行实地家访。当时正下中雨，手机网络一时无法约车，只能在机场出口直接乘坐出租车。机场到咸阳秦都高铁站，也就19公里路程，出租车司机一口价就要120元，经过再三还价，车价降到100元。明明知道被宰，但为了尽早赶到秦都高铁站乘坐下午4点15分的高铁，而且这时段机场候车场出租车很少，还是付钱后就上车了；一路双方一直未进行任何交流。距离秦都高铁站大概还有3公里的时候，出租车司机拦住另一辆出租车，声称自己有急事，给对方司机付了10元现金，把我明目张胆地倒客到另一辆出租车上。从第二辆出租车司机得知，从机场候车接客的出租车载客、倒客是常有的事情、见怪不怪，所以心里不痛快也就自然消失了。到达秦都高铁站，拉着行李箱跑着到售票处买票、检票；刚通过检票口，就停止了检票。路上哪怕再耽误一分钟，也就无法赶上秦都至咸阳杨陵的高铁了。杨陵高铁南站下车后，雨仍旧没停。买了一桶食用油、80元包租一辆面包车后，直奔距离车站12公里之外的宝鸡市FF县JZ镇DJ村学生A12进行家访。面包车司机有固定职业，只是利用周末等休闲时间拉点散客，听说我从山东大老远到学生家进行家访，连说想象不到，居然还有这么负责任、爱学生的班主任，爽快地直接把包车租金从80元降到50元。走到JZ镇DJ村委大路口，学生父亲、母亲在雨中已等候多时，热情地让我进家中。学生家庭经济良好，家里购置一辆大型配货车，父亲每月大半时间在外配货跑车，母亲在家收拾家务、干些零工，姐姐大学毕业后在金融机构上班，在全村属于较好家庭。交流从下午5点40分一直到6点半，学生父亲已定好村口饭店，拉着我的手执意吃饭后再离开。怎奈我给自己定下家访期间不在学生家吃饭的规矩，再说时间也不允许；给学生父母说清后，毅然就离开了。冒雨返回杨陵南站后，乘坐晚7点31分的高铁，赶到西安北站，选择就近的“速8宾馆”住下。外面的雨下得比白天还大，时间已过晚上10点，身体也有点疲惫，更不愿意外出吃饭，从宾馆买了一盒方便面食用后，就尽早睡下了。今天，家访难忘，途中租车被宰客、被倒客更难忘。回校后，通过114查询号码，联系到陕西省交通管理部门对所乘坐的出租车牌照及其载客、倒客行为进行了反映，希望对出租车加强管理整治等。

（四）唯一接受家长礼物、在家吃饭的家访

在西安北站附近“速8宾馆”睡到清晨5点半，就早早起床，拉着行李箱步行至西安北站，购票、买早点、验票，乘坐早7点10分西安至陕西汉中市NQ县高铁站，对班级的第十九位学生连续进行家访。9点准时到达NQ县车站，买了两种慰问品，学生A14姐姐自行驾车正好赶到车站广场等候。学生家地处NQ县ELB镇GDG村，全村400人，距离县火车站30公里路程，虽不算远，但由于坐落在山顶上，山路崎岖，开车、骑车都不方便，每天上午、下午仅有两趟城乡公交车按点通行，有时候赶到去城里或回村人多的时候，根本挤不上车。了解情况后，实在没有办法，只得同意学生姐姐到车站来接。上车不久，就进入山区环山路，一路颠簸，短短30公里的距离，用了整整90分钟，接近上午11点才到学生家中。学生家居住半山腰，是一栋上下两层的小楼房，二楼供生活、住宿使用；一楼专门用于存放烟叶、加工等使用。家承包40亩烟叶树，自行种植、摘采、加工、批发，每年收入较为可观，日常聘用同村的六七个工人协助生产、销售，由学生母亲全面负责召集、安排、运营；学生父亲是村里唯一的赤脚医生，利用村委腾出的场所开办一家医务门诊，医术在全村及周边几个乡村小有名气，大病小病都能治疗；学生姐姐大学毕业后在县城中心医院上班，学生祖父去世多年，祖母同全家一起生活。山沟里一个家庭能培养出两名大学生，经济条件整体优越，全村都是羡慕不已，在周边也是出了名的。

家访交流中，不知不觉已过中午12点，我让学生的姐姐开车先送我回火车站，否则只能等下午2点半城乡公交车回城，可全家就是坚决吃饭后再送，学生祖母拉着我的手不放，说孙女从小学到中学，从没有任何老师到家进行家访；大学老师这么远，居然到家实地看望，从来是没有想到的惊喜事。看着热情、好客的一家，感觉留下和学生家人、工人们一起吃饭，也倒不会添太多麻烦，就同全家一起吃午饭。全家4人口，再加上6位工人，坐了一大桌。有土鸡肉、山鸡蛋、蒸野菜，还有好几种说不上名字的特色菜，满满、丰盛的一大桌菜；学生父母一直给我夹菜。饭后离开前，我借口到洗手间，将200元现金压到一隐蔽处，作为学生姐姐接送我交通费用及在家午饭费用。离开家时，学生母亲执意送我一包自制糖果食品，以及一瓶山蜂蜜，让我路上品尝，那个热情、那个言行，让我内心感受到全家的真诚和好客，令人暖心、感动。返回到NQ县高铁站候车空隙，给学生父亲打电话，说了在家洗手间留下现金一事，父亲又是一番客气。回校后，学生A14听从父亲嘱咐，将钱送到办公室，但我怎能会要。我不能违反我的原则，也不能违背我的内心。

（五）一次距离最近的家访

二年级第一学期，9月底，因国庆节调休，周末两天正常上班、上课。周六晚上8点，在家吃饭后，骑自行车到学生B09进行家访，从学院驾车距离3公里，但骑车走近路距离也就不到2公里，是两个班级三十八位学生中，家距离学校最近的一个。学生家住高层商业楼房，父亲为一建筑公司中层干部，在外地参加会议；母亲在一物业公司上班，从事办公室日常管理；由于前期积淀，家庭房屋多套，经济条件较为富裕；学生祖父、祖母都是在编中学教师，已退休多年。学生作为独生子，全家都很疼爱，但从小严格管理，家教甚好；从小学到中学，学习一直名列前茅，高考艺考成绩较为理想，因恋家缘故，毫不犹豫选择就近的大学继续学习，待后期攻读研究生时再考虑外地其他高校。家距离学校很近，本可办理走读手续，但学生坚持在学校与同学一起吃住，平时对班上同学的困难和需求，总能第一时间给予帮扶，也替班主任解决了很多难题。交流过程中，还得知学生叔父、姨妈都在我们学校毕业，以较好表现在各自工作岗位上得到领导认可，这也许是学生高考不选择外地学校的原因。学生学习虽很优秀，但学生母亲还一再要求和嘱咐，对学生更加严格管理，以期待毕业后顺利考取研究生，继续提高专业技能和综合能力，同时主动积极承诺，家里可随时为班级同学提供各类物质帮助和关怀，真应了优秀的学生背后都有一个优秀的家长。家访结束后，骑车回到学校，联系上一位学生会宿管干部，开始对男生宿舍进行大范围的安全抽查。对于学生教育管理工作来讲，假期学生安全是最重要的，也是最容易被忽视、最容易出事的，而最好的办法就是检查、督促。

（六）一次距离最远的家访

二年级第一学期，11月初，在江西南昌江西师范大学参加全国高校辅导员发展研究中心学术论坛后，途经江西南昌西站、湖南衡阳东站、永州道州火车站，完成第二十二位学生A01家访，又先后历经湖南永州、广西桂林、云南昆明，晚上8点20分在云溪高铁站下车，入住车站附近酒店。虽过去来过云南，但还是第一次到玉溪，难得有时间转转。在房间简单收拾后，独自外出，到了一家美食城，品尝了当地特色美食鳝鱼米线、豆沫汤圆，的确另有一番滋味。而且玉溪夜景很美，城市街道到处流光溢彩，很是迷人。

次日，宾馆退房后，步行至玉溪西客站，购买从玉溪至JC区公交车，公交车途经学生B12家所在的JX镇。从玉溪到JX镇18公里路程仅收取3元公交车票，比乘坐客车、出租车便宜得多，只要时间、天气允许，还是能节省的就节省。从JX镇公交站牌下车后，才发现前不着村、后不着店，就是想搭个三轮车、摩的也没有。还好，上车前把行李箱存放在玉溪车站了，否则托着行李箱还不累得半死。提着食用油，步行3公里来到JX镇LSMW村，根据学生提供的标志信息，很容易就找到学生家。在两个班级全体学生中，学生B12家可以说是距离学校最远的一个，驾车导航单程距离2380公里。学生家自建300多平方米的四层住宅楼，父亲、母亲皆在家经商，主要靠收烟叶、加工及外售为生；有一妹妹在小学就读，祖父、祖母与学生家对门居住，家庭经济生活较为富裕。最后，虽然学生父母要留下吃过午饭再走，但在我的拒绝下，还是让邻居开车送我回玉溪乘车。回到玉溪车站，取了行李，转乘从玉溪至TH县客车，开始到TH县CH区对下一个学生进行家访。既然有机会到云南，那就尽可能多进行一次家访，以防后期再没时间和精力。

（七）一年最后一天的家访

二年级第二学期年度最后一天，周一，元旦放假调休。全天在办公室值班、加班，进一步梳理当年工作总结。根据前期沟通，下午5点从学校出发，自行驾车到学校所在地HJ乡XJ村，对第二十八位学生A06进行家访。学生父亲在村委担任村支书多年，在全村是出了名的优秀共产党员；哥哥在今年刚被一所211大学录取为博士研究生，因为优秀，在本科大三期间就早早加入共产党；受父亲和哥哥影响，学生大一入学后第一时间就提交了入党申请书，并作为班长，一直坚持热心、积极为班级同学服务，深受同学们的认可和拥护。一年级第二学期就发展为入党积极分子，在思想上、学习上、生活上始终起到带头示范作用。

短短25公里的路程，很快就到学生A06家。学生父亲、母亲早已在家等候，也早早打开客厅空调；一走进家门就感到全家的温暖和热情。家住自建的二楼楼房，一楼客厅、餐厅、储物室等，二楼全是卧室。客厅一面挂着学生父亲参加上级、村委等各种会议和活动相片，另一面张贴着学生及其哥哥获得的各种荣誉证书。谈起两个孩子的上学经历及成就，学生父亲、母亲满脸喜悦和自豪，在感谢党和政府的同时，更是感谢学校和老师给予孩子成长的关怀和指导。离开时，学生父亲给班主任下了一个"命令"，一定要监管好孩子，为社会和国家再培养出一个优秀研究生。面对学生父母的期待，学生虽然特优秀，作为班主任压力却突然倍增。转眼，外面天已变黑，晚上还要参加班级元旦主题活动，谢过学生父亲热情挽留，赶快驾车返校了。明天，新的一年即将开始，为学生成长发展、为家校协同育人，班主任家访路仍将继续。

（八）一次深夜家访

二年级第四学期结束后，7月下旬，学校与浙江大学举办"党建和思想政治工作干部暑期研修班"，根据学校安排，周日中午1点，研修班近50人集中乘坐聊城至杭州的火车前往。由于次日周一到达后，研修班无具体安排，为了节省时间，就利用路途空隙走访学生家庭。个人乘坐周日下午4点49分，聊城至河北石家庄的火车，按计划当晚9点应该到站，但由于晚点发车，接近晚上10点才从石家庄站下车。从车站内步行一公里后，到车站外，找到附近商店，购买走访物品后，拉着行李箱，直接乘坐出租车，横跨整个石家庄市内直奔学生家。待走进学生B01家已过晚上11点，比计划晚了两个多小时。学生、学生父亲以及母亲已在家等候，父亲、母亲皆在一家国企从事管理工作，母亲因身体原因办理病退，在家休养，老人在市内住宿，家庭经济整体较好，学生作为家中唯一"掌中宝"，全家盼望孩子好好学习，大学毕业后继续攻读学位。在家交流半小时后，看着时间确实太晚，就赶快离开了。学生父亲坚持开车要送，但考虑深夜，不能再给学生家长添麻烦，谎称还有同事在外等候，就约上网约车，赶回车站附近，找到一家宾馆，办理住宿后，到宾馆门外吃了一碗拉面，等再次回到宾馆，已半夜12点半。由于次日还要早起，乘坐上午6点火车，身体也的确疲惫，赶快上床休息。此次路途收获很多，除了家访外，在聊城车站候车及路途中，认真学习了北京师范大学冯刚教授刚刚发表的《新时代辅导员职业文化建设的价值意蕴及实现路径》，以及《习近平关于"不忘初心、牢记使命"重要论述选编》中的部分章节内容。

（九）最后一次实地家访

四年级第一学期，12月下旬周五下午，在山西太原参加中国高等教育学会学生工作研究分会举办的学术年会闭幕式后，晚上和来自山东省部分高校学生工作同人继续深入交流。每次外出学习培训，利用一切可利用的时间同其他高校同人进行交流与学习，都是收获颇丰。周末，学校也无要事，计划利用周末去就近的阳泉对班级第三十四学生B18进行实地家访。从太原至阳泉客车、火车虽也方便，可发车时间很不合适；两地之间仅有120公里，可乘坐交通工具往返至少需要一天时间。为了节省时间，实在没有更好办法，只得联系到就近的一位学生家长，借用其私家机动车，自行驾车前往家访。

次日周六上午8点半，学生家长将车加满油，准时将自家车送到宾馆。我和另一位辅导员老师一起自行驾车，踏上太原至阳泉的高速路，路上一切顺利。自行结算高速费、购买一份慰问品，按照学生提供的详细地址，中午12点前走进学生B18家开始家访。学生父亲、母亲都在煤矿公司工作，分别从事人事、财务管理；家地处阳泉市KF区一小区楼房，由单位为职工统一提供，楼房设计科学、室内居室功能健全，足以看出单位对职工的福利和关怀。学生作为家中独生女，性格外向、积极好学、团结同学，正好到省外参加研究生考试。家访交流不到几分钟，学生父亲就拉着我们到饭店去吃午饭，说边吃饭边交流。为了不给家长添麻烦，我们声称下高速后，先吃了午饭后才到的家。学生父亲将信将疑，拿出上午刚买的新鲜水果，全部洗好，热情地一一让我们品尝。由于学生父亲、母亲一直交流了解学生在校学习及生活情况，交流过多，过了中午1点才走出学生家门，然后选了一家快餐店，为了赶下午太原回学校的火车，我们两人简单吃了午饭，就匆匆开车返回太原。将机动车还给学生家长前，在一家中化石油加油站，给车加满油。能借用车辆就很好了，不能再给学生家长增加其他负担和麻烦。还车后，从太原车站乘坐当天下午4点的火车，当晚9点20分返回聊城车站，结束了参会、培训、家访之旅。

（十）特殊的“线上”家访

按计划，本想借用四年级第二学期初，择机对班级剩余的四位学生进行家访，以完成对全班学生实地家访的心愿，但事与愿违，新冠疫情开始暴发，一月下旬，学校、所住社区开始封闭，根据上级通知要求，原本二月中旬学生开学返校也向后延迟；毕业生招聘会、研究生复试、课堂教学等都无法正常进行，先后转到线上进行。由于严峻的疫情形势及个人工作原因，实地家访更是无法实现。不得已，在最后即将毕业离校的前三个月内，在办公室逐一通过网络视频对剩余的学生进行了线上家访，与学生家长进行了仔细的交流和沟通。实地家访虽成遗憾，但我暗下决心，即便有一天学生毕业，将来有机会一定到这四位学生家进行家访，以完成最初给学生许下“作为班主任，对班级每位同学都一一进行实地家访”的承诺。

二、家访“八步曲”

结合开展的班级学生实地家访做法和成效，作为班主任，开展学生精准家访需遵照“八步曲”，真正构架学校与家庭沟通、交流的桥梁，努力增强家校共育合力，从而拓展高校“三全育人”载体，充分体现新形势下“三全育人”内在要求，不断增强高校思想政治教育工作的持续性、针对性、时效性和全面性。

（一）信息登记摸排

新生入学初期，最好报到一周内，第一时间组织班级全体学生如实登记、填写《学生综合情况调查及家庭经济认定登记审查表》，涉及个人基本信息、联系方式、专业学习、情感状况、家庭成员、学习经历、奖惩情况、家庭经济、家庭房产、身体状况、个人规划等十一类近八十项内容，覆盖到学生及家庭方方面面，基本能够了解、掌握学生个人学业、家庭经济等级认定等，为日后开展班级教育管理提供重要参考依据。

（二）及时座谈完善

结合工作实际，利用入学后新生军训期间或军训结束后，最长时间也就在入学一个月内，对照报到时新生个人填写的学生综合情况调查及家庭经济认定登记信息材料，利用办公室、会议室，对班级内的每位同学一对一、面对面进行交流、访谈，结合访谈情况对学生填写的个人基本信息、家庭收入、成员状况、健康情况等每项信息进行“再确认”“再更正”。根据与学生面对面座谈时，客观了解到学生性格、家庭背景、心理素质等实际情况，决定与其座谈时间的长短和调研内容，少则五至十分钟，长则二十分钟乃至半小时。通过面对面的交流，对部分学生在登记材料未体现出的父母婚姻情况、家庭经济状况、个人生理异常等做到真实、全面了解和掌握，对学生生活、学习、成长等综合状况基本做到全面、客观、准确，以便有针对性地开展班级管理具体工作。

（三）择机展开家访

班级学生生源地来源广，覆盖到全国十三个省份的三十多个县市区，在做好学生信息汇总、实地家访计划的基础上，要充分利用个人外出学习培训、参观考察、家庭旅游等一切可利用的机会和单独时间，择机或专门进行实地家访。在大学四年期间，两个班级38名同学中进行家访的34名学生中，利用外出参会培训、学习研修时机，开展实地家访17家；利用工作外出考察调研空隙，开展实地家访9家；借用家庭外出旅行机会，开展实地家访2家；另利用单独时间，个人专门对6名学生开展家访，分别占班级实地家访人数的50%、26.5%、5.9%、17.6%。

（四）充分交流调研

家访主要任务和最终目的就是充分和学生家长进行心与心、面对面的交流与调研，详细介绍学校、学院开展的学生教育服务管理具体措施和做法；如实反馈学生在学校思想、学习、生活、行为习惯及成长情况；全面了解学生家庭成员、家庭经济综合状况，以及学生成长经历、性格爱好、身心素质等综合表现；真诚征求家长在学生成长发展方面对学校、学院的建议或意见。通过家访，更加全面了解、掌握学生及家庭情况，明确学生家长在学生成长中的责任和义务，进一步清晰学生及其家长真实所需和期盼，同时切实缓解学生家长与学院辅导员、班主任在各个育人环节中衔接不畅通、交流不充分、调研不彻底、信息不全面、内容不真实等现实问题。

（五）精准确认修正

根据家访调研、交流情况，对学生填写的不准确、不全面、不真实个人及家庭综合信息及时进行补充、完善、修正，并根据掌握、分析情况对学生综合评价、家庭经济等级认定情况准确进行调整，从而保证学生各类信息完整、真实、准确，为学生开展评优推优、资助政策制度实施帮扶、组织发展，以及班团思想建设、组织建设、文化建设与学风建设等提供主要依据。

（六）强化分类指导

入学两至三个月后，学生对学校及个人生活情况、学业目标、未来发展规划等基本有了较为全面、正确的了解，组织班级每位学生认真填写《大学学业规划及个人发展成长目标指导手册》，对其个人大学目标、学业成绩、思想变化、收获感想等进行登记在册，每学期初及时进行完善、更新。重点根据家庭经济困难学生、学业困难学生、心理困扰或心理障碍学生、交往困难学生等不同群体，强化进行分类帮扶、分别教育，以及根据创新创业、考研就业、考公考编等不同目标，强化进行分项指导、分层管理。同时积极倾听、征求学生对个人成长和班级管理的建议或意见，结合需要积极采纳、实施。

（七）加强沟通互动

利用入学报到，学生父母集中陪同学生到校机会，第一时间与每位学生家长加上微信好友，并同步创建学生家长微信群（“2017级设计78班家长群”）。根据学生家长需求，通过个人微信，将学生在校表现、学期成绩、综合评定、思想状况等，一对一按时反馈给相关学生家长；通过家长微信群，对班级学生学习总体排名情况、综合测评等级（对学生姓名进行处理后），以及班级主题活动、评选推优、获奖荣誉等及时与学生家长分享、交流。对于个别在学校与同学发生矛盾、身体不适、情绪反常等，第一时间主动与学生父母真诚沟通、有效了解，耐心倾听家长提出的教育措施或处理意见。同时根据需要，每学期定期召开线上家长会，及时通报学校学院开展的工作安排及班级任务，让学生家长充分了解学院教育方式、管理措施；尽情回答学生家长在学生学业、安全等方面的疑问。在家长完全信服、全面配合，双方主动积极、热情互动下，准确找到解决班级管理教育问题的措施和方法，做到“对症下药”、精准施策。

（八）认真总结提升

每次结束实地家访后，及时梳理家访存在的不足和问题，认真总结家访工作经验和教训，做到班主任与学生家长相互信任、相互支持、相互配合，齐心合力做好班级每位学生培养成长工作，真正架起班主任与学生家长沟通的桥梁，切实推动家校协同育人无缝对接。通过把大学生思想政治教育做在日常、做到个人、做到家庭，让班主任实地家访真正成为新时代精准思政的重要形式之一，确保最大育人效果，从而达到学生全面成长成才之目的。

作者注

自2004年至2011年，在学校学生工作部门负责家庭经济困难学生工作期间，深知开展家访工作的重要性和必要性。每年寒、暑假，组织相关学院在全国范围内积极开展困难学生实地家访。特别是2013年调入学院担任专职班主任后，坚持利用一切可利用、可借用的时间开展班主任家访工作。通过家访拉近了学生家长与辅导员班主任之间的距离，让家访真正成为辅导员班主任、学生家长了解把握学生个性特征、学习动态、发展成长的主要渠道，成为联系学校、家庭、社会、学生多方之间的桥梁，从而形成学校、家庭、社会三方“共建、共管、共育”大学生教育培养模式。

（本文完成日期：2021年10月2日）

创建“八四”工作法，做好新时代大学班主任

留校工作后，一直羡慕在学院担任班主任的辅导员同人，2013年从学校学生工作部门调入学院后，终于以一线辅导员身份担任专职班主任。从2013年至2017年，担任两个设计专业班级、47名本科生班主任；2017年至2021年，担任两个设计专业班级、38名本科生班主任，一路走来，紧扣“立德树人”根本任务，始终牢记班主任工作职责，坚持做好班级工作的管理者、引导者和服务者，坚持加强班级全体学生思想引导、专业辅导、生活指导、心理疏导、疫情防控以及职业规划指导，坚持最大化发挥班主任在学院与学生及其家长之间沟通交流的桥梁和纽带作用，积极探索、实践、创新，并形成了新时代班主任“八四”工作法（“老杨工作法”）。通过创建自己的班级管理新模式，助力班级全体同学快乐成长、健康发展。

一、找准“四种职责定位”

一是做好学生思想上的引领者。班主任首要职责是做好班级学生思想政治工作。作为在学院学生思想政治教育最前线、与学生接触最密切的思想政治教育工作者，以德修身，通过坚持提高自身理论水平、政治素质与道德修养，充分利用班会、第二课堂以及座谈交流等，努力做到真正了解每位学生内心世界，时时准确把握班级每位学生思想动态；坚持以自己的一言一行、一举一动，潜移默化地影响并引领着38名学生思想和意识（以2017级所带班级为例，下同），切实成为引导学生成长的带路人、引领人。

二是做好学生忠实的倾听者。每学期积极组织并坚持参与班级实践、参观、考察等集体活动；每月定期与班级相关同学进行座谈交流；每周坚持走进教室、深入宿舍，主动以知心朋友身份，利用一切时间和机会，认真倾听每位同学心声，尽情了解同学对人生态度、个人生涯规划、向往追求目标；积极听取同学对班级工作、学院管理等

提出的建议或意见。通过真诚聆听、正确引导，尽全力帮助解决任何同学在学习、生活、交往以及家庭等方面存在的疑惑或困难，促进班级同学健康发展、快乐成长。

三是做好学院班级工作的领导者。作为班级管理的核心力量，班主任就是班级的“总指挥”“总规划”。细化班级管理、学习、考勤措施，制订班规，积极创建良好的学风、和谐的班风、奋进的舍风；强化校纪校规、院纪院规执行与监督，严盯、严查各类违纪违规行为，尽早发现、尽快处置、尽心纠正；组织班委带头、认真落实学校及学院各类工作任务和各项安排要求，力争将上级日常管理、通知要求、安全防护，第一时间组织实施、第一时间推进见效，确保各项制度措施落实落地。

四是做好家校合育的主导者。“家校合育”是促进学校与家庭之间沟通交流、增强学校教育与家庭教育效果的重要渠道。注重发挥家校合育的桥梁和纽带作用，通过主动对接、协调沟通、全面家访，让班级每位学生家庭了解学校、关心学校、支持学校，引导学生家长积极参与学生教育管理、自主提升家庭教育与服务能力，推动学生家长与学校学院达成默契、形成共识，实现双方主动沟通、主动合作，为学生健康进步搭建更大、更佳平台。

二、制定“四大班级目标”

一是要求并确保全体学生人人安全，不发生重大意外事故。从大一入学，第一时间与每人签订戒烟戒酒及限制交通工具安全管理承诺书，到重大节假日、寒暑假签订安全综合管理告知书，从定期的每月班例会到不定期的安全主题（专项）部署会，从宿舍到教室，从线下到线上，安全教育常抓不懈，做到学生人身安全、消防安全、财物安全、交通安全、网络安全及政治安全等制度和要求，逢会必讲、逢人必讲，让安全意识牢记全体学生心间，确保大学四年班级38名同学未发生重大安全意外事故。

二是要求并确保全体学生按时毕业。坚持“以学生学业为中心”，加强对学生学业规划和指导，从大一第一学期组织班级同学逐一填写学业规划及发展目标成长手册，每学期根据学业成绩、综合表现及时进行思想交流、学习调研；对公共课、专业课等课程考试不及格个别学生，积极与相关教师沟通、了解存在的问题或不足，督促其按时完成相关课程的补考或重修，做到全班38名同学全部按时、正常毕业，未存在中途休学、退学以及结业、肄业和延迟毕业现象。

三是要求并确保全体学生不发生严重违纪违法现象。做事先做人、做人先立德。坚持“以人为本”“以学生为本”理念，注重推动并实现班级每位同学全面发展，通过班会、第二课堂活动、座谈交流、主题教育等，加强学生道德教育，定期组织学习法律法规、校纪校规，严格请销假制度、考风考纪制度等；坚持“以案说纪”，及时通过省内外高校发生的在校大学生违纪违法案例开展班级警示教育，不断树立并增强学生自我教育、自我管理、自我监督意识和能力。大学四年，班级除一名学生因个人疏忽学校管理，未提前主动办理请假手续、擅自离开学校，受到警告处分外，班级同学未发生任何违纪行为。

四是要求并确保班级在同年级班级各类评比推优及综合发展中保持前列。制订班级学期目标、学年计划，积极打造在专业竞赛、主题教育、实践活动、志愿服务、班级文化等方面的班级组织力和执行力，通过讲策略、早动手、快行动、见效果，切实提升班级竞争力；根据各年级发展与成长特点，坚持邀请优秀学姐学长对全班同学进行科学竞赛、学习规划、学业指导、时间管理、组织发展、考研就业等进行精准指导。全班36名团员中100%提交入党申请书；38名同学中100%参加校内外志愿服务，100%参加校级以上专业技能竞赛，其中近90%同学获奖；班级获个人及集体表彰次数、研究生报考率、党员发展比例等，以及教室、宿舍卫生安全秩序等评比表彰通报中，在同年级13个班级中，始终保持在前列。

三、做好“四项基础工作”

一是签订《学生安全承诺暨家校联系沟通告知书》。借助新生入学报到，绝大部分学生父母陪同到校时机，由学院、学生及其家长三方在报到现场共同签订《学院2017级学生安全承诺暨家校联系沟通告知书》（自2014年起，每年组织新生签订），分别从二十三个方面、十五个方面、十个方面明确学生、学院及学生家长三方各自职责与要求，待三方签字后，学生与学生家长留存一份，另一份学院留存建档（对个别学生父母未陪同到校的，待学生国庆节放假回家时机，签订办理后上交）。通过签订安全等告知手续，组织并监督学生及其家长共同维护、遵守安全规定与家校联系沟通机制，切实增强学生安全意识，强化学生在校人身、财物、消防、交通、网络等综合安全管理。

二是实施学生戒烟戒酒及限制交通工具管理倡议与承诺制度。入学报到后利用组织第一次班会机会，组织2017级两个班级学生逐一填写《学院2017级学生戒烟戒酒及限制交通工具安全管理倡议暨承诺书》（自2015级学生开始，组织学院全体新生逐一填写），明确校内戒烟禁酒区域，对机动车、摩托车以及电瓶车（含双轮、单轮）等进行限制使用，提倡在校内步行，出行校外乘坐公交车辆，有效避免发生学生交通事故，切实保障学生的健康成长和人身安全，并助推形成积极进取的生活态度与学习氛围。

三是组织学生开展家庭经济及个人综合情况登记。为做好班级学生家庭经济困难等级及后期班级学生个性化管理，第一时间组织学生填写《学院2017级学生综合情况调查及家庭经济认定登记审查表》，对学生个人基本信息、通信方式、专业技能、家庭收入、成员状况、学习经历、奖惩情况、健康状况等十一个方面七十余项信息进行详细登记（自2013年起实施）。利用学生课间时间，逐一与每位学生一对一面对面进行交流、座谈，结合了解、掌握新情况、新信息，对学生填写的个人信息再确认、再更正、再完善，从而更加全面了解学生所有各类情况，更加精准开展困难学生等级认定及其他个体性学生对象确定，为大学四年开展班主任工作打好基础。对于完善后的班级38位同学审查表编印成册，与班级学生及家长综合状况调查分类统计一览表，一式两份，分别放在办公桌上、家中卧室床头各一份，以供工作空闲之余、睡觉休息之时，随时翻阅、查看。

四是实行学生信息查询卡制度。自行设计、制作高5厘米、宽6厘米，张贴学生免冠相片，填有学生姓名、学号、籍贯、宿舍楼公寓房间号及个人与父母手机号码七项内容的《学生基本信息查询卡》，以班级为单位张贴在办公室墙壁（与学院其他年级、其他班级一同布置；自2013级学生开始施行），根据宿舍房间号、个别手机号码变换随时更新，以便日常查询、核对、沟通，大大提高班级管理教育服务效率。

四、坚持"四大常规做法"

一是加强学生及其家长信息反馈和交流沟通。自学生入学报到起，创建班级微信教育管理群、学生家长微信交流服务群；第一时间与班级每位学生、每位学生家长一一互加微信好友。自编班级代码、学生班级固定编号（A、B班级，每个班级自01至19号），微信标签注明班级代码、学生固定编号与姓名或父母姓名及其职业、籍贯、手机号码，以便快速查找。对于学生个人或个别家长需要了解、知情的有关学生学习生活锻炼、日常检查通报、评优推优发展等，坚持及时主动通过微信进行如实反馈和沟通；对于班级教育管理、上级任务安排、活动通知通报、学业成绩排名、综合测评等级等，坚持第一时间通过学生或家长微信群进行真实传达、告知。对于学生或学生家长提出的问题、咨询或疑问，根据掌握情况及时、详细给予解答或说明，切实做到各类信息、咨询沟通的有效性和一致性，也助推形成每位学生家长人人了解学校、时时支持学院、处处关心班级的良好家校合育氛围。

二是坚持每天走进教室、深入宿舍调研座谈。从大一到大四、从学期初到学期末、从周一到周日、从专业教室到学生宿舍，除非出差在外，只要在学校，每天利用课前、课间、课后，不定期走进班级固定教室对学生上课出勤、卫生安全、专业创作、自习秩序等进行检查，每周工作日时间或晚间、周末时间至少两次走进宿舍抽查室内卫生、安全、秩序，并与班级学生座谈调研，及时征求同学意见、发现不足、解惑答疑，对班级学生提出的问题、困难或建议妥善处理、积极采纳。

三是坚持与学生谈心谈话。作为班主任，把全面了解、真正掌握班级每位学生思想状况作为做好班级工作的首要条件。从大一入学报到后三个月内，第一次与每位学生一对一座谈调研学生基本及家庭经济等综合状况，到第八学期毕业，每学期不定期与班级所有学生进行思想调研、谈心谈话，根据年级学业要求、个人学业成绩、现实综合表现、实践服务锻炼、专业技能参赛等，及时了解学生所需所想所求；对个别生理或心理、经济或情感、学业或就业、考研或考公等有问题、有疑惑、有诉求的学生，加大谈心谈话次数和时间，真诚倾听、理解、关切、共情学生内心真实想法或欲望，通过深入学生内心、换位思考、双方协商互动，做好班级所有学生的成长与发展导航工作。

四是定期召开班会。根据学校、学院安排，结合个人计划和学生实际，大学四年坚持定期召开班会。从大一入学到大二低年级期间，坚持每周或每两周至少召开一次主题班会；从大三到大四高年级期间，每月至少召开一次主题班会；遇到重大节假日、重要安排等，必定按时组织召开相关主题班会。班会地点从专业教室到学院会议室，从学生宿舍自习室到党建活动室，再到学校运动场，从线下到线上（2020年初发生新冠疫情后）；充分利用班级课余时间、课间休息时间或室外活动时间组织召开。通过班会形式，及时传达学校学院通知精神，及时开展各种教育活动，及时研究班级班风建设、管理服务及学生成长中的各类问题和需求，并注重听取、采纳学生意见和建议，有效发挥并培养班级全体学生的主动性、责任感和集体荣誉感，从而助推实现班级大学四年规划和教育目标，不断增强班级学风建设以及班集体凝聚力和向心力。

五、推进“四大创新措施”

一是用心实施学生学业规划及发展目标成长手册。自行设计、印制《学院学生学业规划及发展目标成长手册》，率先在所带班级进行推行实施。于第一学期先行组织班级每位学生填写基本信息、思想状况、目标追求、大学设想及行为规范承诺后，自第二学期起，每学期初指导学生逐一制订个人课程成绩、班级排名等学业目标，以及专业水平、沟通能力、实践能力、文明修身、遵纪守法、身心素质、荣誉获奖与处分奖惩等学期主观努力发展目标，待学期末在班主任指导下，对学期内个人各项表现与进展进行客观评价，及时自我检验、自我反思，并查找不足和努力方向；第八学期末对大学四年收获和成绩等进行全面回顾总结。通过实施学业规划和发展目标成长手册，帮助班级每位同学尽快适应大学阶段学习生活、尽早明确个人大学发展规划和人生发展方向，切实成为助推并培养学生成长成才的重要途径。

二是用力推进班级全体同学家庭实地走访。作为班主任，从大一到大四四年内，利用个人外出学术交流、参观考察等一切时机，往返行程4.61万公里，历经四川、江苏、云南、山西、江西、陕西等13个省市20余个地区，对全班38名同学中的34名学生家庭进行实地走访。每到一个家庭，自行准备家访慰问品，坚持不收学生家长任何礼物、不在学生家庭用餐、不给走访家庭增加任何负担的“三不”原则。通过与每位学生家长深入交流座谈，精准掌握学生家庭经济状况，准确了解学生成长环境，基本实现班主任精准家访、家校双向互动、教育因人施策。

三是用爱为班级每位同学举办集体生日。利用第一学期与学生谈话时机，逐一对班级38名同学个人生日日期进行详细核对、准确登记。根据每位同学“阳历”生日或“阴历”生日，从第一学期至第八学期，先后组织班级全班同学，分八次对生日相对集中的同学过集体生日（最后一次，受疫情影响，通过“线上”举行）。每次举办集体生日，自掏腰包，自行为同学订制生日蛋糕，并亲自挑选、设计蛋糕样式；生日地点从运动场到专业教室、从学校餐厅到学校会议室，用爱为班级每位同学打造一次次难忘的“家庭式”“集体式”生日典礼，让每位同学时时感受到班级大家庭的温暖、处处感受到师生深厚的情谊，从而增强了学生的幸福感、归属感。

四是用情组织班级同学举办师生午餐会或晚餐会。值大学二年级、三年级期间，学生正处于人生规划和全面发展，“三观”形成的重要时期，更是思想比较活跃阶段，作为班主任，主动深入加强学生思想状况交流与调研，主动相约少则三四人、多则六七人，到学生餐厅举办师生午餐会或晚餐会，每次大部分是自费买好饭菜，和同学围在一起，边吃边聊。让每位同学在轻松活跃氛围中进行思想沟通和成长分享，从而真正了解、掌握学生在学业、就业、情感、生活、家庭、规划等方面的想法和问题，以便班主任更有针对性地开展班级学生教育管理及个人发展指导。同时，也进一步加强了师生情感，促进班级全体同学健康、快乐成长。

六、强化“四支队伍建设”

一是加强“班委及学生会学生干部队伍”建设。健全班委队伍建设，通过自荐、竞选、投票等方式，选配团支书、班长以及组织、宣传、纪检、学习、文体、生活、心理等支部委员，明确分工、放手放权、加强指导，让班委干部自主安排工作、按时落实计划、如期开展活动，让每位班委干部得到充分锻炼。每学年初按时开展班委换届选举工作，让班委成员以高度的责任心尽职尽责，为班级同学学习和生活营造良好氛围。鼓励并推荐班级同学积极参加校、院两级学生会及各类社团职位竞选和锻炼，实现班级全班同学100％参加学院学生组织上岗实践和能力锻炼，努力提高每位同学综合能力。

二是加强“入党积极分子及学生党员队伍”建设。自大一第二学期开始确认入党积极分子后，注重加强班级入党积极分子队伍建设，通过谈心谈话、专题培训、专项调研等，充分调动每位入党积极分子的积极性和主观能动性，真正发挥入党积极分子队伍在班级学习生活、志愿服务等带头作用。自大三阶段发展学生党员后，对班级新发展的学生党员一一建立“班主任—学生党员”管理清单、认真填制《学院学生党员工作手册》，以便监督学生党员积极参与支部“三会一课”、主题活动等情况，以及个人成长进展状况，切实增强班级学生党员理想信念，提高党性修养、提升综合素养，从而保证班级学生党员队伍整体质量。

三是加强“班级学习小组队伍”建设。第一学期期末考试结束后，根据学业成绩，按各班级学业排名、性别、省份等，分别按每组六人至七人，划分六个学习小组，根据学习小组推荐确定本组组长、副组长；每个学习小组根据学院安排和班委计划，自行积极开展各类学习任务、组织主题活动。以学习小组为单位，先后组织参观校史馆、图书馆，以及校内天象馆、地理科学标本馆、生物标本馆等，及时交流参观心得体会；对学期、学年学业成绩，按学习小组进行综合排名，让各小组比差距、找不足、学先进，促使班级营造了浓厚的“比学赶超”学习氛围。

四是加强“班级学生家长团队”建设。利用学生家长一对一微信，以及家长微信群，主动将学校学院工作要求、任务安排、活动计划等，与学生家长进行沟通、交流，充分尊重并听取学生家长意见或建议；提前将班级学风建设、学期安排、安全管理、竞赛通知等下发到家长微信群，先期取得学生家长的认可与支持；第一时间将班级学生参与课堂表现、宿舍状况、评优推优、组织发展、竞赛获奖等发布到家长微信群，让每位家长及时了解学生在校学习和生活、了解学校的教学和管理、了解班级各项工作和活动的开展，以便班主任与家长形成教育合力，共同教育、管理、关注、监督每位学生提高思想认识、端正态度、积极参与。通过加强“班级学生家长团队”建设，充分挖掘班级所有家长的教育资源，切实增强了家校密切合作，从而实现并保证了学校和家庭教育及影响的协同性、一致性。

七、关爱“四类学生个体”

结合第一学期一对一谈话摸底，以及每学期班主任与学生谈心谈话，并根据与学生干部、其他教师交流反映的问题，按照“一生一案”、分层管理、分类指导原则，重点关注、关爱、关心班级“四类学生个体”。

一是注重家庭经济困难学生个体。对来自12个城镇、26个农村的两个班级38名学生家庭经济状况进行准确掌握、精准划分。对认定的3名特困生、5名贫困生、12名普困生，每月定期了解个人生活、交往等真实情况，仔细了解、全面把握学生经济问题和压力。对家庭困难、无法缴纳学费的学生，及时联系学院专职辅导员，以便帮扶、指导国家助学贷款手续办理；对个别手头拮据、临时没有生活费的特困学生，自掏腰包主动给其一定金额生活费。每年开展各类奖助学金评选前夕，仔细分析每位困难学生学习成绩及综合测评状况，以便指导相关学生有针对性申请并争取相关奖学金、助学金，从而解决任何学生的经济困难，确保班级所有学生不因家庭经济困难而影响学业、生活或自身发展。

二是注重特殊家庭学生个体。对班级学生年少期间父母离异、学生大学期间父母婚变，父母长期在外打工，以及父母长期存在冲突、矛盾、不和谐的6位特殊家庭学生进行重点关注。认真分析家庭对其造成的伤害，通过定期与学生本人谈话、与舍友访谈、与班干部调研以及与父母电话交流等方式，准确掌握每位特殊家庭学生的内心想法、身心健康及行为表现。对个别学生出现情绪低落、意识消沉、自卑自闭等问题或苗头时，及时进行合理矫治、正面引导、心理疏导和关怀关爱，尽全力让每位学生在很大程度上消除内心消极情绪、去除心中阴霾，从而保证了所有特殊家庭学生健康发展。

三是注重网络游戏成瘾学生个体。通过个别座谈调研，跟踪课堂考勤、宿舍作息调查等，对学生反映个人中学阶段就沉迷网络游戏，课堂频繁迟到、睡觉，以及宿舍舍友反馈的熬夜不作息的班级3位网络游戏成瘾学生加大关注、管理与教育。通过与其共同分析网络游戏成瘾原因、行为，提高学生自我认知；通过列举学生网络游戏成瘾危害，以及对学生、家庭、社会的影响，疏导其自我醒悟、认清自我，逐步提高学生自身对网络游戏行为的辨别力、自制力，从而慢慢减轻沉迷网络游戏依赖、慢慢远离网络游戏“黑洞”。

四是注重心理行为异常学生个体。根据新生入学心理普测筛查结果，以及每学年学校心理咨询与教育部门开展的在校生心理普测情况反馈，加大对班级心理行为存在异常学生关注，结合学生个人综合情况，认真查找致使出现心理行为异常因素。对因家庭突发重大变故，或情感问题、同学矛盾，或睡眠障碍、饮食紊乱，以及疫情封校等带来的心理行为异常学生，积极分析并把握学生个体心理需求和心理特点，主动进行“对症下药”、及时疏导；对于极个别心理健康行为异常严重的，及时通过学校心理咨询与教育部门进行有效的危机干预，防止班级任何一位学生心理健康状况进一步恶化，从而防微杜渐，努力培育全班同学理性平和、乐观向上的健康心态。

八、强化“四大主题教育”

一是强化学生理想信念教育。作为班主任，坚持把理想信念教育放在全班同学大学四年教育的突出位置。利用主题班会、专题党（团）课，组织全体学生认真学习党的十九大报告、党章以及习近平总书记重要讲话，指导班级六个学习小组按组集中学习、分组轮流研讨；围绕庆祝新中国成立70周年、纪念“五四运动”100周年、纪念马克思200周年诞辰等重大纪念日和现代节日，组织班级自行开展主题创作设计大赛。重点强化班级学生爱国主义教育，组织带领全体学生参观学校国防教育展室、纪念“一二九运动”党史图片展，聆听、收看爱国主义、国家安全等专题讲座，以及主题教育网络直播或线上课程；利用学院开展校外党性教育时机，组织班级入党积极分子、学生党员分批参加参观学校所在地革命纪念馆、烈士陵园、革命旧址等红色教育基地，在亲身实践体验中深化个人理论认知，坚定理想信念，从而引导全班学生自觉担当时代使命，争做伟大理想的追梦人和伟大事业的生力军。

二是强化学生生命健康教育。针对新时期在校大学生自杀或伤害他人生命事件频繁发生现象，切实加强班级学生生命健康教育。通过固定班会常讲、鲜活案例常提、主题教育常说等，不断提高全班同学生命意识，让班级学生人人提高生存技能、人人提升生命质量；充分尊重班级学生主体地位，关注并支持每位同学情感需求；注重培养班级学生社会责任感和生命责任感，让学生学法、懂法、守法，牢固树立法律法规意识，自觉维护生命尊严；积极引导班级学生正确看待学习、生活和就业求职中遭遇的压力和困难，让其勇于接纳挫折、乐于对待挫折、敢于战胜挫折。

三是强化学生就业创业教育。针对艺术类学生就业难、创业难问题，重点强化班级学生就业创业教育，切实发挥班主任在班级开展就业创业指导工作中的重要地位。从大一入学至大四毕业，始终不间断开展班级学生就业指导，让全班学生自觉地将未来就业创业压力转化为在校期间学习动力；每年客观分析全国、全省、学校及学院就业形势，及时掌握所有学生就业思想动态，让每位同学清楚所学专业就业前景、就业需求，引导学生进行合理、正确定位和自我评价，准确查找就业个人缺陷和短板，激发并激励全班同学不断丰富专业知识，不断提高专业技能，以较强的能力和素质提高就业核心竞争力；以满足学生自我需求，来适应未来用人单位对艺术类学生的专业技能要求和社会各方面的需求。

四是强化学生网络思政教育。针对当前大学生“无人不网、无日不网、无处不网”的网络环境现象，注重强化班级学生网络思政教育。不断提高自身网络素养，以增强班主任开展班级网络思政工作能力；建立完善“班主任—学生”“班主任—班委”“班主任—学生党员”三级微信群、QQ群等线上班级群，对班委主要干部、学生党员实时进行班级工作调度和指导；建立班级学生动态信息反馈机制，通过微信、微博、QQ及邮箱及时进行信息反馈，随时探查和掌握班级每位同学的网上思想动态和在学习、生活、工作中遇到的问题和诉求，并及时跟进、有效应对、高效处理，既提升了班主任开展班级网络思政的实时性、互动性和覆盖性，又推进全面做好班级学生网络安全管理工作。

作者注

深知班主任工作对学生成长发展的重要性，为此，在与班级全体同学一同成长的同时，特别珍惜与班级全体同学缘分，时时提醒自己并尽全力做好班级班主任工作。客观分析并适时根据大一到大四不同阶段学生呈现的特点、思想变化、专业发展和发展需求，暖心思考、精心引导、悉心照顾、细心服务，对班级工作做到“亲力亲为”、对每位学生诉求做到“全天待命”、对全体同学安全做到“随时出动”，让全班同学在校安心学习、学生父母在家放心工作，帮助班级任何同学一起走好、走完大学之路。

（本文完成日期：2022年1月28日）

坚守20余年：我的辅导员职业“工作创新清单”

大学毕业留校后，自2001年初开始从事辅导员工作，先后负责学校学生宿舍管理、学生资助，以及学院团学工作、学生工作，自2021年底因工作岗位调整，个人辅导员职业暂未结束。20余年的辅导员职业生涯中，立足“立德树人”根本任务、立足学校和学院实际、立足新时期大学生思想政治教育工作现实问题和需求，在做好基础工作、基本任务的同时，始终以“积极进取的亮剑精神”注重并加大工作创新；自2003年起，坚持每年至少推进一项创新工作，很多工作创新在全省乃至全国实现多个“率先”，很多做法措施被省内外多所高校复制、借鉴、推广。通过工作实践创新、制度创新、方法创新、理论创新、平台创新、载体创新、品牌创新以及其他方面创新，切实开创各项工作新局面。

2003年

3月：从事西校区紫藤公寓学生宿舍管理工作第三个年头，自紫藤公寓八栋学生宿舍楼，在全国高校率先、创新推行学生宿舍楼楼长、层长管理制度，制定实施学校学生宿舍楼楼长、层次管理规定，以及楼长、层长岗位职责细则与考勤办法等，聘用家庭经济困难、综合素质优秀学生担任宿舍楼长、层长，参与宿舍日常管理、监督、服务等，进一步推进并健全宿舍“三长四化”（“三长”即楼长、层长、室长；“四化”即净化、美化、教育化、安全化）网络式、立体式管理，切实强化学生宿舍育人功能。

2004年

5月：调整到学校学生资助管理部门从事学生资助工作第三个月，通过二十三个学院推荐、选派国家助学贷款工作专职辅导员，组建全校首支学生资助工作专职辅导员队伍，专人专责，全面负责、落实本学院国家助学贷款工作。

6月：16日组织各学院国家助学贷款专职辅导员召开学校学生国家助学贷款工作专题会议，首次编制下发第一期国家助学贷款工作会议纪要（自2006年9月起，"国家助学贷款专职辅导员"统一更名为"贫困生资助工作专职辅导员"，至2009年初，又更名为"学生资助工作专职辅导员"），以便各学院专职辅导员参考实施。至2022年12月底，先后编写下发资助管理、学生宿舍、学团工作等各类工作会议纪要546期，总字数达246.78万字。

11月：自2004级新生起，下发实施《学生诚信档案》，包含学生个人基本情况、学习诚信、择（毕）业诚信等信息；每学年对学生各类档案进行填写审查，最终经学生本人认定、学院认定、学校认定后作为学生入党、评优、评奖和综合测评的重要依据，并用于学生毕业求职。学生毕业时，诚信档案装入学生人事档案。此后，每年组织新生填写、实施。

2005年

4月：科学划分勤工助学学生岗位等级，建立学校首个勤工助学学生管理系统，实现勤工助学工作微机化管理。

5月：根据国家助学贷款申请学生籍贯，对贷款学生进行科学编号，首次创建学校学生申请国家助学贷款数据管理库，实现了国家助学贷款工作微机化管理，有效提高贷款学生信息查询速度和工作效率；当年学校在全省开展生源地助学贷款的66所高校中，获得贷款人数、贷款金额及成功率均居首位，为此，省教育厅以"以奖代补"方式奖励学校200万元。

6月：收集、统计并编制全省首册包含17地市及160余个所辖县市区生源地信用助学贷款教育部门及经办金融机构通讯录，下发到学院，以供专职辅导员及学生贷款使用，大大提高学校国家助学贷款工作效率。

10月：联系、协商中国移动聊城分公司在学校创建"爱心助学站"，每年捐资6万元，并将公司在学校新发展移动用户每年6个月的市话费的20％纳入助学站基金，专门用于对学校贫困学生的资助。

2006年

5月：在全校各个学院广泛开展贫困学生调查基础上，创建了准确、全面、动态的学校贫困生数据库，全面实施并实现了对贫困学生资助工作的动态管理。

12月：在设计开展2000余份调查问卷，全校范围内进行大量座谈调研的基础上，在全省高校率先开展家庭经济困难学生认定工作，进一步规范建立困难学生认定工作纸质、电子注册档案。

12月：在学校层面首次实施国家助学贷款与贫困生资助工作督察督办及表彰制度，围绕学院领导重视程度、学费缴纳、国家助学贷款材料整理、贷款贷后管理、办公设施配备、自行争取的社会资助、资助政策宣传、网站建设、专项困难经费发放、诚信教育工作等十个指标，通过听、查、看、议四种方式，对全校22个学院进行国家助学贷款与贫困生资助工作实地检查督办；对评选出的国家助学贷款与贫困生资助工作先进集体、先进个人，首次进行统一表彰，切实提高全校贫困生资助工作管理水平。

2007年

1月：推行国家助学贷款与贫困生资助工作专职人员流动例会制度，由相关学院轮流承办会议，加强工作总结和经验交流，推进资助工作专职辅导员队伍专业化发展。

3月：首次创建全校国家助学贷款与贫困生资助工作专职人员监督卡，接受广大师生监督，提高学校学生资助工作专职辅导员队伍工作的主动性、积极性。

6月：组织2007届近1600名贷款毕业生开展首届“七个一”工程诚信教育主题活动（举行一场诚信报告会、观看一次《贷款助人，信用助人》宣传教育专题片、开展一次诚信还款签名活动、发放一封致贷款毕业生的信等），确保其毕业后诚信做人、按时还款。此后，每年6月组织贷款毕业生开展一届“七个一”工程诚信教育主题活动。

10月：利用学校大学生事务服务中心，在服务大厅开设资助工作专用窗口，提供劳动实践、勤工助学、国家助学贷款“一站式”服务，提高为困难学生服务的实效性。

2008年

4月：一改过去仅凭家庭经济困难证明认定做法，尝试并推行家庭经济困难学生量化认定办法，对家庭经济状况实地调查、学习状况摸底等多个参数进行量化，通过三级指标48项指标动态变化，开展家庭经济困难学生精准认定，实现了困难学生从定性认定，到定性与定量相结合认定的转变，充分保证了困难学生认定工作的科学性和实效性。认定量化指标及其体系，几经修改完善后，于2012年推广到全省高校开展困难学生认定使用。

5月：组织全校国家助学贷款学生开展首届“助学政策　助我成才”征文活动，从中选报250篇优秀作品参加由教育部、财政部、国家资助管理中心等举办的第二届“助学政策，助我成才”系列报道暨征文活动，荣获全国征文活动优秀组织奖（全国共评出14个优秀组织单位）。

7月：整合空间资源、配置硬件设施，在全省高校率先创建独立的贫困生档案室，按档案类别和层次、存放期限和要求等，规范造册、存放，编印查询目录，提高资助工作档案规范化、信息化管理。

9月：开始编印下发学校学生资助工作简报，定期总结工作、督促进展，推进全校学生资助工作持续发展。

2009年

4月：推行、印制“家庭经济困难学生认定等级证书”，实现困难学生勤工助学“持证上岗”、按认定等级接受经济资助和爱心帮扶。

5月：创新全校学生资助模式，实施红、绿、蓝“三卡制”。“红卡”，即大学生事务服务中心“爱心超市”红卡；特困生可持红卡采取无登记、无记名形式到“爱心超市”，随时领取校内外个人及社会团体捐助的生活、学习用品等。“绿卡”，即“励志助学”绿卡；学校积极联系校内外各大经营网点，对持卡的贫困生购买物品进行打折优惠活动（仅此一项，每年为学生节约资金50余万元）。“蓝卡”，即“贫困生创业”蓝卡；学校积极与省内各企事业单位联系，为贫困生寻找创业机会，培养、锻炼学生创业技能，为学生提供创业基金，学生持卡上岗。

10月：3日开始撰写第一条纪实工作日志，坚持每天下班后拿出一定时间记录当天通知安排、工作进展及完成情况等；每天日志少则三五条，多则十余条，甚至二十余条。随着岗位的调整，从学生资助到宿舍管理，再到学团工作，涵盖了上级任务落实、会议安排、安全检查、信息上报、通知传达，以及疫情防控、特殊学生群体、班级管理、评奖评优等方方面面。至2022年12月底，共纪实工作日志9445条，内容总字数达67.62万字。

12月：基于2006年实施的国家助学贷款与贫困生资助工作督察督办及表彰制度，升级并启动全校各院系学生资助绩效考评制度，进一步推进学校学生资助工作上水平。

12月：组织全校资助工作专职辅导员举办首届“趣味运动会（羽毛球比赛）”，提高了学校学生资助专职辅导员队伍体育锻炼意识，活跃了专职辅导员的业余文化生活。

2010年

4月：基于前期创建的勤工助学学生管理系统、国家助学贷款数据管理库、家庭经济困难学生认定信息系统，研发并实施集困难学生认定、勤工助学、助学贷款等为一体的学校“困难学生信息管理系统”，进一步推进资助工作信息化、系统化水平。

7月：注重提高家庭经济困难学生综合能力，创建带薪实践、带薪实习、就业创新“三位一体”困难学生教育与培养模式，强化并提升资助工作育人功能，推动学生资助工作从物质帮扶向精神帮扶的转变。

10月：全面推进并做好国家奖助学金推荐工作，在评选过程中实施并严把宣传关、入口关、评审关、公示关、监督关“五关口”，确保国家奖助学金真正使用于学生的学习与生活，充分发挥开展国家奖助学金评选推优工作的最大作用。

12月：创建并健全学校“12345”学生资助工作体系（“1”：以“一体”为中心；“2”：以组织保障为“左翼”、以制度保障为“右翼”；“3”：以健全“多元化”资助体系、主题教育体系、创业培养体系，助困育人双提高；“4”：创建网络信息服务平台、日常事务服务平台、文化关怀服务平台、素质拓展服务平台，服务学生全方位发展；“5”：落实目标任务精细化、宣传精细化、管理精细化、制度精细化、考核精细化，提高资助工作成效）。在开展的全省高校学生资助绩效考评中，以绝对的优异成绩，再次获得山东省教育厅、财政厅奖励200万元。至此，学校学生资助工作已连续五年获得五次省教育厅、省财政厅奖励，奖励总金额高达780万元，在全省受奖励的高校中，每次受奖励金额均居首位。

2011年

1月：组织学院学生资助专职辅导员参加全国学生资助业务培训会议，至此，采取组织学生资助专职辅导员参加全国及省级培训、校内定期培训、学院专项指导培训的分类分批培训方式，推进实施学生资助专职辅导员“国、省、校、院”四级培训制度，不断完善专职辅导员知识结构，提高工作能力及水平。

11月：调整到西校区担任紫藤公寓、学苑公寓学生宿舍管理中心主任，从事学生宿舍管理工作第三个月，腾空、粉刷闲置多年的宿舍楼内仓库和活动室，开通学生宿舍楼内首批“考研通宵自习室”，配置单桌、单椅，专供考研学生通宵学习使用，切实满足学生学习需要。

11月：利用紫藤公寓、学苑公寓之间的树林，创新举办首期“小树林论坛”，邀请学校归属派出所工作人员为女大学生宣讲“加强女生安全意识，共建平安和谐公寓”主题教育活动。此后，围绕学生宿舍消防、安全卫生、文化建设、服务管理等，定期开展“小树林论坛”主题活动。

12月：组织学生宿舍楼管理人员，实施学生宿舍楼消防安全巡查日报及消防设施检查月报制度，全面加强学生宿舍安全日常管理，消除一切安全隐患。

2012年

2月：推行、实施学生宿舍楼管理人员周例会制度，编印下发宿舍楼管理人员工作会议纪要，规范宿舍楼管理人员队伍管理水平和服务能力。

4月：全面推进大学生思想政治工作进公寓、党团组织进公寓、学生社团活动进公寓“三进”工作。通过建立学院学工干部深入学生宿舍长效机制，组织开展“百名干部教师进宿舍”“安全活动月—学生公寓安全大走访”活动；指导学院加强学生宿舍楼党团活动室建设与开展；利用公寓活动室开辟校院两级学生社团活动场所，开展学院与公寓合作共建机制等，进一步彰显公寓育人功能。

5月：先后推行并分别举办首期“舍长论坛”“辅导员宿舍论坛”，利用宿舍楼内活动室，选派优秀宿舍长、邀请各学院学生宿舍专职辅导员开展宿舍管理、安全秩序、文化建设等专题交流研讨活动。

5月：在学苑公寓底层各楼层洗漱间区域，统一安装梳妆镜及插排，定时为同学提供洗头后的吹烫条件，充分体现“以人为本”，满足学生生活需要。

11月：组织宿舍维修人员在学生宿舍楼外侧周围，首次安装夜间长明灯，在白天光线较差的学生宿舍内走廊增加声控或定时节能灯，切实方便学生夜间出行和学生宿舍安全。

12月：设置、制作、悬挂高性能的学生宿舍走廊双面移动信息栏，提高学生公寓楼“门厅文化”“走廊文化”“宿舍文化”等平面文化品位，切实打造宿舍文化建设品牌。

2013年

1月：首次编印紫藤公寓、学苑公寓宿管中心期刊《学子之家》，开设宿舍工作动态、学生风采、主题活动、宿舍“心愿”交流等栏目；每季度定期印制，及时下发到各学院、宿舍楼进行宣传、交流。

3月：先后推行学生宿舍报修限时维修及服务督查、学生宿舍维修人员绩效考核指标量化制度，缩短学生宿舍报修、维修时间，提高学生宿舍维修人员队伍整体工作积极性、主动性。

3月：加大宿舍楼文化建设，在紫藤公寓、学苑公寓部分宿舍楼创建二十四节气、二十四孝图等主题鲜明的文化长廊，积极创设特色突出的育人环境。

10月：调整到学院担任学院分团委书记第四个月（当年7月中旬调入学院），在学苑公寓创建全省高校首个学生公寓“党建工作站”，在男、女生学生宿舍楼分别成立以学生党员为成员的首届群星站、学苑站站务委员会，创新实施“实践区”“责任区”“体验区”“三区”建设，形成了以“学生公寓党建工作站”为载体，集学生公寓管理、教育、服务、育人“四位一体”的学生党员实践锻炼平台，有效地发挥学生党组织的战斗堡垒作用和学生党员的先锋模范作用。此后，每年对“三区”如期换届、持续组织开展。

10月：启动、举办学生公寓学生党员首届“八个一”实践活动（学生公寓“党建工作站”“实践区”），通过阅读一本理论书籍、帮助一位低年级困难同学、联系一名低年级入党积极分子、参与一场交流活动、创建一个文明宿舍、捐献一份爱心、参加一次党知识专题设计大赛、递交一份实践报告等八项活动，增强学生党员党性修养，提高理论水平，提升党务工作能力，带动同学共同进步。

10月：设立党员学生宿舍责任区域（学生公寓“党建工作站”“责任区”），将党员自身宿舍，以及所分配的负责宿舍与其公共区域设立个人责任范围，全面负责“责任区”安全、卫生、秩序等日常管理，以营造良好的宿舍风气，引导宿舍同学积极向党组织靠拢。

10月：制定、实施优秀学生党员担任低年级班主任助理制度（学生公寓“党建工作站”“体验区”），选聘高年级优秀学生党员担任低年级班级班主任助理，充分发挥优秀学生代表在学习、工作、生活中的表率作用，进一步充实和壮大班主任队伍。

10月：自2013级新生起，第一时间组织全院新生填写《学院学生综合情况调查及家庭经济认定登记审查表》；军训结束后，利用学生课间时间，逐一与每位新生一对一面对面进行交流、座谈，结合了解、掌握新情况、新信息，对学生填写的个人信息再确认、再更正、再完善，从而更加精准掌握学生各类情况，为大学四年开展学生工作打好基础。

11月：自2013级学生起，对全院在校学生，自行设计、制作高5厘米、宽6厘米，张贴学生免冠相片，填有学生姓名、学号、籍贯、宿舍楼公寓房间号及个人与父母手机号码七项内容的《学生基本信息查询卡》，以班级为单位张贴在办公室墙壁；根据宿舍房间号、个别手机号码变换随时更新，以供个人及全院其他辅导员、班主任日常查询、核对、沟通使用。

12月：创建学院学团工作“六化”体系（队伍“职业化”、制度“系统化”、教育“专业化”、管理“精细化”、党建“特色化”、服务“人性化”），实现学院学生工作在全校年度成绩考评排名，从中下游水平提升到前列。

2014年

1月：首次设计、制作并在学院办公区悬挂“学院辅导员监督联系卡”“学院学生工作分工服务卡”，明确、公开学院辅导员分工及其职责，强化学院专职辅导员队伍服务意识。

1月：严抓学院期末考试考风考纪，实施加强组织领导、完善规章制度、积极营造氛围、强化专题教育、实施全程督查、加大监督举报、严肃违纪处理“七步走”，创造良好的考风考纪环境，保证期末考试公平、公正，真正形成层层有人管、事事有人抓的格局，学院考试违纪现象大大降低。

2月：设计、印制《学院学生党员工作手册》，涵盖学生党员个人成长信息、参与“八个一”实践活动、担任低年级助理班主任、“责任区”工作、“三会一课”及其他任务完成情况等，由党员本人自行保存、每学期定期填写、备案，最终由学生公寓“党建工作站”站务委员会与学院分团委进行考评，作为党员考核、预备党员转正的重要参考，从而保证学院学生党员队伍整体质量。

3月：利用学生宿舍辅导员办公室，开设“辅导员咨询日”“宿管学生干部接待日”等主题活动，接受全院学生各类教育、管理等咨询，全方位提供学生成长发展服务。

3月：首次举办学院学生工作年度会议，组织学院班子成员、辅导员、班主任及全院学生干部、学生党员参加，全面总结上一年学生工作、全面部署当年学生工作，切实推进学院学生工作落实落地。

3月：作为班主任，在所负责班级推行“班级学习小组”制度，根据第一学期期末考试成绩，按各班级学业排名、性别、省份等，分别按每组六人至七人，划分六个学习小组，根据学习小组推荐确定本组组长、副组长；每个学习小组根据学院安排和班委计划，自行积极开展各类学习任务、组织主题活动。对各学期、各学年学业成绩，按班级学习小组进行综合排名，让各小组比差距、找不足、学先进，促使班级营造浓厚的“比学赶超”学习氛围。

4月：在全校率先实施学院班主任考核办法，明确班主任岗位职责和工作要求，坚持“定量考核与定性考核相结合、日常考核与集中考核相结合、导向性与可操作性相结合”的原则，通过班级总体目标考核测评、班级学生代表考核测评、学院测评方式等进行量化考核，切实加强学院对班主任规范化管理，充分发挥班主任在学生思想教育与成才上的应有作用。

5月：针对学校频繁发生学生摩托车或机动车交通安全现象，在全校率先制定、下发《学院关于校园内禁止学生驾驶摩托车及机动车的通知》，对全院学生实行校园内禁止驾驶摩托车及机动车，以确保学生人身安全。

5月：在学院办公区设立“学生工作”意见反馈及举报监督箱，积极听取学生对学生工作建议或意见，时时接受学生评优推优、组织发展等各类问题举报，并及时进行核查处理。

9月：创新家校学生合育机制，自2014年9月起，借助新生入学报到，学生父母陪同到校时机，组织学生及其家长，三方在报到现场共同签订《学院学生安全承诺暨家校联系沟通告知书》，分别从二十三个方面、十五个方面、十个方面，明确学生、学院及学生家长三方各自职责与要求。通过签订安全等告知手续，组织并监督学生及其家长共同维护、遵守安全规定与家校联系沟通机制。

11月：发挥专业特色，在全校率先推出教室“手机休息区”，组织学生上课前把手机放入用旧床单、旧衣服制作的“手机收纳袋”内，实行上课期间手机“集体休息”，让学生远离手机、安心上课。此后，在全校使用、推行，并被其他学校借鉴、推广。

11月：创新组建学院学生纪律检查委员会，设书记、副书记、常务委员会委员，下设综合办公室、学生干部监察室、学风学纪监察室，由学院分团委书记直接领导，全面加大并做好学院学生会、班委等各级学生干部遵守和执行学校、学院制定的各项规章制度，以及落实学生干部主体责任、监督责任、廉洁自律规定等情况，切实转变全院学生干部队伍作风，推进学生工作任务部署执行与落实。

12月：强化学院学风建设，构筑“1357”学风建设特色模式（“1”：把握一条主线，即以学风建设为切入点，树立以教师为主导、学生为主体、专业教育为基础的学风建设思路；“3”：强化三支队伍，即加强学院教师队伍、学生党员及入党积极分子队伍、学生骨干队伍建设；“5”：注重五项结合，即学风建设与加强教师师德建设相结合、学风建设与开展校园文化活动相结合、学风建设与学生党建工作相结合、学风建设与新生入学教育相结合、学风建设与心理健康教育相结合；“7”：实施七大举措，即完善学生请假考勤制度、创建早操和晚自习制度、开展课堂纪律和考风考纪专项治理、实施学生学风建设巡查检查制度、规范学生文明行为养成、加强学生干部队伍管理、健全学风优良集体评选办法），努力探索具有学院特色的优良学风建设之路。

12月：创新推行学院学生日常行为表现量化测评考核实施办法，对全院在校学生在教室、宿舍、餐厅、图书馆，以及其他学习、生活场所日常行为表现情况，通过定期检查和不定期抽查等，进行量化赋分，根据测评结果进行等级划分，并作为学生评优、推优等相关工作推荐重要依据，全面推进全院学生的科学、规划管理。

2015年

4月：实行学院学生党员“三阶段七环节”发展培养模式，切实做好学生入党积极分子、发展对象、预备党员三个发展阶段，以及培养教育、思想汇报、政治审查、学习培训、组织谈话、讨论审批、教育考察（个体考察→重点培养→理论达标→实践锻炼→素质拓展→党性历练→考核评定）七个培养环节各项工作，形成全院学生党员发展工作培训过程有衔接、培训内容有重点、培训形式有特色、培训质量有保障的科学内核体系。

5月：在学苑站“党建工作站”设立“学习区”图书角（学生公寓“党建工作站”“学习区”），购置并开展“百册经典党建”图书阅读活动，供学生党员、入党积极分子使用，提升学院学生党员队伍整体理论素养。

6月：依托学院学生公寓“党建工作站”创建“美·益角”基金（学生公寓“党建工作站”“拓展区”），利用全院学生党员、入党积极分子及广大学生每日、每周、每月结余的一角生活费等费用，开展校内身患重病学生、家庭特困学生，以及校外孤寡老人、孤儿帮扶资助活动，强化学生感恩意识。

9月：学院创建的学生公寓“党建工作站”，以实践区、体验区、责任区、学习区、拓展区“五区”建设实践成果，入选学校首批“辅导员协同创新社区”，获批成立校级“大学生社区党建工作室”；在十二个获批的工作室中，唯一以学生党建为实践平台和教育载体，在全校发挥示范和引领作用。

9月：在2014年禁止学生驾驶摩托车基础上，自2015级学生起，组织全院学生逐一填写《学院学生戒烟戒酒及限制交通工具安全管理倡议暨承诺书》，明确校内戒烟禁酒区域，对学生机动车、摩托车以及电瓶车（含双轮、单轮）等进行限制使用，提倡在校内步走，出行校外乘坐公交车辆，有效避免发生学生交通事故。计划三年内学院全部消除学生校内行驶电瓶车现象。

9月：自2015级新生起，设计、制作、下发新生“学业指导卡”“入学指导保障卡”，以及女性新生“女性保健安全知识卡”，让每位新生最快了解并适应大学生活，及时掌握并培养专业学习兴趣。

10月：实施学院专职辅导员周例会，以及学院班主任月例会、学生工作月例会制度，通过每周召开辅导员会议，每月召开班主任工作会议、学生干部工作会议，及时做好各项工作计划安排、工作进展调度、工作查缺补漏等，提高学院学生工作监督力度和效率。

10月：启动个人微信重大会议精神、政策条文、理论学习，以及专家访谈、学者观点等推文计划，供全国高校辅导员、大学生思想政治教育工作者，以及在校大学生等学习、借鉴。至2022年12月底，共发布1787条（篇）。

12月：主动申请、腾空学校东校区群星公寓宿舍楼活动室，分别创建学生通宵自习室、学生创作工作室。从学校资产部门申请配置库存的废旧课桌椅，经维修、加固后，设置学生通宵自习室，供学院学生学习加班使用；订制符合规格的创作工作台，创建学生创作工作室，选派专业基础好、技能水平高的优秀学生固定使用，极大拓展学生学习提升空间。

2016年

4月：创新推进学生宿舍楼环境建设，增强宿舍文化育人功能。在学生宿舍楼，分层设置专业发展、艺术名家、励志教育系列楼道文化；利用楼梯加强消防安全、防盗防骗知识宣传；在宿舍内统一设计印制集宿舍舍风建设、公寓消防常识、安全应急预案、内务规范要求，以及各类通知通告于一体的“宿舍综合事务管理服务宣传栏”；同时，根据学生需要，为每间宿舍统一配置、悬挂信息收纳盒，方便接受学校报纸等各类信息。通过营造优美的环境文化氛围，丰富学生学习物质载体，极大增强环境育人功能。

5月：组织学生党员逐一签订《学院学生党员戒烟禁酒及限制交通工具安全管理告知暨承诺书》，切实发挥全院学生党员示范引领作用，加快学院学生戒烟禁酒及限制交通工具工作进展。

7月：以“我国普通高校精准学生资助政策体系理论与实践研究”为题，首次主持申报并获批“2016年度教育部人文社会科学（高校思想政治工作）研究专项任务项目”，并顺利结项，切实提高开展思想政治教育工作研究的积极性和有效性。

10月：坚持“定性与定量相结合”原则，制定、试行学院发展学生入党积极分子入党量化实施细则，从学业成绩、班级推荐、党知识测评、学生组织日常评定，以及辅导员班主任综合评定五方面分别进行评分量化，提高学生入党整个工作过程中客观性，减少学生入党积极分子入党工作中的主观因素或人为影响，从而提高学生党员发展的激励性、针对性、科学性。

11月：围绕学院学风建设，创新实施“十个百”学团提升工程，即健全完善学院学团工作百项制度体系、组织百名学生党员赴红色教育基地积极开展党性主题教育、扎实推进百项高层次专业竞赛、实施“百册经典”助推学生素质提升、举办学生党员手抄党章百天、开展百名家庭经济困难新生调研认定、落实开展百次专项检查治理、深入开展辅导员百次调研座谈、实施特殊学生百人帮扶工程、制订实施学风建设“百项”工作推进计划，不断助推全院学生成长成才。

2017年

2月：学院学生工作经过三年规划、“三步走”（2014年，“固基础”，学校学生工作考评排名第六名；2015年，“促创新”，学校学生工作考评排列第三名；2016年，“抓提升”，学校学生工作考评排列第一名），实现学院学生工作成绩，在全校二十六个学院中取得历史性突破。学院作为全校年度学生工作先进单位代表，以“学生工作做到‘八个坚持’”为主题（坚持八个“不能变”，即强化学团工作育人功能，坚持以人为本不能变；提高管理教育服务水平，坚持学风建设不能变；注重特殊学生群体管理，坚持安全稳定不能变；提升学团队伍职业能力，坚持队伍建设不能变；改善学生学习生活条件，坚持环境育人不能变；加快基层党团组织建设，坚持思想引领不能变；落实上级文件精神要求，坚持领导决策不能变；发挥专业自身优势特色，坚持创新发展不能变），在学校学生工作大会上进行典型交流发言。

6月：研究论文以“高校思想政治工作需要做到‘十个坚持’”为题，刊发在CSSCI来源期刊《党建》（2017年第6期），全面学习并落实全国高校思想政治工作会议精神，做到工作实践与理论研究相结合，努力提高学院思想政治工作水平。

7月：专著以“中国高校学生资助政策体系理论与实践研究”为题，由中国社会科学出版社出版，全书62.1万字。著作紧紧围绕“精准”二字，以国家制定实施的家庭经济困难学生资助政策措施为中心，围绕我国公办普通高校学生资助政策体系中的各项具体制度措施的发展历程、进展情况、实施现状，以及存在的问题，提出合理化发展对策与完善建议，并提出构建新时期家庭经济困难学生“互联网+精准认定”新模式的基本框架与主要途径。与目前类同研究的其他论著相比，著作具有较强的理论性、创新性、前瞻性，在国内高校学生资助工作研究领域内尚属首次。特别是在国内缺少更深层次理论研究的情况下，该著作在收集大量国外高校学生资助政策研究文献资料并进行综述的基础上，从“人力资本投资”“成本分担”“促进教育公平”“高等教育社会回报与个人回报”等理论角度，从宏观上提供了建立健全适应我国国情的大学生资助体系的有益启示与借鉴。该著作既有助于促进我国高校学生资助工作发展创新，同时对促进我国高校大学生资助工作乃至促进高校人才培养质量均具有十分重要的意义。

10月：月底周末，利用外出参加全国高校辅导员发展研究中心学术论坛时机，先后乘坐出租车、火车、客车、三轮出租车、城乡公交车、摩的，6次转车，历经17个小时，途经1350公里路程，开始班级第一个学生家庭实地走访。至2021年上半年，作为班主任，从大一到大四四年内，利用个人外出学术交流等一切时机，往返行程4.61万公里，历经四川、江苏、云南等13个省市20余个地区，对全班38名同学中的34名学生家庭进行实地走访。基本实现班主任精准家访、家校双向互动、教育因人施策。

11月：启动并开展学院首届新生安全教育主题周，分别邀请学校所辖派出所、所在地公安局国保部门、交警部门、消防部门、禁毒部门等专业人员分别讲解女性安全、宗教安全、交通安全、消防安全及禁毒安全等主题讲座，切实增强新生各类安全防范意识。

11月：自行设计、印制《学院学生学业规划及发展目标成长手册》，率先在所带班级进行推行实施。通过每学期定期对学生个人各项表现与进展进行客观评价，指导学生及时自我检验、自我反思，并查找自身不足和努力方向，帮助班级每位同学尽快适应大学阶段学习生活、尽早明确个人大学发展规划和人生发展方向，切实成为助推并培养学生成长成才的重要途径。

2018年

2月：作为学生党支部书记，主持提交的《“有事找站长”——学生公寓“党建工作站”实践与探索》获得全省高校组织工作创新奖一等奖；个人撰写的文章《论新时代延安精神与高校学生基层党组织思想建设》获全省高校党的建设研究优秀成果二等奖，切实打造新时期高校基层党建工作品牌。

5月：组织全院学生党员举办首届以“不忘初心，永远跟党走；牢记使命，奋斗建新功”为主题的党知识擂台赛，包含笔试必答、抽签必答、抽签抢答、特别加分四个环节，支部各党小组全体成员认真备赛、积极参赛，实现以赛促学、以学促做。此后，每年度上半年如期举行。既丰富政治理论学习形式与载体，又引导广大学生党员切实用习近平新时代中国特色社会主义思想武装头脑。

7月：在准确掌握班级每位同学“阳历”生日或“阴历”生日的基础上，以“新中国成立97周年”暨“大学入学一周年”为主题，自掏腰包，自行为同学订制生日蛋糕，并亲自挑选、设计蛋糕样式，首次为班级10名同学过集体生日。此后，先后组织班级全班同学，分八次对生日相对集中的所有同学过集体生日，让班级每位同学时时感受到班级大家庭的温暖、处处感受到师生深厚的情谊。

10月：创新实施学院学生党员量化积分考核实施办法，从政治素质、示范引领、实践锻炼、行为表现、特别表现五方面，制定学生党员量化积分考核认定标准，明确量化积分考核内容、考核等级及程序，全面落实普通高等学校学生党建工作标准，以及学校下发学生党支部工作考核标准，进一步加强学生党员教育与管理，切实增强学生党支部战斗力和凝聚力。

11月：创新提出辅导员开展科研工作“六步法”，即确定选题、设计框架、收集资料、撰写正文、修改指导、学术规范，切实提高新时期高校专职辅导员队伍科学研究水平，真正担当得起指导大学生健康成长的责任与使命。

12月：依托创建的学生公寓“党建工作站”“五区”建设体系，创新党建工作方式方法，扎实推进学生党支部标准化、规范化建设，以独具特色的党建品牌和育人模式，成功入选首批“全国党建工作样板支部”创建培育单位，经中期检查、终期考核，于2021年初如期顺利通过教育部验收，成为全校首个全国党建工作样板支部，切实发挥学院学生党建工作在全校基层党组织引领示范、辐射带动作用，真正促进学校党建工作质量整体提升。

2019年

3月：于3月中旬至6月中旬历时三个月，创新举办首届“讲党性、重修养、强素质、敢担当、育新人”主题宣传教育实践季活动，通过组织学生党员开展“政治身份认同、强化仪式感召”“红色电影欣赏、激发爱党热情”“党的知识竞赛、提高理论素养”“主题作品创作、发挥专业优势”“微型党课开设、增强教育效果”“加强实践锻炼、提升服务能力”“注重网上引领、展现模范风采”七大主题项目，大大激励和引领全院学生党员弘扬以爱国主义为核心的伟大民族精神，切实增强“四个意识”、坚定“四个自信”、做到“两个维护”，进一步强化学生党员队伍对理想信念的认同感和责任感，有效提升学院基层党组织组织力，为学院内涵发展提供坚强的政治保证、思想保证、组织保证。此后，每年三月至六月，如期举办紧跟时代步伐、紧扣时代主题的主题宣传教育实践季活动。

4月：启动学生党支部“每周一星”评选活动，由各党小组推荐人选，经支部讨论、研究、确定后，通过学院网站、微信公众号对其个人事迹、思想状况、实践锻炼、代表作品等进行宣传和展示，积极树立全院向优秀典型和学习榜样学习的良好氛围，鼓励并带动学院更多学生共同进步，进而推进优良学风、院风建设。

9月：于9月下旬至11月下旬，创新开展“不忘初心、牢记使命”主题教育“双十”工程活动，分别组织学院学生党支部通过开展一调度、一帮扶、一慰问、一基地、一观影、一共建、一调研、一宣誓、一作品、一报告“十个一”活动；组织学院学生党员自主开展一助理、一本书、一问题、一困难、一发言、一志愿、一测试、一微课、一评议、一体会“十个一”活动，切实巩固基层党组织阵地，加强支部建设，助推学生党员领悟初心使命，强化党员意识。

12月：创新推出学生党支部“政治生日”特色活动，组织入党一年预备党员开展“政治生日”主题党日实践活动，由每人绘制别具一格的手绘版理论学习心得体会，并各自分享“不忘初心、牢记使命”主题教育学习收获和体会，从而进一步增强学生党员责任感和荣誉感，不断筑牢信仰之基、补足精神之钙、把稳思想之舵，真正将习近平新时代中国特色社会主义思想内化于心、外化于行。

2020年

5月：在全面做好疫情防控常态化背景下，学生返校复学工作，在全校率先组织全院首批返校毕业生党员、志愿者学生党员成立“临时党员突击队”，积极参与后期返校学生接待、入住信息登记、体温测量，宿舍室内消杀器具发放与消杀，以及毕业生物品整理、检查、打包、过秤和邮寄等工作，时刻冲在学院疫情防控抗疫第一线，处处充分发挥共产党员的先锋模范带头作用。

9月：进一步创新基层党建工作载体，主动联系省派乡村振兴服务队党支部，积极开展校地党建联建共建活动，利用“美・益角”基金对服务队党支部所服务农村困难家庭开展走访慰问活动；组织师生党员举办“迎新春、送春联、献爱心”对接服务活动，积极发挥各自资源优势和经验优势，提升党建工作整体服务水平，推进资源共享、优势互补、相互提高、共同发展。

9月：制定实施《学院学生党支部“四点半微党课”活动实施方案》，每双周四下午四点半，以支部党小组为单位，组织成员围绕习近平新时代中国特色社会主义思想、习近平总书记系列重要讲话精神，以及党史、新中国史、改革开放史、社会主义发展史“四史”等为主要内容，轮流在支部内部或到所联系团支部开展理论授课、讲解或分享，在时间上突出“微”字、在形式上突出“活”字、在内容上突出“实”字，激活学生党员自我教育潜在力，增强党课教育吸引力，从而搭建学生党员自我展示、自我教育互动平台。

11月：积极应对疫情形势复杂多变，创新、完善学院线上线下“三纵三横”学生安全管理体系（三纵：学院班子领导、辅导员、班主任；三横：学生会、学生党员、班委会），实现疫情期间全院学生安全“立体式”“闭环式”“覆盖式”，分区、分层、分级责任管理。

2021年

3月：组织学院学生党支部与学生团支部，创新开展“党建带团建、团建促党建”对接活动，以党小组为单位，分别对接低年级各个班级团支部，全面参与并指导各团支部思想建设、学习建设、活动建设及生活建设等，积极推进学院党团班一体化建设，努力搭建并做好党联系青年群众的桥梁和纽带，进一步夯实基层团建基础，增强学院共青团工作活力，强化全院团员青年对理想信念的认同感和责任感，不断提升基层党组织覆盖率和工作影响力。

3月：作为学院党总支副书记、学生党支部书记，深入学习贯彻习近平总书记系列重要讲话精神，于3月至6月，创新实施“146N”学习教育体系（“1”：即明确一条主线，坚定党史学习教育目的；“4”：即开展四大主题系列活动，夯实党史学习教育重点；“6”：即实施六项办法举措，推进党史学习教育深度；“N”：即打造N个特色项目，增强党史学习教育实效），扎实推进学院党史学习教育，积极引导全院青年大学生学史明理、学史增信、学史崇德、学史力行，切实提高全院学生党史学习教育实效，切实发挥全国“党建工作样板支部”示范和引领作用。

3月：山东省教育厅“战线联播”栏目，发布报道学校依托学院2013年创建的全省高校首个学生公寓“党建工作站”，通过突出政治功能、注重监督管理、选树先进典型、创新工作模式“四举措”，切实提高学生党员教育实效、党员参与实效、党员引领实效、党建育人实效的典型做法。

5月：动员、指导学院专职辅导员联合自主发起，创建学校首个以辅导员个人名字命名的辅导员工作室“美萌助力加油站”，制定实施学院“美萌助力加油站”建设方案，明确“加油站”运行模式，通过定期举办学生报告、讲座、辅导、座谈等形式，专门服务于学生生活、学习与工作指导，助力于学生成长、成才、成功，不断推进学院辅导员工作品牌化、持续化、长效化。

9月：9月下旬至12月底，在学院学生党支部及各团支部，创新开展党史学习教育“七个百”工程活动（即开展“百名学生党员讲述百个党史故事”、开展“学习强国”学习平台线下百天打卡活动、开展“学生党员对接低年级百名学生助力成长活动”、开展“百名学生骨干赴教育基地学习教育活动”、开展“百篇党史学习理论研究原文精读细研活动”、开展“我为群众办实事”百人百事实践活动、开展“低年级团支部‘忆峥嵘岁月·绘百年党史’主题手抄报比赛”），切实组织全院学生学好百年党史、讲好党史故事，传承红色基因、赓续红色传统。

10月：经过近两年的筹备、规划，自主创建全校首个辅导员工作室团队——“创艺家”辅导员成长工作室。以学院辅导员队伍班底为基础，面向全校吸纳优秀年轻、有发展潜力的新入职辅导员教师，组建辅导员专业团队；工作室紧密结合辅导员职业发展和大学生成长成才需求，围绕高校思想政治教育工作中的重点、难点和热点问题，以线上与线下、校内与校外、专题与专项“三结合”，通过研究式、讨论式、互动式工作方式，积极开展实践探索、学术研究、研讨交流等系列活动。定期邀请全国最美辅导员、全国高校辅导员年度人物、全国辅导员素质能力大赛一等奖获得者等进行线上授课、培训；邀请校内思政学者、专家、教授等进行线下面对面的交流、指导。经过近两年实践与探索，形成了新时期特色的辅导员工作室“14459”运行模式（“1”：即立足一个创建目标；“4”：即明确四个建设定位；“4”：即细化四项创建任务；“5”：即发挥五大建设优势；“9”：即采取九项主要措施），“创艺家”辅导员成长工作室切实成为辅导员工作交流的重要载体、辅导员职业能力提升的重要阵地、学生工作理论研究与实践创新的重要平台，从而促进学校辅导员队伍专业化、职业化建设。

11月：组织学生党支部与打造乡村振兴的齐鲁样板、由第十三届全国人民代表大会代表耿遵珠担任党支部书记的茌平区贾寨镇耿店新村党支部开展党建联建对接活动，通过双方拓展合作广度和深度，切实发挥基层党组织的战斗堡垒作用和共产党员在乡村振兴中的先锋模范作用，实现“激发基层党建队伍活力，助推双方党建工作水平提高”的共建联建目标。

2022年

3月：自调整岗位后（2021年12月起，担任学院党委书记），创新开展并完成“新时代大学生党员‘1+4’教育培养机制研究”，即以“明确坚定学生党员教育学习目的”这“1”条主线；以“常态化”为根本点，打造理论学习平台；以“学党史”为切入点，打造思想引领平台；以“互联网+”为结合点，打造网络管理平台；以“党带团”为着力点，打造实践服务平台，这“4”个平台，深度健全、探索新时期学院学生党员教育培养机制。

5月：创新、实施学院中层领导干部包抓联系支部制度，制定下发《学院党委班子成员包抓联系党支部实施办法》，进一步加强学院党委与各党支部的沟通，密切联系群众、听取群众意见。

6月：开通学院毕业生就业创业咨询专线“8238600”（寓意每年接受毕业生就业创业咨询、问答至少600个），由学院就业创业工作专职辅导员进行详细解答，为全院毕业生及时提供就业创业指导与咨询服务。

7月：作为首批全国党建工作样板支部负责人，受邀为由教育部思想政治工作司主办、国家教育行政学院承办的“2022年高校基层党支部书记网络培训示范班”录制，以“打造‘135N’党建模式，助推新时期育人实效——聊城大学美术与设计学院全国党建工作样板支部建设实践与探索”为题的线上课程，供高校基层党务工作者专题网络培训使用。课程包含新时期高校学生党建工作实践、学生党建工作实效、学生党建工作经验三部分，详细介绍了学院学生党支部入选首批全国党建工作样板支部以来在支部建设方面的实践与探索；针对当前高校学生党建工作存在的主要问题，从提高党建工作战略意义认识、创新党建工作载体平台等八方面提出对策建议，受到广大学员认可和好评。

10月：创新、开设教工党支部“一刻钟”微党课。围绕学习宣传贯彻党的二十大精神，定期组织教工党员轮流进行理论宣讲、分享交流，不断提升全院教工党员政治能力和理论素养，有效保障理论学习效果，切实推动党史学习教育走深走实。

10月：举办教工党员和学生“大手拉小手”结对帮扶活动。针对家庭困难、学业困难、交往困难等在校学生，由教工党员通过“一对一”交流帮扶、教育指导等，给予学习、生活上的关爱和心理疏导，切实解决学生实际问题和困难。

会议纪要、《学生诚信档案》、专职辅导员流动例会制度、贷款毕业生“七个一”工程诚信教育主题活动、困难学生量化认定体系、工作日志、学生党员“八个一”实践活动、家校协同培养机制、学生党支部“四点半”微党课、党知识擂台赛等，20余年中的诸多创新做法、措施，从创新实施至今，一路坚持并不断完善，为提高大学生思想政治教育工作水平和工作质量提供了坚实保障。

工作在继续、创新在继续；在工作中坚持寻求创新，在创新中坚持积累经验。作为新时期高校思想政治教育工作者，面对实际工作中遇到的新情况、新问题，只有也必须不断树立创新意识、不断提高创新能力，将自己所学所思所见，运用到实际工作，学会并做到善于用发展观点分析问题、思考问题；只有也必须积极探索新办法、新点子和新路子，才能不断开阔视野、不断开拓创新，切实把各项工作落到实处，持续保持自身工作特色和优势，从而开创工作新局面。

作者注

从2001年初开始从事学生工作，到2021年底调离专职辅导员岗位，辅导员职业生涯暂时结束。20余年时间，紧扣学校实际和学生特点，紧跟新时代学生工作新问题、新特点和新趋势，以最大精力、最佳状态、最实举措，坚持高点定位、坚持以上率下、坚持追赶超越，不断推动学生工作各类创新，做到多出精品、多出特色、多出经验，在全校、全省乃至全国学生工作管理中打造老杨品牌、老杨模式、老杨工作法。

（本文完成日期：2023年1月26日）

打造“135N”党建模式，助推新时期育人实效

——以聊城大学美术与设计学院创建全国党建工作样板支部为例

历年来，聊城大学注重加强新时代高校党建工作，围绕立德树人根本任务，坚持以习近平新时代中国特色社会主义思想为指导，牢固树立党的工作下沉到支部的鲜明导向，采取有力措施全面加强基层党组织建设，特别是基层党组织“双创”工作。其中，美术与设计学院学生党支部依托2013年创建的全省高校首个学生公寓“党建工作站”，于2018年12月获批首批全国党建工作样板支部培育创建单位，并按期顺利通过验收，成为全校第一个全国党建工作样板支部。

一、做好高校基层党组织工作需学习好党内党规和相关文件

学习制度是做好各项工作的基础和前提。作为新时代基层党组织书记，以及广大党员，必须要认真学习党内党规和相关党内规范性文件，这也是新时期高校党的建设的基本遵循。

自党的十八大以来，有以下纲领性、引领性的文件和制度需要作为工作依据和参考进行学习、进行落实。根据性质和内容，可以把党内党规和相关党内规范性文件分为核心类、基础类、拓展类三类。

（一）第一类（核心类党内党规和规范性文件，10个）

2013年7月，中共中央组织部、中共中央宣传部、中共教育部党组联合印发的《关于进一步加强高校学生党员发展和教育管理服务工作的若干意见》；

2014年6月，中共中央办公厅印发的《中国共产党发展党员工作细则》；

2017年2月，教育部印发的《普通高等学校学生党建工作标准》；

2017年10月，党的十九大报告；

2017年10月，在党的十九大修正并通过的《中国共产党章程》；

2018年9月，中共中央制定试行的《中国共产党支部工作条例（试行）》；

2019年1月，中共中央办公厅印发实施的《中共中央关于加强党的政治建设的意见》；

2019年5月，中共中央印发施行的《中国共产党党员教育管理工作条例》；

2020年12月，中共中央印发、修订的《中国共产党党员权利保障条例》；

2021年4月，中共中央印发、修订的《中国共产党普通高等学校基层组织工作条例》。

（可以用“424”来概括，即一章程、一报告、一细则、一标准；两意见；四条例。）

（二）第二类（基础类党内党规和规范性文件，10个）

2015年10月，中共中央印发的《中国共产党廉洁自律准则》；

2016年10月，中共中央施行的《中国共产党党内监督条例》；

2016年11月，中共中央发布的《关于新形势下党内政治生活的若干准则》；

2018年2月，中共中央组织部、中共教育部印发的《高校党建工作重点任务》；

2018年5月，教育部发布的《关于高校党组织“对标争先”建设计划的实施意见》；

2018年5月，教育部发布的《关于高校教师党支部书记“双带头人”培育工程的实施意见》；

2018年7月，中共中央新修订的《中国共产党纪律处分条例》；

2019年6月，中共中央修订发布的《中国共产党问责条例》；

2021年3月，中共中央发布的《中国共产党组织处理规定》；

2021年6月，中共中央印发的《中国共产党党徽党旗条例》。

（可以用“11224”来概括，即一任务、一规定、两准则；两意见；四条例。）

（三）第三类（拓展类党内党规和规范性文件，10个）

2017年7月，中共中央修改施行的《中国共产党巡视工作条例》；

2017年11月，中共中央制定出台的《中国共产党党务公开条例（试行）》；

2019年1月，中共中央印发的《中国共产党政法工作条例》；

2019年2月，中共中央印发、施行的《中国共产党重大事项请示报告条例》；

2019年4月，中共中央印发、修订的《中国共产党党组工作条例》；

2020年7月，中共中央印发的《中国共产党基层组织选举工作条例》；

2020年12月，中共中央发布、修订的《中国共产党地方组织选举工作条例》；

2021年1月，中共中央印发、修订的《中国共产党统一战线工作条例》；

2021年5月，中共中央发布的《中国共产党组织工作条例》；

2021年12月，中共中央发布的《中国共产党纪律检查委员会工作条例》。

此外，还有中共中央、国务院，组织部、教育部，团中央等下发的《高校思想政治工作质量提升工程实施纲要》《关于新时代加强和改进思想政治工作的意见》等有关制度文件，特别是2022年下半年即将召开的党的二十大报告，以及新形势下新修订、制定的有关党建工作制度，更是党支部书记及广大党员学习、贯彻的重点。

同时，作为高校学生基层党务工作者，要明确高校党支部的基本任务和重点任务。在2018年中共中央制定的《中国共产党支部工作条例（试行）》中，除了明确党支部的八大基本任务，还就不同领域的党支部明确了各自承担的重点任务，其中，高校党支部需承担以下六大重点任务：一是贯彻落实党的教育方针；二是巩固意识形态指导地位；三是加强师生思想政治引领；四是筑牢学生理想信念根基；五是落实立德树人根本任务；六是完成教学科研管理任务。

二、学生党建工作实践与措施

美术与设计学院学生党支部隶属于美术与设计学院党委，本科生、研究生党员占学院人数比例在4%~10%。2021年11月，根据党支部设置标准，学生党支部调整为第一、第二、第三学生党支部。

多年来，支部按照新时代高校党建示范创建和质量创优工作要求，通过加强领导、完善制度、创新载体、拓展平台，探索实施“135N”学生党建工作模式，最大化发挥好新时期高校学生党支部育人作用。

（一）“1”：明确一个目标

支部坚持以习近平新时代中国特色社会主义思想为指导，围绕立德树人根本任务，以“强化并发挥高校党建育人引擎作用”为目标，认真落实新时代高校党建示范创建和质量创优工作要求，注重丰富学生党员管理、教育、服务、育人“四位一体”的育人内涵，切实把基层党组织建设成为加强思想政治工作的主阵地，打造了高质量、高水平、高起点的特色党建品牌。

（二）“3”：搭建三大平台

支部先后搭建学生公寓“党建工作站”、大学生社区党建工作室、全国党建工作样板支部三大平台，以“平台党建”引领和推动学生党建工作创新发展。

1. 学生公寓“党建工作站”

2013年11月，支部在全省高校率先建设首个学生公寓“党建工作站”，制定实施《“学生公寓党建工作站”实施细则》。在不同校区按楼宇，建立群星部（男生部）“学生公寓党建工作站”、学苑部（女生部）“学生公寓党建工作站”，通过“党建工作站”站务委员会组织全体学生党员、入党积极分子参与公寓安全管理、卫生监督、理论学习及公益服务等，切实让学生公寓“党建工作站”成为学生之家，在学生公寓唱响了“一名党员就是一面旗帜”主旋律。

2. 校级“辅导员协同创新社区”大学生社区党建工作室

2015年9月，学校为推动学生工作创新发展，在全校开展首批“辅导员协同创新社区”创建活动，12个工作室入选，其中学院获批唯一以大学生党建为研究方向的校级社区工作室，由学院分管学生工作副书记为工作室负责人，通过定期开展主题沙龙、理论研究、工作创新等，探索并形成一系列全校可推行、可复制的党建工作方式方法，促进大学生健康成长成才的同时，也全面提升了辅导员队伍职业素养和业务能力。

3. 全国党建工作样板支部

2018年8月，支部着力开展新时代高校党建“双创”工作申报，于2018年12月获批首批全国党建工作样板支部培育创建单位，并于2021年1月按期顺利通过验收。自申报“双创”工作至今，支部对标教育部提出的基层党支部“七个有力”主要任务，通过多种措施，实现党建示范创建和质量创优工作“双提高”“双推进”，成为全校基层党组织建设中的标杆。

此外，2019年5月，全校首个以学院一线辅导员命名的辅导员工作站——“美萌助力加油站”，以及2021年10月，学院全体辅导员发起、创建的首个校级辅导员工作室——“创艺家”辅导员成长工作室，围绕支部建设、学生党建开展主题沙龙等活动。

从而，助推学院形成了以党建为主要内容的党建工作特色群：学生公寓“党建工作站"（2013年，全省高校首家）、大学生社区党建工作室（2015年，全校十二个之一）、"美萌助力加油站"（2019年，全校首个）、全国党建工作样板支部（2021年，全省十六个之一）、"创艺家"辅导员成长工作室（2021年，全校首个）。

（三）"5"：强化五区建设

支部依托搭建的三大平台，深入推进学生党建实践区、体验区、责任区、学习区、拓展区"五区"建设，积极拓宽党建工作前沿阵地，切实加强培育学生党员践行能力、担当意识、服务水平、理论素养、党性修养"五育"实效。

1. 学生党建"实践区"

自2013年至今，支部持续开展九届学生公寓党员"八个一"实践活动。每年组织全体学生党员通过阅读一本理论书籍、帮助一位低年级困难同学、联系一名低年级入党积极分子、参与一场交流活动、创建一个文明宿舍、捐献一份爱心、参加一次党知识大赛、递交一份实践报告等八项活动，不断增强学生党员党性修养，围绕同学并带动同学共同成长进步。

2. 学生党建"体验区"

自2013年至今，每年九月份，新生报到后，支部选派高年级优秀学生党员担任低年级助理班主任，让学生党员协助班主任开展思想教育、理论学习、学风建设等班级教育服务工作；自2020年起，每学年组织支部各党小组与一年级各班级团支部对接，开展"党支部与团支部结对子""党建带团建"系列活动，将学生党建实践延伸到班级管理、班级团建全过程，从而发挥学生党员在全院学习、生活、工作中的表率和引领作用。

3. 学生党建"责任区"

对学院二百余间学生宿舍划分党员"责任田"，实施"包干到户""一对一帮扶"制度，明确"责任区"党员工作职责，由学生党员负责所在"责任区"宿舍及其公共区域的安全、卫生、秩序等日常监督工作；定期深入所负责的学生宿舍进行座谈交流，及时关注宿舍内住宿学生的思想状况，并帮助家庭经济困难、学业困难等部分学生在学习、生活中的困难和问题。

4. 学生党建"学习区"

自2016年至今，支部强化党员及入党积极分子政治理论学习，利用学生公寓"党建工作站”开设单独的“学习区”，配置图书角，并定期购置最新政治理论书籍和党员学习读本，让全院学生党员及入党积极分子，免费轮流借阅、学习；利用微信平台创建“党建工作站”理论学习坊，在全校率先开展学生党员手抄党章、手抄系列讲话“双百”活动。让全体党员在政治理论学习中，不断开阔视野；在“四史”学习教育过程中，不断厚植爱国情怀；在常学常新中加强理论修养、在知行合一中主动担当作为。

5. 学生党建“拓展区”

为增强学生社会责任感，弘扬团结互助精神，2015年6月，支部自主发起倡议并成立“美·益角”基金，学生党员每天捐助一角钱、入党积极分子每周捐助一角钱、其他同学每月捐助一角钱，所筹基金用于扶持、资助因家庭经济困难，或因家庭突发变故而影响正常学习的全校在校学生和贫困农村的留守儿童、孤寡老人等。创建近7年来，筹集募捐17次，对72名困难学生及老人送去爱心资助6.9万元。支部主动对接组织统战党支部，组织优秀学生党员，到学校组织部、办公室等进行实岗锻炼、服务。同时，利用当地丰富的红色教育资源，每年开展党性主题教育和实践锻炼，坚持组织新发展的学生党员、毕业生党员，到孔繁森纪念馆、鲁西第一党支部旧址、刘邓大军强渡黄河战役纪念园等党性教育基地实地学习和反思感悟，引导广大学生党员坚定理想信念、继承优良传统。

（四）“N”：实施N个措施

1. 加强顶层设计

主要是学院党委加强对支部的领导与指导，将支部建设纳入学年年度工作计划重点，每学期定期召开党委会、党政联席会议，就支部建设、学生党建工作进行研究与宏观指导；实施学院班子成员下沉支部制度，把学院五位中层领导干部分别下沉、联系所属党支部，一同参与支部理论学习、主题活动等，并全程监督、指导、检查；每年年初，由学院党委指导支部制订支部工作计划及月份进度日程表，经学院党委研究审批后，下发到支部各党小组遵照执行。

2. 强化“三大保障”

强化制度建设，学院先后制定实施学生党建与思想政治教育长效机制实施方案、学生公寓“党建工作站”实施细则、支部档案管理办法、支部学习培训办法等党建工作制度20余项，为支部开展工作提供健全的制度保障；强化支部建设，坚持调整学院全体辅导员加入学生党支部并担任支部委员，做到支部工作与学院学团工作同部署、同促进，为支部开展工作提供强大的队伍保障；强化硬件建设，学生宿舍楼内设置单独的“党建工作站”办公室、“党员之家”活动室，以及党员活动室，学院提供充足的经费保障；同时，学校组织部门从学校党费中提供全国党建工作样板支部创建所需经费，为支部开展工作提供坚实的经费保障。

3. 擦亮“四大身份”

一是床铺公开，设计张贴“床铺公开卡”，加大对党员日常安全、秩序检查力度；二是宿舍公开，将含有党员信息的“宿舍公开卡”悬挂宿舍门外侧；三是承诺公开，实施学生党员服务承诺公开及监督制度，将各项服务承诺在宿舍大厅公布于众，接受广大同学监督；四是教室公开，将党员信息在教室信息栏公开，发挥学生党员对其他同学在学习主动性的引领与示范作用。

4. 注重理论学习

支部突出政治功能，始终重视并加强政治理论学习，深入推进“两学一做”学习教育常态化制度化，自2020年9月起支部制定实施“四点半微党课”活动实施方案，每双周四下午，定期组织开展集体学习、个人分享、分组研讨等方式，开展富有实效的理论学习与宣讲活动。每学期组织新发展的学生党员、入党积极分子举办以党章、党的十九大报告等为主要内容的党知识测试；自2018年起每年5月份，组织全体学生党员举办包含笔试必答、抽签必答、抽签抢答等多环节、多形式的党知识擂台赛，切实提高党员参与理论学习的积极性、主动性与实效性。

5. 提升党性修养

支部重点加强理想信念教育和党性修养，创推系列特色党建品牌，自2019年至今，每年三月至六月举办“讲党性、重修养、强素质、敢担当、育新人”主题宣传教育实践活动季，先后开展以“党建在我心，建功新时代，永远跟党走”（第一届）、“牢记初心使命，厚植爱国情怀，坚决‘疫’战到底”（第二届）、“学党史、悟思想、办实事、开新局”（第三届）为主题，包含牢记使命担当，成就青春梦想、党的知识竞赛，提高理论素养、主题作品创作，发挥专业优势、励志电影欣赏，激发爱国热情、政治身份认同，强化仪式感召、注重示范引领，展现模范风采、微型党课开设，增强教育效果、加强实践锻炼，提升服务能力等八大活动内容的专项教育活动。

在开展“不忘初心、牢记使命”主题教育中，支部以党小组为单位开展一调度、一帮扶、一慰问、一基地、一观影、一共建、一调研、一宣誓、一作品、一报告“十个一”活动；以党员个人为单位，自主开展一助理、一本书、一问题、一困难、一发言、一志愿、一测试、一微课、一评议、一体会“十个一”活动。

在2021年开展党史学习教育中，支部创新实施“1469”体系（明确一条主线，坚定党史学习教育目的；开展四大主题系列活动，夯实党史学习教育重点；实施六项办法举措，深入推进党史学习教育；打造9个特色项目，增强党史学习教育实效）；开展党史学习教育“七个百”工程（“百名学生党员讲述百个党史故事”、“‘学习强国’学习平台线下百天打卡”“学生党员对接低年级百名学生助力成长”“百名学生骨干赴教育基地学习教育”“百篇党史学习理论研究原文精读细研”“‘我为群众办实事’百人百事实践”、“低年级团支部‘忆峥嵘岁月·绘百年党史’主题手抄报比赛”），让全体党员在学习、工作、实践中切实增强“四个意识”、坚定“四个自信”、做到“两个维护”，提升和锤炼自身理想信念。

6. 发挥专业优势

支部发挥艺术学专业优势和特点，以学生党员为参与主体，组织学校、学院“与美同行”学生社团和“爱心服务社”等各类主题活动，带头组织政治理论宣传与美术设计专业融为一体的第二课堂活动。以推进乡村美丽建设为契机，支部到周边乡村、社区等，开展社会主义核心价值观、党建文化墙绘制等服务活动；外出安徽、陕西等地写生、考察的学生党员成立临时党支部，组织党员和学生干部到当地红色教育基地、红色旅游景点进行采风写生创作。

7. 注重科学研究

支部依托校级大学生社区党建工作室，这一以科研为重点工作的党建工作平台，加强党建理论研究，先后撰写并发表《新时期高校学生党建工作标准化及测评体系重构》《新时代五四精神更需要继承与弘扬》《高校思想政治工作需要做到“十个坚持”》《高校学生基层党组织建设实践与探索》等多篇党建工作论文、网文。

8. 开展校地对接

支部积极开展校地党建联建共建，扎实推进“我为群众办实事”实践活动，先后与东昌府区侯营镇省派乡村振兴服务队党支部、在平耿店新村党支部进行实地党建联建对接，多次到对接支部所服务乡村，参与美丽乡村建设设计，开展孤寡老人、困难家庭学生帮扶慰问，老党员困难党员调研走访，主动认领并捐建“希望小屋”，春节前夕举办“送春联，感党恩”主题活动等，发挥支部在乡村振兴、服务地方的积极作用，助推对接支部工作水平“双提高、双发展”。

9. 争创“五型”支部

支部以创建规范型、标准型、服务型、引领型、创新型“五型”支部为目标，扎实推进支部各项工作：每月、每学期高质量、高频率开展“三会一课”，按年度汇编成册，以供总结、学习；规范组织生活会和民主评议党员工作，规范制定实施方案、问题台账、整改清单、批评意见等，保证各项工作实效。提升主题党日活动，通过党小组轮流组织、加强过程监督、强化日常考核、实施出勤积分等，提高党员参与主题党日活动的主动性。拓展党员服务新载体，加强学院“党建带团建”“党团一体化”建设，自新冠疫情发生至今，支部广大学生党员积极参加到疫情防控阻击战中，在学校自愿组织成立“党员临时突击队”“党员服务队”，积极参与返校学生接待及毕业生物品整理和邮寄、宿舍卫生清理；在家乡所辖居住地，与当地疫情防控工作人员一同进行疫情知识宣传、守卡登记、测量体温等，切实发挥了一名中共党员率先垂范作用。自2019年起，通过学院微信公众号、学院网站推出学生党员“每周一星”系列专题，充分展示优秀党员在思想引领、专业学习、志愿服务等的示范带头作用。创新实施《学生党员发展手册》，毕业生党员在校综合考评等级确认并装入个人人事档案，以及发展学生入党积极分子入党量化、学生党员量化考核等办法，切实推进支部工作上水平。

三、学生党建工作实效

根据支部开展的工作实践与积极探索，可以用“十有”概括支部工作所取得的实际效果和影响：

（一）有方向

支部坚持把政治建设摆在首位，始终牢牢把握正确的政治方向，认真贯彻落实新时代党的组织路线和方针政策。

（二）有标准

支部立足学院实际，建立了一系列、一整套科学合理，具有可操作性、可复制的学生党建工作制度体系。

（三）有声音

支部第一时间通过“视频学+宣讲学”“集中学+分散学”“线上学+线下学”“小组学+个人学”等多方式，认真学习、及时传达党的方针政策、会议精神及重要讲话，把党的声音及时传递给支部及其所有党员；同时，支部通过微信公众号、学院网站等网络媒体，以及对接团支部、走进宿舍等形式，将党的声音、重要会议精神和最新要求，切实传递到学院各个班级团支部和全体学生。

（四）有融合

支部坚持学院党建为重点、团建为主体，通过党支部与团支部对接、党员担任班级助理班主任等形式，坚持“党建带团建、团建促党建，党团共建促发展”，着力推进新形势下学院团学工作育人本色，构建了新时期学院党建带团建融合发展新模式。

（五）有品牌

支部坚持党建工作制度创新、实践创新、理论创新、平台创新，在理论学习、党日活动、作用发挥、载体创建、等级认定、志愿服务、党性锻炼、考核量化等多方面形成一系列特色和亮点，形成了学生公寓“党建工作站”“五区”建设、学生党员“八个一”实践活动、党知识擂台赛、“美·益角基金”等一系列其他学院及其他高校可复制、可借鉴、可推广经验的基层党建工作特色品牌。

（六）有引领

学院学生党员队伍政治素质、理论水平、党性修养和引领意识大幅提升，在学院开展的各项主题活动、评先评优、考取硕士研究生、宿舍卫生达标评比、荣获高层次专业竞赛奖项等活动中，学生党员参与度、积极性、获奖覆盖面比例大幅提升；参与学校疫情防控志愿服务、投入当地疫情防控工作人数比例与次数明显增多，真正发挥了支部的战斗堡垒和党员的先锋模范、引领作用。

（七）有成果

支部坚持理论研究，形成一系列党建工作研究成果（《中国产经新闻》发表的《高校学生基层党组织建设实践与探索——以聊城大学学生公寓“党建工作站”为例》；发表的论文《新时期高校学生党建工作标准化及测评体系重构研究》等）；微视频《转正“进行中”》在全省高校微视频网络征集活动中获得“优秀参与奖”；并获得全省山东高校辅导员工作论坛“三等奖”、全省高校思想政治教育优秀成果“二等奖”多项科研奖励。支部工作案例“有事找站长”在全省高校学生管理工作会议上进行发言交流（2017年）。

（八）有成绩

支部先后荣获全省高校组织工作创新奖“一等奖”、市级“学习强国”学习先进单位、校级先进基层党组织、校级思想政治教育工作先进集体、校级学生党建工作创新奖等集体荣誉近十项；支部委员先后获全省教育系统优秀党务工作者、全省高校思想政治教育工作先进个人、全省高校优秀辅导员、校级优秀共产党员、校级优秀党务工作者、市级“学习强国”学习先进个人等个人称号十余项。学院学生工作在学校年度综合考核评比中，成绩及名位连续多年居前列。

（九）有质量

学院学生党建工作引领下，学院育人质量稳步提升。近三年来，研究生录取、毕业生应征入伍、西部计划选拔中，学生党员参与比例超过50%；参加假期基层挂职锻炼党员比例占80%以上；学院第二课堂参与率党员达70%以上；党员队伍政治理论水平明显提高，参加学校组织的入党积极分子预备党员发展对象考试中，理论考试综合排名名列前茅。在学校疫情防控常态下，学生党员主动率先成立突击队，服务意识显著增强。年度学习成绩、综合测评班级排名中，前20%中学生党员比例近40%；参加高层次创新创业实践活动和学科性竞赛并获得国家级、省级专业竞赛奖项学生党员比例远远高于党员人数所占学生人数比例。在各年度学生宿舍卫生秩序安全通报扣分、日常表现违纪学生党员比例不到1%，远远低于党员人数所占学生人数比例。一本科生学生党员被选调至山东省学生联合会任驻会执行主席，并被选为全国学联二十七大正式代表。多年来，学院培养的毕业生用人单位满意度调查高达95%以上。

（十）有影响

学院党建工作促进优良的学院班风、学风形成，推动学院各项工作提升。学院学生工作、教学教育、科学研究、社会服务、国际交流等各项工作均得到进一步提高，从而实现学院整体快速发展。据2020年《武书连中国大学排行榜》显示，学院四个专业中，视觉传达设计和环境设计专业省内排名第一，书法学专业省内排名第三，美术学专业省内排名第五。

四、高校学生党建工作经验

结合多年学生党支部书记的工作经历和总结，可以用“十注重十提高”来简要概括工作经验：

一是注重加强支部队伍建设，切实提高其号召力；

二是注重强化政治理论修养，切实提高其内功力；

三是注重增强学习交流培训，切实提高其战斗力；

四是注重丰富党日主题活动，切实提高其凝聚力；

五是注重提升三会一课质量，切实提高其组织力；

六是注重创新拓展载体平台，切实提高其吸引力；

七是注重发挥网络宣传作用，切实提高其影响力；

八是注重抓好日常教育监督，切实提高其执行力；

九是注重立足专业特色优势，切实提高其融合力；

十是注重探索最新理论成果，切实提高其研究力。

五、新时期高校学生党建工作存在的主要问题及对策建议

结合新时期党建工作要求，围绕存在的问题及发展建议，可以用“八新八不八要八保证”进行概述：

（一）新时代下，高校党组织“对标争先”建设计划及党建“双创”工作制度落实不力，要提高战略意义认识、突出问题导向、努力争创先进，做到“七个有力”，保证学生党支部发挥凝聚师生、助推学院和学校中心工作的战斗堡垒作用。

（二）新时期下，部分高校及院系党组织对学生党建工作重视与支持力度不足，要加强上级教育主管部门对学校党委、学校对院系党组织的监督与考核，保证学校与学

院对学生党支部相关工作经费的投入与支持。

（三）新任务下，高校学生党支部“三会一课”和组织生活会开展质量不高，要创新载体平台、丰富会议形式、充实党课内容，做到“三会一课”和组织生活会平台广、措施实、内容新、效果好，保证基层党组织“三会一课”和组织生活会质量。

（四）新要求下，高校学生党支部在学生中“思想引领作用”发挥不好，要创新理念、突出思想教育、大力培育模范典型，抓实抓细抓强学生党员队伍思想政治意识和思想政治素质，保证最大化发挥出基层党组织在学生中的“思想引领”作用。

（五）新征程下，高校学生党员队伍精细化教育管理能力和水平不强，要配强支部班子、健全制度体系、探索精细化管理、实施精准化服务，保证实施精细化管理模式、实行学生党员教育专业化发展，从而提高整体学生党建工作质量。

（六）新形势下，学生入党动机多元化及党员发展后教育引导不够，要强化入党积极分子启蒙教育与培养、加强学生党员继续教育与培训、制定日常行为考评标准及等级认定，做到学生入党后积极性、主动性不消减，党员观念、党性修养不淡薄，保证学生党员全过程培养，推动学生党支部健康持续发展。

（七）新媒体下，高校学生党建工作信息化、网络化、数字化建设步伐不快，要顺应时代潮流和要求，掌握并善于运用微信、微博、网站、QQ、多媒体等新媒体与新技术，在高校基层党建组织管理、学习培训、志愿服务、教育宣传和疫情防控各个环节中，切实发挥新媒体自身具有的交互性、开放性、即时性、广泛性的独特优势，实现学生党建工作全过程信息化、全方位网络化，保证满足高校学生党建工作更高层次发展需求。

（八）新阶段下，高校学生党建与思想政治教育工作、学团工作、学生社区建设结合不深，要全力补齐短板，强化党建在“三全育人”体系中的引领作用，做到学生党建、思想政治教育、学团工作、学生社区建设四者同向同力发展，保证高校学生党建工作与“三全育人”“五育并举”工作协同提升，从而构建高效率的“一站式”学生社区综合管理模式、高质量的一体化思想政治工作体系，全面提高高校人才培养质量。

在全面加强党对教育工作领导的中国特色社会主义新时代过程中，高校基层党组织面临着新的要求和新的挑战。作为一线党务工作者，就要紧紧围绕立德树人根本任务，把握并遵循高校基层学生党建的内在规律，厘清学生党建与思想政治教育工作及其他工作的联系，努力找准着力点、聚力开拓创新点、合力聚焦出彩点，全面增强新时期高校基层党组织的创造力、凝聚力和战斗力，从而推动学校全面深化改革与发展，为高等教育发展注入坚强动力。

作者注

很有幸受邀国家教育行政学院中国教育干部网络学院，以“党建样板示范，创建新时代高校学生过硬基层党组织”为主要内容进行网络培训课程的录制。借此机会，作为从事八年有余的学生党支部书记，也对新时期学生党建工作进行总结和梳理，以供其他院校同人从中参考或借鉴。

（本文完成日期：2022年5月5日）

高校院系学团工作需注重抓好“九个三”

——以聊城大学美术与设计学院学团工作为例

作为高校学生工作的基础，高校二级学院学团工作是学校落实为中国特色社会主义建设培养建设者和接班人的重要工作内容，是推进高校学生教育管理工作重心下移的重要保障。结合新形势下学生工作实际需要，针对学院学团工作普遍具有所谓的六个“千万”特点（工作对象是千家万户、工作内容是千头万绪、工作状态是千辛万苦、工作方式是千变万化、工作特色是千红万紫、工作效果是千恩万谢），学院以习近平新时代中国特色社会主义思想为指引，深入贯彻落实党的十九大精神，全面贯彻落实党的教育方针，坚持社会主义办学方向，坚决落实立德树人根本任务这一指导思想，注重抓好、做实“九个三”，真正服务全院学生成长成才，不断推进学院学团工作扎实高效，从而推动学院、学校学团工作上水平、上台阶。

一、强化三项保障

一是强化组织保障。有效的组织保障是抓好学团工作的关键，学院党政充分认识到新形势下做好学团工作的重要性和紧迫性，围绕促进学生成长成才作为学院一切工作的出发点和落脚点，坚持把学团工作和教学科研摆在同等重要位置，成立以学院党总支书记为组长、院长为副组长，相关人员为成员的学生工作领导小组，全面负责指导、研究、解决学生思政教育、安全管理、学风建设、学团组织等各项学团工作，并根据人员变动及时调整，在学院真正形成“党政主要领导带头抓、分管副书记亲自抓、团委具体抓、办公室及各系所协同抓”的学团工作长效机制。

二是强化制度保障。规章制度是学院学生工作管理的主要依据和根本保障，学院始终注重加强学团工作制度建设，先后修订、完善学团工作各项规章制度百余项，从宿舍秩序到教室管理，从用电安全到消防安全，从困难资助到心理健康，从班级建设到党团组织，从课堂考勤到考风考纪，从班级考评到量化考核，从社会实践到创新创业，从考研就业到学风建设，从奖助学金到违纪处分等，基本涵盖了学团工作管理、教育、服务、育人方方面面，成为全校学团工作制度体系最为系统、最为完善的学院之一，从而促进学院学生工作管理的规范化、制度化和科学化。

三是强化经费保障。经费保障是一切工作正常开展的必要条件，学团工作更是如此。与其他文科、理科学院相比，艺术类学院学生活动数量更多、形式更多样、内容更丰富、效果更明显，为此每年学生工作人均经费支出更大，仅靠学校划拨学生工作经费基本是入不敷出。在坚持学生工作经费使用专款专用、厉行勤俭节约的基础上，对于开展第二课堂、校内文体、校外实践锻炼，党、团支部主题等各类活动费用，各级专业竞赛所需物品经费，以及宿舍内及宿舍楼走廊文化建设等各类费用，除学院学生工作经费正常支出外，学院通过经常费、基金给予足额安排和支持，做到“应支必支、应支尽支、应支全支”。

二、加强三支队伍

学院以服务育人为目标，以规范管理为主线，以强化培训为举措，以提升能力为导向，切实加强专职班主任、学生党员与入党积极分子、学生干部三支队伍建设，稳步推进各项学团工作做实做好做到位。

一是加强专职班主任队伍建设。专职班主任队伍是学院开展大学生思想政治教育工作的主体，为了加大班级管理力度，结合艺术类院系班级设置（一般每班学生人数不超过二十人），除专职辅导员担任班主任外，学院选派专业技能好、科研水平高、责任心强、综合素质过硬的年轻专业教师担任专职班主任，每位专职班主任所带班级最多不超过两个班级，学院党总支书记、院长、其他班子成员及各系主任带头担任专职班主任。每年学院选派超过50%的专业教师担任专职班主任，与辅导员担任班主任相比，专业教师在加强班级学风建设、开展专业指导、组织作品竞赛等方面更有优势。

二是加强学生党员与入党积极分子队伍建设。加强高校学生党员队伍建设是开展学团工作的重要内容，特别是学生党建工作的重要抓手，是强化学院“立德树人”根本任务的有力保障。学院依托2013年创建的全省高校首个学生公寓“党建工作站”，充分发挥好政治核心和战斗堡垒“两个方面”作用。通过实施入党积极分子“1357”理论素质培养工程、完善入党推优发展程序，逐步提升发展学生党员源头的“纯度”；

通过每学期坚持开展主题教育活动、创新组织生活载体、定期组织党史国史知识竞赛等，注重加大学生党员教育培养的“力度”；通过探索实行日常行为量化记分考核办法、入党积极分子发展党员定量做法、实行学生党员学年发展规划手册等，切实增强学生党员管理的“细度”；通过推行学生公寓党员“责任区”、低年级班级党员“体验区”担任助理班主任，让学生党员协同参与宿舍楼卫生、秩序管理，以及协助班主任开展低年级班团组织建设等，真正拓展学生党员实践与锻炼的平台，做到一名党员带动一个宿舍、一名党员带好一个班级，真正成为学院学团工作科学发展的实践者和推动者。

三是加强学生干部队伍建设。学生干部是学院学团工作队伍的重要组成部分，是开展思想政治教育与管理的中坚力量，也是学生实施自我教育、自我管理、自我服务“三自教育”的主体力量。学院多措并举，倾力加强学生会、学生社团，以及班级班委、宿舍舍长等学生干部队伍建设。通过邀请校内其他院系老学团干部定期举办专题培训、推行学生组织成员绩效考核细则、实施学生会任职中期述职制度、健全学生干部作风“十条”禁令、开展学生会干部宿舍卫生专项检查等措施，不断提高学生会、学生社团个人素养及其服务意识和能力，用高标准、严要求起到带头作用；通过班委如期换届、稳步推进班团一体化建设、扎实开展基层团支部“活力提升”系列工程、细化班委支部委员会与成员具体职能职责等，进一步增强班委开展团学工作的活跃度和认可度，增强团组织工作的有效覆盖面和参与面，切实发挥班委学生干部在联系教师和同学之间的重要桥梁与纽带作用，成为学院学团工作的得力助手；通过强化宿舍舍长业务培训、明确舍长干部职责身份、完善学生宿舍管理长效机制、加强宿舍文化氛围建设等，注重提升宿舍舍长的管理、组织与协调能力，切实调动各班级、各宿舍成员在学习生活工作上的积极性，以更诚恳的态度、饱满的热情参与宿舍安全卫生管理服务工作。

三、狠抓三项重点

一是狠抓学生安全。安全重于泰山，学生安全教育管理始终作为学院永恒不变的主题和工作任务重点。在机制上，明确学院院长、党总支书记作为安全工作第一责任人，以加大学生安全工作落实力度；在管理上，细化班主任在班级学生安全管理工作中的岗位职责，以提高学生安全工作执行实效；在节点上，从大一新生入学到大四毕业离校，利用新学期开学、学期末放假，以及清明节、劳动节、国庆节等法定节假日放假重要时段，定期开展系列安全主题教育；在方法上，辅导员组织学生干部采用每日定时普查、日常定期检查、周末不定期抽查等方式，加大对宿舍夜不归宿、晚归等专项安全检查；在措施上，在全校率先施行学生禁止驾驶电瓶车、与学生家长签订《家校学生安全管理责任协议书》等做法，全院形成了人人讲安全、事事为安全、处处想安全、时时保安全的学生学习生活氛围。

二是狠抓学风建设。无论对于高校，还是对于院系，学风建设都是事关办学声誉和长远发展的头等大事，更是提高一个教学单位教师教学科研水平、学生专业学习及培养质量的重要保证。学院以加快建设“校内特色、省内一流”艺术院系步伐的根本要求，围绕班风、舍风、考风建设全面推进学院学风建设：在制度上，完善学风建设长效机制实施方案、健全学风建设巡查督查机制，为创建优良学风提供基本遵循；在行动上，紧抓课堂考勤、秩序，大一晨读、晚自习，加大宿舍秩序及日常行为检查，班级课堂纪律排名评比及月通报等，促进班级与班级之间、宿舍与宿舍之间、同学与同学之间形成比、学、赶、帮、超的良好局面；在导向上，树立以教师为主导、学生为主体、教学为基础、质量为生命线的学风建设思路，通过提高教师教学质量、规范教学内容、提升科研水平，实现抓教风促学风、以教风带学风，教风、学风、工作作风相互促进，全员参与学风建设良好氛围，共同推进院风建设。

三是狠抓创业就业。毕业生就业质量是衡量学校、院系办学质量的一项重要指标，学院坚持把毕业生创业就业工作作为年度学院工作中的重中之重，针对大学生就业形势紧、压力大、跨度长等问题，特别是艺术类学生存在的就业难、就业慢、就业晚等现象，围绕抓考研、搞创业、促就业来稳步推进毕业生就业创业工作。大力推动学生自主创业，依托学院创建的“青苹果”协会、“与美同行”工作室、大学生创业实训室，以及建立的校外协同创业基地，发挥院系所设专业优势，积极开展创业教育，组织学生分期分批参与具体实践，真正培养学生创业意识及创业能力；借助业务教师专业创作室，以及个人创办运营的设计工作坊、书画工作室、艺术服务社，选派有创业意识、创新能力的学生去实地体验与锻炼，努力培育适合学生自身的创业项目和创业机会；利用学校创新创业学院空间资源，组建、推荐创业团队进行孵化和培育，切实提高学生创新创业项目实效，让其在创新创业中提升自我；组织学生积极参与学校及上级举办的“挑战杯”“创青春”“互联网+”等各类创新创业大赛，为学生提供更大、更多的创新创业展示和交流的机会与平台，以创业带动就业。积极推进学院考研工作，将考研动员纳入大一新生入学教育方案，让学生早日树立考研目标，以便提前做好相关资料的收集与复习；邀请院内及其他兄弟院系考研优秀学生开展考研交流会、咨询会、见面会，及时解答备考中的疑惑及问题；选派专业教师及公共课教师为报考学生集中进行专项辅导培训，提高考研应试能力与水平；单独设立考研教室，专供考研学生学习复习；及时做好考研成绩统计及分析，安排专业教师进行复试与调剂指导，协力助推全院学生考研录取率逐年稳步提升。着力做好毕业生就业工作，充分挖掘就业市场，广泛收集就业信息，通过微信公众号、宿舍信息栏及时推送给每位毕业生；努力做好毕业生志愿服务西部计划、“三支一扶计划”、教师编制、公务员等申报及组织和服务工作，急学生之所急、做学生之所需；全面整理当地与周边地区各级学校、艺术培训教育机构及企事业单位招聘艺术类专业人才信息，主动与招聘单位进行对接，并积极邀请招聘单位到学校举办微型招聘会、专场招聘会，及时组织毕业生直接进行就业面试、合同签订；坚持开展艺术类人才就业市场调研与开拓，注重提高相关专业就业市场建设的前瞻性和持续性；加大往届毕业生走访回访力度，建立健全毕业生就业信息数据库、各专业就业市场信息数据库，以便为在校毕业生提供就业帮扶与咨询；通过实施就业工作全员参与、定期召开就业工作专项调度会、专业教师一对一、一帮一就业指导、落实就业工作考核与奖励等一系列制度，积极构建全程化、立体化、全覆盖的学院就业教育服务体系，切实为毕业生创业就业营造良好的环境与氛围，全面推动学院创业就业工作“稳中向好”发展。

四、注重三大教育

学院以提高学生思想、政治、道德等综合素质，培养其健全人格为根本，利用入学、升级、毕业系列主题教育，重大节庆日、纪念日等重要时机，以及社会锻炼、劳动实践等第二课堂，紧紧围绕生命健康、理想信念、诚信感恩三大重点教育内容，注重加强并持续改进学院学生思想政治教育工作，坚持把社会主义核心价值体系融入学团工作全过程、贯穿学生大学四年成长各个环节，为培养全院学生最终确立科学的世界观，正确的人生观和价值观打下坚实基础。

一是注重开展生命健康教育。“生命不保，何谈教育”，学院坚持将学生生命健康教育作为思想政治教育的首要内容和重要组成部分。每年针对部分学生因成长环境，学习、生活、交往压力等种种因素而导致的轻视生命、漠视他人，挫折容忍力不强，体质弱化，以及心理障碍、处理问题偏激、自我防护意识不强等问题和现象，定期举办自立自强、热爱生命，心理知识等专题教育讲座；开展学生个体心理健康疏导，心理辅导结对帮扶；优秀挫折教育电影、微视频展播；编制下发适合艺术类学生个性特点的心理防护指导手册、宣传页；组织心理健康教育专职辅导员开设线上心灵沟通及网上微课等，强化学生生命教育与心理健康教育力度，增强学生正确面对失败、挫折、压力及困难的意识和能力，培养学生健康向上、珍惜生命、热爱生命、尊重生命的乐观态度，提高学生个体对生命意义的理论认识水平，让不健康的学生更健康，健康的学生更阳光。每学期利用课余时间及周末，组织班级学生按年级、专业、宿舍、党小组与团小组等形式，参与节日、重大仪式、社团等课外实践活动，让学生在实践中感悟生命的意义和价值，在经历中践行生命的真谛和信仰，在体验中提高自我保护、应对社会困难和压力的基本技能。注重加强学生体育锻炼，通过加大宿舍日常检查力度，举办各类球类比赛、趣味活动，坚持组织早操晨读，以及积极倡导阳光体育活动，大力动员全院学生走下网络、走出宿舍“温床”、走出教室、走向操场，不断激发学生锻炼身体的自觉性和主动性，让学生养成坚持锻炼、科学锻炼的良好习惯，从而强壮学生个人体质，促进学生身体素质健康成长，切实提升大学学习生活工作质量。

二是注重开展理想信念教育。学院坚持以理想信念教育为核心，始终在引导学生坚定理想信念上下真功夫、下苦功夫，切实让学生增强“四个意识”、坚定“四个自信”、做到“两个维护”，积极引导每位学生扣好人生第一粒扣子。利用每年为期三个月的新生入学教育，通过召开主题班会、专题报告会，开展主题作品征集、手抄报设计比赛，组织当地先进人物事迹、时代先锋事迹宣讲会，举办抗击非典、汶川地震救援、抗击新冠疫情最美逆行者个人英勇事迹图片展，参观学校国防教育展厅、驻地部队国防教育基地，观看优秀爱国电影等系列教育主题活动，教育和引导大一学生遵纪守法、坚定信念，不断追求更高目标。通过高质量开设形势政策课，学院党课、团课；组织“九·一八”“一二·九”、抗日战争胜利纪念活动；推送微信公众号系列主题内容，以及“宣传日”“宣传周”“宣传月”“宣传季”等理想信念主题教育，强化青年团员、学生干部、入党积极分子、中共党员等各类学生群体对马克思主义的信仰，牢固确立马克思主义的坚定信念、努力树立共产主义的远大理想。坚持理想信念教育与爱党爱国教育、民族精神教育、时代精神教育、民主法制教育、品德修养教育、制度自信教育、形势政策教育、社会主义与荣辱观教育和党团员先进性教育有机结合，引导学生深刻认识到中华民族伟大复兴绝不是轻轻松松、敲锣打鼓就能实现的，让其立志尽早肩负新时代重任，勇做新时代的奋斗者和追梦人。通过加强理想信念主题教育，让学生全面认清实现理想的艰巨性、曲折性和长期性，真正了解我们伟大的党领导人民在革命、建设、改革、发展的伟大历史进程中取得一个又一个的辉煌成就和伟大历史，从而更好地认识中国，以强烈的社会责任感热爱中国、报效祖国。

三是注重开展诚信感恩教育。人无信则不立；无感恩，必无成功之日。学院坚持把诚信感恩教育作为思想政治教育，特别是学习困难、经济困难、就业困难、交往困难等受助学生思想道德建设的切入点和突破点，组织发动全院学生定期开展丰富多彩、内容充实、成效明显的诚信感恩教育主题活动，构建了学院特色的学生诚信感恩教育体系。借助学业考试、国家奖助学金评选、国家助学贷款审批发放、接受社会资助、学费缴纳，教室、宿舍文化建设，论文撰写、作品创作竞赛，以及传统节日等时机，通过设计主题展板、悬挂主题手抄报、制作名言牌、发放主题宣传手册、观看主题宣传片、安装主题橱窗等，努力营造诚信考试、诚信缴费、诚信还款、诚信参赛、诚信科研文化氛围。注重培养学生诚信品质，针对处于成长教育关键期的大一、大二低年级学生，每学期坚持召开主题班会、座谈会和报告会，通过全国、各省市评选的各行各业诚信年度人物，以及学校、当地周围发生的生动形象的故事进行学习和讨论，进一步提高学生讲诚信、知恩感恩重要性的认识，培养其守信做人、心怀感恩、勇担责任的意识和能力。切实加强学生感恩教育，针对处于毕业选择与人生选择双关期、转折期的大三、大四高年级学生，有计划、有组织地分批分期参加感恩主题作品创作、设计大赛、爱心大使模拟招聘，以及走进校外敬老院、联建社区艺术教育志愿服务、特殊学校义务辅导等系列品牌化感恩教育活动，不断引导、激发学生萌生感恩之情，增强学生感恩意识，让学生完成由学校人向合格公民的角色转变和良好品性的养成。通过全方位、多角度培养学生诚信感恩意识，让诚信力行、感恩励志之心渗透到学生心灵深处，成为学生在学习、工作、生活和人际交往等方面，自觉信守承诺、遵守社会公德、弘扬家庭美德的内在推动力。

五、开好三类会议

一是开好学院教工会。坚持把学团工作作为学院工作重要议题，不断完善学院党政对学院学团工作共同负责、相互配合、协调指导、稳步发展的工作机制，对于学生党员发展、入党积极分子确定等基层党组织工作；国家、省、校三级各类学生评奖推优；学院团代会学代会准备及召开，以及其他重大学生思想政治教育工作一律提交学院党总支委员会会议、党政联席会议充分讨论和研究，让学院领导班子成员人人了解、人人支持、人人重视学团工作。利用每双周四召开的全体教工会议，及时将学生课堂考勤与纪律、宿舍日常行为检查，以及学生早操、晚自习等学生日常学习表现状况及班级对比情况进行通报，让专业教师了解掌握在组织课堂、安排学生作业及作品指导中存在的真实问题，以便准确查找在课堂教学、学业指导中的不足并进行改善提升。

二是开好学团工作专题会。每年初，组织学院领导班子成员、全体教职工及学生主要干部召开学院学团工作大会，就上年学院学团工作进行总结、表彰，对当年学院学团工作计划及安排进行部署；实行专职辅导员周例会制度，及时对上周学团工作进展进行总结、回顾，并对下周学团工作计划与工作重点进行讨论、安排，确保各项工作贯彻落实；每学期定期组织召开班主任会议，集中学习上级最新有关规章制度、文件精神及学校学生工作部署，邀请有经验老团干、辅导员为其现场辅导培训，以便提高班主任班级团学工作管理水平；每月组织全院学生会及班委主要干部召开学生工作月例会，就教室、宿舍等各项检查进行通报，并就学团工作中存在的各类问题与工作要求进行统一安排，切实提高学生干部队伍整体素质。

三是开好学生党建工作会。提高学生党支部“三会一课”制度重要地位和重大作用的认识，按确定时限、规定程序、议事内容，从严从实从细组织召开学生党支部党员大会、党支部委员会会议、党小组会及党课，力争每次会议都成为实实在在的学习文件、传达精神、贯彻路线，以及研讨工作、部署任务、解决问题的务实会，切实提高会议组织效果和召开质量，确保“三会一课”会议次次有效果、人人有收获、工作有进展。以搭建学生党员实践锻炼、服务育人、示范引领平台为目的，努力提高学生公寓“党建工作站”各类会议时效性，借助期满换届、总结交流、组织动员等时机，每年坚持如期召开“党建工作站”站务委员会成立大会、学生党员“八个一”实践活动动员会、学生公寓党员“责任区”工作部署会，以及学生党员聘任低年级助理班主任仪式、“美・益角”基金发展碰头会等，稳步增强学生基层党组织凝聚力，充分凸显学生公寓育人功能与党建管理引领优势。作为全校唯一获批的校级大学生社区党建工作室、全国党建工作样板支部培育创建单位，高效承办、协办全校学生党建工作总结交流会、研讨协调会，不断促进学院学生党建工作的新跨越。

六、力求三个体现

“第二课堂”是大学育人的重要载体，更是培养学生、锻炼学生，全面提升学生综合素质的重要教育实践平台，是院系学团工作开展的主要阵地。只有力求体现“第二课堂”的专业性、创造性与时代性，才能更大激发广大学生参与实践活动的积极性与主动性，才能利用专业优势真正打造“第二课堂”活动品牌，切实增强院系学团工作思想引领作用。

一是力求体现专业性。与大文、大理院系相比，艺术类院系专业性更强，特别是结合艺术类学生所学专业及未来所从事行业的特殊性，艺术类人才培养的实践能力、专业技能更是至关重要。学院始终坚持“专业引领，强化技能，突出能力，提高素质”十六字方针，在每年学校、学院开展的宿舍消防安全、防治艾滋病、雾霾防范等知识竞赛，二十四节气、五十六民族文化习俗等传统文化弘扬与传承，以及南京大屠杀、“一二·九”运动等周年纪念主题活动，新中国成立、建党等庆祝主题活动中，积极鼓励、组织各系学生分别以设计、美术与书法等艺术作品形式进行展现，既能通过作品充分展示每位学生个性，又能通过个人所学专业知识提升自身技能水平与综合知识掌握能力。

二是力求体现创造性。“生活之美，在于发现，在于创造”，对艺术类学生更是如此。学院注重培养学生创造性思维和能力，不断强化“第二课堂”与“第一课堂”结合，根据业务教师研究方向与学生兴趣和爱好，划分并成立不同专业、不同方向的教师工作室、专业兴趣小组与技能竞赛小队，对于省级及国家级专业竞赛，由业务教师及时组织所属工作室、小组成员一对一全程指导参赛，让学生人人以创新的思维、独特的思维去设计作品、创作作品、展示作品，从而促进了“第二课堂”实践活动、锻炼提升与专业教学多维度的深度融合，全院每年学生获得高层次专业竞赛评奖近百项。在激发学生专业学习兴趣，增强专业作品创造性能力的同时，又能提高学生参与高层次竞赛积极性和主动性，为学生搭建了更高层次的锻炼平台，也为学院教师搭建了多元化的教学实践平台。

三是力求体现时代性。“第二课堂”无论形式还是内容，其最终目的是育人，为新时代“育新人”。学院紧跟时代步伐，在组织科技文化艺术节、寒暑假“三下乡”社会实践、校内外志愿服务、振兴美丽乡村建设、“艺术快递下基层”服务、非物质文化遗产保护与传承等各类活动中，通过绘画、书法、剪纸、雕刻及漫画等群众喜闻乐见的形式，积极学习宣传党的十九大精神、培育和践行社会主义核心价值观、实施乡村振兴战略、大力弘扬雷锋精神等，处处体现团学工作活动的时代特点，又能让学生在参与中时时充满青春朝气，处处展现新时代大学生的责任和担当。

七、推进三化建设

一是推进学生弱势群体、特殊群体和重点群体精确化帮扶。下大力气做好心理缺陷、生理残疾、学习障碍、就业困难等弱势学生群体，情感困惑、网络成瘾、违纪处分等特殊学生群体，以及少数民族、灾区、单亲或孤儿家庭等重点学生群体的关爱帮扶与教育培养工作。按照“即时登记、分类管理”为原则，第一时间做好各类弱势学生群体、特殊学生群体和重点学生群体信息登记、统计，个人电子档案和纸质档案创建，以及档案归类整理，全面准确掌握每位建档学生个人思想、学习、生活、交往、消费、情感，以及家庭成员组成、经济、职业等各种客观真实状况，做到建档率100%、一人一档，为进一步开展个体精确服务与培养提供基础依据。坚持“按需施策、精确帮扶”为导向，由辅导员班主任及学生组织每学期定期组织各类学生群体分批开展调查问卷，召开集体座谈交流会、个体意见征求会，根据调查、座谈情况及时完善更新每份建档信息，整理、分析各类群体学生存在的困难、问题及需求；根据学生个体需求，统筹学院及校内资源，有计划地分期进行物质救助、生活帮扶，有针对性地邀请专业教师、心理咨询师进行辅导培训、教育引导、心理疏导、康复治疗等，并加大后期帮扶、教育效果追踪力度，确保为各类学生群体中的不同个体提供全程、全面的精确化帮扶救助与关怀关爱。

二是推进经济困难学生精准化认定及资助。作为各类学生群体中的最大主体，家庭经济困难学生更容易因经济困难、压力而产生心理压力、社交压力等，从而影响生活甚至学业。学院致力于困难学生精准认定及精准资助，切实提高资助资源科学、合理、公平配置。在全校率先探索健全家庭经济困难学生认定量化体系，从家庭户口属性、家庭经济状况、成员身体状况、接受社会救助及学生在校日常表现、生活消费等十余个方面，通过18项一级指标及111项所属二级指标进行赋分量化，并对初次量化认定结果，依次通过“比”（将每项认定指标实际信息与学生提供的生源地民政部门证明材料及入学填写的家庭经济情况综合调查表信息对比，力求信息对称、一致）、“谈”（与学生逐一单独深入谈话交流，进一步了解掌握关键具体信息）、“核”（与学生家长联系沟通，核实、确认家庭债务与大额消费等经济方面有关重大信息）、“查”（与班级、宿舍成员对学生日常消费、生活状况等进行查证、随访）、“走”（必要时，辅导员班主任到学生家庭进行实地走访、查看重大变故与特殊情况）、“调”（学院认定小组综合前期对比、交流、核实、查证、走访情况，对最初认定分数及等级进行调整、修正）六步认定程序，经学院公示无异议后，最终完成经济困难学生量化分数及等级的认定与确认，从而实现经济困难学生精准认定100%。在精准认定及等级的基础上，学院对年度内国家助学贷款、奖助学金、勤工助学、特殊困难补助、学费减免、“绿色通道”，以及社会资助与其他资助项目等各类资助资源进行整合统筹、合理配比，根据认定学生数量，分成包含资助项目不同、资助额度不等的“资助包”，经学生根据家庭经济困难状况、个人正常完成学业所需资助经费和自身主观意愿，自主选择适合自己的

“资助包”，并经学院结合当年资助项目和总额度及学生申请总体情况进行调整后组织实施，确保为每位家庭经济困难学生接受资助项目和资助金额达到最佳组合，实现了全院资助资源按需分配、合理分配、精准分配，切实发挥资助政策体系的最大效能。

三是推进学团工作精细化管理与服务。学院紧跟形势发展和要求，围绕学团工作重点、难点和热点，通过建章立制、规范程序、示范引领、改革创新，深入推进落实、提高学团工作管理精细化水平。制定实施并每年坚持完善学院学团工作精细化管理实施方案，对学生思想政治教育、党团组织建设、班级管理、学风建设、心理健康教育与咨询、宿舍卫生安全秩序、网络宣传引领、学生事务服务、各类学生群体管理等十余方面的百余项具体工作的组织时限、主要内容、实施要求、注意事项、专职人员等进行精细划分、一一明确。强化辅导员分工和合作，按照工作性质，对学校三十余个机关职能部门、五十余项具体学团工作，确定专人专职对口负责；以打造学院“思政共同体”、提升育人效果、增强执行力为目的，加强辅导员班主任在不同专业、不同年级班团组织管理、目标任务中的多维合作。注重学团重要工作、重大活动、重点任务精心管理，对开学迎新、毕业生离校、特殊学生群体专项教育、党团主题活动等各项工作任务和安排，全部实行“一事一议”“一人一档”“一项一策”，做到事前有方案、事中有监督、事后有总结，确保各个环节不疏漏、无死角。建立完善学生人身、宿舍消防、意识形态等各类安全隐患，以及特殊学生个体外出实习、求职、培训等台账制度，并对治理消除的安全隐患、完成的具体工作事项及时进行销号、撤档，做到处处有登记、事事有记录。明确规范学生各类申请流程、审批程序；坚持实行学团工作月计划任务清单，学团工作日志，学团工作简报，学生工作、党建工作等会议纪要，以及各类材料如期归档成册制度，切实促进各项学团工作规范有序、高效开展。

八、打造三大品牌

一是竭力打造特色志愿服务品牌。以增强学生服务意识、服务能力和责任感为目的，学院积极拓展艺术类学生学以致用、志愿服务社会平台。加大学生志愿服务队伍建设，依托学院学生会、学生社团组织，如期开展学生志愿者协会、“微尘”志愿服务实践队换届及纳新和考核等工作；制定、完善学院青年志愿者服务队伍章程，健全学院志愿服务工作运行体制机制；立足艺术类专业，服务地方经济和社会发展，每年深入周边社区、乡村、小学、幼儿园等地，举办艺术教育帮扶、文化艺术传送、助老救残、志愿扶贫等系列主题活动和项目，打造以“艺术快递进社区”“艺术快递进乡村”“艺术快递进校园”“三进”为载体的一系列特色社会志愿服务品牌，培育了多个全省、全国社会实践活动优秀服务队与专项志愿服务项目，实现志愿服务和自身成长共同发展，推进学院学生志愿服务有效性和可持续性发展，让学院学生志愿服务活动成为全校学生志愿服务工作的展示区。

二是倾力打造特色学生党建品牌。学院以推进过硬学生党支部建设为导向，以充分发挥基层党组织战斗堡垒作用和学生党员的先锋模范作用为目标，通过创建学生公寓“党建工作站”，将学生党员和入党积极分子组织起来，主动参与学生公寓安全秩序、环境卫生、防火防盗、文化活动等管理与建设，以及检查监督、维修服务，积极推进大学生党建工作延伸至学生公寓，稳步构建“4567”（实施党员身份4公开：党员床铺信息、党员宿舍信息、党员服务承诺信息、党员文明监督岗区域信息；拓展党员锻炼5平台：实践区、体验区、责任区、学习区、拓展区；创建目标6型党组织：学习型、安全型、创新型、服务型、示范型、堡垒型；推进支部7过硬：信念过硬、政治过硬、责任过硬、能力过硬、理论过硬、作风过硬、业绩过硬）学生党建模式。通过打造特色学生党建品牌，使学生公寓“党建工作站”真正成为“学生之家”，既能切实发挥学生党员在师生之间的桥梁和纽带作用，以及学生“三自”教育的榜样作用，又能让学生党支部成为完成各项学团工作目标任务的可靠保证，实现学院学生党建和思想政治教育工作双赢，让学院学生党建成为全校基层党组织建设和学生党员教育培养的先行区。

三是致力打造特色公寓文化品牌。作为学院学团工作重要环节，学生公寓文化建设是学院文化建设的重要组成部分，学院致力于学生公寓文化建设，积极打造“三全”育人的学生成长环境。积极推进学校学生公寓书院化建设进程，利用学生公寓楼内活动室升级改造的书院制教室，每月定期邀请学院高职称、高学历专业教师为学生举办文化精粹、作品鉴别、艺术欣赏、审美教育等讲座与公开课，既开阔学生的视野，又提升宿舍文化育人品位，努力培育特色鲜明的书院文化。加强学生公寓室内硬件建设，在学校分批安装空调、分期改造宿舍地面等基础设施升级改善的基础上，学院加大学生公寓服务设施资金投入，统一购置作息挂钟表，定制安装物品放置架及窗帘，设计制作造型各异、富有时代气息的室内装饰架，悬挂室外宣传信息收纳盒，配置辅导员班主任服务监督信息栏、宿舍成员值日信息卡等，并利用公寓楼走廊墙壁，自行开展中华传统历史格言、名人名言、中外艺术大家作品及师生获奖作品等系列主题公寓“文化长廊”建设，通过创造优质的住宿条件，让学生在公寓处处体验到家的温暖，时时感受到亲情化、人性化管理服务。借助每年举办学生公寓文化节、公寓装饰设计大赛，以及文明学生公寓评选等时机，学院紧密结合专业特色和学生个性，精心组织公寓装饰物手工制作、室内壁纸自主设计、墙体文化彩绘等公寓整体装饰，并根据年级、专业与各公寓成员兴趣，自行设计、张贴风格各异的门标及门上窗图案和励志标语，致力打造别具一格、属于学生自己的专属公寓“样板房”，让每间学生公寓变得浪漫而温馨、舒适而自然，既能丰富学生专业实战能力和创造力，又能通过打造独具品位、文化氛围浓厚、积极健康的学生公寓文化生活，创造良好的育人软环境，强化特色公寓文化品牌，让学院学生公寓文化建设成为全校学生公寓文化建设的示范区。

九、坚持三类创新

谋创新促发展，学院树立“以学生为本”学团工作理念，坚持问题导向、目标导向，进一步解放思想，不断推进学团工作制度、实践与理论三类创新，切实支撑、提高学团工作特色化。

一是始终坚持制度创新。先后制定实施入党积极分子发展党员量化办法、高年级学生党员担任低年级助理班主任细则、学生党员日常行为量化考核办法，以及学生会主要干部中期述职考核规定、学生奖助学金定量评选细则、在校学生禁止吸烟酗酒有关规定等十余项创新制度，促进学院学团工作制度化、规范化。

二是始终坚持实践创新。立足学院学团工作实际，聚力全院有效资源，先后组织开展学团工作“十个百”工程，健全“家校学生联合培养沟通机制”；依托学生公寓“党建工作站”推进学生党员宿舍责任区划分；以辅导员名义联合创建“学生助力加油站”；推行《学生学业规划及发展目标成长手册》；申请学生宿舍楼公共活动室创建学生创作室、通宵自习室；分别为新生设计“入学指导保障卡”、女生发放“女性保健安全知识卡”、毕业生赠送“就业创业指导卡”等贴心服务，为学生成长发展提供更多助力、更大帮扶、更优便利。

三是始终坚持理论创新。学院凝聚辅导员队伍研究力量，每年积极推进学团工作理论创新，力求通过理论创新推进制度创新与实践创新，辅导员先后撰写并发表高校学生基层党组织建设实践与探索、新时期高校辅导员职业核心素养体系的构建、普通高校学生精准资助体系构建的基本框架等多篇论文；辅导员主持申请并获批教育部人文社会科学研究专项任务项目（高校辅导员研究），以及团中央、省教育厅等校级以上学团工作研究课题十余项，做到专职辅导员“人人有课题、人人能研究”。通过坚持创新，在全校二十余个院系中，学院学团工作真正做到“他无我有，他有我优，他优我特”。

高校最终目的是要教书育人、立德树人，而育人工作又是一项系统工程。二级学院作为高校基本办学主体，一切工作都是为了促进学生成长、成才，特别是学团工作，只有在“实践—思考—创新—再实践—再思考—再创新”的过程中不断积极探索，才能与学院教学科研工作、学科建设工作、社会服务工作深度合作，实现相互促进、共同发展，从而推进院系学团工作与其他各项工作协同育人的精致化、常态化、系统化，切实提升大学教育质量和育人效果，为新时代青年学生的全面发展提供和创造良好的外部环境与条件。

作者注

作为一个综合性大学的艺术院系，面对艺术专业教学方式的特殊性，以及艺术学生群体的差异性、独特性，学院学团工作始终坚持以人为本，以满足社会需求为根本、培养艺术人才为宗旨、提高育人质量为导向、创新优良学风为内容，不断健全完善学生管理体制机制、拓展学生实践平台、提高学生专业技能，增强学生就业创业能力，推动宿舍管理、心理健康、困难资助、就业服务、共青团等学团各项工作全面稳步发展，成功实现“固基础”“强服务”“促创新”“抓育人”四步走，使学院学团工作在全校开展的学生工作年度综合考评成绩，从过去下游逐年提升到前列，先后取得全校学团工作考评总成绩第八、第六、第三，直至第一的好成绩，并作为全校年度学生工作先进单位代表在学校学生工作大会上进行典型交流发言。当然，再多的成绩都属于过去，特别是在加强网络思政效果、增强学生人文关怀、满足学生成长发展需要、培养学生创新思维能力、提高育人质量等多方面还存在很多问题、不足和差距；在新的历史条件下，面对新的任务、新的挑战、新的要求，学院学团工作一切都将从零开始，以满腔的热血、强烈的责任感、洋溢的时代感，坚持奋发有为再加油、坚定不移再创新，实现学院学团工作再创新佳绩！

（本文完成日期：2019年3月15日）

奋力打造新时代高校“十有”过硬基层党组织

——以聊城大学美术与设计学院学生党支部为例

党的基层组织是确保党的路线方针政策和决策部署贯彻落实的基础；党支部是基层组织的核心，是党的思想工作的前沿阵地。习近平总书记强调，基层是党的执政之基，力量之源；只有基层党组织坚强有力，党员发挥应有作用，党的根基才能牢固，党才能有战斗力。高校是培养中国特色社会主义事业建设者和接班人的重要阵地，办好中国特色社会主义大学必须加强党的建设，特别要聚焦党建工作的最基层，全面推进过硬党支部建设，切实提升党支部的组织力，充分发挥党支部的战斗堡垒作用，不断激发并推进高校基层党建工作新活力，从而切实增强基层党组织的创造力、吸引力、凝聚力和战斗力。

聊城大学美术与设计学院党总支在学校党委的坚强领导下，始终坚持并牢牢把握问题导向、目标导向和结果导向，牢固树立“把抓好党建作为最大政绩”的理念，紧紧围绕党的基层组织基本任务与工作中心，坚持从立德树人根本任务出发，以提升组织力为重点，以筑牢学生党支部根基、提升学生党员素质为目的，以强化学生党员、入党积极分子培养为先导，以特色的学生党建工作品牌为助力，注重思想建设和制度建设紧密结合，做到率先垂范、以上率下；奋力打好基础、带好队伍，着力发挥高校学生基层党组织坚强战斗堡垒作用，全面开创高校院系学生党建工作新局面，逐步实现了学院学生党建由浅入深、由虚到实、由弱变强、由被动到主动的明显转变，成为全校学生基层党组织建设中的标杆，充分发挥了党支部示范点的“头雁”作用，奋力创建“十有”新时代高校过硬学生基层党组织工作模式。

一是有方向，突出政治功能

美术与设计学院突出并强化学生党支部政治功能，始终坚持政治建设的统领地位，注重加强学校党委，特别是学校职能部门对基层党组织建设的指导，以及学院党总支对党支部工作的具体领导，通过定期开展集中学习、辅导培训、专题报告、研讨交流、体会分享、警示教育及组织线上主题活动与成果展示等多种方式，教育学生党员进一步坚定理想信念，增强“四个意识”、坚定“四个自信”、做到“两个维护”，切实让每名学生党员在政治立场、政治方向、政治原则、政治道路上同以习近平同志为核心的党中央保持高度一致，确保党支部所有成员在志愿服务、义务劳动、疫情防控等重大任务、重大考验面前和关键时刻，处处能够做到冲锋在前、勇挑重担，人人能够发挥示范表率作用。

二是有保障，确保高效运行

队伍是关键、场所是基础、经费是前提。美术与设计学院高度重视党支部建设工作，从人员、经费、场所提供各项必要保障，分别在学院教学楼、学生宿舍楼调整单独的学生党建活动室，先后投入三万余元，为学生党支部和学生宿舍党建活动室配备计算机、橱柜等办公设备与设施，选派优秀专职辅导员担任支部委员。同时，作为全校唯一的全国党建工作样板支部创建培育单位，学校党委从党费中首期划拨三万元专项建设经费给予经费支持，并安排美术与设计学院根据学生党支部建设实际，从学院各项经费中给予足额经费保障，让经费保障、人力保障成为学生党建工作的强力后盾，为创建过硬基层党组织打下坚实基础。

三是有制度，夯实发展根基

美术与设计学院遵循“强基础、全覆盖、促实效、见长远”原则，坚持把学生党支部制度建设贯穿自身建设全过程。一是严格落实“三会一课”、党支部书记与支委岗位职责、组织生活会、民主评议党员和党支部书记述职考核等基本制度；二是先后制定实施学院学生党建与思想政治教育长效机制实施方案、学生公寓“党建工作站”实施细则、关于选拔优秀学生党员担任低年级班主任助理的实施办法、“美·益角基金”管理办法、发展学生入党积极分子入党量化实施细则、学生公寓“党建工作站”学生党员“责任区”工作职责等近三十项规章制度，持续推进党支部工作的制度化、规范化、科学化，逐步构建起一套富有美术与设计学院特色的系统完备、科学规范、执行高效的学生党建工作制度体系。

四是有平台，提升服务水平

美术与设计学院结合学生党员住宿、年级等分布特点，切实把基层党组织建设作为新形势下加强学生思想政治教育工作的主抓手，积极创建学生党支部工作平台，于2013年创建了全省高校首个学生公寓“党建工作站”，在学生宿舍建立健全了较为完善的同学有困难找支部、有问题找党员的帮扶机制；于2015年，申请创建的“大学生社区党建工作室”，成功入选首批聊城大学“辅导员协同创新社区”并立项建设，着力推动全校学生党建工作示范和引领作用；于2018年，作为全校唯一基层党组织，顺利获批首批全国党建工作样板支部创建培育单位，并于2021年初顺利通过验收，持续发挥全校学生基层党组织示范创建和质量创优引领地位；联合学院“美萌助力加油站”积极开展党员毕业生应聘辅导员辅导交流等系列专题活动。通过创建并健全一系列学生党建工作平台，为学生基层党组织和学生党员、入党积极分子及广大同学提供便捷、优质、高效服务，真正提升新时期学生党支部整体工作质量和水平。

五是有载体，拓宽锻炼渠道

美术与设计学院深入贯彻落实《中国共产党党章》《中国共产党支部工作条例（试行）》《中国共产党党员教育管理工作条例》等规章制度，通过形式多样、丰富多彩的有效载体，使学生党支部组织生活和主题活动更加贴近党员、贴近实际、贴近生活与学习，同时也切实增强了学生党建活动的吸引力和感召力。

学生党支部注重发挥艺术专业优势，借助每年学校组织开展“廉洁文化季”作品征集、聊城市“春雨助学”助学献爱心作品捐赠活动，以及学院举办“七一”建党节、国庆节、五四青年节等周年纪念日为主题的各类作品竞赛活动，组织学生党员积极参与艺术作品创作展示与评选以及义卖、献爱心捐赠活动；选派优秀学生党员干部到学校党委办公室、组织部每人进行为期不少于两周的岗位挂职锻炼；持续推进“两学一做”学习教育常态化制度化，通过推行“四点半微党课”（每双周四下午4点半，理论学习专题党课）、购置党刊书籍单独设置“学习区”，定期组织开展习近平新时代中国特色社会主义理论学习；围绕党章、党的十九大报告及党员发展细则等党章党规，每学期定期开展党知识测试，不断提高党支部全体学生党员的理论素养；从2018年开始每年坚持组织全体学生党员开展党知识擂台赛活动，通过以赛促学、以学促做，引导广大学生党员切实用习近平新时代中国特色社会主义思想武装头脑；利用并强化“学习强国”学习平台使用与推广，先后制定实行学生党员理论学习参与及成效考核量化办法、关于加强学生党员“学习强国”平台使用学习实施办法，通过组织党支部成员定期读文章、看视频、听广播、表观点、比成绩、晒积分，不断激发学生党员学习热情，为创建过硬党支部提供坚强的政治和思想保证。

六是有措施，提升工作质量

美术与设计学院以着力提升学生党建工作质量为重点，持续发力、全员参与，多措并举推进学生党建引领工作。学院建立健全党建工作领导体制，每学期定期召开学院总支会议和党政联席会议，专题谋划部署学生党建工作，确保学院党总支履行并发挥好学生党建主体责任和主导作用；强化学生党支部领导班子建设，坚持由学院分管学生工作副书记担任党支部书记、团委书记担任党支部副书记，其他辅导员担任党支部委员的一支强大的支部委员，职责清晰、分工负责、高效运行；坚持以“三会一课”为基本制度，严格落实并规范完善党员大会、支委会、党小组会会议记录，通过邀请思政专家讲授专题党课、增强党课频率、注重党课秩序等，注重提高党课质量；组织全体学生党员持续认真观看《高校党组织战“疫”示范微党课》，进一步增强“四个意识”、坚定“四个自信”、做到“两个维护”；常年坚持做好党支部各类会议记录、工作日志等整理工作，通过印制年度汇编，及时做好学生党建工作总结及交流；先后设计党员信息登记表、学习培训积分表、思想汇报表等各类学习、服务表格近百个，扎实推动学生党支部工作规范有序精准开展。

七是有创新，打造品牌特色

围绕“打造品牌、突出特色、争创一流”的总体工作思路，美术与设计学院注重弘扬并提高创新精神和创新能力，集思广益、狠抓落实，不断推进思路创新、工作创新、方法创新，切实为学生党支部建设注入强大的内在动力。

依托2013年11月学院在全省高校率先建设的首个学生公寓“党建工作站”，持续加强并拓展学生公寓实践区、责任区、体验区、学习区、拓展区“五区”建设，每年通过持续开展学生公寓党员“八个一”实践活动、选派优秀高年级学生党员低年级助理班主任、对学生公寓安全与卫生公共区域划分党员责任田等，切实让学生党员积极组织起来，全面参与学生宿舍安全、卫生等服务管理；于2015年由学生党员自主倡议发起并创建成立的“美·益角基金”，成功带领全院学生积极筹集十三期基金筹募，筹集资金总额达到6.2万元，先后对五十余名家庭经济困难在校学生，以及当地贫困农村的留守儿童、孤寡老人发送救助金及慰问品6万余元；党支部坚持把加强学生党员的理想信念教育作为支部建设中的首要任务，于2019年起，创新举办“讲党性、重修养、强素质、敢担当、育新人”主题宣传教育实践活动季，每年利用上半年整整三个月时间，通过集中开展“政治身份认同、强化仪式感召”“红色电影欣赏、激发爱党热情”“党的知识竞赛、提高理论素养”“主题作品创作、发挥专业优势”“微型党课开设、增强教育效果”“加强实践锻炼、提升服务能力”“注重网上引领、展现模范风采”七大主题教育实践项目，切实激励和引领广大学生党员弘扬以爱国主义为核心的伟大民族精神，不断强化学生党员队伍对理想信念的认同感和责任感；以学院党总支书记抓基层党建突破项目为契机，先后创新实施学院学生党员“137”理论水平提升模式、学生党员日常行为量化考核办法，以及健全学生党员理想信念常态教育体系、高校学生党建工作标准体系等，逐步提高党支部建设的针对性、实效性和操作性；同时，先后印制下发、推行《学生党员工作成长手册》《“不忘初心、牢记使命”主题教育学生党支部“双十”工程活动纪实登记册》等，坚持边创新、边完善、边培育、边推广，积极推动并巩固学生党支部工作品牌特色成果。

八是有行动，发挥示范引领

面对新时代学生党建工作新形势、新要求、新问题与新挑战，美术与设计学院注重培养并提高学生党员队伍责任心和执行力，让每位党支部成员切实勇于挑起责任担当，在思想上、行动上处处做实实在在的示范者和引领者。

针对学院校园卫生责任区，学生党支部坚持定期组织党小组及其成员对所属区域进行义务卫生清理与垃圾清扫；组建以学生党员为主要成员的假期社会实践志愿服务队，为当地周边城乡社区义务开展美丽乡村建设文化墙绘制活动；值春节及儿童节前夕，学生党员自发联合省派乡村振兴服务队党支部到服务地开展“送春联”公益，以及家庭经济困难中小学生、新中国成立前入党老党员走访慰问活动；积极响应国家号召，学生党员积极参与疫情防控阻击战、保卫战，主动联系、配合当地社区志愿参加各项疫情防控工作，与当地疫情防控工作人员一同进行疫情知识宣传、守卡登记、测量体温等；认真做好疫情防控背景下学生返校复学工作，提前返校的志愿者学生党员积极成立“临时党员突击队”，积极参与学生宿舍楼卫生消杀、返校学生接待及毕业生物品整理和邮寄工作，切实发挥了一名中共党员率先垂范作用。学生党员毕业后，不畏艰难险阻，勇担时代使命，纷纷放弃大城市工作机会，毅然报名参加应征入伍服兵役、“三支一扶”、西部计划志愿服务活动，以及报考基层选调生、边疆公务员并做好长期坚守基层工作打算。支部成员以实际行动和人生价值选择践行了一名共产党员的初心使命和责任担当。

学院通过“与美同行”微信公众号、学院易班、“党建工作站”微信群，对学生党员中的典型事迹及时进行展示、宣传，让身边榜样精神真正在青年学生中入脑入心，并激励广大同学健康成长。

九是有效果，彰显效应魅力

经过丰富生动的实践锻炼，美术与设计学院学生党支部及其成员理论学习自觉性、主动性明显增强，整体理论水平、政治觉悟得到普遍提高；践行党的宗旨的自觉性进一步增强，支部创造力、凝聚力和战斗力进一步提高，在学院开展的各项主题活动、评先评优、考取硕士研究生、宿舍卫生达标评比、荣获高层次专业竞赛奖项等，学生党员参与度、获奖覆盖面比例不断增大。新时期高校基层党组织的政治核心、战斗堡垒、监督保证作用和全体学生党员的先锋模范作用切实得到充分发挥。

在学校组织学生入党积极分子开展的党校理论考试中，学院平均分排名均居前列；在参加“灯塔一党建在线”党的十九大精神学习竞赛活动中，学生党员测试平均成绩明显提高；在组织召开的学生党支部年度组织生活会中，学生党员理论学习集体研讨水平，以及批评与自我批评发言质量大大提高；在参加省级及以上高层次专业竞赛中，获奖学生党员人数比例远远高于学生党员在学生总人数中的正常比例。

学生党支部被学校党委确定为全校首批十大规范化党支部建设典型；申请创建的《“艺”心向党网》获批“校级特色网站立项”，并顺利结项；作为唯一推荐基层党组织，成功获批首批全国党建工作样板支部创建培育单位，并如期通过验收。学生党支部连续多年获得校级及省级等多项荣誉称号，先后获得2015年度校级先进基层党支部、2019年校级先进基层党组织、“山东省高校组织工作创新奖”一等奖（2018年）、2015年度校级学生工作创建奖（党建）、聊城大学2013—2014年度思想政治教育工作先进集体，聊城市“学习强国”学习平台“优秀学习组织”（全校唯一获此荣誉的学生党支部）等多项荣誉称号；连续多年荣获“聊城大学学生工作先进单位”。学生党支部委员先后荣获山东教育系统优秀党务工作者、聊城大学优秀党务工作者、聊城市“学习强国”学习平台“优秀学习管理员”等称号。

十是有研究，探索方法途径

作为不断深化和创新的系统工程，美术与设计学院学生党支部注重加强学生党建工作研究，并取得一系列成果。学生党支部委员先后撰写发表《新时期高校学生党建工作标准化及测评体系重构研究》《高校学生基层党组织建设实践与探索——以聊城大学学生公寓“党建工作站”为例》《论新时代延安精神与高校学生基层党组织思想建设》《高校思想政治工作需要做到“十个坚持”》等多篇学生党建专项文章，以及《新时代五四精神更需要继承与弘扬》《致大一新同学：树立奋斗价值观，释放青春正能量》等多篇网文。在山东省委教育工委组织开展的全省高校党的建设研究优秀成果、全省高校组织工作创新奖表彰中，学生党支部提交的《“有事找站长”——学生公寓“党建工作站”实践与探索》获得全省高校组织工作创新奖一等奖；相关成果先后荣获“全省高校党的建设研究优秀成果”二等奖、“全省高校思想政治教育优秀成果”（学生教育管理类）二等奖、“山东高校辅导员工作论坛”三等奖、“第二届全国高校网络宣传思想教育优秀作品推选展示活动”网络文章“优秀奖”等。

新时代、新起点、新使命、新局面。聊城大学美术与设计学院学生党支部始终认真贯彻落实上级关于加强基层党组织有关决策部署，坚持基层党组织建设问题导向，切实治理、补齐学生基层党组织各种短板，不断强化党建工作引领，真正打通学生党建工作“最后一公里”，让学生基层党组织建设质量和水平实现新的跨越，切实成为党的领导的坚强战斗堡垒，为促进学院内涵建设和高质量发展提供坚实的组织保证。

作者注

从学校学生工作部门到学院，从学院团委书记到学院分管学生工作副书记，日益提高基层党建工作重要性的认识，特别是作为学生党支部书记，更是深刻认识到基层党建工作服务学院的重要地位和重大作用，切实履行党支部书记抓学生党建工作第一责任人的职责，不断强化“抓好党建是本职，不抓党建是失职”的工作意识，始终坚持把学生党建作为工作中的一项极其重要内容切实抓细抓好，始终遵循党建带团建、团建服务党建工作宗旨，尽自身最大努力和足够的时间抓好学生党支部工作，通过开周会、带班子，定制度、强基础，促学习、抓队伍，建平台、丰载体，推创新、提素质等系列措施，切实提高新时期学院基层党组织建设质量和服务水平。为此，学院学生党建工作也是花的精力最大、投入时间最多的一项工作。值得庆幸的是，在学校党委，特别是在学校组织部、学院党总支的正确领导和大力支持下，经过支部全体委员和学生党员共同努力和坚守，学生党支部圆满完成上级交办的各项工作任务和确定的创建目标，并不断取得新的成绩，逐步建设了一支新时期高素质的学生党员队伍，处处充分发挥基层党组织的战斗堡垒和示范引领作用，为学院又好又快发展提供强大的精神动力和组织保障。

（本文完成日期：2021年3月5日）

作为辅导员，养成并坚持的三十六个职业微习惯

很庆幸，大学毕业留校工作后，从事辅导员工作；更庆幸，2013年岗位调整后，从事专职辅导员工作；最庆幸，工作至今，仍坚守在一线辅导员岗位上奋力工作。一路走来，牢记初心使命，力争做到用心坚守、用爱坚持、用情坚定、用力坚强。回顾20余年的辅导员职业生涯，牢记辅导员担负的重要使命，不断坚定做好学生工作的信念，年复一年、日复一日，注重提升自身职业素养和能力水平，注重处理、解决遇到的各种难题和困难，注重克服、化解倦怠心理和工作压力及不良情绪，从不敢马虎、不敢放弃，更不敢止步、不敢懈怠，始终保持工作激情、始终做到履责尽责，以养成并坚持诸多的职业微习惯，在各个阶段中取得一个又一个小成绩，不断实现自我价值认同和人生超越。

一、坚持纪实工作日志的习惯

为做好个人每天工作回顾和总结，优化日常各项任务安排及实施，便于及时厘清工作思路，以促进自身更加科学合理分配工作时间和精力，自2009年10月3日起，开始并坚持纪实工作日志。每天下午下班后，拿出一定时间记录当天工作记录；每天日志少则三五条，多则十余条，甚至二十余条。每条通知来源部门、负责人员；每项任务实施时间、落实要求，以及每个材料上报方式及报送渠道等都“一应俱全”“知无不尽”。坚持至今近十三年，纪实工作日志8800余条，内容58.53万字。随着岗位的调整，从学生资助到宿舍管理，再到学团工作，涵盖了上级任务落实、会议安排、安全检查、信息上报、通知传达，以及疫情防控、特殊学生群体、班级管理、评先评优等方方面面。可以说，“工作日志”已成为工作中的“储存器”“查询机”，以供随时储存、随时查询。在坚持长期的日志纪实中内容不断规范、格式不断完善、目标不断清

晰、效率不断提升。通过查询工作日志，时间无论过去再长久，所有的工作都历历在目，仿佛就发生在昨天。纪实工作日志时间，每天少则五分钟、十分钟，多则半小时，看似每天增加了无谓的工作量，但既能及时检查各项工作的执行进程和完成情况，又能准确查询、汇总统计各类信息，大大提高了个人整体工作效率和执行力度，也切实增强了辅导员工作岗位上的成就感、获得感和幸福感。

二、坚持编写会议纪要的习惯

根据工作需要，自2004年初，学校开始实施学生资助工作专职辅导员制度，各学院选派一线辅导员专职负责学生资助相关工作，最早组建了全校首支专职辅导员队伍。作为学校具体负责学生资助工作的专职管理服务人员，自2004年6月16日起，自主起草、制定学校首期学生资助工作会议纪要（要点），会前下发到各学院专职辅导员学习使用、参考落实，坚持至今整整十八年。根据岗位职责调整，先后撰写学校学生资助、宿舍管理，学院学团工作、班级建设、学生党建等各类工作纪要530期，累计字数245万余字。内容涵盖上级最新文件精神、领导讲话、制度解读、规定要求，以及各类任务、各项安排、各种具体工作事务等方方面面。在编写过程中，格式上逐渐规范、内容上逐步标准，无论时间安排缓急与否、工作任务多少与否，通过加班加点，都会将每期工作会议要点如期发放到相关参会人员手中。对于各院系专职辅导员来说，即便不参加会议听讲，仅仔细参考下发的会议纪要就能圆满完成任务安排。每年年终，将当年度会议纪要汇编成册备案备查，并一同下发各学院存档。通过坚持编写会议纪要，一是让各学院资助专职辅导员、宿舍管理专职辅导员及其他有关人员能够全面了解相关工作规定及落实要求，二是能够及时做好各项工作材料的整理和归档，便于日后及时查找，三是也有利于各项工作的定期总结与梳理，以便节省更大的精力开展其他工作。编写下发的会议纪要，为广大专职辅导员提供规范、详细、准确的工作参考标准和执行依据，把下发的会议纪要称为工作的“参考书”及“回忆录”，受到广泛认可、肯定和欢迎。

三、坚持挤时间学习和阅读的习惯

从大学毕业入职到现在，随着岗位的调整和年龄的增长，越来越感到时间紧张，且越来越感到知识的缺乏和能力的不足。从负责全校家庭经济困难学生资助，到全面负责西校区整个学生宿舍区，绝大部分时间都忙于各类具体事务。2013年7月调任学院具体负责学团工作后，面对新时期学生成长新规律、管理新特点、服务新标准、教育新要求，深感自身知识与能力、水平的欠缺，开始每天充分利用工作期间的碎片时间、晚上、周末，以及大小假期，进行分散或集中学习和阅读。根据个人兴趣和工作性质、研究需要，自行购买多册有关高校学生资助政策、高校辅导员队伍建设与素质提升，以及高校知名辅导员、著名思政学者撰写的思想政治工作专著等相关书籍；定期通过学校图书馆知网及时查询、下载最新相关主题核心文章，以及学校订阅下发的《学校党建与思想教育》《高校辅导员》期刊发表的好文章，进行研读；第一时间学习掌握上级有关高校思想政治工作会议、文件制度及其专家解读等，并反复研究思考，切实领会其内容实质。自2019年中共中央宣传部推出的“学习强国”学习平台在全国上线后，每日坚持积分“满分”学习，并每晚待家庭一切收拾完毕后，坚持拿出至少半小时时间，把“人民日报”“新华社”“求是网”“机关党建研究”“马克思主义研究”“《共产党人》杂志”等强国号，诸多名校“强国号”，以及“高校思政网”“高校辅导员联盟”“高校辅导员在线”等全国高校思政类重点公众号，当天更新的最新理论成果、思想政治研究动态、网络文章等，作为个人日常学习和阅读的首选及主要内容进行浏览和学习，并对于日后工作中需要参考、再度学习的内容及时进行储存，以便后续查阅。在数年的辅导员职业工作、生活中，通过坚持“挤”时间学习、“挤”时间阅读，让每天工作时间更长、学习时间更多；在坚持学习中提升个人政治理论水平，在坚持阅读中丰富自身辅导员专业知识，从而不断提高自身党性修养，不断提升自身职业素养。

四、坚持开展科学研究的习惯

从事学生工作最初阶段，因岗位性质、工作环境、学术氛围、载体平台等多种因素，可以说个人对科研认知几乎为零，更没有一点科研意识或科研能力。随着工作实践，以及工作经历、阅历的积累，尊重并听从别人建议，个人根据国家助学贷款工作实践而撰写的首篇学术论文在从事学生工作的第八个年头才得以正式发表。另一方面，在与校内多名资深辅导员、优秀同龄学者教授学习交流，并历经数次外出学习考察、参加学术报告培训等后，从内心上促成并树立起科研意识，开始逐渐认识到开展科学研究既是个人成长和发展的需要，又是辅导员队伍有效开展工作的需要，逐步尝试把自己的实践问题、实际工作经验提炼、吸收到理论研究工作中，并慢慢提升到理性自觉。特别是自2009年5月，作为全省普通高校学生资助绩效考评复查工作检查组成员，完成省内近十所高校实地复查返校后，深深体会到普通高校大部分资助工作专职人员忽视或欠缺理论研究，开始着手高校学生资助工作政策研究工作。也就是从那时起，在做好并高质量、圆满完成各项工作任务和目标的同时，利用一切可以利用的时间，特别是晚上、周末及各个大小假期，坚持进行论文、著作创作以及课题申报等科学研究。尤其在2009年至2016年撰写我国高校学生资助政策体系理论与实践研究著作期间，每天晚上至少拿出一小时时间进行创作，每年的周末及寒、暑假，基本都坚持在办公室写作。随着网络思想政治教育的发展，自2018年起，每年年初给自己制订年度科研小计划，保证每年撰写一篇学术论文或两篇高质量网文，并确保内容具有原创性、标志性和时效性；其中，为了尽早完成一篇网文，而又由于工作日任务太多、工作太忙，仅能晚上撰写，为此连续多日加班到凌晨十二点后，才洗漱休息。坚持十三年至今，在工作中实践，在实践中思考，在思考中研究，在研究中探索，并注重将总结的经验、规律及理论创新运用到具体工作实践中，努力实现实际工作与理论研究相互结合、相互提升、相互促进。个人科研意识越来越浓厚，个人科研水平也有一定程度上的提升，独立或首位发表思政类学术论文26篇、创作高质量网络思政作品14篇，在国家一级（类）出版社出版专著一部，理论研究内容80余万字。在工作实践、理论研究中，同时积极进行科研课题申报，主持教育部、山东省人文社科等课题项目5项，参与不同课题多项。在养成开展科学研究习惯的过程中，也逐渐养成了勤思考、善总结、能提炼、会追问等良好习惯和工作能力，并不断提升了发展格局、拓宽了工作视野，增强了文字水平。工作实践与理论研究水平取得“双提高”“双丰收”“双突破”。当然，在长年的科学研究中，个人始终遵循学术规范、始终坚守学术诚信、始终严守学术道德，切实注重提升个人道德素质，并助推个人在辅导员岗位专业化职业化不断发展。

五、坚持记录工作任务及会议清单的习惯

学院辅导员工作对接学校学生工作、共青团、教务、组织、就业、图书、医院、后勤等二十余个职能部门，每周都能接收来自不同部门的工作任务安排与参加会议通知，还有学院安排的各个临时性任务和通知、会议。布置的任务要求、材料报送时限等，从安排部署到要求完成日期短则一两天，长则一两周，甚至一两个月；下发会议通知时间到参会间隔时间也是有长有短。在事务性工作头绪繁多、任务繁重，整天处于忙碌的现实状况下，为了及时完成学校各职能部门、学院安排的各项任务，准时报送各类计划总结、方案预案等材料，按时参加下达的各类会议，做到各类材料报送不

遗漏、不拖延、不被催，参加各类会议不遗忘、不缺席、不迟到，个人开始尝试随手记录工作任务及会议通知清单的做法，并于2020年4月起，也就是新冠疫情发生后，为了做好师生返校复学准备，学校基本每天下发疫情防控要求通知等，开始记录学校及学院所下发的各类任务安排及会议清单。接到任务、会议等所有通知后，第一时间详细、规范记录所下达任务职能部门、具体要求、转交具体负责人员信息，所报材料完成时限、报送方式，所要求参会具体时间日期、详细地点及其他注意要求和事项等。将所记录工作任务及会议清单，张贴办公桌正前方明显位置，以便时时提醒。坚持至今两年有余，通过养成记录工作任务及会议清单的习惯，对于需要个人负责的各项任务、各类材料、各类会议，全部做到任务按时完成、材料按时报送、会议按时参加，既节省了大量的工作精力，又大大提升了工作效率和工作执行力。

六、坚持事事计划规划并提前主动实施的习惯

细节决定成败。做工作要讲究方式方法，关键一点还是要有计划和规划。

任何事情或职业，长时间有计划规划并按计划规划行事与无计划规划而想到什么就去做什么，最终绝对是天壤之别。特别是作为高校辅导员，每天日常工作繁重、琐碎，唯有事事做好计划规划，才能把有限的时间用到该用的地方，才能让工作更有条理、更有效率。自从2004年具体负责学生资助工作开始，学会并慢慢将学期、学年工作计划一一分解到月计划、周计划，甚至到日计划，明确每天、每周、每月应该做什么、需要做什么、能够做什么，根据岗位职责所需要履行的奖学金、国家助学贷款、助学金、勤工助学、困难补助、学费减免等各项资助政策，结合上年安排和进度，尽可能主动提前组织各院系实施，以便给个人及其他专职辅导员留出更充足的时间和精力做细、做实、做好。后期调整到学生宿舍管理，再到学院负责学生工作，一直坚持对所负责的重要任务、重大活动、主要工作及相关会议等做好计划、做好规划，并在允许的时限范围内主动提前组织实施。通过按初定计划规划严格稳步执行，并根据需要适时调整计划规划、合理分配自己时间，让时间真正掌控在个人之下，实现同样的时间和精力完成并做好更多的工作、更大的成绩。

七、坚持注重并强化制度建设与执行的习惯

制度是确保工作有效开展的依据和保障。特别是新时期学生工作规范化、系统化、体系化要求背景下，学生工作制度建设尤为重要。学校层面学生工作制度及其体系，

是各院系开展具体工作参考及执行的主要依据，是保证校、院两级学生管理工作全面落实和执行的基本保障。作为学校学生资助工作具体负责人员，也正值2007年国家下发实施关于建立健全普通高校家庭经济困难学生资助政策体系意见及其配套办法措施，深知制定、完善学校有关资助工作制度的紧迫性和重要性，于2004年至2011年先后修订、制定学生资助工作制度办法120余项；于2011年9月至2013年7月，在负责学校西校宿舍管理工作不到两年时间内，完善、健全有关宿舍管理服务、宿舍楼管理人员队伍建设等办法规定近50项；于2013年调整到学院从事专职辅导员至今，修订、制定、实施大学生思想政治教育、基层党建、学风建设、生活服务，以及疫情防控等条例细则90余项。所制定实施的260余项规章制度，从起草、调研，到后期修改、完善，个人力争做到全程参与并反复论证修改。当然，在加强制度建设同时，通过加大检查、督促及奖惩力度，确保各项制度措施的执行与落实。通过养成注重并强化制度建设与执行的习惯，不断提高学校、学院管理、服务水平与育人质量。

八、坚持加强队伍建设的习惯

队伍建设是做好工作的有力保障，而高素质队伍能够推动工作高质量、高速度发展。在注重加强制度建设的同时，结合工作实际和任务要求，自身紧跟形势，坚持注重加强专职队伍建设。于2004年主导创建学校首支学生资助工作专职辅导员队伍，通过实施资助工作流动会议，加强院系经验交流；定期分批开展校外参观学习、业务轮训；强化资助工作理论研究，促进专职辅导员队伍实践能力与科研水平“双提升”等，切实提高资助工作专职辅导员队伍整体水平。于2011年至2013年负责西校学生宿舍管理工作期间，通过制度学习、技能培训、实地参观、经验交流等，稳步提升学生宿舍楼管理人员队伍、学生宿舍维修工人队伍，以及各院系学生宿舍管理工作专职辅导员队伍总体素质。于2013年调任学院从事学团工作后，先后实施定期召开辅导员“周例会”、班主任“月例会”、学生工作“月通报会”，规范党支部“三会一课”、团支部“三会两制一课”，强化思想政治理论学习、创新学习载体和方式方法，申请创建全国党建工作样板支部，推行各类人员日常行为量化考核办法，连续组织开展多届新颖、特色的各种主题活动等，切实加强学院辅导员队伍、班主任队伍、学生干部队伍，以及学生党员队伍建设，从而激发各支队伍工作活力和激情，切实增强各支队伍凝聚力、号召力和战斗力。同时，经过近两年的筹备与调研，2021年10月正式成立由学院全体辅导员及其他学院优秀新入职辅导员组成的“创艺家”辅导员成长工作室，通过制定工作室章程，邀请全国高校辅导员年度人物、全国最美辅导员、全国辅导员素质能力大赛一等奖获得者、全国网红辅导员等优秀辅导员，以及校内外思政专家学者定期举办主题沙龙、讲座、论坛，健全“团队组建+模块运作+系统支撑”工作室运作模式等，大大加快学院辅导员队伍专业化职业化发展。通过坚持加强队伍建设的习惯，推动相关工作高效、有序、规范、扎实开展。

九、坚持每日学生到课查勤的习惯

作为学院、学校学风建设的根本和保障，做好学生到课考勤是保证“第一课堂”顺利开展、确保日常教学管理和思想政治教育的重要环节。作为从事十余年学生工作的学工干部，深知做好并加强学生到课查勤的重要性。自2013年调任学院从事学生思想政治教育工作后，由于学院教学楼较分散，以及艺术类学生个性特点等实际和现状，更是把学生上课出勤作为学生管理工作中的重中之重。从一开始每天上午就至少提前十余分钟，在教学楼大厅外门口，检查学生到课准备情况，并随时抽查学生携带早餐及其他零食情况；然后对教学楼内合堂教室及专业教室学生到课出勤情况，随同教师上课出勤情况一同实地查看，对各个年级、班级到课出勤、考勤，学生食用早餐及其他不符合课堂规定和纪律的行为及时进行劝说、提醒、制止。慢慢就养成每天上午坚持查课的习惯。坚持多年至今，只要不出发、不请假、不参加会议，或其他特殊情况无法按时到学院外，基本每天上午就按时检查学生到课出勤考勤情况。特别在疫情防控特殊期间，对个别年级、个别班级学生上课出勤率有异常，以及个别学生不到课情况，及时通知班主任与辅导员落实去向、确认信息。通过坚持每日学生上课考勤的习惯，切实稳步推进整个学院学风建设的同时，也强化、规范了学生日常行为管理，更大大减少了学生安全隐患。

十、坚持定期坐进课堂听课的习惯

听课制度是各类学校教育教学质量监控体系的重要内容，也是及时了解、准确掌握各类教师教学授课状况、学生上课秩序，以及课堂效果和质量的最易方式和最佳途径。作为具体从事思想政治教育工作的专职辅导员、分管学生工作的直接负责人，以及学院班子成员，在坚持做好课堂学生到课查勤的同时，也逐步养成定期坐进课堂随机听课的习惯。每周至少一次，甚至两次或更多，抽出专门时间独自走进合堂教室或专业教室，听取一节小课程（一学时50分钟）；即便遇到工作繁忙阶段，也保证每两周至少听课一次，而当时间较为充足时，每周拿出专门时间，多次坐进课堂连续多节听课。听课从周一到周五，从专业课程到公共课程，从低年级课程到高年级课程，从一所教学楼到另一所教学楼，在不打呼、不提前通知的情况下，随机坐进教室和同学们一起上课、听课。同一学年（年度）内，听课课程、授课教师基本保证不重复（听课年级、班级、专业无法避免不重复）。通过定期坐进课堂坚持听课，对全院教师教学效果、学生学习纪律等情况进行全面掌握和客观评价，对所听课教师认真授课也发挥鞭策与激励作用，同时也激发学生课堂认真听讲、用心学习的积极性和主动性，助推提高了学院课堂教学质量和教学效果。在听课过程中，既丰富个人对学院专业知识的了解和认知，又放松心情，缓解了在办公室中的工作压力和不良情绪。

十一、坚持每周至少两次深入宿舍走访座谈的习惯

宿舍是学生学习、生活、交流最主要场所，也是学校、学院开展并加强学生思想政治教育工作中的重点和难点。只要做好学生宿舍工作，准确了解掌握学生在宿舍政治思想表现和日常生活状况，就能对大学生思想政治教育工作做到事半功倍，也能做好学校、学院学生安全稳定工作。同时，由于两次从事学生宿舍管理工作经历（第一次2001年至2004年初；第二次2011年至2013年），每晚基本都在办公室留守值班，待宿舍熄灯、学生就寝后方可安心离校回家休息，自身也深知宿舍管理及安全的重要性，以及内心对宿舍管理工作的情结，自然把学生宿舍管理放在较为重要位置。自从学校学工部门调任学院工作后，除学院统一安排、组织的宿舍各类实地检查外，每周个人利用工作时间之余，至少一次独自或带领其他辅导员、学生干部、学生党员等，深入宿舍大面积检查宿舍日常安全、卫生、秩序等；利用晚间检查晚自习时间或周末时间，至少一次独自进入宿舍大范围走访学生学习、生活与思想状况，并对学生会等组织反映的问题宿舍，以及各位班主任反馈需要关注的个别特殊学生重点进行宿舍走访、面对面座谈交流，主动倾听、了解学生个人在学习生活、交流交往、家庭经济等问题与诉求，及时处理、化解学生困难与矛盾。

十二、坚持每年与新生面谈交流的习惯

作为专职辅导员，全面了解学生是做好思想政治教育工作的首要条件之一；只有真正、准确掌握学生家庭经济情况及其思想状况，才能解决学生经济困难帮扶、心理健康教育、管理服务与思想深层次问题。自2015年9月起，坚持每年在新生入学报到

三个月内，对照报到时新生个人填写的新生家庭成员及经济情况登记综合信息材料，对近300名大一同学一对一、面对面进行交流、访谈，结合访谈情况对学生填写的个人基本信息、家庭收入、成员状况、健康情况等七十余项信息进行“再确认”“再更正”，并根据新生面谈调研情况，对学生家庭经济、心理健康、身体素质、专业水平、志愿经历等多方面进行初步划分与汇总分类后，及时下发相关专职辅导员及班主任，以便更加全面评估、衡量每名学生，从而有针对性地开展具体工作，切实提高了大学四年学生管理教育质量和效率。

十三、坚持定期专题调研访谈的习惯

调研座谈是了解真实情况、发现真正问题的基础方式和最好方法。作为学生工作管理者，只有注重调研座谈，实实在在做好调查研究，才能在实际调查、了解情况的基础上，发现并掌握学院学生工作存在的现实问题和真实矛盾，从而提高大学生思想政治教育工作的前瞻性、针对性和有效性。从事学生资助、学生宿舍管理工作期间，每年定期组织专职辅导员、各院系不同学生群体，召开困难学生认定、奖助学金评选，以及宿舍管理服务、后勤保障等专项座谈调研会。2013年调任学院负责学团工作至今，根据工作需要、任务进展及学生日常反馈的问题和疑问，每学期都抽出一定时间，在全院范围内不定期就学生干部作风、党建工作及其他宿舍、资助、心理、就业、考研、防控等方面，组织学生干部、学生党员、普通学生，或外省学生、少数民族学生等召开不同专题座谈会，基本涵盖不同年级、不同专业、不同省份、不同民族等，让每位学生发言、发声。同时，充分利用宿舍走访、教室检查、课间休息时间等时机，广泛征集学院教师和同学的意见和建议，从中认真查找学生问题，倾听学生所需所想、所求所盼。通过养成并坚持“一线规则”习惯，切实听到师生真话、察到学生实情，并为有效解决问题、工作开展提供更佳思路和对策，既造就了自身做好辅导员工作的“基本功”，提高了辅导员职业能力，又促进学生成长成才，进而推动个人及学院学生工作高效发展。

十四、坚持工作方式方法创新的习惯

创新驱动发展，是一切突出成绩的动力源。特别是高校学生工作，只有方式方法创新，才能改进和提高工作水平，才能面对新形势学生工作新情况新问题，创造性地开展工作，不断开创学校、学院学生工作新局面，从而促进高校立德树人质量。2001

年初从事学生宿舍管理后，注重加大学生参与宿舍管理力度，不断强化学生宿舍育人功能，于2003年3月起创新推行学生宿舍楼楼长、层长管理模式，经过一年实践与完善，形成了较为完善的学生楼长、层长管理制度，创新做法和经验在中国院校后勤信息网发布。2004年至2011年从事困难学生资助工作期间，更是加强制度和理论学习、注重解放思想更新观念，先后创新一系列工作制度、方法和措施，2004年组建全校首支资助工作专职辅导员队伍、制定并实行大学生诚信档案；2005年建立学校首个勤工助学学生管理系统、学生申请国家助学贷款数据管理库，设立“爱心助学站”；2006年在全省高校率先开展家庭经济困难学生认定工作、推行院系国家助学贷款月报制度；2007年创建全校国家助学贷款与贫困生资助工作专职人员监督卡、实施资助工作专职辅导员流动例会制度、举办首届贷款毕业生“七个一”工程诚信教育主题活动；2008年探索实行困难学生综合指标量化认定办法、在全省高校率先创建独立的贫困生档案室、组织国家助学贷款学生开展首届“助学政策 助我成才”征文活动、编印下发资助工作简报；2009年推行并健全“一书三卡”制度（“一书”为“家庭经济困难学生认定等级证书”；“三卡”为“爱心超市红卡”“励志助学绿卡”“贫困生创业蓝卡”）、启动实施院系学生资助绩效考评制度、开展首届资助工作专职辅导员“趣味运动会”、印制全省高校首册生源地信用助学贷款教育部门及经办金融机构通讯录；2010年创建带薪实践、带薪实习、就业“三位一体”困难学生教育与培养模式，研发并实施集困难学生认定、勤工助学、助学贷款等为一体的困难学生信息管理系统；2011年全面推行资助工作“精准化认定、精细化宣传、精确化服务、精心化教育”“四精”工程、举办学生资助管理中心徽标设计大赛等，不断推进学校学生资助工作上水平、上台阶。2011年至2013年负责学生宿舍工作近两年时间，先后整合资源，利用宿舍楼活动室设置通宵考研自习室；建立“辅导员宿舍论坛”；健全大学生思想政治工作进公寓、党团组织进公寓、学生社团进公寓“三进”工作体系；实施宿舍楼管理人员例会制度；利用楼内洗漱间区域安装梳妆镜及插排；最早安装LED显示屏；建立《学子之家》学生公寓服务室，启动《学子之家》论坛并编印期刊；推行宿舍报修限时维修及服务督查、维修人员绩效考核指标量化制度等，切实提高学生宿舍整体管理与服务能力和水平。

2013年调任学院后，作为学院团委书记、学生党支部书记、分管学生工作的副书记，更是紧跟新时代学生工作新问题、新特点和新趋势，以最实举措推动学生工作实践创新、制度创新、理论创新及平台创新、载体创新，从创建全省高校首个学生公寓“党建工作站”，到申报全国党建工作样板支部并顺利获批与如期通过验收；从利用学院宿舍楼建立学生专业创作室，到设立学生考研自习室大力拓展学生学习空间；从连续多年开展学生党员“八个一”实践活动，到开展多届“讲党性、重修养、强素质、敢担当、育新人”主题宣传教育活动；从实施选拔优秀学生党员担任低年级助理班主任制度，到推行党建带团建、党团班一体化建设；从实行学生党支部“四点半”微党课，到教工党支部“一刻钟”微党课；从组建学生纪律检查委员，到实施学生干部日常量化考核办法；从实施辅导员周例会、班主任月例会制度，到学生工作月例会、年度学生工作总结会制度；从设置“辅导员监督联系卡”“学生工作分工服务卡”“学生个人基本信息联系卡”，到设计印发新生“生活保障卡”“安全警示卡”与“保健提示卡”；从创建基层学团工作“六化”体系，到实行学生党员“三阶段七环节”发展培养模式；从全校率先实行学生电瓶车限行措施，到规范机动车学生驾驶制度；从创建学校第一个以辅导员名字命名的“美萌助力加油站”，到选拔全校优秀新入职辅导员组建“创艺家”辅导员成长工作室等，切实提高全体学生综合能力、学院学生教育培养质量及学生工作效率。

十五、坚持及时总结工作及经验教训的习惯

及时总结并善于总结是提高工作效率和质量的最佳方法。通过定期总结工作及经验教训，既能检查所计划工作进度和完成情况，又能避免后期重复性错误，更能够节约出更多时间做其他更多有用的任务和工作。作为“日理万机”、千头万绪的专职辅导员，及时进行工作梳理与总结尤为重要。自从事学生工作起，每学期、每月底，甚至每周都对近期工作对照先前工作计划安排进行总结、梳理，及时对工作经验及教训进行小结，特别是自2009年开始记录工作日志至今，每天坚持拿出一定时间对当天工作任务完成情况、存在的问题和不足进行简短总结，做到边总结边对照、边总结边思考、边总结边改进，从而让自身在繁忙无序的工作状态中，变得更加高效有序、轻松自在，并始终保持着工作热情和激情。通过及时总结工作及经验教训，不断提高自己、升华自己，从而把自身该做的事情做得更好、该干的工作干得更出色，极大提高了工作效率。

十六、坚持及时主动汇报工作的习惯

作为良好的职业习惯和职业素养，主动汇报工作是推动工作的重要方式之一。任何职业、任何岗位，通过主动向领导、上级与主管职能部门汇报工作，及时虚心听取并接受领导的批评、指导与指正，正确领会领导意图，可以让个人在岗位上少走弯路、少犯错误。得益于大学期间作为学生会主要成员积极锻炼的结果，毕业走上工作岗位

后，养成并坚持及时汇报工作的做法和习惯，对于各个岗位、各个阶段期间的重点工作、难点工作、焦点工作，主动向处室、学院分管领导或职能部门相关负责人及时沟通汇报，特别对于涉及学生人身安全、学生突发或复杂事件，以及其他重大隐患事故，第一时间主动向所在单位相关领导与负责人一一汇报。在工作汇报中，注重加强与领导的沟通、充分征求并听取领导的建议和意见，让自己以更加清醒的头脑和稳定心态，辩证、正确地分析与把握具体工作和相关问题，从而更好防控学生工作中的风险与漏洞，在得到领导充分理解、肯定和支持的同时，也避免出现严重的错误，努力将自身工作完成得更加完美，进而提升个人岗位工作职责素质和时效。

十七、坚持经手材料及时整理并分类存档的习惯

对制度文件、文字材料、表格资料等，及时收集整理、分类归档是做好工作的关键一环。无论是纸质版材料整理归档，还是电子版材料分类存档，既能保证各类档案材料的完整、齐全与规范，提前做好上级或职能部门检查或验收的准备，又能方便下一步工作总结及后期查阅。对于专职辅导员来说，及时梳理、汇总上级与学校下发的通知文件、会议精神、领导讲话、计划总结、意见方案等各类工作材料，及时收集、记录并建立学生学习生活、思想表现、第二课堂、实践锻炼、心理情感、综合测评、家庭状况、社会关系、党团关系发展等各类档案更为重要，既能为落实工作目标计划、完成考核任务提供真实佐证，又能为学生在校期间成长及其毕业后期发展提供原始凭证。鉴于工作档案材料整理的重要性和必要性，自参加工作起，逐渐养成并坚持个人所有经手材料、经办资料，都定期进行一一整理，按照来源层次、材料性质、使用时限、职能划分及学生群体类别等，进行年限标注、序号编排、格式调整后，及时以纸质版或电子版等最安全、最方便、最高效查找的方式进行分类归档和存放。对于整理的各类档案材料，主要用于工作总结、检查考评时的查阅与参考，以及工作交流时的借鉴与学习，也更多用于学生需求时的查询和凭证提供。同时，对于岗位调整时，便于及时将所有相关材料进行整体转接、移交。

十八、坚持开展班主任实地家访的习惯

实地家访能够实现家校真挚沟通，切实推动家校协同育人无缝对接，并能够真正全面了解学生家庭经济、成员等综合状况，以便进一步精准开展学生个体在学业就业、发展规划上的帮扶与指导，从而提高学校、学院学生思想政治工作的针对性和实

效性。鉴于对家访工作重要性的认识，以及从事学校学生资助工作期间每年寒、暑假参加每位学生家访的亲身经历和体会感受，自2013年担任班主任后，个人利用外出学习培训、参观考察、家庭旅游等一切时机，对班级学生进行实地家访，特别在2017年至2021年期间，往返近4.61万公里，行程13个省市20余个地区，对所担任2017级两个班级38名同学中的34名学生进行了家庭走访，与每位家长深入交流座谈，了解学生学习、生活及成长过程和环境，并为每个家庭自费送去慰问品。2018年9月中旬，学校一行六人在宁夏固原市参加第三期全国高校共青团“第二课堂成绩单”制度建设专题培训班结束后，正值周末，其他同事乘机返校，个人先后乘坐飞机、高铁、机动车到陕西省汉中市宁强县二郎坝镇官地沟村进行学生家访，由于地处山顶，家距离车站仅有30公里，但乘车长达90多分钟，家访路上，跋山涉水、山路崎岖，行路辛苦可想而知。通过实地家访，以最近的距离、最快的速度、最直接的方式了解学生及其家长，拉近了学校与家长之间的距离，加强了每位家长对学校、学院所开展工作的了解和支持，大大促进家校的有效衔接。家访后根据学生家访调研情况，对每名同学入学时组织填写的《大学学业成长规划指导手册》逐一进行修改完善，并通过与学生面对面座谈交流进行悉心指导，实现班级每名学生成长“全程跟踪”、学生发展个性化指导，切实发挥了班主任在班级管理服务教育中的核心作用。当然，自2020年初至今，因受新冠疫情影响，实地家访大受影响，只能更多地通过微信、电话或其他网络形式进行家访和沟通。但实地家访作为家校联系不可替代的重要方式，仍然坚持利用一切可利用的时间和机会开展学生家庭实地走访。

十九、坚持向榜样看齐并主动交流学习的习惯

“以铜为镜，可以正衣冠；以人为镜，可以明得失。”每位优秀的榜样都散发着凝聚力量、催人奋进的力量。作为高校辅导员，身边长期甘于平凡、默默奉献的资深辅导员、朋辈导师，涌现出的校级、省级各类辅导员评选获得者，特别是“时代楷模”、全国最美辅导员、全国高校辅导员年度人物及其他优秀思想政治教育工作者都是最好的学习典型，要学习其优秀事迹、优秀工作经验和方式方法。作为一名思想政治教育工作者，尤其是到学院具体从事学团工作后，积极向学校优秀辅导员、学工前辈们进行学习交流，借助外出培训学习、参观考察机会，主动向省内外高校的全国及省级辅导员素质能力大赛获奖者、网红辅导员、最美辅导员及辅导员年度人物等优秀人物现场学习请教，或通过网络学习其先进事迹和工作经验，并在后期工作实践中、具体问

题上，与志同道合的优秀辅导员同人结为好友，主动加强思想学习和问题交流，在学习中注重提升个人工作技能技巧，在交流中不断实现自我提高，让个人在平凡的辅导员岗位上，始终以身边榜样带来的力量和启迪，想干事、想担当、想作为。

二十、坚持实地参观考察大学校园的习惯

大学校园建设及其育人环境是展示一所高校办学实力的主要窗口，更是人才培养质量的重要体现。通过参观考察校园文化建设与育人环境，即可大体了解一所高校的校容校貌、教育理念、办学特色、师生风采，以及教风、学风、作风与校风建设，进而为个人自身工作实践与创新提供有益参考和范例。在从事学生资助、学生宿舍期间，利用集体外出交流、检查组成员考评检查及个人自行安排等机会，对省内近40所公办本科院校进行了实地参观学习。2013年后，曾多次现场聆听“时代楷模”“最美奋斗者”全国高校辅导员年度人物、全国师德标兵、全国优秀教师曲建武教授精彩报告，曲老师30多年来参观考察上千所国内外大学，受此影响，个人利用一切外出机会，主动或自主进入高校校园参观学习，围绕文化建设、学生学习状态、安全服务管理等，深入学生宿舍、教学楼、图书馆以及艺术类院系等场所进行认真考察，及时记录、拍照，以便返校后整理汇总、参考借鉴。新冠疫情发生以前，2017年至2019年三年时间，借助个人或集体外出参加学习培训、学术年会、专题会议、主题论坛、教育研修等会议机会，先后十六次到云南昆明、陕西延安、山东济南、山西太原、江西南昌、辽宁沈阳与大连、江苏扬州与南昌、宁夏固原、浙江杭州、福建福州等10个省份12个城市所在地的50余所高校进行实地参观考察。其中，2017年11月初，在江西师范大学举办的全国高校辅导员发展研究中心“红色文化传承与辅导员职业发展”学术论坛闭幕后，个人乘地铁、公交多次转站，分别到南昌大学、南昌航空大学、江西科技师范大学三所高校部分教学楼听课、参观，对于各高校好的做法和工作特色积极吸纳、消化，并借鉴、创新运用到个人实际工作中。

二十一、坚持积极主动作为的习惯

积极主动作为的工作态度是做好工作的基础；积极主动作为的工作习惯是人的最强竞争力。只有学会并养成积极主动作为的工作态度和良好习惯，才能以高度的责任感、敬业精神和十足干劲，尽快尽早开展并完成本职工作和相关任务，做到任何事情、任何工作今日事今日毕。在多年的辅导员岗位工作中，较早培养并保持着积极主动作

为的工作态度，对每月份、每学期日常工作计划安排，尽心主动组织实施；对上级与学校下发的重大任务、重要部署及专项工作安排，积极领取并及时制定实施方案，主动做好协调、后期汇报等工作；对学生干部、普通学生以及专业教师、班主任反映或其他途径发现的学生问题与危机苗头，第一时间积极主动开展谈心谈话、完善预案、健全预警机制等；对学生学习生活存在的问题和困难，以及同学之间交流交往产生的矛盾，第一时间主动去帮扶解决、协助化解；对学生家长反馈的各类疑问或提出的需求，更是用心、积极主动联系去解答、处理；而对于个人工作职责及分管工作中，拿不准的问题和事情，积极主动征求学院领导及职能部门领导的意见和建议。通过积极主动作为，及时解决学生成长发展中的困难和问题，及时化解学生工作中的隐患和不安全不稳定因素，切实提升学院日常工作的务实性、目的性和前瞻性。

二十二、坚持换位思考的习惯

“换位思考”是解决矛盾最简单、最高明的方法。工作生活中的很多难题、矛盾，通过换位思考，从对方的角度、心态和需求看待或思考问题，就能很准确找出产生矛盾的原因、解决问题的关键所在，从而避免了很多不必要的争执和委屈，减少了工作与生活中所产生的烦恼和不良情绪。作为一线辅导员，面对学校、学院领导，同事，以及诸多的学生及其家长，更要学会并养成换位思考的习惯，对于工作中的困惑和茫然，对于同事交往中的不支持、不理解，对于管理服务中的学生与家长的不认可、不同意，甚至家长的指责或埋怨，及时换个视角、换种思路去考虑、去解决，所有问题和结果就都迎刃而解了。多年来，在学生工作各个岗位上，注重学会并养成换位思考习惯，对于各项工作目标任务、难题问题，及时站在处室领导、学院领导的角度和高度上思考并解决问题；对于学院实施的各类计划安排、采取的制度措施等，针对辅导员团队、班主任队伍以及专业教师存在的顾虑、提出的质疑，积极站在对方、同事的位置去考虑、去沟通并完善；而对于在学生教育管理服务中，特别是因种种因素导致学生及其家长与学院之间出现的矛盾、冲突时，主动站在学生、学生家长的角度反思自己的做法和责任，进而加深交流与化解，从而相互间少些指责、少些埋怨，多些交流、多些理解，用更好的方法措施、更少的时间和精力获得更佳的学生工作效果。

二十三、坚持拥有好情绪好心态的习惯

情绪影响工作效率、心态决定工作状态；每陷入情绪一分钟，就会损失去解决问

题、开展工作的一分钟。具有并保持良好的工作情绪和工作心态，才会让人在工作压力、矛盾、困难面前，克服敷衍和拖延，避免“内卷”和“躺平”，防止职业倦怠，建立信心和自律，以轻松的心情、健康的身心，以及更大的工作激情和快乐把工作做得更好。高校一线辅导员，受目标任务、绩效考核、特殊学生群体、个人成长发展及疫情防控、人际关系、突发事件处置等多种因素影响，极易产生烦躁、厌恶等不良情绪，要努力尝试找到自己适合消化、化解不良情绪的方式技巧，及时调整工作中不良情绪，始终做到以健康良好的心态投入工作、履职尽责。结合多年的学生工作经历和经验，面对学生的违纪犯错、面对学生的质疑和抱怨、面对学生及其家长的负面和不稳定情绪等，及时通过学习阅读、校园散步、换位思考、音乐欣赏等最适合自身的方法去调节个人心态，彻底缓解自身焦虑和紧张情绪；注重提高个人情绪管理能力，牢记“无论学生有何过错，永远不对学生发脾气的原则”，即便抱怨再多、委屈再大，也尽可能以积极的心态把眼前工作、当下任务做好，努力做到遇事不急躁、不焦躁，遇人不发火、不回击，让自己身心处于宁静祥和心态，时刻以足够的耐心、细心以及不懈的恒心，稳妥高效解决工作中的各类复杂问题，及时破解工作中的突出矛盾，在提高自身学生工作管理效率和水平的同时，也提高了个人辅导员岗位的存在感、获得感和成就感。

二十四、坚持开门办公的习惯

开门办公是一种工作形式，也是一种工作态度。开门办公方便学生办事，有利于拉近、缩短师生的距离，提高服务水平和办事效率。从2001年初到紫藤公寓学生宿舍办公，到后期负责学生资助工作，先后五次调换办公场所，结合工作实际，多人场所办公室一直实行开门办公制度，方便学生政策咨询、问题反馈、工作交流及材料报送等。自2011年到学苑公寓学生宿舍办公至今，先后四次调换办公场所，特别是2013年到学院工作后，第一时间就给自己定下规矩：除了和领导及同事讨论重要事宜外，自己办公室必须敞开。坚持近十年，无论多人办公，还是个人办公，一年四季只要在办公室，坚持开门办公，对所有同学承诺、实施办公室“免敲门”“免报告”，并欢迎每位同学随时到访、随时做客。同时，将个人及其他辅导员姓名、联系方式及各自工作职责等信息在学院教学楼大厅挂牌公示，方便所有同学查询、联系。通过坚持开门办公习惯，以相互尊重、相互平等、相互信任的方式和态度，让更多的同学主动走进办公室进行思想交流沟通、问题反映反馈以及提出意见和建议，并主动接受全院师生的监督，更好实现与所有同学的双向、有效沟通。

二十五、坚持凡事“提前五分钟”的习惯

凡事预则立，不预则废。工作生活中，做任何工作、任何事情，早准备早行动，可以有效避免迟到、拖延、消极等现象，同时也减少不必要的麻烦、遗憾或懈怠。作为一名学生工作者，始终注重以自己的一言一行潜移默化地影响学生，自觉做到外出参加各类学习培训会议，参加学校组织的所有会议，参加学生组织的各项活动，向有关领导汇报工作、思想交流等，除非个人特殊情况外，凡事提前到场五分钟；对于上级及领导布置的各项工作任务、临时性活动安排，从主观上也至少提前五分钟甚至更多时间来按时完成并主动汇报反馈。学院组织召开的辅导员、班主任或学生干部等各类例会，即便距离个人办公室一步之遥，也习惯争取至少提前三分钟到场。凡事“提前五分钟”，既是一种积极、干事、乐观的工作心态，也是一种守时、守责、守纪的工作态度；既保证了工作完成质量，又提高了工作效率。在异常繁忙、紧张的辅导员职业工作生活节奏中，做到每项工作开展心中有数有条理、每件任务落实有序有效果。

二十六、坚持学生问题第一时间妥善处置的习惯

学生之事无小事。对于高校学生工作管理者，学生事情就是天大的事情。作为专职辅导员，多年来，坚持学生问题不拖延、不推诿、不敷衍，第一时间妥善处理习惯。对于学生日常生活中表现或反映出的各类场所安全隐患、纪律秩序、心理异常、思想状况、舆论舆情等行为，坚持第一时间及时到场，核实信息，教育引导，迅速处理；对于学生发生的疾病、交通、失联等突发安全事件，坚持第一时间主动应对、妥善处理，以最快的速度和效率做好学生保护与救助、局势掌握与控制、信息汇总与汇报、家长联系与沟通等，切实解决学生安全及其财产存在的隐患和损害，防止学生任何安全问题或事态蔓延、恶化，避免发生严重的危机事件或学生人身伤害事故。自2011年开始从事学生宿舍管理，到后期负责学院学生工作十余年间，因宿舍楼水管破裂、排水管道堵塞，学生突发疾病、宿舍同学闹矛盾、打架、自伤、情感问题、财产被盗、意外火情、突发事件，以及学生失联、心理异常等原因发生的任何问题、任何事件，无论什么时间，即便凌晨，也第一时间到学生宿舍或教室、学校医院或周边医院、学校安全保卫部门或驻地派出所，以及学校附近宾馆、酒店，以有效措施、理性思维、最佳方式现场妥善处置，及时清除学生管理中的安全隐患和不稳定因素，彻底化解并避免学生各类危机事件。

二十七、坚持下班延长一小时的习惯

根据工作性质及个人工作习惯，多年来，工作日坚持下午下班后基本再延长一定时间才离开办公室，一是撰写、记录当天工作日志；二是检查当天工作任务完成情况并进行小结；三是简要梳理下次日工作计划；第四点，更重要的一点是，便于学生下课后到办公室能够当面进行政策咨询、宿舍报修、思想交流及其他申请审批手续办理等。特别是2013年调整到学院负责学团工作起，除非偶尔有家庭原因或其他安排需要按时下班外，每天下午下班时间坚持延长至少一小时，即在冬季工作日下午七点前（正常下班时间为六点）、夏季工作日下午七点半前（正常下班时间为六点半），保证让下午满课的学生下课后能够到办公室准时找到，或个人利用这个时间组织班会、其他工作会议及有关学生活动等。通过坚持下班延长一小时，既延长了个人工作时间，高效完成更多工作任务，又延长了服务学生时间，增强了学生对辅导员工作、对学院各项工作的理解和支持。

二十八、坚持午休一刻钟的习惯

由于大学四年坚持午休的习惯，毕业留校后工作至今20余年，仍然坚持天天午休。无论工作日，还是周末及其他假期，每天坚持午休一刻钟到半小时。午休时间再长，一是无法继续入睡，二是太占用时间、太浪费时间，三是影响夜间睡眠，甚至因午休过长而使自己更加疲惫。通过适当、短暂午休，及时调整自身生物钟和时间周期，积极应对并保证下午工作精力和劲头，缓解日常繁重任务，紧张工作节奏、心态和压力，以及因夜间加班熬夜、处理学生突发事情等带来的疲劳，从而长期保持较好的身体素质，保持更大的工作韧劲和锐气。

二十九、坚持充分利用碎片化时间的习惯

“碎片时间拉开人生差距”。学会并充分利用碎片化时间，其实质就是一种高效的时间管理法。在繁杂的学生事务管理、疫情防控任务、行政服务工作和自身素质能力提升中，只有掌握科学有效的时间管理方法、正确合理利用好日常碎片化时间，才能更高水平、更高效率做好各项工作。高校辅导员工作因具有广延性、突发性、多样性、随意性等特点，与其他职业或岗位相比，拥有更多的碎片化时间。在多年的学生工作

经历和实践中，慢慢学会充分利用碎片化时间的做法，根据工作日当天工作计划和任务清单，分时间段逐一进行报告撰写、参加会议、活动组织、课堂听课、学生座谈、宿舍走访、各类检查等，对于临时性工作安排、通知和任务，灵活合理、插空安排到空档时间内；对于非工作日，充分利用早上、晚上、周末及假期中的休闲、吃饭闲聊、陪同孩子、购物排队等空余时间，阅读一篇手机储存的好文章、好报告，浏览几页期刊和书籍，学习公众号等网络平台知识，或集中进行理论研究和写作。通过养成并长时间坚持有效利用碎片化时间的习惯，把个人更多的工作、生活碎片时间化零为整，让工作与生活变得更加充实、更加有条不紊，在提升自我的同时，又保证把各项工作、各项任务做得更好。

三十、坚持底线思维并严守辅导员职业底线的习惯

底线思维既是科学的思维方法，也是有效的工作方法。领导干部要善于运用底线思维。高校辅导员，作为新时期党员干部，更要坚持底线思维、善于运用底线思维方法，并做到遵守底线。同时，鉴于辅导员具有的“双重身份”与特殊的职业身份和职业使命，辅导员的职业底线，就是坚持政治底线、法律底线、纪律底线、道德底线、安全底线、防控底线，就是要做到认清、守住并筑牢“六条底线”，用“六条底线”时时、处处、事事要求自己、履职尽责、系好“扣子”，清廉从政、廉洁从教，真正做其他教师和所有学生的表率。作为大学毕业留校、母校培养的党员干部，始终深怀感恩母校、回报母校之情，时刻以中国共产党纪律处分条例、廉洁自律准则、问责条例，教育部禁令、高校教师职业道德规范和职业行为准则，以及山东省、学校下发的师德师风等文件制度规范个人言行举止，做到常学常思常省、自查自检自纠；作为处室、学院党员领导干部，始终把廉洁从政、党性修养放在首位，把政治纪律和政治规矩牢牢放在心底，树立并铸牢红线意识，在改进工作作风、实施组织生活、落实“一岗双责”、履行主体责任、纠治“四风”问题等重点工作和问题上，以身作则、身体力行；作为负责组织、实施学生事务的一线辅导员，在每年各类奖学金、助学金评选发放，学生党员、团员发展，学生会、班级等学生组织换届选拔，以及其他评优推优等各个环节、各个程序中，对于学生、家长及其他关系人员，通过到办公室、到家庭或其他方式送的现金、购物卡、加油卡、饭店储值卡、金银珠宝及其他物品等，都是第一时间通过妥当方式一一退回，对于极个别学生出于个人和家长情谊赠送的土特产、农产品，作为老师与学生相处和礼尚往来，一定也要自掏腰包，自备一些“同价值”的当

地特产，让学生放假离校时带回家中。从事一线辅导员十余年来，通过规范自己、约束自己、警示自己，带动、影响并引领身边每位学生健康成长。

三十一、坚持学生安全与发展需求“两个至上”的习惯

作为高校一切工作的压舱石，学生安全是维护校园安全稳定的前提和基础，是保证学校、学院办学事业发展的底线；学生全面发展是一切学校工作的核心，满足学生成长发展需求是新时期高校开展并做好大学生思想政治工作的根本出发点和落脚点。作为高校思想政治教育的“排头兵”，作为落实学生安全及日常事务工作的“主力军”，辅导员在学生安全、学生成长发展中起着关键作用，一定要坚持学生安全与成长发展“两个至上”工作原则和理念。多年学校学生宿舍管理、学院学团工作中，从内心上深知学生安全的责任感紧迫感和重要性复杂性，坚守学生安全“第一责任人”职责，时刻绷紧“安全弦”，借助各种会议、各种机会、各类载体平台，做到多部署、勤宣讲；时刻织好“安全网”，组织管理人员、辅导员班主任及学生组织，做到多排查、早改正；时刻系牢“安全扣”，通过修改制度、健全体系、签订承诺书，做到多行动、抓落实；时刻把好“安全脉”，积极举办应急演练、专项行动、警示教育体验观摩、主题活动周等，做到多参与、防隐患。在做好学生安全工作的同时，坚持以学生发展需求为导向，在制定实施学生工作各项制度措施、组织开展各项活动中，充分尊重、听取并满足各类学生群体意见建议、困难问题和发展需求，对于学生提出的考研创业、竞赛创作、能力提升、素质锻炼等各方面的合理性需求与建议，采取马上就办、全力去办、办就办好，真心真情、用心用情为学生及时提供相应的资源和帮助，真正助力所有学生个性化、多样化发展。

三十二、坚持对学生严管和厚爱的习惯

对学生既要严管也要厚爱，把严管和厚爱结合起来；不能只严管，不厚爱，也不能只厚爱，不严管。作为学生管理工作的直接责任人，高校辅导员工作从根本上说是做人的工作，就要围绕“培养什么人、如何培养人以及为谁培养人”这个根本问题，管理学生、教育学生、服务学生、关照学生，以一切学生为中心，做到严管学生、厚爱学生，最大限度调动并发挥全体学生的主动性、积极性和创造性。在多年的学生管理过程中，强化学生管理规章制度落实进度及执行力度，对各年级、各专业及其他各类学生群体一视同仁，以更高标准、更高要求、更全措施加强对学生干部队伍、学

生党员队伍日常管理与监督；以学生综合测评及日常行为量化考核为依据，严格做好学生评优推优、党团组织发展、研究生推免，对任何违反校纪校规学生，无论什么情况、什么关系，不迁就、不护短、不留情；带头坚持检查督促学生日常上课出勤，重点严查学生干部、学生党员缺课、迟到、早退现象，发挥学生干部与党员队伍模范带头作用；作为班主任，对所带班级日常管理更是高标准要求、高频率检查，对班级违纪学生更是先处理、重处罚，让每名学生自觉做到从严要求自己、遵守纪律。在严格管理学生的同时，以更大的精力和重心关心学生、爱护学生，在每年做好新生面谈调研、全面了解家庭状况的基础上，主动做好家庭经济困难学生各类助学金、临时困难补助申请工作，避免学生因性格内向、不愿意出面申请等原因而错失机会；对日常各类渠道掌握或反映的在思想、心理、生活、学业或情感等方面存有问题的学生，逐一详细登记在册，以适当机会和妥当方式进行交流沟通、解疑释惑、疏导解决；对学生个人身体不适、突发意外情况，个人或安排其他辅导员班主任第一时间赶到、送医治疗、全程陪护，而对于家庭突发变故、经济状况较差学生，及时启动学院资助基金或以最高标准申请学校困难补助；作为班主任，根据每位学生生日节点，自购生日蛋糕，多次、分批为班级所有学生举办集体生日活动，增强班级凝聚力、增进同学之间友谊，每学期坚持将班级所有学生学习成绩、获奖情况及日常表现，发到学生家长微信群，对有问题、异常的部分学生，逐一与家长进行沟通交流，让每位家长及时了解学生在校成长发展状况；让学生与家长时刻感受到老师及学院、学校的关怀和关爱。在疫情防控期间，每次学生宿舍卫生消杀、教室环境消毒、毕业生行李打包邮寄、留校通宵值班等，个人一定做到打头阵、走在前，与其他辅导员班主任坚持做好全院1300余名学生健康成长的守护者和引路人。

三十三、坚持问题导向并直面问题不回避的习惯

坚持并强化问题意识和导向，是新形势下提高学生工作科学化水平的新要求和新趋势。作为高校思想政治教育工作者，只有自觉树立问题意识和问题导向，做到心里常琢磨事、脑子里常思考事，才能在千头万绪、复杂多变的具体学生工作中，以多元化的思维模式及批评性思维，发现并了解学生工作中的新情况新问题，找到解决学生管理实际问题的好点子、妙点子，从而破解学生工作矛盾和难题。在多年学生工作实践中，始终树立问题意识、坚持问题导向，对个人负责工作、分管工作存在的问题矛盾，尽力尽快尽心处理，从不回避、从不推脱、从不遮掩。通过深入宿舍、教室访谈，

个体走访，线下当面座谈，以及线上交流、咨询、征集意见等，注重收集、发现学生在综合测评核算、奖助学金评选、学生干部作风建设、学生党团组织发展、宿舍报修维修及各类申请审批手续办理中存在的真实问题；针对反映的学生日常管理服务科学化不够、学生会个别部门作风不正、党团组织发展程序不规范、学生宿舍维修不及时不到位，以及学院文化建设专业氛围不浓、专业开设课程与考研专业目录结合不紧密、考研需要加强外语辅导等具体问题、实际问题，及时具体分析、详细研究，能解决的马上全力解决处理，需要学校有关职能部门或其他人员解决的尽快联系协调解决，对因学校、学院客观因素而确实短时间内无法解决的及时进行反馈解释、说清事由，并详细记录台账，以便后期再行解决处理。通过坚持问题导向，并积极发现问题、分析问题和解决问题，不断增强个人及学院学生管理育人意识和服务能力水平。

三十四、坚持紧紧围绕专业特色开展学生工作的习惯

随着高校教学改革的深入，专业培养模式不断变化发展，以及“95后”“00后”学生独有的特点对新时期高校学生工作提出更多、更高要求；不同学科、不同专业学生特点及其成长规律也有所不同。只有紧紧围绕学院专业特色及学生特点开展具体学生工作，才能实现各专业最佳培养目标，才能为促进学生学业进步、职业发展提供帮助。2013年调任学院工作后，作为一线辅导员，针对新形势下人才培养目标、课程设置、就业创新等艺术类专业特色，以及艺术类学生在思想、个性、专业情结等方面特点，力求借助艺术专业特色特点开展具体工作，聚力学习宣传贯彻习近平新时代中国特色社会主义思想，着力组织学生参与新时期美丽乡村建设规划设计，持续举办学生大型美术书法创作主题展，坚持参加美育进社区志愿服务活动，积极指导学生积极参加高层次艺术作品创新创意大赛、艺术展演活动等；每年利用学生外出艺术写生、专业考察时机，组织学生党员、学生干部及入党积极分子到当地红色教育基地进行参观学习、红色考察，接受主题教育；以“书画”“民间艺术”“青苹果设计”等校、院两级学生社团，“与美同行”“艺术快递进社区”等青年志愿协会为依托，让低年级学生人人进社团、人人进协会，人人参加实践锻炼，培养、提高全体学生思想素质、专业兴趣、知识结构、社会实践能力及其综合能力，让学院学生工作更好地服务各专业学生培养，强化学院教育教学内涵发展，实现学生工作与学院人才培养目标实效性、科学性高度统一，形成具有艺术类专业特色和强项的学生工作新品牌、新层次和新亮点。

三十五、坚持争做第一的习惯

软肩膀挑不起硬担子，打铁还需自身硬。新时代赋予高校辅导员新的使命和担当。专职辅导员在加强思想淬炼、提升过硬本领，做到知信行合一的过程中，最重要的一点就是练就并保持争创“第一”的信念、勇气、能力和担当。只有争创第一的念头和梦想，才能在内心深处不断强化使命担当，在岗位担当中历练、在职责尽责中成长；才能在具体工作中不断提高学生工作重要性的认识，做到真干、实干、能干；才能面对压力和挑战，不断增强辅导员职业的使命感和责任感，做到能吃苦、能战斗、能奉献，从而争创一流的学生工作业绩，在个人工作、学院工作实现“双突破”和“双超越”。在20余年的学生工作经历和实践中，作为一名学生工作者，在多学习、勤思考、善借鉴、会发现、能探索、敢创新中，努力把每项工作、每件事情做到最好、最极致，把每个方案、每份材料写得最优、最精致，力争任何工作、任何事情，做到凡事有交代、件件有着落、事事有回音；在每个岗位上，注重扩大、改变自身工作格局，积极拓宽个人工作视野和眼界，充分利用并整合一切可用资源，主动倾听并采纳师生意见和建议，以自信、专注、认真的态度，以昂扬、拼搏、奋进的锐气，以及不攀比、不懈怠、不抱怨的志气，做好做大做优每项工作；先后负责的学校学生资助、宿舍管理，以及学院学团工作，均取得全省、全校绩效考核或年度评比排名第一的好成绩；在学校开展家庭经济困难学生量化认定、创建贫困生数据库，健全学生宿舍管理制度体系，创建学院学生公寓“党建工作站”、发挥学生社区育人功能，学生电瓶车限行管理，学生党支部“双创”等多项工作，均走在全省、全校学生工作前列，基本做到人无我有、人有我优、人优我精、人精我特，事事争第一、时时创唯一的学生工作氛围和格局。

三十六、坚持立德树人根本任务及“三全育人”工作理念的习惯

立德树人是高校立身之本。高校辅导员在新时代思想政治工作承担着立德树人的重要作用，“三全育人”是高校立德树人的重要抓手。在日常学生工作中，辅导员只有坚持立德树人根本任务，注重整合社会、家庭力量，充分调动学院、学校、家庭、学生及社会多方积极性，才能发挥“三全育人”中的核心作用，切实增强育人时效和育人特色。从事一线思想政治教育工作十年间，无论作为学院团委书记，还是分管学生工作副书记，坚守立德树人初心、牢记人才培养使命，通过转变理念、健全制度、创

新载体、扩展平台、加强研究、强化监督、丰富内容等，深入推进学院“三全育人”机制建设，以“十大育人”体系为抓手，把握各个育人体系内在逻辑，立足艺术类学生特点和需求，精准施策，注重将学生实践、网络建设、资助服务、组织发展等“十大育人”体系融会贯通，不断提升“十大育人”广度；以德智体美劳“五育并举”为纲，切实将学院办学传统、专业特色、文化底蕴等转化为全员育人培养体系的优势，努力探索创作型、创业型、竞赛型、综合型等多类艺术人才培养方法和模式，助推全院学生分类、全面发展，不断拓展“五育并举”深度。

身为一个“准中年人”，从一名辅导员岗位成长起来的高校思政工作干部，面对新岗位、新职责，新任务、新要求，未来无论压力再大、困难再多，仍将继续坚守教育初心、继续深耕思政育人，以做好思想政治工作更大的决心和信心，保持自律上进、推陈出新、身体力行，力争做到学高与身正的统一、德育与智育的统一、个人与社会的统一，永葆新时代高校教师职业操守，以更佳状态、更大精力、更高标准、更严要求走好新时代“赶考之路”。

作者注

在日常工作交流中，很多年轻辅导员，特别是新入职辅导员经常问起，专职辅导员需要养成什么习惯、如何培养习惯。其实，很多小习惯，都是看似不经意的小行为、小做法，经过一点一滴长时间坚持就养成了。关键一点，无论什么习惯，做到坚持也唯有坚持才是最终、最好的奥义。可以说，过去20余年辅导员职业生涯，让我养成了很多好习惯，而今后的工作生涯中，诸多习惯一定将决定我、影响我、助推我不断取得新成绩和新发展。同时，我坚信，无论是辅导员工作，还是其他工作，个人越投入就越轻松、越自律就越自由、越谦和就越快乐、越努力就越充实，所以希望年轻辅导员在个人工作上更投入、更自律，在自身岗位上更谦和、更努力，以对工作保持热情、对生活充满激情、对学生深怀温情、对同事体现友情、对家人常怀感恩之心，切实在新时期辅导员平凡岗位上创造出不平凡的业绩，引导一代又一代的青年学生把握人生正确方向，促进健康成长。

（本文完成日期：2022年8月16日）

20余年学工情：坚持用心、用情、用爱让平凡的工作出彩

2000年本科毕业后，作为学院学生会主席，我有幸留校工作。2001年3月，因工作需要，安排我到学校学生工作处负责学生宿舍管理工作，从此开始从事学生工作。自2013年暑假，学校组织部门调整我到学院从事专职辅导员。2022年即将来临，我也即将迎来辅导员职业生涯的第22个年头。20余年来，我在各个工作岗位，勤耕不辍、倾情投入，不断加强政治理论学习、坚定政治信念，注重思政工作效果、坚持教育管理与服务育人相统一，恪守辅导员职业规范、完善工作方式方法，切实增强学工育人效果、提升创新服务水平。自2004年6月起，坚持18年撰写工作会议纪要520期，共240.23万字；自2009年10月起，连续12年记录工作日志8100条，共55.36万字；行程近4.61万公里对班级内34名学生进行了实地家访；坚持每年创新，累计学生工作实践、制度、理论等各类创新20余项；所负责的学生党支部获批首批全国党建工作标杆支部……利用业余时间切实加强自身科研能力，正式发表思政论文、网文四十余篇，主持思政课题三项，出版专著一部，撰写文稿80余万字；获校级及以上荣誉称号29项，校级及以上科研奖励23项。在20余年各个工作岗位上，我始终默默奉献在学生工作第一线，用满腔的热血挥洒着青春，用真实行动在全校学工队伍中树起了“爱生”“育人”的楷模，以实际行动成为一位深受学生爱戴、同事赞誉、领导信赖的优秀辅导员。2018年8月10日，《中国教育报》以“键盘敲出近4000条学生工作日志”为题，对我的个人事迹进行了长篇报道。

一、精准滴灌，提升育人实效——做学生信赖的“青春导师”

深入调研、精准施策、因材施教，不让一个孩子掉队。作为班主任，我利用外出学习培训、参观考察等一切时机，往返4.61万公里，行程13个省市20余个地区，对

全班38名同学中的34名学生进行了家访，与家长深入交流座谈，了解学生成长环境，并自费为每个家庭送去慰问品；根据每位同学专业技能水平、学习成绩及家庭经济状况，科学制定个人《大学学业成长规划指导手册》，每学期逐一进行“跟踪”指导、完善；悉心关照全班每位学生生活与学习，通过创建班级班委、全体学生，以及所有学生家长3个微信群，及时关注、掌握、沟通学生思想动态，准确掌握每位学生在学习、生活、交往等中的实际问题与需求，及时予以帮扶、解决；科学编排学期学业成绩，通过实施学生代码代替学生姓名等方式及时与家长进行充分的交流沟通，构建了畅通、良好的家校联合培养机制；利用组织召开“改革开放40周年”“中国共产党成立100周年”等主题班会等时机，先后多次自费购买生日蛋糕为38名学生过集体生日，让全班每位学生时刻享受家的温暖与关怀。“在2017级7班、8班这个大家庭里，时刻让每位同学感受到家的归属感、幸福感，”这是作为班主任，我在同学面前最常说的一句话！所带班级学生毕业前夕，一位毕业同学家长发来信息说道，“我的孩子，您的学子，长大成人要脱离我们的保护环境走向他向往的大自然了，我相信您对每届离开学生都很恋恋不舍，四年的朝夕相处那种胜似父母的师生情，尤其是您，儿子常夸您的崇高品德，几次我买了礼物想谢谢老师对他的关怀，我那傻儿子说我们杨老师不会收的，全部退回，现今社会鲜少这样的老师，儿子能在大学四年有这样的班主任教育、谆谆教导，我深感荣幸，再次感谢杨老师……”

作为分管学生工作的党总支副书记、副院长，我坚持强化教育载体，分类指导。针对家庭经济困难学生，实施定期逐一谈话制度，随时了解学生生活困难，并及时解决；针对助学贷款毕业生，持续10余年开展“七个一”诚信教育主题活动；针对大一入学新生，连续七年每年坚持与每人逐一谈话座谈，详细掌握其家庭经济状况及成长环境，以便开展后期资助帮扶指导。工作中只要有一点空隙时间，就联系学院学生到办公室促膝座谈、沟通交流。在我办公桌后侧的正面墙上，张贴着全院1200名学生信息卡，从学生个人基本信息到家长联系方式，做到“随找随查、随到随谈”。诸多被我“约谈”过的学生说：“在杨老师亲和的话语中，我深深感受到他对学生的真诚和热爱，特别是对我们学业与成长的关心和鼓舞，让我们有了更大的学习劲头和锻炼动力。”

二、夯实基础，勇树一流标杆——做辅导员岗位的“五星标兵”

我始终注重发挥高校思想政治教育工作的重要作用，从困难资助到宿舍管理，再到学团工作，又到党务工作，每项工作都下真功夫、下深功夫、下苦功夫，狠抓基础，细化环节，规范程序，追求一流。自2004年至今十七年时间，我先后制定实施220项制度方案，从起草、调研、完善，我都全程参与并反复论证修改，力求用制度优化、推进各项工作；我亲自设计各类学生工作表格、证明材料150余种，确保各项工作程序规范严谨，易懂易行。2009年，为了推进生源地助学贷款工作，我冒着酷暑，利用暑假整整两个月的时间，下县区、上网络，摸清了全省17地市及所辖163县市区资助经办机构的办事地点、联系方式，整理下发给学生和专职辅导员使用。据全省学生资助管理中心有关负责人说，“有关金融部门、教育部门及其他高校都没有想到的工作，居然让聊城大学做到了”。

一年365天仅有200个工作日，但我一有时间就“泡”在办公室，最多时一年能有330余天在办公室加班加点、学习制度、开展科研、交流座谈。坚实的工作基础，助推各项工作稳步开展。在我负责学校困难学生资助工作期间，学校助学贷款成功到账率、贷款金额及人数连续多年均居全省高校第一，在全省近100所高校开展的学生资助绩效考评评估中，综合考评成绩年年居首位；在我负责宿舍管理工作期间，连续多年无安全事故，在组织开展的全省高校学生宿舍检查评估中，我连续两周每天加夜班整理的评估材料，受到评估专家的高度认可；在我负责学院学生工作期间，在我的直接带领下，在组织全校25个学院开展的年度学团工作绩效综合考评中，从过去下游位次一直提升到全校前列，先后取得第六、第三、第一的好成绩。

三、创新载体，优化管理效能——做教育管理的“创新之星”

“苟日新，又日新，日日新”，作为新时代专职辅导员，我注重更新观念，善于创新。20年间，我大胆探索，注重交流调研，坚持每年至少一个工作创新，在辅导员不同的岗位上，创建了全省高校层面上20余项学生工作创新：最早推出宿舍楼层长管理机制，最早研发并实施集困难学生认定、勤工助学、助学贷款等为一体的《聊城大学困难学生信息管理系统》；率先组织开展校内困难资助工作督查督办表彰制度；率先创建独立的贫困生档案室；针对艺术类学生，重点加强学风考风建设，通过开展加强领导、完善制度、营造氛围、强化教育、全程监控、加大监督、严肃处理“七步走”，营造了浓郁的学习氛围。

2006年底，在设计开展2000余份调查问卷，并进行大量座谈调研的基础上，我在全省高校率先开展家庭经济困难学生认定工作，规范建立书面、电子注册档案。2008年，我又大胆尝试困难学生量化认定办法，一改过去仅凭家庭经济困难证明认定做法，对家庭经济状况实地调查、学习状况摸底等多个参数进行量化，通过三级指标

48项指标的动态变化，开展家庭经济困难学生精准认定，实现了困难学生从定性认定到定性与定量相结合认定的转变，充分保证了困难学生认定工作的科学性和实效性，并于2012年推广到全省高校量化使用。

特别是自2013年从事一线辅导员以来，我更是结合学院形势及工作实际，大胆开展多项实践、理论及制度创新工作，2013年创建学团工作“六化”体系（队伍“职业化”、制度“系统化”、教育“专业化”、管理“精细化”、党建“特色化”、服务“人性化”）；2014年实行学生党员“三阶段七环节”发展培养模式；2015年在宿舍创建学生通宵创作室；2016年围绕学风建设实施“十个百”学团提升工程；2017年实行学生党员量化积分考核办法；2018年提出辅导员科研工作“六步法”；2019年起每年三月至六月，组织全院学生党员开展“讲党性、重修养、强素质、敢担当、育新人”主题宣传教育实践活动季；2021年上半年、下半年，先后实施“146N”党史学习教育体系、“七个百”党史学习教育工程主题党日活动；2021年底，自主创建全校首个辅导员工作室团队——“创艺家”辅导员成长工作室，邀请全国最美辅导员、全国高校辅导员年度人物、全国辅导员素质能力大赛一等奖获得者等进行线上授课、培训，开创了新时期辅导员成长“14459”工作模式……这些都大大提升了学生工作管理水平与服务能力。

四、拓宽平台，高扬党员旗帜——做党性教育的“模范旗手”

我牢记思想政治教育工作的根本出发点和落脚点，努力创建工作品牌，于2013年11月在美术学院创建全省高校首个学生公寓“党建工作站”，充分发挥并彰显其独特的“张力”和“引力”，在宿舍区团结和凝聚学生党员及入党积极分子，助推广大团员青年成长发展，充分发挥党性教育对大学生思想政治教育的引领作用。

推行实施学生党员宿舍床铺、所在宿舍、服务承诺、教室桌椅“四公开”制度，接受广大同学监督，并把党员个人日常行为表现纳入毕业鉴定考核；致力于党员锻炼平台建设，逐步创建实践区、体验区、责任区、学习区、拓展区“五区”建设，连续9年坚持开展学生党员“八个一”实践活动；聘任学生党员担任低年级班主任助理工作，让其深入班级学生生活、学习、工作，提供全方位服务，以便进行深度体验；将所有学生宿舍楼划分安全责任区，让学生党员全面负责“责任区”日常管理；购置“百册经典”图书，设立“学习区”图书角，专门强化提高学生党员队伍理论水平；拓展党性教育区域，组织党小组先后到孔繁森纪念馆、莘县“鲁西第一党支部”等开展学习英烈及党性教育活动，切实增强学生党员的党性修养与道德修养，所负责的学生党支部于2018年12月获批教育部开展的首批“全国党建工作标杆支部”创建培育单位，并如期通过验收。作为全校唯一的全国党建工作样板支部，班子建设、制度体系、载体平台、特色措施等切实发挥了党支部在全校基层党组织中的示范和引领作用。

我特别注重通过网络加强学生党性教育学习，自2015年底实施“微信群教育计划”，通过组织全院学生党员创建“党建工作学习坊”，组织学生会主要干部创建“美院‘至真’协同发展会”，组织所带班级2017级7班、8班全体学生创建“美院‘尚美’学习之家”等多个微信群，定期传送党的会议精神、政策理论知识，截至2021年4月初，发布各类政治理论学习信息1762项，充分发挥自身在大学生思想政治教育工作中的引领作用。

五、鞠躬尽瘁，奉献成就大爱——做恪尽职守的“工作典范”

在辅导员岗位上，我始终对自己高标准、严要求，扎扎实实履行岗位职责，无论周末还是节假日，在办公室、教室或学生宿舍，都能看到我的身影。我每年坚持组织召开学生座谈会、调研会百余次；每周都安排至少四个晚上到宿舍区进行走访巡查，直至宿舍熄灯才放心离校回家；每周坚持利用周末时间到男生宿舍逐一检查，曾多次利用晚上熄灯前两三个小时的时间，连续深入200余间宿舍进行消防、违章电器等专项检查；对于学生反映的宿舍问题，第一时间赶到现场并妥善处理，经常加班至凌晨。在负责学生资助、宿舍工作期间，连续十二年的除夕夜，我放弃和家人团聚，坚持陪同留校的困难学生共享年夜饭。

我以坚强的毅力和信心扎实开展各项工作，自2004年6月独创起草首期工作会议要点至今，先后起草下发困难资助、宿舍管理、学团工作、党建工作各类会议要点520期，字数累计多达240.23万字，有效推进各项工作顺利实施开展；自2009年10月开始撰写工作日志至今，先后记载工作日志8100条，累计55.36万字，为全校年轻辅导员尽快熟悉工作提供了丰富的经验和参考。

工作期间，我注重开展大学生思想政治教育工作研究，先后发表学团工作理论论文近30篇、参编著作两部；同时，坚持7年时间，主要利用周末、晚上及寒、暑假时间创作了62万余字的专著《中国高校学生资助政策体系理论与实践研究》并由中国社会科学出版社出版。此外，致力于思想政治教育课题研究，主持并完成教育部人文社会科学研究课题、山东省高等学校人文社科项目课题、全国高校学生工作课题、校级工作立项各一项。

“我热爱学生工作，更热爱辅导员工作，我将坚持用心、用情、用爱、用功把负责的工作做得更好，”是我的职业誓言。多年来，我先后10余次参加教育部、省高校工委组织的辅导员培训研修，与全国的同人细心交流、虚心请教，仅2017年我先后到省内外二十余所高校进行实地参观交流，每到一处，抽出一切可利用的时机自主到学生宿舍、餐厅、图书馆进行体验学习。2018年6月，我作为“山东高校习近平总书记重要讲话精神讲师团”成员，先后为学校与聊城职业技术学院师生代表作了以“勇担时代大任，做德智体美全面发展的社会主义建设者和接班人”为主题的主旨发言交流。

爱心激发热情，奉献凝练价值。虽然工作中有苦有乐、有笑有泪，但我无怨无悔，因为我热爱所从事的辅导员事业。

“高校专职辅导员岗位使命神圣，学生工作乐趣无穷。真诚感谢辅导员工作事业，它是我生命中最重要的舞台，我愿为之付出毕生精力，继续我的‘辅导员’之梦。”未来，如有机会，我会重新选择辅导员岗位，坚持一直走下去！

作者注

根据学校工作需要和组织安排，2021年12月，我被选拔并任学院党委书记一职。可以说，留校工作至今，从一个普通教职工成长为学校中层领导干部，每一步发展和进步都是与学校组织、每位领导和同事的关心、支持及信任分不开的。面对新的岗位，在思想上政治上行动上更将始终与以习近平同志为核心的党中央保持一致，更加坚定扛起学院管党治党第一责任人的政治责任，与学院其他班子成员一道齐心协力，全面提升学院人才培养能力、学术创新活力和社会服务实力。回首过去20余年的学生工作经历，在每个辅导员岗位上，都努力将上级每项精神、每项部署领会得最好；将学校每项规定、每项要求执行得最好；将学院每项制度、每项措施落实得最好；将学生每项计划、每项活动实施得最好；将家长每项诉求、每项问题解决得最好；将个人每项工作、每项任务完成得最好。七千六百余个日日夜夜里，作为一名普通辅导员，坚持做到复杂的事情简单做、简单的事情重复做、重复的事情用心做，可以说每天都很繁忙、每天都很充实、每天都很精彩。今后，虽暂时离开学校学生工作系统，但未来，一定有机会再重新返回辅导员岗位，像大连海事大学教授曲建武老师那样，以一名普通辅导员身份，继续用心、用情、用爱陪伴并见证我的学生们一同成长！

（本文完成日期：2022年5月2日）

创建新时代“五有”标准高校辅导员工作室

——“创艺家”辅导员成长工作室“14459”运行模式构建

高校辅导员工作室作为新时期新兴的学习型、发展型、引领型组织，是充分发挥辅导员工作室主持人及其成员优势和特长，实现辅导员队伍和大学生群体共同培育和成长的有效途径，逐步成为推动新时代辅导员专业化职业化发展的重要形式和载体。聊城大学“创艺家”辅导员成长工作室，作为全校首个由学院自主创建的辅导员工作室，坚持有创建目标、有建设定位、有创建任务、有创建优势、有创建措施“五有”标准，经过近两年实践与探索，逐步构建了工作室“14459”运行模式，成功搭建了相互交流、共同成长、协同发展的平台，切实推进辅导员团队系统化建设，以及辅导员工作室品牌化建设。

“1”：明确一个创建目标

围绕立德树人根本任务，深入学习贯彻习近平新时代中国特色社会主义思想特别是习近平总书记关于教育的重要论述，紧密结合大学生成长成才需求及辅导员职业发展要求，吸纳更多政治强、业务精、纪律严、作风正的优秀辅导员加入工作室团队，定期开展实践探索、交流研讨、学术研究、工作创新等，整体提升辅导员综合能力和职业素养，促进辅导员专业化职业化发展，培养并树立一定数量有影响、有水平、有潜力的新时期优秀辅导员，努力打造学校大学生思想政治教育工作品牌。

“4”：明确四大建设定位

积极打造一支知识型、实践型、研究型、示范型辅导员个人及团队。

（一）在知识结构上，工作室成员能够深入学习并系统掌握马克思主义理论、哲学、政治学、教育学、心理学、管理学等学科基本原理和基础知识，大学生思想政治教育专业基本理论、基本知识、基本方法等专业知识、法律法规知识，以及辅导员职业能力标准等职业发展知识。经过知识学习、积累和储备，使其自身知识结构具有相当的广度和深度。

（二）在实践能力上，工作室成员通过自身实践、经验交流和借鉴，能够掌握丰富实用的工作技巧，具备扎实细致开展大学生思想政治教育、深入指导学生成长与发展、高效服务学生日常事务的组织、管理、服务、教育及实践能力；根据个人发展规划，积极考取心理咨询师、创业教育培训师、人力资源管理师等有关资格证书，实现一专多能。

（三）在研究水平上，工作室成员能够结合工作实践与探索，养成并坚持“在工作中加强研究，在研究中促进工作”良好习惯，积极撰写网文、工作案例、学术论文、研究报告或著作；针对新时期大学生思想政治教育工作热点和难点，聚焦某一专业化方向，积极开展专题研究，以较高的科研水平，申请并主持与大学生思想政治教育相关课题和项目。

（四）在作用发挥上，工作室成员能够以较强的工作能力指导所在学院、学校其他辅导员开展工作实践、工作研究、工作创新；以较高的综合能力带动并推动所在学院、学校大学生思想政治教育和党建工作，切实起到发挥示范引领作用。

“4”：制定四大创建任务

（一）培育、孵化优秀辅导员及辅导员名师。将工作室成员培育成校级优秀辅导员、“十佳辅导员”，乃至全省、全国高校辅导员年度人物、最美辅导员；引导工作室成员创建并孵化院级、校级辅导员工作室，拓展个人专业成长和发展空间及平台。

（二）形成一系列工作室建设制度。围绕工作室运行模式，团队成员选拔、退出机制，考核考勤等，制定工作室相关规章制度，健全较为完善的辅导员工作室制度体系。

（三）打造、培育具有一定特色和典型性经验，可复制、可推广的工作室精品项目，以及一批在校内外具有影响力的大学生思想政治教育工作协同育人平台。

（四）产出一系列理论研究成果。聚焦工作室成员集体智慧，积极探索新时期大学生思想政治教育工作新途径、新方法、新思想，公开发表一定数量的学术论文、高质量网文，出版相关专著，获批相关思想政治教育研究课题和项目。

“5”：发挥五大建设优势

（一）强大的团队优势。工作室实施首位主持人、主持人、执行主持人制度；首批十五名成员性别年龄、学历学位、职务职称、学科专业等科学合理；整体比较年轻，十二位成员为“90后”；均具有研究生学历。根据学校人事调整，工作室及时纳新，保障工作室团队稳定。

（二）较好的学术积累。工作室成员工作水平及理论功底较好，三位主持人思政工作经历均9年以上，其中两名具有高级职称、四名具有中级职称；工作室主持人、执行主持人均主持过相关课题。

（三）足够的经费保障。依托学院创建，学院高度重视，给予充分的经费支持；学校学生工作部门给予专项经费支持。

（四）充足的场所保障。设有学院党员活动室、“党员之家”、多功能厅，以及学校学团部门报告厅、会议室等保证工作室日常工作的开展。

（五）丰富的学脉资源。工作室首位主持人与全国最美高校辅导员、全国高校辅导员年度人物、全国辅导员素质能力大赛获奖者，以及校内外思政专家学者保持学术交流与沟通。

“9”：推进九项措施

（一）制定实施《聊城大学“创艺家”辅导员成长工作室章程》，明确工作室定位与建设目标、主要任务、人员构成与主要职责等，作为工作室总遵循。

（二）采取“团队组建+模块运作+系统支撑”运作模式运行。工作室成员自主组建专业团队开展课题申报与项目建设；结合学生实际需求和自身优势，鼓励申请并单独创建个人工作室（校级或院级）；依托学校、学院资源，工作室组建团队，工作室各成员组织其他辅导员作为支持，进行模块运作。

（三）工作室划分五个学习小组，定期召开工作室建设月度（季度）推进会，打造成不同成长层次、不同研究主题、不同发展方向的“学习共同体”“发展共同体”“育人共同体”，从而推动工作室长足进步及其每位成员专业化职业化稳步发展。

（四）健全工作室组织机构，成立宣传报道、研究资讯、制度建设、活动策划、组织保障、考核监察六个职能组，明确分工、强化职责。

（五）建立辅导员专家名师人物储备库，将全国“最美高校辅导员”、全国高校辅导员年度人物、全国辅导员素质能力大赛一等奖获得者、全国网红辅导员等纳入工作室名师人物储备库（首批三十余人），以供定期交流指导。

（六）实施工作室成员（组）量化积分办法。制定量化积分标准，根据成员或学习小组对课题、论文等科研成果的积累，以及参加集体学习培训、素质拓展等定期进行积分排名。

（七）定期邀请全国高校辅导员年度人物、全国最美高校辅导员，全国辅导员素质能力大赛一等奖获得者等杰出辅导员举办主题沙龙、专项讲座、学术论坛。

（八）开展“一刻钟”微言微课（“一刻钟”微课堂），由工作室成员结合自己遇到的工作难点、高校思想政治教育工作最新热点、重点，以及工作室安排的假期学术思政论文精读任务，分期举行主题发言、交流、分享。

（九）与哈尔滨师范大学“新时代 新青年 新担当”辅导员名师工作室、高校辅导员工作室（原“江西理工大学发哥辅导员工作室”）等全国知名辅导员工作室加强联系、密切合作，并联合开展线上大型讲坛、学术沙龙等，组织工作室成员积极参与主持等。

作者注

针对学校自2018年新入职辅导员个人实际和发展需要，决定以个人资源和力量，全力进行辅导员队伍素质提升和培养，最好办法和最佳平台就是创建并依托辅导员工作室，以便新入职辅导员更好、更快成长和发展，从而以更高水平和能力服务学生、指导学生。经过前期近两年的策划、筹备，于2021年10月，自主创建全校首个辅导员工作室团队——“创艺家”辅导员成长工作室，以所在学院六名辅导员队伍为基础，面向全校吸纳优秀年轻、有发展潜力的九名新入职辅导员教师，组建工作室首批辅导员专业团队。在近两年运行中，立足学校、学院实际，以及工作室队伍实际，围绕“四个一”工作室核心目标（即培育一支有理想有担当的思政团队、创建一个有特色有影响的育人平台、打造一批有亮点有创意的精品项目、形成一套有质量有价值的科研成果），坚持目标导向、任务导向，基本做到与学校学院要求同步、与辅导员自身发展同行。展望未来，“创艺家”辅导员成长工作室一定以品牌化、系统化的独特优势，打造成一支专业化职业化辅导员队伍。

（本文完成日期：2023年8月15日）

我的职业生涯前半场

——“123456789”辅导员职业成长发展模式

2019年是中国共产党成立98周年，也是中华人民共和国成立70周年。随着2019年的结束，我从事辅导员工作整整18年，占据我人生工作岗位中一半的时间。在我的辅导员职业生涯前半场中，一路坚持，用心去想、用爱去做、用情去干，形成了“123456789”辅导员职业成长发展模式，努力谱写个人成长发展“最美”之路。

“1”：坚持一个工作目标

始终以个人最大努力，坚持简单的事情重复做、重复的事情用心做，努力把辅导员平凡工作完成最完美。

“2”：遵循两个工作理念

始终遵循“立德树人、以生为本”工作理念，以“因事而化、因时而进、因势而新”为指导，坚持将学生日常思想政治教育工作贯穿到教育教学全过程，实现全程育人、全方位育人，为所有学生成长成才做贡献。

“3”：把握三个发展方向

从学生工作岗位到学院专职辅导员，随着形势变化和学生工作特点，聚焦新时期学校、学院学生思想政治教育工作中的重点难点，立足工作实际，提高认识、转变观念，创新性开展工作实践与理论研究，不断激发自身内生动力，从而助推个人向辅导员职业化、专业化、专家化方向发展。

“4”：保持四种工作状态

在每个岗位，牢记辅导员使命、牢记工作性质，尽职尽责履行岗位职责，忘记个人年龄身份、忘记个人工资待遇、忘记个人职务职称、忘记工作中的烦恼枯燥；与他人不攀比、和工作不较劲，始终真心工作、细心管理、贴心服务，时时换位思考，主动站在学生、家长及社会立场上思考问题、处理问题，处处赢得学生及其家长的信任、理解和支持，不断取得工作上的突破。

“5”：整合五大工作力量

注重整合并发挥学院学生干部、专业教师、团委同人，以及学院领导、学校职能部门协同作用。通过加大学习培训、素质锻炼、交流指导等，切实提高学生会、班委等学生干部队伍工作能力；通过主动对接、主动调研、征求意见等，积极发挥专业教师在学生工作管理中的专业引导、技能提升、思想指导等巨大作用和独特优势；通过召开辅导员周例会、工作调度会，加大对外交流、开展学术培训、加强一对一深度沟通等，充分了解并掌握学院每位辅导员工作实际和发展需求，切实提高学院辅导员队伍凝聚力和向心力；通过摆困难、提要求，及时征求学院领导意见指导等，积极取得学院领导认可与支持，为顺利开展各项工作提供足够的人力、物力、财力等保障；通过主动汇报、创新工作、提出建议等，积极取得学校职能部门关注与指导。

“6”：完善六类工作档案

坚持制定并不断完善工作计划、工作总结、会议纪要、工作日志、通知方案以及规章制度六类材料档案。提前制订可实施、可落地，符合实际和要求的各类工作计划，从日计划到周计划、从月计划到学期计划、从年计划到三年至五年中短期计划，为推动、落实各项工作提供参考；及时做好各类工作总结，从主题活动、日工作、周工作“小结”，到月工作、学期工作、年度工作“大结”，定期总结经验、查找不足，不断提高工作实效性；持续做好工作纪要编写，不断完善各类工作纪要形式和内容，及时下发相关人员参考使用，确保各项具体工作落实落地；坚持每日做好工作日志纪实，做到当日事当日毕，为日后总结、查询提供依据；做好各类工作通知及各类活动方案制定与实施，做到精神全领会、通知全覆盖、执行全到位；制定、修订、细化各类规章制度和条例细则，切实健全体系机制，确保各项工作有章可循、有规可依。

“7”：强化七大工作重点

重点强化七大工作重点，一是强化学生安全管理，通过率先禁止学生驾驶摩托车、机动车，定期开展宿舍消防、夜不归宿等专项检查，消除学生安全隐患；二是根据学院发展和形势变化，及时制定、修订并建立学院科学合理、行之有效的系列规章制度；三是注重个性学生群体成长发展，加大对父母婚变、经济困难、心理异常、情感挫折、性格孤僻等各类学生群体关心、关怀与关爱，减轻、减少各类因素对学生的压力和影响，助推其健康成长、安心学习；四是强化学院文化建设，通过创建教学（楼）教室、走廊文化专区，设立学生公寓（楼）宿舍内外文化专栏等，切实推进学院文化载体建设、文化形象建设、文化活动建设等，引领学生增强文化自信；五是大力组织学生按年级、按专业，分类参加省级以上专业竞赛，切实培养和增强学生实践能力和专业技能水平，同步提高学生团队协作能力和沟通能力；六是加强自身理论研究，通过撰写思想政治教育论文、申报项目课题、发表网络文章等，做到工作实践与研究水平“双提高、双促进”；七是强化工作创新，坚持问题导向、目标导向、效果导向，紧密结合学生特点和专业优势，坚持每年工作创新，通过实践创新、理论创新、制度创新、平台创新、载体创新等，不断开创学生工作新局面。

“8”：养成八个工作习惯

在21年辅导员职业生涯中，养成并坚持理论学习、参加高层次培训、开展专题调研、保持良好心态和情绪、创造特色亮点、进教室听课、延长下班时间、争创第一的八大良好习惯。通过学校、学院组织集体学习，个人自学、主动学、外出学、线上学，在理论学习、广泛阅读中丰富自身辅导员专业知识，切实提高自身政治理论水平和业务能力；通过主动报名、以文参赛，以及学校、学院选派和组织推荐等，积极参加校外、高层次思想政治工作学术会议、专题培训等，不断拓宽个人视野、提升自身格局；定期开展学生工作各类专题、专项交流座谈和走访调研，及时发现并掌握工作中存在的现实问题和真实矛盾，从而提高个人工作的前瞻性、针对性和实效性；面对学生的违纪犯错、质疑和抱怨，以及个别学生家长负面和不稳定情绪等，通过各种方式方法及时调节个人心态，切实缓解自身焦虑和紧张情绪，养成并保持良好心态和情绪，高质量做好各项工作；面对新形势学生工作新情况新问题，每年坚持工作创新，通过实践、制度、理论、平台、载体、方法等各类创新，不断开创学校、学院学生工作新局面；作为专职辅导员，每周至少一次，甚至两次或更多，抽出专门时间独自走进合堂教室或专业教室听课，全面掌握和客观评价学院教师教学效果、学生课堂出勤和学习纪律等情况，以便为加强学院学风建设、提高教育教学效果和质量提高依据；坚持下午下班延长一小时，主要用于撰写、记录当天工作日志，梳理次日工作计划任务，当面办理、集中处理学生请假及各类事务工作，既增加了为学生服务时间，又提高了自身工作时限的有效性；坚持把每项工作、每件事情做到最好、最极致，把每个方案、每份材料写得最优、最精致，努力做到学校相关工作在全省保持领先地位、学院学生工作在学校保持前列，通过树立“争创第一”意识，切实实现个人工作、学院工作实现“双突破”和“双超越”。

“9”：注重九项工作内容

紧扣立德树人根本任务，牢记高校辅导员誓词，紧密围绕辅导员“九大职责”和“十大育人体系”，坚持“三全育人”“五育并举”，恪守新时期辅导员职业规范，结合学校学院实际和学生特点，通过加强顶层设计、制定任务清单、明确责任分工、狠抓重点难点、采取分类推进、强化检查监督等，注重做好学院学风建设、困难学生资助、学生公寓管理、心理健康教育、学生创业就业、基层党建引领，以及学院共青团工作、思政课程、学生网络思想政治教育九项工作内容，稳步促进学生成长成才成功，推动学院学生工作高质量发展。

作者注

人的一生短暂而又漫长！如按60岁退休计算，从大学毕业留校工作至退休，也就短短36年。很庆幸第一个18年一直从事辅导员工作，从最初开始从事辅导员工作，到后期调整到不同岗位，越来越喜欢、越来越擅长、越来越离不开这份职责、荣誉都很沉甸的光荣职业；无论什么时候，提到辅导员工作，内心中就不由自主充满激情和力量，感受到热情和温暖，以及从中获得的乐趣和幸福，并拥有进一步努力克服工作中的种种困难和压力及持续一生做好辅导员工作的勇气和能力，可以持续培养更多优秀的新时代大学生、持续获得更大更多更好的成绩，希望未来的第二个18年在辅导员岗位上能够实现！即便哪天离开辅导员岗位，也真诚渴望像“时代楷模”、大连海事大学曲建武老师那样，完成学校党委和组织安排的职责任务后，有机会重新回到辅导员岗位，再次以一名专职辅导员身份，继续从事并做好新阶段、新征程大学生思想政治教育工作。

（本文完成日期：2020年3月20日）

下 篇

理论篇

高校思想政治工作须做到“十个坚持”

习近平总书记在全国高校思想政治工作会议上强调：“高校思想政治工作关系高校培养什么样的人、如何培养人以及为谁培养人这个根本问题。”为此，开展并做好高校思想政治工作是履行高校最核心与最基本职能“人才培养”，以及实施高校最中心任务“立德树人”的关键和重点。只有坚持并推进大学生思想政治工作，才能更好地开创我国高等教育事业发展新局面，才能为中国特色社会主义事业培养更多全面发展的合格建设者和可靠接班人。

一、牢固马克思主义指导地位，坚持办学方向不能变

我国是以马克思主义为指导的社会主义国家，坚持以马克思主义理论为指导的社会主义办学方向绝对不能变，它是中国特色社会主义大学建设与发展的必然要求。要在高校思想政治工作的开展中，牢固树立马克思主义指导地位。只有坚持马克思主义指导地位，高校才能切实远离市场经济体制改革带来的经济驱使，才能稳步深化政治观念，才能坚守社会主义文化和意识形态阵地，才能自觉遵循高等教育为社会主义、为人民大众服务的宗旨，确保为中国特色社会主义建设提供强大的政治保障。

二、落实上级决策部署要求，坚持党的领导不能变

中国共产党是建设中国特色社会主义事业的领导核心，坚持党的领导是我们做好一切工作的前提和保证。高校党建是全党建设的重要组成部分，是办好中国特色社会主义大学的根本保证，只有坚持党的领导，才能培养出大学生过硬的思想政治素质，才能为开展大学生思想政治教育工作提供组织、思想保证。习近平总书记强调：“高校党委对学校工作实行全面领导，承担管党治党、办学治校主体责任。”只有坚持党的领导，才能不折不扣地贯彻好党的决策部署、落实好中央大政方针、实施好国家高等教

育发展规划；才能围绕高校党委这一领导核心，将学校党委、行政高度融合为有机整体，切实抓好大学生思想政治工作责任制；才能促进大学生党建工作与思想政治工作有效融合，不断发挥高校各级党组织的战斗堡垒作用，把党对高校思想政治工作要求真正落到实处。

三、强化思想政治育人功能，坚持立德树人不能变

高校思想政治工作是高等教育事业发展的重要组成部分，推动高校思想政治工作发展并增强其育人功能是提高我国高等教育水平与质量的重要途径。习近平总书记明确指出要坚持把立德树人作为中心环节。在全面实现中华民族伟大复兴中国梦、全面建成小康社会决胜阶段的关键时刻，只有坚持立德树人，把大学生思想政治工作融入教学科研、实践实训等各个环节，注重强化高校思想政治工作育人功能，才能切实增强大学生思想政治工作的针对性和实效性，才能完善健全高校践行社会主义核心价值观长效机制，切实为深化高等教育综合改革、推进高校“双一流”建设及转型发展提供坚实的思想保障。

四、提高教育管理服务水平，坚持学风建设不能变

创建优良的学风建设是实现高校可持续发展的永恒主题，是提升办学质量、促进高等教育改革的重要环节，对提高大学生思想政治工作，特别是增强大学生思想政治综合素质具有重要的推进作用。我们要通过学校教学科研、行政管理、后勤服务等各部门，立足教育机制、管理体制、服务体系健全于一体，齐抓共管、通力合作，稳步提高学生好好学习、教师好好教学、管理人员好好服务的主动性、积极性和创造性，实现严谨教风、扎实作风，以及优良学风建设发展的科学化、常态化，切实把高校思想政治工作贯穿教育教学全过程，实现全程育人、全方位育人。

五、注重不同群体成长规律，坚持分类指导不能变

开展大学生分类指导是提升高校思想政治教育工作质量的必然选择和必然要求。当前在校大学生以“00后”为主体，时代与社会影响塑造了其不同于以往的独特性格，我们应注重经济困难、学习困难、心理问题、迷恋网络，以及身陷校园贷、传销、非法组织等各类学生群体的教育指导，遵循“以人为本”“因人而教”“适人而导”原

则，采取“按类分析—专项教育—正面引导—个性发展”措施，切实做好不同学生群体的个性化自由发展与全面发展，从而不断增强高校大学生思想政治工作成效。

六、提升专兼职辅导员能力，坚持队伍建设不能变

高校专兼职辅导员队伍是大学生思想政治工作队伍的重要组成部分，其职业素质、职业能力的高低，直接影响甚至决定着大学生的成长成才，并直接关乎高校思想政治工作的成败。只有坚持并重视专兼职辅导员队伍建设，采取按比例配足配齐、高层级培训学习全覆盖、破解职称职务发展瓶颈、强化杰出人才培养专项计划、增强岗位职责使命、加快专业化与职业化建设步伐等措施，切实提高辅导员队伍的思想水准和职业素质，实现辅导员人人具有“辅之以策，导之以路，圆之以梦”的职业能力。通过培养造就一支支“政治强、业务精、纪律严、作风正”，能够“想做事、能做事、做成事、做实事”的辅导员队伍，切实为加强大学生思想政治工作提供有力的队伍保证。

七、增强理论课程教学效果，坚持课堂主导不能变

大学生思想政治理论课堂是高校思想政治工作的主要阵地和重要平台，其课程教学是开展大学生思想政治工作的中心环节，课堂教学质量的好坏直接影响大学生思想政治理论课程的实效性和针对性，并最终决定高校思想政治工作效果的时代性和持久性。我们要坚持增强大学生思想政治理论课程效果，逐步扭转思想政治课任课教师理论素养不高、教学师德不强、教学技能不足等劣势，稳步改变思想政治课的课堂教学方式不灵活、教学内容不新颖、教学气氛不活跃等弊端，让任课教师不再“灌输式”地讲授“虚话”“官话”“套话”，而是传授“实话”“真话”“正话”，让学生内心深处想学、愿学、真学，从而把思想政治理论课堂打造成宣讲党的路线方针政策的平台、传播社会意识形态的平台、促进大学生健康成长的平台，切实发挥思想政治理论课堂教学主渠道作用。

八、改善校园教育教学环境，坚持文化育人不能变

习近平总书记特别强调：“要更加注重以文化人、以文育人。”校园文化作为高校赖以生存发展的精神支撑，是大学文化的主要体现形式，同时作为凝聚学校办学追求和办学目标的载体，对加强高校思想政治工作具有越来越凸显的推动作用。要坚持注

重构建以社会主义核心价值观引领大学文化建设的长效机制，让高校切实担负起传播、传承优秀传统文化与人生理想信念的重大使命。我们要通过改善师生工作学习生活条件等校园环境，强化富有高校自身特色的校园文化精品项目、品牌活动等软实力建设，实现校园文化时时感染人、处处教育人，让大学校园成为全社会的文化高地、成为引领和示范优秀传统文化的重要窗口、成为提高青年大学生综合素质的主要阵地，切实发挥校园文化的育人功能。

九、发挥思政网络传播优势，坚持舆论引导不能变

新媒体时代网络技术、移动终端快速发展和普及，以被誉为“第五媒体”的手机为主要形式的网络媒体成为大学生学习生活不可或缺的必需品，因自身具有内容的多元性、传播的时效性、携带的普及性等诸多优势，在大学生思想政治宣传工作主导性媒介中发挥着其他传统媒体不可替代的重要作用。习近平总书记明确强调：“要运用新媒体新技术使工作活起来，推动思想政治工作传统优势同信息技术高度融合，增强时代感和吸引力。”为此，我们要充分利用并挖掘广阔的网络空间资源，让大学生随时随地关注高校思想政治工作中的热点和难点、国内国际重大经济政治时事看点等，并时时刻刻学习现实中优秀的典型事迹、先锋榜样及实践发展经验，切实打造“互联网+”大学生思想政治教育工作网络阵地，不断巩固高校思想政治工作网络传播平台建设。要通过坚持正确、权威的舆论引导，准确掌握思政媒体宣传方向的前进性、工作的主动性，进一步发挥思政网络教育优势对当代大学生的思想引领，为高校思想政治工作开展营造健康向上的、富有时代主旋律的网络环境。

十、紧跟时代步伐与时俱进，坚持创新发展不能变

党的十八届五中全会提出的新发展理念是当前中国发展之道，正推动我国经济社会发展的新跨越。同样，新形势下高校思想政治工作更应该与经济社会发展同步，紧跟时代步伐、与时俱进，在遵循思想政治工作规律、遵循学生成长规律的基础上，坚持传统继承和创新发展相结合，不断改善大学生思想政治工作方法、完善高校思想政治工作体制机制，真正做到高校思想政治工作因事而化、因时而进、因势而新，为社会主义现代化建设多出人才，出好人才、有用之才，把当代大学生培养成对信仰理念有恒心、对党有忠心、对人民有爱心、对社会主义事业有热心，德才兼备的优秀人才，待21世纪中叶，争取人人成为社会主义建设的中流砥柱。

加强并坚持高校思想政治工作是中国当今时期的一项重大使命，是着眼于我国“两个一百年”的奋斗目标，统筹推进人才强国的重要举措。“种树者必培其根，种德者必养其心”，让我们以高度的政治责任感和紧迫的时代使命感，紧紧团结在以习近平同志为核心的党中央周围，认真落实全国高校思想政治工作会议精神，以及关于加强和改进新形势下高校思想政治工作的意见等要求，不忘初心、砥砺前行，努力开创我国高校思想政治工作的新局面！

作者注

全国高校思想政治工作会议于2016年12月7日至8日在北京召开。中共中央总书记、国家主席、中央军委主席习近平出席会议并发表重要讲话，其重要讲话精神在全国高校引发了热烈反响。作为地方高校一名从事大学生思想政治教育工作的专职辅导员深受鼓舞，在深刻认识做好高校思想政治工作的重大意义、目标任务和基本要求的同时，更要从理论的高度、实践的广度、研究的深度进一步认识加强高校思想政治工作的紧迫性，从而切实增强自身工作的责任感使命感。

（本文完成日期：2016年12月25日）

国家奖助学金评定发放须严把“十关口”

国家奖助学金制度，作为一项政府指令性政策，是高校学生资助政策体系中的重要组成部分，其目的主要是激励大学生勤奋学习，在德、智、体、美等方面得到全面发展和提高，同时使家庭经济困难学生的学费和生活费得到很大程度的解决。其中国家奖学金是向优秀学生颁发的奖金，用以表彰和鼓励先进，为优秀学生完成学业提供经济保障，颁发的首要标准是自身学习优异程度；而国家助学金是向家庭经济困难学生发放的救助金，用于减轻学生经济压力，帮助困难学生不因家庭经济原因而辍学，发放的首要标准是家庭经济困难程度。高校是国家奖助学金评定发放的贯彻者、组织者，所属二级学院是国家奖助学金评定发放的具体实施者、落实者，针对国家奖助学金政策宣传不到位、奖励资助对象评定不精确、获奖受助学生信息保护不严密、育人功能不突出等问题，高校及各院系只有严把政策“宣传关”、程序“规范关”、资格“入口关”、院系“评审关”、信息“公示关”、学生“思想关”、资金“发放关”、使用“监管关”、节点“时间关”、全程“育人关”十关口，才能切实做好国家奖助学金评定与发放工作，促进奖励资助资源公平、公正、公开，从而确保国家奖助学金达到资助育人之目的。

一是严把政策“宣传关”

注重加强“三大节点”，切实增强国家奖助学金政策宣传执行力度和舆论引导力度。一是在宣传时间上，注重加大在新生录取、入学及评选前对国家奖助学金政策宣传力度，进一步把握发放录取通知书、入学教育等敏感期宣传效果，不断扩大校内各个学习阶段政策宣传跨度，提高学生了解掌握政策的深度和广度，借此也减轻部分低年级学生因家庭经济困难而产生的挫折感及学习消极心理，从而也增强勇于挑战困难、奋发攻读学业的信心。二是在宣传内容上，围绕国家奖助学金政策设置原则、实施目的、申请程序、用途监督，以及政策整体执行完善情况、优秀困难学生典型事迹等内容进行重点宣传，通过开设政策解读第二课堂、专题讲座、辅导论坛等形式，让在校学生人人掌握国家奖助学金政策的申请条件、评定步骤等，并通过身边的榜样，不断激励自身努力学习，积极培养自强不息、奋发进取精神。三是在宣传载体上，充分利用校电视台、校广播台、校园网、校报、宣传栏等传统媒体，以及微信公众号、微博、手机报、数字广播等新兴媒体做好国家奖助学金评选政策宣传工作，而对实习支教、创业锻炼等在校外学生，以电话或飞信方式一一通知本人，做到“人人能知、人人详知”，实现国家奖助学金评选政策宣传“无缝隙、全覆盖”。

二是严把程序“规范关”

国家奖助学金评定工作具有较强的政策性、系统性，为此要确保学校国家奖助学金评定工作程序规范、流程统一，上报系统所填信息、数据等内容前后一致，操作严谨、熟练而无疏漏。一是组织召开国家奖助学金评定工作专项部署与系统培训会，让各院系专职辅导员熟知相关文件精神、政策规定与要求，使其清晰掌握评选标准及评定流程，并现场观摩、上机练习评选信息系统的操作，从而减少在院系评选过程及系统填报信息过程中的失误，提高各个环节的准确性。二是制作国家奖助学金评选材料及系统上报资料样本，为各院系组织开展评选具体工作提供统一参考模板，以切实提升学生申请、班级推荐、院系评议、学校评定等各个环节中的精准评选能力与评定水平。三是注重通过创建评定工作微信平台加强国家奖助学金评定工作专职辅导员的交流研讨，以便及时处理解决各院系评定工作中出现的各种问题、困惑，从而提高学校总体评定工作的高效性。

三是严把资格“入口关”

精准确定国家奖助学金入选对象是做好国家奖助学金评定工作的基础。一是学校应制定详细评选工作实施方案，细化评选条件，从家庭经济困难状况、学业成绩、综合表现（综合素质测评）、社会实践等多方面进行综合考评，为学院开展具体评定工作提供重要参考。二是学院注重入选学生资格审查，通过入选学生名单信息与注册学籍学生信息对比、核查学生最初入学第一手填报真实资料等，切实做细做实国家奖助学金评定资格初步审查工作。三是学院组织开展“覆盖式”的一对一访谈调研，主动征求广大学生对初步入选学生的意见与建议，从而也避免因填报资料信息不完整、有意隐瞒家庭经济困难程度等原因，及其他重点优抚对象等符合奖励与资助资格的学生被拒之门外，以免违背国家奖助学金设立的初衷。四是根据国家奖助学金奖励与资助标准，结合学生学费缴纳、生活消费调查评价，重点做好入选对象学业成绩、综合测评等审查工作，杜绝不符合条件的学生进入评定范围，确保入选对象资格真实、有效、合规。通过加强资格审查，充分发挥国家奖助学金评选工作的“教育辐射”作用。

四是严把院系“评审关”

严格评审国家奖助学金最终主体是做好国家奖助学金评定工作的关键。一是充分发挥学校学生奖励资助评审委员会（学生奖励资助评定工作领导小组）、院系学生奖励资助评定工作小组工作职能，强化在国家奖助学金评审工作中以学校为主导、以学院为主体、以班级为中心的“三级评审”体系。二是增强院系评议环节效果，注重推荐选举品德高尚、责任心强，为人做事公平公正的普通学生代表、学生干部代表组成的评议小组，让其充分参与评议过程，评审结果并经学生代表集体审议通过，确保评定结果更公平、更公正。三是结合学校及学院工作实际，积极探索并实施国家奖助学金评定量化模式，通过实行评选指标定性与定量相结合，实现国家奖学金与助学金评选标准导向的差异化，在减少人为主观因素的同时，切实增强国家奖助学金评定工作的科学性、合理性。

五是严把信息“公示关”

对国家奖助学金评定结果进行严格规范公开公示，接受广大师生监督。一是规范国家奖助学金公示内容，坚持“简洁够用、清晰易懂”原则，客观公示获奖受助学生姓名、院系、年级、专业、班级等基本信息，严禁公示学生身份证件号码、家庭住址、电话号码、父母姓名及银行卡号等个人敏感信息，切实保护好学生个人信息和隐私，维护学生合法权益。二是加大评定结果公示力度，在学院教学楼、宿舍楼及所涉及的班级进行公示，确保让班级每位成员“知情熟情”。三是拓宽监督举报渠道，设立专用监督举报电话、意见箱、电子邮箱及接访专职辅导员，对师生反映的意见与异议一一记录，并对公示期间师生反映的问题安排专人及时回访，及时做好调查处理。四是合理设置学院、学校公示期限，科学延长院、校两级公示期限跨度，增加学生反映时间与空间。通过严把信息“公示关”，既确保了学生信息安全、规范，又提高了国家奖助学金评定结果的客观性、公平性。

六是严把学生“思想关”

国家奖助学金设立的目的是激励在校学生能够全身心投入学习中，而不是对学生，特别是对家庭困难学生的施舍，为此，要关注了解国家奖助学金评选过程中学生的思想动态，只有掌握学生思想状况并及时做好思想政治教育工作，才能真正发挥国家奖助学金的正向导向作用和激励功能。一是加大对符合评选资格对象的引导，鼓励符合评定标准的学生积极做好申请手续办理，使其主动“对号入座”；同时，让其远离、拒绝社会造假等不诚信行为的影响或腐蚀，杜绝发生评议拉票、证明作假、徇私舞弊等违规现象。二是通过深入学生采取一对一座谈交流、集体座谈会及问卷调查等方式广泛调研，积极听取广大学生的意见，及时掌握国家奖助学金评定期间学生思想动态，针对国家奖助学金设立目的、评选意义认识不到位、不全面等问题及时做好有效的思想政治教育工作，消除任何学生“等、要、靠”依赖思想与“强、分、轮”错误想法，维护国家奖助学金的尊严。

七是严把资金“发放关”

资金发放是做好国家奖助学金评定工作中的重点，只有严把资金“发放关”，才能确保国家奖助学金足额、及时、精准、快捷发放到位。一是严格执行奖助学金通过学生个人银行卡发放现行形式，完全防止下发资金在发放过程中截留、挪用和虚报冒领等违规行为和不良现象，保证国家奖助学金准确及时发放到学生手中。二是提高奖助学金项目发放透明度，对资金拨付来源、到位时限、下发期限及资金划拨进度等实行阳光操作、公开透明，确保学生的知情权、监督权、参与权，在让学生随时掌握奖助学金发放进展的同时，又减轻了学生急切的盼望等待心情。三是积极探索并推行奖助学金划款放款新方式，借鉴金融机构代发工资津贴等保障经费实时到账模式，尝试由学校所属上级教育财政部门直接通过金融部门，以微信支付或支付宝平台等第三方支付机构直接拨付到学生账号，从而减少学校划款中间环节，既缩短奖助学金周转时间，避免学校以统筹名义克扣、截留、挤占奖助学金，以及在报送、汇总学生账号等过程中出现人为失误、资金无法到账或下发到他人账号现象，又提高了奖助学金发放效率和准确率。

八是严把使用“监管关”

引导学生合理支配和使用奖助学金是国家奖助学金评定工作中的难点。一是强化学生自觉，由院系利用资金发放前夕组织获奖受助学生签订合理使用国家（专项）奖助学金自律承诺书、告知书，积极引导其将奖助学金用于学业与生活支出，以此提高学生个人合理使用奖助学金自觉性。二是丰富教育载体，通过班级、院系微信公众号及班会等方式，加强同学之间相互监督，严禁所下发奖助学金在班级、宿舍进行二次分配，严禁获奖受助学生将资金用于请客吃饭、购买奢侈品或其他不当消费。三是加大监管力度，各院系组织辅导员、班主任向获奖受助学生家长发送奖助学金发放使用温馨提示信息，让家长监督学生合理使用奖助学金，协助学校共同做好获奖受助学生的教育监督工作。四是做好违规处理，按照“有事必查，有查必果”，对发生将奖助学金与他人均分、用于班级活动或宴请其他同学的，坚持学校统一收回其获得的奖助学金并严肃处理；对于学校及院系擅自截留、挪用、骗取等违法行为的，须严肃追究相关责任部门及个人责任，避免国家教育资源浪费、违规使用现象。

九是严把节点“时间关”

国家奖助学金从评选启动到学生申请，从资格审批到学校报送，从经费下达到资金发放，各个环节时间紧、任务重、持续性强，为此要抓紧各个节点时间观念，确保各项工作限时顺利开展。一是学校、院系要科学统筹评选各项程序有序推进，制定详细实施时间安排表，通过合理安排确保按质按量完成评定推荐整体工作。二是注重做好学生申请、院系审核、学校审批、系统填报等相关环节时间节点的有序衔接，防止出现前后时间不衔接、与开展实际期限不对称、相关环节时间间隔不符合常规等问题。三是优化国家奖助学金报送系统自动化设置，在探究系统功能可加性的基础上，推行系统信息填报不完整、不规则、不真实、不及时提醒功能，从而大大减少学校、院系各级层面人工审核量。

十是严把全程“育人关”

促进学生成长成才，充分发挥国家奖助学金在大学生思想政治教育工作中的正向导向作用和育人功能是实施国家奖助学金制度的核心和真正目的。为此，要注重发挥国家奖助学金的育人功能，通过有序开展教育工作并贯穿于国家奖助学金评定工作始终，才能切实提高国家奖助学金制度实施的效能。一是充分发挥获奖受助学生的榜样示范作用，作为广大学生身边鲜活的教育题材，通过举办校级、院级表彰会、优秀学生事迹报告会、成长经验交流会等形式，充分利用电视广播、网络媒体、宣传橱窗、校园导向牌等宣传阵地，广泛宣传国家奖助学金获得者的先进事迹，以彰显先进模范的示范和导向作用，既能促进形成积极向上的校园文化，又能实现学生“自我教育、自我管理、自我服务、自我监督”之目的。二是以增强发挥国家奖助学金的育人功能为切入点，注重完善其导向和激励机制，利用第二课堂、形式政策课、创新创业讲堂，深入开展以诚信感恩、自立自强等为主题内容的专项教育，以此培养学生的诚信做人、回报感恩意识，以及吃苦耐劳和自强不息的良好品德。三是强化获奖受助学生义务劳动观念和社会责任感，积极推行义务劳动制度，让获奖受助学生自愿参与力所能及、适度可量的义务劳动或献爱心活动，并作为后期申报其他评奖推优的参考依据，在实现国家奖助学金的价值引导的同时，又激励广大学生继续学习深造，促进自身综合发展，从而也健全了国家奖助学金评选工作育人长效机制。

作者注

这几天，各高校2017年度国家奖助学金评定工作基本结束，并陆续进入公示期。针对个别高校公示期间发生的问题，11月底，教育部办公厅专门下发了有关全面清理和规范学生资助公示信息的紧急通知，就公示注意事项进一步明确了要求。笔者结合多年的一线资助工作实践经历，就如何全程做好国家奖助学金评定工作进行了深入思考，以便对高校及院系开展相关具体评选工作提供一定的借鉴。

（本文完成日期：2017年12月1日）

“四举措”促进高校在国家助学贷款体制中的职能提升

党和政府高度重视普通高校国家助学贷款工作，自1999年试行至今，国务院、教育部等部门相继制定下发了多个指导性文件，为推进国家助学贷款工作提供了强有力的政策支持；高校学生拖欠学费现象大幅度减少，有效缓解了学校的财务压力，为学校发展提供了经费支持。根据委托－代理理论，在助学贷款风险控制与管理事务中，高校作为代理人，与政府作为委托人相比，更具有信息优势，对借款学生的管理与组织更具有号召力。虽高校不断完善制度措施，加强管理力度，但在责任落实中仍存在诚信教育工作薄弱、贷前贷后管理措施制度不健全、政策宣传与舆论引导不到位等不足或薄弱环节。为充分发挥高等院校在学生管理方面的优势，作为新体制下国家助学贷款运行中的重要参与主体，只有注重加大助学贷款政策宣传力度等举措，才能切实强化高校在新体制国家助学贷款中的职能与责任。

一、加大助学贷款政策宣传力度

改变目前形式单一、内容简单、仅限于新生入学后对具体贷款办法、国家政策宣传的做法，除利用校报、校广播、校电视台及宣传栏等传统媒体宣传政策的同时，借用校园网络等新型媒体的兴起，为贷款政策的宣传提供了更为先进的平台。同时，利用高校内丰富的文化资源，创建《 助学贷款导报 》等刊物，定期在全校班级内进行发放，及时发布国家助学贷款政策的变化及进展，特别是贷款违约行为给借款人带来的严重后果及对个人在生活上的影响案件等。高校内多种宣传媒介的并存大大拓展了资助政策宣传的渠道。通过加强校园内宣传媒介资源的共享和互补，建立起整体性、日常性、全面性、针对性的资助政策宣传机制，使国家资助政策宣传做到旋律准、形式新、有实效，依此逐步提高学生对助学贷款的正确认识，树立起“ 我有信心贷款，我有能力还款”“花自己的钱，为教育投资”的信念，引导他们自强、自尊，积极申请办理助学贷款，避免出现非贫困生“投机取巧”、真正贫困生“难以启齿”等现象。此外，在社会上逐步加大资助政策宣传工作，让政府通过新闻媒体对国家助学贷款等政策实施过程中存在的问题及解决办法进行跟踪报道，纠正个别媒体为寻求新闻“卖点”，过分渲染助学贷款工作中某一现象与事实，片面夸大助学贷款业务中存在的问题等现象，在全社会营造一个人人关注国家助学贷款的良好氛围。

二、加强学生诚信教育

助学贷款学生高比例的违约率已严重影响到国家助学贷款工作的健康发展。因此，针对大学生的现状，把“诚信教育”全面地渗透到“马克思主义理论课”和“思想品德课”等思想政治理论课教学中，已是当务之急。提高诚信教育在高校思想政治理论课教学中所占的比重，培养大学生良好的信用观念。通过诚信教育专门课程设置，加大诚信教育在高校思想政治理论课教学中所占的比重，坚持理论教育与实践教育相结合、诚信教育和基础道德教育相结合、全员育人和全程育人相结合的原则，以及第一课堂教育与第二课堂活动的结合、良好校园信用环境的创造、以诚实守信为主题的一系列实践活动的开展、诚信档案的创建等教育方式方法，培养大学生诚实守信的良好道德品质，让他们把贷款上学当作体验自尊、锻炼自立能力、培养优秀品德、考验个人信用的一个好机会，同时要本着对国家、对社会、对家庭、对自己负责的精神，自觉、主动地提供个人真实信息，将助学贷款真正用到学业上，毕业后积极履行约定按时还贷。通过帮助他们树立正确的信用意识，实现学生在诚信表现上知与行的统一，促使助学贷款工作有效广泛开展。

三、严格贷款学生管理

加强申贷学生资格审查，深入了解申贷学生的经济情况和道德状况，通过定性和定量相结合的有效措施，综合掌握评定学生的家庭经济困难程度，正确引导学生实事求是、客观地填写申贷条件，以及申贷类别、申贷额度等，对不具备申贷资格的坚决不予批准，从源头上降低不良贷款发生的概率，为国家助学贷款防范风险提供帮助，通过严格的贷前审查，确保获贷资格的完整性、真实性和合法性。加强学生对贷款使用的监督管理，强化贷款学生合理支配贷款意识，通过校园卡消费“跟踪”、个体访谈、调查回访等形式，掌握学生的贷款用途真相，防止学生将助学贷款挪为他用，杜绝进行投资或奢侈消费等，对于挪作他用助学贷款的违规学生，要积极及时进行纠正，甚至主动联系助学贷款经办机构将贷款收回并停止贷款的续方，做到与国家助学贷款政策实施的初衷相吻合。加强对贷款毕业生的“追踪”管理，大学生毕业离校后虽流动频繁，但借助与母校深厚的感情，与老师联系密切等优势条件，以及设置的就业指导管理部门、校友联谊组织，高校应通过校友会、就业回访（走访）等，及时“追踪”学生的相关信息，将学生的工作去向、就业单位等，借助助学贷款（金融）综合服务系统或其他有效网络，提供至贷款回收管理机构，以便更有效地开展贷款催缴工作。通过严格“贷前”“贷中”“贷后”三阶段管理，切实让高校成为助学贷款办理过程中的主导者，充分发挥在学生贷款管理工作上的积极作用。

四、健全高校贷款绩效考核约束机制

良好的激励约束机制有利于推进贷款整体工作顺利开展，在省级“国家助学贷款管理委员会”主导，教育、财政等部门协调下，实施并逐步健全高校助学贷款考核机制，定期对高校助学贷款综合管理情况进行考核，对高校重视助学贷款工作程度、部门设置、专职人员配置、政策宣传效果、学生资格审查程序、学生信用教育开展情况、与经办机构配合情况，以及助学贷款比率、助学贷款占比、助学贷款规模系数、助学贷款偿还率等主要指标进行检查。根据考核情况，实施科学的奖惩措施，对考核成绩优秀的，从助学贷款贴息专项资金抽取一定比例进行奖励，对不积极落实助学贷款工作、考核成绩较差的，追究相关当事人责任的同时，还要追究学校主要领导人的连带责任，并以适当方式向社会公布；或者将借款学生毕业后贷款履约行为与评选国家奖助学金挂钩，对违约率严重的，降低国家奖助学金推荐比例，特别对于高校由于贷款政策认识不足、宣传不力、催交不到位致使学生贷款违约率达到一定比例的，暂停所在院校在校学生获贷资格，直至拖欠率降低到所预期的合理范围内，方可恢复院校学生重新获贷资格，而对于存在弄虚作假、违规操作、组织学生骗取贷款行为的院校，采取减少甚至停止招生计划，停止审批专业和通过媒体通报批评等措施，对学校进行必要的警示和惩罚。在做好院校绩效考核的同时，还需监督院校组织开展院系层面助学贷款工作的管理与考核，院系是助学贷款的管理中心，也是助学贷款的实施主体。与院校相比，院系在管理助学贷款的过程中更微观、更具体，因此科学开展院系助学贷款工作考核是构建院校考核指标体系的重要基础。在开展院系考核过程中，应着重将申贷学生审查与管理、政策条款宣讲、诚信教育活动的组织与实施，以及与借款学生毕业后信息的收集和维护等方面进行考核，并把对院系的考核结果作为院校评选推优、职务晋升、职称评定、贷款管理工作经费划拨的重要依据，从而充分调动院系的工作积极性和主动性。通过院校、院系专项检查考核，促使院校、院系主动开展助学贷款工作，主动加强学生信用教育和贷款指导，主动加强与相关部门的配合，主动承担有关义务，共同推动贷款工作，进而达到助学贷款政策目标。

作者注

国家助学贷款体现的是高等教育机会均等、人力资本投资、教育成本分担等现代教育理念。高校作为国家助学贷款参与主体、实施主体，只有和政府、学生、社会等各方充分落实各自责任，方能突破助学贷款发展瓶颈之困，从而推动新时期国家助学贷款长远可持续发展。

（本文完成日期：2018年3月15日）

推进高校勤工助学“五化”管理，努力开创资助育人新时代

高校勤工助学作为资助家庭经济困难学生的重要渠道之一，根本目的在于更好地引导学生成才成长，切实提高其自身创造能力和创业能力，早已成为高校人才培养过程中的一个重要环节。实施多年来，高校勤工助学在组织形式上立足校园，逐步形成了活动类型多样化、组织形式多层化的管理模式，极大发挥了在促进大学生素质锻炼和能力培养中的积极作用。随着学生需求及形势发展，存在校内勤工助学经费筹集渠道单一、勤工助学操作不规范等不足及问题，需要进一步推进校内勤工助学“五化”规范管理，切实促进高校勤工助学活动成为学生资助和教书育人的重要渠道及重要阵地。

一、“五化”之“双元化”：实施财政合理分担基金投入机制，实现校内勤工助学经费筹集渠道主体“双元化”

根据学校所属关系，由上级政府通过财政投入，与学校按照一定比例合理分担勤工助学薪酬，对于比例分担，按照院校的办学层次及经费投入配比实际确定，对中央部属院校设置勤工助学岗位所需薪酬可由中央财政承担30%~50%，对地方院校设置勤工助学岗位所需薪酬可由省级财政单独承担，或中央财政、省级财政以一定分担比例共同承担50%~70%，其他剩余部分仍由学校从提取资金中支付；对于各级政府支付勤工助学薪酬资金来源可通过设立专项财政资助资金，也可通过从奖助学金资助财政资金中提取。无论从各级政府投入财政资金，还是从各级政府设立的财政性奖助学金资金中提取并作为高校勤工助学薪酬发放资金或勤工助学基金资金，在操作及实施上都具有较强的可行性和必要性。通过实施财政合理分担勤工助学基金投入机制，缓解并解决了学校自行提取勤工助学基金严重短缺问题，并通过提高有偿资助比例、减

少无偿资助比例，增强勤工助学育人效果。

二、“五化”之“精准化”：细化勤工助学操作规程，实现校内勤工助学管理“精准化”

一是优化校内勤工助学岗位设置结构，紧密发挥学生的专业优势和技能特长，积极开拓行政管理助理、教学科研助理及校内学生创新创业项目等岗位为主的，与学生专业学习相关的智力型勤工助学岗位，增加其科技含量；二是有效整合校内空间资源，调整一定比例的校内实体店铺由学生单独经营创业，严禁设置校园卫生保洁等纯劳务型助学岗位；三是科学控制学生上岗时间和薪酬标准，每周或每月在岗累计时间不得超过同期所学课时的20%或其他一定比例，严禁学生利用学习时间或正常作息时间从事勤工助学活动；四是以院校所在不同地区城市居民最低生活保障标准为底线，对校内管理、服务、创业等不同工作岗位制定最高、平均和最低薪酬标准，为困难学生提供更大的自主选择空间；五是明确校内岗位设置数量与比例，科学依据学校家庭经济困难学生认定比例及乡镇生源学生规模，积极探索不同办学层次、不同地区院校勤工助学设岗比例差异制度，在同等条件下，优先对地方院校、中西部欠发达地区所在院校进行倾斜，适当提高勤工助学设岗比例，增设岗位所发薪酬超支部分由上级政府财政足额承担。

三、“五化”之“网络化”：加强勤工助学信息系统建设，实现校内勤工助学管理“网络化”

一是对校内勤工助学岗位设置类别、薪酬等级、岗位职责等进行网上公开，不但确保岗位需求信息及时发布，而且通过网上“双选会”为设岗单位与学生提供直接沟通交流、应聘面试机会，从而简化勤工助学招聘程序，提高招聘工作效率；二是对在岗学生的表现评价、综合考核、信息反馈等管理实施网络互动，既能准确、全面掌握各个上岗学生的具体表现，又能让在岗学生客观了解自身存在的不足以便及时改正；三是充分发挥新媒体等信息技术优势，对勤工助学数据库或信息系统与家庭经济困难学生认定系统及各类奖助学金评选系统、学生日常综合管理系统等进行整合，以便实时汇总分析上岗学生学习程度、奖惩情况，以及学业费用需求与受资助幅度等，实现计算机技术、网络技术与学生管理充分结合，通过勤工助学管理“网络化”，实现高校“互联网+勤工助学”管理资源共享、互补，以及勤工助学活动全程动态、即时高效管理。

四、“五化”之“常态化”：坚持经济扶助与思想扶助相统一，实现校内勤工助学活动教书育人“常态化”

一是把勤工助学活动紧密联系大学生思想政治教育工作，充分发挥勤工助学工作的育人功能，从学校层面及上级教育主管部门加大对勤工助学宏观政策、场地空间、机构建设及资金投入等方面的支持力度，以满足勤工助学活动发展需求；二是探索并创新勤工助学解困方式方法，有组织、有计划地让接受国家助学金等各类“无偿”资助的学生主动参加校内力所能及的志愿服务、公益活动等，积极培养其劳动观念和职业道德，努力搭建受资助学生成长成才实践平台，通过坚持“受助、自助、助人”勤工助学理念，切实增强勤工助学学生社会责任感；三是将校内勤工助学活动与校园文化建设有机结合，着力挖掘和培育特色鲜明的校园勤工助学文化，以校园文化为载体，注重勤工助学社会实践活动育人作用，帮助困难学生群体把对立德树人的感性认识转化为理性认识，进而把对立德树人的认识落实到具体行动上，将校内勤工助学打造成培养新一代实践型大学生的第二课堂——实践育人平台。

五、“五化”之“长效化”：完善勤工助学规章制度建设，实现校内勤工助学活动“长效化”

一是加强勤工助学组织制度建设，将学校勤工助学管理纳入上级教育主管部门统筹管理范围，由学校所属教育主管部门根据学校办学实际与差异，每年定期核准所管辖院校名单及各学校参与勤工助学活动的学生规模及资助总额，并指导相关院校开展勤工助学活动的实施，通过将校内勤工助学纳入教育部或各省市政府资助项目，扩大政府部门对院校勤工助学统筹权；二是加强勤工助学管理机构建设，健全学校勤工助学管理机构运行机制，设置勤工助学专门机构，扩充勤工助学专职人员队伍，增强自身在勤工助学组织管理、沟通协调，以及检查监督、纠纷处理的权威性；三是健全勤工助学岗前培训机制，由学校按照勤工助学上岗类别，定期对学生进行以工作技巧、日常安全常识等为主要内容的岗前分类专项培训指导，经培训考核通过并获得上岗资格后方可安排上岗；四是建立科学有效的评估监控机制，利用学校现有的学生社团组织或公益服务性组织，组建细化职责、明确分工的学生监督评估组织，对学生参加勤工助学活动后的效果进行实时科学有效的跟踪评估，并根据评估情况及时完善，从而实现学校对各管理单位的真实考核与客观评价。

作者注

2007年，教育部、财政部联合印发的《高等学校勤工助学管理办法》，对规范全国高校学生勤工助学活动，促进勤工助学工作健康、有序开展，以及保障上岗学生的合法权益发挥了重大作用。时隔十余年后，为深入贯彻党的十九大精神，进一步完善健全高校学生资助制度，根据新形势下高校学生勤工助学活动的新特点、新问题及新需求，教育部、财政部于2018年修订并再次印发了《高等学校学生勤工助学管理办法（2018年修订）》，对校内勤工助学组织机构、学校职责，以及岗位设置与酬金标准等进行了规范、完善。鉴于新修订办法中仍未明确解决的不足与问题，结合自身多年的一线工作实践，特提出加强学校勤工助学“五化”管理建议与措施，希望对促进高校勤工助学活动长远健康、持续发展发挥一定的推动作用。

（本文完成日期：2018年10月5日）

严肃考风考纪，“十环节”要牢记

考风考纪作为学风建设的重要内容和关键环节，是高校学风、教风状况的综合展示，良好的考风考纪是保证人才培养质量的必要因素。每学期最后两周的期末考试，作为高校考风考纪建设最为集中、高峰阶段，只有严肃考风考纪，加强学生诚信教育，才能杜绝考试舞弊行为、维护学生切身利益，才能营造诚实守信的考试氛围、提高学校教学质量，做到维护学校声誉，促进教育公平、公正。而高校二级学院，作为期末考试的主要组织者、实施者，只有牢记“十环节”，严抓期末考试考风考纪工作，积极创造良好的考风考纪环境，注重在学生中树立“珍爱诚信、拒绝舞弊、文明应考”的良好形象，才能切实加强并提高考风考纪的针对性、实效性。

环节一：加强组织领导

成立由学院书记、院长为组长，分管教学工作副院长、学生工作副书记为副组长，团委书记、学工办主任、教务办主任、系主任及辅导员、班主任、学生组织主要负责人为成员的学院考风考纪工作小组，全面负责考试组织、考风检查、考纪巡查，以及违纪处理等工作，各司其职、各尽其责。通过强化学院书记、院长在考风考纪建设中的第一责任人地位，以及分管教学工作和学生工作学院领导主要责任人地位，切实为做好学院考风考纪工作提供坚实的组织保障，从而真正敦促学生诚信参考，端正考试态度。

环节二：健全规章制度

充分发挥学院在考风考纪建设中的主体作用，结合学院专业性质、学科建设、学生特点，进一步健全完善符合学院自身实际的加强考风考纪工作实施细则、学生考试违纪及作弊处理条例、考场巡视巡查工作实施办法、考场纪律、考试突发事件应急处理预案、监考人员责任制落实奖惩办法，以及违纪学生申诉程序、学生考试违纪与评奖评优挂钩制度等规章制度，形成时效性强、执行力强、可操作性强的优良考风考纪高效运行机制，切实为做好学院考风考纪工作提供健全的制度保障。

环节三：营造浓厚氛围

加大考风考纪宣传，除学校组织开展考风考纪宣传外，学院利用电子屏、网络、展板、条幅、黑板报等旧媒体，以及院内各系别、年级、专业、班级，特别是学生服务组织创建的微信公众号、即时通信群等新媒体广泛宣传诚信考试的意义及考试违纪的严重后果，并将学生考试违纪及作弊处理条例、学生诚信考试承诺书、学院监督举报信息等张贴各考场醒目处。从学校到学院、从宿舍到教室（考场）、从室外到室内，通过注重营造良好、浓厚的考试氛围，让全院学生人人、处处、时时用自己的诚信，带动整个学院形成诚信考试新常态。

环节四：强化专项教育

注重强化考务培训、主题班会等各类考风考纪专项教育。组织监考教师做好考前考务集中培训教育，使每位监考人员明确监考义务及监考规则，熟知监考程序及监考要求，进一步提高监考技能，切实提高全院监考人员队伍整体责任心及其思想认识，做到严格执行考试管理条例；安排班主任组织召开考前考风考纪主题班会，注重强调、重申考场纪律，进一步提高学生诚信考试重要性的认识，消除学生考试作弊意识；利用年级辅导员组织负责年级各班班委、宿舍舍长召开考风考纪教育专题会，倡导开展以宿舍为单位签订《学生诚信考试承诺书》，让学生充分认识到加强考风考纪的必要性及考试作弊的可耻性，从源头上杜绝学生作弊的机会。同时，学院团委、学工办通过组织学生组织及学生社团主要干部召开考风考纪教育加强会，切实加强学生干部自我管理及示范带头作用，让考风考纪教育成为学生的自觉，培养学生自律意识。

环节五：注重特殊群体

注重家庭经济贫困、学习困难等不同特殊学生群体考试指导管理。由专职辅导员、班主任、专业教师分类组织经济困难学生、生理缺陷学生，以及因家庭主要成员发生变故、恋爱等受挫学生有效开展考前访谈指导，助其尽快走出生活、心理等困境；组织网络成瘾、曾遭受处分学生开展考前校纪校规强化指导，助其端正态度，免其再犯错误；组织学业困难、学习落后学生开展个性化课程、专业学习辅导，让其掌握复习方法、提高考试技巧。通过组织不同特殊学生群体开展针对性教育指导，帮其树立学习自信心，激发自强拼搏、积极向上的进取精神，从而营造学院全员、全方位参与，特殊学生群体共同培养的良好考风考纪育人氛围。

环节六：科学编排考场

统筹做好学院考场编排整体布置，从形式上减少学生考试作弊机会。一是改变按系别、专业、班级、连续学号等考场座位编排传统办法，遵循“打乱系别、打乱专业、打乱班级”原则，采用学校考务管理职能部门或市场开发的考试座位编排软件（系统）随机编排考场座位表，实现同一考场内学生“跨年级、跨专业”，并实施考前一定时段内向学生公开，从而避免学生之间考前串通、考中共同作弊等现象。二是规范考场室内管理，严禁学生携带手机等电子存储工具，及其他与考试无关物品进入考场，认真做好考点违规物品清理，减少学生利用电子工具、抄袭等作弊机会。三是科学排列考场座位，通过各考场循环实行A、B卷制，S形、N形、W形等不同排列，确保每位学生前后左右“四邻”无相同试卷，减少学生之间作弊动机。四是结合不同学院教师队伍规模及专业实际，可实施多学院之间业务教师交叉监考制度，从而避免监考教师与同一学院学生因认识熟悉、不愿得罪学生或担心学生作弊受处分等因素，导致监考人员对作弊学生行为纵容等现象，从而影响考场纪律。

环节七：突出过程巡查

学院要坚持问题导向，以主动发现问题为重点，突出院级考风考纪巡查环节。一是突出巡查“震慑力”，针对学校巡查往往不到位、不及时、不全面等现状，严格落实以学院书记、院长为主要责任人的巡查、值守制度，做到学院领导巡查考风考纪“场场必到、场场必查”，切实提高学院考试巡查制度震慑力。二是突出巡查“重点”，重点检查考场座位编排、卫生秩序等情况；检查监考教师按时到位、职责履行、行为举止等情况；检查学生考试物品佩戴、纪律等情况。三是突出巡查“效果”，加强学院巡查人员与监考人员密切协作，及时发现考场作弊、违纪现象及问题，实现“无缝对接、时时衔接”，形成考风考纪强大合力。

环节八：畅通监督渠道

畅通考试监督举报渠道，加大考风考纪监督举报力度。一是拓宽便利的作弊违纪举报渠道，除充分利用学校配置的标准化考场监控设备外，学院还通过设立单独的考风考纪信件监督箱，专门的举报电子邮箱、电话等，及时接受师生反映掌握的考试作弊违纪行为。二是实施举报奖励机制，根据举报人举报考试违纪问题大小进行物质或精神奖励，并对举报人信息严格保密，避免举报信息滥用、外泄现象，切实保证举报人信息的安全。三是提高考风考纪监督举报核查效率，严格落实学院领导接办负责制，确保被举报学生的考试作弊违纪信息核查准确、证据确凿、程序完备。

环节九：严肃违纪处理

加快考试作弊违纪现象严肃处理。一是对考试作弊违纪学生，由监考教师及时做好违纪信息登记、学生签字确认，并第一时间内与学院团委部门联系，经学院分管领导签署意见后，按规定高效严肃处理，既达到程序透明公正之效果，又起到惩前毖后之作用。二是强化警示教育，将考试违纪学生处分意见，在学院教学楼及宿舍楼适宜区域进行通报，让其他学生与作弊违纪“零距离”见面对话，切实降低学生考试作弊动机。三是及时做好因考试作弊违纪受处分学生引导教育，通过辅导员、班主任对受处分学生实时进行重点疏导，特别是心理疏导，助其走出心理误区；对记过及以上严重违纪处分的学生，第一时间通知其家长，必要时安排学生家长到校协助做好学生的教育转化工作，从而杜绝学生因受处分而产生挫折感，以及出现焦虑、低落、消极情绪，甚至自寻短见。

环节十：做好总结回顾

期末考试是对学院一学期教学状况的检验与测评，考试结束后需及时总结回顾，方可直观了解教师教学程度与学生学习状态，从而起到检验与测评真正作用。一是根据学生考试成绩重点分析学生学习状态，查找学生在知识点学习上的不足及问题，为后期学院完善教学内容、培养方案提供参考。二是根据学生考试作弊违纪等发生的现象深入分析学生考试心态、考试技巧，以及学生思想政治教育状况，以便为学院开展学生思想政治教育工作查缺补漏。三是全面做好学院期末考试工作总结，对考务过程中存在的普遍问题进行整体修正完善，对个别监考教师存在的问题进行单独谈话教导，切实提高学院全体教师防范考试风险意识及水平。

通过加强考风考纪“十环节”，切实把学院期末考试考风考纪教育活动开展得既轰轰烈烈又踏踏实实，在师生之间做到人人知晓，主动参与考风考纪建设，既维持了正常考试秩序、维护了广大学生正当利益，又促进形成层层有人管、事事有人抓的格局，从而也营造出更好的考风、教风、学风。

作者注

2018年1月8日周一，是全校开始期末考试第一天。由于多年养成考试每场巡查习惯，上午到合堂教室对各考场逐一检查后，正好遇到学校教务部门负责人到学院进行巡考。待陪同再次对考场抽查巡考后，学校教务部门负责人对学院加强考风考纪建设工作取得的显著效果进行了高度评价，并希望学院进一步总结，以便学校加以推广。鉴于此，根据学院工作实际，对学院加强考风考纪具体措施及开展的相关工作进行了上述简要提炼，以供参考使用。

（本文完成日期：2018年1月8日）

新时代五四精神更需要继承与弘扬

——传承五四精神需在“七要”上下功夫

一百年前，即1919年爆发的震惊中外的五四运动，作为一场伟大的爱国革命运动，成为中国旧民主主义革命走向新民主主义革命的转折点，并作为一场伟大的思想启蒙运动和新文化运动，有力推动了马克思主义在中国的传播与发展。

一百年来，以爱国、进步、民主、科学为主要内容的五四精神，保持着不老的青春，在全国革命、建设、改革发展进程中，一次又一次被赋予新的丰富内涵，并成为激励中华儿女奋勇前进的精神力量。

一百年后，即2019年，值五四运动100周年，也正值中华人民共和国成立70周年之际，全国近十四亿人民正在各自岗位上为实现“两个一百年”奋斗目标、实现中华民族伟大复兴的中国梦而努力拼搏、奋勇前进！

作为新时代的青年大学生，是否还需要继续发扬五四精神呢？答案是肯定的。青年大学生作为整个社会力量中最积极、最有生气的力量，是实现中华民族伟大复兴的先锋力量，是国家的未来、民族的希望，担负着“天将降大任于是人也”、实现中华民族伟大复兴的时代使命，现在和将来比以往任何一个时代都需要且更需要继承与弘扬五四精神。只有继续继承好、弘扬好五四精神，才能让青年大学生树立远大理想，坚定对马克思主义的信仰；才能自觉热爱伟大祖国，做到听党话、跟党走；才能担当时代责任，并在时代中历练，在尽责中成长；才能勇于砥砺奋斗，争做走在时代前列的奋进者、开拓者与奉献者；才能增强个人学习紧迫感，从而练就过硬真本领；才能自觉和践行社会主义核心价值观，做到锤炼自身品德修为！

如何发扬五四精神呢？作为新时代高校思想政治工作者，围绕五四精神的继承与弘扬，让广大在校青年大学生知道“为什么学”“如何学”“学到什么效果”，应在“七要”上下功夫：

一、内容上，要在抓好“重点”上下功夫

学习五四精神，首先要在抓好“重点”内容上下功夫，要紧紧围绕五四运动的历史背景和历史意义、五四精神的核心内容，以及五四精神的时代价值与时代新内涵为主要内容进行学习。通过了解五四运动的历史背景和历史意义，方能清楚理解五四运动爆发的必然性，掌握五四运动对拉开中国新民主主义革命的划时代意义，特别是在马克思主义传播史上重要的历史地位；通过学习五四精神的核心内容，方能切实懂得五四运动所表现出来的爱国主义精神的历史进步性和鲜明的时代性，明白五四精神为何能够成为中国共产党革命、建设、改革奋斗动力的精神源头；通过学习五四精神的时代价值与时代新内涵，方能真正理解五四精神的火炬为何能够代代相传，为何不断被赋予新的丰富内涵，并激励着一代代广大青年学生高举爱国主义伟大旗帜，以志不改、道不变的定力，把个人最美好的青春献于祖国、献于人民。

二、载体上，要在找准“渠道”上下功夫

继承与弘扬好五四精神，就要在载体上下功夫，切实找准教育渠道，取得行之有效的理想效果。按照习近平总书记在纪念五四运动100周年大会上发表重要讲话中对青年提出的六个要求，结合教育部下发的关于教育系统认真学习贯彻习近平总书记重要讲话精神的通知中明确提出的新时代要引导青年师生弘扬五四精神、担当时代重任的重大部署，学校要结合自身办学实力和层次，找准适合学生群体特点、机制可行、措施理想、效果高效的教育平台与宣传渠道，选派高水平专业教师、思政学者、优秀大学生组建讲师团，广泛开展校内巡讲、网络巡礼等线上线下“五四精神”专题教育活动；充分利用“第二课堂成绩单”、易班、各种新媒体，通过“五四精神”党日、团日课堂，以及主题班会、实践挂职锻炼等，积极开展引领新时代青年师生弘扬正能量、传播主旋律的系列教育活动，让五四精神成为新时代青年大学生不懈奋斗的重要精神支柱。

三、布局上，要在实现“三全”上下功夫

“五四”青年节不仅仅是一个节日！而是所孕育的以爱国主义精神为核心，深深植根于内心、不可磨灭的五四精神，所以五四精神的继承与弘扬绝不应该仅仅停留在“五四”青年节这一天及其前后，而是更应该落实到大学生日常思想政治教育工作，特别是“三全育人”建设中的各个环节。在传承主体上，从学校主要领导到学院管理人

员，从后勤服务人员到基层教辅人员，从思政教师到专业教师，从学生党员到入党积极分子，从学生干部到普通学生，要把“五四精神”作为增强立德树人、坚定理想信念、持续奋力前行的重要动力源泉；在继承方式上，从第一课堂到第二课堂，从学校开设的通识教育到院系设置的专业教育，从思政课程到课程思政，从校内主题教育活动到校外社会实践锻炼，要把“五四精神”作为教师传授指导、学生价值的追求，共同践行社会主义核心价值观、共同唱响主旋律的重要内容与平台；在弘扬载体上，从教学楼文化建设到宿舍楼文化建设，从学校人文景观设计到校园文化建设规划，要把“五四精神”作为激励学校师生勇担历史使命、坚持探索创新、践行发展理念的重要元素和内涵。通过实现“三全”布局，让学校切实形成人人高举“五四”大旗，时时传承“五四”薪火，处处弘扬“五四”精神，全校上下放射“五四”光芒的崭新局面和良好氛围。

四、过程上，要在注重“结合”上下功夫

五四精神是形成和开创中国特色社会主义、理论、制度和文化的强大动力，且“五四精神与社会主义核心价值观的内在品质和精神实质高度匹配”，为此，在继承与弘扬五四精神过程中，要注重多方“结合”，一是要紧密结合历年来习近平总书记在五四青年节前后通过座谈、演讲、书信、考察等方式对青年的寄语、期待和要求，特别是在纪念五四运动100周年大会上发表重要讲话中对青年一代寄予的殷切期望与新时代对党的青年工作提出的重要要求；二是要注重结合教育部及各级教育部门、学校党委印发实施的关于学习贯彻习近平总书记五四重要讲话精神的具体通知要求，切实把中央对青年大学生的希望和教育改革的要求统一并落实到全校师生思想和行动中；三是要结合到学校入学、升级、就业等主题教育，以及党建、团建等日常支部主题教育活动中，特别是志愿服务西部、基层社区救助与重大节假日、纪念日活动中，让爱国情怀融入大学生思想政治教育各环节、全过程；四是要结合学校思想政治工作实际，结合全校学生思想、生活、学习现状与调研实际，准确了解、掌握青年学生群体的精神品质、精神风貌和精神需求，因校而异、因人而异、因事而异、因时而异，做到“因事而化、因时而进、因势而新”，切实让五四精神成为在校青年学生为之奉献、奋斗的动力。

五、引领上，要在强化“研究”上下功夫

理论研究与社会实践相互促进，理论是实践的先导，并需要在实践中不断完善。

五四精神的理论研究更是如此。习近平总书记在主持中央政治局第十四次集体学习时强调，要加强对五四运动历史意义的研究、加强对五四精神时代价值的研究、加强对五四运动以来中国青年运动的研究，并要求通过加强研究队伍建设，提高专业化能力，以此加深对五四运动历史意义和时代价值的再认识、再提升。在五四运动100周年前夕，北京市委教育工委和北京大学联合率先成立的五四运动研究中心，以及长沙理工大学自主创建的“五四精神”研究中心等五四精神研究基地，充分体现五四运动和五四精神研究的重要性和紧迫性。通过聚焦五四运动的历史意义和深远影响、聚焦新时代中国青年运动的主题，切实强化对五四精神的研究，从而把五四精神的传承与弘扬落实到具体实践中，最终引导广大青年学生在五四精神的激励下把树立远大理想和脚踏实地统一起来，在各自岗位上继续发挥引领作用、担当时代重任。

六、实践上，要在增强“创新”上下功夫

社会实践是文化创新的源泉、基础和动力，而文化创新又可以推动社会实践的发展。浙江大学传媒与国际文化学院王庆文老师主讲的“形势与政策课”，通过从70部中国影视作品中剪辑出1000多个镜头构成5个视频片段，讲述中国自1840年鸦片战争到新中国成立70周年的奋斗史，让思政课与专业技能高度结合，并赋予新时代主题，以创新思维、创新方法达到最佳育人效果。同样，在继承与弘扬五四精神的实践中也要在增强创新上下功夫，以进一步促进并增强广大青年团员学生的凝聚力和向心力。借助各自当地丰富的红色文化资源、优秀传统文化等，依托学校团委、马克思主义学院等单位通过创新成立“五四精神”引领工作室、教研室，以及院系组建“五四精神”行动小组、实践服务队等，将五四精神真正融入思政课堂，融合到全校志愿服务西部、基层挂职锻炼工作中，以“别样的思政课”“别样的实践活动”形成学校独特的“五四精神”弘扬模式，确保把五四精神的传承做细做深做实，使其落地生根。

七、目的上，要在突出“效果”上下功夫

高校思想政治工作坚持立德树人、坚持以生为本，引导广大青年学生自觉听党话、跟党走，最终目的是为国家和社会培养优秀人才、培养合格的社会主义建设者和接班人。五四精神的灵魂是解放思想、追求创新，其当代价值在于新时代广大青年对五四精神的内化和践行，为此，继承与弘扬五四精神，要在突出效果上下功夫，通过把以爱国主义精神为核心内容的五四精神全程融合到学校学生实现我的梦、大学梦、青春

梦、中国梦的伟大征程中，让在校青年团员用实际行动立志早日投入祖国高质量发展事业中去，使五四精神努力成为引领高校青年学生的价值追求，并与学校校训一同成为全校学生奋发有为、勇于担当的力量支撑，成为激发全校基层党、团组织活力的重要力量源泉，更使学校成为全社会弘扬、践行五四精神的典范。

社会在发展、经济在进步、时代在变革，但五四精神没有变，广大青年学生的初心和使命没有变。新时期的青年学生，只有坚持以习近平新时代中国特色社会主义思想为指导，接好并握紧五四精神的接力棒、传承棒，以青春之我创造青春之中国、青春之中华民族，才能凝聚在中国特色社会主义伟大旗帜下，成为新时代党的有力助手和可靠后备军；才能不辜负党的期望、不辜负人民期待、不辜负民族重托，也不辜负我们这个伟大新时代！

作者注

5月9日，作为团干部代表参加了学校组织的纪念五四运动100周年座谈会，并有幸在会上发言。其实，作为高校二级学院一线大学生思想政治教育工作者，出于高度的政治责任感、使命感，特别是对重大纪念活动重要性的认识和主动性，在四月份也开展了一些相关教育学习工作：作为学生党支部书记，组织学生党员再次集体观看爱国主义教育影片《建国伟业》；作为学院党总支副书记，组织学生会、班委等学生干部骨干全程观看习近平总书记在纪念五四运动100周年大会上的重要讲话；作为班主任，组织2017级所负责的两个班级的全体同学认真学习习近平总书记五四重要讲话全文及关于青年成长成才的重要论述等，并通过学习强国平台，个人重点通读了知名学者、思政专家对五四精神的系列解读与研究成果。同时，先后多次组织学生干部、学生党员及普通学生代表就传承与弘扬五四精神进行了交流座谈。结合上述情况及个人体会，撰写了发言提纲，并以下面一句话结束了个人发言：爱国是“五四”的鲜亮底色。现在和将来，比过去任何一个时候更需要弘扬五四精神、更需要传承家国情怀与责任担当。让我们全校3万余名青年师生在学校党委的坚强领导下，牢记使命、凝心聚力、奋发进取，以“我将无我”之奋斗的勇气、坚定的信心、实际的行动创建学校辉煌的历史和灿烂的明天，以更加优秀的精神风貌和成绩献礼祖国70华诞！

（本文完成日期：2019年5月12日）

“七注重”切实提高新时期青年人才培养工作质量

习近平总书记在党的二十大报告中指出，青年强，则国家强。全党要把青年工作作为战略性工作来抓，用党的科学理论武装青年，用党的初心使命感召青年。作为人才队伍的强大储备力量，青年人才是新时期建成社会主义现代化强国、实现第二个百年奋斗目标的中坚力量。高校作为青年人才的聚集地和培养青年人才的主阵地，对新时代人才培养发挥重要作用，要准确把握党的二十大关于国际国内形势的重大判断，对标党的二十大提出的重大战略和重大布局，准确把握高等教育所处的新阶段历史方位和使命任务，全面贯彻党的教育方针，为全面建成社会主义现代化强国、实现中华民族伟大复兴中国梦提供高质量人才支撑和队伍保障。

一、注重加强党对高校人才工作的全面领导

习近平总书记指出，办好中国的事情，关键在党，关键在人，关键在人才。高校坚持并强化党对高校的全面领导，紧密结合中央和省委有关人才建设培养、高等教育发展目标，坚持学校人才培养顶层设计与发展战略和长远谋划相结合，瞄准未来五年、十年、十五年等关键时间节点，根据学校办学目标、发展定位、发展规划，制定、勾画学校短中长期人才培养施工“路线图”和前进“航标塔”，切实推进学校党委落实并担起党管人才和聚才引智主体责任，切实发挥党在高校人才培养和建设中的宏观指导地位，在新的历史起点上把高校办成并办好中国特色社会主义大学。

二、注重强化高校在人才培养的目标定位

人才培养是高校首要功能。高校要坚持为党育人、为国育才，坚持教育优先发展，立足党的事业后继有人这一根本大计，紧扣立德树人根本任务，进一步深化人才事业

发展规律的认识；顺应社会发展需求，把科技是第一生产力、人才是第一资源、创新是第一动力更好结合起来，根据市场经济和社会发展实际，科学调整学科专业结构，限时调整、撤销或合并与市场经济不相适应的旧专业，及时发展、增设社会急需的新专业，并根据市场经济需要修订、完善培养计划，改革、健全课程体系和教学内容，成为人才培养高地和创新高地，把新时期广大青年培养成德智体美劳全面发展的社会主义建设者和接班人。

三、注重提升高校师资队伍水平与质量

习近平总书记强调，教师是教育工作的中坚力量，没有高水平的师资队伍，就很难培养出高水平的创新人才。高校要坚持教学中心地位，注重加强高水平师资队伍建设，持续改进疫情防控常态化下"线上线下"教学模式互换与教学质量保障体系，探索实施"校－院－系－班"四级教学质量监控制度，切实提升线上教学巡视的便利性、针对性和实效性；对标"四有"好老师标准，坚持将师德师风建设摆在首要位置，建立健全新时期师德师风评价标准和长效机制，制定并完善教师教学规范和学术职责；充分尊重教师在学校改革发展中的主体地位，切实提高教师教书育人主观意识和积极性；完善人事用人聘任制度，推行并加快短聘和长聘、职称评审分级和年薪分类等灵活可选、能上能下的薪酬分配制度改革；加大同属地学校和跨省份学校之间教师教学互访、学术交流规模和比例；依托产教融合发展，完善专业教师"能走出、能走进""提业务、提能力"的双向流动、双向提升模式，鼓励并加大教师到校外企事业挂职锻炼，全面提高教师队伍整体思想素质和业务素养。

四、注重推进高校学生思想政治教育工作者队伍建设和管理

做好高校思想政治工作，要因事而化、因时而进、因势而新。高校要注重加强学生思想政治教育工作队伍建设，切实提高新阶段大学生思想政治教育工作的政治性、思想性和引领性。强化用好思想政治理论课这一课堂教学主渠道，坚持以社会主义核心价值观为引领，丰富课程内容、改进教学方法，用思想的真理性及其魅力提高思政课的趣味性和吸引力，让青年学生喜欢听、真心学；进一步提高思想政治理论课教师新媒体新技术运用能力，推动思想政治工作传统优势与新时代信息技术深度融合，通过讲述新时代国家取得的历史性成就和标志性成果，让广大学生感知中国特色社会主义制度优越性和国家历史性变革，真正发挥思政课的思想基础地位和价值引领作用。

加强辅导员班主任队伍建设，按照规定配齐配强专职辅导员队伍，确保院系一线专职辅导员数量和规模；按照专业背景、学历学位、职称职务以及性别年龄，及时调整优化专职辅导员队伍结构；健全辅导员准入机制，完善辅导员考核体制与评价体系，理顺专职辅导员管理及发展体制，增强辅导员职业归属感和成就感；加强辅导员、班主任能力及业务培训培养，坚持培养和使用相结合、专职和兼职相结合，加大外出进修、专题培训、学历提升等培养教育力度，切实提升辅导员班主任综合素质，从而发挥辅导员班主任在青年学生思想政治教育中的骨干力量。

五、注重创新高校人才自主培养模式

习近平总书记强调：“要更加重视人才自主培养，更加重视科学精神、创新能力、批判性思维的培养培育。”高校要坚持创新是第一动力发展战略，尊重不同学科人才培养规律和不同类别人才成长规律，积极探索高等教育大众化背景下精英教育人才培养模式，聚力培养具有创新精神和创新能力的高素质顶尖人才，根据院系设置、专业特点和学生特征，实施“一院一策”人性化培养、“一生一案”个性化培养模式；倾力推进新一轮“双一流”建设，建立本硕博一体化、跨学科跨校际联合培养模式，配备并增强学生学业指导教师、规划成长导师能力和作用；紧扣服务乡村振兴战略，根据乡村振兴建设人才实际需求，改进学生创新就业体制机制，建立校地联合培养、全程化教育服务、立体化输送对接的创新创业人才培育体系，为乡村振兴实施提供人才保障和智力支持；实施多形式、多层次的卓越人才培养计划，以小班制、专业化、定向班等不同特征，创新优秀人才遴选、学术大师选拔长效工作机制，不断构建更加全面、更加符合社会发展需求的人才培养新格局。

六、注重加快提高高校学生党员发展质量

习近平总书记指出，要做好在高校教师和学生中发展党员工作，加强党员队伍教育管理，使每个师生党员都做到在党爱党、在党言党、在党为党。高校要坚持问题导向，注重增强基层党组织政治功能和组织功能，加快提升学生党员发展和培养质量，充分发挥吸收新鲜血液重要作用。坚持全面从严治党，坚持思想建党和制度治党相结合，从严学生党员发展程序、从严学生党员教育管理、从严学生党员考核监督，让每名党员切实发挥示范引领作用。积极推动党建引领“一站式”学生社区建设，围绕构筑“三全育人”工作格局、践行“五育并举”工作理念，加强校内外社区党组织设置和配置，助推

二级学院学生党建与学生社区党建、基层社区党建协同发展，共同创建学生社区和基层社区思政教育园地和党建文化品牌，不断发挥校内外学生社区党建示范和辐射效应；以实现中华民族伟大复兴中国梦为引领，探索实施高年级学生党员及研究生党员基层挂职锻炼制度，分批分期，轮流深入乡村、社区等一线参与疫情防控，乡村、生态和组织振兴等重大任务，为新时期大学生党员提供共同实践平台、思想基础和价值追求，力争把学生党员这一“关键少数”群体培养成理论与实践同行、思想与行动同步的先行者和引领者，培养成实现第二个百年奋斗目标、全面推进中华民族伟大复兴的先锋力量。

七、注重开展高校人才培养质量理论与实证研究

深入实施新时代科教兴国战略、人才强国战略、创新驱动发展战略，高校要积极开展高校人才培养质量理论与实证研究，设置人才培养重大研究项目和课题；以马克思主义理论为统领，立足高校人才培养保障机制、教师职业素养提升、学生思想道德素养培养、学生党员理想信念教育等，汇集不同学科和专业、不同学校和地域，组建研究团队，共同开展人才培养质量理论攻关，形成并引领时代优质成果，切实提升研究的针对性和实践性。通过开展新时期高校人才培养研究，让高校各级各类人才，特别是青年大学生在党的科学理论指引下，自觉学思践悟，主动从习近平新时代中国特色社会主义思想中不断汲取并感悟党和人民的力量、真理的力量，从而将青春抱负融入全国各族人民为全面建成社会主义现代化强国、实现第二个百年奋斗目标而奋斗的伟大事业中。

作者注

中国共产党第二十次全国代表大会，于2022年10月16日在人民大会堂胜利召开，习近平总书记代表第十九届中央委员会向大会作的报告中明确指出，全党要把青年工作作为战略性工作来抓，用党的科学理论武装青年，用党的初心使命感召青年，做青年朋友的知心人、青年工作的热心人、青年群众的引路人。无论教学型大学，还是研究型大学，高校都应坚持将培养高质量人才作为学校和教师的首要任务与第一职责，坚持学校稳步发展和人才培养质量提高相结合，切实办好新时期人民满意的教育，为党和人民事业培养造就更多的优秀人才。

（本文完成日期：2022年10月22日）

以“七个融入”推动高校党史学习教育学深做实

在庆祝中国共产党百年华诞的重大时刻，在“两个一百年”奋斗目标历史交会的关键节点，党中央决定在全党开展党史学习教育，是党中央立足党的百年历史新起点、动员全党全国满怀信心投身全面建设社会主义现代化国家而作出的一项重大决策。高校作为人才培养主阵地、主战场，肩负着新时代培养造就德智体美劳全面发展的社会主义建设者和接班人的历史使命和历史重任。开展好党史学习教育，事关“培养什么人、怎样培养人、为谁培养人”这个根本问题。为此，高校在党史学习教育、贯彻落实习近平总书记在党史学习教育动员大会上的重要讲话精神更要学深做实，以“七个融入”极力打通党史学习教育“最后一公里”，教育引导全校师生学史明理、学史增信、学史崇德、学史力行，让全校师生切实学深悟透中国共产党百年辉煌历史，切实做到学党史、悟思想、办实事、开新局，为全面推动高校“十四五”良好开局提供强有力的政治保障，牢牢抓住把广大在校青年学子培养成社会主义现代化事业的建设者和接班人这个根本任务。

一是把党史学习教育融入“十四五”规划和立德树人全过程，切实提高党史学习教育的系统性和全面性

学校“十四五”规划编制是高校识大局、塑格局、谋全局、创新局，推进各项工作高质量发展的基础工作，对新时期高校进一步把握战略方向、明确战略任务、擘画战略蓝图具有现实指导意义与重要战略意义。立德树人作为高校的根本任务，是学校立身之本，在教育中一直处于中心环节并内化到高校建设和管理各领域和各方面，其成效是检验高校办学一切工作的根本标准。作为中国共产党思想政治工作的重要内容和优良传统，高校积极开展党史学习教育，是巩固马克思主义在高校的指导地位，坚

持党的教育方针，深入学习贯彻习近平总书记提出的“加快推进教育现代化、建设教育强国”的必然要求，也是新时代培养社会主义事业建设者和接班人、推进中国特色社会主义事业发展的现实需要。通过把党史学习教育融入高校“十四五”规划和立德树人全过程，就是让高校把党史学习教育放在学校最高层面、放在学校重要位置，作为学校办学的一件大事、学校党的建设的一件要事来抓，切实把“党史”这一宝贵财富作为高校教育培养青年学生的重要精神资源，从而让高校始终牢记“培养担当民族复兴大任的时代新人”的历史使命，时刻坚守正确的办学方向和发展目标，进而发挥人才培养和党史教学、研究、宣传的重要阵地作用，同时助推学校党委和各级党组织形成正确的思想观念、政治方向和办学方向，为高校锚定2035年总体实现教育现代化、建成教育强国目标，紧跟世界高等教育发展趋势、紧跟新时代高质量发展和高校“双一流”建设步伐，为实现“十四五”高质量跨越式发展提供坚实的政治保障和组织保障。

二是把党史学习教育融入政治理论学习和科学研究，切实提高党史学习教育的针对性和理论性

加强高校师生理论学习，特别是加强学校领导干部和全体党员政治理论学习，是提升高校领导班子、中层领导干部和师生党员党性修养，增强全校党员干部队伍整体思想政治素质和提高拒腐防变能力的一项首要学习任务，更是保持高校以及基层党组织纯洁性和先进性，提升各级党组织凝聚力和战斗力的一项重要措施。而大力开展科学研究，既是高校教师的主要职责，又是提高学校整体办学水平，增强学校综合实力的长远目标。通过把党史学习教育融入学校政治理论学习和科学研究，纳入学校党员干部学习教育培训的必修课，就是把党史学习教育作为学校党委理论学习中心组、各二级单位党组织和基层党支部以及广大师生年度学习和研讨的重要内容，以期进一步加强全校党员领导干部理论武装和思想政治建设，进一步提高党员领导干部的理论素养、科学决策水平和创新能力；就是在学校开展马克思主义理论学科建设中，切实深化党史、新中国史发展过程中的重大事件、重大理论以及重要人物和重要制度的学习与研究，实现加强党建学科建设与学术研究同步同向发展。通过对党的历史的深入学习和深刻研究，从中汲取智慧和力量，从而提高全校领导干部队伍领导能力和执政治校办学水平，提高全校师生党员队伍用党的光荣传统和优良作风以及党的实践创造和历史经验武装自身头脑的能力，助推全校党员干部更加自觉在思想上政治上行动上同

以习近平同志为核心的党中央保持高度一致，并带动广大师生员工心往一处想、劲往一处使，推动高校在“双一流”建设背景下取得更大发展与成就。

三是把党史学习教育融入课程思政建设和课堂教学改革，切实提高党史学习教育的育人性和时代性

课堂是学校教育的主阵地，抓好高校思想政治工作建设，关键是用好课堂教学这个主渠道。加强课程思政建设，努力把课程思政元素融入各类课堂教学建设的课堂管理、专业知识、教学途径及教学模式等各环节全过程，实现课堂教学育人引导于知识传授和能力培养中，从而充分发挥每门课程、每个课堂的立德树人作用。全面推进高校课程思政建设，是帮助新时代青年学生塑造正确的世界观、人生观、价值观的重要抓手，是推进习近平新时代中国特色社会主义思想进教材进课堂进头脑的重大举措。而深化高校课堂教学改革是坚持立德树人根本任务，全面打造高效课堂、提高人才培养质量、推动新时期高等教育发展的必然趋势和客观要求。通过把党史学习教育融入课程思政和课堂教学改革，让思想政治教育融入所有学科专业每一门课程，实现思想政治教育全学科覆盖、全方位推进，做到“课程门门有思政、教师人人讲育人”，整体同步提高不同类别、不同专业教师的政治站位，切实提升高校专业教师队伍教书育人的责任意识与育人能力，进一步激励每位教师在思想政治教育指引下深度开发专业课程，找准课程与思想政治教育的契合点，深入挖掘课程思政元素，充分激发课程思政教育内涵，实现全校所有课程思政建设和课堂教学改革稳步发展，让教师队伍成为教书育人的“主力军”、让课程建设成为人才培养的“主战场”、让课堂教学成为立德树人的“主渠道”，真正推进习近平新时代中国特色社会主义思想进教材进课堂进头脑，从而整体发挥高校第一课堂核心作用，提升课程育人效果和学校人才培养质量。

四是把党史学习教育融入思政课堂和网络思政，切实提高党史学习教育的实效性和创新性

作为落实立德树人根本任务的关键课程，高校思政课是其他课程不可替代的必修课程。面对世界百年未有之大变局，办好新时期思政课，就是要站在党和国家事业发展全局中，组织思政课教师努力开展好马克思主义理论教育，坚持用习近平新时代中国特色社会主义思想铸魂育人，指引青年学子厚植爱国主义情怀，切实增强“四个意

识”、坚定“四个自信”、做到“两个维护”。全力运用新媒体新技术加强网络思政，强化高校网上意识形态工作的凝聚力和引领力，切实发挥网络育人功能，是新时期高校思想政治工作的重中之重。通过把党史学习教育融入思政课堂和网络思政，进一步加大高校思政课中的中共党史学习教育的重视程度和发展力度，进一步增强百年党史作为高校思想政治课中的重要内容的必要性，以更大的战略格局和更大的学科合力，努力在高校探索创建百年党史“大思政课”，同时立足新时期高校网络思政模式创新，通过网络学党史、线上上党课，积极引导在校学生全面深入了解党的历史、准确把握党的历史的主流与本质、正确分析党的历史中遭遇的逆境和顿挫，做到知史爱党、知史爱国，树立为国家繁荣发展而努力的理想信念，实现线下线上联动、互补的高校思政教育新生态，助力全校共同画好网上网下最大“同心圆”。

五是把党史学习教育融入第二课堂和基层党团组织建设，切实提高党史学习教育的实践性和趣味性

作为第一课堂教学的延伸、补充与发展，高校第二课堂是培育新时期大学生综合素质，践行和谐大学教育理念，促进青年学生知行合一的重要阵地。同时也作为教学环节不可或缺的重要组成部分，第二课堂在加强青年大学生社会主义核心价值观体系方面同样具有主导地位。高校学生党支部、团支部及班级组织等基层党团组织建设是学生思想政治教育工作的主要内容和重要依托，贯穿着大学生四年的学习生活工作，对大学生思想政治教育提高、学生人格塑造、班集体凝聚力提升具有至关重要的作用。通过把党史学习教育融入高校第二课堂和基层党团组织建设，就是利用并充分发挥第二课堂形式多样、灵活生动、内容丰富等特点，以及基层党团组织的政治优势、组织优势与思想建设优势，围绕党史知识传授及学习，从顶层设计、内容主题、活动地点、组织形式、教育效果等方面探索创建党史学习教育教学新模式，吸引学生党员、入党积极分子与青年团员积极参与、主动作为，让新时代青年学生在实践中强化党性意识，有利于党性教育的培养，从而增强大学生知行合一的综合能力和素质，让第二课堂与基层党团组织活动成为第一课堂以外的党史学习教育主要阵地和有效形式，在提高党史学习教育的实践性和趣味性的同时，也提升了第二课堂的实效性和针对性，增强了基层党团组织的凝聚力、号召力。

六是把党史学习教育融入校园文化建设和“三全育人”体制机制，切实提高党史学习教育的整体性与持续性

作为社会主义精神文明建设的重要载体，校园文化建设是高校整体工作的重要组成部分。注重并加强新时期校园人文环境和自然环境建设，对促进大学生全面发展具有育人、导向、辐射、激励和陶冶等多项功能。聚焦落实立德树人根本任务，坚持把思想政治工作贯穿高校教育教学全过程，实现全员育人、全程育人、全方位育人的“三全育人”体制机制，是开创新时期我国高等教育事业发展新局面的基本遵循，是形成全校各级党组织、各系统、各单位联动机制、高效运行、科学规范、理念创新的重要保障。通过把党史学习教育融入校园文化建设和“三全育人”体制机制，就是切实将党史等“四史”学习教育纳入新时期校园文化建设重要内容，利用校内各类宣传栏、展示橱窗、楼宇场所等各类平面媒介宣传载体，校园各类网络新媒介平台，以及开展的校园文化艺术节，组织的校园文化升级改造与校园文化宣传等，定期推送党史学习教育等知识内容，让党史等红色文化渗透到学校各个角落，充分发挥校园内一砖一瓦、一草一木的教育育人功能，让全校师生耳濡目染、不断汲取砥砺前行的精神力量，从而营造人人能学、处处可学、时时皆学的党史学习教育浓厚氛围。

七是把党史学习教育融入各级党组织考核评价和纪检监察，切实提高党史学习教育的自觉性和严肃性

作为学校建设的核心，高校各级党组织是学校各项工作和战斗力的基础和保证，建立健全科学合理的高校党组织考核评价是做好高校党建工作的必要前提和重要保障，对提升新时期高校党建质量具有十分重要的现实意义。高校纪检监察工作是推进全面从严治党、维护党的机体健康，确保党对高校领导的坚强保障。而作为在全党开展的党史学习教育，是党中央立足党的百年历史新起点，动员全党全国积极投身全面建设社会主义现代化国家而作出的重大决策，是当前党的政治生活中的一件大事、一件要事，是全国各级党组织必须高标准高质量开展并完成学习教育的重要工作和首要任务。通过把党史学习教育融入高校各级党组织考核评价和纪检监察，就是切实加强高校党委对党史学习教育的组织领导，真正做到把党中央部署和要求在全校各级党组织落到实处；就是切实加强对学校各级领导干部、各类岗位党员开展党史学习教育的监督指导，不断增强开展党史学习教育的政治自觉、思想自觉和行动自觉，让全校党员、干

部做到学有所思、学有所悟、学有所得、学有所行；就是稳步推动党史学习教育在全校深入师生、深入基层、深入人心，让全校师生员工从党的百年奋斗历程中汲取继续前进的智慧和力量，为推进高校“双一流”建设、促进高校改革创新、增进高校高质量内涵发展注入强大动力，以昂扬姿态奋力开启全面建设社会主义现代化国家新征程，以优异成绩迎接建党100周年！

作者注

作为一名专职辅导员，深知理论学习的重要性，所以多年来始终坚持在思想上加以重视、在行动上加以落实，利用一切可利用的时间和机会主动加强政治理论知识的学习。同时，作为学生党支部书记，更是把组织支部全体委员、学生党员开展中国特色社会主义理论体系、党章和习近平总书记系列重要讲话精神等学习作为学院学生党建工作中的重中之重。自2月20日，习近平总书记出席党史学习教育动员大会并发表重要讲话，特别是4月1日《求是》杂志发表习近平总书记《在党史学习教育动员大会上的讲话》重要文章后，先后不下十余次对习近平总书记的重要讲话、重要文章进行认真学习和研读，每次学习都有新的收获和体会，更加深刻认识到在中国共产党百年华诞的重大时刻开展党史学习教育的必要性、重要性和紧迫性。另外，作为全校唯一的“全国党建工作样板支部”，必须也更应该高要求、高标准、高质量完成党史学习教育各项目标任务，以便支部近150名学生党员队伍切实提高政治判断力、政治领悟力、政治执行力，切实增强思想自觉、政治自觉和行动自觉，以更坚定的信仰信念，更强大的战斗力、凝聚力和执行力，时刻做到走在前、做示范，为个人成长、学院发展、学校改革、社会进步注入新的活力和强大动能。

（本文完成日期：2021年4月25日）

新时期大学生“四史”学习教育存在的“四大问题”及需推进的“四大举措”

——当前高校学生“四史”教育实施状况及其提升途径

党的历史是最生动、最有说服力的教科书。党的十八大以来，习近平总书记就学习中共党史、新中国史、改革开放史、社会主义发展史（以下简称“四史”教育）作出一系列重要论述，在2020年1月8日召开的“不忘初心、牢记使命”主题教育总结大会上强调指出：“要把学习贯彻党的创新理论作为思想武装的重中之重，同学习党史、新中国史、改革开放史、社会主义发展史结合起来。”高校作为新时代培养中国特色社会主义事业需要的人才培养基地，积极推进“四史”教育落地生根，是实现新时期高校立德树人根本任务的新常态新举措，对于做好高校思想政治工作具有重大的历史意义，对把广大青年学生培养成实现中华民族伟大复兴的生力军具有重要的时代价值。

一、新时期推进大学生“四史”学习教育重要性与必要性

“四史”学习教育是新时期充实大学生历史知识、激发青年学生勇于担当、坚定信仰信念的内生动力。通过开展并增强“四史”学习教育的政治自觉、思想自觉和行动自觉，让广大学生从党的百年奋斗历程中汲取继续前进的智慧和力量，以更加昂扬的奋斗姿态踏上新征程、迎接新挑战、建功新时代。

（一）开展“四史”教育是强化高校党的政治建设的根本保障

加强党的政治建设是新时代高校发展建设的根本保证。旗帜鲜明讲政治，确保高校的社会主义办学方向，是新时代高校党的政治建设的核心内容。通过开展“四史”教育，让高校全体师生，特别是各级党组织、广大师生党员真正理清中国革命历史

“从哪里来、到哪里去”的发展脉络，进一步深刻理解和把握历史规律和历史趋势，不断总结历史经验与教训，培养正确的历史观，促进青年学生筑牢理论之基，把稳思想之舵，为高校意识形态工作和高质量发展提供坚强的思想保障、政治保障。

（二）开展“四史”教育是学习贯彻习近平新时代中国特色社会主义思想主题教育的迫切需要

一百年来，中国共产党坚持解放思想和实事求是相统一、培元固本和守正创新相统一，不断开辟马克思主义新境界，产生了毛泽东思想、邓小平理论、“三个代表”重要思想、科学发展观，产生了习近平新时代中国特色社会主义思想，为党和人民事业发展提供了科学理论指导。通过开展“四史”教育，切实把学习贯彻习近平新时代中国特色社会主义思想摆在最突出位置，让广大青年学生准确了解历史、全面学习历史、真正借鉴历史，从而做到内化于心、外化于行，自觉在思想上政治上行动上同以习近平同志为核心的党中央保持高度一致。

（三）开展“四史”教育是落实高校立德树人根本任务的必然选择

立德树人是中国共产党对教育根本问题的时代性回答。习近平总书记高度重视立德树人在教育中的重要地位和作用，多次强调要坚持立德树人作为根本任务。通过“四史”学习教育，让广大青年学生在学思践悟中学习马克思主义理论、在奋发有为中践行初心使命、在砥砺前行中坚定理想信念，从而解决好“培养什么人、怎样培养人、为谁培养人”这个根本问题，让高校切实成为新时期落实立德树人根本任务的坚强阵地。

（四）开展“四史”教育是加强大学生思想政治教育的重要内容

“四史”教育，作为坚持和发展中国特色社会主义、把党和国家各项事业继续推向前进的必修课，是新时代赋予高校思想政治教育工作者的重大任务，必然成为加强大学生思想政治教育的重要内容。通过开展“四史”学习教育，让广大青年学生以更加辩证的思维正确把握历史远与近、兴与衰之间的相互联系，形成并强化以爱国主义为核心的重要引导力量，从而全面提升学生的思想境界和核心素养、时代精神，进一步塑造其正确的世界观、人生观，增强其使命感、责任感，进而能够肩负起自身价值和时代责任。

二、当前高校“四史”学习教育实施状况及存在的“四大问题”

为了深入了解当前高校学生“四史”学习教育实施现状及存在的问题，全面掌握“四史”学习教育总体开展的针对性、实效性和客观性，笔者分别以“问卷星”问卷调查与电话调查两种主要方式，分别对近三十所普通高校的220名班主任辅导员、思想政治理论课专业教师，以及隶属同一省份的三所综合性高校的1300名在校学生进行了问卷调研统计。其中收回有效教师类问卷216份（人），收回有效学生类问卷1262份（人），回收有效率分别为98.18%、97.08%。参与调查高校教师及学生情况如表1所示。

表1　参与调查高校教师与学生情况统计

参与教师	类别	专职辅导员	班主任	思政课教师	兼职辅导员
	人数/人	102	45	54	15
	比例/%	47.22	20.83	25.00	6.95
参与学生	类别	大一	大二	大三	大四
	人数/人	383	340	296	243
	比例/%	30.35	26.94	23.45	19.26

（一）学校层面缺乏系统性和整体性，对大学生思想政治教育工作重视与支持程度有待提高

作为以历史为基础的政治教育，“四史”教育是高校思想政治工作的重要组成部分，是大学生思想政治教育的主要内容，应作为全校一项系统性工作进行顶层设计与整体安排，才能保证开展“四史”学习教育的整体性和协同性。调查显示，参与问卷调查的216名教师中，分别有140人（占总人数的64.81%）、150人（占总人数的69.45%）对“学校思想政治教育工作总体情况”与“学校层面对思想政治教育工作重视程度”比较认可，另分别有超过35%、30%以上的教师认为学校开展思想政治工作及对思想政治教育工作重视程度不足、不认可。在对“学校思想政治教育学习总体安排”及“学校‘四史’学习教育重视程度情况”调查评价中，分别有接近30%、40%的教师认为组织实施不力、开展效果不满意。由于学校缺少顶层设计、学校层面重视程度不足，影响了包含“四史”教育在内的大学生思想政治教育执行力度和教育效果，如表2所示。

表 2 “高校思想政治工作及学习教育实施情况评价”教师调查统计分析

调查评价指标		好	较好	一般	差
“学校思想政治教育工作总体情况”	人数/人	45	95	58	18
	比例/%	20.83	43.98	26.85	8.33
“学校层面对思想政治教育工作重视程度”	人数/人	36	114	62	4
	比例/%	16.67	52.78	28.70	1.85
“学校思想政治教育学习总体安排”	人数/人	50	102	55	9
	比例/%	23.15	47.22	25.46	4.17
“学校‘四史’学习教育重视程度情况”	人数/人	29	103	70	14
	比例/%	13.43	47.69	32.41	6.48

（二）思想政治教育工作队伍政治理论知识及教学科研能力与水平不高

高校思想政治教育工作教师队伍整体素质决定着大学生思想教育效果和学生整体素质，由于思想政治教育者，特别是一线专职辅导员班主任学历不高、理论水平不高、年龄偏高、事务性工作繁杂等多种因素，政治理论知识储备及思想政治教育教学水平、科研能力普遍不足，一定程度上影响了学生“四史”教育效果。调查显示，在受访的思政教师中，具有博士学位人数52人，占总人数比例为24.07%，其中思政课教师比例为11.11%，专兼职辅导员比例仅为5.09%；具有思政专业学科背景人数78人，占总人数比例为36.11%，而专兼职辅导员比例仅为11.57%；同时，包含思政课教师在内的思政教师队伍中，认为自身具有较高政治理论与研究水平比例不超过20%，另有20.83%的思政教师认为个人具有较强的自主开展“四史”教育方面的能力，如表3所示。

表 3 参与调查高校教师学历及思政教学研究综合素质统计分析

综合素质方面		专兼职辅导员	班主任	思政课教师	小计
具有博士学位	人数/人	11	17	24	52
	比例/%	5.09	7.87	11.11	24.07
具有思政专业学科背景	人数/人	25	8	45	78
	比例/%	11.57	3.70	20.83	36.11
自身具有较高政治理论与研究水平方面	人数/人	16	9	18	43
	比例/%	7.41	4.17	8.33	19.91
具有较强的自主开展“四史”教育方面的能力	人数/人	14	10	21	45
	比例/%	6.48	4.63	9.72	20.83

（三）课程思政与思政课程“协同融合”育人体系不健全，学生“四史”教育工作育人效果不明显

“四史”教育是贯穿高校各门思想政治课和各学科专业课教学的重要内容，对培养大学生世界观、人生观、价值观具有特殊作用。思想政治理论课重在铸魂，课程思政亦是如此，在新的历史方位下，思政课程有效引领课程思政的政治方向，方能在专业课程知识传授中真正展现思政意蕴，不断推进课程思政中的专业传授与德育引导的有机统一，从而打通专业教育与思政教育紧密融合的“最后一公里”，进而催化二者同向同行、协同育人的合力。调查显示，在受访的思政教师中，认为“学校课程思政与思政课程‘协同融合’程度”达到“好”与“较好”比例仅为47.22%，近53%的受访者认为其“协同融合”程度“一般”或“差”；其中有近60%的教师认为“‘四史’教育有效融入‘课程思政’程度”“一般”或“差”；特别是在“学校‘四史’学习教育总体育人效果”评价上，认为效果“一般”及效果“差”的比例分别为56.02%、4.63%，足以看出“四史”教育育人作用成效，以及课程思政与思政课程协同育人功能发挥的程度，如表4所示。

表4 “高校思想政治教育工作育人体系及育人效果”教师调查统计分析

调查评价指标		好	较好	一般	差
“学校课程思政与思政课程‘协同融合’程度”方面	人数/人	15	87	105	9
	比例/%	6.94	40.28	48.61	4.17
“‘四史’教育有效融入‘课程思政’程度”方面	人数/人	11	79	114	12
	比例/%	5.09	36.57	52.78	5.56
“学校‘四史’学习教育总体育人效果”	人数/人	21	64	121	10
	比例/%	9.72	29.63	56.02	4.63

（四）“四史”教育内容深度及覆盖广度不强，与当地红色资源结合不密切

中办、国办《关于深化新时代学校思想政治理论课改革创新的若干意见》要求“各高校要重点围绕习近平新时代中国特色社会主义思想，党史、新中国史、改革开放史、社会主义发展史，宪法法律，中华优秀传统文化等设定课程模块，开设系列选择性必修课课程”。2020年中宣部、教育部联合提出高校开设“四史”教育选择性必修课程，“确保学生至少从‘四史’中选修一门课程，”并正式启动“四史”大学生读本编写工作。为此，“四史”教育开设课程内容是学生“四史”教育教学质量与育人效果的关键。同时，学校当地及周边红色地方史、英雄人物事迹、革命遗迹、革命文物，

以及红色纪念馆、红色教育基地等红色资源作为大学生“四史”学习教育的重要内容，更应该充分挖掘、综合利用，以便让广大青年学生真正领略革命精神真谛、夯实信仰信念之基，补足“理想精神之钙”。调查显示，在受访的学生中，超过75％的学生认识到新时期开展“四史”教育的重要意义；有53.48％的学生认为学校开展“四史”教育模块内容总体情况一般、不丰富，并有54.28％的学生认为“学校‘四史’教育覆盖广度”“一般”或“不好”，未达到受教育覆盖程度；对于“学校‘四史’组织形式与实效”，超过45％的学生认为“重形式轻实效”，仅有21.24％的学生认同“四史”教育组织形式及其育人效果；在“学校‘四史’教育与当地红色资源结合方面”，接近50％的学生认为结合得“一般”或“不好”，并有超过40％的学生感觉“学校‘四史’教育宣传力度、影响力”欠缺或不足，如表5所示。

表5 “高校‘四史’教育内容及实施情况”学生调查统计分析表

“学生对新时期开展‘四史’教育重要性的认识”	调查指标	非常重要	重要	一般	不重要
	人数/人	608	356	282	16
	比例/%	48.18	28.21	22.35	1.27
“学校‘四史’教育教学模块内容总体情况”	调查指标	丰富	较丰富	一般	不丰富
	人数/人	205	382	561	114
	比例/%	16.24	30.27	44.45	9.03
“学校‘四史’教育覆盖广度情况”	调查指标	好	较好	一般	不好
	人数/人	151	426	622	63
	比例/%	11.97	33.76	49.29	4.99
“学校‘四史’教育组织形式及实效”	调查指标	形式好	实效好	两者都好	两者都差
	人数/人	578	291	268	125
	比例/%	45.80	23.06	21.24	9.90
“学校‘四史’教育与当地红色资源结合方面”	调查指标	好	较好	一般	不好
	人数/人	149	502	517	94
	比例/%	11.81	39.78	40.97	7.45
“学校‘四史’教育宣传力度、影响力情况”	调查指标	好	较好	一般	不好
	人数/人	190	537	498	37
	比例/%	15.06	42.55	39.46	2.93

此外，就高校学生“四史”教育开展主要途径、教育载体、拓展渠道，以及学习“四史”教育提升建议等进行了调研，还存在教育途径主要通过课堂学习、主题实践活动等较为单一，教育载体主要通过线上线下报告讲座、观影网络视频等较为缺乏，以及“四史”教育实践指向性不强，趣味性、新颖性、主动性、创新性不足，缺少教

育督促检查评估等实际问题，影响了新时期高校学生“四史”教育的整体推进和质量提升。

三、新时期开展大学生“四史”学习教育需遵循的基本原则

新时期高校“四史”教育作为加强学校思想理论建设、增强学生理想信念的重要政治任务，应遵循坚持“三个导向”、强化“三支队伍”、注重“三个融合”、突出“三个特性”原则。

（一）坚持“三个导向”

高校“四史”学习教育作为“不忘初心、牢记使命”主题教育的延续，围绕落实立德树人根本任务，应该坚持问题导向、目标导向、效果导向“三个导向”，找准学校及二级院系“四史”教育问题不足、目标要求及教育效果，切实提高政治站位，狠抓责任落实。

（二）强化“三支队伍”

高校思想政治教育工作队伍是新时期“四史”教育组织实施的重要组织保障，“四史”教育应该着力强化政治理论课专业教师队伍、专兼职辅导员班主任队伍、专兼职组织员及基层党团组织书记“三支队伍”，切实以较高的政治理论教育教学水平、较强的政治理论研究能力、较实的网络领域话语功底，扎实开展“四史”学习教育。

（三）注重“三个融合”

广大青年学生作为“四史”学习教育参与主体，高校应当将“四史”教育融合到思政课堂和网络思政、融合到第二课堂和基层党团组织建设、融合到校园文化建设和“三全育人”体制机制，立足新时期高校思政模式创新，切实做到并提高“四史”学习教育的时效性、实践性与持续性。

（四）突出“三个特性”

“四史”教育是我国实现第一个百年奋斗目标，乘势而上开启全面建设社会主义现代化国家新征程，向第二个百年奋斗目标进军的关键节点上，在全国范围内广泛深入开展的学习教育，高校学生“四史”教育组织实施应当突出统筹性、政治性、特色性，

做到全校上下一盘棋，重点工作一体推进；做到把思想政治建设摆在首位，突出学习任务和重点内容；做到学校及二级院系学习形式载体创新、教育机制完善健全，切实发挥学习教育示范点引领作用。

四、新时期推进高校学生“四史”学习教育的“四大举措”

为更好提升新时期高校学生“四史”教育质量，针对当前学生“四史”教育实施现状及存在的“四大问题”，应该坚持并巩固马克思主义唯物史观的指导地位，采取并强化以下“四大举措”切实将高校学生“四史”教育落到实处。

（一）坚持政治站位，加强“四史”教育顶层设计，稳步构建高校思想政治教育工作新格局

一是高校作为履行“四史”教育的责任主体，要牢牢抓住全面提升人才培养能力这个核心点，全面贯彻习近平总书记对教育工作的重要讲话精神，深入学习习近平总书记在“不忘初心、牢记使命”主题教育总结大会上的重要讲话以及关于“四史”的重要论述，不折不扣落实并承担学校党委书记及全校院系基层党组织书记开展学生“四史”学习教育第一责任人职责。

二是学校党委、行政从全局和战略高度切实加强高校思想政治工作顶层设计，进一步强化和提升新时代大学生思想政治工作重要性、紧迫性的认识，切实将大学生思想政治教育作为高校育人工作的重中之重，作为学校师生全年政治理论学习重要任务和重点内容，全面推动高校思想政治工作质量不断提速增效。

三是实施“一把手”工程，统筹推进学校宣传、组织、学工、团委、人事、财务、科研、马列等相关职能部门，以及校、院、系、年级，纵横交错、合力协同的“四史”教育组织实施体制机制，通过组织领导、健全机构，出台文件、明确职责，分工协作、稳步推进总基调，提供并支持足够的人力物力及经费保障，扎实确保全校学生“四史”教育质量和实际效果，稳步构建高校思想政治教育工作新格局。

（二）明确职责定位，强化高校思想政治教育教师人才队伍建设，着力培养新时期大学生“四史”学习教育骨干力量

首先，重点抓好高校政治理论课专业教师队伍建设。结合新时期“四史”教育政治性、专业性、时代性主要内涵，发扬思想政治学科优势和专业特色，围绕当前思想

政治教育的有效着力点，按照“政治化、专业化、标杆化”总体目标，通过定期加强自身理论学习、分批提升学历层次、举办专题教育讲座、开展教学能力竞赛与展示、组织外出考察轮训等，稳步提升全校思想政治理论课教师队伍的教学教育业务能力，高效传播党的“四史”教育理论，让每位思想政治理论课教师成为思政必修课的教学名师、成为“四史”教育的示范课标兵、成为高校学生“四史”教育教学的表率，从而发挥思想政治课专业教师队伍在实现“四史”教育的主力军作用。

其次，全力抓好专兼职辅导员班主任队伍建设。作为高校思想政治教育的重要力量，是辅助广大青年学生学业发展规划、思想政治教育以及综合素质提升的重要导向主体，在高校配齐配强配足专兼职辅导员班主任的基础上，通过推行辅导员素质能力提升计划、完善专职辅导员在职攻读思政博士学位制度体系，实施辅导员班主任队伍政治理论武装强化工程等，努力创建一支信仰坚定、业务精湛、德才兼备、自身政治理论功底深厚的新时代辅导员队伍，从而擅长并有助于开展学生“四史”教育的“教”与“导”，成为第二课堂、校外社会实践等开展“四史”教育的经常性、日常性思想教育的主体和保障力量。

最后，扎实抓好高校专兼职组织员及基层党团组织书记队伍建设。作为新时期专心专责负责党建工作的专兼职组织员，是高校深入落实全面从严治党新要求的重要体现和重大举措，是高校二级院系组织学生党员及广大积极分子开展“四史”学习教育的重要组织者和实施者；同时，高校学生党支部以及团支部作为加强和改进大学生思想政治教育的重要阵地，是组织推进学生“四史”教育的最基层组织，学生基层党团组织书记队伍是参与、组织“四史”教育的具体组织者和实施者，通过院系之间开展观摩交流，加强“四史”教育互学互帮、互教互助研讨活动；选拔优秀组织员讲授“四史”教育课程，选派优秀学生党团组织书记成立“四史”教育宣讲服务队分组分期到各二级院系进行“四史”教育学习宣讲，切实强化专兼职组织员队伍在大学生思想政治教育中的育人功能，以及新时期学生党团组织书记在“四史”教育中的“领头雁”引领作用，并助推形成“人人是教员、处处变课堂、时时受教育”的“四史”教育自我学习、自我教育新局面。

（三）紧跟时代需求，健全课程思政与思政课程“协同融合”育人体系，切实推动“四史”教育融入高校课程思政与思想政治理论课

高校要实现立德树人、德才并举的育人目标，就要使专业课程、通识课程和思政课程协同共建，相互支撑、互为补充。“思政课程”与“课程思政”具有内在逻辑的

统一性，二者实现同向同行、融会融通既符合内在的理论逻辑，也有现实的可实现性。只有实现课程思政与思政课程“协同融合”，才能将显性教育和隐性教育相统一，从而构建全员全程全方位育人大格局。

首先，课程思政建设作为新时代全面提高人才培养质量的重要任务，抓好课程思政建设最重要的是解决好专业教育和思政教育“两张皮”问题，要围绕构建高水平人才培养体系，不断完善课程思政工作体系、教学体系和内容体系，学校要坚持课程教学为思想政治教育主阵地、主渠道地位，结合高校自身发展定位与人才培养目标，逐步深化课程思政教育教学改革，把思想政治教育全部融入所有学科专业的每一门课程，做到“所有课程都有育人功能”，真正实现专业知识传授、综合能力培养与人生价值引领有机统一。其次，专业教师作为课程思政实施主体和主要组织者，要全面增强专业教师精神追求，提升专业教师队伍职业道德、职业伦理等综合职业素养，通过完善课程思政建设工作机制、创建科学课程思政教学体系、分类推进专业课程思政建设等，促进广大专业教师尽早确立课程思政建设目标、尽快提升专业课程思政意识、尽职强化专业课堂协同“大思政”体系理念，让专业教师尽力挖掘并自主运用各学科各专业各课程蕴含的思想政治教育因素和资源，最大化拓展课程思政功能，实现专业课程的思政教育资源与思政课程的价值内核和培养任务目标有效融合。最后，牢牢把握“四史”教育的政治性、理论性与现实性，将学生“四史”学习教育融入高校思想政治理论课与专业课程中，让广大青年学生在历史知识的学习过程中运用“四史”宝贵的经验教训，以史鉴今，从历史中汲取经验智慧，更好地把握当下，坚定不移做好自己该做的事，把新时代中国特色社会主义推向前进。

通过健全课程思政与思政课程“协同融合”育人体系，让“四史”课程资源成为高校课程思政与思政课程“四史”教育的基础，让学生在“四史”学习教育中不断深入学习习近平新时代中国特色社会主义思想，在学习生活工作实践中真正做到“在马信马”“在马言马”“在马学马”，从而进一步坚定理想信念，始终保持战略定力，切实增强“四个自信”。

（四）增强创优意识，逐步推进“四史”教育学习形式教育载体创新，全面营造坚定不移听党话、跟党走的浓厚育人氛围

第一，丰富载体，拓宽渠道，创新“四史”学习教育形式模式，切实提升学生参与“四史”教育学习的创新性、主动性、趣味性。在空间上，打破“四史”教育第一课堂、第二课堂场所限制，通过组织主题鲜明的纪念活动，开展红色人物汇、红色精

神汇、红色故事汇、红色影视汇等系列“红色主题”展播欣赏，利用学校教学楼宇、宿舍楼宇以及其他场馆开展“四史”知识学习板块，充分整合当地红色文化资源，定期举办爱党爱国主题社会实践活动等，让广大青年学生在亲身实践、感受领悟中探寻红色历史，汲取红色力量，进一步强化对党的情感和热爱以及自身信念和使命。在时间上，创建从低年级到高年级“四史”教育内容课程学习模块，编写印制符合学校政治理论学习需求、紧跟青年学生关注点、富有院系专业特色的“四史”教育读本等教案教材，实现“四史”学习教育“一史一册”“一级一案”“一院一策”，共同打造覆盖学校各年级各学科各专业全体学生的“四史”学习教育常态化氛围。在形式上，注重发挥网络思政作为高校思想政治工作的创新与优势，充分利用学校及院系新媒体网络平台，开设“四史”主题教育专栏、短视频及微视频大赛、线上“四史”知识竞答评比、“四史”学习教育原创作品创作等主题活动，最大限度拓展网络“四史”教育覆盖面和运用区域，形成“互联网+‘四史’学习教育”线上线下有机结合并互为补充的思想政治教育网络宣传阵地。

第二，加强新时期以党史为重点内容的“四史”教育研究，利用校校合作、校地联合方式，借助高校马克思主义学院、其他思想政治研究机构以及优秀思想政治教育教学科研团队，积极创建、设立“四史”教育教学研究中心或教研基地，大力开展“四史”教育课题申报与立项，切实提高新时期“四史”教育研究内容的前瞻性、新颖性和指导性，同时，广泛开展“四史”教育学术研讨与交流，通过国际合作实现“四史”研究成果的突破和国际认同，既有助于净化国际网络空间环境，又有助于牢牢把握高校思想政治教育的主动权，促进筑牢社会主义主流意识形态阵地建设。

第三，推行实施“四史”教育阶段效果检查评估，探索健全“四史”教育质量评价体系与激励机制，“四史”教育融入“课程思政”建设是一项长期的系统性工程，有必要对其效果进行阶段性评估，通过上级教育主管部门以及高校各级各类教学指导委员会等组织或机构，结合课程思政与思政课程具有的潜在性、发展性与综合性等特点，研究制定实施新时期“四史”教育等思想政治评价指标，将“四史”教育内容、开展过程、组织方式、参与广度、育人效果以及师生评价程度等纳入学校和院系相关绩效考核指标体系，并突出课程思政与思政课程新特点、新要求、新问题，加大对“四史”教育教学及研究成果奖励力度，共同构建全校同向同行的“四史”教育育人新局面。

新时期开展高校“四史”学习教育，时代价值在于夯实广大青年学生理论功能、坚定政治信念信仰；育人目标在于让新时代大学生学懂悟透历史唯物主义，做到学以致用，坚定历史使命担当，从而不断激发青年学生干事创业的激情与动力，始终响应时代呼唤和国家需要，努力成为新时代有理想、有境界、有本领、有担当的追梦者和筑梦人。

作者注

作为一名思想政治教育工作者，站在学院分管学生工作负责人的角度上，为进一步深化学生“四史”学习教育内容、丰富学习教育形式，从而增强学习教育效果，通过设计调查问卷并进行了广泛调查，从中真正掌握了当前高校学生“四史”学习教育实施现状，并分析了存在的现实问题，同时从组织主体、人员保障以及教育内容与载体创新等方面提出相应建议与对策，以期切实将高校学生“四史”教育贯穿立德树人全过程，进一步推动大学生知史爱党、知史爱国，不忘初心、牢记使命，不断从历史中汲取奋进的力量，从而教育引导广大青年学生把奋斗融入党和人民事业，成为实现中华民族伟大复兴的先锋力量，用青春和汗水创造出让世界刮目相看的新奇迹。

（本文完成日期：2021年8月15日）

“四创新四提升”助推新时代高校学生基层组织建设高质量发展

——创新加快新时期大学生党团班一体化建设

加强高校学生思想政治工作是人才培养的重点与核心，高校基层党团组织在加强学生思想政治工作中处于重要的地位。习近平总书记在全国高校思想政治工作会议上的讲话，明确将共青团干部作为高校思想政治工作队伍的重要组成部分，特别强调要注重发挥共青团、学生会组织和学生社团的作用。为此，积极推进新时期高校学生基层组织建设，稳步加快学生党团班一体化建设进程，切实增强学生党员、学生干部自身的引领性、先进性、群众性，自觉将广大青年学生思想、认识和行动统一到习近平总书记的重要讲话精神上来，是深入贯彻落实中共中央、国务院印发《关于新时代加强和改进思想政治工作的意见》，不断提升高校基层思想政治工作质量和水平，不断推动新时代思想政治工作守正创新发展的重要举措。

受各种因素影响，新时期高校学生基层组织建设仍存在一些现实问题和不足，一是高校学生党员队伍自身建设水平不足，亟须提高党员综合素质，学生党员比例及规模较小，绝大部分学生党员普遍集中在高年级，且重发展、轻管理；重形式、轻效果；对学生党员后期教育力度不够、监督不到位，在院系各年级与各班级之间难以形成“头雁效应”。二是学生基层党团组织生活吸引力和引领性不强，亟须提升学生党团组织新活力，学生党支部“三会一课”、团支部“三会两制一课”以及主题党团日活动形式与内容单一，学生党员、入党积极分子及学生干部实践锻炼载体平台不丰富、无亮点，未充分发挥学生党员和学生干部的思想引领及模范带头作用。三是学生基层党组织与团组织衔接不到位，亟待加强党团班一体化建设，学生基层党组织引导学生团支部与班级规范化建设力度欠缺，院系党团班级之间的纵向联动性与互动性不强，学生党员、学生干部队伍工作能力以及整体素质不高；学生党团班理论学习、队伍建设、任务进展不同步，内聚力不足，影响新时期大学生党建和思想政治教育工作的实效性和系统性。

针对新时期高校学生基层党团组织与班级建设薄弱环节及现实需求，高校及院系需通过加强领导、创新方式、拓展载体、强化衔接等有力措施，采取坚持“四创新四提升”，进一步增强高校学生基层党团组织凝聚力、战斗力和服务力，切实让广大学生党员、学生团员奋发进取，勇于担当，充分发挥在大学生思想政治工作中的生力军作用。

一、坚持思想观念创新，全面提升高校学生基层组织建设管理能力

一是提高思想认识，加强组织领导。坚持以习近平新时代中国特色社会主义思想为指导，进一步学习贯彻领会习近平总书记关于加强基层党建的重要指示精神，以及全国思想政治工作会议精神，强化高校顶层设计，切实提高学校及院系对做好新时期学生基层组织建设工作重要性的认识。

二是加强队伍建设，提高政治站位。配齐高校组织部门专责干部以及院系专职组织员队伍、加强专职辅导员队伍建设，及时选派政治强、业务精、敢担当、作风好的优秀年轻党员干部充实到二级单位党团建工作队伍；通过加强政治学习、组织业务培训、强化交流研讨、开展跨校挂职锻炼等，切实提高全校党建与思想政治教育工作队伍干部整体工作水平和业务能力。

三是落实根本任务，转变思想观念。着力加强高校党委、二级单位基层党组织落实立德树人根本任务，善于运用党的最新科学创新思想理论有效指导基层党建实践，切实推动新时期基层党团建工作不断取得新突破和新进展，从而促进高校总体工作高质量发展。

二、坚持制度体系创新，逐步提升学生党团组织基础建设水平

一是强化制度引领，狠抓学习宣传。加大国家及省级有关加强基层党组织、规范基层团组织建设，以及改进思想政治工作、高校基层党团组织建设相关条例意见等一系列制度办法的学习与宣传，通过每年定期邀请专家精准解读、专题深度讲读，让全校各级党员干部真正了解相关制度精神，熟知制度内容，切实把更多精力放在制度的落实上，打通制度落实“最后一公里”。

二是抓住“关键少数”，确保落地生根。紧紧抓住高校组织部门及院系学工干部、基层党组织负责人这一“关键少数”，制订个人学习计划，坚持通读、细读、研读相结

合，早学一步、学实一步、学深一步，切实领会有关制度办法精髓和实质，切实做到在准确理解和全面把握制度内涵和要求基础上，不断提高制度执行能力。

三是立足长效管理，注重制度创新。坚持与时俱进，勇于开拓，紧密联系新时期高校思想政治教育工作实际，围绕学生基层党团组织建设、班级规范化提升、党团学生干部素质提高以及院系党团班建设工作量化考核等，创新制定并建立健全学生党团班制度体系，以新制度融合新形势、以新办法迎合新要求，通过完善的制度体系牢牢夯实学生基层组织建设工作根基。

三、坚持平台载体创新，奋力提升学生党员及学生干部综合素质

一是强化教育引导，推进师生对接。在传统本科生、研究生导师制基础上，尝试推行“党（团）建荣誉导师制”，组织院系教师党员与学生党员、学生干部“1+1”对接活动，让教师党员定期为学生党员及学生干部在思想政治、学业发展、专业技能等方面给予面对面的指导与引领，在搭建师生交流新平台、新桥梁的同时，既增强教师党员责任感和使命感，又促进学生党员与学生干部队伍综合素质提升。

二是拓展社区党建，发挥示范作用。第一，实施学生党员身份“三公开”制度，对每名学生党员公寓个人床铺、所在公寓门牌以及服务承诺进行张贴公开，自觉接受广大同学监督；第二，借助学生公寓生活区，创建学生公寓“党建工作站”，聘任优秀学生党员成立站务委员会，参与并协助学生公寓管理部门开展安全巡查、卫生监督、疫情防控等日常管理工作，切实建立大学生党建、大学生思想教育延伸到公寓，班级学生管理延伸到公寓育人新模式。

三是强化班级建设，增强管理实效。选拔有担当、责任心强、组织能力突出的高年级学生党员担任低年级助理班主任，配合班主任开展班级组织管理及服务工作，及时为低年级学生答疑解惑，充分发挥助理班主任在学习、生活、思想等各方面的表率作用，并助推低年级班级良好学风和班风建设。

四是依托当地资源，开展校外拓展。充分利用当地丰富的红色教育资源，爱国主义、警示教育主题基地，定期组织新发展的预备党员、毕业生党员，以及学生干部开展实地参观教育、素质拓展主题活动，通过现场听课、影视观赏、模拟体验等方式，切实让学生党员及学生干部深刻感悟革命优良传统，以及身边榜样力量，切实达到理论与现实相结合、学习与锻炼相结合，继承革命传统与弘扬时代精神相结合，不断提高学生党员干部听党话、跟党走的实效性、自觉性和主动性。

四、坚持方式方法创新，切实提升学生党团工作品牌创建软实力

一是践行党的宗旨，促进共同进步。注重提高学生党员党性修养，每学年组织每名学生党员开展阅读一本政治理论书籍、帮助一位低年级困难同学、联系一名低年级入党积极分子、征集一条学生党建工作提升建议或意见、参加一次爱心募捐活动、创建一间文明宿舍、参与一次党知识竞赛、递交一份党性锻炼报告等“八个一”党员实践活动，切实让学生党员能够在普通学生中树立起喊得响亮、站得出来、推得出去的先进新形象。

二是加强日常监督，增强规矩意识。进一步细化学生党员、学生干部岗位职责，明确个人身份定位，突出学生党员、学生干部日常监督重点，通过党团知识测试、警示片观看、案例剖析主题教育等活动，切实提高全体学生党员及学生干部的政治纪律和政治规矩意识，力争让每名学生党员干部着眼长远，时刻做到履行党员及团员义务，牢记规矩不能破、红线不能碰、雷区不能踩，做到在学习、生活、工作中牢记铁的纪律，处处争做廉洁自律的标杆，真正让知敬畏、守纪律成为广大学生党员干部的行动自觉。

三是实施党团联动，增强组织衔接。全面实行党支部与团支部对接工作，通过各党小组对接大一、大二年级各班级团支部，制订对接计划、明确对接目标和重点，定期联合开展理论学习交流、主题党（团）日、校外实践锻炼等活动，促进院系学生党建与团建工作深入结合。

四是加强过程管理，提高培养质量。一是规范学生入党积极分子、学生党员、学生干部理论学习培训制度，创新实施学生党支部、团支部“四点半微党（团）课”制度；二是稳步开展学生党员日常行为量化考核、“学习强国”学习平台积分定期汇总及评比、家庭困难学生党员走访慰问等，扎实开展学生党员、学生干部评选推优、激励关怀与帮扶工作；三是探索《学生党员（干部）日常行为积分卡》制度，将组织生活、遵纪守法、道德品质及党员干部先锋等细致划分，按类别和内容制定详细的评议标准，按月度、季度和年度设置积分，党员干部每月自主申报，基层党支部、团支部委员会初评，支部会议评定公示，全程做好并提高学生党员及干部队伍的教育、培养水平。

通过坚持“四创新四提升”，将全面加强新时期高校学生党建工作与基层组织建设，较好地破解学生基层党建与团建衔接不足、党建引领作用不好、党员示范作用发挥不到位等难题，能够实现“双培双促”目标（即培养学生党员、促进学生党组织建设；培养学生干部，促进学生团组织建设），全面推进高校学生基层组织建设，切实提升学生党团组织凝聚力、组织力和战斗力，努力创建新形势下“七个有力”过硬党支

部以及规范化团支部。同时，将全面提高高校学生党员和学生干部两支队伍整体素质，进一步发挥学生党员与学生干部在党密切联系青年群众的桥梁和纽带作用，以及学生基层党团组织的战斗堡垒作用，切实做好党的助手和后备军；实现学生党员、学生干部从组织入党到思想入党的飞跃，自觉加强自身党性修养和综合素质；推动高校学生基层党团两支队伍建设同步、活动同步、考核同步，切实增强学生党员和学生干部队伍整体影响力、执行力和吸引力，真正推进大学生党团班一体化建设。另一方面，也将全面加快高校学生党建和思想政治教育工作稳步发展，通过创新高校学生基层组织建设新内容、新方法和新载体，打通学生党支部、学生团支部及班级建设“最后一公里”；切实树立起党的工作下沉到党（团）支部的鲜明导向，最大限度把院系学生党建工作与团建工作有机结合起来，使学生基层组织成为组织学生的核心、引领干部的关键、攻坚克难的堡垒，全面提高院系教学科研质量、增强育人效果，推动院系内涵发展；要进一步强化高校学生党支部与团支部以及班级在开展大学生思想政治教育工作的主渠道和主阵地作用，进一步保障并完善全员全过程全方位育人长效机制，达到课内课外、线上线下同频共振，发挥党建带团建、党建促班建的重要作用，从而加快高校学生党建与思想政治教育联动发展，构建起新时期高校学生党建与思想政治教育工作新形势和新局面。

作者注

在中国共产党成立100周年之际，中共中央、国务院印发了《关于新时代加强和改进思想政治工作的意见》，强调要把思想政治工作作为治党治国的重要方式。从为国家和民族谋未来的战略高度，该意见系统阐明了新时代加强和改进思想政治工作的指导思想、方针原则等一系列重大课题，既是中央指引我国高校教育事业发展的宣言书，又是再一次全面部署高校思想政治工作的具有里程碑意义的纲领性文件，为新时期加强高校思想政治工作提供了重要遵循。作为社会主义办学性质的高校及其院系，更要站在党和国家事业全局的高度，坚守立德树人根本任务，深刻分析高校思想政治工作的重要地位和重大使命，勇于面对时代新挑战、新形势，敢于紧跟时代发展新实际、新要求，以创新的思维和更大的志气，采取适应时代需求的新思路、新对策，切实把大学生思想政治工作做细做好做强。

（本文完成日期：2021年9月3日）

“六步骤”加速推进新时期高校学生党建工作标准化及测评体系重构

习近平总书记在党的十九大报告中明确指出，“党的基层组织是确保党的路线方针政策和决策部署贯彻落实的基础”，并提出要以提升组织力为重点，突出政治功能，把学校等基层党组织建设成为宣传党的主张、贯彻党的决定、领导基层治理、团结动员群众、推动改革发展的坚强战斗堡垒。中共教育部党组在印发的普通高校学生党建工作标准中提出，要推动高校党的建设实现“四个合格”的目标要求，推进高校学生党建工作的组织化、制度化和具体化，并在实施的高校党组织“对标争先”建设计划中，明确提出要“坚持质量抓标准，以标准化建设为牵引，促进党建工作规范化、科学化”。为此，大学生党建工作，作为高校党建工作的核心和关键，必须科学制定专门的高校学生党建工作标准，建立健全独立的高校学生党建工作考核测评体系，以党建工作标准化、系统化、信息化、精细化建设实现高校学生党建工作水平整体提升。而要推进新时期高校学生党建工作标准化及测评体系的重构，需注重并做好以下六个步骤。

一、要清晰掌握高校学生党建工作标准化建设进程

标准化是指为了在一定范围内获得最佳秩序，对现实问题或潜在问题制定共同使用和重复使用的条款的活动，主要通过制订、发布和实施标准以达到统一。而党建标准化是指运用标准化“简化、统一、协同、优化”的原理，发挥其可复制、可推广的优势，以追求最佳秩序、获取最大效能为目标，把标准化工作与机关党建工作有机结合起来。较早提出加强基层党建工作组织体系、推进党建工作标准化，起始于2013年召开的党的十八届三中全会，“进一步加强基层党组织建设，夯实党的执政基础，才能将基层党组织建设成为带领群众发展致富强有力的战斗堡垒”；2015年召开的党的十八届五中全会强调，“建立长效机制，进一步健全完善各领域基层党组织建设制度

等……扎实推进机关党建工作规范化建设，切实发挥从严管党治党示范表率作用。”同时，并明确提出要进一步完善各领域基层党组织制度建设，加强考核和结果运用……，为推动基层党建工作考核及评价提供动力。在2016年全国高校思想政治工作会议上，习近平总书记强调，要加强高校党的基层组织建设，创新体制机制，改进工作方式；2017年初中共中央、国务院印发实施的《关于加强和改进新形势下高校思想政治工作的意见》明确强调，“要加强高校基层党建工作，建立健全高校基层党组织，加强教师党支部、学生党支部特别是研究生党支部建设”；2018年10月中共中央印发的《中国共产党支部工作条例（试行）》中要求“党委组织部门加强党支部标准化、规范化建设”。同时，2016年国家标准委党组编制下发的《国家标准化管理委员会机关全面从严治党标准体系》分六部分共四十五个标准，首次明晰了党建工作的基本方法和程序要求及机关党建考核标准，为开展目标定量考核、定性评价，提升党建科学化水平提供依据。在此基础上，2017年教育部党组印发《普通高等学校学生党建工作标准》，从六大方面二十项指标提出普通高校学生党建工作标准宏观指导意见，为全国普通高校先进学生党支部、过硬学生党支部的培育与建设提供了明确方向。

二、要切实提高推进高校学生党建工作标准化建设重大意义的认识

标准化的原理是以整合、提高、优化为目标来进行全过程的系统化管理。通过推进实施高校学生党建工作标准化，一是能够及时梳理、整合高校有关学生党建工作经验与成果，按照标准化的指标与规范要求将成功经验、创新做法转化为制度遵循与参考标准，为全国高校学生党建工作乃至其他基层党组织建设提供重要参考；二是加速促进高校学生党建工作科学规范发展，推动完善高校学生党建工作及大学生思想政治教育工作的配套文件制度，实现高校学生党建工作系统化、常态化、精细化；三是通过实施学生党建工作标准化，进一步充分利用并体现相关标准目标价值，同时根据标准定量要求与特点，努力创建并完善高校学生党建工作考核与绩效评价体系，从而使体系自身各项指标更加合理、评价更加科学、结果更加有效；四是能够切实增强新常态下高校基层党组织整体功能，助力打造培育一支理想信念坚定、在党言党、在党为党、在党爱党的高校学生党员队伍与高校基层党务干部队伍，不断增强高校基层党组织的创造力、凝聚力、战斗力，充分发挥高校基层党组织的战斗堡垒作用和广大学生党员的先锋模范作用；五是进一步夯实高校学生党建工作基础，通过有效提升学校党建工作整体质量与水平，使之与高校中心工作任务深度融合，实现党建工作与学校学

科建设、教育教学、师德师风、社会服务等各项工作同抓互促，促进和保障新时期高校改革发展及“双一流”建设取得新的突破。

三、要遵循重构高校学生党建工作测评体系基本原则

随着党的建设工作形势与要求发生的巨大变化，以及出现的新情况、新问题，新时期高校学生党建工作测评体系重构应遵循“统一性”“整体性”“动态性”“客观性”原则。

（一）“统一性”原则

测评体系是按照高校党的建设实现“四个合格”目标要求，推进高校学生党建工作组织化、制度化、具体化需要而进行的一项指令性决策，由上级所属教育职能部门负责本区域高校测评体系的创建与指导，相关测评指标、考核步骤等必须贯彻执行并认真落实上级的统一领导、统一管理、统一规划、统一建设、统一协调，而不是由各高校或院系自行进行体系创建，以便杜绝人力物力的浪费及重复建设，避免体系平台成为信息孤岛。

（二）“整体性”原则

测评体系的考核主体是上级教育部门或学校，被考核主体是学校或院系。无论对于学校还是院系，在客观上都是一个最基本的测评信息考核单元。只有保持考核单元的整体性，才能实现每个测评单元内的所有指标信息有机地整合在一起，从而保障体系建设的全面性及实效性。

（三）“动态性”原则

无论是学校、院系“集体指标信息”，还是学生党员“个体指标信息”，所有指标信息都是息息相关、持续变化的，且随着时间的延续，每个考核单元的信息都是按照从早到晚、从下到上的顺序“动态”发生、扩展的，特别是学生党员队伍组成结构、先进典型等随着党员关系的转入转出而随时调整变化，相关测评指标信息也应随之更新，让数据随着时间与空间的变化而改变。

（四）“客观性”原则

测评体系创建的核心问题是保障各类指标信息的准确性、真实性、及时性以及相关统计数据评价结果的公平性和透明度，准确、真实、及时、客观的统计数据信息是

体系创建的关键。为此，要通过增强高校二级学院的高度责任心、提高学生党员行为评价客观性等措施，确保所测评信息的数据精准、内容真实、资料可靠、统计及时，切实增强并凸显体系创建及运行的客观性。

除此之外，测评体系还应遵循实用性、普遍性、可操作性等原则，以便进一步提升高校学生党建工作测评体系重构的功能实效。

四、要认清新时期高校学生党建工作标准化建设存在的主要问题

为了提高对高校学生党建工作标准化建设现状及存在问题掌握的现实性、针对性与准确性，基于对SD省内部分高校及所属部分院系、学生党支部的调研统计，主要存在以下三个主要问题。

（一）学生基层党组织专职队伍建设不足

在所调研高校的52个院系64个学生党支部中，全部设置支委会，其中64名党支部书记中，16个支部书记由学生党员担任、9个支部书记由专业教师党员担任，其他39个支部书记全由专兼职辅导员担任，学生党员、专业教师党员、专兼职辅导员担任党支部书记比例分别为25.00%、14.06%、60.94%。担任支部书记的48名教师党员中（含辅导员），有37人认为“自身从事党建工作精力投入少于20%”、31人认为“高校院系基层党组织专职队伍建设远远不足”，分别占所调研人数的77.08%、64.58%，同时，85%以上的人认为“高校基层党组织队伍自身理论素养整体不高”“无法用‘习近平新时代中国特色社会主义思想和基本方略’高效地开展工作、指导工作”。在各院系虽都配备了名义上的“专职组织员”，但基本是由辅导员或其他专业教师兼任，完全无法实现“专职专责”，只能“借用”业余时间或“挤出”闲暇时间开展基层党建工作，与“每个院系至少配备1~2名专职组织员”的要求相差甚远。

（二）学生基层党建工作制度体系不健全

从习近平总书记在多次重要讲话中提出加强基层党组织建设，到教育部印发施行《普通高校学生党建工作标准》及相关文件，部分高校先后制定实施有关加强学校二级单位党组织及基层党支部等相关制度措施。在所调研的35所高校52个院系中，有17所学校出台了院级党组织或基层党支部工作考核（评价）标准（细则），14个院系制定并推行了符合本单位党建工作实际的学生党支部工作实施细则（条例），分别占总数的

48.57%、26.92%。对于学校及院系基层党建工作制度体系建设评价上，76人（占总数的72.38%）认为“制度体系仍不健全”，65人（占总数的61.91%）认为“制度实效性、针对性不强”，另有59人（占总数的56.19%）认为“制度自身不科学、形式化较浓”，54人（占总数的51.43%）认为“制度设计对党员培养、党组织发挥缺少刚性约束”。

（三）学生基层党建工作考核及执行监督不力

根据上级要求，高校内部先后开展院级党组织及基层党支部工作学期或年度考核，对加强和促进高校学生基层党建工作发挥了积极作用。但调研发现，考核中大部分以查看文字材料、调研座谈为主，存在考核浮于表面、形式大于内容等现象，从而导致院系学生党建工作缺乏活力、缺少创新；同时，对于存在的个别问题党员处理不及时、学生党员队伍质量整体不高等缺乏有效的治理与监督。如分别有49人（占总数的46.67%）、77人（占总数的73.33%）认为“院系基层党建工作考核流于形式”“高校基层党建工作缺乏创新与活力”；分别有51人（占总数的48.57%）、81人（占总数的77.14%）认为“院系基层党建工作执行力不足”“对院系党建存在的问题后期整改监督不及时、不到位”。

此外，在调研中还发现，高校学生基层党建工作还存在党支部主题活动形式单一、载体不丰富、实践锻炼平台不够宽泛，以及党费使用不灵活，主观性指标定量不明确，党建信息系统建设与实际跟进不及时、信息不对称等现实问题，影响了新形势下高校学生基层党组织建设的提升与发展。

五、要科学制定新时期高校学生党建工作标准化及测评体系的基本框架

院系学生党建工作标准及测评体系是层层压实党建工作责任、全面提升高校党建工作水平与质量保障的重要环节，只有制定合理的基层党建工作标准，构建科学的基层党建工作测评体系，才能充分发挥高校基层党组织的政治核心作用，为高校“双一流”建设与内涵发展提供坚实的组织保障、思想动力，切实增强和提高高校学生基层党支部的凝聚力、战斗力和号召力，真正把党建工作贯穿高校教书育人全过程。

全面推进高校学生党建工作，以组织化、制度化、具体化为目标科学构建高校学生基层党建工作测评体系，是推动高校党的建设实现“四个合格”要求、贯彻落实全面从严治党要求的迫切需要。在制定学生党建工作主要标准及测评体系基本框架前，首先要明确高校学生党建工作标准及测评体系重构的主要思路。一是遵循新时期重构高校学生党建工作测评体系“统一性”“整体性”“动态性”“客观性”四大原则，既

要符合每所院校党建工作开展实际，又要切合新时期不同院校党的建设工作的特点与共性；二是注重定性和定量考核相结合，对于党员发展、作用发挥、教育管理、党费使用等制定并使用量化指标，通过适度合理设置测评指标标准和权重，充分发挥量化考核测评在学生基层党建工作中的激励、引导、警示与鞭策作用；三是坚持问题导向，针对高校学生基层党建工作存在的普遍性问题，特别是比较集中的突出问题，要通过明确考核指标、细化评比标准、加大测评权重等提高重构体系的实效性；四是强化考核及测评结果的运用，考核不是重点、测评不是关键，而是通过考核及测评客观反映院系学生基层党建工作的真实情况，并通过准确把握与主观研判，研究制定整改办法与措施，以指导基层党组织自身发展。

结合新时期高校学生基层党建工作实际，高校院系学生基层党建工作标准体系可设为十个一级指标、二十七个二级指标，以及相应的三级指标，其中三级指标分为定性与定量两种，含共性指标、个性指标、特殊指标三类。高校院系学生基层党建工作测评体系总分值为100分，其中各一级指标设有优秀、良好、合格、不合格四等级。高校学生基层党建工作主要标准及测评体系分别见表1、表2。

表1　普通高校学生基层党建工作主要标准（考核指标）

一级指标	二级指标	三级指标			考核标准
		指标内容	性质	指标类别	
组织建设	班子建设	支委会、分工等	定性	共性	
	书记配置	身份、专兼职等	定量	共性、个性	无专职为不及格
制度建设	基本制度	“三会一课”等	定性	共性	
	创新制度	过硬支部特色制度等	定量	特殊	以获得校级及以上奖励或评价计
党员发展	结构规模	人数、结构等	定量	个性	按学校层次、学科类别及专业
	发展对象	学生身份、表现等	定量	个性	
	发展质量	个人评定、群众评议	定量	共性	
	发展程序	入党教育、院校培训、培养意见、接收预审	定性	共性	
教育管理	党员教育	政治学习、党的路线方针政策等	定性	共性	理想信念不坚定不及格
		“三会一课”、主题教育等	定量	个性	
	党员管理	组织关系、组织生活出勤、民主评议等	定性	共性	
	作用发挥	个体表率发挥、先进标尺、先锋形象等	定性	共性、个性	
		支部作用发挥、参与院系服务等	定性	共性、个性	
	党员监督	思想动态、纪律底线、学术道德等	定量	共性	以违反现象比例计
		问题党员处置、违纪党员处分等	定量	个性	有不合格党员不及格

续表

一级指标	二级指标	三级指标			考核标准
		指标内容	性质	指标类别	
素质提升	校内实践	参与宿舍管理、参与班级管理等	定量	个性	
	校外锻炼	参与社区服务、社会志愿等	定量	个性	
	培训学习	参与专门党性培训交流、学习考察等	定量	共性、个性	
党内民主	民主权利	民主议事、权利保障、建议受理等	定性	共性	
	党务公开	党务公开、信息沟通渠道等	定性	共性、个性	
	服务师生	党建带团建、其他组织建设等	定性	共性	
党费管理	党费收缴	足额按时缴纳	定量	共性	
	党费管理	合理使用、账目清晰	定量	共性	违规使用不及格
信息系统	信息管理	党建信息、系统数据	定量	共性	以准确率计
	网上网下	典型宣传、线上线下、微党课等	定量	个性	
特色创新	经验特色	形成可复制、可推广的经验做法等	定量	共性	
	实践创新	在具体实践中探索出创新做法等	定量	个性	
	理论创新	较大理论研究成果	定量	个性	以成果等级、影响计
执行监督	执行效果	上级检查问题贯彻落实及整改情况等	定量	个性	
	监督反馈	院系组织对支部监督检查及反馈等	定量	个性	

表 2　普通高校学生基层党建工作考核测评体系

序号	测评指标	权重比例范围（100分）	测评方式	测评等级分值分化			
				优秀	良好	合格	不合格
1	组织建设	5~8	静态、全时	≥7	[6，7)	[5，6)	<5
2	制度建设	8~12	动态、定时	≥11	[10，11)	[8，10)	<8
3	党员发展	12~20	动态、全时	≥18	[14，18)	[12，14)	<12
4	教育管理	15~20	动态、全时	≥18	[17，18)	[15，17)	<15
5	素质提升	8~14	动态、全时	≥13	[10，13)	[8，10)	<8
6	党内民主	6~12	静态、定时	≥11	[9，11)	[6，9)	<6
7	党费管理	5~8	静态、定时	≥7	[6，7)	[5，6)	<5
8	信息系统	5~10	动态、全时	≥8	[7，8)	[5，7)	<5
9	特色创新	4~14	动态、全时	≥12	[8，12)	[4，8)	—
10	执行监督	6~10	动态、全时	≥9	[7，9)	[6，7)	<6
说明	各指标实际测评分值未达到该项测评等级分值下限的，为不合格。						

六、要实施可行的高校学生党建工作测评体系重构的有效措施

高校学生基层党建工作标准化是一项长期需要不断完善的过程，在新的历史时期，结合新时期高校学生基层党建工作特点和发展规律，需要创新高校院系学生党组织测

评工作新载体，并将测评标准及依据应用到测评工作中，从而进一步发挥学生基层党组织密切联系师生的桥梁和纽带作用，为巩固学校党的工作打下坚实基础。

（一）准确把握新时期高校党的建设总布局与总要求，进一步提高学校政治站位意识

党的十九大报告提出的新时代党的建设总要求与八方面重点任务，为推进高校党的建设做出了战略部署及顶层设计。要通过强化高校党政第一责任人的领导责任、政治站位意识，切实解决高校主要领导抓基层党组织重视程度不够、主体责任意识不强、党政配合协作不够密切、基层党组织专职队伍建设不稳固等现实问题，促进院级党组织工作责任落实到位，实现各级党的教育方针层层传导压力而不衰减、压实责任而不弱化，在全校范围内消除党建工作和教学科研等业务“两张皮”现象。

（二）以创建高校学生基层党建工作标准化及测评体系为突破口，着力提升高校基层党建工作质量与水平

以贯彻落实全面从严治党“两个责任”，切实推进高校基层过硬党支部建设、“两学一做”学习教育常态化制度化、新时代高校党建“双创”工作，不断提升高校党的建设科学化、规范化水平为重点，聚焦高校基层党建工作目标任务特别是存在的突出问题，努力创建科学合理、规范实效、导向正确、主题鲜明、操作可行的高校学生基层党组织考核标准及测评体系。通过“对标找差距、考核促争先、测评重实效”等措施，力争在学生党员队伍理论素养整体不高、考核实效性不强、落实执行力欠缺等方面逐步有所突破，扎实推进高校基层党组织标准化建设各项工作任务落地生根，以学生基层党建工作标准化推进学校党的建设科学化、规范化，助推院校两级党建工作质量和水平的持续提升。

（三）加大高校学生基层党组织工作责任落实监督问责，切实提升督查执行力和实际效能

从学校层面组建“基层党建工作目标考核”职能部门，专职履行院级党组织及基层党支部设置规划、目标管理、考核测评、“一流党组织”创建等职责，通过学校组织、纪检、人事等相关部门创建“校级党建督查委员会”，对各级基层党组织定期开展动态督查检查指导，对执行力不强、基层党组织党建责任落实不到位，考核测评等级“不及格”的，依规依纪进行问责处理，同时，将基层党组织建设工作及成效纳入院级党

政一把手年度述职、述廉主要内容，实现校、院、系、支部四级层层传导压力、级级压实责任，以“一流基层党建工作”促进和保障高校“双一流”建设发展。

高校党的建设工作是新时期高校“双一流”建设的重要组成部分。随着高校学生基层党组织作用地位在高校党的建设中的日渐上升，要以党的十九大提出的新时代党的建设新要求为指引，切实把高校党的建设工作与教学科研、社会服务、文化传承等相互结合，形成合力，一起助推高校“立德树人”这一根本任务的健康持续完成。

作者注

高校学生党建工作考核的重心是工作标准的制定及其测评体系的构建。作为高校二级学院一名学团干部，学生党建工作也是日常工作的重要组成部分。特别是作为一名学生党支部书记，多年来致力于基层党组织工作的实践与创新，依托创建的全省高校首个学生公寓“党建工作站”，先后创新实施院系级层面的发展学生入党积极分子入党量化实施细则、学生党员理论学习参与及成效考核量化细则、学生党员量化积分考核实施办法等一系列做法，切实解决了基层党组织贯彻落实执行力不足、学生基层党组织凝聚力与战斗力不强等实际问题，有效提升了学院学生党建工作质量与管理水平，进一步巩固并发挥了学生党支部的政治核心和战斗堡垒作用。结合学校年初印发的有关院级基层党支部工作考核标准，从一名基层党务工作者的角度出发，通过问卷调查与电话调查方式，对SD省内的35所普通高校学生党建工作标准、绩效评价开展等情况（其中含2所部属高校、29所省属高校、4所市属院校），以及所属52个院系下设的64个学生党支部（含本科生党支部、研究生党支部）党建工作现状与实施情况进行了调研统计（其中调研发放问卷110份，收回107份，有效问卷105份，回收率、有效率分别为97.27%、98.13%），根据真实调研分析，提出推进大学生党建工作标准化及测评体系重构的步骤与想法，以期供高校同人参考和借鉴。

（本文完成日期：2018年11月3日）

新时代新入职辅导员需做到“十要”

由于“新冠肺炎”疫情，2020年注定是不平凡的一年，而对于梦想成为一名大学辅导员、立志从事辅导员工作的应聘者来说，2020年也是一个收获且幸运的一年，因为为达到中央和教育部关于2020年底专职辅导员岗位设置和编制管理要求，切实加强各级各类高等院校辅导员专业化职业化建设，从中央部属高校到地方院校，从2020年初起，一大部分高校先后启用并组织实施辅导员招聘计划，其招聘辅导员高等院校数量及比例，各相关院校招聘辅导员人数及总体规模在过去或未来一定时期内都将是绝无仅有的，从而给诸多的应聘者提供了更多的辅导员职业机会与发展平台。经过网络报名、资格审查、笔试面试、心理测试、身体检查、政审考察、公示公告、合同签订等环节后，成功应聘者将走上高校院系一线辅导员岗位，开始追求各自的辅导员职业梦想。作为新时代的新入职辅导员，面对越来越高的工作要求、越来越繁重的工作任务，以及越来越复杂的工作环境，如何打好基础并能够脱颖而出，并逐步成为一名新时期的优秀学生示范者和引领者，需做到以下“十要”。

一是政治站位要高

坚定的政治立场是辅导员最根本的立场，是从事大学生思想政治工作的根本立场。只有做到政治站位高，站位足够准，才能在复杂、多变的新环境中牢记入党誓词，保持正确的政治立场，在思想上政治上行动上自觉同党中央保持高度一致；才能具有坚定的政治方向，能够真正把握正确的舆论导向，并善于从政治上发现问题、分析问题、解决问题，切实增强辅导员职业政治敏锐性和政治鉴别力；才能在具体工作中牢记高校辅导员誓词，坚持立德树人，不断提升自身防范和化解各类风险的能力及水平；才能注重并突出政治标准，全面贯彻落实上级及学校方针政策，勇担辅导员岗位历史新使命，从而通过自己的政治立场来引导学生、教育学生、感染学生，让新时代大学生早早树立坚定的政治立场、政治方向、政治原则和政治道路，做到守土有责，守土尽责，成为一名有政治责任担当的新时期优秀辅导员。

二是理论功底要厚

理论是行动的先导，更是政治站位的重要支撑。作为与大学生关系最密、距离最近、影响最大的专职辅导员，是为社会主义建设培养合格人才的基石，其思想政治素质高低在一定程度上决定着能否将新时期大学生培养成合格的社会主义建设者和接班人，特别是新入职的辅导员，其加强个人理论学习显得尤为重要，要在思想政治理论学习上下苦功夫、真功夫、硬功夫、细功夫，不断培养个人扎实的理论功底。通过采取集中与分散相结合、精读与细读相结合、线上与线下相结合、培训与辅导相结合、短期与长期相结合等各种方式，加强《共产党宣言》《矛盾论》《实践论》等马克思主义经典学习，以及党史、新中国史、改革开放史等历史学习，尤其要把学习精读《党的十九大报告》《习近平谈治国理政》等习近平新时代中国特色社会主义思想作为从事辅导员职业中的重中之重。同时，结合自身专业学科背景与功底，加强思想政治教育优秀学术专著和高层次学术文章研读，以及重要讲话辅导报告与辅导材料的学习，从理论学习中着重吸取、指导工作实践所需要的思维方式和思想方法，从而切实培养自身扎实的理论功底，为后期在辅导员岗位上站稳政治立场、提高政治站位和推进工作打下坚实基础。

三是角色定位要准

作为开展大学生思想政治教育的骨干力量，辅导员职业角色是高校学生日常思想政治教育和管理工作的组织者、实施者和指导者，具有教师和管理行政干部双重身份。辅导员工作的特殊性决定了辅导员职业角色的特殊性，尤其新冠疫情防控常态形势下，辅导员既要履行好学生日常思想政治教育和管理工作职责，又要落实好上级及学校各项疫情防控决策部署和工作要求，为此，新入职辅导员要尽早尽快找准个人角色定位，明确并进一步细化自身职责，积极主动融入新岗位，在实践中锻炼，在锻炼中学习，在学习中提升，在提升中成长，引领新时期在校青年大学生一路筑梦、一起追梦、一同圆梦，真正担当好学生政治思想的领航员、学习成才的指导员、职业发展的引导员、事务工作的管理员、日常生活的服务员，以及疫情防控的宣传员、排查员、信息员、防控员等各类辅导员岗位角色。

四是纪律规矩要严

“纪律规矩是党的生命线，是为人做事的警戒线，是党员样子的重要保证”。作为党员教师及党员干部、具有“双重党员身份”的高校专职辅导员更要旗帜鲜明地激浊扬清，在师生面前需要做到人人带头严格执行制度规定，时时守住不可逾越的红线，事事心怀畏惧，处处行有所止。尤其是新入职的辅导员，绝大部分是没有工作经历和工作经验的应届毕业生，更应该牢固树立并坚持底线思维，时刻强化个人政治规矩和组织纪律，注重培养正确的权力观、廉洁观、价值观，在日常的学生奖助学金评定、评优评先、组织发展、就业推荐、研究生推免等各项工作中，按照规定制度严格程序、严守纪律，时刻牢记不该做的事情坚决不做、不该去的地方坚决不去、不该要的好处坚决不要、不该吃的东西坚决不吃、不该交的朋友坚决不交，坚持标准不放松、环节不变通、要求不降低，真正做到不吃、不拿、不卡、不收、不要，在辅导员岗位上绝不逾“底线”、绝不踩“红线”、绝不碰“高压线”，切实做到站得正、行得端、过得硬，从而树立并强化自身良好形象，努力成为广大学生，特别是学生党员、入党积极分子队伍学习上、工作上、生活上与思想上的典范与楷模。

五是用网技术要好

互联网的普及和迅猛发展，在给新时期高校思想政治工作带来新的机遇和新的挑战的同时，也为大学生思想政治教育工作者提供了新的平台、新的载体和巨大的教育信息与教育资源。辅导员只有注重提高互联网技术并充分利用好互联网平台，才能不断健全完善网络思想政治教育体系及管理服务模式，真正占领互联网并使之成为大学生网络思想教育和服务育人的主要阵地。另外，根据常态化疫情防控各类管控信息报送及防控措施的需要，高校学生工作信息化、网络化加快转型已然势在必行。为此，新入职的辅导员需发挥自身年龄相对较小、接受新事物能力强、掌握新技术速度快、与学生更易进行网络人际交往等优势，切实注重提高个人网络技术应用能力与水平，从“知网、懂网”到善于“用网、建网”，以便能够掌握并熟练操作易班网、“第二课堂成绩单”网络管理系统；能够灵活运用钉钉、腾讯会议、学习通等网络基础平台举办班主任网络主题班会、辅导员网络沙龙、支部微党课与微团课，以及组织开展丰富多彩的网上实践锻炼、安全教育等活动；能够通过微博、微信等新兴媒体，或自主搭建学生喜爱的媒体平台，加强与学生之间的在线交流互动，不断提高学生的网络素养和社会认知能力，从而增强网络思想政治教育的针对性与感染力；能够运用大数据做好疫情防控环境下各类学生个体和特殊群体数据特征分析和研判，定期开展学生舆情和网上行为监控分析对比，实现“互联网+疫情防控+思想政治教育”，从而提升新时期辅导员开展网络疫情防控的时效性、精准性，并逐步加快推进辅导员开展思想政治教育工作网络化的主动性和必要性。

六是方式方法要活

讲究工作方式方法是做好工作的关键。高校辅导员工作作为一项内容细致、任务艰巨、责任重大，且具有经常性、基础性、长期性的教育工作，归根到底是做人的工作。辅导员工作方式方法直接影响大学生思想政治教育工作效果，甚至决定学校人才培养教育质量。面对新时期各个学生在不同阶段各种不同的思想、需求和问题，只有注重工作方式方法及其技巧，辅导员工作才能收到事半功倍的效果。为此，新入职辅导员在从事大学生思想政治教育和日常管理工作中，要注重掌握并学会灵活运用合理、科学、高效的工作方式方法，以便能够做到与受疫情影响而造成心理障碍的学生个体及时进行沟通交流、对来自不同家庭背景及经济状况的学生思想状况进行深入调查研究、对因社会各种现象及问题而产生网络舆情的学生群体积极开展高效正面疏导，以及对学生就业创新与生涯规划过程中存在的困难和问题提供有效解决思路与措施等，让辅导员真正成为学生成长成才的陪伴者、指导者、护航者、引路者，从而为培养学生健全人格、良好习惯、优秀品格和奋发进取意识提供重要保证。

七是创新意识要强

作为引领发展的第一动力，创新是大学生思想政治教育工作的生命源泉和助推剂。新时期高校辅导员是否具备创新意识、创新素质，及创新能力与创新水平，是衡量辅导员职业素养高低的一项重要标准，也是工作能否取得成功的关键。面对新的职业环境、新的岗位职责、新的服务对象、新的工作标准，新入职的辅导员在保持高昂的精神状态和强烈的进取心、事业心的同时，更需要尽早尽快跳出思维定式条条框框的束缚，通过规章制度创新、教育内容创新、活动载体创新、服务平台创新，以及方式方法创新、管理模式创新、理论研究创新、育人体系创新等，定期分析当前青年学生实际新想法、新行为、新习惯、新问题，精准把握新时代大学生思想政治教育工作新特点、新要求、新问题、新规律，从而在工作实践、锻炼、思考中有效解决工作中的问题和困难，逐一拿下并完成工作中难啃的“硬骨头”、硬任务，做到始终以辅导员崇高的职业使命感、岗位责任感，及较强的创新意识和创新能力，为学生的全面发展服好务、保好驾、护好航。

八是素质能力要硬

作为高校学生工作职责的专业人员，辅导员只有具备较高的职业道德素质、文化素质，较好的职业能力素质、专业素质，以及较强的职业心理素质、身体素质，方能不断充实丰富辅导员职业工作专业内涵，不断提升自身的辅导员职业地位和职业公信力，从而切实增强辅导员职业的师生认同、学校认同与社会认同。为此，新入职的初级辅导员，要准确把握并遵循新形势下辅导员队伍建设政策导向，利用个人与他人、校内与校外、线下与线上、教师与学生、日常与平常等有效资源与可用时机，通过加强政治理论学习，坚守政治立场和政治追求；注重教育学、心理学、管理学及其他社会科学等方面专业知识积累储备；积极组织各类学生实践锻炼项目、主题教育，主动参与各级辅导员素质能力大赛、辅导员工作论坛、辅导员学术年会、辅导员素质提升培训研修、辅导员研究成果评选等，在贯彻落实政策宣讲、调查研究、任务目标中努力做到能讲善写、能研善干，切实提高自身对学生成长成才的感召力、信服力、向心力和推动力，时时以良好的情感品质、阳光的职业心态、健康的身体状态，不断激发并培养学生学习兴趣与求知欲望等，使之早日成为一个政治过硬、能力过硬、责任过硬、作风过硬、身体过硬、心理过硬，具备新时期应该具有的职业素质能力过硬的优秀辅导员，在落实立德树人根本任务中成为发挥引领示范和辐射带动的基础力量，并为未来符合新时代中级辅导员、高级辅导员职业核心素养要求打下坚实基础。

九是职业习惯要养

养成良好的职业习惯是建设辅导员职业化、专业化队伍必不可少的内容。面对新形势下大学生思想政治教育工作亟待解决的新课题、新挑战，新入职的辅导员要顺应高等教育新常态下的育人新环境、新要求，自觉阻断辅导员工作中不良行为的代际传承，通过自我改变和自身努力，努力从方式方法到体系机制、从实践锻炼到素养能力、从经验总结到理论研究、从教育管理到育人服务、从行为约束到纪律规矩、从日常交流到专题调研、从执行力度到落实效果、从安全稳定到疫情防控、从基础工作到创新工作等方方面面逐步养成良好的、持久的职业习惯，从而做到自觉强化执行力度与效果，高要求圆满完成各项任务目标；坚持记录工作日志、梳理会议要点，以供日常工作信息查询、检查；定期进行每周、每月工作小结及学期总结，对工作不足及缺陷及时进行回顾反思、完善改正；俯下身子主动走进教室、宿舍、实验室及餐厅、图书馆与学生进行交流座谈，深入调研学生学习生活及发展中的实际问题和真实需求；处处以谦虚的态度，向身边优秀辅导员、校内外辅导员年度人物及楷模学习，时时以饱满的热情，为学生处理各类琐碎繁杂事务，事事以严格的标准，为学生树立成长发展的榜样；牢固树立时间观念，提高工作效率，坚持用心为学生排忧解难；充分利用碎片化时间学会学习与思考，利用节假日开展理论研究与创作等，在保持良好的职业习惯和工作实践中自我净化、自我完善、自我革新、自我提高。

十是生涯规划要远

作为一项全面的系统工程，科学合理的职业生涯规划有助于辅导员自身成长目标的实现，也有利于促进辅导员自身职业的长远发展。作为新入职的辅导员，正处于一个全新的开始，更应该自觉强化辅导员职业生涯规划意识，在充分认识自我、评估自我的基础上，根据个人性别年龄、专业背景、特长优势确定最科学、最合理的职业发展方向和职业发展目标，制定一个符合自己实际、长远的职业生涯规划，以实际行动和真诚付出践行使命、坚守岗位、履行职责，分阶段分步骤逐步实施自己的计划和安排，真正实现自我价值，并在自我实践锻炼、自我成长发展中不断加以修正和完善。通过制定并实施辅导员职业生涯规划，在调动自身工作主动性、积极性和创造性的同时，又能强化个人的职业认同感、成就感和获得感，促使在辅导员岗位上持续学习和持久探索，进而锤炼自我良好品性、凝练自身工作特色、树立个人工作品牌，也为未来职务发展、职称评审、职级晋升及职业能力与素养提升提供更多的发展机会和更广阔的发展平台。

新时代下的新入职辅导员，一定要充分认识到辅导员工作在落实立德树人根本任务、推动高等教育健康发展中的重要意义、重大责任及光荣使命，在辅导员工作作用上、工作方法上，以及辅导员岗位身份上积极发挥辅导员的“辅”以思想、“导”以航向、“员”以目标的主业职责，在新的岗位上早日融入新环境，尽快找准新目标，努力开启新征程，为社会主义现代化建设培养更多、更优秀的，能够担负民族复兴大任的时代新人。

作者注

作为从事学生工作近二十年的老辅导员，每年成为新入职辅导员交流、咨询的对象，交流的话题主要就是围绕辅导员岗位的初心使命、工作的方式方法、成功的技能技巧、成长的酸甜苦辣，等等。还有的同事也经常问我，作为一名从事多年的院系专职辅导员，为什么一直保持着旺盛的工作激情、高涨的工作热情和十足的干劲。说句实话，最初从事辅导员工作时，真的仅仅当作一个职业，而随着辅导员工作年限的增长，从内心深处逐步上升到作为个人事业的高度，同时，曲建武老师曾说的“辅导员工作功在当代，利在千秋。做一辈子辅导员也是值得的。因为有了学生就有了一切”这句话深深影响了我、感染了我。为此，我长期从事辅导员职业的自信和追求越来越强、越来越浓，所以每天从早到晚、从周一到周末，一心都用在理论学习上、工作思考上、方法创新上、学生调研上、问题解决上。还有更重要的一点就是，我越来越感觉，与专业教师队伍相比，辅导员队伍的责任更大、担子更重，因为专业教师主要是培养学生专业技能，重点是培养学生的能力；而辅导员关键是提高学生的思想道德素质，重点是教育效果和育人质量，新时代的在校大学生只有具备了优秀的思想品德，才能为毕业后立足社会、服务社会、奉献社会打下基础。为此，我时时刻刻牢记辅导员工作的使命和责任，在岗位上不敢倦怠、不敢放松、不敢停歇，坚持用心思考、用爱工作、用情服务、用力创新，不断将每项工作做得最好、最完美，从而使学院学生工作整体上台阶、上水平。

（本文完成日期：2020年9月16日）

高校试用期满辅导员需做好“十个方面”的反思

2020年，全国各高等学校认真贯彻落实国家有关规定，严格按照1：200的比例招聘专职辅导员，确保2020年年底前足额配备到位，加快推进全国高校辅导员队伍专业化、职业化建设，切实推动形成全员育人格局。据不完全统计，2020年全国高校新聘专职辅导员人数及规模大大超过往年招聘人数及规模。时至今日，2020年新入职辅导员一年试用期即将结束（部分高校往届毕业生新聘辅导员试用期为六个月）。针对新时期高校辅导员工作内容多元性、综合性要求，以及工作模式、工作方式的转变，为全面提高自身综合素养，切实应对新时期高校专职辅导员面临的困难、问题以及挑战、机遇，试用期满辅导员需做好以下“十个方面”的反思。

一要反思“政治是否坚定”

作为学生的“政治领路人”，讲政治并具有坚定的政治立场和政治信念、优良的政治品质是新时代辅导员根本的政治要求和永恒的主题。经过入职一年的党性修养和历练，辅导员要深度反思自身理想信念是否更加坚定，在大是大非及疫情防控等重大任务面前是否能做到旗帜鲜明地讲政治，切实做到不糊涂、不迟钝、不动摇。只有政治上坚定，才能确保新时代辅导员永葆政治本色，在日后大学生思想政治教育工作道路上信道、明道、传道，以较高的职业精神和道德情操，以及较强的内心世界和自身修养，应对各类困难和风险挑战，从而在思想上和行动上始终能与党中央保持一致。

二要反思“定位是否准确”

辅导员作为高校教师队伍中的一员，具有教师与干部双重身份。与其他专业教师、行政管理人员相比，辅导员做好青年学生的“人生导师”这一角色定位主要区别就在于辅导员在传授学生知识的同时，更主要的是帮助学生树立正确的世界观、人生观和价值观，帮助其系好人生第一粒扣子。这就要求新入职的辅导员尽早做好个人角色准确定位，在开展学生学业指导、思想教育，组织班级建设、学生实践，以及具体的学生事务管理服务中，一步步反思是否成了学生学业的指导者、思想问题的解惑者、心理健康的咨询者、人生发展的导航者，疫情防控的宣传者、排查者，以及学校与学生之间的沟通者、协调者等辅导员应有的角色。通过准确定位辅导员职业角色并合理分配自身角色，既能助推辅导员更快进入角色、更好完成本职工作，又能促进个人真正成为广大学生的亲密朋友和思想引导者。

三要反思“环境是否适应”

由于辅导员工作职责不够细化、不够明确，配备比例尚且不足，以及学校管理体制机制不科学、学生群体特点差异较大等多种因素，导致院系辅导员事务性工作异常繁忙，特别是新入职辅导员更容易陷入“白加黑”“5+2”工作环境。对于刚刚入职一年的辅导员更需要认真自我反思工作环境是否适应、工作节奏是否适合，以及工作压力能否承受等现实问题。通过及时反思，切实查找个人在辅导员职业知识、工作方式方法、心理健康状况等内在与外在各类因素的欠缺或不足，以便做到心中有数，缓解工作压力，及时将工作压力转化为发展动力，用最少的时间来调整并适应自身工作环境。

四要反思“关系是否融洽”

由于辅导员工作职责的特殊性、工作对象的多元性，以及工作性质的时代性、工作内容的复杂性和多样性，新时期高校辅导员还要具备较强的人际交往能力、自我操纵能力与团队合作精神，从而提升自身善于处理工作关系的能力。对于试用期满的年轻辅导员，更要全面反思过去一年中，对下与学生、对上与院系领导及其学校职能部门分管领导之间；对左与专业任课教师、对右与院系其他辅导员之间；对内与院系其他行政管理服务人员、对外与学生家长及其校外业务合作机构之间等各类人际关系是否融洽。对关系不融洽、处理不得当的人际关系要敢于面对，做到不回避，并主动通过合理、恰当方式及时进行沟通与调解，从而共同营造良好的工作氛围和工作条件。

五要反思“能力是否提高”

作为新时代条件下大学生思想政治教育和落实立德树人根本任务的骨干力量，高校辅导员既要政治过硬，更要能力高强。通过一年的学习锻炼，试用期满的辅导员要全面反思个人工作、写作、学习、组织、宣传和宣讲等各方面能力与水平是否提高，职业综合素养是否提高，能否真正注重以学生为本，切实抓好自身所承担工作的组织与落实，圆满完成学生日常思想政治教育和管理以及疫情防控等各项重要任务和工作目标，从而进一步提升院系及学校思想政治教育工作的实效性和针对性。

六要反思“学习是否见效”

辅导员自身思想素质理论水平是决定思想政治教育工作质量高低的关键，而辅导员思想素质理论水平来源于日常的理论学习。为此，辅导员必须注重加强学习，把政治理论学习、专业知识学习作为日常工作中的一种新的工作方式和重要内容，坚持做好、抓好，从而不断提升自身理论学习素养、更新观念，进而增强辅导员工作的科学性、有效性和针对性。作为入职一年的年轻辅导员更要把知识学习放在首要位置，周密反思在日常学习上特别是政治理论学习上的学习内容、学习动力、学习方法，以及学习时间和学习效果等方面的不足与缺陷，正确分析原因并寻求有效的解决办法，切实提高个人学习的积极性和主动性，从而改善和提升学习成效，以更高的思想素质理论水平以及多维、宽广的视野引导教育大学生健康成长，真正成为青年学生成长成才的人生导师和知心朋友。

七要反思“纪律是否遵守”

守纪律讲规矩知敬畏是新时代高校教师不可逾越的底线和红线。特别是专职辅导员作为一名思想政治辅导员和党员干部，更要时时严明自身政治纪律、严守政治规矩，处处把政治纪律和政治规矩放在首位。作为步入工作岗位时间不长的年轻辅导员更要自觉抵制各种诱惑，要进一步反思在组织学生党员发展、推优评先、奖助学金发放、研究生推免，以及学生组织干部任用等各项环节与程序中，是否确实把好“人情关”“名利关”“金钱关”，是否真正做到不拿、不吃、不卡、不要，切实做到站得正、行得端、过得硬，以廉洁的工作纪律、模范的言行举止为院系广大青年学生树立榜样，既做好学生的“经师”，又做到学生的“人师”，从而把真善美的种子播进学生心里，积极传递正能量。

八要反思“任务是否圆满”

“上面千条线，下面一根针”，学校学工、团委、教务、组织、财务、保卫、医疗等相关职能部门涉及学生利益和成长，以及院系教学、科研关乎学生学业发展的“千条线”最终都需要由辅导员“这根针”穿好完成，而且最终还要对“这根针”完成穿线的程度和质量进行绩效量化或考核评比。面对如此繁杂的工作任务和考核目标，即便是经验丰富、能力超强的老辅导员也要加班加点完成。另一方面，学校及院系更容易让年轻辅导员承担更多、更重的任务和担当。作为刚入职一年的新辅导员，更要反思过去一年所承担、负责的各项任务完成情况，对照学校及院系制订的考核指标，以及年度计划、学期计划，甚至月计划、周计划，认真思考各项任务目标完成程度及完成质量，做到既要不折不扣百分之百完成任务，又要确保任务完成高效、圆满，同时要对标全校同类先进，查找工作不足与成绩差距，以便在下一步工作中加以克服和整改。

九要反思“规划是否科学”

与学生相比，辅导员更需要进行职业生涯规划。科学合理的职业生涯规划，有助于辅导员清晰掌握自身品德性格、兴趣爱好、技能知识等在从事辅导员职业中的优势劣势和职业潜力，并据此促进个人不断实现在辅导员岗位上的职业发展目标。经过一年的亲身实践与体验，对于试用期满的辅导员就要立志把辅导员作为终身职业，对标入职时个人计划想法但尚未制定或已经制定的个人职业生涯规划，分别从短期（1~3年）、中期（4~8年）、长期（8年以上）职业目标再次进行全面、深入、客观的分析，并结合学校客观实际及个人主观愿望，对未来自身职称、职务、学历层次及其他工作能力、知识储备、经验积累等进行科学合理调整与完善。通过设定符合实际的辅导员职业目标，让个人清楚知道自己想干什么、能干什么、应该干什么，经过自身努力和职业追求，充分发掘并释放个人职业潜力，逐步实现辅导员个体在不同时期的阶段性工作期望和连续性职业价值，以及后期辅导员队伍中的差异化和个体性发展，不断增强自身更高的辅导员工作满意度和更多的辅导员职业幸福感、获得感。

十要反思“状态是否饱满”

任何一个团队或个人，工作能力重要，工作精神状态更重要，对于高校辅导员亦是如此。面对新形势下学生事务管理出现的新情况、新问题和新挑战，需要辅导员时刻保持乐观的心态、快乐的心境及昂扬的斗志，严格对照大学生党建和思想政治教育工作的新标准、新要求、新使命，努力坚持把本职工作往实做、往前做、往细做、往好做，绝不能因受周围其他客观或主观消极因素的影响而削弱个人的工作积极性和创造性。作为踏入辅导员职业刚刚一年的年轻辅导员，更要以“严”的精神、“实”的态度、“好”的状态，始终以全校乃至全省、全国优秀辅导员和辅导员年度人物为榜样，真正做到以务实的工作作风、饱满的工作热情，以及充沛的工作精力和高效的工作状态开展实践探索和理论研究，从而在工作实践和研究中不断自我净化、自我完善、自我革新、自我提高。

中宣部“时代楷模”、全国“优秀教师”、大连海事大学辅导员曲建武教授曾说“辅导员工作功在当代，利在千秋，值得一生拥有”，“努力把学生培养好，这关系到‘国之大计，党之大计’”。作为大学生思想政治教育工作一线的组织者、实施者和指导者，面对新时代赋予高校辅导员的时代责任和历史使命，试用期满辅导员要在“立德树人”的新征程中，常常勤于反思、敢于完善自我，不断强化责任意识和担当精神，稳步提升自身辅导员职业能力和职业素养，切实增强作为大学生思想政治教育工作者的思想自觉、政治自觉和行动自觉，勇做马克思主义的坚定信仰者、习近平新时代中国特色社会主义思想的忠实践行者和积极传播者，从而全面服务广大青年学生的成长发展。

作者注

值中国共产党成立100周年之际，为深入学习贯彻落实习近平总书记在党史学习教育动员大会上的讲话精神和在庆祝中国共产党成立100周年大会上的系列讲话精神，学校于七月下旬组织46名专职辅导员赴全国高校思想政治理论课教师社会实践研修基地井冈山大学开展为期一周的暑期辅导员党史学习教育培训班，其中近30名辅导员为2020年新入职辅导员。作为一名老辅导员，在学习教育培训过程中，有幸与他们进行了面对面交流。针对他们入职后工作上存在的不足与困惑，特别是试用期满后的个人职业生涯规划和综合职业素养进行了深入沟通，结合自身20余年的学生工作经历和实践，提出了如上“十个方面”的反思，以期新入职辅导员能够对标反思，进而不断完善提升，从而切实推动学校辅导员队伍持续健康发展。

（本文完成日期：2021年8月13日）

高校新任基层团委书记快速成长的二十个秘诀

高校共青团工作是高校党的建设和思想政治工作的重要组成部分，事关落实教育立德树人根本任务，事关共青团履行为党育人的政治职责。作为基层团组织建设和共青团工作的主要组织者、参与者和实施者，新时期高校基层团委书记（主要指高校下属二级学院团委书记），由于角色行为的多样性、岗位职责的重要性、工作地位的特殊性及教育对象的综合性，与其他专职辅导员相比，担负着更大、更重、更多的职业压力、职业任务和职业使命。面对新时期高校“团学工作”的新特点、新问题及新趋势，新任基层团委书记只有掌握注重“三提高”、加强“三学习”、开展“三摸底”等快速成长二十个“秘诀”，合理运用科学、高效的工作方式和方法技巧，尽快适应并投入新角色、新岗位，高质量、高标准开展并完成各项目标任务，才能不断提升基层团委书记队伍职业综合素质，才能不断促进学院乃至学校共青团工作开展，从而做好并发挥高校共青团作为党的得力助手和后备军的重要作用，为全面建成社会主义现代化强国、实现第二个百年奋斗目标，为中国式现代化全面推进中华民族伟大复兴提供强大的人才支撑。

秘诀一：注重“三提高”

新任基层团委书记要注重提高新时期高校共青团工作重要性的认识、注重提高基层团委书记重要作用和重要地位的认知、注重提高自身政治站位的高度

共青团最根本的职责是不断稳固和扩大党执政的青年群众基础。新时期高校共青团主责主业，就是聚焦培养社会主义建设者和接班人的根本任务，坚持以引导、联系、服务广大青年学生为出发点和落脚点，通过加强青年群体思想政治引导、全面深化从严治团、拓展服务育人阵地、营造文化育人氛围、创新实践活动形式和内容等，切实增强共青团对青年学生的号召力、影响力和感染力，从而推动青年群体的全面发展；作为立德树人系统中的一个有机组成部分，高校共青团已成为并发挥着开展大学生思想政治工作的生力军作用，且在高校“大思政”格局中具有独特作用和优势。共青团干部是高校思想政治工作队伍的重要组成部分，以基层团委书记为主要成员的学院共青团干部队伍是贯彻落实习近平新时代中国特色社会主义思想、新时期党对群团工作指示要求，切实发挥高校基层共青团、学生会组织和学生社团作用的骨干队伍和主体力量；基层团委书记作为学校、学院两级共青团工作的具体组织者、实施者和执行者，在履行使命职责、完成目标任务、提高育人质量、服务中心大局、推动内涵建设等各方面具有不可或缺、不可代替的关键作用和重要地位。作为高校新任学院团委书记，与原工作职责、岗位性质及条件相比，具有更好的发展环境、更大的成长空间，以及更高的工作标准和工作要求，要切实提高政治站位高度，从内心上切实增强做好高校基层共青团工作的责任感、使命感和紧迫感，时刻站在学校发展乃至国家需求、人才培养的格局和视野，以更加昂扬的精神状态、更大的奋发进取力量，组织、团结、带领全院共青团干部和青年学生真正将小我融入大我，努力把每位学生都培养成有理想、敢担当、能吃苦、肯奋斗的新时代好青年。

秘诀二：加强“三学习”

新任基层团委书记要加强思想政治类学习、加强方针政策类学习、加强业务知识类学习

作为新任学院团委书记，特别是从入职年限不长的专职辅导员或其他岗位被选用的年轻党员干部，在做好学校组织、宣传、学工、共青团等各职能部门与学院开展的习近平总书记系列重要讲话及回信精神学习、政治理论学习和其他培训学习外，要主动加强近几年召开的全国有关宣传思想工作、高校思想政治工作、学校思想政治理论课教师座谈会、“五四青年节”座谈会等会议精神，特别是习近平总书记主持或参与有关思想政治类重大会议的重要讲话及其指示批示的学习，重点加强学习团中央组织召开的最近几次的全国代表大会、中央全会精神及领导讲话，以及学校所属上级共青团部门、学校团委每年召开的共青团工作会议、群团改革工作座谈会精神及领导有关讲话，尽快提高自身思想政治素质与实践能力。要主动加强中共中央、国务院及其有关部门制定下发的《中华人民共和国教育法》《国家教育考试违规处理办法》等法律法规，以及《关于新时代加强和改进思想政治工作的意见》《关于加强和改进新形势下高校思想政治工作的意见》等文件制度等，特别是仔细研读团中央等部门印发实施的《中国共产主义青年团章程》《高校共青团改革实施方案》《高校学生代表大会工作规则》《学联学生会组织改革方案》等有关共青团规章制度。要主动加强学校、学院近几年有关共青团工作年度计划、年度总结，学代会工作报告、团代会工作报告，以及近几年重要核心期刊发表的有关共青团研究文章，共青团中央、省级团委等主要共青团微信公众号发布的文件制度解读、专家学者文章与评论，知名高校开展的共青团工作特色做法等学习，尽早提高自身业务素养。

秘诀三：开展“三摸底”

新任基层团委书记要对学院学生及家长情况进行全面摸底、对学院团学工作问题困难及总体情况进行全面摸底、对学院教室与宿舍资源情况进行全面摸底

作为学院共青团具体工作的直接负责人，新任学院团委书记，特别是从其他学院或机关职能部门调整、选用的党员干部，要第一时间对全院学生及家长情况进行摸底，通过查证档案、座谈调研、专题访谈、深入班级、单一交流等适宜方式，对每位学生生源地来源、性别、民族、政治面貌、信仰、个性特征等基本信息，以及学生家长职业、政治身份、健康状况、经济状况等进行充分了解掌握，重点掌握学业困难、生活困难、就业困难、心理问题等特殊群体学生状况；通过请教上任团委书记、班主任辅导员等，及时听取、分析学院当前学生思想政治状况、党团组织作用发挥、班级组织建设、实践育人功能、第二课堂效果等各项工作存在的问题或困难，客观掌握学院共青团工作现状、成绩、优势及不足和差距；通过实地检查、听课等，对学院所属教室、实验室，以及学生宿舍、学生活动场所等空间资源清晰掌握，为后期充分利用各类资源、高效开展工作提供信息保障。

秘诀四：抓好“三队伍”

新任基层团委书记要着力抓好学生会及学生社团干部队伍、抓好班级学生干部队伍、抓好学生党员及入党积极分子队伍

新任学院团委书记要抓好学院学生会及学生社团干部队伍建设，大力举办学生团干部能力提升、素质强化等专题系列培训班，稳步提高学院学生会等基层团组织整体综合素养和工作能力，全面发挥学生会、学生社团干部在学院团学工作中的助手作用，以及学院和学生之间的桥梁和纽带作用，助推每名学生干部有活力、敢作为、善担当。

抓好班级学生干部队伍建设，细化班级学生干部选拔标准、明确班级学生干部岗位职责，准确把握各个班级学生干部性格、优势和特长，让班级所有学生干部各尽其才、各尽其职，最大化激发并发挥班级不同岗位学生干部工作热情、积极性和主动性，让班级真正实现自我教育、自我管理和自我服务。抓好学生党员、入党积极分子队伍建设，通过理论学习、党性锻炼等，有效发挥学生党员和入党积极分子队伍在共青团各项工作中的示范带头作用，在参加疫情防控、社会锻炼、志愿服务、实践活动等各项工作中主动走在前、干在前，切实展现并不断提高学生党员担当精神和奉献精神。

秘诀五：搞好“三关系”

新任基层团委书记要搞好与学院辅导员班主任的关系、搞好与学院任课教师的关系、搞好与学校相关职能部门的关系

作为学院辅导员队伍中的重要一员，学院团委书记全面主持并负责学院团委工作，要注重并主动搞好和学院其他辅导员、班主任关系，在具体工作分工不分家、各有侧重现实中，要和每位辅导员及班主任积极协同联动，多沟通、少猜疑，多包容、少指责，相互支持，相互“补台”，而不“拆台”，实现学院团学工作“条块结合、综合管理”。注重搞好与学院任课教师的关系，定期或利用学院集体会议及个人工作之余加强与任课教师的信息沟通、座谈交流，主动了解学生在课堂出勤、纪律和学习态度、效果等学生课堂真实情况，积极听取任课教师对学院团学工作的建议或意见，并作为今后加强本职工作特别是班风学风建设的依据和参考，从而形成共同把握课堂教学、协同合力育人格局，在增强辅导员与任课教师相互间团结友爱、彼此协助支持，信息互通和双向互动的同时，一体推进学院教育教学水平和人才培养质量。注重搞好与学校共青团、学生工作、教务、组织、财务、安全保卫等职能部门的关系，身处学校基层团干部这根“针”，在“上面千条线”下，要向学校职能部门勤沟通、勤汇报，多配合、多支持，确保学校各项重点工作和目标任务在学院顺利落地落实，让学校各职能部门成为推动自身工作和学院发展的助力器和动力源。

秘诀六：强化“三主动”

新任基层团委书记要向领导主动汇报工作、为全院学生学习生活及成长发展主动提供服务、对学院团学工作存在的漏洞和问题主动处理和解决

新任学院团委书记要定期或不定期向学院分管学生工作副书记及其他主要领导主

动汇报工作，让领导及时了解自己开展工作所采取的具体措施、所做出的工作成绩以及相关工作进度，特别是存在的困难与问题及时反映，以便学院领导给予必要的关注、指导与资源支持，从而更好开展工作。在把工作做好的同时，要通过各种方式和途径，尽可能全面了解、准确掌握学院全体学生思想动态和日常学习生活情况，特别对因疫情防控给学生看病就医、购买急需物品、证件手续办理等困难与不便，利用一切可利用的现成资源和精力主动提供帮助与服务，切实解决学生存在的问题。结合学院学生特点和工作实际，认真检查、发现并梳理学院在新时期团学工作制度建设、团干部培训、学生社团管理、团员队伍思想建设、"第二课堂成绩单"实施、网络思想政治教育，以及青年学生基层志愿服务、社区实践、就业创业帮扶及特色活动开展等方面存在的工作漏洞和问题及时处理、解决、整改与完善，不断提高学院共青团工作整体水平。

秘诀七：提高"三能力"

新任基层团委书记要切实提高自身的领导及组织协调沟通能力、提高自身的政治鉴别能力、提高自身的用网管网能力

作为高校基层共青团委员会的核心人物，学院团委书记是二级学院共青团工作的主要负责人，对学院团学工作负有直接和全面责任，要注重提高自身带头领导能力，组织并带领学院其他团干部，以较强的组织、协调、沟通能力，高效率、高水平、高质量开展基层团组织生活、学生会改革、团建实践活动、青年大学习等主题教育，让青年学生主动参与、积极参与到各项活动中。注重加强自身政治鉴别力，以个人较深层次的思想政治理论素养，自主参与、组织开展党的思想路线和政治理论宣讲、学习，以及常态化党史学习教育、"与信仰对话""青马工程"等思想政治教育，准确、全面地将正确的思想意识传播、讲授给每位团员青年，系统做好青年学生思想政治教育工作各环节、各过程，切实履行基层团组织思想引领职能。强化网络思想政治教育重要性的认识，结合个人学科背景及培训学习，不断提升自身利用网络媒介综合素养，稳步提高新媒体技术和手段能力，以较高的用网技术、较强的管网能力，及时发现、分析、掌握青年学生在网络上的思想表现和行为诉求，借助网络具有的迅捷性、互动性、开放性等特点和优势，大力开展并占领网络思想政治教育阵地，努力搭建线下线上教育平台互补互助、信息资源整合共享的青年学生思想政治教育新局面，从而充分发挥基层团组织和团干部在党联系青年最为牢固的桥梁纽带作用。

秘诀八：狠抓“三重点”

新任基层团委书记要重点抓好青年学生思想政治引领、重点抓好基层团组织建设、重点抓好实践育人工作

高校共青团核心使命在于立德树人，其主责主业即坚定不移做好大学生思想政治引领，新任学院团委书记要将青年学生思想政治引领作为重点工作之首抓好抓实，努力将思想政治教育贯穿到学院团学工作各环节各过程各方位，坚持将思想政治教育效果作为落实上级及学校和学院团学工作各项评价指标或体系，切实用习近平新时代中国特色社会主义思想构筑新时期青年学生强大的精神支柱。要重点抓好团组织建设，坚持将团组织建设纳入岗位职责重点工作做实做深，以新时期高标准、高质量全面从严治党要求推动全面从严治团，通过不断深化各专业、各年级、各班级团组织建设有效覆盖，不断推进推优入党、团代会与学代会筹备、团支部组织生活、团学活动等基层团组织工作规范化、科学化、标准化，不断促进基层团组织凝聚青年学生的组织功能向推动学院学校发展、全面落实立德树人根本任务的组织效能的转变与实现，切实激发基层团组织“新活力”，从而全面提高基层团组织建设水平。要重点抓好实践育人工作，依托学校学院第二课堂、第三课堂重要载体，健全机制、完善体系、丰富内容、创新形式、拓展平台，教育引导并积极组织青年学生自主参与文体活动、志愿服务、社会锻炼等实践活动，让全体学生在亲身参与、主动探索中增强自身实践能力以及服务社会和国家的社会责任感，从而激发基层共青团在全员、全方位、全过程的育人功效。

秘诀九：破解“三难点”

新任基层团委书记要着力破解提升基层团组织活力难点、破解坚定青年学生理想信念难点、破解调动团员青年主动性和积极性难点

基层团支部活力直接影响团员青年以及广大学生的成长和发展，团支部干部能力和水平直接影响基层团支部综合活力及其服务质量。新任学院团委书记要加大团支部干部培训培养力度，通过专项培训、教育引导、座谈辅导、经验分享、信息共享以及挂职锻炼、实践交流、校外素质拓展、强化“青马工程”等，开阔团支部干部眼界和视野，提升基层团组织的运行活力、活动的开展活力和团员的参与活力。注重加强青年学生理想信念教育实际效果，强化以习近平新时代中国特色社会主义思想武装广大学生头脑，坚持将理想信念教育作为全院学生思想政治教育的核心内容，贯穿到日常思想政治教育各过程、各环节；突出青年学生在“四史”教育中的重点群体地位和重要位置，通过专题研讨、主题团日、研学实践、社会调查，参观红色革命教育基地或有效利用重要时间节点和重大纪念活动等，扎实推进“四史”教育常态化制度化长效化，夯实青年学生思想政治素质基础，让全体团员青年始终以清醒的头脑、良好的心态、科学的态度看待并处理社会中发生的各种事情和各类问题，始终坚持用共产主义理想统一思想认识，切实让团员学生从坚定信仰到付诸行动。围绕团员青年思想状况复杂、参与活动主动性和积极性不高等问题，依托学院团学工作特点和专业学科特色，拓展工作思路，瞄准凝聚青年参与新机制和新体制构建，进一步改进组织机制和活动形式创新，着力打造独特的共青团品牌活动，以浓郁的青年气息和文化气息，吸引并调动广大团员青年参与热情，让每位青年学生乐于参加、易于参加、敢于参加；注重强化青年学生团员意识和主体地位，指导并组织团员青年自主参与优秀团员入党推优、团支部换届选举等重大事项，让每位团员学生自我教育和自我成长；着重发挥学院共青团学生干部的模范带头作用，用心用力用情增强团学干部自身综合素质，以担当作为、满腔热情状态积极深入团员青年之中排忧解难、服务奉献，影响并带动全体团员青年学习的主动性、参与活动的积极性，进而增强基层团组织的凝聚力。

秘诀十：聚力“三焦点”

新任基层团委书记要聚力做好科技创新和创业就业焦点、聚力加强团学干部作风建设焦点、聚力提升学生思想政治引领整体针对性实效性焦点

新任学院团委书记要聚焦青年学生科技创新和创业就业这一重点工作和基础工程，用心用情用力做好科技创新教育和创业就业指导，注重发挥基层团组织服务体系完备、覆盖面广泛、组织结构严密等优势，及时开展并加强青年学生创新就业需求调研，找准、掌握学生现实需求和真实想法；拓展并强化校内外学生实践基地、青年志愿服务中心等活动领域与功能，注重借助社会实践及志愿服务锻炼阵地为青年学生提供创新创业平台和发展空间，力争将社会实践基地建设为就业实习乃至正式就业途径和渠道；加强与地方各行业系统团组织、青联组织及协会的沟通与联络，积极搭建用人单位和青年学生创新与就业平台及桥梁，为青年学生及用人单位双方提供及时、准确、互选、共享资源和信息；切实强化校园文化科技节、“互联网+”“挑战杯”“创青春”等科技创新项目100％学生参与比例及活动实效，为全体青年学生科技创新和创业就业创建综合素质提升、能力展示交流的发展平台，不断提升学生整体创新创业实力和就业竞争力。聚焦新阶段团学干部作风方面存在的突出问题，扎实推进全面从严治团，着力纠治形式主义官僚主义，监督团学干部加强自身学习，以较好的学习成绩、更佳的学习状态，推进团学干部队伍自身作风建设；加强团学干部工作纪律和日常管理，从严抓好团学干部、团员队伍教育管理，严格开展违规违纪团员学生特别是团学干部组织处置及纪律处分；坚持高标准、高要求、高质量，规范召开团代会、学代会、研代会，切实增强每位学团干部做好共青团工作的时代责任感、紧迫感和使命感；推行首问负责制，按照职责范围及分工认真做好首问负责及总结反馈工作，避免推诿扯皮、责任"甩锅"等问题；全面加强团学干部"严真细实快"作风建设，努力推进学院团学工作系统化、规范化、标准化，实现团学干部素质高、能力强、作风优、纪律严、形象好，以学院团学干部工作作风建设新成效不断助推学院共青团及其他工作稳步发展。聚焦基层共青团履行凝聚青年、组织动员青年、联系服务青年的基本职责和时代使命，注重发挥基层团组织的政治功能和社会功能，通过创新学习形式、拓展教育平台、完善培养体系、改革运行机制，特别是依托"青年大学生""开学第一课""智慧团建"系统，以及微信、微博等网络交流平台，最大化发挥互联网作为开展青年学生思想政治教育阵地的重要作用，有效提升教育覆盖面和影响力，让从入学报到新生到毕业离校毕业生、低年级学生到高年级学生、非团员学生到团员学生、师范类学生到非师范类学生等各个群体的青年学生思想道德素质和法治素养稳步提升，推进青年思想政治工作红线贯穿到学院团学工作全方位全过程，真正融入学院学校"三全育人"格局和"大思政"体系，从而增强学生思想政治教育的渗透力和感染力，进而提升新时期全院青年学生思想政治引领针对性实效性。

秘诀十一：坚持"三原则"

新任基层团委书记要坚持党建带团建原则、坚持解决学生思想问题与解决实际问题相结合原则、坚持团学工作与学院专业建设协同发展原则

党建引领团建是新时期团组织发展的内在要求和必然趋势，党建带团建是新阶段党的建设不可或缺的重要组成部分，新任学院团委书记要坚持党建带团建原则，不断发挥学院党联系青年学生最牢固的桥梁纽带作用，通过加强基层党团组织队伍建设、以全面从严治党标准推进全面从严治团、选拔学生党员担任团支部书记、推荐高年级党员聘任班主任助理参与班级管理、推进"党团班一体化"改革进程，以及加强学生党建活动与团建活动契合、党员先锋与团员模范会合，创建党团支部主题教育与学习培训协同运行体系等措施，把学院学生党支部工作、团支部工作与团学工作相互融合、相互补充，真正形成学院党建带团建、团建促党建工作格局，形成基层党团组织发挥自身优势更好良性互动、共同提高的有效机制。团学工作作为一项实践性、群众性和先进性较强的思想政治教育工作，要坚持解决青年学生思想问题与解决实际问题相结合，要加大日常专题调研、要自主深入调查走访、要定期开展座谈交流、要积极广开门路、要利用线上媒体平台等，多渠道、多途径、多形式听取或收纳青年学生在学习、生活、发展中的合理需求和实际困难，准确如实了解全院学生客观真实思想状况，重点针对疫情防控常态化下学生存在的心理健康、家庭经济、创新创业、实践锻炼、人际沟通、择业就业、志愿服务等方面存在的现实问题，以及学生思想反映出的难点、热点和焦点问题，积极提供关怀帮扶、热心主动排忧解难、及时化解思想疑虑，助力青年学生同步做好思想引领和成长服务工作，在团学工作中真正践行以学生为本理念。要坚持团学工作与学院专业建设协同发展，强化团学活动专业性，邀请专业教师参与团学工作，结合专业特点特色，注重运用专业知识丰富、指导团学活动，让青年学生在亲身实践、体验中不断增强专业学习兴趣，进而增强参与团学活动的积极性和主动性；强化学院专业教师在青年学生创新创业中的重要指导作用，借助专业教师科研能力和学术资源，搭建并拓展学生科技创新协作平台，在参与“互联网+”创新创业、“挑战杯”创业计划等高层次竞赛中，不断实现新突破；强化校院两级学生专业社团建设，聘请专业教师成立社团指导委员会，将专业实践实训、专业见习实习充实到社团活动，注重增强各级各类社团活动的学术性和吸引力，切实丰富团学工作内涵，确保“团学育人与专业建设节奏同步”，在推动第一课堂与第二课堂深度融合和有效衔接的同时，也能够解决新时期基层团学工作与专业建设脱轨、团学活动缺少专业特点、团学工作与专业建设“两张皮”现象等问题。

秘诀十二：过好“三关口”

新任基层团委书记要过好廉洁关、过好作风关、过好人情关

新任学院团委书记要切实过好廉洁关，特别是从非领导岗位年轻党员干部或专业教师中新选用的团委书记，要积极培养并强化自我约束、自我控制的廉洁自律意识和防腐拒变能力，各个领域尤其是教育领域发生的典型违法违纪案例，以案为鉴，从中汲取深刻教训，常学常思常省，从内心深处真正把清正廉洁作为从事辅导员职业坚守的准则和底线；在党团组织发展、奖助学金评选推荐、学生干部选聘任用及各类资源分配等关键环节，坚持公开公正公平，真正做到不吃、不收、不卡、不要。要强化自身作风建设，作为学院青年团员的领头羊，要认真践行“严真细致实快”工作作风，时时绷紧思想之弦、绷紧纪律之弦，事事严格工作标准、严谨工作流程，对于各项计划任务做到快节奏、快行动、快落实；带领团学干部认真落实疫情防控、校园维稳等重大部署，做到不打折扣、不搞变通、不敷衍塞责；严格学生活动经费管理，规范各项团学工作经费开支，杜绝学院发生任何团学经费违规违纪行为；重点抓好个人生活作风，严格遵守新时代教师职业十项准则及辅导员职业能力标准，参与并主动远离低级趣味活动，自觉并带头抵制拜金、享乐和奢靡风气，做到不该去的场所坚决不去、不该涉足的地方坚决不涉足，面对各类诱惑，做到不越轨、不放纵、不逾矩。切实过好人情关，加强工作交流、生活交往过程中防止陷入人情圈套，随时净化自己同事圈、朋友圈、社交圈；面对家属、同事、学友、朋友等，有关学生发展推荐、评选等请托，铭记党纪国法、牢记校纪校规，严格按章办事，在原则问题上不变通、不通融、不马虎，在是非问题上不放松警惕、不违背处事原则、不背离底线红线，始终保证个人行为合法合规。

秘诀十三：谨防“三心态”

新任基层团委书记要谨防功利心态、谨防急躁心态、谨防躺平心态

作为正处于事业上升期的新任学院团委书记，要谨防功利心态，以平和、知足之心对待“名”和“利”，在各类教师评优评先，以及各级辅导员表彰奖励面前主动谦让，做到在荣誉上不伸手、在物质上不张口；关键时刻面对重要任务，能敞开心扉，敢讲真话、吐真言，不消极避事、不畏缩避难；坚持“学生至上”，紧扣服务青年学生主线，实干真干能干，做到事事不推诿、时时不抱怨、处处不计较，切实得到学院领导、同事信任和学生认可。要谨防急躁心态，面对日常繁重的团学工作任务、复杂的特殊青年学生群体，以及常态化下艰巨的疫情防控安排与各类突发安全事件，克服急躁、烦躁心态，以足够的耐心，沉稳思考、冷静对待、从容处理，做到遇事不冲动、不偏执、不盲目，在促进个人健康成长过程中不断加强自身修养、提升综合素质。要谨防躺平心态，在经常性超负荷工作环境和处置各类学生矛盾、冲突情境中，正视、敢于面对各种压力和挑战，始终保持并不断增强积极向上的进取心，从思想上主动根除干多出错多、干少出错少、不干不出错，以及干多干少一个样、干好干坏一个样，多一事不如少一事、过一天算一天等错误想法；在行动上不“躺平”、不“内卷”，以新时期年轻党员干部应有的激情和活力，以主动、勤勉、自信的工作状态，善作善为善成，不拖不躲不躺，始终对工作不懈怠、对生活不懒散，以强烈的责任感和良好的工作作风推动学院团学工作发展。

秘诀十四：及时“三对标”

新任基层团委书记要及时对标上级团组织工作部署与工作重点要点、及时对标学校共青团绩效考核目标与指标要求、及时对标校内兄弟学院及校外同类院系工作做法亮点

作为共青团组织的最高领导机构，共青团中央在各级团组织建设中具有战略性、引领性作用和地位，新任学院团委书记要及时对标共青团中央发布的年度工作要点、从严治团行动计划以及有关推动改革与发展等实施意见和工作部署，团省委下发的有关高校共青团工作要点重点，以及学校团委制订的年度工作计划，明确上级团组织对高校基层团组织工作的总体要求、指导思想、重点任务和具体措施、突出问题等，从个人主观上强化全面履行岗位职责、深入开展并做好学院共青团工作的宏观认识和准确把握。要及时对标学校团委下发的二级学院共青团工作绩效考核目标与指标要求，认真分析考核程序，准确把握考核内容，如实掌握指标要求，从而切实找到学院共青团工作在基层团组织职能作用发挥、青年学生思想价值引领、学生团员队伍素质提升、第二课堂成绩单、宣传阵地与校园文化建设等方面存在的弱项和短板，进而明确学院共青团工作目标和责任。要及时对标校内兄弟学院及校外同类院系共青团工作做法亮点，坚持以高标准、高目标进行深度思考和长远谋划，通过主动加强校内兄弟学院及校外同类院系，特别是与先进、模范基层团组织工作经验交流与学习、实地参观与调研等，知不足、找差距，学会并做到从中取长补短，不断提高学院共青团工作效果和质量。

秘诀十五：培养“三意识”

新任基层团委书记要培养继承意识、培养自律意识、培养争先创优意识

基于学校大部分二级学院多年的办学历史，学院包含学生思想政治教育在内的各项工作均有较多的好经验、好做法、好传统，新任学院团委书记要培养继承意识，以实事求是、尊重历史的态度，认真学习、全面总结、继承开拓学院历届团委书记，特别是上一届团委书记开展团学工作的做法、经验和品牌、亮点，做到现任工作与前任工作顺利自然、深度高效过渡衔接，尽量避免过多、过早搞新活动、提新口号、推新措施，从而实现学院团学工作在继承中求发展、在总结中稳提升。作为刚走上领导岗位的新任学院团委书记，大部分工作经历短暂，经验不够丰富、自制力不够强，针对新时期高校基层团委书记岗位的特殊性以及基层共青团工作的重要性，新任学院团委书记要培养自律意识，主动从自身做起，高标准严格要求自己，从个人内心上首先接受并认可自律的意义和价值，清醒明确自己需要做什么、能够做什么、做成什么样，在工作上知道事情如何做、做到什么程度，不降低自我要求和标准；在生活上知道如何对待、如何处置，主动远离诱惑，不追求舒适环境；在社会交往上，知道什么人能交往什么人不能交往、交往到什么程度；对任何事、任何人，做到自己不该做的事情坚决不做，不随波逐流，并主动坚持不懈、持之以恒，努力将自律变成一种习惯，让个人在自律中不断收获更多的进步和成长，从而成为更好的自己。要培养争先创优意识，认真落实上级党组织和各级团组织对基层共青团要求，坚持“第一时间落实”“争做第一”“马上就办，办就办好”工作理念，注重将争先创优工作拓展到学院整个团员学生队伍，通过探索、健全基层团组织格局，拓展、创新学生学习教育载体，优化、提升“青马工程”建设水平，推进、加强学生校外社会实践锻炼与志愿服务，落实、提高“三会两制一课”制度等，切实在广大青年学生中全面营造比、学、赶、帮、超的良好氛围，不断增强新时期共青团对所有青年学生的吸引力和凝聚力，从而发挥基层共青团在高校学生思想政治工作中的主力军作用。

秘诀十六：推进“三创新”

新任基层团委书记要推进团组织建设创新、推进团建工作载体和平台创新、推进团学工作方式方法创新

作为共青团工作的重要组成部分和工作重点，团的组织工作是团工作的基础和保证，新任学院团委书记要积极推进团组织建设创新，压实学院团委对学生会、学生社团指导管理，注重强化学生会的服务功能、学生社团的培养育人功能、团支部的共青团工作基本单元功能，实现学院学生会、学生社团、班级团组织多方联动；创新加强班级团支部委员会建设，根据形势发展、学院需要和学生需求，科学设置支部委员；推进学生党建带团建、团建促党建，健全学院“党团班一体化”育人模式；借助青年学生实践锻炼、创业就业，创新探索校地、校企团建共建共享机制，与校外企事业单位建立“团建联盟”团组织共建，切实提高学院团组织建设的覆盖面、穿透力和有效性。积极推进学院团建工作载体和平台创新，努力争取学院领导的重视与支持，整合学院乃至学校空间资源，创建青年之家、青年读书角、青年聊天室、志愿者服务大厅等各类学生活动场地，拓展青年学生活动阵地和阵地功能，通过丰富青年学生团内生活，增强学院团组织整体合力；注重发挥网络优势，加强网上共青团建设，组建院系一年级一班级一宿舍“四级”网络共青团工作学生队伍，借助“智慧团建”系统，高效利用“青年之声”平台，及时反映学生呼声、快速回应学生诉求、积极维护青年权益、悉心服务青年成长，让网络成为每位青年学生主动发表个人愿望、师生互动交流、了解上级政策、讨论社会热点话题的主要渠道。积极推进学院团学工作方式方法创新，结合学校、学院开设的大学生职业生涯规划，为学院每位青年制定《青年大学生成长成才导航手册》，根据不同年级、不同学生个人发展计划，每学期定期制定并提出学业提升要求、成长指导目标等；定期举办并提升学院团学干部团务知识及其他管理知识学习培训实效，通过后期考核、积分等，提高学院团学干部综合素质；创新举办“金牌”团学干部、“五星”团支部评选等，激发基层团支部及其青年学生工作示范性和引领性；及时完善、细化基层团组织工作考核细则，探索实施团支部、团学干部日常工作量化与月考核制度，切实提高团学干部工作的主动性和积极性；大力开展校地团建共建联建，协同服务社区创建青年志愿者派送服务站、服务队等协会组织，积极开展常态化疫情防控下志愿者派送服务活动等，持续发挥学院团学组织新活力。

秘诀十七：杜绝“三现象”

新任基层团委书记要杜绝在发展学生党员中有违规现象、杜绝在学生奖助学金推荐及各类评优推先中有违纪现象、杜绝在各类经费使用与管理和发放中有违法现象

推荐优秀共青团员作为党的发展对象是基层团组织的一项经常性的重要而严肃的工作和政治任务，新任学院团委书记要以强烈的责任感和使命感、用心用力用情落实并做好青年学生党员发展工作，坚持发展党员标准和发展党员原则，严格审查发展对象资格、严格规范党员发展程序、严格履行入党手续，严防对任何学生违规审批、严防对任何环节程序私自操作、严防对任何材料弄虚作假，杜绝在发展学生党员中发生任何违规现象，切实维护并保障学院发展学生党员工作的严肃性和党员发展质量。学生奖助学金及各类评优推先涉及学生切身利益，而学生综合素质测评是评定奖助学金、各类评比表彰的主要指标和直接依据，无论学生综合素质测评，还是学生奖助学金评选都是辅导员工作中不可回避的难点和焦点，新任学院团委书记作为学生综合素质测评和奖助学金评定的主要组织者、执行者，要提高自身思想认识、强化全程监督管理、加强管理教育引导，做到综合素质测评程序公正、认定公平、评价公开；做到奖助学金推荐及各类评优推先制度健全、程序规范、组织严密、信息公开、档案齐全，杜绝在学院学生奖助学金评定及各类评优推先中存在暗箱操作、人为调节分配或平均分配、申报资料造假等违纪现象。要加强和改进学院团建工作经费使用和管理，本着“专款专用、勤俭节约、统筹安排、高效使用、廉洁自律”原则，严格遵守团建工作经费使用规定、严格限制团建工作经费使用范围、严格审批学院各类团学活动经费支出、严格执行相关经费报销程序，严禁借团建活动名义或其他与团建活动无关的形式，违法套取、开支、发放、转嫁学院团建活动费用；严格按照上级与学校规定，做好学生党员党费及学生团员团费收缴与管理，坚持原则统筹做好党费及团费的必要开支，严格使用审批手续，不挪用、不变相、不超范围使用，做到分账核算、本息分明、账目清晰，严禁使用党费、团费及其账户从事经济或其他无关活动；严格按照学校要求和提供服务单位的约定方式，做好学院新生卧具费、军训用品费，以及学生医疗保险费、体检费、教材费、外出实习实训费等各类代收费用收缴与管理，按照规定的收费项目、收费方式和收费标准，及时等额代收、全额代付，严禁转入和通过个人或其他私人金融账户获取任何经济利益；全面做好学生各类资金发放管理，确保下发学生各类资金不骗取、不套取，不冲抵班费、活动经费或其他费用，不以任何借口或理由索要学生任何资金，从而杜绝在学院各类经费使用与管理和发放中发生违法现象。

秘诀十八：养成“三习惯”

新任基层团委书记要养成经常性总结和归纳的习惯、养成深入学生沟通调研的习惯、养成科学研究的习惯

经常性总结和归纳有助于促进并提高人的深度思考和能力水平，新任学院团委书记要经常进行工作总结和归纳，每天下班前后留出一点时间记录当天工作日志，特别是学校安排的重大任务、重要工作，以及学生发展问题和成长需求等落实情况与完成程度，做到当日事当日毕；每周或每月小结近期工作计划的执行与完成情况，以防遗漏或遗留预期工作安排，及时查找分析不足和教训；根据实际需要和时间节点，对青年学生思想教育、实践锻炼、创新创业、基层组织建设、志愿服务等团学专项工作定期进行思考、总结，通过文字记录、回顾积累、归纳提炼，对过去一段工作过程进行比较具体、全面和客观的评价和剖析，在重复、平凡的辅导员工作中总结规律、掌握工作技巧，同时，不断清晰自身工作优缺点，以便日后更好改进、优化工作思路和方法措施，稳步提高自身工作能力。基层调研是发现问题、解决问题的根本途径和最佳方法，也是辅导员做好做实工作的“基本功”，新任学院团委书记要养成深入青年学生沟通调研的习惯，利用一切可利用的时间和机会，走出办公室，主动深入教室、宿舍、餐厅以及网络，与学生进行沟通座谈，倾听学生内心所想所急所盼，全面掌握学院青年学生思想行为、成长背景等真实情况，准确发现学生在学业、成长、发展过程中的问题和需求，认真查找团学工作问题症结，为解决学生实际困难、调整优化工作方案提供第一手资料，从而提升学院团学工作质量。科研能力是辅导员创新并做好工作的内在需要，新任学院团委书记在团学工作实践中要注重培养科研意识，彻底摒弃“科研无用论”的错误认识和思想，努力提升自身写作和研究能力，结合个人所学专业背景、学术特长及所在学院青年学生思想行为特征、变化等实际，努力撰写并发表学术论文；根据个人职称和学历实际，着眼于工作中的真问题、实问题和小问题研究，自下而上，积极申报各级各类项目课题，特别是申报不限制申报人职称、学历的高校辅导员专项课题及有关共青团工作专项课题，通过撰写学术论文、申报研究课题，真正提升个人理论素养，不断提高自身理论水平和新任岗位工作业务能力，在为后期个人职称晋升积累研究成果，逐步走上职业化、专业化和专家化辅导员道路上的同时，也更好地教育引导青年学生，进而推进学院团学工作。

秘诀十九：锤炼“三精神”

新任基层团委书记要积极锤炼奋斗精神、积极锤炼担当精神、积极锤炼求知精神

建党精神是中国共产党的精神之源，新任学院团委书记要在伟大建党精神指引下，坚定第二个百年奋斗目标，坚守共产党人初心使命，坚信所有的成绩、成就都是拼出来、干出来、奋斗出来的结果，而不能等、不能靠、不能要，在具体实践中，积极锤炼奋斗精神，以奋发有为的工作精神状态，正确认识并敢于面对新挑战、新问题和新困难，从实际工作、具体实践和经验中找问题、找差距；注重在党史学习教育、“四史”学习中主动汲取奋进力量，在繁重、繁忙、繁杂的疫情防控和各项目标任务中，始终保持敢闯敢试敢做的斗志，从而感染、培养并引导学院青年学生以奋发的精神状态奋发向上。要积极锤炼担当精神，面对团学工作点多、线长、面广、事急等工作现状，时时以负责、务实为要，处处敢于担当、守土尽责，事事切实担起岗位职责和使命，遇到困难不退缩、遇到问题不推诿、遇到矛盾不上交，始终以迎难而上、干事创业、争先创优姿态，牢牢盯紧、抓住并做好薄弱环节和工作重点难点，做到不负学院师生期望、不负组织信任，做到以身作则、主动担当，从而展现新时期能执行、能励志、能示范的基层团学干部精神风貌。要积极锤炼求知精神，以高度的政治责任和政治要求，围绕开展团学工作实践、青年学生培养实证研究以及理论学习创新，坚持政治理论、专业知识、职业知识、社会科学知识等经常学、碎片学、抽空学，注重扩展知识面、丰富知识结构、加强知识储备，不断提高自身综合素质，弥补个人“能力不足”“本领恐慌”，通过不断强化自身基层团干部业务能力和辅导员职业精神，推动自身尽快适应并做好新岗位各项工作。

秘诀二十：做到“三学会”

新任基层团委书记要学会管理时间并善于利用一切可以利用的时间、学会抓住一切可用的资源、学会处理好工作与家庭的关系

辅导员岗位性质的特殊性，决定了辅导员基本处于“5+2”“白加黑”“7×24”的工作模式和工作状态。新任学院团委书记要学会管理时间，主动保持对时间的紧迫感和危机感，根据个人性格、工作实际、生活规律、学生上下课时间，按照日计划、周计划，选择最佳时段分别撰写报告总结、召集学生座谈、召开主题会议、走访学生宿舍、组织实践活动、联系家长沟通、处理学生事务等，保证在精力最好的时间里做最重要、最高效、最合适的事情，养成详细规划时间、合理分配时间、高效使用时间、科学管理时间的习惯；学会善于利用一切可以利用的时间，充分利用排队做核酸，参加会议等候和中场休息，乘车出行等碎片化时间，进行学习“学习强国”、查看邮箱信息、回复学生咨询、查找收集资料、思考问题思路等，拒绝、推掉不喜欢参加、不必要参加的饭局和聚会，切实提高碎片化时间利用效率，让每天工作时间价值实现最大化。面对艰巨而琐碎的工作任务，学会抓住一切身边可用的资源，克服、摒弃单打独斗思维，树立团结合作、整合资源观念，积极寻找可利用的资源并提高使用资源的能力和水平，针对团学工作，主动对接、整合学院专业教师、辅导员班主任、优秀校友，校内资深辅导员，以及学校团委、学生工作等相关部门资源；聚焦自身项目团队组建、课题申报，积极寻求跨学院、跨学校、跨行业及知名思政学者和优秀辅导员群体的指导与帮助；通过跳出辅导员职业思维、跳出团学系统，勤奋问、积极问，不断提高个人发展空间。学会处理好工作与家庭的关系，无论工作还是家庭，都需要投入大量的时间、精力和情感，对于单身的年轻团委书记，要本着对感情负责、对人生负责的态度，正确看待并积极主动谈婚论嫁，不能以工作忙碌、没时间恋爱或其他借口和说辞，不去谈恋爱而耽误自己、耽误爱情；对于刚刚成家及生育不久的年轻团委书记，面对家人与孩子陪伴的需求，要学会统筹兼顾、合理调整个人角色、科学平衡工作与家庭之间关系，避免将工作或家庭中的不良情绪带到家庭或工作中，既要尽心做好本职工作，又要用心呵护好、经营好个人家庭，既能教育好、引导好在校学生，又能抚养好、培养好自己孩子，做到事业和家庭双促进、双丰收。

习近平总书记在党的二十大报告中对全党明确提出"要把青年工作作为战略性工作来抓"的期望和要求。新时期高校新任基层团委书记应牢记总书记嘱托，立足青年大学生工作实际，聚焦主责主业、聚力改革创新、聚效服务育人，以年轻党员干部应有的干事热情和激情，不断增强做好服务青年的工作本领，不断强化新时期高校共青团"三力一度"建设，积极引导和帮助青年学生把握好人生方向，扣好人生第一粒扣子，让每位青年学生在全面建设社会主义现代化国家的火热实践中彰显青春新作为。

作者注

根据学校事业发展需要和工作实际，学校面向校内科级管理岗位实施了选拔工作，经过个人报名、资格审核、综合评价、组织考察及党委决定等方式和程序，学校二级学院团委书记队伍干部学历、年龄结构得到全面优化，平均年龄大大降低。全校二十六个二级学院团委书记中，除了两名原团委书记仍然留任外，其他二十四个学院团委书记全为新任干部，其中十八名新任学院团委书记从事专职辅导员经历不超过三年。作为新任的年轻党员干部，只有尽快掌握科学的工作方法和工作技巧，才能尽早提升自身能力，以便更好适应并胜任新岗位、新工作。

（本文完成日期：2022年10月2日）

常态化疫情防控形势下辅导员需掌握“十八般武艺”

2020年初突如其来的新冠疫情，在以习近平同志为核心的党中央坚强领导下，经过14亿人民的并肩作战、共克时艰，迅速、高效地较短时间内阻断病毒传播链条，全国新冠疫情防控工作向好态势逐步巩固，并从应急状态转为常态化。全国各级普通高校疫情防控工作，经过精心部署、复学准备、实战演练、检查评估，达到并先后分区域、分类别、分批次错峰错时组织学生返校复学、按教学计划正常上课。作为大学生思想政治教育和管理工作的组织者、实施者和指导者，高校辅导员更是学校疫情防控工作的联控排查者、防控宣传者和紧急处置者。面对党中央和各级教育部门关于抓紧抓实抓细常态化疫情防控工作的决策部署，以及教师的教、学生的学、学校的管等多方面的变化，辅导员只有努力掌握能“定”、善“学”、能“跟”、善“改”、能“牢”、善“转”等“十八般武艺”（亦可称之为“辅导员应对疫情防控‘九能九善工作法’”），才能改变常态化疫情防控形势下辅导员“职业的专”（辅导员职业的专业化）和“岗位的职”（辅导员岗位的职业化），才能落实上级与学校疫情防控总体策略和部署，才能切实保障全校学生的生命安全和身体健康，以及学校正常的教学科研管理秩序和效果。

一是能“定”：能够坚定理想信念

理想信念是共产党人的根和本。作为一名共产党员，面对疫情的突然暴发和短期流行，辅导员就要能够坚定理想信念以及以人民为中心的根本价值立场，始终坚信全党的执行能力、动员能力和组织能力，坚定在党的领导下彻底打赢疫情防控阻击战的必胜信心，面对上级与学校安排的疫情防控各项部署、重要安排和艰巨任务，敢于面对、勇于担当、善于处理，做到不麻痹、不退缩、不推诿、不放弃，切实增强把学校与学生疫情防控任务作为今后一定时期自身职业最重要、最关键的长期性工作的决心。

二是善“学”：善于学习文件精神

习近平总书记在疫情防控关键时期发表的一系列重要讲话和重要指示批示精神，为全国防控工作全面有序组织开展指明方向。作为全国疫情防控工作方向标，辅导员要善于密切关注党中央、省委及学校党委有关疫情防控工作文件精神和决策部署，并深入学习、了解掌握当前疫情防控有效措施、具体进展，以便准确把握、科学研判高校疫情防控新形势、新任务和新要求，从而结合各地疫情变化、学校防控需要及自身岗位职责，不断完善防控基础措施和具体做法，切实提高学校和院系疫情防控的针对性和时效性。

三是能“跟”：能够紧跟节奏步伐

疫情就是命令，防控就是责任。全天24小时奋战在疫情防控最前线的辅导员，是学校、院系与学生“心与心”沟通、“键对键”联系、“点对点”帮扶的最直接纽带和最重要桥梁，要能够紧跟上级及学校节奏步伐，忠诚履职尽责，积极发挥自身主观能动性，主动作为、全力以赴，第一时间高标准、高要求全面贯彻落实校园安全管理、固定场所环境消杀消毒，防控物资储备与发放，疫情知识培训与演练、舆情应对预案等上级及学校疫情防控规章制度，及时组织开展并完成返校学生日检、课堂缺勤追踪，各类异常学生健康状况、思想动态等信息准确统计、系统上报与掌控各项具体任务安排。

四是善“改”：善于改进方式方法

面对疫情大考，辅导员既要以实际行动践行立德树人根本任务，履行新时期辅导员岗位育人主责，又要用亲身实践做好新形势下疫情防控工作，坚持育人工作与防控工作两手抓、两手硬，做到两不误、两促进。面对常态化疫情防控工作带来的挑战和压力，辅导员要善于改进工作方式方法，准确把握“00后”学生群体内心特点和最新动态，运用青年学生熟悉、易于接受的交流方式加强管理与教育；创新工作措施与做法，及时了解居家与在校学生不同专业、不同年级各类群体学习生活工作思想状况、需求与变化，通过线上线下相结合，组织开展灵活多样、主题突出、内容充实、覆盖面广、成效显著的线上线下党团主题、实践锻炼、评价评比，以及考研动员、学习培训、经验交流、技能展示等活动，全面开启辅导员工作新模式。辅导员通过总结、继承疫情防控工作中的好做法、好经验，改进、创新、拓展常态化疫情防控背景下大学生思想政治教育工作，以万变应万变，切实增强疫情防控环境下育人效果。

五是能“牢”：能够筑牢防控底线

“疫情就是动员令，人民利益高于一切”。对于高校来说，要坚持把维护好学生生命安全和身体健康放在第一位。作为负责学生教育管理的主体，辅导员应以饱满的精神状态、高涨的工作热情持续奋战到学校及院系疫情防控一线，牢牢把握“开学前、返校中、开学后”各个重点及关键环节，严格执行辅导员职业职责与疫情防控岗位责任，做到各项防控工作无遗漏、无差错，切实阻断疫情向校园蔓延或扩散，确保全校学生，特别是返校复学在校学生人人安全、人人健康这个疫情防控底线。

六是善“转”：善于转换角色定位

作为开展大学生思想政治教育的骨干力量，辅导员是大学生政治思想的引领者、成长成才的助力者及其安全健康的守护者；所有与学生有关的事情、学生第一课堂之外的所有时间都是辅导员的工作范畴，有人形象地把辅导员比喻成具有“七十二变”绝活的孙悟空。结合高校疫情联防联控特点、需要和工作实际，辅导员作为相关防控环节的主要组织者、重要参与者、具体实施者，应善于转换自身角色定位，高质量、高效率地完成各项具体角色任务。为了加强学生宿舍卫生清洁以便让返校学生顺利入住，既要做好宿舍卫生的保洁员，又要做好宿舍环境的消毒员、检查员；对于开展的学生疫情防控等主题教育与培训，既要充当线上线下活动的组织员，又要充当疫情防控知识与政策制度的宣传员、讲解员；复学开学报到期间，既要当好特殊区域返校学生的接站员，又要当好重点学生隔离留观期间的送餐员、考勤员；在学生突发高烧、身患重大疾病或身体异常而急需送医院诊治时，既要做好学校与医院来回奔波的驾驶员，又要做好送药送饭、嘘寒问暖的医务员、值守员；在各类疫情信息统计中，既要做好院系专项工作具体负责的联系员，又要做好相关数据摸底、日检信息排查的统计员、信息员；在各类应急事件处理过程中，既要做好防止事件进一步蔓延或扩散的消防员，又要做好安抚学生情绪与心理的陪护员、监管员；而面对无法返校、居家学习学生及其家长的需要和求助，既要做好宿舍学生物品邮寄的快递员，又要做好其他各类需求的服务员、协调员，以及其他所需辅导员担任的各类角色。面对多重角色的挑战和压力，辅导员通过适时转换自身角色定位，以自身练就的百般技艺，善于及时、果断作出正确决策，确保高质量地完成各项角色任务，从而切实同步高水平地推进学校疫情防控工作与大学生思想政治教育工作向好向优向上发展。

七是能“抓”：能够抓好贯彻落实

一分部署，九分落实，疫情防控工作更是如此。从校外到校内、从学校到院系；从年级到班级、从教室到宿舍；从线下到线上、从白天到晚上，辅导员都是一岗多责，在履行好大学生日常思想政治教育工作的同时，要能够落实好疫情防控工作中疫情信息统计、卫生消杀、物资筹备、应急处置、学生日检、上下协调、系统维护、家长沟通、安全稳定，以及协助相关部门做好应急值守、隔离封闭、医学检测等各项具体工作责任，切实掌握并解决好学校疫情防控工作中的重点难点焦点。通过抓好各项制度措施的贯彻落实，做到信息准，不含糊；责任实，不敷衍；效率高，不拖沓；防控严，不走过场。

八是善“讲”：善于讲好抗疫故事

作为高校“大思政”格局下的一支关键力量，辅导员是延展思政课“主渠道”、讲好“思政故事”，打通“第一课堂”与“第二课堂”壁垒的最佳臂膀。辅导员应善于在新冠疫情防控斗争中，涌现出逆行出征的医务工作者、勇挑重担的人民子弟兵、迎难而上的社区工作者、默默奉献的志愿者，以及英勇奋战的各级广大党组织和党员干部等无数可歌可泣的生动感人故事、典型事例，作为学校思政课素材和实践教材，充分利用线上线下政策形势课及“第二课堂”，努力讲好抗疫故事。通过一幕幕抗疫真实场景与纪实视频，让青年大学生在热腾腾的“思政故事”、抗“疫”实践中，进一步保持政治上的清醒，不断增强中国道路和中国制度的认同与拥护，同时，注重将抗“疫”故事与防控教育融入党史、新中国史、改革开放史、社会主义发展史主题教育中，从而切实增强大学生国家意识和社会责任与担当意识。在引导广大青年学生积极、自觉融入疫情防控总体战、阻击战中的同时，切实增强思政课的亲和力和针对性，也进一步助推大学生思想政治教育工作更有温度、更接地气，更暖人心、更强信心。

九是能“推”：能够推进重点难点

“新时代中国青年要热爱伟大祖国。对每一个中国人来说，爱国是本分，也是职责，是心之所系、情之所归。对新时代中国青年来说，热爱祖国是立身之本、成才之基”。对正处于人生拔节育穗关键时期，正处于世界观、人生观、价值观形成重要阶段的青年大学生，开展爱国主义教育是高校思想政治教育工作中的重点。另外，受毕业生规模、新冠疫情及经济下行压力等多种因素叠加影响，大学生毕业就业压力剧增、形势更加严峻，成为高校学生工作的难点。为此，辅导员在常态化疫情防控形势下，认真履行大学生思想政治教育，以及就业指导服务岗位职责过程中，要切实能够把加强并做好爱国主义教育、促进毕业生就业创业作为当前和今后一个时期内的重中之重、难中之难。以学习宣传贯彻落实《新时代爱国主义教育实施纲要》为抓手，深入挖掘、全面凝练抗“疫”故事中的爱国元素，化疫情危机为教育契机，让青年学生切身感受中国战“疫”彰显的中国共产党领导与中国特色社会主义制度的显著优势和磅礴伟力，通过切实感受疫情之下风雨无阻向前进祖国的强大力量与坚实护佑，引导广大青年学生厚植爱国情怀，进一步坚定理想信念，让爱国主义精神成为学生自身的思想共识和自觉行动。同时，切实提高政治站位，增强辅导员在毕业生就业工作中的岗位责任感、使命感与紧迫感，把疫情特殊形势下的毕业生就业工作作为首要工作、核心工作，通过强化线上线下政策宣传、一对一就业创业服务、“面对面”与“键对键”培训指导，以及拓展就业平台建设、完善招聘信息发布系统，精准实时掌握每位毕业生真实的思想状态、求职意向与其就业进展，协同班主任、专任教师及其他教职工形成院系全员参与就业创业工作格局等，真正帮助并消除毕业生就业创业中的困难和问题，努力推进并实现毕业生“早就业”“稳就业”“快就业”“就好业”目标任务。通过将爱国主义教育、毕业生就业创业工作做实、做真、做细、做好，确保相关具体工作站位有高度、内容有深度、形式有温度、服务有态度、落实有力度，最大化发挥专职辅导员在推进学生重点工作、难点工作中的无可替代的重要作用和重要地位。

十是善“调”：善于调动学生组织

坚持“全员育人”理念贯穿于疫情联防联控，切实推进全校师生全员行动是凝聚学校抗“疫”强大合力，并为最终打赢疫情防控阻击战提供重要的人力保障。辅导员要善于调动学生党员、入党积极分子，以及院系学生会、学生社团与志愿者服务队等学生组织的创造性、积极性，让其参与联防联控信息登记、疫情排查、安全值守、应急处置等线上与线下志愿服务工作，建立起辅导员班主任与学生干部点对点、人对人的畅通联系与反馈渠道，充分发挥学生党员、学生干部、学生骨干等学生队伍在学生自我教育、自我管理、自我服务的先锋带头作用，在彰显群防群控育人合力，构建高校疫情防控工作网络化、全员化的过程中，不断增强基层学生党团组织的凝聚力和战斗力。

十一是能“冲”：能够冲锋奋战在前

新冠疫情作为一场没有硝烟的阻击战、持久战、攻坚战，是检验党员干部初心使命的大考场。辅导员虽不能如医务工作者、基层社区工作人员以及志愿者服务队那样奋斗在抗疫最前线，但面对学校突发高烧学生、复课后遭遇各类意外事件等危急情况、艰险任务，辅导员要能够身先士卒、冲锋陷阵，深入校内学习、生活等学生活动各场所，主动奋战学校抗疫第一线，做到守土有责、守土担责、守土尽责，确保疫情防控横向各年级各班级、纵向各教室各宿舍、靶向到在校每位学生，从而与全校师生共同构筑一道群防群治、联防联控的最严密防线。

十二是善“查”：善于排查隐患漏洞

作为高校人群高度密集、生源地较为复杂的学生宿舍及课堂教室，是疫情防控的薄弱环节和关键环节。在落实常态化疫情防控下校园全链条封闭管理要求下，辅导员应善于排查疫情防控各种风险隐患及因学生主观能动性带来的各类不确定性因素，及时做好每日课堂缺勤、夜不归宿、请假外出等在校重点学生的精准摸底和问题处置，做好发烧与其他疾病患者学生的体温检测、健康监测和跟踪服务，特别对境外或国内中高风险地区和重点地区返校学生个体进行再梳理再排查及其在校行踪的全实时随访回访，确保宿舍楼、教学楼、实验楼等出入口，以及餐厅、生活服务场所出入口等防控关键点管理无风险、措施无漏洞、排查无差错、安全无隐患。

十三是能“选”：能够选准时间节点

作为新中国成立以来防范难度最大的突发公共卫生事件，新冠疫情具有传播速度快、传播地区广、感染人群多、致病比例高等特点与风险。辅导员在充分认识并提高校外疫情输入风险形势长期严峻和重要认识情况下，应能够选准并做好校园防控宣传与教育时间节点。依托新生入学教育、老生升级教育及毕业生离校教育，结合最新防控形势进展，集中开展疫情防控宣传教育、校园环境整治及卫生健康知识，为学生成长提供坚实的卫生保障；借助每年寒暑假、学期初开学返校与学期末放假离校，五一劳动节、端午节等法定节日小长假，以及秋冬季传染病高发期，通过线下班会、线上视频等方式，系统并强化疫情防控专业知识学习与培训，真正促进学生勤洗手、少聚集、常消毒、“一米线”等良好卫生习惯和健康行为养成；抓紧校外写生支教、实习实训、见习锻炼、专业考察等各类学生群体，以及因各种原因居家学习学生的人文关怀与跟踪服务，利用系统平台或网络载体全时段开展并做好校外学生人身安全与疫情知识宣传、教育与引导。通过抓好重要时间节点疫情防控宣传教育，严防校外输入风险，切实筑牢校园疫情防线。

十四是善“用”：善于运用网络手段

信息化时代迫切需要辅导员注重提高自身网络技术水平，特别是新冠疫情暴发以来，每天面对各类疫情信息的发布、防控数据的统计和上报，以及各级疫情防控平台的应用与维护，辅导员更要善于利用信息化、系统化和大数据手段，积极借助微信、微博、QQ等网络平台，以及疫情管控系统、软件，以云课堂、云典礼、云会议、云考试及云招聘等线上方式，及时、客观、准确落实“日报告”“零报告”等制度，通过从线下“面对面”工作转向线上“键对键”办公，最大化发挥新媒体新技术优势，切实增强自身舆论调控与管理能力，切实提升院系疫情防控工作的及时性、科学性和时效性，确保全校网络化疫情管控工作的精度和效度。

十五是能“保”：能够保持良好心态

心态决定成败，良好的心态是从事并做好辅导员工作的前提和必备条件。面对新冠疫情，辅导员首先应以积极健康的良好心态度过“心理关”，特别在处于学生突发重疾、重大安全事件等强烈的应激情境下，辅导员更要能够集中精力、调整心态，化解紧张、控制情绪，按照既定程序和预案，理性、稳妥、积极的心理状态应对并处置处理好各类疫情信息和事件，做到忙而不急、忙而不乱、忙而不慌、忙而不错。

十六是善“疏”：善于疏导学生心理

疫情之下，直接或间接地对大学生心理健康产生一定的不良影响，特别对学习困难、经济困难、心理不健康等心理素质有差异的重点群体学生影响更大，如果得不到及时疏导与缓解，将很难、很慢走出心理阴影，甚至影响后期复学与学业。作为大学生成长的知心人和引路人，辅导员应充分发挥“心理健康教育与咨询”职业功能，善于并做好疫情影响之下的学生心理健康教育与心理疏导工作，通过各类媒体平台及线上班会或其他有效方式，以视频、图文、语音等形式，对所有学生及时开展全方位、全角度的疫情防控知识、进展及最新形势的交流与应激辅导，让学生明己情、知家情、晓国情，始终保持乐观、积极的心态安心学习、静心创作；着力做好学生心理健康监测排查，借助大学生心理健康量表或其他心理测评软件等心理健康筛查工具，定期开展特殊时期学生心理普查，及时做好心理异常学生的筛查与统计，并全面做好学生心理健康危情动态档案；重点做好各类心理异常学生教育援助与心理疏导，通过个人在线“面对面”解压辅导、借助学校疫情心理援助热线“键对键”危机干预、组织心理服务学生团队做好后期跟踪疏解，有针对性地做好因疫情导致心理问题学生产生的疫情恐惧、生活学习焦虑等，并积极主动做好个人生命安抚、生活呵护以及思想动态，真正做到疫情环境下的心理不健康的学生健康、心理健康的学生更阳光，切实提高常态化疫情防控下的学生心理教育与咨询工作水平，以及辅导员心理干预与疏导能力。

十七是能“健”：能够健全体制机制

受疫情影响，原有的学生管理体制机制已无法适应或满足新形势下学生教育管理和疫情防控工作现实与需要，甚至会对常态化疫情防控环境下的院系学生教育教学与管理产生冲击。辅导员应充分发挥自身过硬的执行力和文笔力，能够积极健全学生管理工作体制机制，以适应常态化高校疫情防控工作。紧紧围绕疫情防控与立德树人双统筹、双提高、双促进，制定完善学生宿舍、教室、办公室、实验室等各场所突发卫生事件应急预案，以及整改纠正机制；运用大数据建立并完善学生日常行为管理监督体系；重点健全学生网络重大舆情和舆论引导机制，特别是疫情学生信息畅通与反馈机制；努力构建并实施云端学生党团课及第二课堂体系；推进实施线上学生评优推优及考核评价体系；加快建设媒体环境下形式多样、内容丰富、实效性强的家校联防联控联动与协同育人机制；建立健全学院、系部、年级、班级、宿舍，以及学院分管领导、辅导员、班主任、班委、学生纵横交错的全方位五级疫情防控联动运行机制。通过健全体制、创新机制、拓展平台、丰富载体，真正发挥“互联网+辅导员工作”优势，将学团工作覆盖到线上线下、课上课下、校内校外，确保常态化疫情防控形势下学生工作实现精细化、信息化、规范化、科学化，确保新时代大学生思想政治教育工作育人功效“不打烊”“不走样”“不打折”。

十八是善“研”：善于研究规律特点

实践完善并提升理论，理论促进并指导实践。作为身处一个实践性强于理论性的工作岗位，辅导员应在丰富、细致的工作实践中，结合自身扎实的理论基础，注重开展科学研究。特别在常态化疫情防控形势下，辅导员应结合大学生成长成才特点与规律，善于加强新冠疫情环境下大学生思想政治教育工作研究，重点围绕新时代高校思想政治教育工作重点、难点、焦点、热点及新情况、新问题、新要求、新挑战，聚焦辅导员岗位主责主业，集中精力着力开展重大疫情下健全高校学生舆情收集、引导与反馈机制，辅导员在疫情防控工作中的角色定位与育人方略，大学生网络思想政治教育方法策略，线上一站式学生管理服务模式，疫情应对学生管理队伍建设，以及疫情防控大环境下学生社团与学生组织改革，党团支部及其实践活动与荣誉评价云平台建设，学生班级和宿舍安全网络体系构建，破解大学生就业困境等研究。通过开展理论研究、勤于思考，弥补科研意识不强、科研能力不足等辅导员普遍存在的短板与现实状况，在落实好疫情防控工作中不断提升辅导员自身的理论水平和科研能力。

打赢疫情防控攻坚战关键在“防”、关键在“干”。作为新时代的高校辅导员，就要切实扛起高校疫情防控的重大政治责任，坚持问题导向、目标导向、效果导向相统一，坚持把学生生命安全和身体健康放在首位，坚持把“立德树人”作为第一使命，坚守岗位职责、坚守防控一线，统筹推进高校疫情防控、返校复学及大学生思想政治教育各项工作，做到能防、善防；能干、善干，始终以饱满的热情、昂扬的斗志、过硬的素养，奋力打好新时代防控战、倾力讲好新时代思政课、努力走好新时代长征路。

作者注

由于新冠疫情，2020年注定是不平凡的一年。受疫情影响，同学们不能按时返校复学、不能在教室正常上课、不能进行面对面自由交流、不能在毕业离校前拍摄合影纪念照……学校不能开展线下实践教学项目、不能举办丰富多彩的第二课堂等各类主题教育、不能如期举行毕业生典礼、不能组织校园招聘活动……诸多不能给同学们、老师们及家长朋友们带来诸多遗憾。同学们每一个咨询、家长们每一个交流，以及老师们每一个问候，无不隐藏着希望和盼望，希望疫情早日过去，盼望同学们早日回到学校，早日能够正常地学习、生活与工作。

作为高校院系专职辅导员，在2020年上半年，每天积极关注全国新冠疫情形势变化及防控进展，每天及时学习上级下发的有关疫情防控文件规章制度与会议精神，每天按时完成学校下达的各类疫情防控工作任务和要求，每天随时做好并答复居家学习同学们的求助与咨询。特别是在参与学校、学院组织的疫情防控应急演练，迎接返校复学学生，送别毕业生离校等各项工作中，与学院其他辅导员、班主任及专业教师参与并完成了许多居家学生与学生家长从未考虑到，也无法想象到的艰巨的、繁重的工作任务，从扮演返校学生、引导人员到穿戴防护套装的医务人员，从清理宿舍卫生垃圾的保洁员、卫生员到身背消毒喷雾器具进行宿舍逐一消杀的消毒员，从深夜自行驾车到火车站接送省外返校学生的驾驶员、接站员到为未解除宿舍隔离学生的送餐员，从电话连线现场沟通、整理学生物品的话务员、打包员到装卸毕业生包裹的快递员……可以说，让参与劳动与服务的老师们经受了过去工作期间从未有的工作经历。每次工作结束后，无论辅导员、班主任，还是其他专业教师，虽然弄得两手黑兮兮、全身脏兮兮，可没有任何一位老师有怨言，最多的心声而是"同学们满意就好、安心在家学习就好……"

面对新冠疫情防控，这场没有硝烟的持久战，无论工作多么危险、任务多么繁重、形势多么严峻，作为一名新时代疫情防控特殊时期的高校思政工作者，辅导员就要在平凡岗位上践行共产党员的永恒初心，担当不平凡时期辅导员的伟大使命，紧紧遵循大学生思想政治教育规律、育人规律和大学生成长规律，始终关注并结合疫情进展，充分发挥自身的长处和优势，做到因时而进、因事而化、因势而新，把打赢高校疫情防控歼灭战、保障学生生命安全及身体健康蓝图绘到底，从而增强新常态下高校辅导员工作特有的工作价值，以及辅导员岗位的职业成就感、使命感和幸福感。

（本文完成日期：2020年7月6日）

高校辅导员必须具备的“十大意识”

高校辅导员队伍作为学校唯一一支具有教师和干部双重身份的高素质专业化职业化队伍，肩负着培育新时代社会主义事业建设者和接班人的“大旗”。围绕学校立德树人根本任务，新时期高校辅导员必须具备政治意识、学习意识、制度意识、防患意识、科创意识、协作意识、媒体意识、大局意识、奉献意识、底线意识“十大意识”，才能练好内功、提升修养，方能担当起育人重任，尚可找准自身角色定位，从而成为推动学校高质量发展的生力军，进而更好完成新时代赋予的新使命。

一是具备“政治意识”

作为一名高校思想政治辅导员和党员干部，辅导员是学校开展大学生思想政治工作的骨干力量，围绕立德树人根本使命，必须要时刻坚守政治理想，坚定政治信仰，以社会主义核心价值观为统领，牢牢把握习近平总书记强调的“高校应培养什么的人，如何培养人以及为谁培养人”这个根本问题，始终坚持正确的政治方向和政治立场；在工作中坚持以培养广大青年学生对党组织的追求和信仰、对国家的信心和忠诚为重任，将立德和树人贯穿于大学生思想政治教育各个环节、各个过程中，切实以较高的政治敏锐性和政治鉴别力，以及较强的舆情问题研判和应对能力，及时发现学生思想政治方面领域存在的倾向性苗头性问题，以便有针对性地解疑释惑、化解矛盾，高质量地做好大学生思想政治教育工作，从而为大学生“点亮心中的灯塔”。

二是具备“学习意识”

提高学习认识、养成学习习惯、增强学习本领是党员干部补充和丰富知识的客观需要。面对朝气蓬勃、青春洋溢、与众不同的网络时代下“00后”大学生，辅导员只有具备更高的思想政治水平、知识水平以及工作能力，紧跟时代发展步伐，才能与学生心与心地进行沟通和交流，方可满足学生学业发展和成长成才的需要和期待。辅导员要在繁杂的工作事务中，高效整合工作空隙、周末及大小假期等分散性和碎片化时间，充分利用校内校外、线上线下等多种学习形式，加强对政治理论、习近平总书记系列重要讲话、重大会议精神、最新规章制度以及辅导员工作基本知识的系统学习和储备，做到比其他系统教师以及青年学生先行一步、先学一步、先思一步，实现自身的辅导员专业技能及知识体系因事而化、因时而进、因势而新，着力破解并消除个人在辅导员综合素养缺失、本领恐慌的内在压力和现实问题。通过坚持学习、广泛学习、终身学习，不断拓展辅导员专业化理论学识、拓宽辅导员职业化思维视野，助推个人成为既有思想又有专业、既有技能又有常识、既有知识又有文化的新时代教师，从而以较高的科学素养和人文素养担当起新时期“铸魂育人”的重任。

三是具备“制度意识”

所谓辅导员制度意识，也可称为规范意识或标准意识。“制度的生命力在于执行”。高校辅导员要不断增强依法治校、依规管理、依章增效的认识，切实强化自身制度意识，带头学习并严格贯彻执行上级及学校各项规章制度，做到“事不出格、人不逾矩”，切实维护制度权威；结合院系专业特点及工作实际，细化标准、完善程序，进一步建立健全包含学生日常思想政治教育、党团组织建设、奖贷助补减免、创新创业指导、社会实践锻炼、第二课堂成绩单等各项辅导员岗位工作职责在内的，符合院系学生成长发展实际的，科学规范、全面完整的学生工作规章制度体系，确保学生工作每个环节、各个步骤规范有序，公平公正，确保院系每项学生事务管理工作时时能规范、事事有程序、人人对标准，做到让所有学生及其家长“看得透、想得通、理得清”。辅导员通过不断提高自身的制度学习能力、执行能力和制定能力，切实推进各项学生事务工作措施扎实落地。

四是具备“防患意识”

辅导员具备的防患意识，主要包含安全意识、防控意识、问题意识及风险意识。受社会思想观念多元化以及网络信息渠道多样化等多种因素的影响，新时期高校大学生思想政治工作面临更多的挑战、压力和考验。辅导员要具备并时刻强化防患意识，立足学生安全管理，深入了解学生思想动态和价值理念，准确掌握各类重点特殊学生群体学习生活上的需求和问题，及时开展跟踪服务和精准帮扶；围绕学生公寓、活动室等重点场所，以及各类电器充电等重点部位，时刻盯紧安全消防隐患死角和遗漏点，定期检查、拉列清单、销号处理，全面遏制学生各类安全事故；针对开学返校、放假离校，以及重要纪念日、大小节假日等重要时段，着力做好学生疫情常态化防控、舆情监控及校园安全排查等工作，切实采取科学合理、规范高效防控措施，妥善应对各类应急突发事件的发生。辅导员只有牢固树立防患意识，时刻坚持以最坏的打算、最差的结局，积极主动投入更大的精力和更强的毅力，制定预案、查找隐患、整改问题、化解风险，切实做到防患于未然。

五是具备“科创意识”

顾名思义，辅导员科创意识即指科研意识和创新意识。辅导员科研能力的高低是衡量新时期辅导员专业化职业化水平的重要标准之一，辅导员开展科学研究既能提高具体工作的实效性、针对性和专业性，促进自身工作科学发展，又能明确、丰富自身辅导员职业角色定位，增强大学生思想政治教育工作的预见性、科学性和理论性。为此，新时期辅导员要牢固树立并培养科创意识，立足日常工作实际，做到从研究的角度和思维方式，来思考、解决实践中遇到的问题，从而改进工作方法与措施，进而实现工作水平和工作质量同步提升；充分发挥自身从事学生管理第一线的岗位优势，注重将工作实践中成功的经验积极总结归纳，努力转化为理论成果进行推广、交流，做有思想的行动者、践行者和引领者，从而推动院系之间、校际学生工作干部队伍能力整体提高；同时，结合辅导员工作“九大职责”和“十大育人”体系，注重发挥辅导员岗位开展科创优于其他思想政治专业教师更多的天然优势，加大实践创新、理论创新和制度创新，以独特的新思想、新方法和新理念，迎合并解决学生管理中的新问题、新要求和新挑战，从而为思想政治教育学科提供有效的参考依据。

六是具备“协作意识”

辅导员是育人的工作，具体就是做青年学生思想的工作，而现实中育人的工作，特别是做思想工作是最难的。另外，新时期高校辅导员工作的中心任务是强化学生工作服务职能和育人作用最终促进学生全面进步和发展，但仅靠辅导员个人力量是无法实现的。为此，辅导员要立足本职岗位工作实际，牢固树立强烈的协作意识，充分发挥周围一切可调动、能使用的各方力量，不断加强自身团队合作能力建设，注重增强院系辅导员、班主任团队之间合作意识，既有明确分工、各尽其责，又能相互补台、密切配合，做到院系交叉、共性的目标任务项项有安排、件件能落实，实现全院学生工作“分工”和“协作”高度统一；切实强化院系工作“一盘棋”思想，围绕院系教学科研、人才培养、社会服务等各项工作，着力提高与院系专业教师、管理人员等之间协作意识和协作能力；同时，根据个人具体分工，尽力加强与学校职能部门之间的深度沟通与通力协作，形成院校工作合力，时刻做到把个人心思、力量和精力用在院系乃至学校总体发展上，实现院系与学校各项工作同声音、齐步调、共发展，从而为青年学生成长和辅导员个人发展搭好平台。

七是具备“媒体意识”

辅导员媒体意识也可称为网络意识或媒介意识。针对网络教育已成为改进创新大学生思想政治教育主要的有效载体，特别是新时期青年学生已逐步成为国家网络安全关注的重要目标群体，辅导员应具备并不断强化网络教育意识，切实将广大学生培养成为国家网络与信息安全的自觉维护者、坚定信仰者和积极传播者，并作为当前和今后一定时期内开展思想政治教育工作的重要内容，特别是作为辅导员职业做好当代社会主义意识形态和思想政治教育工作的重要任务。在具体工作实践中，紧密结合当代大学生成长特点和内在需求，把线下教育和线上教育结合起来、日常行为规范和网络思想引领结合起来，充分利用校园微信、微博、QQ、校园网络等宣传媒体优势，以及个人微信公众号宣传平台优势，深入开展党的理论创新成果学习、社会主义核心价值观传播、意识形态安全知识教育、思想政治教育工作宣传及展示等思想教育工作，切实以较高的网络专业技能、较强的网络思想政治工作能力，以及较大的网络意识形态工作声音，积极引领青年学生正确的网络思想政治意识和网络舆情导向，全面增强网络思想政治教育工作的亲和力、感染力与实效性、时代性，从而不断开辟新时期高校网络思想政治和意识形态工作的新阵地、新局面，助推高校人才高质量培养教育目标的实现。

八是具备“大局意识”

作为党员干部必须掌握的一项“基本功”及其党性的基本要求，大局意识是衡量党员干部工作能力水平的“标尺”或“标识”。习近平总书记曾多次论及和强调大局意识，要求全党必须牢固树立高度自觉的大局意识，自觉从大局角度看问题，把工作放到大局中去思考、定位、摆布。辅导员作为新时期高校一名党员干部，是与学生相处时间最长、接触最频繁，并对其成长成才影响最大的思想政治引领老师，在院系学生教育管理工作中处于举足轻重的重要地位，对学校人才培养具有重大作用，为此，辅导员要切实具备并不断增强大局意识，做到时时能够正确认识大局、处处能够自觉服从大局、人人能够坚决维护大局，始终本着对学生负责、对学校负责、对家长负责，更要对社会负责、国家负责的大局出发，自觉主动站在更高层面、更高层次上，深刻认识新形势下高校思想政治工作所处的严峻形势和面临的机遇挑战，准确把握并解决大学生思想政治教育工作中存在的就业创业等重大问题以及重视专业教育轻视素质教育等主要矛盾，稳妥处理好学校与院系、个体与整体、当前与长远、重点与难点的关系问题，以高度的责任心和神圣的使命感，立足学生、着眼大局，与时俱进、服从大局，敢于担当、服务大局，真正做到不以个人小胜小负而动心，不为眼前即得即失而纠结，脚踏实地，推进上级和学校各项政策措施落地。

九是具备“奉献意识”

辅导员开展学生教育的过程即是人格影响人格、以品德塑造品德、以心灵感动心灵的过程，集教书育人、管理育人、服务育人于一体，同时，辅导员岗位性质和工作职责，决定了辅导员相对于其他系列教师，责任更重、工作量更大、工作时间更长，基本一直处于“白加黑”“5+2”、全天24小时开机的工作状态。为此，学生教育管理工作作为一项崇高而又伟大的事业，这就要求辅导员必须具备更强的奉献意识和服务意识，在内心深处真正把学生工作当作一项伟大事业来对待，始终用高度的责任感、重大的使命感和强烈的事业心要求自己、激励自己，做到履其职、行其权、尽其责；在重大突发事件、重要目标任务面前，任劳任怨，敢于担当，做到“干一行、爱一行、精一行”；能够坚持“以学生为本”，牢固树立“服务育人”工作理念，做到爱生如子、爱校如家，真正能够俯下身子，定期深入宿舍、教室、餐厅、图书馆等场所与学生广泛开展交流调研，主动倾听学生所需所想，准确了解并全面把握新时期青年学生的需求和期待，积极探索适合当前大学生思想特点的思想政治教育工作新方法和新模式；始终以焦裕禄、孔繁森等优秀共产党员以及钟南山、曲建武等“时代楷模”为榜样，兢兢业业、以爱当先，默默付出而不求回报，在辅导员工作岗位上多作为学生成长为学校发展的好事善事，切实在辅导员平凡的岗位上创造出不平凡的业绩。

十是具备“底线意识”

底线是做人做事的警戒线，不可踩更不可越。辅导员作为一名党员干部，就要牢固树立党员底线意识，始终不可做党员不能做的事，必须做党员应该做的事；作为一名高校教师，就要牢记新时期教师基本底线，时刻把师德作为工作的信念，自觉遵守高校教师职业行为规范和标准。同时，辅导员作为一个极为重要、神圣而高尚的职业，是学校后备干部培养和选拔的重要来源，更要牢记辅导员职业底线意识，始终坚守政策底线，不断培养并提升自身法治意识，将其充分运用到学生事务管理具体实践，切实做到知法、守法、用法，永做守纪律讲规矩的践行者和执行者，勇做法律法规的维护者和实践者；针对大学生思想政治教育工作存在的主要问题，特别是意识形态、安全稳定、疫情防控、评奖推优、组织发展以及政治纪律和政治规矩等方面存在的突出问题划定基本底线，认真做好每件小事、管好每个小节，做到不该收的东西不收、不该去的地方不去、不该办的事情不办，以德立教、以德立身，真正做到“规矩不能逾越、底线不能触碰、红线不能踩踏”。辅导员通过坚持原则，守住底线，做到明德修己、知行合一，从而引导并帮助广大青年学生把握人生正确方向，促进健康成长。

作者注

习近平总书记在2021年秋季学期中央党校（国家行政学院）中青年干部培训班开班式上发表重要讲话时强调，年轻干部必须练好内功、提升修养，做到信念坚定、对党忠诚，注重实际、实事求是，勇于担当、善于作为，坚持原则、敢于斗争，严守规矩、不逾底线，勤学苦练、增强本领，努力成为可堪大用、能担重任的栋梁之才，不辜负党和人民期望和重托。新时期高校辅导员队伍作为高校落实立德树人根本任务、培养德智体美劳全面发展的社会主义建设者和接班人中不可替代的重要力量，更要牢记习近平总书记的殷殷嘱托，紧密结合大学生思想政治教育工作和自身实际，坚持以人为本、育人为要、德育为先，不断提高党性修养，砥砺政治品格，锤炼过硬本领，切实把广大青年学生培养成为“四有”新人做出最大努力。

（本文完成日期：2021年10月6日）

新时期高校辅导员需坚持做到“七个统一”

新时期高校辅导员，作为立德树人前沿阵地的守卫者，以及社会主义核心价值观的实践者和弘扬者，肩负着培养担当民族复兴大任时代新人的重要职责。面对新形势下落实立德树人根本任务、推动高等教育健康发展重要意义与重大责任，高校辅导员需始终坚持做到初心与使命、立德与树人、职业与事业等“七个统一”，方能充分体现并切实发挥新时期辅导员队伍在高校思想政治工作领域和学生健康成长中肩负的神圣职责与光荣使命。

一是坚持好初心与使命的统一

作为中国共产党人的根和魂，初心的核心是为了什么，其本质在于最高的价值追求，体现为中国共产党人的马克思主义世界观、人生观、价值观，侧重精神认识；作为初心的实践体现，使命的核心是做什么，其本质在于外在的重大责任，侧重现实实践。初心凝聚使命，使命承载初心。高校辅导员，作为新时期坚定的共产主义信仰者，必须坚定共产主义远大理想和中国特色社会主义共同理想，全面把握初心与使命的关系，真正做到坚守初心、践行使命。坚持初心就是在思想上要坚持党的信仰、理想以及坚持党的信念和宗旨；践行使命就是在行动上要始终牢记全心全意为人民服务的宗旨，坚持把学校和学生的发展及利益作为出发点、落脚点。面对国内国际变化发展新格局对高校改革与发展，特别是深化和落实立德树人根本任务提出的新需求新变化，辅导员都要做到也只有做到守初心、担使命，在自身岗位上始终铭记“我是谁、为了谁”“从哪里来、往哪里走”的基本命题，才能永葆激情、勇于担当，切实树牢“革命理想高于天”的坚定信仰；始终做到向习近平总书记看齐、向党中央看齐、向党的理论和路线方针政策看齐、向党中央决策部署看齐，才能不躲不绕、敢作敢为，切实锤炼“烈火丹心铸忠诚”的政治品格，时刻在思想上政治上行动上同以习近平同志为核心的党中央保持高度一致，并以较强的政治思维、战略思维、辩证思维，切实彰显共产党人的历史自觉和政治担当。

二是坚持好立德与树人的统一

“培养什么人、怎样培养人、为谁培养人”是我国社会主义教育事业发展中必须要解决并要解决好的根本问题。党的十八大报告明确把教育放在改善民生和加强社会建设之首，并首次提出“把立德树人作为教育的根本任务”。作为高校立身之本，立德树人就要“德”字为先，即树立教师队伍德业，“‘立德’先立师，树人先正己；先以‘德’立身，再以‘德’立教”，永做学生良好的道德示范和榜样，从而真正提升大学生德育工作的针对性、时效性和时代性，培养更多的符合新时期需求的德智体美劳全面发展的青年学生，从而符合新时期青年学生德智体美劳全面成长的需求。高校辅导员，作为学校德育教育的中坚力量和学生德育工作的主体，就要紧紧围绕引导青年学生树立正确的世界观、人生观、价值观和荣辱观为己任，坚持熔铸师魂，以高尚的德性、美好的德行教育引领身边学生；坚持努力学习、实践锻炼、探索培育，将“德”字镌刻在自身及学生心头，切实增强新时期大学生思想政治教育的思想性、实效性和高尚性。“立己之德，方能立人之德；树己之人，方能树人之德”，通过辅导员个人立师德、铸师魂，让社会主义核心价值体系真正入脑入心。在促进辅导员在高校德育工作中发挥重要桥梁和媒介作用、提高辅导员队伍整体素质再上一个新水平的同时，也推进学校德育工作切实落到实处并能够可持续发展，从而培养更多的德才兼备、担当重任的社会主义建设者和接班人。

三是坚持好职业与事业的统一

对于工作，或为职业，或为事业。所有职业都有职责界定，有工作的宽度和深度，且有明确的目标与衡量标准，都以“职”为先，个人职业生涯往往都有期限并较为短暂；而与职业相比，事业是通过定性的目标而发自个人内心的热爱和执着，重点强调任务的使命性和未来的持久性，任何事业都不是一朝一夕完成的。职业以职能为对象，其内容范围仅限于职能，而事业强调社会、民族与国家责任的需要。职业是事业的基础，事业是职业的升华和发展，并需要以职业为支撑。如果事业是一座大厦，那么职业就是撑起大厦的一块砖。就任何个人来说，职业是自身的保障，而事业则是其生命的意义所在。作为高校改革发展、安全稳定不可或缺的重要力量，以及与大学生接触最多的高校基层教育者、管理者和服务者，唯有高校辅导员是从事大学生思想政治教育和行为管理服务的专职队伍。国家先后出台并陆续实施的高校辅导员职业能力标准、辅导员队伍建设规定等，从客观上为专职辅导员铺就专业化职业化发展平台。对于辅导员个体，围绕“以生为本”这个根本出发点，从主观上就要严格恪守“爱国守法、敬业爱生、育人为本、终身学习、为人师表”的高校辅导员职业守则，严于律己，以身作则，以强烈的责任感、使命感和紧迫感，恒心坚定落实好每项目标任务、执着坚守培育教导好每位青年学生；脚踏实地、扑下身子，笃定事业心而不仅只是职业心，以专业化、专门化、专家化三个维度构建个人职业理想，将辅导员工作与个人的人生目标、人生价值及人生幸福融合为一体。在辅导员成长和发展道路上，始终要以高度的爱心、热心、耐心和责任心，持有“做一辈子辅导员的心态”做好本职工作，从内心深处把辅导员工作作为自己职业、终身事业来对待、来追求，切切实实将辅导员职业铸成事业，从而成为真正的、优秀的职业化、专家化的新时期高校思想政治工作者。

四是坚持好理论与实践的统一

理论来源于实践，且指导实践，并在接受实践检验的过程中不断得到完善和发展。坚持理论与实践相统一，做到从实践到理论，再从理论回归实践，是辅导员做好新时期学生工作的基本规律，也是对辅导员做好新形势下思想政治教育工作的基本要求以及实现辅导员专业化职业化的内在要求。作为专业性、时代性极强的工作岗位和职业，辅导员只有坚持好理论与实践的高度统一，在具体实践中，注重调查研究，学会不断总结新做法、新经验，及时全面、精准掌握不同学生群体的思想动态和实际困难，将对学生工作的理性思考，上升为规律性的认识与理论，再用于指导和推动学生工作的新实践。同时，在工作实践中只有注重加强理论研究，不断增强自身理论联系实际的能力，实现“思想理论—科学研究—工作实践”相互转化、相互促进，做到学以致用、用以促学，才能增强新时期学生工作的针对性和实效性。如若脱离理论与实践相统一的基本规律，就难以实现理论与实践的有效结合，也势必会出现因缺少科学正确的理论方法指导，只盲目忙于烦琐的学生事务管理，从而影响工作效果、迷失工作方向，或者在理论研究上仅停留在表面学习及肤浅认识上，而不能真正学懂弄通并科学运用理论有效解决问题、指导工作实践。通过坚持理论与实践的统一，让辅导员在不同发展阶段和成长时期，以较高的个人理论素养、较强的理论研究水平，逐步深入实践中，继而带动工作能力再提升，在实践中提高发现新问题、解决新问题的能力，从而以扎实的理论功底和理论素养，以及系统性、高效性、创造性的方式方法开展思想政治教育工作。

五是坚持好坚守与创新的统一

坚守是以史为鉴，坚定地守护过去的观念、做法或规则等；创新是以未来发展为目标进行变革。坚持创新，不忘坚守；在坚守中创新，在创新中坚守。如果没有坚守，就会迷失方向，忘记来时的路；如果没有创新，就会弱化引导或教育功能，前途无限迷茫，两者相互促进、相互补充。作为习近平新时代中国特色社会主义思想的践行者，面对新时期新的教育使命，辅导员工作承载着民族希望和社会要求，以及家庭重托和学生信任。辅导员就要立足新时代大学生思想政治教育发展的新特点、新要求、新部署，牢牢把握“围绕学生、关照学生、服务学生”要求，始终坚定“人才培养”宗旨，坚持学习贯彻习近平新时代中国特色社会主义思想，坚持守正创新，积极主动参加各级各类职业素养提升学习、培训与竞赛，以及学术交流、报告与论坛；实时了解掌握最新青年学生群体思想偏好、精神生活变化以及网络流行词汇与趋势，切实加快传统学生工作模式转变节奏，不断提升自身专业技能和创新工作方式方法；时时秉持“三全育人”“五育并举”新型育人理念，注重加强并把握新发展理念并创造性地运用到大学生思想政治教育工作各环节各过程，在坚守中跳出传统思维模式或定式，做到因事而化、因时而进、因势而新，以辅导员个人较高的职业素养与文化底蕴，促进并满足自身与学生同步成长发展，全面提升新形势下高校思想政治教育工作质量与水平。

六是坚持好师德与人格的统一

“师德兴则教育兴，教育兴则民族兴”。教育的特殊性和重要性，决定了教师的师德比其他职业道德要求更高、影响更深。只有具有并牢固树立良好的师德师风，才能无愧于“教师”这个崇高字眼，才能做好教育这份神圣工作。而教师人格是教师因其特殊与重要的社会角色而具有的人格，只有具备良好的道德品质、深厚的知识素养、健康的心灵和强健的体魄等高尚的教师人格，新时代教师才能以较高的人格魅力与人格素质，潜移默化地影响学生、吸引学生、感染学生，以实际行动教会学生怎样做人、怎么成人，从而促进学生全面发展、健康成长。作为与学生接触最密切、与学生关系最亲密的高校辅导员，是履行立德树人根本任务的践行者和排头兵，是高校思想政治教育工作的先锋力量，要牢记辅导员岗位职责，紧跟时代步伐，坚持以践行社会主义核心价值观为基石和灵魂，对标习近平总书记提出的“四有好老师”“四个引路人”新时期教师目标，以及教育工作的“四个相统一”，注重强化自身教师意识观念、提高教师身份认同感；坚守新时代高校教师职业行为、职业道德规范和师德标准底线，严格自我约束、增强自我修养、塑造人格魅力；掌握新时期大学生成长发展特点和思想政治教育工作规律，坚持言传身教、精益求精，能够做到教书与育人相统一、师德与人格相统一，做到以德立身、以德立学、以德施教，永做青年大学生榜样，从而引领帮助青年学生“扣好人生的第一粒扣子”。

七是坚持好奉献与价值的统一

人生价值是给予而不是得到，是付出而不是索取。作为新时期一名教师，职业生命价值就是无私奉献，这就意味着为学生谋福祉谋发展，用心、用情、用爱服务学生成长成才，以心换心、以情换情，得到学生及其家长、社会的认可。在现实中，教师不仅应当认同教师职业的奉献精神，而且必须以其实际行动来践行奉献精神，从而将自身全部精力奉献于人民的教育事业，以期体现并实现自身职业和人生价值的完美统一。高校辅导员作为新时代构建“三全育人”大思政格局的关键力量，肩负着价值引领的重要职责，就要聚焦辅导员主责主业，主动提升自身价值引领目标和任务、开发学生教育新平台和新渠道，强化日常个人培训学习和知识积累，增强个体新形势新问题的研判和思考等，不断提高辅导员价值引领能力；就要注重发挥价值引领教育无可替代的思想优势、情感优势、资源优势、技术优势及平台优势，通过线上线下、课上课下、校内校外等各种方式，以及学业帮扶、谈心谈话、心理疏导等各种手段，不断强化价值引领作用。同时，在国家对创新创业重视程度不断提高的大背景下，辅导员担负着职业规划与就业创业指导工作的重任，辅导员更要紧紧围绕价值引领这个核心点，将思想政治教育和价值引领融入大学生创新创业教育全过程，不断激发新时期青年学生的创新意识、创业意识、责任意识和感恩意识，从而引导广大学生为实现国家富强、民族振兴、人民幸福而贡献青春力量。

“十四五”新篇已启，中华民族正踏上全面建设社会主义现代化国家、向第二个百年奋斗目标进军的新征程。高校辅导员肩负着为党和国家培养担当民族复兴大任时代新人的重要使命，就要顺应时代发展，致力于新时代民族复兴大任的历史使命、致力于新阶段培育和践行社会主义核心价值观的社会责任、致力于新时期高校立德树人的时代责任、致力于新形势学生成长成才的职业使命，敢于担当、善于担当、能够担当，处处转变观念、专通结合，做到自我加压、自我锤炼；时时吐故纳新、知行合一，做到与时俱进、踔厉奋发，与其他各类专任教师同心同向同频、用心用情用力，加快推进新时期全员全程全方位育人体系的构建，一同为培养社会主义建设者和接班人、实现中华民族伟大复兴中国梦贡献力量。

作者注

据教育部有关部门统计，截至2021年11月，全国登记在册的高校辅导员队伍，从2017年的14.4万人增加到21.1万人，增长了50%左右，成为高校思想政治工作队伍中不可或缺的重要组成部分。让新时期高校辅导员切实担当起国家和社会赋予他们的使命和任务，除上级主管部门与学校打造发展平台、设立专题项目、组织学习培训等必要的政策措施外，更需要辅导员个体提高人才培养全局高度，增强“大思政”格局认识，以“功成不必在我”的精神境界和“功成必定有我”的历史担当，勇挑重任、善于担当，在新时代发展之路上与学校思政课教师、行政管理干部等形成并发挥育人最大合力，从而加快构建高校思想政治工作新体系和新格局。

（本文完成日期：2022年2月15日）

新形势下努力创建“十型”辅导员队伍

辅导员作为高校教师队伍和管理干部的重要组成部分，是学校思想政治理论课队伍中的重要力量，也是学校后备干部培养和选拔的重要来源。作为距离大学生最近的人，作为青年学生的人生导师和知心朋友，辅导员在新时代贯彻党的教育方针，在高校立德树人、教书育人过程中发挥着至关重要的作用。从教育部印发施行的《高等学校辅导员职业能力标准（暂行）》（2014年），到修订实施的《普通高等学校辅导员队伍建设规定》（2017年），再到中共中央印发修订的《党政领导干部选拔任用工作条例》（2019年）；从习近平总书记在全国高校思想政治工作会议（2016年）到全国教育大会（2018年），再到主持召开的学校思想政治理论课教师座谈会（2019年）上的系列重要讲话，都对包含高校辅导员在内的党政干部、高校思想政治工作教师队伍建设提出更高的新要求、新期望。为此，在新的历史时期，只有坚持以习近平新时代中国特色社会主义思想为指导，紧紧围绕“立德树人”根本任务，围绕解决好培养什么人、怎样培养人、为谁培养人这个根本问题，遵循青年学生的成长成才规律与特点，通过创建政治型、学习型、实干型、创新型、廉洁型、专家型等“十型”辅导员队伍，切实打造一支政治强、业务精、纪律严、作风正的高水平辅导员队伍，才能进一步推进高校辅导员专业化职业化建设步伐，才能进一步加强高校思想政治理论课教师队伍，才能为高校建设培养一支忠诚干净担当的高素质后备干部队伍，从而为提高高等教育质量，落实立德树人根本任务提供坚强的队伍保障。

一是创建“政治型”辅导员队伍

专职辅导员，身份本质是政治辅导员，与高校教学人员、管理人员、后勤人员最明显区别就在于“政治性”，其最基本要求是政治立场坚定。只有做到政治强，辅导员才能有更强的政治定力和政治信仰，才能“让有信仰的人讲信仰，善于从政治上看问题，在大是大非面前保持政治清醒”。伴随着专职辅导员新旧交替，诸多“90后”，甚至“95后”加入专职辅导员队伍，要注重加强辅导员的党性锻炼，每三年至五年定期组织开展高层次的理想信念学习辅导、专题轮训，以及全国性党性教育基地实地参观、锻炼实践等，切实让每位辅导员在学懂弄通中国特色社会主义理论、制度的历史起点和逻辑关系上下真功夫、苦功夫，做到人人信马列不信鬼神、理想信念不滑坡、精神上不“缺钙”，贯彻落实学习上级与学校政策决策不打折扣、不搞变通、不做选择。通过创建“政治型”辅导员队伍，教育引导辅导员不断坚定理想信念，提高自身党性觉悟，全面提高辅导员队伍整体马克思主义理论素养，才能确保在自身前进道路上不迷失方向，才能在行动上丢掉思想包袱，才能在思想政治理论课上以彻底的思想理论说服学生、用真理的强大力量引导学生，真正为大学生树立榜样示范，引导其树立坚定正确的政治方向，始终让大学生思想政治工作毫不动摇地坚持党的领导，从而搞好大学生思想政治教育和日常学习生活工作。

二是创建“学习型”辅导员队伍

习近平总书记在党的十九大报告中明确强调领导干部“要增强学习本领，在全党营造善于学习、勇于实践的浓厚氛围，建设马克思主义学习型政党，推动建设学习大国”。辅导员作为一支素质过硬的党员干部队伍，是高校管理干部的重要后备军，更是学校党政领导干部的主要来源。建设“学习型”辅导员队伍，对于加强学校管理干部建设，提升学校整体管理服务育人水平，提高高校核心竞争力，乃至促进马克思主义学习型政党建设具有重要作用。一是组织辅导员加强以学党章、学党规、学习习近平总书记系列重要讲话、学马克思主义经典著作“四学”为主要内容的党知识学习，以此提高自身理论基础与辩证思维；二是集中组织开展以学习中国古代史、近代史、现代史等为重点内容的历史典籍，以及中华优秀传统文化，“历史是最好的教科书，也是最好的清醒剂”，不断开阔辅导员自身眼界和胸襟，不断提高自身认识能力和精神境界，以此提高辅导员队伍历史文化素养，最终提高辅导员整体工作水平；三是依据高校辅导员职业能力标准，重点组织做好基础知识、专业知识及法律法规知识等辅导员职业知识学习，并通过过关测试、考核达标等，提高辅导员职业知识学习效果，切实增强辅导员职业知识学习的针对性和实效性。通过创建“学习型”辅导员队伍，让辅导员树立“本领恐慌”意识，将更多的时间与精力自觉放在学习的同时，切实提高辅导员职业自身发展水平，让辅导员全面学习落实党的路线、方针、政策，中国特色社会主义法律体系，以及全国高校思想政治工作会议、全国教育大会、全国学校思想政治理论课教师座谈会重要讲话精神，在创建“双一流”高校建设中始终走在前列，为广大高校师生当好表率。

三是创建“实干型”辅导员队伍

“空谈误国，实干兴邦。当今时代，崇尚的是实干精神，呼唤的是实干作风，需要的是实干行动”，辅导员“实干”就是具有“干真事、真干事、干实事、干好事”的担当精神，核心在“实”、关键在“干”，只有创建“实干型”辅导员队伍，才能让每位辅导员牢固树立责任意识、担当意识，把心思安心放在大学生思想政治工作上，把精力全心用在开展并推动大学生思想政治教育工作上，以承担让学生充分发展进步、成为社会精英国家的光荣使命。一是为辅导员铺设干事成长平台，通过组织、经费及空间保障，让辅导员在问题、困难、矛盾面前坚持不回避、不畏缩，时时让整个辅导员队伍充满生机活力，处处让其发声，在学生面前始终展现并保持出辅导员勇往直前、敢打敢拼的精神风貌；二是结合大学生思想政治教育工作特点，通过指标量化、定性等级评价等方式，督促辅导员进宿舍、进教室、进餐厅，让辅导员与学生面对面交心谈话成为一种新常态，随时倾听学生的想法与诉求，及时了解并掌握学生的学习生活需求，以诚意的态度、饱满的热情为学生干成、干好各项事情。通过创建“实干型”辅导员队伍，才能发挥辅导员队伍勇于挑战、敢于硬碰硬的职业优势，才能切实将上级及学校要求部署落实到日常工作上，做到知行合一、以知促行、以行求知，才能发挥辅导员在高校教师和管理干部双重“角色”中的示范作用，在推动学校各项事业发展中形成“头雁效应”。

四是创建“创新型”辅导员队伍

开拓创新，作为大学生思想政治建设的灵魂，是高校辅导员适应新形势、解决新问题的职责要求。习近平总书记在党的十九大报告中就如何贯彻新发展理念指出要加快建设创新型国家，并强调“创新是引领发展的第一动力，是建设现代化经济体系的战略支撑”。为此，培养和造就“创新型”辅导员是新时期高校辅导员队伍建设的重要目标。通过积极稳步推进辅导员队伍性别、学历、年龄、职称及职务等结构配置优化，加快创新型辅导员培训机制健全步伐，扩大辅导员国内、国际高级学者访问规模、比例及质量，加大辅导员实践创新、理论创新项目上的保障力度，以及推行中高级辅导员到地方挂职锻炼实践，实行辅导员创新成果转化与奖励制度等措施，切实让辅导员紧紧围绕“立德树人”这一根本任务，在开展大学生思想政治工作中以创新的工作思路、创新的计划目标、创新的举措办法推动高校思想政治理论课课题教学、大学生思想政治教育工作不断创新，积极引导学生学会正确的创新思维方法，从而确保高校辅导员队伍和大学生思想政治教育工作保持生机与活力。

五是创建“研究型”辅导员队伍

在中共中央、国务院印发的关于加强和改进新形势下高校思想政治工作的意见，以及教育部下发实施全国高校思想政治工作质量提升工程实施纲要中，都提出要加强推进马克思主义理论研究，并努力打造马克思主义理论教学、研究、宣传和人才培养的坚强阵地。在2017年9月教育部修订出台的高校辅导员队伍建设规定中，将“理论与实践研究”纳入辅导员九大工作职责之一，明确提出辅导员要“参加相关学科领域学术交流活动，参与校内外思想政治教育课题或项目研究”，特别是习近平总书记在主持召开的全国学校思想政治理论课教师座谈会上强调“要坚持理论性和实践性相统一，用科学理论培养人”，同时，随着时代进步与高等教育发展，高校对辅导员的专业化职业化提出更多的新要求，其中最重要的就是对辅导员科研能力与专业学术水平的整体性提升。一是注重强化辅导员工作总结、经验提炼意识，强化课题申报立项意识，强化科研上层次、申报科研评选意识，不断提高辅导员开展学术研究的自觉性、主动性、积极性；二是围绕马克思主义学科建设，依托学校马克思主义教学院系、研究机构，加强对辅导员马克思主义中国化、时代化及思想政治教育专业等专业学术研究指导，通过举办专题论坛、组建科研团队、提交研究报告等，让辅导员参与主旨发言、论坛对话，并给予开展学术研究的机制保障，确保人人有方向、人人分任务、人人进团队、人人有保障，从而在辅导员队伍中营造浓厚的学术研究氛围。通过创建“研究型”辅导员队伍，为辅导员理论研究提供更大的平台和舞台，大大提升辅导员整体科研能力与专业学术水平，促使将自身成功的实践经验转化为理论成果并逐步交流、推广，在不断攻克学生管理中的难题，实现大学生思想政治教育工作不断改进，教育引导大学生立鸿鹄志、做奋斗者的同时，也将充分发挥辅导员队伍在学生管理工作第一线的岗位优势，从而为思想政治教育学科提供一定的参考依据。

六是创建“服务型”辅导员队伍

“全心全意为人民服务”是中国共产党的宗旨，其核心要义即是奉献。习近平总书记在党的十九大报告中明确要求，“增强政府公信力和执行力，建设人民满意的服务型政府”。建设“服务型”辅导员队伍，就是把服务育人质量作为主题，把培养学生作为核心，把服务学校、服务学生作为根本。一是引导辅导员沉下身子，深入实际、深入学生，了解学生群体心声，真正调研掌握新媒体环境下大学生思想政治教育工作状况与需求，切实传递学校、教师对学生生活之关爱，及发展之温暖；二是大力健全师生交流联谊机制，通过实施辅导员公寓楼留宿制、到餐厅与学生会餐制，以及开展辅导员与学生定期对话交流活动等，积极搭建促进辅导员密切联系学生、增强师生双方之间感情的平台，把辅导员和学生心与心连在一起，让其知心、交心，使辅导员切实成为大学生成长成才的指导者和引路人；三是广泛开展与历届高校辅导员年度人物及全国师德楷模、全国“时代楷模”曲建武等先进典型学习活动，激励辅导员把服务奉献、实干担当作为推进工作的最好方法，把上级及学校党委各项政策部署落实到具体工作中，在提高学生管理服务能力的同时，不断提升服务质量。通过创建“服务型”辅导员队伍，在增强辅导员服务能力，提高辅导员整体职业素养的同时，也让辅导员成为关心学生冷暖的“自家人”、问计学生的“知情人”、帮助学生的“贴心人”，以及学生发展的“领航人”、学生成长的“铺路人”、学生发展的“代言人”。

七是创建“健康型”辅导员队伍

辅导员作为大学生日常教育管理中的最基层，是开展大学生思想政治教育工作最直接、最前线的实施者与组织者。由于大学生思想政治教育工作的日益复杂化，以及高校管理体制不完备、教师评价与职称职务发展机制不对称，辅导员质量与数量配备不足、职责多元化发展等，使辅导员各方面工作压力不断加大，往往处于“白加黑、五加二”“两眼一睁，忙到熄灯。两眼一闭，提高警惕”的工作状态，由此带来自身业务发展与岗位职责工作之间、身体与心理之间的冲突，并引发诸多以紧张、恐慌、忘我、焦虑等为主要特征的辅导员个体心理健康问题，从而不同程度地影响着大学生思想政治工作的健康发展。创建“健康型”辅导员队伍，首先要加强学校层次对辅导员队伍建设的重视程度，特别是提升高校领导层面对辅导员地位与作用的认可，通过专项改善辅导员办公环境、单独加大辅导员职称职务推荐比例、特定提高辅导员岗位津贴待遇等，增强辅导员自身的存在感、获得感、成就感，从校内整个外在环境中主观上减轻辅导员的职业压力；其次要注重制定、细化辅导员岗位职责，通过增设教辅岗位、职能部门设置优化及资源整合等，科学分离“事务性”工作与“思想性”工作，在日常工作环境中客观上让辅导员从繁忙的事务性工作中解脱出来，充分发挥辅导员在大学生管理中的育人功能，在保证辅导员正确认知自身角色、自我价值的过程中，促进辅导员获得更高的认同感、归属感、幸福感；最后要建立辅导员心理健康预防与定期排查、专项培训与定期学习、定岗定编与定期流动、全面考核与定期分级、科学管理与定期提升等机制，切实让辅导员无论在心灵上，还是身体上都主动活起来、积极动起来，从而不断提高辅导员队伍的心理素质及岗位转化，让辅导员始终以饱满的工作热情投入各自岗位中，进而使其更好地服务于学校发展与学生发展。

八是创建“廉洁型”辅导员队伍

党风廉政建设和反腐败斗争，作为治党治国的永恒主题，是党中央及各级基层党组织长期抓好的重大政治任务。高校党风廉政建设既是构建和谐校园的政治基础，又是高校人才培养系统工程的重要内容。而高校辅导员，作为高校党员队伍的重要组成部分，作为大学生思想政治教育一线工作的组织者、实施者和指导者，理所当然成为党风廉政建设的首要对象。加强高校辅导员党风廉政建设，一是要严明辅导员政治规矩意识，通过组织辅导员系统学习习近平总书记关于党风廉政建设重要论述、参加专题培训、实地接受廉政教育基地熏陶等，让辅导员在工作中始终把政治纪律放在首位，切实增强“四个意识”、坚定“四个自信”、做到“两个维护”；二是要辅导员自觉抵制住物欲横流，在学生党员发展、各类奖助学金评选、推优树先，以及学生干部任用锻炼等环节中，把好“人情关”“金钱关”“名利关”，做到不卡、不要、不提醒，以清白做人、干净做事的廉政理念，做一个让学校党委放心、学院领导满意、广大师生信任的党员干部；三是要加强辅导员自我监督，通过学校不定期与学生调研、座谈等，倾听学生的真正声音，以便及时了解辅导员在遵守廉洁自律上存在的不足之处并督促加以改正。通过创建“廉洁型”辅导员队伍，让新时代的大学生远离污浊之气的熏染，营造良好的成长氛围，既为学校发展培养了一支讲政治、高水准、高素质的后备管理干部，又加强了高校党风廉政建设，也对高等教育又好又快发展起到积极促进作用，确保了整个社会的和谐与稳定。

九是创建“专家型”辅导员队伍

习近平总书记在庆祝中国共产党成立95周年大会上指出，“各级领导干部要加快知识更新、加强实践锻炼，使专业素养和工作能力跟上时代节拍。努力成为做好工作的行家里手”。而辅导员的专业素养就是不断影响并促进辅导员职业自身行为与发展，由辅导员职业意识、职业能力、职业精神及职业观念等多个要素构成的辅导员从业要素集合体。提高高校辅导员专业素养和工作能力，一是要注重加强辅导员各方面知识的学习与积累，通过测试、竞赛、分级等多种方式不断加快辅导员自身知识更新及知识结构的优化，从而进一步拓宽辅导员队伍的眼界与视野，努力在教育指导学生，并为其答疑解惑中克服知识陈旧、本领恐慌等问题；二是辅导员作为高校二级学院组织发展、困难资助、宿舍管理、心理健康、事务服务、实践育人等各项工作的落实者、管理者和责任者，要注重引导辅导员深入思考，在如何为院系教学科研服好务、为师生做好模范表率，如何让每一位学生都成才、不让每个人掉队，如何激发学生干部的内在动力，如何上好每堂思想政治理论课等方面下功夫、出实招；三是细化高校二级学院学生管理各项工作评价指标，定期开展学院各单项工作评比排名，引导辅导员主动在全校各学院中、在同类高校同类学科院系中找差距、找缺陷、学经验、学特色，以此让辅导员人人成为所从事工作的行家能手，使其成为所承担单项工作的专家学者。通过创建“专家型”辅导员队伍，让辅导员在各自的岗位上履职尽责，在大学生思想政治工作中处处说内行话、时时做明白人，并促进辅导员队伍建设的专业化、职业化、专家化，既提升高校整体学生事务管理水平，又提升了高校总体思想政治教育的能力和水平。

十是创建“综合型”辅导员队伍

“千条万线一根针，千难万事一个人”。针对辅导员岗位工作条线多、具体事务杂，以及工作领域内容宽泛、政策性强等特点，要做到学生教育管理更好地为学校教学科研服务，为学校发展服务，势必提高辅导员队伍的综合能力与素质，实现“一岗多能”“一岗全能”。一是注重强化辅导员综合协调能力，通过压担子、定目标、摊任务等，注重强化辅导员在二级学院与职能部门之间、学院领导与师生之间、学生与家长之间的“总指挥”地位，做到指挥有方、协调有度，从而发挥辅导员在推动学院发展中贯彻落实重大决策的主要协调作用；二是注重增强辅导员综合执行力，把加强辅导员执行力建设纳入党员干部教育培训提升计划，通过增设相关课程、在线学习、地方观摩学习等，着力强化辅导员队伍的执行能力和落实本领，让辅导员把真功夫下到抓落实上，真正让辅导员把一切工作出发点放到为学校发展、为学生发展上，把一切工作落脚点放在办实事、求实效上。通过创建“综合型”辅导员队伍，彻底将上级要求部署，以及各级领导指示精神，准确、及时贯彻落实到位，推动各项工作与时俱进，以适应新形势下高校人才培养的变化与需要。

高等院校，作为社会主义的高校，是我国人才培养的主阵地，其首要职能是培养德智体美劳全面发展的社会主义事业建设者和接班人。高校辅导员队伍建设的成效，直接关系到大学生思想政治教育的质量、人才培养的质量，乃至我国高等教育的整体质量。要以习近平新时代中国特色社会主义思想和党的十九大精神为指导，努力推动高校辅导员队伍建设再上新台阶，通过创建一流的高校辅导员队伍，着力构建具有中国特色的思想政治体系和话语体系，为培养担当民族复兴大任的时代新人，实现中国梦宏伟目标做出新的更大的贡献。

作者注

由于学校干部变动，一位同志从学校职能部门行政岗位调整到学校二级学院担任分管学生工作的副书记、副院长。到学院报到上任没几天，他就迫不及待地到办公室找我交流学生工作。面对面交流整整两个小时，我为他基本把学生日常管理进行了一遍简单的梳理。在他提出交流的问题中，给我印象最深的是，针对新时期下的大学生思想政治教育工作新变化、新特点，如何能成为高水平的专职辅导员。针对这个问题，当晚在家给女儿批改完作业签上字，待她入睡后，我进行了简要思考，并连续利用多个晚上夜读时间进行了上述整理，以期对加强新时代高校辅导员队伍建设提供参考。

（本文完成日期：2019年4月1日）

创建“三个四”机制，加快提升高校辅导员职业核心素养水平

“核心素养”亦称“21世纪素养”，指人适应信息时代和知识社会的需要，解决复杂问题和适应不可预测情境的高级能力与人性能力，是对农业和工业时代“基本技能”的发展与超越，其核心是创造性思维能力和复杂交往能力，本身具有时代性、综合性、跨领域性与复杂性，从人的全面发展、适应社会角度出发，可以说是最“核心”的素养，也是可学习、可教、可测得的必要素养。

“职业核心素养”不同于“核心素养”，更不是“核心素养”的分支或细化，而是为完成某项工作（职业）以及从事这个职业长远发展所需要的意识、知识、能力的总和，是从事某一职业的基础和根本。为此，“辅导员职业核心素养”是为进一步加强和改进大学生思想政治教育工作，具有教师和干部双重身份的普通高校辅导员，在从事“辅导员职业”过程中，不断影响并促进辅导员职业自身行为和发展，由职业意识、职业能力、职业知识、职业精神、职业观念及职业形态等多个要素构成的辅导员从业要素集合体。其中，“辅导员职业”是主体，而“核心素养”是目的，通过对“辅导员职业”“核心素养”不断健全完善、拓展培养、充实提高，进一步丰富辅导员从业常识，进一步提高从业技能，从而能够确保辅导员严格履行“辅导员职业化”进程中国家和社会赋予的工作要求和岗位职责，充分发挥高校辅导员队伍在开展大学生思想政治教育工作的骨干作用和主体地位。

一四：构建辅导员职业核心素养体系遵循的四项基本原则

一是独立性原则，又可称为“特殊性原则”。辅导员职业核心素养体系构建的独立性是相对于高校教师职业来说的。据教育部发布的《2017年全国教育事业发展统计公报》显示，2017年全国普通高等学校专任教师163余人，其中专职辅导员人数已经超

过13万人，专职辅导员人数占在校专任教师人数的7.98%，是高校教师队伍和管理队伍中的重要组成部分，同时，由于辅导员自身工作内容及服务对象，又决定了辅导员工作的特殊性，为此，“辅导员职业”作为“高校教师职业”中的“特殊群体”，在辅导员职业核心素养体系构建中，更要遵循“辅导员职业”具有的特殊性、独立性。

二是统一性原则，又可称为“系统性原则”。作为大学生日常思想政治教育和管理工作的组织者、实施者和指导者，坚持人才培养作为根本任务，不断探索新形势下大学生思想政治教育的新途径、新办法并付诸实施，是高校辅导员重要工作职责之一，在辅导员职业核心素养体系构建过程中，需要与社会主义核心价值体系内容有机融为一体、与开展大学生思想政治教育工作内容相结合，使之形成和谐统一的有机整体；同时，辅导员肩负着指导学生思想、学习，关心学生生活、发展，组建班团组织、管理等诸多任务，要求辅导员不但要有较高的职业素质、丰富的实践能力，也要有较强的工作水平和全面的从业知识，以及较深的理论研究与重要的创新精神等。因此，在构建辅导员职业核心素养体系框架上，各个组成部分及各个环节，都要保持相互衔接、相互贯通的统一整体。

三是层次性原则，又可称为“差别性原则”，主要是就“高校辅导员”这一客观主体来说的。第一，由于全国高校办学层次的不同，而使“辅导员职业”层次稍有不同，省属等地方院校与部属高校相比，受办学水平实力、人事管理体制、人才培养理念等因素的影响，致使包括辅导员在内的教师队伍存在学历结构、知识功底、师德修养、科研能力等整体素质上的差别，构建辅导员职业核心素养体系必须要适合不同层次辅导员队伍建设的内在要求；第二，即便在同类院校、同一学校之间，由于年龄学历、成长背景、职责分工等方面存在较大差异，在构建其职业核心素养体系过程中，也需符合并满足不同年龄段、不同级别、不同发展方向的各层次辅导员的现实需要，以提高辅导员职业核心素养体系整体建设的针对性和实效性。

四是创新性原则又可称为“发展性原则”或“可持续性原则”。创新性是体系得以完善发展的重要条件与机制，辅导员职业核心素养体系也不例外。在新常态下，受新发展理念和大学生思想政治教育实践创新的推动，大学生思想政治教育工作将形成并突出以改革创新为动力的开放格局，以达成教育深层目标，真正实现以质量为核心的高等教育内涵式发展，只有坚持辅导员职业核心素养体系的创新，才能促使辅导员队伍与时俱进，推动其职业素养及业务水平大幅提升，切实为大学生思想政治教育的科学发展提供有力支撑和重要保障，同时，才能使我国高校辅导员职业核心素养体系更具有现实的当代性，并具有长效的功能机制。

二四：创建辅导员职业核心素养体系注重的四大主要内容

结合新常态下形势变化所需，高校辅导员职业核心素养体系主要包括职业意识、职业能力、职业观念，以及职业精神四种基本核心素养，即政治、纪律、服务、责任、组织、学习、创新、沟通、全局、价值、协作、奉献二十四字基本内容。

一是辅导员职业意识素养。辅导员职业意识素养是辅导员对高校辅导员职业价值的内心认识以及在履行岗位职责过程中逐步形成并遵守的职业习惯、职业态度、职业行为及职业忠诚度等，主要表现在政治意识、大局意识、核心意识、看齐意识四方面，是辅导员职业核心素养体系中最根本的职业素养，具有共性特征，需要辅导员必须牢记并自我约束。首先，具有较强的政治方向、政治立场及政治品质，是辅导员作为“政治辅导员”的客观要求，也只有具备过硬的政治素养，辅导员才能保持自身党性本色，才能自觉认同中国特色社会主义道路，才能主动坚决执行党的路线、方针、政策，才能真正帮助学生确立正确的政治方向，不断提高大学生的政治敏锐性；其次，具有较强的政治纪律、组织纪律，特别是工作纪律，是辅导员队伍遵守职业道德规范、“六条禁令”和“七条红线”等刚性要求，改进辅导员队伍作风，恪守辅导员职业清正廉洁的纪律保障，只有具备严明的纪律素养，才能不折不扣落实上级决定、决议，确保政令畅通，并维护学生及学校的合法权益；再次，责任意识是影响辅导员工作质量和效率的决定性因素，“一个人的素质像冰山一样，浮在上面的是学历、文凭、专业、知识，真正决定成功的是责任感”，而辅导员工作任务复杂烦琐度也决定了辅导员责任意识的重要性，只有牢固的责任意识，才能保证辅导员立足本职，以负责任的意识完成各项任务目标，通过言行向学生积极传播正能量，增强教育效果；最后，服务意识即辅导员开展工作过程中表现出来的服务态度及服务形象，树立“以学生为中心”的学生至上的服务意识，是高等教育坚持“以人为本”教育理念的本质要求，也是开展大学生思想政治教育坚持“德育为先”的必然需要，同时，辅导员职业本身就具有服务性质，服务意识作为职业核心素养的基础，只有拥有并强化服务意识，才能在学生工作中提供正确的服务态度，才能自觉改变良好服务形象，从而满足学生各种服务需求。

二是辅导员职业能力素养。辅导员职业能力素养是辅导员从事并胜任辅导员职业而必须具备的综合能力，包括任职前需要达到的资格能力、任职后培养的管理能力等，主要表现在学习能力、组织能力、创新能力、沟通能力四方面，是辅导员职业核心素养体系中最必要的职业素养，是促进辅导员队伍发展和进步的基础。第一，学习能力是辅导员职业核心素养的统领，辅导员学习能力除包括个人的基本审读、写读书笔记能力，逻辑思维能力，自学能力，研究能力外，更重要的是还包括学习并利用网络传媒技术能力、自身发现问题与解决问题能力，只有具备较强的综合学习能力，辅导员才能履行“传道授业解惑”天职，才能更好地引领大学生的成长，特别是教育部印发的《高等学校辅导员职业能力标准（暂行）》中，明确要求辅导员必须坚持“终身学习”，不断拓宽工作视野，以便提高职业素养及职业能力；第二，辅导员是高校校园文化、社会实践、科技创新等活动项目的主要实施者、组织者，面对求知欲望强烈和风华正茂的大学生，只有具有驾驭各类大型活动的组织能力才能够临危不乱，处事果敢，才能确保活动策划科学、组织周密充实、效果丰富多彩；第三，“创新是一个民族进步的灵魂，是一个国家兴旺发达的不竭动力，也是一个政党永葆生机的源泉”，同样，创新能力是辅导员从业必不可缺的基本能力之一，创新能力是辅导员职业水平全面发展的必然要求，只有坚持思想创新、方式创新、方法创新、理论创新，才能迎合新时期、新形势要求，才能与时代共同进步，做到以身示范、言传身教，从而带动并提高学生创新创业能力，真正做到大学生创新创业的引路人；第四，沟通能力是构建和谐师生关系的基础，也是辅导员职业核心素养体系中的重要组成部分，特别是对于成长环境多变、性格脾气多异、价值观念多杂，具有极强个体化的“95后”，甚至“00后”大学生，只有通过良好的沟通，才能准确发现学生真实信息、全面掌握学生症结问题，并以微信、QQ聊天、电子邮件等学生乐于接受的沟通方式、方法，积极搭建师生沟通平台，通过积极沟通，及时解决学生学习与生活中的困难、问题，为促进学生成长成才创造条件。

三是辅导员职业观念素养。辅导员职业观念素养是高校从业辅导员履行岗位职责过程中，为提高工作成效、注重工作质量而需要培养并坚持的职业行为及职业理念，主要表现在全局观念、价值观念两方面，是完善辅导员职业核心素养体系中不可缺少的重要组成部分之一。辅导员作为高校二级学院建设与发展中的重要一员，负责所在院系与学校、职责分工与职能部门，以及基层单位上级与下级、任课教师与学生、教学科研与学生工作等之间关系的沟通与协调，只有具有全局观念，才能从院系整体角度来考虑问题、决策问题并开展工作，保证所在单位及学校健康发展，也只有具有全局观念素养，辅导员才能不断开阔眼界、拓宽视野，做到顾全大局，为教师队伍和学生干部发挥带头表率作用；树立正确的大学生职业价值观是高校辅导员重要任务，特别是在市场化竞争愈加激烈、就业形势日趋严峻的时代背景下，面对大学生职业价值观呈现出过于重视自我价值、择业标准过于追求功利化、职业理想与社会实际需求差异较大等新特点，只有构建正确的辅导员职业价值观念，用自己的真实行动、工作经验和社会见解组织大学生深入学习实践社会主义核心价值体系，指导大学生树立正确的职业价值观，同时也能够不断强化整个辅导员队伍职业价值内涵属性，进而形成高校内外环境相互协调的价值观念体系，满足当前社会进步和大学生自身发展的客观需要。

四是辅导员职业精神素养。辅导员职业精神素养是体现在辅导员职业活动中，具有辅导员职业自身特征的精神，是辅导员在开展大学生思想政治教育工作等辅导员职业活动中主动、自我表现过程中而形成的，而不是社会精神笼统的泛指，主要表现在协作精神、奉献精神两方面。职业精神素养与其他职业素养，相互配合、相互促进，形成完善、严谨的辅导员职业核心素养体系。其中，协作精神是辅导员个体为了所在院系辅导员团队，以及学校辅导员队伍完成并实现上级组织提出的共同任务目标与使命，必须遵守的职业行为标准及其心态，随着学生工作的分工日益精细化、专业化，只有辅导员发扬优良的团结协作精神，才能增强辅导员队伍成员之间的彼此信任，才能增强基层单位辅导员团队的工作凝聚力，才能发挥自身的个体潜力和团队的整体威力，产生整体大于各部分之和的协同效应，从而提升辅导员职业的归属感和一体性，同时，也通过“灌输性”方式，引导大学生培养团结合作精神；而奉献精神是辅导员职业中过多的事务性工作、紧张的工作节奏、繁重的岗位责任等客观现实，对辅导员职业素养的主观需要，在实践中，只有辅导员具有坚强的职业奉献精神，才能牢固树立“付出了就不要求回报”的思想，做到主动牺牲更多的休息时间，做到“5+2”“白+黑”“24+0”“9+3”，以全天候的精神状态完成在正常工作时间内根本无法完成的工作任务。

三四：加快健全辅导员职业核心素养体系的四个重要途径

结合辅导员职业核心素养体系的基本内容，以及当前我国高校辅导员职业化建设进程缓慢、职业核心素养水平整体不高、辅导员队伍发展与成长保障机制不健全等问题，应大力完善辅导员队伍建设与管理机制体制，为大学生思想政治教育工作以及高等教育改革创新提供强大的人力保障。

一是加快推进高校辅导员职业化进程。全面实施高校辅导员职业准入及持证上岗制度，严把“入口关”，建立准入机制，明确准入条件，限定准入资格，同时，规范准入程序，实施岗前培训及从业资格证书制度，坚持“高标准”原则选聘优秀共产党员大学毕业生或一线在职共产党员青年教师从事辅导员工作；再者，探索实行高校专职辅导员职业等级认证制度，依托教育行政部门或人社保障机构制定从事辅导员职业等级划分标准，通过个人注册申请，考试为主、考查为辅方式进行遴选和评价，实现专职辅导员身份职业化，确保高校辅导员职业持续稳定发展。

二是健全完善高校辅导员职业生涯规划体系。首先，由国家教育部门全面修订完善《高校辅导员队伍建设规定》等宏观规划方案，并指导各级地方教育部门及所属院校制定、实施《学校中长期辅导员队伍建设规划》，按照个人主体、学校主导、上级主管原则，逐个制定实行专职辅导员职业生涯规划，让其职业发展与学校的发展目标、整体辅导员队伍建设相结合，增强辅导员职业生涯规划的针对性和实效性；其次，切实加大辅导员职业培训力度与培训效果，在教育部先后印发执行《2006—2010年普通高等学校辅导员培训计划》《普通高等学校辅导员培训规划（2013—2017年）》的基础上，由省级及以上教育部门坚持辅导员培训机制常态化、持续化、规范化，确保做到所属各层次院校在岗辅导员培训人员“全覆盖”、培训过程“无缝隙”；最后，以“辅导员职业核心素养基本内容”为框架，结合各自办学实际和治学理念，鼓励倡导各大院校创建辅导员队伍专业培训及技能提升长效机制，通过辅导报告、交流研讨、专题培训、职业能力达标测试等形式，由学校自主或借助当地第三方培训机构每两年对全校在职辅导员进行全员轮训，切切实实促进高校辅导员整体素质和综合能力全面提升。

三是建立实施辅导员职业绩效监督考核评价体系。建立科学有效的绩效监督考核评价体系是提升高校辅导员职业核心素养体系的一项关键措施，对于促进辅导员职业化进程具有十分重要的现实意义。自2006年7月，国家首次下发《普通高等学校辅导员队伍建设规定》至今十余年间，各级教育主管部门、各大院校也注重加强辅导员队伍建设管理和绩效考评，然而在操作管理及实施过程中，存在主要党政领导重视不够、辅导员配置比例不达标、工作考核指标不够细致等问题，影响了辅导员队伍建设考评结果的真实性和客观性。建立实施辅导员职业绩效监督考核评价体系，即结合高校辅导员队伍建设的共性及其职业特殊性，应通过加强专职辅导员队伍建设、优化绩效考核体系等措施，为高校辅导员职业发展搭建一个良好平台。首先，实施高校辅导员配置“一揽子”工程，由各级教育部门组织所属院校严格按照国家规定的师生人数比例配齐、配足在岗专职辅导员人数，对空岗、缺岗院校，由上级所属人事部门按照“品德为先、能力为主、学历兼顾”原则，根据学校办学性质择优聘任并组织统一培训、上岗；其次，优化辅导员绩效考核体制，针对辅导员队伍建设的差异性，明确上级教育、人事主管部门，以及高校等不同考核主体，创新辅导员绩效考核办法，细化考核评比规程，以被考核者自评、考核者评议，以及同级互评等方式，逐步推进辅导员职业绩效定量考核模式，增强考核量化结果的对比度；再次，以定期绩效考核为基础，创建辅导员职业建设评价系统，通过社会专业机构不定期对高校辅导员队伍建设情况、辅导员职业核心素养体系完善效果进行鉴定，并尝试建立辅导员职业进程考核评价等级机制，不断推进整个辅导员职业化建设工作评价系统的开放性；最后，强化奖惩制度，将考核、评价结果作为高校开展大学生思想政治教育工作实绩的客观依据，对突出院校通过提高先进评优表彰比例、以奖代补等方式进行鼓励，实现辅导员队伍的动态平衡，以此引导高校辅导员队伍建设水平进一步向前发展。

四是创新构建辅导员职业发展保障激励机制。多措并举，努力增强辅导员工作的主动性和积极性，不断创造较为宽广的辅导员晋升渠道和职业发展空间。第一，健全辅导员职业发展激励机制，对从事学生工作一定年限、考核达标者，在职称评定和职务晋升中，按等同于或高于其他系列评选比例进行评聘，并切实加强上级领导，确保政策上的落实，提高辅导员自身职业的认同感；第二，大力扶持与大学生思想政治教育工作专业相关学科发展，借助教育学、思想政治教育等原有学科，拓展设置资助育人、心理健康教育、学生事务管理等相关理论研究专业分支学科，组织专职辅导员攻读并获取相关专业硕士、博士学位，形成辅导员职业化、专业化发展培养成长体系，使之达到学生工作辅导员专业化的目的；第三，切实强化辅导员队伍在党政干部建设中的“人才储备库”“培养根据地”作用，除优先选拔辅导员骨干充实到校内党政干部或其他重要岗位上外，由上级所属教育部门的同级组织部门，特别是最高组织部门，定期选派高校优秀辅导员到地方挂职锻炼，对于能力较强、考核业绩优良的，调配编制，充实到地方党政部门或其他职能部门任职进行工作交流；第四，尝试推行辅导员在岗“政府补助”或“教育补贴”制度，对绩效考核或考察评价等级达标者，按辅导员在职人员比例的50%，由上级所属教育部门会同人事、财政部门按照同期同级辅导员薪酬的20%~40%，从财政办学经费中给予在岗补贴，增强并激发辅导员良好的职业憧憬与奋斗目标。

辅导员职业核心素养作为辅导员队伍建设中最基础、最普遍的素质，对辅导员自身全面成长、人格塑造、职业发展，以及对大学生思想政治教育工作，乃至高等教育改革发展都是必不可少的且影响积极的重要因素。构建高校辅导员职业核心素养体系是一个长期、复杂的系统工程，是新常态下促进高校辅导员专业化职业化的必然要求，也是新形势下加强大学生思想政治教育高效管理的必由之路，需要国家、高校，以及社会多方共同努力。在构建高校辅导员职业核心素养体系过程中，要注重加强各级组织的领导，要逐步提高经费支持，要不断建立健全各项规章制度，使辅导员职业发展工作从实践形态，到经验形态、科学形态的依次转变，保障辅导员队伍建设工作的可持续性发展，并对其他职业管理工作有效、科学发展提供新方法、新途径。

作者注

随着2018年“国庆节”的到来，2017年9月公布修订后的《普通高等学校辅导员队伍建设规定》（教育部令第43号）施行已整整一年。一年来，从中央政府到地方政府，从部属高校到地方院校，从地方教育部门到其他职能部门，从学校层面到院系层面，围绕辅导员学习培训、能力提升、素质拓展等队伍建设创新开展各项工作并取得较大进展。虽然在思想认识上、行动落实上、政策贯彻等方面仍存在一些问题，但对推动辅导员专业化职业化建设进程、稳定高校专职辅导员队伍、应对新形势下大学生思想政治工作发展需要发挥了重要作用。鉴于此，结合自身认识，也谈谈当前提升高校辅导员职业核心素养水平的浅薄看法，这也算是对新修订《普通高等学校辅导员队伍建设规定》发布施行一周年的纪念。

（本文完成日期：2018年10月1日）

新时期高校年轻辅导员工作压力与情绪自我调节和化解“十六招”

受疫情防控、目标任务、绩效考核、工作负荷、问题学生、学历提升、角色身份、职称职务晋升，以及职业职责、情感生活、交流交往、本领恐慌、各类突发性事件等客观与主观多重因素影响，新时期高校年轻辅导员面临着前所未有的职业压力，由此容易产生身心上的消极和焦虑及情绪上的疲惫和烦躁。久而久之，长时间的职业压力及紧张情绪，致使年轻辅导员个体可能表现出应激反应甚至一系列心理、生理综合征，进而产生职业倦怠。作为大学生健康成长的引路人、同路人和开路人，高校年轻辅导员应科学掌握并学会通过适合自己的方法、招式，以足够好的心态正确认识职业压力，以足够高的能力及时有效进行自我心理调节、修正，从而以足够快的速度化解职业压力，以足够大的毅力排除职业倦怠情绪，始终能够做到以健康良好的心态坚守岗位、投入工作，以激情饱满的状态引导学生、服务育人，在辅导员职业道路上不断寻找并不断提高自我价值的归属感、成就感和幸福感。

第一招：健身运动法

健身运动是缓解压力的最好方法。处于繁忙工作压力下的年轻辅导员，可独自或结伴到校内运动场、体育场进行跑步，或到游泳馆进行游泳，或到健身场所进行强体健身，或根据个人运动爱好或活动长项，进行篮球、羽毛球、乒乓球、足球等球类运动项目。通过一定时间的高强度健身运动，既能得到身体上的锻炼，又能释放工作压力，保持精力充沛。另外，对于一线辅导员来讲，无论每天有多忙、多累，都要争取挤出时间让自己动起来，让健身运动成为生活中不可缺少的良好习惯，做一个爱运动、会运动、常运动的辅导员，以更好的体魄迎接新任务、新挑战。

第二招：静心阅读法

阅读可以开阔眼界，也可以增长知识，从而净化心灵，是一件特别美好与有趣的事情。工作中因多重因素致使心理处于浮躁的年轻辅导员，不妨放下手中工作，强迫自己拿起一直想读而未读的纸质书或电子书，到学院资料室、自习室或学校图书馆学习室等，精心阅读，在阅读中细细品味书中内容，在阅读中不断寻找自我，从而对自我有更清醒的认识，让浮躁的心理慢慢沉静。再者，新时期年轻辅导员每天一定要坚持拿出固定时间来读书，让阅读成为工作、生活中不可缺少的一部分，也有利于教育和引导大学生养成良好的阅读习惯。

第三招：音乐欣赏法

“音乐如药，有效减压”。音乐欣赏可以让紧张身心自主放松、紧张情绪自主舒缓，从而消除工作、生活中的心理压力。对于工作因超负荷或其他因素而导致身心消极或情绪烦躁的年轻辅导员，不妨在办公室（当然在不影响其他同事工作的前提下），或走出办公室，通过计算机、手机或其他音响设施听些日常喜欢、越听越有味道的古典音乐合辑或流行歌曲专辑，在音乐中让身体和精神深度放松，让情绪和压力在短时间内得到缓解与释放，使焦躁不安的心情重回平静，下意识地恢复潜能，继续保持积极、饱满的状态投入工作。

第四招：校园观光法

“校园即公园”。新时期校园文化作为大学教育的重要组成部分，在立德树人方面发挥着润物细无声的作用，学校更加注重提升校园文化品位，积极并加大学习区文化、生活区文化、服务区文化及环境文化建设，营造了浓厚的校园文化氛围。如今的每个大学校园都有独特风景和韵味，处处隐藏着静谧悠远、耐人寻味的诗意美景。“足不出校”，就可以漫步湖畔听鸟鸣，漫步绿荫嗅花香，闲步运动场、音乐厅、舞蹈房聆听同学们的“好声音”。疲惫之余、急躁之时的年轻辅导员，可以走出办公室，到校内湖畔、景观假山、人造树林、各类展馆会馆，以及其他标志性古建筑、风景名胜区等校园景区漫步、欣赏，在赏夕阳、闻花香、听鸟鸣、看风动，享受校园美好与宁静中，慢慢消除、摆脱工作中的烦恼和急躁情绪。

第五招：榜样激励法

学习即模仿，榜样激励是学习发展的终南捷径。通过向同行业、同年龄、同层次榜样的学习，引起自身对榜样的敬佩和崇拜，从而激其自主模仿和追赶，进而给予自身鼓舞教育与鞭策，以无声的语言调动工作的积极性。伴随着高校辅导员队伍专业化、职业化建设的稳步推进，涌现出一批又一批的全国“时代楷模”、全国高校辅导员年度人物、全国最美高校辅导员，以及全国、全省辅导员素质能力大赛获奖者，他们都是一线辅导员学习的典范和榜样。年轻辅导员在工作中遇到挫折、心理失衡，甚至诱发不良情绪时，以当面请教、通信联络、网络平台等适当方式，主动向学校优秀的辅导员同事，其他高校熟知、认可、可信的优秀辅导员同人学习，学习其思想、学习其经验、学习其精神，主观上通过榜样的思想碰撞和交流，对标对表剖析检视，矫正和检验自身，直观上以优秀辅导员作为“追赶”对象和目标，引起共鸣，从而点燃辅导员职业激情，并有效控制自身工作焦虑和恐惧。

第六招：短途旅行法

旅行能有效缓解焦虑和紧张情绪。随着工作节奏加大，越来越多的职场人士选择旅行作为减轻压力的主要方式之一。对于“5+2”“白＋黑”“888”工作节奏和生活状态的年轻辅导员，在疫情防控形势、政策以及个人时间允许情况下，利用周末或其他合适机会，约上同事，或好友，或家长，一同驾车来个短期旅行，也绝对是一个很好选择。通过游山玩水、欣赏自然风光、吸收新鲜空气，适度调节个人心理、调整生活状态，在旅行过程中放松身心、放下工作压力，让工作上带来的紧张和焦虑得到缓解与释放，在感受大自然的气息中，让自身内心随之平缓。

第七招：谈心倾诉法

倾诉作为一种直接的情感发泄方式，是释放精神压力有效办法之一。在谈心倾诉中情绪得到宣泄，也得到倾听者的理解、支持和关心、关注。作为新时期年轻辅导员，由于经验不足、水平欠佳、沟通欠缺等，受到同事误解、领导责备并引起心情烦恼、枯燥时，不妨及时联系曾经的同窗好友、多年信任的老同学、充分认可的资深辅导员或家人进行谈心交流，在倾诉中把心理垃圾统统全部倾倒，同时，通过倾听者的善解人意，以及积极的恭维或劝慰，为自己心灵减压，自身情绪得到调整，从而让自己得到快乐和轻松。

第八招：回忆美好法

回忆美好时光是释放坏心情的一剂良药，通过回忆幸福往事有助于减少焦虑情绪、有利于放松心情减轻压力。对于具有使命神圣、责任光荣，一直甘于付出和默默奉献的高校辅导员，即便是新入职的年轻辅导员，也有很多的幸福往事、温暖回忆、点滴趣事难以忘怀、值得回忆。对于因工作、生活等原因造成情绪不好、不稳定的年轻辅导员，可以打开个人工作日志和记录，翻开日常保存的相片、贺卡，看看来自学生的一句句的感恩话语，一条条问候信息，一个个来自远方的毕业生结婚生子、升职发展、获奖进步分享电话，一张张毕业幸福合影或节日贺卡等，想想个人获得奖励荣誉、取得科研成果、系列成绩，以及来自好友的赞美、领导的认可和表扬等，都会以更多的存在感、获得感和满足感，帮助自身快速放松和改善心情。

第九招：优化内容法

任务越重、难度越大，造成的工作压力就越大，进而影响情绪并使之变得焦虑不安。随着新时代对大学生思想政治教育工作者提出的新要求和新任务，高校一线辅导员工作任务变得更加繁重、更加艰巨，在锻炼考验年轻辅导员工作能力和水平，接受新挑战的同时，也容易因职责过多、任务过重、压力过大、时间过紧而压垮心理健康。面对复杂任务或繁重工作，确实一时无法继续、短时间难以顺利完成时，年轻辅导员可暂且放下手中任务，自主调节眼前工作内容，通过调换其他尚未完成的工作安排，或到教室、实验室了解学生上课、自习、实验情况，或深入宿舍楼掌握学生宿舍卫生、安全、秩序情况，或适时组织不同学生群体举办主题座谈会、意见征求会、思想交流会，或联系个别学生交流思想状态，或整理下工作档案、清洁下办公卫生等，彻底转移工作注意力，从而有效、轻松缓解繁重工作造成的不良情绪和心情。

第十招：换位思考法

对于解决难题、化解矛盾，高明而又简单的方法之一就是进行角色转换、换位思考，做到换位做事、换位做人，尤其对于轻松解决人际关系更有效。每个人在不同阶段、不同岗位都有不同的角色和不同的人际关系；不同的角色有不同的压力，角色越多赋予的压力也就越多。工作属性和工作机制决定着新时期高校辅导员扮演着更多的角色，自然承担着更多的压力。对于处于学校、同事、学生、家长以及家庭多重关系之间的年轻辅导员，面对各类人际关系矛盾、误解或冲突时，不妨通过换位思考，根据“冲突”“对抗”或“争执”“矛盾”的来源，以学生、家长、同事及领导角度和身份换位思考，想想“如果我是学生，将怎么面对我的辅导员老师？”“如果我是家长，将怎么对待我孩子的辅导员？”“如果我是领导，将怎么处理这个事情？”通过换位思考，以更深刻、更直观地认识问题和矛盾，扭转思维，改变自身心态，从而让彼此之间的不理解变得相互理解、不尊重变得相互尊重，既避免了冲突和矛盾升级，又能让心情豁然开朗、让所有问题得到迎刃而解。

第十一招：调整计划法

做任何事情、任何工作都需要提前做好计划、做好规划。对于高校辅导员更是如此。要高质量高效率落实好、完成好各项工作，还不被工作任务压力压垮，年轻辅导员可适时调整工作计划和工作规划，使工作随心而“做”。对于当前面临或短期内的各项工作安排和计划，根据工作任务的轻重缓急列出清单，将杂乱无序各项工作和问题分解若干具体事情，完成一件就在清单上划去一件；或者根据个人习惯，先做最不喜欢做但又必须做的事情，再做喜欢做、想做的事情；或者先做简单的事情及重要的事情，再做复杂的事情，始终以“自信”的连锁反应去做“下一项工作”。对于中长期繁重任务和职业目标规划，划分几个阶段，制定各个阶段重点任务和重点目标，采用分阶段、分步骤实施推进，让各个阶段性的成就感鼓励继续做好下一阶段规划目标。通过准确把握、及时调整自身计划规划，既能保证足够的工作精力、缓解任务压力，又能提高工作效率、提升工作质量。

第十二招：个性定制法

休闲娱乐是多数年轻人最喜欢、最受欢迎的生活方式，年轻辅导员也是如此，需要选取并拥有自己的娱乐方式和休闲爱好。因职业压力带来心理不适、身心消极或情绪急躁时，年轻辅导员可以安排一定的时间尽情去休闲娱乐，参加一些一直想做而又未做，且和工作无关的活动与事情，约上好友一起打打游戏、去电影院看场电影、进商场逛街购物、到音乐厅放声歌唱、去茶社品茶聊天，或参加朋友聚会、学校组织的音乐会、画展等各类艺术盛宴等。通过参与自己喜欢的休闲娱乐活动，在领略、享受生活中的美好过程中转移负面情绪、释放内心压力、改善不良情绪，从而恢复对工作的激情和热爱。

第十三招：肌肉放松法

相比健身运动、短途旅行，肌肉自我放松是一种更快速、更便捷、更有效的改善情绪、放松身体的减压方法。对于因工作、家庭、环境及社会等导致神经始终处于紧张、焦虑状态的年轻辅导员，自身都接受过专门的心理知识健康培训，都具备基本的心理学知识和基本功，进行肌肉自我减压应为最为简单、最易完成的减压方式。可以在学院办公区、休息区、活动室或其他适宜场所寻找较为安静的环境，通过对个人手臂、双肩、颈部、胸部、腹部等各肢体部位，自主进行拍打、牵拉、按摩或热敷，或者通过减压按摩操、肌肤减压操等，让自身肌肉快速得到修复、放松和缓解。需要提醒的是，采取肌肉自我放松，要注意肌肉放松的力度、幅度和限度，防止个体肌肉被拉伤。

第十四招：深度睡眠法

睡眠是生命的需要，良好的睡眠是维护身心健康的基石。充足的睡眠才能让人保持旺盛的精力和状态，才能从根源上有效解决压力问题。新阶段下，面对大学生思想政治教育工作新问题、新要求，高校一线辅导员由于加班加点、疫情值守、宿舍查寝等原因，普遍存在睡眠时间不足、睡眠质量不佳等现实问题，从而致使失眠脱发、精神疲惫。年轻辅导员遇到一时难以解决的难题，或被压力压得情绪低落、大脑混沌、反应迟钝时，不妨将所有压力、任务、工作都抛到脑后，放空大脑，以自己最舒服的姿势、在最佳的睡眠环境里，专心致志地躺在床上好好睡上高质量的一大觉，待自然醒来时头脑也就清醒了，以更充沛的精力、更清醒的头脑和更平静的心态继续下一步工作。当然，年轻辅导员绝不能休息过多、睡眠过多，否则养成不健康习惯和造成时间的浪费。

第十五招：饮食调整法

科学合理的饮食在能为脑力劳动和体力劳动提供足够的物质与营养基础的同时，

也能减轻心理压力，从而保证人的心理健康。有些富含维生素Ａ、维生素Ｃ、叶酸的食物，诸如木瓜、葵瓜子、胡萝卜、西红柿及花生、腰果、草莓、核桃、香蕉等蔬果，还可以充沛人的精力，提高接受能力和工作效率。现实中一线辅导员因工作繁忙、常常加班加点而往往不能按时吃饭、忘记吃饭，特别是单身、尚未成家的年轻辅导员更是以办公室、宿舍为家，一日三餐不固定，而且经常点外卖，饮食作息很不规律，严重影响个人身体健康和充沛的精力。对此，年轻辅导员需注重并合理调整日常饮食习惯，少食多餐，多准备、多食用富有营养的物质和零食，尽量少吃、不吃过硬过于油腻的食物和外卖，尽力做到每日三餐按时饮食、健康饮食；按时作息、规律生活。通过饮食调整与改善，在能够品尝美食、确保身体健康的同时，还能改善不良情绪，有效减轻工作带来的疲劳与紧张。

第十六招：心理治疗法

新时期各级教育主管部门及高校进一步重视大学生心理健康教育与咨询工作，注重加强软硬件建设，基本建设心理放松室、团体辅导室，以及情绪宣泄室、音乐放松治疗室、沙盘治疗室等专业的心理咨询与疏导场所与空间，配置了身心调节减压训练、智能呐喊或击打宣泄等专门的心理系统，以及硅胶、铸铁等不同材料的宣泄专业设备，为大学生提供心理咨询与疏导、情绪宣泄与释放的同时，也为学校教师员工提供了排泄工作压力和消除心理焦虑的场所和平台。年轻辅导员工作之余可积极参加学校组织的心理访谈、团体活动、沙盘游戏、音乐放松等活动项目，必要时可主动到学校心理健康教育与咨询部门接受专业人员或心理咨询师的指导，根据个人需要，有选择性地借助适宜自身的心理治疗技术设备或系统进行情绪减压宣泄，充分利用科学合理的心理治疗技术调整不良情绪、调节紧张心理，从而缓解、摆脱工作中的压力。

当然，对于年轻辅导员来说，调整并化解工作上的压力和不满情绪，还有其他的方式方法，需要根据带来压力和造成不良情绪的因素，以及个人工作习惯、性格、年龄、时间等情况，选取最实用、最高效、最适合自己的方式方法。无论选取何种方式方法，首要的是必须做好当前个人工作特别是紧急任务的安排与落实，防止因个人原因导致工作落空，从而影响工作任务的进程与质量，更要避免与防止发生不必要的工作失误或失职行为。

作为开展大学生思想政治教育工作的骨干力量，新时期高校辅导员具有特殊地位和重要作用，其心理健康、工作状态、工作效率直接影响并决定大学生心理、思想和行为，从而影响学校思想政治工作育人效果和质量。特别是年轻辅导员面临着更多的工作负担和压力，需要自身更加关注个人的情绪问题和心理健康状态，掌握一定的心理减压和情绪调节方法，不断提高自身情绪管理能力，积极寻找适合自身、有效的情绪管理技能和技巧，及时调整工作中不良情绪和工作压力，充分调动自身能力和热情投入工作，始终做到以积极的心理品质、良好的心理情绪，高质量、高效率、高水平完成各项目标和任务，以实际行动诠释并书写新时代辅导员职业使命与担当。

作者注

辅导员作为高校教师队伍中的特殊群体，由于工作身份的多样性、工作性质的特殊性及工作职责的重要性等，职业压力尤其突出，且受疫情防控、学生安全、校园稳定等多方面影响，辅导员职业工作要求越来越高、职责越来越多、压力越来越大。作为拥有近九年一线辅导员经历的老辅导员，虽具有较多的工作经验和较强的工作能力，但也时常感到工作的压力，同时，在与学校近几年新入职的年轻辅导员日常交流座谈中，普遍反映整天忙于应付事务性工作，存在工作压力大、工作精力不充沛等问题，无法更好地工作、生活和学习，严重时影响到正常睡眠，甚至产生职业倦怠感。为了帮助年轻辅导员有效减轻工作压力，及时调节并化解不良情绪，结合自身多年调整工作心理状态和缓解工作压力的做法和成效，总结并提炼了十六种调节和化解年轻辅导员工作压力与情绪的方式方法，以供广大一线辅导员参考并选择使用。

（本文完成日期：2022年7月15日）

遵循“四四”法则切实推进普通高校辅导员队伍建设新规贯彻落实

自2006年9月实施《普通高等学校辅导员队伍建设规定》（教育部令第24号，以下简称旧《规定》）11年后，教育部修订完善后的《普通高等学校辅导员队伍建设规定》（教育部令第43号，以下简称新《规定》）终于公布实施。新《规定》的出台，是深入贯彻习近平总书记重要讲话精神和中央系列决策部署的重要举措，是推进落实全国高校思想政治工作会议精神和普通高校辅导员职业能力标准等系列重要文件的具体体现，对加强大学生思想政治教育工作，特别是高校辅导员队伍专业化职业化建设具有重要意义。

一、旧《规定》与新《规定》框架之比较

纵观新、旧《规定》主要框架对比，主要表现在以下十一方面：

序号	项目	旧《规定》	新《规定》
1	文号	教育部令第24号	教育部令第43号
2	通过日期	2006年5月20日	2017年8月31日
3	发布日期	2006年7月23日	2017年9月21日
4	施行日期	2006年9月1日	2017年10月1日
5	通过日期与公布日期距离时限	64天	21天
6	发布日期与施行日期距离时限	39天	9天
7	正文篇幅	3028字	3667字
8	修订主要依据	中共中央、国务院关于加强和改进大学生思想政治教育的意见	全国高校思想政治工作会议精神、中共中央、国务院关于加强和改进新形势下高校思想政治工作的意见

续表

序号	项目	旧《规定》	新《规定》
9	章节数	六章二十六条	六章二十二条
10	不同章节	第四章（培养与发展）	第四章（发展与培训）
11	相同章节	第一章（总则）、第二章（要求与职责）、第三章（配备与选聘）、第五章（管理与考核）、第六章（附则）	

二、新《规定》贯彻落实必须遵循“四四”法则

新《规定》的公布实施，为全国高校辅导员队伍创建了更加明朗宽广、建功立业的发展平台，也将为建设中国特色社会主义培养更多、更好的社会主义合格建设者和可靠接班人。如何确保新《规定》贯彻落实到位，只有深入分析新《规定》之特点、研究制定新《规定》之重点、全面攻克新《规定》之难点、组织实施新《规定》之要点“四四”法则，才能实现政令畅通，提高新《规定》实施的指导性、针对性、时效性、持续性。

（一）“一四法则”：深入分析新《规定》之特点

与旧《规定》相比，新《规定》具有内容更全面、身份更清晰、职责更丰富、发展更宽广等特点。

1. 内容更全面

通过着眼于高校辅导员队伍建设的现状及未来发展需求，新《规定》重点解决了新形势下高校辅导员队伍建设存在的实际问题，具体回答了辅导员身份是什么、职责做什么，以及辅导员队伍怎么配备、如何培养、如何发展等广大辅导员极其关切的问题。

2. 身份更清晰

新《规定》首次指出高校专职辅导员为包括院（系）党委（党总支）副书记、学工组长、团委（团总支）书记等专职从事大学生日常思想政治教育工作、具有教师和管理人员双重身份的人员，清晰界定了高校专职辅导员的具体身份。

3. 职责更丰富

新《规定》辅导员工作职责虽比旧《规定》仅有一条之差，但形成了包含思想理

论教育和价值引领、党团和班级建设、学风建设、学生日常事务管理等九方面内容体系，基本涵盖并丰富了学生教育、管理、服务及实践、创业等各个培养阶段。

4. 发展更宽广

新《规定》不仅对辅导员参加专业培训进行了量化，而且在专业技术职务及职称评聘时更注重考察工作业绩及实际育人实效，并创新性地把优秀网络文化成果纳入专职辅导员科研成果统计、职务及职称评聘范围。

（二）“二四法则”：研究制定新《规定》之重点

多年来，无论在财政经费投入上，还是人员编制上，地方高校都要远远落后于部属高等学校，且地方高校无论在学校数量上，还是学生规模上，皆占有近95%的比重，因此，地方高校专职辅导员数量及比重同样占用绝大比例，在经费投入上、职业发展上更是重点，也是难点。新《规定》作为最高层教育部门制定的一项宏观政策性规定，由各级教育管理部门、各类高校，特别是地方政府部门及地方高等学校贯彻落实，就需要在遵循指令性统一指导下，进一步研究制定所属高等学校专职辅导员更加详细具体、科学合理，且符合本地、本高校切实可行的职责划分、选聘标准、职业发展、考核评价等，方能切实推动新《规定》落到实处。

1. 进一步研究制定职责划分

高等学校应坚持“立德树人”中心环节，注重强化高校思想政治工作育人功能，围绕专职辅导员九方面内容职责体系，进一步研究细化、探索适合本区域、本学校自身实际的专职辅导员工作职责细则，做到大学生思想政治教育工作时时有人管、事事有人干、处处有人做，让专职辅导员切实成为高校学生日常思想政治教育和管理工作的组织者、实施者、指导者。

2. 进一步研究制定选聘标准

各高等学校由于不同的办学性质、所在区域经济发展水平等，在人才引进、师资队伍管理等方面制定了分类管理办法，对于专职辅导员队伍建设同样需要进一步研究制定符合自身需求的招聘资格、入职审查等选聘标准，从而促进学校及全区域高校专职辅导员队伍管理统一、规范有效。

3. 进一步研究制定职业发展

注重并实现职业发展目标，是提高高校辅导员个体工作水平及健康发展，增强其职业荣誉感与归属感的重要举措，也是实现高校辅导员队伍专业化职业化建设的关键途径。因此，各级教育管理部门及各类高等学校在落实辅导员专业培训规划过程中，以辅导员客观与主观职业发展目标为切入点，进一步研究制定符合本区域高等教育实际、辅导员成长规律的职业发展规划长效机制，通过探寻所属高校辅导员职业发展成功经验及标准，不断挖掘整个辅导员队伍职业满足感、获得感的根源，切实为长远、持续的辅导员职业发展搭建坚实的保障平台。

4. 进一步研究制定考核评价

开展考核评价工作，作为衡量组织或个人工作成效的风向标，是激励其积极进取、奋发有为的“助推器”“营养剂”。无论作为高校教师队伍，还是高校管理队伍，通过开展规范、科学、有序、高效的专职辅导员考核评价工作，将大大激发辅导员工作积极性、主动性，不断培养辅导员队伍的工匠精神。为此，各类高等学校要进一步研究制定包含考核指标、评价方式，以及评价等级、结果应用等在内的，考核评价方法丰富、内容针对性强、作用发挥最大的辅导员考核评价体系，把辅导员日常管理能力与成果成效考察与定量考核结合起来，使之成为衡量辅导员工作能力、水平和成效的最直接工具。

（三）“三四法则”：全面攻克新《规定》之难点

1. 领导重视关

一项政策的贯彻落实，领导重视是攻坚克难之关键。对于新《规定》实施的落脚点最终是各高等学校。高校党委书记作为高校思想政治工作的第一责任人，在推进新《规定》上要拿出态度、下定决心，切实按照上级要求加强辅导员队伍建设组织领导和工作指导，真正确保新《规定》及上级要求落实到位。只有通过领导重视关，把贯彻执行新《规定》作为一项政治任务，新《规定》施行过程中遇到的难题才会攻无不克、无所不能。

2. 队伍配备关

旧《规定》中对高校专职辅导员配备师生比例进行了明确规定，并在制定的配套制度措施中多次提出“足额配足配齐”等要求，但实施至今，高校辅导员配备一直处于薄弱环节，特别是绝大部分地方高校辅导员岗位数量设置不足不齐，甚至出现辅导员队伍建设“老龄化”“不流动”等问题。高校思想政治教育工作归根结底是做人的工作，更是需要人来做的工作，因此，专职辅导员队伍作为做好高校思想政治教育工作的关键，高校辅导员如何配足、何时配齐、怎样配备，是新《规定》执行中首要任务。只有通过队伍配备关，严格按照配备要求，及时配足配齐辅导员队伍，才能为有效推动高校思想政治教育工作提供组织保障。

3. 专业培训关

作为大学生成长成才的人生导师，高校辅导员担负着学生健康成长指导者和引路人的责任，其专业水平和职业能力是开展高校思想政治教育工作的决定性因素。在逐步规范完善新《规定》提出的三级辅导员培训体系、完成各级辅导员培训学时任务的过程中，各高等学校要注重提高各级各类辅导员专业培训质量，通过定期及不定期教育培训，切实增强辅导员队伍整体实践锻炼能力，做到培训一次，辅导员个体实践能力提高一点、理论水平提升一点、综合素质增强一点。只有通过专业培训关，才能让辅导员队伍传播好马克思主义理论、践行好社会主义核心价值观，从而也助推辅导员队伍专业化职业化发展之路。

4. 改革创新关

改革创新是大学生思想政治教育工作持续发展的不竭动力，也只有坚持改革创新，才能最大满足“00后”大学生成长成才的需求，才能保证高校思想政治工作引领已经到来的新时代。在新《规定》与时俱进，提出将优秀网络文化成果纳入科研成果统计范围等创新性举措的同时，各地、各高等学校更要注重创新发展紧跟时代步伐、满足学生需求的大学生网络思想政治教育，让网络成为弘扬社会主义核心价值观的大平台、成为宣扬社会主义的主阵地。同时，广泛调研、积极探索，力求推进辅导员队伍建设锻炼实践创新、理论研究创新，以及考核评价与激励创新。只有立足高校自身实际，通过改革创新关，才能创建一支脚踏实地，拥有敏锐洞察力、科学决策力，为“双一流”高校建设贡献最大力量的辅导员队伍，从而也必将提升高校辅导员队伍建设，进一步牢牢掌握高校意识形态工作的领导权、主动权。

（四）“四四法则”：组织实施新《规定》之要点

1. 效率要高

作为一项全国范围内政策规定，其执行效率决定政策制定实施的成败。旧《规定》实施十一年中，执行效果及效率如何，从多年中辅导员队伍建设现状足以证明，无须多论。在全国上下深入学习贯彻习近平谈治国理政新理念新思想新战略，经济发展稳步增速、社会治理平稳加快的大环境下，新《规定》施行必须要确保高效率，即各级政府教育管理部门及各高等学校要消除不担责任、躲避责任等不良现象，拿出负责的态度、担当的魄力，以及执行的勇气、执行的决心，列出执行具体日程表、进展表与执行责任清单等，从而确保新《规定》各项任务顺利执行落实。

2. 落实要真

现实中，下级对上级政策的执行多存在流于形式等现象，多易通过发文件代落实、以会议代执行等问题。因此，新《规定》最终落实是核心、是关键，落实要真，就要针对新《规定》重点及难点，拿出真举措、拿出真行动，克服高校编制紧张、经费不足等困难，按师生比配足配齐辅导员队伍、划拨足额经费保证培训任务，划拨专项计划及名额给予其职称职务“双线”评聘晋升机会等，切实让辅导员看到希望、鼓足干劲、充满正能量，为辅导员队伍提供建功立业的舞台。

3. 措施要全

高校辅导员多重身份，以及其工作职责、工作性质决定了辅导员队伍建设是一个系统工程，涉及教育、组织、财政、社保等各级政府机构，以及学工、共青团、组织、财务、人事等高校职能部门，需要各相关机构及部门齐抓共管，积极制定相应的完善配套措施，做到辅导员队伍建设所需经费有人出、发展有人管、困难有人解决，切实消除辅导员队伍发展过程中的后顾之忧，让想干事的人有平台、能干事的人有舞台、干成事的人有发展空间，从而进一步提高辅导员工作的获得感、荣誉感。

4. 督查要严

一分在部署，九分在落实。对于促进上级政策落实进度及质量的最好的手段莫过于监督检查。新《规定》精神传导及执行要求需要覆盖到全国三十余个省级教育机构的近2600所各级各类高等学校，最终执行力度、操作效果是否达到中央制定政策初束，最有效的方式方法就是建立健全督查检查及问责机制，把新《规定》纳入执行党的纪律情况监督检查范围，对落实新《规定》等上级政策不力、不到位的教育行政机构及高等学校，按照党规党纪追究党组织和党委领导干部的主体责任和领导责任，坚决杜绝督查检查走过场、听汇报、查材料等表面现象，让督查检查起到应有的积极作用与良好效果。通过严督查、快检查，确保让新《规定》在各地各高校落地。

在党的十九大即将胜利召开之际，新《规定》的公布实施，必将助推高校辅导员队伍建设加快、加速发展，更为全国13万高校专职辅导员迎来了又一个充满希望的春天！

作者注

今日周六，是九月份最后一天，明日即是新中国成立68周年的国庆节了。根据上级统一安排，今日正常上班。上午工作空闲之余，通过微信公众号等看到教育部首次发布修改完善的新《规定》后，心中不免泛起激动之情，这足以表明国家对高等学校辅导员队伍建设的重视。当晚参加一个朋友的宴会结束时不到晚上八点半，当时虽然下着小雨，但内心还是止不住向办公室跑，就是急于进一步学习研究新《规定》要求精神。作为已有十六年辅导员工作经历的老辅导员来说，平时对辅导员队伍建设就有些思考，于是根据新《规定》内容，就谈谈个人的感想吧，以期能够促进全国高校，特别是地方高校辅导员队伍专业化职业化建设进程。

（本文完成日期：2017年9月30日）

新阶段高校辅导员职业“三级六步”发展阶梯模型构建

新阶段大学生思想政治工作形势不断变化及发展，特别是常态化疫情防控下，辅导员职业不断赋予新的内容和要求。教育部于2014年印发实施的《普通高校辅导员职业能力标准（暂行）》中，明确将高校辅导员职业级别分为初级、中级、高级三个等级，其工作年限一般分别为1—3年、4—8年以及8年以上。随着党的二十大胜利闭幕，在进入全面建设社会主义现代化国家、向第二个百年奋斗目标进军新征程中，辅导员需聚焦立德树人根本任务，继续秉持“为党育人、为国育才”初心和使命，按照“三级六步”职业发展阶梯模型（见下图1），遵循探索、实践、宣讲、研究、创新、突破等六个发展阶段，沿着职业化、专业化、专家化的发展方向和发展道路，一步一阶梯完成并实现从初级到中级，中级到高级辅导员的职业等级升级，切实发挥新时期高校辅导员职业在育人工作中不可替代的重要作用，稳步推进辅导员队伍持续健康发展，从而提升新时代大学生思想政治教育工作质量。

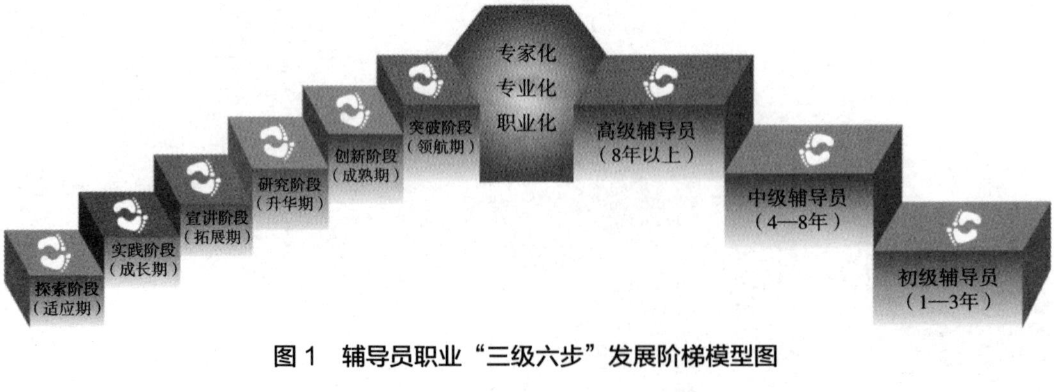

图1 辅导员职业“三级六步”发展阶梯模型图

第一步：辅导员职业发展——探索阶段，即辅导员职业适应期

对新入职辅导员而言，须对照教育部第43号令所规定的辅导员工作要求及工作职责，全面掌握辅导员九大职业功能（九大主要职责），认真学习、领会、研究上级有关大学生思想政治教育工作文件精神，尽早熟知学校、学院辅导员班主任工作环境与要求，尽快掌握并完成疫情防控常态化下，所负责的相关工作安排和各项事务性工作；能够通过日常观察、谈心谈话、走访宿舍、问卷调研等方式，收集学生基本信息，了解分析学生思想动态；对于学生突发性危机事件及其他应急事件，做到第一时间赶赴现场、了解掌握事件重要信息并做出初步判断；重点掌握疫情防控形势下安全主题教育内容和方法，结合实际需要能够借助新生入学教育、开学第一课、525心理健康节等关键时间节点自主组织并开展安全教育等各类活动；积极关注学生思想状态和行为动态，针对学生关心的热点、焦点、重点问题，及时开展教育和引导；对于无法处理，把握不准以及工作中存在的问题和困难，及时向学院分管领导或职能部门进行汇报、沟通。作为处于适应、探索阶段的初级辅导员，也是个人职业发展的关键时期，通过勤学、勤问、勤思，力争在半年到一年的时间，甚至更短时间尽快适应工作，尽早接受并胜任辅导员工作岗位，为自身辅导员职业发展奠定坚实基础。

第二步：辅导员职业发展——实践阶段，即辅导员职业成长期

经过探索阶段后，辅导员及时进行自主评价和自我调控，调整并端正辅导员职业角色定位，增强从事辅导员工作的职业认同感，进而不断提高工作满意度及工作效能。立足“全员育人、全程育人、全方位育人”的“三全育人”格局，围绕“课程育人、科研育人、实践育人、文化育人、网络育人、心理育人、管理育人、服务育人、资助育人、组织育人”的“十大育人”体系，挖掘各方育人资源和育人力量，积极开展具体工作实践，最大化确立并发挥个体在院系辅导员团队中的主体地位和主体作用；根据个人岗位性质和工作职责，结合上级和学校、学院要求与实际，尽早选定从事行政职务或专业技术晋升和成长类别，明确可落地、可实现的个人发展思路，以最合理的方式方法、最高效的制度措施完成各项角色任务；全面、客观、综合分析并权衡个人爱好、特长、能力和缺陷，根据个人计划加强长期从事辅导员工作的规划和思考，制定中长期（4~8年或更长时限）职业发展规划和奋斗目标，并根据外部及内部因素等综合影响适时调整，为下一步个人职业发展设计一条适合自身、符合实际、动态调整的

辅导员职业生涯路线图、施工图。在实践中不断丰富并完善辅导员专业知识，在学习中不断提升并增强辅导员综合素质，为未来辅导员职业化、专业化、专家化发展奠定牢固基础。

第三步：辅导员职业发展——宣讲阶段，即辅导员职业拓展期

具有较强的理论宣讲和谈心谈话能力是新时期辅导员必须具备的素质能力之一。随着国际国内形势深刻变化，以及疫情防控形势复杂多变，辅导员讲好重大决策政策和强化青年学生思想引领的任务更加重要和紧迫。为此，辅导员在做好大学生日常思想政治教育、日常事务管理和疫情防控任务的基础上，重点围绕“四个方面”下功夫，在拓展专业知识和专业素养上下功夫，在提升党的最新理论宣讲能力和宣讲水平上下功夫，在强化政策理论研讨力度和创新理论宣讲方式上下功夫，在掌握谈心谈话技巧和方法上下功夫，在不断提高工作质效的同时强化对青年学生思想教育和引领力度。聚力丰富个人理论知识、基础知识和专业知识内容，不断优化和改进知识结构，重点加强习近平新时代中国特色社会主义思想、党的二十大精神的学习宣传贯彻，在学习中强化理论武装，在宣传中提升业务能力，在贯彻中提高思想政治素质，以宽广的知识储备、扎实的理论功底和深厚的政治素养，增强活动宣讲本领；以党的最新创新理论成果、“四史”学习教育、集体主义教育、爱国主义教育、社会主义核心价值观教育、中华优秀传统文化和革命文化、社会主义先进文化、疫情防控思政大课、创新创业教育等内容为主线，充分发挥“党团学联”作用，借力学生党支部“三会一课”、团支部“三会两制一课”，支部党日、团日主题活动，学生会、学生社团等学生组织培训，以及现有网络思政教育平台或载体等，以通俗、形象的宣传形式，生动、精彩的讲授效果，组织学生开展全员政治理论学习与宣传；注重凝练工作特色和育人资源，积极创建跨院系、跨校际辅导员领航工作室或组建理论宣讲团队，通过集体备课、轮流巡讲、带头示范、主题演讲等措施，积极推动形成不同学校、不同院系、不同专业和不同年级，立体式、渐进式、覆盖式的青年理论学习新局面；主动参加学校、全省及全国举办的辅导员素质能力或技能大赛，通过台上演讲、谈心谈话，现场感悟、线上观摩，切实提高个人宣讲技巧，以及语言表达和转化能力；积极参加全省、全国各类思想政治工作学术论坛、培训研修等会议，抓住一切可展示、能交流的机会，进行政治学习、实践经验、理论研究交流汇报，始终坚持在日常思政工作中将政治性和学理性相结合，努力将学出理论自信转化为讲出理论水准、做出行动表率。通过强化理论宣讲，做到

“让有理论的人讲理论”“让有信仰的人讲信念”“让有成绩的人说服人”，在提升、拓展辅导员自身政治素养，满足新时期学生“思政需求”“理论需求”的同时，做到与学生思想脉搏与情感诉求共情共鸣、同频共振，助推实现新阶段大学生思想政治工作因事而化、因时而进、因势而新。

第四步：辅导员职业发展——研究阶段，即辅导员职业升华期

树立并强化科研意识和科研能力是推进辅导员职业发展的“强劲引擎”。新时期中级辅导员以扎实的理论功底、较强的实践能力和过硬的教育本领为基石，自觉在学思悟辨中培养科研意识，主动加强实践探索和科学研究，提防、摒弃辅导员“搞科研无用”“科研是专业教师事情”“等忙完事务性工作再搞科研”等错误想法或心态，在“敢做、能做、会做”中总结提炼，在“学习、表达、反思”中开展研究，在“感受、领会、觉悟”中促进能力从经验型到科研型再到创新型螺旋提升。立足新时期青年学生日常思想政治教育和管理新问题、新困难和新风险，科学把握大学生成长特点和发展规律，积极开展大学生思想政治工作现状、问题和发展趋势研究，精准掌握新阶段青年大学生教育管理服务的重点和关键要素；积极探索“互联网＋思政教育”工作模式，利用新媒体网络平台加强学生党建和思想政治教育研究，深入把握网络传播规律和途径，关注青年学生互联网生存“法则”，及时研判学生思想动态，积极撰写党建和思想政治教育网络学术论文，抓住网络新媒体发展机遇，主动占领并最大化发挥网络思想政治教育主阵地作用。围绕习近平新时代中国特色社会主义思想、党的二十大精神，以及大学生思想理论教育和价值引领、党团和班级建设、学风建设、心理健康教育与咨询、网络思想政治教育、就业创业指导、危急事件应对等职业功能，积极申报校级、省级及以上各类理论与实践研究课题，根据相关课题选题重点和研究范围，结合自身研究基础和学术专长深入研究，以较强的研究能力形成一定的理论和实践研究成果，在研究中促进自身发展，逐步实现辅导员角色和功能从事务型、经验型到科研型、理论型转变，助推加快辅导员职业由宽到窄、由面到点、由浅到深的专业化发展进程。

第五步：辅导员职业发展——创新阶段，即辅导员职业成熟期

加强创新能力是辅导员提升自身职业化、专业化、专家化发展水平的重要手段，也是实现辅导员职业发展走向成熟的必要环节和重要支撑。作为具有一定辅导员工作

经历年限的资深辅导员，要以强烈的职业认同感、教育使命感、育人责任感，深刻把握新阶段辅导员工作的内涵，加深对工作创新重要性和现实性的认识，全面提升个人创新思维、创新意识和创新能力。辅导员要以“学”领“研”奠基，认真研学马克思主义思想政治教育经典著作、习近平总书记重要讲话和重要批示精神，积极参与高层次人文社科、思政类项目课题，自主参加高层次思政工作学术论坛、攻读辅导员博士专项计划提升学历层次等，为工作创新储备多学科知识基础；要以“散”聚“合”蓄力，强化校内及校外资源的利用和整合，参与或组建不同学科背景、不同年龄时段、不同单位来源的辅导员创新团队，积极邀请并发挥思政教育相关学科带头人、学术骨干的示范引领和“帮传带”作用，稳步培养个人和团队创新思维和创新能力；要以“点”求“解”创新，聚焦新时期青年学生思想和行为变化，以及疫情防控常态化下大学生思想政治教育工作难点，主动开展大学生党建和思想政治教育工作方法、平台、载体和理论创新，以创新的思维分析青年学生思想、心理、行为变化特点和成长规律，以创新的方式方法激发青年学生学习积极性和主动性，以创新的途径调动学生党员和学生干部在“守望初心”中担当作为、践行使命，以创新的理论、制度和理念提高大学生思想政治教育质量。

第六步：辅导员职业发展——突破阶段，即辅导员职业领航期

打造一批政治素质过硬、理论功底扎实、工作业绩突出、作风务实清廉的高级辅导员，是推进新时期高校辅导员队伍建设、提升新阶段高校思想政治工作质量、培养新时代高素质人才的关键和保证。对于具有高级辅导员职业技能或职业能力要求和知识要求，以及具有相关专业高级职称学术水平的资深辅导员，对照新时期省级及以上网络思政名师、高校思想政治课中青年骨干、高校思想政治工作中青年骨干，或其他类似高校思想政治工作质量提升建设项目所明确的建设目标和建设标准，以较强的理论修养、丰富的实践经验、扎实的业务功底、专业的研究水准，积极围绕习近平新时代中国特色社会主义思想和党的二十大精神等党的最新理论成果，带领学校、学院青年学生“先研再学后讲”，将理论学习与主题宣讲紧密结合，指导学生宣讲团体将党的最新理论讲生动、讲入味、讲透彻，让“青年之口”唱出“青年强音”；以新阶段高校思想政治教育工作领域的热点、焦点和难点问题为研究重点，进行探索实践，切实把握新时期思想政治教育规律性和前沿性问题，结合知识储备和工作经验，提出具有系统性、完整性、全面性、实操性、持续性的建设意见或要素模型；围绕大学生党建、

团建工作新特点、新需求，以及创业就业工作新挑战、新压力，创新工作方式方法、教育载体和就业渠道；根据学校进展、实际及上级安排和需求，积极申请创建或组建校级以上层次相关领域及有关方向工作室、工作团队或研究团队，带领校内外其他初级和中级辅导员深入开展思想政治教育工作专项领域实践与研究，再培育一系列优秀思想政治教育工作研究成果，取得思想政治教育工作实践或理论业绩较大突破的同时，为学校培养一批具有较高的理论水平和丰富的实践经验的后备力量和管理骨干，努力为学校思想政治工作贡献一份力量，切实发挥自身在学校青年学生、辅导员队伍思想政治领航作用，助推造就成为全省乃至全国大学生思想政治教育、党建、心理健康教育、学生事务管理、网络思想政治教育、公共危机管理、疫情防控及职业规划与创业就业等某一领域或几个领域的专家和带头人。

高校辅导员职业的重要性和特殊性体现在辅导员的角色具有鲜明的时代性，随着时代的进步和社会发展而不断丰富并赋予辅导员新的角色内涵。无论对于新入职的年轻、初级辅导员，还是从事一定年限的资深、中级或高级辅导员，其职责都是坚持教育、管理和服务三者相结合，共性或共同目标都是通过具体工作实践、政策理论研究、方式方法创新等，不断提升个人综合素质以适应新时代发展的需要。为此，辅导员职业发展阶段并不是与从业年限和职业等级相对应，新入职、处于适应期或成长期的初级辅导员在开展具体工作实践中要宣讲、要创新、要研究，长久从事、处于成熟期或领航期的高级辅导员也要在理论研究中进行具体工作实践、谈心谈话、学生思想调研等，只是在辅导员不同发展阶段、不同职业等级中，所掌握的方法论、所形成的系统思维、所发挥的职业功能各有侧重、各有不同而已。要最终实现辅导员职业化、专业化、专家化方向和道路发展，只有以新时期高校辅导员职业“三级六步”发展阶梯模型为参照，尊重个体差异，在不同发展阶段中发挥自身职业优势，挖掘个人职业潜力，才能铺就符合自身的辅导员职业发展及成长之路。

作者注

美国学者波斯纳提出了“经验+反思=成长”的优秀教师成长公式；我国著名心理学家林崇德提出了“优秀教师=教学过程+反思”的成长公式。另有我国著名教育家叶澜教授也指出：“一个教师写一辈子教案不可能成为名师，如果一个教师写三年教学反思就有可能成为名师。”而对于新时期高校专职辅导员来说，如果只注重工作实践，忙于事务性工作而不进行理论研究，或只开展理论研究而不注重工作实践，都称不上合格的辅导员，至少不是优秀的辅导员。根据个人二十多年的辅导员工作实践体会和研究经验，认为新时代优秀辅导员成长公式：“学习＋实践＋宣讲＋研究＋创新＋发展＝成长”最为恰当，因为在学习中实践、宣讲，在研究中创新、发展，才能促进辅导员整体成长进步，从而提升辅导员职业化、专业化、专家化能力和水平。

（本文完成日期：2022年11月25日）

新时期高校辅导员核心素养提升“破圈模型”构建

新时期辅导员核心素养是辅导员在职业生涯成长过程中逐渐形成的、对辅导员自身发展和工作起决定作用的内在综合品质，能够充分体现高校辅导员工作的政治性、职业性、特殊性和时代性，一般包含政治素养、道德素养、职业素养、学习素养、文化素养及研究素养六大基本素养。其中每种素养虽各有侧重，但影响并决定辅导员职业能力和职业发展最关键、最核心的还是辅导员理论水平、研究能力及其综合素质和职业能力。围绕立德树人根本任务，新时代高校辅导员应立足工作职责，坚持问题导向，聚焦主责主业，增强身份认同，树立终身学习理念，依据辅导员核心素养提升“破圈模型”，聚力加强个人理论素养和科研能力，倾力培育并提升自身综合素质、职业能力及其核心素养，不断自我破圈，切实实现各类素养迭代升级，从而提高辅导员职业育人能力和育人水平。

一、辅导员理论素养和科研能力提升“破圈模型”

过硬的理论素养是辅导员自身发展的必备条件，较强的科研能力是辅导员走向职业化、专业化、专家化的必经之路。新时期辅导员理论素养和科研能力提升“破圈模型”，分为筑基圈、提升圈、拓展圈、突破圈等四圈层，模型具体构建如图1。

（一）筑基圈

对于初级、处于“筑基圈”的年轻辅导员（辅导员等级及圈层对应关系相对而言，下同），经过辅导员职业认知后，最需要提高理论素养和科学研究水平，主要包括普通期刊学术文章，以及校级课题、地市级社会科学研究项目等。

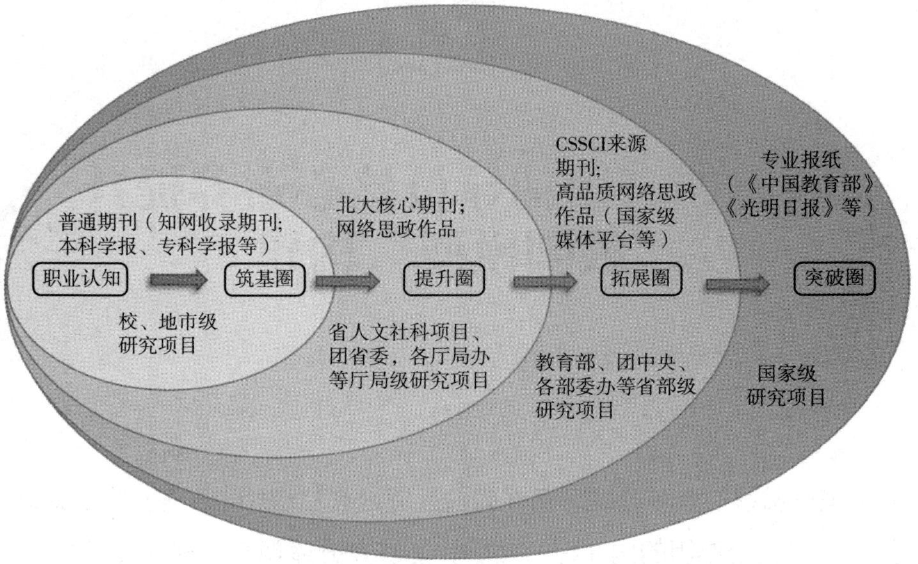

图1　辅导员理论素养和科研能力提升“破圈模型”图

（二）提升圈

经过入职后工作实践历练与研究成果积淀的初级或中级辅导员，进入职业发展提升圈，主要包括北大核心期刊、网络思政作品、学术著作等学术成果，以及省教育厅、团省委等厅局级研究项目。

（三）拓展圈

进入职业发展拓展圈的中级或高级辅导员，自身具备的理论水平和科研水平也更高、更强，对其政治素养和科研能力提出更高的要求，主要包括CSSCI来源期刊、高层次出版社学术著作、高品质网络思政作品等，以及教育部人文社科研究项目、省社科规划研究项目、共青团中央、其他部委办等省部级研究项目。

（四）突破圈

对于具有引导和示范作用的高级辅导员，能够掌握并熟练利用更多的相关理论指导初级、中级辅导员及其他思想政治教育工作者开展相关工作，并在相关研究领域取得突破，主要包括高层次专业报纸和具有较大影响、较高层次期刊发表的学术文章，以及国家社会科学基金等研究项目。

辅导员理论素养和科研能力提升“破圈模型”各圈层呈渐进提升趋势，各圈层辅导员理论素养及科研能力水平层次及对应关系见表1。

表 1　辅导员理论素养和科研能力提升“破圈模型”各圈层水平层次对应表

序号	圈层	辅导员等级	辅导员理论素养和科研能力（研究成果、项目）层次
1	筑基圈	初级	普通期刊学术文章（知网收录期刊、本科学报、专科学报等）；思政网文等
			校级年度（常设）课题、校级委托课题（人文社科、思政专项；教学研究项目等），地市级社会科学研究项目等
2	提升圈	初级 中级	北大核心期刊、网络思政作品、学术著作等学术成果
			省教育厅（教育工委）、省社科联（人文社科）、省文化厅、省教育科学规划项目，团省委、其他厅局级单位设立的厅局级研究项目等，以及高等教育学会辅导员分会、学生工作研究分会等各协会研究会课题等
3	拓展圈	中级 高级	CSSCI来源期刊（南大核心期刊）、高层次出版社学术著作、高品质网络思政作品（国家级媒体平台发布、刊发或采用）等
			教育部人文社科研究项目（重大课题、后期资助项目；基地重大项目；专项任务项目；一般项目等）、教育部辅导员专项课题、教育部思想政治理论课教师研究专项；国家民委课题；省社科规划研究项目（重大项目、重点项目、一般项目、青年项目；研究专项课题等）、共青团中央（青少年发展研究、专项任务等）、其他部委办等省部级研究项目，以及教育部思想政治研修中心课题
4	突破圈	高级	高层次专业报纸（《中国社会科学报》《中国教育报》《光明日报》《人民日报》等）、高层次期刊（《新华文摘》《中国社会科学文摘》全文转载或摘编等）学术文章
			国家社会科学基金（重大项目、重点项目、一般项目、青年项目；专项课题；后期资助项目；重大项目子课题等）；国家社会科学基金高校思想政治理论课研究专项课题等研究项目

二、辅导员综合素质和职业能力提升“破圈模型”

辅导员综合素质及其职业能力提升是一个持续性、渐进性、发展性的过程，并直接影响大学生思想政治教育工作质量。新时期辅导员综合素质和职业能力提升“破圈模型”，分为先进圈、优秀圈、示范圈、引领圈等四圈层，模型具体构建如图2。

（一）先进圈

新入职辅导员通过身份转换，在新要求、新挑战的工作环境下，结合自身特长优势，积极拓展工作实践能力，认真完善自身知识结构，努力开展学生管理各项工作，在院系辅导员团队中争先进、当先锋。先进圈主要包括院系级优秀辅导员、主持院系级辅导员工作室、校级辅导员素质能力比赛单项获奖等，以及校级辅导员工作案例奖励、校级专题论文征集奖励等。

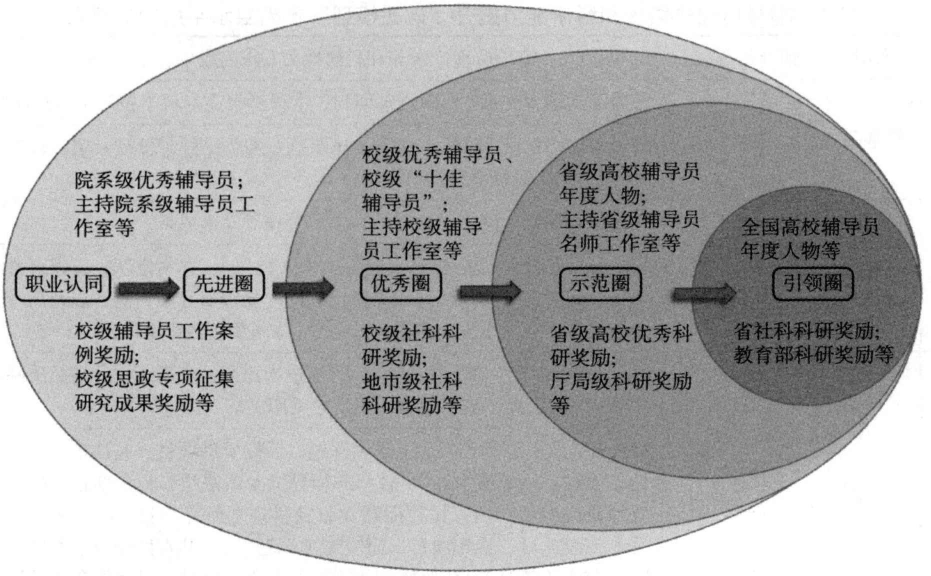

图2　辅导员综合素质和职业能力提升“破圈模型”图

（二）优秀圈

对于从事一定职业年限、“入行”的辅导员，能够正确研判学生思想动态，能够总结工作经验，积极探索并基本掌握大学生思想政治教育规律，较高质量完成学生事务型工作和其他教育管理任务，以优异成绩逐步取得较大进步和提升。优秀圈主要包括校级优秀辅导员荣誉、竞赛奖励，以及校级优秀科研奖励、地市级科研奖励等。

（三）示范圈

作为学校优秀辅导员中的代表和典型，以丰富的实践经验，较高的理论水平、宣讲水平，以及较高的素质能力和工作质量，成为学校乃至全省高校教育领域的示范和骨干（主要针对省部共建高校、省属高校及其他地方院校等）。示范圈主要包括省级高校辅导员年度人物、省级“十佳辅导员”，主持省级辅导员名师工作室，以及省级高校优秀科研奖励、全省高校思想政治工作优秀案例评选获奖等。

（四）引领圈

经过个人坚守岗位、提升技能、努力追求，特别是学校锻炼培养，发展成为政治素质过硬、道德品格高尚、理论功底扎实、工作实效显著的优秀辅导员，在全国范围内切实发挥榜样引领和辐射带动作用的辅导员队伍的典型代表。引领圈主要包括全国高校辅导员年度人物、全国最美高校辅导员、全国高校辅导员素质能力大赛获奖，以及省社科科研奖励、教育部科研奖励等。

辅导员综合素质和职业能力提升“破圈模型”各圈层呈递进发展趋势，各圈层辅导员综合素质和职业能力水平层次及对应关系见表2。

表2　辅导员综合素质和职业能力提升“破圈模型”各圈层水平层次对应表

序号	圈层	辅导员综合素质和职业能力（奖励、荣誉、竞赛）层次
1	先进圈	院系级优秀辅导员；主持院系级辅导员工作室；校级辅导员素质能力比赛单项获奖等
		校级辅导员工作案例奖励；校级专题论文征集奖励等
2	优秀圈	校级优秀辅导员、校级“十佳辅导员”、校级辅导员年度人物、校级金牌辅导员；主持校级辅导员工作室；创建校级辅导员工作品牌；校级辅导员素质能力比赛获奖等
		校级优秀科研奖励；地市级科研奖励等
3	示范圈	省级高校思想政治工作中青年骨干；省级高校辅导员年度人物；省级最美高校辅导员；省级“十佳辅导员”、省级“十佳标兵”高校辅导员；省级高校优秀辅导员；省级高校网络教育名师；省级金牌辅导员；省级优秀教师、省级优秀教育工作者；主持省级辅导员名师工作室；主持省级高校思想政治工作精品项目；创建省级辅导员工作品牌；全省高校辅导员素质能力大赛获奖等
		省级高校优秀科研奖励（思想政治教育类及其他）；厅局级科研奖励；全省高校网络宣传教育优秀作品评选获奖；全省高校思想政治工作优秀案例评选获奖；全省高校网络教育优秀作品推选展示活动等
4	引领圈	全国高校思想政治工作中青年骨干；全国高校辅导员年度人物、全国最美高校辅导员；全国“十佳标兵”高校辅导员；全国高校网络教育名师；全国网络正能量榜样；全国优秀教师、全国优秀教育工作者；主持全国高校辅导员名师工作室；主持全国高校思想政治工作精品项目；创建全国性辅导员工作品牌；全国高校辅导员素质能力大赛获奖；辅导员访学计划；“时代楷模”等
		省社科科研奖励；教育部科研奖励；全国高校网络宣传教育优秀作品评选获奖；全国高校思想政治工作优秀案例评选获奖；全国高校网络教育优秀作品推选展示活动等

辅导员核心素养是影响并决定自身职业生涯发展、学校思想政治教育工作质量的关键要素。作为在职业经历中逐步积累、在职业发展中逐渐提高的“高阶素养”和“特别素养”，辅导员核心素养是新时期辅导员获得职业进步和成功不可或缺的“综合素养”和“必备素养”。在辅导员个体自主努力，持续自我提升和完善的同时，更重要的是所在院系、学校及上级教育部门共同关注，继续加大辅导员队伍培养和培育，从而提高新阶段高校辅导员整体核心素养，助推辅导员队伍成为高校思想政治教育工作中的核心力量，从而担负起高校人才培养、培育时代新人的重要使命。

作者注

从1953年，清华大学率先提出并建立学生政治辅导员制度至今，已七十年历程，先后经历了辅导员专门化，到职业化，再到专业化的发展过程。自1999年全国推行大学扩招以后，随着提出素质教育理念以及高等教育政策调整，国家进一步加强高校辅导员队伍建设，辅导员规模急剧增加，全国高校专兼职辅导员从2005年5万余人，增加到2022年24.08万人，全国31个省(区、市)高校辅导员配备实现整体达标，逐步建立健全较为系统、较为完善、较为成熟的辅导员选拔、管理、考核、激励及成长和发展体系机制。同时，国家、省级教育主管部门及各类高等院校注重加强新时期辅导员综合素质和职业能力，先后推进并实施不同层次、不同梯次的辅导员职业发展平台和职业荣誉体系，为辅导员人才培养和发展提供了充足的条件和保障，打造了新时期诸多大学生思想政治工作理论与实践相结合的辅导员工作品牌和高质量、高水平的科研成果，辅导员培养工作质量和育人成效显著提升，为新形势高校立德树人和人才培养工作发挥了重大作用。

(本文完成日期：2022年12月5日)

后 记

POSTSCRIPT

感谢自己一路走来的坚持

我的第一本专著《中国高校学生资助政策体系理论与实践研究》，从2010年底着手撰写，到2016年底完成初稿，再到2017年7月由中国社会科学出版社出版，先后用时六年半。而我的这本著作从2016年12月开始撰写，到2023年4月底完成初稿，同样历经近六年半的时间。前、后两段时长相同的时光，有所同，亦有所不同。相同的是，围绕“立德树人”根本任务，我始终坚守在辅导员工作一线，坚持以学生为主体、以育人为核心、以安全为基础、以学习为支撑、以服务为目标、以创新为驱动，育德育心育行育才“四育行动”一体推进，奋力做好大学生思想政治教育各项工作和任务；不同的是，我的工作岗位在变化，前六年半时间，我从负责学生资助工作到宿舍管理工作，再到负责院系学团工作；后六年半时间，我从任职学院团委书记到学院分管学生工作党委副书记，再到学院党委书记。随着岗位的调整，我的工作任务愈发繁重、工作责任愈益艰巨，特别是工作压力不断加剧，但都能够及时缓解心理压力、排解负面情绪、疏解工作节奏，始终保持积极心态、良好习惯、乐观思维，做到不偷懒、不躺平、不被卷，努力成为一名集“实践、服务、创新、研究”为一体的综合型辅导员。

在过去20余年的辅导员职业生涯中，无论在任何一个岗位，个人都注重筑牢理论根基，积极拓展专业思维，夯实巩固工作基础，合理改善方式方法，力争成为新时代铸魂育人的先行者。调整到院系从事学团工作近十年时光中，我更是一直立足一线辅导员工作，常年保持高水准、高要求的工作态度，始终坚持历练与积累，一步一个脚印，以忘我、执狂般的投入与付出，在工作开展中紧紧围绕学生的阶段发展需求，不断破解思政工作的热点、难点、痛点问题；结合学院实际情况，紧扣学科专业特点，积极构建并持续打造“美·益角”基金、学生党支部“四点半微党课”等思想政治教育育人精品工作品牌；主动加强内外沟通，强化互动联动，把握学习、提升和展示机会，积极培育学生公寓“党建工作站”“创艺家”辅导员成长工作室等特色项目和载体平台；紧跟形势变化和现实需求，坚持问题导向、找准问题实质、把握问题方法，学懂弄通文件政策，为找准问题解决寻“近路”，坚持边实践边思考、边服务边提升、边创新边研究、边调研边总结，努力从实证研究推进到理论研究，由碎片化研究融合到整体性研究，由个性化研究提升到总体性研究，基本实现辅导员工作由实践转化到经验，又由经验跃升到理论，再由理论优化指导实践，做到全过程自身实践和理论的“双进展”“双突破”。

在开展实践探索与理论研究中，为了不耽误、不影响本职工作，工作日内加班加点，先行高质量完成事务性工作和刚性目标任务，而后利用晚间、周末、节假日以及寒暑假阅读文献、撰写文章。尤其是在2018年初评聘副教授后，每年制订个人科研计划，根据当年思政工作热点重点，划定研究主题、确定研究框架，开展走访调研、进行座谈访谈，定目标、按计划、分阶段、有步骤地完成了诸多原创性、时效性文章。可以说，这本著作与第一本专著同样采用“白+黑”“5+2”“9+3”模式，即平时工作日内下午下班后进行至少1小时写作，坚持到7点才离开办公室；每周7天内保证至少4~5个晚上在家写作，直到深夜12点再休息；每周末只要全家没有集体行动或特殊安排，哪怕只有1小时时间也会选择在家或到办公室进行写作；每年的寒暑假期间，更是我写作时间最充足、思路最清晰的时光，一般都是按上下班时间到办公室进行写作。特别是2020年初至2022年底，每次因新冠疫情学校封闭式管理期间，更是高效利用一切业余时间开展研究，很多时候为了确保撰写进度，多次连续数日加班撰写到凌晨两三点。多年来我始终坚持每天固定半小时至一小时时间来学习、阅读、思考并当天消化、落笔；对于日常一切不必要的应酬，能推辞的就推辞；在其他人忙于日常应酬、周末休息、假期调整放松的时候，个人来思考问题、查阅资料、撰写文稿，从而腾出更多的时间和精力开展研究，以确保整个写作进度和质量有序推进。

回首过去多年的研究探索时光，我得到很多人的支持与帮助，也正由于这些同人、同事、朋友及家人的关心、关爱，才帮助我度过研究探索中的孤独和艰辛时光，从而完成我的研究规划和书稿。

感谢全国高校辅导员年度人物以及“最美高校辅导员”曲建武老师、李萌老师、任雅才老师、范蕊老师、李青山老师、祝鑫老师、范俊峰老师、赵东方老师、陶陶老师、齐勋老师、刘国权老师、连选老师，他们在百忙之中欣然为本书写推荐语。多年来，我也一直坚持向更多的全国优秀辅导员和思想政治教育工作者学习，学习其工作实践与调查研究的思维方法和行为态度，学习其为人做事的定力和修为，学习其无隐无私的胸怀格局和气度境界，才得以让我怀揣坚定与执着、信念与信心，踏实稳步前行。

感谢辽宁生态工程职业学院党委学生工作部部长刘明耀副教授，为本书顺利出版提供了很多帮助，并及时给出一些指导性的建议，从而确保本书按时出版。

感谢学院班子成员张兆林、孙研红、史秀娜、王青嵩，以及同事许中美、连玉朱、王蕊等老师，班子之间及同事之间谦虚谨慎，相互尊重友爱、相互团结和谐、相互理解包容，努力营造了积极向上的工作氛围。

感谢聊城大学“创艺家”辅导员成长工作室成员相萌萌、孔德滕、张璐璐、石晓晗、刘妙祎、胡明洋、朱晴、崔洁康、孙忠月、李佳雯、辛超、王欣然、孙云霞，他们都参与了本书部分章节的问卷调研、统计分析、修改完善等工作。

感谢我的家人给予我的支持和鼓励，由于多年兼顾工作和科研，很难把精力和时间投入家庭，我的妻子高锐主动承担了全部家务和养儿育女、照顾老人的责任，在生活上、工作上、精神上给予全力支持；女儿宜宜乖巧懂事，进入中学后更加认真学习；特别是2019年12月儿子“葫芦”的诞生，给家里增添了无限欢乐，伴随着孩子们慢慢成长，让紧张的日子更加充实，繁忙的生活更有滋味。感谢我的母亲，以及我的岳父、岳母，对我工作的支持和挂念，让我免去很多烦恼之事。

本书为2022年度山东省人文社会科学课题（孔繁森精神研究专项，2022-ZXKY-03）与聊城大学2022年党的二十大精神专项《大中小学思想政治教育一体化建设研究——以山东省为例》成果；为山东高校辅导员名师工作室“明法”工作室阶段性成果，以及聊城大学大学生社区党建工作室、聊城大学“创艺家”辅导员成长工作室阶段性成果。在出版过程中，中国石化出版社对本书的策划、设计和出版给予了很多的建议和指导，终于让本书顺利出版，在此深表谢意。

本书囊括了我从事学生工作研究以来的总结，但我深深感到其中的不足，尤其在理论提炼上还不够充分、不够深入，在此，敬请各位专家、学者和同人多多批评指正，不吝赐教。

杨庆实
2023年9月
于聊城大学翰逸楼